Der Grundbau

Von

Dr. techn. K. Széchy
Professor für Grundbau und Tunnelbau
an der Technischen Universität für Bauwesen und Architektur in Budapest

Neubearbeitung
der zweiten ungarischen Auflage

In zwei Bänden

Zweiter Band

Gründungen

Entwurf und Ausführung

Zweiter Teil

Gründungsarten

1965
Springer-Verlag
Wien New York

Gründungsarten

Von

Dr. techn. K. Széchy

Professor für Grundbau und Tunnelbau
an der Technischen Universität für Bauwesen und Architektur in Budapest

Mit 385 Textabbildungen

1965
Springer-Verlag
Wien · New York

Der vorliegenden deutschen Bearbeitung liegt die zweite Auflage der unter dem Titel
„Alapozás. II. Kötet"
im Verlag Müszaki Könyvkiadó, Budapest, erschienenen ungarischen Ausgabe
(Copyright, 1963, by Dr. Széchy Károly) zugrunde
Aus dem Ungarischen übertragen von K. Reimholz, Budapest

ISBN-13: 978-3-7091-8138-6 e-ISBN-13: 978-3-7091-8137-9
DOI: 10.1007/978-3-7091-8137-9

Softcover reprint of the hardcover 2nd edition 1965

Titel Nr. 9154

Inhaltsverzeichnis

Gründungsaufgaben, Einteilung und Berechnung der Grundbauten im allgemeinen

Aufgabe der Gründung ist die Übertragung der Bauwerkslasten und der auf das Bauwerk wirkenden Kräfte auf den Baugrund. Dabei dürfen im Bauwerk keine schädlichen Risse oder die Sicherheit vermindernde Überspannungen — nicht einmal bei den ungünstigsten Verhältnissen und Belastungskombinationen — auftreten. Die Gründung ist richtig entworfen, wenn sie diese Aufgabe nicht nur mit *entsprechender Sicherheit,* sondern gleichzeitig *am wirtschaftlichsten* erfüllt.

In weiterem Sinne stellt eine Gründungsaufgabe auch die Herstellung irgendeines speziellen — sich unter dem Wasserspiegel befindenden, im Flußlauf oder unter dem Geländeniveau liegenden — Bauwerkes dar. Ferner ist die Verminderung oder Beseitigung schädlicher Setzung oder Verschiebung des Bauwerkes einbegriffen. Dies alles — sowohl der Entwurf als auch die Bauausführung — gehören zu dem Gebiet des Tiefbaues einschließlich Gründungsgeräten, Entwurfs- und Ausführungsmethoden.

Da durch die Gründung die Bauwerkslast auf den Boden übertragen wird, ist es für die Einteilung der Gründungen maßgebend, ob sie auf eine *obere* oder auf eine *tiefliegende* Bodenschicht gestellt werden. Im ersten Fall wird von einer *Flächengründung*, im zweiten Fall dagegen von einer *Tiefgründung* gesprochen.

Genauer gefaßt: *Flächengründung wird jene Gründungsart genannt, die die Bauwerkslast ohne schädliche Setzungen der oberflächennahen Bodenschicht übergeben kann* und dadurch nicht viel unter dem von der Standsicherheit (z. B. Brückenpfeiler — Auskolkung) oder von der Bestimmung des Bauwerkes (z. B. Keller, Untergeschoß, Lagerraum usw.) erwünschten Niveau hinabreicht *und die Belastung unmittelbar durch ihre eigene Berührungsfläche* dem Baugrund übergibt. *Die Gründung dagegen, die die Last des Bauwerkes mit anderen lastübertragenden Stützelementen, Konstruktionen* (Pfähle, Brunnen, Kästen) *einer tiefergelegenen, tragfähigen Schicht übermittelt, wird Tiefgründung genannt.*

Die Gründungsart hängt von der Beschaffenheit des Baugrundes und der Konstruktion des Bauwerkes ab. Bei der Wahl der Gründungsart spielt außer der Sicherheit die Wirtschaftlichkeit eine Rolle. Um die vorteilhafteste Konstruktion wählen zu können, müssen wir nicht nur mit dem Baugrund, sondern mit dem Bauwerk, mit dessen Bestimmung und in erster Linie mit dessen Setzungsempfindlichkeit im klaren sein. Es liegt auf der Hand, daß die Bauwerkslast unmittelbar mit einer Flächengründung dem Baugrund übertragen wird, und nur, wenn dies wegen der Standsicherheit des Bauwerkes (Auskolkung, Gleitgefahr) oder wegen seiner Setzungsempfindlichkeit nicht möglich ist, wird eine Tiefgründung vorgenommen. Man soll beim Entwurf von Gründungen folgendermaßen vorgehen:

Der erste Schritt ist die Bestimmung der auf die Gründung wirkenden Belastungen, entweder statischer oder dynamischer Art. Doch können diese beiden oft nicht mit genügender Genauigkeit bestimmt werden, da wir über kein eindeutiges und genaues Verfahren zur Bestimmung weder der Erddrücke noch der dynamischen Kraftwirkungen verfügen.

Außer den Nutzlasten und der tatsächlichen Bauwerkslast müssen der Erddruck, Wasserdruck, Winddruck und die Schwingungseinwirkungen bei Entwurf von Gründungen in Betracht gezogen werden. Diese verschiedenen Wirkungen bedingen nicht nur die Bemessung der Gründungen zur Aufnahme der ungünstigsten Kombinationen dieser Belastungsänderungen, sondern auch die ungünstigsten, aber praktisch möglichen Kombinationen der Zustandsänderungen des belasteten Erdstoffes (Wassergehalt, Dichte usw.).

Die Kräfte wirken überwiegend in lotrechter Richtung, können aber auch in schräger und waagrechter Richtung wirksam sein (Erd-, Wasser-, Winddruck, Auflagerkräfte der Gewölbe, Verankerungskräfte, Bremskräfte usw.). Bei Bemessung der Gründungen gewisser Tragkonstruktionen (z. B. Bogen-, Hängebrücken) werden die letzteren ausschlaggebend sein. Die Wirkung einer angegebenen waagrechten Kraft vergrößert sich mit der Entfernung ihres Angriffspunktes.

Im allgemeinen muß jede Gründung vom Gesichtspunkte der Standsicherheit und der Formänderung geprüft werden, d. h. es ergeben sich folgende Fragen:

1. Ist ihre Tragfähigkeit den lotrechten, waagrechten, eventuell den dynamischen Kraftwirkungen gewachsen?

2. Verfügt sie über eine ausreichende Sicherheit gegen Kippen und Gleiten?

3. Ist ihre Setzung oder waagrechte Verschiebung (Verdrehung) mit Rücksicht auf die Standsicherheit und Betriebszweck des Bauwerkes zulässig?

III. Flächengründungen

Gemäß den ungarischen Gründungsvorschriften überträgt eine Flächengründung die Bauwerkslasten mittels ihrer unteren Stützfläche unmittelbar auf den Baugrund. Vom Gesichtspunkte der Bemessung ist sie als ein Träger zu betrachten, auf den von oben außer seinem Eigengewicht die vom Bauwerk übertragenen Kräfte, von unten die Sohlspannungen (Bodenspannungen) wirksam sind.

A. Einteilung der Flächengründungen

Es sind folgende Flächengründungen zu unterscheiden:

1. *Streifengründungen,* die unmittelbar die auf sie gebauten ununterbrochen durchlaufenden Konstruktionen (z. B. Haupt- und Grenzmauern) kontinuierlich unterstützen und deren Länge die Breite mehrfach übertrifft. *Die Tragfähigkeit (Festigkeit) des Baugrundes ist immer in der Größenordnung kleiner als die Festigkeit*

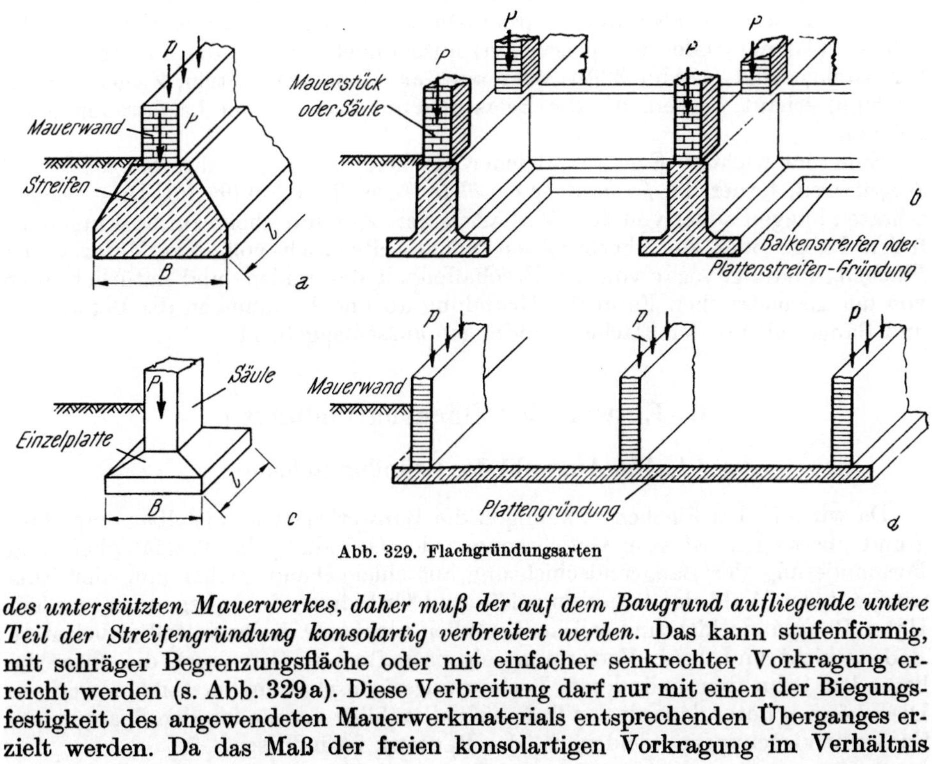

Abb. 329. Flachgründungsarten

des unterstützten Mauerwerkes, daher muß der auf dem Baugrund aufliegende untere Teil der Streifengründung konsolartig verbreitert werden. Das kann stufenförmig, mit schräger Begrenzungsfläche oder mit einfacher senkrechter Vorkragung erreicht werden (s. Abb. 329a). Diese Verbreitung darf nur mit einen der Biegungsfestigkeit des angewendeten Mauerwerkmaterials entsprechenden Überganges erzielt werden. Da das Maß der freien konsolartigen Vorkragung im Verhältnis zu der durch den Übergang bedingten Höhe gering ist, *sind die Streifenfundamente in Querrichtung* im allgemeinen *sehr steif.*

2. *Streifengurt- oder Plattengurtgründungen* unterscheiden sich von den Streifengründungen, indem auf diese das Bauwerk (Mauer usw.) nicht kontinuierlich gelagert wird, sondern *nur einzelne in gewissen Abständen angeordnete Säulen die Bauwerkslast übertragen.* Ihre übliche Form ist der Streifengurt (Trägerrost), bei dem die aufeinander senkrechtstehenden Grundschwellen einen Rost bilden, der das monolithische Verhalten des ganzen Bauwerkes zur Sicherung seiner unteren, waagrechten Steifigkeit bestimmt (s. Abb. 329 b). Die Abmessungen in Längsrichtung sind größer als in Querrichtung. Sie werden überwiegend aus Stahlbeton in T-Querschnitt hergestellt.

3. *Die Säulen- oder Einzelgründungen* werden unter einem Bauwerk mit geschlossenem Grundriß (Kreis, Quadrat) oder bloß unter dessen Einzelsäulen gesondert erbaut, und deren Längen- und Breitenmaße sind nahezu gleich. Wenn aus Stahlbeton erbaut, stellen sie konsolartig auskragende Platten dar, deren Stärke und Steifigkeit sehr veränderlich sind (s. Abb. 329 c). Gemäß der ungarischen Gründungsvorschriften (M.Sz. 15004) werden Säulen- oder Einzelfundamente jene Gründungen genannt, deren Verhältnis: Breite (B) zu Länge (l), d. h. B/l, den Wert 1 : 2,5 nicht überschreitet. Die Flächenfundamente, bei denen die Verhältniszahl $B/l < 1/2{,}5$ ist, sind schon als Streifen- oder Streifengurtgründungen zu bezeichnen.

4. *Plattengründungen,* die zwei oder mehrere Mauerstreifen, Pfeiler oder Säulenreihen — wie ein Block — unterstützen, d. h. die unter dem Bauwerk eine durchgehende, einheitliche Konstruktion darstellen. Wegen der verhältnismäßig großen Stützweite und der kleinen Konstruktionshöhe sind die im allgemeinen *biegsam.* Sie können als unter mehrere Stützreihen durchgehende Scheiben oder Schalen (Tonnen- oder Kuppelschalen) ausgebildet werden, die aus Stahlbeton herzustellen sind (s. Abb. 329 d) oder auch als Mauerwerk (Stein, Ziegel, Gegengewölbe) erbaut werden, die die Belastung nur von je zwei Laststreifen übernehmen.

Eine sehr wichtige Eigenschaft jeder Flächengründung ist ihre *Steifigkeit* und *Biegsamkeit,* ferner die *flache* oder *gewölbte Form* ihrer Sohlfläche. Diese Eigenschaften hängen außer von dem Verhältnis der Gründungshöhe zur auskragenden freien Länge oder zur überbrückten Spannweite auch von dem Material der Flächengründung, sogar von der Beschaffenheit des Bodens und natürlich auch von der geometrischen Form der Gründung ab und beeinflussen die Bemessung und Baugestaltung der Flächengründungen ausschlaggebend.

B. Entwurf der Flächengründungen

1. Die Auswahl der Gründungsebene

Da wir mit den Flächengründungen die Bauwerkslast unmittelbar dem Baugrund übertragen, ist vom Gesichtspunkt der Gründung die Tragfähigkeit und Formänderung der Baugrundschichtung ausschlaggebend. Daher muß der Entwurf mit der Wahl der Gründungstiefe und Gründungsebene begonnen werden. Unter Baugrundschichtung soll ausdrücklich nicht nur die unmittelbar belastete Bodenschicht und deren Verformungseigenschaften, sondern auch die unter ihr liegenden Schichten und deren Verformungseigenschaften verstanden werden. Diese können unter den mit der Tiefe sich allmählich vermindernden Spannungen Zusammendrückungen erleiden, die das Bauwerk beeinflussen.

Die Wahl der Gründungsebene oder -tiefe hängt von folgenden Faktoren ab:

1. von der Bodenschichtung, von der Mächtigkeit der einzelnen Schichten und ihrer relativen Lage,
2. von den Wasserverhältnissen (Grundwasserstand und Strömung, im Flußlauf Auskolkungsgefahr),
3. von der Beschaffenheit der Tragkonstruktion, von der Setzungsempfindlichkeit und dem Verwendungszwecke des Bauwerkes,
4. von den benachbarten Bauwerken (Spannungsüberlagerung, Untergrabungsgefahr),
5. vom Material des Grundkörpers,
6. von der Temperatur (Frost-, Verdunstungsgrenze).

Es ist klar, daß die obengenannten Faktoren nicht einzeln, sondern in ihrer Gesamtheit für die Tiefe der Gründungsebene bestimmend sind.

a) Durch das Baumaterial bedingte Mindesttiefe

Ein Minimum der Gründungstiefe stellt die Mächtigkeit der unter der Gründungssohle unbedingt zu entfernenden organischen Humusschicht bzw. das von der Belastung, vom Material und von der Festigkeit des Gründungskörpers abhängige *minimale* (Höhen-)*Maß* dar (s. S. 372).

Dazu soll noch bemerkt werden: Je größer die vom unterstützten Mauerkörper auskragende freie Länge (Konsollänge, Spannweite) des Grundkörpers und je kleiner dessen Biegungsfestigkeit ist, desto größer ist dessen Stärke, d. h., die Gründungsebene muß auch dementsprechend tiefer gelegt werden. Je größer aber die Tragfähigkeit des Bodens ist, desto kleiner kann die freie Vorkragung und damit die Gründungsdicke sein. Die damit verbundene Oberflächenverminderung vergrößert zwar die Intensität der Belastung, aber ihre Auswirkung auf die entstehenden Biegungsmomente ist kleiner als die der freien Vorkragung.

b) Frostgrenze

Der andere Faktor der minimalen Tiefe ist die *Frostgrenze.* Ihr Maß hängt von den klimatischen Verhältnissen und der Frostempfindlichkeit des Bodens ab, auf welcher die relative Menge der Körnchen unter 0,02 mm ausschlaggebend ist. Nach dem Casagrandeschen Frostkriterium ist bei Böden von gemischter Kornverteilung schon bei 3%, bei gleichmäßiger Kornverteilung schon bei 10% Feinkorninhalt Frostgefahr vorhanden.

Entsprechend den ungarischen Vorschriften soll die Gründungsebene bei bindigem oder halbbindigem Boden mindestens 80 cm, bei mehr als 300 m über Meeresspiegel mindestens 100 cm, in körnigem Boden dagegen 80 cm und unter 300 m Höhe über der Meereshöhe mindestens 50 cm tief unter dem Geländeniveau angenommen werden (M. Sz. 15004). Nach deutschen Angaben (Grundbau-Taschenbuch, Bd. I, S. 391) soll die Eindringungstiefe des Frostes in der Ebene mit maximal 80 cm, in höheren Lagen bis zu 120 cm und mehr aufgenommen werden, je nachdem die atmosphärische Kälte auf den Baugrund einwirkt.

c) Bodenschichtung

Die obigen Mindestgründungstiefen sind selbstverständlich nur dann zulässig, wenn die durch die Flächengründung übertragenen Belastungen die zulässige Bodenspannung der unmittelbar belasteten Bodenschicht bzw. die auf größere

Tiefen übermittelten Spannungen die *zulässigen Bodenspannungen* der tiefergelegenen Schichten *nicht übertreffen.*

Da die Bruchbelastung des Bodens im allgemeinen mit der Formel

$$p_t = t \cdot \gamma \cdot V_b + c \cdot V_c + b \cdot \gamma \cdot V_g \tag{180}$$

gekennzeichnet werden kann (vgl. Band I, Formel 53), können wir annehmen, daß die Tragfähigkeit mit der Tiefe t linear wächst. (Obgleich die Widerstandsfaktoren V_b und V_g ebenfalls mit der Tiefe zunehmen, erfolgt Zunahme eigentlich nach einer höheren Potenz!)

Die von der Flächengründung übertragenen Spannungen vermindern sich mit der Tiefe anfangs schneller, später aber in abnehmendem Maße (nach der Theorie von MICHELL, STEINBRENNER, NEWMARK, KÖGLER, JÁKY, vgl. Bd. I, S. 231, Punkt IV).

Wenn wir daher die Sohle der Flächengründung so wählen, daß die übertragene spezifische Spannung $p_0 = P/F$ die Grenzspannung der obersten belasteten Schicht

$$\sigma_{H0} = p_{(t)}/n \tag{181}$$

nicht übertrifft $(p_0 \leqq \sigma_{H_0})$, dann haben wir die Bemessung hinsichtlich der obersten, unmittelbar belasteten Schicht durchgeführt.

Doch kann es bei geschichteten Boden vorkommen, daß die unteren Schichten mit geringerer Tragfähigkeit auf die Breite und Tiefe der Flachgründung maßgebend werden. Als Nachweismethode kann folgendes Verfahren empfohlen werden: zuerst konstruiert man das die Abnahme der Vertikalspannungen darstellende σ_z-Spannungsdiagramm und vergleicht dessen Werte in jeder Schicht

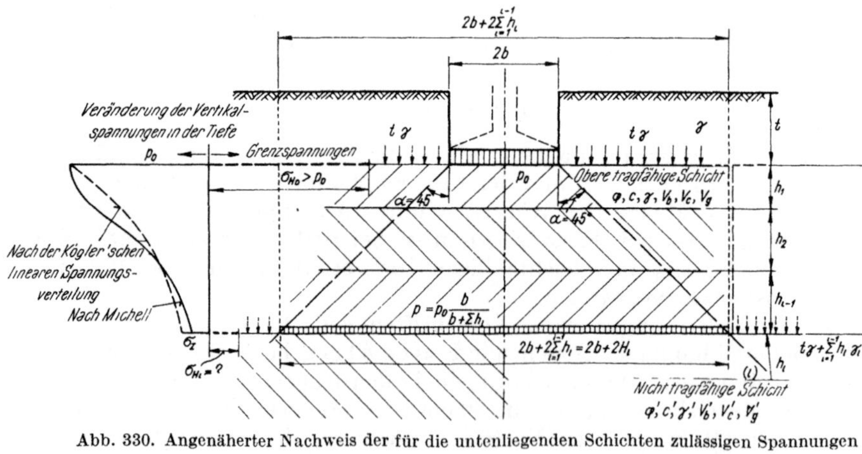

Abb. 330. Angenäherter Nachweis der für die untenliegenden Schichten zulässigen Spannungen

mit deren kennzeichnenden Grenztragfähigkeitswerten σ_H. Diese Grenztragfähigkeitswerte gelten aber nach den Annahmen der bekannten Bruchtheorien (vgl. Bd. I, S. 153) nur für die in der Gründungsebene wirkenden Bruchbelastungen.

Auf Grund der Köglerschen linearen Spannungsverteilung läßt sich die Aufgabe *nach Vorschlag des Verfassers* annähernd auf folgende Weise lösen:

Es wird angenommen, daß sich die Breite der lastübertragenden Sohlfläche vergrößert, wie sich auch die Spannungen nach KÖGLER unter 45° nach der Tiefe zu verbreitern.

Die Breite des auf der untersuchten Schicht „i" liegend gedachten Gründungskörpers darf also nicht mit $2b$, sondern mit $2\left[b + \sum_{i=1}^{i-1} h_i\right]$ angenommen werden (Abb. 330). Im Verhältnis mit der Tiefe nimmt die Seitenbelastung zu und bringt auch eine Vergrößerung der Bruchfestigkeit des Bodens mit sich. Es soll daher in dem die Seitenbelastung enthaltenden Glied: $t \cdot \gamma$ die über der untersuchten Schicht liegende volle geologische Auflast $\sum_{i=1}^{i-1} h_i \cdot \gamma_i$ betrachtet werden. Zugleich vergrößert sich die Bruchlast mit dem gleichen Wert. Mit der Einführung der Bezeichnung $\sum_{i=1}^{i-1} h_i \cdot \gamma_i = S_i$ läßt sich die Grundgleichung (180) wie folgt schreiben:

$$p_{(ti)} + S_i = (t \cdot \gamma + S_i) \cdot V_b' + c' \cdot V_c' + (b \cdot \gamma + S_i) \cdot V_g'. \tag{182}$$

Gleichfalls wird die auf Grund der linearen Spannungsverteilung berechnete lotrechte Bodenspannung

$$\sigma_{zi} = p_0 \cdot \frac{b}{b + \sum_{i=1}^{i-1} h_i} \tag{183}$$

mit der Einführung der Bezeichnungen

$$\sum_{i=1}^{i-1} h_i = H_i \qquad \text{und} \qquad \frac{p_{ti}}{n} = \sigma_{Hi}$$

und nach Einführung der Werte der Gleichungen (181) bis (183) zur grundlegenden Voraussetzung:

$$\sigma_{zi} \leqq \sigma_{hi} \qquad \text{d. h.}$$

$$p_0 \cdot \frac{b}{b + H_i} \leqq \frac{(t \cdot \gamma + S_i)\, V_b' + c' \cdot V_c' + (b \cdot \gamma + S_i)\, V_g' - S_i}{n} \tag{184}$$

oder die Ungleichmäßigkeit auf $p_0 = \sigma_{H_0}$ gelöst, wird

$$\sigma_{H0} \leqq \frac{(b + H_i)\,[(t \cdot \gamma + S_i)\, V_b' + c' \cdot V_c' + (b \cdot \gamma + S_i)\, V_g' + S_i]}{b \cdot n}. \tag{185}$$

In diesem Zusammenhang bezeichnen V_b', V_c', V_g' die Widerstandsglieder der betreffenden Schicht „i", die mit der Kenntnis der bodenphysikalischen Kennwerte φ' und c' aus Tafeln (Bd. I, Tafel IX) entnommen werden können, während die Werte t, b, S_i und H_i von der Annahme der Gründungsebene, der Gründungsbreite und der anstehenden Bodenschichten abhängige Zahlenwerte darstellen, auf Grund deren sich die Tragfähigkeit einer jeden überlastet erscheinenden Schicht nachweisen läßt. Wenn die Ungleichmäßigkeit (185) mit den Angaben nicht befriedigt, kann die Lösung durch die Veränderung der b-, t- und H_i-Werte erreicht werden. Es soll also entweder die Gründungsebene höher gesetzt oder die Gründungsbreite kleiner gewählt werden. Diese Maßnahmen können nur durch die Herabsetzung der Belastung oder durch die künstliche Verfestigung der oberen Bodenschichten erreicht werden (vgl. auch Kézdi: Bodenmechanik, Bd. 2, S. 183—185).

Es kann auch vorkommen, daß die Gründungstiefe — entweder wegen der erwünschten Entlastung der unteren weichen Bodenschichten — oder wegen des hohen Grundwasserspiegels und wegen Vermeidung der kostspieligen Entwässerung herabgesetzt werden soll. Dies kann sowohl durch die Verringerung der σ_z-Werte als auch durch die Vergrößerung der σ_{H_0}-Werte der obersten Bodenschicht erzielt werden. Die Abnahme der σ_z-Werte in der Tiefe war schon aus Abb. 330 ersichtlich, doch kann sie noch gesteigert werden, wenn bei der Ermittlung der σ_z-Werte auch der Einfluß der Gründungstiefe betrachtet wird (vgl. Bd. I, S. 290).

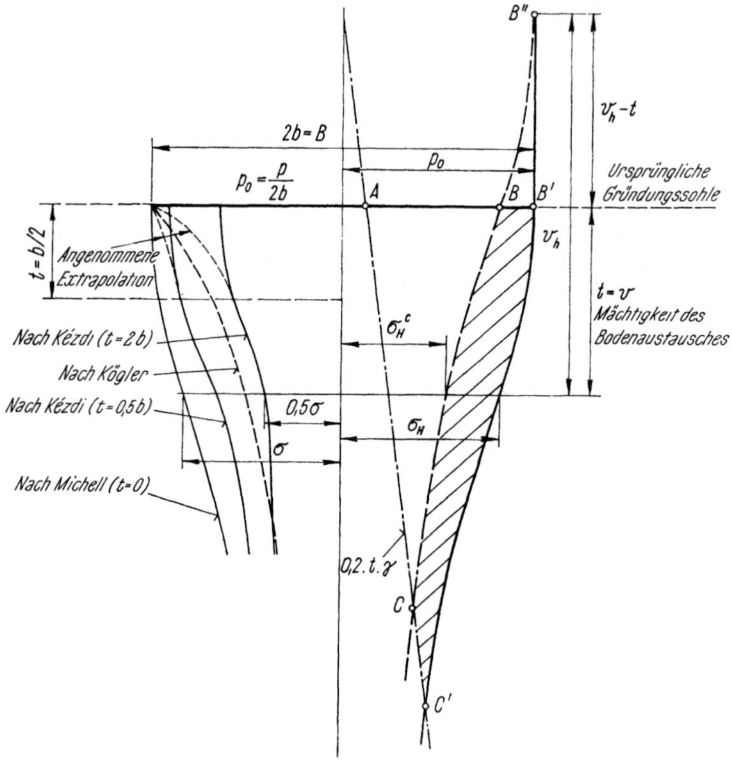

Abb. 331. Einfluß der Gründungstiefe und einer zwischengeschalteten Austauschschicht auf die Spannungsverbreitung unter einem Streifenfundament

Wie aus den auf der linken Seite der Abb. 331 aufgezeichneten Kurven ersichtlich, vergrößert sich diese Abnahme um so mehr, je größer die mit der Gründungsbreite verglichene relative Tiefe ist. Vom Verhältnis $t = b/2$ ab, beträgt die Verminderung im Vergleich zu den Werten von Michell schon ungefähr 50% (vgl. Bd. I, S. 260, Gl. 174). Auf der rechten Seite der gleichen Abbildung wird die spannungsvermindernde Wirkung einer eingeschalteten Bodenaustauschschicht (Polster) veranschaulicht.

Es zeigt sich also, *daß bei nicht ausreichender Tragfähigkeit der obersten Schicht, sowohl die Erhöhung der Grenzspannung σ_{H_1} als auch die Herabsetzung der Vertikalspannungen σ_z* bereits bei einer relativ kleinen Schichtdicke *genügen dürfte, um die Tieferlegung der sonst günstig angenommenen Gründungsebene zu vermeiden* oder umgekehrt die gegebenenfalls günstige Höherlegung derselben ermöglichen zu können.

Eine Steigerung der Grenzspannung σ_{Hi} kann mittels künstlicher Bodenverfestigung erreicht werden. Der Ausbreitungsbereich, z. B. im Falle einer Tragfähigkeitsverdoppelung, dürfte sich auf der linken Seite der Abb. 331 nur bis eine dem Viertel der Gründungsbreite entsprechenden Tiefe erstrecken. Bei körnigen Böden ist dies durch eine Rüttelverdichtung, bei bindigen Böden hingegen durch eine Entwässerung der Gründungssohle sehr einfach und wirtschaftlich zu erreichen.

Sehr zweckmäßig kann sich in diesen Fällen auch *die Anwendung eines Bodenaustausches* (Polster) erweisen. Die Austauschschicht wird nämlich nicht nur eine größere Grenzspannung (von σ_{H_0} auf σ'_{H_0}) aufweisen, sondern wird auch die auf die etwaigen untenliegenden weicheren Schichten entfallenden Bodenspannungen herabsetzen (von σ_H auf σ'_H) (vgl. auch Abb. 350).

Es darf nämlich nach Pokrowskij (Bd. I, Gl. 237) die ursprüngliche Dicke v des Austauschbodens von größerer Tragfähigkeit — hinsichtlich der Spannungsverteilung — einer größeren Ersatzdicke $v_h = v\sqrt{\frac{E_1 \cdot \gamma_2}{E_2 \cdot \gamma_1}}$ gleichwertig angenommen werden. Dementsprechend kann die Anfangsordinate der korrigierten Spannungskurve p'_0 hinsichtlich der auf die untenliegende weiche Schicht an fallenden Bodenspannungen — dieser Ersatzdicke entsprechend höher angenommen werden. Gleichzeitig wird — wie schon erwähnt — die von σ_{H_0} auf σ'_{H_0} erhöhte Grenzspannung des Austauschbodens auch der lotrechten Anfangsspannung $p'_0 = \sigma_z$ überlegen sein.

Es ist mit der Tieferlegung der Gründungsebene gleichwertig und *bedeutet auch eine entsprechende Erhöhung der Bruchspannung* nach Gl. (180), *wenn der Grundkörper tiefer gerammte Spundwände aufweist* und damit der durch seitliches Ausweichen des Bodens entstehende Grundbruch unmittelbar unter der Grundsohle verhindert wird (Abb. 332 u. vgl. Abb. 437). Dieses Vorgehen kann sich hauptsächlich bei Entwässerungsschwierigkeiten z. B. in *Fließsandböden* als sehr vorteilhaft erweisen.

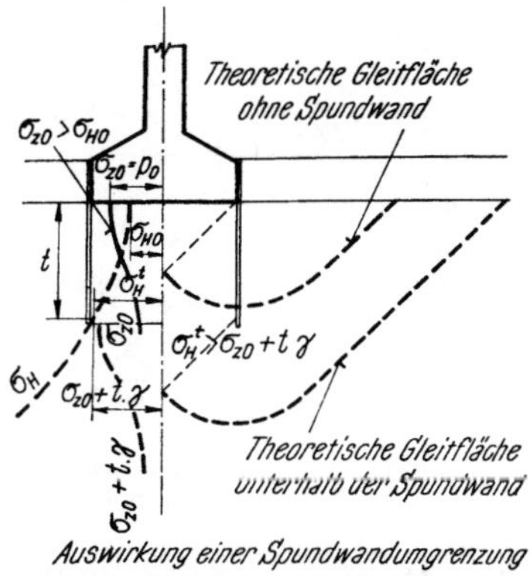

Abb. 332. Einfluß einer Spundwandumschließung auf die Tragfähigkeit der Streifengründung

d) Grundwasserverhältnisse

Die anhand der Schichtenfolge und Tragfähigkeit bestimmte Wahl der Gründungsebene kann durch die Grundwasserverhältnisse geändert werden, z. B. wenn die dadurch bestimmte Ebene nur wenig unter dem Grundwasserspiegel liegen soll. Durch die beschriebene Anwendung von Bodenaustausch und künstlicher Bodenverfestigung ist es möglich, sie oberhalb des Wasserspiegels zu bringen.

Wenn aber die erforderliche Gründungsebene sich beträchtlich tiefer als der Grundwasserspiegel befindet, dann ist eine wirtschaftliche Untersuchung notwendig, ob eine einfache Tiefgründung (Pfahl- oder Brunnen) nicht vorteilhafter als die Herstellung einer tiefliegenden Flachgründung mit allen Nachteilen der etwaigen Umschließung, Entwässerung usw. ist.

Bei Gründungsmaßnahmen in offenen bzw. fließenden Gewässern, muß bei der Wahl der Gründungstiefe auch der Umstand berücksichtigt werden, daß wegen der Behinderung des Wasserabflusses oder wegen anderweitiger im Flußlauf eingebauter Bauwerke, wie Objekte der Wasserregulierung, Ufermauern, Baggerung usw., die Stromlinie sich verlagern und das Strombett sich vertiefen kann. Deshalb muß die Gründung oder die fest eingebauten Umschließungselemente, wie

z. B. Spundwände, aus Sicherheitsgründen *gegen Ausspülungsgefahr* mindestens *um ein der halben Gründungsbreite entprechendes Maß unter die Bettsohle niedergebracht werden*, ungeachtet der Grenztragfähigkeit der im Flußbett anstehenden Bodenschichten.

e) Konstruktion und Bestimmung des Bauwerkes

Die Gründungsebene der Tragwände, Pfeiler und Säulen muß manchmal aus baulichen und Sicherheitsgründen wegen der Benützung bestimmter Räume (z. B. Kellergeschoß, Lagerplätze, Betriebsecken, Schächte, Pfeiler usw.) oder wegen der Nähe eventuell vorher errichteter unterirdischer Bauwerke (Maschinenfundamente, Betriebstunnels, Leitungen usw.) genau festgestellt werden.

Eine gleiche Festlegung ergibt sich bei der Höhenlage und Anordnung der Grundwerke benachbarter, schon anstehender oder in Zukunft zu errichtender Bauwerke. Es soll nicht nur darauf geachtet werden, daß sie außerhalb des Spannungsverteilungsbereiches der Gründung tiefer liegen dürfen, sondern daß die Spannungsüberlagerung nicht unzulässige Mehrspannungen, Mehrsetzungen und Schrägstellungen verursachen können (Abb. 333). Zum Beispiel soll der Abstand der auf Lockerboden gelagerten benachbarten Fundamente so gewählt werden, daß der Neigungswinkel der die gegenüber liegenden Eckpunkte verbindenden Geraden den Wert von φ (natürlicher Reibungswinkel des Bodens) nicht übertrifft. Wird jedoch ein Fundament auch dynamisch beansprucht, darf der Wert $\varphi/2$ nicht überschritten werden.

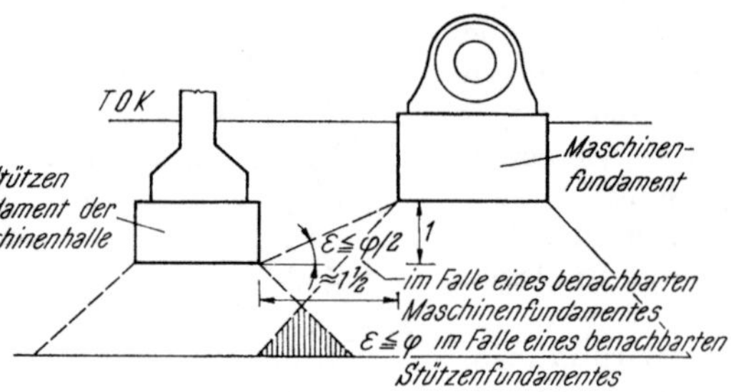

Abb. 333. Durch die Nachbarfundamente bedingte minimale Gründungstiefe

f) Grundbruchgefahr

Schließlich kann die Gründungstiefe in gewissen Fällen entlang einer ebenen oder kreisförmigen Gleitfläche mit der Gefahr des vollen Grundbruches verbunden sein, die besonders im Falle ausmittig oder schräg belasteter Fundamente geprüft werden muß.

Die Bestimmung der zulässigen Bodenspannungen ist bekanntlich auf den Nachweis des symmetrischen Grundbruches aufgebaut. Der hier zu behandelnde einseitige Grundbruch kann mit den halbgraphischen Methoden untersucht werden, auf die hier nur kurz eingegangen werden soll (Grundbautaschenbuch, I. Band, S. 107, und KREY: Erddruck u. Erdwiderstand S. 122). Nur eine bekannte Methode soll hier anhand Abb. 334 in Form eines Beispiels vorgeführt werden:

Man nimmt probeweise zuerst eine kreisförmige Gleitfläche XY mit dem Mittelpunkt O_1, dann eine zweite UV mit dem Mittelpunkt O_2 an, teilt die von der Geländeoberfläche und Gleitfläche begrenzte Masse in Lamellen auf und bestimmt das Gewicht ($G_0, \ldots, G_7$) und die in Richtung der Gleitfläche fallenden ($T_0, \ldots, T_7$) sowie die in deren Normalen liegenden ($N_0, \ldots, N_7$) Komponente der Teilflächen 0 bis 7. (Das Eigengewicht der Gründung und des Bauwerkes muß natürlich mitberechnet werden.) Nach Kenntnis dieser Komponente wird untersucht, ob die entlang der Gleitfläche wirkenden Verschiebungskräfte $\sum_{i=0}^{7} T_i$ die vorhandenen entgegenwirkenden Widerstandskräfte — die entsprechend dem Scherwiderstand des Bodens und der Grundgleichung $t = c + n \cdot \mathrm{tg}\,\varphi$ sich aus der Summe $\sum L \cdot c + \sum_{i=0}^{7} N_i \cdot \mathrm{tg}\,\varphi_i$ zusammensetzen — nicht übertreffen. Die maßgebende von den angenommenen kreisförmigen Gleitflächen ist diejenige,

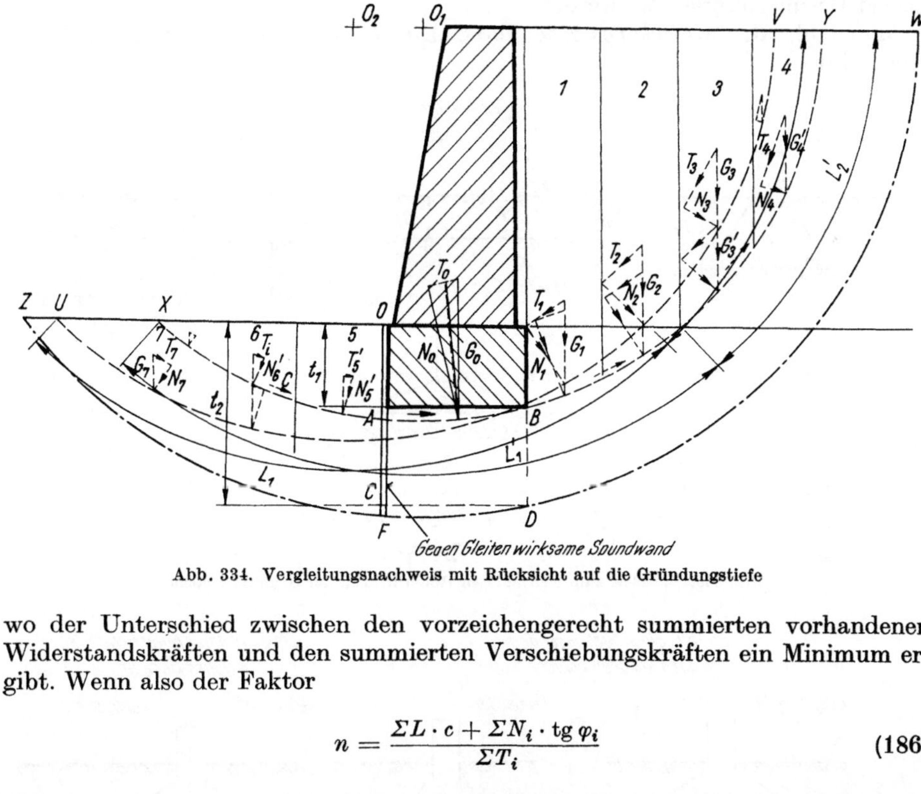

Abb. 334. Vergleitungsnachweis mit Rücksicht auf die Gründungstiefe

wo der Unterschied zwischen den vorzeichengerecht summierten vorhandenen Widerstandskräften und den summierten Verschiebungskräften ein Minimum ergibt. Wenn also der Faktor

$$n = \frac{\Sigma L \cdot c + \Sigma N_i \cdot \mathrm{tg}\,\varphi_i}{\Sigma T_i} \tag{186}$$

den vorgeschriebenen Sicherheitswert unterschreitet, oder sogar nicht einmal die Einheit erreicht, so muß die erforderliche Sicherheit entweder durch die Tieferlegung der Gründungssohle (durch die Verlegung der Ebene AB auf die Ebene CD) oder durch die Einrammung einer — das Gleiten verhindernden — Spundwand (CF) erzielt werden. (Gegen Gleiten wird natürlich nur eine genügend biegesteife Spundwand wirksam sein!)

Die Gefahr des Gleitens (Grundbruches) soll in erster Linie in plastischbindigen Böden untersucht werden, wo eine kleine Scherfestigkeit vorhanden ist. Hier nähert sich das Glied $N \cdot \mathrm{tg}\,\varphi$ Null, und das Glied $c \cdot L$ wird bei Durchnässung ebenfalls beträchtlich herabgesetzt.

Die vorangehenden Erwägungen haben die Bedeutung und den Einfluß der — die Wahl der Gründungsebene auch theoretisch beeinflussenden — verschiedenen Faktoren hervorgehoben. In der Natur verhindert es die wechselhafte Bodenschichtung, daß für die Bestimmung der Gründungstiefe theoretische Zusammenhänge von allgemeiner Gültigkeit aufgestellt werden können. Es wird empfohlen, mehrere Alternativen miteinander zu vergleichen und jene, die wirtschaftlich und technisch die größten Vorteile bieten, zu benutzen. Es sind doch meistens die praktischen Gesichtspunkte der Ausführung und der vorhandenen Ausrüstungsmittel, die diese Frage — unter Berücksichtigung der Bodenschichtung, Entwässerung und der benachbarten Bauwerke — entscheiden.

g) Beispiele

Diese wichtigen Gesichtspunkte sollen noch im folgenden mit einigen praktischen Beispielen erläutert werden.

Man soll die *Gründungsebene* möglichst *höher verlegen*, wenn dadurch (Abb. 335)

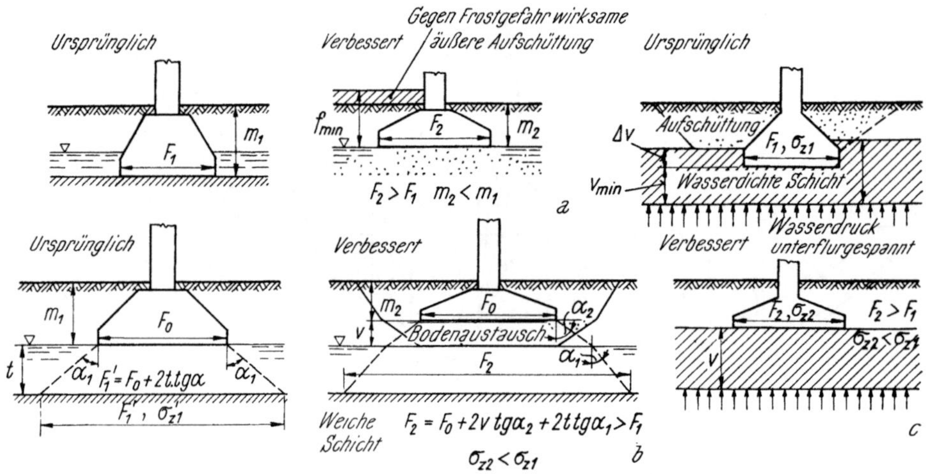

Abb. 335. Beispiele zum begründeten Höherbringen der Gründungsebene

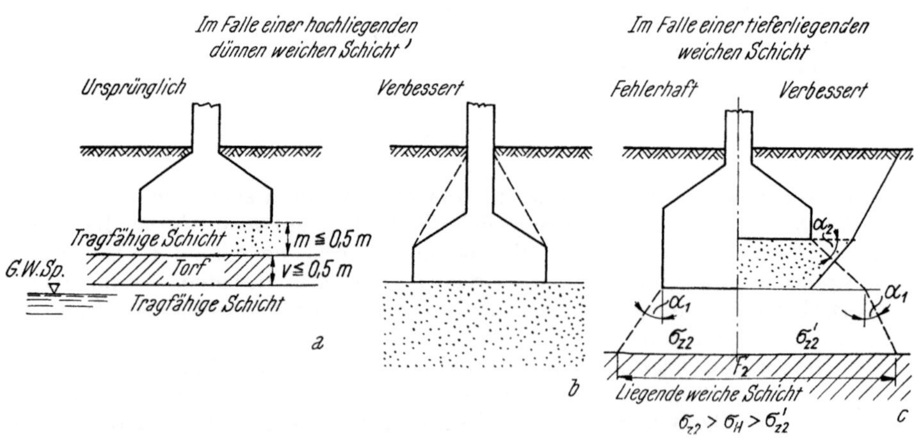

Abb. 336. Beispiele zum begründeten Tieferlegen der Gründungsebene

a) Entwässerungsarbeiten eingespart werden können,

b) die auf den unten anstehenden weicheren Schichten entfallenden Spannungen auf ein zulässiges Maß herabgesetzt werden können,

c) eine unzulässige Schwächung einer den Wasserdruck absperrenden Tonschicht vermieden werden kann.

Sollte man mit der Höherlegung der Gründungsebene der Erdoberfläche so nahekommen, daß die vorgeschriebene Frosteindringungstiefe (f) nicht einzuhalten ist, muß die Frostgefahr durch den Einbau eines Kiessandpolsters oder durch eine künstliche Aufschüttung der Geländeoberfläche bekämpft werden (vgl. Abb. 335).

Es gibt natürlich auch Fälle, wo sich eine *Tieferlegung* der vorgesehenen Gründungsebene als vorteilhaft erweist (Abb. 336).

Wenn z. B. unterhalb der vorgesehenen Gründungsebene in geringer Tiefe verhältnismäßig dünne Torf- oder weiche Tonschichten anstehen, die bei starker Zusammendrückung große Setzungen verursachen, wird sich der Aushub dieser Schichten und damit eine Tieferlegung der Gründungsebene als zweckmäßig erweisen (a). Wenn die tragfähige Schicht von stark zusammendrückbaren weichen Schichten unterlagert wird, die durch die Tieferlegung der Gründungsebene über ihre zulässige Grenze beansprucht werden, wird es zweckmäßiger sein, die Gründungsebene in der ursprünglichen Höhe liegen zu lassen und die zu beseitigende Torfschicht durch eine stark verdichtete Bodenaustauschschicht zu ersetzen. Durch die große Lastverteilungsfähigkeit des Bodenaustausches wird die unten anstehende weiche Schicht entlastet.

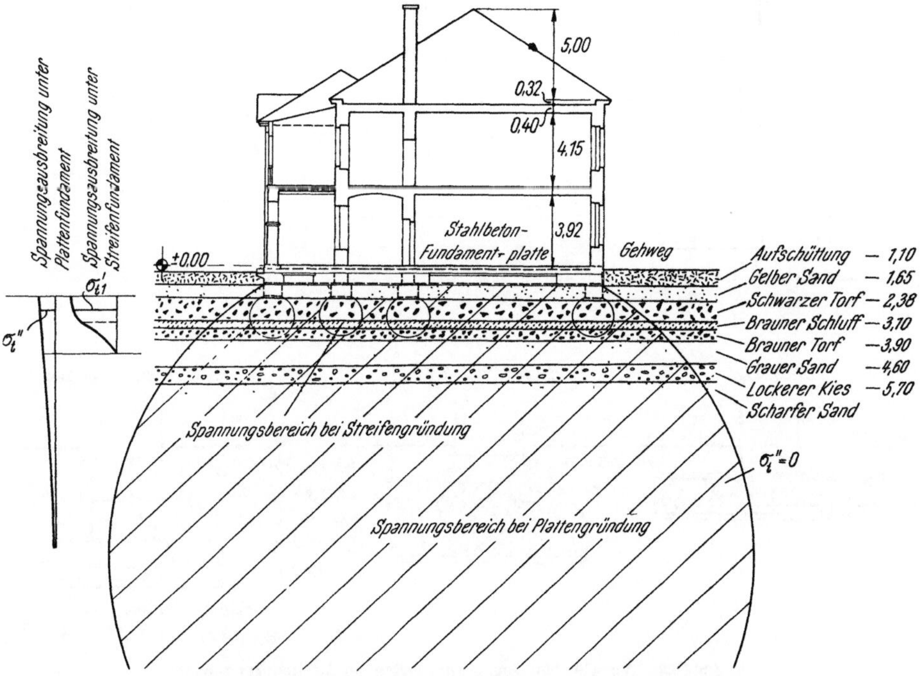

Abb. 337. Beispiel zur begründeten Vergrößerung der Gründungsbreite

Das Höherbleiben mit der Gründungsebene ist auch dann am Platze, wenn die stark zusammendrückbare Schicht (z. B. Torf) sich unterhalb des Grundwasserspiegels befindet, ihre Beseitigung im Grundwasser trotz geringer Mächtigkeit auf beträchtliche Schwierigkeiten stößt und darunter wieder eine tragfähige Schicht folgt. Es kann in diesem Falle z. B. zweckmäßig sein, die spezifischen Bodenspannungen herabzusetzen und statt der vorgesehenen Streifengründung eine Plattengründung anzuwenden (Abb. 337). Dadurch wird die Zusammendrückung der in ihrer ursprünglichen Lage gelassenen Torfschicht vermindert.

Die Spannungsbereiche werden durch die größere Breite tiefer hinabreichen und sich auch auf die unteren Schichten ausstrecken. Da diese eine größere Festigkeit aufweisen, kann die Zusammendrückung in Hinsicht auf die durch die Spannungsverminderung in der weichen Schicht erzielten Einsparungen vernachlässigt werden.

2. Konstruktion und Bemessung der Streifengründung

a) Die Bemessung der Streifengründungen

Die Abmessungen der Streifengründungen werden teils durch die zulässigen Bodenspannungen, teils durch die Biegefestigkeit des Baustoffes der Gründung und des aufgehenden Mauerwerks bestimmt. Da die Festigkeit des von der Gründung unterstützten Mauerwerkes die des Bodens wesentlich übertrifft, ist es immer erforderlich, die Streifengründung konsolartig auf eine oder auf beiden Seiten hin zu verbreitern. Damit soll erreicht werden, daß die auf den Boden zu

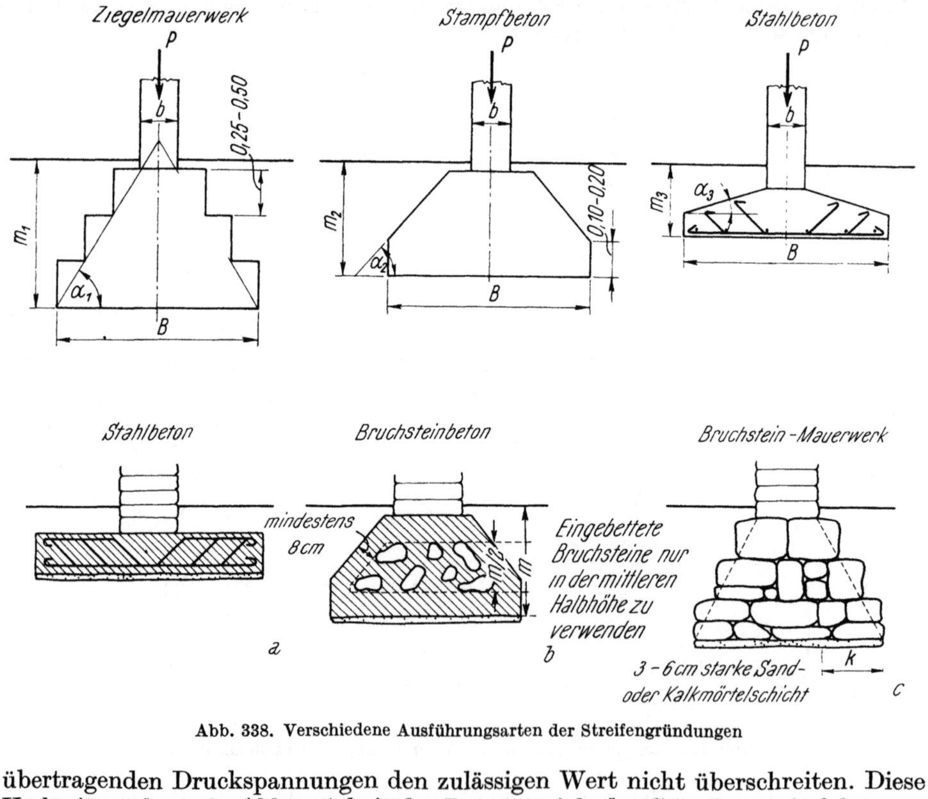

Abb. 338. Verschiedene Ausführungsarten der Streifengründungen

übertragenden Druckspannungen den zulässigen Wert nicht überschreiten. Diese Verbreitung kann in Abhängigkeit des Baumaterials der Gründung wie folgt ausgeführt werden:

a) *stufenartig* (beim Ziegelmauerwerk),
b) *mit einer schrägen Ebene begrenzt* (Beton) oder
c) *durch eine auskragende Platte* (Stahlbeton).

Je kleiner die Biegefestigkeit des Mauerwerkes ist, desto tiefer muß die Gründung verlegt sein, um die von der zulässigen Bodenspannung (σ_H) bestimmten

Gründungsbreite $B = \frac{P}{\sigma_H \cdot 1}$ zu sichern. Die Verbreitung des Gründungsstreifens läßt sich nämlich in Abhängigkeit des Materials unter verschiedenen Ausbreitungswinkeln entwerfen. Die kleinste Gründungstiefe (m_3) ergibt sich bei Stahlbetonstreifen (s. Abb. 338c), die größte (m_1) dagegen bei Ziegelmauerwerk (s. Abb. 338a).

Die Streifengründung darf in statischer Hinsicht als ein umgekehrter Konsolträger betrachtet werden. Er wird durch das durchlaufende auflastende Mauerwerk von oben gestützt, durch die ausgelöste Bodenspannung belastet und auf Biegung beansprucht. Wegen ihrer kleinen Auskragungslänge und ihrer beträchtlichen Dicke dürfen die Streifengründungen einerseits als unendlich steif angesehen werden, andererseits können ihrer Querschnitte wegen ihre überwiegenden Längsabmessungen als ebene Träger für die Längeneinheit bemessen werden.

Eine Streifengründung soll so bemessen werden, daß

a) *die entstehenden Sohlspannungen die zulässigen Bodenspannungen nicht übertreffen* (Bestimmung der Breitenabmessungen),

b) *die infolge der Sohlspannungen als Außenbelastung im Grundkörper hervorgerufenen Biegespannungen den zulässigen Wert des Grundkörpermaterials nicht überschreiten* (Bestimmung der Höhenabmessungen).

Bei der Bestimmung der Breitenabmessungen soll man von der Größe der Beastung und der zulässigen Bodenspannung ausgehen. Die Grundgleichung lautet:

$$\sigma_H = \frac{P}{F} = \frac{P}{B \cdot 1}; \qquad B = \frac{P}{\sigma_H \cdot 1},$$

wobei P die äußere Belastung auf 1 m Länge, B die volle Breite des Streifens und σ_H die zulässige Bodenspannung bedeutet. Der Wert $\sigma_H = p_{(t)}/n$ ist aber — wie bekannt — von der Bruchspannung $p_{(t)}$ des Bodens und diese wiederum auch von der Breite der Gründung abhängig (Bd. I, Gl. 53). $p_{(t)}$ ist durch die Lösung folgender Gleichung zu erhalten:

$$p_{(t)} = n \cdot \sigma_H = t \cdot \gamma \cdot V_b + c \cdot V_c + \frac{B}{2} \cdot \gamma \cdot V_g = \frac{P}{B \cdot 1} \cdot n$$

und

$$B^2 \cdot \gamma \cdot V_g + 2B(t \cdot \gamma \cdot V_b + c \cdot V_c) - 2P \cdot n = 0. \tag{187a}$$

Darin bedeuten V_b, V_c und V_g die gegen Grundbruch wirksamen Tragfähigkeitsbeiwerte (vgl. Bd. I, Tafel IX), n den Sicherheitsfaktor, t die Gründungstiefe, γ das Raumgewicht und c die Haftfestigkeit des Bodens. Es ist auch üblich, die Breite auf Grund einer Deformationsformel (vgl. Bd. I, S. 214), z. B. der Formel von MASLOW, mit Umgehung des Sicherheitsfaktors unmittelbar zu bestimmen (vgl. Bd. I, Gl. 117):

$$\frac{\pi(B \cdot \gamma \cdot \operatorname{tg} \varphi + t \cdot \gamma + c \cdot \operatorname{cotg} \varphi)}{\operatorname{cotg} \varphi + \varphi - \pi/2} + t \cdot \gamma = \frac{P}{B \cdot 1}.$$

Für B ergibt sich folgende Gleichung:

$$B^2 \cdot \pi \cdot \gamma \cdot \operatorname{tg} \varphi + B[t \cdot \gamma(\pi/2 + \operatorname{cotg} \varphi + \varphi) + c \cdot \operatorname{cotg} \varphi] - \\ - P(\operatorname{cotg} \varphi + \varphi - \pi/2) = 0. \tag{187b}$$

Die Bestimmung der Höhe des Gründungsstreifens erfolgt auf Grund folgender Überlegungen.

Wird die auf die Längeneinheit der in Abb. 339 dargestellten Streifengründung fallende äußere Belastung mit P, ihr Eigengewicht mit P' bezeichnet und ist das Gewicht der über die auskragende Sohle des Streifens zurückgeschütteten Erdmasse G_E, dann erhält man eine gleichmäßig verteilte Sohlspannung von der Größe

$$\sigma_i = \frac{P + P' + 2G_E}{B}$$

Betrachtet man jetzt die Streifengründung eines von oben gestützten Konsolträgers, so erhält man das auf einen beliebig gewählten Querschnitt (x — x) wirksame Biegemoment als:

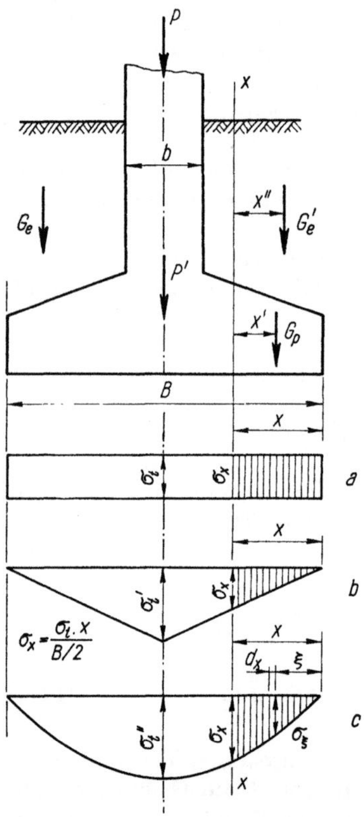

Abb. 339. Auf ein Streifenfundament aufzunehmende Belastungen mit verschiedenen Sohlspannungsverteilungsfiguren

$$M_x = \frac{\sigma_t \cdot x^2}{2} - Gx' - G'_E \cdot x'',$$

wobei G_P den Eigengewichtsanteil der Streifengründung, G'_E den der Erdaufschüttung bezeichnet (vom Querschnitt $x - x$ bis Konsolende berechnet).

Die auf Querschnitt $x - x$ wirksame Querkraft wird

$$Q_x = \sigma_t \cdot x - G_p - G'_E$$

Im Falle einer dreieckförmigen Sohlspannungsverteilung ergeben sich die Werte M_x und Q_x auf Grund ähnlicher Überlegungen:

$$M_x = \frac{\sigma_x \cdot x}{2} \cdot \frac{x}{3} - G_P \cdot x' - G'_E \cdot x'' =$$

$$= \frac{\sigma'_t \cdot x^3}{3B} - {}_P G \cdot x' - G'_E \cdot x''$$

und

$$Q_x = \frac{\sigma_x \cdot x}{2} - G_P - G'_E = \frac{\sigma_t \cdot x^2}{B} - G_P - G_E;$$

$$\sigma'_t = 2\sigma_t$$

und bei parabelförmiger Sohldruckverteilung:

$$\sigma'' = {}^3/_2\, \sigma_t.$$

Es wird ferner

$$M_x = \int_{\xi=0}^{\xi=x} \sigma \xi (x - \xi)\, dx - G_P \cdot x' - G_E \cdot x''$$

und

$$Q_x = \int_{\xi=0}^{\xi=x} \sigma \cdot dx - G_P - G'_E.$$

Die Bemessung des Streifengründungsquerschnittes geschieht dann mit der Kenntnis des wirksamen Biegemomentes und der wirksamen Querkraft, wie die eines auf Biegung beanspruchten ebenen Konsolträgers.

Die Verteilung der Sohlspannungen spielt also bei der Bemessung der Streifengründungen eine wichtige Rolle, die wiederum von der Bodenbeschaffenheit, der Belastung und der Starrheit der Gründung abhängt (vgl. Bd. I, Kap. F).

Für die Bemessung der erforderlichen Querschnitthöhe oder Dicke der mit schrägen Ebenen oder stufenartig begrenzten Streifengründungen können einfache Zusammenhänge abgeleitet werden, wenn die zulässigen Spannungen des Bodens und des als homogen angenommenen Gründungsmaterials bekannt sind und der Einfluß des Eigengewichts und der Erdaufschüttung vernachlässigt wird.

Nach den Bezeichnungen der Abb. 340 wird die im Querschnitt $x-x$ auftretende Biegespannung $\left(x = \frac{B-b}{2}!\right)$:

a) *im Falle gleichmäßiger Sohlspannungsverteilung:*

$$Q_h = \pm \frac{M_x}{W} = \frac{M_x}{\frac{1 \cdot m^2}{6}} = \frac{\sigma_H \cdot x^2}{2} \cdot \frac{6}{1\, m^2} = \frac{3x^2 \cdot \sigma_H}{m^2}$$

die erforderliche Querschnittshöhe ist:

$$m \geqq x \cdot \sqrt{\frac{3\sigma_H}{\sigma_h}} = \frac{B-b}{2} \cdot \sqrt{3\,\frac{\sigma_H}{\sigma_h}} \qquad (188\,a)$$

oder der zulässige Neigungswinkel der die Gründung begrenzenden Fläche:

$$\operatorname{tg} \alpha_a = \frac{m}{x} = \sqrt{3\,\frac{\sigma_H}{\sigma_h}}$$

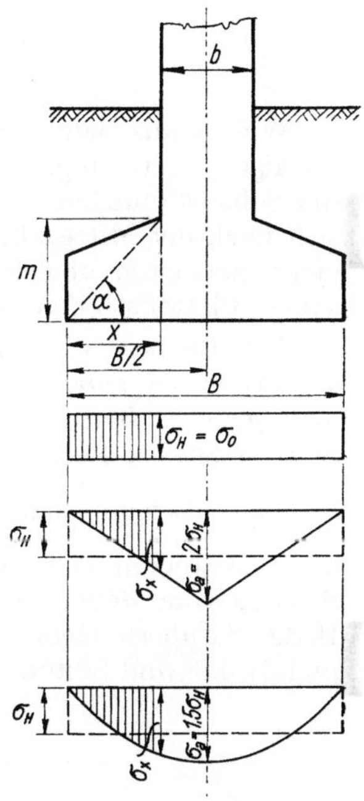

Abb. 340. Bemessung der Streifengründungen

b) *Im Falle der die Glockenform ersetzenden dreieckförmigen Sohlspannungsverteilung* wird $\sigma_a = 2\sigma_H$, und auf Grund ähnlicher Dreiecke schreibt sich

$$\frac{2\sigma_H}{B/2} = \frac{\sigma_x}{x} \qquad \text{und} \qquad \sigma_x = \frac{4\,\sigma_H \cdot x}{B}$$

damit wird das im Querschnitt auftretende Biegemoment

$$M_x = \frac{\sigma_x \cdot x}{2} \cdot \frac{x}{3} = \frac{4}{6} \cdot \frac{\sigma_H \cdot x^3}{B}$$

und die Biegebeanspruchung des Gründungsstreifens

$$\sigma_h = \frac{M_x}{W} = \frac{4\sigma_H \cdot x^3}{6B} \cdot \frac{6}{1\, m^2} = \frac{4\sigma_H \cdot x^3}{B \cdot m^2}$$

die erforderliche Querschnittshöhe ist

$$m \geqq \sqrt{\frac{4x^3}{B} \cdot \frac{\sigma_H}{\sigma_h}} = 2\sqrt{\frac{x^3}{B} \cdot \frac{\sigma_H}{\sigma_h}} \qquad (188\,b)$$

dagegen die Neigung der Grenztangente

$$\operatorname{tg} \alpha_b = m/x \geqq \sqrt{\frac{4x}{B} \cdot \frac{\sigma_H}{\sigma_h}}$$

und wenn als Annäherung angenommen wird, daß $x \cong B/2$, dann ist

$$\operatorname{tg} \alpha_b = \sqrt{2\,\frac{\sigma_H}{\sigma_h}}.$$

c) Für eine *parabolische Sohlpressungsverteilung* lassen sich die Formeln mit ähnlichem Gedankengang ableiten als bisher. Die Höchstordinate des Parabels σ_{max} darf mit $1{,}5\sigma_H$ angenommen werden. Man erhält dann für

$$M_{max} = + \frac{\sigma_H}{48}(B^2 - 8B \cdot x + 24x^2),$$

wovon mit $\sigma_h = \frac{M_{max}}{1\,m^2} \cdot 6$; $m \geqq \sqrt{\frac{6M_x}{\sigma_h}}$ und mit der Annäherung $x \cong B/2$

$$m \geqq \frac{3}{2} x \cdot \sqrt{\frac{\sigma_H}{\sigma_h}} \quad \text{und} \quad \operatorname{tg} \alpha_a = \frac{3}{2} \cdot \sqrt{\frac{\sigma_H}{\sigma_h}}. \tag{188c}$$

Wie es aus dem Vorangehenden erhellt, ergeben die dreieck- und parabelförmigen Verteilungen kleinere Grundkörperhöhen. In der Wirklichkeit werden die Sohlspannungen — wegen der größeren Biegsamkeit der Streifenränder — sich nach der Mitte hin konzentrieren; infolgedessen wird die Berücksichtigung einer genaueren ungleichmäßigen Verteilung der Sohlspannungen — bei biegsamen Plattenstreifen — begründet und wirtschaftlich sein.

Die Annahme einer gleichmäßigen Sohlspannungsverteilung in bindigen und in dichtgelagerten körnigen Böden unter starren Fundamenten sowie einer parabelförmigen oder dreieckförmigen Sohlspannungsverteilung in lockeren körnigen Böden unter biegsamen Fundamenten ist im allgemeinen für die Praxis zu empfehlen.

Die Auskragungslänge einer Streifengründung $\left(x \text{ bzw. } \frac{B-b}{2}\right)$ wird eben durch die Biegsamkeit begrenzt, weil sich über einer gewissen Grenze der biegsame Streifen vom Boden abhebt und nicht imstande ist, Druckspannungen auf den Boden zu übermitteln. Dieser Grenzwert kann bei gleichbleibender Plattenstärke (vgl. S. 423 und SCHOKLITSCH: Der Grundbau, S. 275) mit

$$\frac{B-b}{2} = 0{,}5\pi \cdot \sqrt[4]{\frac{4E \cdot J}{C}} \tag{189}$$

angenommen werden, worin EJ die Steifigkeit der Gründung und C die Bettungsziffer bedeutet (vgl. S. 424).

Die Kenntnis des Lastverbreitungswinkels α ermöglicht den glatten Entwurf der Streifengründung und die einfache Bestimmung der Gründungstiefe. In der Praxis sind üblicherweise die Mauerbreite b, die Sohlspannung p und die zulässige Bodenspannung σ_h gegeben. Aus der Beziehung $B = p/\sigma_H$ ist die Streifenbreite B und aus $\operatorname{tg} \alpha = m/x = \frac{2m}{B-b}$, $m = \frac{\operatorname{tg}\alpha(B-b)}{2}$ leicht bestimmbar.

Nach KÖGLER soll

bei Ziegelmauerwerk in Kalkmörtel	$\operatorname{tg} \alpha \geqq 2{,}0$
bei Bruchsteinmauerwerk in Zementmörtel	$\operatorname{tg} \alpha \geqq 1{,}5$
und bei gutem Bruchsteinmauerwerk in Zementmörtel	$\operatorname{tg} \alpha \geqq 1{,}0$

sein.

Die Ungarischen Gründungsvorschriften geben für die Lastverbreitungswerte $\operatorname{tg} \alpha$-Tafeln in Abhängigkeit von verschiedenen zulässigen Spannungen σ_H und σ_h an (Tafeln 16, 17 und Abb. 341).

Tabelle 16. *Streifengründung (bindige Böden). Gleichmäßig verteilte Sohlspannung. Werte $m/x = \mathrm{tg}\,\alpha$*

Baustoff	σ_h kg/cm²	Tragfähigkeitsgrenzwert des Bodens σ_H kg/cm²									
		1,0	1,5	2,0	2,5	3,0	4,0	5,0	6,0	7,0	8,0
Stein	$\leqq$ 5	1,96	2,52	2,90	3,49	4,16					
	10	1,85	2,32	2,68	2,99	3,29	3,92	4,81			
	15	1,82	2,26	2,60	2,88	2,13	3,64	4,16	4,81		
	$\geqq$ 20	1,80	2,23	2,57	2,82	3,07	3,49	3,92	4,44	4,98	
Ziegel (T70, H10)	$\leqq$ 5	1,37	1,85	2,30	2,73	3,18	4,90				
	10	1,27	1,66	2,01	2,30	2,57	3,05	3,54	4,25		
	15	1,25	1,61	1,93	2,20	2,42	2,82	3,18	3,54	3,97	4,55
	$\geqq$ 20	1,24	1,59	1,89	2,15	2,36	2,73	3,05	3,35	3,64	4,00
Ziegel, Mörtel (T100, H25)	$\leqq$ 5	1,22	1,68	2,11	2,54	2,97	4,47				
	10	1,15	1,52	1,82	2,11	2,37	2,84	3,30	3,87	4,82	
	15	1,13	1,46	1,75	2,01	2,20	2,63	2,97	3,30	3,67	4,15
	$\geqq$ 20	1,12	1,43	1,71	1,95	2,18	2,54	2,84	3,12	3,40	3,09
Beton (B50)	$\leqq$ 5	0,98	1,33	1,71	2,12	2,54	3,65				
	10	0,92	1,19	1,46	1,71	1,95	2,41	2,84	3,30	3,94	
	15	0,90	1,15	1,39	1,62	1,82	2,21	2,54	2,84	3,15	3,49
	$\geqq$ 20	0,89	1,14	1,36	1,58	1,77	2,12	2,41	2,67	2,92	3,18
Beton (B70)	$\leqq$ 5	0,88	1,18	1,53	1,91	2,32	3,41				
	10	0,82	1,06	1,30	1,53	1,76	2,20	2,63	3,06	3,61	4,67
	20	0,80	1,01	1,21	1,40	1,59	1,91	2,20	2,46	2,70	2,93
	$\geqq$ 30	0,79	1,00	1,18	1,36	1,53	1,83	2,10	2,32	2,53	2,71
Beton (B100)	$\leqq$ 10	0,71	0,93	1,13	1,33	1,54	1,95	2,37	2,79	3,30	4,14
	20	0,70	0,88	1,06	1,22	1,37	1,68	1,95	2,21	2,45	2.67
	30	0,70	0,87	1,04	1,18	1,33	1,61	1,85	2,08	2,27	2,46
	$\geqq$ 40	0,69	0,86	1,02	1,17	1,31	1,58	1,80	2,01	2,37	2,37

NB. Hierbei wird die Gütequalität des Ziegels mit dem Buchstaben T, dagegen die des Mörtels mit H bezeichnet.

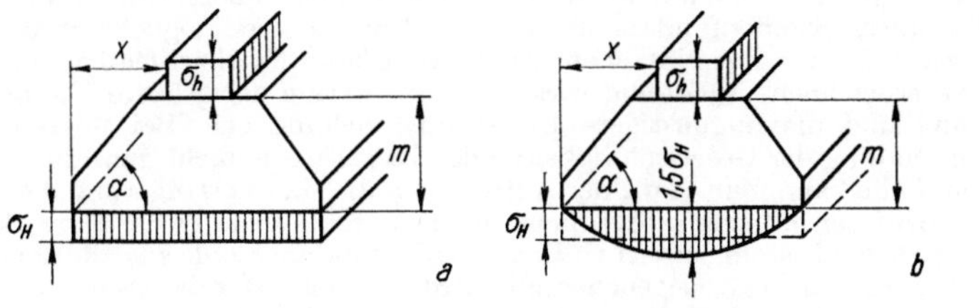

Abb. 341. Bezeichnungen für die Bemessungstafeln

Der tg α-Wert vergrößert sich mit der Zunahme der Bodenfestigkeit (σ_H) und vermindert sich mit der Zunahme der Mauerwerksfestigkeit (σ_h).

Für die Praxis reicht es aus, wenn man in bindigen und in dichtgelagerten körnigen Böden und unter starren Streifengründungen eine gleichmäßige, in lockeren körnigen Böden und unter biegsamen Streifengründungen dagegen eine parabelförmige Sohlspannungsverteilung annimmt.

Die Frage der Biegsamkeit und Starrheit wird aus wirtschaftlichen Gesichtspunkten im Zusammenhang mit dem richtigen Entwerfen der Stahlbetonstreifen von Guerin [1] behandelt. Er stellt fest, daß der biegsame Streifen als Vorteile die kleinere Querschnitthöhe,

Tabelle 17. *Streifengründung (körnige Böden). Parabelförmig verteilte Sohlspannung Werte* $m/x = \mathrm{tg}\,\alpha$

Baustoff	σ_h kg/cm²	Tragfähigkeitsgrenzwert des Bodens σ_H kg/cm²									
		1,0	1,5	2,0	2,5	3,0	4,0	5,0	6,0	7,0	8,0
Stein	≦ 5	1,61	2,07	2,42	2,69	2,80					
	10	1,55	1,96	2,29	2,57	2,78	3,19	3,49	3,66		
	15	1,53	1,93	2,25	2,50	2,72	3,09	3,70	3,70	3,98	4,29
	≧ 20	1,52	1,91	2,23	2,47	2,68	3,05	3,35	3,61	3,90	4,25
Ziegel	≦ 5	1,08	1,41	1,71	1,96	2,10					
(T70,	10	1,04	1,33	1,62	1,85	2,08	2,42	2,69	2,81		
H10)	15	1,03	1,31	1,58	1,80	1,99	2,34	2,62	2,84	3,05	3,24
	≧ 20	1,02	1,30	1,55	1,76	1,96	2,26	2,56	2,78	2,99	3,20
Ziegel,	≦ 5	0,95	1,25	1,51	1,74	1,86					
Mörtel	10	0,92	1,17	1,41	1,64	1,84	2,20	2,45	2,57		
(T100,	15	0,91	1,15	1,38	1,59	1,77	2,12	2,36	2,60	2,79	2,96
H25)	≧ 20	0,90	1,14	1,36	1,57	1,75	2,04	2,32	2,53	2,73	2,93
Beton	≦ 5	0,79	1,03	1,25	1,45	1,56					
(B50)	10	0,77	0,97	1,16	1,35	1,54	1,86	2,11	2,23		
	15	0,76	0,95	1,14	1,31	1,47	1,77	2,02	2,25	2,45	2,59
	≧ 20	0,75	0,94	1,12	1,29	1,45	1,74	1,98	2,21	2,39	2,57
Beton	≦ 5	0,69	0,89	1,07	1,25	1,34					
(B70)	10	0,66	0,84	1,01	1,17	1,33	1,62	1,85	1,95		
	20	0,65	0,82	0,97	1,11	1,25	1,51	1,74	1,93	2,13	2,30
	≧ 30	0,65	0,81	0,95	1,10	1,23	1,46	1,69	1,88	2,06	2,21
Beton	≦ 10	0,58	0,76	0,91	1,05	1,18	1,44	1,67	1,71		
(B100)	20	0,57	0,74	0,88	1,00	1,12	1,36	1,54	1,75	1,93	2,11
	30	0,57	0,73	0,86	0,98	1,09	1,30	1,50	1,69	1,85	1,99
	≧ 40	0,57	0,73	0,85	0,97	1,08	1,29	1,48	1,66	1,81	1,96

den kleineren Betonaufwand, die Konzentration der Sohlspannungen nach der Laststelle zu (Wand oder Säule) und damit eine günstigere Tragfähigkeit aufzuweisen hat. Nachteilig wirkt sich jedoch die etwas kompliziertere Ausführung, der größere Stahlaufwand und die mittige Spannungsspitze aus, die den zulässigen Wert nicht überschreiten darf.

Für das starre Streifenfundament sind als Vorteile die Möglichkeit der Verwendung geringwertigeren Betons, die einfachere Ausführung und die gleichmäßigere Sohlspannungsverteilung zu bezeichnen. Nachteilig wirken sich wiederum der größere Umfang, der größere Betonaufwand und die ungünstigere Biegebeanspruchung aus. Bei starren Fundamenten trifft die Anwendung der Gesetzmäßigkeiten der Biegetheorie nicht ganz zu.

In diesem Falle kann man von einer Aufbiegung, die eine Verlängerung der am Boden aufliegenden Sohlenfaser mit sich bringt nicht sprechen. Sie löst unter der Einwirkung der äußeren Belastung P eine Reibung zwischen Boden und Gründungssohle aus, die der dort auftretenden Zugkraft entgegenwirkt. Gegebenenfalls wird auch eine Herabsetzung der Zugbewehrung ermöglicht (aber nur dann, wenn der Streifen auf einem Boden aufliegt, der die Reibungskraft $P \cdot f/2$ aufzunehmen vermag).

Nach der Einführung der für die Biegsamkeit kennzeichnenden Zahl

$$\eta = \frac{B - b}{m - u} \tag{190a}$$

(worin u die Fleischdicke des Betons unterhalb der unteren Stahlbewehrung bedeutet) und mit der Annahme der Einheitspreise für Stahl: 6.— Ft/kg und für Beton: 600 Ft/m³ wird folgender wirtschaftlicher Zusammenhang angegeben:

$$\eta = \frac{850\sqrt{P}}{\sigma_H} \tag{190b}$$

Diese Formel wird in Abhängigkeit von der zulässigen Bodenspannung (σ_H) betrachtet und festgestellt, daß *ein starres Streifenfundament sich als wirtschaftlich erweisen kann, wenn es sich um einen tragfähigen Boden (großer σ_H-Wert) und um eine relativ kleine Belastung (P) handelt.*

Als Anhaltspunkte gibt GUERIN an, daß die Streifengründung:

als sehr steif betrachtet werden darf, wenn $\eta = \dfrac{B-b}{m-u} \leqq 2$;

als steif, wenn $2 < \eta < 4$;

als biegsam, wenn $4 < \eta < 8$ und

als sehr biegsam, wenn $\eta < 8$ ist.

Er empfiehlt ferner, daß die Biegsamkeit nicht zu groß sein darf und η praktisch den Wert 4 nicht übersteigen soll.

b) Maßgebender Querschnitt

Die vorher erörterten Bemessungsverfahren nehmen an, daß der maßgebende Querschnitt sich in der lotrechten Grenzflucht der aufgestellten Mauer also im lotrechten Einspannquerschnitt befindet. SCHÜTTE [2] hatte aber nachgewiesen, daß die größten Beanspruchungen eigentlich nicht im lotrechten Schnitt *I—I*, sondern in einem unter einem Winkel ψ geneigten Schnitt *II—II* auftreten werden (Abb. 342). Bei genauer Betrachtung wird es klar, daß die größten Biegemomente des Konsolträgers in den lotrechten Querschnitt *I—I* auftreten werden; doch werden auch hier die größten Querschnitthöhen vorhanden sein müssen. Wenn man jetzt den lotrechten Schnitt um Punkt *A* nach außen verdreht, so nimmt sowohl das Tragfähigkeitsmoment als auch das wirksame Biegemoment ab. Die Frage ist, welcher von den beiden sich rascher vermindert und nach welcher Gesetzmäßigkeit die Abnahme erfolgt. Die Veränderungen sind vom Neigungswinkel der Schnittebene abhängig, und es wird sich eine Schnittlage *II—II* ergeben, in der die größten Spannungen auftreten. Auf eine detaillierte mathematische Ableitung verzichtend, soll nur kurz das Endergebnis ermittelt werden, womit die Neigungslage der maßgebenden Ebene aus folgender Gleichung bestimmt werden kann:

$$\operatorname{cotg} 2\psi = \operatorname{tg}\alpha \quad \text{bzw.} \quad 2\psi = \pi/2 - \alpha. \tag{191}$$

(Die Ebene kann auch graphisch einfach ermittelt werden. Ihre Richtung steht auf der Halbierenden des Eckwinkels $\pi/2 - \alpha$ rechtwinkelig und soll darüber hinaus durch den Sohlpunkt *B'* gehen.)

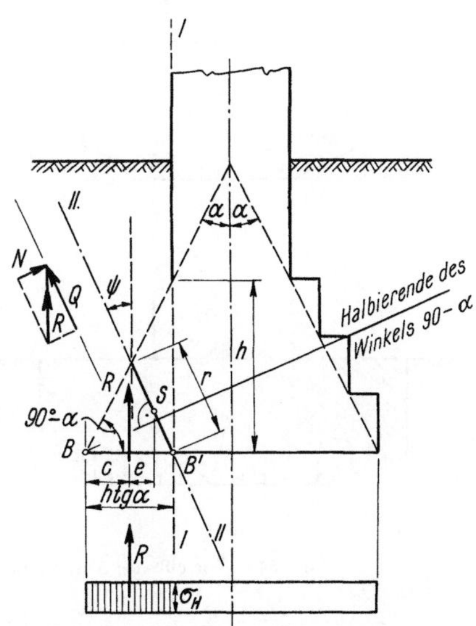

Abb. 342. Bestimmung des maßgebenden Querschnittes (nach SCHÜTTE)

Die maßgebende Biege-(Zug-) Spannung ergibt sich zu

$$\sigma_h = \pm 3\sigma_H \cdot \cos^2\psi \cdot \operatorname{cotg} 2\psi (\operatorname{cotg} 2\psi + \operatorname{tg}\psi). \tag{192a}$$

Nach SCHÜTTE und MIURA hat auch OHDE [3] nachgewiesen, wie große Zugspannungen im unbewehrten Betongrundkörper entstehen können.

Ist $\operatorname{tg}\alpha > 1{,}6$, so wird für Streifenfundamente

$$\sigma_h \cong \sigma_H (2{,}2 \operatorname{tg}\alpha + 2{,}4 \operatorname{tg}^2\alpha + 0{,}06 \operatorname{tg}^6\alpha) \tag{192b}$$

und etwas größer für Fundamente mit quadratischem Grundriß

$$\sigma_h \cong \sigma_H (2{,}2 \operatorname{tg} \alpha + 4{,}2 \operatorname{tg}^2 \alpha + 0{,}4 \operatorname{tg}^6 \alpha). \tag{192c}$$

Im Interesse eines rissefreien Betonkörpers muß also eine Betongüte verwendet werden, deren Zugfestigkeit dem σ_h-Wert überlegen ist, oder der Wert σ_H bzw. der Lastübertragungswinkel α ist zu vermindern.

Die zulässige maximale Zugspannung für Ziegelmauerwerk darf nach OHDE mit $\sigma_h \cong 2{,}38\sigma_h' + 0{,}92\sigma_H$ angenommen werden, wenn σ_h' die Zugfestigkeit des Mörtels bezeichnet. Bei Zugspannungen, die diesen Wert übertreffen, wird das im Mörtel verlegte Ziegelmauerwerk Risse erleiden.

c) Form der Sohlfläche

Die in massiven Streifenfundamenten entstehenden Spannungen werden außer von der Lage und Neigung des Querschnittes auch von der Form der den Boden berührenden Sohlfläche abhängen. Diese Frage wurde zuerst von SIEMONSEN und FÖPPL behandelt. Ihre Versuche haben, wie schon bei der Behandlung der Sohlspannung hingewiesen wurde (vgl. Bd. I, S. 430), erwiesen, daß die Sohlspannungen im elastischen Beanspruchungsbereich mit der Steigerung der Belastung an den Rändern rascher anwachsen als in der Mitte. Das trifft sogar auch in körnigen Böden zu. Bei einer sattelförmigen Sohlspannungsverteilung wird der maßgebende Querschnitt der Streifengründung durch größere Biegemomente beansprucht. Es ist deshalb zweckmäßig, den Streifengründungen eine Form zu geben, die sich auf

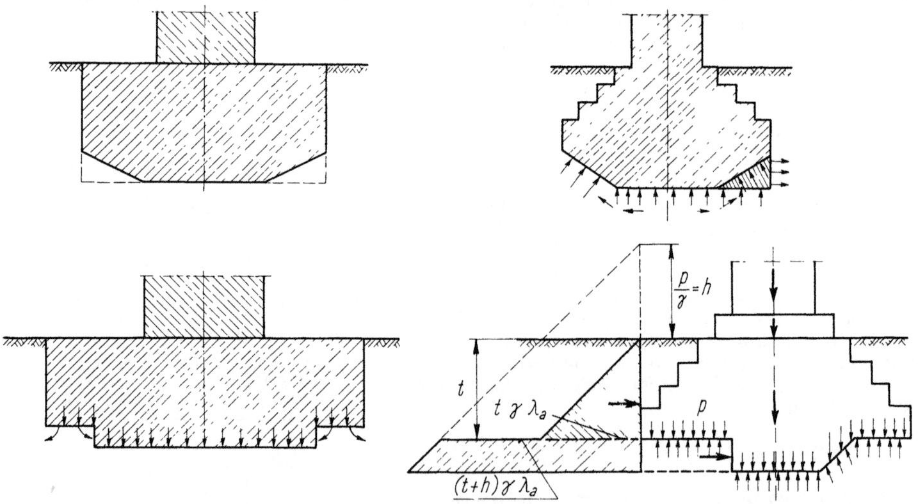

Abb. 343. Vorteilhafte Abschrägungen und Abstufungen für die Streifengründungen

eine günstigere Verteilung der Sohlspannungen auswirkt. Die Zunahme der Sohlspannungen wird offensichtlich dadurch verhindert, daß der Boden eine größere Möglichkeit besitzt, sich nach den Seiten hin zu verschieben. Nach Versuchen von SIEMONSEN kann dies durch Abschrägung, Abstufung der Kanten des Streifenfundamentes begünstigt werden (Abb. 343). Die Ergebnisse der Bodenspannungsmessungen bei einer flachen (*1*), bei einer in den äußeren Vierteln mit einer unter 1 : 2 geneigten Ebene (*2*) und einer mit unter 1 : 1 geneigten Ebene (*3*), dabei abgeschrägtem und auf ziemlich dicht ($n = 22{,}9\%$) gelagertem Sand aufgesetztem Grundkörper sind in Abb. 344 veranschaulicht. Wie ersichtlich, bewirkt die Neigungssteigerung eine gleichmäßigere Sohlspannungsverteilung. Darüber hinaus entsteht entsprechend der Neigungszunahme auch eine nach der Mitte zu gerichtete waagrechte Kraftkomponente, die sich günstig auf die Bemessung der Gründung auswirkt [4].

Über diese günstige Auswirkung der Kantenabschrägung stimmen jedoch die Meinungen in der Literatur nicht überein. Zum Beispiel wirkt sich nach den theoretischen, sich auf die Elastizitätslehre stützenden Untersuchungen von SCHUBERT [5] die Keilform hinsichtlich der Sohlspannungsverteilungen günstig aus, die sich nach der Mitte zu konzentrieren. Die Tragfähigkeit des Bodens wird zeitlich zuerst an den Rändern gemindert, weil die Sohlspannungen die aus der Theorie sich ergebenden unendlich großen Werte nicht erreichen können.

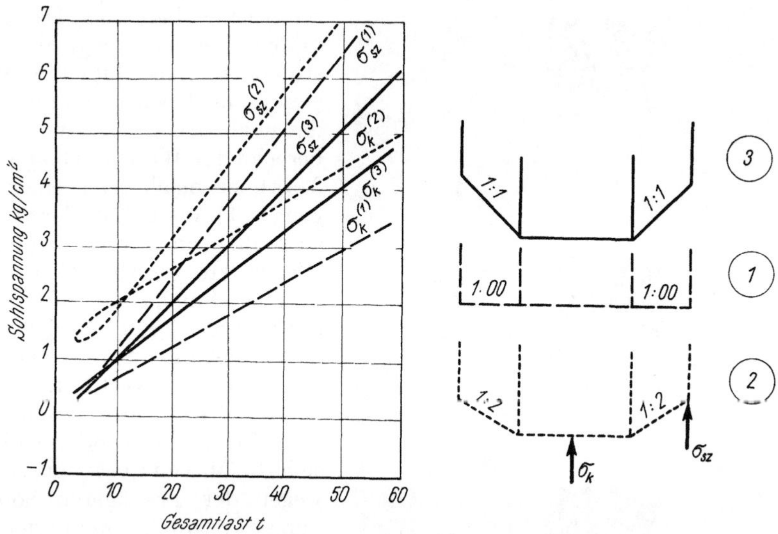

Abb. 344. Versuchsergebnisse von SIEMONSEN mit abgeschrägten Streifen

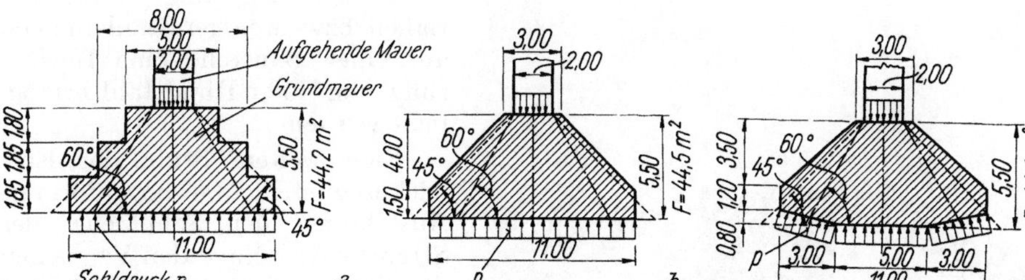

Abb. 345. Versuchsergebnisse von FÖPPL

Unter den parabelförmig abgerundeten Sohlflächen bildet sich dagegen eine sattelförmige Sohlspannungsverteilung aus, die an den Rändern von 0 ausgeht, in den Viertelpunkten ihren Höchstwert erreicht und nach der Mitte zu abnimmt. Es ergibt sich also eine Form, die sich auf die Bemessung der Gründung nicht günstig auswirkt. Aus ähnlichen Gründen ist die Abrundung oder Abkantung der Streifen nach SCHUBERT auch nicht günstig.

Es steht außer Zweifel, daß eine Abkantung hinsichtlich der Grundbruchsicherheit nicht günstig ist, jedoch soll sie die im Grundkörper auftretenden

Spannungen und die angreifenden Kraftwirkungen günstig beeinflussen. Dies geht auch ganz klar aus den photoelastischen Modellversuchen von FÖPPL und des Verfassers hervor (vgl. Abb. 345–346).

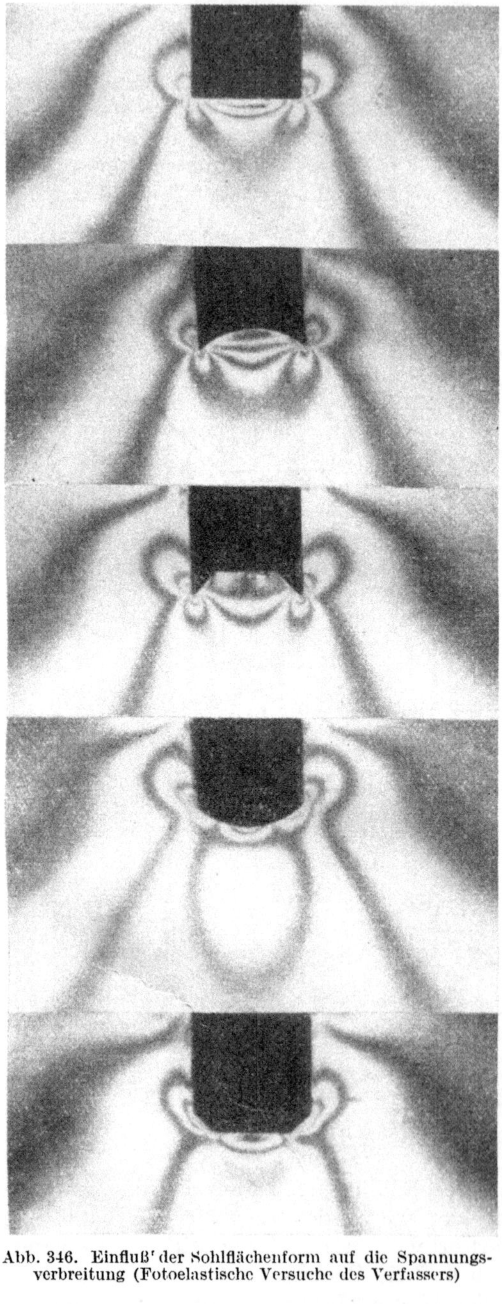

Abb. 346. Einfluß der Sohlflächenform auf die Spannungsverbreitung (Fotoelastische Versuche des Verfassers)

Die photoelastischen Aufnahmen FÖPPLS haben gezeigt, daß bei den Aussprüngen und hauptsächlich bei den Einkerbungen der stufenartig verbreiteten Streifengründungen sich schädliche Spannungsanhäufungen ergeben, die durch Abschrägung der Kanten vermeidbar sind. Der zahlenmäßige Vergleich zeigt, daß die an stufenartig ausgebildeten Streifen gemessene Höchstspannung 102% des nach der Theorie von NAVIER berechneten Wertes betrug (s. Abb. 345a), sie machte bei einer schrägen (1 : 1) Ausbildung der seitlichen Grundflächen nur 81% desselben Wertes aus (s. Abb. 345b). Wenn darüber hinaus die untere Sohlfläche unter einer Neigung von 1 : 4 abgekantet wurde, setzte sich der gemessene Wert auf 75% herab (s. Abb. 345c). Bei gleichbleibendem Materialaufwand verminderte sich die Maximalbeanspruchung — wegen der günstigeren Sohlspannungsverteilung – im Vergleich zum stufenartig ausgebildeten Grundkörper auf 59%. Dadurch konnte bei Verwendung billiger Baumaterialien bzw. weniger Stahleinlagen auf einer Baustelle eine Einsparung von 400 t Rundstahl ermöglicht werden.

Eine weitere Stufe der Entwicklung stellt die bogenförmige Ausbildung der Sohlfläche des Streifens dar. Nach den Versuchen des Verfassers üben die Form und der Krümmungscharakter des Bogens einen beträchtlichen Einfluß auf die im Grundkörper und in belastetem Boden entstehenden Spannungen aus (s. Abb. 346). Die ungünstige, spannungsanhäufende Wirkung der scharfen Kanten ist aus den Aufnahmen klar ersichtlich. Grundsätzlich kann also die günstige Auswirkung der Abkantung und Abrundung festgestellt werden. Obwohl der Boden nicht als elastisches Material betrachtet werden kann, treten die auf den Bildern festgestellten Erscheinungen wegen plastischer Verformungen in der Wirklichkeit nicht so klar hervor. Jedoch wurde vom Verfasser auch festgestellt, daß der Einfluß der Sohlflächenform auf die Spannungsverteilung in der Tiefe rasch abnimmt, so daß in einer der Fundamentbreite gleichen Tiefe dieser Unterschied praktisch verschwindet [6].

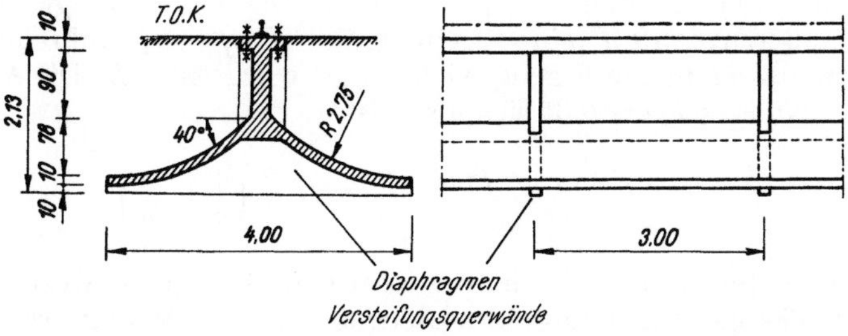

Abb. 347. Kranbahnfundament in Form einer versteiften Tonnenschale

Aus der bogenförmigen Ausbildung der Sohlflächen ergibt sich die Bestrebung, wirtschaftliche Schalenkonstruktionen als Gründungen anzuwenden [7]. Bei gewissen, mit großen Auflasten belasteten und auf wenig tragfähigen Böden gestellten Streifengründungen bietet die mit Rippen versteifte und auf Tonnenschale hergestellte Streifengründung (Abb. 347) beträchtliche Einsparungen im Vergleich zu massiven Betonstreifen [8]. Dies ist vor allem dann der Fall, wenn wegen der geringen Tragfähigkeit des Bodens eine beträchtlich große Belastung nur durch eine große Tragfläche übermittelt werden kann. Große Tragflächen können jedoch bei Gründungsstreifen nur durch große Auskragungen geschaffen werden. Es ist klar, daß eine Streifengründung als Konsolträger aus geringwertigem Baustoff sich nur mit beachtlichen Querschnittsabmessungen, mit großer Höhe und mit einem bedeutenden Materialaufwand herstellen läßt (vgl. S. 361, Bestimmung der Gründungsebene). Dagegen wird die erforderliche Konsolfläche bei Verwendung von Stahlbeton mit aufgelöster Rippenkonstruktion mit bedeutend kleinerem Materialaufwand und einer kleineren Konstruktionshöhe (Gründungstiefe!) herstellbar sein. Die Bestrebung, vom konstruktiven Gesichtspunkt aus eine wirtschaftliche Lösung zu finden, hat also zur Einführung der aufgelösten Streifengründungen (Plattengurt- und Balkengurtstreifen) und der Schalengründungen geführt.

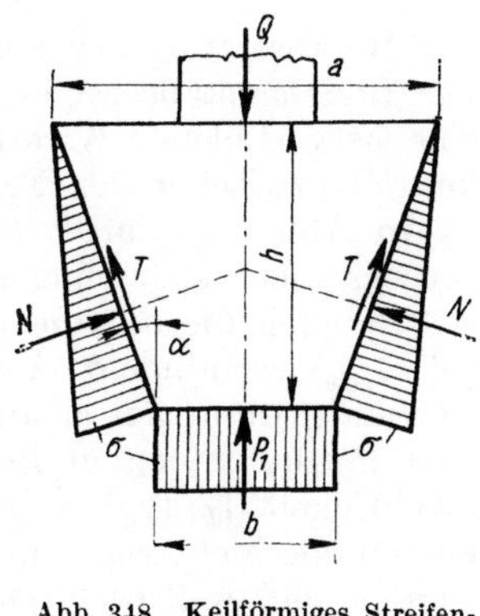

Abb. 348. Keilförmiges Streifenfundament

Einen neuartigen Vorschlag hat J. SZABÓ [9] vorgelegt, indem er die Gestaltung der Gründungsstreifen mit sich nach unten verjüngendem Grundriß vorschlug. Das ist eigentlich nichts anderes als ein Weg zur Einbeziehung der an den Seitenflächen des Gründungsstreifens auftretenden Reibungswiderstände in die Lastübernahme. Die auf Abb. 348 dargestellte Spannungsverteilung wird aber nicht so einfach ausfallen, weil die Steifezahl des Bodens in waagrechter und in lotrechter Richtung einander nicht gleich ist.

d) Einfluß der Bodentragfähigkeit

Die Frage kann natürlich auch von der anderen Seite, also ausgehend von der künstlichen Steigerung der Tragfähigkeit des lastübernehmenden Mittels, d. h. des Bodens erfolgen. Letzten Endes wird nämlich die Auskragungslänge des Streifens durch den Unterschied zwischen der Festigkeit des Gründungsmauerwerkes (σ_f) und der des Bodens (σ_t) bestimmt. Die eine benötigt für die Übernahme der äußeren Kraft P eine Streifenbreite $P/\sigma_f = b$, während die andere (unter Vernachlässigung des Eigengewichtes) die von $P/\sigma_H = B$. Die Auskragungslänge (x) des Konsolträgers läßt sich also als

$$x = \frac{B-b}{2} = \frac{P/\sigma_t - P/\sigma_f}{2} = \frac{P}{2}\left(\frac{1}{\sigma_t} - \frac{1}{\sigma_f}\right) \tag{193}$$

bestimmen und steht also im Verhältnis zum Unterschied der Reziprokwerte der Festigkeit (zulässiger Spannung) des Bodens und des Mauerwerks (Abb. 349).

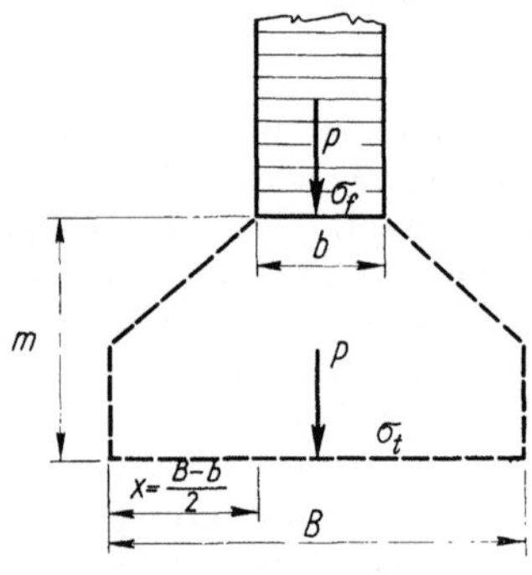

Abb. 349. Streifenauskragung in Funktion der Festigkeitsunterschiede

Daraus geht hervor, daß die Auskragungslänge entweder durch die Erhöhung des σ_t-Wertes oder durch die Herabsetzung des σ_f-Wertes vermindert werden kann. Es ist jedoch fraglich, ob die künstliche Erhöhung der Bodentragfähigkeit wirtschaftlich und technisch ausführbar ist. Mit möglichster Ausschaltung der kostspieligen chemischen Bodenverfestigungsverfahren dürften hier auch in erster Linie die physikalischen, mechanischen Bodenverfestigungsverfahren und vor allem der Bodenaustausch in Frage kommen. Durch Bodenaustausch oder durch die Verdichtung oder Entwässerung der mit der Grundsohle unmittelbar in Berührung kommenden Bodenschichten kann ein größerer σ_t [$= \sigma_H^c$]-Wert gesichert werden, der eine Verminderung der Sohlfläche ermöglicht und gleichzeitig zur Herabsetzung der auf die ursprüngliche Schicht fallenden Spannung führt. Die Bodenaustauschschicht soll, zwischen Grundkörper und Boden eingeschaltet, eine lastverteilende Wirkung ausüben. Dementsprechend soll auch seine Festigkeit (σ_H^c) zwischen den Festigkeitswerten dieser beiden liegen ($\sigma_f > \sigma_H^c > \sigma_t$).

In Abb. 350 wurde dargestellt, daß durch die Einschaltung der Bodenaustauschschicht sich einerseits die lastübertragende Grundfläche vergrößert und sich folglich die auf die ursprüngliche Bodenschicht übertragene Sohlspannung ($p_0' < p_0$) vermindert. Andererseits sinken die von der Sohlfläche übertragenen Vertikalspannungen σ_z auch in erwünschtem Maße unter σ_{H0} ab, als Folge des nach Pokrowskij (vgl. Bd. I, Gl. 237) nachweisbaren erhöhten Wertes der Ersatzmächtigkeit (v_h) (vgl. Abb. 331). Es soll hier auch erwähnt werden, daß die Bodenaustauschschicht sich immer nach oben verbreiternd, also trogförmig eingebaut werden soll, weil dadurch neben der größeren Sohlfläche den geneigten Seitenflächen entlang auch eine gute Verdichtungsmöglichkeit gesichert wird (vgl. Széchy: Gründungsschäden, S. 98).

Einen dem Bodenaustausch gleichwertigen Einfluß übt auch die Verdichtung oder Verfestigung (in einer Dicke von v) der unmittelbar unterhalb der Sohlfläche anstehenden Bodenschicht aus. Es können hier aus wirtschaftlichen Gründen hauptsächlich die mechanischen Verfestigungsverfahren (in körnigen Böden die Verdichtung durch Mammutrüttler, Vibrationswalzen usw. und in bindigen Böden die Entwässerung durch Einbau von Sickerrohrnetzen, vgl. Kap. VII. A. 1 angewendet werden. Bei bindigen Böden empfiehlt sich die Einschaltung einer gut verdichteten Kiessand-Filterschicht von 10 bis 15 cm Stärke, aus der das infolge der Belastung ausgepreßte Porenwasser auf gravitationärem Wege abgeleitet werden kann [10].

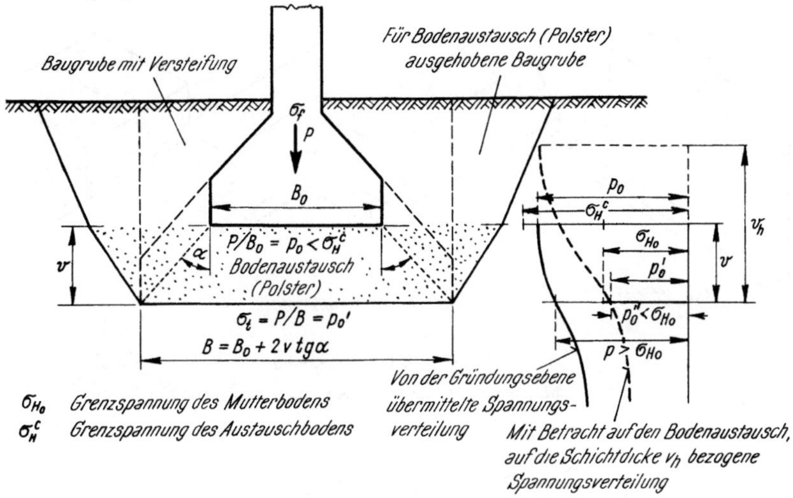

Abb. 350. Die Auswirkung der Zwischenschaltung einer Bodenaustauschschicht

e) Gründungen aus Fertigteilen

Die Forderung einer verbesserten Mechanisierung im Bauwesen und Bestrebungen zur Verkürzung der Bauzeit haben zur Herstellung von Streifengründungen aus Fertigteilen geführt [11]. Der Grundtyp ist aus Abb. 351 ersichtlich. Im allgemeinen ist er aus einer Stahlbeton-Sohlplatte und einem darauf-

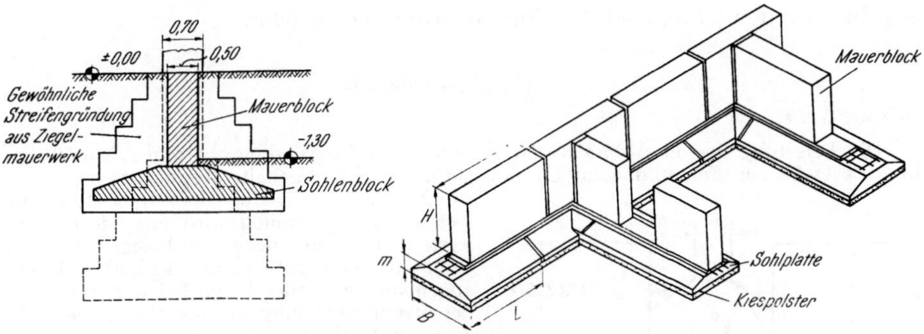

Abb. 351. Streifenfundamente aus Beton-Fertigteilen

gestellten Wandteil zusammengestellt. Es empfiehlt sich, eine gut verdichtete Kiessandbettung unter der Sohlplatte einzubauen, um eine gleichmäßige Auflagerung und kleinere Abmessungen bzw. Erhöhung der Bodentragfähigkeit zu erzielen. Diese Bettung kann gleichzeitig für die Ableitung des Grundwassers bzw. für die Vereinfachung der erforderlichen Abdichtung des Bauwerkes benützt werden. Nach der Abbildung befindet sich unterhalb des Wandteils eine mit einer

Drahtnetzbewehrung versehene Ausgleichbetonschicht, die an Ort und Stelle hergestellt wird. Die Sohlteile können entsprechend ihrer Auskragungslänge aus gutem Stampfbeton oder Stahlbeton, in bestimmten Fällen auch aus Leichtbeton gefertigt werden. Darüber hinaus ist es möglich, beide noch wegen Gewichtsverminderung mit Hohlraumaussparungen herzustellen (Abb. 352).

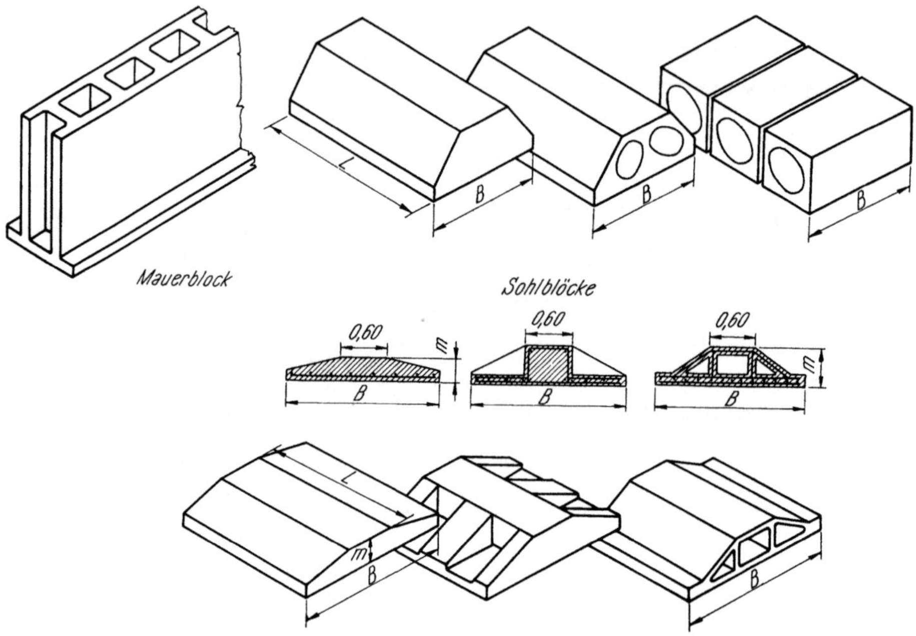

Abb. 352. Verschiedene Wand- und Sohlblöcke

Aus der Abb. 351 gehen auch die im Vergleich zur Mauer erzielbaren Einsparungen hervor. Wenn die Gründungsebene unterhalb eines Kellerbodens angeordnet werden kann, sind die Einsparungen noch größer.

f) Zahlenbeispiele

Beispiel Nr. 1.

Die Belastung der in Abb. 353 dargestellten Streifengründung beträgt $P = 50$ t pro lfm. Es steht ein Feinsandboden an mit geringem Schluffgehalt. Kennwerte: $\varphi = 20°$, $c = 2{,}1$ t/m², $\gamma = 1{,}65$ t/m³, $\tau_0 = 1{,}58$ t/m³. Der Gründungsstreifen wird aus Ziegelmauerwerk hergestellt, dessen zulässige Biegezugbeanspruchung mit $\sigma_h = 5$ kg/cm² $= 50$ t/m² angenommen werden kann. Bei der Bemessung der Streifengründung soll die Breite nach Terzaghi mit einer Sicherheit von $n_1 = 3$, die Höhe auf Grund der Formel (188a) bestimmt werden. Darüber hinaus werden die Spannungen nach Schütte in dem schräg angenommenen gefährlichen Querschnitt nachgewiesen.

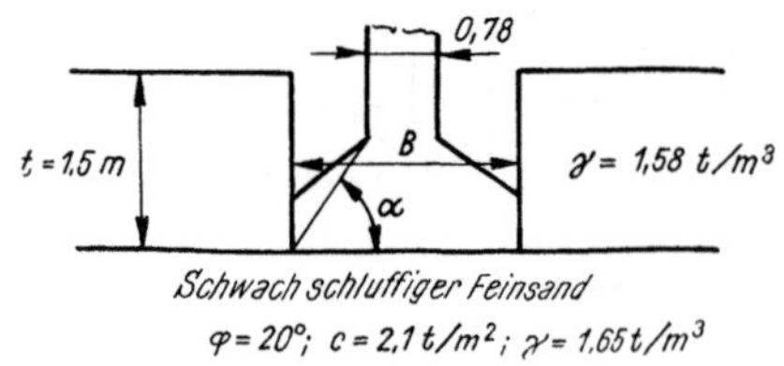

Abb. 353. Zahlenbeispiel Nr. 1

Lösung

Nach Gl. (187a) läßt sich die Breite B aus der Gleichung $B^2 \cdot \gamma \cdot V_g + 2B(t \cdot \gamma_0 \cdot V_b + c \cdot V_c) - 2P \cdot n_1 = 0$ bestimmen. (Die Widerstandsbeiwerte V für $\varphi = 20°$ aus Tafel IX Bd. I oder aus der Abb. 97, zu entnehmen sind:)

$V_g \cong 3{,}5$; $V_b \cong 7{,}5$ und $V_c \cong 17{,}5$ und damit wird

$$B^2 \cdot 1{,}65 \cdot 3{,}5 + B(2 \cdot 1{,}5 \cdot 1{,}58 \cdot 7{,}5 + 2 \cdot 2{,}1 \cdot 17{,}5) - 2 \cdot 50 \cdot 3 = 0,$$

daraus ergibt sich die gesuchte Breite mit $B = 2{,}47$ m.

Mit ihr wird

$$\sigma_H = 50/2{,}47 = 20{,}2 \text{ t/m}^2 = 2{,}02 \text{ kg/cm}^2,$$

die Höhe dagegen auf Grund der Gl. (188a)

$$m \geqq \frac{2{,}47 - 0{,}78}{2} \cdot \sqrt{3 \cdot \frac{2{,}02}{5}} = 0{,}93 \text{ m},$$

was einem Lastübertragungswinkel $\alpha \cong 47{,}7°$ entspricht.

Nach Abb. 354 bzw. im Sinne der Gl. (192a) wird $2\psi = 90° - \alpha$ also $\psi = 45° - \alpha/2 = 23{,}85°$ und die größten Biegespannungen nach Gl. (192b):

$$\sigma_h = \pm 3 \cdot 2{,}02 \cdot 0{,}836 \cdot 0{,}91(0{,}91 + + 0{,}442) = \pm 6{,}23 \text{ kg/cm}^2,$$

liegen also etwas höher als der zulässige Wert von 5 kg/cm². Daher ist $\alpha = 47{,}7°$ nicht zulässig, weil sich eine Überbeanspruchung von 25% ergibt.

Es ist nachweisbar, daß der richtige Wert auf Grund der Lösung der folgenden Gleichung für α zu erhalten ist:

$$\cos\alpha = \frac{K}{1 + K} \quad \text{worin} \quad K = \frac{2B \cdot \sigma_h}{3P}.$$

In unserem Falle ist also

$$K = \frac{2 \cdot 2{,}47 \cdot 50}{3 \cdot 50} = 1{,}647$$

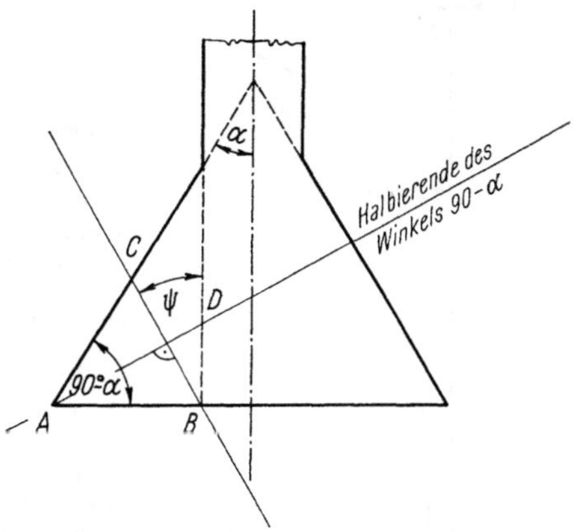

Abb. 354. Zahlenbeispiel Nr. 1

und davon $\cos\alpha = 0{,}622$ und $\alpha = 51{,}4°$; $\operatorname{tg}\alpha = 1{,}255$ und die erforderliche Höhe

$$m \cong \frac{2{,}47 - 0{,}78}{2} \cdot 1{,}255 \cong 1{,}06.$$

Es ist mit den angegebenen Formeln leicht nachweisbar, daß mit diesem Wert in dem maßgebenden schrägen Querschnitt von SCHÜTTE genau die Spannung $\sigma_h = 5$ kg/cm² auftreten wird.

Beispiel Nr. 2.

Unter der in Abb. 355 dargestellten und mit einer Last von $q = 36$ t/lfm belasteten Hauptmauer mit einer Breite von 1 m steht eine Torfschicht von größerer Mächtigkeit an. Die Steifezahl der Torfschicht ist mit $E_t = 40$ kg/cm², ihr Raumgewicht mit $\gamma_t = 1{,}25$ t/m³ anzunehmen. Wie groß muß die Dicke der den Gründungsstreifen unterlagernden Sandbodenaustauschschicht sein, wenn auf deren Oberfläche nur eine Spannung von $\sigma_z = 0{,}2$ kg/cm² zulässig ist? Die Steifezahl der Austauschschicht ist mit $E_h = 300$ kg/cm², ihr Raumgewicht mit $\gamma_h = 1{,}8$ t/m³ anzunehmen.

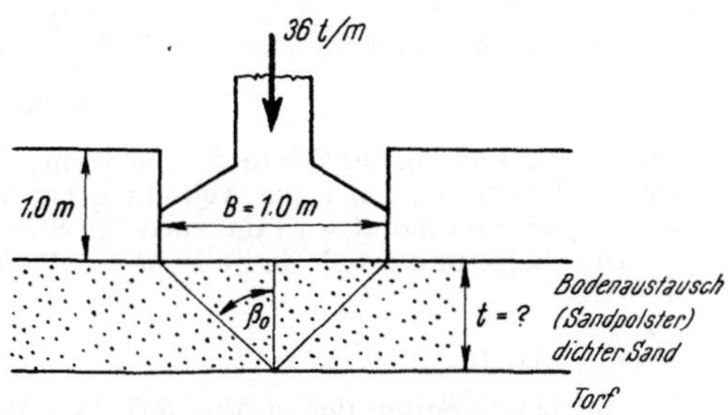

Abb. 355. Zu Zahlenbeispiel Nr. 2

Lösung

Die auf der Oberfläche der untenliegenden Schicht auftretende Spannung kann auf Grund der Ersatzmächtigkeit nach POKROWSKIJ (vgl. Bd. I, Gl. 237) gerechnet werden.

Demgemäß ist

$$t_h = t \cdot \sqrt{\frac{E_h \cdot \gamma_t}{E_t \cdot \gamma_h}} = t \cdot \sqrt{\frac{300 \cdot 1{,}25}{40 \cdot 1{,}8}} = 2{,}28\ t,$$

wobei t die tatsächliche Dicke der Austauschschicht bezeichnet.

Unter Vernachlässigung der Tiefenauswirkung wird die in der Mittelachse des Streifens auftretende lotrechte Spannung aus welcher sich die Ersatzdicke t_h errechnen läßt, nach Michell (vgl. Bd. I, Gl. 180)

$\sigma_z = q/\pi(2\beta_0 + \sin 2\beta_0)$, worin die Werte $\sigma_z = 0{,}2$ kg/cm², $q = 3{,}6$ kg/cm² $= 36$ t/m², $2\beta_0 = 2 \operatorname{arc tg} \frac{0{,}58}{t_h}$ einzusetzen sind. Es wird also $\frac{0{,}2}{36} = 2 \operatorname{arc tg} \frac{0{,}5}{t_h} + \sin 2 \operatorname{arc tg} \frac{0{,}5}{t_h}$. Daraus läßt sich t_h am besten durch probeweise Annäherung bestimmen. Es wird sich für $t_h = 11{,}45$ m ergeben.

Damit wird die erforderliche Mächtigkeit der Austauschschicht

$$t = \frac{t_h}{2{,}28} = \frac{11{,}45}{2{,}28} \cong 5{,}0 \text{ m sein.}$$

Beispiel Nr. 3.

In welchem Maße muß die Belastung verringert werden, wenn die Setzung der 1 m breiten Hauptmauer den Wert von $s = 5$ cm nicht überschreiten soll und der Zusammendrückungsmodul (Steifezahl) der Torfschicht jetzt mit $M = 10$ kg/cm², ihre Mächtigkeit mit $h = 15$ m anzunehmen ist?

Lösung

Die Torfschicht wird auf fünf Lamellen, je $h_i = 3$ m dick, unterteilt und die Summe der Zusammendrückung gesucht (Abb. 356). Die in der Schwerlinie der einzelnen Lamellen auftretenden σ_z-Werte werden wieder nach Michell bestimmt. Demgemäß wird

$$\sigma_{zi} = \frac{q}{\pi}(2\beta_0 + 2 \sin \beta_0) \qquad \text{wo} \qquad \operatorname{tg} \beta_0 = \frac{B}{2 \cdot h_i}$$

und die Gesamtsetzung

$$y = \sum_1^5 y_\iota = \sum_1^5 \sigma_{zi} \cdot \frac{h_i}{M} = \frac{h_\iota}{M} \cdot \frac{q}{\pi} \cdot \sum_1^5 (2\beta_0 + \sin 2\beta_0).$$

Nach Berechnung der Kreisfunktionen ist

$$y = \frac{h_i}{M} \cdot \frac{q}{\pi}(0{,}664 + 0{,}377 + 0{,}258 + 0{,}196 + 0{,}160) = $$
$$= 5 \text{ cm}$$

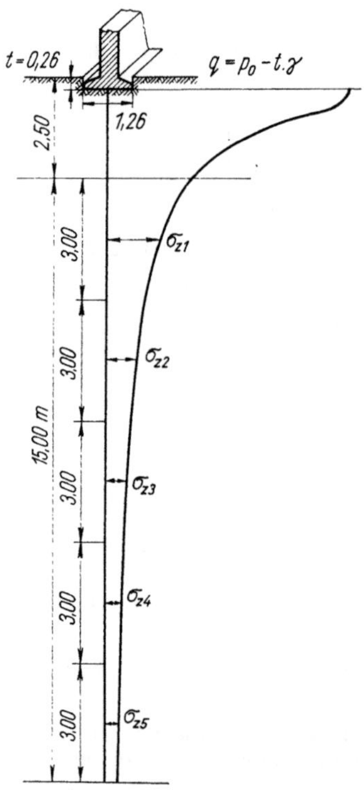

Abb. 356. Zu Zahlenbeispiel Nr. 3

und mit Einsetzung der Werte $h_i = 300$ cm, $M = 10$ kg/cm², erhält man für $q = 3{,}16$ t/m². Die Sohlspannung nach der Abbildung ergibt sich aus $p_0 = q + t_0 \cdot \gamma = 3{,}16 + 1{,}7 \cdot 0{,}26 = 3{,}6$ t/m² und damit wird die zulässige Streifenbelastung $1{,}26 \cdot 3{,}6 = 4{,}54$ t/lfm.

Die Belastung muß deshalb mit 30,0 t/lfm — 4,54 t/lfm — 25,46 t/lfm verringert werden.

Beispiel Nr. 4.

Auf beiden Seiten der in Abb. 357 dargestellten Streifengründung befindet sich ein Keller mit einer Bodenhöhe +93,50 ü.M.H. Es soll die Höhenlage der Gründungsebene so bestimmt werden, daß die Querschnitthöhe des Streifens der Einbindetiefe t_0 gleich ist. Als Grundboden steht nasser mitteldichter Feinsand an, dessen innerer Reibungswinkel mit $\varphi = 32{,}5°$, Raumgewicht $\gamma = 1{,}86$ t/m³ angenommen werden darf. Seine Kohäsion ist vernachlässigbar. Die Tragfähigkeit soll nach DIN 4017 Blatt 1 (September 1962) bestimmt werden. Die Wandbreite darf aus konstruktiven Gründen den Wert von 0,4 m nicht überschreiten. Im Gründungskörper ist eine zulässige Zugspannung von 8 kg/cm² annehmbar.

Lösung

Zuerst soll die Gründungsbreite aus folgender Gleichung bestimmt werden:

$$\frac{\eta \cdot q}{B} = \gamma \cdot t \cdot \lambda_t + \gamma \cdot B \cdot \lambda_B,$$

worin $\eta = 2$, der Sicherheitsfaktor; $q = 53$ t/m, die Wandbelastung, $\sigma_h = 80$ t/m² die Biegefestigkeit des Fundamentmaterials; B = Gründungsbreite (m); $\gamma = 1{,}86$ t/m², das Raumgewicht des Bodens; $\lambda_t = V_b = 24{,}6$; $\lambda_B = V_g = 13{,}6$, die Tragfähigkeitsbeiwerte und t die Gründungstiefe bezeichnen.

Diese letztere ist wegen der vorangehend aufgenommenen Bedingung unbekannt, deshalb soll statt derselben Querschnitthöhe m in die Gleichung eingesetzt werden, die aus der waagrechten Abmessung aus folgendem Zusammenhang erhältlich ist (vgl. Gl. 188a):

$$m \geqq \frac{B-b}{2} \cdot \sqrt{3\,\frac{q}{B \cdot 80}}\,.$$

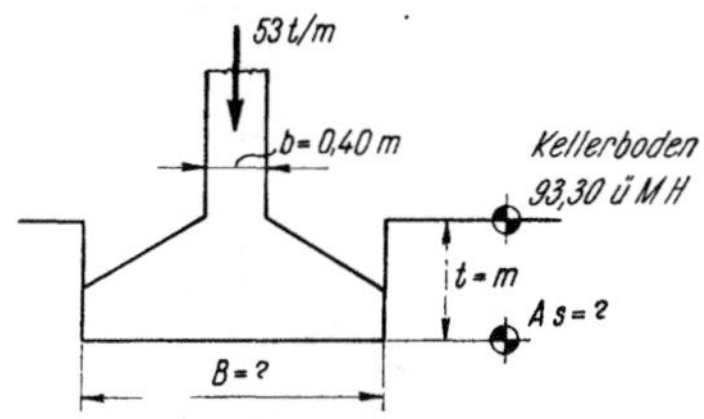

Abb. 357. Zu Zahlenbeispiel Nr. 4

Nach Einsetzung dieser Zahlenwerte ergibt sich:

$$\frac{2 \cdot 53}{B} = 1{,}86 \cdot \left[24{,}6 \cdot \frac{B-0{,}4}{2} \cdot \sqrt{\frac{3 \cdot 53}{B \cdot 80}} + 13{,}6 B\right].$$

Dessen Lösung für B bietet: $B = 1{,}55$ m und damit die gesuchte Tiefe

$$t = m = \frac{1{,}15}{2} \cdot \sqrt{\frac{3 \cdot 53}{1{,}55 \cdot 80}} \simeq 0{,}65 \text{ m}.$$

Die Gründungsebene soll also auf 92,65 ü.M.H. liegen.

3. Streifengurtgründungen

(Streifenfundamente unter Einzellasten)

Die Streifengurtgründungen liegen in der Mitte zwischen Streifen- und Einzel- oder Blockgründungen. Sie dürfen als Sonderfall der Streifengründungen betrachtet werden, weil der Streifengurt einen verhältnismäßig schmalen durchlaufenden Balken darstellt, der die Last ununterbrochen auf den Boden überträgt. In der Längsrichtung kann er also als unendlich betrachtet und in der Querrichtung als Streifen bemessen werden. Gleichzeitig wird aber die Last des Bauwerkes über Pfeiler und Säulen stellenweise übertragen (vgl. Abb. 329 und 358). Deshalb wird der Streifengurt gegen die gleichmäßig verteilte ununterbrochene Belastung der Sohlspannungen in der Längsrichtung nur stellenweise gestützt und in dieser Richtung als ein auf Biegung beanspruchter Durchlaufträger bemessen.

Andererseits ähnelt der Streifengurt als Grenzfall den Einzelfundamenten, wenn die lastübertragenden Säulen einander so nahe zu liegen kommen, daß die selbststehenden Gründungsblöcke sich aneinanderreihen.

Der Streifengurt wird für gewöhnlich aus Stahlbeton mit T-förmigem Querschnitt hergestellt und ergibt deshalb sowohl in Längs- als auch in Querrichtung eine viel biegsamere Konstruktion als die Streifengründung. Früher sind Streifengurtgründungen auch als zwischen den lastübertragenden Pfeiler eingebaute Gegengewölbe hergestellt worden. Dieser Fall steht in bezug auf die Starrheit schon näher zur Streifengründung. Die Biegsamkeit, die einen grundlegenden Einfluß auf die Sohlspannungsverteilung in der Längsrichtung und auf die Bemessung ausübt, wird durch den Pfeilerabstand und durch die Gurthöhe bestimmt. Mit großer Gurthöhe und dichter Pfeilerverteilung wird der Streifengurt unendlich steif und die Sohlspannungsverteilung in der Längsrichtung als gleich-

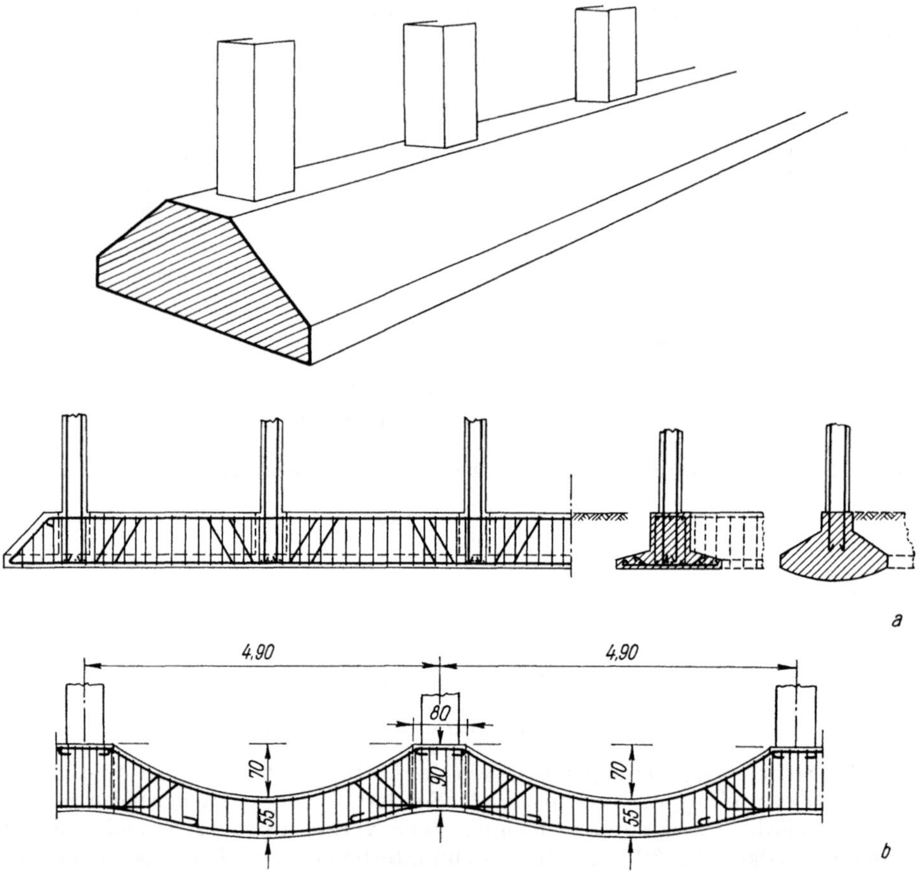

Abb. 358. Streifengurtfundamente

mäßig verteilt angenommen werden können (Abb. 359a). Mit kleiner Gurthöhe und mit großem Pfeilerabstand wird er jedoch biegsam und die Sohlspannungsverteilung ungleichmäßig (s. Abb. 359b).

Die ungleichmäßige Sohlspannungsverteilung bietet Vorteile für die Größe der Bemessung. Wenn z. B. die Sohlspannungen von den Pfeilern aus nach der Mitte der Spannweite geradlinig auf 0 auslaufen, nimmt das Größtmoment um 33% ab (die Scherkräfte bleiben dabei nur wenig verändert).

Es ist also zweckmäßig, daß der Gurt in der Längsrichtung als Balken auf elastischer Bettung bemessen wird (vgl. S. 420, Plattengründungen). Das Kriterium dieser Biegsamkeit darf sich in gewissen Grenzen auf das die Starrheit kennzeichnende Verhältnis $\lambda = l/L$ beziehen. Im Bereich $\lambda \leqq 3$ kann der Gurt als unendlich starr und die Sohlspannungsverteilung in der Längsrichtung als gleichmäßig verteilt angenommen werden. Wird aber $\lambda \geqq 3$, kann schon eine trapezförmige und nach der Feldmitte zu abnehmende Sohlspannungsverteilung angenommen werden, wie es sich z. B. aus den Diagrammen 401 bis 404 von KÖGLER entnehmen läßt.

Der *Streifengurt* kann jedoch auch in der Querrichtung biegsam und die Sohlspannungsverteilung in der Querrichtung dreieckförmig angenommen werden, bis $\lambda' = \frac{B-b}{2L}$ nicht kleiner als die Einheit wird. Wenn aber $\lambda' < 1$ ist, dann darf er analog der von KÖGLER für die elastisch gebettete durchlaufende Platte

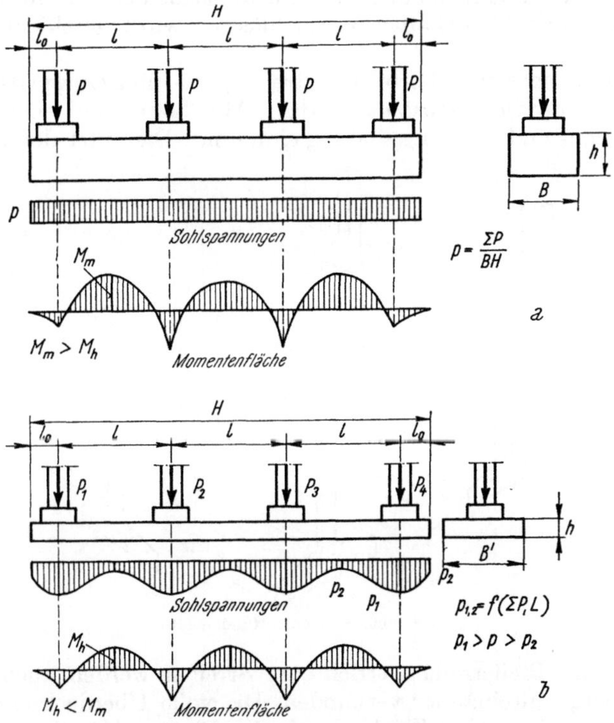

Abb. 359. Sohlspannungsverteilung unter einem starren (a) und unter einem biegsamen (b) Streifengurt (nach PLAGEMANN)

abgeleiteten vereinfachten Theorie (vgl. S. 436) als unendlich starr und die Sohlspannungsverteilung als gleichmäßig betrachtet werden. Hier bezeichnen B und b die Breite der Gründung bzw. der lastübertragenden Pfeiler, $L = \sqrt[4]{\frac{4EJ}{CB}}$ die gleichwertige Länge des elastisch gebetteten Balkens, worin wiederum E der Elastizitätsmodul des Gurtmaterials, J das Trägheitsmoment des Gurtes, C die Bettungsziffer und B die Gurtbreite darstellen (jetzt ist $B = 1$ anzunehmen).

Der Gurt selbst als Längsträger darf wiederum als elastisch gebetteter Balken bemessen werden.

Gurtplatten mit großer Auskragungslänge sind unwirksam, weil die Platte schon wegen ihrer Aufbiegung nicht imstande ist, die Sohlspannungen aufzunehmen, wenn die Auskragung $B - b$ das Maß $\frac{\pi \cdot L}{3}$ übersteigt (vgl. Abb. 398).

Die eingehendere Begründung der oben erwähnten Starrheitsgrenzen ist im Kap. III, B, 5, bei der Behandlung des Köglerschen Annäherungsverfahren zu finden. Dort wird der Fall eines Durchlaufbalkens behandelt. Die Länge der hier angeführten Konsolplatte wurde hinsichtlich ihrer Biegsamkeit auf ein Drittel der Spannweite angenommen ($l_0 = l/3$).

Die Biegsamkeit der Streifenplatte und des Gurtes soll nur wegen der genaueren Berücksichtigung der Sohlpressung betrachtet werden. Die Bemessung darf auf Grund der Theorie der auf Biegung beanspruchten starren Konsolplatten bzw. starrer Durchlaufträger erfolgen. Es steht außer Zweifel, daß der in der Umgebung der lastübertragenden Pfeiler liegende Abschnitt der Streifengurte größere Belastungen auf den Baugrund übertragen wird als die Feldabschnitte; wenn dieser Umstand aber einfachheitshalber vernachlässigt wird, geschieht es zugunsten der Sicherheit.

Eine zusammengesetzte Form der Streifengurt- und Gurtplattengründungen stellt die sog. *Streifenrostgründung* dar (Abb. 360), die eine Mittelstellung zwischen Streifen- und Plattengründung einnimmt. Die unter den lastübertragen-

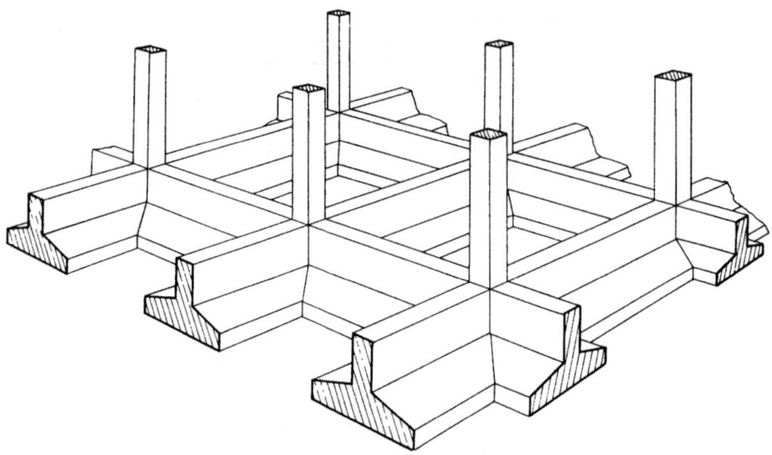

Abb. 360. Streifenrostfundament

den Wänden und Pfeilerreihen errichteten Streifen werden auch in der Querrichtung rostartig miteinander verbunden. Die volle Überdeckung der zwischen den Streifengurten liegenden Fläche durch eine Platte wird aber bei vorhandener Tragfähigkeit des Bodens nicht erforderlich. Der Streifenrost gibt durch die Verbindung der Streifen- und Einzelfundamente eine beträchtliche Steifigkeit der Gründungskonstruktion und ist für setzungsempfindliche und in Erdbebengebieten errichtete Bauwerke besonders geeignet. Die zweckmäßigsten Annahmen und Bemessungsgrundlagen der Streifenrostgründungen werden in einem Aufsatz von A. Réti (bearbeitet von L. Varga) eingehend behandelt, worauf hier nur hingewiesen wird. (Bemessung der elastisch gebetteten Streifengurte und Streifenroste, Mélyépitéstudományi Szemle 1958, H. 4—5, S. 182, ung.).

Rechnungsbeispiele

Beispiel Nr. 5.

Es soll die Streifenbreite: B der auf Abb. 361a und b veranschaulichten Streifengurtgründung bestimmt werden. Die voneinander in je 5 m Abständen angeordneten Säulen belasten die Gründung mit je 291 t maßgebende Einzellast in den Kreuzungspunkten. Es steht ein Schluff als Gründungsboden an, dessen innerer Reibungswinkel mit $\varphi = 15°$, die Kohäsion mit $c = 3$ t/m² und das nasse Raumgewicht mit $\gamma_n = 1{,}77$ t/m³ angenommen sein soll.

Die Gründungsbreite wird nach DIN 4017 Blatt 1 (September 1962) mit einem Sicherheitsfaktor von $\eta = 2{,}2$ bestimmt werden.

Es soll ferner auch die erforderte Plattenhöhe (v) bestimmt werden unter der Bedingung, daß die Rippenbreite wegen Konstruktionsgründen den Wert 0,5 m nicht übertreten darf. Man darf mit einer zulässigen Betonspannung von $\sigma_b = 60\ \mathrm{kg/cm^2}$ und mit einer Stahlspannung von $1950\ \mathrm{kg/cm^2}$ rechnen.

Lösung

Die erforderte Gründungsbreite erhält man aus folgender Gleichung

$$\frac{\eta \cdot P}{F} = c \cdot \lambda_c + \gamma \cdot t \cdot \lambda_t + \gamma \cdot B \cdot \lambda_b \,(= c \cdot V_c + \gamma \cdot t \cdot V_b + \gamma \cdot B \cdot V_g),$$

worin $\eta = 2{,}2$, der Sicherheitsfaktor; $P = 291$ t; $F =$ die auf eine Säule fallende Gründungsfläche ($F = 10B - B^2$); B die Streifenbreite (m); $c = 3\ \mathrm{t/m^2}$, die Kohäsion; $\gamma = 1{,}77\ \mathrm{t/m^3}$, das Raumgewicht; $t = 1{,}2$ m, die Gründungstiefe; $\lambda_c = V_c = 11$, $\lambda_t = V_b = 3{,}9$, $\lambda_B = V_g = 0{,}7$.

Diese Werte in die Gleichung eingesetzt

$$\frac{2{,}2 \cdot 291}{10B - B^2} = 3 \cdot 11 + 1{,}77\,(1{,}2 \cdot 3{,}9 + 0{,}7B),$$

wovon (aufgerundet) $B = 1{,}8$ m und die als gleichmäßig verteilt aufgenommene Sohlpannung:

$$q = \frac{291}{10 \cdot 1{,}8 - 3{,}24} = 19{,}7\ \mathrm{t/m^2}$$

und damit das auf den Einspannquerschnitt wirksame Biegemoment

$$M = 1{,}97 \cdot \left(\frac{1{,}8 - 0{,}5}{2}\right)^2 \cdot 0{,}5 = 4{,}16\ \mathrm{tm/m} \quad \text{wird.}$$

Die für die Bemessung des Stahlbetonquerschnittes nötige Hilfsbeiwerte sind aus dem Betonkalender zu entnehmen. Also:

$$\gamma_h = 15{,}2; \qquad 100\mu = 0{,}484$$

und damit die nötige Höhe

$$h_0 = \gamma_h \cdot \sqrt{\frac{M}{1 \cdot \sigma_e}} = 15{,}2 \cdot \sqrt{\frac{4{,}16}{1 \cdot 19500}} = 22{,}4\ \mathrm{cm}.$$

Zu dem noch für die Stahleinlagen 2 cm und für die Betonüberdeckung 1,6 cm hinzugerechnet sein soll. Damit ergibt sich für die endgültige Plattendicke:

$$v = h + 3{,}6 \cong 26\ \mathrm{cm}.$$

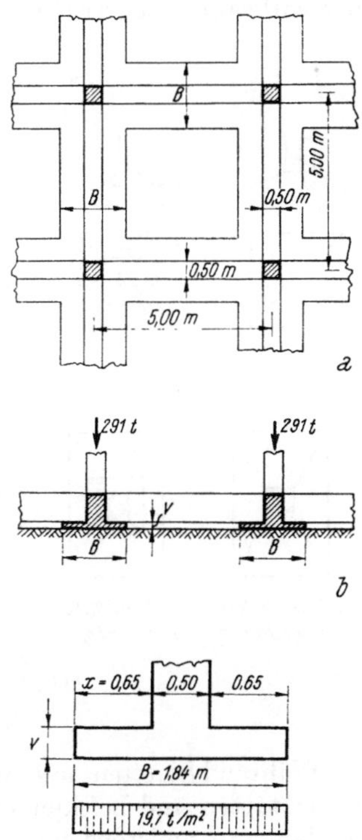

Abb. 361. Zu Zahlenbeispiel Nr. 5

Die erforderte Rundstahlfläche

$$F_v = \mu \cdot b \cdot h_0 = 0{,}00484 \cdot 100 \cdot 22{,}4 = 10{,}9\ \mathrm{cm^2/m}.$$

Zum Beispiel Rundstählen von 14 mm Durchmesser je 14 cm.

4. Einzel- oder Blockfundamente (Pfeilerfundamente)

Es handelt sich hier um alleinstehende Gründungskörper mit geschlossenem Grundriß (Kreis, Quadrat, Recht- oder Vieleck), auf denen selbststehende Säulen, Pfeiler, Schächte, Behälter, Türme oder Schornsteine gestellt werden.

Während das Problem der Sohlspannungsverteilung und der Bemessung der Streifen- und größtenteils auch der Streifengurtgründungen eine ebene Aufgabe darstellte, handelt es sich hier um eine räumliche Aufgabe. Die Sohlspannungen sind unter dem Grundkörper in einen Spannungskörper verteilt, der als Prisma, Pyramide oder als irgendein Rotationskörper (Paraboloid, Sinusoid u. ä.) angenommen werden kann.

Die Aufgabe der Bemessung besteht auch hier in der richtigen Bestimmung der Sohlspannungen und der auf den maßgebenden Querschnitten wirksamen Krafteinwirkungen. Darüber hinaus muß die Gründung eines alleinstehenden hohen Bauwerkes (Turm, Schornstein, Behälter) auch hinsichtlich ihrer Standsicherheit (Gleiten, Kippen, Schrägstellung) untersucht werden. (In der Folge wird weder das Gewicht der etwaigen Erdhinterfüllung oder Aufschüttung noch das Eigengewicht des Grundkörpers gesondert erwähnt, da diese Lasten als in der wirksamen zentrischen äußeren Last P eingerechnet betrachtet werden!)

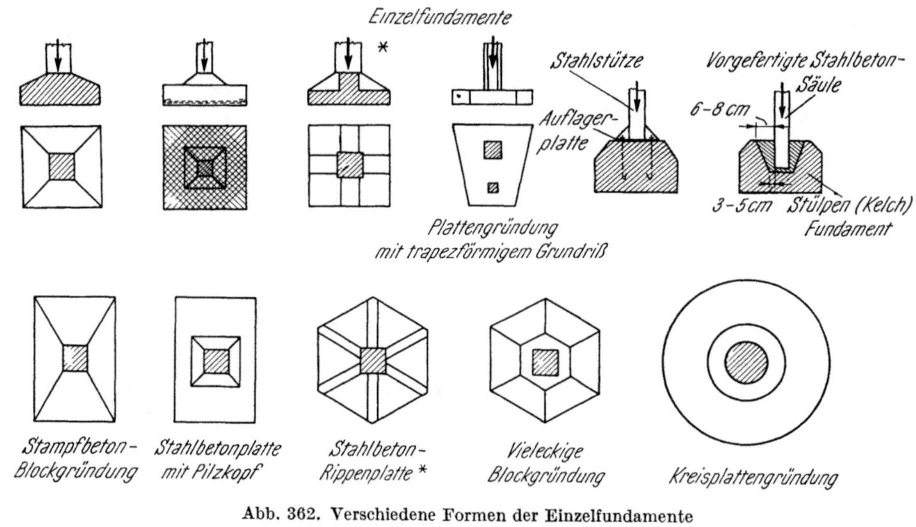

Abb. 362. Verschiedene Formen der Einzelfundamente

Während Streifen- und Streifengurtgründungen meistens bei Wohnungsbauten, Lagerstätten und bei kleineren Industriebauwerken üblich sind, kommen Einzelfundamente meistens bei Großbauwerken der Industrie oder des Verkehrs (als Hallen, Brücken, Türme, Schornsteine usw.) vor, wo die Lasten von einer Tragkonstruktion durch ihre einzelnen Stützen (Pfeiler) auf den Boden übermittelt werden sollen. Die verschiedenen kennzeichnenden Formen der Einzelfundamente sind in Abb. 362 veranschaulicht. (Die mit einem Zeichen versehenen Typen sind nicht mehr gebräuchlich.)

Wie zu sehen, sind die Einzelfundamente vorwiegend aus Stahlbeton hergestellt. Doch kommen bei stählernen Stützpfeilern Gründungsblöcke aus Massenbeton, bei vorgefertigten Stahlbetonstützen sog. Stülpenfundamente und bei Türmen und Schornsteinen neuerdings verschiedenartige vorgespannte und Schalenfundamente vor.

Die einfachen Einzelfundamente aus Stahlbeton können auch rippenartig oder als Platten mit veränderlicher Höhe, sogar als umgekehrte konsolartige Pilzdecken ausgebildet werden.

a) Quadratförmige Einzelfundamente

α) Bemessung mit Näherungsannahmen [12]

Den einfachsten Fall bei Annahme gleichmäßiger Sohlspannungsverteilung und eines einheitlichen Stampfbetonfundamentkörpers stellt Abb. 363 dar.

Es soll das Moment der gleichmäßig verteilten Sohlspannungen im maßgebenden Querschnitt $I—I$ bestimmt werden. Die bei der Berechnung der im Querschnitt $I—I$ anzunehmenden Sohlspannungsfläche ist durch waagrechte Schraffur hervorgehoben. Wie ersichtlich, fallen die Eckflächen vom Schnitt bis zu den Diagonalen in der wirksamen Fläche wegen Spannungsüberlagerung weg, da die auf die Fläche $ABCD$ wirksamen Sohlspannungen nicht nur im Querschnitt $I—I$, sondern auch im Querschnitt $II—II$ Biegemomente hervorrufen werden. Annähernd kann angenommen werden, daß eine Hälfte auf dem einen und die andere Hälfte auf dem anderen Querschnitt wirksam wird.

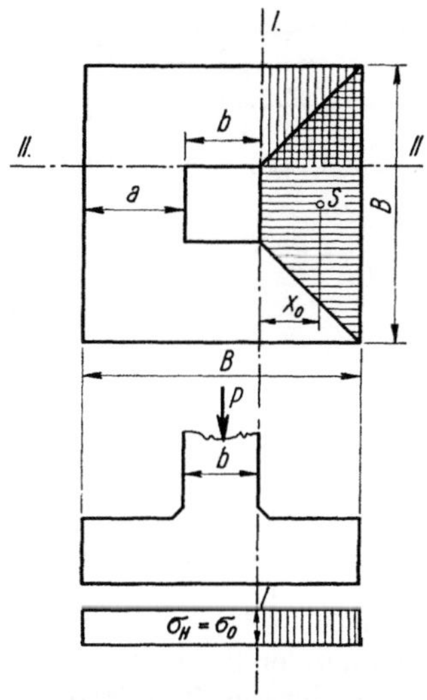

Abb. 363. Berechnungsschema eines quadratischen Einzelfundamentes

Die gleichmäßig verteilte Sohlspannung ergibt sich als $\sigma_0 = P/B^2$, und die Resultierende der auf Schnitt $I—I$ wirksamen Sohlspannungen ist $R = \sigma_0 \cdot \frac{B + b}{2}$, die im Schwerpunkt S des waagrecht schraffierten Trapezes angreift. Deren Abstand vom Schnitt $I—I$ wird

$$x_0 = \frac{a}{3} \cdot \frac{b + 2B}{b + B}, \quad \text{worin} \quad a = \frac{B - b}{2},$$

und damit erhält man für das Biegemoment

$$M_I = R \cdot x_0 = \sigma_0 \cdot \frac{B + b}{2} \cdot a \cdot \frac{a}{3} \cdot \frac{b + 2B}{b + B} = \frac{P \cdot a^2}{2B^2} (b + 1{,}33a). \qquad (194\,\text{a})$$

Wegen der elastischen Aufbiegung der Ränder nehmen aber in Wirklichkeit die Sohlspannungen nach den Rändern hin ab, und daher wird es mit guter Annäherung zulässig, daß man

$$M_I = \frac{P \cdot a^2}{2B^2} (b + a) = \frac{P}{16B^2} (B^3 - B^2 b - B b^2 + b^3) = M_{II} \qquad (194\,\text{b})$$

schreibt.

β) Genauere Bemessungsverfahren

Die einzelnen Gründungsplatten der Säulen werden heute meistens aus Stahlbeton hergestellt, bei dem die richtige Berechnung und Verteilung der Rundstahleinlagen nicht vernachlässigbar ist. Bei einer genaueren Annahme darf eine derartige Sohlplatte als konsolartiger Trägerrost betrachtet werden, dessen Einzelstreifen in den Kreuzungspunkten starr miteinander verbunden sind. Die einzelnen Streifen werden behinderte Durchbiegungen und Verdrehungen erleiden und sind als eingespannte Konsolträger mit einer der freien Auskragung der Sohlplatte entsprechenden Konsolträger zu betrachten.

Wegen der zwischen Gründung und Boden bestehenden Wechselwirkung wird aber die Verteilung der Momente beträchtlich von dem eines gleichmäßig belasteten starren Konsolträgers abweichen. Die Randstreifen werden durch kleinere, die Mittelstreifen dagegen durch größere Biegemomente beansprucht (da wegen der Aufbiegung am Rande kleinere und an der Mitte größere Sohlspannungen auftreten werden!). Hat die Sohlplatte eine gleichbleibende Dicke, wird sie auf die Plattenmitte eine entlastende Wirkung ausüben. Soll ihre Dicke jedoch nach der Mitte hin zunehmen, darf man mit einer entgegengesetzten Wirkung rechnen.

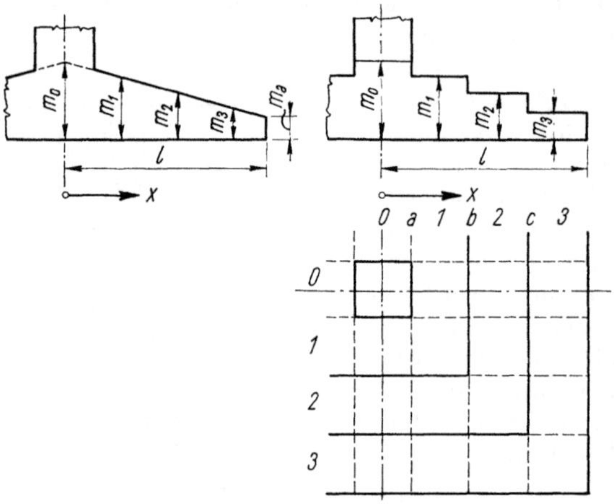

Abb. 364. Prinzip der rostartigen Aufteilung (nach GROTKAMP)

Ein genaueres Bemessungsverfahren auf Grund des Streifenrostprinzips wurde von A. GROTKAMP [13] entwickelt. Mit der Steigerung der Anzahl der Streifenteile wird die Genauigkeit erhöht, aber gleichzeitig der Grad der statischen Unbestimmtheit gesteigert. Zum Beispiel gibt GROTKAMP bei einer Aufteilung von 7 Streifen, wenn es sich um 49 Kreuzungspunkte und um die Bestimmung von 12 statisch unbestimmten Größen handelt, folgende Momentengrößen als Tabellenwerte an (Abb. 364). Es wird $M = \alpha_1 \cdot p \cdot l^2$ (worin α_1 ein aus der Tabelle zu entnehmender Beiwert, l die halbe Breite der Sohlplatte bedeutet).

a) Ist die Sohlplatte von gleichbleibender Dicke und deren Wert $m = 0{,}38\,l$, dann hat α_1 folgende Werte:

α_1-Werte

i	$k = 0$	a	b	c
0	0,8382	0,5933	0,1045	0,0023
1	0,5405	0,4611	0,1723	0,0197
2	0,3241	0,3164	0,1861	0,0529
3	0,2163	0,2164	0,1607	0,0714

b) Nimmt die Plattenstärke nach den Rändern hin geradlinig ab und sind die Werte $m_u = 0{,}1\,l$ am Rande und $m_0 = 0{,}38\,l$ bei der Auflagerung der Säule gültig, dann kann α_2 wie folgt abgelesen werden:

α_2-Werte

i	$k = 0$	a	b	c
0	1,1030	0,8582	0,2466	0,0468
1	0,6546	0,5751	0,2295	0,0505
2	0,2413	0,2275	0,1578	0,0531
3	0,0525	0,0540	0,0608	0,0159

Es ist deutlich zu sehen, daß infolge der veränderlichen Plattendicke die steiferen (dickeren) Schnitte größere Biegemomente aufnehmen und damit die schwächeren Querschnitte entlasten. Die Verteilung dieser tabellenmäßig ermittelten Momente ist axonometrisch auf Abb. 365 und b veranschaulicht.

Da die größere Biegsamkeit wegen der Wechselwirkung zwischen Gründung und Baugrund auch eine ungleichmäßige Verteilung der Sohlspannungen zur Folge hat, empfiehlt es sich bei einer gewissen Biegsamkeit (ähnlich der Sohlpressungs-

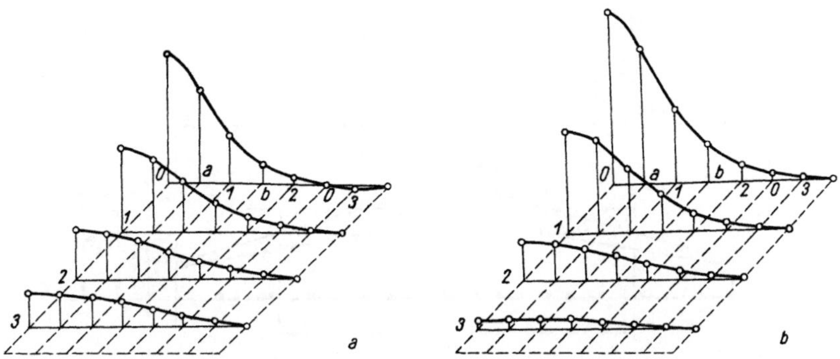

Abb. 365. Sohlspannungsverteilungskurven in den einzelnen Schnittebenen

verteilung unter einer Kreisplatte, s. S. 410), eine dreieckförmige Sohlspannungsverteilung anzunehmen. Analog mit Kögler ist $\lambda \leqq 2$ für eine gleichmäßig verteilte, $\lambda \geqq 5$ für eine dreieckförmige und die zwischenliegenden λ-Werte für eine trapezförmige Sohlpressungsverteilung zuständig. In diesem Zusammenhang sei die Formel $\lambda = \frac{2l}{L}$ genannt, worin $2l$ die volle Seitenlänge der quadratförmigen Sohlplatte, L ihre sog. elastische Länge (Zimmermann) bedeutet:

$$L = 0{,}525 \cdot m \sqrt[3]{E/M}$$

(vgl. S. 411 und Bd. I, s. S. 436).

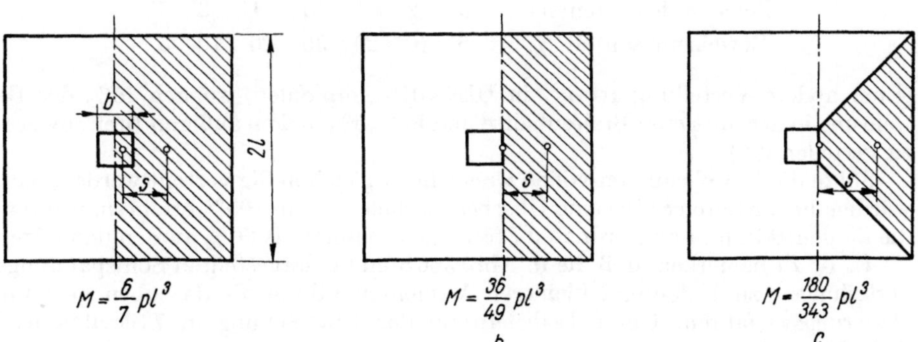

Abb. 366. Angenäherte Momentenermittlung (nach Grotkamp)

Wegen den Unsicherheiten der Sohlpressungsverteilung und der Bettungsziffer (C) darf man sich mit den anderen und auch mit den von Grotkamp stammenden Näherungsformeln begnügen.

Nach Abb. 366a ist

$$M = p \cdot l^2 (l - b/2) = 0{,}8571 \cdot p \cdot l^3. \tag{195a}$$

Die Bemessung der Platte mit veränderlicher Stärke darf anhand eines gleich zu stehenden Rechteckquerschnittes durchgeführt werden, wobei die Höhe (Abb. 367) mit

$$m' = m_u + \frac{m_0 - m_u}{l - 0{,}5b} \cdot {}^2/_3 l$$

und die Breite mit

$$b' = \frac{m_0}{m'} \cdot l$$

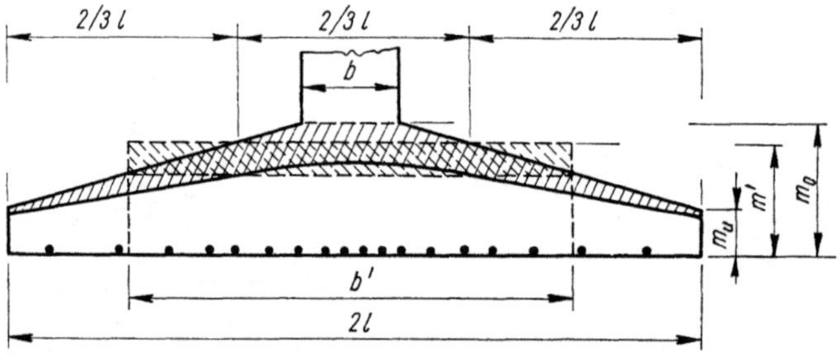

Abb. 367. Berechnung des gleichwertigen Querschnittes

angenommen werden kann. m_1 ist der Abstand zwischen Druckzonenrand und Schwerlinie der Bewehrung.

Die erforderliche Stahlbewehrungsfläche ergibt sich aus dem bekannten Zusammenhang: $F_e = \frac{M}{\sigma_v \cdot q}$, während für ihre Verteilung GROTKAMP auf Grund seiner genaueren Untersuchungen folgendes Prinzip empfiehlt:

Teilt man die Sohlplatte in 7 gleich breite Streifen auf, von denen die mittlere Streifenbreite ungefähr der des lastenden Pfeilers entspricht, dann läßt sich der Gesamtquerschnitt der Stahlbewehrung F_e zwischen den einzelnen Streifen prozentual wie folgt verteilen (vgl. Abb. 370):

Zeichen des Streifens	3	2	1	0	1'	2'	3'
Bewehrungsanteil %	5	10	20	30	20	10	5

(Eine andere Verteilungsart ist in DIN 4018 empfohlen, wonach 75% der Bewehrung in der mittleren Breitenhälfte und je 12,5% in dem äußeren Breitenviertel zu verteilen ist.)

Sollte die Bewehrung im vollen Querschnitt gleichmäßig verteilt werden, dann würden die mittleren Stäbe eine Überbeanspruchung von 100% erfahren, während die an den Rändern angeordneten Stäbe nicht einmal bis 50% ausgenützt wären.

Es ist zu bemerken, daß die in Abb. **366b** und c dargestellten Sohlspannungsverteilungen zu bedeutend kleineren Momenten führen als das oben genannte Näherungsverfahren. Unter Beibehaltung der Unterteilung in 7 Streifen nach Abb. **366b** wird

$$M = \frac{36}{49} \cdot p \cdot l^3, \qquad \text{(195b)}$$

nach Abb. **366c** dagegen

$$M = \frac{180}{343} \cdot p \cdot l^3 \qquad \text{(195c)}$$

das auf den angedeuteten Querschnitt wirksame Biegemoment.

Dabei sei noch erwähnt, daß die angegebenen Formeln sich alle auf eine gleichmäßige Sohlpressungsverteilung beziehen und die Querschnittshöhe (m_u) am Rand mit $0{,}1\,l$, in der Mitte mit $0{,}3\,l$ bis $0{,}4\,l$ angenommen wurde.

b) Einzelfundamente mit rechteckiger Grundfläche

α) Bemessung

Die im Schnitt $I-I$ und $II-II$ auftretenden Momente bei der in Abb. 368 gezeigten rechteckigen Grundplatte sind aus folgenden Gleichungen zu erhalten:

a) Im Falle gleichmäßiger Sohldruckverteilung

$$\left.\begin{aligned} M_I &= \frac{P}{6AB}\cdot\left(\frac{A-a}{2}\right)^2\cdot(2B+b), \\ M_{II} &= \frac{P}{6AB}\cdot\left(\frac{B-b}{2}\right)^2\cdot(2A+a) \end{aligned}\right\}. \qquad (196)$$

Wenn jedoch eine genauere, nach den Rändern hin linear abnehmende trapezförmige Verteilung angenommen wird, erhält man für das größte Moment, auf die Achse der Säule berechnet:

$$\left.\begin{aligned} M_I' &= \frac{P}{24}\cdot\left[(B-b)\cdot\frac{2A+a}{A+a}+b\right] \\ M_{II}' &= \frac{P}{24}\cdot\left[(A-a)\cdot\frac{2B+b}{B+b}+a\right] \end{aligned}\right\}. \qquad (196\text{a})$$

b) Im Falle pyramidenförmiger Spannungsverteilung ergeben sich die Momente auf die volle Streifenbreite A bzw. B gerechnet:

$$\left.\begin{aligned} M_I &= \frac{P}{4A}\cdot\left(1-\frac{a}{A}\right)\cdot\left(\frac{A-a}{2}\right)^2\cdot\left(1+\frac{b}{B}\right), \\ M_{II} &= \frac{P}{4B}\cdot\left(1+\frac{b}{B}\right)\cdot\left(\frac{B-b}{2}\right)^2\cdot\left(1+\frac{a}{A}\right) \end{aligned}\right\} \qquad (197)$$

und daraus die auf den meistbeanspruchten Streifen von der Breite a bzw. b fallenden Teilmomente:

$$\left.\begin{aligned} M_{Ia} &= \frac{2M_I}{B+b}\cdot b, \\ M_{IIb} &= \frac{2M_{II}}{A+a}\cdot a \end{aligned}\right\}. \qquad (197\text{a})$$

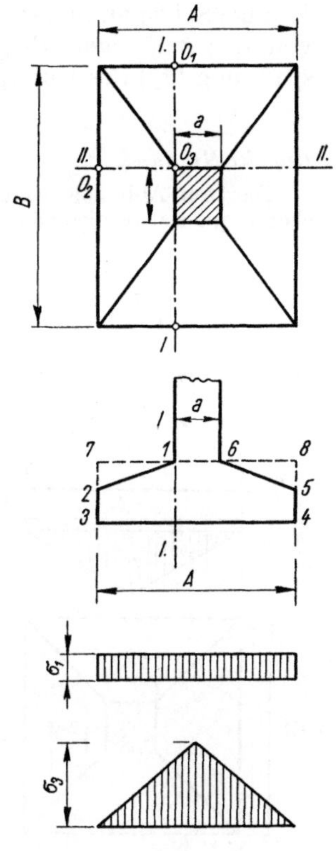

Abb. 368. Angenäherte Bemessung eines rechteckigen Einzelfundamentes

c) Im Falle paraboloidförmiger Sohlpressungsverteilung wird angenähert (die einander übergreifenden Eckstreifen doppelt berechnet):

$$\left.\begin{aligned} M_I &\cong \frac{2P}{5A}\cdot\frac{A^2-a^2}{a^2}\cdot\left(\frac{A-a}{2}\right)^2, \\ M_{II} &\cong \frac{2P}{5B}\cdot\frac{B^2-b^2}{b^2}\cdot\left(\frac{B-b}{2}\right)^2 \end{aligned}\right\} \qquad (198)$$

und die auf die Mittelstreifen fallenden Teilmomente:

$$\left.\begin{aligned} M_{Ia} &= \frac{3P}{10AB}\cdot\left(1+\frac{A^2-a^2}{A^2}\right)\cdot\left(\frac{A-a}{2}\right)^2\cdot b\,, \\ M_{IIb} &= \frac{3P}{10AB}\cdot\left(1+\frac{B^2-b^2}{B^2}\right)\cdot\left(\frac{B-b}{2}\right)^2\cdot a \end{aligned}\right\}. \tag{198a}$$

Die Ungarischen Gründungsvorschriften enthalten auch Tafelwerte für den Lastübertragungswinkel tg α homogener, massiver Einzelfundamente, ähnlich wie für Streifenfundamente. Es werden die tgα-Werte für die bei bindigen und dichtgelagerten körnigen Böden geltende gleichmäßig verteilte Sohlspannungsverteilung und für die bei locker gelagerten körnigen Böden anzunehmende parabelförmige Sohlspannungsverteilung gesondert angegeben, und zwar in Abhängigkeit von der zulässigen Biegezugspannung (σ_h) des Mauerwerkes und der Grenzspannung (σ_H) des Untergrundes (vgl. Tab. 16 und 17).

β) Zahlenbeispiele

Beispiel Nr. 6.

Das auf Abb. 369 veranschaulichte quadratförmige Einzelfundament wird durch die ebenso quadratförmige Säule mit einer Einzellast 50 t belastet.

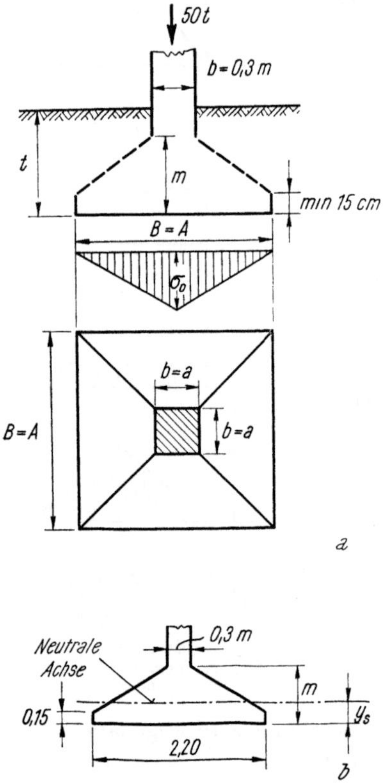

Abb. 369. Zu Zahlenbeispiel Nr. 6

Die erforderte Gründungsbreite soll wieder nach DIN 4017 Blatt 1 (September 1962) und mit einer Sicherheit von $\eta = 2$ berechnet werden. Das Biegemoment soll nach Gl. (197) ermittelt werden und in dem Stampfbetonmaterial ist eine Zugspannung von 8 kg/cm² zulässig.

Die Gründungstiefe ist: $t = 1$ m, darüber gibt es eine Aufschüttung von $\gamma_1 = 1{,}67$ t/m³ Raumgewicht. Der Untergrund ist nasser, dichter Schluff, dessen Reibungswinkel mit $\varphi = 10°$ die Kohäsion mit $c = 1{,}35$ t/m² und das nasse Raumgewicht mit $\gamma_2 = 2$ t/m³ aufgenommen wird.

Lösung

Die Gründungsbreite erhält man aus folgender Gleichung

$$\frac{\eta\cdot P}{B^2} = c\cdot\lambda_c\cdot\nu_c + \gamma_1\cdot t\cdot\lambda_t\cdot\nu_t + \gamma_2\cdot B\cdot\lambda_B\cdot\nu_B$$

worin $\eta = 2$, der Sicherheitsfaktor; b die Gründungsbreite (m); $c = 1{,}35$ t/m², die Kohäsion; $\gamma_1 = 1{,}67$; $\gamma_2 = 2$; $t = 1$ m; die Tragfähigkeitsbeiwerte $\lambda_c = V_c = 8{,}3$; $\lambda_t = V_b = 2{,}5$; $\lambda_B = V_g = 0{,}2$; und die Formbeiwerte: $\nu_t = \nu_c = 1{,}3$; $\nu_B = 0{,}7$.

Die zu lösende Gleichung lautet also

$$\frac{2\cdot 50}{B^2} = 1{,}35\cdot 8{,}3\cdot 1{,}3 + 1{,}67\cdot 1{,}0\cdot 2{,}5\cdot 1{,}3 + {} + 2{,}0\cdot B\cdot 0{,}2\cdot 0{,}7$$

und davon: $B = 2{,}20$ m.

Das maßgebende Moment nach Gl. (197)

$$M = \frac{P}{4B}\left(1-\frac{b}{B}\right)\cdot\left(\frac{B-b}{2}\right)^2\cdot\left(1+\frac{a}{A}\right)$$

worin $P = 50$ t; $B = A = 2{,}20$ m; $b = a = 0{,}30$ m, und damit

$$M = \frac{50}{4\cdot 2{,}2}\left(1-\frac{0{,}3}{2{,}2}\right)\left(\frac{2{,}2-0{,}3}{2}\right)^2\left(1+\frac{0{,}3}{2{,}2}\right) = 5{,}03 \text{ tm}.$$

Gleichzeitig das auf Grund gleichmäßiger Sohlspannungsverteilung erhältliche Biegemoment dürfte sich nach Gl. (196) auf 7,3 tm, nach Gl. (196a) auf 5,85 tm und nach Gl. (198) auf 7,2 tm ergeben.

Die Bemessung des trapezförmigen Querschnittes läßt sich am einfachsten durch wiederholtes Probieren erzielen. Mit Umgehung der langwierigen Einzelheiten dieses Vorganges ergibt sich die Querschnitthöhe auf Grund der folgenden tabellenartig angegebenen Zahlenwerte auf $m = 0{,}66$ m.

	Aufgenommene Höhe in Meter	Trägheitsmoment des Querschnittes (m^4)	Faserabstand $m - y$ (m)	σ_{eff} t/m²
Erste Aufnahme	0,75	$4{,}15 \cdot 10^{-2}$	0,468	56,8
Zweite Aufnahme	0,70	$3{,}328 \cdot 10^{-2}$	0,458	69,3
Dritte Aufnahme	0,60	$2{,}245 \cdot 10^{-2}$	0,448	100,5

Beispiel Nr. 7.

Es soll die Einzelgründung entworfen werden für eine mit $P = 55$ t belastete Säule mit einem quadratförmigen Querschnitt von 30 · 30 cm (Abb. 370a). Der anstehende Grundboden besteht aus schluffigem Feinsand, mit einer zulässigen Spannung von 12,5 t/m².

Die Abmessungen der Einzelgründung dürfen nach dem Prinzip des Ersatzbalkens von Grotkamp unter Annahme gleichmäßig verteilter Sohlspannung und mit Rücksicht auf geradlinige Abnahme der Plattenhöhe bestimmt werden.

Lösung

Die nötige Breite (etwas aufgerundet):

$$2l = \sqrt{55/12{,}5} \cong 2{,}10 \text{ m} \quad \text{ist}$$

und mit $p = 11{,}34$ t/m² ist das Moment:

$$M = p \cdot l^2 (l - b/2) = 11{,}34 \cdot 1{,}05^2 \cdot (1{,}05 - 0{,}30/2) = 1125 \text{ tm/m}$$

ferner die Höhe der Gründungsplatte (aufgerundet)

$$m_0 = 0{,}38\,l = 0{,}4 \text{ m} \quad \text{und}$$
$$m_u = 0{,}1\,l = 0{,}11 \text{ m}.$$

Als weiterer Schritt wird die Bestimmung des ersetzenden Rechteckquerschnittes vorgenommen (s. Abb. 370b), und zwar wird die Ersatzhöhe:

$$m' = 0{,}11 + \frac{0{,}4 - 0{,}11}{1{,}05 - 0{,}15} \cdot \frac{2{,}10}{3} = 0{,}336 \text{ m},$$

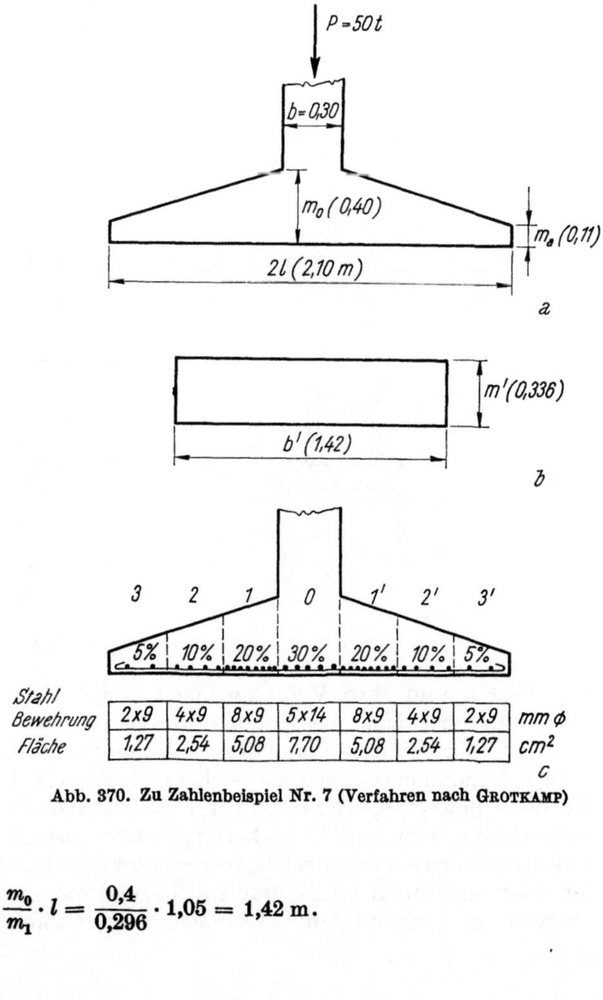

Abb. 370. Zu Zahlenbeispiel Nr. 7 (Verfahren nach GROTKAMP)

die Ersatzbreite:

$$b' = \frac{m_0}{m_1} \cdot l = \frac{0{,}4}{0{,}296} \cdot 1{,}05 = 1{,}42 \text{ m}.$$

Weil $m_1 = m' = 4$ cm, mit $\sigma_{b0} = 60$ kg/cm² und $\sigma_e = 1500$ kg/cm² wird $\beta_0 = 0{,}375$ und der Arm der inneren Kräfte

$$q = (1 - \beta/3) \cdot m' = 29{,}4 \text{ cm}.$$

Folglich ist der erforderliche Bewehrungsquerschnitt:

$$F_e = \frac{M}{\sigma_e \cdot q} = \frac{1125000 \text{ kgcm}}{1500 \cdot 29{,}4} = 25{,}21 \text{ cm}^2.$$

Die nach dem angegebenen Prozentsatz erfolgte Aufteilung der Bewehrungsstäbe wird in Abb. 370c veranschaulicht. Mit dieser Aufteilung beträgt die Gesamtbewehrung 25,48 cm² und ist damit vernachlässigbar kleiner als der erforderliche Querschnitt von 25,51 cm². Die Betonabmessungen wurden dagegen überall aufgerundet. (Es ist zu bemerken, daß die vorgeführte Berechnungsweise mit der Annahme von Grotkamp gut übereinstimmte.) Die Seitenlänge der Säule entspricht mit guter Annäherung (mit einer Höchstabweichung von 5 cm) ein Siebentel der Seitenlänge des Grundkörpers.

γ) Einzelfundamente besonderer Ausbildung

Die Gründungsblöcke der Stahlkonstruktionen der Stützpfeiler von Kranbahnträgern, stählernen Hallenkonstruktionen und Leitungsmasten sollen so ausgebildet werden, daß eine kräftige Verbindung zwischen den unmittelbar aufliegenden und entsprechend versteiften Fußplatten und den Einzelfundamenten durch besondere Verankerungskonstruktionen zustande kommt. Die von den Stahlkonstruktionen erwünschte Genauigkeit erfordert, daß bei der Montage diese

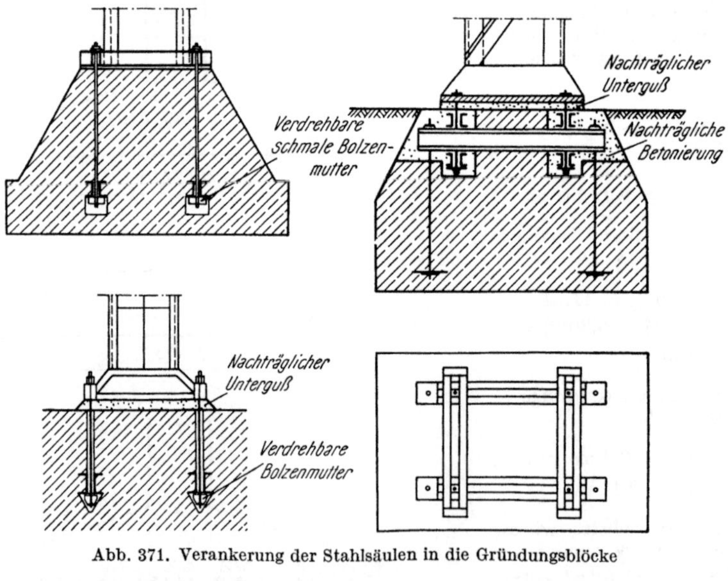

Abb. 371. Verankerung der Stahlsäulen in die Gründungsblöcke

Sohlplatten und ihre Verankerungen einige Zentimeter nach Bedarf auf der Gründungsoberfläche verschoben werden dürfen. Dieselbe Beweglichkeit wird auch bei Maschinenfundamenten notwendig. Deshalb muß beim Entwurf derartiger Fundamente neben der sicheren Übergabe der Belastungen auf den Boden für diese Bewegungsfreiheit und für das nachträgliche feste Einbinden der Stahlkonstruktion bzw. der Verankerungsbolzen gesorgt werden. (Abb. 371) Die Verankerungsbolzen dynamisch beanspruchter oder Erschütterungen ausgesetzter Säulen oder Maschinen pflegt man in die im Inneren des Gründungsblockes vorher eingebauten horizontalen U-förmigen Ankerbalken einzubinden. In den Fundamentblöcken müssen deshalb Aussparungen etwas größeren Querschnittes belassen werden, in denen sich die Verankerungen je nach Bedarf verschieben lassen und die nachträglich mit Zementmörtel ausgegossen werden können. Die genaue Höhenlage der stählernen Fußplatte kann auch durch einen Zementunterguß erzielt werden.

Bei *vorgefertigten Stahlbetonkonstruktionen* kann die durch die Montage bedingte genaue Höhenlage und die Einhaltung genauer Abstandsmaße nur durch die Anwendung sog. *Stülp-(Kelch-)Fundamente* erzielt werden. Dagegen geschieht die Verankerung der mit Fußplatte oder Fußrippen versehenen Fertigpfeiler ähnlich wie bei den Stahlkonstruktionen mittels Verankerungsbolzen.

Die Aufgabe der Verankerungsbolzen ist es, die Pfeilerstützen zu halten und die Aufnahme der bei der Verankerung auftretenden Einspannmomente zu gewährleisten. Der zur Verankerung erforderliche Stahlbolzenquerschnitt wird ähnlich wie die Zugbewehrung eines exzentrisch gedrückten Stahlbetonquerschnittes berechnet (Abb. 372):

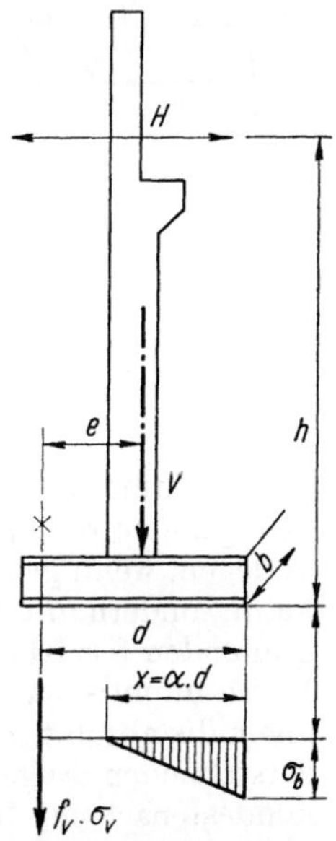

Abb. 372. Bemessung des Verankerungsbolzens

$$F_v = c_2 \cdot b \cdot \sqrt{M/b} - V/\sigma_v, \qquad (199)$$

worin

$$c_2 = \frac{3}{c_1 (3 - \alpha)\, \sigma_v} \quad \text{und} \quad c_1 = \sqrt{\frac{6}{\alpha (3 - \alpha)\, \sigma_b}}$$

und

$$\alpha = \frac{n \cdot \sigma_b}{\sigma_v + n \cdot \sigma_b}.$$

Die Querschnitthöhe h soll so angenommen werden, daß die bei $h = 1/c_1 \cdot (\sqrt{M/b})$ auftretende Betonspannung den zulässigen Druckwert des Betons nicht überschreitet.

Die *Bemessung der Stützenfundamente* wurde früher mit der Annahme durchgeführt, daß die eingestellte vorgefertigte Stütze sich in dem Aussparungsraum frei bewegen kann. Demgemäß treten die waagrechten und lotrechten Komponenten der Einspannungsreaktion an der Stülpsohle, das Momentenkräftepaar dagegen auf der Innenseite des Kelches in der in Abb. 373 dargestellten Verteilung auf. Bei Einwirkung des Einspannmomentes werden dann in den bei Verdrehung parallel liegenden Stülpenwänden Zugbeanspruchungen hervorgerufen, während in den Stirnwänden Biegebeanspruchungen auftreten. Die damit gewonnenen Abmessungen und Bewehrungen haben sich aber nach den Erfahrungen der Praxis als überdimensioniert erwiesen, und man versuchte deshalb, sie durch weitere Annahmen herabzusetzen. Zuerst wurde die günstige Wirkung des auf den inneren Seitenflächen auftretenden Reibungswiderstandes betrachtet, dann vergrößerte man den Hebelarm der durch die Verdrehung auf den Stirnflächen auftretenden Druckspannungen. Diese letzteren wurden auf Grund der in der Abbildung veranschaulichten Annahme von $h/3$ auf $2h/3$ vergrößert (vgl. Fig. 1 und 2 auf Abb. 373) mit dem Ziel, die vom Einspannmoment herstammende Druckresultierende N herabzusetzen und die auf den unteren Wandquerschnitt x—x wirksame Biegebeanspruchung zu vermindern. (Die derart auf Biegung beanspruchte Stirnwand könnte als dreiseitig eingespannte Platte bemessen werden!)

Es wurde allgemein festgestellt, daß die Vergrößerung der Einbindetiefe (h) unwirtschaftlich ist und keine besondere Hilfe bietet; viel günstiger wirkt sich die

Vergrößerung der Stützenbreite (b) aus. Nach SCHEUNERT soll die Einbindetiefe (h) die Stützenbreite (b) nicht überschreiten.

Trotz aller dieser Annahmeerleichterungen waren nach den Berechnungsverfahren in den Stülpwänden beträchtliche Bewehrungseisen einzubauen, und die Überdimensionierung wurde nicht aufgehoben. Die Forschungen von SCHEU-

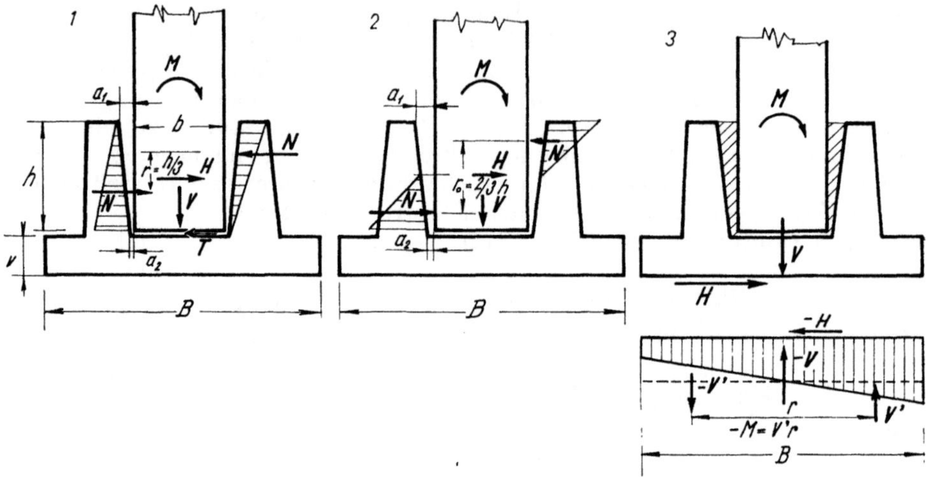

Abb. 373. Bemessungsgrundlagen der Kelchfundamente

NERT, RUBIČEK und SACHNOWSKIJ [14, 15, 16] haben ergeben, daß es praktisch genügt, eine reifenartige konstruktive Bewehrung um die Stülpenwandränder zu verlegen, wenn gesichert ist, daß die Stütze sich im Kelchraum nicht frei bewegen kann, sondern mit dem Stülpenfundament monolitisch zusammenhängt, so daß angreifenden Kraftkomponenten M, V, H auf der in Abb- 373/3 veranschaulichten Weise unmittelbar auf den Untergrund übergeben werden können. Dazu ist vor allem die absolut feste und dichte Ausfüllung der zwischen Stütze und Innenwand entstehenden Fugen erforderlich. Deshalb soll die Breite der Fugen a_1 und a_2 mindestens 8 cm betragen, damit die Ausfüllung mit möglichst wasserarmem, aus grobkörnigeren Zuschlägen bestehendem Beton erfolgen kann. Dieser muß neben einer beträchtlichen Festigkeit geringes Schwinden aufweisen. Die inneren Wandflächen sollen zwecks Reibungserhöhung aufgerauht und mit Vertiefungen versehen werden, die sich auch gegen Schwindrisse günstig auswirken können. Zu der in der Aussparungssohlplatte auftretenden Biegung gesellt sich die von der lotrechten Kraft hervorgerufene Druckbeanspruchung. Sie macht die Anwendung einer Stahlbewehrung für gewöhnlich überflüssig. Dagegen ist es empfehlenswert, die oberen Stülpränder auch mit einer Bewehrung zu versehen, damit keine Risse in der Betonwand infolge Verkeilung und Einspannung der eingestellten Stützen entstehen.

Die Sohlenbreite und Plattenhöhe des Stülpfundamentes (B) sollen so gewählt werden, daß die Sohlplatte hinsichtlich ihrer Verformung als unendlich starr angenommen und ohne Stahlbewehrung die Beanspruchungen aufnehmen kann.

Das auf die Pfeilersohle wirksame Moment ist oft so groß, daß dessen Aufnahme in einen einheitlichen Fundamentblock unwirtschaftlich ist. Die Herstellung eines großen Fundamentblockes kann unter Umständen durch unterirdische Leitungen oder anderweitige Hindernisse erschwert sein. In diesen Fällen empfiehlt sich die Anwendung aufgelöster Fundamentblöcke (Abb. 374).

Der Abstand L der quadratförmigen Einzelblöcke mit einer Seitenlänge A kann in diesem Falle aus folgender Bedingung bestimmt werden. Das Moment M soll durch das Kräftepaar $R-R'$ aufgenommen werden. Daraus folgt, daß die auf einen Block wirksame Kraft $R' = \frac{P}{2} + \frac{M}{L}$ bzw. $R = \frac{P}{2} - \frac{M}{L}$ wird. Da R in jedem Falle positiv sein muß, ist dies nur dann möglich, wenn $L = 2M/P$. Die Bestimmung der Seitenlänge A darf auf Grund der Ungleichheit $A \geqq \sqrt{R/\sigma_H}$ erfolgen, dagegen soll der lastübertragende Balken auf die gemeinsame Wirkung der Pfeilerkraft P und des Biegemoments M bemessen werden.

Eine weitere Aufteilung des Fundamentblocks ist für die Gründung der aus räumlichem Fachwerk bestehenden Leitungsmasten oder anderweitigen, aus mehreren Gurten (3 bis 4) zusammengesetzten Gittermasten notwendig, wobei jeder Gurt auf einen selbständigen Block gestellt werden soll. In diesen Fällen müssen die einzelnen Fundamentblöcke nicht nur Druckbeanspruchungen, sondern auch, je nach der Windrichtung, Zugkräfte aufnehmen können.

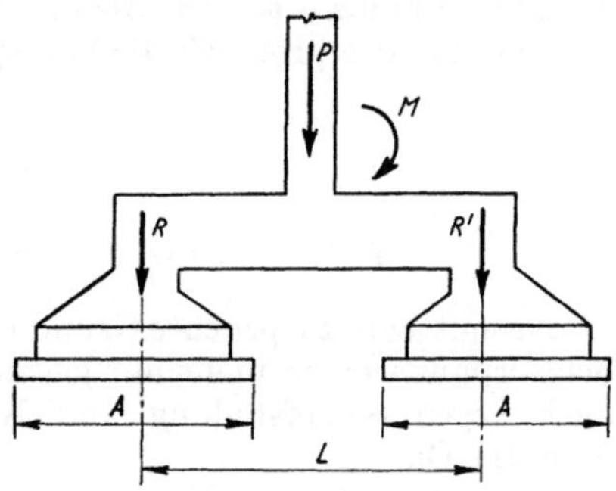

Abb. 374. Aufgelöstes Pfeilerfundament im Falle großer Biegemomente

Zuletzt kann es auch vorkommen, daß der vom Fundamentblock gestützte Pfeiler in zwei aufeinander senkrecht stehenden Ebenen Momente übermittelt, die Druckkraft wird also in diesen zwei Richtungen ausmittig den Fundamentblock angreifen:

$$e_x = M_x/P \quad \text{und} \quad e_y = M_y/P.$$

Wenn weder e_x noch e_y gleich 0 ist, die Ausmittigkeit also in beiden Richtungen tatsächlich besteht, dann ist eine Biegung um eine schräge Achse vorhanden, und der Größtwert der Sohlspannungen wird unter einem einzigen Eckpunkt auftreten [1, 17].

Die praktischen Grenzwerte:

a) Der günstigste Fall ist, wenn der Durchstichpunkt im Kern bleibt, weil dann

$$\sigma_t = \frac{P}{a \cdot b} \cdot \left(1 + \frac{6e_x}{a} + \frac{6e_y}{b}\right) \tag{200a}$$

gleichgesetzt werden kann.

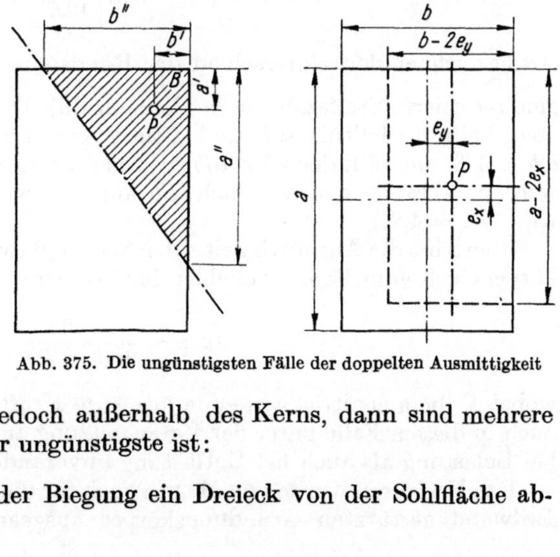

Abb. 375. Die ungünstigsten Fälle der doppelten Ausmittigkeit

Liegt der Durchstichpunkt jedoch außerhalb des Kerns, dann sind mehrere Fälle möglich [18], von denen der ungünstigste ist:

b) Wenn die schräge Achse der Biegung ein Dreieck von der Sohlfläche abschneidet (Abb. 375).

Die wirksamen Längen erhält man nach der Abbildung

$$b'' = 4b'; \quad a'' = 4a' \quad \text{und} \quad \sigma_B = \frac{3P}{b' \cdot a'}.$$

Zwischenfälle sind aus Tabellen zu entnehmen.

Mit einer Annäherung pflegt man die Spannungen auch derart zu berechnen, daß die schräge Achse der Biegung mit einer normalen Achse ersetzt und die Tragfläche reduziert wird. Also man nimmt für $b' = b - 2e_y$ und für $a' = a - 2e_x$ an, und damit ergibt sich die Sohlspannung aus dem Zusammenhang:

$$\sigma_t = \frac{P}{(b - 2e_y) \cdot (a - 2e_x)}. \tag{200b}$$

δ) Nachweis gegen Schiefstellung und Kippen

Ausmittig beanspruchte Gründungen durch Bauwerke mit einem hochliegenden Schwerpunkt sollen nicht nur gegen Grundbruch und Setzung bemessen, sondern auch gegen Schiefstellung und Kippen geprüft werden (vgl. noch Abb. 433, Kap. III. C).

Die Tangente des Verdrehungswinkels eines unendlich starren Gründungskörpers erhält man mit Hilfe der Bettungsziffermethode bzw. der Elastizitätslehre aus folgenden Gleichungen:

$$\operatorname{tg} \alpha = \frac{12 M_y}{a \cdot b^3 \cdot C} \quad \text{bzw.} \quad \operatorname{tg} \alpha = \frac{16 M_y}{a \cdot b^2 \cdot E}. \tag{201a}$$

Darin ist C die Bettungsziffer, E dagegen die Steifezahl des Bodens. Mit Rücksicht auf die Unsicherheit bei der Annahme der Bettungsziffer und der Tatsache Rechnung tragend, daß in der zweiten Gleichung entsprechend der Elastizitätslehre unendlich große Randspannungen vorausgesetzt sind, erscheint es zweckmäßiger, vom folgenden vereinfachten Zusammenhang auszugehen [19]:

$$\operatorname{tg} \alpha = (\sigma_1 - \sigma_2) \cdot \frac{K_r}{12 E'} = \Delta\sigma \cdot \frac{K_r}{12 E'}. \tag{201b}$$

$\Delta\sigma$ bezeichnet den Unterschied der Randsohlspannungen und $E' = E \cdot \frac{m^2}{m^2 - 1}$ eine reduzierte Steifezahl (m = Poissonzahl). Dagegen ist K_r ein Beiwert der von dem Seitenverhältnis a/b und vom Exzentrizitätsmaß e/b abhängig ist. (Ist $e/b < 1/3$ und fällt der Wert a/b zwischen 1 und 2, so darf $K_r = 4{,}8$ angenommen werden. Verändert sich jedoch a/b auf 0,5, wird $K_r = 3{,}5$, und mit $a/b = 3$ wird $K_r = 4{,}9$.)

Übertrifft die Ausmittigkeit e den Wert $b/6$ (wobei ein Rand des starren Grundkörpers sich vom Boden abheben dürfte), wird

$$\operatorname{tg} \alpha = \frac{8V}{9b(b - 2c)^2 \cdot C}, \tag{201c}$$

wobei V die ausmittig wirkende lotrechte Kraftkomponente ist. (Gl. 201b bleibt auch in diesem Falle unter der Voraussetzung anwendbar, daß der Wert E sowohl bei Belastung als auch bei Entlastung unverändert bleibt.)

Das Verfahren wurde von Majer auch für die Schrägstellung der seitlich durch Erdwand gestützten Gründungskörper ausgearbeitet [20] (vgl. Leitungsmastgründungen S. 107). Der Nachweis gegen Kippen ist dem auf Abb. 433—436 angeführten Verfahren gleich.

Werden die Pfeiler, Säulen oder Maste tatsächlich starr in die Gründungsblöcke eingebettet, dann stellt der Gründungsblock eine *elastische Einspannung* des eingebetteten Tragelementes dar. Der Einspannungsgrad steht im umgekehrten Verhältnis zum Verdrehungsmaß. Die Verdrehung selbst läßt sich aus dem Setzungsunterschied berechnen:

$$\Delta s = s_{\max} - s_{\min} \quad \text{und} \quad \operatorname{tg} \varphi \cong \varphi = \Delta s / b.$$

Andererseits ist $\Delta p = p_{\max} - p_{\min} = \frac{2 M_F}{W}$. M_F bezeichnet das auf die Sohlfläche wirksame Moment und W den Widerstandsbeiwert des Sohlflächenquerschnittes. Ferner wird:

$$\varphi = \frac{\Delta f}{E_s} \cdot \frac{12 M_F}{a \cdot b^3}, \tag{202}$$

wobei der Einsenkungsunterschied $\Delta f = \zeta \cdot h$ eine Funktion der Höhe h der unten anstehenden zusammendrückbaren Bodenschicht und des Beiwertes ζ ist, der von der Sohlenbreite und Spannungsverbreiterung abhängt. Für ζ gibt Freihart [21] Tafelwerte an. Er verändert sich zwischen 0,02 bis 0,08.

Mit der Kenntnis der Verdrehung (die sich auf Grund der oben angegebenen Zusammenhänge mittels der Elastizitätslehre berechnen läßt) wird der Starrheitsgrad der Einspannung und ihre Auswirkung auf die mit dem Stützpfeiler verbundene Tragkonstruktion (Rahmen) bestimmbar. Die Einzelheiten dieses Vorgehens können hier nicht behandelt werden, und es wird auf die einschlägige Literatur hingewiesen [22].

c) Vieleckige und kreisförmige Einzelfundamente

Es soll — hinsichtlich der Bemessung — zwischen starren und biegsamen kreisförmigen Einzelfundamenten unterschieden werden.

α) Starre Einzelfundamente

Für die Sohlspannungsverteilung unter einem unendlich starren Einzelfundament gibt Boussinesq theoretische Zusammenhänge auf Grund der Elastizitätslehre sowohl für mittige als auch für ausmittige Belastungen (vgl. Bd. I, Gl. 309).

Es lautet (Abb. 376):

$$p = \frac{P}{2R^2 \cdot \pi} \cdot \frac{1 + 3\frac{e}{R} \cdot \frac{x}{R}}{\sqrt{1 - (r/R)^2}}, \tag{203}$$

worin R den Halbmesser der Kreisscheibe, r den Radialabstand der untersuchten Stelle, x den auf die Verbindungslinie zwischen Mittelpunkt und Kraftangriffsstelle projizierten Abstand und e die Ausmittigkeit der angreifenden Kraft P bezeichnen.

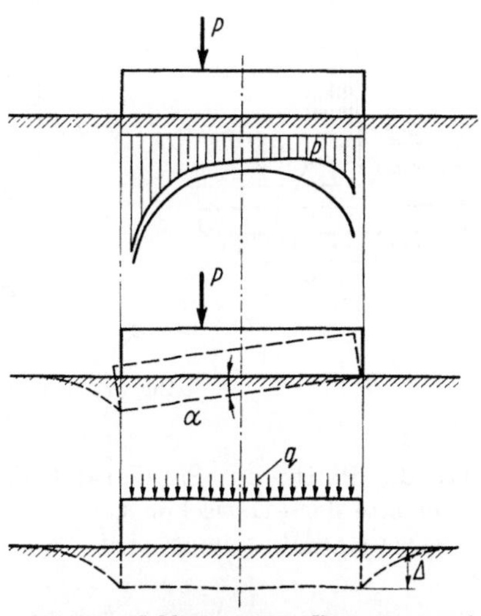

Abb. 376. Sohlspannungen, Verdrehung und Einsenkung eines starren, kreisförmigen Einzelfundamentes

Wenn noch die Elastizitätszahl (durchschnittliche Steifezahl E) des Bodens bekannt ist, kann die Verdrehung der starren kreisförmigen Scheibe auf die Einwirkung des Momentes M wie folgt berechnet werden:

$$\operatorname{tg} \alpha = \frac{3 M (m^2 - 1)}{4 R^3 \cdot E_s \cdot m^2}. \tag{204}$$

Schließlich gibt SCHLEICHER die Einsenkung (Δ) einer gleichmäßig belasteten (q) Kreisplatte (vgl. Bd. I, Gl. 247) wie folgt an:

$$\Delta = \pi \cdot q \cdot R \cdot \frac{m^2 - 1}{2 m^2 \cdot E_s}. \tag{205}$$

Im Gegensatz zu der oben angegebenen theoretischen Sohlspannungsverteilung pflegt man in der Praxis mit einer gleichmäßigen Sohlspannungsverteilung zu rechnen, die eigentlich nicht zugunsten der Sicherheit ausfällt. Sie ist grundsätzlich nur dann zulässig, wenn es sich um verhältnismäßig weiche und lockere Böden handelt, wo ein Spannungsausgleich im Laufe des Konsolidationsvorganges tatsächlich eintreten kann.

In der Praxis anwendbare Berechnungsvorschläge stammen von CRAEMER [23]. Sie nehmen aber keine Rücksicht auf die Bodenbeschaffenheit und auf die davon abhängige Veränderung der Sohlspannungen und setzen auch gleichmäßige Sohlspannungsverteilung voraus.

Die nachfolgenden Gleichungen für die Bestimmung der Biegemomente wurden von ihm für kreisförmige Einzelfundamentplatten mit gleichbleibender Dicke angeleitet, wobei der belastete Säulenschaft nach der Platte zu etwas verbreitert wird, ähnlich wie bei einer Pilzdecke (s. Abb. 377a). Dies begründet seine Annahme

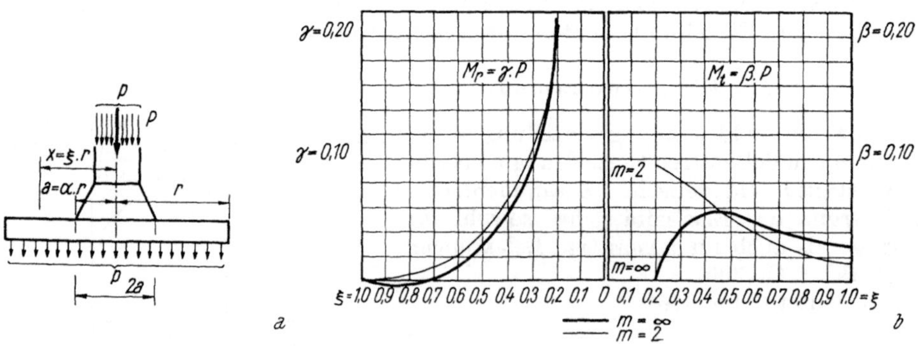

Abb. 377. Das Bemessungsverfahren nach CRAEMER

daß die Platte am Säulenrand als fest eingespannt betrachtet werden und die Tangente der elastischen Linie waagerecht angenommen werden darf.

Das Radialmoment wird

$$M_r = \frac{P}{4\pi}\left[-\frac{m+1}{m} \cdot \ln \xi - \frac{m-1}{2m} - \frac{m+1}{m} \cdot c_1 + \right.$$

$$\left. + \frac{3m+1}{4m} \cdot \xi^2 - \frac{m-1}{m} \cdot \frac{c^2}{\xi^2}\right] = \gamma \cdot P\,.$$

Das Tangentialmoment dagegen

$$M_r = \frac{P}{4\pi}\Big[-\frac{m+1}{m}\cdot\ln\xi + \frac{m-1}{2m} - \frac{m+1}{m}\cdot c_1 +$$

$$+\frac{m+3}{4m}\cdot\xi^2 + \frac{m-1}{m}\cdot\frac{c^2}{\xi^2}\Big] = \beta\cdot P. \qquad (206\text{a})$$

Wenn man in diese Gleichungen den für Stahlbeton geltenden Wert der Poissonschen Konstante $m = 6$ einsetzt, erhält man folgende einfachere Beziehungen:

$$\left.\begin{aligned} M_r &= \frac{P}{24\pi}\left(-7\ln\xi - 2{,}5 - 7c_1 + 4{,}75\xi^2 - 5\frac{c^2}{\xi^2}\right)\\ M_t &= \frac{P}{24\pi}\left(-7\ln\xi + 2{,}5 - 7c_1 + 2{,}25\xi^2 - 5\frac{c_2}{\xi^2}\right)\end{aligned}\right\}. \qquad (206\text{b})$$

Die beiden Konstanten c_1 und c_2 sind eigentlich nur vom Durchmesser der Säule abhängig und haben folgende Werte:

$$c_1 = \frac{\frac{1}{4}(m+3) - \alpha^2(m-1)\left(\ln\alpha - \frac{1}{2} - \frac{1}{4}\cdot\alpha^2\right)}{m+1+\alpha^2(m-1)}$$

und mit $m = 6$

$$c_1 = \frac{2{,}25 - 5\alpha^2(\ln\alpha - 0{,}5 - 0{,}25\alpha^2)}{7+5\alpha^2};$$

$$c_2 = \frac{\frac{1}{4}(m+3) + (m+1)\left(\ln\alpha - \frac{1}{2} - \frac{1}{4}\alpha^2\right)}{m+1+\alpha^2(m-1)}\cdot\alpha^2$$

und mit $m = 6$

$$c_2 = \frac{2{,}25 + 7(\ln\alpha - 0{,}5 - 0{,}25\alpha^2)}{7+5\alpha^2}\cdot\alpha^2, \qquad (206\text{c})$$

worin $\xi = x/r$ und $\alpha = a/r$ bedeuten.

Als Beispiel gibt Abb. 377 die Zahlenwerte der die Biegemomente kennzeichnenden Beiwerte γ und β in Form von Diagrammen an, mit Annahme von $\alpha = 0{,}2$ und für die Grenzfälle $m = 2$ und $m = \infty$. Die größten Randmomente werden am Säulenrand, die größten Tangentialmomente dagegen etwas nach dem Scheibenrand verschoben auftreten.

Für die Bemessung der Einzel-Kreisplattenfundamente veränderlicher Stärke hatte PICHLER ein annäherndes Bemessungsverfahren ausgearbeitet [24], indem er eine gleichbleibende Ersatzdicke einführt. Sonst ist die Platte als Pilzdecke zu bemessen.

β) Biegsame Fundamente

Für dünne, biegsame, kreisförmige Einzelfundamente hat SCHLEICHER 25] ein sich auf der Winkler-Schwedler'schen Bettungshypothese stützendes Berechnungsverfahren abgeleitet, und zwar für verschiedene axialsymmetrische Belastungen und Auflagerungsannahmen. Er setzt eine Platte mit gleichbleibender Dicke voraus, ferner die Annahme, daß nur elastische Verformungen, nötigenfalls auch negative Sohlspannungen auftreten können (vgl. Abb. 398). Nach SCHLEICHER erfährt zum Beispiel bei Einwirkung einer mittigen Einzellast die biegsame Einzelplatte die Einsenkung

$$y(\xi) = \frac{P}{4\sqrt{CD}}\left[C_1 Z_1(\xi) + C_2 Z_2(\xi) + Z_3(\xi)\right] \quad \text{(Abb. 378)},$$

worin $\xi = x/l = r/l$ als relative Abszisse des im Abstand r liegenden Kreisplattenpunktes erscheint. Dabei ist

$l = \sqrt[4]{D/C}$ der sog. relative Halbmesser,

$D = \frac{E \cdot h^3}{12}(1 - \mu^2)$ die Steifigkeit,

C die Bettungsziffer (vgl. Abb. 391),

h die Plattenstärke und

$\mu = 1/m$ der Poissonsche Beiwert.

$Z_1(\xi)$, $Z_2(\xi)$ und $Z_3(\xi)$ sind spezifische Zylinderfunktionen, deren Wert Schleicher in Abhängigkeit vom Abstand x tabellenmäßig angibt. Daneben stellen C_1 und C_2 Integrationskonstanten dar, die wiederum von den Zylinderfunktionen und von der Poissonzahl (m) abhängig und aus Tabellen zu entnehmen sind.

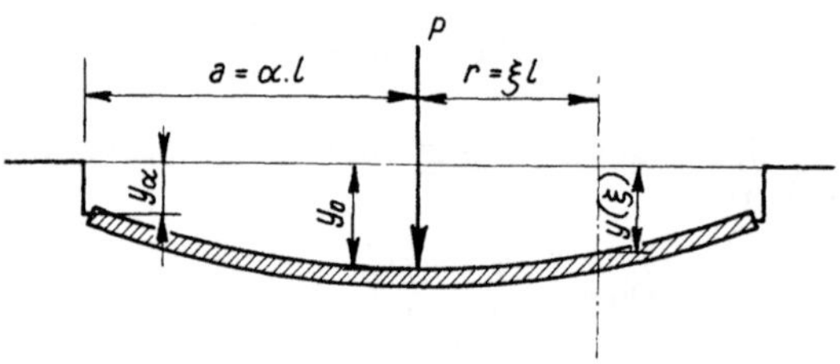

Abb. 378. Die Bemessungsgrundlage von Schleicher

Die größte Einsenkung wird unter der Last auftreten und den Wert

$$y_0 = \frac{P \cdot l^2}{8D}(1 + 2C_1)$$

annehmen.

Die entsprechende größte Sohlpressung ist

$$p_0 = C \cdot y_0 = \frac{P}{8l^2}(1 + 2C_1). \tag{207a}$$

Die Werte der größten Biegemomente und Querkräfte sind aus ähnlich aufgebauten Zusammenhängen zu erhalten.

Das größte Biegemoment in der unmittelbaren Umgebung (d. h. $\xi \cong 0$) der angreifenden Kraft ist:

$$M = -\frac{P}{4\pi} \cdot \frac{m+1}{m} \cdot \left[\ln \frac{\xi}{2} + \frac{\sqrt{3}}{3}\right] \tag{207b}$$

und die größte Querkraft

$$Q = \frac{-P}{2\pi \cdot l \cdot \xi}. \tag{207c}$$

Die Ermittlung der Beanspruchungen für verschiedene Laststellungen läßt sich mit Hilfe der o. e. Tabellen von Schleicher ausführen. In diesem Zusammenhang wird auf Einzelheiten verzichtet.

Neuerlich hatte Gorbunow-Posadow [26] auf Grund der Elastizitätslehre ein genaueres und die Verformung der benachbarten Schnitte berücksichtigendes Verfahren für Kreisplatten ausgearbeitet, die in der Mitte mit einer Einzellast belastet sind. Die praktische Anwendung des Verfahrens wird ebenfalls durch die Angabe von Tabellen erleichtert. (vgl. S. 453)

Auf die Theorie von Schleicher stützt sich das vereinfachte Verfahren von Kögler [27], nach dem er die Sohlspannungen im Mittelpunkt in der einfachen Form schreibt:

$$p_0 = \frac{P}{8L^2} \cdot K_0 = n_0 \cdot \frac{P}{L^2} \tag{208a}$$

am Randpunkt mit

$$p_r = \frac{P}{4L^2} \cdot K_r = n_r \cdot \frac{P}{L^2} \tag{208b}$$

und im Viertelpunkt mit

$$p_1 = \frac{P}{4L^2} \cdot K_1 = n_1 \cdot \frac{P}{L^2}, \tag{208c}$$

wobei die Beiwerte K_0, K_r und K_1 aus den Schleicherschen Tabellen zu entnehmen sind. Mit L wird die sog. elastische Länge der Platte bezeichnet:

$$L = 0{,}525 \cdot v \cdot \sqrt[3]{E/M}, \tag{209}$$

worin v die Plattendicke, E den Elastizitätsmodul des Plattenmaterials, M dagegen den Zusammendrückungsmodul (Steifezahl) des Bodens bedeutet.

Die die Sohlspannungsverteilung kennzeichnenden Beiwerte $K_0/4 = n_0$, $K_r/4 = n_r$ und $K_1/4 = n_1$ hatte KÖGLER in Abhängigkeit der Biegsamkeitszahl $\lambda = 2r/L$ ausgerechnet und graphisch in Diagrammen zusammengestellt (Abb. 379). Aus den Diagrammen erkennt man, daß bis $\lambda \leqq 2$ die Kurven n_0, n_1 und n_r fast völlig zusammenfallen, was auf eine gleichmäßige Sohlspannungsverteilung hinweist. Ist dagegen $\lambda > 3$, dann wird $n_0 = 0{,}125 = \text{const}$. Die Sohlspannung in der Mittelachse mit dem Wert $p_0 = P/8 \cdot 1/L^2$ wird von den tatsächlichen Plattenabmessungen unabhängig und entspricht dem Sohlspannungswert unter einer Gründungsplatte von unendlicher Ausdehnung. Sie hängt nur von der elastischen Länge L ab. Die Werte von p_1 und p_r bzw. die von n_1 und n_r vermindern sich ständig mit der Zunahme der λ-Werte, bis $\lambda \geqq 5 n_r$ gleich Null wird und die Sohlspannungsverteilung eine Dreieckform annimmt.

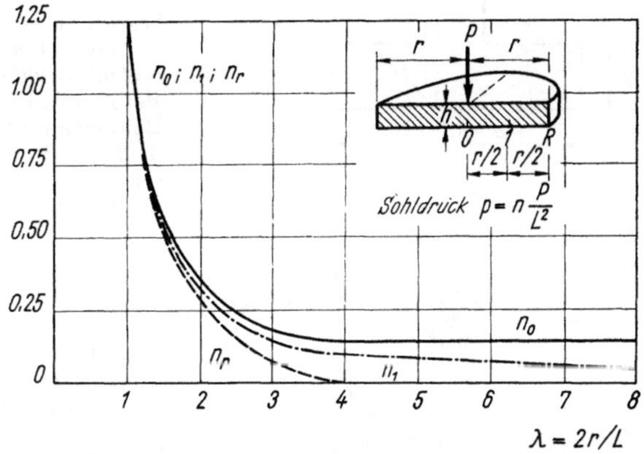

Abb. 379. Beiwerte der Sohlspannungsverteilung (nach KÖGLER)

Hinsichtlich der Biegemomente zwischen den Grenzen $0 < \lambda < 2$ darf die Kreisplatte als unendlich starr und die Sohlspannungsverteilung als gleichmäßig angenommen und die Bemessung nach CRAEMER vorgenommen werden. Man kann die Platte als umgekehrte Pilzdecke betrachten. Fällt jedoch λ zwischen 4 und 6, dann wird von KÖGLER die Annahme dreieckförmiger Sohlspannungsverteilung empfohlen, und es wird gleichzeitig vorgeschlagen, die Radialmomente wie bei einer quadratförmigen Platte zu berechnen (vgl. Rechnungsbeispiel 8). Die Tangentialmomente dürfen denen gleich angenommen werden. Im Bereich $2 < \lambda < 4$ kann die Kreisplatte unter Berücksichtigung der elastischen Bettung nach SCHLEICHER (Kreisplatten auf elastischer Unterlage) oder nach KURT-BEYER (Statik im Eisenbetonbau, Bd. III, S. 653 und 665) bemessen werden. Bei Einbeziehung der Biegsamkeit lassen sich auch hier Vorteile für die Plattenabmessungen und für die Stahlbewehrung erkennen, doch ergeben sich Spannungsspitzen in den Sohlspannungen.

Eingehend behandelt wird die Bemessung aller kreisförmigen Sohlplatten, die an ihren Rändern gestützten Bodenplatten der verschiedenen zylinderförmigen Behälter und Becken einbegriffen, von J. MÁRKUS in seinem Werk „Körszimmetrikus szerkezetek elmélete és számitása" (Theorie und Berechnung kreissymmetrischer Ingenieurbauten, Müszaki Kiadó, Budapest, 1964). Für die Erleichterung der Rechenarbeit sind Tabellen beigegeben. Die elastische Bettung wird ebenfalls behandelt. Ebenso ist die Bemessung der elastisch gebetteten Kreisringfundamente in einem Aufsatz von H. BECHERT [28] zu finden.

γ) Zahlenbeispiel

Beispiel Nr. 8.

Die in Abb. 380 dargestellte kreisförmige Grundplatte wird mit einer Einzellast von $P = 110$ t belastet. Die Bettungsziffer des Untergrundes ist mit $C = 4$ kg/cm² anzunehmen. Es soll die Plattenhöhe nach dem Verfahren von

a) SCHLEICHER,
b) KÖGLER und
c) CRAEMER

bestimmt werden.

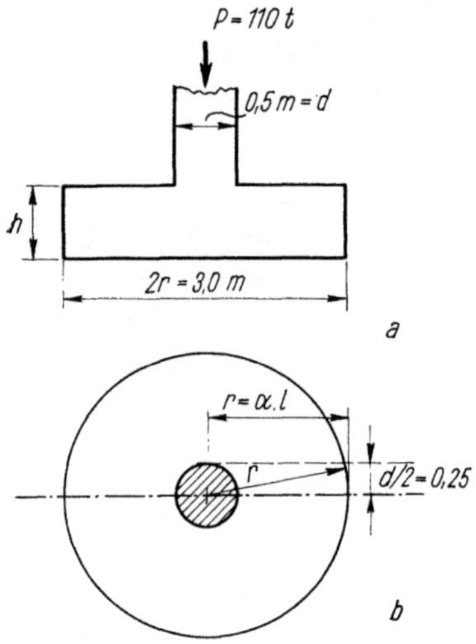

Abb. 380. Zu Zahlenbeispiel Nr. 8

Lösung nach „a)". Die Plattenhöhe h muß so bestimmt werden, daß die Biegebeanspruchung im Beton nicht eine $\sigma_{b0} = 60$ kg/cm² überschreitende Betonspannung verursacht. (Der Einfachheit halber darf im Plattenquerschnitt lineare Spannungsverteilung angenommen werden.)

Da $\sigma_{b0} = M_0/W$ und $W = 1 \cdot h^2/6$ wird,

$$\sigma_{b0} = \frac{6\,M_0}{1 \cdot h^2} = 600 \text{ t/m}^2$$

und davon $M_0 = 100 \cdot h^2$ (alle Dimensionen in Tonnen und Metern berechnet).

Es wird ferner annähernd nach Gl. (207 b)

$$M = -\frac{P}{4\pi} \cdot \frac{m+1}{m} \cdot \left[\ln \frac{\xi}{2} + \frac{\sqrt{3}}{3}\right]$$

und mit der Annahme folgender Werte:

$$m = 10/3; \quad P = 110 \text{ t}; \quad \xi = d/2 = r \quad \text{und} \quad l = \sqrt[4]{D/C},$$

worin C die Bettungsziffer $= 4 \cdot 10^3$ t/m³ und

$$D = \frac{E_b \cdot h^3}{12} \cdot (1 - \mu^2)$$

mit $E_b = 2{,}1 \cdot 10^6$ t/m² und $\mu = 1/m = 0{,}3$ wird:

$$D = \frac{2{,}1 \cdot 10^6 \cdot h^3}{12} [1 - 0{,}09] = 1{,}59 \cdot 10^5 \cdot h^3$$

und

$$l = \sqrt[4]{\frac{1{,}5 \cdot 9 \cdot 10^5}{4 \cdot 10^3} \cdot h^3} = 2{,}52\, h^{3/4}.$$

Das Biegemoment wird an der Anschlußstelle der Säule also bei $r = d/2 = 0{,}25$ m am größten. Demgemäß wird

$$\xi = \frac{r}{l} = \frac{0{,}25}{2{,}52 \cdot h^{3/4}} \cong 0{,}1 \cdot h^{-3/4}.$$

Unsere Bedingungsgleichung lautet also:

$$100 h^2 = M = -\frac{110}{4 \cdot 3{,}14} \cdot \frac{4{,}33}{3{,}33} \left(\ln 0{,}05 h^{-3/4} + \frac{\sqrt{3}}{3}\right)$$

und nach Umordnung:

$$8{,}8 \cdot h^2 + \ln 0{,}05 \cdot h^{-3/4} + \frac{\sqrt{3}}{3} = 0.$$

Diese Gleichung läßt sich am einfachsten durch wiederholtes Probeeinsetzen lösen. Dadurch erhalten wir für $h = 0{,}45$ m. Der Nachweis gibt für

$$l = 2{,}52 \cdot \sqrt[4]{0{,}45^3} \cong 1{,}39 \text{ m},$$

ferner

$$\frac{\xi}{2} = \frac{0{,}25}{2 \cdot 1{,}39} = 9 \cdot 10^{-2}$$

und

$$M = -\frac{110}{12{,}56} \cdot 1{,}3(0{,}577 - 2{,}41) = 20{,}83 \text{ tm/lfm},$$

$$\sigma = \frac{6 \cdot 20{,}83}{0{,}45^2} = 618 \text{ t/m}^2 \sim 600 \text{ t/m}^2.$$

(Also ein um 3% größeres Ergebnis als der vorausgesetzte Wert, wegen der vorgenommenen verschiedenen Vernachlässigungen. Doch ist die berechnete Plattenhöhe annehmbar.) Schließlich ist zu bemerken, daß der Fall der unendlich starren Kreisplatte auch auf S. 52 in der Arbeit von SCHLEICHER aufzufinden ist.

Lösung nach „b)“. Nach KÖGLER wird die elastische Länge

$$L = 0{,}525 \cdot h \cdot \sqrt[3]{E/M}.$$

Die Plattendicke h soll dem vorher berechneten Wert von $h = 0{,}45$ m gleich sein, ferner ist $E = 2{,}1 \cdot 10^6$ t/m², und mit dem Wert $C = 0{,}785 \cdot M/R$ läßt sich der der Bettungsziffer $C = 4$ kg/cm² entsprechende Zusammendrückungsmodul berechnen, weil:

$$M = \frac{C \cdot R}{0{,}785} = \frac{4 \cdot 150}{0{,}785} = 765 \text{ kg/cm}^2 = 7650 \text{ t/m}^2,$$

und damit erhält man nach Gl. [209] für

$$L = 0{,}525 \cdot 0{,}45 \cdot \sqrt[3]{\frac{2{,}1 \cdot 10^6}{7{,}65 \cdot 10^3}} = 1{,}54 \text{ m}.$$

$$\lambda = \frac{2R}{L} = \frac{2 \cdot 1{,}50}{1{,}54} = 1{,}95,$$

was auf eine unendlich starre Kreisplatte deutet. Das maßgebende Moment kann jetzt entweder nach den eigentlich für quadratförmige Säulen und Platten ausgearbeiteten Tabellen von KÖGLER (vgl. Abb. 381) oder nach CRAEMER berechnet werden.

In dem ersten Fall wird

$$M = \frac{1}{8} \cdot A \cdot P \cdot \left(1 - \frac{r}{R}\right)^2,$$

worin A die Seitenlänge des mit der Kreisplatte flächengleichen Quadrates bezeichnet. Also

$$A = \sqrt{\frac{3{,}0^2 \cdot \pi}{4}} = 2{,}66 \text{ m}$$

und $$r/R = \frac{0{,}25}{1{,}50} \cong 0{,}167,$$

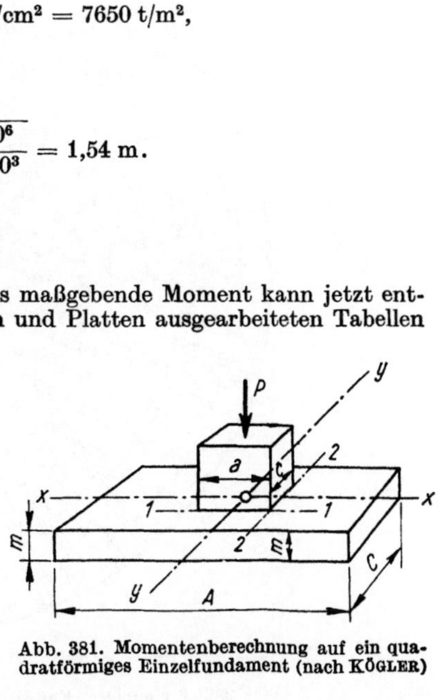

Abb. 381. Momentenberechnung auf ein quadratförmiges Einzelfundament (nach KÖGLER)

und damit wird

$$M = 0{,}125 \cdot 2{,}66 \cdot 110 \cdot (1 - 0{,}167)^2 = 25{,}38 \text{ tm/m}.$$

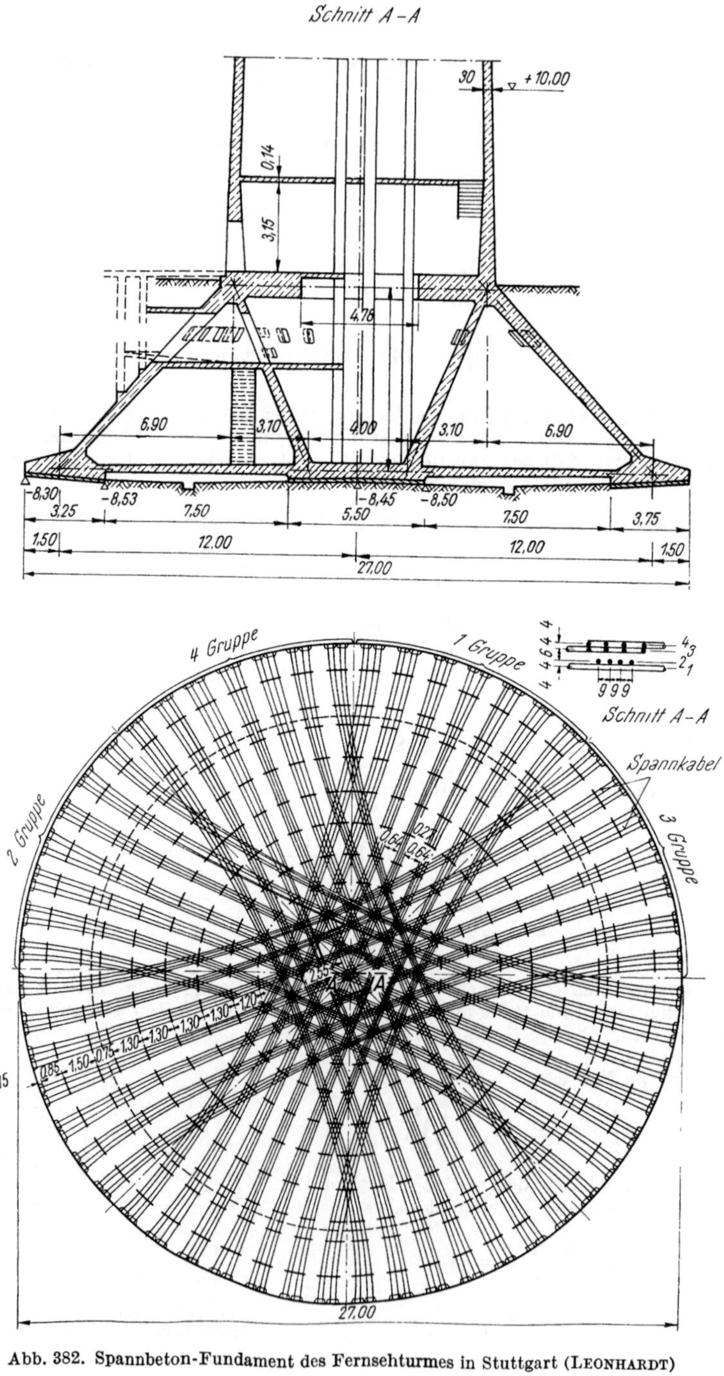

Abb. 382. Spannbeton-Fundament des Fernsehturmes in Stuttgart (LEONHARDT)

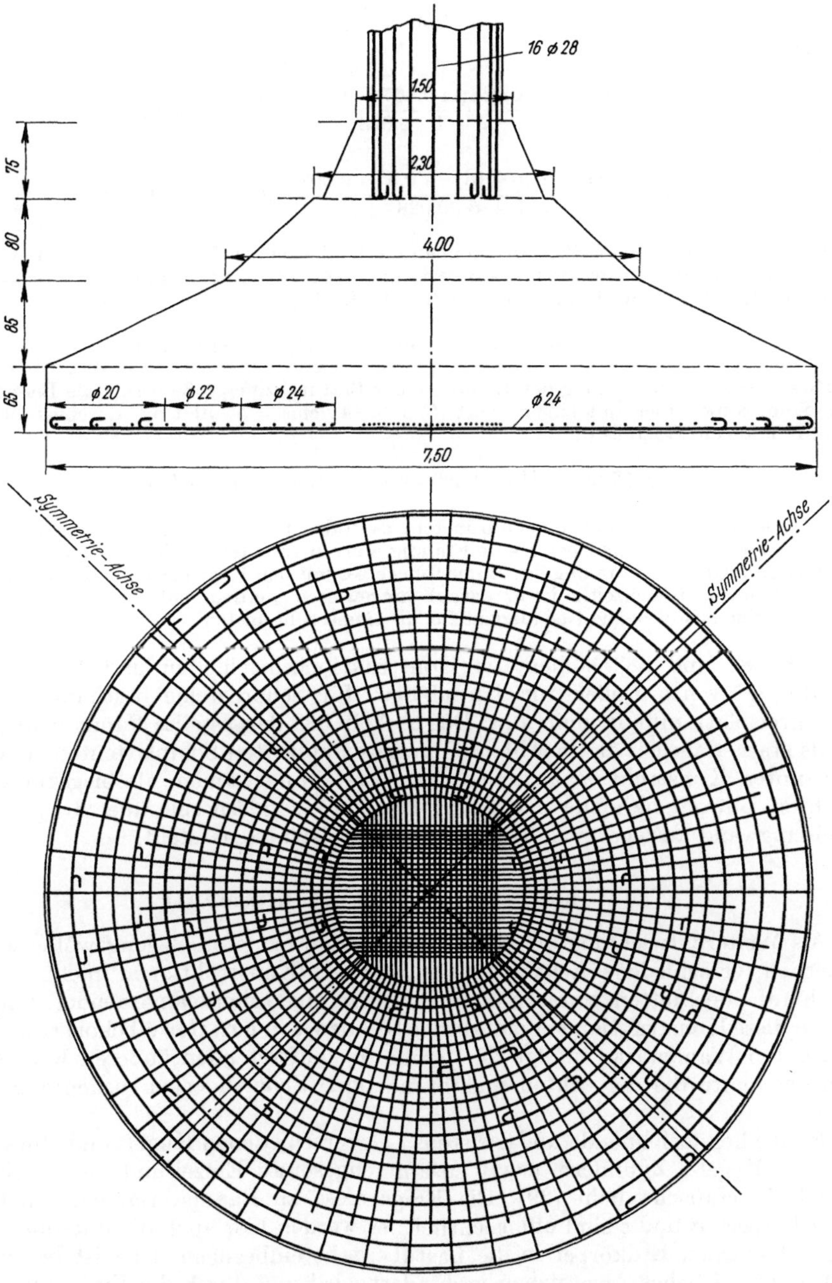

Abb. 383. Starres Schornstein-Fundament aus Stahlbeton

Fall „c)". Wird in die Gleichungen (206c) der Wert

$$\alpha = \frac{0{,}25}{1{,}50} = 0{,}167$$

eingesetzt, erhält man für

$$C_1 = \frac{2{,}25 - 5 \cdot 0{,}028(\ln 0{,}167 - 0{,}5 - 0{,}007)}{7 + 5 \cdot 0{,}028} = +0{,}36$$

und für

$$C_2 = \frac{2{,}25 + 7(\ln 0{,}167 - 0{,}5 - 0{,}007)}{7 + 5 \cdot 0{,}028} \cdot 0{,}028 = -0{,}0542.$$

Mit der Kenntnis dieser Beiwerte können die maßgebenden Momente bestimmt werden. Unter Umgehung der Einzelheiten des Berechnungsganges erhält man anhand $\xi = \alpha = 0{,}167$ nach Einsetzen der Beiwerte in die Gl. (206a) und (206b):

$$\text{für } M_R = 25{,}97 \text{ tm/lfm} \quad \text{und} \quad \text{für } M_T = 4{,}34 \text{ tm/lfm}.$$

Zwecks Veranschaulichung des Einflusses der Bettungsziffergröße wurde die Berechnung nach SCHLEICHER auch mit einem Wert $C = 0{,}5 \text{ kg/cm}^3 = 5 \cdot 10^2 \text{ t/m}^3$ durchgeführt. Die damit erhaltenen Ergebnisse:

$$h \cong 0{,}52 \text{ m}, \quad M \cong 27{,}96 \text{ tm/lfm} \quad \text{und} \quad \sigma_b \cong 620 \text{ t/m}^2$$

unterscheiden sich nur wenig von den früheren. Es ist daraus zu folgern, daß wegen der kleinen Bettungsziffer der Grundkörper als vollständig starr betrachtet werden darf, was auch die ziemlich gute Übereinstimmung des Momentenwertes mit den Köglerschen und Craemerschen Werten beweist. Gleichzeitig kann darauf hingewiesen werden, daß diese Annäherungsverfahren eine ausreichende Genauigkeit für die Bemessung bieten.

Abb. 382 und 383 stellen die Konstruktionseinzelheiten und Bewehrungsanordnung zweier großer, für Türme bzw. für Schornsteine bestimmter Stahlbetonkreisplattenfundamente dar. Der in Abb. 382 dargestellte Fundamentkörper ist als starr, dagegen die in Abb. 383 veranschaulichten Sohlplattenteile der vorgespannten Konstruktion zwischen den Versteifungswänden als biegsam zu betrachten, obwohl sie nicht eine mittig belastete, sondern eine über die gestützte Kreisringwand auslegerartig überkragende Kreisplatte darstellt.

δ) Schalenartige Einzelfundamente

Als Weiterentwicklung der schon früher angewendeten Gegengewölbe werden neuerlich verschiedene Schalen- und Faltwerk-Konstruktionen nicht nur als durchlaufende Platten, sondern auch als Einzelfundamente angewendet. Faktisch stellen diese Konstruktionen nicht dünne Schalen, sondern Gewölbekonstruktionen dar, deren Wandstärke infolge der Größe der auftretenden äußeren Kräfte und Biegemomente die der echten membranartigen Schalendecken bedeutend übertrifft.

Einige kennzeichnende und meistens aus verschiedenen Kugel- und Rotationsflächen (Kegel-, Zylindern usw.) zusammengesetzte Einzelfundamente sind in Abb. 384 veranschaulicht [29]. Die Ersparnisse an Baumaterial bei den Gründungskörpern *a* und *c* sind offensichtlich; es werden hier auch die untenliegenden eingeschlossenen Erdkörper in die Lastübergabe einbezogen. Dies ist begründet, weil deren seitliches Ausweichen verhindert wird und durch die Einsenkung eine größer werdende Verdichtung stattfindet. Die Lösung kann praktisch mit der Tieferlegung der Gründungsebene um das Maß *t* gleichgesetzt werden, ohne daß der Aushub der umschlossenen Erdmassen *ABC* bzw. *ABCD* erforderlich gewesen wäre. Nach GUERIN [1] dürfen die auf ein kegelförmiges Schalenfundament wirksamen Beanspruchungen in folgender Weise berechnet werden (Abb. 385). Die Bodenspannung ist

$$\sigma_t = \frac{P}{\pi \cdot R^2},$$

die auf die Fläche AB wirksame lotrechte Resultierende

$$V = P - \sigma_t \cdot \pi \cdot \varrho^2 = P - \frac{P \cdot \pi \cdot \varrho^2}{\pi \cdot R^2} = P\,\frac{R^2 - \varrho^2}{R^2}$$

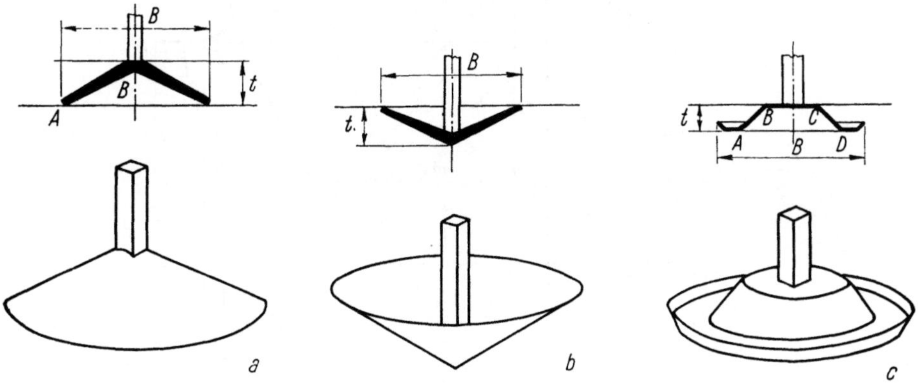

Abb. 384. Grundformen der Schalenkonstruktionen für Einzelfundamente

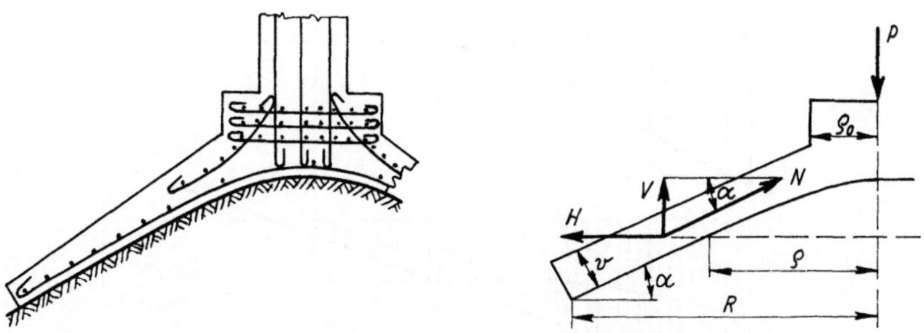

Abb. 385. Beanspruchungen eines hahnfußförmigen Einzelfundamentes

und die auf den Betonquerschnitt wirksame Druckkraft

$$N = \frac{V}{\sin\alpha}.$$

Die Druckspannung ist

$$\sigma_b = \frac{V}{\sin\alpha \cdot 2\pi \cdot \varrho \cdot v} = \frac{P \cdot (R^2 - \varrho^2)}{2\pi \cdot R^2 \cdot \varrho \cdot v \cdot \sin\alpha}.$$

Der größte Druck wird also am Fußrand des gestützten Pfeilers auftreten. Die auf die innere Kegelfläche wirksame Druckspannung wird dagegen konstant, weil

$$\sigma_h = \frac{2P \cdot \pi \cdot \varrho}{\pi \cdot R^2 \cdot \mathrm{tg}^2\alpha} \cdot \frac{1}{2\pi \cdot \varrho} = \frac{P}{\pi \cdot R^2 \cdot \mathrm{tg}^2\alpha} = \frac{\sigma_t}{\mathrm{tg}^2\alpha}. \qquad (210)$$

In Wirklichkeit wird sie aber nicht konstant bleiben, weil *die Verteilung der Sohlspannungen auf der unteren Ebene AC nicht gleichförmig ist.*

Nach dem Verfasser kann die Sohlspannungsverteilung ganz einfach anhand der Zusammendrückungsunterschiede der untenliegenden Bodenschichten erkannt werden. Untersucht man z. B. die unter der Rotationsfläche in Abb. 386

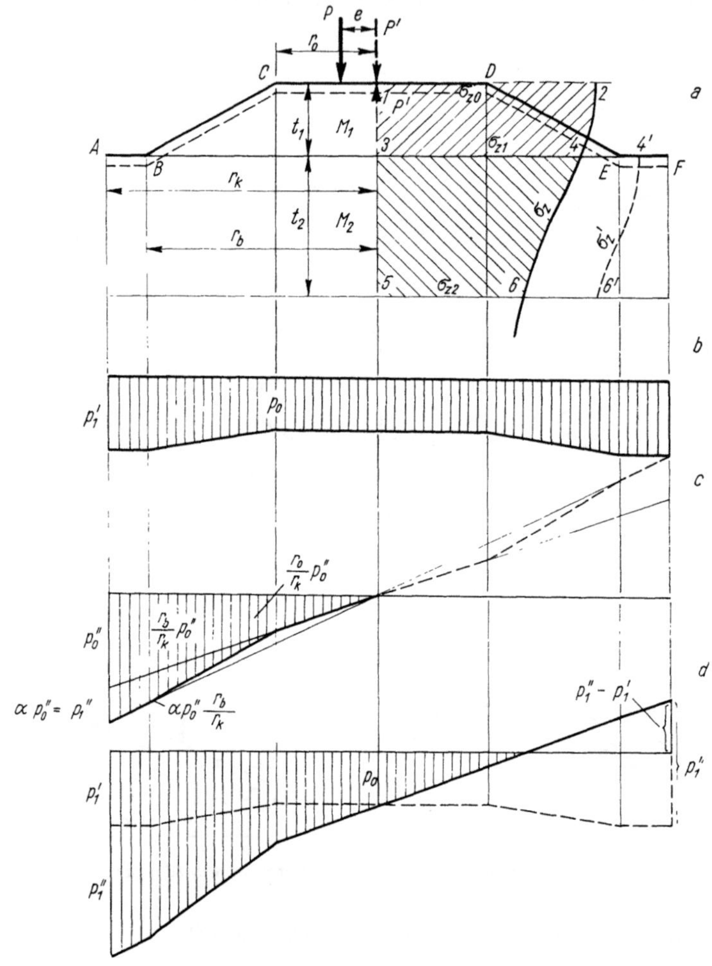

Abb. 386. Angenäherte Berechnungsweise für ein starres Fundament-Flächentragwerk (nach dem Verfasser)

auftretenden Sohlspannungen, dann kann man davon ausgehen, daß im Falle unendlicher Starrheit alle Punkte sich unter der Lastwirkung gleichmäßig in die gestrichelte Lage verschieben. Dies erfordert aber, daß die Zusammendrückung der untenliegenden Schichten überall gleich sein muß. Die Zusammendrückung ist jedoch proportional mit der Fläche der lotrechten Druckspannungen σ_z. Wird eine homogene Bodenschichtung vorausgesetzt, dann ist die Setzung unterhalb der Scheibe CD durch die Spannungsfläche 1, 2, 5, 6, unter den Ringscheiben AB und BF dagegen durch die Fläche 3, 4, 5, 6 gekennzeichnet. Da diese letztere offensichtlich kleiner wird und die sich zusammendrückenden Schichtdicken gleich sind, können gleiche Setzungen nur dann auftreten, wenn unter den Ringscheiben AB und EF größere anfängliche Sohlspannungen auftreten und das σ_z-Diagramm hier in ein σ'_z-Diagramm übergeht. Dieses ist dadurch bestimmt, daß der Bereich 1, 2, 5, 6 dem Bereich 3, 4′, 5, 6′ flächengleich ist. Erforderlich ist, daß in den Ebenen $AB—EF$ statt σ_{z1} die Spannung σ'_{z1} auftritt, deren Verhältnis sich auf Grund folgender Erwägungen leicht bestimmen läßt:

Die volle Zusammendrückung der auf t_1 und t_2 aufgeteilten Schichten unterhalb der Fläche CD sei

$$s = s_1 + s_2 = \frac{\sigma_{z0} + \sigma_{z1}}{2} \cdot \frac{t_1}{M_1} + \frac{\sigma_{z1} + \sigma_{z2}}{2} \cdot \frac{t_2}{M_2}.$$

Dieselbe Zusammendrückung soll die Schicht mit der Dicke t_2 allein unter dem Einfluß der erhöhten Spannungen σ'_z erleiden, d. h. also

$$\frac{\sigma'_{z1} + \sigma'_{z2}}{2} \cdot \frac{t_2}{M} = s.$$

Mit der Einführung der Bezeichnungen

$$\frac{\sigma_{z0} + \sigma'_{z1}}{2} = p_0, \quad \text{ferner} \quad \frac{\sigma_{z1} + \sigma_{z2}}{2} = p_1 \quad \text{und} \quad \frac{\sigma'_{z1} + \sigma'_{z2}}{2} = p'_1$$

läßt sich schreiben

$$p_0 \cdot \frac{t_1}{M_1} + p_1 \cdot \frac{t_2}{M_2} = p'_1 \cdot \frac{t_2}{M_2},$$

und nach Teilung durch t_2/M_2 wird

$$p'_1 = p_1 + p_0 \cdot \frac{t_1}{t_2} \cdot \frac{M_2}{M_1} = p_0 \cdot \left[\frac{p_1}{p_0} + \frac{t_1}{t_2} \cdot \frac{M_2}{M_1}\right] = p_0 \cdot \alpha. \tag{211}$$

In dieser Gleichung ist der Quotient p_1/p_0 wegen der Starrheit des Grundkörpers sowieso größer als die Einheit, und dazu kommt noch ein additives Glied, das die durchschnittliche Spannung sich unter den Rändern um so mehr vergrößert, je größer der Quotient t_1/t_2 und je kleiner die Steifezahl (Zusammendrückungsmodul) der oberen Schicht im Verhältnis zu der der unteren Schicht ist.

Es darf angenähert vorausgesetzt werden, daß die auf den Sohlflächen wirksamen Spannungen σ_{z0} und σ'_{z1} in gleichem Verhältnis zueinander wie p_0 und p_1 stehen und der Übergang dazwischen als geradlinig betrachtet werden kann. Die entsprechende Sohlspannungsverteilung ist aus Abb. 386b ersichtlich. Mit dieser Annahme erhält man den tatsächlichen Wert von σ_{z0} für eine zentrische Einzellast P:

$$P = \sigma_{z0} \cdot r_0^2 \cdot \pi + \frac{\pi}{3}\left[\sigma_{z0}(r_b^2 - 2r_0^2) - (\sigma'_{z1} - \sigma_{z0}) r_0 r_b + \sigma'_{z1}(2r_b^2 - r_0^2)\right]$$
$$+ \sigma'_{z1} \cdot \pi\,(r_k^2 - r_b^2).$$

Nach Umordnung der Gleichung und analog mit dem Zusammenhang (211): $\sigma'_{z1} = \alpha \cdot \sigma_{z0}$ ist:

$$\sigma_{z0} = \frac{3P}{\pi[(1-\alpha)\,(r_0^2 + r_0 r_b + r_b^2) + 3\alpha r_k^2]}. \tag{212}$$

Damit sind σ'_{z1} und σ'_{z2}, ferner durch Verwendung der Zusammenhänge (212) auch p_0 und p'_1 bestimmbar.

Es ist leicht vorstellbar, daß im Falle einer ausmittigen Belastung das obige symmetrische Spannungsbild sich auf eine antimetrische Spannungsfigur überlagert (s. Abb. 386c) und das vollständige Spannungsbild sich schließlich entsprechend der Abb. 386d gestalten wird.

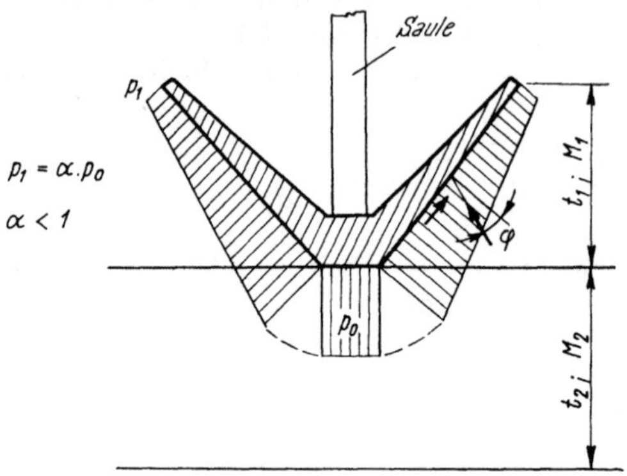

Abb. 387. Angenäherte Sohlspannungsverteilung unter einer Stumpfkegelfläche

Mit ähnlichen Gedankengängen dürfen annähernde Sohlspannungsdiagramme für Einzelgründungen abgeleitet werden, deren Rotationsfläche sich nach den Rändern hin aufhebt. Die Form des wahrscheinlichen und mit der Wirklichkeit etwas besser übereinstimmenden Sohlspannungsbildes ist in Abb. 387 veranschaulicht. Die Bemessungsgrundlagen faltwerkartiger Fundamente wurden von STEPANEK [30] angegeben.

Die tatsächliche Bemessung der Schalengründungen führt im Rahmen dieses Buches zu weit, und es wird auf die einschlägige Stahlbetonliteratur hingewiesen [31].

5. Plattengründungen

Durchgehende Fundamentplatten oder Plattengründungen werden angewendet, wenn die Bodenfestigkeit gering ist, die wiederum eine große Lastübertragungsfläche bedingt. Sie sind auch wirtschaftlich, wenn der von unten durch die Fundamentplatte begrenzte Raum als Keller, Lagerraum oder Behälter, entsprechend dem Verwendungszweck des Bauwerkes, sich vorteilhaft ausnützen läßt.

Die durchgehenden Plattengründungen können als volle oder gerippte Stahlbetonplatten, Balkenroste, als umgekehrte Pilzdecken oder ausnahmsweise als verkehrte Gewölbe aus Mauerwerk und neuerdings als verkehrte Kuppeln (Schalengründungen) ausgebildet werden (Abb. 388).

Da die Stärke der Platten im Verhältnis zu ihrer Länge und Stützweite sehr klein ist, können sie im allgemeinen als biegsame Konstruktionen betrachtet werden, mit Ausnahme der heutzutage schon ganz selten zur Anwendung kommenden verkehrten Gewölbe aus Ziegel- oder aus Stampfbetonmauerwerk.

Die Fundamentplatte stellt eine Flachgründungskonstruktion dar, die meistens bei Hochbauten (Lagerschuppen, Getreidesilos, Behälter, verschiedene Becken) und bei Wasserbauten (Schiffschleusen, Wehranlagen, Wasserkraftanlagen, Düker usw.) ihre Anwendung findet, wobei nicht nur statische Sicherheit, sondern auch Rissefreiheit verlangt wird.

Bei modernen Bauwerken bildet die Gründungsplatte einen organischen und mitwirkenden Teil der ganzen Konstruktion, dessen Kräftespiel auch auf die Beanspruchung der unterstützten Teile des Bauwerkes von Einfluß ist. Die früher angewendeten dicken Fundamentplatten, worauf das Bauwerk selbst unabhängig aufgestellt wurde (z. B. die durchgehende Fundamentplatte aus Stampfbeton von einer Dicke von 4,0 bzw. 2,5 m unter dem Parlamentsgebäude bzw. dem Hauptzollamtsgebäude in Budapest) kommen heute schon wegen Bevorzugung der monolitischen Stahlbetonbauweise nicht mehr zur Anwendung.

a) Die Bemessung der Plattengründungen

Die Vorbedingung einer genauen Berechnung bildet auch hier die Kenntnis der Sohlspannungsverteilungen. Wie bekannt, gestaltet sich diese als Folge der Wechselwirkung zwischen Baugrund und Bauwerk aus und hängt sowohl von der Bodenbeschaffenheit als auch von der Biegsamkeit und den Abmessungen des Bauwerkes ab.

Bei einer genaueren Berechnung der Sohlspannungen sollten folgende Einflußfaktoren betrachtet werden:

1. Die Starrheit des Gründungskörpers (sie kann durch sein Elastizitätsmodul und Trägheitsmoment, also durch EJ gekennzeichnet werden).

2. Die Verformungsfestigkeit des Bodens (d. h. die unter den verschiedenen Punkten der Gründung bei Einwirkung einer Einheitslast auftretenden Zusammendrückungen und deren gegenseitige Wirkung).

3. Die Starrheit des gesamten Bauwerkes.

4. Die Ausbreitung der Druckspannungen im Boden.

5. Die am Gründungsrand auftretenden seitlichen Ausweichungen und im allgemeinen die plastischen Verformungen des Bodens.

Alle diese Einflüsse sind heute leider noch nicht rechnerisch erfaßbar, obwohl die auf die Plattengründungen wirksamen Biegemomente auf die Veränderungen der bloß mit Hilfe von Näherungsannahmen bestimmten Sohlspannungsverteilung sehr empfindlich sind. Darüber hinaus besteht eine Wechselwirkung zwischen der Verschiebung und Beanspruchung der von der Platte gestützten Pfeiler, Säulen und Wände einerseits und der entstehenden Sohlspannungen andererseits.

Aus allen diesen Erwägungen geht hervor, daß die Bemessung der Gründungsplatten nicht so genau ausgeführt werden kann, wie es bei anderen Konstruktionsteilen des Bauwerkes der Fall ist.

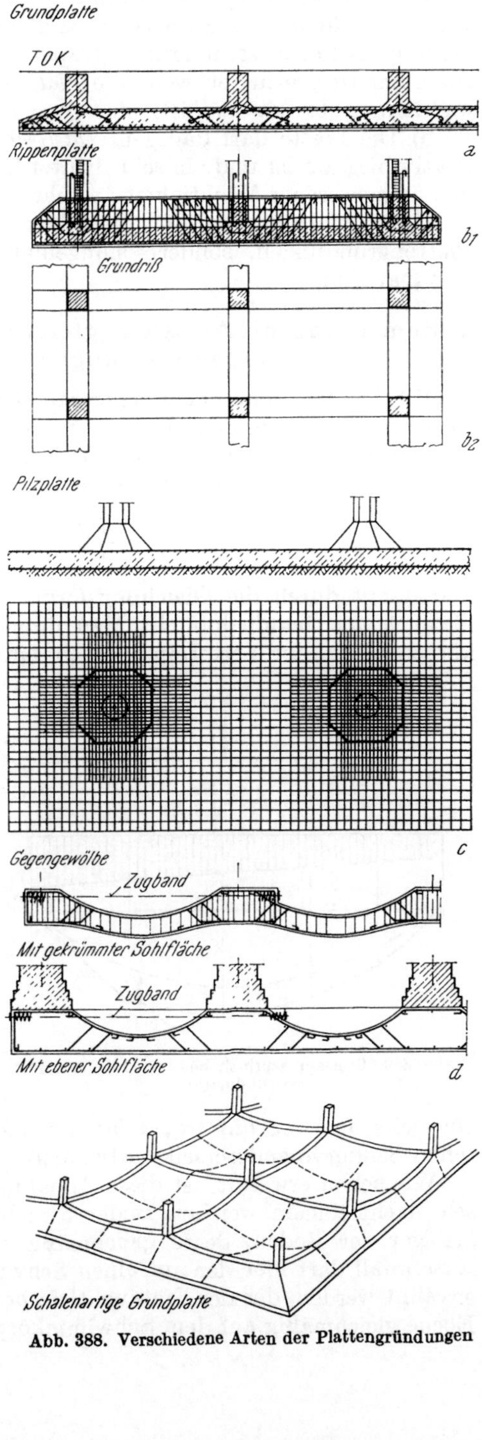

Abb. 388. Verschiedene Arten der Plattengründungen

Grundlegend dürfen die Plattengründungen wie auf Biegung beanspruchte Träger betrachtet werden, weil auf ihnen Pfeiler, Säulen oder Wände lasten und sie außerdem von den Sohlspannungen beansprucht werden. Die Bemessung kann nach zwei Grundregeln erfolgen:

a) *Die Platte wird als starr betrachtet* und dementsprechend die Sohlspannungsverteilung für mittige Belastung als gleichmäßig verteilt und für ausmittige Belastung als linear veränderlich (trapez- oder dreieckförmig) angenommen. Diese Annahme ist begründet, wenn die *Platte* verhältnismäßig hoch zu ihrer Stützweite und Länge, also *sehr steif* ist, oder wenn *der Baugrund sehr weich und nachgiebig ist.*

b) Die Platte darf dagegen *elastisch aufliegend* behandelt werden, wenn sie relativ biegsam ist und ein sehr dichter körniger Boden oder ein fester harter Ton von angemessener Mächtigkeit ansteht.

Es ist zu bemerken, daß die folgenden Berechnungsmethoden nicht nur für Plattengründungen, sondern sinngemäß auch für Streifengurtgründungen anwendbar sind.

α) Bemessung mit Annahme gleichmäßig oder trapezförmig verteilter Bodenpressungen (Unendlich starre Platte)

Mit der Annahme unendlicher Starrheit ($EJ = \infty$) wird die von der äußeren Belastung hervorgerufene Einsenkungslinie eine Gerade. Da die Verformungslinie des auf Biegung beanspruchten Trägers genau mit den Einsenkungen übereinstimmt, kann die Verformungslinie durch die Differentialgleichung

$$\frac{d^2y}{dx^2} = -\frac{M}{EJ} = 0$$

und damit durch die Gleichungsform $y = A \cdot x + B$ gekennzeichnet werden, die auch eine Gerade darstellt. Man nimmt jetzt an, daß die Sohlebene des Grundkörpers nach der Verformung auch eine Ebene ist und die Größe der Sohlspannungen sich geradlinig mit dem Verdrehungsmaß ändert, das einer trapezförmigen Verteilung der Bodenpressungen entspricht. Die Randspannungen p_A und p_B lassen sich jetzt aus der Resultierenden der äußeren Kräfte errechnen:

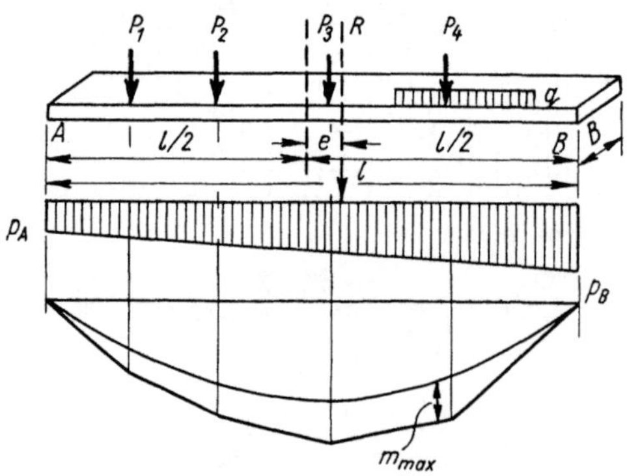

Abb. 389. Bemessungsprinzip einer unendlich starren Grundplatte

$$p_{A,B} = \frac{R}{l \cdot b}\left[1 \pm \frac{6e}{l}\right]. \qquad (213)$$

Die auf die Plattengründung wirksamen Biegemomente ergeben sich jetzt als Differenz zwischen den Ordinaten des für die äußeren Kräfte ermittelten Seilpolygons einerseits und der mit trapezförmig verteilt berechneten Sohlspannungen ermittelten Seilkurve andererseits (Abb. 389).

Wie schon erwähnt, ist diese Annahme bei starrer Fundamentplatte und bei sehr nachgiebigem, weichem Boden berechtigt. Je zusammendrückbarer und nachgiebiger der Boden, desto gleichmäßiger ist die Sohlspannungsverteilung. Als Extremfall darf hier der auf einen Schwimmkörper wirksame Flüssigkeitsdruck erwähnt werden, der der Eintauchtiefe proportional ist und in jeder waagrechten Ebene gleichmäßig auf dem Schwimmkörperboden wirkt.

Ist das gesamte Bauwerk starr und steht unter der Grundplatte eine homogene, zusammendrückbare Bodenschicht von großer Mächtigkeit an, dann dürfen — bei den im elastischen Verformungsbereich bleibenden Beanspruchungen — die Sohlspannungen nach BOUSSINESQ (gegebenenfalls nach dem Annäherungsdiagramm von OHDE, vgl. Bd. I, Abb. 268 und 270) berechnet werden. Je kleiner die Mächtigkeit der zusammendrückbaren Schicht ist, desto gleichmäßiger wird auch die Verteilung der Bodenpressungen (vgl. DIN 4018 Flächengründungen).

Wie bekannt, vergrößert sich die Gleichmäßigkeit der Sohlspannungsverteilung auch mit der Tiefe. Je tiefer also die Plattengründung verlegt wird, desto gleichmäßiger verläuft die Sohlspannungsverteilung, die auch die Annahme größerer Plattensteifigkeit zuläßt. Sonst führt die Annahme gleichmäßiger Sohlspannungsverteilung im allgemeinen zur Überdimensionierung, vergrößert also die Sicherheit. Es gibt auch Fälle bei sehr starren Platten und kleineren Belastungen, wo die Annahme der Boussinesqschen theoretischen Sohlspannungsverteilung begründet ist, die gegenüber der gleichmäßigen Verteilung auf den Rändern größere Ordinaten haben und infolgedessen zu größeren Biegemomenten führen können. Doch sind diese Fälle nicht maßgebend, weil die große Biegefestigkeit dieser Platten bei der verhältnismäßig kleinen Beanspruchung mit Sicherheit ausreicht. (Neuere und zusammenfassende Ergebnisse seiner Untersuchungen über die Verteilung der Sohlspannungen wurden neulich von J. BALKO: „Die exakte Ermittlung der Sohldruckverteilung" (Deutsche Bauenzyklopädie Berlin 1964 DBE 0334, veröffentlicht).

β) Berechnung auf Grund der Verformung der biegsamen Platte

Wenn es sich um gut tragfähige Bodenschichten und um biegsame Platten handelt, werden sich die Sohlspannungen um die Laststelle konzentrieren. Da diese Stellen auch die Auflagerpunkte der Platte darstellen, wird die ungleichmäßige Verteilung eine Verminderung der Biegemomente mit sich bringen. Dieser Umstand führt zu kleineren Querschnittabmessungen und erhöht die Biegsamkeit noch mehr. Es kann also festgestellt werden: *Je biegsamer die Fundamentplatte ist, desto ungleichmäßiger verläuft die Sohlspannungsverteilung, desto kleiner werden die Biegemomente und um so wirtschaftlicher wird die Inbetrachtnahme der Biegsamkeit.*

Infolge der zwischen Gründung und Untergrund bestehenden Wechselwirkung hängen die Sohlspannungen, Bodeneinsenkungen und Durchbiegungen der Gründung voneinander ab. Eine richtige Bemessung kann nur durch Kenntnis des Zusammenwirkens dieser Faktoren erzielt werden. Das richtige Verfahren geht von dem Ausgangspunkt aus, daß die Durchbiegung der Platte und die Einsenkungslinie des belasteten Bodens einander gleich sein sollen. Der Zusammenhang zwischen Bodeneinsenkung und Belastung stellt aber ein derart kompliziertes Problem der Festigkeitslehre dar, daß dessen eindeutige mathematische Behandlung heute noch aussteht. Für die Praxis wurden zwei Bemessungsverfahren entwickelt, und zwar die *Methode der elastischen Bettung* (sog. *Bettungsziffermethode*) und die Methode *der Überlagerung der Einsenkungen im elastischen Hallraum* (*Steifeziffermethode*).

A. Die Bettungsziffermethode

Die Grundlage des Verfahrens bildet die Annahme, daß das Verhältnis zwischen Sohlspannung (p) und Einsenkung (y) in jedem Punkt der Sohlfläche konstant bleibt und von der Einsenkung und Belastung der Nachbarteile unabhängig ist. Das heißt also, $p/y = C$, wobei die Verhältniszahl C Bettungsziffer genannt wird und eigentlich die Spannung bezeichnet, die 1 cm Einsenkung verursacht (ihre Dimension ist kg/cm³).

Die Annahme ermöglicht elegante mathematische Lösungen und wurde von mehreren Forschern für die Ausarbeitung verschiedener Belastungsfälle benutzt. Die Berechnungstechnik wurde weitgehend entwickelt und durch die Ermittlung von Tabellenwerten wesentlich erleichtert. Infolgedessen hat sie sich auch in der Bemessungspraxis ziemlich gut eingebürgert. Es steht ohne Zweifel, daß mit dieser Methode eine genauere Bemessung erzielbar ist als mit der Annahme einer gleichmäßigen oder sich linear verändernden Sohlspannungsverteilung. Sie leidet aber an zwei grundlegenden Mängeln, die vor ihrer Anwendung in folgendem erklärt werden müssen. (Deshalb ist sie für die Bemessung schmaler und langer Gründungsbalken als Eisenbahnschwellen, Kranbahngründungen, Streifengurte usw. zu bevorzugen.)

a) *Die einzelnen Teile* eines einheitlichen monolitischen Gründungskörpers *können sich nicht unabhängig voneinander senken* wie voneinander getrennte federnde einzelne Stücke. Ihre Einsenkung kann nicht nur von den auf ihnen unmittelbar lastenden Kräften abhängig sein. Die auf die Nachbarteile wirkenden Kräfte und die dadurch bedingten Einsenkungen der Nachbarteile üben auch einen Einfluß auf die voneinander getrennt gedachten Teile gegenseitig aus. Sie können sich deshalb nicht unabhängig voneinander senken (Abb. 390).

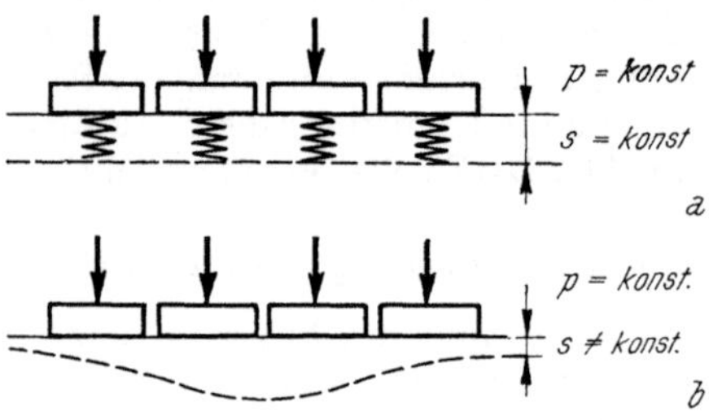

Abb. 390. Absenkung der Gründungsplatte
a) wie beim Bettungszifferverfahren aufgenommen, b) in der Wirklichkeit

Dies ist am besten dadurch bewiesen, daß infolge der Einsenkung einer Grundplatte die unbelastete nebenliegende Bodenoberfläche auch Einsenkungen erfährt (vgl. Bd. I, Abb. 174).

b) *Die Bettungsziffer C*, die das Verhältnis zwischen Belastung und Einsenkung zum Ausdruck bringt, *kann nicht konstant bleiben*, wie es in der Theorie angenommen ist. Es ist wohl bekannt, daß noch bei völlig gleichmäßigen Bodenverhältnissen und Bodenschichtungen die gleich belasteten, aber *verschieden geformten* Grundkörper unterschiedliche Setzungen erleiden. Auch die die Zusammendrückung kennzeichnende Steifezahl E_s (Zusammendrückungsmodul M) verändert sich noch in einem homogenen Boden. Sie nimmt z. B. in körnigem Boden mit der Tiefe zu (vgl. Bd. I, S. 314). Darüber hinaus muß sich C in den verschiedenen Punkten unter ein und derselben Fundamentplatte auch ändern, da die Einsenkung unter derselben Belastung in der Mitte größer wird als an den Rändern. Ist nämlich die Annahme $C = p/y = \text{konst}$ richtig, dann müßten sich die Sohlspannungen unter einer starren Grundplatte gleichmäßig verteilen, da deren Einsenkung y auf der ganzen Sohlfläche gleichbleibend ist. Im Kontrast dazu steht aber der Boussinesqsche theoretische Zusammenhang für die Verteilung der Sohlspannungen (vgl. Bd. I, Gl. 305 bis 310), nach dem die Sohlspannungen in der Mitte kleiner und an den Rändern größer werden müssen (s. Abb. 391b). Noch ausgeprägter wird dieser Unterschied bei biegsamen Gründungsplatten. Daraus folgt aber, daß die Bettungsziffer auch deshalb nicht konstant sein, sondern sich etwa nach Abb. 391c verändern kann.

Die durch die Fundamentabmessungen und Steifezahländerung bedingte Veränderung wurde von einigen Forschern auch formelmäßig erfaßt.

Nach Kögler gilt für *quadratförmige Grundkörper*

$$C = M \cdot \frac{a + 2t}{a \cdot t},$$

worin a die Seitenlänge und t die Gründungstiefe bedeutet. Für streifenförmige Grundkörper mit der Breite B ist:

$$C = \frac{2M}{B \cdot \ln \frac{B+2t}{B}} \quad \left(\text{nach JÁKY ist } C = \frac{2}{3} \cdot \frac{M}{B}\right) \tag{214a}$$

und für unendlich lange Streifen: $C = M/t$, schließlich für kreisförmige Grundplatten:

$$C = 0{\cdot}785\,,\, \sqrt{M/r}.$$

Nach KÖGLER hängt also die Bettungsziffer in erster Linie von der Steifezahl, Gründungsbreite und Gründungstiefe ab.

Nach neueren Versuchen [32] weist die Bettungsziffer eine beträchtliche Zunahme in Sandböden nur bis zu einer Tiefe von viermal der Gründungsbreite auf. Sie wird von der Grundrißform nicht beeinflußt und hängt nur von der Gründungsbreite ab. TERZAGHI [33] nimmt auch den Einfluß der Breite in Betracht durch die Formel

$$C = C_0 \cdot \left(\frac{B+30}{2B}\right)^2, \tag{214b}$$

worin C_0 den sog. Grundbeiwert der Bettung bezeichnet, der auf ein Fuß (30 cm) Breite bezogen und folgend tabellenmäßig angegeben wird.

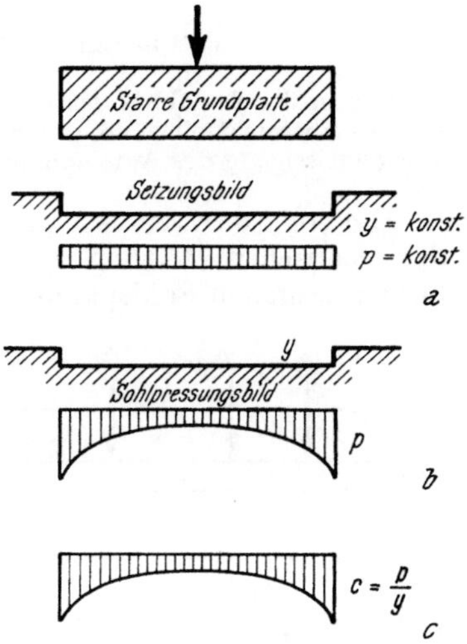

Abb. 391. Die theoretische Veränderung der Bettungsziffer unter einem starren Fundament

		Sand		
		lockerer	mitteldichter	dichter
		trockenes Raumgewicht		
	$\gamma_0 =$	1,3 t/m³	1,6 t/m³	1,9 t/m³
Trockener oder nasser Sand	$C_0 =$	1,3	4	16
Unter dem Grundwasserspiegel	$C_0 =$	1,8	2,5	10

Die Tabellenwerte sind in kg/cm³ angegeben.
Für Tonböden gilt:

$$C = C_0 \cdot \frac{30}{B} \cdot \frac{L/B + 0{,}5}{1{,}5 \cdot L/B}, \tag{214c}$$

worin B die Breite, L die Länge des Grundkörpers bezeichnet. (Für Streifen geht z. B. $L \to \infty$.)

$$C = C_0 \cdot 20/B$$

und für quadratförmige Platten ($L = B$) ist

$$C = C_0 \cdot 30/B.$$

Die diesbezüglichen C_0-Werte sind aus folgender Tabelle zu entnehmen.

	Ton		
	steif	sehr steif	hart
Unbehinderte Druckfestigkeit, σ_d kg/cm²	1—2	2—4,5	4,5
Bettungsziffer, C_0 kg/cm²	2,5	5	10

Der in der Annahme des C-Wertes begangene Fehler — wie noch darauf hingewiesen wird — übt nicht einen so großen Einfluß auf die Genauigkeit aus wie die vorher erwähnte Vernachlässigung des Aufeinanderwirkens der Nachbarteile.

Die von SCHWEDLER, WINKLER und ZIMMERMANN [34] ausgearbeitete Theorie der elastischen Bettung nimmt *grundlegend* an, daß die von den Belastungen hervorgerufenen Sohlspannungen sich einander überlagern dürfen und ihre Verteilung — ebenso wie die Einsenkungen — stetig ist.

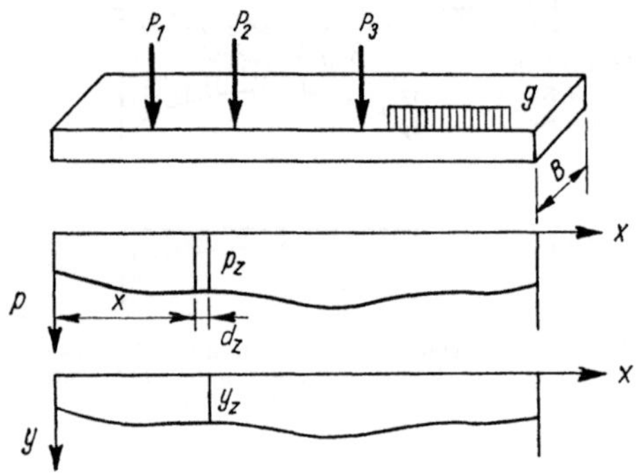

Abb. 392. Theoretische Fundlage des elastisch gebetteten Balkens

Bezeichnet man die Plattenbreite mit B, dann läßt sich die verteilte Belastung pro lfd. m als Produkt $p \cdot B$ schreiben, das als Differentialquotient der Schubkraft Q und dieses wiederum als Differentialquotient des Biegemomentes zu erhalten ist (Abb. 392). Also

$$p \cdot B = \frac{dQ}{dx} \quad \text{und weil} \quad Q = \frac{dM}{dx}$$

$$\text{wird} \quad p \cdot B = \frac{d^2 M}{dx^2}. \tag{215}$$

Dagegen lautet die Differentialgrundgleichung der Biegung

$$\frac{d^2 y}{dx^2} = -\frac{M}{EJ}. \tag{216}$$

Von diesen zwei Grundgleichungen ausgehend, müssen die Unbekannten bestimmt werden. Das kann entweder für die Durchbiegung (Einsenkung) y oder für das Biegemoment (M) geschehen. Meistens bestimmt man jedoch y und schreibt auf Grund der Gl. (215) und (216)

$$\frac{d^4 y}{dx^4} = -\frac{d^2 M}{dx^2} \cdot \frac{1}{EJ} = \frac{p \cdot B}{E \cdot J}.$$

Durch Einsetzung der Grundannahme $p = C \cdot y$ erhält man

$$\frac{d^4 y}{dx^4} = -\frac{C \cdot B}{E \cdot J} \cdot y, \tag{217}$$

die als Grundgleichung des elastisch gebetteten Balkens betrachtet werden kann[1]. Nun befassen wir uns mit dem Fall, daß die Trägerhöhe, Trägheitsmoment und Material konstant sind. In die Rechnungen wird die sog. elastische

[1] Die Lösung einer genaueren Differentialgleichung stammt von K. WIEGHARDT. Über den Balken auf nachgiebiger Unterlage (Zeitschr. für Ang. Mat. u. Mech. **1922,** H. 3.)

Ersatzlänge eingeführt[1]:

$$L = \sqrt[4]{\frac{4E \cdot J}{C \cdot B}} \qquad \text{oder} \qquad \varkappa = \frac{1}{L} = \sqrt[4]{\frac{C \cdot B}{4E \cdot J}}. \tag{218}$$

Die Differentialgleichung lautet dann

$$\frac{d^4 y}{dx^4} = -\frac{4y}{L^4} = -4\varkappa^4 \cdot y. \tag{219}$$

Zur Lösung der Differentialgleichung geht man folgenderweise vor:

Man schreibt für $y = e^{mx}$, und damit wird

$$\frac{dy}{dx} = m \cdot e^{mx}, \quad \frac{d^2 y}{dx^2} = m^2 \cdot e^{mx} \ldots, \quad \frac{d^4 y}{dx^4} = m^4 \cdot e^{mx}.$$

Setzt man diese jetzt in Gl. (219) ein, erhält man als charakteristische Gleichung

$$m^4 = -4\varkappa^4. \tag{219a}$$

Mit Hilfe der bei der Lösung für m erhaltenen vier Wurzelwerte läßt sich die allgemeine Lösung aufschreiben als

$$y = \sum_{i=1}^{4} = A_i \cdot e^{m_i \cdot x} \tag{219b}$$

Die Wurzeln der charakteristischen Gleichung mit Benützung der vier Einheitswurzeln sind:

$$m_1 = -m_3 = \varkappa(1 + i), \qquad m_2 = m_4 = \varkappa(-1 + i).$$

Diese Werte nun in Gl. (219b) eingesetzt unter Einbeziehung der Eulerschen Formeln:

$$e^{i\varkappa x} = \cos \varkappa \cdot x + i \cdot \sin \varkappa \cdot x,$$

$$e^{-i\varkappa x} = \cos \varkappa \cdot x - i \cdot \sin \varkappa \cdot x$$

und ferner

$$e^{\varkappa x} = \operatorname{ch} x + \operatorname{sh} \varkappa \cdot x,$$

$$e^{-\varkappa x} = \operatorname{ch} x - \operatorname{sh} \varkappa \cdot x$$

ergibt für die Gl. (219b) folgende Form:

$$y = C_1 \cdot \operatorname{ch}\varkappa \cdot x \cdot \cos\varkappa \cdot x + C_2 \cdot \operatorname{sh}\varkappa \cdot x \cdot \sin\varkappa \cdot x + C_3 \cdot \operatorname{ch}\varkappa \cdot x \cdot \sin\varkappa \cdot x + C_4 \cdot \operatorname{sh}\varkappa \cdot x \cdot \cos\varkappa \cdot x \tag{220}$$

oder durch Einsetzung von $\varkappa = 1/L$ und Anwendung der relativen Abszissen $\xi = x/L$

$$y = C_1 \cdot \cos \xi \cdot \operatorname{ch} \xi + C_2 \cdot \sin \xi \cdot \operatorname{sh} \xi + C_3 \cdot \cos \xi \cdot \operatorname{sh} \xi + C_4 \cdot \sin \xi \cdot \operatorname{ch} \xi. \tag{221}$$

Die Integrationskonstanten C_1 bis C_4 sind auf Grund der aufzunehmenden Randbedingungen zu bestimmen, und gleichzeitig müssen die Kontinuitätsbedingungen erfüllt werden. Mit der Kenntnis von y sind schon alle gesuchten Werte bestimmbar:

$$\left.\begin{aligned} &\text{die Sohlspannung} && p = C \cdot y, \\ &\text{das Biegemoment} && M = -E \cdot J \cdot \frac{d^2 y}{dx^2} \\ &\text{die Scherkraft} && Q = -E \cdot J \cdot d^3 y/dx^3. \end{aligned}\right\}. \tag{222}$$

[1] Die physikalische Erklärung des L-Wertes ist in Abb. 397 gegeben.

Die Integrationskonstanten sind aus folgenden Randbedingungen zu bestimmen, wie aus Abb. 393 hervorgeht:

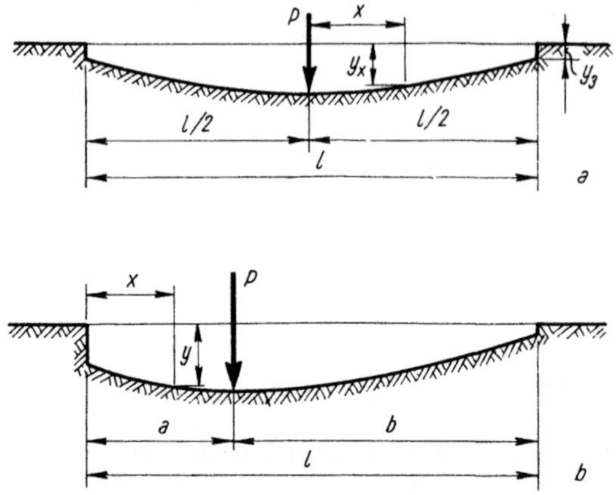

Abb. 393. Verformungslinie eines elastisch gebetteten Trägers a) unter mittiger Einzellast. b) unter ausmittiger Einzellast

1. Wenn $x = 0$, ist die Tangente der elastischen Linie waagerecht, also

$$\left|\frac{dy}{dx}\right|_{x=0} = 0.$$

2. Wenn $x = 0$, ist die Schubkraft gleich $P/2$, also

$$Q = -E \cdot J \cdot \left|\frac{d^3 y}{dx^3}\right|_{x=0} = -P/2.$$

3. Am Balkenrand, wenn $x = l/2$, ist das Biegemoment gleich Null:

$$M = -E \cdot J \cdot \left|\frac{d^2 y}{dx^2}\right|_{x=l/2} = 0.$$

4. Am Balkenrand, wenn $x = l/2$, ist auch die Schubkraft gleich Null:

$$Q = -E \cdot J \cdot \left|\frac{d^3 y}{dx^3}\right|_{x=l/2} = 0.$$

Nach Bestimmung der Integrationskonstanten $C_1, \ldots, C_4$ auf Grund der obigen vier Gleichungen erhält man für die Sohlspannungsverteilung folgende Gleichung:

$$p(x) = C \cdot y(x) = \frac{P \cdot \varkappa}{2} \cdot \frac{1}{\sin \varkappa l + \operatorname{sh} \varkappa l} \Big\{ \sin \varkappa \cdot x \cdot \operatorname{sh}(\varkappa l - \varkappa \cdot x) -$$

$$- \operatorname{sh} \varkappa \cdot x \cdot \sin(\varkappa l - \varkappa \cdot x) + 2 \left[\operatorname{ch} \varkappa \cdot x \cdot \cos \frac{\varkappa \cdot l}{2} \cdot \cos \left(\frac{\varkappa \cdot l}{2} - \varkappa \cdot x \right) + \right.$$

$$\left. + \cos \varkappa \cdot x \cdot \operatorname{ch} \left(\frac{\varkappa \cdot l}{2} - \varkappa \cdot x \right) \right] \Big\} \qquad (223\,\mathrm{a})$$

oder mit der Einführung der relativen Abszissen ($\varkappa \cdot x = x/L = \xi$ und $\varkappa \cdot l = l/L = \lambda$)

$$p(x) = C \cdot y(x) = \frac{P}{2LB} \cdot \frac{1}{\operatorname{sh} \lambda + \sin \lambda} \cdot [\operatorname{ch} \xi \cdot \cos \xi' + \cos \xi \cdot \operatorname{sh} \xi' -$$

$$- \operatorname{sh} \xi \cdot \sin \xi' + \sin \xi \cdot \operatorname{sh} \xi' + 2 \operatorname{ch} \xi \cdot \cos \xi], \qquad (223\,\mathrm{b})$$

in der Mittelachse

$$p_1 = y_1 \cdot C = \frac{P}{2LB} \cdot \frac{\operatorname{ch} \lambda + \cos \lambda + 2}{\operatorname{sh} \lambda + \sin \lambda},$$

und an beiden Rändern

$$p^3 = y_3 \cdot C = \frac{2P}{LB} \cdot \frac{\operatorname{ch} \lambda/2 \cdot \cos \lambda/2}{\operatorname{sh} \lambda + \sin \lambda}$$

(p_3 wird Null, wenn $\lambda \leqq \pi$).

Das Biegemoment

$$M_x = \frac{PL}{4} \cdot \frac{1}{\operatorname{sh} \lambda + \sin \lambda} \{ \operatorname{sh} \xi [\sin \xi - \sin \xi'] - \operatorname{ch} \xi (\cos \xi + \cos \xi') +$$

$$+ \sin \xi (\operatorname{sh} \xi - \operatorname{sh} \xi') + \cos \xi (\operatorname{ch} \eta + \operatorname{ch} \xi')]\}$$

und das Größtmoment in der Mitte:

$$M_1 = \frac{P \cdot L}{4} \cdot \frac{\operatorname{ch} \lambda - \cos \lambda}{\operatorname{sh} \lambda + \sin \lambda}, \qquad (233\mathrm{c})$$

die Schubkraft:

$$Q = \frac{P}{2} \cdot \frac{1}{\operatorname{sh} \lambda + \sin \lambda} \{\operatorname{ch} \xi (\sin \xi - \sin \xi') + \cos \xi (\operatorname{sh} \xi - \operatorname{sh} \xi')\}. \tag{223d}$$

Ist die Einzelkraft P nicht in der Mitte wirksam, sondern auf einer anderen Stelle, dann müssen andere Randbedingungen aufgestellt und ausgewertet werden. Zum Beispiel ließe sich schreiben, daß das Biegemoment an beiden Rändern des Balkens gleich Null ist. Darüber hinaus wird unter einem Rand die Schubkraft auch gleich Null, und ergänzend kann noch vermerkt werden, daß die Summe der Sohlpressungen der angreifenden Kraft P gleich sein soll.

Sind die Randbedingungen für eine auf eine beliebige Stelle angreifende Kraft aufgestellt und ist die Funktion $p(x)$ dafür bestimmt, so können für einen Kraftangriff von $P = 1\,t$ Einflußlinien berechnet werden (vgl. ZIMMERMANN). Damit wird die Bestimmung der Schnittkräfte und der Sohlspannungsverteilung für beliebige Belastung und für beliebigen Querschnitt ermöglicht.

Zum Beispiel HETÉNYI gibt die Schnittkräfte und Sohlspannungen für einen sich in einem beliebigen Abstand x vom Balkenrand befindenden Querschnitt und für eine im Abstand a bzw. b; $(a + b = l)$ wirksame Einzellast P auch in geschlossenen Formeln an, die aber schon recht kompliziert sind. (Die relativen Abstände $= \xi = x/L$, $\alpha = a/L$ und $\beta = b/L$, vgl. Abb. 393b)

$$\frac{p_x}{C} = y_x = \frac{P}{BCL} \cdot \frac{1}{\operatorname{sh}^2 \lambda - \sin^2 \lambda} \{2 \operatorname{ch} \xi \cdot \cos \xi (\operatorname{sh} \lambda \cdot \cos \alpha \cdot \operatorname{ch} \beta - \sin \lambda \cdot \operatorname{ch} \alpha \cdot \cos \beta) +$$
$$+ (\operatorname{ch} \xi \cdot \sin \xi + \operatorname{sh} \xi \cdot \cos \xi) [\operatorname{sh} \lambda (\sin \alpha \cdot \operatorname{ch} \beta - \cos \alpha \cdot \operatorname{sh} \beta) +$$
$$+ \sin \lambda (\operatorname{sh} \alpha \cdot \cos \beta - \operatorname{ch} \alpha \cdot \sin \beta]\}.$$

(Die Zahlenwerte der komplizierten Transzendentfunktionen sind aus Tabellen zu entnehmen.)

$$M_x = \frac{PL}{2} \cdot \frac{1}{\operatorname{sh}^2 \lambda - \sin^2 \lambda} \{2 \operatorname{sh} \xi \cdot \sin \xi (\operatorname{sh} \lambda \cdot \cos \alpha \cdot \operatorname{ch} \beta - \sin \lambda \cdot \operatorname{ch} \alpha \cdot \cos \beta) +$$
$$+ (\operatorname{ch} \xi \cdot \sin \xi - \operatorname{sh} \xi \cdot \cos \xi) [\operatorname{sh} \lambda (\sin \alpha \cdot \operatorname{ch} \beta - \cos \alpha \cdot \operatorname{sh} \beta) +$$
$$+ \sin \lambda (\operatorname{sh} \alpha \cdot \cos \beta - \operatorname{ch} \alpha \cdot \sin \beta)]\}.$$

Das Biegemoment am Lastangriffspunkt ist

$$M_a = \frac{PL}{4} \cdot \frac{1}{\operatorname{sh}^2 \lambda - \sin^2 \lambda} [\operatorname{ch}^2 \alpha - \cos^2 \alpha) (\operatorname{sh} 2\beta - \sin 2\beta) +$$
$$+ (\operatorname{ch}^2 \beta - \cos^2 \beta) (\operatorname{sh} 2\alpha - \sin 2\alpha)],$$

und zuletzt die Schubkraft:

$$Q_x = P \cdot \frac{1}{\operatorname{sh}^2 \lambda - \sin^2 \lambda} \{(\operatorname{ch} \xi \cdot \sin \xi + \operatorname{sh} \xi \cdot \cos \xi) (\operatorname{sh} \lambda \cdot \cos \alpha \cdot \operatorname{ch} \beta - \sin \lambda \cdot \operatorname{ch} \alpha \cdot \cos \beta) +$$
$$+ \operatorname{sh} \xi \cdot \sin \xi [\operatorname{sh} \lambda (\sin \alpha \cdot \operatorname{ch} \beta - \cos \alpha \cdot \operatorname{sh} \beta) + \sin \lambda (\operatorname{sh} \alpha \cdot \cos \beta - \operatorname{ch} \alpha \cdot \sin \beta)].$$

Es folgt aus der Begriffsbestimmung des Streifens und auch aus den Ungarischen Gründungsvorschriften (vgl. Bd. I, S. 221), daß der Streifen als *unendlich lang* betrachtet werden kann, wenn die Länge des Gründungsbalkens seine Breite um das 2,0- bis 2,5fache übertrifft. Man kann sich also sehr oft dieser praktischen Annahme bedienen. In diesem Falle gestalten sich die oben angeführten Formeln viel einfacher. Mit $l = \infty$ wird auch $\lambda = l/L \to \infty$ und infolgedessen

$$e^{\lambda} \to \infty \quad \text{und} \quad e^{-\lambda} \to 0;$$

daraus folgt auch, daß

$$\text{sh}\,\lambda \to \text{ch}\,\lambda \to \infty .$$

Durch die Einsetzung dieser Werte in die Grundgleichung (222) gelangt man auf den viel einfacheren Ausdruck:

$$\left.\begin{aligned} \frac{p}{C} = y &= \frac{P}{2LCB}\cdot\eta, &\quad \text{wobei}\quad \eta &= e^{-\xi}(\cos\xi + \sin\xi) \\ M &= \frac{P\cdot L}{4}\cdot\mu, &\quad \text{wobei}\quad \mu &= e^{-\xi}(\cos\xi - \sin\xi) \\ \text{und}\quad Q &= \frac{P}{2}\cdot\nu &\quad \text{wobei}\quad \nu &= e^{-\xi}\cos\xi . \end{aligned}\right\} . \tag{224}$$

Aus den Zusammenhängen (224) können also in einem beliebigen Punkt des unendlich langen Balkens die Einsenkung (y) und dadurch auch die Sohlpressung (als $p = C\cdot y$), ferner das Biegemoment (M) und die Schubkraft (Q) berechnet

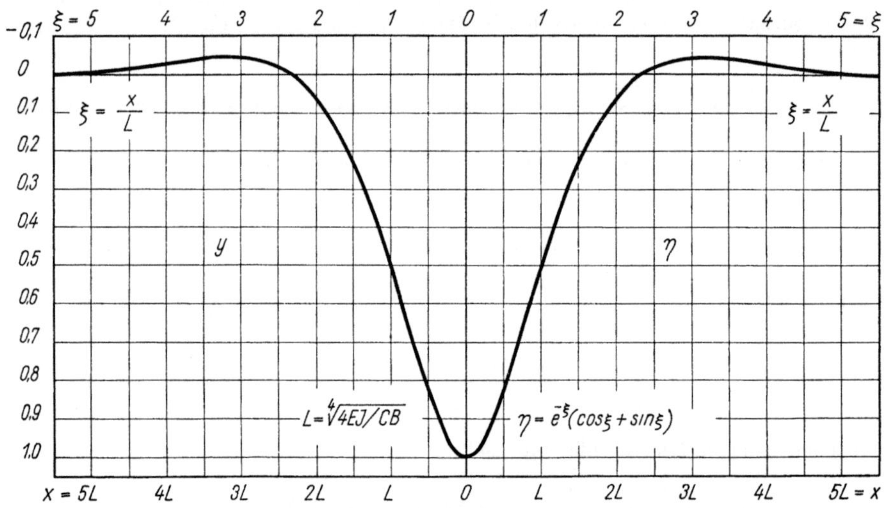

Abb. 394. Einflußlinie der Einsenkungen (Sohlspannungen) eines elastisch gebetteten unendlich langen Balkens

werden. Die Veränderung der von der Lage des untersuchten Querschnittes abhängigen Werte der Faktoren η, μ und ν ist aus Abb. 394 bis 396 zu entnehmen.

Die Höchstwerte von y, M und Q treten in der Angriffslinie der Einzelkraft P auf, wo man die mit $x = 0$ und $\xi = 0$ für $\eta = \mu = \nu = 1$ erhält, und infolgedessen wird

$$y_{\max} = \frac{P}{2LBC}; \quad M_{\max} = \frac{PL}{4} \quad \text{und} \quad Q_{\max} = P/2 . \tag{225}$$

Werden jetzt diese Ausdrücke (225) eingehender untersucht, leuchtet es ein, daß sie den Beanspruchungen entsprechen, die in einem unendlich starren Balken, jedoch von der endlichen Länge $2L$ auftreten (Abb. 397), also

$$p = \frac{P}{2LB}; \quad y = p/C = \frac{P}{2LCB} = \text{konst} \quad \text{und} \quad M = \frac{P}{2}\cdot\frac{L}{2} = \frac{PL}{4}.$$

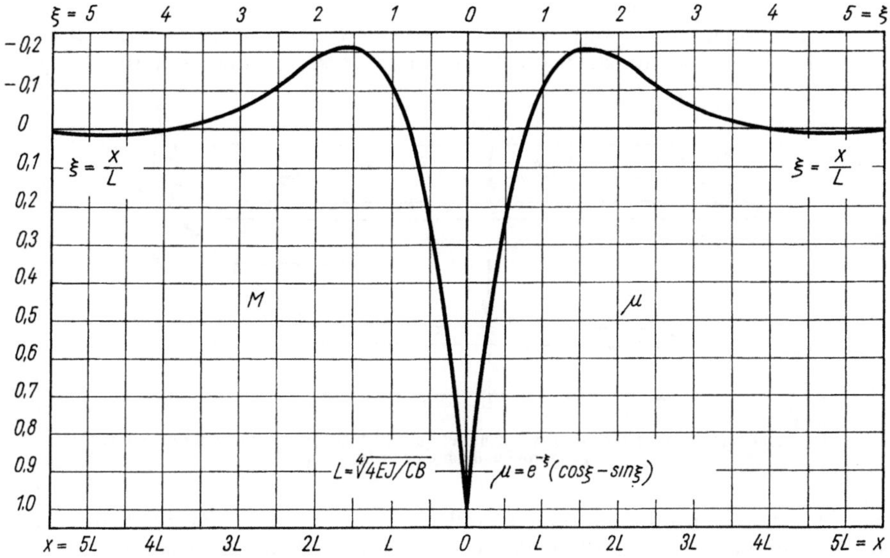

Abb. 395. Einflußlinie für Biegemomente eines elastisch gebetteten unendlich langen Balkens

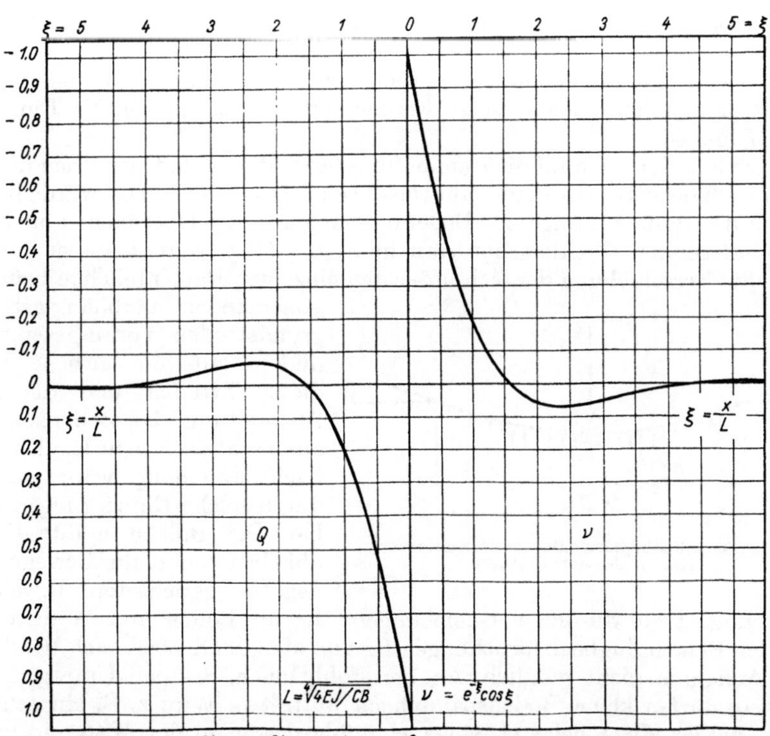

Abb. 396. Einflußlinie für Querkräfte eines elastisch gebetteten unendlich langen Balkens

Wenn der unendlich lange biegsame Balken durch einen unendlich starren Balken von endlicher Länge ($2L$) ersetzt wird, erhält man die gleichen Ergebnisse.

Daraus geht auch die physikalische Bedeutung der elastischen Ersatzlänge L hervor, insofern man unter L die Grenzlänge versteht, über der die Länge des

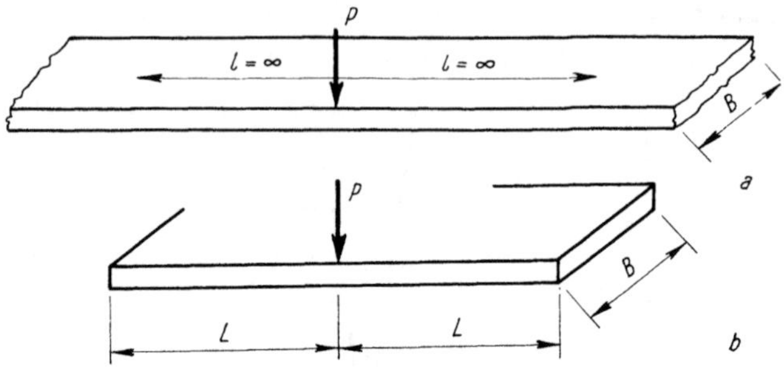

Abb. 397. Vergleich eines biegsamen und unendlich langen (a) und eines unendlich starren und endlich langen (b) Trägers

elastisch gebetteten Balkens keinen Einfluß auf die entstehenden Beanspruchungen hat. Der Balken wird nämlich derart biegsam, daß die Belastungen keine Beanspruchungen hervorrufen können.

Dementsprechend kann die Berechnung der in der Praxis vorkommenden Balken von endlicher Länge, aber hinsichtlich der Sohlspannungsverteilung oder Einsenkung unendlich lang zu betrachtenden Balken wesentlich einfacher durchgeführt werden, nämlich auf Grund der unendlich langen Balken.

Wenn in den betreffenden Stellen die Beiwerte η, μ und ν und auch die Einzelkraft P der Einheit gleichgesetzt werden, erhält man gleich die Einflußwerte für y, M und Q.

Es ist aus dem Einflußdiagramm für y ersichtlich, daß der unendlich lange Balken auch negative Ordinaten aufweist, wenn $\xi > 2$ wird. Das würde bedeuten, daß sich der Balken infolge der Bodenpressung von der Oberfläche abhebt. Nach der grundlegenden Winklerschen Annahme $p = C \cdot y$ wäre das aber unmöglich, da hier die Verschiebung der sich unter den einzelnen Balkenteilchen befindenden voneinander unabhängigen Untergrundstreifen vorausgesetzt wurde und damit die seitliche Wirkung dieser Streifen und die seitliche Ausbreitung der Bodenspannungen ausgeschlossen wurde. Eine Oberflächenabhebung wäre jedoch nur durch solche Einwirkungen vorstellbar. Der Balken müßte sich dann abheben, wobei die Bewegung einen negativ gerichteten Druck, d. h. Zug voraussetzen würde. Verschiebungen, die im Boden und in dem daraufliegenden Balken Zugbeanspruchungen hervorrufen, sind aber nach der Winklerschen Annahme nicht möglich. An den Sohlflächen, die den Untergrund nicht berühren, dürfen keine Bodenspannungen auftreten. Wird z. B. ein sehr langer Balken in der Mitte belastet, sinkt er infolgedessen in der Mitte ein und hebt sich an den Seiten auf, dann können auf diesen Abschnitten keine Sohlspannungen auftreten (Abb. 398).

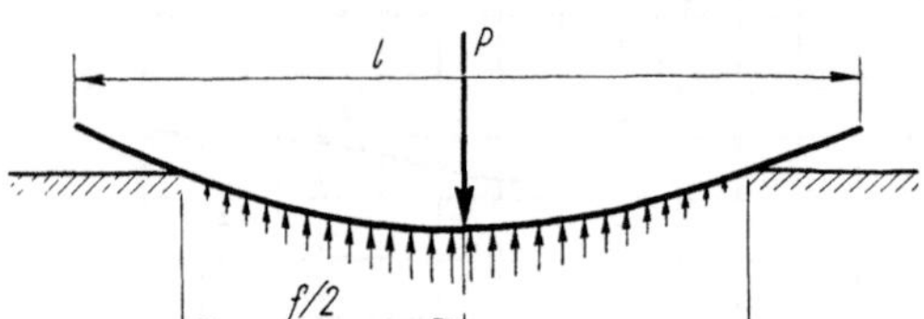

Abb. 398. Die kritische Bettungslänge eines unendlich langen, biegsamen Trägers

Dieser Umstand wurde zuerst von FREUND (1919), dann von HAYASHI (1921) untersucht. Es wurde nachgewiesen, daß in diesem Fall der Balken eine kritische (aktive) Länge (f) haben muß, die nicht größer als das π-fache der elastischen Ersatzlänge (L) sein darf. Sollte die Balkenlänge (l) dieses Maß ($\pi \cdot L$) übertreffen, dann ist mit einem Balken von der Länge $f = \pi \cdot L$ zu rechnen und die Verhältniszahl λ als f/L zu gewinnen.

Sollte der Balken auf elastischer Bettung von mehreren Kräften angegriffen werden, dann bedient man sich des Superpositionsgesetzes, dessen Gültigkeit in der Bettungsziffertheorie auch vorausgesetzt wurde. Den aus einer Einzelkraft erhaltenen Schnittkräften (Moment und Schubkraft) und der Einsenkung dürfen die aus den anderen Kraftwirkungen entstehenden Beanspruchungen (Schnittkräfte und Einsenkungen) zugerechnet werden. Es gilt also:

$$M = \frac{L}{4} \sum_{i=1}^{n} P_i \cdot \mu_i; \qquad Q = \frac{1}{2} \sum_{i=1}^{n} P_i \cdot \nu_i$$

und

$$y = \frac{1}{2LCB} \sum_{i=1}^{n} p_i \cdot \eta_i. \tag{226}$$

Die Anwendung der für unendlich lange, biegsame Balken gültigen einfacheren Zusammenhänge wurde für die Bemessung biegsamer Balken von endlicher Länge durch das von M. HETÉNYI abgeleitete folgende Verfahren ermöglicht [35]. (Ein ähnliches Grundprinzip wurde auch von N. UMANSKIJ entwickelt.)

Es soll der in Abb. 399 gezeigte, beliebig belastete Balken von einer Länge l untersucht werden. Wenn er vorübergehend als unendlich lang betrachtet wird, so kann man mit Hilfe der Gl. (224) die aus dieser Belastung in den Randpunkten des endlichen Balkens A und B hervorgerufenen Schubkräfte und Momente berechnen. Da diese Werte im Falle des endlichen Balkens gleich Null sein sollen, wird das richtige Kräftespiel gesichert, indem man solche Wirkungen in unendlicher Nähe dieser Endquerschnitte als äußere Kräfte angreifen läßt, die diese Endschnittkräfte und die von diesen anzuwendenden Ersatzkräfte hervorgerufenen Eigenbeanspruchungen gleichzeitig zu Null machen. Dadurch werden der in Abb. 399c dargestellte und mit diesen Ersatzwirkungen belastete unendlich lange Balken und der in Abb. 399d dargestellte, aber nur mit den ursprünglichen Kraftwirkungen belastete Balken von endlicher Länge l statisch gleichwertig gemacht.

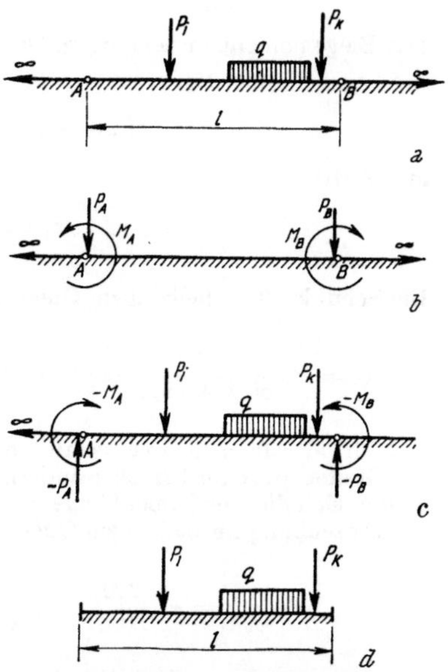

Abb. 399. Auflösung des unendlich langen Trägers für die Berechnung eines Trägers von endlicher Länge (HETÉNYI)

Durch die Bestimmung des Kräftespieles des in Abb. 399c veranschaulichten Trägers läßt sich also die richtige Bemessung des Balkens von endlicher Länge viel einfacher durchführen (siehe Beispiel Nr. 11, S. 459).

Auf Grund dieses Gedankenganges kann sogar das Kräftespiel mehrerer Belastungsfälle mit Hilfe von geschlossenen Formeln bestimmt werden. Obwohl diese Formeln manchmal in recht komplizierter Form erscheinen, wird ihre Anwendung mit Hilfe der ausgearbeiteten Tabellen und Diagramme sehr erleichtert und erfordert nur eine gewisse Übung.

Als Beispiel seien hier die Formeln der Momente, Schubkräfte und Einsenkungen eines an beiden Rändern mit gleich großer Einzellast P belasteten Balkens von einer endlichen Länge l angeführt (vgl. Abb. 400a):

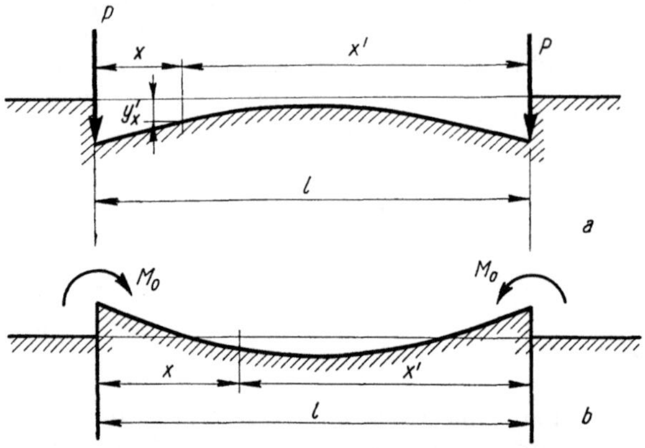

Abb. 400. Aufnahme der äußeren Ersatzkräfte (HETÉNYI)

Die Einsenkung eines beliebigen Balkenquerschnittes — der sich von einem Rand in der Entfernung x und vom anderen Rand in der Entfernung x' befindet — wird:

$$y = \frac{2P}{LCB} \cdot$$

$$\cdot \frac{\operatorname{ch} \xi \cdot \cos \xi' + \operatorname{ch} \xi' \cdot \cos \xi}{\operatorname{sh} \lambda + \sin \lambda} \quad (227\,a)$$

mit $\lambda = l/L$, $\xi = x/L$ und $\xi' = x'/L$.

Die Einsenkung der Randquerschnitte ist

$$y_3 = \frac{2P}{LCB} \cdot \frac{\operatorname{ch} \lambda + \cos \lambda}{\operatorname{sh} \lambda + \sin \lambda}$$

und die des Mittelquerschnittes:

$$y_1 = \frac{4P}{LCB} \cdot \frac{\operatorname{ch} \lambda/2 \cdot \cos \lambda/2}{\operatorname{sh} \lambda + \sin \lambda}.$$

Das Biegemoment in beliebigem Querschnitt:

$$M_x = -P \cdot L \cdot \frac{\operatorname{sh} \xi \cdot \sin \xi' + \operatorname{sh} \xi' \cdot \sin \xi}{\operatorname{sh} \lambda + \sin \lambda}, \quad (227\,b)$$

in der Mitte

$$M_1 = -2P \cdot L \cdot \frac{\operatorname{sh} \lambda/2 \cdot \sin \lambda/2}{\operatorname{sh} \lambda + \sin \lambda}.$$

Die Schubkraft in beliebigem Querschnitt:

$$Q = P \cdot \frac{1}{\operatorname{sh} \lambda + \sin \lambda} (\operatorname{sh} \xi \cdot \cos' \xi' - \operatorname{ch} \xi \cdot \sin \xi' + \operatorname{ch} \xi' \cdot \sin \xi - \operatorname{sh} \xi' \cdot \cos \xi). \quad (227\,c)$$

Für denselben Belastungsfall gibt KÖGLER Diagramme an (vgl. Abb. 404).

Greifen jetzt an beiden Rändern des Balkens *zwei gleich große Biegemomente* M_0 an, gestalten sich die Zusammenhänge wie folgt (vgl. Abb. 400b):

Einsenkung im beliebigen Querschnitt x:

$$y = -\frac{2M_0}{BCL^2} \cdot \frac{1}{\operatorname{sh} \lambda + \sin \lambda} (\operatorname{sh} \xi \cdot \cos \xi' - \operatorname{ch} \xi \cdot \sin \xi' +$$

$$+ \operatorname{sh} \xi' \cdot \cos \xi - \operatorname{ch} \xi' \cdot \sin \xi). \quad (227\,d)$$

Die Aufbiegung der Randquerschnitte:

$$y_0 = -\frac{2M_0}{B \cdot C \cdot L^2} \cdot \frac{\operatorname{sh} \lambda - \sin \lambda}{\operatorname{sh} \lambda + \sin \lambda}.$$

Das Biegemoment im Querschnitt x:

$$M = M_0 \cdot \frac{1}{\operatorname{sh} \lambda + \sin \lambda} \cdot (\operatorname{sh} \xi \cdot \cos \xi' + \operatorname{ch} \xi \cdot \sin \xi' + \operatorname{sh} \xi' \cdot \cos \xi + \operatorname{ch} \xi' \cdot \sin \xi); \quad (227\text{e})$$

im Mittelquerschnitt:

$$M_1 = 2 M_0 \cdot \frac{\operatorname{sh} \frac{\lambda}{2} \cdot \cos \frac{\lambda}{2} + \operatorname{ch} \frac{\lambda}{2} \cdot \sin \frac{\lambda}{2}}{\operatorname{sh} \lambda + \sin \lambda}$$

und schließlich die Schubkraft im Querschnitt x

$$Q = 2 \frac{M_0}{L} \cdot \frac{\operatorname{sh} \xi \cdot \sin \xi' - \operatorname{sh} \xi' \cdot \sin \xi}{\operatorname{sh} \lambda + \sin \lambda}. \quad (227\text{f})$$

KÖGLER [27] hat darauf hingewiesen, daß bei praktischen Belastungsfällen und Abmessungen der beschriebene Bemessungsvorgang wesentlich vereinfacht werden darf bzw. die Anwendung zwischen engeren Grenzen beschränkt werden kann.

Bleibt man z. B. beim Fall des unendlich langen Balkens, dann kommt es sehr oft vor, daß eine *mit Einzelkraft P* gleich *belastete* und gleichmäßig in Abstand l aufgeteilte *Pfeiler-*

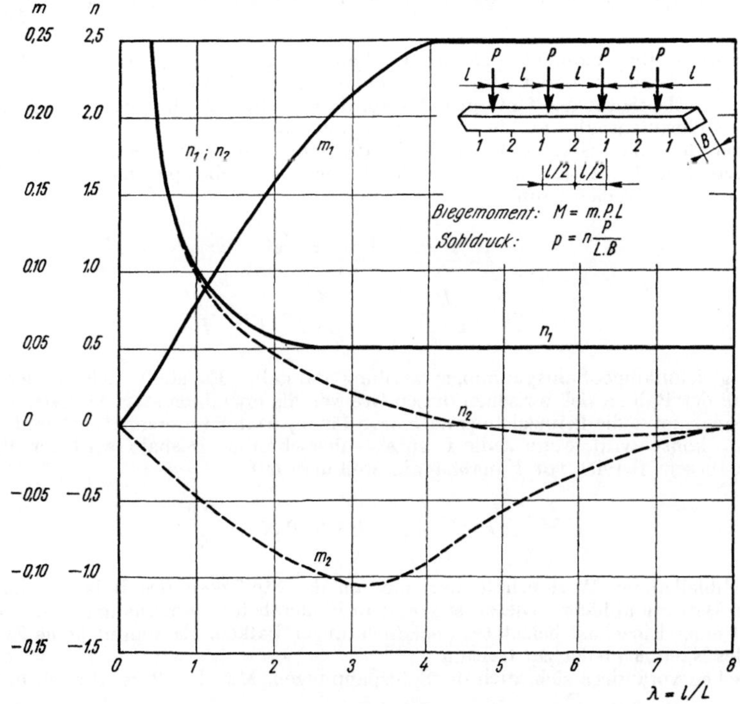

Abb. 401. Bemessungsdiagramm eines elastisch gebetteten und mit gleichen Einzelkräften in gleichen Abständen belasteten biegsamen Balkens (KÖGLER)

reihe auf einen gemeinsamen durchlaufenden Balken gesetzt wird (Abb. 401). Hier bleibt also nicht nur der Einflußbeiwert, sondern auch die Last unverändert, und deshalb kann geschrieben werden, daß unter den Laststellen (1) das Biegemoment

$$M_1 = \frac{P \cdot L}{4} \cdot \Sigma \mu_1 = P \cdot L \cdot m_1$$

in den Feldmitten (2) dagegen

$$M_2 = \frac{P \cdot L}{4} \cdot \Sigma\mu_2 = P \cdot L \cdot m_2$$

wird.

Dieselbe Vereinfachung darf auch für die Sohlpressungen eingeführt werden, und damit wird:

$$p_1 = \frac{P}{2L \cdot B}, \quad \Sigma\eta_1 = \frac{P}{L \cdot B} \cdot n_1$$

und

$$p_2 = \frac{P}{2L \cdot B}, \quad \Sigma\eta_2 = \frac{P}{L \cdot B} \cdot n_2. \tag{228}$$

In diesem Zusammenhang bezeichnen die Buchstaben m_1, m_2, n_1 und n_2 die Summen der Einflußbeiwerte μ_1, μ_2, η_1 und η_2, die KÖGLER auf Grund der Zimmermannschen Tabellen gerechnet und in Abhängigkeit von $\lambda = l/L$ in Diagrammen dargestellt hatte (s. Abb. 401).

Durch die Prüfung dieser Diagramme kann man feststellen, daß der m_1-Wert sich zwischen $\lambda = 0$ bis 2 geradlinig verändert, sogar bis $\lambda = 3$ angenähert durch eine Gerade ersetzt und durch die Gleichung $m_1 = 0{,}076\,\lambda$ ausgedrückt werden kann. Dies bedeutet, daß der Momentenwert M_1 sehr einfach geschrieben werden kann, wenn der Abstand l der lastenden Pfeiler den Wert $2L$ sogar bis $3L$ nicht übertrifft (was in der Praxis zu 95% der Fall ist):

$$M_1 = 0{,}076 \cdot \lambda \cdot P \cdot L = 0{,}076 \cdot \frac{l}{L} \cdot P \cdot L = 0{,}076 P \cdot l, \quad \text{d. h.} \quad M_1 = \frac{P \cdot l}{13}.$$

Das positive Biegemoment, das für die Bemessung des unmittelbar belasteten Querschnittes maßgebend ist, hängt also nicht einmal von der Steifigkeit des Balkens und auch nicht von der Elastizität des Untergrundes ab, da das Glied L, das die diesbezüglich kennzeichnenden Werte enthält, von der Berechnung ausgefallen ist.

Zwischen denselben Grenzen fallen die für die Sohlspannungsverteilung kennzeichnenden beiden Werte n_1 und n_2 zusammen. Die beiden Diagramme stellen gleichschenklige Hyperbeln dar, für die man schreiben kann:

$$n_1 \cdot \lambda_1 = 1 = n_2 \cdot \lambda_2;$$

also

$$p_1 = p_2 = \frac{P}{L \cdot B} \cdot \frac{1}{\lambda} = \frac{P}{L \cdot B} \cdot \frac{L}{l} = \frac{P}{B \cdot l},$$

was eine gleichmäßige Sohlspannungsverteilung darstellt. Es stellt sich wiederum dabei heraus, daß der Balken sich zwischen diesen Grenzen als unendlich starr verhält.

Wenn man jetzt die kennzeichnende Kurve für m_1 weiter untersucht, erkennt man, daß $m = 0{,}25 = \text{konst}$ wird, wenn λ die Grenze 4 überschreitet. Deshalb wird der Momentenwert m_1 in diesem Bereich von l unabhängig, weil man mit

$$M_1 = P \cdot L \cdot m_1 = P \cdot L \cdot 0{,}25 = \frac{PL}{4}$$

einen gleichbleibenden Wert erhält, der nur von der Steifigkeit des Balkens und von der elastischen Bettung abhängt. Dieser ist von dem Pfeilerabstand unabhängig und verhält sich als ein mit einer Einzellast belasteter unendlich langer Balken. Es kommt keine Zusammenwirkung der Nachbarpfeiler zur Geltung.

Inzwischen verändern sich auch die Sohlspannungen. Mit $\lambda = 2$ wird auch n_1 konstant (0,5); es darf also $p_1 = \frac{P}{LB} = 0{,}5$ angenommen werden, was einen Hinweis auf eine dreieckförmige Sohlspannungsverteilung ergibt.

Der Wert p_2 wird dagegen mit $\lambda \geqq 4{,}5$ zu Null mit dem physikalischen Einfluß, daß bei einem das 4,5fache der elastischen Ersatzlänge überlegenen Pfeilerabstand das die Sohlspannungsverteilung kennzeichnende Dreieck nicht einmal bis zur Halbierenden des Pfeilerabstandes reicht.

Die Beiwertkurve (m_2), gekennzeichnet durch das in der Halbierenden (2) des Pfeilerabstandes auftretende Biegemoment, läßt sich zwischen den Grenzen $\lambda = 0$ bis 2 auch durch eine Gerade ersetzen, deren Gleichung mit $m_2 = -\,0{,}035\,\lambda$ geschrieben werden kann.

Damit wird

$$M_2 = -P \cdot L \cdot m_2 = -0{,}035 \cdot P \cdot L \cdot \lambda = -\frac{P \cdot L}{29} \cdot \frac{l}{L} = -\frac{P \cdot l}{29}$$

auch von der Balkensteifigkeit und Bettungselastizität unabhängig. Wird wieder $\lambda > 2$, dann gibt die Kurve keine Näherungsmöglichkeiten, und m_2 muß nach ZIMMERMANN berechnet werden, ebenso wie m_1 zwischen den Grenzen 3 bis 4 (bzw. 2 bis 4).

Auch der Fall ist von praktischem Interesse, wenn der Balken über die Randpfeilerstelle hinaus noch eine Auskragung von der Länge l besitzt. Oft wird die Frage gestellt, wie groß diese konsolartige Überkragung sein muß, wenn die durch die Konsolwirkung bedingten Momente (M_1) unter dem Randpfeiler nicht größer als unter dem Zwischenpfeiler sein dürfen.

Faßt man die Konsole als die Halblänge eines endlich langen, elastisch gebetteten Balkens auf ($l_0 = l/2$), dann tritt unter der Einzellast P ein Moment von $\frac{P \cdot l}{8}$ auf (s. u.). Es soll also am Rande der halb so langen Konsole ein Biegemoment von $\frac{P \cdot l_0}{4}$ auftreten (Abb. 402). Dagegen ergibt sich unter den Laststellen des mit mehreren gleichen Pfeilerlasten belasteten unendlich langen Balkens ein Biegemoment von $M_1 = \frac{P \cdot l}{13}$. Durch Gleichsetzung bei der Ausdrücke wird:

$$\frac{P \cdot l}{13} = \frac{P \cdot l_0}{4} \text{ und daraus } l_0 = 4/13\, l = 0{,}316\, l.$$

Demgemäß darf die Überkragung ungefähr 30% des Pfeiler-(Stützen-)Abstandes ausmachen.

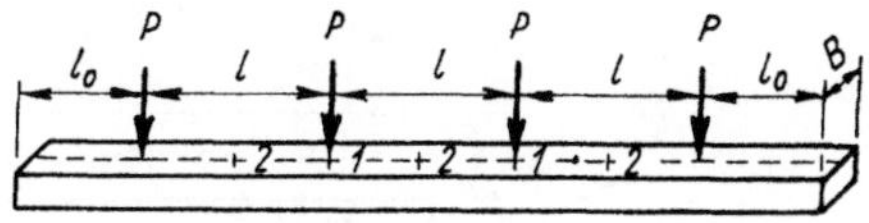

Abb. 402. Der konsolartig auskragende Balken

Auf Grund dieser Zusammenhänge darf empfohlen werden, daß von der Überkraglänge l_0 der Streifengurtfundamente eine Konsollänge von $^1/_2$ bis $^1/_3$ des Pfeilerabstandes l als mitwirkend betrachtet werden muß. Von KÖGLERS oben angeführtem Diagramm ausgehend,

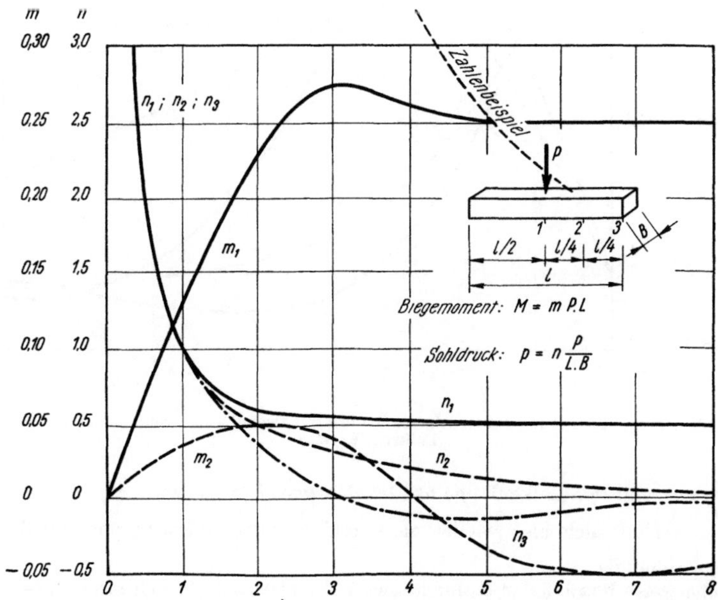

Abb. 403. Bemessungsdiagramm des mit einer mittigen Einzelkraft belasteten biegsamen Balkens (KÖGLER)

kann diese Grenze für konsolartig überkragende Balken auf den Wert $\lambda = 1$ herabgesetzt werden (vgl. S. 391, Streifengurtfundamente). — Es wurde nachgewiesen, daß der elastisch gebettete durchlaufende Balken bis zu einem Steifigkeitsverhältniswert $\lambda = 2$ bis 3 als unendlich starr angesehen werden kann.

Einen häufig vorkommenden einfachen praktischen Fall bildet der *mit einer mittigen Einzellast* belastete Balken von endlicher Länge, der von KÖGLER auch untersucht wurde (s. Abb. 403).

Es ist aus den Diagrammen zu entnehmen, daß die Kurve des Beiwertes m_1 wieder durch eine Gerade ersetzt werden kann, wenn der Wert $\lambda = l/L$ bei diesem Belastungsfall zwischen den Grenzen 0 bis 1,6 fällt. Die Gleichung der Geraden ist

$$m_1 = 0{,}125\lambda,$$

und damit wird

$$M_1 = 0{,}125\lambda \cdot P \cdot L = 0{,}125 \cdot P \cdot l = \frac{P \cdot l}{8},$$

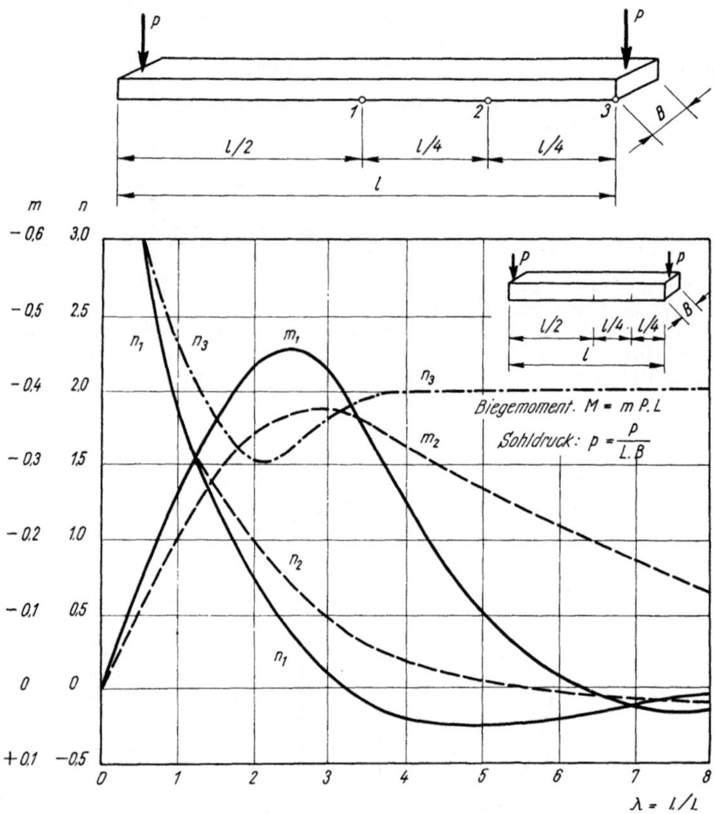

Abb. 404. Bemessungsdiagramme des an seinen Rändern mit zwei gleichen Einzellasten belasteten biegsamen Balkens (KÖGLER)

hängt also nur von der Balkenlänge ab. Ist dagegen $\lambda > 5$, wird $m_1 = 0{,}25 = \text{const}$ und $M_1 = \frac{PL}{4}$, verhält sich also wieder als unendlich lang und wird nur von der elastischen Ersatzlänge abhängig.

Ähnlicherweise beträgt der Momentenwert M_2 zwischen den Grenzen $\lambda = 0$ bis 1,6 ein Viertel des M_1-Wertes; übersteigt jedoch λ die Grenze 1,6, dann sollen beide Beiwerte aus den Zimmermannschen Tabellen entnommen werden.

Hinsichtlich der Verteilung der Bodenpressungen fallen die Werte n_1, n_2 und n_3 auch bis zum Grenzwert $\lambda = 1{,}6$ praktisch zusammen, was eine gleichmäßige Sohlspannungsverteilung bedeutet; also

$$p_1 = p_2 = p_3 = \frac{P}{l \cdot B}.$$

Wird jedoch λ größer als 2, nimmt n_1 den Wert 0,5 an, und n_2 und n_3 gehen langsam zu Null über — ebenso wie bei einem unendlich langen Balken, und p_1 wird mit dem Wert

$$p_1 = \frac{P}{2LB}$$

von der tatsächlichen Balkenlänge unabhängig.

Die gleichmäßige Sohlspannungsverteilung geht damit graduell in eine dreieckförmige über, die genau bei $\lambda = 4$ erreicht wird, wenn $p_2 = p_1/2$ und $p_3 = 0$ ist.

Daraus folgt, daß es eine untere Grenze auch bei diesem Belastungsfall ($\lambda \geqq 1{,}6$) gibt, bis zur Stelle, wo der Balken als unendlich starr und eine obere Grenze ($\lambda \geqq 5$), über der er als unendlich lang (biegsam) betrachtet werden kann.

Ein *dritter praktischer Belastungsfall* ergibt sich, wenn der Balken von endlicher Länge *an seinen zwei Rändern* oder in deren unmittelbarer Nähe *durch je eine gleich große Einzelkraft* angegriffen wird (Belastungsfall einer Schiffsschleuse oder eines Behälters). Die Diagramme von Kögler zeigen für diesen Fall (Abb. 404), daß die Einflußbeiwerte m_1 und m_2 — die für die in der Mittelachse bzw. im Viertel auftretenden Biegemomente kennzeichnend sind — bis $\lambda \leqq 1{,}6$ wieder geradlinig verlaufen, wobei m_1 den Wert $0{,}25\lambda$ und m_2 den Wert $0{,}2\lambda$ hat.

Die Biegemomente betragen:

$$M_1 = 0{,}25 \cdot \lambda \cdot P \cdot L = 0{,}25 \cdot \lambda \cdot P \cdot \frac{l}{\lambda} = 0{,}25 \cdot P \cdot l = \frac{P \cdot l}{4}$$

und

$$M_2 = 0{,}20 \cdot \lambda \cdot P \cdot L = \frac{P \cdot l}{5}.$$

Diese Werte sind genau denen gleich, die man auf einem unendlich starr angenommenen Balken mit gleichmäßig verteilter Sohlspannungsverteilung erhält. Die Starrheitsgrenze liegt wieder bei $\lambda = 1{,}6$. Wenn bisher der Beiwert m_1 linear ansteigt, erreicht er bei $\lambda \cong 2{,}5$ seinen Höchstwert und wird nach ziemlich raschem Abfall bei $\lambda = 6{,}3$ wieder Null. Die Abnahme des Beiwertes m_1 zieht jedoch nicht gleich die Abnahme des angreifenden Momentes M_1 nach sich, da eine dazu erforderliche Verringerung des $\lambda = l/L$-Wertes bei gleichbleibender Balkenlänge l nur durch Erhöhung des L-Wertes im Nenner erzielt werden kann. Doch kommt eine derartige Steigerung im Momentenausdruck $M_1 = P \cdot L \cdot m_1$ direkt und in größerem Maße zur Geltung, als es beim Abfallen des m_1-Wertes merkbar wird. Infolgedessen führt die Steifezunahme des Balkens eher zur Erhöhung als zur Verringerung der Momentenwerte. Dieselbe Feststellung trifft bei gleichbleibender Balkenlänge auf die in Abb. 400 und 402 gezeigten Belastungsfälle zu.

Bezüglich der *Sohlpressungen* nimmt die unter der Last auftretende Ordinate n_3 mit dem Anstieg des λ-Wertes ab, aber bleibt von $\lambda = 4$ an konstant mit $n_3 = 2$, was einem Wert von $p_3 = \frac{2P}{LB}$ entspricht, und weist auf eine dreieckförmige Sohlspannungsverteilung hin (Abb. 405b). Gleichzeitig fallen die in Trägermitte und Trägerviertel auftretenden Sohlspannungen sehr rasch gegen Null ab und nehmen sogar negative theoretische Werte an.

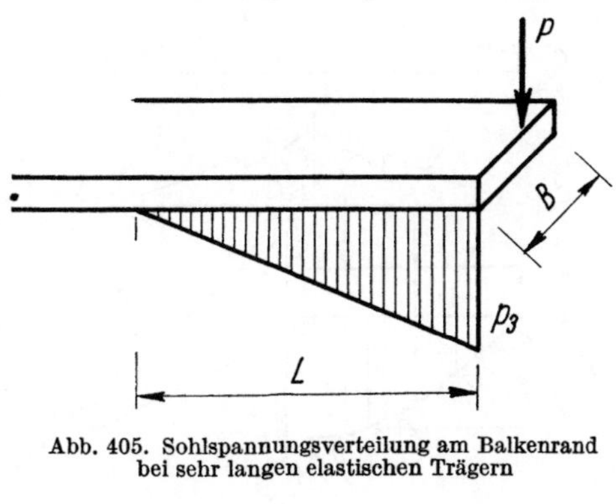

Abb. 405. Sohlspannungsverteilung am Balkenrand bei sehr langen elastischen Trägern

Greifen die Einzellasten nicht genau am Balkenrande, sondern etwas nach der Mitte zu an, dann vermindern sich etwas die negativen Momentenwerte. Wenn der Balken eine konsolartige Überkragung von $l/16$ besitzt, betragen die Momente nur

$$M_1 = 0{,}19 \cdot P \cdot l \quad \text{bzw. auf} \quad M_2 = \frac{P \cdot l}{14}.$$

Die Sohlspannungen werden dagegen zuerst gleichmäßig, dann dreieckförmig verteilt.

Die Berechnung läßt sich übrigens auch in geschlossener Form auf Grund der von Hetényi angegebenen Formeln (227a bis f) für beliebige λ- und ξ-Werte genauer durchführen.

B. Graphische Bettungszifferverfahren, die auch die Berücksichtigung der Veränderung der Bettungsziffer ermöglichen

Eine Reihe graphischer Verfahren (z. B. Mörsch, [36]) wurde auf der Grundlage ausgearbeitet, daß das als richtig zu betrachtende Verteilungsdiagramm der Sohlspannungen dasjenige sein wird, in dem die ermittelte elastische Linie eine der Einsenkungslinie ähnliche Form aufweist (nach $p = C \cdot y$). Die elastische Linie kann als Durchbiegungslinie des Balkens graphisch ermittelt werden. Dazu ist die Ermittlung von zwei Seilpolygonen erforderlich, deren Schlußlinien schrittweise diesen Gleichgewichtsbedingungen angepaßt werden müssen. Man geht zuerst von einem gleichmäßig verteilten oder trapezförmigem Sohlspannungsdiagramm aus, das jedoch mit den äußeren Kräften im Gleichgewicht steht ($\Sigma p \cdot x = R$).

Das Näherungsverfahren von Fröhlich [37] behandelt die elastische Bettung des Untergrundes, indem vorher die Ermittlung der Setzung bzw. Setzungsunterschiede einer Ersatzkreisfläche erfolgt.

Ein in der Praxis gut anwendbares Verfahren stammt von Popow [38], das mit dem Verfahren von Mörsch gewisse Ähnlichkeit besitzt und als eine be-

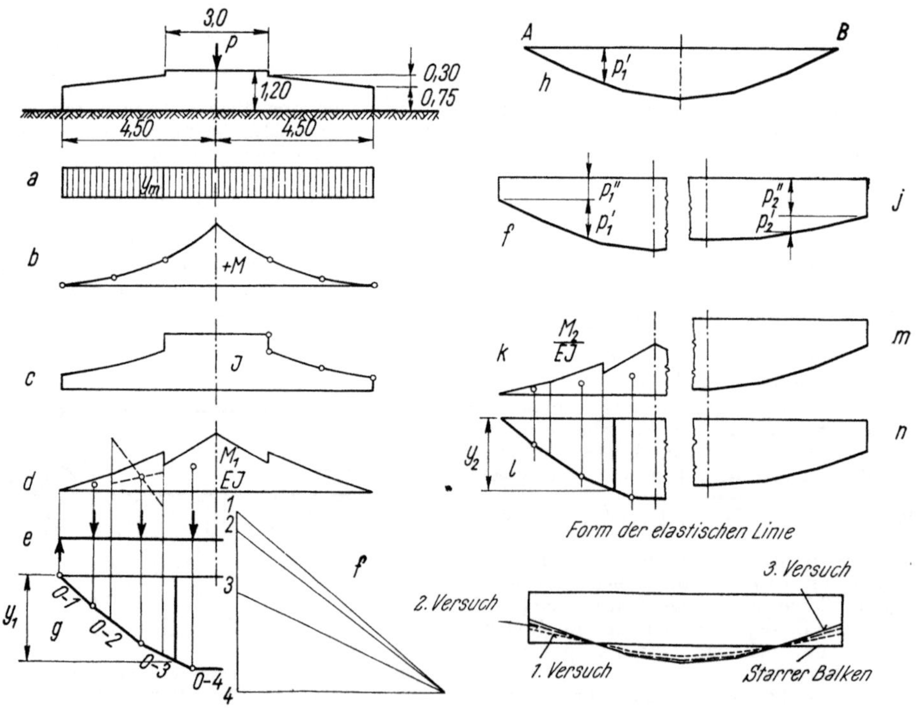

Abb. 406. Die graphische Näherungsmethode von Popow

schleunigte schrittweise Annäherung betrachtet werden kann. (Dieses Verfahren wurde übrigens schon im I. Band der Behandlung der Sohlspannungen im Prinzip erläutert; S. 441.)

Zuerst nimmt man den Gründungsbalken als unendlich starr und die Sohlspannungsverteilung darunter als gleichmäßig bzw. als trapezförmig verteilt an (p_m). Dementsprechend werden auch die Einsenkungen durch eine parallel verschobene oder schräge Gerade begrenzt

(y_m). Bei Vorlage des mit der bekannten äußeren Belastung (ΣP) und der Sohlspannungsverteilung (p_m) bestimmten Momentenbildes (M_1) und der Trägheitsmomente (J) kann die elastische Deformationslinie des Balkens unter den elastischen Lasten: $M_1 \cdot ds/EJ$ ermittelt werden (Abb. 406 b bis g). Jede erhaltene Ordinate (y_1) der Deformationslinie — die Bettungsziffer (C_1) zugefügt — gibt dann nach der grundlegenden Annahme die Sohlpressung mit $p_1 = C \cdot y_1$ an.

Diese Sohlspannungsverteilung kann aber nicht richtig sein, da sie auf Grund der Belastungsverhältnisse des unendlich starren Balkens ermittelt wurde und im allgemeinen Fall auch nicht das erforderliche Gleichgewicht mit der äußeren Belastung gewährleistet sein kann. Deshalb schläge MÖRSCH vor, den Schritt mit der erhaltenen neuen Belastungsfigur zu wiederholen, bis diese und die gewonnene Durchbiegungslinie eine ähnliche Gestalt annimmt. Da diese von MÖRSCH vorgeschlagene Methode nicht rasch genug zur Übereinstimmung kommen dürfte, schlägt POPOW vor, bei den Wiederholungen die Einsenkungen (d. h. Sohlspannungen) immer als Mittelwerte der Ordinaten der beiden Druckfiguren zu bilden.

Die erste Wiederholung soll anhand der Sohlspannungswerte $p_1 = p_1' + p_1''$ erfolgen, wobei $p_1' = C_i \frac{y_m + y_i}{2}$ als Mittelwert der Einsenkungsordinate des unendlich starren Balkens und des aus $p_m = C \cdot y_m$ erhaltenen elastischen Durchbiegungswertes und mit $p_1'' = \frac{\Sigma P - \Sigma p_1' \cdot x}{l}$ als der — zur Sicherung des Gleichgewichtes mit der äußeren Belastung — erforderliche Ergänzungswert zu erhalten ist.

Mit dem damit erhaltenen und im Gleichgewicht stehenden Kraftsystem (P, p_1) wird jetzt ein neues Momentendiagramm (M_2) gerechnet und für die elastischen Gewichte $M_2 \cdot ds/EJ$ die Verformungslinie ermittelt (vgl. Abb. 406 k, l). Aus deren Ordinaten (y_2) läßt sich wieder das neue Sohlspannungsdiagramm als $p_2 = y_2 \cdot C_i$ bestimmen.

Für die nächste Annäherung nimmt man die Sohlspannung als $p_2 = p_2' + p_2''$ an (j), wobei

$$p_2' = \frac{y_1 + y_2}{2} \cdot C_i \quad \text{und} \quad p_2'' = \frac{\Sigma P - \Sigma p_2' \cdot x}{l}$$

ist.

Für das Kraftsystem P, p_2 zeichnet man das Momentenbild M_3 (m) und die neue elastische Verformungslinie (n) usw. Der Vorgang wird so oft wiederholt, bis die als Ausgang verwendete Sohlspannungsverteilung und die daraus ermittelte Verformungslinie eine annehmbare Übereinstimmung aufweisen.

Nach praktischen Erfahrungen kann man durch zwei- bis dreimalige Wiederholung durchaus befriedigende Ergebnisse erhalten, die der theoretischen Berechnung gleichwertig sind. Daneben kann man durch das entsprechende Einsetzen der C_i-Werte auch die Veränderung der Bettungsziffer untersuchen.

Der Vorgang wurde in Abb. 406 anhand eines Zahlenbeispieles dargestellt. Es ist aus der letzten Verformungsfigur gut erkennbar, daß die Aufbiegung der beiden Balkenränder fortwährend zunimmt, wenn auch in einem sich vermindernden Maße. Dementsprechend vermindern sich die Sohlspannungen nach den Rändern zu und vergrößern sich nach der Mitte hin. Dies führt unbedingt zu einer Verminderung der Biegemomente und damit zu wirtschaftlicheren Abmessungen. Die Konvergenz der Ergebnisse ist auch aus dieser letzten Figur gut zu entnehmen.

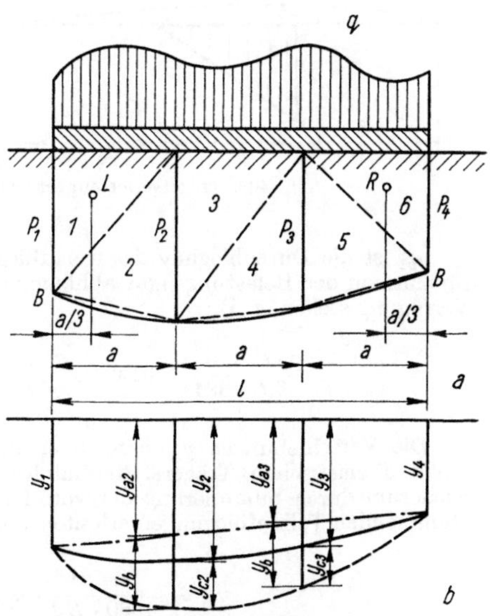

Abb. 407. Grundprinzip des Verfahrens von GRASSHOFF

Ein einfaches Näherungsverfahren wurde von H. GRASSHOFF [39] vorgeführt, bei dem die Betrachtnahme der Bettungszifferveränderung ebenfalls möglich ist.

Er behandelt den beliebig belasteten, elastisch gebetteten Balken nach der Theorie von LEVINTON [40] als einen an beiden Seiten elastisch gestützten frei aufliegenden Träger. Die Belastung des Trägers besteht aus den Bodenpressungen, deren Verteilung vorläufig unbekannt ist. Die beliebig angenommene Figur wird in gleich breite Lamellen geteilt und jede Lamelle durch eine Diagonale in zwei Dreiecke geteilt (s. Abb. 407a). Zunächst werden die Durchbiegungen (y) des Balkens wie ein freiaufliegender Träger unter den einzelnen Dreieckbelastungen bestimmt. Die Bettungsziffer kann in jeder Aufteilungslotrechten mit verschiedenem — den Bodenschichtungs- und Lastflächenformänderungen entsprechendem — Wert (C) angenommen werden. Mit der Kenntnis der damit erhaltenen y- und C-Werte läßt sich jetzt auf Grund des Zusammenhanges $p = C \cdot y$ die Sohlspannung (p) in jeder Lotrechten bestimmen und dadurch die für die Bemessung maßgebende Verteilung erhalten.

Zum Beispiel in der Lotrechten Nr. 2 setzt sich die Einsenkung des Balkens aus drei Teilen zusammen:

$$y_2 = y_{a2} + y_{b2} - y_{c2},$$

worin y_{a2} die in den Grenzlotrechten des Balkens infolge Zusammendrückung des Bodens hervorgerufene Setzung bezeichnet, die folgenderweise ausgedrückt werden kann:

$$y_{a2} = \frac{1}{3} \cdot y_4 + \frac{2}{3} \cdot y_1 = \frac{1}{3} \cdot \frac{p_4}{C} + \frac{2}{3} \frac{p_1}{C}.$$

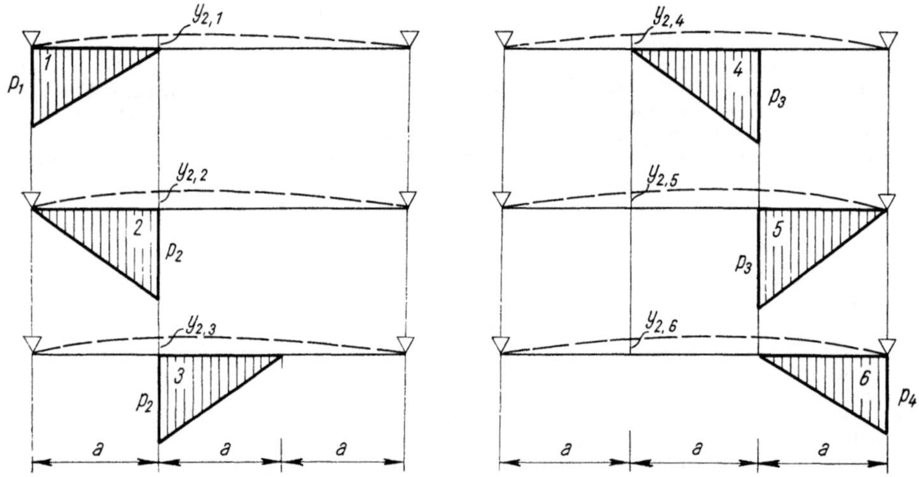

Abb. 408. Trägerverformungen unter elementaren dreieckförmigen Belastungen

y_{b2} ist die Durchbiegung des freiaufliegenden Trägers infolge einer äußeren Belastung q, für die von der Belastungsfigur abhängige und aus Handbüchern entnehmbare Formeln zur Verfügung stehen, z. B.

$$\frac{q \cdot l^4}{EJ} \cdot \frac{5}{384} \quad \text{bzw.} \quad \frac{q \cdot l^4}{EJ} \cdot \frac{1}{24} \cdot \left[\frac{x}{l} - 2\left(\frac{x}{l}\right)^3 + \left(\frac{x}{l}\right)^4\right] \quad \text{usw.}$$

Die Verschiebungen y_{c2} bezeichnen die Aufbiegungen des gleichfalls freiaufliegend gedachten elastischen Trägers, die infolge der Sohlspannungen auftreten werden und die wiederum durch Summierung der von den einzelnen dreieckförmigen Sohldruckbelastungen stammenden Teilaufbiegungen erhalten werden können (Abb. 408).

$$y_{21} = \frac{94 \cdot a^4}{1080 \cdot EJ} \cdot p_1, \qquad y_{24} = \frac{242 \cdot a^4}{1080 \cdot EJ} \cdot p_3,$$

$$y_{22} = \frac{176 \cdot a^4}{1080 \cdot EJ} \cdot p_2, \qquad y_{25} = \frac{148 \cdot a^4}{1080 \cdot EJ} \cdot p_3,$$

$$y_{23} = \frac{253 \cdot a^4}{1080 \cdot EJ} \cdot p_2, \qquad y_{26} = \frac{77 \cdot a^4}{1080 \cdot EJ} \cdot p_4.$$

Und die ganze Aufbiegung y_{c2} ergibt sich als

$$y_{c2} = \frac{94 \cdot a^4}{1080 \cdot EJ} \cdot p_1 + \frac{429 \cdot a^4}{1080 \cdot EJ} \cdot p_2 + \frac{390 \cdot a^4}{1080 \cdot EJ} \cdot p_3 + \frac{77 \cdot a^4}{1080 \cdot EJ} \cdot p_4.$$

Mit der Einführung der Bezeichnung $N_1 = \frac{1080 EJ}{a^4}$ und Einsetzung in die Grundgleichung:

$$y_2 = \frac{1}{3} \cdot y_4 + \frac{2}{3} \cdot y_1 + y_{b2} - y_{c2} = \frac{1}{3} \cdot \frac{p_4}{C} + \frac{2}{3} \cdot \frac{p_1}{C} + y_{b2} - y_{c2}$$

erhält man nach weiterer Umordnung:

$$\left[94 - \frac{2}{3} \cdot \frac{1}{C} \cdot N_1\right] p_1 + \left[429 + \frac{1}{C} \cdot N_1\right] p_2 + 390 \cdot p_3 + \left[77 - \frac{1}{3} \cdot \frac{1}{C} \cdot N_1\right] p_4 = N_1 \cdot y_{b2}.$$

Es kann auch für die Lotrechte 3 die Verformungs-(Einsenkungs-)Gleichung aufgeschrieben werden.

Es vereinfacht sich jedoch die Gleichung wesentlich im Falle einer symmetrischen Belastung, wobei $p_1 = p_4$ und $p_2 = p_3$, ferner $y_{b2} = y_{c3}$ ist. Aus dem Gleichgewicht der lotrechten Kräfte folgt:

$$2 \frac{p_1 \cdot a}{2} + 4 \frac{p_2 \cdot a}{2} = \Sigma P \qquad \text{und daraus} \qquad p_1 + 2 p_2 = \frac{\Sigma P}{a}.$$

Damit geht die vorher aufgeschriebene Verformungsgleichung in die folgende einfachere Form über:

$$y_2 = \frac{1}{C} \cdot p_{11} + y_{b2} - \frac{94 \cdot a^4}{1080 \cdot EJ} \cdot p_1 - \frac{429 \cdot a^4}{1080 \cdot EJ} \cdot p_2 - \frac{390 \cdot a^4}{1080 \cdot EJ} \cdot p_2$$
$$- \frac{77 \cdot a^4}{1080 \cdot EJ} \cdot p_1 = \frac{1}{C} \cdot p_2,$$

und mit der Einführung eines Faktors $N = \frac{120 EJ}{a^4}$ erhält man für die symmetrische Belastung:

$$\left[19 - \frac{1}{C} \cdot N\right] p_1 + \left[91 + \frac{1}{C} \cdot N\right] p_2 = N \cdot y_{b2}$$

und für eine antimetrische Belastung

$$\left[17 - \frac{1}{3} \cdot \frac{1}{C} \cdot N\right] p_1 + \left[39 + \frac{1}{C} \cdot N\right] p_2 = N \cdot y_{b2}.$$

Daneben steht noch die Gleichung des Momentengleichgewichtes $\Sigma M = 0$ zur Verfügung. Aus den zwei Gleichungen lassen sich die zwei Unbekannten p_1 und p_2 berechnen, und wenn dadurch die Sohlspannungsverteilung bestimmt ist, läßt sich der Balken bemessen.

Die Genauigkeit des Verfahrens kann noch erhöht werden, wenn der Balken statt 3 Lamellen in 5 oder 7 Lamellen aufgeteilt wird.

Für die Veränderung der Bettungsziffer gibt GRASSHOFF die Gleichung

$$C = \frac{p}{y} = \frac{E'}{\sqrt{F \cdot n}}$$

an, worin $E' = \frac{m^2 \cdot M}{m^2 - 1}$ und $M(E_s)$ den Zusammendrückungsmodul, m die Poissonzahl des Bodens (vgl. Band I, S. 311), F die Größe der Belastungsfläche und n einen Formbeiwert bezeichnen. Dieser letztere hängt vom Seitenverhältnis b/a ab, deren Zahlenwerte von SCHLEICHER (als Beiwert λ) tabellenmäßig angegeben wurden [41]. Es gilt allgemein, daß die Bettungsziffer an den Balkenrändern einen größeren, in der Balkenmitte einen kleineren Wert aufweisen wird (vgl. S. 425).

Das Verfahren von GRASSHOFF macht es möglich, daß bei jeder Aufteilungslotrechten ein anderer Bettungszifferwert in die Gleichung eingesetzt wird und dadurch eine bessere Anpassung an die Wirklichkeit erzielt werden kann.

Das Verfahren von GOLD und LEVINE [42] wurde schon im I. Bande bei der Behandlung der Sohlspannungen angegeben (S. 349); doch darf es hier vollständigkeitshalber kurz wiederholt werden. Übrigens wendet das Verfahren — ähnlich wie GRASSHOFF — lamellenartige und dreieckförmige Aufteilungen an, doch stützt es sich aus Gründen der Vereinfachung statt auf die Differentialgleichung (217) auf die folgenden Differenzengleichungen (Abb. 409).

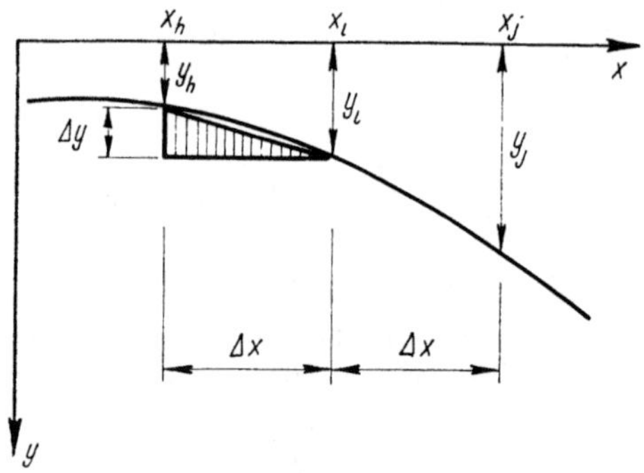

Abb. 409. Bezeichnungen der Differenzenquotienten

Die Gleichung der ersten Differenzen bei den Abszissen x_i und x_j kann wie folgt geschrieben werden:

$$\left|\frac{\Delta y}{\Delta x}\right|_{x_i} = \frac{y_i - y_h}{\Delta x} \text{ und } = \left|\frac{\Delta y}{\Delta x}\right|_{x_j} = \frac{y_j - y_i}{\Delta x}$$

und damit lautet die Gleichung der zweiten Differenzen bei der Abszisse x_i:

$$\frac{\Delta^2 y}{\Delta x^2} = \frac{\left|\frac{\Delta y}{\Delta x}\right|_{x_i} - \left|\frac{\Delta y}{\Delta x}\right|_{x_j}}{\Delta x} = \frac{y_j - 2y_i + y_h}{\Delta x^2}.$$

Die Grundgleichung der elastischen Linie des Balkens (216) kann jetzt mit endlichen Differenzen folgenderweise ausgedrückt werden:

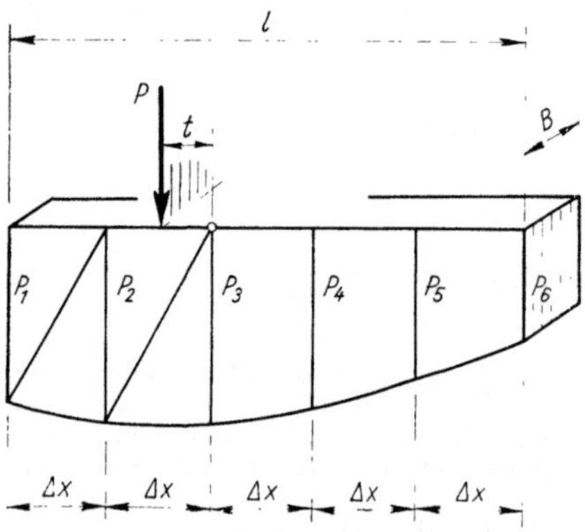

Abb. 410. Grundprinzip des Verfahrens von GOLD-LEVINE

$$M = E \cdot J \cdot \frac{d^2 y}{d x^2} = \\ = \frac{E \cdot J}{x^2} \cdot (y_j - 2y_i + y_h)$$

und mit Rücksicht auf den Zusammenhang $y = p/C$

$$M_i = \frac{E \cdot J}{C \cdot \Delta x^2} (p_j - 2p_i + p_h), \quad (229)$$

wobei p_i, p_j, p_h die noch vorübergehend unbekannten Sohlspannungen, M_i aber das von den äußeren Belastungen und Sohlspannungen gemeinsam hervorgerufene Biegemoment anstelle x_i bezeichnen.

(Es ist zu bemerken, daß die Gl. 229 mit entgegengesetztem Vorzeichen berücksichtigt werden muß, wenn das Moment die Biegebeanspruchung in der unteren Faser des Balkenquerschnittes verursacht. Da die Sohlspannungsverteilung zunächst noch unbekannt ist, kann das genaue Vorzeichen vorher nur in den einfachsten Fällen mit Sicherheit angenommen werden. Sonst muß man die Lage der auf Zug beanspruchten Faser aufnehmen und am Ende der Berechnung kontrollieren. Sollte es nicht stimmen, muß die Berechnung wiederholt werden.)

Ein Beispiel für die Ermittlung des M_i-Wertes ist in Abb. 410 dargestellt. Der Balken von der Breite B wurde in 5 Lamellen aufgeteilt, d. h. $\Delta x = l/5$. Es soll z. B. der von der Einzellast rechts im Abstand t entfernte Querschnitt untersucht werden. Zuerst teilt man die beliebig angenommene Sohlspannung in Dreiecke auf. Damit wird:

$$M_i = P \cdot t - B \cdot \frac{p_1 \cdot \Delta x}{2}\left[\frac{2}{3}\,\Delta x + \Delta x\right] - B \cdot \frac{p_2 \cdot \Delta x}{2}\left[\frac{\Delta x}{3} + \Delta x\right] -$$
$$- B \cdot \frac{p_2 \cdot \Delta x}{2} \cdot \frac{2}{3}\,\Delta x - B \cdot \frac{p_3 \cdot \Delta x}{2} \cdot \frac{\Delta x}{3}. \tag{230}$$

Dieser Wert von M_i soll jetzt dem in Gl. (229) angegebenem, also mit

$$\frac{E \cdot J}{C \cdot x^2} \cdot (p_2 - 2p_3 + p_4)$$

gleich sein.

Derartige Bedingungsgleichungen können nun in jeder Aufteilungslotrechten aufgestellt werden, jedoch mit Ausnahme der Randlotrechten (im gegebenen Fall also Nr. 4). Für die noch fehlenden zwei Bedingungsgleichungen kann man sich der zwei statischen Gleichgewichtsgleichungen (Nullwertigkeit der lotrechten Projektionen und der Momente) bedienen. Also

$$\Sigma P = B \cdot \Delta x \left[\frac{p_1}{2} + p_2 + \cdots + p_i \cdots + \frac{p_n}{2}\right],$$

und für einen beliebigen Punkt ist $\Sigma M = 0$. (Es ist zu bemerken, daß im Falle einer vollen Symmetrie letztere keine neue unabhängige Bedingungsgleichung darstellt. Man kann aber darauf auch verzichten, weil wegen der Symmetrie p_1 gleich p_n ist und damit die Zahl der Unbekannten um eine geringer wird.

Durch Vermehrung der Zahl der Abschnitte kann die Genauigkeit dieses Verfahrens gesteigert werden, obwohl es auch eine beträchtliche Zunahme des Rechenaufwandes mit sich bringt. Der Vorteil des Verfahrens ist, daß es auf beliebige Belastung anwendbar ist und die Situation auch bei Veränderung der Bettungsziffer untersucht werden kann (vgl. Zahlenbeispiel 13 und 14, S. 460 bis 465).

C. Bemessung auf Grund der Plastizitätslehre

Im Gegensatz zum elastisch gebetteten und sich elastisch verformenden Balken hat neuerlich KALISZKY [43] ein Berechnungsverfahren ausgearbeitet, das auf dem plastischen Verhalten der Bettung und plastischen Verformung des Balkens fußt.

Der Bruch derartiger Balken und Platten erfolgt in üblicher Weise bei gleichzeitiger Erfüllung zweier Bedingungen:

a) Jede Stelle der Bettung, wo die zunehmenden und für den Grenzzustand kennzeichnenden Verformungen des Balkens bzw. der Platte nur auf Kosten ihrer Eindringung in die Bettung zustande kommen können, wird in plastischen Zustand geraten.

b) Der auf der zusammengepreßten Bettung aufliegende Balken- oder Plattenteil erleidet infolge Laststeigerung derartige Risse, daß diese als plastische Gelenke wirksam werden und den Träger in ein labiles Gebilde umwandeln.

In Abhängigkeit von der Form und den Abmessungen der Bettung und von der Lage der plastischen Gelenke (Risse) sind auf einem gegebenen Tragwerk unendlich viele Bruchbilder (Fließmechanismus) möglich. Von ihnen wird das durch den kleinsten Belastungsaufwand bestimmte und kinematisch mögliche Bruchbild das maßgebende sein. In einfacheren Fällen kann dieses durch Betrachtung der geometrischen und Gleichgewichtsbedingungen, sonst aber durch die Extrem- oder Variationsrechnung bestimmt werden. Die Bruchbilder und deren Gültigkeitsgrenzen für den unendlich langen und mit einer Einzellast belasteten Balken sind in Abb. 411 veranschaulicht, wobei

$$\alpha = M_t/q_t, \quad \beta = M_t'/q_t', \quad \varepsilon = g/q_t, \quad \varkappa = \sqrt{(1+\varepsilon)(2\alpha + \varepsilon z^2)} - \varepsilon \cdot z$$

bedeuten und M_t bzw. M_t' das positive bzw. negative Bruchmoment des Balkens und q_t die spezifische Tragfähigkeit der Bettung ist.

Das Verfahren wurde von KALISZKY für den unendlich langen, mit zwei Einzellasten belasteten und auch für den kurzen Balken ausgearbeitet. Jedoch hat er

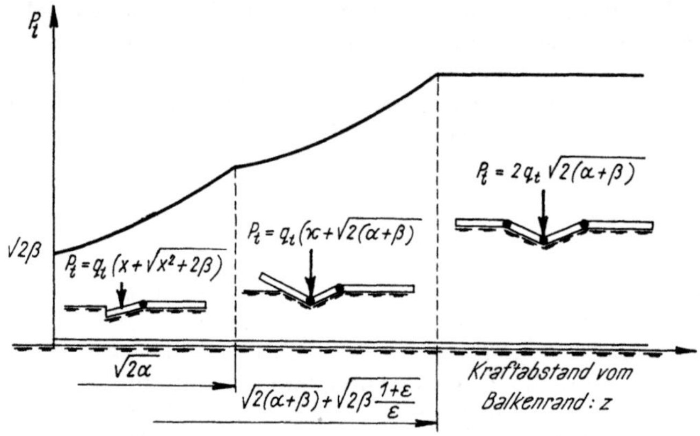

Abb. 411. Bemessungsvorgang eines elastisch gebetteten Balkens auf Grund der Bruchtheorie (nach KALISZKY)

die fehlerhafte Annahme der Methode der elastischen Bettung (die Bettung läßt sich durch ideal-plastische, unabhängig nebeneinanderstehende Feder ersetzen, vgl. S. 424) beibehalten. Seine Arbeit ist als Vorschlag von der Seite der Plastizitätstheorie bemerkenswert.

D. *Verfahren, ausgearbeitet auf Grund der Aufeinanderwirkung der Setzungen der Nachbarteile*

Es wurde schon auf S. 424 darauf hingewiesen, daß der größte Fehler der Methode der elastischen Bettung darin liegt, daß sie den Grundbalken aus voneinander unabhängig verschiebbaren Teilen zusammengesetzt annimmt und die Aufeinanderwirkung der Sohlspannungen und Verschiebungen vernachlässigt (vgl. Abb. 413).

Eine andere Gruppe der Methoden ist dagegen bestrebt, die Oberflächenverformungen des belasteten Bodens nicht nur unmittelbar unter der Lastplatte, sondern auch seitlich daneben als die eines homogenen, elastischen (sich linear verformenden) Halbraumes zu bestimmen. WIEGHARDT [44] wies schon früher darauf hin, daß die unter einem beliebigen Punkt x auftretende Einsenkung nicht nur die Funktion der dort wirksamen Bettungspressung sein kann, sondern von der ganzen Sohlspannungsverteilung beeinflußt wird. Deshalb ersetzt er die Winklersche Annahme durch die Funktion:

$$y(x) = c \cdot \int_{-a}^{+a} p(\xi) \cdot K(|x + \xi|)\, d\xi, \tag{231}$$

wobei $K(|x - \xi|) = K(r)$ eine Wirkungsfunktion bezeichnet, die ihren Größtwert bei $x = \xi$ erreicht und mit zunehmenden r-Werten abnimmt.

Nach der Elastizitätslehre ist der Kern „K" der vorangegangenen Integralgleichung eine recht komplizierte Funktion, und es würde aufwendig sein, die Gleichung auf diese Weise zu lösen. Deshalb macht Wieghardt für K die Annahme

$$K(r) = e^{-k \cdot r}.$$

Die weitere Aufgabe ist die Bestimmung der Eigenfunktionen des obigen Kernes, die die Lösung der Integralgleichung

$$\varphi(x) = \lambda \cdot \int_{-a}^{+a} e^{-K(x-\xi)} \cdot \varphi(\xi) \cdot d\xi \tag{232}$$

erfordert. Die Funktionen $y(x)$ und $p(x)$ lassen sich dann auf Grund der Eigenfunktionen entwickeln und lösen.

Nach der in der Praxis wenig benützten theoretischen Lösung von Wieghardt hat Ohde ein Verfahren von baupraktischer Bedeutung entwickelt [45]. Der Berechnungsgang wird deshalb im folgenden ausführlicher wiedergegeben (Abb. 412 und vgl. Bd. I, S. 443).

Es soll die Länge A des Balkens von der Breite B in 10 gleich große Teilstücke getrennt werden. Für einen beliebig ausgewählten Teil berechnen wir jetzt die unter einer Belastung von $p = 1\ \mathrm{t/m^2}$ auftretende Setzung (s_{ik}), vorausgesetzt, daß nur dieser einzelne Teil vorhanden ist (vgl. Abb. 412c). (Die Berechnung wurde ursprünglich von Ohde mit den auf Grund der Elastizitätslehre entwickelten Formeln von Schleicher bzw. von Boussinesq (vgl. Bd. I, S. 305 bis 308) ausgeführt. Doch verfährt man genauer, wenn die s_{ik}-Setzungswerte z. B. auf Grund der Spannungsrechnung nach Steinbrenner, unter Berücksichtigung der entsprechenden Zusammendrückungsmodul- oder Steifezifferwerte der einzelnen Schichten, ermittelt werden.) In der Bezeichnung für die Teilsetzung s_{ik} kennzeichnet der erste Index die Lastangriffsstelle, der zweite Index dagegen die Setzungsstelle. Wird die Belastung des untersuchten Feldes nicht von der Einheitsgröße, sondern von p_i hervorgerufen, dann werden auch die Setzungen p_i-mal so groß, d. h. die Last des Feldes „i" ruft eine Setzung des Feldes „k":

$$\Delta y_{ik} = p_i \cdot s_{ik}$$

hervor.

Ähnliche Setzungen werden jetzt von allen belasteten Feldern verursacht, also ergeben sich die in Abb. 412b gezeigten Gesamtsetzungen als

$$y_k = \sum_{i=1}^{10} p_i \cdot s_{ik}. \tag{233}$$

Die Setzung z. B. des sechsten Teilstückes wird:

$$y_6 = p_1 \cdot s_{16} + p_2 \cdot s_{26} + p_3 \cdot s_{36} + p_4 \cdot s_{46} + p_5 \cdot s_{56} + \\ + p_6 \cdot s_{66} + p_7 \cdot s_{76} + p_8 \cdot s_{86} + p_9 \cdot s_{96} + p_{10} \cdot s_{106}.$$

Es ist zu beachten, daß die Einheitssetzung der symmetrisch liegenden Felder einander gleich wird, wenn der Untergrund eine gleichmäßige Schichtung besitzt. Nach Abb. 412c wird also

$$s_{43} = s_{45}, \quad s_{42} = s_{46}, \quad s_{41} = s_{47} \quad \text{usw.}$$

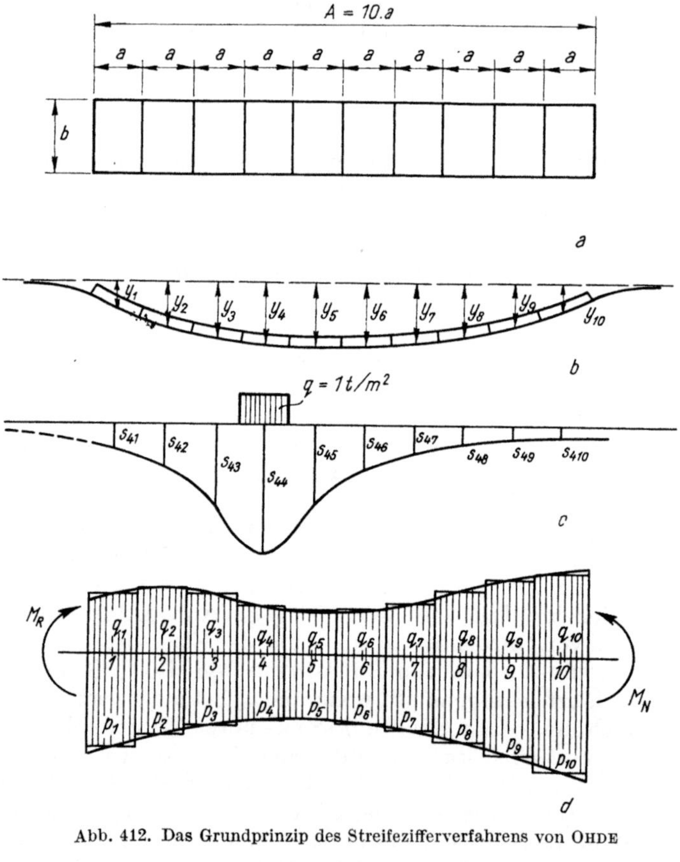

Abb. 412. Das Grundprinzip des Streifezifferverfahrens von OHDE

Im Besitze der Setzungswerte schreibt jetzt OHDE für die Bestimmung der auftretenden Balkenmomente statt der Differentialgleichung zweiten Ranges die Differenzengleichung zweiten Ranges auf.

Den Zusammenhang zwischen den Setzungen (als Stützensenkungen aufgefaßt) und den im Balken auftretenden Biegemomenten bilden die Clapeyronschen Gleichungen der elastisch nachgiebig gestützten Durchlaufträger. Als weitere Annäherung nimmt er dabei den Einfluß nur von drei Stützmomenten und nicht von fünf Stützmomenten in Betracht, und zwar in folgender Form:

$$-y_{i-1} + 2y_i - y_{i+1} = \frac{M_{i-1} + 4M_i + M_{i+1}}{6} \cdot \frac{a^2}{EJ}.$$

also in unserem Fall:

$$\left.\begin{aligned}
-y_1+2y_2-y_3 &= \frac{M_R+4M_2+M_3}{6}\cdot\frac{a^2}{EJ}\\
-y_2+2y_3-y_4 &= \frac{M_2+4M_3+M_4}{6}\cdot\frac{a^2}{EJ}\\
-y_3+2y_4-y_5 &= \frac{M_3+4M_4+M_5}{6}\cdot\frac{a^2}{EJ}\\
&\cdots\cdots\cdots\cdots\\
-y_8+2y_9-y_{10} &= \frac{M_8+4M_9+M_{10}}{6}\cdot\frac{a^2}{EJ}
\end{aligned}\right\} \qquad (234)$$

Daneben ergibt sich das Biegemoment im beliebigen Querschnitt des Balkens mit $M_1 = M_R$ (wobei M_R das am Balkenrand angreifende etwaige äußere Moment bezeichnet, daher ist beim unbelasteten Balkenrand $M_R = M_1 = 0$), ferner

$$M_2 = M_R + a\cdot b(p_1-q_1)\cdot a,$$
$$M_3 = M_R + a\cdot b(p_1-q_1)\cdot 2a + a\cdot b(p_2-q_2)\cdot a,$$
$$M_4 = M_R + a\cdot b(p_1-q_1)\cdot 3a + a\cdot b(p_2-q_2)\cdot 2a + a\cdot b(p_3-q_3)\cdot a \quad \text{usw.} \qquad (235)$$

Wenn man jetzt diese Zusammenhänge in die Gl. (234) einsetzt, erhält man schließlich acht Gleichungen mit zehn unbekannten Sohlspannungswerten p_i. Die noch fehlenden zwei Gleichungen bieten die beiden statischen Gleichgewichtsgleichungen für die lotrechten Kräfte und für die Momente an. (Im Falle einer Symmetrie stellt das Gleichgewicht der Momente keine unabhängige Gleichung dar, doch wird dann die Zahl der Unbekannten auch kleiner.) Mit der Lösung dieses Gleichungssystems mit zehn Unbekannten ist auch die Aufgabe gelöst, da mit der Kenntnis der Sohlspannungen auch die Schnittkräfte für jeden Querschnitt erhältlich sind.

Im Falle einer Symmetrie der Belastung und einer gleichmäßigen Bodenschichtung gestalten sich auch die Sohlspannungen symmetrisch, d. h.

$$p_1 = p_{10}, \quad p_2 = p_9, \quad p_3 = p_8, \quad p_4 = p_7 \quad \text{und} \quad p_5 = p_6.$$

Damit vermindert sich die Anzahl der Unbekannten (und dadurch auch die der zu lösenden Gleichungen) auf die Hälfte.

Allerdings erfordert das Verfahren von OHDE — das sich eigentlich auf den Grundgedanken von HABEL stützt — auch in diesem einfachen Fall noch immer eine beträchtliche Berechnungsarbeit und hat sich deshalb in der Praxis nicht genügend einbürgern können. Diesen Mangel hat neuerlich KANY [46] beseitigt.

KANY drückt die Setzungen (c_i) in der Form

$$c_i = \frac{c_0}{1+k_1\cdot i^{1,5}}$$

aus, worin k_1 einen sog. *Formbeiwert* bezeichnet, der den Einfluß des Einsenkungstrichters zum Ausdruck bringt und vom Verhältnis der mittleren (s_m) und der unter dem belasteten Teil auftretenden maximalen Einsenkung (s_0) abhängt. Je größer k_1 wird, desto kleiner gestalten sich die Einsenkungen der Nachbarteile.

Im Falle $k_1 = \infty$ gelangt man zu dem Grundfall der voneinander unabhängig einsenkenden Teile, also wieder zu dem vorher behandelten Bettungszifferverfahren. c_0 drückt die in der Ohdeschen Rechnung mit s_{kk} bezeichnete Einsenkung des mit $q = 1$ t/lfd.m belasteten Teilabschnittes von der Länge a aus. Das Verhältnis wird auch noch vom Verhältnisbeiwert $\eta = c_0/\alpha$ beeinflußt, der die Steifigkeit des Bauwerk-Baugrund-Systems zum Ausdruck bringt und worin $\alpha = \frac{a^4 \cdot B}{EJ}$ die Steifigkeit des Bauwerkes und c_0 lediglich die Steifigkeit des Untergrundes darstellen.

Kany gibt in seinem Buche zwecks schneller Ermittlung der c_i- und k_1-Werte Tabellen bzw. Nomogramme an, die die Rechenarbeit wesentlich beschleunigen. Die Anwendung des Ohdeschen Verfahrens wird im Zahlenbeispiel 13 vorgeführt. Der große Vorteil der Verfahren, die die gegenseitige Wirkung der Nachbarteile anhand tatsächlicher Setzungsberechnungen in Kauf nehmen, liegt darin, daß auch die bleibende Zusammendrückung (plastischer Anteil) des Untergrundes berücksichtigt wird. Dieser Anteil wirkt sich auf die Sohlspannungsverteilung in beachtlicher Form aus.

Auf den Ohdeschen Grundgedanken stützt sich auch das von J. Balko ermittelte Verfahren [47].

Der Einfluß der Nachbarteile wurde auf Grund der Elastizitätslehre von mehreren sowjetischen Forschern, u. a. von B. N. Zsemotschkin, V. Z. Wlasow, Gorbunow-Possadow [48] untersucht. Diese Verfahren gehen von der theoretisch bestimmten Oberflächenverformung des belasteten elastisch-isotropen unendlichen Halbraumes aus (vgl. Bd. I, Abb. 176). In dieser Weise wird der Einfluß der Verformung (Einsenkung) der Nachbarteile berücksichtigt. Obwohl dabei der Einfluß der bleibenden Setzungen entfällt und die eindeutige genaue Bestimmung der elastischen Verformungskennwerte des Bodens, d. h. der Steifezahl und der Poissonzahl, kaum erreichbar ist, sind doch diese Verfahren prinzipiell genauer als das Bettungszifferverfahren (Abb. 413). Die erhaltenen komplizierten mathematischen Zusammenhänge wurden durch Beigabe von Hilfstabellen für die Praxis anwendbar gemacht. Es kann auch zugunsten dieser Verfahren angeführt werden, daß die Böden bis zu den üblichen Belastungsgrenzen überwiegend nur elastische Verformungen erleiden und der Einfluß des bleibenden Anteils vernachlässigt werden kann. Die wichtigste Frage ist jedoch die Annahme der Steifezahl (E_t) und der Poissonzahl (μ_t) des Bodens, da diese Beiwerte nicht nur von der Bodenart und von ihrer Schichtdicke, sondern auch von der Grundrißform und Biegsamkeit des Bauwerkes abhängig sind und bei ihrer Annahme Fehler von mehreren hundert Prozent begangen werden dürfen. Es ist auch begründet, bei Erstbelastung andere Werte anzunehmen als bei den Wiederbelastungen. (Es empfiehlt sich, z. B. μ_t für Sandböden mit 0,3, für Schluffböden mit 0,35 und schließlich für Ton mit 0,4 anzusetzen.) Die genaueste Aufnahme von E_t kann

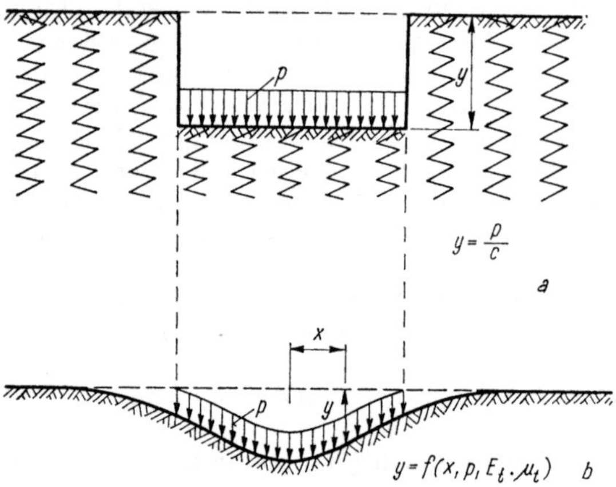

Abb. 413. Aufgenommene Verformungen
a) beim Bettungszifferverfahren, b) nach der Elastizitätslehre

durch Probebelastung erzielt werden. Der erhaltene Wert muß dann im Verhältnis der Quadratwurzeln der Flächen für die tatsächliche Gründungsfläche umgerechnet werden (vgl. Bd. I, Gl. 8). Gegebenenfalls kann E_t auch aus folgendem Zusammenhang ermittelt werden:

$$E_t = \frac{P \cdot h}{s \cdot F} \cdot \frac{1 - \mu_t - 2\mu_t^2}{1 - \mu_t}, \tag{236}$$

worin P die Belastung, F die Lastfläche und s die gemessene Einsenkung bedeuten.

Die Theorie von Gorbunow-Possadow [49] wurde für die ebene Aufgabe ausgearbeitet und ist auf der Boussinesq-Flamanschen Grundgleichung der Setzungen aufgebaut, d. h.

$$\frac{E \cdot J}{1 - \mu_t^2} \cdot \frac{d^4 y(x)}{dx^4} = B \cdot (q(x) - p(x)).$$

Demgemäß wird die Setzung in einem von der Mittelachse um x_0 entferntem Punkt A des $2l$ langen Balkens infolge der veränderlich verteilten Sohlspannungen $p(x)$:

$$s = \frac{2B}{\pi} \cdot \frac{1 - \mu_t^2}{E_t} \cdot \int_{-(l+x_0)}^{+(l-x_0)} p(x) \ln (x - x_0)\, dx + C,$$

oder durch Einführung der relativen Abszissen $\xi = x/l$

$$s = \frac{2B(1 - \mu_t^2)}{\pi \cdot E_t} \cdot \int_{-(l+\xi)}^{+(l+\xi)} p(\xi) \cdot \ln (\xi - \xi_0)\, d\xi + C, \tag{237}$$

worin B die Balkenbreite, E_t die Steifezahl und μ_t die Poissonzahl des Untergrundes bezeichnen.

Durch das Aufschreiben der Funktion $p(\xi)$ mit Hilfe einer Potenzenreihe wird für die Einsenkung s die Lösung in Form einer Potenzenreihe erhalten:

$$s(\xi) = B_0 + B_1 \cdot \xi + B_2 \cdot \xi^2 + \cdots + B_n \cdot \xi^n,$$

wobei die Beiwerte $B_0 \cdots B_n$ aus den Randbedingungen zu bestimmen sind. Die Lösung wird von Gorbunow-Possadow durch die Angabe von Tabellen (s. Tab. 18 bis 20. ...) für praktische Zwecke brauchbar gemacht.

Die Berechnung muß mit verschiedenen Werten des Biegsamkeitsbeiwertes

$$t = \frac{\pi}{4} \cdot \frac{(1 - \mu)_b^2 \cdot E_t \cdot B \cdot l^3}{(1 - \mu_t^2) \cdot E_b \cdot J} \cong 10 \cdot \frac{E_t}{E_b} \cdot \frac{l^3}{v^3} \tag{238}$$

durchgeführt werden. In Gl. (238) bezeichnet v die Plattendicke, $E_b \cdot J$ die Plattensteifigkeit und μ_b die Poissonzahl des Plattenmaterials.

Die Plattenstreifen können als kurz betrachtet werden, wenn $10 > t > 1$ und als unendlich lang, wenn $t > 10$ ist. Für lange Platten werden die Tabellen mit den relativen Koordinatenwerten $\xi = x/L$ benützt. Hierbei bezeichnet

$$L = \sqrt[3]{\frac{2E \cdot J(1 - \mu_t^2)}{B \cdot E_t(1 - \mu_b^2)}} = l \sqrt[3]{\frac{\pi}{2t}}. \tag{239}$$

Die auf Platten mit einem Biegsamkeitsbeiwert $t > 10$ in ihrem mittleren Abschnitt angreifenden Biegemomente und die Pressungen können auf Grund von Tabellen ermittelt werden, die für unendlich lange Balken ausgearbeitet worden sind. Außerdem wird der Begriff des starren und biegsamen, des langen und kurzen Balkens auch durch die verschiedenen Werte des Biegsamkeitsfaktors t charakterisiert, wie es aus folgender Tabelle hervorgeht.

Verhältnis $\frac{\text{Länge}}{\text{Breite}}$ l/B	Biegsamkeitsfaktor: t			
	Starrer Balken	Verhältnis $\frac{\text{Länge}}{\text{Breite}}$ l/B	Biegsame Balken	
			kurze	lange
3, 5, 7	$t < 1$	3, 5	$t = 1 + 65$	$t > 65$
		5, 7	$t = 1 + 12{,}5$	$t > 12{,}5$
10, 50	$t < 0{,}5$	7, 10	$t = 1 + 1{,}5$	$t > 1{,}5$
		10, 50	$t = 0{,}5 + 1{,}5$	$t > 1{,}5$

Für Belastungen, die am Plattenrand angreifen, können dagegen die für halbunendlich lange Balken geltenden Tabellen angewendet werden. Starre Balken ($t < 1$) sind auf Grund der Tabellen zu berechnen, die sich auf kurze Balken ($t = 0$) beziehen.

Kompliziertere Belastungsfälle lassen sich durch Superposition der aus den einfacheren Belastungsfällen erhaltenen Werte lösen.

Aus den erwähnten Tabellen sind die dimensionslosen Einflußzahlenwerte $\overline{p}$, $\overline{Q}$ und $\overline{M}$ zu entnehmen. Um die tatsächlichen p-, Q- und M-Werte für die verschiedenen Belastungen (gleichmäßig verteilte Last: q t/m², Linienlast: N t/lfd.m und verteilte Momentbelastung m tm/lfd.m) zu erhalten, müssen die Faktoren der folgenden Tab. 18 benutzt werden.

Tabelle 18

Beanspruchung	Vermehrungsfaktor			Bemerkung
	q^{t/m^2}	$N^{t/m}$	$m^{tm\,m}$	
p	$\overline{p} \cdot q$	$\overline{p} \cdot N/l$	$\overline{p} \cdot m/l^2$	Für lange Balken sind statt l die für L in Gl. (247) angegebenen Werte zu benützen
Q	$\overline{Q} \cdot b \cdot l \cdot q$	$\overline{Q} \cdot b \cdot N$	$\overline{Q} \cdot b \cdot m/l$	
M	$\overline{M} \cdot b \cdot l^2 \cdot q$	$\overline{M} \cdot b \cdot N \cdot l$	$\overline{M} \cdot b \cdot m$	

Die verteilten Streckenbelastungen können durch ihre Resultierenden ersetzt werden.

Die Werte $\overline{p}$, $\overline{Q}$ und $\overline{M}$ für einen mit einer Einzellast belasteten *unendlich langen Balken* (also $t > 10$) können aus der folgenden Tab. 19 für die verschiedenen Werte der relativen Abszisse $\xi = x/L$ entnommen werden (Abb. 414a).

Unter einem halbunendlich langen und mit einer Einzellast belasteten Balken versteht G. Possadow den Fall, daß der Lastabstand von einem Rand das Maß $2L$ übersteigt und vom anderen Rand $<2L$ ist, während t seinen Wert über 10 beibehält (s. Abb. 414b). Die für diesen Fall geltenden Einflußbeiwerte $\overline{p}$, $\overline{Q}$ und $\overline{M}$ sind in den folgenden Tabellen 20a—c in Abhängigkeit des vom Balkenrand gerechneten relativen Abstandes angegeben.

Die Theorie ist auch für räumliche Verhältnisse (also für Einzelfundamente) ausgearbeitet worden, wie aus dem angegebenen Literaturhinweis hervorgeht.

Der Berechnungsgang für den ebenen Fall wird anhand des Zahlenbeispiels 15 erläutert.

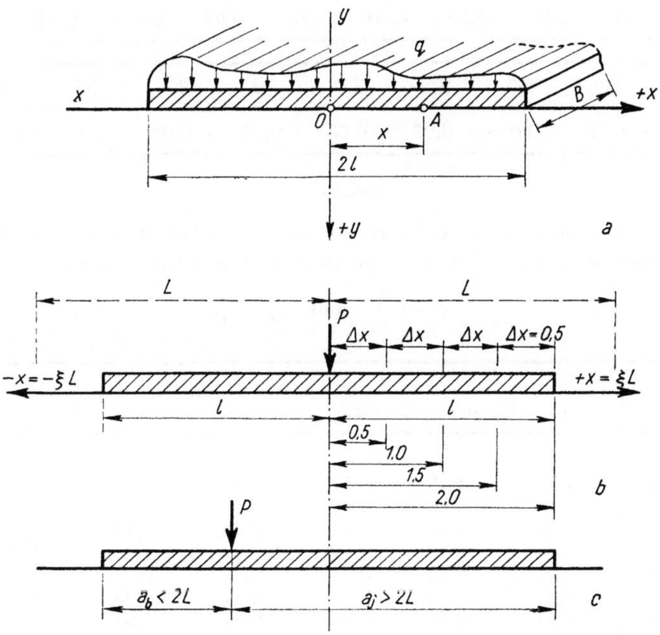

Abb. 414. Das Verfahren von GORBUNOW-POSSADOW

Tabelle 19

Werte des dimensionslosen Pressungsfaktors $\overline{p}$
für die an Stelle $\xi = 0$ *mit einer Einzellast belastete unendlich lange Platte*

ξ	0,0	0,2	0,4	0,6	0,8	1,0	1,2	1,4	1,6	1,8	2,0	2,2
$\overline{p}$	0,38	0,37	0,34	0,3	0,26	0,23	0,19	0,16	0,13	0,11	0,08	0,07

ξ	2,4	2,6	2,8	3,0	3,2	3,4	3,6	3,8	4,0
$\overline{p}$	0,05	0,04	0,03	0,02	0,01	0,01	0,0	0,0	0,0

Werte des dimensionslnsen Scherkraftfaktors $\overline{Q}$
für die an Stelle $\xi = 0$ *mit einer Einzellast belastete unendlich lange Platte*

ξ	0,0	0,2	0,4	0,6	0,8	1,0	1,2	1,4	1,6	1,8
$\overline{Q}$	−0,5	−0,42	−0,35	−0,29	−0,23	−0,18	−0,14	−0,11	−0,08	−0,06

ξ	2,0	2,2	2,4	2,6	2,8	3,0	3,2	3,4	3,6	3,8	4,0
$\overline{Q}$	−0,04	−0,02	−0,01	0,0	0,0	0,01	0,01	0,02	0,02	0,02	0,02

Werte des dimensionslosen Momentenfaktors $\overline{M}$
für die an Stelle $\xi = 0$ mit einer Einzellast belastete unendlich lange Platte

ξ	0,0	0,2	0,4	0,6	0,8	1,0	1,2	1,4	1,6	1,8	2,0
$\overline{M}$	0,38	0,29	0,21	0,15	0,10	0,06	0,02	0,0	−0,02	−0,03	−0,04

ξ	2,2	2,4	2,6	2,8	3,0	3,2	3,4	3,6	3,8	4,0
$\overline{M}$	−0,05	−0,05	−0,05	−0,05	−0,05	−0,05	−0,04	−0,04	−0,04	−0,03

Tabelle 20a

Werte des Pressungsbeiwertes p für die mit einer Einzellast auf veränderlicher Stelle belastete „halbunendliche" Platte in Abhängigkeit des Lastabstandes vom Plattenrand (α)

$$\alpha_b = \frac{a_b}{L} \quad \text{und} \quad \alpha_j = \frac{a_j}{L}$$

ξ	α					
	0	0,4	0,8	1,2	1,6	2,0
0	—	—	—	—	—	—
0,2	1,6	1,19	0,77	0,45	0,38	0,21
0,4	1,16	0,88	0,67	0,44	0,19	0,12
0,6	0,73	0,65	0,58	0,44	0,16	0,10
0,8	0,48	0,49	0,50	0,44	0,20	0,13
1,0	0,31	0,37	0,43	0,43	0,37	0,19
1,2	0,21	0,27	0,36	0,41	0,33	0,26
1,4	0,11	0,20	0,30	0,37	0,37	0,32
1,6	0,05	0,15	0,25	0,33	0,38	0,36
1,8	0,01	0,10	0,20	0,29	0,37	0,38
2,0	−0,02	0,07	0,16	0,25	0,35	0,39
2,2	−0,04	0,05	0,13	0,21	0,31	0,37
2,4	−0,05	0,03	0,10	0,18	0,27	0,35
2,6	−0,05	0,01	0,08	0,15	0,23	0,31
2,8	0	0	0,06	0,12	0,20	0,27
3,0	−0,05	−0,01	0,04	0,10	0,17	0,24
3,2	−0,05	−0,01	0,03	0,08	0,14	0,20
3,4	−0,05	−0,01	0,02	0,06	0,12	0,17
3,6	−0,04	−0,01	0,01	0,05	0,10	0,14
3,8	−0,04	−0,02	0,01	0,03	0,08	0,11
4,0	−0,03	−0,02	0	0,03	0,06	0,09

γ) Zahlenbeispiele

Beispiel Nr. 9

Die Plattenstärke einer 6,5 m breiten Schiffschleuse beträgt auf 1,1 m. Die Platte selbst ist an ihren beiden Rändern mit einer Linienlast von $P = 12$ t/lfd. m belastet. Das Hinterfüllungsmaterial übt keinen zu beachtenden Erddruck auf die Schleusenwände aus. Der Untergrund besteht aus einem Tonboden mit einem Zusammendrückungsmodul (Steifezahl) von $E_s = 90$ kg/cm². Es soll (vgl. Abb. 403) das in einem 1 m langen Plattenstreifen auftretende Biegemoment auf Grund der Köglerschen Diagramme bestimmt werden.

Die Bettungsziffer ergibt

nach Jáky:
$$C = \frac{2}{3} \cdot \frac{E_s}{B} = \frac{2}{3} \cdot \frac{90}{100} = 0{,}6\ \text{kg/cm}^3,$$

nach Kögler:
$$C = \frac{2 E_s}{B \cdot \ln \dfrac{B + 2t}{B}}.$$

Tabelle 20b

Werte des Scherkraftbeiwertes $\bar{Q}$ für die mit einer Einzellast auf veränderlicher Stelle belastete „halbunendliche" Platte in Abhängigkeit des Lastabstandes vom Plattenrand (α)

ξ	α					
	0	0,4	0,8	1,2	1,6	2,0
0	—	—	—	—	—	—
0,2	−0,61	0,28	0,17	0,09	0,11	0,06
0,4	−0,34	0,49	0,31	0,18	0,17	0,09
0,6	−0,16	−0,36	0,44	0,27	0,20	0,11
0,8	−0,05	−0,25	0,55	0,36	0,23	0,13
1,0	−0,03	−0,16	−0,36	0,45	0,28	0,16
1,2	0,08	−0,10	−0,28	0,53	0,34	0,21
1,4	0,11	−0,05	−0,22	−0,39	0,41	0,27
1,6	0,13	−0,02	−0,16	−0,32	0,48	0,33
1,8	0,13	0,01	−0,12	−0,26	−0,44	0,41
2,0	0,13	0,02	−0,08	−0,20	−0,36	0,48
2,2	0,13	0,04	−0,05	−0,16	−0,30	−0,14
2,4	0,12	0,04	−0,03	−0,12	−0,24	−0,27
2,6	0,11	0,05	−0,01	−0,09	−0,19	−0,30
2,8	0,10	0,05	0	−0,06	−0,15	−0,24
3,0	0,09	0,05	0,01	−0,04	−0,11	−0,19
3,2	0,08	0,05	0,02	−0,02	−0,08	−0,15
3,4	0,07	0,04	0,02	−0,01	−0,05	−0,11
3,6	0,06	0,04	0,02	0	−0,03	−0,08
3,8	0,05	0,04	0,03	0,01	−0,01	−0,08
4,0	0,04	0,03	0,03	0,01	0	−0,03

Tabelle 20c

Werte des Momentenbeiwertes $\bar{M}$ für die mit einer Einzellast auf veränderlicher Stelle belastete „halbunendliche" Platte in Abhängigkeit des Lastabstandes vom Plattenrand (α)

ξ	α					
	0	0,4	0,8	1,2	1,6	2,0
0	—	—	—	—	—	—
0,2	−0,16	0,03	0,02	0,01	0,01	0,01
0,4	−0,25	0,11	0,07	0,04	0,04	0,02
0,6	−0,30	0,02	0,14	0,15	0,08	0,04
0,8	−0,32	−0,04	0,24	0,23	0,12	0,06
1,0	−0,32	−0,08	0,16	0,32	0,17	0,09
1,2	−0,31	−0,11	0,09	0,24	0,22	0,13
1,4	−0,29	−0,12	0,04	0,17	0,31	0,18
1,6	−0,20	−0,13	0,01	0,11	0,40	0,23
1,8	−0,24	−0,13	−0,02	0,06	0,31	0,31
2,0	−0,21	−0,13	−0,04	0,03	0,23	0,40
2,2	−0,19	−0,12	−0,06	0	0,16	0,30
2,4	−0,16	−0,11	−0,06	−0,03	0,11	0,22
2,6	−0,14	−0,10	−0,07	−0,04	0,06	0,16
2,8	−0,12	−0,09	−0,07	−0,04	0,03	0,10
3,0	−0,10	−0,08	−0,07	−0,05	0,01	0,06
3,2	−0,09	−0,08	−0,07	−0,05	−0,01	0,03
3,4	−0,07	−0,07	−0,06	−0,06	−0,03	0
3,6	−0,06	−0,06	−0,06	−0,05	−0,03	−0,02
3,8	−0,05	−0,05	−0,05	−0,05	−0,04	−0,03
4,0	−0,04	−0,04	−0,05	−0,05	−0,04	−0,04

Der Situation entsprechend darf im gegebenen Falle für die zusammendrückbare Schichtdicke die doppelte Schleusenbreite angenommen werden. Also $t = 2 \cdot 6{,}5$ m $= 13{,}0$ m. Damit wird

$$C = \frac{180}{100 \cdot \ln 27} = 0{,}56 \text{ kg/cm}^3$$

nd nach TERZAGHI

$$C = C_0 \cdot \frac{20}{B} = 2{,}5 \cdot \frac{20}{100} = 0{,}5 \text{ kg/cm}^3 = 5 \cdot 10^2 \text{ t/m}^3.$$

(Die Berechnung soll mit diesen letzten Wert durchgeführt werden).

Damit wird die elastische Ersatzlänge

$$L = \sqrt[4]{\frac{4 \cdot 2{,}1 \cdot 10^6 \cdot 1{,}1^3 \cdot 1}{1 \cdot 5 \cdot 10^2 \cdot 12}} = 6{,}57 \text{ m}.$$

$\lambda = 6{,}50/6{,}57 = 0{,}99$, womit aus Abb. 403 der Beiwert $m_1 \cong 0{,}26$ entnommen werden kann. Für die Plattenmitte erhält man das Biegemoment:

$$M_1 = m_1 \cdot P \cdot L = -0{,}26 \cdot 12 \cdot 6{,}57 = -20{,}5 \text{ t/lfd. m}.$$

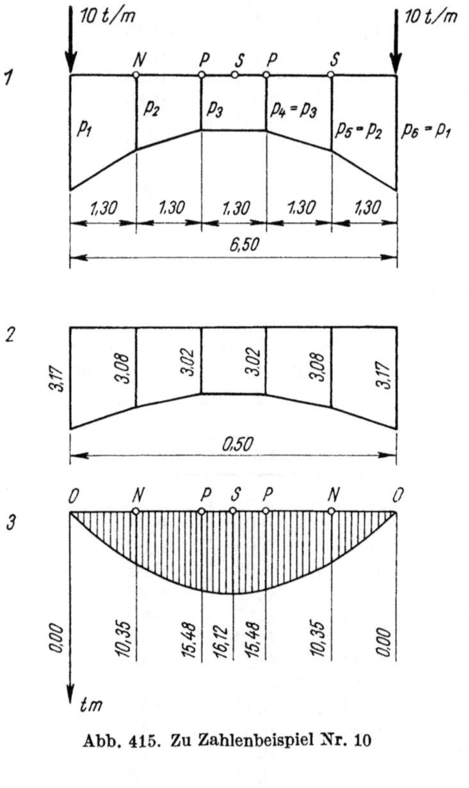

Abb. 415. Zu Zahlenbeispiel Nr. 10

Beispiel Nr. 10

Es soll das vorangehende Beispiel nach der Methode von GOLD-LEVINE berechnet werden.

Da in diesem Falle eine symmetrische Belastung vorhanden ist, wird die Zahl der unbekannten Sohlspannungsordinaten — mit einer Aufteilung auf fünf Lamellen — auf drei reduziert (vgl. Abb. 415/1).

Die Gleichung des Gleichgewichtes der lotrechten Kräfte lautet:

$$20 = 1 \cdot 1{,}3 \cdot \left[\frac{p_1}{2} + p_2 + p_3 + p_3 + p_2 + \frac{p_1}{2}\right],$$

also

$$15{,}38 = p_1 + 2p_2 + 2p_3 \cdots\cdots \quad \text{(a)}$$

Das Gleichgewicht der Biegemomente wird auf den Punkt N bezogen (mit Rücksicht darauf, daß die gegebene Belastung in der oberen Balkenfaser eine Zugbeanspruchung hervorruft):

$$\frac{E \cdot J}{C \cdot \Delta x^2}[p_1 - 2p_2 + p_3] =$$

$$= \frac{2{,}1 \cdot 10^6 \cdot \frac{1{,}1^3 \cdot 1}{12}}{5 \cdot 10^2 \cdot 1{,}3^2}[p_1 - 2p_2 + p_3] =$$

$$= -\frac{B \cdot \Delta x^2}{2}\left[\frac{2p_1}{3} + \frac{p_2}{3}\right] + 10 \cdot 1{,}3 =$$

$$= -\frac{1 \cdot 1{,}3^2}{2}\left[\frac{2p_1}{3} + \frac{p_2}{3}\right] + 13,$$

nach Umordnung:

$$276{,}56 p_1 - 551{,}72 p_2 + 276 p_3 - 13 = 0. \quad \text{(b)}$$

In ähnlicher Weise erhält man die Momentengleichung für Punkt P:

$$\frac{E \cdot J}{C \cdot \Delta x^2}[p_2 - 2p_3 + p_3] = -\frac{B \cdot \Delta x^2}{2}\left[\frac{5}{3}p_1 + 2p_2 + \frac{p_3}{3}\right] + 2\Delta x \cdot P.$$

Nach Einsetzen der Zahlenwerte und nach Umordnung ergibt sich

$$-1{,}41 p_1 - 277{,}69 p_2 + 275{,}72 p_3 + 26 = 0. \qquad \text{(c)}$$

Aus den Gleichungen (a), (b) und (c) lassen sich die gesuchten Sohlspannungswerte bestimmen. Nach Auslassung der Einzelheiten der Berechnung erhält man für

$$p_1 = 3{,}17 \text{ t/m}^2; \quad p_2 = 3{,}08 \text{ t/m}^2; \quad p_3 = 3{,}02 \text{ t/m}^2.$$

Die entsprechende Sohlspannungsverteilung wird in Abb. 415/2, die Biegemomente in Abb. 415/3 veranschaulicht.

Beispiel Nr. 11

Es ist eine Reihe von Lastpfeilern auf einem biegsamen durchlaufenden Balkenstreifen zu gründen. Der gleichmäßige Abstand der Pfeiler beträgt 5,2 m, die Belastung je 90 t. Der Gründungsbalken liegt auf einem Tonboden auf ($E_s = M = 72$ kg/cm²). Seine Breite beträgt $B = 1{,}2$ m, seine Stärke $v = 0{,}5$ m. Der Elastizitätsmodul soll mit $E = 210000$ kg/cm² angenommen werden. Damit wird

$$J = \frac{50^3 \cdot 120}{12} = 1250000 \text{ cm}^4$$

und nach JÁKY

$$C = \frac{2}{3} \cdot \frac{72}{100} = 0{,}4 \text{ kg/cm}^3.$$

Die Bemessung soll nach ZIMMERMANN und nach den Köglerschen Diagrammen durchgeführt werden:

$$L = \sqrt[4]{\frac{4 \cdot 2{,}1 \cdot 10^5 \cdot 1{,}25 \cdot 10}{0{,}4 \cdot 120}} = 385 \text{ cm}.$$

$$\lambda = 520/385 = 1{,}35 \quad \text{also kleiner als 3.}$$

Die Momentenbeiwerte erhält man nach ZIMMERMANN (Gl. 224):

$$\mu = e^{-\xi}(\cos \xi - \sin \xi)$$

und durch Einsetzung verschiedener ξ-Werte:
Mit

$$\xi_1 = 0, \qquad \mu_1 = 1$$

$$\xi_2 = \frac{5{,}20}{3{,}85} = 1{,}35, \qquad \mu_2 = -0{,}20,$$

$$\xi_3 = \frac{10{,}4}{3{,}85} = 2{,}70, \qquad \mu_3 = -0{,}09$$

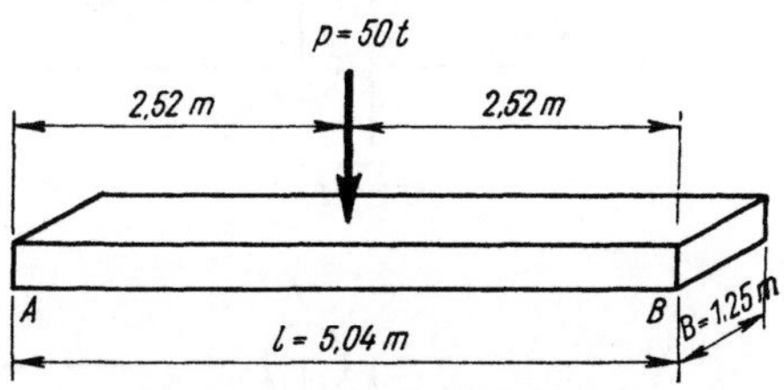

Abb. 416. Zu Zahlenbeispiel Nr. 12

$$\Sigma\mu = \mu_1 + 2\mu_2 + 2\mu_3 = 0{,}42$$

und

$$M_1 = \frac{P \cdot L}{4} \cdot \Sigma\mu = \frac{90000 \cdot 385}{4} \cdot 0{,}42 = 3{,}53 \cdot 10^6 \text{ kgcm}.$$

Nach der vereinfachten Methode von KÖGLER erhält man für M_1 (da $\lambda < 3{,}0$ ist):

$$M_1 = \frac{P \cdot l}{13} = \frac{90000 \cdot 520}{13} = 3{,}6 \cdot 10^6 \text{ kgcm}.$$

Die Abweichung beträgt nur 1%, was einen Beweis für die Brauchbarkeit der Köglerschen Diagramme darstellt.

Beispiel Nr. 12

Es sollen die Beanspruchungen des in Abb. 416 dargestellten Gründungsbalkens nach der Methode von HETÉNYI mit folgenden Annahmen bestimmt werden: Breite $B = 1{,}25$ m, Länge $l = 5{,}04$ m, Bettungsziffer $C = 4{,}81 \cdot 10^3$ t/m³, Steifigkeit des Gründungsbalkens $E \cdot J = 5 \cdot 10^4$ t/m², die in der Mitte wirksame Einzelkraft $P = 50$ t.

Lösungsvorgang: Zuerst wird der Gründungsbalken als unendlich lang aufgefaßt, und für den Balken werden die Schnittkräfte in den Punkten A und B bestimmt. Dafür können die in Abb. 394 bis 396 dargestellten Diagramme benützt werden. Man muß sich jedoch bei der Anwendung folgende Vorzeichenregeln vor Auge halten.

Die Scherkraft kann als positiv betrachtet werden, wenn die Resultierende der im untersuchten Querschnitt links wirkenden Kräfte von unten nach oben gerichtet ist (oder die Resultierende der rechts wirkenden Kräfte nach unten gerichtet ist).

Die im untersuchten Querschnitt links wirksame positive Scherkraft wird wiederum das Biegemoment hervorrufen, das als positiv bezeichnet wird.

Die Diagramme von ZIMMERMANN geben in jedem Fall die im untersuchten Querschnitt links auftretenden Beanspruchungen an. Die elastische Ersatzlänge ist:

$$L = \sqrt[4]{\frac{4 \cdot 5 \cdot 10^4}{4{,}81 \cdot 10^3 \cdot 1{,}25}} = 2{,}40 \text{ m}.$$

Damit liegen die Randpunkte A und B des endlich langen Balkens in einer Entfernung $\xi = 2{,}52/2{,}40 = 1{,}05$ von der Angriffslinie der im Mittelquerschnitt wirksamen Einzelkraft.

Aus dem Nomogramm 396 erhält man für Punkt A $\nu_A \cong +0{,}17$; für Punkt B $\nu_B \cong$ $\cong -0{,}17$ und aus 395 $\mu \cong -0{,}13$ für beide Balkenränder.

Damit wird der gliechwertige endliche Balken an seinen Randquerschnitten mit folgenden Werten belastet:

$$Q_A = \frac{50}{2}(+0{,}17) = +4{,}25, \qquad Q_B = \frac{50}{2}(-0{,}17) = -4{,}25,$$

$$M_A = \frac{50 \cdot 2{,}40}{4}(-0{,}13) = -3{,}90 = M_B.$$

Der mit diesen Beanspruchungen belastete Träger ist in Abb. 417 wiedergegeben. (Die unmittelbaren Berechnungsergebnisse sind eingerahmt.)

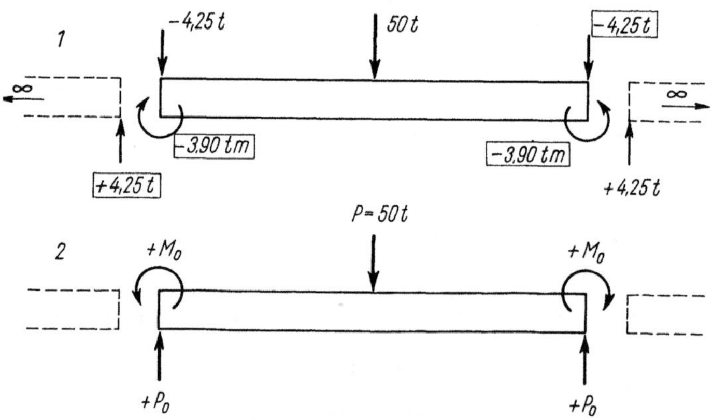

Abb. 417. Zu Zahlenbeispiel Nr. 12

Als zweiter Schritt der Berechnung sind die in den Randpunkten A und B angreifenden virtuellen Kräfte bzw. Momente zu bestimmen, die die oben ermittelten Beanspruchungen zu Null machen. Dazu ist folgendes Gleichungssystem zu lösen:

$$\frac{M_0}{2L}(1 + \eta) + \frac{P_0}{2}(1 + \nu) + Q_B = 0;$$

$$\frac{M_0}{2}(1 + \nu) + \frac{P_0 \cdot L}{4}(1 + \mu) + M_B = 0,$$

wobei M_0 und P_0 das in Abb. 417/2 dargestellte virtuelle Belastungspaar bezeichnen, das die vorher berechneten Beanspruchungen Q_B und M_B und deren gegenseitige Einwirkungen zu Null machten. In Abb. 417/2 erscheinen sie mit positivem Vorzeichen. Sollte sich aber bei der Lösung der Gleichung ein negatives Vorzeichen ergeben, würde das bedeuten, daß diese Belastungen im entgegengesetzten Sinne aufgebracht werden müssen. Wenn die äußere Belastung in der Balkenmitte angreift oder zur Mittellinie eine symmetrische Lage hat, reichen die obigen zwei Gleichungen für alle Fälle aus; ist aber die Resultierende der äußeren Belastungen exzentrisch, dann sollen nicht zwei, sondern vier Bedingungsgleichungen aufgeschrieben werden [35].

Die Beiwerte η, μ, ν sind wieder aus Gl. 224 zu entnehmen.

Damit lassen sich diese e^{ξ}-Funktionen mit Hilfe der Diagramme 394 bis 396 ablesen. Jetzt müssen diese Beiwerte an der der tatsächlichen Balkenlänge entsprechenden Stelle, also bei einem ξ-Wert von $5{,}04/2{,}40 = 2{,}10$, abgelesen werden. Damit wird

$$\eta \cong 0{,}04; \qquad \mu \cong -0{,}17; \qquad \nu = -0{,}06.$$

Mit Verwendung dieser Werte ist schließlich folgendes Gleichungssystem zu lösen:

$$\frac{M_0}{4{,}80} \cdot 1{,}04 + \frac{P_0}{2} \cdot 0{,}94 = 4{,}35$$

und

$$\frac{M_0}{2} \cdot 0{,}94 + \frac{2{,}4 \cdot P_0}{4} \cdot 0{,}83 = 3{,}90,$$

und damit ist

$$P_0 = 10{,}60 \text{ t} \quad \text{und} \quad M_0 = -2{,}98 \text{ tm}.$$

Es ist daraus ersichtlich, daß vorher das Vorzeichen von P_0 richtig, dagegen das von M_0 unrichtig in Abb. 417 aufgenommen wurde.

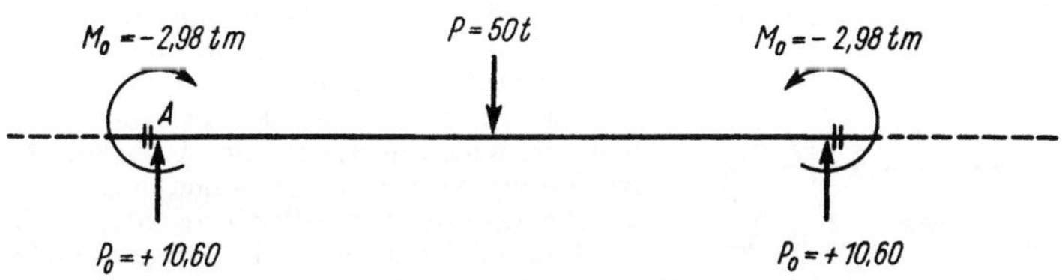

Abb. 418. Zu Zahlenbeispiel Nr. 12

Der unendlich lange und der endliche und mit einer Einzellast belastete gleichwertige Balken ist in Abb. 418 dargestellt. Als letzter Schritt bleibt noch die Bestimmung des im Punkt C auftretenden Biegemomentes, das sich folgendermaßen errechnen läßt:

$$M_C = \frac{P \cdot L}{4}\left(\frac{P_0 \cdot L}{4} \cdot \mu + \frac{M_0}{2} \cdot \nu\right) \cdot 2,$$

worin μ und ν die in Abb. 395 bis 396 an der Stelle $\xi = 1{,}05$ ablesbaren Beiwerte darstellen. (Mit dem in Klammern gesetzten Multiplikator 2 ist die Wirkung der an beiden Endquerschnitten wirksamen virtuellen Belastungspaare berücksichtigt worden.)

Im gegebenen Falle ist

$$\mu \cong -0{,}13 \quad \text{und} \quad \nu \cong +0{,}17$$

(s. vorherige Bemerkung für das Vorzeichen von ν!), und damit wird

$$M_C = +\frac{50 \cdot 2{,}40}{4} + 2\left[\frac{10{,}60 \cdot 2{,}40}{4}(-0{,}13) - \frac{2{,}98}{2} \cdot 0{,}17\right] = +27{,}84 \text{ tm}.$$

Das Ergebnis soll jetzt anhand des Nomogrammes von KÖGLER kontrolliert werden.

Es ist in Abb. 403 für $\lambda = 2{,}1$ ablesbar, das $m_1 = +0{,}235$ ergibt und damit

$$M_1 = 50 \cdot 2{,}4 \cdot 0{,}235 \cong 28{,}2 \text{ tm}$$

ist. Das macht wieder nur eine Abweichung von 1,5% aus.

Beispiel Nr. 13

Ein Gründungsbalken von $l = 6{,}0$ m Länge ist in seiner Mitte mit einer Einzelkraft von $P = 50$ t belastet. Sein Steifigkeitsbeiwert EJ beträgt $1{,}295 \cdot 10^5$ tm², die Breite $= 0{,}9$ m, die Bettungsziffer $C = 7{,}1$ kg/cm³ und damit die elastische Ersatzlänge $L = 3{,}0$ m. Es soll die Momentenverteilung entlang des Balkens bestimmt werden.

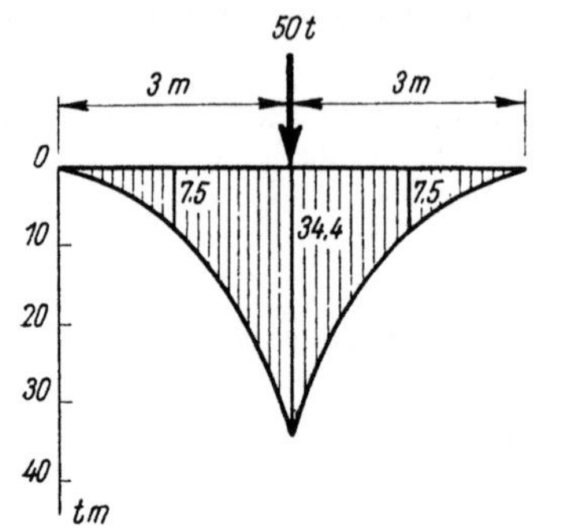

Abb. 419. Zu Zahlenbeispiel Nr. 13 (Kögler)

Nach Kögler ist mit $\lambda = l/L = 6{,}0/3{,}0 = 2$ und damit in Abb. 403 $m_1 \cong 0{,}23$, $m_2 \cong 0{,}05$ und $m_3 \cong 0$.

Das Biegemoment unter der Krafteinwirkungsstelle wird

$$M_1 = 50 \cdot 3{,}0 \cdot 0{,}23 = 34{,}4 \text{ tm},$$

in den Viertelpunkten

$$M_2 = 50 \cdot 3{,}0 \cdot 0{,}05 = 7{,}5 \text{ tm}.$$

Das Ergebnis ist in Abb. 419 eingetragen. Wie leicht kontrolliert werden kann, ergeben sich bei Annahme einer gleichmäßig verteilten Sohlspannung

für $M_1 = 37{,}5$ tm und für $M_2 = 9{,}36$ tm.

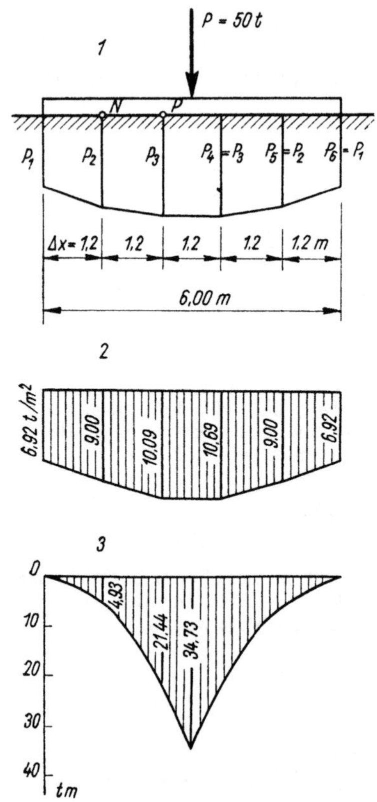

Abb. 420. Zu Zahlenbeispiel Nr. 13 (Gold-Levine)

Mit der Kenntnis der maßgebenden Biegemomente sollen die für die Berechnung des L-Wertes angenommenen Querschnittsabmessungen geprüft werden. Nach wiederholter Annäherung gelangt man zum richtigen Ergebnis.

Nun wird das maßgebende Moment des vorher untersuchten Balkens nach dem Verfahren von Gold-Levine berechnet.

Da es sich um eine symmetrische Belastung handelt, wird die Anzahl der Unbekannten mit einer Aufteilung von fünf Lamellen auf drei beschränkt, die die Lösung wesentlich erleichtert (Abb. 420).

Das Gleichgewicht der Kraftprojektionen muß sein

$$50 = 1{,}2 \cdot 0{,}9 \left(\frac{p_1}{2} + p_2 + p_3 + p_2 + \frac{p_1}{2}\right)$$

und davon

$$46{,}3 = p_1 + 2p_2 + p_3 \qquad \text{(a)}$$

und das Momentengleichgewicht auf Punkt N bezogen (mit Rücksicht darauf, daß die untere Faser auf Zug beansprucht wird).

$$-\frac{E \cdot J}{C \cdot \Delta x^2}(p_j - 2p_i + p_h) = -\frac{1{,}295 \cdot 10^5}{7{,}1 \cdot 10^3 \cdot 1{,}44}[p_1 - 2p_2 + p_3] = \frac{B \cdot \Delta x^2}{2}\left[\frac{2p_1}{3} + \frac{p_2}{3}\right] = \frac{0{,}9 \cdot 1{,}44}{2}\left[\frac{2p_1}{3} + \frac{p_2}{3}\right]$$

und nach Umordnung ergibt sich:

$$20{,}17 \cdot p_1 = 38{,}67 \cdot p_2 - 19{,}5 \cdot p_3. \qquad \text{(b)}$$

Man bedient sich noch der Momentengleichung für Punkt P

$$1{,}67 p_1 = 19{,}17 p_3 - 21{,}5 p_2. \qquad \text{(c)}$$

Aus den Gleichungen (a), (b) und (c) sind die drei unbekannten Sohlspannungswerte bestimmbar, und zwar erhält man:

$$p_1 = 6{,}92\ \mathrm{t/m^2}, \qquad p_2 = 9{,}0\ \mathrm{t/m^2} \qquad \text{und} \qquad p_3 = 10{,}69\ \mathrm{t/m^2}.$$

Die entsprechende Sohlspannungsverteilung ist in Abb. 420/2 und das auf Grund derselben ermittelte Momentenbild in Abb. 420/3 veranschaulicht. Es ist zu erkennen, daß der maßgebende Momentenwert mit dem vorher auf andere Weise bestimmten Wert gut übereinstimmt.

Jetzt soll dasselbe Beispiel, jedoch mit veränderlichem Bettungsziffernwert (nach GRASSHOFF) berechnet werden. Die grundlegenden Ausgangswerte sind in Abb. 421 dargestellt.

Das Gleichgewicht der Kraftprojektionen ist mit Gl. (a) identisch, also

$$46{,}3 = p_1 + 2p_2 + 2p_3. \qquad (a_1)$$

Das Momentengleichgewicht für Punkt N (wieder mit Rücksicht darauf, daß die untere Faser auf Zug beansprucht ist):

$$-\frac{1{,}295\cdot 10^5}{1{,}44\cdot 10^3}\left(\frac{p_1}{11{,}36} - \frac{2p_2}{6{,}82} + \frac{p_3}{5{,}68}\right) = -\frac{1{,}2^2\cdot 0{,}9}{2}\left(\frac{2}{3}p_1 + \frac{p_2}{3}\right)$$

und nach Umordnung:

$$12{,}87p_1 = 41{,}03p_2 - 24{,}4p_3. \qquad (b_1)$$

In ähnlicher Weise erhält man die auf Punkt P bezogene Gleichung:

$$1{,}67p_1 = -22{,}35p_2 + 24{,}07p_3. \qquad (c_1)$$

Die unbekannten Werte p_1, p_2 und p_3 sind wieder aus den drei Gleichungen (a_1), (b_1) und (c_1) zu bestimmen. Die Lösung ergibt

$$p_1 = 11{,}06\ \mathrm{t/m^2}, \quad p_2 = 8{,}75\ \mathrm{t/m^2}, \quad p_3 = 8{,}87\ \mathrm{t/m^2}.$$

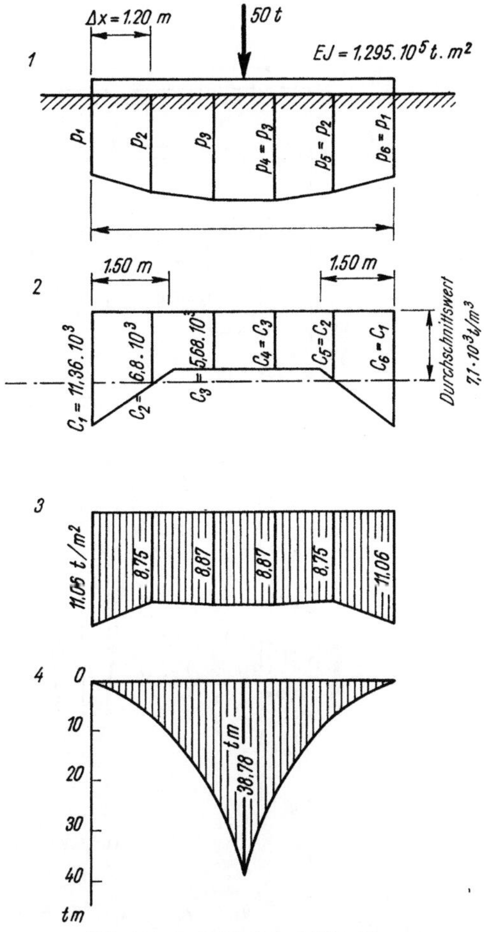

Abb. 421. Zu Zahlenbeispiel Nr. 13

Die entsprechende Sohlspannungsverteilung ist in Abb. 421/3, dagegen das entsprechende Momentenbild in Abb. 421/4 dargestellt.

Wie ersichtlich, ist jetzt der größte Momentenwert größer als die vorher ermittelten zwei Werte und übertrifft sogar den unter Annahme gleichmäßiger Belastung erhaltenen Wert von 37,5 tm. Es wurde schon in der Einleitung bei der Behandlung der Bettungsziffermethode erwähnt, daß die genauere Berücksichtigung der elastischen Bettung gegebenenfalls zu größeren Beanspruchungen führen kann. Damit wird man bei Anwendung der elastischen Bettung unwirtschaftlichere, jedoch sichere Abmessungen erhalten.

Es soll jetzt dasselbe Beispiel mit Hilfe der Steifeziffermethode von OHDE berechnet werden (Abb. 422). (Die Steifeziffer wird mit einem, den vorhergehenden Beispielen entnommenen Wert $C = 7{,}1\cdot 10^3\ \mathrm{t/m^3}$ entsprechenden $E_s = 900\ \mathrm{kg/cm^2}$ angenommen.)

Die Einsenkung eines Flächenanteils unter Einheitsbelastung mit einer Grenztiefe (vgl. Bd. I, S. 285) von $m_0 = 2{,}7$ m, ergibt sich als

$$s_{ii} = 6\cdot 10^{-5}\ \mathrm{m}.$$

Die Berechnungsmethode der Setzungen nach STEINBRENNER wird als bekannt vorausgesetzt (Bd. I, S. 269 und 308). Die Einzelheiten der Setzungsberechnung werden an dieser Stelle nicht angeführt. Die Ergebnisse sind in Abb. 423 veranschaulicht.

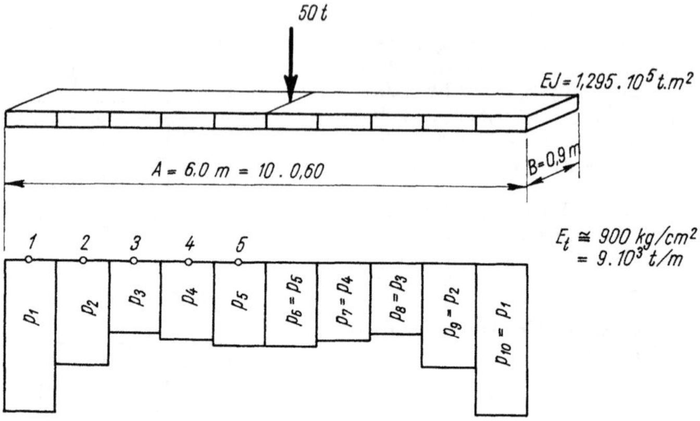

Abb. 422. Zu Zahlenbeispiel Nr. 13 (OHDE)

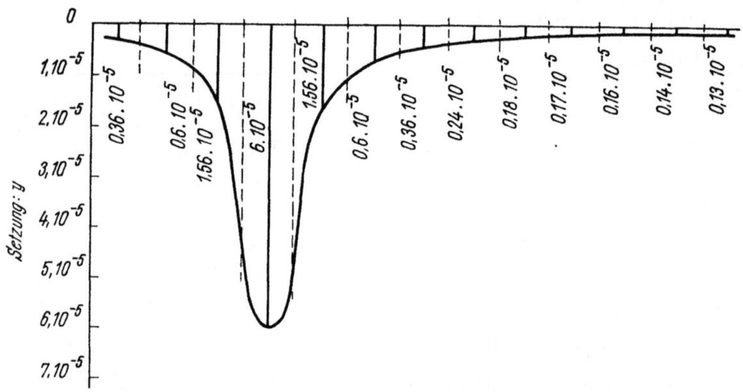

Abb. 423. Zu Zahlenbeispiel Nr. 13

$$q_1 = q_2 = q_3 = q_4 = q_5 = 0 \qquad M_R = 0 \qquad M_N = 0$$

und

$$p_1 = p_{10}, \quad p_2 = p_9, \quad p_3 = p_8, \quad p_4 = p_7, \quad p_5 = p_6.$$

Die Gl. (234 bis 235)

$$y_1 = 10^{-5}(p_1 \cdot 6 + p_2 \cdot 1,56 + p_3 \cdot 0,6 + p_4 \cdot 0,36 + p_5 \cdot 0,24 + p_5 \cdot 0,18 + p_4 \cdot 0,17 + \\ + p_3 \cdot 0,16 + p_2 \cdot 0,14 + p_1 \cdot 0,13)$$

$$y_2 = 10^{-5}(p_1 \cdot 1,56 + p_2 \cdot 6 + p_3 \cdot 1,56 + p_4 \cdot 0,6 + p_5 \cdot 0,36 + p_5 \cdot 0,24 + p_4 \cdot 0,18 + \\ + p_3 \cdot 0,17 + p_2 \cdot 0,16 + p_1 \cdot 0,14)$$

$$y_3 = 10^{-5}(0,6 p_1 + 1,56 p_2 + 6,0 p_3 + 1,56 p_4 + 0,6 p_5 + 0,36 p_5 + 0,24 p_4 + 0,18 p_3 + \\ + 0,17 p_2 + 0,16 p_1)$$

$$y_4 = 10^{-5}(0,36 p_1 + 0,6 p_2 + 1,56 p_3 + 6 p_4 + 1,56 p_5 + 0,6 p_5 + 0,36 p_4 + 0,24 p_3 + \\ + 0,18 p_2 + 0,17 p_1)$$

$$y_5 = 10^{-5}(0{,}24p_1 + 0{,}36p_2 + 0{,}6p_3 + 1{,}56p_4 + 6p_5 + 1{,}56p_5 + 0{,}6p_4 + 0{,}36p_3 + + 0{,}24p_2 + 0{,}18p_1)$$

$$y_6 = y_5;$$

ferner

$$M_1 = 0$$

$$M_2 = 0{,}6 \cdot 0{,}9 \cdot p_1 \cdot 0{,}6$$

$$M_3 = 0{,}6 \cdot 0{,}9 \cdot p_1 \cdot 1{,}2 + 0{,}6 \cdot 0{,}9 \cdot p_2 \cdot 0{,}6$$

$$M_4 = 0{,}6 \cdot 0{,}9 \cdot p_1 \cdot 1{,}8 + 0{,}6 \cdot 0{,}9 \cdot p_2 \cdot 1{,}2 + 0{,}6 \cdot 0{,}9 \cdot p_3 \cdot 0.6$$

$$M_5 = 0{,}6 \cdot 0{,}9 \cdot p_1 \cdot 2{,}4 + 0{,}6 \cdot 0{,}9 \cdot p_2 \cdot 1{,}8 + 0{,}6 \cdot 0{,}9 \cdot p_3 \cdot 1{,}2 + 0{,}6 \cdot 0{,}9 \cdot p_4 \cdot 0{,}6$$

$$M_6 = 0{,}6 \cdot 0{,}9 \cdot p_1 \cdot 3{,}0 + 0{,}6 \cdot 0{,}9 \cdot p_2 \cdot 2{,}4 + 0{,}6 \cdot 0{,}9 \cdot p_3 \cdot 1{,}8 + 0{,}6 \cdot 0{,}9 \cdot p_4 \cdot 1{,}2 + + 0{,}6 \cdot 0{,}9 \cdot p_5 \cdot 0{,}6 - 50 \cdot 0{,}3;$$

und weiter

$$-y_1 + 2y_2 - y_3 = \frac{4M_2 + M_3}{6} \cdot \frac{0{,}6^2}{1{,}295 \cdot 10^5}$$

$$-y_2 + 2y_3 - y_4 = \frac{M_2 + 4M_3 + M_4}{6} \cdot \frac{0{,}6^2}{1{,}295 \cdot 10^5}$$

$$-y_3 + 2y_4 - y_5 = \frac{M_3 + 4M_4 + M_5}{6} \cdot \frac{0{,}6^2}{1{,}295 \cdot 10^5}$$

$$-y_4 + 2y_5 - y_6 = \frac{M_4 + 4M_5 + M_6}{6} \cdot \frac{0{,}6^2}{1{,}295 \cdot 10^5},$$

und schließlich

$$2 \cdot 0{,}6 \cdot 0{,}9(p_1 + p_2 + p_3 + p_4 + p_5) = 50\ \mathrm{t}.$$

Das sind insgesamt 16 Gleichungen mit den Unbekannten: y_1, y_2, y_3, y_4, y_5, y_6, M_2, M_3, M_4, M_5, M_6, p_1, p_2, p_3, p_4, p_5, deren Anzahl auch 16 beträgt. Bei Umgehung der Einzelheiten der Lösung des Gleichungssystems erhält man durch schrittweises Einsetzen:

$$p_1 = 7{,}65\ \mathrm{t/m^2} = p_{10}$$

$$p_2 = 7{,}88\ \mathrm{t/m^2} = p_9$$

$$p_3 = 9{,}26\ \mathrm{t/m^2} = p_8$$

$$p_4 = 10{,}5\ \mathrm{t/m^2} = p_7$$

$$p_5 = 11{,}56\ \mathrm{t/m^2} = p_6$$

Die Sohlspannungsverteilung und das entsprechende Momentenbild sind in Abb. 424 dargestellt.

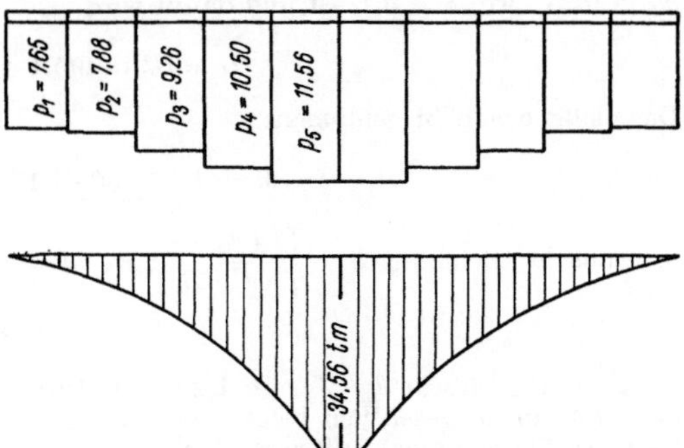

Abb. 424. Zu Zahlenbeispiel Nr. 13

Man erkennt, daß die Durchführung der Berechnung, auch eines einfachen Falles einen beträchtlichen und langwierigen Arbeitsaufwand erfordert.

Wenn man jetzt die Ergebnisse mit den Beanspruchungen des $l = 5{,}04$ m langen und $B = 1{,}25$ m breiten elastisch gebetteten Balkens (vgl. Beispiel Nr. 12) vergleicht, erkennt man, daß das Biegemoment in der Mitte nach dem Bettungszifferverfahren 27,84 tm, nach Ohde aber 34,56 tm beträgt. Wieder ein Beweis, daß die Betrachtung der Aufeinanderwirkung der Setzungen der benachbarten Teile auch bei diesem Beispiel größere Biegemomente ergibt.

Es sei noch bemerkt, daß die ermittelten Rechnungsergebnisse als erste Annäherungsergebnisse zu betrachten sind, weil man bei der Durchführung der Berechnung von angenommenen Querschnittsabmessungen ausgehen sollte, die dann bezüglich der erhaltenen Beanspruchungen kontrolliert werden müssen. Sind die erhaltenen Spannungen unzulässig oder unwirtschaftlich, dann sollen die Abmessungen entsprechend angepaßt und der Rechnungsgang, vielleicht auch mehrmals, wiederholt werden, bis eine befriedigende Übereinstimmung erreicht wird.

Diese langwierige schrittweise Annäherung läßt sich aber in gegebenen Fällen ausschalten, wenn eine unmittelbare Lösung vorhanden ist [50].

Es kann z. B. im Köglerschen Nomogramm 403 eine Kurve eingezeichnet werden, deren Gleichung lautet

$$m = 2\sigma_b \cdot \frac{B \cdot l}{P} \cdot \sqrt[3]{\frac{C^2 \cdot l^2}{192 \cdot E_b^2}}\, f(\lambda),$$

worin σ_b (t/m²) die Grenzspannung, E_b (t/m²) den Elastizitätsmodul des Balkenmaterials, B (m) die Balkenbreite, l (m) die Balkenlänge und C (t/m³) die Bettungsziffer bezeichnen. Der Ausdruck $f(\lambda) = \sqrt[3]{1/\lambda^5}$ kann aus der folgenden Tabelle entnommen werden.

λ	$f(\lambda)$	λ	$f(\lambda)$
0		3,5	0,124
0,5	3,18	4	0,099
1,0	1,0	5	0,068
1,5	0,509	6	0,050
2,0	0,315	7	0,039
2,5	0,217	8	0,031
3,0	0,160	10	0,022

Mit den angegebenen Dimensionen erhält man m als reinen Zahlenwert. In unserem Fall soll σ_b mit 750 t/m² angenommen werden und damit wird

$$m = 2 \cdot 750 \cdot \frac{0{,}9 \cdot 6}{50} \cdot \sqrt[3]{\frac{(7{,}1 \cdot 10^3)^2 \cdot 36}{1{,}92 \cdot 10^2 \cdot 2{,}1^2 \cdot 10^{12}}} \cdot f(\lambda) \qquad m = 2{,}09 \cdot f(\lambda)$$

und

wenn λ	1	2	3	4	5	6
wird m	2,09	0,66	0,45	0,33	0,259	0,21

Trägt man diese Wertpaare in Abb. 403 auf, dann schneidet die m-Linie die m_1-Linie bei $m_1 \cong 0{,}25$, wo $\lambda = 5{,}1$ ist und damit wird

$$L = l/\lambda = 6/5{,}1 \cong 1{,}175 \text{ m}.$$

Das maßgebende Biegemoment:

$$M = 0{,}25 \cdot 50 \cdot 1{,}175 = 14{,}69 \text{ tm}$$

bzw. aus der Gleichung $L = \sqrt[4]{\frac{4 E_b \cdot J}{C \cdot B}}$; $E_b \cdot J = \frac{L^4 \cdot C \cdot B}{4} = \frac{1{,}175^4 \cdot 7{,}1 \cdot 10^3 \cdot 0{,}9}{4} =$

$$= 3{,}04 \cdot 10^3 \text{ tm}^2.$$

Ursprünglich war $E_b \cdot J$ mit $1{,}295 \cdot 10^5$ tm² angenommen worden. Nun ist zu sehen, daß man mit einem wesentlich biegsameren Balken auskommen konnte, weil da ein wesentlich kleineres Biegemoment auftreten dürfte.

Beispiel Nr. 14

Es soll die genauere Sohlspannungsverteilung unter einem mit $P = 88$ t/lfm belasteten Streifenfundament bestimmt werden, und es sind die Maximalmomente nach GRASSHOFF zu berechnen. Der Untergrund ist trockener, mittelmäßig dichter Sand. Die zulässige Bodenspannung ist 4 kg/cm². Der Wert der Bettungsziffer soll nach JÁKY bestimmt und soll an den Streifenrändern 1,6mal größer und in der Mitte 0,8mal kleiner als der erhaltene Durchschnittswert betrachtet werden.

Mit $\sigma_H = 4\ \mathrm{kg/cm^2}$ ergibt sich die erforderliche Streifenbreite $B = P/\sigma_H = 88/40 = 2{,}2\ \mathrm{m}$.

Bei Annahme gleichmäßiger Sohlspannungsverteilung wird

$$M = \frac{\sigma_0 \cdot x^2}{2} = \frac{40 \cdot 0{,}9^2}{2} = 16{,}2\ \mathrm{tm} = 1\,620\,000\ \mathrm{kgcm},$$

und mit den zulässigen Spannungswerten $\sigma_{b0} = 60\ \mathrm{kg/cm^2}$ und $\sigma_{e0} = 1500\ \mathrm{kg/cm^2}$ wird $\beta = 0{,}313$ und die erforderliche Plattendicke:

$$v = \beta \sqrt{\frac{M}{s}} = 0{,}313 \sqrt{\frac{1\,620\,000}{100}} \cong 40\ \mathrm{cm}.$$

Für 1 cm Streifenlänge gilt $J = \dfrac{40^3 \cdot 1}{12} = 5{,}33 \cdot 10^3$. (Für 1 cm Streifenlänge beträgt die äußere Belastung 880 kg.)

Weitere Berechnung nach GRASSHOFF

$$N = \frac{120\, E J}{a^4}$$

(für a ergibt sich im Falle einer Aufteilung auf drei Lamellen: $a = B/x = 220/3 = 73$ cm), also

$$N = \frac{120 \cdot 2{,}1 \cdot 10^5 \cdot 5{,}33 \cdot 10^3}{73^4} = 4{,}74 \cdot 10^3\ \mathrm{kg/cm^2}.$$

Da $x = 1/3$ ist, wird

$$y_{b2} = \frac{q \cdot l^4}{E \cdot J} \cdot \frac{1}{24}\left[\frac{x}{l} - 2\left(\frac{x}{l}\right)^3 + \left(\frac{x}{l}\right)^4\right] = \frac{4 \cdot 220^4}{2{,}1 \cdot 10^5 \cdot 5{,}33 \cdot 10^3} \cdot \frac{22}{24 \cdot 81} = 0{,}095\ \mathrm{cm}.$$

Die Bettungsziffer für eine Streifengründung ergibt sich nach JÁKY

$$C = \frac{2 E_s}{3 B} \text{ und mit } E_s = M = 500\ \mathrm{kg/cm^2};\quad C = \frac{2 \cdot 500}{3 \cdot 220} = 1{,}51\ \mathrm{kg/cm^3}.$$

Unter den Streifenrändern wird dieser Wert 1,6mal vergrößert und in der Mitte 0,8mal verkleinert angenommen.

Somit lassen sich die zwei Gleichungen aufschreiben, aus denen die Sohlspannungen errechnet werden können (vgl. S. 442):

$$\left(19 - \frac{N}{C_R}\right) p_1 + \left(91 + \frac{N}{C_M}\right) p_2 = N \cdot y_{b2}$$

und $p_1 + p_2 = \Sigma P/a$; nach Einsetzen der Zahlenwerte

$$\left[19 - \frac{4{,}74 \cdot 10^3}{2{,}42}\right] p_1 + \left[91 + \frac{4{,}74 \cdot 10^3}{1{,}21}\right] p_2 = 4{,}74 \cdot 10^3 \cdot 9{,}5 \cdot 10^{-2}.$$

$$p_1 + 2 p_2 = 12{,}05\ \mathrm{kg/cm^2}.$$

Die Lösung der zwei Gleichungen ergibt die zwei Unbekannten

$$p_1 = 5{,}49\ \mathrm{kg/cm^2} \qquad \text{und} \qquad p_2 = 3{,}28\ \mathrm{kg/cm^2}$$

und mit der Kenntnis der Sohlspannungsverteilung das größte Biegemoment:

$$M = 3{,}28 \cdot \frac{90^2}{2} + 2{,}21 \cdot \frac{73}{2}\left[17 + \frac{2{,}73}{3}\right] = 18\,584\ \mathrm{kgcm}.$$

Dieser Wert ist größer als der für die Bemessung ermittelte Ausgangswert. Man sollte jetzt die Berechnung mit der dazu gehörenden größeren Plattendicke wiederholen. Ein endgültiges Ergebnis ist also nur durch schrittweise Annäherung erzielbar.

Beispiel Nr. 15

Es sollen nach der Elastizitätslehre die Beanspruchungen eines $2l = 14$ m langen und in der Mitte von einer Einzellast $N = 50$ t belasteten Stahlbetonbalkens nach der Methode von GORBUNOW-POSADOW ermittelt werden (s. Abb. 414). Der Elastizitätsmodul des Balkens ist E_b 125000 kg/cm², die Steifezahl des Untergrundes $E_s = 500$ kg/cm², die Höhe des Balkens $v = 1{,}0$ m und die Breite desselben $B = 1{,}0$ m.

Die Biegsamkeitszahl ergibt sich nach GORBUNOW-POSADOW Gl. (238) als

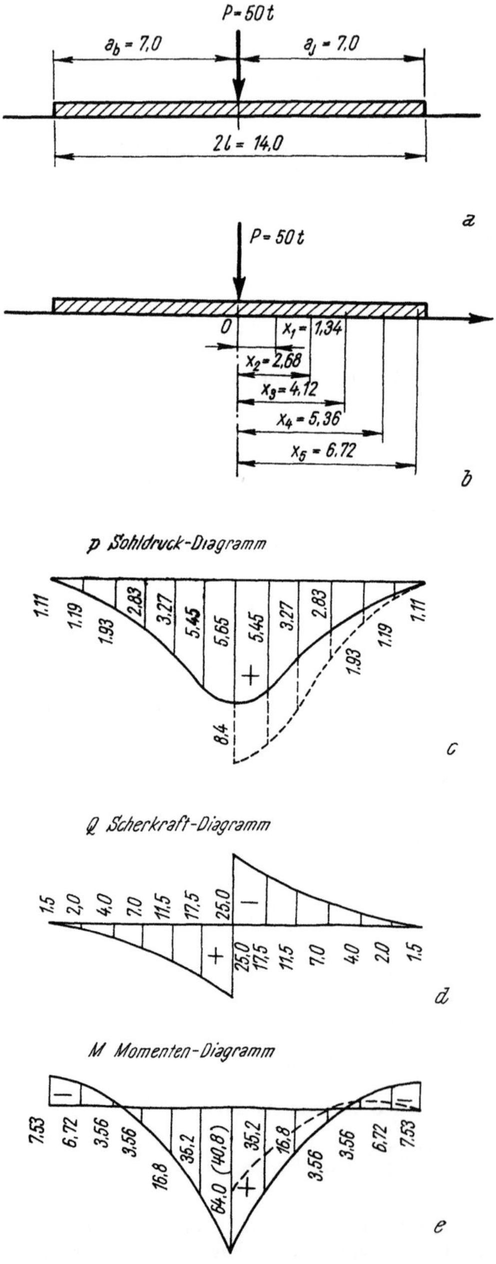

Abb. 425. Zu Zahlenbeispiel Nr. 15

$$t = 10 \cdot \frac{E_s}{E_b} \cdot \frac{l^3}{v^3} = 10 \cdot \frac{500 \cdot 7^3}{125 \cdot 10^4 \cdot 1^3} = 13{,}72.$$

Sie ist also größer als 10, der Balken darf demnach als unendlich lang betrachtet werden.

Die elastische Ersatzlänge nach Gl. (239) ist

$$L = l \sqrt[3]{\frac{\pi}{2t}} = 7{,}0 \cdot \sqrt[3]{\frac{\pi}{2 \cdot 13{,}72}} = 3{,}36.$$

Wegen der vorhandenen Symmetrie genügt es die Beanspruchungen nur für eine Hälfte des Balkens auszurechnen, und zwar für die relativen Abszissenwerte $\xi = x/L = 0{,}4$, 0,8, 1,2, 1,6 und 2,0, in den Abständen $x = 0{,}4 \cdot$ $\cdot\, 3{,}36 = 1{,}34$, 2,68, 4,12, 5,36 und 6,72 m (s. Abb. 425).

Die Begriffe und Beiwerte gehen aus der folgenden Tabelle und aus den Tabellen 19 hervor.

Die Beanspruchungen sind in Abb. 425 gegeben.

Es soll jetzt vergleichshalber dasselbe Beispiel auf Grund des Bettungszifferverfahrens nach M. HETÉNYI überprüft werden (vgl. Gl. (223a bis c)].

Nach Gl. (214a) mit $t = 3B$ ist

$$C = \frac{2E_s}{B \cdot \ln \dfrac{B + 2t}{B}} = \frac{2 \cdot 5000}{1{,}0 \cdot 1{,}9} =$$

$$= 5250 \text{ t/m}^3 = 5{,}25 \text{ kg/cm}^3,$$

oder nach Gl. (214b), wenn für C_0 den aus der auf S. 425 angegebenen Tabelle für $\gamma = 1{,}76$ t/m³ interpolierten Wert von 7,6 kg/cm³ annehmen, gilt für

$$C = 7{,}6 \cdot \left(\frac{100 + 30}{2 \cdot 100}\right)^2 = 3{,}2 \text{ kg/cm}^3.$$

Im Mittel kann also $C = \dfrac{5{,}25 + 3{,}2}{2} = 4{,}2$ kg/cm³ angenommen werden.

$$J = 100 \cdot \frac{100^3}{12} = 8333000 \text{ cm}^4$$

ξ	0	0,4	0,8	1,2	1,6	2,0	
$\overline{p}$	0,38	0,34	0,26	0,19	0,13	0,08	$N/L = 50/3{,}36$
p	5,65	5,06	3,88	2,83	1,94	1,19	$= 14{,}9$
$\overline{Q}$	− 0,50	− 0,35	− 0,23	−0,14	−0,08	−0,04	$b \cdot N = 1{,}0 \cdot 50$
Q	−25,0	−17,50	−11,50	−7,00	−4,0	−2,0	$= 50$
$\overline{M}$	0,38	0,21	0,1	0,02	−0,02	−0,04	$b \cdot N \cdot L = 1 \cdot 50 \cdot 3{,}36$
M	64,0	35,2	16,80	3,36	−3,36	−6,72	$= 168{,}0$

und damit wird

$$L = \sqrt[4]{\frac{4E \cdot J}{C \cdot B}} = \sqrt[4]{\frac{4 \cdot 125000 \cdot 8333000}{4{,}2 \cdot 100}} = \sqrt[4]{9{,}95 \cdot 10^9} = 317 \text{ cm}.$$

$$\lambda = l/L = \frac{14{,}0}{3{,}17} = 4{,}41.$$

Die Sohlpressung ist in der Mitte

$$p_t = \frac{P}{2L \cdot B} \cdot \frac{\operatorname{ch}\lambda + \cos\lambda + 2}{\operatorname{sh}\lambda + \sin\lambda} = \frac{50}{2 \cdot 3{,}17} \cdot \frac{41{,}15 - 0{,}291 + 2}{41{,}20 - 0{,}954} = 8{,}4 \text{ t/m}^2.$$

Die Sohlspannung an den Rändern:

$$p_s = \frac{2P}{L \cdot B} \cdot \frac{\operatorname{ch}\lambda/2 \cdot \cos\lambda/2}{\operatorname{sh}\lambda + \sin\lambda} = \frac{2 \cdot 50}{3{,}17 \cdot 1{,}0} \cdot \frac{4{,}59 \cdot (-0{,}5925)}{4{,}48 + 0{,}8055} = -1{,}62 \text{ t/m}^2.$$

Das maximale Biegemoment in der Mitte:

$$M_1 = \frac{P \cdot L}{4} \cdot \frac{\operatorname{ch}\lambda - \cos\lambda}{\operatorname{sh}\lambda + \sin\lambda} = \frac{50 \cdot 3{,}17}{4} \cdot \frac{41{,}15 + 0{,}291}{41{,}20 - 0{,}954} = 40{,}8 \text{ tm}.$$

Die Ergebnisse der auf zweierlei Wege durchgeführten Berechnungen erweisen, daß man nach der Elastizitätstheorie beträchtlich größere Biegemomente und bedeutend kleinere maximale Sohlspannungswerte erhält, als bei Anwendung des Bettungsziffernverfahrens. Zum Vergleich sind die beiden p- und M-Diagramme in Abb. 425 veranschaulicht.

C. Standsicherheitsnachweis bei Flächengründungen

Es wurde schon in der Einleitung erwähnt (vgl. S. 360), daß die Gründungen auch hinsichtlich ihrer Standsicherheit (gegen Gleiten, Kippen, Schrägstellen, Aufschwimmen usw.) geprüft werden müssen. Der Nachweis der Standsicherheit ist hauptsächlich bei schräggerichteten oder ausmittig angreifenden äußeren Kräften oder bei Vorhandensein ungleichmäßiger Bodenschichtungen (Schichten von veränderlicher Mächtigkeit und Zusammendrückbarkeit oder mit geneigter Oberfläche) erforderlich.

1. Nachweis gegen Gleiten

Gegen Gleiten sollen nicht nur schräg oder horizontal belastete Flächengründungen, sondern auch Schwimmkastengründungen geprüft, entsprechend gestaltet und bemessen werden. Das folgende Verfahren darf sinngemäß auch für diese Gründungen angewendet werden.

Der Nachweis gegen Gleiten wird im allgemeinen auf Grund der mechanischen Gesetze der Gleitreibung erfolgen. Demgemäß muß die auf der Gleitebene normal stehende, um den spezifischen Reibungswert (f) vermehrte Kraftresultierende (V) als Widerstandskraft der in der Gleitebene wirksamen Kraftresultierenden (H) mit einer im voraus zu bestimmenden Sicherheit (n_1) überlegen sein, d. h.

$$n_1 \cdot H \leqq f \cdot V. \tag{240}$$

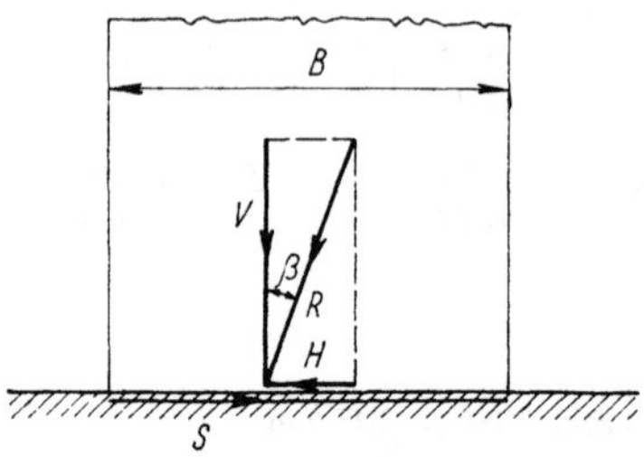

Abb. 426. Vergleitungsnachweis auf starrer waagerechter Fläche

Die Gefahr des Gleitens besteht vor allem bei Grundkörpern, die mit einer schräggerichteten Kraftwirkung belastet sind (Stützmauer, Brückenwiderlager, Ufermauer usw.). Dabei erscheinen die Kräfte H und V in der eben genannten Beziehung (240) als mit der Gleitebene parallele bzw. als normale Komponenten der angreifenden Resultierenden (R) (Abb. 246). Es wird also

$$H = R \cdot \sin \beta \qquad \text{und} \qquad V = R \cdot \cos \beta .$$

Diese Werte in Gl. (248) eingesetzt und f als den Tangens des Winkels (δ) der spezifischen Reibung ausgedrückt, ergeben: $n_1 \cdot R \cdot \sin \beta \leqq \operatorname{tg} \delta \cdot R \cdot \cos \beta$, woraus nach Umordnung und Vereinfachung $n_1 \cdot \operatorname{tg} \beta \leqq \operatorname{tg} \delta$, d. h. $n_1 \cdot \beta \leqq \delta$ oder mit $\delta \cong \varphi$

$$n_1 \cdot \beta \leqq \varphi \tag{241}$$

entsteht. φ bezeichnet den Reibungswinkel des Bodens, der als Höchstwert des Winkels der spezifischen Reibung (δ) aufgefaßt werden kann.

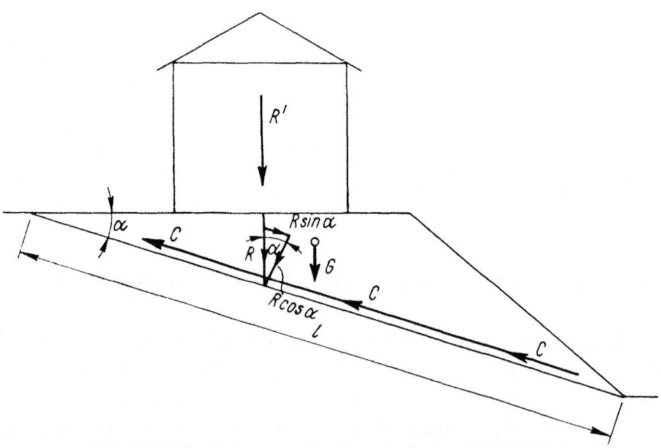

Abb. 427. Vergleitungsnachweis auf schräger Schichtfläche

Dieser Zusammenhang kann noch im Falle auf bindigen Boden gestellter Gründungen mit auf der Gleitfläche vorhandener Adhäsion ergänzt werden:

$$n_1 \cdot \operatorname{tg} \beta = \operatorname{tg} \delta + \frac{c \cdot B}{R \cdot \cos \beta}.$$

Die Werte $f = \operatorname{tg} \delta$ sind als Tabellenwerte in Kap. V. A. 4. b. angegeben, doch begeht man keinen großen Fehler, wenn man δ im Falle einer rauhen Sohlfläche einfach mit φ gleichstellt.

Die Bedingungen des Gleitens entlang der Oberfläche einer schräg einfallenden untenliegenden Bodenschicht werden in ähnlicher Weise bestimmt (Abb. 427).

Wenn die äußere Belastung mit R und das Gewicht der gleitenden Erdmasse mit G bezeichnet wird, kann man folgende Beziehung aufstellen:

$$n_1 (R + G) \sin \alpha \leqq (R + G) \cos \alpha \cdot \operatorname{tg} \varphi + l \cdot c,$$

und nach Vereinfachung und Umordnung erhält man

$$n_1 \cdot \operatorname{tg} \alpha \leqq \operatorname{tg} \varphi + \frac{l \cdot c}{(R + G) \cos \alpha}. \tag{242}$$

Der Sicherheitsbeiwert n_1 und der Winkel zwischen Kraftangriffslinie und Flächennormale α bzw. β auf der linken Seite stellen Größen dar, die als äußere Faktoren ein Gleiten ermöglichen können. Die absolute Größe der äußeren Kraftwirkung spielt bei diesem klassischen Nachweis keine Rolle, nur das Verhältnis der horizontalen zur vertikalen Komponente, also die Neigung der Kraftresultierende. Diese läßt sich entweder durch Verkleinerung der Horizontalkomponente oder durch Vergrößerung der Vertikalkomponente vermindern.

Diese Regel wird jedoch nur dann eine Gültigkeit haben, wenn die Tragfähigkeit des mit dem Grundkörper belasteten Untergrundes so bemessen ist, daß bei Vergrößerung der Vertikalkomponente die Grenztragfähigkeit nicht erreicht wird. Bei Böden ist das jedoch nicht der Fall, weil — besonders unter schrägen Lasten — die Steigerung der Spannungen zum einseitigen Grundbruch führen kann (vgl. Bd. I, S. 180; SOKOLOWSKIJ, DUBROW, SCHULTZE). Das bedeutet, daß die gegen die Beanspruchungen mobilisierbare Scherfestigkeit schrittweise abnimmt. Die Steigerung der Belastung über eine gewisse Grenze hinaus hat also zur Folge, daß *die schräg belastete Gründung durch Abscherung versagen wird, ehe der Gründungskörper entlang der Sohlfläche gleiten kann.*

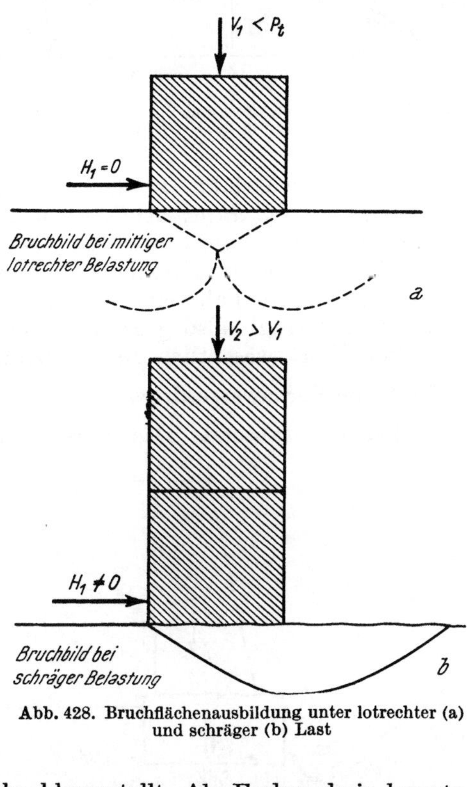

Abb. 428. Bruchflächenausbildung unter lotrechter (a) und schräger (b) Last

Diese Erscheinung wurde zuerst in Ungarn bei einem örtlichen Gleitversuch von L. VARGA [51] beobachtet, dann von Á. KÉZDI [52) theoretisch begründet und zuletzt durch gemeinsam durchgeführte Laboratoriumsversuche klargestellt. Als Endergebnis konnte festgestellt werden, daß die Steigerung der Normalkraft über eine gewisse Grenze hinaus den Widerstand gegen Gleiten nicht erhöht, sondern herabsetzt (Abb. 428). Die Gefahr einer Horizontalverschiebung wird nämlich durch die Steigerung der Vertikalkraft insofern erhöht, als sie einen Anteil der Scherfestigkeit des Bodens ($\tau = \sigma \cdot \operatorname{tg} \varphi + c$) in steigendem Maße in Anspruch nimmt, bis sie beim Erreichen der Bruchbelastung (P_t) gänzlich durch den Bruch endet. In der Wirklichkeit darf also statt der Gl. (240) nur mit dem Wert

$$n_1 \cdot H_{\text{eff}} \leqq V \cdot \operatorname{tg} \varphi$$

gerechnet werden, wobei die Verhältniszahl $h = \frac{H_{\text{eff}}}{V \cdot \operatorname{tg} \varphi}$ mit der Laststeigerung ständig abnimmt (vgl. Abb. 429).

Bei Beurteilung der erforderlichen Sicherheit kommt damit auch der Gründungsbreite eine Bedeutung zu, weil die Bruchlast selbst von der Gründungsbreite abhängig ist (vgl. Bd. I, Gl. 53).

Bei verhältnismäßig kleinen Belastungen bleibt der h-Wert in der Nähe von Eins (nahe der Coulombschen Geraden), wobei die Anwendung der Gl. (240) bis (242) noch als begründet gilt. In ähnlicher Weise kann es auch bei harten, bindigen Böden vorkommen, daß wegen der großen Scherfestigkeit und der glatten, rutschigen Bodenfläche der Widerstand gegen Gleiten früher abbricht, als der Bruch eintritt. Bei der Annahme des Sicherheitsfaktors kann davon ausgegangen werden, daß der Gleitwiderstand noch mit der wirklich auftretenden Adhäsion zunimmt, d. h.

$$n_1 = \frac{V \cdot f + A}{H} = \frac{V \cdot \operatorname{tg} \varphi + c \cdot B}{H} \quad \text{ist.}$$

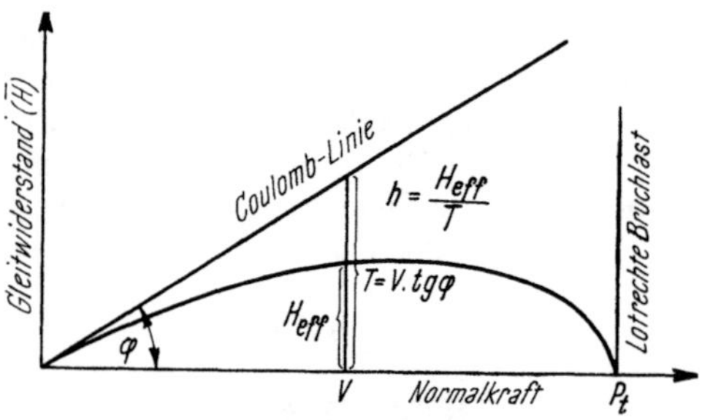

Abb. 429. Die Abnahme der Vergleitung widerstehenden Kraft mit der Steigerung des Vertikalkomponenten

Eine andere Gefahr, die den Grundbruch beschleunigt, verursacht die Aufbringung einer *plötzlichen Auflast*, wie es schon von Ohde [53], dann von Karafiáth [54, 55] bewiesen wurde. Karafiáth wies nach, daß die bekannte und hinsichtlich der Bodentragfähigkeit als sicher geltende Fröhlich-Maagsche kritische Randspannung im Falle einer plötzlichen Belastung nur $q'_{Kr} = \pi \cdot \sin \varphi \cdot t \cdot \gamma + c \cdot \cos \varphi$ beträgt, also gegenüber dem im I. Band S. 213 und in Gl. (113) ermittelten Wert wesentlich zurückbleibt, weil der infolge plötzlicher Belastung auftretende Porenwasserdruck $\left(\text{nach Florin } q_0 = \frac{\sigma_1 + \sigma_2}{2}\right)$ die Bruchfestigkeit des Bodens herabsetzt. Das Verminderungsmaß vergrößert sich mit φ, doch kommt diese Erscheinung praktisch nur in bindigen Böden von kleiner Durchlässigkeit, also bei kleinen φ-Werten, zur Geltung. In Böden mit größerer Durchlässigkeit kann der schädliche Porenwasserdruck eben wegen der größeren Durchlässigkeit überhaupt nicht auftreten.

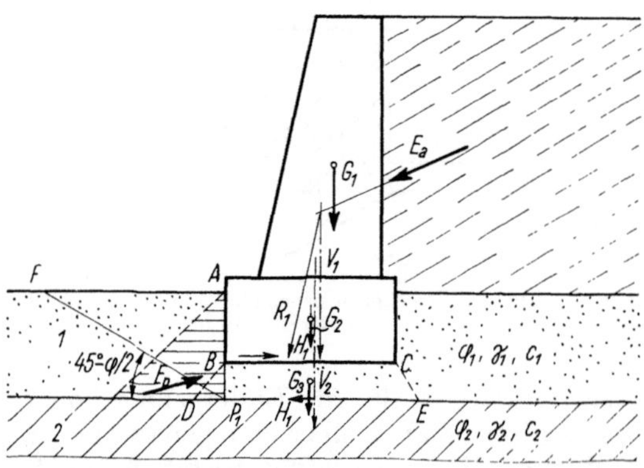

Abb. 430. Vergleitungsnachweis entlang einer naheliegenden unteren Schicht

Es ist eine praktische Erfahrung, daß es beim Nachweis einer Gleitung nicht genügt, den Reibungswiderstand der unmittelbar unter der Sohlfläche anstehenden Bodenschicht zu prüfen. Es muß die Möglichkeit eines Gleitens entlang der nicht zu tief darunterliegenden Bodenschichten mit kleinerem Reibungswinkel und Kohäsion überprüft werden (Abb. 430).

Unverkennbar wird bei zunehmender Tiefe auch der Erdkörper *BCDE* zusammen mit dem Gründungskörper auf der Oberfläche der tiefer anstehenden weichen Bodenschicht ② abgleiten. Zu den einer Gleitung entgegenwirkenden vertikalen Kräften müßte das Erdkörpergewicht G_3 zugerechnet werden, doch ist zu prüfen, ob diese Mehrbelastung die kleinere Tragfähigkeit der weicheren Bodenschicht ② nicht annulliert und ferner, ob der kleinere Reibungswiderstand dieser Schicht ($\varphi_2 < \varphi_1$ und $c_2 < c_1$) nicht eine größere Widerstandsverminderung darstellt, als die widerstandsvergrößernde Wirkung des Mehrgewichtes G_3 ausmacht. Der auf der Stirnfläche ABD' vorhandene und im Falle der Gleitung entlang einer tieferliegenden Ebene DE gewiß größere passive Erdwiderstand darf bei Standsicherheitsuntersuchungen nur bei Vorhandensein einer Spundwand mit betrachtet werden. Sonst muß er entweder zugunsten der Sicherheit vernachlässigt oder, falls es die Vorschriften verlangen, ein erhöhter Sicherheitsbeiwert angewendet werden. Das wird mit der Tatsache begründet, daß der passive Erddruck nur eine gewisse Kompression mobilisiert, wozu eine $^1/_{100}$ der Erdkörperhöhe betragende Verschiebung des Grundwerkes erforderlich ist. Das tatsächliche Maß wird angesichts dieser Mobilisierung noch größer, wenn man bedeutet, daß während des Aushubs der Baugrube der Boden entlang der Erdwand AB noch aufgelockert wird. Darüber hinaus ist es noch sehr oft fraglich, ob eine mehrere cm oder gar dm betragende horizontale Verschiebung in Hinsicht auf das Bauwerk zulässig erscheint. Als Beispiele für das Gleiten entlang der Oberfläche einer tieferliegenden weichen Bodenschicht bzw. für den Grundbruch unter schräg gerichteten Lasten können an dieser Stelle die Verschiebung der Ufermauer in Dunaujváros und die des Grundwerkes der Brücke in Ujlőrincfalva erwähnt werden (vgl. SZÉCHY: Gründungsschäden 33.6 und 43,3).

Die Bodenschichtung verzerrt auch die Form der Bruchfläche (vgl. KÉZDI: Bodenmechanik Bd. 2. S. 256).

Weiter ist es wichtig, daß die einflußreichen bodenphysikalischen Kennwerte φ und c beim Nachweis gegen Gleiten nicht mit ihren Durchschnittswerten, sondern, mit Rücksicht auf die unsicheren Annahmen, mit ihren Kleinstwerten in Rechnung gestellt werden. Es ist sogar zu empfehlen, bei der Festlegung dieser Werte auch die in der Zukunft zu erwartende Auswirkung etwaiger Durchnässungen (Niederschlag, Hochwasser, Stauwasser usw.) einzukalkulieren. Ist mit Grundwasser oder offenem Wasser zu rechnen, soll der Nachweis für den höchsten Wasserstand erfolgen. Die Einwirkung des Wasserstandes gefährdet nämlich in doppelter Hinsicht die Sicherheit: Erstens vermindert er durch die Herabsetzung der φ- und c-Werte die Scherfestigkeit und damit den Gleitwiderstand des Bodens, und zweitens vermindert er durch den erhöhten Auftrieb die Größe der Normalkräfte, die auch zugunsten des Gleitwiderstandes wirksam waren.

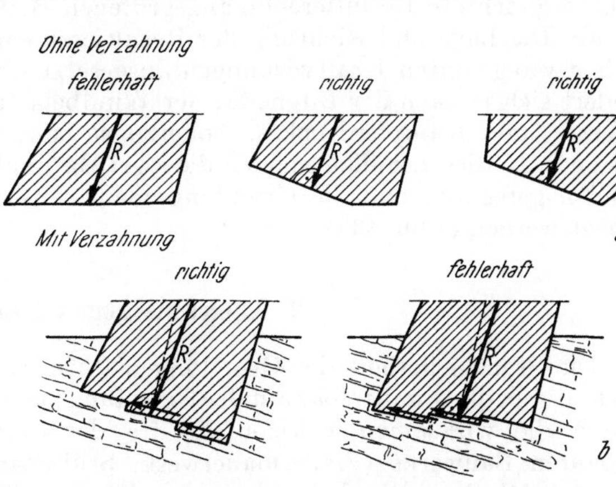

Abb. 431. Verzahnung der schräg belasteten Grundkörper

Es liegt im Interesse der Sicherheit, wenn die Sohlebene des Grundkörpers rechtwinklig zur angreifenden Resultierenden gewählt und eine Verzahnung oder Abstufung der Sohlfläche selbst vorgesehen wird. Diese Maßnahmen vermindern einerseits die Größe der in Richtung der Sohlebene wirkenden Kraftkomponenten, andererseits wirkt der

Scherwiderstand der einzelnen Zähne auch zugunsten der Gleitsicherheit (Abb. 431).

Die Verzahnung soll so gestaltet werden, daß die Stirnfläche der einzelnen Zähne parallel zur Kraftrichtung liegt, die Auflagerfläche dagegen normal dazu verläuft. Die Höhe der einzelnen Verzahnungen soll mindestens 20 cm betragen. Bei Verzahnungen, die in bindigen, wasserundurchlässigen Schichten vorgesehen werden, soll man Sorge tragen, daß das sich zwischen den Zähnen sammelnde Sickerwasser sicher und schnell abgeleitet wird, damit die etwaige Durchfeuchtung der Bodenoberfläche nicht den Reibungsbeiwert herabsetzen kann.

Die Verkleinerung des zwischen der Flächennormalen und der Kraftrichtung entstehenden Winkels β auf ein Minimum oder sogar auf Null und die dazu recht-

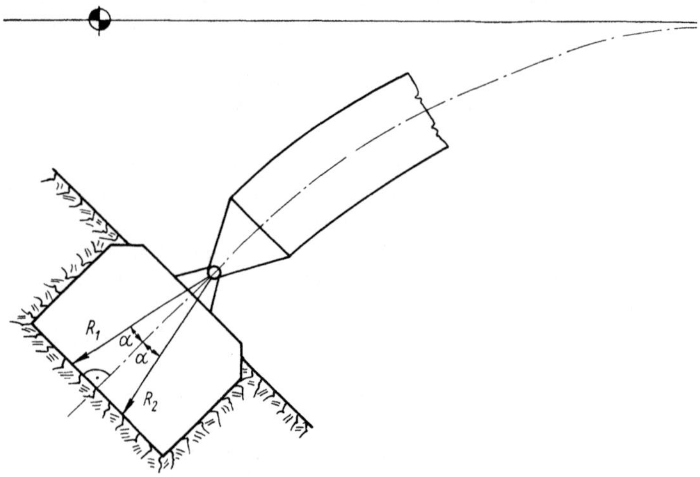

Abb. 432. Aufnahme der Gründungsebene bei sich ändernder Reaktionsrichtung

winklige Lage der Gründungsebene setzt die Gefahr einer Gleitung bei durch schräg gerichtete Resultierende angegriffenen Bauwerken allein schon wesentlich herab. Die Lage und Richtung der Resultierenden bei Bauwerken, die veränderlichen waagrechten Kraftwirkungen ausgesetzt sind, ist nicht konstant, sondern ändert sich je nach der Intensität der Windbelastung der Bremskräfte, des Erd-, Wasser- und Kämpferdruckes, Ankerzuges usw. von einem Maximalwert sogar bis zu 0. In diesen Fällen müssen die zwei Extremlagen (R_1 und R_2) der Resultierenden gerechnet und die Gründungsebene normal auf deren Halbierenden angelegt werden (Abb. 432).

2. Nachweis gegen Kippen

Die Standsicherheit der Gründungen (Sicherheit gegen Kippen) ist meistens nicht durch die unmittelbar auf der Gründung lastenden Horizontalkräfte, sondern durch die wirksamen Horizontalkräfte der daraufgebauten oder zusammengebauten Bauwerke (Pfeilermauerwerk, Stützmauer, Schornstein, Säule, Turm usw.) gefährdet. Die Einwirkungen, die ausmittig angreifende Resultierende zustande bringen können, können aus den vorher schon erwähnten Kräften bestehen.

Der übliche Nachweis besteht aus der Nachprüfung, ob die für den Gründungskörper um seinen Randpunkt A_1 wirkenden Stabilisierungsmomente das n_s-fache der drehend wirkenden Kippmomente betragen, sonst setzt die Kippgefahr ein (vgl. Abb. 436).

Man geht also auch hier davon aus, daß unter dem starren Gründungskörper eine ebenso starre Bodenschicht ansteht. Dadurch ist es vorstellbar, daß der Grundkörper bei Einwirkung der Drehkräfte um seinen Randpunkt ohne Einsenkung kippen kann. Die Sicherheit gegen Kippen (n_s) soll als Quotient der auf diesen Punkt gerechneten Stabilisierenden (M_s) und drehenden (M_f) Momente, also (Abb. 433)

$$n_s = M_s/M_f$$

sein.

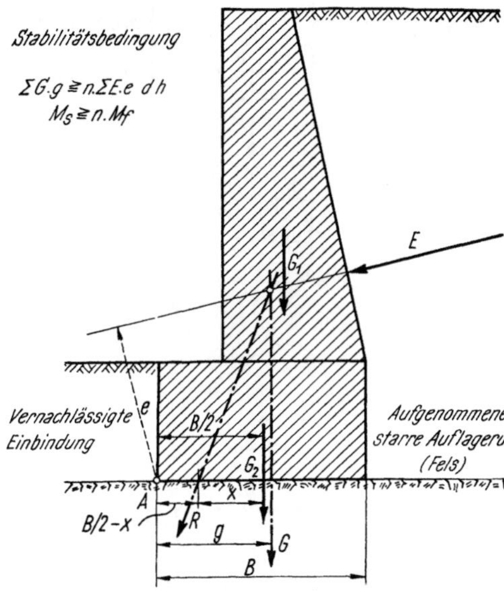

Abb. 433. Üblicher Vorgang beim Umkippungsnachweis

Dieser Fall ist jedoch nur für nicht zusammendrückbare Felsböden gültig. Sonst ist die Zusammendrückung der Böden so groß und ihre Tragfähigkeit derart gering, daß sich, ehe die Kippung eintritt, die Tragfähigkeit des Bodens unter der ständig zunehmenden Randbelastung verringert und infolge der großen Formänderungen im plastischen Bereich bei weiterer Belastung ein Ausweichen stattfindet. Das versetzt die Lage des Drehpunktes immer weiter vom Randpunkt nach innen (Abb. 434). Es kann sich sogar eine Gleitfläche unterhalb des Grundkörpers ausbilden, ähnlich Abb. 193).

Es erscheint daher richtig, die Frage der Kippsicherheit mit der Grundbruchsicherheit des Bodens in Verbindung zu bringen (wie es schon vorher im Falle der Gleitsicherheit gemacht wurde). Ein solches Gedankenmodell wurde von Schultze [56] für die Bestimmung der Kippsicherheit exzentrisch belasteter Grundkörper vorgeschlagen, das sich gleichzeitig auch für die Bestimmung der Grundbruchsicherheit eignet. Darauf wurde bereits im I. Band (S. 189, Abb. 115) eingegangen. Vollständigkeitshalber soll dieser Gedankengang hier kurz wiederholt werden.

Zuerst setzt man voraus, daß die aus der exzentrischen Belastung ermittelte Randspannung (σ_t) die hier vorhandene Bruchspannungsordinate (σ_{t0}) des Bodens nicht übertrifft. Der volle Bruchwiderstand wurde von Schultze durch die Fläche *ABCDE* dargestellt. Der gegen die ausmittige Belastung wirksame (lasttragende) Anteil dieser Fläche wurde so bestimmt, daß die Grenzlinie *CD* in Richtung der Kraftangriffslinie mit ihr selbst parallel verschoben wurde (Linie *2—2*), so weit, daß die dadurch erhaltene Fläche der vorausberechneten Spannungstrapezfläche (*ABCF*) gleich ist. Dabei soll die Ausmittigkeit ihres Schwerpunktes im Verhältnis zur Mittelachse einen Höchstwert (e') darstellen. Die Kippsicherheit (n_s) läßt sich in diesem Falle durch das Verhältnis $n_s = e'/e$ ausdrücken.

Im *zweiten* Falle übertrifft die aus der exzentrischen Belastung errechnete Randspannung (σ_t') die hier vorhandene Ordinate der Bruchfestigkeit, also ist $\sigma_t' > \sigma_{t0}$. Im Grunde genommen ist es die Aufgabe, auch jetzt zwei flächengleiche Spannungs- bzw. Bruchfestigkeitsdiagramme zu bestimmen, wobei der Schwerpunkt des Festigkeitsdiagrammes gleichzeitig die maximale Ausmittigkeit ergibt. Es muß also eine mit der Seite CD parallel laufende Gerade HI so bestimmt werden, daß die Fläche $\overline{AHIEA}$ gleich der Fläche $\overline{ABGFA}$ ist und daneben die Ausmittigkeit des Schwerpunktes S_3 einen Höchstwert erreicht. Die Kippsicherheit kann auch in diesem Falle durch die Verhältniszahl $n_s = e'/e$ ausgedrückt werden.

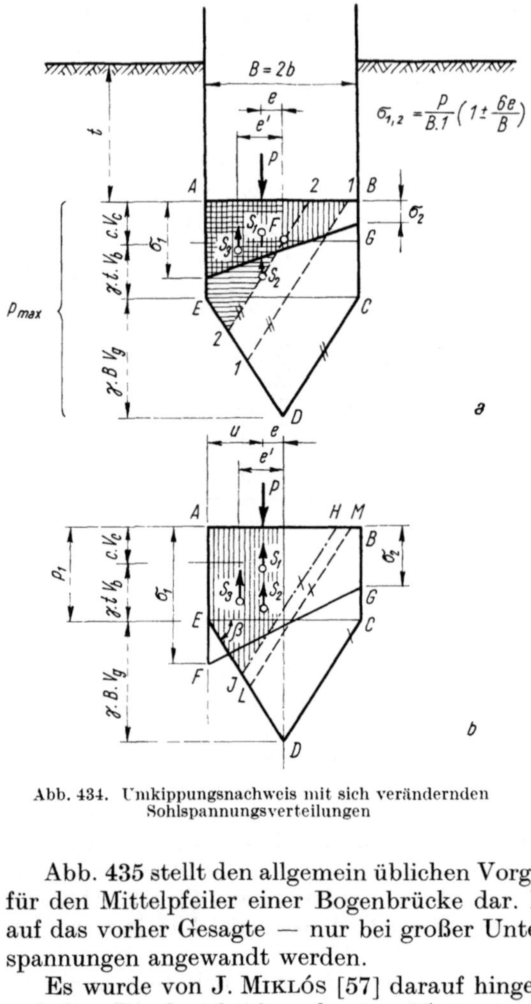

Abb. 434. Umkippungsnachweis mit sich verändernden Sohlspannungsverteilungen

Im Falle einer schrägen Resultierenden wird das vorgeführte Verfahren noch wie folgt ergänzt: Wenn der Grundkörper nicht nur exzentrisch belastet, sondern auch von Horizontalkräften angegriffen wird, muß der Bruchfestigkeitswert (σ_{t0}) und auch das Tragfähigkeitsdiagramm für eine der Resultierendenneigung entsprechende schräge und ausmittige Belastung aufgenommen werden. Dies wird ja zweifellos kleiner sein als für eine lotrechte Belastung (vgl. Bd. I, Abb. 108).

Die Standsicherheit durch Gewichtssteigerung darf also nur ohne Gefährdung der Bodentragfähigkeit erhöht werden. Bei der Ermittlung des Eigengewichtes muß in jedem Fall die etwaige Auftriebskraft beachtet werden, und die Standsicherheit ist immer im Hinblick auf den höchsten Wasserstand nachzuweisen (vgl. Abb. 435).

Abb. 435 stellt den allgemein üblichen Vorgang des Standsicherheitsnachweises für den Mittelpfeiler einer Bogenbrücke dar. Die Methode kann — im Hinblick auf das vorher Gesagte — nur bei großer Untergrundfestigkeit und kleinen Sohlspannungen angewandt werden.

Es wurde von J. Miklós [57] darauf hingewiesen, daß die Verhältniszahl der auf den Randpunkt berechneten Momente nicht als Sicherheitsmaß von allgemeiner Gültigkeit betrachtet werden kann, und es gibt Fälle, wo sie irreführend sein kann. Deshalb schlägt er als Sicherheitsmaß das Verhältnis der Halbbreite zum Abstand der gemeinsamen Resultierenden der stabilisierenden und drehend wirkenden Kräfte von der Mittelachse vor, d. h.

$$n_s = s/x \quad \text{(Abb. 436)}.$$

Bei Beurteilung der Kippsicherheit kann auch der Fall vorkommen, daß die Tragfähigkeit des Untergrundes angenähert oder sogar überschritten wird, wenn die schräg wirkenden stabilisierenden Kräfte vergrößert werden, was sich nicht zugunsten, sondern zum Schaden der Sicherheit auswirkt.

Es soll zuletzt noch erwähnt werden, daß die Sicherheit gegen Kippen durch Anwendung von Verankerungen wesentlich erhöht werden kann, wie auch die Anwendung von Spundwänden ein wirksames Behelfsmittel gegen Gleiten dar-

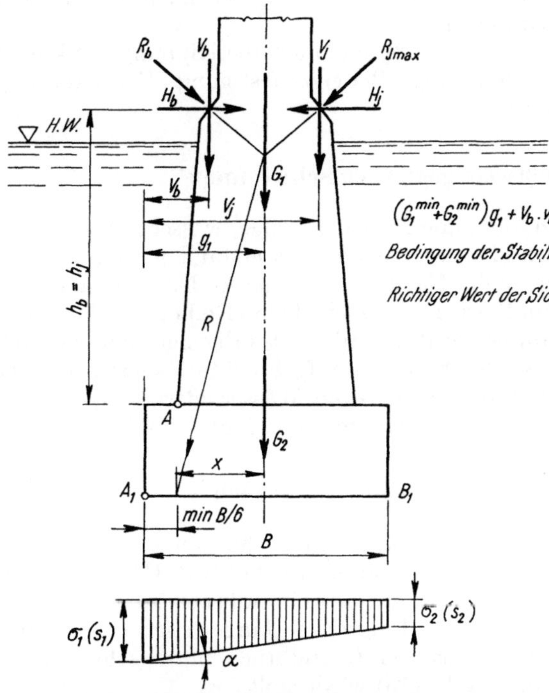

Abb. 435. Umkippungsnachweis des Zwischenpfeilers einer Bogenbrücke

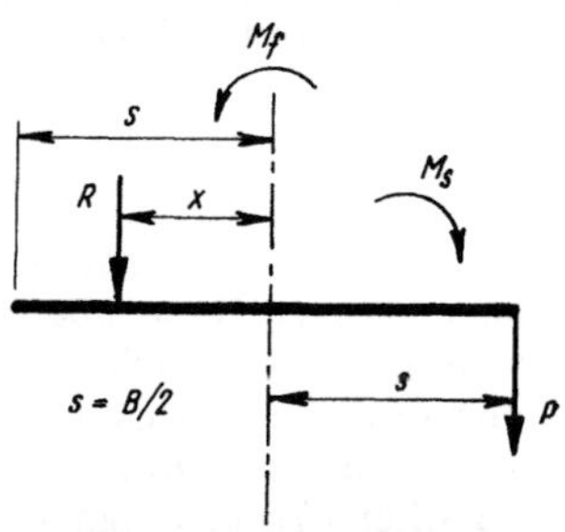

Abb. 436. Bestimmung der Umkippungssicherheit

stellt. Zum Beispiel kann ein Verankerungspfahl am entgegengesetzten Ende eine Zugkraft aufnehmen, die sich wegen der günstigen Lage und des beträchtlichen Dreharms sehr günstig auf die Standsicherheit auswirkt, die Ausmittigkeit (x) des Resultierenden wesentlich herabsetzt und damit die Sicherheit (n_s) erhöhen kann (vgl. Abb. 436).

3. Nachweis gegen Schrägstellen

Die Gefahr eines Kippens wird im Falle einer exzentrischen Belastung schon dadurch erhöht, daß der mehr belastete Rand A_1 sich mehr setzen wird als der weniger belastete Rand B_1. Dieser Setzungsunterschied ruft eine Schrägstellung hervor, die wiederum die Ausmittigkeit erhöht und die Standsicherheit vermindert. (Dies begründet die Vorschrift, daß die größte Ausmittigkeit der Resultierenden nicht mehr als $^1/_3$ der Gründungsbreite betragen darf. Das bedeutet, daß die Resultierende die Gründungssohle mindestens in einer Entfernung von $B/6$ vom Randpunkt A schneiden muß, unbeachtet, daß die Randspannungen die zulässigen Werte nicht überschreiten.

Wegen dieser Auswirkung muß die vom Setzungsunterschied herstammende Erscheinung nicht nur bei ausmittiger oder ungleichmäßiger Belastung — sondern auch bei Gründungen, die auf zusammendrückbaren Schichten von veränderlicher Mächtigkeit gestellt wurden — betrachtet werden.

Besonders bei Brückenwiderlagern, Viadukten, hohen Schornsteinen, Türmen und Behältern, also überall dort, wo Horizontalkräfte in großer Höhe über der Gründungsebene angreifen, soll nicht nur die Frage des Kippens, sondern auch die des Schrägstellens geprüft werden. (Die entsprechenden Zusammenhänge wurden schon auf S. 406 behandelt.)

Gegebenenfalls kann die Schrägstellung und auch die Kippung mit künstlichen Mitteln, z. B. Gründungsverbreiterung, Bodenverfestigung, Verankerung, Umspundung usw. verhindert werden.

4. Nachweis gegen Aufschwimmen

Dieser Nachweis soll in erster Linie für trogförmige, wasserdichte und ständig oder vorübergehend unter Grund- oder offenem Wasserstand geratene Gründungskörper vorgenommen werden. Beim Nachweis darf gegen den Auftriebsdruck nur das Eigengewicht des Grundkörpers, jedoch kein Reibungswiderstand oder passiver Erddruck als wirksam betrachtet werden. Das Eigengewicht wird nötigenfalls durch eine auf die Trogsohle besonders aufgebrachte Magerbetonauflast erhöht. Als künstliche Verankerungsmittel gegen Wasserauftrieb eignen sich hier besonders die Lackner-Kellerschen Rüttelkopfpfähle (vgl. Abb. 555).

5. Nachweis gegen Grundbruch

Die Frage des Grundbruches wurde theoretisch schon im Zusammenhang mit den zulässigen Bodenspannungen im I. Band des Buches (vgl. III. Kapitel, S. 140) ausführlich behandelt. Es wurde ferner auf den Grundbruch auch in Zusammenhang mit der richtigen Wahl der Gründungsebene hingewiesen (vgl. S. 368). Als Ergänzung zu Punkt 3 sei hier kurz der Grundbruch unter schräg belasteten Grundkörpern aus dem I. Band (Abb. 115) wiederholt.

Auf Grund der Abb. 434 kann nach SCHULTZE nicht nur die Kippsicherheit, sondern auch die Grundbruchsicherheit geprüft werden.

Im Falle *a*, wenn die Randspannung σ_1 die Bruchfestigkeit des Bodens nicht übersteigt, muß das dachförmige Tragfähigkeitsdiagramm so umgeformt werden, daß der Schwerpunkt S_2, der durch die mit der zur Seite CD parallelen Linie $1-1$ begrenzten Fläche $A11EA$ auf die Angriffslinie der Resultierenden der äußeren Kräfte P fällt und dabei einen maximalen Wert aufweist. Die Grundbruchsicherheit wird durch das Verhältnis

$$n_t = \frac{\text{Fläche}\,\overline{A11EA}}{\text{Fläche}\,\overline{ABGF}} = \frac{\text{Fläche}\,\overline{A11EA}}{P}$$

ausgedrückt.

Übersteigt jedoch die Randspannung σ_1 die vorhandene Bruchfestigkeit des Bodens, dann muß man durch die zur Seite CD parallelen Linie ML eine Fläche $\overline{AMLEA}$ auffinden, deren Schwerpunkt S_2 wieder auf die Angriffslinie von P fällt und dabei wieder einen maximalen Wert aufweist. Die Grundbruchsicherheit kann wieder durch die Verhältniszahl

$$n_t = \frac{\text{Fläche}\,\overline{AMLEA}}{P}$$

ermittelt werden.

Für schräge Belastungen kann man die Bruchfestigkeit des Bodens ($p_{\max}$) nach der Theorie von DUBROW oder SCHULTZE wieder mit einem der Neigung entsprechendem kleinerem Wert aufnehmen.

Schließlich stellt SCHULTZE (Grundbau Taschenbuch I, S. 115) in Abb. 437 dar, in welchem Maße die Sicherheit gegen Verschiebung (Grundbruch) erhöht wird, wenn an der Seite des Ausweichens eine entsprechend lange Spundwand gerammt wird. Die zusammengesetzte Gleitfläche darf in diesem Falle nicht vom

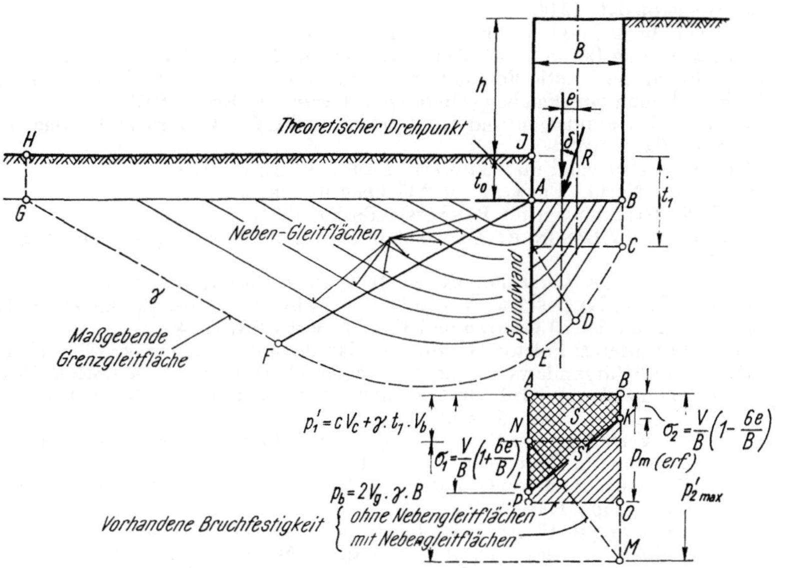

Abb. 437. Einfluß einer Spundwand auf die Erhöhung der Sicherheit

Punkt B, sondern vom Punkt C ausgehen. Das bedingt, daß die Bruchfestigkeit des Bodens so beeinträchtigt wird, als wäre nicht eine Gründungstiefe von t_0, sondern eine von t_1 vorhanden, was eine entsprechende Erhöhung des p_1'-Wertes mit sich bringt. Es können sich in vorteilhafter Weise keine Nebengleitflächen ausbilden und daher nicht die ganze Erdmasse in den Gleitgrenzzustand geraten. Folglich wird das Bruchfestigkeitsdiagramm eine dem Sohlspannungsdiagramm ähnliche, gleichmäßige Gestalt annehmen. Die Sicherheit wird durch die Verhältniszahl $n_t = S'/S$ ausgedrückt, worin S' die Fläche $\overline{ABMN} = \overline{ABOP}$, dagegen S die Fläche $\overline{ABKL}$ bezeichnen.

Die Sicherheit gegen Grundbruch ist in den verschiedenen Normen und Verordnungen — der Sicherheit gegen Gleiten und Kippen ähnlich — mit 1,5 bis 2 vorgeschrieben. In Hinsicht auf die Umstände, die bei der Behandlung der Bruchtheorien (Bd. I, S. 140) eingehend erörtert wurden, empfiehlt es sich hier jedoch, eine größere Sicherheitszahl (2,5 bis 3) anzunehmen. (Die neuesten Forschungen scheinen jedoch die niedrigeren Werte zu rechtfertigen.)

Allgemeine Literatur

ALLEN, G. u. T. SEVERN: The stresses in foundation rafts. Proc. of the Inst. of Civ. Engineers, London, 1960, Jan. u. Nov.

BACHUS, E.: Grundbaupraxis. Berlin-Göttingen-Heidelberg: Springer. 1961.

BALKO, J.: Die exakte Ermittlung der Sohldruckverteilung. Deutsche Bauenzyklopädie, Berlin, 1964.

DE BEER, E., u. KRSMANOVIC: Calcul des poutres sur le sol. Ann. Tr. Publ. de Belgique 104. Bruxelles, 1951/52.

BRENNECKE-LOHMEYER: Der Grundbau I—III. Berlin: W. Ernst. 1948.

DIN 4018. Flächengründungen.
FUCHSSTEINER, W.: Über die Bemessung von Flächengründungen. Die Bautechnik **1963**, H. 10, 331.
GORBUNOW POSADOW: Berechnung der auf elastischem Boden stehenden Konstruktionen. (Rastschet konstrukcij...) Moskau: Gosstroizdat. 1953.
GORBUNOW-POSADOW: Kreisplatten auf elastischer Unterlage. (Plitü na uprugom ...) Moskau: Gosstroizdat. 1944.
Grundbau Taschenbuch I—II. Berlin: W. Ernst. 1955.
GUERRIN, A.: Traité de Béton Armé Tome III. Les Fondations. Paris: Dunod. 1955.
HETÉNYI, M.: Beams on Elastic Foundations. Ann. Arbor: Univ. of Michigan Press. 1949.
KANY, M.: Berechnung von Flächengründungen. Berlin: W. Ernst. 1959.
KOLLBRUNNER, C. F.: Fundation und Konsolidation, Bd. I—II. Zürich: Schweiz. Druck- u. Verlagshaus. 1947—1948.
KÖGLER-SCHEIDIG: Baugrund und Bauwerk. Berlin: W. Ernst. 1948.
M. Sz. 15004. (Ung. Norm.) Entwurf von Flächengründungen.
ORDUJANC, K. S.: Gründungen für Bauwerke. Berlin, 1954.
PLAGEMANN, W. u. W. LANGNER: Die Gründung von Hoch- u. Ingenieurbauten. Leipzig: Teubner. 1958.
PRESS, H.: Der Boden als Baugrund. Mitteil. H. 9, 1939. Berlin: W. Ernst.
RIBIKIN, S. A. u. L. V. KUZNECOW: Versuche mit Stahlbeton Einzelfundamenten. (Eksperimentalnie issledowania ...) Osnowania i Fundamenti 1964, H. 4.
ROTH, K. u. L. FRIEDRICH: Polstergründungen. Bauplanung-Bautechnik, 1963, H. 10—11.
RUBIČEK-SMEJKAL: Stülpfundamente für vorgefertigte Stahlbeton-Säulen. (Základová patky pro prefabrikované sloupy.) Inž. Stavby **1960**, Nr. 2, 62 und **1961**, Nr. 4, 151.
SCHOKLITSCH, A.: Der Grundbau, 2. Aufl. Wien: Springer. 1952.
SCHULTZE, E.: Die Verteilung der Sohlpressungen unter Fundamenten. Mitt. Inst. Verkehrswasserbau, Grundbau u. Bodenmechanik, T.H. Aachen, H. 18, 1958.
SCHULTZE, E.: Die Berechnung von Gründungsplatten. Mitt. Inst. Verkehrswasserbau, Grundbau u. Bodenmechanik, T.H. Aachen, H. 9.
SCHULZE, W. E.: Grundbau, 13. Aufl. Stuttgart: Teubner. 1961.
SZÉCHY, K.: Grundbau II. (Alapozás, ung.) Budapest: Müszaki Kiadó 1963.
SZÉCHY, K.: Gründungsschäden. Wiesbaden-Berlin: Bauverlag. 1963.
SZÉCHY, K.: Grundbau. (Alapozàsok, ung.) Mérnöki Továbbképző Sz. M. 6. 1941.
TSCHEBOTARIOFF, G. P.: Soil Mechanics, Foundations and Earth Structures. New York-Toronto-London: McGraw-Hill. 1951.
TSITOWITSCH, N. A.: Bauwerke und Gründungen. (Osnowania i Fundamenti.) Goss. Isd. Lit. pro Stroit. Arch. Moskwa, 1953.
WASILJEW: Bauwerke und Gründungen. (Osnowania i fundamenti.) Moskau, 1955.
ZIMMERMANN, H.: Die Berechnung des Eisenbahnoberbaues, 2. Aufl. Berlin: W. Ernst. 1930.

Tiefgründungen

Als Tiefgründungen werden — wie schon in der Einleitung zu Abschn. B ausgeführt — jene bezeichnet, bei denen die Bauwerkslast nicht unmittelbar über die auf dem Baugrund aufliegende, als Fundament auszubildende Bauwerksfläche, sondern über eigene lastvermittelnde Elemente (Pfähle, Pfeiler, Brunnen, Senkkästen u. dgl. m.) auf tiefer anstehende tragfähige Bodenschichten übertragen wird. *Die richtige Wahl* der Gründungsart bildet die wichtigste, um nicht zu sagen, die grundlegende, zugleich aber auch die schwierigste Aufgabe der Gründungspraxis. Da es für sie keine festen Regeln gibt, erfordert die richtige Entscheidung neben fundierten Kenntnissen in den theoretischen Belangen der Gründung auch ein ungewöhnlich hohes Maß an Erfahrungen in der Ausführung von Gründungsarbeiten.

Zur richtigen Entscheidung müssen folgende *praktische Faktoren* gegeben sein:

a) entsprechende Gründungs- und Tiefbaupraxis,

b) genaue Übersicht über die verfügbaren Ausrüstungen und Baustoffe sowie deren konsequenter Einsatz,

c) Wirtschaftlichkeitsfaktoren,

d) genaue Kenntnis der Normen, Bauvorschriften und Gepflogenheiten,

an *theoretischen Faktoren* hingegen folgende:

e) völlige Klarheit über die Bodenschichtung und über die bodenphysikalischen Kennwerte der einzelnen Schichten,

f) genaue Unterlagen über die Festigkeits-, Tragfähigkeits- und Verformungseigenschaften der einzelnen Bodenschichten und deren eventuelle Veränderungen,

g) völlige Klarheit über die lokalen Umstände, die benachbarten Bauwerke, die Wasserverhältnisse und über deren Einfluß auf den Baugrund.

Die Gesichtspunkte der Wirtschaftlichkeit und Zweckmäßigkeit erfordern bekanntlich die *tunlichste* Anwendung von Flächengründungen. Eine Tiefgründung kann sich in folgenden Fällen als unausweichlich erweisen:

a) wenn die tragfähige Bodenschicht sehr tief ansteht, wenn die Lasten nicht vermindert und die zwischenliegenden Schichten nur auf unwirtschaftliche Weise verfestigt werden können,

b) Wenn die Baugrundentwässerung Schwierigkeiten verursacht oder Unterkolkungsgefahr besteht,

c) bei hochgradiger Setzungsempfindlichkeit des Bauwerkes,

d) wenn damit zu rechnen ist, daß in der Nähe des Bauwerkes später Einschnitte vorgenommen oder andere tiefgelegene Objekte errichtet werden.

Bei der Entscheidung sind zu beachten:

a) die Bodenschichtung und die Tragfähigkeit der einzelnen Schichten,

b) die Höhe des Grundwasserspiegels, eventuelle Entwässerungsschwierigkeiten und die Unterkolkungsgefahr infolge strömenden Wassers,

c) die Sicherheit benachbarter Bauwerke und die Gesichtspunkte der Bauausführung, die Bestimmung der Setzungsempfindlichkeit des Bauwerkes,

d) schließlich die Größe der Belastungen.

Für die Entscheidung Flächengründung oder Tiefgründung mag als Richtlinie dienen, daß die Tiefgründung stets zu wählen sein wird, wenn sich die Entwässerung oder Verfestigung der oberflächennahen, weniger tragfähigen Schichten als unmöglich oder als zu kostspielig erweist bzw. wenn es die Sicherheit des Fundaments oder die Bestimmung des Bauwerks erfordert.

Gewisse allgemeingültige Richtlinien mag auch die folgende, vom Gesichtspunkt der meist ausgeprägten Kennzeichen des Bauwerks zusammengestellte Gruppierung zu geben:

1. *Bei Gründungen von Brücken und Tragkonstruktionen* müssen große, konzentrierte Lasten durch offenes Wasser hindurch oder im Grundwasser in der Regel in großen Tiefen und auf kleinen Flächen bei großen spezifischen Belastungen auf den Boden übertragen werden.

2. *Die Gründungen von Wasserbauten* in offenem Wasser oder unter dem Grundwasserspiegel betreffen häufig relativ geringe spezifische Belastungen übertragende, in der Regel umfangreiche Bauwerke, die auch weiterhin den Einwirkungen des Wassers ausgesetzt bleiben.

3. *Bei Gebäudegründungen* sind Linien- oder Einzellasten auf möglichst oberflächennahe tragfähige Schichten ohne schwierigere Entwässerungs- oder Baugrubenabstützungsprobleme zu übertragen.

Dementsprechend erhalten die in die erste Gruppe fallenden Bauwerke im allgemeinen Tiefgründungen, es sei denn, in Oberflächennähe stehen Böden mit außergewöhnlich hoher Tragfähigkeit (Fels) an. In kleineren Tiefen kommen Brunnen- oder offene Kastengründungen, in mittleren Tiefen Pfahl- und in großen Tiefen Druckluft- oder Senkkastengründungen mit hydraulischer Förderung (Schmantpumpen) in Frage.

Bei Objekten der Gruppe 2 werden in der Hauptsache Flächen- (Platten-) und Senkkastengründungen angewandt. Eines der schwierigsten Probleme bei Herstellung derartiger großer und verhältnismäßig gering belasteter Fundamente bildet das Fernhalten des Wassers und die Entwässerung bzw. Trockenhaltung der Baugrube. Gegen Unterkolkungen und Auswaschungen schützt man sich in der Regel nicht durch Tieferlegung der Gründungssohle, sondern durch endgültig im Fundament verbleibende Schürzen unterschiedlicher Konstruktion aus verschiedenen Baustoffen. Bei Kaimauern empfiehlt sich neben der Schwimmkastengründung häufig auch die Aufstellung auf Pfähle. Flächengründungen sind im übrigen ebenso selten wie die Druckluftgründung.

In der dritten Gruppe kommen vor allen Dingen Flächengründungen (Streifen-, Streifengurt-, Einzel-, Block- und Plattengründungen) und zur Übertragung größerer Pfeiler- oder Mauerlasten aus Industriebauten auch Pfahl- oder Brunnengründungen vor. Zu diesen letzteren entschließt man sich, wenn die Flächengründung nur durch Anwendung einer Entwässerung hergestellt werden kann.

In der heutigen Baupraxis trifft man eher auf Tiefgründungen (vornehmlich Pfahlgründungen), selbst dort, wo auch eine Flächengründung durchaus genügen würde, und dies vor allen Dingen, weil man

a) *die Entwässerung der Baugrube* mangels geeigneter Ausrüstung oder Praxis, aber auch wegen einer gewissen Unsicherheit in der Beurteilung einzelner gefährlicher Faktoren (Spiegelschwankungen, Bodenverflüssigung, Baugrubeneinsturz usw.), aus Furcht vor Zeitverlusten und unberechenbaren Kostenauswirkungen vermeiden will, und weil

b) der Entwurfsbearbeiter *nach übertriebener Sicherheit strebt*, „ruhig schlafen“ will und sich nicht die Mühe nimmt, die Tragfähigkeit des Baugrundes und die Möglichkeiten seiner Verbesserung einerseits sowie die Setzungsempfindlichkeit des Bauwerkes andererseits real anhand sorgfältiger Berechnungen und Unterlagen auszuwerten. Trotzdem muß eine umfangreichere (tiefere) Gründung nicht unbedingt auch eine erhöhte Sicherheit bedeuten.

IV. Pfahlgründungen

Die seit längerer Zeit bekannte und einfachste Art der Tiefgründung ist die Pfahlgründung. Die Pfähle bilden hierbei jene *Vermittlungselemente*, die die auf dem Fundament aufsitzende Last auf den tragfähigen Boden übertragen, sofern der in der Bauwerkstiefe anstehende Baugrund nicht über die nötige Tragfähigkeit verfügt. Darüber hinaus erhöht das Verpfählen unter gewissen Umständen auch die Tragfähigkeit des Bodens und damit auch die Stabilität und Sicherheit von Fundament und Bauwerk. Die Verpfählung vermag aber auch weitreichendere Ziele zu verfolgen, ermöglicht sie es doch in konkreten Fällen, etwa Fundamentblöcke, die sonst unter den Grundwasserspiegel zu liegen kämen, über diesem zu halten und damit auch Entwässerungen einzusparen. Weiterhin können *Bauwerke vor Ausspülungen und Unterkolkungen* bewahrt und ganz allgemein dürfen die Pfähle als Abstützungen und Verankerungen angelegt werden. (Verankerung von Spundwänden und Dalben, von unter Auftrieb stehenden Bauwerksteilen, wie Schleusensohlen u. dgl., gegen waagrecht, schräg oder von unten angreifende Kräfte, wie Stöße, Wind, Anker- und Auftriebskräfte u. ä. m.)

Die Anwendung der Pfahlgründung läßt sich mithin um drei Hauptziele gruppieren:

1. *Wenn die tragfähige Bodenschicht tief, meistens bis 20 m (neuerlich aber durch Sonderpfahlarten ganz bis 50···80 m) unter OK Gelände ansteht, und die Tragfähigkeit der überlagerten Schichten für sich allein nicht ausreicht.*

2. *Wenn die unmittelbar unter der Fundamentsohle anstehenden Bodenschichten der Gefahr der Ausspülung, Unterkolkung oder der Gefahr des Gleitens ausgesetzt sind.*

3. *Bei hohem Grundwasserspiegel.*

Selbstverständlich können auch andere Gesichtspunkte eine Pfahlgründung begründet erscheinen lassen, so etwa

4. wenn es sich um ein setzungsempfindliches, nicht genügend steifes Bauwerk handelt und das Ausmaß und die Ungleichmäßigkeit der zu erwartenden Setzungen tunlichst vermindert werden sollen,

5. wenn es sich um ein ausgedehntes, schwer und unterschiedlich belastetes Bauwerk handelt,

6. wenn eine andere Tiefgründungsart (z. B. eine Brunnenabsenkung) den Baugrund lockern und damit die Standsicherheit benachbarter Bauwerke gefährden könnte,

7. wenn sich durch die Verpfählung die spezifische Tragfähigkeit des Bodens wesentlich erhöhen läßt,

8. wenn durch ihre Eignung zur Arbeitsmechanisierung die Anwendung von ganz kurzen Pfählen (2—3 m) sich rascher, wirtschaftlicher und weniger Arbeitskräfte benötigend erweist als eine Streifengründung.

Stets wird man sich jedoch vor Augen halten müssen, daß auch die Pfähle die Lasten nicht selbständig tragen, sondern diese in geeigneter Weise auf den Boden übertragen müssen. *Die sorgfältige Erkundung des Untergrundes und die Untersuchung seiner Festigkeit darf also auch bei Pfahlgründungen niemals unterlassen werden.*

Die wichtigsten Anwendungsbereiche und die Zweckmäßigkeit von Pfahlgründungen in Abhängigkeit von der Bodenschichtung veranschaulicht Abb. 438.

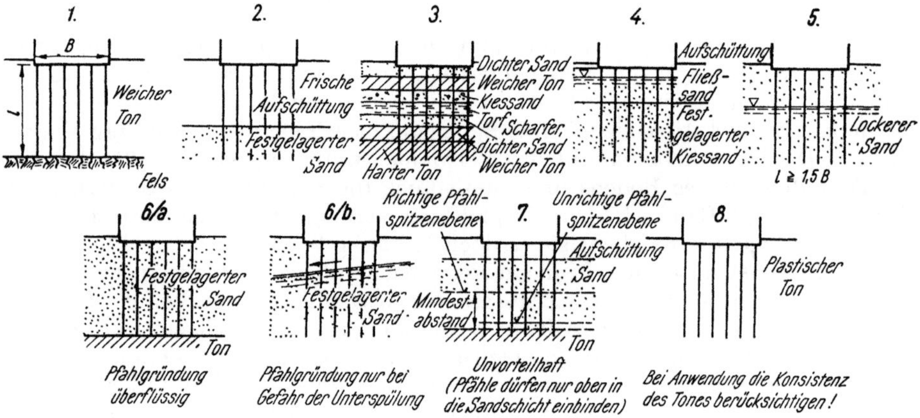

Abb. 438. Anwendungsmöglichkeiten der Pfahlgründungen

Das wichtigste Anwendungsgebiet der Pfahlgründung ist in den Fällen 1 und 2 gegeben, wenn also die Belastung wegen unzureichender Tragfähigkeit der in der Bauwerkssohle anstehenden Bodenschichten auf tiefer anstehende tragfähige Schichten übertragen werden muß. Im Falle 3 entspricht zwar die Tragfähigkeit der unter der Bauwerkssohle anstehenden Bodenschicht, doch ist ihre Mächtigkeit zu gering, und überdies steht unter ihr eine weiche Schicht an, die den zu übertragenden Spannungen nicht gewachsen ist. Unter dieser steht in allerdings geringer Mächtigkeit wieder eine tragfähige Schicht an, die wieder einer Torfschicht mit ganz geringer Tragfähigkeit überlagert ist. Bei Böden dieser Art, die aus Schichten geringer Mächtigkeit und stark wechselnder Tragfähigkeit aufgebaut sind, wird wieder die Pfahlgründung die befriedigende und wirtschaftliche Lösung darstellen, da sie die Belastung auf eine tief anstehende, genügend mächtige und tragfähige Schicht überträgt. (Freilich muß hierbei mit der Gefahr des Auftretens der negativen Mantelreibung gerechnet werden! Vgl. Abb. 487.) In allen drei Fällen kommt die Anwendung der sogenannten *stehenden Pfähle* in Frage (vgl. weiter unten).

Im Falle 4 wird es zweckmäßig sein, die oberste labile Schicht im Hinblick auf den hohen Grundwasserstand und auf die voraussichtlichen Schwierigkeiten ihrer Entwässerung (wahrscheinlicher Grundbruch) aus der Lastübernahme auszuschalten und eine Pfahlgründung vorzunehmen. Zu dieser werden sich nicht nur die auf einer etwas tiefer festgelagerten Schicht *stehende* Pfähle eignen, sondern auch *schwebende* Pfähle, die in die sonst tragfähige, jedoch zum Fließen neigende Schicht tiefer einbinden.

Im Falle 5 hat die relativ nicht sehr tragfähige Lockersandschicht in der Bauwerkssohle keine ausreichende Tragfähigkeit. Auch nach unten zu bessert sich die in großer Mächtigkeit homogene Schicht nicht, offenbar nimmt jedoch ihre Tragfähigkeit mit der größeren Gründungstiefe zu. In einer tief hinab verlegten Gründungsebene kann also die Bauwerkslast auch auf diesen Boden übertragen werden. Ein Baugrubenaushub bis in diese Tiefe würde sich — besonders wenn er mit einer Entwässerung verbunden ist — bereits unwirtschaftlicher stellen als eine Gründung auf entsprechend lange Pfähle, die die Bauwerkslast durch die Mantelreibung und den Spitzenwiderstand im Grunde genommen gleichfalls mit einem tieferen Lastübertragungsschwerpunkt auf den Boden übertragen. Durch die Pfähle wird überdies das Zustandekommen der Gleitflächen eines Grundbruchs und das seitliche Ausweichen des Baugrundes erschwert. (Dies ist der typische Anwendungsbereich für *schwebende* Pfähle!)

Im Falle 6 ist eine Pfahlgründung völlig unbegründet, da auf den in der Bauwerkssohle in großer Mächtigkeit anstehenden Sand eine Flächengründung ohne Bedenken unmittelbar aufgesetzt werden kann. Ein Pfahlfundament herzustellen, wäre nur in dem unter 6b skizzierten Fall begründet, wenn nämlich die Strömung des Grundwassers oder des offenen Wassers das Flächenfundament zu unterkolken und zu unterspülen droht.

Im Falle 7 schließlich ist eine Pfahlgründung geradewegs nachteilig, weil sie die Bauwerkslast nahe an die Oberfläche der unmittelbar unter der belastbaren Sandschicht anstehenden weichen Tonschicht verlegt und damit diese überlastet. (In solchen Fällen muß die Gründung unbedingt um den links im Bilde gezeigten Sicherheitsabstand über der Oberfläche der weichen Tonschicht — oder etwaiger anderer nicht tragfähiger Schichten — stehenbleiben!)

Auch im Falle 8 kann sich die Anwendung schwebender Pfähle als schädlich erweisen, weil das Niederbringen der Pfähle das innere Gefüge des plastischen Tons zerstören und durch dessen Durchknetung seine Tragfähigkeit herabsetzen kann. (Vgl. Bd. I, Abb. 232.)

Außer in diesen Fällen werden Pfähle

9. für Zwecke der bereits erwähnten Verankerungen, Abstützungen, Unterfangungen und Stabilisierungen angewendet.

Unter den verschiedenen Arten der Tiefgründung sind es vor allen Dingen die Pfahlgründungen, die manchmal auch ganz überflüssig, ja mitunter zum Nachteil des Bauwerks gegenüber der Flächengründung angewendet werden. Auch heute noch ist in weiten Kreisen die Ansicht verbreitet, durch eine Pfahlgründung ließe sich grundsätzlich jede Unzulänglichkeit vermeiden. Noch häufiger trifft man auf die Anwendung übertrieben langer Pfähle, die unter ungezählten Schwierigkeiten, mit größter Mühe und mit zahlreichen Pfahlbrüchen in die vorgesehene Tiefe hinabgezwungen oder, wenn dies doch nicht gelingen will, zu 30 bis 40% geköpft, abgemeißelt und weggeworfen werden.

Besondere *Vorsicht* ist bei Pfahlgründungen *in lockerem oder in Fließsand* geboten, und zwar wegen der technologischen Schwierigkeiten bzw. wegen der schädlichen Auswirkungen einiger Einbringungsarten (Spülung usw.) (s. Abb. 554 u. 569).

Unangebracht ist ferner die Pfahlgründung, wenn in verhältnismäßig geringer Tiefe (6 bis 8 m) eine tragfähige, feste Bodenschicht ansteht und wenn sich die darüberliegenden Schichten gut baggern lassen. Es sind dies jene Böden, die eine Brunnen- oder Senkkastengründung erfordern. (Andererseits dürfen Brunnen- oder Kastenabsenkungen überhaupt nicht — oder nur unter Beachtung außergewöhnlicher Ausführungsmaßnahmen — vorgenommen werden, wenn sich in der unmittelbaren Nachbarschaft setzungsempfindliche Bauwerke befinden.)

Die Pfähle lassen sich nach verschiedenen Gesichtspunkten unterteilen.

1. *Nach ihrer Lastübertragungsweise* unterscheidet man:
a) stehende (Spitzendruck-)Pfähle,
b) schwebende (Reibungs-)Pfähle,
c) Verdichtungs- (Entwässerungs-) Pfähle
d) Abstützungs- oder Verankerungspfähle.

2. *Nach der Art ihrer Beanspruchung* sind zu unterscheiden:
a) Druckpfähle,
b) Zugpfähle,
c) auf Biegung beanspruchte Pfähle.

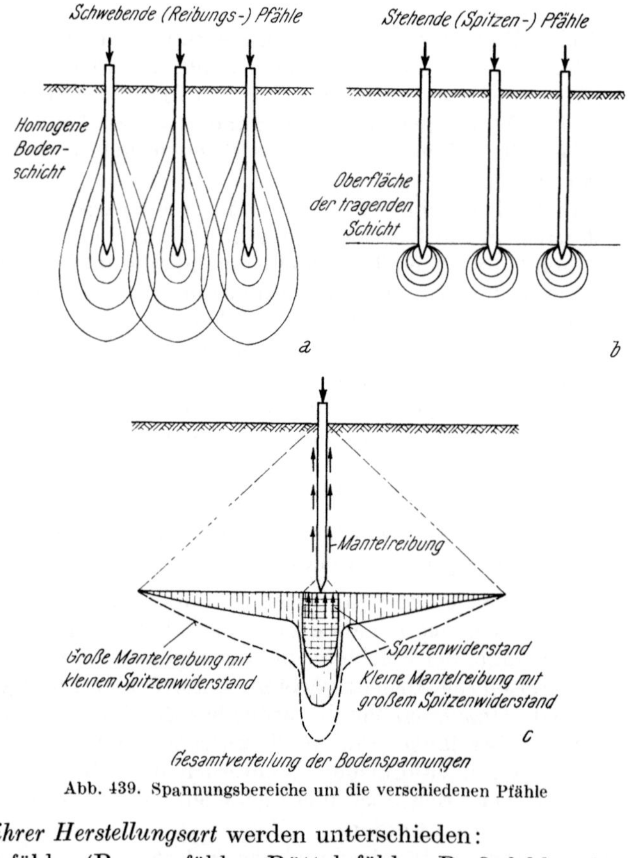

Abb. 439. Spannungsbereiche um die verschiedenen Pfähle

3. *Nach ihrer Herstellungsart* werden unterschieden:
a) Fertigpfähle (Rammpfähle, Rüttelpfähle, Preßpfähle, Spülpfähle und Schraubenpfähle),
b) Ortpfähle (Bohr-, Ramm-, Spül- usw. Pfähle mit und ohne Vortreibrohr).

4. *Nach dem Baustoff* schließlich unterscheidet man:
a) Rundholzpfähle,
b) Beton- und Spannbetonpfähle,
c) Stahlbetonpfähle,
d) Stahlpfähle und
e) kombinierte Pfähle.

Die Unterteilung der *in Pfahlgründungen zur Anwendung gelangenden* Pfähle muß sich in erster Linie nach der Art der Lastübertragung richten, die auf zwei grundlegend verschiedene Arten erfolgen kann.

1. *Der Pfahl wird durch eine zwischengelegene nicht tragfähige Schicht hindurch bis zur tiefer anstehenden tragfähigen Schicht niedergebracht*, auf die er die Last mit seiner *Spitze* (Spitzenwiderstand) oder, sofern diese zu klein wäre, unter Einbeziehung der in die tragfähige Schicht einbindenden Mantelfläche (Abb. 440, Fall 1 b) überträgt. (Es sind dies *die stehenden Pfähle*. Vgl. Abb. 438, Fälle 1 bis 3 und s. Abb. 439, Bild b.)

2. Die Tragfähigkeit der vom Pfahl berührten untersten Schicht ist nicht größer als die der zwischenliegenden Schichten, *der Pfahl hat also, genau genommen, teils die Aufgabe, eine größere Kraftübertragungsfläche zu sichern, an der entlang er die Last durch die Mantelreibung auf die durchfahrenen zwischenliegenden Schichten überträgt, teils den Lastschwerpunkt in eine größere Gründungstiefe zu verlegen. Bei Pfählen dieser Art spricht man von schwebenden Pfählen* (vgl. Abb. 438, Fall 5, und s. Abb. 439 a).

Den Unterschied verdeutlicht am besten die Form der im Boden um die Pfähle sich ausbildenden Spannungsbereiche, der Spannungsisobaren. *Diese Spannungsbereiche muß jeder Entwurf für Pfahlgründungen unbedingt in Betracht ziehen* (vgl. Abb. 439).

Naturgemäß handelt es sich bei diesen nur um theoretisch auseinandergehaltene Extremfälle, denn bei jedem einzelnen Pfahl sind an der Lastübertragung sowohl der Spitzenwiderstand als auch die Mantelreibung beteiligt, bloß ihre Anteile wechseln je nach der Bodenschichtung, nach Abmessung und Herstellungsart der Pfähle und je nach der Belastungsgröße (s. Abb. 439 c). Bei gewissen Einbringungsarten (Rammen, Einrütteln) kommt mit der Tragfähigkeit des Pfahles auch seine bodenverdichtende Wirkung zur Geltung.

3. Als dritte Pfahlart können auch noch die *Verdichtungspfähle* genannt werden, die jedoch die Last nicht selbst tragen, sondern lediglich das Porenvolumen des Bodens herabsetzen und damit dessen Dichte und Tragfähigkeit erhöhen, so daß sie eigentlich nur der Bodenverbesserung dienen.

Die Wirkungsweise bei Kraftübertragung dieser drei Pfahlarten veranschaulichen die Fälle 1 a bis 4 in Abb. 440. Der Fall 1 a zeigt die Wirkungsweise eines

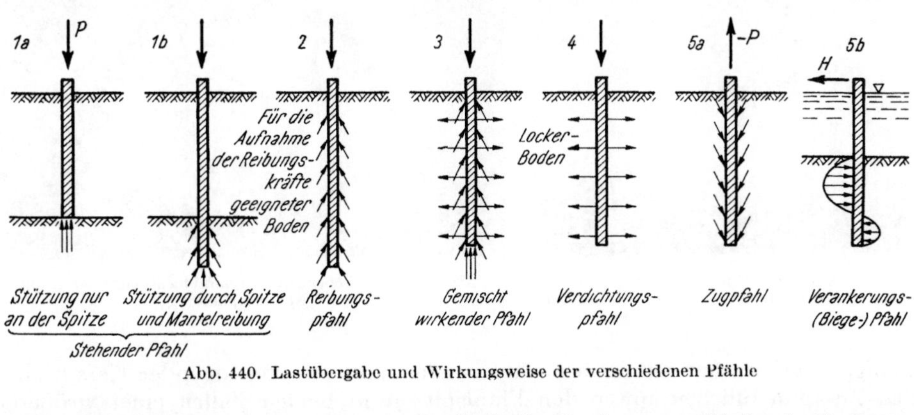

Abb. 440. Lastübergabe und Wirkungsweise der verschiedenen Pfähle

allein auf seine Spitze abgestützten, der Fall 1 b die eines sowohl durch die Spitze als auch durch den in die dichte Schicht einbindenden Mantelteil gestützten, der Fall 2 die des ausgesprochenen Reibungspfahles, der Fall 3 die des gemischt wirkenden schwebenden Pfahles und schließlich der Fall 4 die Wirkungsweise des ausgesprochenen Verdichtungspfahles, und zwar jeweils gegenüber einer von oben angreifenden lotrechten Last.

4. Anders wirken die zur *Stabilisierung* und *Verankerung* dienenden Pfähle, bei denen die Zugpfähle die an ihnen angreifenden Kräfte durch die Mantelreibung, die Verankerungspfähle hingegen durch den Erdwiderstand (den passiven Erddruck) auf den Boden übertragen. Der Fall 5a in Abb. 440 zeigt die dynamische Wirkungsweise eines gegen Zugkräfte, der Fall 5b hingegen einen gegen waagrecht angreifende Kräfte angewandten Verankerungspfahles. Wie ersichtlich, sind derartige Pfähle in erster Linie auf Biegung und auf Zug beansprucht, wogegen die in Gründungen eingebauten Pfähle überwiegend Druckkräften standzuhalten haben.

In den Entwürfen für Pfahlgründungen spielen in erster Linie die stehenden (Spitzendruck-) und die schwebenden (Reibungs-)Pfähle eine Rolle, weshalb hier zunächst deren Tragfähigkeit und sodann — weil Pfahlgründungen stets aus einer Vielzahl von Pfählen bestehen — ihre Wechselwirkung aufeinander behandelt werden soll.

Infolge der durch die Mantelreibung und durch den Spitzenwiderstand übertragenen Belastungen überlagern sich nämlich bei Pfahlgruppen die entstehenden Spannungsbereiche und weichen so von dem um den Einzelpfahl entstehenden Spannungsbereich ab. Diese Abweichung läßt sich an dem in Abb. 441 und 442 dargestellten spannungsoptischen Modellversuche gut erkennen. In der Pfahlfußebene entsteht unter der Gründung das Bild einer zusammenfließenden Sohlspannung ungleichmäßiger Intensität. Wie aus Abb. 439 folgt, fließen die Spannungsbereiche bei stehenden Pfählen weniger stark zusammen als bei schwebenden, und mit zunehmender Tiefe nimmt das Zusammenfließen unter den Pfahlspitzen in beiden Fällen einen größeren Umfang an. Über eine gewisse Grenze hinaus bildet sich bei Pfahlgründungen, gleich, aus welcher der beiden Pfahlarten sie bestehen, der für Flächenfundamente kennzeichnende glockenförmige Spannungsbereich aus (Abb. 443).

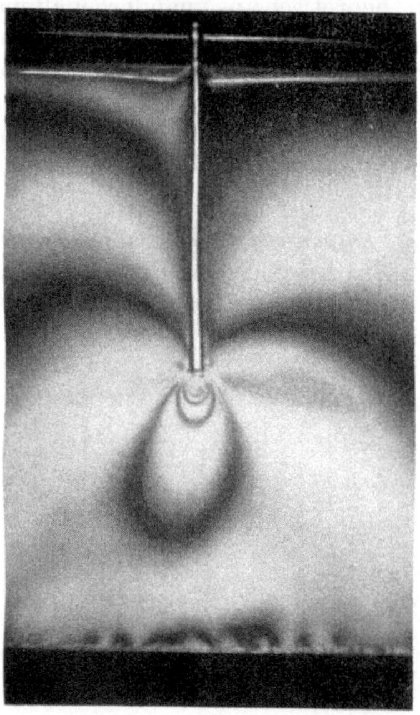

Abb. 441. Photoelastische Spannungsisochromaten um einen Einzelpfahl

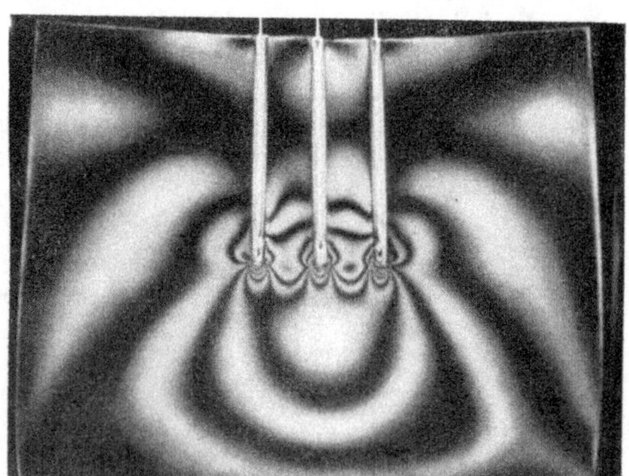

Abb. 442. Photoelastische Spannungsisochromaten um Nachbarpfähle

Im Entwurf für Pfahlgründungen kommt außer dem Tragvermögen der Einzelpfähle sowohl der Pfahllänge als auch dem Pfahlabstand große Bedeutung zu, was besonders für schwebende Pfähle gilt.

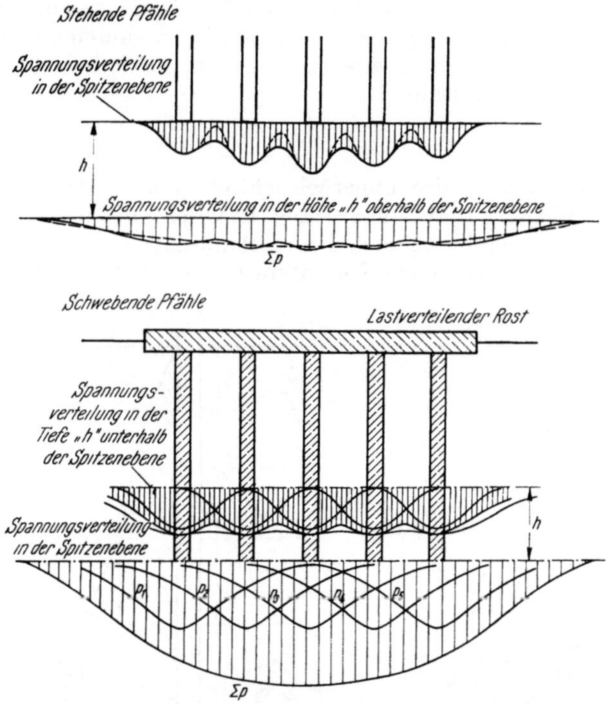

Abb. 443. Verteilung der lotrechten Spannungen unter stehenden und schwebenden Pfählen

A. Tragfähigkeit von Pfählen und Pfahlfundamenten

1. Tragfähigkeit von Pfählen (gegenüber lotrechter Belastung)

Gehört auch die Pfahlgründung zu den ältesten Gründungsverfahren, kann die verläßliche Vorausberechnung der Tragfähigkeit von Pfählen auch heute noch nicht als gelöst betrachtet werden. Die Schwierigkeiten, die sich einer eindeutigen theoretischen Lösung des Problems entgegenstellen, sind vor allem in der außerordentlich großen Veränderlichkeit des Bodens, in den Unsicherheiten bei Erfassung seiner physikalischen und seiner Festigkeitskennwerte und in deren Beeinflussung durch die Art der Pfahleinbringung zu suchen. Allgemein gesehen, läßt sich die Tragfähigkeit von Pfählen auf folgende Weise bestimmen:

1. anhand von auf der Bodenfestigkeitslehre beruhenden (statischen) Formeln,
2. anhand von Rammformeln (dynamische Formeln),
3. durch Probebelastung,
4. auf empirischem Wege bzw. anhand von Bauvorschriften.

a) Theoretische Ermittlung der Pfahltragfähigkeit

Pfähle müssen die auf sie aufgesetzten Lasten auf den Boden an ihren mit diesen in Berührung stehenden Flächen übertragen. Hieraus folgt — und auch die Theorien gehen hiervon aus —, daß sich die Tragfähigkeit aus zwei Teilen, der *Mantelreibung* (P_k) und dem *Spitzenwiderstand* (P_c), zusammensetzt. Die früheren Theorien haben diese beiden Komponenten je für sich berechnet und einfach summiert, es galt für sie mithin

$$P = P_k + P_c. \tag{243}$$

Entsprechend blieb es also unberücksichtigt, daß die beiden Komponenten voneinander unabhängig sind. Die ältesten Theorien gingen von der Überlegung aus, daß sich die Mantelreibung nach den mechanischen Gesetzen der Gleitreibung aus der auf den Mantel wirkenden Normalkraft, d. h. als Produkt aus dem aktiven

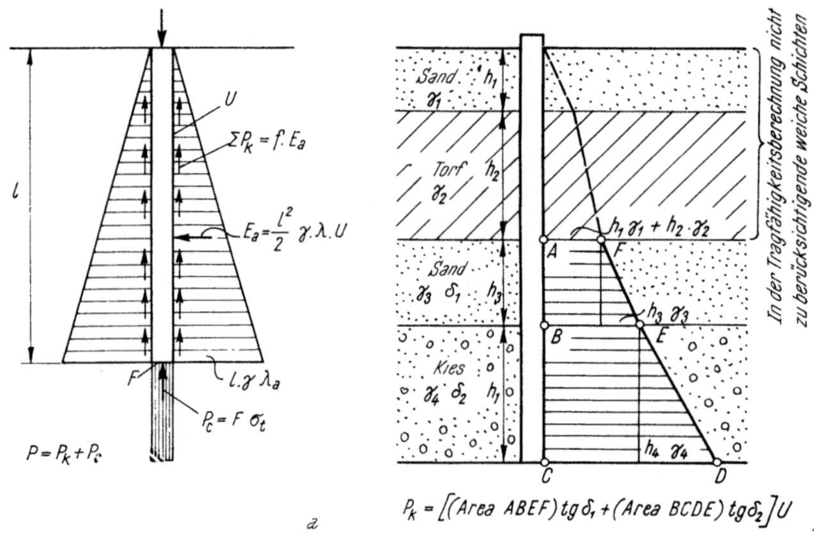

Abb. 444. Grundlage der statischen Tragfähigkeitsformeln

Erddruck und dem Koeffizienten (f) der spezifischen Reibung zwischen Mantel und Boden errechnet, daß also (s. Abb. 444)

$$P_K = U \cdot \frac{l^2}{2} \cdot \gamma \cdot \lambda_a \cdot f, \tag{244}$$

wobei U den Umfang des Pfahlquerschnitts, l die Pfahllänge, γ das Raumgewicht des Bodens und λ_a den aktiven Erddruckbeiwert bezeichnen.

Der Spitzenwiderstand hingegen kann dem Wert der an der Spitzenfläche auftretenden Bodenreaktion gleichgesetzt werden, die ihrerseits von DÖRR dem Erdwiderstand, von späteren Autoren hingegen der Bruchspannung des Bodens (σ_B) gleichgesetzt wurde. Auf dieser Grundlage gelangt man zu den allgemeinen Beziehungen

$$P_c = F \cdot l \cdot \gamma \cdot \lambda_p \quad \text{bzw.} \quad P_c = F \cdot \sigma_B \tag{245}$$

und aus (243—245) zu

$$P = P_k + P_c = U \cdot l^2/2 \cdot \gamma \cdot \lambda_a \cdot f + F \cdot \sigma_B. \tag{246}$$

[Bemerkt sei hier, daß DÖRR vorgeschlagen hat, in das erste Glied von (246) für konische Pfähle statt des λ_a den Erdwiderstandsbeiwert λ_p, für zylindrische oder prismatische hingegen einen Wert von $\varepsilon = 1 + \mathrm{tg}^2\,\varphi$ einzusetzen, was er schon damals mit dem verdichtenden Einfluß des Pfahlrammens begründete.]

In wechselnd geschichteten Böden ermittelte man den in (244) ausgedrückten Mantelreibungswert für jede Bodenschicht gesondert und addierte die einzelnen Teilergebnisse. Das ist ein offenkundig unrichtiges Verfahren, da ein und dieselbe Eindringung als Folge der unterschiedlichen Zusammendrückbarkeit der einzelnen Schichten verschieden hohe Widerstände und Spannungen auslöst (vgl. Abb. 444 und Abb. 492).

In den erwähnten Theorien war also stillschweigend vorausgesetzt, daß die die Tragfähigkeit des Pfahles bestimmenden Faktoren, der beim Gleiten längs der Mantelfläche auftretende *Reibungs-* und der beim Eindringen der Spitze auftretende *Verdrängungswiderstand*, gleichzeitig derart wirksam werden, daß beide ihren Maximalwert erreichen. Größenmäßig unterscheidet sich jedoch die Bewegung, die den beim Reibungswiderstand angenommenen aktiven Erddruck auslöst, von jener, den der beim Spitzenwiderstand angenommene passive Erddruck weckt, da der eine im Expansions-, der andere im Kompressionsgrenzzustand auftritt. Dazu wird der erste schon bei einer minimalen Verschiebung ausgelöst, während sich der andere erst bei einer maximalen Verschiebung ausbildet. Die Maximalwerte können sich also schon aus diesem Grunde allein nicht gleichzeitig einstellen. (Nach den Versuchen von ROWE [58] liegt allerdings die zur Auslösung des maximalen Scherwiderstandes erforderliche spezifische Verschiebung in körnigen Böden mit Werten zwischen 0,010 und 0,020 verhältnismäßig niedrig.)

Voneinander verschiedene Prozesse stellen auch das Gleiten längs der Mantelfläche und der Grundbruch unter der Pfahlspitze dar. Lediglich die Verschiebung haben sie gemeinsam, die diese verschiedenen Widerstände auslöst. Auf dieser Grundlage behandelten das Problem Á. KÉZDI [59] und J. CAMBEFORT [60] (s. a. weiter unten!).

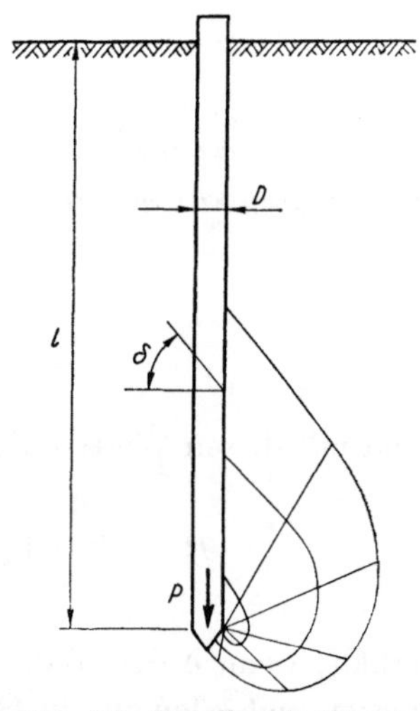

Abb. 445. Grundlage der Theorie von MEYERHOF

Es ist leicht einzusehen, daß der Grundbruch unter der Pfahlspitze durch die Mantelreibung, die Größe der am Mantel entlang auftretenden Reibung hingegen durch den Spitzenwiderstand bzw. durch den Grundbruch beeinflußt wird, denn die durch die Mantelreibung übertragenen Spannungen wirken in der Pfahlfußebene wie die gegen den Grundbruch wirksamen seitlichen Auflasten (vgl. Abb. 443). Andererseits werden die infolge des Grundbruchs unter der Pfahlspitze ausgleitenden Erdmassen im Ausweichen gegen den Mantel gedrückt (vgl. Abb. 445).

Unter den neueren Theorien läßt die von MEYERHOF [61] die Wechselwirkung zwischen Spitzenwiderstand und Mantelreibung noch unberücksichtigt, doch ist sie bereits bestrebt, die Bruchspannung unter der Pfahlspitze und die Mantelreibung genauer zu erfassen.

MEYERHOF nimmt nach dem Vorschlag JÁKYs eine Gleitfläche an, die von einer zum Pfahlmantel zurücklaufenden logarithmischen Spirale begrenzt ist (Abb. 445), um sodann den Spitzenwiderstand aus dem längs dieser Gleitfläche auftretenden Abscheren bedingte Bruchfestigkeit (σ_B) und aus der Spitzengrundfläche (F) zu ermitteln. Die Mantelreibung hingegen errechnet er in Abhängigkeit vom spezifischen Reibungskoeffizienten (f), der als Funktion der Normalspannung und der Adhäsion erscheint, woraus er die Beziehung

$$P = \sigma_B \cdot F + f \cdot U \cdot l \tag{247}$$

ableitet, in der

$$\sigma_B = c \cdot V_c + \lambda \cdot \gamma \cdot l \cdot V_b + D/2 \cdot \gamma \cdot V_g. \tag{248a}$$

Hierin bedeuten V_c und V_b die Beiwerte der beim Grundbruch auftretenden Widerstände, die in Abhängigkeit vom Reibungswinkel φ dem Schaubild in Abb. 446 entnommen werden können[1], während λ den Erddruckbeiwert in der um die Pfahlspitze sich ausbildenden Bruchzone bezeichnet. Das Glied V_g, welches das Eigengewicht des ausgleitenden Erdkeils ausdrückt, kann im Hinblick auf den im Verhältnis zur Pfahllänge (l) geringen Wert des Pfahldurchmessers (D) vernachlässigt werden, so daß (248a) die Form

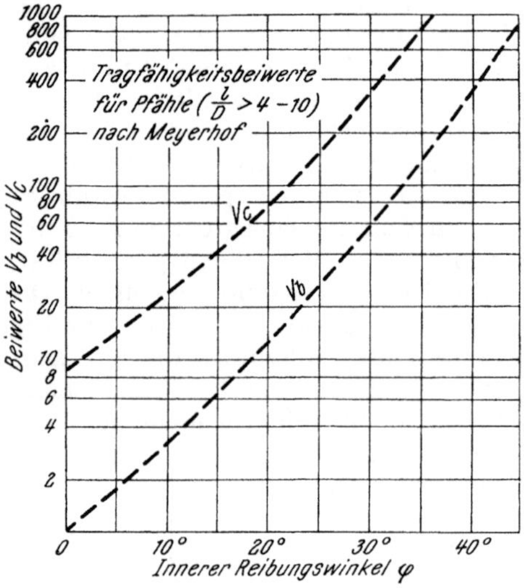

Abb. 446. Die Tragfähigkeitsbeiwerte von MEYERHOF

$$\sigma_B = c \cdot V_c + l \cdot \gamma \cdot \lambda \cdot V_b \tag{248b}$$

annimmt. Für die Einheit der am Pfahlmantel auftretenden Reibungskraft im zweiten Glied der Gl. (247) schreibt MEYERHOF

$$f = a + \sigma_x \cdot \sin \delta,$$

worin $\sigma_x = \dfrac{\bar{\lambda} \cdot \gamma \cdot l}{2 \cos \delta}$, so daß man

$$f = a + \frac{\bar{\lambda} \cdot \gamma \cdot l}{2} \cdot \operatorname{tg} \delta$$

und mit diesen Werten die allgemeine Formel

$$P = F(c \cdot V_c + l \cdot \gamma \cdot \lambda \cdot V_b) + U \cdot l \left(a + \frac{\bar{\lambda} \cdot \gamma \cdot l}{2} \operatorname{tg} \delta\right) \tag{249}$$

erhält, wenn δ den Winkel der Reibung zwischen Pfahl und Boden, a die Adhäsion und $\bar{\lambda}$ den auf die Gesamtpfahlfläche bezogenen mittleren Erddruckbeiwert bezeichnen, dessen Wert außer durch die Bodenbeschaffenheit in Tonböden auch durch die Art der Pfahlfertigung beeinflußt wird.

Bei körnigen Böden sind in die Gl. (249) folgende Werte einzusetzen:

$$a = 0; \quad c = 0 \quad \text{und} \quad \sigma_B = \lambda \cdot \gamma \cdot l \cdot V_b; \quad f = \frac{\bar{\gamma} \cdot \lambda \cdot l}{2} \operatorname{tg} \delta,$$

[1] Die Bestimmung dieser Widerstandsbeiwerte darf auf Grund der Bruchtheorie von MEYERHOF (vgl. I. Band, S. 172) für den Grenzfall $\beta = 90°$ erfolgt werden) s. Geotechnique, Vol. II, S. 4. 1951). Es sollte hier bemerkt werden, daß sich mit diesen Beiwerten viel zu hohe Tragfähigkeitswerte ergeben!

wobei in Lockerböden λ und $\bar{\lambda}$ zu 0,5, in dichten Böden λ und $\bar{\lambda}$ zu 1,0 angesetzt werden kann, d. h. es wird

$$P_1 = F \cdot l \cdot \gamma \cdot \lambda \cdot V_b + U \cdot l^2 \cdot \frac{\gamma \cdot \bar{\lambda}}{2} \operatorname{tg} \delta. \tag{250}$$

Später schlug MEYERHOF [62] die Modifikation vor, bei Pfählen in körnigen Böden die Spannung unter der Pfahlspitze anhand der Formel

$$\sigma_B = (\gamma' \cdot D/2 \cdot V_g' + \lambda \cdot \gamma' \cdot l \cdot V_b') \cdot l/10D, \tag{251}$$

die spezifische Reibung hingegen aus dem Zusammenhang

$$f = \lambda'/2 \cdot \gamma' \cdot l \cdot \operatorname{tg} \delta' \tag{252}$$

zu ermitteln. In diesen Formeln gehen δ', γ', λ', V_g und V_b mit den höheren Werten ein, wie sie sich infolge der rammungsbedingten Erhöhung des Reibungswinkels bzw. der Dichtigkeit ergeben. (Der vorgeschlagene annähernde Zusammenhang schreibt sich zu $\varphi' = 28° + D_r$, worin D_r die relative Dichte bedeutet.) Der Vermehrungsfaktor $l/10D$ ist nur dann einzusetzen, wenn $l/D > 10$, während das erste Glied des Klammerausdrucks in (251) vernachlässigt werden kann.

Für bindige Böden sind in die Formel (249) folgende Werte einzusetzen:

Wenn $\varphi = 0$; $\delta = 0$; $\sigma_B = 9{,}5c + \gamma \cdot l$, ferner $f = a$, woraus der Zusammenhang

$$P = F \cdot (9{,}5c + \gamma \cdot l) + U \cdot l \cdot a \tag{253}$$

folgt, worin der Höchstwert von a dem von c gleich sein kann.

Zu der die Mantelreibung auslösenden Adhäsion bemerkt übrigens MEYERHOF, daß sie sich, obwohl sie als Folge der Durchknetung des Bodens durch das Rammen vorübergehend abnehmen kann, in einigen Monaten völlig regeneriert. (Diese Feststellung ist jedoch nicht allgemein anerkannt. Es gibt Beobachtungen, nach denen diese Abnahme als endgültige zu betrachten ist.) [63]

Vermutlich war es diese Überlegung, die ihn zu der Feststellung führte, daß die Tragfähigkeit von Pfählen in bindigen Böden zum größeren Teil aus der Mantelreibung stammt, während der Spitzenwiderstand an ihr kaum beteiligt ist. Diese Fordernng darf indes auf keinen Fall verallgemeinert werden.

Die Praxis bedient sich ferner (z. B. für Benoto-Pfähle) der auf ähnlichen Grundsätzen beruhenden *Caquot-Kériselschen Formel*, die hier ohne nähere Erörterung angegeben sei.

$$\sigma_t = \gamma \cdot l (1 + 0{,}32 \operatorname{tg}^2 \varphi') \lambda_p \cdot e^{\pi \cdot \operatorname{tg} \varphi} + \\ + \frac{U}{F} \cdot \frac{1}{2} \cdot \gamma \cdot l^2 \cdot \operatorname{tg} \varphi' \cdot e^{\frac{19}{30} \operatorname{tg} \varphi' (4 + \operatorname{tg} \varphi'^{2/3})}, \tag{254}$$

wenn φ' den Winkel der inneren Reibung in der Bodenschicht über, φ hingegen den der inneren Reibung in der Bodenschicht unter der Pfahlfußebene, U den Pfahlumfang und F die Pfahlquerschnittfläche bezeichnet. Das erste Glied gibt auch hier den Spitzenwiderstand, das zweite hingegen die Mantelreibung an, wobei die beiden Werte voneinander keineswegs unabhängig sind. Mit steigendem Wert des einen sinkt der des anderen, so daß sich die Summe der beiden kaum ändert.

Aus dem Entstehen einer einheitlichen, von der Pfahlspitze ausgehenden und zur Mantelwand zurückgeneigten Gleitfläche und aus der Untersuchung des

Grundbruchgrenzzustandes leitete auch L'HERMINIER seine Theorie der Pfahltragfähigkeit ab [64]. Die Grundlage dieser Theorie bildet die Gleichstellung der beim Grenztragvermögen der Pfähle angenommenen Grundbruchgleitfläche mit jener, die sich bei der von JÁKY abgeleiteten *Spaltfestigkeit* ausbildet.

Gegenüber der ausschließlich aus den Grenzgleichgewichts-Bruchbedingungen abgeleiteten und die Rißfestigkeit bestimmenden Gleitfläche zog L'HERMINIER die Tatsache in Betracht, daß auf die Mantelfläche nicht normal gerichtete, sondern wegen der Reibung zwischen Boden und Manteloberfläche Spannungen wirken, die mit der Normalen den Winkel δ einschließen (Abb. 447). In diesem

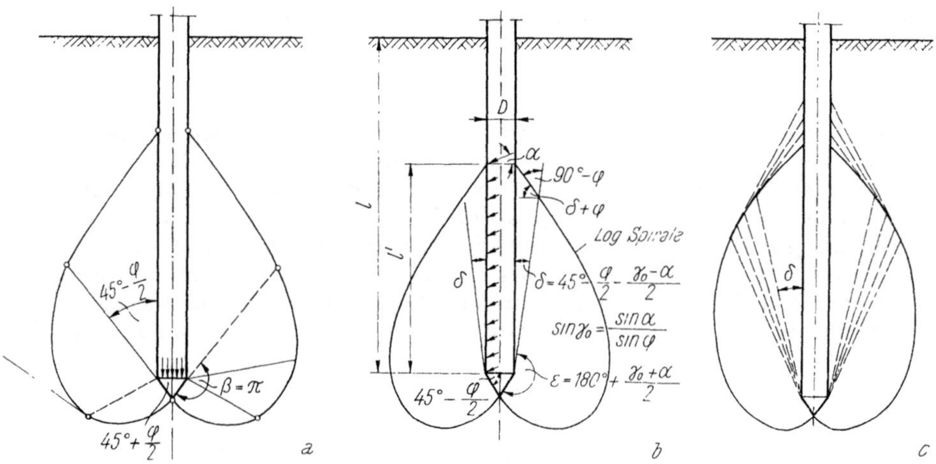

Abb. 447. Die in der Theorie von JAKY (a) und von L'HERMINIER (b) aufgenommenen Gleitlinien und die Veränderung des Winkels δ (c)

Sinne berücksichtigte er also den Einfluß der Mantelreibung auf den Spitzenwiderstand, da sie die Gestalt bzw. Größe der entstehenden Gleitfläche durch die Größe des Winkels δ beeinflußt (s. Abb. 447). Es gilt hierbei

$$\delta = 45^\circ - \frac{\varphi}{2} - \frac{\gamma_0 - \alpha}{2},$$

wobei der Hilfswinkel γ_0 aus der Beziehung

$$\sin \gamma_0 = \frac{\sin \alpha}{\sin \varphi}$$

ermittelt wird.

Die Grundformel der unter der Pfahlspitze auftretenden Bruchspannung läßt sich auch bei einer Drehung des Erdwiderstandsbereichs um 90° aus der bekannten Grundgleichung [s. Bd. I, Gl. (53)]

$$\sigma_B = c \cdot V_c + t \cdot \gamma \cdot V_b + b \cdot \gamma \cdot V_g = c \cdot V_c + l \cdot \gamma \cdot V_b + D/2 \cdot \gamma \cdot V_g \quad (255)$$

ermitteln. Da jedoch der Pfahldurchmesser (D) im Vergleich zur Pfahllänge (l) vernachlässigbar klein ist, darf in (255) das dritte Glied vernachlässigt und anhand des Zusammenhanges $V_c = (V_b - 1) \operatorname{cotg} \varphi$ die Größe V_c durch den Widerstandsbeiwert V_b ausgedrückt werden. Hierfür leitet L'HERMINIER den Zusammenhang

$$V_b = \lambda_p \left(1 - \frac{l'}{2l}\right) R(\alpha, \varphi) \tag{256a}$$

ab, in welchem

$$R(\alpha, \varphi) = (1 + \sin\varphi) \frac{\sin\gamma_0}{\sin(\gamma_0 - \alpha)} \cdot e^{(2\pi + \gamma_0 - \alpha)\operatorname{tg}\varphi}, \tag{256b}$$

während sich die Höhe l' der sogenannten *Tragfähigkeitszwiebel* zu

$$l' = \frac{D}{2} \cdot \frac{\sin(45^\circ + \varphi/(2)}{\cos\left(45^\circ + \varphi/2 - \frac{\gamma_0 - \alpha}{2}\right)} \cdot e^{\left(\pi + \frac{\gamma_0 - \alpha}{2}\right)\operatorname{tg}\varphi} \tag{256c}$$

errechnet. Für $\varphi = 40^\circ$ und für verschiedene Werte von α und λ_p gibt KARAFIÁTH [65] die hier folgenden Tabellenwerte an.

α	0°	10°	20°	30°	40°
λ_p	4,58	7,10	10,35	14,60	17,50
$1 - \frac{l'}{2l}$	0,554	0,575	0,600	0,620	0,643
$R(\alpha \cdot \varphi)$	0	9,5	9,6	9,25	8,64

Außer der Wechselwirkung zwischen Spitzenwiderstand und Mantelreibung erfaßt SZÉCHY in seiner für Ramm- und Bohrpfähle in körnigen Böden abgeleiteten Theorie [66] auch die *verdichtende* Wirkung des Rammens.

Die Theorie geht von dem Grundgedanken aus, daß zwischen den unter der Pfahlspitze auftretenden lotrechten Bodenspannungen (σ_t) und den am Mantel angreifenden waagrechten Druckspannungen (σ_x) beim Erreichen der Grenztragfähigkeit des Pfahles das Rankinesche Verhältnis besteht, daß also beide Richtungen als Hauptspannungsrichtungen angenommen werden können, so daß

$$\sigma_x = \frac{1 - \sin\varphi}{1 + \sin\varphi} \cdot \sigma_t$$

oder mit den üblichen Bezeichnungen

$$\sigma_x = \lambda_a \cdot \sigma_t, \tag{257a}$$

wenn σ_t die Bruchspannung des Bodens unter dem Pfahlfuß bedeutet (Abb. 448).

Im weiteren kann für den Spitzenwiderstand und die Mantelreibung eines l langen, im Querschnitt kreisförmigen Pfahles mit dem Halbmesser r anhand des obigen Zusammenhanges

$$P = P_c + P_k = \sigma_t \cdot r^2 \cdot \pi + 2r\pi \cdot \sigma_{xa} \cdot l \cdot f \tag{257b}$$

geschrieben werden. Nimmt man eine lineare Erddruckverteilung an (was bei Bohrpfählen begründet erscheint), dann ist

$$\sigma_{xa} = \frac{\sigma_x}{2} = \frac{\sigma_t \cdot \lambda_a}{2}$$

und bei Annahme einer parabelförmigen Verteilung (wie sie bei Ramm- oder Rüttelpfählen begründet ist):

$$\sigma_{xa} = \frac{2}{3}\,\sigma_x = \frac{2\sigma_t \cdot \lambda_a}{3}.$$

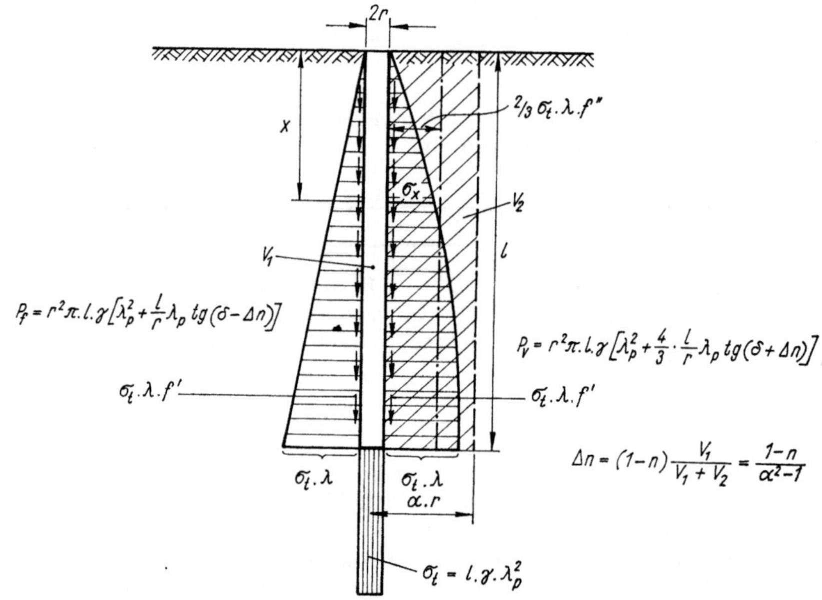

Abb. 448. Grundlegende Annahme der Theorie von SZÉCHY

Je nachdem, ob es sich um Ramm- oder Bohrpfähle handelt, muß auch den Unterschieden in den f-Werten Rechnung getragen werden. Das Bohren lockert den Boden, setzt also die spezifische Reibung auf den niedrigeren Wert f' herab. Die Verdichtung durch das Rammen bzw. Einrütteln erhöht demgegenüber den Wert von f auf f''.

Mit diesem Zusammenhang und mit (257 a) geht die Formel (257 b) für die Tragfähigkeit von Bohrpfählen in die Form

$$P_f = \sigma_t \cdot r^2 \cdot \pi\,[1 + l/r \cdot \lambda_a \cdot f'], \tag{258 a}$$

für die von Rammpfählen hingegen in die Form

$$P_v = \sigma_t \cdot r^2 \cdot \pi\,[1 + 4/3 \cdot l/r \cdot \lambda_a \cdot f''] \tag{258 b}$$

über.

Die Annahme der Rankineschen Beziehung zwischen lotrechter Bruchspannung und waagrecht gerichtetem Erddruck in dem beim Pfahl vorhandenen axialsymmetrischen — also nicht ebenen — Fall ist als Annäherung zu betrachten. Vergröbert wird diese Annäherung noch durch den Umstand, daß sie im Grunde genommen die Grenzwerte der durch die lotrechte Belastung ausgelösten waagrechten Lockerungs- bzw. Verdichtungsdrücke angibt und logisch einen Rückschluß aus der lotrechten Bruchkraft nur dann gestattet, wenn auch diese aus der Rankineschen Beziehung abgeleitet wird, wenn also in die Größe σ_t der Wert der Rankineschen Bruchlast eingesetzt wird, was allerdings auch mit den in dieser enthaltenen Annäherungen einhergeht [vgl. Bd. I, Gl. (36), S. 147]. Demnach hat man

$$\sigma_t = l \cdot \gamma \cdot \mathrm{tg}^4(45^\circ + \varphi/2).$$

Mit dieser Beziehung wird aus (258 b)

$$P_v = r^2 \cdot \pi \cdot l \cdot \gamma \cdot \mathrm{tg}^4(45^\circ + \varphi/2)\left[1 + \frac{4}{3} \cdot \frac{l}{r}\,\mathrm{tg}^2(45^\circ - \varphi/2)\, f''\right]$$

und da

$$\mathrm{tg}^2(45^\circ + \varphi/2) = \lambda_p \quad \text{und} \quad \mathrm{tg}^2(45^\circ - \varphi/2) = \frac{1}{\mathrm{tg}^2(45^\circ + \varphi/2)},$$

hat man schließlich

$$P_v = r^2 \cdot \pi \cdot l \cdot \gamma \cdot [\lambda_p^2 + 4/3 \cdot l/r \cdot \lambda_p \cdot f'']. \tag{259}$$

Der Wert des Reibungskoeffizienten kann unmittelbar mit dem Anwachsen ($\Delta\varphi$) bzw. mit dem Abnehmen ($-\Delta\varphi$) des Winkels der inneren Reibung in Zusammenhang gebracht werden, der seinerseits offenbar von der Ab- bzw. Zunahme des Porenvolumens ($+\Delta n$) abhängig sein wird. Nach experimentellen Feststellungen (vgl. Kézdi: Bodenmechanik, I., Abb. 257) kann angenähert angenommen werden, daß $\Delta\varphi$ mit abnehmendem Porenvolumen linear wächst bzw. abnimmt. Für Sandböden kann sein Wert zu $\Delta\varphi_h^0 = \Delta n/2\%$, für Kiesböden hingegen zu $\Delta\varphi_k^0 = \Delta n/4\%$ angesetzt werden.

Im voraus läßt sich indes nur die Gesamtabnahme des Porenvolumens berechnen. Sie wird dem gerammten bzw. eingerüttelten Pfahlvolumen bzw. bei Bohrpfählen dem Volumen (V_1) des zusätzlichen, über den theoretischen hinausgehenden Aushubs gleich sein. Die durchschnittliche, auf das Gesamtvolumen (V_2) des so beeinflußten Bereichs bezogene Abnahme des Porenvolumens schreibt sich als Durchschnittswert zu

$$\Delta n_a = (1 - n)\frac{V_1}{V_2 - V_1} = (1 - n)\frac{r^2 \cdot \pi \cdot l}{(\alpha r)^2 \cdot \pi \cdot l - r^2 \cdot \pi \cdot l} = \frac{1 - n}{\alpha^2 - 1}, \tag{260}$$

wenn α jenes Vielfache des Halbmessers bezeichnet, auf das sich die Verdichtung auswirkt, n hingegen das ursprüngliche Porenvolumen des Bodens bedeutet. Nach Abb. 477 kann der Wert von α zu 3 bis 4 angesetzt werden (in lockeren Böden der kleinere, in dichteren Böden der größere Wert!), und da das Ausmaß der Verdichtung mit wachsendem Abstand vom Pfahlmantel allmählich abnimmt, wird man zugunsten der Sicherheit verfahren, wenn man das Ausmaß der am Pfahlmantel auftretenden Verdichtung mit dem Zweifachen des mittleren Wertes, d. h. mit $\Delta n = 2\Delta n_a$ ansetzt.

Auf dieser Grundlage kann das Anwachsen des Winkels δ, der die spezifische Reibung zum Ausdruck bringt, in Sandböden zu $\Delta\varphi_h = \Delta n_a$, in Kiesböden zu $\Delta\varphi_k = \Delta n_a/2$ gesetzt werden. Mit diesen Werten hat man aus (259) für Ramm- oder Rüttelpfähle in Sandböden

$$P_v = r^2 \cdot \pi \cdot l \cdot \gamma\left[\lambda_{pc}^2 + \frac{4}{3} \cdot \frac{l}{r} \cdot \mathrm{tg}\,(\delta + \Delta n_a)\right] \tag{261 a}$$

und in Kiesböden

$$P_v = r^2 \cdot \pi \cdot l \cdot \gamma\left[\lambda_{pc}^2 + \frac{4}{3} \cdot \frac{l}{r} \cdot \lambda_p \cdot \mathrm{tg}\left(\delta + \frac{\Delta n_a}{2}\right)\right]. \tag{261 b}$$

(Bei Bohrpfählen wird der Wert Δn_a abgezogen und aus dem Verhältnis zwischen dem Volumen des zusätzlichen Mehraushubs und dem ursprünglichen Gesamtvolumen berechnet.)

In obigen Formeln bedeutet δ den Winkel der Reibung zwischen Pfahl und körnigem Boden, der mit Werten zwischen $^2/_3\varphi$ und $^3/_4\varphi$ angesetzt werden kann.

Die Formeln (259) geben die Bruchlast an. Ebenso bedeutet der Wert P_v die Bruchlast, die man mit einem Sicherheitskoeffizienten ($n_1 \geqq 2$) dividieren muß, um die zulässige Pfahlbelastung ($P_{zul} = P_v/n_1$) zu erhalten. (Es hatte sich bei der praktischen Anwendung der Formeln [261] ergeben, daß man bessere Ergebnisse erhält, wenn man die Zunahme des Reibungswinkels φ infolge Rammverdichtung auch im Spitzenwiderstand betrachtet und den λ_{pc}^2-Wert mit $\varphi + \Delta n_a$ bzw. mit $\varphi + \frac{\Delta n_a}{2}$ rechnet.)

Am genauesten läßt sich die Wechselwirkung erfassen, wenn man — wie hierauf von Á. Kézdi in seiner erwähnten Arbeit [59] bereits verwiesen wurde — die Mantelreibung und den Spitzenwiderstand analysiert, die durch das als einheit-

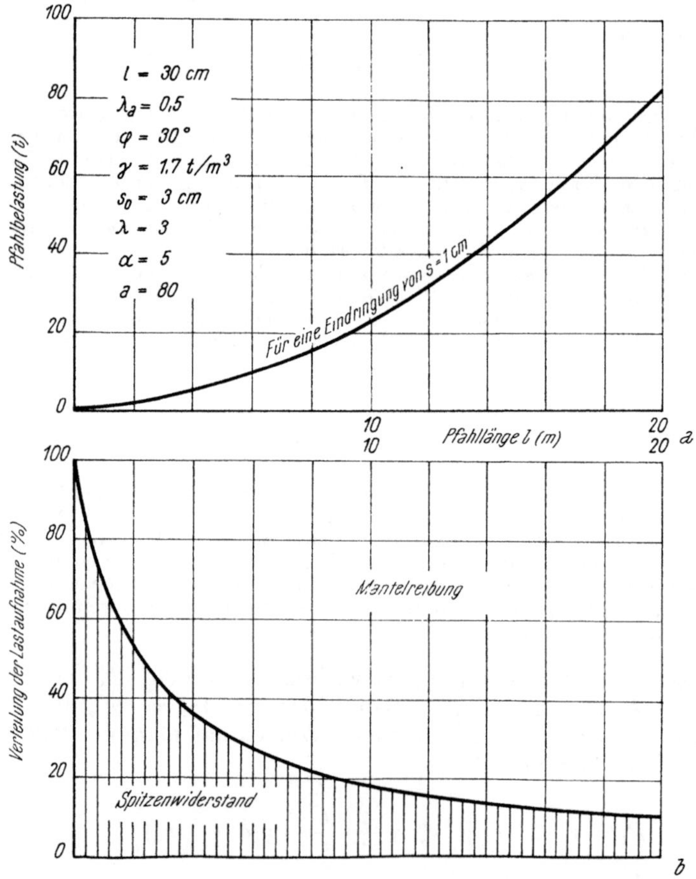

Abb. 449. Die Veränderung des Tragfähigkeitsanteils der Mantelreibung bzw. des Spitzenwiderstandes bei einer Eindringung von 1 cm in Abhängigkeit der Pfahllänge (Kézdi)

lich anzusehende Eindringen des Pfahles ausgelöst werden. In seiner Studie weist Kézdi auch theoretisch nach, daß für das einheitliche Eindringen hinsichtlich der Mantelreibung andere Verformungsgesetze maßgebend sind, daß es also andere Spannungen weckt und andere Widerstände auslöst, als sie beim Eindringen der Pfahlspitze auftreten. Ferner weist er nach, daß sich die Werte dieser Komponenten und ihr Verhältnis zueinander auch je nach den Pfahlabmessungen, nach den Pfahllängen, der Verschiebung, d. h. je nach der Belastungsgröße ständig ändern.

Die sorgfältige theoretische Analyse wird auf Grund eines neuen, auch das Eindringen berücksichtigenden und auch experimentell bestätigten Reibungsgesetzes durchgeführt und die Mantelreibung an ausgesprochenen Reibungspfählen und an säulenartig auf den steifen Untergrund sich abstützenden Pfählen theoretisch festgestellt. Schließlich gelangt er auf Grund halbbetrieblicher Versuche mit unterschiedlich langen Modellpfählen zu der Feststellung, daß die Tragfähigkeit des Pfahles durch die Formel

$$P = P_0 + \alpha_0 \cdot l + \beta \cdot l^2 \quad (262)$$

ausgedrückt werden kann, in der P_0 die Bruchlast eines auf die Geländeoberfläche aufgesetzten, der Pfahlgrundfläche entsprechenden Flächenfundaments, l hingegen die Pfahllänge bezeichnet, während α_0 und β Konstanten sind, die von einer von der inneren Reibung und vom Elastizitätsmodul abhängigen Verhältniszahl a und vom Seitendruckbeiwert λ_0 abhängen und vorderhand nicht im voraus rechnerisch, sondern nur durch Probebelastungen ermittelt werden können. (Der Seitendruckbeiwert (λ_0) dürfte seiner Auffassung nach größenmäßig nicht weit vom Erdwiderstandsbeiwert (λ_p) liegen.) Das Verfahren eignet sich also vorläufig

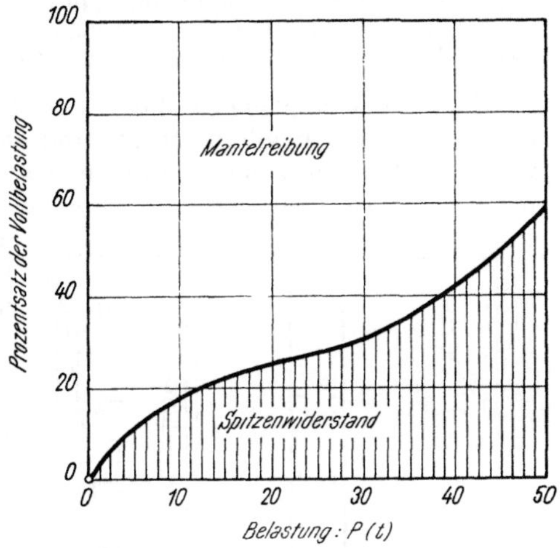

Abb. 450. Die Veränderung des Tragfähigkeitsanteils der Mantelreibung und des Spitzenwiderstandes in Abhängigkeit der Belastung (Kézdi)

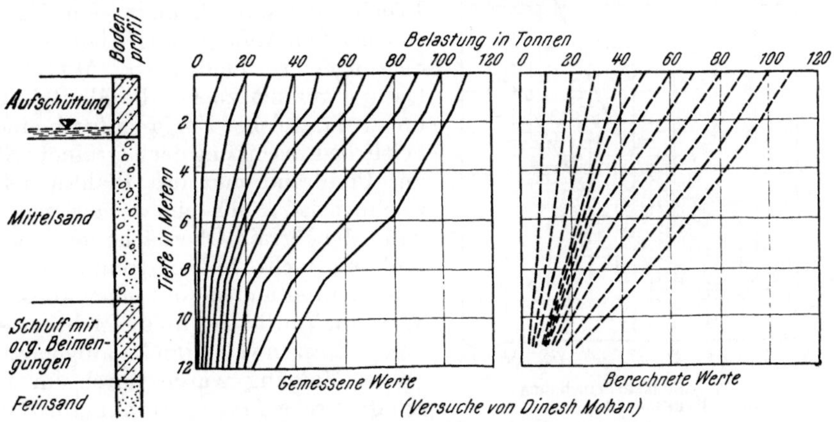

Abb. 451. Die durch Mantelreibung übergegebenen Pfahlkräfte (nach Cambefort)

nur zur genaueren Auswertung von Probebelastungen bzw. auf Grund von Probebelastungen zur genaueren Vorausschätzung der Tragfähigkeit benachbarter, unterschiedlich langer, ähnlicher Pfähle. In Übereinstimmung mit mehreren anderen Autoren ist Kézdi übrigens der Ansicht, daß es im Umkreis um die Pfähle zu keinerlei Brüchen kommt, weil die Bodenkörner durch die Verdichtung des umliegenden Bodens bei gleichzeitiger Herabsetzung des Porenvolumens und nicht infolge Ausgleitens in Bewegung geraten werden. (Nach BERESANTZEW stellt sich in körnigen Böden, sofern $l/B > 3$ bis 4, bei jeder Gründungsart dieser Zustand ein.)

Auf ein konkretes Zahlenbeispiel angewendet, ergibt sich nach der Kézdischen Theorie bei einer Eindringung von $s = 1$ cm, sofern das die maximale Reibung auslösende Eindringen $s_0 = 3$ cm ist, die in Abb. 449 dargestellte Anteilsverschiebung zwischen Spitzenwiderstand und Mantelreibung in Abhängigkeit von der Pfahllänge, während Abb. 450 die gleiche Anteilsverschiebung als Funktion der Pfahlbelastung zeigt.

Eine wichtige grundsätzliche Feststellung besagt, daß der Belastung gegenüber zunächst vor allem die Mantelreibung wirksam ist, da sie bis zum Grenzwert s_0 mit zunehmendem Eindringen wächst. Darüber hinaus steigt sie jedoch nicht mehr an, vielmehr nimmt die zusätzliche Belastung der Spitzenwiderstand auf (vgl. die Feststellungen von GOLUBKOW und CAMBEFORT über die Probebelastungsdiagramme auf S. 498 und 514).

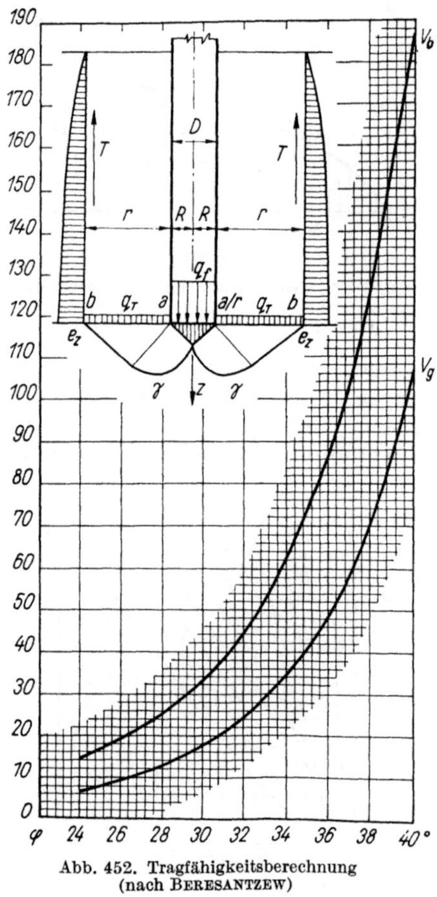

Abb. 452. Tragfähigkeitsberechnung (nach BERESANTZEW)

CAMBEFORT hatte aber auf Grund seiner Versuche und der Auswertung tatsächlicher Großversuche festgestellt [67], daß es in dem üblichen zulässigen Belastungsbereich kaum auf die Ausnützung des Spitzenwiderstandsanteils ankommt, weil dieser nur zu Lasten meist unerträglich großer Setzungen mobilisiert werden dürfte. Die großen Setzungen werden dadurch verständlich, daß unter der Pfahlspitze der Bruch wahrscheinlich nicht in Form eines Ausgleitens — entlang einer Gleitfläche —, sondern vielmehr in Form einer seitlichen Verdrängung (örtlicher Bruch) zustande kommt, ein Vorgang, welcher von Anfang an mit beträchtlichen Setzungen verbunden ist. Mit der Belastung nimmt zuerst die Mantelreibung linear zu, welcher Vorgang durch eine einheitliche Einsenkung der Terrainoberfläche am Pfahlrand und des Pfahles gekennzeichnet ist. Nach einem gewissen Wert kann die Terrain-Oberfläche der Pfahleinsenkung nicht folgen, trennt sich vom Pfahlmantel und nimmt einen konstanten Wert an. Von da ab wird die Mehrbelastung vom Spitzenwiderstand aufgenommen. Dieser Vorgang wurde durch im Pfahlschaft durchgeführte Spannungsmessungen festgestellt (Abb. 451), aus denen ganz klar hervorgeht, daß wegen der entlang des Pfahlmantels erfolgten Lastübergabe an der Pfahlspitze nur ganz kleine Spannungen zu verzeichnen waren. Auf Grund dieser Beobachtungen ist CAMBEFORT zu der Feststellung gelangt, daß als echte Spitzenpfähle nur die auf Fels- oder harten Mergelschichten stehenden Pfähle wirksam sein können.

Während die bisher erörterten Theorien die Tragfähigkeit von Pfählen auf Grund ebener Spannungszustände bestimmten, ist die Theorie von BERESANTZEW

[68] auf dem räumlichen Spannungszustand und Bruch aufgebaut. Nach Beresantzew bildet sich im Hinblick auf die Verdichtungsmöglichkeit um den Pfahl keine zusammenhängende Gleitfläche aus, weshalb er eine räumliche Gleitfläche nur unter der Pfahlspitze annimmt, auf der jedoch das Ausgleiten durch den um den Mantel sich ausbildenden Spannungskörper verhindert wird (Abb. 452). Das Gewicht des Spannungskörpers mit dem Halbmesser $r_0 = r + R$ wirkt also als Seitendruck, doch muß vom Gesamtgewicht die an der Grenzfläche des Spannungskörpers auftretende Reibung (Kraft T) abgezogen werden, die als Produkt des in der Erdmasse auftretenden spezifischen Seitendrucks σ_x und des Reibungskoeffizienten $\operatorname{tg}\varphi$ ermittelt werden kann.

Der an den Zylinderflächen angreifende Erddruck in der Tiefe z schreibt sich zu

$$\sigma_x = \frac{\operatorname{tg}(45^\circ - \varphi/2)}{\lambda - 1}\left\{1 - \left[\frac{1}{1 + \frac{z}{l_0}\operatorname{tg}(45^\circ - \varphi/2)}\right]^{\lambda - 1}\right\}\gamma_1 \cdot r_0, \tag{263}$$

worin φ_1 und γ_1 die ursprünglichen Kennwerte der Bodenschicht über der Pfahlfußebene bezeichnen, während $\lambda = 2\operatorname{tg}\varphi_1 \cdot \operatorname{tg}(45^\circ + \varphi/2)$ und

$$r_0 = R\left[1 + \frac{\sqrt{2}\cdot e^{(45^\circ - \varphi/2)\operatorname{tg}\varphi/2}}{\sin(45^\circ - \varphi/2)}\right]. \tag{264}$$

Die Größe des in der Gleitflächenebene wirkenden Seitendruckes schließlich ergibt sich in der Form $q_r = \alpha_r \cdot \gamma_1 \cdot l$, worin α_r von φ_1 und vom Quotienten l/D abhängt.

Tabelle für die α_r-Werte

l/D \ φ_1	26°	30°	34°	37°	40°
5	0,75	0,77	0,81	0,83	0,85
10	0,62	0,67	0,73	0,76	0,79
15	0,55	0,61	0,68	0,73	0,77
20	0,49	0,57	0,65	0,71	0,75
25	0,44	0,53	0,63	0,70	0,74
(33)	~0,519 (extrapoliert für das Beispiel)				

Mit dem obigen Wert für q_r geht die für den axialsymmetrischen räumlichen Grundbruch abgeleitete Beresantzewsche Beziehung [69] in die Form

$$q_f = V_g' \cdot \gamma \cdot D + V_b' \cdot q_r = V_g' \cdot \gamma \cdot D + V_b' \cdot \alpha_r \cdot \gamma_1 \cdot l \tag{265}$$

über, wobei V_g und V_b als räumliche Bruchwiderstandsbeiwerte dem Diagramm der Abb. 451 zu entnehmen sind. Die Pfahltragfähigkeit ergibt sich als das Produkt $P = F \cdot q_f$.

Wie aus diesen Ausführungen ersichtlich, hat die Theorie der Tragfähigkeit von Pfählen — besonders im letzten Jahrzehnt — eine bemerkenswerte Fortentwicklung erfahren, und der Vorgang der Lastübertragung sowie die Rolle jener Faktoren, die diese beeinflussen, können als geklärt betrachtet werden! Die Gesetze der Veränderung und der gegenseitigen Beeinflussung dieser Faktoren sind jedoch nach wie vor ungelöst. Die größte Wichtigkeit kommt unverändert der Ermittlung der Zusammenhänge zwischen Spitzenwiderstand und Mantelreibung auf Grund der einheitlichen Verschiebung, ferner der Erfassung des räumlichen

Spannungszustandes und schließlich der Klarstellung jener Bedingungen zu, unter denen die Verdichtung bzw. ein Bruch zustande kommen. Vielfach trifft man auch auf Bestrebungen, zur Erhöhung der Ermittlungsgenauigkeit einzelne Elemente aus Probebelastungen an Ort und Stelle zu übernehmen (vgl. S. 519 über die penetrometrischen Verfahren!).

Da die Entwurfsbearbeitung die statischen Formeln nicht entbehren kann, enthält auch die ungarische Norm MSz 15005 Zusammenhänge für die Ermittlung der voraussichtlichen Pfahltragfähigkeit. Sie beruhen auf der Ferrandonschen Grundbruchtheorie und haben die Form

$$P_H = \sigma_H \cdot F + f \cdot U \cdot l, \tag{266}$$

in der σ_H die in der Pfahlfußebene anzunehmende Grenzspannung, F die Fläche des Pfahlquerschnitts, U den Pfahlumfang, l die Pfahllänge, f hingegen den je nach der Bodenart veränderlichen Wert der spezifischen Reibung bezeichnen, der der hier folgenden Tabelle zu entnehmen ist.

Der Wert von σ_H ergibt sich aus der Formel $\sigma_H = (a \cdot l \cdot \gamma + bc)$ [t/m²], wobei a und b zwei vom Reibungswinkel φ abhängige Beiwerte, c hingegen die Kohäsion bezeichnen. In der hier folgenden Tabelle finden such auch die a- und b-Werte.

$\varphi =$	5°	10°	15°	20°	25°	30°	35°	40°	45°	50°
$a =$	0,45	1,4	2,3	3,9	6,0	9,2	14,8	22,1	33,6	69,1
$b =$	6,0	7,4	8,3	10,6	13,4	16,2	20,8	25,8	37,0	57,8

Bodenart	f = t/m²	Bodenart	f = t/m²
Weicher Schluff, organischer Schluff	0,2 — 1,8	Steifer, nicht knetbarer Ton, mit einem unter der Ausrollgrenze gelegenen Wassergehalt	2,8 — 3,5
Torf	0,35— 0,6	Festgelagerter, schluffiger Ton	3,5 — 5,8
Schluff im bildsamen Zustand	0,35— 1,8	Harter, steifer Ton	3,5 — 5,8
Weicher Ton	0,7 2,3	Schluffiger Sand	2,3 — 3,9
Magerer Ton im bildsamen Zustand	0,7 3,9	Sand	2,8 — 4,2
Steiniger, bindiger Ton (nicht ausrollbar)	1,8 3,4	Sandiger Kies	3,9 —11,6
		Kies	5,8 —13,6

Die Werte für a und b sind den hier folgenden Gleichungen gemäß aus der Ferradonschen Grundbruchformel übernommen.

Im übrigen ist zu bemerken, daß die P_H-Werte [Gl. (266)] als Grenzwerte für jene Belastungen angesehen werden, die gemäß den auf der Grenztragfähigkeit beruhenden plastischen Bemessungsvorschriften um die Vergrößerungsfaktoren n_1 und n_2 vermehrt sind.

Die niedrigeren Werte *für bindige Böden* sind für deren feuchteren, die höheren hingegen für deren trockeneren Zustand zu wählen. Bei *körnigen* Böden gelten die niedrigeren Werte für die lockere, die höheren Werte für die dichtere Lagerung. In geschichteten Böden darf die Mantelreibung in den lockeren Schichten nicht in Ansatz gebracht werden, vielmehr ist nur die Summierung der Mantelreibungen für die dichter gelagerten Schichten mit annähernd gleichen physikalischen Kennwerten gestattet.

Die ungarischen Vorschriften bestimmen, daß bei Berechnung der Pfahltragfähigkeit (P_0) mehrere reduzierende Faktoren anzuwenden sind, gleichviel ob sie auf Grund einer Ramm- oder einer statischen Formel oder durch eine Probebelastung ermittelt wurde. Dementsprechend (MSz 15005-1965) gilt

$$P_{hat} = \nu_1 \cdot \nu_2 \cdot \nu_3 \cdot P_0, \tag{267}$$

wobei ν_1 — in Abhängigkeit von der Art der Tragfähigkeitsermittlung — zu 0,50 anzusetzen ist, sofern diese anhand einer statischen oder dynamischen Formel, bzw. mit 0,7—0,9 zu nehmen ist, wenn sie auf Grund einer Probebelastung erfolgte. Während ν_2 die Gruppenwirkung ausrdückt und zwischen 0,8 und 1,0 schwankt, hängt ν_3 schließlich vom Umfang und von der Genauigkeit der vorangegangenen Bodenerkundung ab und schwankt zwischen 1,0 und 0,9.

Wie die Erfahrung zeigt, ist die Pfahltragfähigkeit nach diesem Verfahren mit übertriebener Sicherheit angesetzt, und die Reduktion ist übertrieben hoch — auch wenn noch die Unsicherheit in der Belastungsermittlung hinzugezählt ist.

(Es sei hier bemerkt, daß die Deutschen Gründungsvorschriften überhaupt keinen statische Tragfähigkeitsformel angeben und auch in der Neufassung der Ung. Vorschriften ausgelassen sind.)

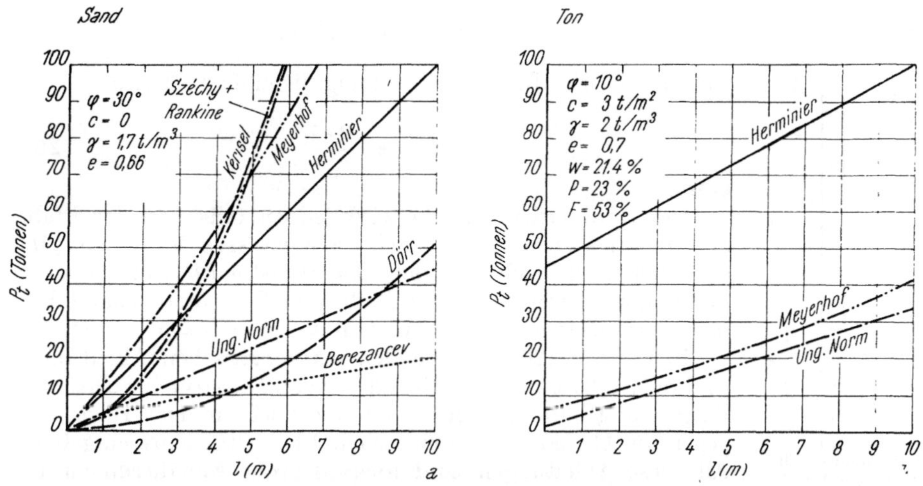

Abb. 453. Angaben eines Vergleichsbeispiels

Abb. 453 veranschaulicht die Abweichungen, wie sie sich in der Ermittlung der Pfahltragfähigkeit nach den hier erörterten Formeln bei Holzpfählen mit 30 cm Durchmesser und mit Längen zwischen 0 und 10 m in Sand ($\varphi = 30°$, $c = 0$, $\gamma = 1{,}7\ \mathrm{t/m^3}$, $e = 0{,}66$) bzw. in Ton ($\varphi = 10°$, $c = 3\ \mathrm{t/m^2}$, $\gamma = 2\ \mathrm{t/m^3}$, $e = 0{,}7$, $w = 21{,}4\%$, $P = 23\%$ und $F = 53\%$) ergeben. Wie sich zeigt, liefern die neueren Theorien (Meyerhof, Kérisel, L'Herminier, Széchy) meistens weit größere Tragfähigkeitswerte als die ältere Dörrsche Formel oder unter den neueren die Formel von Beresantzew (die die Wirkung des Mantelreibungsteiles sehr niedrig ansetzt). Die Praxis rechtfertigt jene Theorien, die die größeren Tragfähigkeitswerte ergeben. In Tonböden ist die Streuung noch augenfälliger, was die vorsichtige und nur als grobe Schätzung zu wertende Anwendung der Theorie geboten erscheinen läßt.

b) Ermittlung der Pfahltragfähigkeit auf Grund dynamischer (Ramm-) Formeln

Diese Theorien fußen auf der Überlegung, daß die Tragfähigkeit eines Pfahles jener Arbeit proportional sein muß, die bei seinem Einbringen in den Boden aufgewendet wurde. Offenbar gibt es für derartige Zusammenhänge nur beschränkte Anwendungsmöglichkeiten. Vor allem sind sie nur auf Rammpfähle anwendbar, und auch bei diesen liefern sie Ergebnisse erst nach erfolgtem Niederbringen, so daß sie für Vorausberechnungen unbrauchbar sind. Trotzdem stützt sich die Baupraxis auch heute noch gern auf derartige Formeln, weil sie einfach zu handhaben sind und weil man bei ihrer Anwendung mit wenigen Unterlagen und mit einem geringen Rechnungsaufwand auskommt. Und doch ist ihre Verläßlichkeit sehr beschränkt, und im Grunde genommen eignen sie sich nur zu relativen Vergleichen.

Sämtliche Rammformeln beruhen auf der Grundgleichung des Satzes der Erhaltung der Energie (Abb. 454):

$$M = Q \cdot h = c \cdot P \cdot e + M_1, \tag{268}$$

in der e die Eindringung unter einem Schlag der letzten Hitze, P den Eindringungswiderstand (die dynamische Tragfähigkeit), M_1 den gesamten Energieverlust, Q das Bärgewicht, h die Fallhöhe des Bären und c einen Beiwert bezeichnen, der die Änderung des Eindringungswiderstandes zum Ausdruck bringt. Faßt man den Gesamtenergieverlust in den Faktor $\alpha < 1$ zusammen, erhält man

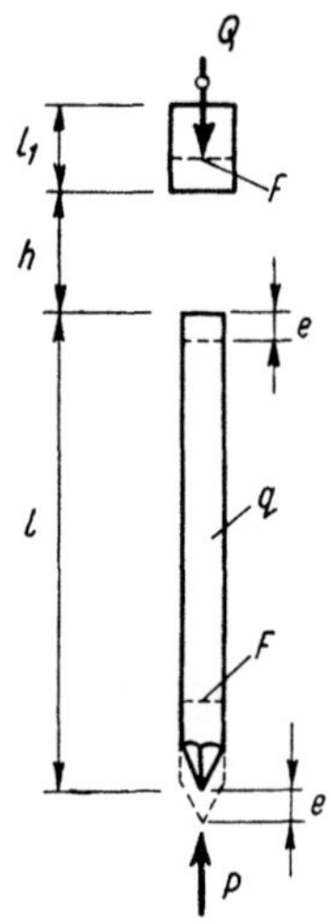

Abb. 454
Bezeichnungen für die Rammformeln

$$\alpha \cdot Q \cdot h = P \cdot e,$$

woraus sich für die Grundgleichung die einfache Form

$$P = \alpha \cdot \frac{Q \cdot h}{e} \tag{269}$$

ergibt.

Die Rammarbeit $(Q \cdot h)$ wird jedoch teils von der Pfahleindringungsarbeit $(P \cdot e)$, teils von gewissen Verlusten (M_1) aufgezehrt, die sich aus den *Stoßverlusten* (M_1') und aus den durch die Deformation von Pfahl und Bär entstehenden *Verformungsverlusten* (M_1'') zusammensetzen: $M_1 = M_1' + M_1''$.

In die auf (268) beruhenden mathematischen Ableitungen sind die Stoßverluste auf Grund der von Newton für elastische Kugeln abgeleiteten Stoßgesetze, die Verformungsverluste hingegen auf Grund der theoretischen Elastizitätslehre eingebaut. All diese Ableitungen sind überaus grobe Annäherungen, die den Wert der auf dieser Grundlage erstellten Theorien (Weissbach, Eytelwein, Redtenbacher, Brix u. a.) von vornherein stark herabsetzen. Ohne Ableitung sei hier die Formel Redtenbachers angeführt:

$$P = \frac{E \cdot F}{l}\left[-e + \sqrt{e^2 + \frac{2\,Q^2 \cdot h \cdot l}{(Q+q)\,E \cdot F}}\,\right]. \tag{270}$$

In der Formel ist k der Beiwert der Stoßelastizität (im vorliegenden Fall gleich Null), E der Elastizitätsmodul des Pfahles und F dessen Querschnittfläche. Redtenbacher hat den Wert $(Q + q)$ im Vergleich zu P vernachlässigt, dagegen den aus der Zusammendrückung des Pfahles entstehenden Verlust $\left(M_1'' = \frac{P^2 \cdot l}{2EF}\right)$ in Rechnung gestellt.

Die Unbestimmtheiten in der Ermittlung der Verluste wollte man später dadurch ausschalten, daß man in die Rammformeln empirisch ermittelte Ergebnisse hineintrug. So setzte Schenck in die Gl. (270) das aus Probebelastungen ermittelbare $\operatorname{tg}\varphi_e = s_r/P$, d. h. den Quotienten aus der bei der Entlastung gemessenen elastischen Rückhebung (s_r) und aus der Probelast (P) ein, womit er sie in die Form

$$P = \frac{e}{\operatorname{tg}\varphi_e}\left[-1 + \sqrt{1 + \frac{2\operatorname{tg}\varphi_e}{e^2}\,\frac{Q \cdot r \cdot k^2 \cdot q}{Q+q} \cdot Q \cdot h}\,\right] \tag{271}$$

brachte.

Andere brachten die auf die elastischen Verformungen aufgewandten Verluste, den tatsächlichen Verhältnissen entsprechend, durch Messung der nach dem Stoß beobachteten Federung in Ansatz (vgl. Abb. 455) und trachteten, auf diese Weise die aus wirklichkeitsfernen Annahmen auf komplizierten theoretischen Wegen ermittelten ungewissen Werte aus der Energiegleichung auszuschalten. Weiterhin führten sie in die Gleichung auch experimentell ermittelte Wirkungsgradfaktoren zur Erfassung der beim Rammen auftretenden Reibungs- und Stoßverluste ein.

Erstmalig wurde von RAUSCH der Zusammenhang

$$P = \frac{Q}{Q+q} \cdot \frac{Q \cdot h}{e + s_0/2} \tag{272}$$

angegeben, in welchem s_0 die während des Rammens meßbare elastische Zusammendrückung bezeichnet.

In Österreich wird noch vielfach die von FRÖHLICH abgeleitete, ähnlich aufgebaute Formel verwendet:

$$P = \frac{Q + q \cdot k^2}{Q + q} \cdot \frac{Q \cdot h}{\frac{e + s_0}{2}} + Q + q \tag{273}$$

worin k eine Stoßziffer bezeichnet, die mit 0,2 bei Rammhauben mit elastischer Packung und mit 0 bei Rammhauben ohne elastische Packung angenommen werden darf.

Ähnlich ist die aus der Auswertung zahlreicher Probebelastungen abgeleitete neuere, die sogenannte *dänische Formel* [70]

$$P = \frac{\eta \cdot Q \cdot h}{e + \frac{1}{2} \cdot s_0} \tag{274}$$

aufgebaut, in der $s_0 = \sqrt{\frac{2 \cdot h \cdot Q \cdot l}{E \cdot F}}$ die elastische Zusammendrückung des Pfahles unter der dynamischen Schlagkraft bedeutet und die heutzutage eine zunehmende Anwendung findet.

Genauer und auch heute noch sehr verbreitet ist die Hileysche Formel [71]

$$P = \frac{\eta \cdot Q \cdot h}{e + \frac{1}{2}(C_1 + C_2 + C_3)} \cdot \frac{Q + k^2 \cdot q}{Q + q}, \tag{275}$$

in welcher η den Raumwirkungsgrad bezeichnet, der bei Freifallbären zu 100%, beim Rammen mit der Trommelwinde zu 75%, bei einfach wirkenden Dampframmen zu 85% und bei doppelt wirkenden Dampframmen zu 90 bis 94% angesetzt werden kann. Ferner ist k der Beiwert der *Rammelastizität* (Stoß), der zu 0,55 angesetzt wird, wenn der Bär unmittelbar auf einen Stahlpfahl aufschlägt, während er mit 0,5 einzusetzen ist, wenn Stahl- oder Stahlbetonpfähle unter Benützung stählerner Rammhauben gerammt werden bzw. mit 0,4 beim Rammen von Holzpfählen mit stählernen Rammhauben oder mit Stahlrammhauben und fester Hartholzfutterung. Der k-Wert sinkt auf 0,32 beim Rammen von Stahlpfählen mit holzgefutterten stählernen Rammhauben, auf 0,25 beim Rammen von Stahlbetonpfählen mit in gutem Zustand befindlichen holzgefutterten Rammhauben oder beim unmittelbaren Rammen von Holzpfählen und schließlich auf 0, wenn die Holzeinlage in der Rammhaube zerstört oder der Pfahlkopf aufgebürstet ist. C_1, C_2 und C_3 sind die elastischen Zusammendrückungswerte.

Für die sogenannten *doppeltwirkenden Rammhämmer* geht die Gleichung in die Form

$$P = \frac{\eta \cdot 12 \cdot E_n}{e + \frac{1}{2}(C_1 + C_2 + C_3)} \cdot \frac{Q_1 + k^2 \cdot q}{Q_1 + q} \tag{276}$$

über, in der E_n die Energie des Bären während des Schlages bezeichnet, d. h. die Summe aus dem Produkt des Schlagmantelgewichtes (Q_1) mit der Fallhöhe (h) einerseits und dem Produkt der Zylinderquerschnittfläche mit dem Dampfdruck andererseits. Er kann höchstens auf einen Wert von $E_n = (Q_1 + Q_2) \cdot H/12$ ansteigen. (Q_2 ist hierin das Gewicht des beweglichen Schlagkolbens.)

Die Werte für C_1 (elastische Zusammendrückung des Pfahlkopfes und der Rammhaube) in Abhängigkeit von der Spannung und den Werkstoffen zeigt die folgende Tabelle.

Benennung	Spannung in der Rammhaube kg/cm²			
	35	70	105	140
Holzpfahlkopf	0,13 cm	0,26 cm	0,40 cm	0,51 cm
Vorgefertigter Stahlbetonpfahl mit 8—10 cm Holzeinlage in der Rammhaube a)	0,13 cm	0,26 cm	0,40 cm	0,51 cm
b)	0,20 cm	0,40 cm	0,57 cm	0,76 cm
Vorgefertigter Stahlbetonpfahl mit 1,3 bis 2,6 cm Holzauflage	0,06 cm	0,13 cm	0,20 cm	0,26 cm
Stahlbetonpfahl mit Holzeinlage versehener Stahlrammhaube	0,10 cm	0,20 cm	0,30 cm	0,40 cm
5 mm Filzeinlage zwischen Stahlplatten mit Stahlrammhaube	0	0	0	0

a) Für die Einlage am Kopf und für etwaigen Amboß.
b) Für die Unterlage unterhalb der Rammhaube.

Für C_3 (elastische Zusammendrückung des Bodens) sind in Abhängigkeit von der unter den Pfahlspitzen auftretenden Bodenspannung folgende Werte anzusetzen:

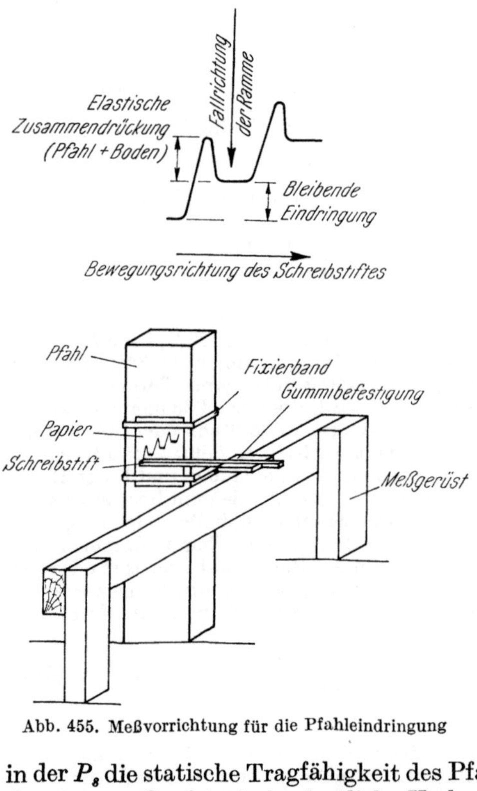

Abb. 455. Meßvorrichtung für die Pfahleindringung

bei einer Spannung von

35 kg/cm² = 0,7—2,5 mm
70 kg/cm² = 2,5—5,1 mm
105 kg/cm² = 2,5—7,1 mm
140 kg/cm² = 1,3—5,1 mm

Bei sehr weichem Untergrund ist das Zweifache dieser Werte zu nehmen.

C_2, die Eigenzusammendrückung des Pfahles, errechnet sich aus dem Zusammenhang $C_2 = \frac{P \cdot l}{E \cdot F}$. Im übrigen können die C_2- und C_3-Werte während des Rammens unmittelbar gemessen werden, wenn man, wie in Abb. 455 dargestellt, vor dem auf dem Pfahlschaft befestigten Schreibgerät ein Blatt Zeichenpapier fortbewegt.

Unlängst hat JANBU [72] die Theorie anhand einer genauen Analyse sämtlicher unter der Einwirkung des Rammens eintretender elastischer und bleibender Verformungen sowie der einzelnen Phasen der Energieumwandlung verfeinert (Abb. 456).

Die allgemeine Energiegleichung schreibt JANBU in der Form

$$Q \cdot h \cdot \frac{l}{m} = P_s \cdot e, \qquad (277)$$

in der P_s die statische Tragfähigkeit des Pfahles bezeichnet, während der Faktor m, der stets größer ist als 1, sämtliche Verluste einschließt.

Wegen der Verluste durch Luftwiderstand und Reibung wandelt sich die potentielle Energie ($Q \cdot h$) des Bären (1) schon bis zum Aufsetzen auf den Pfahlkopf zu einer bloß ($\eta_1 \cdot Q \cdot h$) großen dynamischen Energie um, wobei $\eta_1 < 1$ den Verlustbeiwert darstellt (2). Beim Aufschlag auf den Pfahlkopf treten infolge des Stoßes und der Erschütterung des umliegenden Bodens weitere Energieverluste (Beiwert η_2) ein (3). Unter der Einwirkung der dem Pfahl ver-

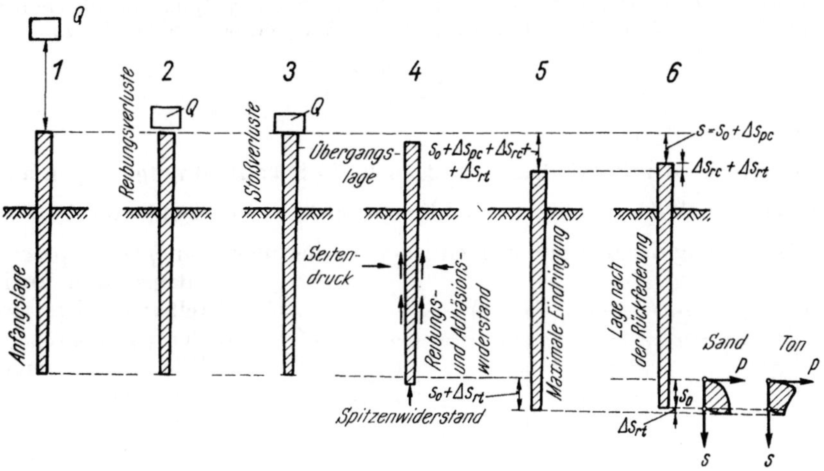

Abb. 456. Vorgang der Energieumwandlung während des Einrammens (nach JANBU)

mittelten dynamischen Energie dringt dieser in den Boden ein, wobei seinem Eindringen der Spitzenwiderstand und die an seinen Seitenwänden auftretende Adhäsion sowie die auch von der Normalkraft abhängige Mantelreibung entgegenwirken (4). Sobald der Pfahl seine größte Eindringtiefe erreicht hat, währenddessen sich auch sämtliche elastischen und bleibenden Verformungen abgespielt haben, hat sich die Energie ($\eta_1 \cdot \eta_2 \cdot Q \cdot h$) völlig verzehrt (5). In diesem Zeitpunkt steht die Pfahlspitze um ($s_0 + \Delta s_{rt}$) unter ihrer ursprünglichen Lage (s_0 bezeichnet hier die bleibende, s_{rt} hingegen die elastische Zusammendrückung des Bodens). Zur selben Zeit beträgt die größte Eindringung des Pfahlkopfes ($s_0 + s_{rt} + \Delta s_{rc} + \Delta s_{ma}$) ($\Delta s_{rc}$ ist die elastische, Δs_{ma} hingegen die bleibende Verformung des Pfahles). Die größte Eindringung des Pfahlkopfes (gleich groß wie die gemessene Eindringung) hat mithin der Wert $e = s_0 + \Delta s_{ma}$, da sich die elastischen Verformungen wieder ausgleichen (6).

Die Energiegleichung kann also in der Form

$$\eta_1 \cdot \eta_2 \cdot Q \cdot h = P_d(s_0 + \Delta s_{ma}) + \alpha \cdot P_d \cdot \Delta s_{rc} + \beta \cdot P_d \cdot \Delta s_{rt} \tag{278}$$

geschrieben werden, wobei die Werte von α und β zu 0,5 angesetzt werden könnten, wenn zwischen dem dynamischen Widerstand P_d und den zugehörigen elastischen Verformungen eine lineare Beziehung bestünde; diese wird jedoch durch die am Pfahlmantel auftretende Reibung und Adhäsion um einiges vermindert.

Da auch der dynamische Widerstand P_d und die statische Tragfähigkeit einander nicht gleich sind, läßt sich die Beziehung $P_d = \mu \cdot P_s$ schreiben.

Nach Einführung der Bezeichnung

$$\frac{\Delta s_{rt}}{\Delta s_{rc}} = \frac{E \cdot F \cdot \Delta s_{rt}}{\mu \cdot P_s \cdot l} = \nu$$

in die Gleichungen (277) und (278) nehmen diese die Form

$$m^2 - \frac{\mu}{k \cdot \eta_2} \cdot m - \frac{(\alpha + \beta \cdot \nu)^2}{k \cdot \eta_2} \cdot \mu^2 \cdot \frac{Q \cdot h \cdot l}{E \cdot F \cdot e^2} = 0$$

an, aus der sich der m-Wert ermitteln läßt. Nach praktischen Vereinfachungen erhält JANBU die Formel

$$m = C_d \left[1 + \sqrt{1 + \frac{1}{C_d} \cdot \frac{Q \cdot h \cdot l}{E \cdot F \cdot e^2}} \right]. \qquad (279)$$

Anhand des auf Grund mehrerer hundert Probebelastungen empirisch ermittelten Zusammenhanges $C_d = 0{,}75 + 0{,}15 \cdot q/Q$ läßt sich der Wert von C_d und aus diesem der Wert von m und aus der Gl. (277) auch die statische Tragfähigkeit des Pfahles (P_s) zu

$$P_s = \frac{Q \cdot h}{m \cdot e} \qquad (280)$$

ermitteln.

Für Zwecke der Praxis hat JANBU auch ein Schaubild aufgetragen, aus dem die m-Werte in Abhängigkeit von der dimensionslosen Verhältniszahl $\lambda_e = \frac{Q \cdot h \cdot l}{E \cdot F \cdot e^2}$ unter Benützung der den unterschiedlichen Verhältniswerten q/Q entsprechenden Geradenscharen auch unmittelbar abgelesen werden können (Abb. 457).

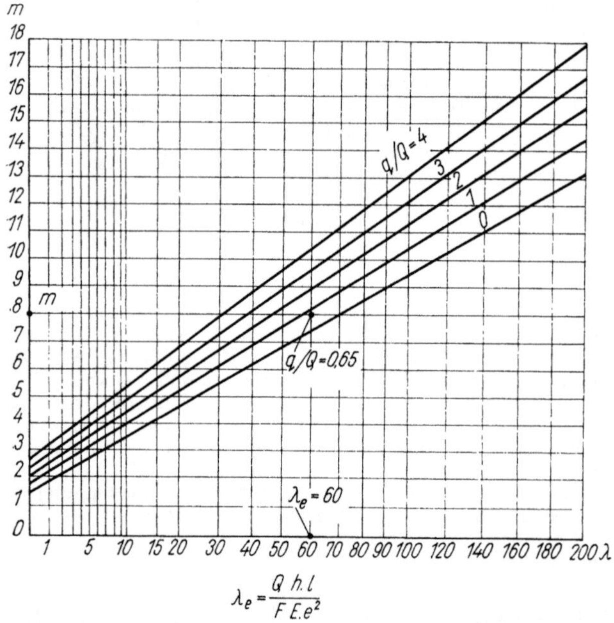

Abb. 457. Graphische Darstellung der Rammverluste (nach JANBU

Wie noch gezeigt werden soll, erweist sich die Theorie JANBUs in der Praxis als ebenso verläßlich wie die HILLEYsche.

Die aus obigem Zusammenhang ermittelten Werte müssen bei Berechnung der zulässigen Pfahlbelastung (P_m) noch mit einem Sicherheitskoeffizienten n dividiert werden, d. h. es ist $P_m = P/n$, wobei der n-Wert je nach der Verläßlichkeit der betreffenden Formel zwischen 2 und 4 schwankt.

Die starke Streuung zwischen den Resultaten nach den einzelnen Rammformeln veranschaulicht auf Grund eines durchgerechneten Zahlenbeispieles die Abb. 458. Wie ersichtlich, ist die Streuung um so größer, je geringer die unter dem Rammschlag der letzten Hitze gemessene Eindringung ist. Da der Eindringung Null eine unendlich große Tragfähigkeit entspricht, nähern sich sämtliche Kurven hyperbolisch der Ordinatenachse.

In jüngster Zeit wurden an verschiedenen Stellen sorgfältige Versuche zwecks Klarstellung der Frage durchgeführt, wieweit die aus Probebelastungen gewonnenen Unterlagen über die tatsächliche Pfahltragfähigkeit mit den aus den unterschiedlichen Rammformeln resultierenden Tragfähigkeitswerten übereinstimmen. Es wurde hierbei festgestellt, daß die aus Probebelastungen gewonnenen Werte gewaltige Abweichungen gegenüber den rechnerisch ermittelten zeigen [70] [73].

Wie gezeigt, liefern die neueren Formeln (HILEY, JANBU) Ergebnisse, die voneinander weniger abweichen, doch ist dies nicht allein dem Umstand zuzuschreiben, daß sie die während des Rammens auftretenden Wirkungen besser erfassen, vielmehr bietet die größere Zahl von Faktoren auch die Möglichkeit, durch geeignete Wahl derselben zu genaueren Ergebnissen zu gelangen. Genau betrachtet, haben jedoch die erwähnten Vergleichsversuche den Nachweis erbracht, *daß sich die Rammformeln bestenfalls dann zur Bestimmung der Pfahltragfähigkeit eignen, wenn die bei ihnen auftretenden Konstanten auf Grund von Probebelastungen kompariert werden. Ein solcher Fall liegt z. B. vor, wenn die Tragfähigkeit der Einzelpfähle einer Pfahlgründung in homogen geschichtetem Boden unter einem größeren Bauwerk durch Probebelastung ermittelt und die Tragfähigkeit der zwischen ihnen stehenden Pfähle anhand von Rammformeln kontrollehalber bestimmt wird.* (Vgl. Abb. 459)

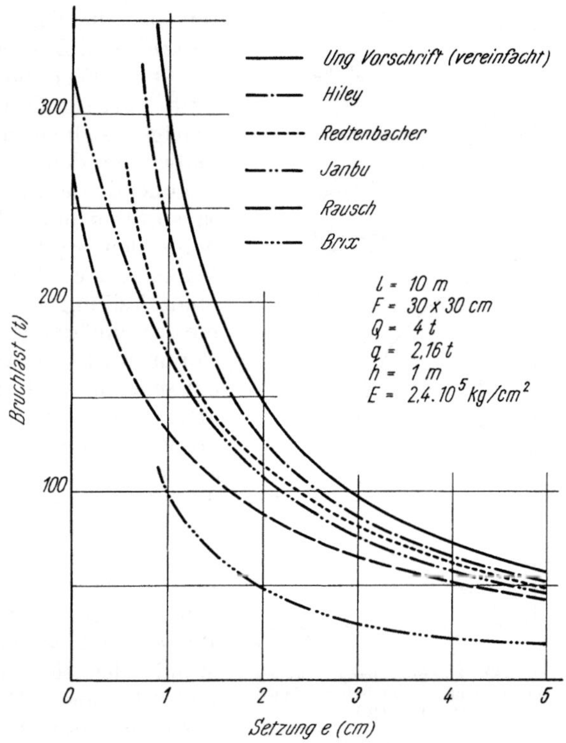

Abb. 458. Vergleich der verschiedenen Rammformeln

Die fundamentalen Gründe für die Fehler, die den Rammformeln anhaften, sind darin zu suchen, daß in ihnen zwecks Folgerung auf die Tragfähigkeit *physikalisch unterschiedliche Eigenschaften und Zustände zueinander in Beziehung gesetzt sind*, wie etwa *der dynamische Widerstand zur statischen Tragfähigkeit* (zum Widerstand gegenüber der ruhenden Last) oder wie etwa *das beim Eindringen des Pfahles eintretende plastische Fließen des Untergrundes zu den zulässigen Grenzbeanspruchungen.* In neuester Zeit wurden bestimmte Versuche unternommen, um die durch sogenannte dynamische Rammsonden und statische Drucksonden gewonnenen Bodentragfähigkeitsdaten trotz der ähnlich unterschiedlichen Erscheinungen auf eine einheitliche Grundlage bringen zu können [74]. *Besonders fehlerhaft scheint es zu sein, aus der Eindringung unter einem Rammschlag der letzten Hitze auf die Pfahltragfähigkeit schließen zu wollen.* Relativ richtiger wäre es, die auf die Einbringung aufgewandten gesamten Schlagarbeitsmengen einander gegenüberzustellen und hieraus auf die relative Tragfähigkeit der Pfähle zu schließen.

Werden an einer Baustelle auch Probebelastungen durchgeführt, dann können die Rammdiagramme selbst zu Vergleichszwecken gut benützt werden. Dieser Vergleich kann nach Kézdi auf Grund der Berechnung der dynamischen und statischen Arbeit erfolgen (Abb. 459). Man bestimmt aus dem Rammdiagramm (a) und dem Belastungsdiagramm (b) die Kräfte, die zur Erzeugung einer Eindringung von 1 cm erforderlich sind. Wenn jetzt die entsprechenden Werte von ΔM_d und ΔM_s in einem neuen Koordinatensystem gegeneinander aufgetragen werden, dann liegen die erhaltenen Punkte erfahrungsgemäß auf einer Geraden, die dann zur Abschätzung der statischen Tragfähigkeit benützt werden kann.

Weitgehend wird die Verwendbarkeit der Rammformeln auch durch die Bodenverhältnisse beeinträchtigt. *In lockeren, körnigen, wasserdurchlässigen Böden* nimmt das aus seiner Lage verdrängte Porenwasser sofort eine neue Gleichgewichtslage ein, und in den Rammwiderständen wird sich die statische Tragfähigkeit in gewissem Umfang widerspiegeln. Hier könnten also die Rammformeln noch verhältnismäßig *brauchbarere Ergebnisse* liefern.

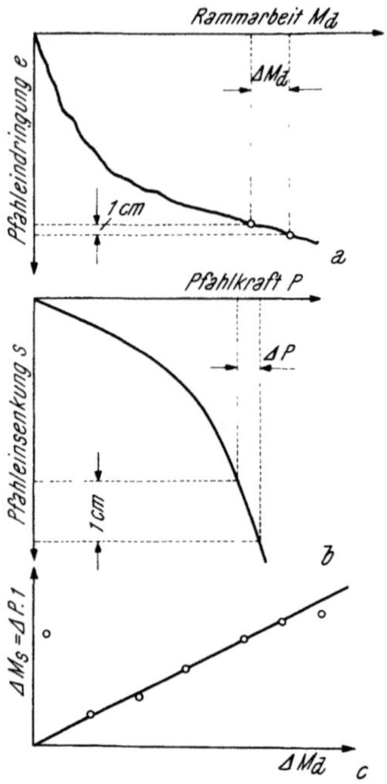

Abb. 459. Zusammenhang zwischen statischer und dynamischer Arbeit (nach KÉZDI)

In bindigen Böden hingegen, die weniger wasserdurchlässig sind, weicht der unter den Rammschlägen sich einstellende Spannungszustand dermaßen von dem unter der ruhenden Last zustande kommenden ab, daß die Rammformeln völlig versagen. Das unter Druck gestellte Porenwasser erhöht den Spitzenwiderstand in beträchtlichem Maße, seine Schmierwirkung dagegen setzt die Mantelreibung herab. Als Folge des kleinen Durchmessers und der geringen Wasserdurchlässigkeit der Poren wird das Wasser aus diesen nur langsam entweichen, und unter der Einwirkung der stoßartigen Rammschläge müssen in ihm zunächst große Spannungen auftreten. Unter der Pfahlspitze verhält sich der Boden wie eine unzusammendrückbare Flüssigkeit. Die Spannungen werden also nicht einmal eine teilweise Verminderung des Porenvolumens herbeiführen, sondern nur die ganze Porenwassermenge auspressen. Dies aber stößt bei dem geschlossenen Wabengefüge und der geringen Wasserdurchlässigkeit des Tons auf großen Widerstand, der sich auch dem Rammen gegenüber geltend macht. Das auf diese Weise unter Druck gestellte Wasser strömt mit der Zeit von der Pfahlspitze weg, wodurch sich der Spitzenwiderstand vermindert, während die Scherfestigkeit und mit ihr auch die Mantelreibung neuerlich ansteigen, weil das am Pfahlmantel entlang ausgepreßte Porenwasser langsam versickert und der Porenwasserdruck sinkt. In solchen Fällen wird sich also die Tragfähigkeit des Pfahles nach einer gewissen Ruhepause erhöhen. In Böden mit sehr geringer Wasserdurchlässigkeit hingegen *verbraucht sich der größte Teil der Rammarbeit auf die Überwindung des Widerstandes, den das Porenwasser als unzusammendrückbare Flüssigkeit dem Auspressen entgegensetzt, ohne daß es zu einer dauerhaften Erhöhung der Tragfähigkeit käme, weil das stark belastete Porenwasser vor der Belastung sehr langsam zwar, aber in seitlicher Richtung dennoch ausweichen wird.* Gewißheit hierüber erlangt man leicht, wenn man beim Niederbringen von Pfählen in stark bindigen Böden mit sehr geringer Wasserdurchlässigkeit mit der Rammarbeit kurze Zeit aussetzt und diese nach einer Pause von mehreren Stunden — allenfalls mehreren Tagen — fortsetzt. Während die Eindringung vor der Rammpause ständig stark abnimmt, zeigt sich nach der Pause ein sprunghaftes Ansteigen. Dieselbe Wirkung hat übrigens auch der Rückgang des Grundwassers (selbst in körnigen Böden!). Mit sinkendem Grundwasserstand vermindert sich während der Rammpause auch der Rammwiderstand.

Nach den *Ungarischen Gründungsvorschriften* (MSz 15005) darf die Tragfähigkeit von Rammpfählen in körnigen Böden sowie unter provisorischen Bauwerken nur unter kleineren Bauwerken anhand der Rammformeln bestimmt werden. Bei bindigen Böden mit einem die Plastizitätsgrenze überschreitenden Wassergehalt dürfen dagegen die Rammformeln zur Ermittlung der Pfahltragfähigkeit in keinem Falle benützt werden.

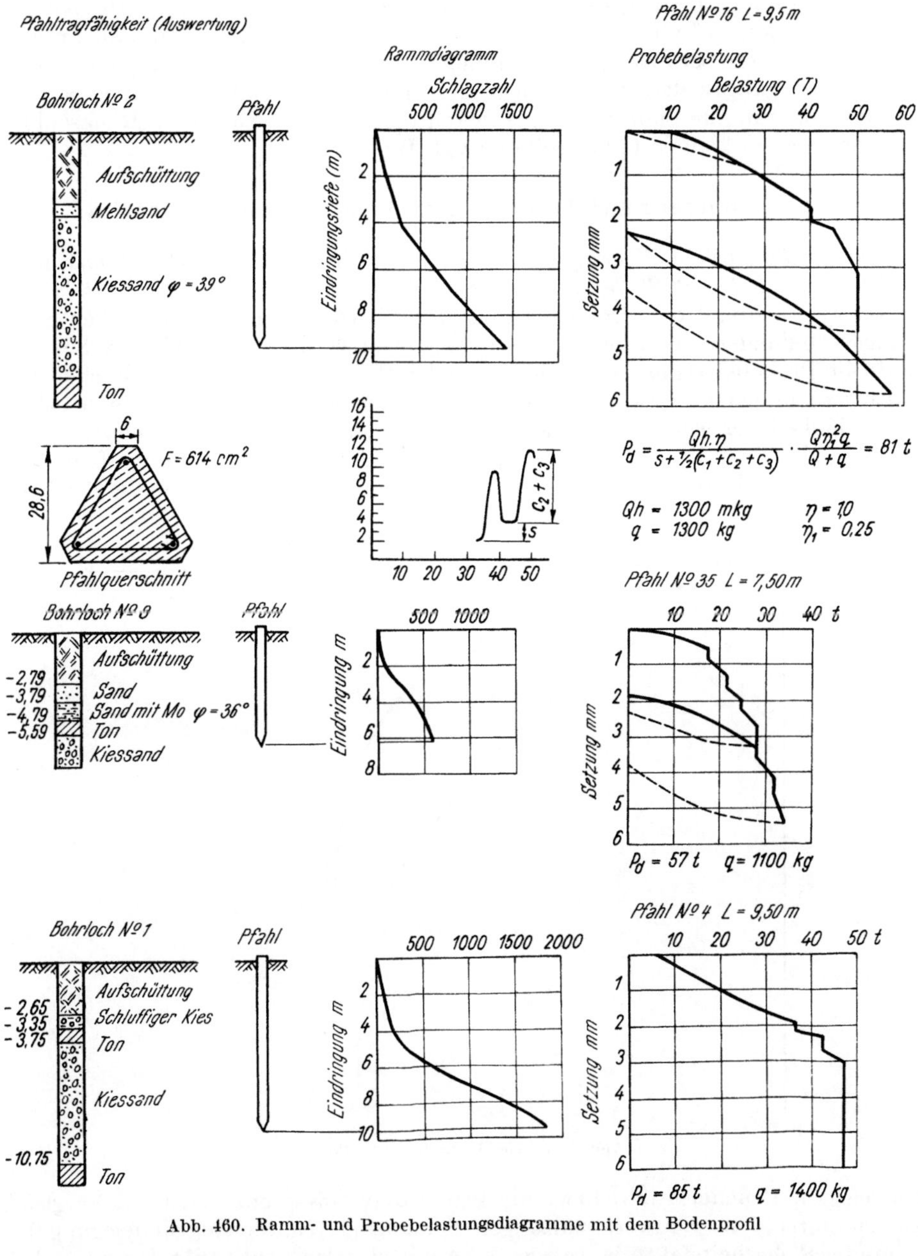

Abb. 460. Ramm- und Probebelastungsdiagramme mit dem Bodenprofil

Von der Pfahlrammung ist ein *Rammprotokoll* zu führen, welches die Pfahllast, die Querschnittsabmessungen, die Länge und das Gewicht der Pfähle, das Bärgewicht, die Fallhöhe, das System der Rammvorrichtung, die Zahl der Schläge je Hitze, die zugehörige Eindringung, den Zeitpunkt des Beginns und des Abschlusses der Rammarbeit sowie Angaben über die jeweilige Witterung zu enthalten hat. Je eine Hitze soll aus so vielen Rammschlägen bestehen, daß sie eine Arbeit von insgesamt 25000 mkg ergibt. Die Ergebnisse des Rammprotokolls sind in ein Diagramm aufzutragen, und zwar mit der Schlagarbeit auf der Abszisse und den zugehörigen Eindringungen auf der Ordinate. Derartige Rammdiagramme sind insbesondere bei Probepfahlrammungen anzufertigen, da aus den Änderungen des Eindringungswiderstandes außer auf die Pfahltragfähigkeit auch auf die Bodenschichtung und auf die Tragfähigkeit der einzelnen Schichten Rückschlüsse gezogen werden können (Abb. 460 und vgl. Bd. I, S. 95).

c) Ausführung und Auswertung der Probebelastung von Pfählen

Das verläßlichste und genaueste Verfahren zur Ermittlung der Pfahltragfähigkeit bildet die an Ort und Stelle, d. h. unter gleichen Umständen durchgeführte Probebelastung. Während die Probebelastung der Oberfläche den tatsächlichen Spannungsverteilungszustand keineswegs herzustellen vermag (vgl. Bd. I, S. 86), verläuft die Probebelastung der Pfähle unter Umständen, die den tatsächlichen Verhältnissen in jeder Weise entsprechen, so daß sie auch über die voraussichtliche Tragfähigkeit der weiteren Pfähle verläßliche, genaue Aufschlüsse liefert.

Bei jeder Probebelastung ist ein Belastungs-Setzungs-Diagramm aufzutragen, aus dem die zulässige Tragfähigkeit des Probepfahls entweder im Vergleich zur

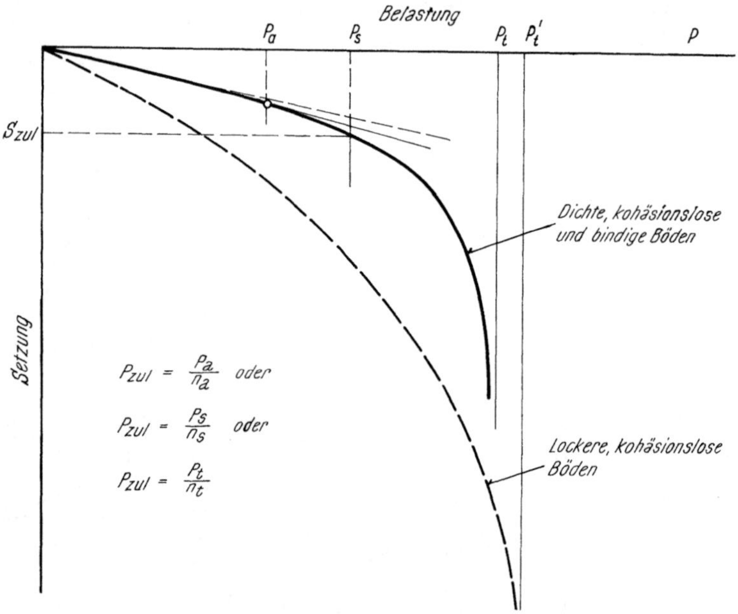

Abb. 461. Typische Last-Setzungskurven

festgelegten Bruchlast (P_t) bzw. zur Proportionalitätsgrenze oder im Vergleich zu der unter dem Bauwerk zulässigen Setzung (s_m) unter Zugrundelegung bestimmter Sicherheitsfaktoren (n_a, n_s, n_t) ermittelt wird (Abb. 461). Grundsätzlich läßt sich mithin aus dem Probebelastungsdiagramm auch für jeden beliebigen Setzungswert die zulässige Pfahlbelastung rechnerisch bestimmen. Indes gibt die übliche Probebelastung an einem einzigen Pfahl keinen Aufschluß über die voraussichtliche Setzung der Pfahlgruppe eines Pfahlfundaments. Man beläßt die einzelnen Laststufen nicht so lange auf dem Pfahl, bis die Konsolidierung abgeklungen ist. Führt man inzwischen nicht Entlastungen und neuerliche Belastungen durch, dann wird die eindeutige Auswertung der Probebelastungskurve sehr erschwert, wenn nicht — wie dies häufig der Fall ist — unmöglich gemacht (s. weiter unten!).

Nach den Ungarischen Gründungsvorschriften ist „*die Tragfähigkeit der Pfähle bei jedem gründungstechnisch bedeutsameren Bauwerk durch Probebelastung zu bestimmen, während sie bei gründungstechnisch weniger bedeutsamen Bauwerken und bei körnigen Böden auf Grund der Rammung eines Probepfahles errechnet werden darf*".

Die Probebelastung des Pfahles ist unter Verhältnissen durchzuführen, die denen des endgültigen Bauwerks gleichen, und zwar derart, daß aus ihr auf die tatsächliche Tragfähigkeit (Grenzlast) des Pfahles geschlossen werden kann.

Während der Probebelastung ist die Proportionalitätsgrenze zu bestimmen, d. h. jene Grenze, nach deren Überschreitung der Pfahl sich nicht mehr proportional der Belastung, sondern stärker senkt, ferner die Fließgrenze, d. h. jene, bei der sich der Probepfahl ohne neuerliche Belastung weiter setzt.

Die Tragfähigkeit des Pfahles errechnet sich zu 2/5 der Fließgrenze oder zur Hälfte der Proportionalitätsgrenze, und zwar gilt als zulässige Belastung jeweils der kleinere Wert.

Bei bindigen Böden ist die Konsolidation mit besonderer Sorgfalt abzuwarten, d. h. neue Lasten dürfen auf den Pfahl erst dann aufgetragen werden, wenn er zur Ruhe gekommen ist, bzw. wenn sich aus der Konsolidationskurve bereits eindeutige Schlüsse auf den ziffernmäßigen Wert der bleibenden Setzung ziehen lassen.

Bei Ermittlung der Pfahltragfähigkeit durch Probebelastung sind die Bodenverhältnisse, die Rammtiefen, die Pfahlart und die bei der Bauausführung zu erwartenden tatsächlichen Verhältnisse entsprechend in Betracht zu ziehen.

Abb. 462a. Ansicht einer Probebelastungsanlage für Pfähle mit großer Tragfähigkeit (seitlich die gegen Umkippung errichteten Mauerblöcke)

Die Zahl der Probebelastungen richtet sich nach der Gestalt des Bauwerks und nach der Beschaffenheit des Untergrundes. An einer Baustelle sind mindestens zwei Probebelastungen an zwei voneinander entfernten Punkten vorzunehmen.

Vor der Probebelastung sind die Untergrundverhältnisse genau zu erkunden. Benützt man zur Probebelastung einen *Rammpfahl*, ist ein genaues Rammdiagramm aufzutragen. Die Probebelastung darf erst 24 Stunden, bei bindigen Böden erst 5 Tage nach Beendigung der Rammung beginnen. Mit der Probebelastung von Ortbeton-Bohrpfählen *muß das Abbinden des Betons* abgewartet werden.

Von der Probebelastung sind Erschütterungen jeder Art (Verkehr, Pfahlrammung usw.) fernzuhalten. Ebenso ist dafür zu sorgen, daß sich benachbarte Probebelastungen nicht gegenseitig beeinflussen. Handelt es sich um eine Bodenart, bei der sich verkehrsbedingte oder anderweitig verursachte Schwingungen — auch während der bestimmungsgemäßen Verwendung des fertiggstellten Bauwerks — schädlich auswirken können, so sind deren Einflüsse durch gesonderte Untersuchungen (Eigenschwingungsmessungen u. dgl.) klarzustellen.

Die *Last* ist stufenweise zu steigern, und zwar wird man die Stufen so wählen, daß die Lastsetzungskurve eindeutig aufgetragen werden kann und daß sich an diesem beide angegebene Belastungsgrenzen genau ablesbar abzeichnen.

Jede Belastungsstufe ist unverändert auf dem Pfahl zu belassen, solange dieser noch meßbare Setzungen zeigt. Dauert dies länger als 24 Stunden und gestattet es die Gestalt der Konsolidationskurve, dann kann durch Extrapolation auf die maximale Setzung geschlossen werden.

Abb. 462b. Detail mit den Belastungspressen und Belastungskopf

Nach der Entlastung ist auch die bleibende Setzung festzustellen.

Die Last ist so aufzubringen, daß deren Schwerpunktlinie genau in die Längsachse des Pfahles zu liegen kommt; desgleichen ist dafür zu sorgen, daß sich die Größe der Last während des Versuches nicht ändert und der Belastungskasten nicht umkippt. Beim Aufbringen und Abtragen der Last müssen Stöße und Erschütterungen unbedingt vermieden werden. Die Probebelastung kann sowohl mit Belastungskästen direkt (Abb. 462a—b und 463) als auch mit Pressen erfolgen. die gegen einen im Boden fest verankerten Stahlbalken, allenfalls auch gegen die Bauwerksdecke abgestützt werden (Abb. 464), doch kommt auch die Belastung mit einem konsolartig auskragenden Belastungsarm (Abb. 465) in Frage. Zur Verankerung wird man zweckmäßig bereits gerammte Nachbarpfähle benützen. Um die Belastungen genauer regeln und Wiederholungen leichter durchführen zu können, wird man zwischen dem unmittelbar auflastenden Kasten und den Pfahl zweckmäßig Pressen zwischenschalten (Abb. 463—464). Bei Verwendung von Pressen, Schraubenspindeln oder Belastungshebeln sind die Gegengewichte und deren Verankerungen so anzuordnen, daß die an ihnen angreifenden Kräfte den Probe-

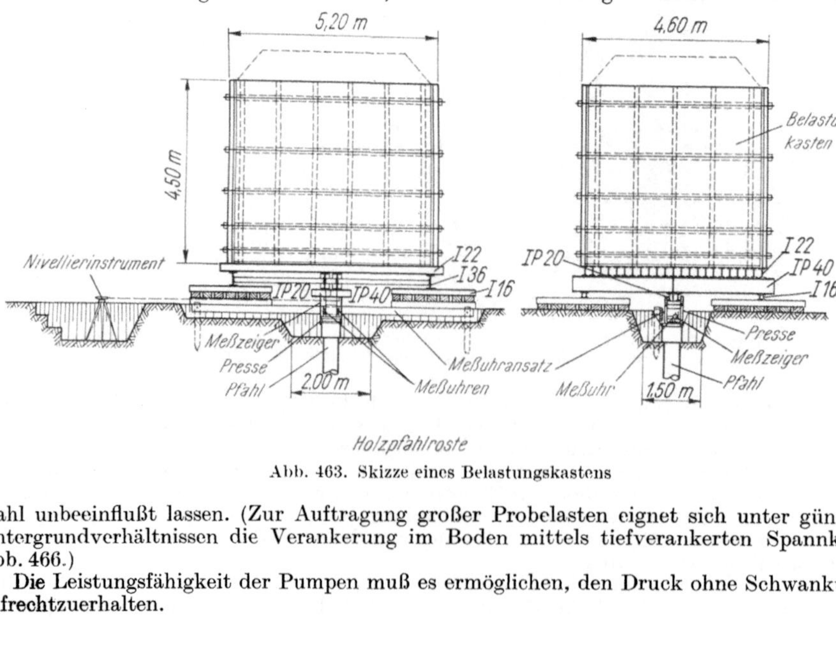

Abb. 463. Skizze eines Belastungskastens

pfahl unbeeinflußt lassen. (Zur Auftragung großer Probelasten eignet sich unter günstigen Untergrundverhältnissen die Verankerung im Boden mittels tiefverankerten Spannkabeln Abb. 466.)

Die Leistungsfähigkeit der Pumpen muß es ermöglichen, den Druck ohne Schwankungen aufrechtzuerhalten.

Weder die Meßgeräte zum Messen der Pfahlsetzung, noch die zum Vergleich dienenden Fixpunkte dürfen durch die Bewegungen der Last, des Probepfahles oder der Gegengewichte beeinflußt werden.

Es empfiehlt sich, die Setzungen gleichzeitig auf verschiedene Arten (z. B. mit einer Meßuhr und durch ein Nivellierinstrument) zu messen.

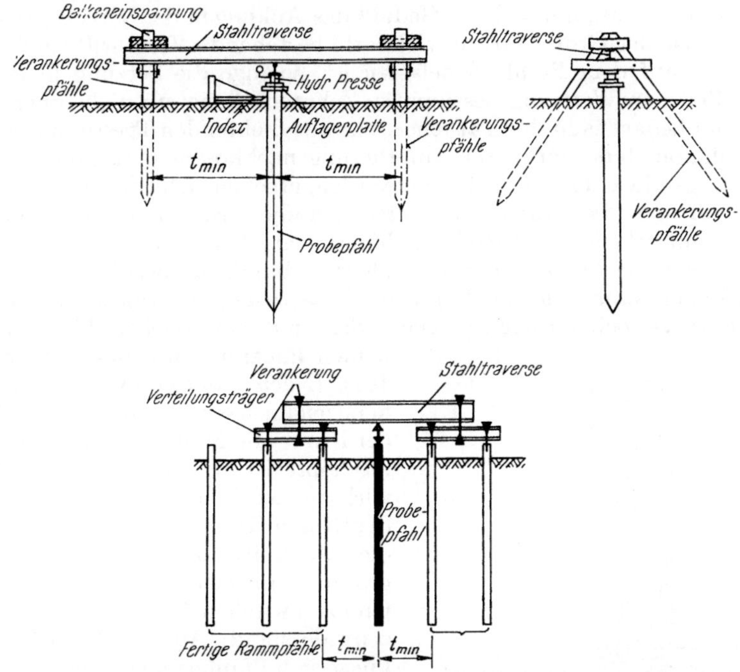

Abb. 464. Probebelastung gegen verankerten Tragbalken

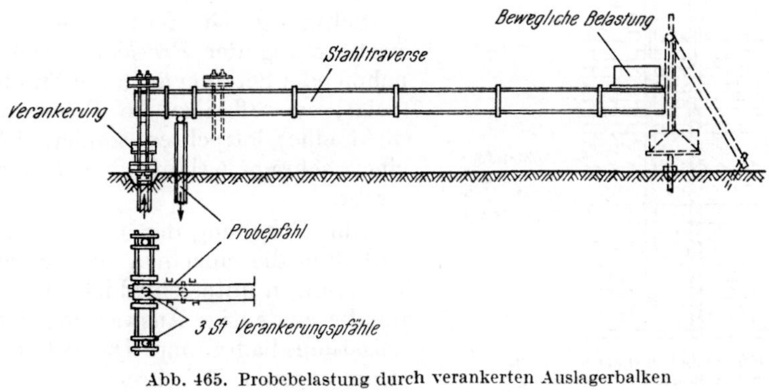

Abb. 465. Probebelastung durch verankerten Auslagerbalken

Die Bestimmung der Pfahltragfähigkeit ist jedoch selbst bei sorgfältigster Beachtung der obigen Verfahrensregeln nicht so einfach, wie es den Anschein hat. Es treten z. B. schon bei der Auftragung des Belastungs-Setzungs-Diagramms Ungewißheiten auf, zum anderen zeichnet sich die Proportionalitäts- oder die Bruchgrenze auf der Kurve häufig nicht bestimmt genug ab. Bei Auftragung der Kurve pflegt einerseits das Abwarten der Konsolidation, andererseits die Aufrechterhaltung des konstanten Drucks in der Presse während des Eindringens des

Probepfahles Schwierigkeiten zu verursachen. Der Kolben der Presse folgt dem sinkenden Pfahl, was zu einem Druckabfall im Zylinder führt. Ein Nachpumpen übt auf den Pfahl einen neuerlichen Impuls aus, der ihn weiter eindringen läßt, ohne daß eine Laststeigerung vorangegangen wäre. Die Größe der für die Konsolidationssetzung kennzeichnenden Stufe in der Kurve hängt bei bindigen Böden weitgehend davon ab, mit welcher Geduld das Abklingen der Setzung abgewartet wurde. Dies ist der Grund für die vielerorts bestehende Vorschrift, daß jede Belastungsstufe auf dem Pfahl zu belassen ist, solange die Setzung in einer festgesetzten Zeit den Wert von bestimmten Zehntelmillimetern nicht überschreitet. Andererseits bedarf es in der Tat einer sehr gut dichtenden Presse und eines sehr genauen Manometers, um dieser Anforderung nachkommen zu können. Konnte die Kurve irgendwie doch aufgetragen werden, ergeben sich neue Schwierigkeiten, gleichviel ob man die Proportionalitäts- oder die Bruchgrenze bestimmen will. Ob sie sich gut erkennbar abzeichnen, hängt weitgehend vom angewandten Maßstab, aber auch von der Bodenart ab. In harten, bindigen sowie in dicht gelagerten körnigen Böden kann sich die *Proportionalitätsgrenze* gut ausprägen, während die Belastungskurve bei körnigen Lockerböden und bei weichen bindigen Böden keinen linearen Abschnitt hat (vgl. Abb. 461). (Nach GOLUBKOW und CAMBEFORT kennzeichnet der lineare Anfangsabschnitt der Kurve die Mantelreibung. Sobald diese erschöpft ist und der Spitzenwiderstand wirksam wird, geht die Kurve mit einem deutlichen Knick in einen steiler abfallenden Abschnitt über. Die Proportionalitätsgrenze kennzeichnet demnach auch die Grenze zwischen Mantelreibung und Spitzenwiderstand. An der Probebelastungskurve von Pfahlgruppen sowie von ausgesprochen stehenden Pfählen zeigt sich dieser Knick nicht.)

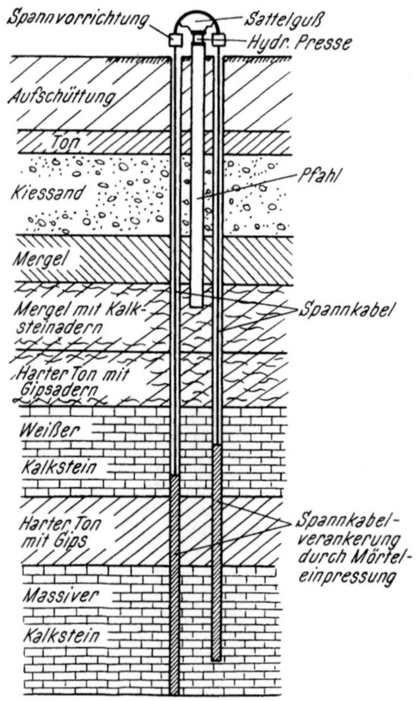

Abb. 466. Kabelverankerung für die Ermöglichung hoher Probebelastungen

Schwierig ist ferner die eindeutige Bestimmung der *Bruchlast*, weil mit zunehmender Setzung auch die Tragfähigkeit steigt, so daß also die Belastungskurve nicht einer lotrechten, sondern höchstens einer schräg verlaufenden Tangente zustrebt.

Zur Behebung der Unbestimmtheiten enthalten die einzelnen einschlägigen Bestimmungen unterschiedliche Vorschriften für die eindeutige Auswertung der Probebelastungsdiagramme. Die polnischen Bestimmungen z. B. schreiben vier verschiedene Arten der Auswertung [75] vor. Nach SCHENCK wird die Bruchlast an dem Punkt festgestellt, von dem an der Wert $\operatorname{tg} \varphi_e = s_e/P_t$ konstant bleibt, $\operatorname{tg} \varphi_e$ ist der Quotient, der sich bei der Entlastung zurückbildenden, also elastischen Setzung (s_r) und der Grenzbelastung P_t (Abb. 467). DIN 1054 definiert die Grenzbelastung als die Last, bei der das Versinken des Pfahles beginnt und dieser Punkt wird dort gefunden, wo die Tangenten (Anfangs- und Endtangente) der Lastsetzungslinie zum Schnitt kommen. CHELLIS [76] berichtet von einer vielerorts bestehenden Gepflogenheit, dem

Pfahl 150 bis 200% der rechnerisch ermittelten Belastung probeweise aufzulasten. Überschreitet die Setzung nach Ablauf von 24 oder 48 Stunden den Wert von 0,25 mm je Tonne nicht, dann wird die Tragfähigkeit des Pfahles als ausreichend angenommen.

Häufig kann der Pfahl nicht bis zum Bruch belastet werden, sei es, weil die zur Durchführung der vollen Belastung erforderliche lange Zeit fehlt, sei es, weil die Kapazität der Belastungsvorrichtung nicht ausreicht. Zum schätzungsweisen Bestimmen (Extrapolieren) der Bruchlast in solchen Fällen bietet ein Diagramm SKEMPTONs die Handhabe, welches er auf Grund empirischer Unterlagen zur Kennzeichnung der Beziehung $\eta = P/P_t$ zwischen Setzungen und effektiver Pfahllast (P) einerseits sowie Bruchlast (P_t) andererseits ausgearbeitet hat (Abb. 468). Selbstverständlich haften auch diesem Verfahren jene Fehler an, die sich aus dem ziemlich breiten Streuungsbereich sowie aus den Ungleichmäßigkeiten der Bodenschichtung ergeben.

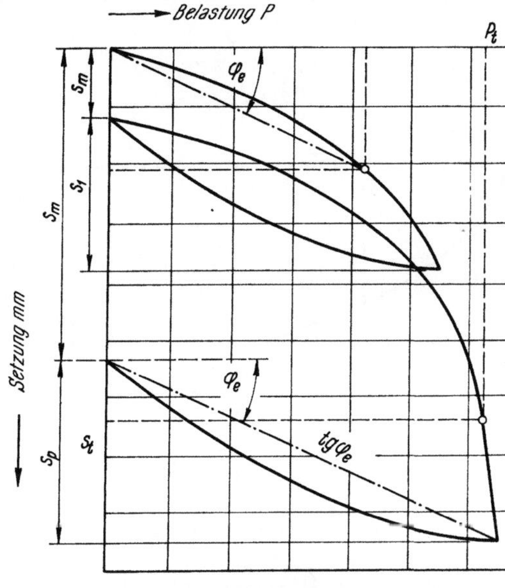

Abb. 467. Bestimmung der Proportionalitätslast (nach SCHENCK)

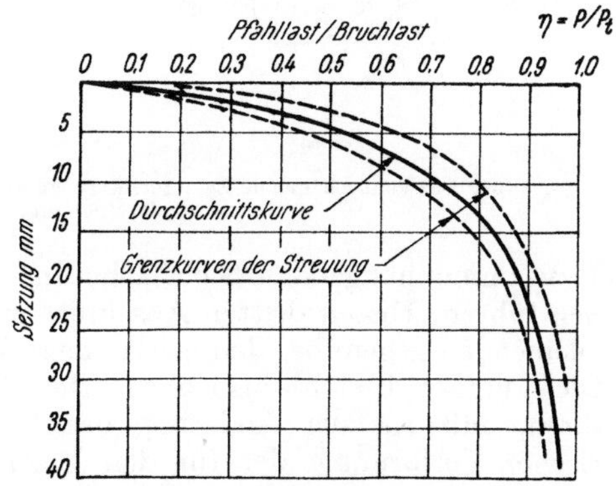

Abb. 468. Verhältniskurven der Bruchlast von SKEMPTON

Neuerlich hatte SCHULTZE in einem Aufsatz [77] 14 verschiedene Auswertungsmethoden kritisch behandelt und durch zahlenmäßigen Vergleich derselben zu der Folgerung gelangt, daß dazu noch am besten die Benützung des von MANSUR und KAUFMANN entwickelten einfachen Verfahrens empfohlen werden kann, nach dem die eine Setzung von 5 mm hervorrufende Pfahllast als zulässig angenommen werden darf.

Zur Behebung dieser Mängel hat Verfasser [78] folgendes Verfahren vorgeschlagen.

Der Pfahl überträgt die Belastung letzten Endes auf den Boden. Den Ausgangspunkt muß also dessen Verhalten unter der Belastung bilden. Als semielastischer Stoff erleidet der Boden unter der Belastung von Anfang an nicht nur eine elastische, sondern auch eine bleibende Verformung, deren Verhältnis zu einander sich je nach der Belastungsgröße ändert (Abb. 469). Zu Beginn der Belastung werden die Bodenkörnchen verdichtet. Im Vergleich zum elastischen Teil wird also die bleibende Verformung des Kornhaufens groß sein (I. Abschnitt). Mit zunehmender Verdichtung aber werden die elastischen Eigenschaften überhandnehmen, und auch die Tragfähigkeit wird allmählich anwachsen, während die bleibende Verformung abnimmt und die Setzung des Lastkörpers verhältnisgleich mit der Belastung zunimmt (II. Abschnitt). Mit der fortschreitenden Belastungssteigerung beginnt jedoch das seitliche Ausweichen. Die belasteten Bodenmassen gehen unter der Lastfläche allmählich in den plastischen Zustand über, wobei es in wachsendem Umfang zu Gleiterscheinungen und bleibenden Verformungen kommt, die schließlich bei einem gewissen Grenzwert zur Ausbildung

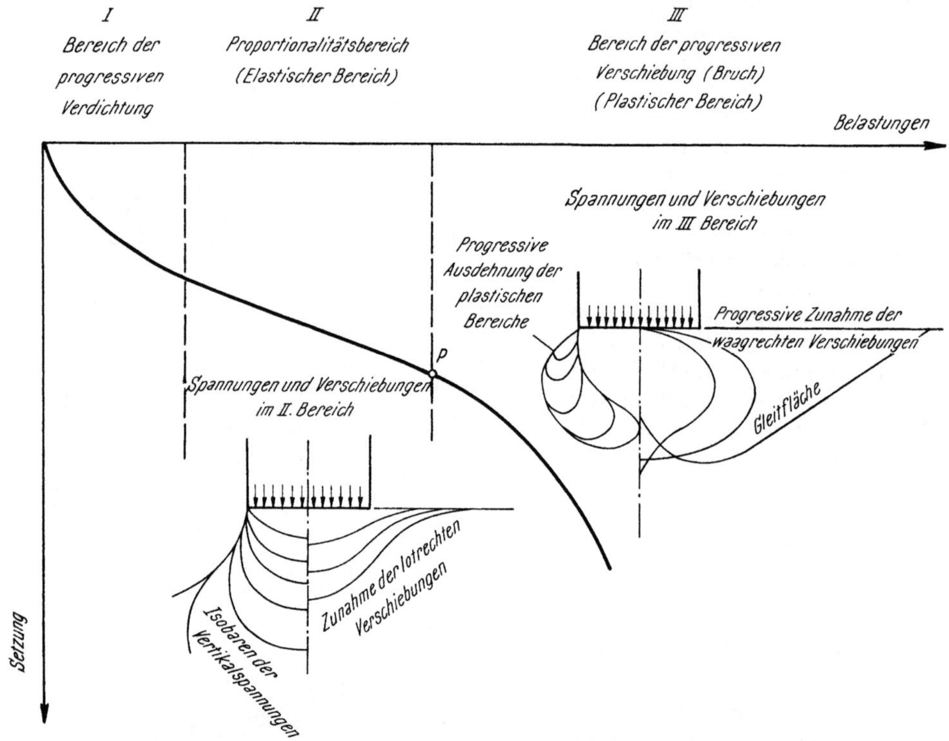

Abb. 469. Das kennzeichnende Last-Setzungsdiagramm des Bodens und der Ausbildungsvorgang der Spannungsbereiche

einer zusammenhängenden Gleitfläche und zum seitlichen Ausgleiten der Bodenmassen führen. Diesen dritten Abschnitt wird also wieder das Überhandnehmen der bleibenden gegenüber den elastischen Verformungen kennzeichnen.

Die Aufgabe besteht also darin, die Probebelastung des Pfahles so durchzuführen, daß aus der Änderung des Verhältnisses zwischen bleibender und elastischer Verformung der für den Beginn des seitlichen Ausweichens kennzeichnende Punkt P bestimmt werden kann. Dieser Punkt [vgl. Fröhlich-Maagsche kritische Randspannung, Bd. I, Gl. (113)] wird offenbar bei jener Belastung erreicht, bei der die Fließerscheinungen beginnen, wenn diese Belastung noch mit Sicherheit zugelassen werden kann.

Die Trennung der elastischen von der bleibenden Verformung kann durch wechselnde Belastung und Entlastung erfolgen (Abb. 470). Die Belastung ergibt die volle Setzung (s_t), wogegen während der Entlastung in Gestalt eines Hochsteigens die elastische Verformung (s_r) in Erscheinung treten wird. Die bleibende Verformung (s_m) ist also stets als die Differenz $s_m = s_t - s_r$ gegeben. Um den störenden Einfluß der auf den vorangegangenen Belastungsabschnitt entfallenden

Setzungen ausschalten zu können, müssen im weiteren die auf die einzelnen Belastungsstufen (P_1) entfallenden elastischen Setzungen Δs_r und bleibenden Setzungen Δs_m auf die in Abb. 470 gezeigte Art und Weise ermittelt werden. Den störenden Einfluß der auf die vorangegangenen Belastungsstufen entfallenden Werte vermindert es ferner, wenn die Last in gleichmäßigen Stufen gesteigert wird ($P_1, 2P_1, 3P_1, \ldots$ usw.).

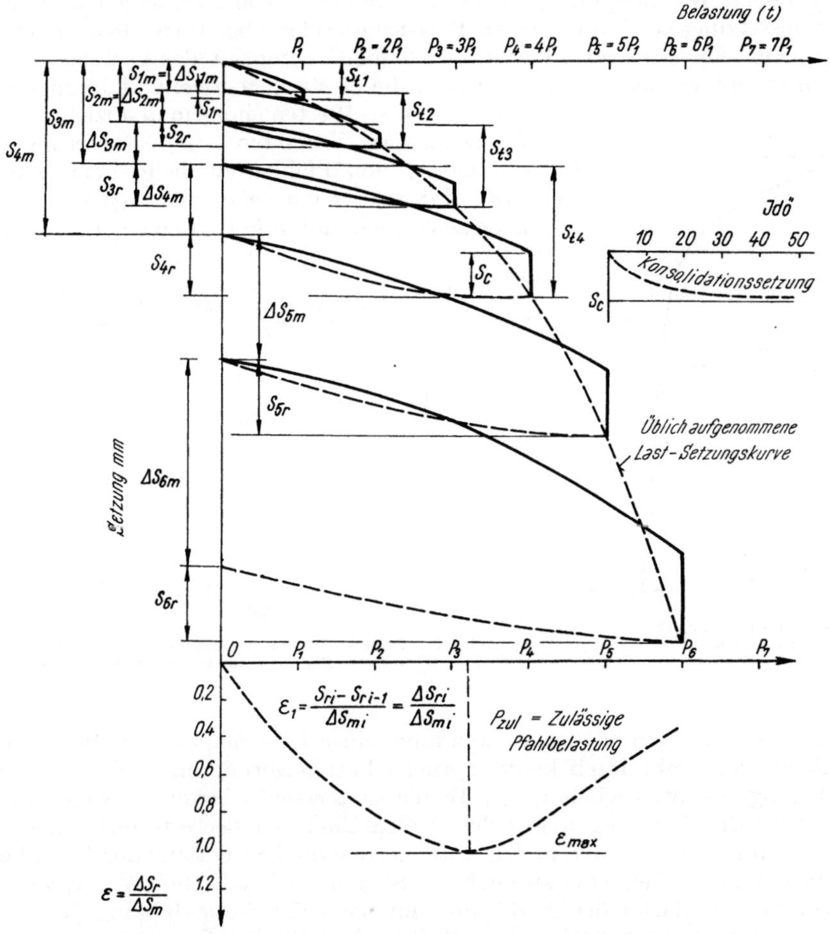

Abb. 470. Auswertung der Probebelastung auf Grund der Veränderung des Verhältnisses zwischen elastischen und bleibenden Verformungen (nach SZÉCHY)

Errechnet man auf Grund dieser Überlegungen die den einzelnen Belastungsstufen zugehörigen Quotienten

$$\varepsilon_i = \frac{\Delta s_{ri}}{\Delta s_{mi}} = \frac{s_{ri} - s_{ri-1}}{\Delta s_{mi}}, \tag{281}$$

und trägt man sie unter den Belastungsstufen P_i der Reihe nach auf, dann zeigt sich, daß die ε-Werte mit dem Überhandnehmen der elastischen Eigenschaften der Bodenverdichtung zunächst ansteigen, während sie nach Überschreiten des Punktes P in Abb. 469 infolge der durch das seitliche Ausweichen bedingten ständig ausgeprägteren Zunahme der bleibenden Veränderungen zu sinken beginnen. Die an die Kurve gelegte waagrechte Tangente wird mithin eindeutig den der „kritischen Randspannung" entsprechenden Punkt P, d. h. also die ihm zugehörige, mit Sicherheit zulässige Pfahlbelastung P_m bestimmen.

Nach diesem Verfahren läßt sich demnach die zulässige Pfahlbelastung eindeutig der Boden-Formänderungskurve entsprechend ermitteln. Das Verfahren eignet sich mehr für stehende Pfähle aber nicht nur für körnige, sondern auch für bindige Böden. Bei diesen hängt seine Genauigkeit davon ab, wie genau die Konsolidationssetzung bei den einzelnen Belastungsstufen abgewartet bzw. geschätzt werden kann. Dabei sei noch bemerkt, daß die Genauigkeit des Verfahrens auch dadurch erhöht werden kann, wenn man die elastischen Eigenverkürzungen des Pfahles von den s_{ri} Werten sinngemäß abzieht.

Ein neuartiges Verfahren zur Auswertung der Probebelastung von Pfählen empfiehlt auch WHITAKER [79], der sie, genau genommen, als kontinuierlichen Scherversuch durchführt. Seinem Wesen nach besteht das Verfahren in der Verwendung einer Belastungsvorrichtung, die es ermöglicht, den Pfahl durch kontinuierliche Laststeigerung mit gleichbleibender Eindringungsgeschwindigkeit in den Boden zu pressen. Über eine gewisse Grenze hinaus wird die Belastung wegen der großen Eindringungswerte nicht mehr gesteigert werden können, der Boden wird gewissermaßen entlang der Pfahlfläche abgeschert und erleidet eine sprunghafte Setzung. Hierauf stellt WHITAKER die Belastung ein, entlastet den Pfahl, um ihn nach der Zurückbildung des elastischen Setzungsanteils neuerlich zu belasten. Der Punkt (D), an dem die Neubelastungskurve in den ursprünglichen Belastungszweig hineinläuft, ist als *Bruchlast* des Pfahles anzusehen (Abb. 471). Nach den Versuchen WHITAKERS läßt die Höhe der Eindringungsgeschwindigkeit die Größe der Bruchlast — innerhalb gewisser praktischer Grenzen (0,4 bis 3 mm/min) — unbeeinflußt.

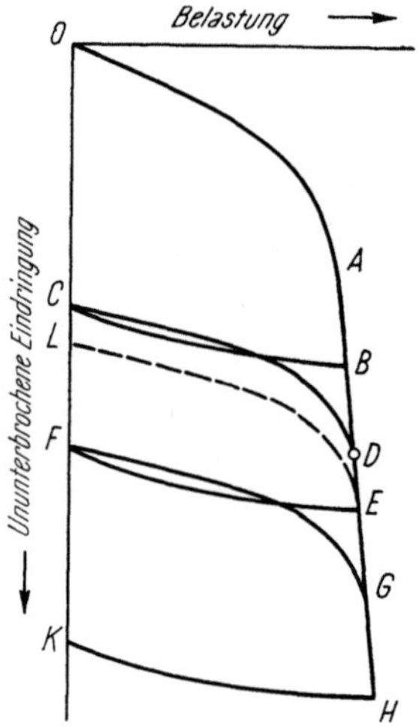

Abb. 471. Bestimmung der Pfahlbruchlast (nach WHITAKER)

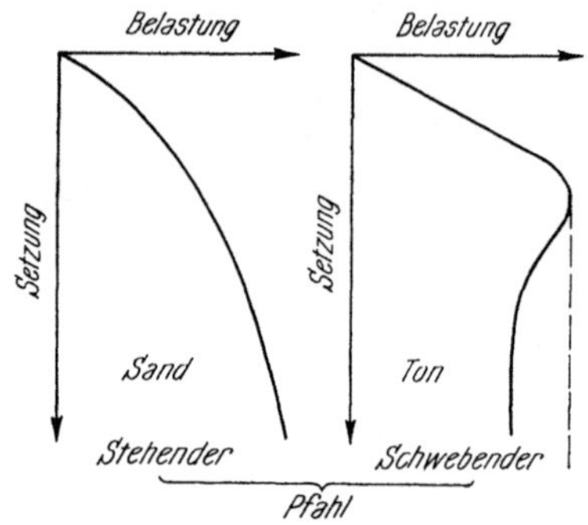

Abb. 472. Typische Last-Setzungskurven für stehende und für schwebende Pfähle im Sand- bzw. im Tonboden

Der *Verlauf* der Probebelastungskurve ist im übrigen auch für die Pfahlart und für die durch den Pfahl belastete Bodenart charakteristisch. Stehende Pfähle und *körnige Böden* sind durch eine progressiv ansteigende kontinuierliche Setzungskurve (Abb. 472 links), *bindige Böden* und schwebende Pfähle hingegen eher durch die in Abb. 472 rechts aufgetragene, für das längs der Mantelfläche auftretende Abscheren charakteristische, gleichmäßig zunehmende und sodann unter einer gewissen Belastungsgrenze plötzlich erhöhte, ohne Laststeigerung zunehmende Setzung gekennzeichnet.

d) Ermittlung der Pfahltragfähigkeit durch Sondierung

Die Schwierigkeiten jeder theoretischen Vorausberechnung der Tragfähigkeit von Pfählen sowie die großen Streuungen in den rechnerisch ermittelten Ergebnissen haben zu Bestrebungen geführt, die voraussichtliche Tragfähigkeit von Pfählen auf Grund von Probebelastungen an Ort und Stelle zu bestimmen.

Indes erfordert, wie auf S. 510 bis 513 gezeigt, die Herstellung und das Niederbringen der Probepfähle sowie die Durchführung der Probebelastung neben einer umfangreichen maschinellen Ausrüstung auch einen relativ großen Arbeitsaufwand. Wegen ihres großen Zeitbedarfs und wegen ihrer Kostspieligkeit läßt sie sich im Entwurfsstadium meist nur bei größeren Bauvorhaben und auch da nur verhältnismäßig schwer und selten verwirklichen.

Mit dem Anspruch, gleich verläßliche Ergebnisse zu liefern wie Probebelastungen, sind in jüngster Zeit *verschiedene Sondierungsverfahren* hervorgetreten, die mit leicht beweglichen und einfach bedienbaren Vorrichtungen rasch und billig arbeiten. Bekanntlich bedient man sich der Sondierung neuestens nicht nur zur Erkundung der Bodenschichtung, sondern auch zur Ermittlung der Bruchlast (vgl. Bd. I, S. 103). Unter Beibehaltung der Form der statischen Formeln, jedoch unter Benützung der an Ort und Stelle ermittelten Kennwerte, schlägt MEYERHOF [62 und 74] auf Grund seiner Versuche vor, die Pfahltragfähigkeit in körnigen Böden nach der Gleichung

$$P = \sigma_t \cdot F + f \cdot U \cdot l \qquad (282)$$

zu ermitteln, wobei σ_t bei Verwendung einer Meßsonde die Bruchfestigkeit des Bodens unter der Spitze gemäß

$$\sigma_t = l \cdot \gamma \cdot V_b = 3N \cdot l/2 \text{ (kg/cm}^2\text{)} \qquad (283)$$

bezeichnet. Hierin ist $f = \frac{3 \cdot N \cdot l}{1000}$ (kg/cm²) die spezifische Reibung und in beiden Zusammenhängen das N die Zahl der Schläge, mit denen die genormte amerikanische *Rammsonde* (Abb. 473) ein Eindringen um 30 cm erzielt, und schließlich l die Pfahllänge in Metern.

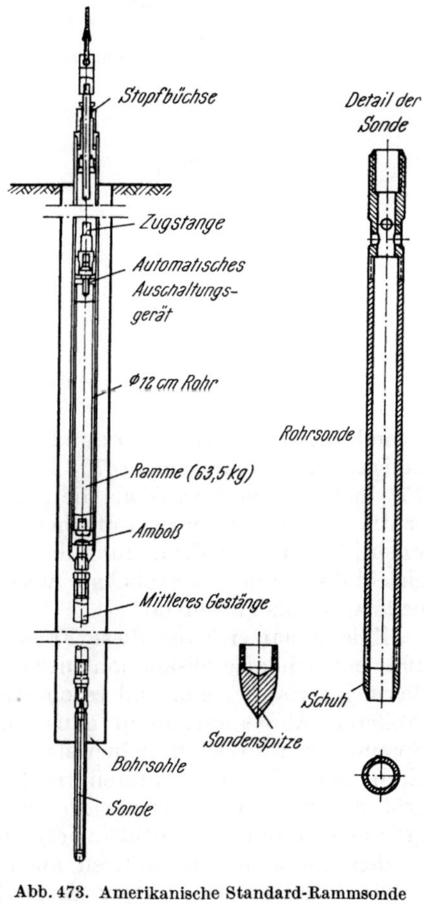

Abb. 473. Amerikanische Standard-Rammsonde

Bei Verwendung konischer Drucksonden (Abb. 474) schlägt MEYERHOF die Gleichsetzung der beim Einpressen der Sonde ermittelten Bruchfestigkeit (q_c) mit der Bruchlast unter der Pfahlspitze ($\sigma_t = q_c$) vor, während er die spezifische Reibung mit dem Zweifachen des gemessenen Wertes (f_c) ansetzt: $f = 2f_c$, was er mit der beim Eindringen des Pfahles auftretenden stärkeren Verdichtungswirkung begründet.

Mit der konischen Drucksonde läßt sich durch Einpressen der inneren Sondenstange die Bruchspannung unter der Spitze und durch Nachpressen des Sondenmantels auch die spezifische Mantelreibung unmittelbar bestimmen (Bd, I. S. 102, Abb. 59b).

Auf Grund von Drucksondenversuchen, die er parallel mit der Probebelastung von Pfählen vorgenommen hatte, stellte VAN DER VEEN fest [80], daß die auf

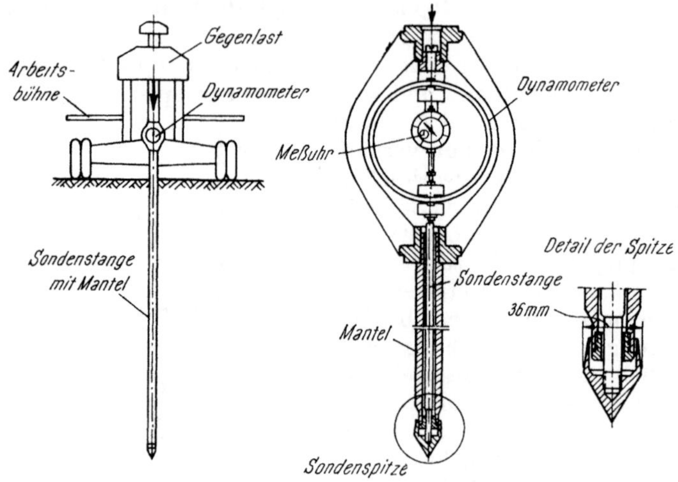

Abb. 474. Spitzendrucksonde

Grund dieser Spitzenwiderstands- und Mantelreibungswerte berechnete Tragfähigkeit innerhalb eines 0,70- bis 1,75fachen Streuungsbereichs um höchstens 75% höhere Werte ergab als die tatsächliche Probebelastung der Pfähle, weshalb er die Anwendung eines 1,5fachen Sicherheitskoeffizienten vorschlägt. MENZENBACH [81] hält die Ermittlung der Tragfähigkeit durch die konische Drucksonde gleichfalls für das verläßlichste Verfahren und bezeichnet den 1,5fachen Sicherheitsfaktor als zutreffend.

Zuletzt hat sich um diese Frage auf dem Internationalen Kongreß in Paris 1961 eine lebhafte Diskussion entwickelt. Vor allem wendete man gegen das Sondierungsverfahren ein, daß es einerseits beim Rammen von Pfählen wegen der größeren Abmessungen zu ganz anderen Verdichtungen kommt und andere Spannungszustände entstehen als um die Drucksonde, und daß zum anderen die Einbindetiefe in der unteren tragfähigen Bodenschicht beim Pfahl wesentlich größer sein muß als bei der im Durchmesser weit kleineren Drucksonde, wenn gleiche Spannungsverhältnisse hergestellt werden sollen. Wegen der Abweichungen in den Durchmessern müssen auch unterschiedlich große Setzungen erwartet werden, und ebenso müssen in geschichteten Böden abweichende Gleitflächen entstehen. Offenbar werden sich bei Rammpfählen in körnigen Böden ganz andere Tragfähigkeitsverhältnisse ausgestalten als bei Bohrpfählen in bindigen Böden. (Der Spitzenwiderstand ist in lockeren Sandböden größer, dagegen in dichten Sandböden kleiner als der durch die Drucksonde erfahrene Wert.)

Andererseits haben außer den bereits erwähnten auch weitere Versuche KÉRISELS [82] bestätigt, daß die Drucksonde zur Ermittlung des voraussichtlichen Pfahltragvermögens brauchbare Ergebnisse liefert.

Zusammenfassend darf festgestellt werden, daß es — so zweckmäßig und einfach das Verfahren auch erscheinen mag und trotzdem die bisherigen Versuche in körnigen

Böden im allgemeinen günstige Resultate gezeitigt haben — doch noch weiterer experimenteller Erprobungen und gegenseitiger Abstimmung ihrer Ergebnisse bedürfen wird, um eine allgemein brauchbare Methode ausarbeiten zu können.

e) Näherungsweise Ermittlung der Tragfähigkeit anhand von Vorschriften und empirischen Unterlagen

Zur Erleichterung der Vorentwurfsarbeiten enthalten einzelne Vorschriften angenäherte Angaben für die in der Praxis meistbenützten Holz- und Stahlbetonpfähle. Die ungarische Norm MSz 15005 z. B. gibt für stehende Rammpfähle von mindestens 6 m Länge, sofern auch der umliegende Boden eine gewisse Tragfähigkeit besitzt und Erschütterungen nicht zu befürchten sind, die in folgender Tabelle zusammengefaßten Grenztragfähigkeitswerte (P_H) an.

Stoff und Form des Pfahles	Durchmesser (D) cm bzw. Seitenlänge (a) cm	Grenztragfähigkeit (P_h) Tonnen			Bemerkung
		MSZ	DIN	Civ. Eng. C. Pr.	
Holzpfähle mit Kreisquerschnitt	20	15			Die Anwendung der angegebenen Werte ist nur dann zulässig, wenn die Eindringung des Holzpfahles unter das Zehnfache der Rammarbeit von 1,5 tm (einer Ramme von doppelten Pfahlgewicht) den Wert von 30 mm; die Eindringung des Stahlbetonpfahles dagegen unter das Zehnfache der Rammarbeit von 2 tm (einer Ramme gleich dem Pfahlgewicht) den Wert von 20 mm nicht übertrifft. Für zylindrische Stahlpfähle ist 80% der für Holzpfähle angegebenen Werte aufzunehmen.
	25	25			
	30	35	(33)		
	35	45	(38)		
	(40)		(45)		
				48	
Stahlbeton mit quadratförmigem Querschnitt	30	45	(40)		
	35	55	(48)	66	
	40	60	(55)	85	
Stahlbeton mit dreieckförmigem Querschnitt	30	30			
	35	40			

Die in Klammern stehenden Werte sind die zulässigen Belastungen (P_m) gemäß DIN 1054, gültig unter den in der Spalte: „Bemerkungen" angegebenen Umständen mit der Abweichung, daß für Holzpfähle unter 10 Schlägen der letzten Hitze eine größtzulässige Eindringung von 40 mm, für Stahlbetonpfähle hingegen eine solche von 30 mm vorgeschrieben ist.

Bessere Ergebnisse liefern jene Tafeln, die in Abhängigkeit von der Bodenart die Spitzenwiderstands- und die Mantelreibungswerte angeben. Diese Tabellenwerte sind mit der tatsächlichen Mantelfläche ($U \cdot l$) und der Pfahlfußfläche (F) zu multiplizieren, worauf gemäß Gl. (247) die Bruchlast (P_t) des Pfahles rechnerisch ermittelt werden kann. Durch Division mit dem Sicherheitskoeffizienten n erhält man schließlich die zulässige Belastung (P_m).

Bei Schenck finden sich die Werte gemäß Tab. 21.

Die polnischen Vorschriften für Pfahlgründungen (PN-58/B-02482) enthalten ähnliche Tafeln, doch ermöglichen diese bei Ermittlung der q_c- und der q_k-Werte auch die Berücksichtigung des Bodenzustandes, der Pfahlniederbringungsart, des Pfahlbaustoffes sowie der Natur von Bauwerk und Belastung.

Tabelle 21. *Pfahltragfähigkeitsbeiwerte* (nach SCHENCK)

Bodenart	Rammtiefe (m)	Mittlere Mantelreibung je Flächeneinheit [q_k(kg/cm²)]				Spitzenwiderstand je Flächeneinheit [q_k(kg/cm²)]			
		Holzpfähle	Stahlbeton-pfähle	Stahlpfähle		Holzpfähle	Stahlbeton-pfähle	Stahlpfähle	
				Kastenform offen	Trägerform			Kasten-form offen	Träger-form
Torf		0,7—0,10	—	—	—	—	—	—	—
Bindige Böden									
weicher Ton, weicher Lehm, weicher Ton		0,15—0,25							
steifer Klei		0,30—0,40							
sandiger Klei		zu 0,50							
halbfester Mergel		0,50—0,55							
Nichtbindige Böden									
Feinsand	3,0—4,0			0,40—0,50	—				
	über 4,0 m			0,50—0,80	0,40—0,80				
Mittelsand	3,0—4,0	0,40—0,60	0,40—0,50	0,30—0,40	—	45—65	45—65	30—40	—
	über 4,0 m	0,60—1,10	0,50—0,70	0,40—0,70	0,30—0,70	70—(100)	70—(120)	50—70	30—50
Grobsand bis Kies	3,0—4,0			0,30—0,40	—				
	über 4,0 m			0,40—0,70	0,30—0,60				

2. Tragfähigkeit von Pfahlgruppen und Pfahlfundamenten

Pfahlfundamente bestehen aus mehreren nebeneinander angeordneten Pfählen und aus einem Fundamentblock (Pfahlrost), in dem die Köpfe dieser Pfähle eingebunden sind (vgl. S. 553, Pfahlroste). Die Tragfähigkeit der nebeneinanderstehenden Pfähle und die Setzungen der Pfahlgruppe, d. h. des Pfahlfundaments, weichen von denen des Einzelpfahles ab, was sich — wie aus den Abb. 438 bis 443 hervorgeht — aus der Aufeinanderwirkung der Spannungs- und Lastübertragungszonen um die Pfähle erklärt. Diese gegenseitige Beeinflussung äußert sich im allgemeinen in der Überlagerung der auf den Boden übertragenen Spannungen und in den von der Einbringungsart abhängigen Veränderungen des Spannungszustandes in dem von den Pfählen umschlossenen Bodenbereich. (Durch Rammen und Einrütteln werden lockere Böden verdichtet, durch Bohren eher weiter gelockert.) Abb. 439 läßt auch erkennen, daß sich schwebende Pfähle gegenseitig stärker, stehende hingegen relativ weniger beeinflussen. Schließlich *erleiden Pfahlgruppen stets größere Setzungen als Einzelpfähle*, während ihre Tragfähigkeit im allgemeinen kleiner, unter gewissen Umständen aber auch größer sein kann.

a) Spannungsbereiche im Umkreis um die Pfähle

Das Problem der gegenseitigen Beeinflussung von Pfählen kann der Untersuchung am besten zugänglich gemacht werden, wenn man den Umfang der Spannungsbereiche und das Ausmaß der Verdichtung bestimmt (vgl. hierzu auch Abb. 477).

Mit dem Umfang der um schwebende Pfähle sich ausbildenden Spannungsbereiche hat sich theoretisch erstmalig BIERBÄUMER [83] befaßt. Auf Grund weitgehend annähernder Annahmen (gleichmäßige Mantelreibungsverteilung, Einführung eines Spannungs-Ersatzparaboloids usw.) leitet er den Zusammenhang $R = 0{,}54 \sqrt{l \cdot D}$ für den Halbmesser des Spannungsbereichs in der Pfahlfußebene ab. Entsprechend steht jeder Pfahl außerhalb der Spannungsbereiche seiner Nachbarpfähle, wenn der Achsabstand

$$d = 2R \geqq 1{,}08 \sqrt{l \cdot D} \qquad (284)$$

beträgt. Dieser Wert hängt also von Länge und Durchmesser des Pfahles ab, so daß dieser Feststellung nur ein qualitativer Charakter beigemessen werden kann.

Die Spannungen, wie sie *im unendlichen elastischen Halbraum* unter der Einwirkung der in der Pfahlspitze angenommenen Einheitskraft sowie unter dem Einfluß der am Mantel des Pfahles von der Länge l gleichmäßig verteilten Einheitsreibungskraft auftreten, bestimmte theoretisch MINDLIN [84], während ANTUNES MARTINS für diesen Fall auch Spannungsisobaren ermittelt und aufgetragen hat (Abb. 475). Wie aus diesen erhellt, wären die Spannungen im Sinne der diesen Überlegungen zugrunde liegenden Boussinesqschen Elastizitätstheorie sowohl in der Breite als auch in der Tiefe unendlich ausgedehnt. Nimmt man im Hinblick auf die bleibenden Verformungen die Spannungsausdehnungsgrenze bei der Verhältniszahl von 0,5 an, müßte man die Ausdehnung des Spannungsbereichs vom Gesichtspunkt der Kraftübertragung aus praktisch in der Breite mit einem Viertel, in der Tiefe hingegen mit der Hälfte der Pfahllänge ansetzen.

Auf Grund der Plastizitätslehre kann die Breite der beim Bruch mobilisierten, von einer zwiebelförmigen Gleitfläche begrenzten Bodenmasse aus der Spaltfestigkeitstheorie von JÁKY übernommen werden; sie errechnet sich [85] zu

$$B = D\left[1 + \frac{\cos\varphi}{\cos(45^\circ + \varphi/2)} \cdot e^{(3/4\pi + \varphi/2\,\mathrm{tg}\,\varphi)}\right] \tag{285}$$

und würde demnach von der Pfahlbreite D und vom Winkel φ der inneren Reibung abhängen.

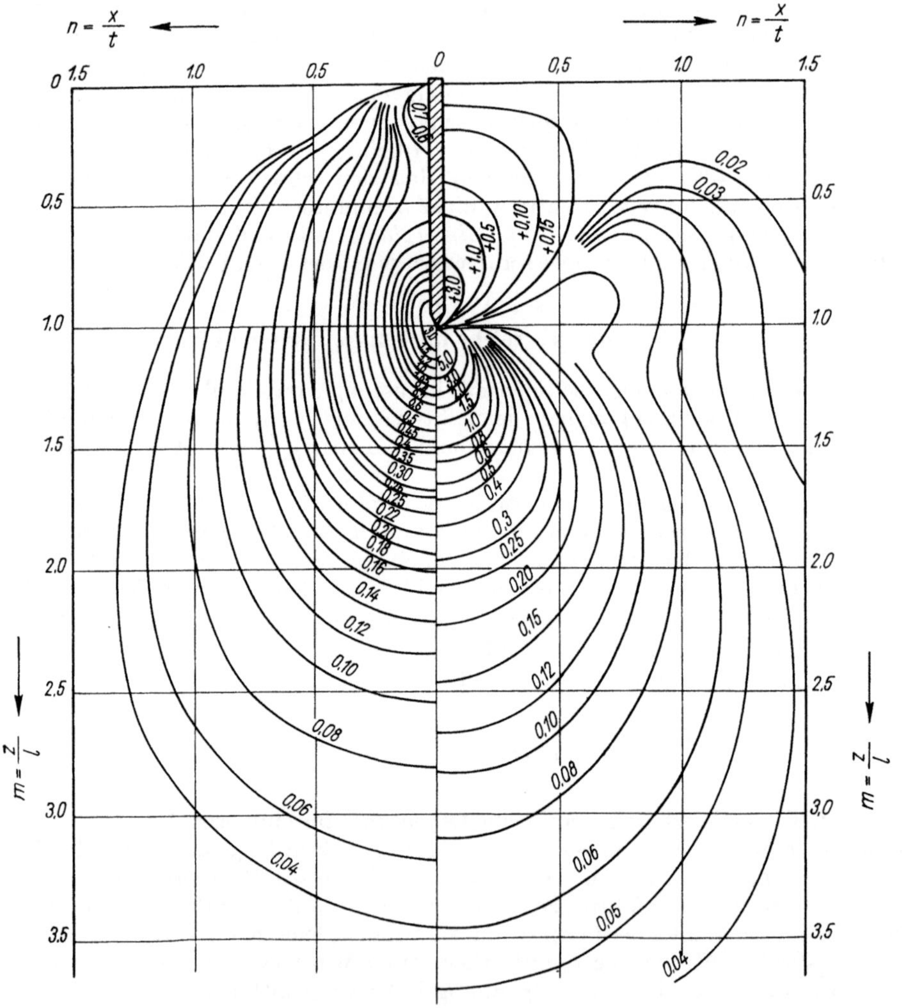

Abb. 475. Spannungsisobaren infolge der an Pfahlspitze bzw. am Pfahlmantel auftretenden Einheits-Einzellasten (nach ANTUNES-MARTINS)

Nach den Versuchen von GOLUBKOW hat der Spannungsbereich den Halbmesser $R = l \cdot \mathrm{tg}\,\alpha$ (Abb. 476). (Den Wert von α gibt GOLUBKOW mit max. 7° an [vgl. Abb. 476 und 479 sowie S. 528]). Seinen Vorschlag haben die polnischen Rammvorschriften mit ganz geringen, in engsten Grenzen bleibenden Änderungen übernommen. Seine Feststellungen können jedoch nicht verallgemeinert werden, da sie vor allem in den von ihm untersuchten Schluffböden Geltung haben dürften.

Bei Pfählen in körnigen Böden müßte mit weit höheren α-Werten gerechnet werden!

Auch *experimentelle Untersuchungen* stellten ein Abhängigkeitsverhältnis zwischen der Breite des Verschiebungs- und Spannungsbereichs einerseits und der Pfahlbreite sowie der Bodenart, der Bodendichte und der Einbringungsart andererseits fest. Für die Ausdehnung des Spannungsbereiches ergaben diese Untersuchungen im allgemeinen zwischen $3D$ und $6D$ schwankende Werte, wobei die Spannungsintensitäten mit wachsendem Abstand vom Pfahlmantel abnahmen [86, 87, 88]. Über einen Abstand von $3D$ hinaus zeigte sich im allgemeinen keine beachtliche Verdichtung mehr. Auffallend große, Werten von $5D$ bis $6D$ entsprechende, ja selbst Durchmesser bis zu $8D$ erreichende Spannungsbereiche hat

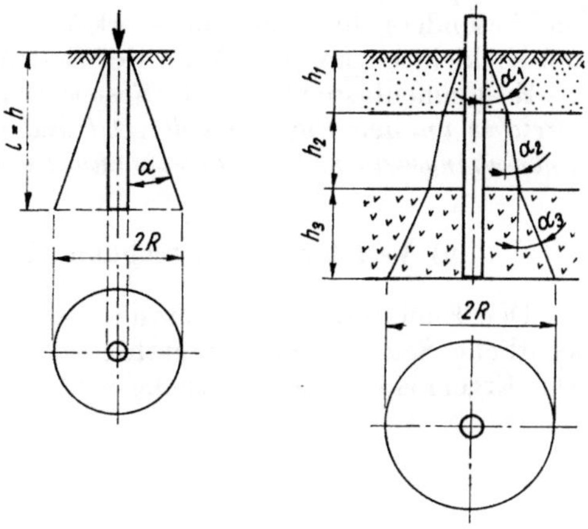

Abb. 476. Ausbildung der Belastungszonen um schwebende Pfähle (nach GOLUBKOW)

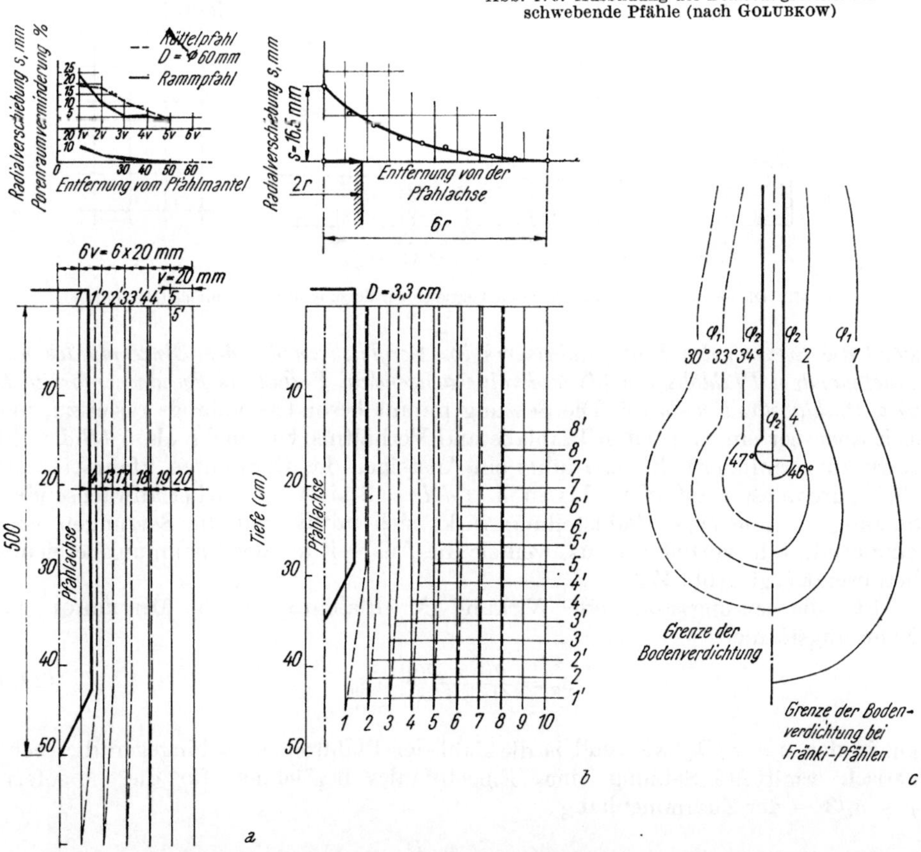

Abb. 477. Ausdehnung der Spannungs- bzw. Verschiebungsbereiche nach den Versuchen von SZÉCHY (a) von KÉZDI (b) und von MEYERHOF (c)

Meyerhof bei kräftig gerammten und gestampften Franki-Ortpfählen beobachtet [62]. (Den Umfang der Spannungs- bzw. Radialverschiebungsbereiche um Versuchsrammpfähle in körnigen Böden veranschaulicht auf Grund von Versuchen Meyerhofs, Kézdis bzw. des Verfassers die Abb. 477.) Die Abweichungen sind ziemlich groß, doch lassen sie sich aus der Unterschiedlichkeit der Versuchsböden und besonders ihres Zustandes erklären. Offenbar wird der Verformungsbereich um so kleiner sein, je lockerer der Boden ist.

Zusammenfassend gilt die Feststellung, daß die *Ausdehnung des Spannungsbereiches um den Pfahl von der Art und dem Zustand des Bodens, von der Pfahleinbringungsart sowie von dessen Länge und Durchmesser abhängt.*

b) Verfahren zur Berechnung der Tragfähigkeit von Pfahlgruppen

Den Einfluß des Pfahlabstandes sowie der Pfahlgruppenbreite auf die voraussichtliche Setzung und Tragfähigkeit erörtert sehr eingehend Meyerhof [62]. Die Ergebnisse seiner Versuche sind in Abb. 478 aufgetragen. Wie ersichtlich,

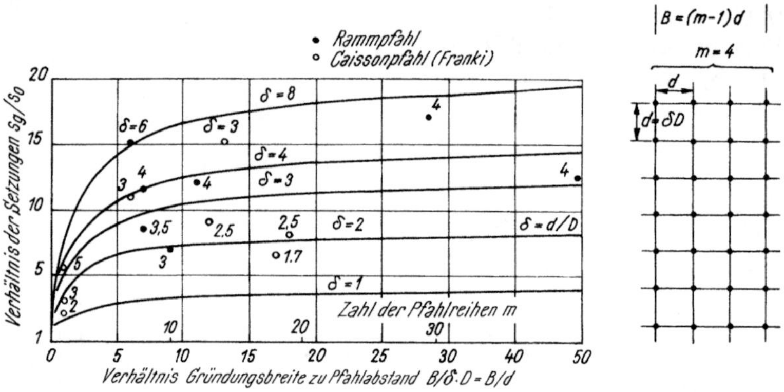

Abb. 478. Die Setzung der Pfahlgruppen im Vergleich zur Setzung der Einzelpfähle (Meyerhof)

steigt die Setzung des Pfahlfundaments im Vergleich zu der des Einzelpfahles mit zunehmendem Pfahlabstand (d) und mit wachsendem Verhältnis Fundamentbreite B zum Pfahlabstand stetig an. Die Setzung nimmt besonders anfangs rasch zu, um sich aber bei einem Breiten/Pfahlabstand-Verhältnis von mehr als 5 ($B/d > 5$) stark zu vermindern. Ebenso führt ein Ansteigen des Quotienten Pfahlabstand/Pfahldurchmesser auf Werte bis zu $\delta = d/D = 3$ bis 4 zu stärker anwachsenden Setzungen. Eine enge Pfahlstellung wirkt sich mithin auf die Setzungen vermindernd, d. h. vorteilhaft aus, weil sie die Ausbreitung des Spannungsbereiches herabsetzt (vgl. Abb. 478).

Für die setzungssteigernde Wirkung der Pfahlgruppe gibt Meyerhof die Näherungsformel

$$s_g = \frac{\delta(5 - \delta/3)}{(1 + 1/m)^2} \cdot s_0 \tag{286}$$

an, in der $\delta = d/D$, während m die Zahl der Pfahlreihen, s_0 hingegen die rechnerisch ermittelte Setzung eines Einzelpfahles bezeichnet, für die — sofern $p \leqq \sigma_t/3$ — der Zusammenhang

$$s_0 = \frac{p \cdot D}{30 \cdot \sigma_t} \tag{287}$$

gilt, wenn p die tatsächliche Spannung unter der Pfahlspitze und σ_t die Bruchspannung bedeutet. Schließlich ergibt sich die Beziehung

$$s_g = \frac{\delta(5 - \delta/3)}{(1 + 1/m)^2} \cdot \frac{p \cdot D}{30 - \sigma_t}. \tag{288}$$

Andererseits leitet MEYERHOF für die Tragfähigkeit des in der Pfahlgruppe stehenden Pfahles niedrigere Werte ab, als sie für Einzelpfähle gültig sind, doch ist die Verminderung hier um so geringer, je enger die Pfahlstellung und je kleiner die Pfahlfundamentbreite ist. (Dies steht im Gegensatz zum Prinzip der Überschneidung der Spannungsbereiche, und MEYERHOF erklärt die Erscheinung damit, daß die Rammung eine kräftigere Verdichtung bewirkt, womit sich die Tragfähigkeit erhöht.) Demnach gilt

$$P_g = \frac{(1 + 1/m)^2}{\delta(5 - \delta/3)} \cdot P_0, \tag{289}$$

worin P_0 die Tragfähigkeit der einzelnen Pfähle bezeichnet, deren Faktor genau dem Reziprokwert des gebrochenen Faktors in (286) entspricht. (Der erstere wird also in jedem praktischen Fall größer, der letztere kleiner sein als 1.)

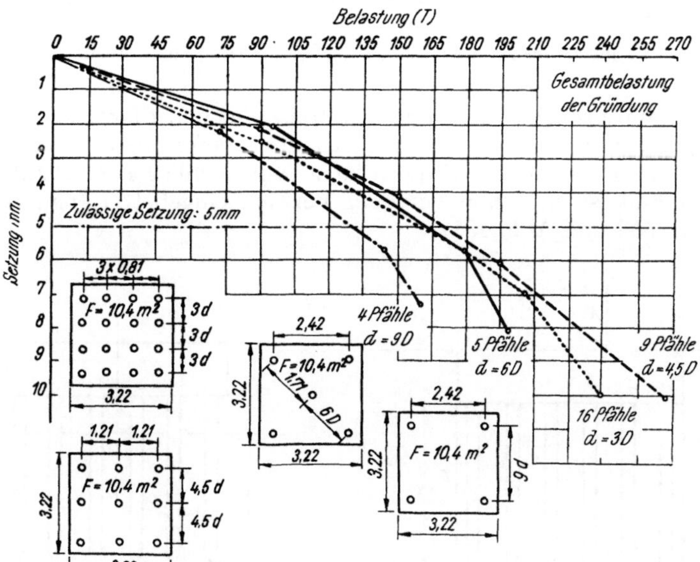

Abb. 479. Versuche von GOLUBKOW mit Pfahlgruppen unter gleicher Lastfläche, aber mit verschiedener Anzahl von Pfählen (wechselnder Pfahlabstand)

Auch die Versuche GOLUBKOWS haben nachgewiesen, daß Pfahlgruppen (bei gleicher Setzung) ein geringeres Tragvermögen haben als Einzelpfähle. Bei der gegebenen Bodenschichtung (Schwarzschluffschicht) ließen sie darüber hinaus sogar erkennen, daß die Tragfähigkeit der Pfähle um so weniger ausgenützt werden kann, je enger die Pfahlstellung ist, d. h. bei gleichen Gründungsflächen wird z. B. eine aus 9 Pfählen bestehende Pfahlgruppe eine höhere Tragfähigkeit aufweisen als eine aus 16 Pfählen bestehende Gruppe (Abb. 479). (Die im Abstand 4,5 D—6 D verlegten Pfähle haben bei gleicher Setzung eine mehr als doppelte Tragfähigkeit aufgewiesen). Der optimale Pfahlabstand ergab sich bei ihm zu etwa

4,5 *D*. Vermutlich setzten die zu dicht angeordneten Pfähle die Scherfestigkeit des schwarzen Schluffs — trotzdem sie die Ausdehnung des Spannungsbereiches nicht veränderten (Abb. 480b und c — beim Durchrammen so sehr herab, daß eine ungünstigere Lage entstand (b) als bei der weniger dichten Pfahlstellung, bei der die Spannungsbereiche (die aktiven Zonen) einander eben berührten (c). Golubkows Feststellungen beziehen sich im übrigen auf Pfahlgründungen aus schwebenden (Reibungs-)Pfählen.

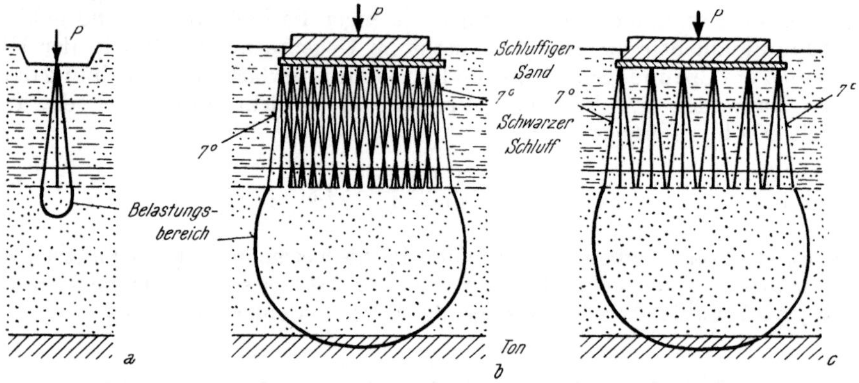

Abb. 480. Einfluß des Pfahlabstandes auf die Ausbreitung der Spannungsbereiche (Golubkow)

Neuerlich unterscheidet man zwischen frei stehenden *Pfahlgruppen* und *Pfahlfundamenten*. Im ersten Fall befindet sich die Kopfplatte während des ganzen Belastungsvorganges über der Erdoberfläche (vgl. hochliegenden Pfahlrost, S. 554) im zweiten Fall ist sie schon vor dem Versuch eingebettet (vgl. tiefliegenden Pfahlrost, S. 553 und Abb. 481).

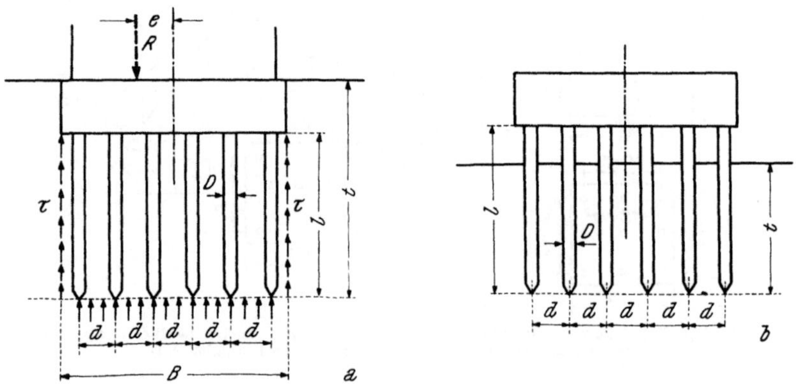

Abb. 481. Der Unterschied zwischen Pfahlfundament (a) und Pfahlgruppe (b) (nach Meyerhof)

Pfahlfundamente dürfen als Pfeilerfundamente betrachtet werden, die die Lasten auf der Spitzenebene als einheitliche Blöcke auf die tragfähige Schicht übertragen. Bei gewöhnlichen Pfahlabständen bis zu $d = 4\,D - 5\,D$ darf die Tragfähigkeit der Gruppe nach Terzaghi-Peck als Summe des in der Tiefe t anstehenden Sohlflächenwiderstandes und des entlang der umhüllenden Mantelfläche vorhandenen Scherwiderstandes berechnet werden. Damit wird die Tragfähigkeit vom Pfahlabstand praktisch unabhängig. Dieser Wert P_g kann auf mittige Belastung nach TERZAHGI aus folgender Gleichung berechnet werden:

$$P_g = \pi \cdot r^2 (1{,}3c \cdot V_c + \gamma \cdot l \cdot V_b + 0{,}6r \cdot \gamma \cdot V_g) + 2\pi \cdot r \cdot l \cdot \tau. \qquad (290)$$

Nach den Versuchen ist diese Annahme gegen schräge oder exzentrische Belastung bis zu einer Ausmittigkeit von $e < B/4$ auch gerechtfertigt, weil die durch Schrägstellung erhöhte Mantelreibung die Abnahme der widerstehenden aktiven Grundfläche ausgleicht.

Die Tragfähigkeit der *Pfahlgruppen* ist entweder durch die Pfeilerwirkung oder auch durch die Tragfähigkeit der Einzelpfähle bedingt. Mit Pfahlabständen von $2\,D - 3\,D$ überschneiden sich schon die Spannungs- und Verschiebungsbereiche der Nachbarpfähle und die dadurch erzielte Gewölbebildung ruft eine Pfeilerwirkung hervor. Bei größeren Pfahlabständen tritt schon die Tragfähigkeit der Einzelpfähle in den Vordergrund, obwohl irgendwelche Verschiebungen und Volumenänderungen des unmittelbar anliegenden Bodens auch in Betracht zu ziehen sind [89].

Die Aufeinanderwirkung der Einzelpfähle in einer Gruppe hängt von der Einbringungsart und in erster Linie von der Bodenart und vom Bodenzustand ab. Diesbezügliche Versuche haben erwiesen, daß die Verminderung des Pfahlabstandes in Tonböden und in dichteren Sandböden eine Verminderung, in lockeren Sandböden dagegen eine Vergrößerung der Einzeltragfähigkeit zustande bringt. Auf Grund mehrerer Versuchsergebnisse gibt KISHIDA [90] die Veränderung des Verhältnisfaktors β in verschiedenartig gelagerten Sandböden in Abb. 482 an.

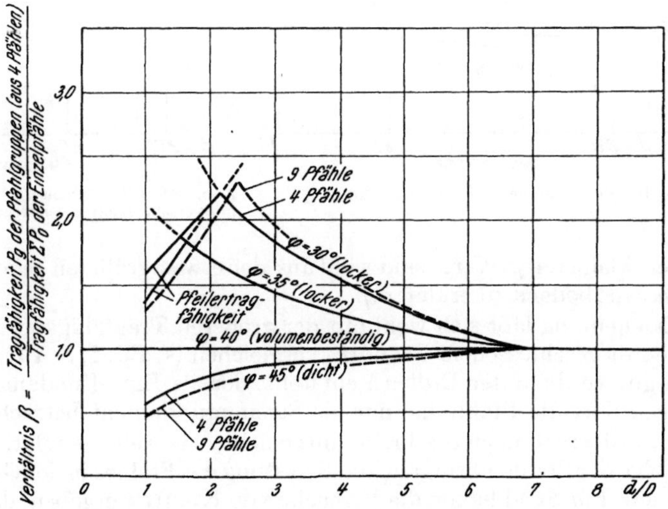

Abb. 482. Die Versuchsergebnisse von KISHIDA

Das Diagramm stellt die Ergebnisse der aus 4 Pfählen bestehenden Gruppe dar. Es sind jedoch für die zwei Extremfälle ($\varphi = 30°$ und $\varphi = 45°$) die Werte für die aus 9 Pfählen bestehende Gruppe auch angegeben. Es ist zu erkennen, daß mit der Vergrößerung der Gruppe die Zunahme bzw. die Abnahme noch ausgeprägter zur Geltung kommt. Dies wurde noch deutlicher von MEYERHOF in Abb. 483 angegeben, wo die Veränderung des Faktors β neben lockeren Sandböden auch für Tonböden dargestellt ist. Daneben weist MEYERHOF auch darauf hin, daß auf den β-Wert auch die Pfahllänge einen Einfluß hat.

Diesbezügliche Untersuchungen von KÉRISEL [82] und CAMBEFORT [67] haben die vorher angeführten Erscheinungen im großen und ganzen auch bestätigt.

Die Tragfähigkeitszunahme der in lockere Sandböden gerammten oder vibrierten Einzelpfähle hat aber auch als Vorbedingung, daß die Pfähle in Gruppen, d. h. in geschlossenem Grundriß angeordnet sind. Stehen die Pfähle nämlich in einer Reihe nebeneinander, dann ist viel mehr eine Abnahme feststellbar, wie das von KÉZDI in seinen Versuchen festgestellt wurde. Diese Abnahme scheint jedoch etwas geringer zu sein (Abb. 484). (Die von KÉZDI allgemein

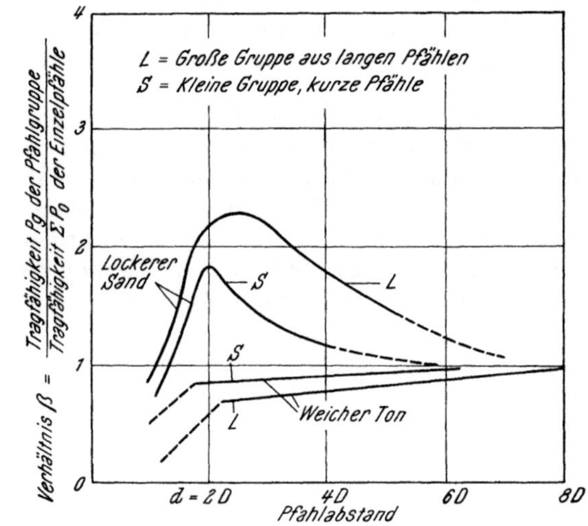

Abb. 483. Die Versuchsergebnisse von MEYERHOF

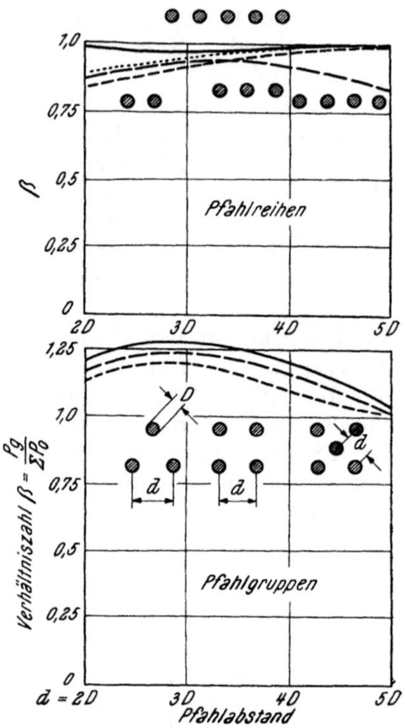

Abb. 484. Die Versuchsergebnisse von KÉZDI mit verschiedenartig angelegten Pfahlgruppen

festgestellten kleineren β-Werte sind wohl aus der etwas größeren relativen Dichte des Versuchssandbodens zu erklären.)

Diese Erscheinung läßt sich wohl mit der größeren Tragfähigkeit der Flächenfundamente mit geschlossenem Grundriß vergleichen (s. Bd. I, S. 192), weil in der Gruppe ein gut verdichteter Erdkern entsteht, der als Einzelfundament wirksam wird, dagegen darf die Pfahlreihe nur als Streifenfundament betrachtet werden.

Zuletzt wurde auch noch die Frage untersucht, wie weit die relative Lage und die Reihenfolge der Pfahleinbringung die Belastung des Pfahles in der Gruppe beeinflussen können. Für Sand haben die Versuche von KISHIDA ergeben, daß der mittlere Pfahl um 15—20% mehr tragfähiger wird als die Eckpfähle; dagegen hatte WHITAKER (91) festgestellt, daß in Tonböden die äußeren Pfähle eine größere Belastung tragen müssen.

Es sollen ferner die Gruppen in lockeren Sandböden eine größere Tragfähigkeit aufweisen, wenn die Pfähle von außen nach innen eingerammt sind, als wenn es umgekehrt vorgenommen ist.

Als Grundsatz hält auch BRINCH-HANSEN fest, daß das Tragvermögen von Pfahlgruppen, die mit den Spitzen ihrer Pfähle in körnigem Boden stehen, im Vergleich zu dem des Einzelpfahles zunehmen wird, weil die von den Nachbarpfählen übertragene Belastung die Bruchfestigkeit des Bodens in der Pfahlfußebene als Auflast unbedingt erhöht. Bei Tonböden jedoch kann diese günstige Wirkung wegen der durch die Spannungssuperposition bedingten Setzungszunahme nicht ausgenützt werden.

Für dieses Ergebnis sprechen auch die englischen Rammvorschriften [92], die für schwebende Pfähle in gewissen Fällen, ferner für Pfahlgruppen in lockeren Sand- und in Schluffböden größere Belastungen zulassen, ja auch den Rammfortschritt in dem Sinne bestimmen, daß von einem Rand der Pfahlgruppe zum anderen gerammt werden muß. Ein gleichzeitiger Fortschritt der Rammung von den Rändern zur Mitte könnte nämlich zu einer so weitgehenden Verdichtung führen, daß die mittleren Pfähle überhaupt nicht niedergebracht werden könnten. WHITAKER weist demgegenüber darauf hin, daß zu Beginn der Belastung die am Rand der Pfahlgruppe stehenden Pfähle die größere Last tragen und daß diese von den mittleren Pfählen nur allmählich übernommen wird (vgl. Boussinesqsche Sohldruckverteilung, Bd. I, S. 430).

Mit Rücksicht auf die vorher aufgezählten vielen Einflußfaktoren ist es nicht zu verwundern, daß bisher keine einwandfreien Formeln für die Bestimmung der Tragfähigkeit der Pfahlgruppen entwickelt werden konnten. Die von NISHIDA [93], WHITAKER [91] und KISHIDA [90] abgeleiteten Formeln werden bisher von der Praxis nicht gerechtfertigt.

Praktische Beobachtungen führten CONVERSE und FELD zur Ableitung ihrer Formeln für die Reduktion der Tragfähigkeit von Pfahlgruppen.

Nach CONVERSE-LABARRE schreibt sich die Tragfähigkeit von Pfahlgruppen zu $P_g = \eta \cdot P_0$, wenn

$$\eta = 1 - \text{arc tg} \cdot \frac{D}{d} \cdot \frac{(n-1)\,m + (m-1)\,n}{90}, \tag{291}$$

worin m die Zahl der Pfahlreihen und n die der Pfähle je Reihe bezeichnet.

J. FELD schlägt vor, die Tragfähigkeit von Pfahlgruppen nach dem in Abb. 485 dargestellten Verfahren zu reduzieren. Für jeden Nachbarpfahl zieht er $^1/_{16}$ der

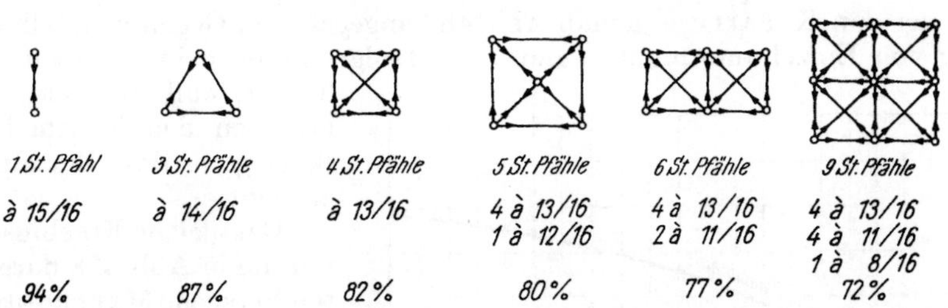

Abb. 485. Praktischer Abminderungsvorschlag von J. FELD für die in Gruppen stehenden Pfähle

Tragfähigkeit des Gruppenpfahles ab. Nach dieser Faustregel erfährt z. B. die Gesamttragfähigkeit einer im Quadrat angeordneten Pfahlgruppe von 9 Pfählen keine Verringerung, wenn man den mittleren Pfahl fortläßt. Wie ersichtlich, beide Verfahren geben keinen Hinweis an!

Aus dem Gesagten läßt sich für Pfahlgruppen die Schlußfolgerung ziehen, *daß bei diesen im Vergleich zu Einzelpfählen im allgemeinen mit erhöhten Setzungen und in Ton- und dicht gelagerten Sandböden mit verringerter Tragfähigkeit gerechnet werden muß*. Die Abweichung hängt weitgehend von den Grundrißabmessungen und vom Verhältnis zwischen Pfahlabstand und Pfahldurchmesser ab. Eine Verminderung ihrer Tragfähigkeit erleiden vor allem die schwebenden Pfähle; in körnigen Böden, die sich durch die Niederbringung der Pfähle gut verdichten, und in Pfahlgruppen aus entsprechend langen, genügend dicht ($d \cong 3\,D$) und im geschlossenen Grundriß angeordneten Pfählen vermindert sich deren Tragfähigkeit nicht, sie kann sich im Gegenteil sogar erhöhen. Jedenfalls ist es richtig, die Tragfähigkeit der Pfahlgruppe, ähnlich wie bei Flachgründungen, auf Grund der auf die Gründungsfläche entfallenden spezifischen Belastung gegenüber der in der Pfahlfußebene verfügbaren Bruchfestigkeit nachzuweisen! Bei Ermittlung der Bruchfestigkeit empfiehlt es sich, die durch die Pfahlrammung bewirkte Festigkeitserhöhung nur in die Sicherheit einzubeziehen.

Von wesentlichem Einfluß auf die Pfahlverteilung innerhalb der Pfahlgruppe ist außer der Belastung auch die Ausdehnung des Spannungsbereichs um die Pfähle sowie die Verteilung der äußeren Kräfte, die auf die Gründung einwirken.

3. Die Setzung von Pfählen und Pfahlgruppen

Die Größe der Pfahlsetzungen wird durch folgende Einwirkungen bestimmt:

a) die elastische Eigenzusammendrückung des Pfahles unter der Last,

b) die Eindringung der Pfahlspitze in den in der Pfahlfußebene gelegenen Boden.

c) die Zusammendrückung des Bodens unter Pfahlfuß, die sich aus zwei Teilen, aus den durch den Spitzenwiderstand und aus den durch die Mantelreibung übertragenen Spannungen, zusammensetzt.

Den entscheidenden Einfluß auf die Pfahlsetzungen übt die unter c) erwähnte Einwirkung aus. Im übrigen erhöhen die Erschütterungen und dynamische Einflüsse die Setzungen, und ebenso erleiden Bohrpfähle größere Setzungen als Rammpfähle.

Wie schon auf S. 526 dargelegt, wird nicht nur die Tragfähigkeit eines Einzelpfahles eine andere sein als die eines Gruppenpfahles, der einen Teil eines Pfahlfundamentes bildet, vielmehr wird vor allen Dingen *die Setzung von Gruppenpfählen die des Einzelpfahles überschreiten.*

Aus der von Karafiáth gemäß Abb. 486 angegebenen Gegenüberstellung der Setzung von Einzelrammpfählen und von Pfahlgründungen in Sandböden geht hervor, daß die Setzung der letzteren das Mehrfache der Setzungen des Einzelpfahles erreicht.

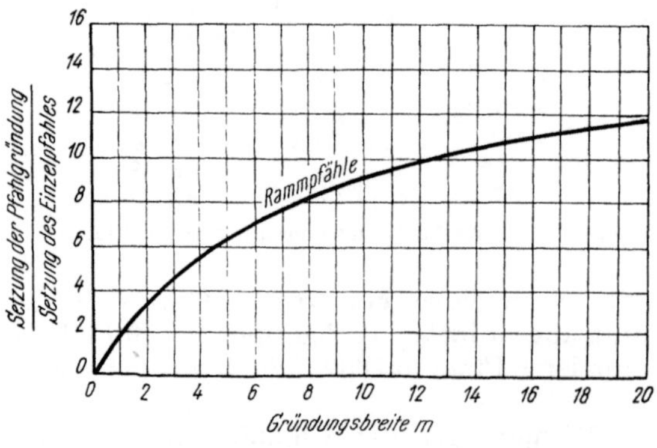

Abb. 486. Setzungszunahme der Pfahlgruppen in Abhängigkeit von der Gründungsbreite (Karafiáth)

Das gleiche Ergebnis lieferten die in Abb. 478 dargestellten Versuche Meyerhofs [62], dessen Formeln für die Setzung von Einzelrammpfählen und Pfahlgruppen in körnigen Böden bereits bei Besprechung dieser Versuche angegeben worden sind.

Die Setzungen von schwebenden Pfahlgruppen wird man begründeterweise so berechnen, als wäre die Lastübertragung auf den Boden in der Pfahlfußebene gleichmäßig verteilt. Ferner ist sie als eine von lotrechten, unter Berücksichtigung der Gründungstiefe ermittelten Spannungen ausgelöste Zusammendrückung zu berechnen, die unter dem einheitlichen — als von den Pfählen umschlossen gedachten — Gründungskörper zustande gekommen ist. Diese Berechnungsweise schreiben auch die sowjetische Norm GOST 5305-50 und die DIN 1054 vor.

Die Setzung einzelner Pfähle einer Pfahlgruppe zu berechnen erscheint nur dann begründet, wenn es sich um stehende, in großem Abstand voneinander angeordnete Pfähle handelt.

Bezeichnet man den aus dem Spitzenwiderstand stammenden Setzungsanteil mit s_{cc}, so kann dieser als Bodenzusammendrückung unter einer Säule von der Länge l mit kreisrundem Querschnitt ermittelt werden [94, 95], es ist also

$$s_{cc} = \frac{q \cdot l \cdot D}{M}, \tag{292}$$

worin q die aus dem Spitzenwiderstand stammende, gleichmäßig verteilte Spannung, M den Zusammendrückungsmodul des Bodens, l die Länge und D den Durchmesser des Pfahles bezeichnen.

Die aus der Mantelreibung stammende Setzung hingegen schreibt sich zu

$$s_{ck} = \frac{2f}{M \cdot \operatorname{tg} \vartheta}\left[r' \ln \frac{r'+l}{r} + l \cdot \ln \frac{r'+l}{l}\right], \tag{293}$$

wenn $r' = 3D/2 \operatorname{tg} \vartheta$, ϑ hingegen den Grenzwinkel der Spannungsausbreitung [zwischen 30° und 70° gemäß Bd. I, Gl. (215)] und schließlich f den Durchschnittswert der Mantelreibung in [kg/cm²] bezeichnen.

Der Setzungsanteil aus der Eigenzusammendrückung des Pfahles kann bei langen, stehenden Pfählen eine Rolle spielen. Sein Wert läßt sich aus der Beziehung $\Delta l = \frac{P \cdot l}{E \cdot F}$ berechnen und gemäß $P = P_c + P_k$ in einen Spitzenwiderstands- und einen Mantelreibungsanteil trennen. Bei der durch die Mantelreibung bedingten Zusammendrückung ist die an der Dehnung teilnehmende aktive Länge, d. h. die dreieckige, parabolische, gleichmäßige Länge mit $^2/_3 l$, $^3/_4 l$ bzw. mit $l/2$ anzusetzen.

Eine etwas ähnlich gestaltete Formel wurde von Ogranowitsch [96] abgeleitet, gleichfalls auf Grund der Addition der beiden Setzungsanteile (infolge Spitzenwiderstand und Mantelreibung)

$$s = \frac{0{,}26 \cdot f \cdot D}{M} \cdot \left[5{,}96 \log \frac{4l}{D} + 3{,}3\right] + \frac{0{,}083 P}{M} \cdot \left(\frac{3{,}2}{D} + \frac{2{,}19}{l}\right), \tag{294}$$

worin neben den üblichen Bezeichnungen M den durchschnittlichen Zusammendrückungsmodul des durchörterten Bodens und $P = \sigma_t \cdot F + f \cdot U \cdot l$, also die von der grundlegenden Formel (247) herstammende statische Pfahltragfähigkeit bezeichnet.

Für die Setzung zylindrischer Einzelpfähle hat kürzlich Haefeli [97] die einfache Formel

$$s = \sigma_0 / M_E \cdot B \tag{295}$$

abgeleitet, in der $\sigma_0 = P/F$ die durchschnittliche Bodenspannung unter dem Pfahlfuß, B hingegen den sogenannten gleichwertigen Pfahldurchmesser und schließlich M_E den äquivalenten Zusammendrückungsmodul der unter dem Pfahlfuß anstehenden Bodenschichten bezeichnen. Die auf die tatsächlichen Durchmesser bezogenen B-Werte hat Haefeli in Abhängigkeit vom sogenannten Schlankheitsverhältnis (hergeleitet aus dem Verhältnis zwischen Pfahllänge und -durchmesser) in folgende Tabelle zusammengefaßt.

l/D	B/D
5	$0{,}199 + 0{,}801\lambda$
10	$0{,}125 + 0{,}874\lambda$
20	$0{,}075 + 0{,}925\lambda$
30	$0{,}055 + 0{,}945\lambda$
40	$0{,}044 + 0{,}956\lambda$
50	$0{,}037 + 0{,}963\lambda$
70	$0{,}026 + 0{,}974\lambda$
100	$0{,}021 + 0{,}979\lambda$

In dieser Tabelle ist $\lambda = P_t/P$, d. h. ein Quotient, der den aus der vollen Pfahllast auf den Spitzenwiderstand entfallenden Teil zum Ausdruck bringt und der z. B. mit einer doppelmanteligen Drucksonde im voraus ermittelt werden kann. Die gleiche Sonde ermöglicht die Bestimmung des äquivalenten Zusammendrückungsmoduls anhand der Beziehung

$$M_E = \Delta\sigma_0/\Delta y \cdot B, \tag{295a}$$

wenn Δy die dem auf die Sondenspitzenfläche entfallenden Druckunterschied $\Delta\sigma_0$ entsprechende Eindrückung bezeichnet. (Auf die mit einem Durchmesser von 80 mm und einer Kegelöffnung von 60° ausgeführte genormte EMPA-Drucksonde bezogen, ist $B = 1{,}38 + 1{,}7\lambda$ [cm].) Wie man sieht [vgl. Gl. (295)], nimmt die Setzung mit wachsendem Pfahldurchmesser zu [98].

Skempton schätzt die durchschnittliche Setzung der stehenden Pfähle zu $s = D/25$ und bei Bruchlast zu $D/12$. Meyerhof gibt als Annäherungswert $s = 2\,\varepsilon \cdot D$ an, worin ε die spezifische Zusammendrückung des Bodens im Kompressionsversuch bei gleichem prozentuellen Anteil der Grenzbelastung und der Belastung des Pfahles ist.

B. Regeln für den Entwurf von Pfahlgründungen

1. Die Faktoren, die die Tragfähigkeit von Pfählen beeinflussen

Bereits in Kap. IV. A wurde auf jene wesentlichsten Elemente der Tragfähigkeit und Verformung von Pfählen und Pfahlfundamenten hingewiesen, die beim Entwurf vor allen Dingen zu beachten sind. Darüber hinaus werden noch folgende Faktoren zu berücksichtigen sein:

a) Pfahlform und Art der Pfahlherstellung

Rauhe Mantelfläche, Zwiebelform des Pfahlfußes, nach oben sich verbreiternder *konischer Längsschnitt* erhöhen die Tragfähigkeit. Die Vergrößerung des Durchmessers vermindert die auf die Pfahlflächeneinheit entfallende spezifische Tragfähigkeit (vergrößert die Setzung). Bei schwebenden Pfählen bildet der *dreieckige Querschnitt* die wirtschaftliche Lösung, während sich bei stehenden Pfählen der *kreisförmige oder der rechteckige Querschnitt* als vorteilhafter erwiesen hat. *Rammen und Einrütteln* in körnigen Böden erhöhen die Tragfähigkeit besonders von schwebenden Pfählen, wogegen Bohren und Einspülen — vornehmlich in Fließsandböden — das Tragvermögen herabsetzen. Weiche bindige Böden weichen in Richtung des geringsten Widerstandes aus; ist dies seitwärts nicht möglich, steigt der Boden über die Geländeoberfläche hoch, so daß die negative Mantelreibung bereits niedergebrachte Nachbarpfähle hochzutreiben vermag (vgl. Széchy: Gründungsschäden, S. 60). *Schwebende Pfähle, die kürzer sind* als die Fundamentbreite, bieten Flachgründungen gegenüber keine beachtlichen Vorteile (vgl. Abb. 490).

b) Bodenschichtung

Stehen unter der durch die Pfähle belasteten Schicht weichere und lockerere, zusammendrückbare Schichten an, dürfen die Pfahlspitzen nicht nahe an diese letzteren niedergebracht, d. h. die Bauwerkslasten nicht auf diese Schichten hinabverlegt werden. Wo aber lockere und weiche Schichten mit festeren wechseln, muß die in den durchfahrenen lockeren Schichten anfallende Mantelreibung vernachlässigt werden, da sie wegen ihrer größeren spezifischen Verformung von der einheitlichen Verschiebung des belasteten Pfahles nicht ausgelöst wird. Bei stehenden Pfählen genügt es nicht, sie auf der unteren festen Schicht aufsitzen zu lassen, vielmehr müssen sie in diese mindestens 3 D tief einbinden (vgl. Abb. 440b).

c) Negative Mantelreibung

Beim Durchrammen von Schichten, die sich im Zustand noch anhaltender Konsolidierung und Eigenverdichtung befinden, stützen sich diese Schichten als Folge ihrer fortschreitenden Zusammendrückung und Setzung gewissermaßen auf die Pfähle ab, so daß sie von den Pfählen nicht nur keine Belastung übernehmen, sondern im Gegenteil einen Teil ihres Eigengewichtes auf die Pfähle übertragen, die steifer und weniger zusammendrückbar sind als die in fortschreitender Konsolidierung begriffenen Bodenschichten. Eine neuerliche Konsolidierung vermag natürlich auch die Errichtung eines neuen Bauwerkes oder die eventuelle Absenkung des Grundwassers in der Nachbarschaft einzuleiten, die gleichfalls negative Mantelreibung auslösen können (Abb. 487). Der gleiche Fall wird in wechselnd

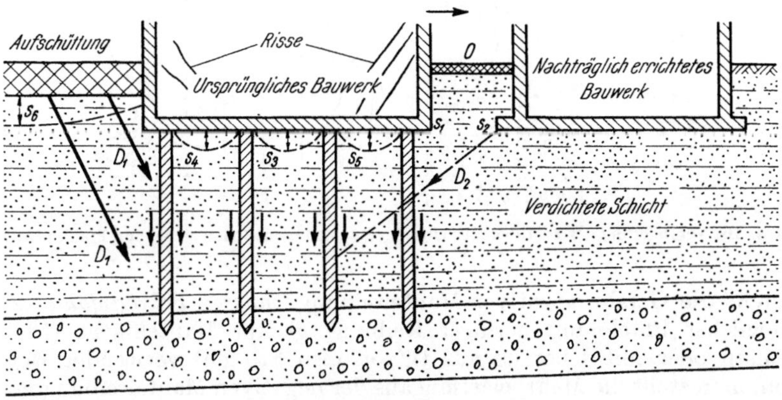

Abb. 487. Negative Mantelreibung

geschichteten Böden eintreten, wenn zwischen den mit den Pfählen in Berührung stehenden tragfähigen Schichten weiche, zusammendrückbare Schichten anstehen und im allgemeinen von jeder nachträglich aufgetretenen Oberflächenabsenkung.

Äußerst interessante experimentelle Messungen hat hierzu A. Mayer [99] durchgeführt. Gelegentlich der Probebelastung von Pfählen für die Gründung eines Kraftwerkes wurden an den Grenzen der einzelnen Bodenschichten mit Hilfe piezometrischer, in die Pfahlschäfte eingebauter Zellen die in den Pfählen auftretenden Spannungen gemessen. Die Bodenschichtung sowie die für die einzelnen Belastungsstufen in den verschiedenen Tiefen ermittelten Spannungswerte sind in Abb. 488 aufgetragen. Aus dieser geht deutlich hervor, daß zwei Drittel der Belastung vom Pfahl schon auf die oberste Schlackenschicht übertragen, die Hälfte des restlichen Drittels hingegen von dem unter der Schlacke anstehenden dichten Mergel und vom Feinsand übernommen wurde, während die unter dem Feinsand gelegene, stark zusammendrückbare torfige Lehmschicht die Belastungen fast zur Gänze an den Pfahl zurückgab.

Die Erscheinung zeigt klar, daß in dieser weichen und stark zusammendrückbaren Schicht unter der Einwirkung der Lastübertragung aus den über ihr anstehenden Schichten ein langsamer verlaufender Konsolidierungsprozeß einsetzte, so daß sie die Belastung über die negative

Mantelreibung an den fester stehenden Pfahl zurückleitete. Schließlich übernahm der unter der Pfahlspitze anstehende Kiessand vom Pfahl die gesamte Last.

Das Experiment beweist, daß die negative Mantelreibung in jedem *wechselnd geschichteten Boden* geprüft werden muß, weshalb *die genaue Erkundung der Bodenschichtung auch bei Pfahlgründungen unerläßlich ist.*

In bindigen Böden vermag die rammungsbedingte Zusammendrückung einen weiteren Konsolidierungsprozeß einzuleiten, der seinerseits wieder negative Mantelreibung weckt. Zum gleichen Ergebnis führen aber auch Grundwasserabsenkungen mit der in ihrem Gefolge auftretenden Schrumpfung des Bodens.

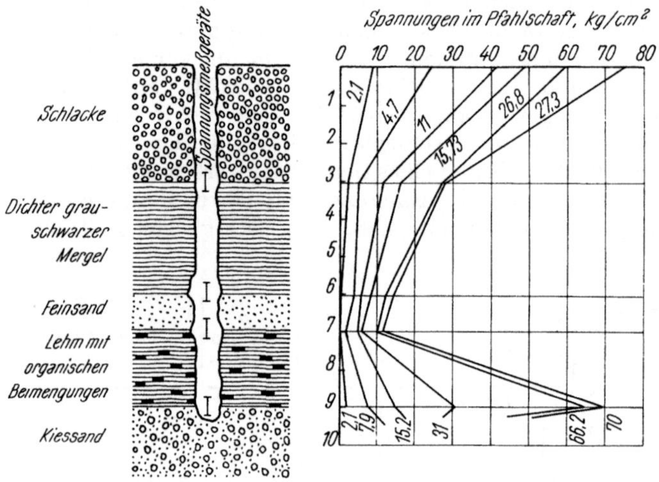

Abb. 488. Die Veränderung der Lastübergabe eines im geschichteten Boden stehenden Pfahles (A. MAYER)

Besteht die Gefahr negativer Mantelreibung, *müssen Schrägpfähle vermieden* und möglichst Pfähle mit geringer Reibung, glatter Mantelfläche (Pfähle mit Stahlhülsen oder mit Überzug aus thixotropen Stoffen) verwendet werden, es sei denn, man stellt die Mehrbelastung aus der negativen Mantelreibung von vornherein in die Rechnung ein. Um die negative Mantelreibung möglichst gering zu halten, ist die Anwendung von Pfählen mit großem Durchmesser, oder von Pfahlgruppen an dicht nebeneinander angelegten Pfählen zu empfehlen. Die aus der negativen Mantelreibung stammende Mehrbelastung darf nach VAN WEELE und ZEEVAERT [100] ähnlich wie der Zugwiderstand der Zugpfähle (s. S. 542) berechnet werden unter der Annahme minimaler Reibungswerte.

2. Regeln für den Entwurf von Pfählen und Pfahlgründungen

a) Regeln für den Entwurf stehender Pfahlgründungen

Stehende Pfähle übertragen die Bauwerkslast als gedrückte Säulen auf die tiefer anstehenden tragfähigen Bodenschichten. Der Entwurf von Fundamenten aus derartigen Pfählen hat zu berücksichtigen,

1. daß die durchschnittliche, auf die Breite des abgestützten Grundkörpers bezogene Bodenspannung in der Pfahlfußebene nicht größer sein darf als die Grenzspannung (σ_H)

unter einer in diese Tiefe verlegt gedachten Flächengründung (Abb. 489), daß also die Bedingung

$$\frac{\sum\limits_{i=1}^{n} P}{F} \leqq \sigma_H \quad \text{(Flächengründung)} \tag{297}$$

erfüllt sein muß. Wenn auch unmittelbar unter dem Pfahlfuß örtlich Spannungen auftreten, die diesen Wert überschreiten, so haben diese nur die Zerstörung des Bodenteiles im unmittelbaren Umkreis um den Pfahlfuß und damit nur dessen Setzung bis in eine Tiefe zur Folge,

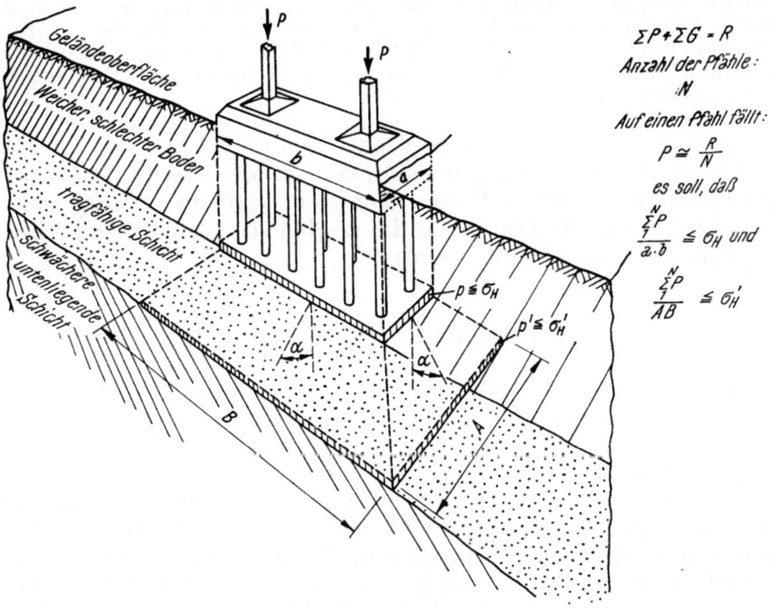

Abb. 489. Pfahlgründung aus stehenden Pfählen

in welcher der dort hervorgerufene und an den zunehmend wachsenden Gleitflächen sich ausbildende Scherwiderstand bereits genügt, um einen weiteren Grundbruch zu verhindern. Gefahren können sich nur daraus ergeben, daß sich die nebeneinander entstehenden Einzelspannungsbereiche innerhalb der Fundamentfläche, die ihrerseits hinsichtlich der Spannungsausbreitung unter den Pfahlspitzen als Flachgründung anzusehen ist, überschneiden und daß die so auftretenden Spannungen im Durchschnitt die Grenzspannung der Bodenschicht überschreiten, weil es in solchen Fällen in der ganzen Grundkörperbreite zum Grundbruch kommen wird.

2. Zu prüfen ist ferner — wie bei Flachgründungen —, ob die auf eine eventuell tiefer anstehende weiche Schicht entfallende Bodenspannung die Grenzspannung dieser Schicht nicht übersteigt (vgl. Abb. 489), d. h. ob die Bedingung $p' \cong \sigma'_H$ erfüllt ist.

3. Das unmittelbare Tragvermögen der *oberen lockeren oder weichen*, d. h. nicht tragfähigen *Schichten* gegenüber der durch die Sohlfläche flächenfundamentartig übertragenen Last *darf nicht in Betracht gezogen werden*, da es außer Zweifel steht, daß derartige lockere Schichten unter der Einwirkung einer an der Berührungsfläche mit dem Grundkörper angreifenden Last eine weit stärkere Zusammendrückung und Setzung erleiden als die wesentlich steiferen Pfähle, die auf diese Weise die Gesamtlast in kurzer Zeit ohnehin übernehmen. (Doch kann die eingebettete Lage der Kopfplatte das Verhalten der Pfahlgruppe und ihrer Berechnungsweise etwas verändern, s. S. 528 u. [90].)

4. *Auf Knicken brauchen stehende Pfähle im allgemeinen nicht bemessen zu werden*, weil die zur Verhinderung der kleinen Horizontalverschiebung und des Ausknickens erforderliche geringe Horizontalkraft durch den Erdwiderstand selbst dann aufgebracht wird, wenn die Pfähle in lockerem Boden stehen. Auf Knickung hat man also stehende Pfähle nur dann zu bemessen, wenn eine Auswaschung zwischengelagerter lockerer Schichten zu befürchten ist

oder wenn die Pfähle schon von vornherein mit einem gewissen Teil ihrer Länge nicht im Boden, sondern in Wasser oder ganz frei stehen (wie etwa bei Ufermauern, Gerüsten u. dgl. m.).

5. Haben sich die oberen weichen, lockeren Bodenschichten noch nicht verfestigt und noch nicht genügend stark gesetzt, befinden sie sich also noch im Zustand fortschreitender Konsolidation, oder wird in der Nähe der Pfahlgründung auf zusammendrückbare Bodenschichten ein Bauwerk aufgesetzt, überträgt sich auf die stehenden Pfähle durch die *negative Mantelreibung* eine aus dem Gewicht des Bodens bzw. aus den einander superponierenden Spannungen eine Mehrbelastung (vgl. Abb. 487 und S. 535), die so groß werden kann, daß sie — sofern sie einseitig angreift — außer zu erhöhten Setzungen auch zum Bruch der Pfähle führen kann.

6. Schließlich ist zu beachten, daß die Tragfähigkeit einer aus n stehenden Pfählen bestehenden Pfahlgruppe im allgemeinen annähernd das n-fache derjenigen eines stehenden Einzelpfahles betragen wird, weil die Spannungsbereiche unter den Pfählen — wie dies auch die Spannungsisobaren zeigen (vgl. Abb. 439 u. S. 486) — eine geringe Ausdehnung haben und eine Überschneidung der Druckzwiebeln bei den in der Praxis vorkommenden Pfahlabständen unwahrscheinlich ist.

Der eigentliche Zweck der Pfahlgründung, d. h. die Übertragung der Lasten auf tiefer anstehende tragfähige Bodenschichten, läßt sich am reinsten durch Anwendung stehender Pfähle verwirklichen. Wenn es irgendwie angängig ist, wird man sich für solche entscheiden und die Lasten auf die tragfähigeren unteren Schichten durch stehende Spitzendruckpfähle übertragen.

b) Regeln für den Entwurf schwebender Pfahlgründungen

Schwebende Pfähle übertragen die Belastung auf die Bodenschichten *nicht nur durch den Spitzenwiderstand, sondern auch durch die* an ihren Seitenflächen auftretende *Mantelreibung*, ihre Verwendung kommt also überall dort in Frage, wo auch die tieferen Schichten nicht tragfähiger sind als die zwischenliegenden und die Tragfähigkeit der obersten Schicht zur Aufnahme einer Flachgründung nicht ausreicht. Durch derartige Pfähle werden in die Lastübernahme Bodenschichten großer Mächtigkeit einbezogen. Da *der Lastübertragungsschwerpunkt durch schwebende Pfähle wesentlich unter die Sohlfläche verlegt wird,* (und zwar verschiebt sich nach der Spitze mit zunehmender Belastung: vgl. [100]) sind sie geeignet, hinsichtlich Setzung und Grundbruch günstigere Verhältnisse zu schaffen als eine Flachgründung. Die Tragfähigkeit der einzelnen Schichten hängt von ihrer Scherfestigkeit ab, die durch die Pfahlreibung ausgenützt werden kann. Golubkow [88] drückt dies so aus, daß die Belastung über eine mobilisierte Zone übertragen wird, die sich im Boden als Folge der durch die Reibung an der Pfahlmantelfläche ausgelösten Scherspannung ausbildet. Der Ausbreitungswinkel (α) der *aktiven Zone* ändert sich je nach Bodenart und hängt von der Größe des am Mantel auftretenden Reibungswiderstandes ab (vgl. Abb. 476). Für den Winkel α gibt Golubkow die hier folgenden informatorischen Tabellenwerte an.

Bodenart	Ausbreitungswinkel des aktivisierten Bereiches α^0	Spezifische Reibung auf der Mantelfläche t/m²
Dichter Sand	7	4—5
Mitteldichter Sand	6	3—4
Lockerer Sand	5	2—3
Lehm	5—6	2—4
Lehm bis harter Ton	6	3—4
Dasselbe im plastischen Zustand	7	1,5—2
Dasselbe im flüssigen Zustand	1	0,5—1
Schluff	0	0—0,5

(Wie schon bei den Abb. 476 und 480 bemerkt, können diese nach GOLUBKOW auch in die polnischen Pfahlgründungsvorschriften aufgenommenen Werte nur für weiche Schluffböden als gültig betrachtet werden. Bei körnigen Böden dürfte es begründet sein, mit weit höheren Werten zu rechnen!)

Beim Entwurf schwebender Pfahlgründungen wird man sich folgende grundlegende Überlegungen vor Augen zu halten haben:

1. *In weichen Tonböden dürfen* schwebende Rammpfähle *nicht verwendet werden*, weil sie das Wabengefüge des Tons zerstören, diesen durchkneten (vgl. Bd. I, Abb. 233) und — zumindest vorübergehend — zu stärkeren Setzungen führen. (Eine Ausnahme bilden die in der elektroosmotischen Bodenverfestigung zur Verwendung gelangenden Aluminium- oder Stahlpfähle, vgl. Kap. VII. A. 3.)[1]

2. *Die Pfahlspitze darf nicht in weichen Tonboden hineinreichen*, ja sie soll nicht einmal nahe bis an eine solche Schicht herabgeführt werden, denn durch die Verlegung der Spannungen nach unten erfahren derartige zusammendrückbare Schichten eine erhöhte Belastung, die stärkere Setzungen zu verursachen vermag (vgl. Bd. I, Abb. 234). Erfahrungsgemäß [101] beträgt der *Mindestabstand*, über den die Pfahlspitze über dem weichen Ton stehen bleiben muß, *1,5 m* (vgl. Abb. 438, Fall 7).

3. Pfähle, die kürzer sind als die halbe Bauwerksbreite, verlegen die Spannungen kaum etwas tiefer als eine Flachgründung und vermindern dementsprechend auch die Setzungen kaum. Da sie — als Verdichtungspfähle wirkend — lediglich das Porenvolumen des Bodens in einer ihrer Länge entsprechenden Mächtigkeit herabsetzen, werden sie nur dessen Zusammendrückbarkeit vermindern und die Sicherheit der betreffenden Bodenschichten gegenüber einem Grundbruch erhöhen. *Aus diesem Grunde sind Pfähle, die kürzer sind als die halbe Bauwerksbreite, im Entwurf zu meiden.* Wie dies aus Abb. 490 in überaus anschaulicher Weise hervorgeht, verlagern schwebende Pfähle unter einem schmalen Bauwerk die Spannungen wesentlich tiefer in die durch die geologische Auflast vorbelasteten dichteren, tragfähigeren Schichten, während bei breiten Bauwerken zwischen Flachgründung und schwebender Pfahlgründung ein verschwindend kleiner Unterschied besteht.

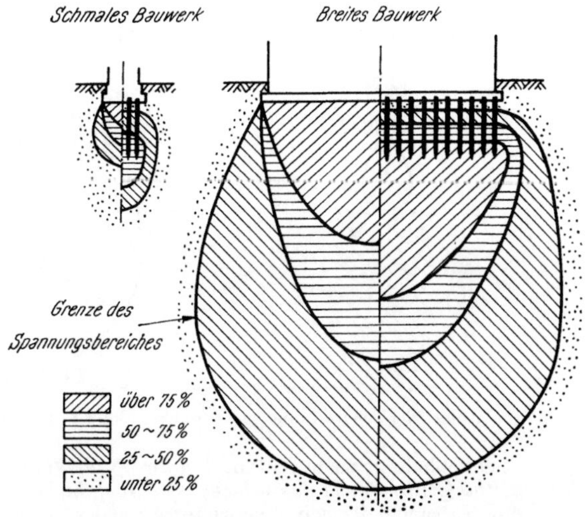

Abb. 490. Die Auswirkung der Gründungsbreite auf die Wirksamkeit der relativen Länge von schwebenden Pfählen

4. Sind die oberen weichen und lockeren Bodenschichten noch nicht genug verfestigt, befinden sie sich also noch im Zustand der fortschreitenden Konsolidierung, ist bei der Belastungsannahme für schwebende Pfähle auch die Tatsache zu berücksichtigen, daß diese Schichten infolge ihrer Konsolidationssetzung in Gestalt der *negativen Mantelreibung* auch einen Teil ihres Eigengewichtes auf die Pfähle übertragen werden. Jedenfalls ist die negative Mantelreibung bei schwebenden Pfählen weniger stark als bei stehenden, die steifer abgestützt sind. Ein Teil der Konsolidierungssetzung in den Bodenschichten wird nämlich durch die Verschiebung der schwebenden Pfähle aufgenommen, so daß diese vom Boden in Gestalt der negativen Mantelreibung bloß die dem Bewegungsunterschied entsprechende geringere Belastung übernehmen. Die Verteilung der an schwebenden Pfählen auftretenden Mantelreibung wird man für gewöhnlich gemäß Abb. 491a, die negative Mantelreibung hingegen nach Abb. 491c annehmen können. Der Verschiebungsunterschied wird nämlich im ersten Fall (a) zwischen dem in Bewegung geratenen Pfahl bzw. seinem auf einen geringen Umfang beschränkten mitbewegten Verschiebungsbereich und dem praktisch schon unbeweglichen Bodenbereich — wegen der einheitlichen Pfahlverschiebung — beinahe gleichbleibend sein. Beim schwebenden Pfahl wird die negative Mantelreibung offenbar im

[1] Die Frage ist bestritten in welchem Umfang und bis zu welcher Zeitdauer das Wabengefüge zerstört wird, aber nach neueren Untersuchungen wird der ursprüngliche Scherfestigkeitswert nie wieder erreicht, obwohl gewiß eine Regenerierung mit der Zeit auftreten wird. (Vgl. auch Cummings Proc. ASCE 1948, S. 1553.)

oberen Bereich der in Konsolidierung begriffenen Schicht auftreten, da die Eigenzusammendrückung des Bodens in diesem Abschnitt die Pfahlbewegung übersteigen wird. Sobald die Zusammendrückung des Bodens geringer wird als die Pfahlverschiebung, wird der Pfahl auf den Boden Lasten übertragen, und die negative Mantelreibung wandelt sich zu einer aktiven um (c).

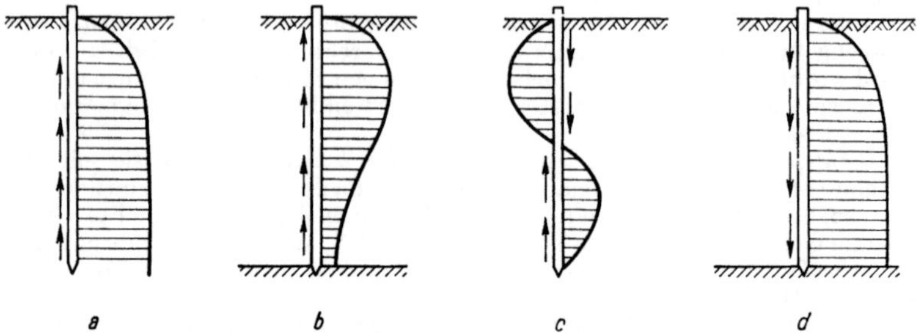

Abb. 491. Verteilungsfiguren für die Verteilung der Mantelreibung verschiedenartiger Pfähle

Bei stehenden Pfählen dagegen werden es diese sein, die bei negativer Mantelreibung relativ unbewegt bleiben, während der gesamte in Konsolidierung begriffene Boden in Bewegung gerät und damit sein Gewicht in der in Abb. 491 d dargestellten Verteilung auf den Pfahl überträgt. Demgegenüber nimmt die relative Verschiebung des Pfahles gegen seine Spitze zu bei aktiver Mantelreibung im Vergleich zu dem als unbewegt gedachten Boden ständig ab, wodurch die Verteilung die in Abb. 491 b gezeigte Form annimmt.

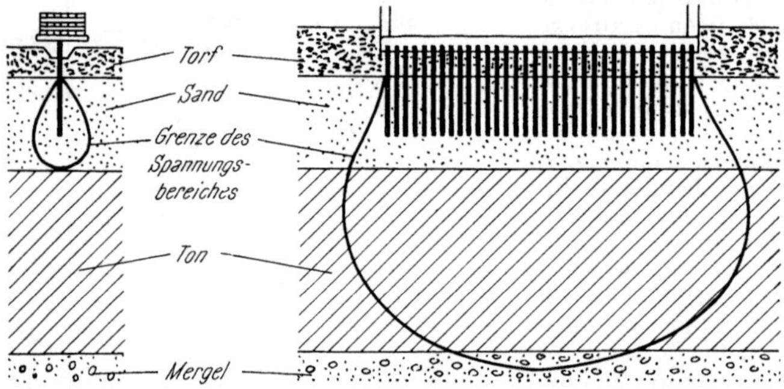

Abb. 492. Tiefenwirkung des Einzelpfahles im Vergleich zur Pfahlgruppe (Schwebepfähle)

5. Schließlich ist zu beachten, *daß die Tragfähigkeit der aus n Pfählen bestehenden schwebenden Pfahlgruppe nicht das n-fache der Tragfähigkeit des schwebenden Einzelpfahles betragen wird*, eine Tatsache, die sich ohne weiteres aus der Gestalt der Spannungsbereiche (Spannungszwiebeln) im Umkreis um die Pfähle und aus deren gegenseitiger Überschneidung erklärt (vgl. Abb. 439, 442). Da jedoch der im Spannungsbereich eines Pfahles befindliche Bodenteil beim *Rammen* der Nachbarpfähle eine größere *Verdichtung* erfährt, wird es fraglich, bei welchem Pfahlabstand sich die gegenseitige Beeinflussung günstig, und bei welchem sie sich ungünstig auswirken wird (vgl. S. 530). (Nach Golubkow verfährt man am wirtschaftlichsten, wenn man zwischen schwebenden Pfählen einen Abstand wählt, bei dem sich die im Umkreis um die Pfähle zustande kommenden kegelförmigen Spannungszonen in der Pfahlfußebene gerade berühren.)

Es ist jedoch nicht die gegenseitige Beeinflussung durch die Nachbarpfähle allein, die es verbietet, von der Tragfähigkeit des schwebenden Einzelpfahles auf die der Pfahlgruppe unter einem Gründungskörper zu schließen, *sondern auch die Tiefenwirkung der Pfahlgruppe, die von jener des Einzelpfahles gleichfalls abweicht*. Abb. 492 läßt deutlich erkennen, daß der Spannungsbereich, wie er unter der durch Probebelastung am Einzelpfahl ermittelten Belastung entsteht, nicht mehr in die tiefer anstehende weiche Schicht hinabreicht. Demgegenüber wird eine Pfahlgruppe aus *kurzen* Pfählen unter dem Fundament eines Bauwerkes die Spannungen in eine der Flachgründungsbreite entsprechende Tiefe hinableiten, so daß der Spannungsbereich die gesamte weiche Bodenschicht zu erfassen vermag. Dieser Fall läßt die Richtigkeit der Regel erkennen, daß die Pfähle einer schwebenden Pfahlgründung niemals kürzer sein dürfen als die Bauwerksbreite (vgl. weiter oben unter 3.).

c) Verdichtungspfähle

Wie bereits erwähnt, sind Verdichtungspfähle nicht als lasttragende Elemente im engeren Sinne des Wortes zu betrachten, vielmehr dienen sie im Grunde genommen lediglich der Verbesserung des Baugrundes. Sie werden mit Vorteil in locker gelagerten körnigen Böden (Aufschüttungen, Lößböden, Sand) eingesetzt, die einer dynamischen Verfestigung zugänglich sind. Nebst der dynamischen Wirkung spielt in der Verdichtung natürlich auch die dem Pfahlvolumen entsprechende Herabsetzung des Porenvolumens eine wichtige Rolle. Ihre Anwendbarkeit läßt sich durch Einbringen von Probepfählen klarstellen. Setzt sich der Boden um den Rammpfahl bei dessen Eindringen (Setzungstrichter), dann liegt eine lockere Bodenart vor, die durch Pfähle ohne Zweifel verdichtet werden kann. Die Wahl des Abstandes zwischen den Verdichtungspfählen richtet sich gleichfalls nach den Beobachtungen an Ort und Stelle. Als maximaler Pfahlabstand ist jener anzusehen, über den hinaus die Rammung des Nachbarpfahles den Setzungstrichter unbeeinflußt läßt bzw. innerhalb dessen der Pfahl im Boden noch verdichtend wirkt. Ihre Maximalwerte erreicht die Verdichtung unmittelbar am Mantel des Pfahles (vgl. Abb. 477). Von da an nimmt sie nach der in Abb. 493 dargestellten parabo-

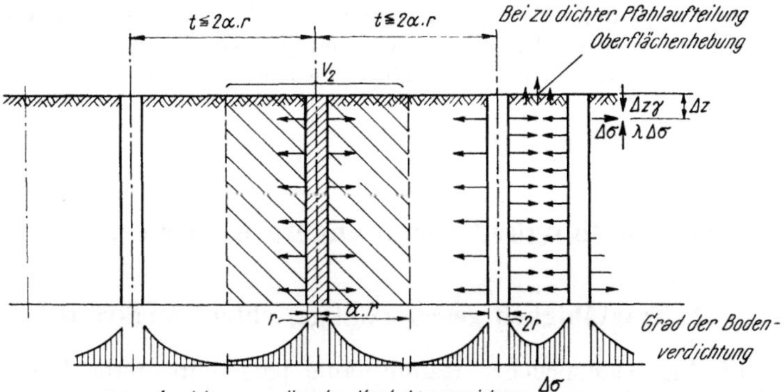

Abb. 493. Die Bestimmung des Abstandes der Verdichtungspfähle

lischen Verteilung bis in eine Entfernung von $\alpha \cdot r$ ab. Im Interesse einer guten Bodenverdichtung wird man also die Pfähle in Abständen von höchstens $2\alpha \cdot r$ anordnen müssen. Je enger die Pfahlstellung, um so intensiver wird die Verdichtung ausfallen. In der Praxis sind jedoch der Engstellung durch die Gefahr des Bodenaufbruchs und der Überverdichtung Schranken gesetzt. Stehen nämlich die Pfähle zu eng nebeneinander, dann werden die oberen Bodenschichten vor den durch die Rammung hervorgerufenen hohen waagerechten Drücken in Richtung des geringsten Widerstandes, d. h. nach der Geländeoberfläche zu ausweichen: es kommt zum Aufbruch, und statt zur Verdichtung zur Lockerung des Bodens. Das wichtigste Problem der Entwürfe für Bodenverdichtungen durch Pfähle, die Bestimmung des Pfahldurchmessers und des Pfahlabstandes, hat auf Grund der in Abb. 477 dargestellten Versuchsergebnisse zu erfolgen. Mit der Annahme, daß am Pfahlmantel eben der passive Erddruck wirksam sein darf, kann α nach dem Verhältnis $\alpha = \lambda_p/\lambda_0$ aufgenommen werden, worin λ_0 den Ruhedruckbeiwert des Bodens bezeichnet. Zum groben, überschläglichen Nachweis mag die Faustregel dienen, daß die lotrechte, auf die durch die Verdichtung erzeugte Spannung $\Delta\sigma$ normal angreifende Spannung $\lambda \cdot \Delta\sigma$ kleiner bleiben muß als die auf der Bodenschicht lastende Eigengewichtsspannung $\Delta z \cdot \gamma$.

Mit Vorteil läßt sich die Methode *zur Verminderung der Zusammendrückung oberflächennaher lockerer Schichten benützen*, da sie es ermöglicht, den Aushub dieser Schichten und die eventuell bis unter den Grundwasserspiegel vorzunehmende Tieferlegung der Gründungsebene zu umgehen.

Als vorteilhaft können sich ferner Verdichtungspfähle unter Maschinenfundamenten erweisen, da sie die Größe der mit diesen mitschwingenden Bodenmasse verändern und somit eine Abstimmung zwischen Schwingungszahl des Maschinenfundaments und kritischer Eigenschwingungszahl des Bodensystems ermöglichen.

Zur Bodenverdichtung verwendet man — abweichend von den Gründungspfählen — in der Regel *kurze, gedrungene Pfähle*, da ihr Rammwiderstand und ihre Tragfähigkeit belanglos ist und lediglich der in der relativen Verdichtung des Bodens erzielten Veränderung eine Bedeutung zukommt. Das Ausmaß der durchschnittlichen Porenvolumveränderung schreibt sich annähernd zu

$$\Delta n_a = (1 - n) \frac{V_1}{V_2 - V_1}, \tag{298}$$

wenn V_1 das Volumen des in den Boden eingebrachten Ramm- oder Rüttelpfahles, n das ursprüngliche Porenvolumen und V_2 jenes Volumen bezeichnet, welches durch die in der Mittellinie zwischen je zwei Nachbarpfählen stehende lotrechte Ebene und durch die Pfahllänge bestimmt ist [vgl. Abb. 493 und die Gl. (259) und (260)].

C. Pfahltragfähigkeit gegen andere Krafteinwirkungen

1. Tragfähigkeit gegen axial gerichtete Zugkräfte

Axial auf Zug beanspruchte Rammpfähle tragen in erster Linie durch die Mantelreibung und durch ihr Eigengewicht, d. h. es gilt

$$P_h = U \cdot l \cdot f + G. \tag{299}$$

Beim Ziehen von Rammpfählen (MV, Franki-, Stern-, Mast-, Expreß-, Zeissl-Pfählen) mit zwiebelförmig verbreitertem Fuß und Wulsten am veränderlich dicken Schaft oder von Bohrpfählen (ABA-Lorenz, Paproth usw.)[1] muß auch der von der Pfahlspitze ausgehende Erdwiderstandskeil ausgleiten, weshalb hier dem Eigengewicht des Pfahles (mit Raumgewicht γ_b) auch das Mehrgewicht des ausgleitenden Erdkegels (mit Raumgewicht γ_t) hinzugerechnet werden kann, so daß

$$P_h = [D/2 + l \cdot \operatorname{tg}(45^\circ - \varphi/2)]^2 \cdot l/3 \cdot \gamma_t + \frac{D^2 \cdot \pi}{4} \cdot l \cdot (\gamma_b - \gamma_t). \tag{300}$$

In die Berechnung der Zugkraft kann das Gewicht sämtlicher über dem Pfahlfuß anstehender Bodenschichten eingesetzt werden, und zwar ohne Rücksicht darauf, wie groß ihre Tragfähigkeit ist. Der Zugwiderstand von Pfahlgruppen darf nicht als Summe der Zugwiderstände der Einzelpfähle angesetzt werden, weil sich die ausgleitenden Erdkegel überschneiden, vielmehr ist er auf Grund des Gewichtes

[1] Vgl. Abb. 558, 561, 564, 565, 572, 578 und 579.

des mit der ganzen Pfahlgruppe sich heraushebenden Erdkegels sowie des Gesamtgewichtes sämtlicher Pfähle anhand der Abb. 494 zu ermitteln.

Ohde berücksichtigt auch die eventuelle Oberflächenlast (p) und die Kohäsion (c) des Bodens. Nach ihm schreibt sich die Tragfähigkeit gerammter Zugpfähle zu

$$P_0 = \pi \cdot \mathrm{tg}^2\,\varphi \cdot l^2 \times \left[p + \frac{\gamma_1 \cdot l}{3} + \frac{c}{\mathrm{tg}\,\varphi}\right]. \qquad (301)$$

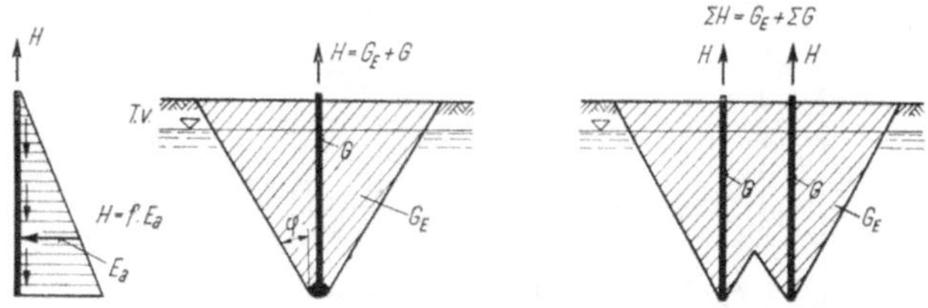

Abb. 494. Die Berechnung des Widerstandes der Zugpfähle (Schenck)

Für Schrägpfähle trifft der gleiche Grundsatz zu, solange ihre Neigung nicht größer ist als tg φ. Bei stärkeren Neigungen ist der Schrägpfahl als auf Biegung beansprucht oder als Ankerplatte zu bemessen.

Die Tragfähigkeit von Schrägpfählen errechnet sich nach Ohde zu

$$P_{0f} = \pi \cdot \mathrm{tg}^2\,\varphi \cdot l^2 \times \left[\frac{p + \frac{\gamma + l}{3}}{\sqrt{1 + \mathrm{tg}^2\,\alpha}} + \frac{c\sqrt{1 + \mathrm{tg}^2\,\alpha}}{\mathrm{tg}\,\varphi}\right], \qquad (302)$$

worin α die Neigung des Pfahles bezeichnet.

In den Berechnungen der Zugfestigkeit sind die nach obigen Formeln ermittelten Werte mit zweifacher Sicherheit anzusetzen.

Die konstruktive Ausbildung von Zugpfählen wird in Kap. IV. E. noch eingehend behandelt werden. Hier sei grundsätzlich bloß erwähnt, daß sich Pfähle mit Wulsten am Schaft und mit verbreitertem sogenanntem Zwiebelfuß als besonders vorteilhaft erweisen.

Abb. 495. Ansicht der eingespülten Verankerungsköpfe mit Spannkabelanschluß (Lackner-J. Keller)

Eine Sonderart von Pfählen oder eher Verankerungsblöcken verwendete Lackner [102] zur Verankerung der Sohle des Emdener Trockendocks. Hier wurden im Grunde genommen bloß vorgefertigte Stahlbeton-Pfahlfüße (Abb. 495) in die erforderliche Tiefe unter die Docksohle eingerüttelt (vgl. Abb. 555) und an

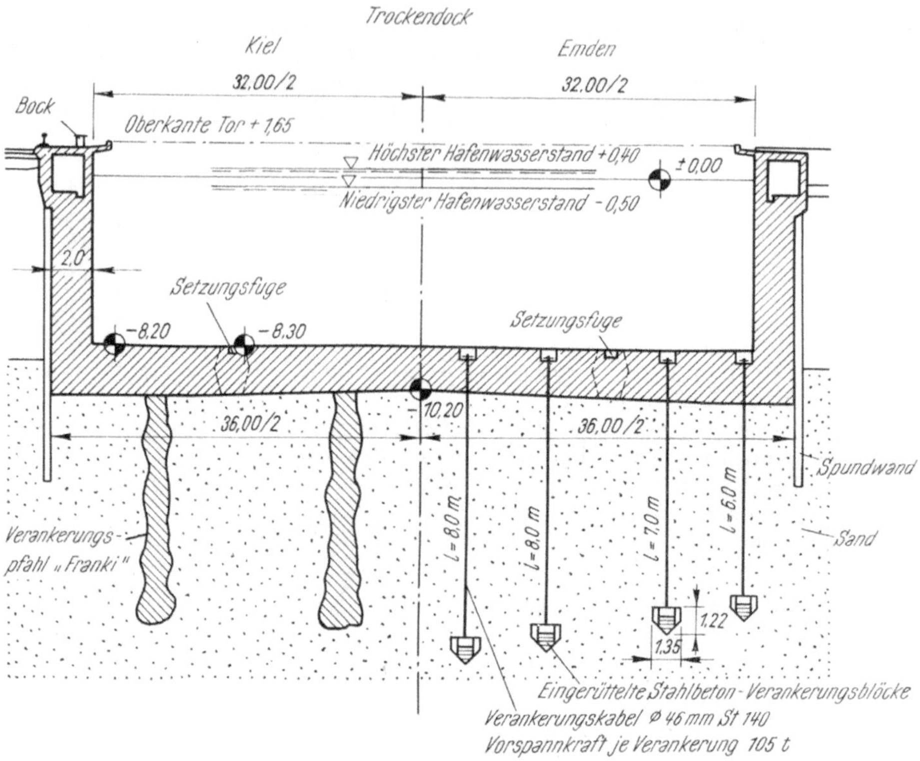

Abb. 496. Anordnung der Verankerungspfähle für Trockendockbodenplatten

Abb. 497. Verfertigungsvorgang des Ankerpfahles (Franki) in Kiel

dieser durch vorgespannte Kabel verankert (Abb. 496). Die Verankerung bietet der weitgespannten Sohlplatte eine geeignete Zwischenabstützung gegenüber der sehr beachtlichen Auftriebskraft und setzt ihre Beanspruchung wesentlich herab. Beim Bau des Kieler Trockendocks wurden zum gleichen Zweck zwei Reihen Franki-Pfähle eingebracht (Abb. 497). Zur Aufnahme von Zugbeanspruchungen eignen sich ferner die verschiedenen Sonderausführungen von Stahlpfählen (Schrauben- und Schraubenteller-, Stahlflügelpfähle usw.; vgl. die Abb. 534, 535, 458 und S. 579).

2. Waagrecht beanspruchte Pfähle (Untersuchung auf Biegung und Ausknickung)

Da Pfähle im Fundament stets in Gruppen stehen, erhält jeder Pfahl außer der axialen Beanspruchung auf Druck oder Zug grundsätzlich auch eine solche auf Biegung. Allerdings vermindert der Fundamentblock, Kopfplatte oder der Pfahlrost, der die Pfähle zusammenfaßt, die Biegebeanspruchung so sehr, daß auf diese nur freistehende oder waagerechten Kräften ausgesetzte Sonderpfähle (z. B. auf Pfählen ruhende Brückenwiderlager, Pfahldalben u. dgl.) bemessen zu werden brauchen.

Die Tragfähigkeit lotrecht eingebrachter Pfähle gegenüber waagrecht angreifenden Kräften untersuchte u. a. auch Golubkow [88]. Nach seinen in schluffigem Sandboden durchgeführten Versuchen treten schon lange vor dem Bruch der Pfähle Verschiebungen auf. Die vom Pfahl aufnehmbaren waagrechten Kräfte werden also entscheidend durch die Größe der für das Bauwerk zulässigen waagrechten Bewegungen bestimmt. Den waagrechten Kräften gegenüber wirkt der Pfahl als elastisch eingespannter Konsolträger, an dem ein um so größeres Einspannmoment auftreten muß, je größer die angreifende waagrechte Kraft und je größer die frei auskragende (nicht in den Boden eingespannte) Pfahllänge ist. Ein größeres Einspannmoment kann sich nur aus dem Anwachsen des an den beiden Pfahlseiten mobilisierten passiven Erddruckes ergeben, die Zunahme des äußeren Moments wird also auch eine Tieferverlegung des Berührungspunktes der Durchbiegungslinie mit der Pfahlachse herbeiführen. Die Größe des den Pfahl angreifenden Biegemoments hängt im übrigen auch davon ab, ob der Pfahlkopf im Fundamentblock gelenkig oder starr eingespannt ist (vgl. S. 108).

Bei starrer Kopfeinspannung errechnet sich die vom Pfahl aufnehmbare größte waagrechte Kraft nach Golubkow zu

$$H = \frac{12 \cdot E \cdot J \cdot u}{\alpha \cdot l^3}, \qquad (303\,\text{a})$$

bei gelenkartiger Kopfeinspannung hingegen zu

$$H = \frac{3 \cdot E \cdot J \cdot u}{\alpha \cdot l^3}, \qquad (303\,\text{b})$$

wenn l die Pfahleinspanntiefe bezeichnet, d. h. den Abstand des Berührungspunktes der Durchbiegungslinie mit der Pfahlachse, gerechnet vom Fundamentblock, in den der Pfahlkopf eingespannt ist. Er kann aus dem Diagramm in Abb. 498 ermittelt werden. Ferner bedeutet u die (zulässige) waagrechte Verschiebung des Pfahles bzw. Fundamentblockes, α hingegen einen Bodenwiderstandsbeiwert, dessen Höhe sich nach dem Baustoff und der Einspannungsart des Pfahles sowie nach der Bodenart richtet und der der hier folgenden Tab. 22 entnommen werden kann.

Beim Bemessungsvorgang wird anhand der Gl. (303a und b) entweder aus der zulässigen maximalen Verschiebung (u_{max}) die zugehörige Kraft H oder aus dem bekannten H die zugehörige Verschiebung ermittelt. Aus den bekannten Werten für H, α und l läßt sich sodann auch das maßgebende Moment des elastisch eingespannten Konsolträgers bestimmen.

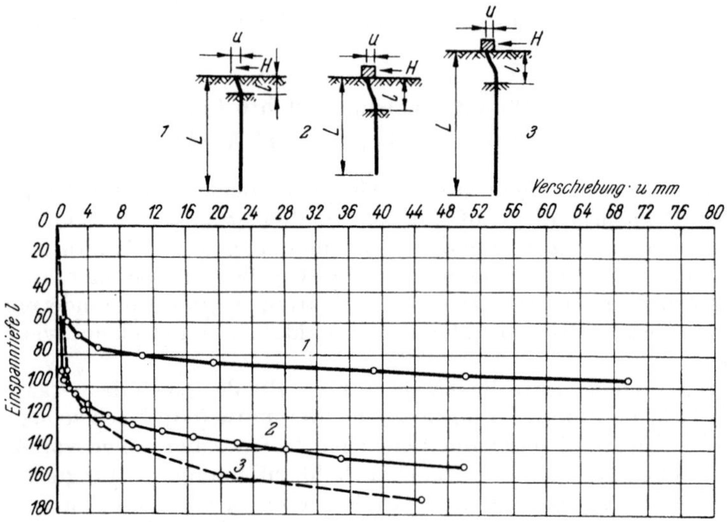

Abb. 498. Bestimmung der Einspanntiefe des horizontal belasteten Pfahles

Nach Ermittlung der eingespannten Konsollänge hat man die Möglichkeit, das auf den Pfahl wirkende maximale Moment oder auch die auftretende waagrechte Kraft zu ermitteln, wenn der Pfahl auf eine gegebene Kraft H zu bemessen ist.

Im übrigen haben ANGELSKI und KALINOWITSCH [103] für die Länge l bzw. für das Größtmoment und für die Verschiebung auch fertige Formeln angegeben, und zwar gilt nach ANGELSKI (sofern der Pfahl als elastisch gebetteter Balken betrachtet wird)

$$l = \sqrt{\frac{u \cdot E \cdot J}{0{,}1844 \cdot H}} \tag{304a}$$

bzw. nach KALINOWITSCH (wenn der Pfahl als an einem Ende elastisch eingespannter Träger angesehen wird)

$$l = \sqrt{\frac{1{,}335 \cdot H}{(\lambda_p - \lambda_a)\gamma \cdot D}}, \tag{304b}$$

während sich das an der unteren Rammtiefenebene auftretende Moment zu

$$M_{max} = 0{,}333 \cdot H \cdot l \tag{305a}$$

und das an der Stelle der Einspannung in den Fundamentblock auftretende Moment zu

$$M_0 = 0{,}51 \cdot H \cdot \sqrt{\frac{H}{(\lambda_p - \lambda_a) \cdot \gamma \cdot D}} \tag{305b}$$

Tabelle 22. *Bodenwiderstandsbeiwerte*

	Pfahlart \ Bodenart	Beiwert α: Fließsand	Schluffiger Feinsand unter G.Sp.	Lockerer Lehm mit Kies oberhalb G.Sp.	Dichter Feinsand mit Kies oberhalb G.Sp.	Dichter Lehm mit Kies oberhalb G.Sp.	Mittelsand unter Grundwasserspiegel
Pfahlabstand 3D	Holzpfähle mit freistehendem Kopf	12	10	8,5	7,0	6,0	5,0
	Im Boden eingebettete und in starrem Stahlbetonrost eingespannte Holzpfähle	6	5	4,5	4,2	4,0	3,6
	Im Boden eingebettete und in starrem Stahlbetonrost eingespannte Stahlbetonpfähle	16	15	14,0	12,5	11,5	10,0
Pfahlabstand 6D	Holzpfähle mit freistehendem Kopf	6	5	4,3	3,5	3,0	2,6
	Im Boden eingebettete und in starrem Stahlbetonrost eingespannte Holzpfähle	3	2,5	2,3	2,1	2,0	1,8
	Im Boden eingebettete und in starrem Stahlbetonrost eingespannte Stahlbetonpfähle	8	7,5	7,0	6,5	6,0	5,0

und schließlich die Verschiebung des Pfahlkopfes zu

$$u = \frac{H \cdot l^3}{3EJ} - \frac{M_0 \cdot l^2}{2EJ} \cdot \frac{(\lambda_p - \lambda_a)\gamma \cdot l^3}{30 \cdot E \cdot J} \tag{306}$$

schreibt.

Auf theoretischer Grundlage behandelt das Problem unter anderem GEUZE [104], der aus einer Differentialgleichung vierter Ordnung, die er auf Grund des mit zunehmender Tiefe linearen Anwachsens der Bettungsziffer ($C = C_0 + 1/A \cdot z$) aufgeschrieben hat, zunächst die Verschiebungen ermittelt, um sodann aus diesen die an den Pfählen wirksamen Drücke und weiter die Momente und Scherkräfte zu bestimmen. Den Grundwert der Bettungsziffer leitet er aber auf Grund der Elastizitätslehre ab, indem er die Verschiebung einer Halbscheibe bestimmt, wie sie im unendlichen Halbraum auftritt. Wichtig ist ferner seine auch der einfachen Überlegung ohne weiteres einleuchtende Feststellung, daß sich die Tragfähigkeit des Pfahles durch künstliche Verdichtung des Bodens um den Pfahlkopf wesentlich erhöhen läßt.

TITZE ist bei der Ausarbeitung seiner Tragfähigkeitstheorie gleichfalls von der horizontalen Bettungsziffer ausgegangen [105].

An Hand von Modellversuchen, die im Zusammenhang mit Pfahlgründungen für Brückenpfeiler ausgeführt wurden, hatte J. ŠIMEK [106] das Verhalten von Pfahlgruppen gegen Horizontalkräfte auch geprüft und bestätigt, daß die Anwendung von Schrägrandpfählen den Widerstand der Gruppe auf das 2,5-fache erhöht hatte. Unter anderen hatte er ein Verfahren für die Setzungsberechnung der Pfahlgruppen auf Grund der Mindlin'schen Theorie ausgearbeitet, das mit den Versuchen eine gute Übereinstimmung aufweist.

Das Verhalten waagrecht belasteter Einzelpfähle wurde in einem 10,2 m tiefen und mit ganz einheitlich verdichtetem Sandboden gefüllten Versuchsbrunnen von 6,4 m Durchmesser in Chevreuse von J. KÉRISEL untersucht [107]. Auf Grund der mit 7 m langen und aus zwei Larssen Bohlen zusammengeschweißten Kastenpfählen durchgeführten Versuche zog er die folgenden interessanten Schlüsse (Abb. 499).

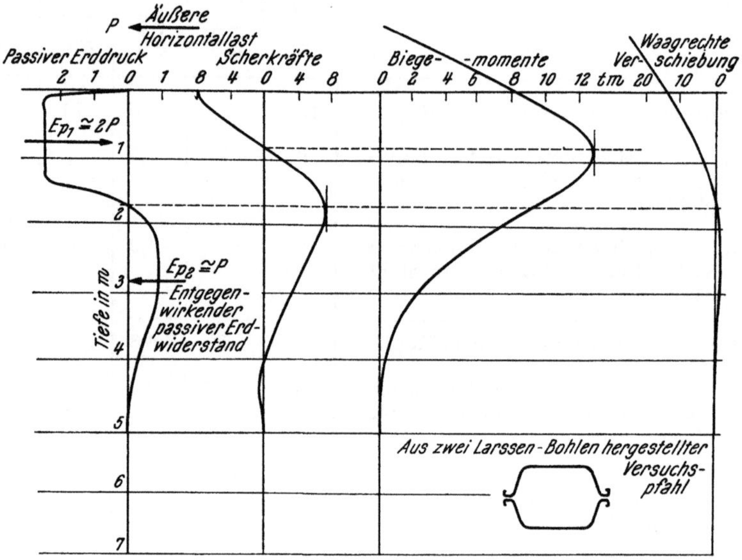

Abb. 499. Einspannungskräfte und Beanspruchungen waagrecht belasteter Versuchspfähle (KÉRISEL)

1. Das maximale Biegemoment tritt schon in verhältnismäßig geringer Tiefe (0,85 m) auf und ist unterhalb von 4 m schon vernachlässigbar.

2. Der passive Erddruck ist auch schon in geringer Tiefe mobilisiert, dagegen verteilt sich der entgegengesetzte Widerstand schon auf eine beträchtliche Länge hat aber einen viel kleineren Höchstwert.

3. Der zwischenliegende Nullpunkt befindet sich zwischen diesen beiden Zonen in einer Tiefe (1,50), die von der Kraftgröße unabhängig ist.

4. Die Resultierende des passiven Erddruckes [E_{pl}) ungefähr dem Doppelten der wirksamen Horizontallast (P) gleich, dagegen ist der entgegengerichtete Erdwiderstand diesem ungefähr gleich.

5. Waagerechte Verschiebungen werden durch Vertikalbelastung herabgesetzt.

Hier sei erwähnt, daß *Pfähle auf Knickung* im allgemeinen nicht untersucht zu werden brauchen, weil die Knickstabilität, wie bekannt, schon durch eine minimale seitliche Abstützung gewährleistet und weil diese selbst in lockeren, weichen Böden vorhanden ist.

BJERRUM [108] hat theoretisch nachgewiesen, daß Pfähle einer Untersuchung auf Knickung nur dann bedürfen, wenn

$$\frac{J}{F^2} \leq \frac{\sigma_z^2 \max}{4 \cdot C_h \cdot a \cdot E} \qquad (307)$$

worin $\sigma_{z\,max}$ die im Pfahl auftretende größte Druckspannung, C_h die horizontale Bettungsziffer des Bodens, a die Seitenlänge des Pfahles, J, F und E hingegen das Trägheitsmoment bzw. die Querschnittsfläche und den Elastizitätsmodul des Pfahles bezeichnen.

Nach KARAFIÁTH tritt die Knickung des im Baugrund stehenden Pfahles in mehreren Wellen ein, deren Zahl (m) aus der Beziehung

$$m^2(m+1)^2 = \frac{D \cdot C_h \cdot l^4}{\pi^4 \cdot E \cdot J} \tag{308}$$

ermittelt werden kann, während sich die kritische Druckkraft zu

$$P_{kr} = \frac{\pi^2 \cdot E \cdot J}{D^2}(2m^2 + 2m + 1) \tag{309}$$

errechnet, Da der Wert von m unbedingt höher liegt als 2, braucht mit einer Knickung des in voller Länge im Boden stehenden Pfahles nicht gerechnet zu werden.

Anders liegen die Dinge bei Pfählen, die mit einem bedeutenden Teil ihrer Länge unabgestützt in offenem Wasser stehen (vgl. Pfahlroste!). Sie müssen unter Zugrundelegung ihrer freistehenden Länge als auch auf Knickung beanspruchte Druckstäbe bemessen werden. In solchen Fällen bewähren sich besonders die Hohlpfähle [109] (vgl. Abb. 526).

D. Pfahlroste

Bei Pfahlgründungen werden die Pfahlköpfe in eine verbindende Platte oder in eine Balkenreihe, den sogenannten *Pfahlrost*, zusammengefaßt, der das Bauwerk trägt. Häufig ist diese zusammenfassende Kopfplatte sogleich als Fundamentblock

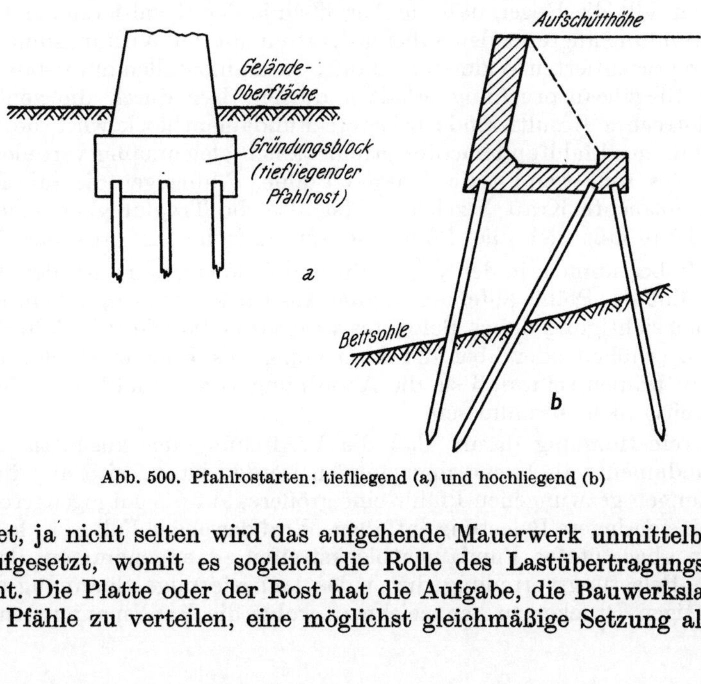

Abb. 500. Pfahlrostarten: tiefliegend (a) und hochliegend (b)

ausgebildet, ja nicht selten wird das aufgehende Mauerwerk unmittelbar auf die Pfähle aufgesetzt, womit es sogleich die Rolle des Lastübertragungselementes übernimmt. Die Platte oder der Rost hat die Aufgabe, die Bauwerkslast auf die einzelnen Pfähle zu verteilen, eine möglichst gleichmäßige Setzung aller Pfähle zu sichern und seitliche Verschiebungen der einzelnen Pfähle zu verhindern. Je nach Bauart und Baustoff des Pfahlrostes sind die Pfahlköpfe mit diesem entweder gelenkartig verbunden (Holzbalkenrost) oder fest in ihn eingespannt (Betonblock). Liegt der Rost unmittelbar auf dem Baugrund auf oder ist er in diesen versenkt, spricht man von *tiefliegendem Pfahlrost* (oder Pfahlfundament vgl. Abb. 481 u. 500a), faßt er hingegen teilweise frei stehende Pfähle über dem oder knapp am NNW zusammen, wird er als *hochliegender Pfahlrost* (oder Pfahlgruppe Abb. 500b) bezeichnet.

Hat das Fundament bloß lotrechte Kräfte aufzunehmen, werden nur lotrechte Pfähle eingebracht. Greifen hingegen am Fundament auch schräg gerichtete Kräfte an, werden die Pfähle — zumindest zum Teil — schräg eingebracht, oder es werden Pfahlböcke vorgesehen, um die Pfähle einer möglichst geringen Biegebeanspruchung auszusetzen. Kommt je nach dem Belastungsfall ein Wandern der schräg gerichteten resultierenden Kraft in Frage, werden die Pfähle so anzuordnen sein, daß sie selbst in extremen Belastungslagen möglichst nicht auf Biegung beansprucht werden.

Der Entwurf von Pfahlrosten hat also zwei Aufgaben zu lösen: zum einen *die richtige Aufteilung* der Pfähle, durch die sowohl diese selbst als auch der die Belastung vermittelnde Pfahlrost auf das günstigste beansprucht werden; zum anderen *die richtige Bemessung des Rostes oder des Fundamentblocks* wie ein durch die Pfähle abgestützter und durch die äußere Kraft beanspruchter Balkenträger.

1. Austeilung der Pfähle

An der Verteilung der Pfahllasten sind außer den das Fundament angreifenden äußeren Kräften auch die relative Verschiebung zwischen Fundamentblock und Pfählen sowie die Biegsamkeit des Fundamentblocks beteiligt. Im weiteren wird der lastübertragende Fundamentblock vorderhand als unendlich starr angenommen.

Allgemein gilt die Regel, daß die Angriffslinie der Resultierenden aus den an der Pfahlgründung angreifenden äußeren Kräften mit der Wirkungslinie der durch die Pfähle repräsentierten Widerstandskräfte zusammenfallen muß, daß die Pfähle also keine Biegebeanspruchung erhalten dürfen. Der durch die zentrisch angreifende lotrechte Resultierende belastete Fundamentblock wird die Belastung auf die Pfähle des Pfahlfundamentes grundsätzlich gleichmäßig verteilen, d. h. es wird $P = R/n$ sein, wenn n die Zahl der Pfähle, P hingegen die auf einen Pfahl entfallende lotrechte Kraft bezeichnet. Ist also die Tragfähigkeit eines Pfahles bekannt, dann läßt sich die Pfahlzahl auf einfache Art aus der Beziehung $n = R/\beta \cdot P$ bestimmen, in der $\beta \lesseqgtr 1$ ein Reduktionsbeiwert ist, der den gegenseitigen Einfluß der Pfähle aufeinander zum Ausdruck bringt (vgl. Abb. 482—484). Unter Berücksichtigung dieses Beiwertes wird also entweder die Zahl der Pfähle allenfalls zu erhöhen oder aber die Abmessung des Fundamentblockes (Pfahlrostes) so zu wählen sein, daß sie die Anordnung von n Pfählen ermöglicht, die sich gegenseitig nicht beeinflussen.

In Übereinstimmung damit, daß die Verdrehung des ausmittig belasteten starren Fundaments als linear angenommen werden kann, wird auf die zu stärkeren Setzungen gezwungenen Pfähle eine größere, auf die entgegengesetzte Seite hingegen eine geringere Belastung entfallen. Wird der ebene Fall — d. h. ein durch Pfahlreihen abgestützter Fundamentblockstreifen — angenommen, dann ist es üblich, die Belastungsverteilung durch das trapezförmige Spannungsdiagramm ausmittigen Druckes zu kennzeichnen, wobei die Randspannungen $\sigma_{1,2}$, der

Streifenbreite B entsprechend, anhand der bekannten Beziehung

$$\sigma_{1,2} = \frac{R}{F} \pm \frac{M}{K} = \frac{R}{B \cdot 1}\left(1 \pm \frac{6e}{B}\right) \tag{310}$$

ermittelt werden können. Die Spannungsverteilung unter dem Fundamentblock ist nach den genaueren Theorien nicht durch eine Gerade, sondern durch eine, von unten gesehen, konkave Kurve begrenzt (vgl. Bd. I, Abb. 268 und 269 nach Boussinesq und Borowicka). Zur Vereinfachung des Berechnungsganges sowie im Hinblick auf die aus der Bodenschichtung, den bleibenden Zusammendrückungen und Verformungen herrührenden Fehler bedient sich die Praxis dennoch dieses Verfahrens. Die von den Pfählen aufzunehmende Belastung wird durch die Fläche des so ermittelten Spannungsdiagramms gegeben sein. Für die Pfahlaufteilung bieten sich grundsätzlich zweierlei Möglichkeiten. Entweder werden gleiche Pfahlabstände gewählt, auf Grund der Überlegung, daß sich die Belastung von Pfahlreihe zu Pfahlreihe ändert (vgl. Abb. 501), oder die Pfähle werden mit veränderlichen Abständen aufgeteilt, so daß auf jede Pfahlreihe die gleiche Belastung entfällt (vgl. Abb. 502).

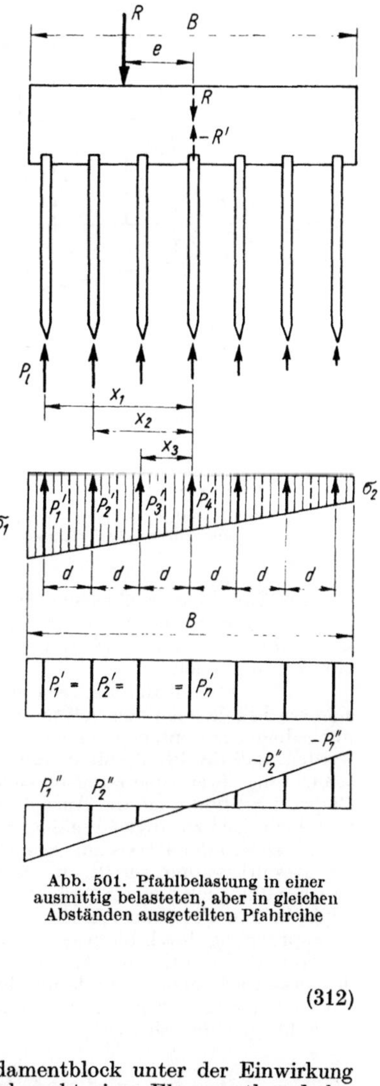

Abb. 501. Pfahlbelastung in einer ausmittig belasteten, aber in gleichen Abständen ausgeteilten Pfahlreihe

a) *Bei Anordnung der Pfähle in gleichen Abständen* lassen sich die auf die einzelnen Reihen entfallenden Pfahlkräfte nach einem einfachen näherungsweisen Berechnungsverfahren ermitteln. Addiert man zu der ausmittig angreifenden Resultierenden R das gleich große nullwertige Kräftepaar $R'-R'$, dann wird am starren Fundamentblock die ausmittige Kraft R' und das $R \cdot e$ große Kräftepaar angreifen (Abb. 501). Die Mittelkraft R' wird der aus n Pfählen bestehende Pfahlrost mit den gleich großen Kräften P' ausgleichen, und zwar gemäß

$$R' = \sum_{i=1}^{n} P_i', \quad \text{woraus} \quad P_i' = R'/n. \tag{311}$$

Dem Moment $R \cdot e$ werden demgegenüber — bei symmetrischer Pfahlanordnung — die in den symmetrisch zur Mittelachse stehenden Pfahlreihen auftretenden Kräftepaare $P_i'' \cdot x_i$ das Gleichgewicht halten, d. h. es wird

$$R \cdot e = \sum_{i=1}^{n} P_i'' \cdot x_i \tag{312}$$

sein.

Da sich der als unendlich starr angenommene Fundamentblock unter der Einwirkung des Moments um den in der Mittelachse gelegenen Drehpunkt einer Ebene entlangdreht, kann die Verschiebung, d. h. die Mehrbelastung, als proportional dem Abstand vom Drehpunkt angesetzt werden, so daß sich für die aus dem Moment herrührende zusätzliche Belastung die Beziehung

$$P_1'' = \frac{R \cdot e \cdot x_1}{x_1^2 + x_2^2 + \cdots + x_n^2}$$

ergibt. Die in der i-ten Reihe stehenden Pfähle erhalten mithin die Belastung $P_i = P'_i + P''$. Da jedoch auf diese Weise die einzelnen Pfahlreihen ungleich belastet werden, müssen in den einzelnen Reihen Pfähle unterschiedlicher Tragfähigkeit eingebracht werden.

b) *Sollen die einzelnen Pfahlreihen gleichmäßige Belastungen erhalten*, sind sie mit veränderlichen Reihenabständen so anzuordnen, daß auf jede einzelne Pfahlreihe die gleiche Belastungsfläche entfällt. Die Berechnung der Reihenabstände erfolgt nach dem *Spannungstrapezverfahren*. Hierbei werden die äußeren Ordinaten des Spannungstrapezes wieder aus der Grundgleichung (310) ermittelt, worauf die einzelnen Pfahlgruppen — nach rechnerischer oder graphischer Aufteilung der Trapezfläche in gleich große Teilflächen — in deren Schwerpunkte verlegt werden.

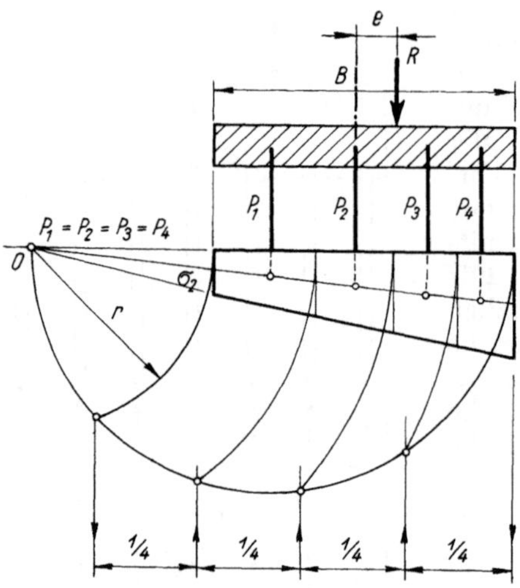

Abb. 502. Pfahlausteilung gegen ausmittige Belastung. aber für gleiche Traglast

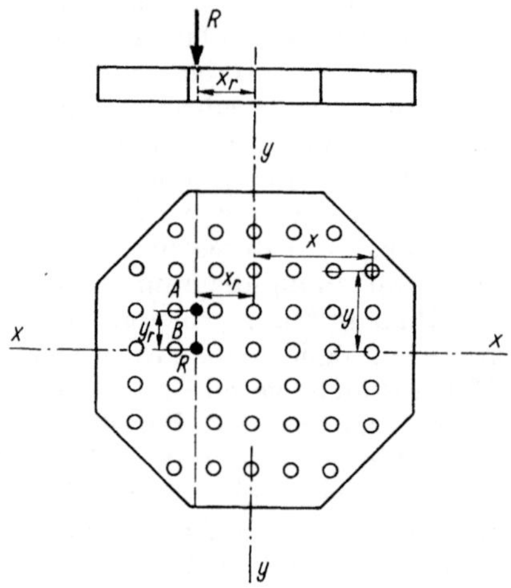

Abb. 503. Nachweis der Pfahlbelastung bei räumlich ausmittigem Kraftangriff

Der Gang der graphischen Aufteilung, den die Abb. 502 veranschaulicht, ist genau der gleiche wie beim Verfahren zur Aufteilung der Aufbiegungen bei Bemessung von Stahlbetonkonstruktionen. (Das Verfahren eignet sich im übrigen auch zur Berechnung der Aufteilung von Schrägpfählen.)

Soll die Pfahlgründung keine ungleichmäßigen Setzungen und keine Verdrehung erleiden, sind die Pfähle nach dem letzteren Verfahren unter b), d. h. in unterschiedlichen, dem Spannungsdiagramm entsprechenden Abständen anzuordnen. Freilich muß genau darauf geachtet werden, daß die Pfähle nicht zu eng nebeneinander zu stehen kommen, daß also eine Überschneidung ihrer Spannungsbereiche ausgeschlossen bleibt, weil dies die Gruppenwirkung (Beiwert α!) und auch die Ausdehnung des Spannungsbereiches nach der Tiefe zu verändern und doch noch zu ungleichmäßigen Setzungen führen könnte.

Da sich in der Praxis zur Ausmittigkeit der äußeren Kräfte in der Regel auch die Schräge der Resultierenden gesellt, werden in jeder derartig ausmittig belasteten Pfahlgründung zweckmäßig auch einige Schrägpfähle unterzubringen oder aber die Einspannungen der Pfahlköpfe in den Fundamentblock so zu bemessen sein, daß dieser in der Lage ist, die Biegebeanspruchung durch die waagrechte Komponente aufzunehmen (vgl. S. 545).

Hat die Resultierende der äußeren Kräfte — bei sonst symmetrischem Pfahlbild — auf dem lastverteilenden Fundamentblock eine *räumliche Ausmittigkeit* (Abb. 503), dann ist das nach den Konstruktionsregeln angenommene Pfahlbild nachzuweisen. Die Größtbelastung je Pfahl errechnet sich zu

$$P_{\max} = P_0 \left[\frac{R}{\Sigma P} + x\,\frac{R \cdot x_r}{J_x} + y\,\frac{R \cdot y_r}{J_y}\right]. \qquad (314\,\mathrm{a})$$

wenn P_0 die von einem Pfahl tragbare lotrechte Belastung, x und y den Abstand des untersuchten Pfahles, x_r und y_r den Abstand des Stichpunktes (A) der Resultierenden von den Schwerachsen der Pfahlgruppe als Koordinatenachsen, J_x und J_y hingegen die auf diese Achsen bezogenen Trägheitsmomente des Pfahlbildes bezeichnen. (Hierbei ist $J_x = \Sigma P_0 \cdot y^2$ und $J_y = \Sigma P_0 \cdot x^2$, $J_{x,y} = \Sigma P_0 \cdot x \cdot y$.)

Fällt die Resultierende R in eine der Symmetrieachsen der Pfahlgruppe (etwa in den Punkt B), nimmt (314a) die vereinfachte Form

$$P_{\max} = P_0 \left[\frac{R}{\Sigma P} + \frac{R \cdot x \cdot x_r}{J_y}\right] \tag{314b}$$

an.

Haben dagegen die Pfähle auch die gleiche Tragfähigkeit, dann ist $\Sigma P = n \cdot P_0$ und $J_y = P_0 \cdot \Sigma x^2$, die Belastung je Pfahl also

$$P_{\max} = R/n + \frac{R \cdot x_{\max} \cdot x_r}{\Sigma x^2}, \tag{314c}$$

worin $x_{\max}$ den Abstand des im Pfahlbild am entferntesten stehenden Pfahles von der y-Achse bezeichnet.

Hat das Pfahlbild keine Symmetrieachse, müssen die Hauptachsen $I-I$ und $II-II$ ermittelt werden, wonach die Berechnung mit den von diesen gemessenen Abständen und mit den auf diese bezogenen Trägheitsmomenten J_I und J_{II} des Pfahlbildes vorgenommen werden kann.

Die so ermittelte Größtbelastung muß mit der Grenztragfähigkeit eines Pfahles verglichen werden, und reicht diese nicht aus, wird ein neues Pfahlbild aufzunehmen sein.

Als günstigste ist die Pfahlanordnung zu bezeichnen, wenn sämtliche Pfähle einer Pfahlgruppe annähernd gleich stark beansprucht sind, wenn die Pfahlkräfte bei den unterschiedlichen Belastungsfällen keine übergroßen Schwankungen zeigen und wenn schließlich auch der Pfahlrost selbst infolge seiner konstruktiven Anordnung und Höhenlage nicht Beanspruchungen ausgesetzt wird, die seine Festigkeit überschreiten.

2. Die Bemessung von Pfahlrosten

Der Pfahlrost ist auf die Pfähle an mehreren Punkten aufgelagert, stellt also einen statisch unbestimmten Träger dar. Kann jedoch angenommen werden, daß das Bauwerk nach der einen Richtung eine wesentlich größere Ausdehnung hat als nach der anderen, dann vereinfacht sich das komplizierte räumliche Problem der Abstützung zu dem wesentlich leichteren ebenen Problem. Besonders ist diese Vereinfachung dann zulässig, wenn die Bauwerkslast in der längeren Richtung gleichmäßig verteilt ist und wenn sich auch die in den einzelnen Ebenen vorzusehenden Auflagerungen ausnahmslos regelmäßig wiederholen können. Derartige ebene Auflagerungen können dann allerdings wieder statisch bestimmt oder statisch unbestimmt sein je nachdem, ob die Pfahlreihen dem Rostbalken im konkreten Fall eine bestimmte oder eine überzählige Auflagerung geben.

a) Statisch bestimmter Pfahlrost

Eine statisch bestimmte Auflagerung hätte der Pfahlrost eigentlich nur dann, wenn er

1. von zwei beliebigen Pfahlreihen abgestützt wäre, wobei das eine Ende der einen Pfahlreihe eingespannt wäre, während die 3 weiteren Abstützungspunkte als gelenkig angesehen werden könnten (Abb. 504a), oder wenn der Pfahlrost

2. von drei nicht parallel zueinander verlaufenden Pfahlreihen abgestützt wäre, deren Pfähle als an beiden Enden gelenkig abgestützt anzusehen wären und deren Achslinien nicht in einen Punkt zusammenlaufen würden (Abb. 504b). (Da diese Abstützungsarten in der Praxis in reiner Form nicht vorkommen, wird in Wirklichkeit stets eine gewisse statische Unbestimmtheit bestehen, die man

in der konstruktiven Ausbildung der Pfahlkopfeinspannung zweckmäßig in Betracht zu ziehen haben wird.)

Die Berechnung von Pfahlgruppen mit statisch bestimmter Abstützung erfolgt im ersteren Fall ebenso wie die der Reaktionskräfte freiaufliegender Träger. Die Pfahlrichtung muß parallel zur Resultierenden der äußeren Kräfte verlaufen, wobei die Standfestigkeit durch die an einem Pfahlende angenommene Einspannung (in Wirklichkeit durch die Einbettung der Pfahlreihen im Boden und durch das Aufliegen des Fundamentblockes auf dem Boden) verbürgt wird. Zweckmäßig wird die Lage der Pfahlreihen so gewählt, daß sie durch die äußeren Kräfte gleichmäßig belastet werden, daß also die Resultierende R in die Halbierende des Abstandes zwischen zwei Pfahlreihen zu liegen kommt und das positive Moment des freiaufliegenden Konsolträgers mit dem über den Pfahlreihen auftretendem negativem Moment übereinstimmt. Bei ausschließlicher Abstützung auf die Pfahlreihen wäre dies bei einem Abstand von $a = 0{,}205s$ der Fall (vgl. Abb. 504a). Da der Fundamentblock auf dem Boden aufliegt, was die positiven Momente des Balkens vermindert, pflegt man diesen Wert niedriger (mit $a = 0{,}15$ bis $0{,}20s$) als den vorhergehenden anzusetzen.

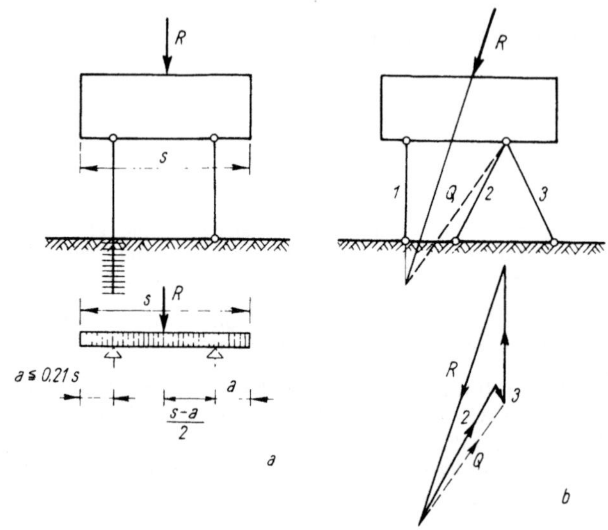

Abb. 504. Statisch bestimmte Pfahlroste

Bei Abstützung des Fundamentblockes durch drei nicht parallel zueinander stehende Pfahlreihen können die Pfahlkräfte je Pfahlreihe nach dem Cullmann- (vgl. Abb. 504b) oder nach dem Ritter-Verfahren ermittelt werden.

Was vom Abstand der Pfahlreihen vom Fundamentblockrand soeben gesagt wurde, gilt auch hier. Außerdem ist die Neigung der Schrägpfähle so zu wählen, daß sie sich praktisch verwirklichen läßt. Sie soll also unter keinen Umständen flacher als 1 : 3, ja möglichst nicht einmal flacher als 1 : 5 angesetzt werden. Da der Pfahl (3) zumeist auch auf Zug beansprucht ist, muß die Pfahlreihe (1) — sofern sich ein hierzu geeigneter Pfahl nicht herstellen läßt —, so weit nach außen verlegt werden, daß ihr Schnittpunkt mit der Resultierenden R weiter nach unten und dadurch die Hilfskraft zwischen die Pfahlreihen (2) und (3) zu liegen kommt.

b) Statisch unbestimmter Pfahlrost

Jede sonstige Unterstützung (d. h. jede Unterstützung durch mehr als zwei parallele oder mehr als drei schräge Pfahlreihen) wird *statisch unbestimmt* sein. In der Praxis überwiegen diese Fälle. Die Aufteilung der auf die einzelnen Pfähle entfallenden Belastungen bzw. die Pfahlaufteilung kann in solchen Fällen entweder nach einem *Näherungs-* oder nach einem *genaueren Verfahren* erfolgen.

Den Näherungsverfahren haftet der große Mangel an, weder die Formänderungen von Pfählen und Boden noch die des Gründungskörpers zu berücksichtigen, sondern die Kräfte sowohl in den Pfählen als auch im Gründungskörper so zu berechnen, als handelte es sich um starr verbundene *unbewegliche* Elemente. Erfahrungsgemäß haben jedoch Pfahlgründungen in den seltensten Fällen durch Bruch eines Pfahles versagt, wohl aber *infolge der starken und ungleichmäßigen Setzungen, die der Gründungskörper erlitten hatte.* Ein anderer Mangel der Näherungsverfahren besteht darin, daß sie einerseits die Abstützung waagrecht beanspruchter Fundamente lediglich durch lotrechte Pfähle vorsehen und somit die Aufnahme der waagrechten Kräfte ohne jede Berechnung der horizontalen Pfahltragfähigkeit zumuten. Bei Anwendung von Schrägpfählen wird dagegen die Aufnahme der waagrechten Kräfte gänzlich den Axialkräften dieser Schrägpfähle überlassen und deren waagrechte Tragfähigkeit völlig vernachlässigt.

Die genaueren Verfahren berücksichtigen zwar in der Berechnung der Kräfteverteilung auch die Verformung des Fundamentblockes (des Pfahlrostes) und der Pfähle (des Bodens), doch gehen auch sie wegen der außergewöhnlichen Kompliziertheit und Langwierigkeit der Aufgabe nach wie vor von einer ganzen Reihe vereinfachender Annahmen und Vernachlässigungen aus. Das bildet zweifellos den Grund dafür, daß man sich statt der genaueren noch immer überwiegend der Näherungsmethoden bedient. Es wird ohnehin nicht die Eigenverformung der Pfähle sein, die für die Setzung der Pfahlgründung maßgebend sein wird.

Die Berechnung nach den Näherungsverfahren ist bei tiefen, d. h. bei unmittelbar auf den Boden verlegten *Pfahlrosten ohne weiteres vertretbar*, *unzulässig ist sie jedoch bei hohen Pfahlrosten*, weil die Verformung der bei diesen angewandten weit elastischeren und biegsameren Elemente auf deren gegenseitiges Kräftespiel einen wesentlichen Einfluß ausübt.

α) Näherungsverfahren

Die Pfahlkräfte werden sowohl bei den lotrecht als auch bei den schräg beanspruchten Pfählen wie bei den statisch bestimmten Tragwerken ermittelt, mit der Abweichung jedoch, daß die zueinander parallelen Pfahlreihen durch ihre Resultierende ersetzt werden (Abb. 505).

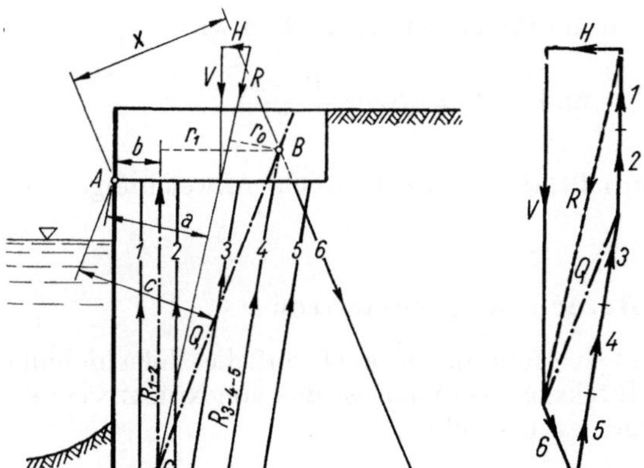

Abb. 505. Bestimmung der Achsialkräfte auf Schrägpfähle

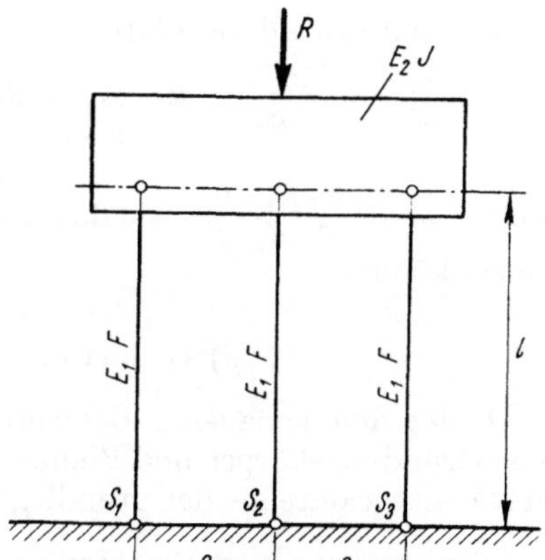

Abb. 506. Mehrbelastung des Mittelpfahles im Falle einer elastischen Kopfplatte

Das hier noch nicht erörterte Rittersche Verfahren ermittelt zunächst die Schnittpunkte je zweier Gegengewichtskräfte, worauf es auf diese als Hauptpunkte die Momente der äußeren Kraft und der dritten Gleichgewichtskraft bestimmt, welch letztere sich aus deren Nullwertigkeit ergibt. Entsprechend ist etwa aus den auf den Punkt B bezogenen Momenten

$$R_{1-2} = \frac{R_0 \cdot r_0}{r_1}.$$

Sind z. B. die Pfahlrichtungen und die Stellen zweier Pfahlreihen sowie die Tragfähigken sämtlicher Pfähle (R_{1-2}, R_{3-4-5}, S_6) im voraus bekannt, dann erhält man die Stelle (x) in dritten Pfahlreihe aus der für den Punkt A aufgeschriebenen Momentengleichgewichtsbedingung zu

$$x = \frac{a \cdot R - b \cdot R_{1-2} - c \cdot R_{3-4-5}}{S_6}.$$

Das Verfahren ist natürlich nur anwendbar, solange es sich nicht um mehr als drei Pfahlreihen in verschiedenen Richtungen handelt, was aber die Bedürfnisse der Praxis fast völlig befriedigt.

Die auf die Resultierende entfallende Kraft kann zwischen den einzelnen Pfahlreihen gleichmäßig verteilt werden. Freilich ist diese Verteilungsart ohne Zweifel wieder eine Annäherung, die nur bei ganz steifen Fundamentblöcken zulässig wäre.

Die Anwendung dieser Annäherungen ist jedoch nur bei relativ steifem Fundamentblock und elastischen Pfählen statthaft. Bei elastischem Fundamentblock und steifen oder elastischen Pfählen ändert sich die auf die einzelnen Pfahlreihen entfallende Belastung in beachtlichem Maße, so daß die Rolle der elastischen Formänderungen auf die Lastverteilung keineswegs vernachlässigt werden darf. Als Beispiel [110] sei hier in Abhängigkeit von den erwähnten Faktoren die Änderung der auf die mittlere Pfahlreihe entfallenden Last unter einem Fundamentblock angegeben, der auf insgesamt drei Reihen lotrechter Pfähle abgestützt ist (Abb. 506).

1. Sind die Pfähle elastisch, die Platte hingegen steif, dann gilt

$$S_1 = S_2 = S_3 = R/3 = 0{,}333\,R.$$

2. Sind die Pfähle steif und die Platte elastisch, dann ist

$$S_2 = 5/8\,R = 0{,}625\,R, \qquad S_1 = S_3 = 0{,}1875\,R.$$

3. Sind sowohl die Platte als auch die Pfähle elastisch, dann wird

$$S_2 = \frac{R}{8} \cdot \frac{24m + 5}{9m + 1} \quad \text{und} \quad S_1 = S_3 = \frac{R - S_2}{2}$$

wenn $m = \dfrac{l \cdot E_2 \cdot J}{a^3 \cdot E_1 \cdot F}$, wie davon erhellt, sich also beachtliche Abweichungen ergeben können.

β) Genauere Berechnungsverfahren

Unter den genaueren Berechnungsverfahren, die auch auf die Verschiebung von Gründungskörper und Pfählen Rücksicht nehmen, ist das von Nökkentveed [111] entwickelte als das grundlegende zu betrachten.

Nökkentveed setzt eine bereits gegebene Pfahlanordnung voraus, die probeweise z. B. auf Grund einer Näherungsmethode angenommen wurde, und zwar unter der Bedingung, daß sich die Pfähle gegenseitig nicht beeinflussen.

Er nimmt ferner an, daß

1. Pfähle und Belastung in einer Ebene liegen und daß

2. die Lastübertragung auf den Untergrund an der Pfahlspitze erfolgt, daß diese also als unbeweglich angesehen werden kann, daß

3. die Fundamentplatte, in die die Pfahlköpfe eingebunden sind, unendlich steif ist, daß also ihre Verformungen im Vergleich zu jenen der Pfähle vernachlässigbar klein sind, und daß schließlich

4. die von den Pfählen aufgenommene Kraft den Längenveränderungen der Pfähle proportional ist.

(Diese Voraussetzungen sind am ehesten bei hohen und frei stehenden Pfahlrosten — vornehmlich bei Ufermauern — gegeben.)

Weiterhin setzt er voraus, daß die Einbindung der Pfahlfüße in den Boden elastisch oder gleich Null ist. Die Tatsache, daß der Pfahl in Wirklichkeit elastisch in den Boden eindringt, läßt sich in der Berechnung durch eine Vergrößerung der Pfahllänge berücksichtigen, die Tatsache hingegen, daß der Pfahl nicht nur an seiner Spitze, sondern in seiner ganzen Länge eine Abstützung durch den Untergrund erhält, kann durch eine Verminderung der Pfahllänge (l) in die Rechnung einbezogen werden. Bei dreieckförmiger Erddruckfigur beträgt diese Verminderung ein Drittel. Die rechnerische Pfahllänge schreibt sich demnach zu

$$L = 2/3 \cdot l + E \cdot F \cdot e/P,$$

wenn e die elastische Eindringung der Pfahlspitze unter der Last P bezeichnet.

Die Verschiebung, die eine Pfahlgruppe infolge der äußeren Belastung erleidet, kann als Verdrehung um einen Drehpunkt aufgefaßt und in eine lotrechte und eine waagrechte Verschiebung sowie in eine Verdrehung um einen unbekannten Nullpunkt aufgeteilt werden. Als Nullpunkt des Koordinatensystems wird der Schnittpunkt der Resultierenden jener Pfahlkräfte gewählt, die durch die jeweils um das Maß l erfolgende lotrechte bzw. waagerechte Verschiebung auftreten. Die hier auftretenden Kräfte werden nämlich ausschließlich Parallelverschiebungen verursachen. Wird der Achsabstand eines Pfahles von diesem Nullpunkt mit p bezeichnet, dann nimmt das Trägheitsmoment $J = \Sigma EF/L \cdot p^2$ des Pfahlsystems einen Minimalwert an. Eine Verdrehung der Pfahlkopfebene um den Drehpunkt 0, und zwar um den Winkel φ, wird in den Pfählen gleichfalls Kräfte wecken. Und umgekehrt: Wirken auf das System die äußeren Kräfte R', R'' oder φ, so werden sie im Punkt 0 Einheitsverschiebungen auslösen. R' und R'' bezeichnen hier (s. Abb. 507) beziehungsweise die Resultierenden der aus der lotrechten und der waagrechten Einheitsverschiebung stammenden Pfahlkräfte. Steht also das Pfahlsystem unter der Einwirkung eines äußeren Kräftesystems, dann können die lotrechten und waagrechten Verschiebungen sowie die Verdrehung um den Nullpunkt bestimmt und aus den durch diese bedingten Pfahllängenänderungen die den Belastungen entsprechenden Pfahlkräfte rechnerisch ermittelt werden.

Der Nullpunkt liegt im Schnittpunkt der Wirkungslinien der elastischen Mengen der Pfahlgruppen. Die Größe der in Ansatz zu bringenden elastischen Mengen je Pfahlgruppe steigt mit der Zahl und der Querschnittsfläche der Pfähle an und nimmt mit der Pfahllänge ab.

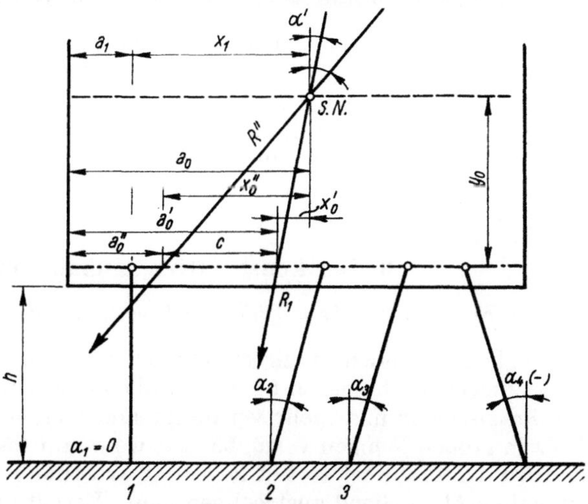

Abb. 507. Bezeichnungen für das Berechnungsverfahren von NÖKKENTVEED

Für den Pfahl n ist

$$S_n \cdot \cos\alpha_n = C_{Vn} \cdot V + C_{Hn} \cdot H + C_{Mn} \cdot M, \tag{315}$$

wenn C_{Vn} bzw. C_{Hn} die lotrechten Komponenten der durch die jeweils im Nullpunkt angreifenden Kräfte $V = 1$ t bzw. $H = 1$ t geweckten Pfahlkräfte, C_{Mn} hingegen die lotrechte Komponente der unter der Einwirkung eines im Nullpunkt angreifenden Drehmomentes $M = 1$ tm entstehenden Pfahlkraft bezeichnen.

Die Werte C_V, C_H und C_M, deren Größe ausschließlich vom Baustoff, von den geometrischen Abmessungen, von der Lage und Neigung der Pfähle abhängt, werden aus der elastischen Pfahlverformung abgeleitet. Sie schreibt sich im Endergebnis zu

$$C_{Vn} = \frac{v_n}{\Sigma v_n} \cdot \frac{\operatorname{tg}\alpha'' - \operatorname{tg}\alpha_n}{\operatorname{tg}\alpha'' - \operatorname{tg}\alpha'},$$

$$C_{Hn} = \frac{v_n}{\Sigma v_n \cdot \operatorname{tg}\alpha_n} \cdot \frac{\operatorname{tg}\alpha_n - \operatorname{tg}\alpha'}{\operatorname{tg}\alpha'' - \operatorname{tg}\alpha'}$$

$$C_{Mn} = v_n/J \cdot (x_n - y_0 \cdot \operatorname{tg}\alpha_n), \tag{316}$$

$$J = \Sigma v_n \cdot z_n^2 \quad \text{und} \quad z_n = a_a - y_0 \cdot \operatorname{tg} \alpha_a,$$

$$v_n = \frac{E_n \cdot F_n}{h} \cdot \cos^3 \alpha_n, \quad x_n = a_0 - a_n,$$

$$\operatorname{tg} \alpha' = \frac{\Sigma v_n \cdot \operatorname{tg} \alpha_n}{\Sigma v_n} \quad \text{und} \quad \operatorname{tg} \alpha'' = \frac{\Sigma v_n \cdot \operatorname{tg}^2 \alpha_n}{\Sigma v_n \cdot \operatorname{tg} \alpha_n},$$

$$a_0' = \frac{\Sigma v_a \cdot a_a}{\Sigma v_a} \quad \text{und} \quad a'' = \frac{\Sigma v_a \cdot a_n \cdot \operatorname{tg} \alpha_n}{v_n \cdot \operatorname{tg} \alpha_n},$$

$$c = a_0' - a_0'', \quad y_0 = \frac{c}{\operatorname{tg} \alpha'' - \operatorname{tg} \alpha'}, \quad a_0 = a_0'' + y_0 \cdot \operatorname{tg} \alpha''.$$

Durch Aufteilung der auf den Pfahlrost im Nullpunkt des elastischen Systems wirkenden äußeren Kraft in die Komponenten V, H und M gelangt man zur Grundgleichung

$$S_n \cdot \cos \alpha_n = V \cdot C_{Vn} + H \cdot C_{Hn} + M \cdot C_{Mn}, \tag{317}$$

aus der nun die lotrechte Komponente der Pfahlkraft (S_n) bestimmt werden kann. (Die zitierten Arbeiten enthalten Tabellenwerte für die obigen Hilfsgrößen bei unterschiedlichen Pfahlneigungen, die den Rechnungsgang wesentlich vereinfachen.)

In letzter Zeit haben S. O. Asplund [112] und T. Schiel [113] nach den Methoden der Matrizenrechnung, D. Vandepitte [114] hingegen auf Grund des Traglastverfahrens schnellere Verfahren zur Berechnung von Pfahlrosten entwickelt. Im übrigen befassen sich mit den Problemen der Bemessung von Pfahlrosten für Zwecke von Uferbefestigungen eingehend und fortlaufend auch die Jahresberichte (1956 bis 1960) der Hafenbautechnischen Gesellschaft.

3. Der konstruktive Aufbau von Pfahlrosten

Pfahlrostbauwerke werden aus Holz, Stampf- oder Stahlbeton ausgeführt

Bei hochliegenden Pfahlrosten findet sich Stampfbeton als Baustoff sehr selten, bei tiefliegenden hingegen überwiegt eben der Beton. Holzpfahlroste werden aus der Praxis mehr und mehr verdrängt und kommen eigentlich nur noch vor, wo Holz in großen Mengen verfügbar ist, wo es auf rasche Bauabwicklung ankommt und wo der Pfahlrost so tief liegt, daß er ständig unter Wasser steht oder nicht einmal vorübergehend austrocknen kann. Verhältnismäßig häufig trifft man auch heute noch auf *kombinierte Pfahlroste*, die aus Holzpfählen und aus dem auf diese aufgesetzten Fundamentblock bzw. dem aufgehenden Beton- oder Steinmauerwerk bestehen.

a) Holzpfahlroste und kombinierte Pfahlroste

Die Bezeichnung Pfahlrost stammt eigentlich von den *Holzpfahlrosten*, deren Allgemeinanordnung und kennzeichnende Querschnitte in Abb. 508 dargestellt sind. Die Pfahlköpfe sind reihenweise durch gezapfte durchlaufende Längsbalken und durch mit diesen verkehlte Querschwellen verbunden. Früher erhielten diese noch eine Bohlenüberdeckung, die teils den Aufbau des in keiner Weise biegefesten Ziegel- oder Quadermauerwerks ermöglichen, teils die Last auf die Pfähle verteilen sollten. Bei den heutigen (Beton-)Überbauten mit ihrer entsprechenden Biegefestigkeit erübrigt sich natürlich jede derartige Verbohlung.

Eine beträchtliche Schwierigkeit beim Bau von Holzpfahlrosten besteht darin, die Pfähle so genau in eine Linie einzubringen, daß die Längsbalken auf jeden

Pfahlkopf aufgesetzt, ja mit diesem sogar verzapft werden können. Aus diesem Grunde ging man von der unter I dargestellten Anordnung zu der unter II. gezeigten über, bei der die Längsbalken nicht mehr auf die Pfähle selbst, sondern auf Zangen aufgesetzt werden. Bei dieser Bauweise brauchen in der Querrichtung

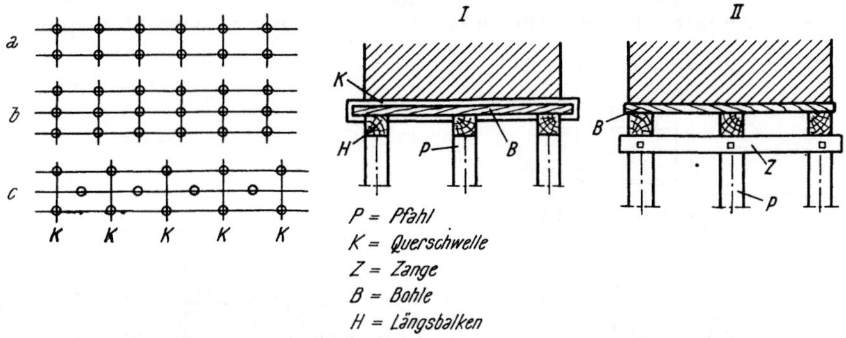

Abb. 508. Konstruktionsanordnungen für Holz- bzw. für kombinierte Pfahlroste

weit weniger Pfähle in einer Linie zu stehen, um mit Zangen zusammengefaßt werden zu können. Die Längsbalken kommen demnach hier nach oben zu liegen, so daß sie also nicht unmittelbar auf den Pfählen aufsitzen müssen.

Die rostartige Balkenverbindung verteilt die Belastung auf die Pfähle gut und versteift das ganze System auch waagrechten Krafteinwirkungen gegenüber.

Den *kombinierten Pfahlrost* veranschaulicht Abb. 509. Sie stellt einen hohen Pfahlrost dar, bei dem es besonderer Sorgfalt bedarf, den unter der Sohlplatte liegenden Teil der in der Regel sehr hohen Hinterfüllung so abzustützen, daß er in den Pfählen keine Biegebeanspruchung hervorruft. Hierzu dient für gewöhnlich eine abschließende Spundwand (vgl. Abb. 510). Kombinierte Pfahlroste müssen selbstverständlich nicht mit dem in Abb. 509 dargestellten vollen Überbau aus Beton oder Ziegelmauerwerk ausgebildet werden, vielmehr können sie auch mit einer Stahlbetonrostplatte gemäß Abb. 510 ausgeführt sein.

Aus Wirtschaftlichkeitsgründen wird die Hinterfüllung zweckmäßig sogleich auch zur Erhöhung der Standfestigkeit der Konstruktion herangezogen, weshalb es denn auch bei hochliegenden Pfahlrosten allgemein üblich geworden ist, die Rostplatte als Winkelstützwand auszubilden.

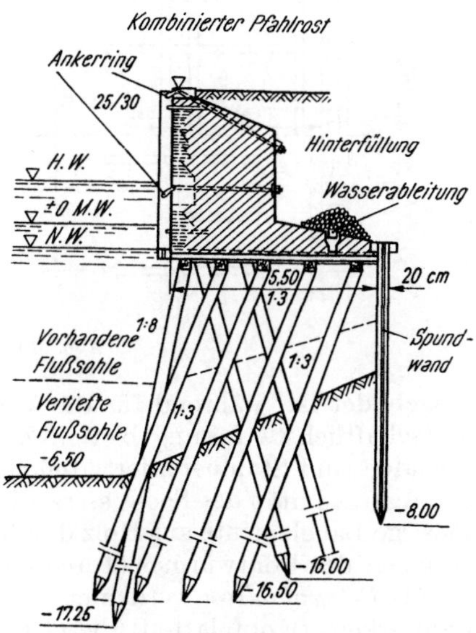

Abb. 509. Kombinierter Pfahlrost

b) Pfahlroste aus Stahlbeton und aus Beton

Bei *Stahlbetonpfahlrosten* handelt es sich um kräftige aufgelöste Stahlbetonrippenkonstruktionen, die außer mit den auch der hinteren Verankerung dienenden Längsrippen auch mit Querrippen versteift sind. Bei größeren Bauhöhen können sie heute als die wirtschaftlichste Lösung bezeichnet werden. Die auf Pfähle aufgesetzte Stahlbetonkonstruktion selbst ist in einer Höhe auszuführen, die ihre Herstellung im Trockenen ohne Entwässerung bzw. Wasserhaltung ermöglicht (Abb. 510).

Die wasserseitige Abstützung kann zugleich auch die Hinterfüllung abstützen, wenn sie wandartig zweckmäßig aus einer Spannbeton- oder Stahlspundwand

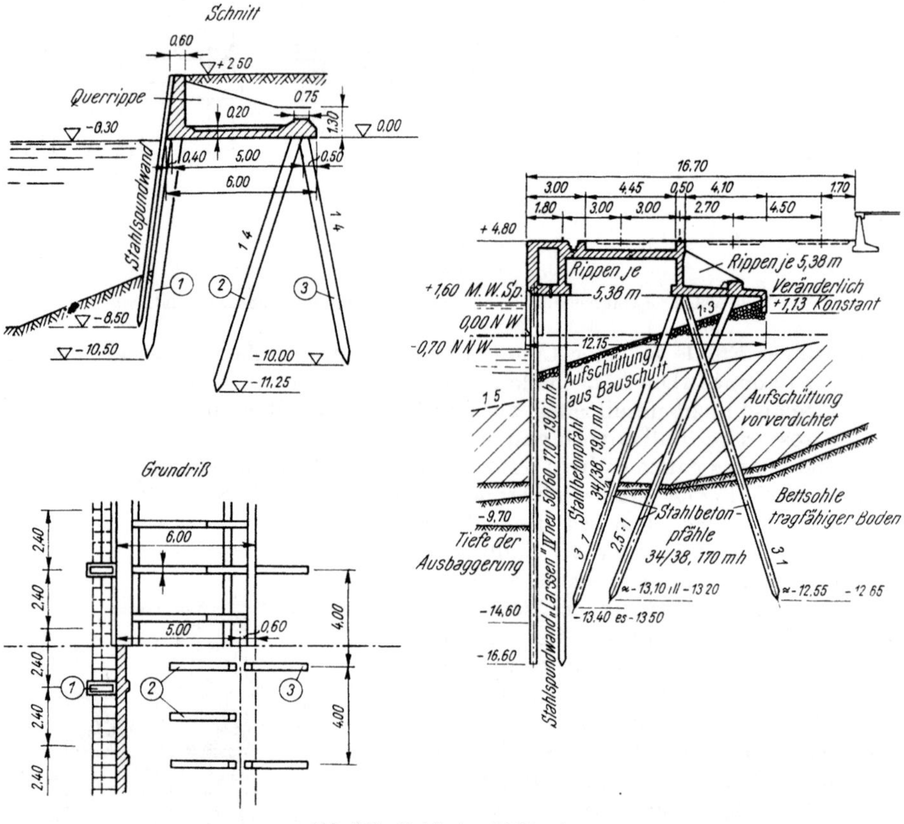

Abb. 510. Stahlbeton-Pfahlroste

ausgebildet ist, während für die Verankerung nach hinten Stahlbetonpfähle die wirtschaftlichste Lösung bieten. Zum Bau von Pfahlrosten für Ufermauern in Seehäfen sind Stahlbetonfertigteile erforderlich, die so dicht sein müssen, daß sie der Aggressivität des Seewassers widerstehen. In Seewasser sind Holzpfähle und sonstige Bauelemente aus Holz durch die außergewöhnlich schädliche Zerstörungstätigkeit der Bohrwürmer (Teredo navalis) zumeist gefährdet.

Als *Betonpfahlrost* werden eigentlich die lastverteilenden *Fundamentblöcke* von Bauwerken (Kopfplatten) bezeichnet, die auf Pfahlgründungen ruhen (vgl. Abb. 500a). Bei *tiefliegenden Pfahlrosten* trifft man heute fast ausschließlich diese Ausführungsart an. Bei diesen aus Beton oder aus Quader- und ganz ausnahmsweise aus Ziegelmauerwerk oder gemischt aus Sparstein aufgebauten Gründungskörpern ist vor allem auf die Frostsicherheit und auf genügende Wasserdichtigkeit zu achten. Was ihre Festigkeit anbelangt, sind diese Fundamentblöcke dank den zur Verfügung stehenden — aus konstruktiven Gesichtspunkten in der Regel reichlichen — Abmessungen für gewöhnlich nicht empfindlich. Zu beachten ist ferner, daß Beton- und Stahlbeton in Konstruktionen, die aggressivem Grundwasser oder etwa dem Seewasser ausgesetzt sind, auch heute nicht verwendet werden dürfen, es sei denn unter besonderen Schutzmaßnahmen (Verwendung von Spezialzement und -zuschlagstoffen, Isolierung u. dgl. m.). In solchen Fällen mag die Verwendung von Holzpfahlrosten selbst dann begründet sein, wenn sie nach heutigen Begriffen sonst unwirtschaftlich erschiene.

E. Konstruktion und Herstellung von Pfählen und Pfahlgründungen

Nach der Art ihrer Herstellung lassen sich zwei große Gruppen von Pfählen, die *Fertigpfähle* und die *Ortpfähle*, unterscheiden. Fertigpfähle bieten den großen Vorteil, Pfahlgründungen mit in der Regel einfachen Vorrichtungen rasch und aus qualitativ guten Baustoffen ausführen zu können. Auf der anderen Seite erschweren die gegebenen Abmessungen von Fertigpfählen die Anpassung an die Verschiedenheiten der örtlichen Verhältnisse bzw. die Ausnutzung der vom Baugrund gebotenen maximalen Belastungsmöglichkeiten. Hieraus erklärte sich die Tatsache, daß *die Tragfähigkeit von Ortpfählen sehr beachtlich über jener der Fertigpfähle liegen kann*. Die tragfähigsten Pfähle können ohne Zweifel an Ort und Stelle hergestellt werden. Eine gewisse Anpassung an die örtlichen Verhältnisse gestatten unter den Fertigpfählen — durch Änderung von Durchmesser und Pfahllänge — am ehesten noch die Holz- und einigermaßen auch die Stahlpfähle. Bei Stahlbetonpfählen fällt jedoch eine derartige Anpassung, abgesehen von den Kosten und vom Zeitverlust, überaus schwer. Letzten Endes sind aber Bemühungen nach dieser Richtung überflüssig, da sowohl die Fertig- als auch die Ortpfähle das ihnen eigene richtige Anwendungsgebiet haben.

Fertigpfähle gelangen vornehmlich in homogen geschichteten, gut aufgeschlossenen, rasch und mit einfachen Mitteln herzustellenden, nicht zu großen Gründungen zur Anwendung, während die Vorzüge der Ortpfähle in erster Linie in umfangreicheren Gründungen und in wechselnd geschichteten Böden zur Geltung kommen. Die Tatsache, daß in jüngster Zeit ständig neue Systeme zur Herstellung von Ortpfählen entwickelt werden, beweist, daß der Fortschritt — in erster Linie bei größeren Pfahlgründungen — in Richtung der zunehmenden Verwendung von Ortpfählen weist (vgl. S. 596, Kap. IV. E. 3.).

1. Fertigpfähle

Unter den in diese Gruppe fallenden Pfählen werden dem Baustoff nach *Holz-*, *Stahlbeton-*, *Beton- und Stahl-* sowie *kombinierte Pfähle aus gemischten Baustoffen* unterschieden.

a) Holzpfähle

Sie bilden auch heute die wichtigste und häufigste Pfahlart bei Gründung provisorischer Bauwerke und die fast ausschließlich benützte Pfahlart bei Gerüstbauten. Seit eh und je haben seine gute Formbarkeit, seine Zähigkeit und hohe Festigkeit, seine Leichtigkeit und Billigkeit das Holz zum bevorzugten Baustoff für Pfähle gemacht, zumal sie sich aus Stammholz auf leichteste Art herstellen lassen.

Unter endgültigen Bauwerken werden heute Holzpfähle nur noch dann angewandt, wenn sie auf ihrer ganzen Länge ständig unter Wasser stehen. (Bei Gründungen in

Seewasser ist hierbei auch auf die Gefährdung durch den Bohrwurm zu achten!) Am schnellsten verfallen der Fäulnis jene Holzpfähle, die bald unter, bald über Wasser stehen. (Dies ist die Ursache, warum eine spätere Absenkung des Grundwasserspiegels in benachbarten Pfahlgründungen so schwere Schäden zu verursachen vermag!)

Als Holzpfähle eignen sich am besten Rundhölzer, d. h. Baumstämme in ihrem gewachsenem, bloß entrindetem Zustand, und auch unter diesen vornehmlich die gerade gewachsenen Baumsorten mit wenigen und kleinen Astknoten. Balken aus Kantholz oder behauenes Holz erleiden während des Trocknens weit rascher Verwindungen als Rundstämme und faulen auch viel leichter als diese. *Holzart und Querschnittsabmessungen* des Holzpfahles richten sich nach seiner Länge und nach den voraussichtlichen Rammschwierigkeiten. Je länger die Pfähle und je größer die Rammschwierigkeiten, mit denen gerechnet werden muß, um so besser muß die Holzart und um so größer der Durchmesser sein. Bei stehenden Pfählen wird auch die dem Pfahl zuzumutende Last zu berücksichtigen sein. In früheren Jahrhunderten verwendete man für Pfahlgründungen ausschließlich Eichenholz, heute hingegen benützt man sämtliche Sorten von Nadelhölzern mit geradem Wuchs. Der Güte nach stehen die Eichenpfähle an der Spitze, gefolgt von den Lärchen-, Kiefer- sowie von den Fichten- und Tannenpfählen. Andere, vornehmlich Laubbäume, werden nur ausnahmsweise im Notfalle verwendet. Pfähle aus weicheren Hölzern werden vor dem Einbau unter endgültige Bauwerke häufig durch Tränken mit chemischen Mitteln imprägniert oder mit Teerstoffen bestrichen. (In Ungarn ist in gewissen Fällen das Tränken der Pfähle mit Karbolineum verpflichtend vorgeschrieben.)

Holzpfähle für Gründungszwecke sollen einen *minimalen mittleren Durchmesser von 20 cm bei einer Länge von 4 m haben.* Für jeden weiteren Meter Längenzunahme ist der Durchmesser um 1,5 bis 2,5 cm größer anzusetzen. Für Gerüste oder sonstige provisorische Zwecke können auch Pfähle mit kleinerem Durchmesser verwendet werden.

Druckpfähle werden stets mit dem Zopfende voraus, Zugpfähle dagegen mit dem anderen Ende nach unten gerammt. Bei letzteren ist es üblich, zur Erhöhung des Zugwiderstandes seitlich am Pfahlflache Einkerbungen anzubringen (Abb. 511)

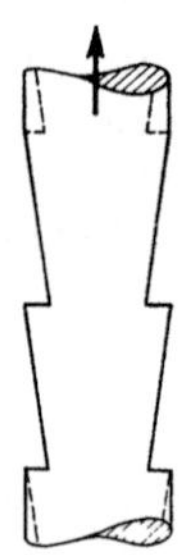

Abb. 511. Mantelausbildung eines auf Zug beanspruchten Holzpfahles

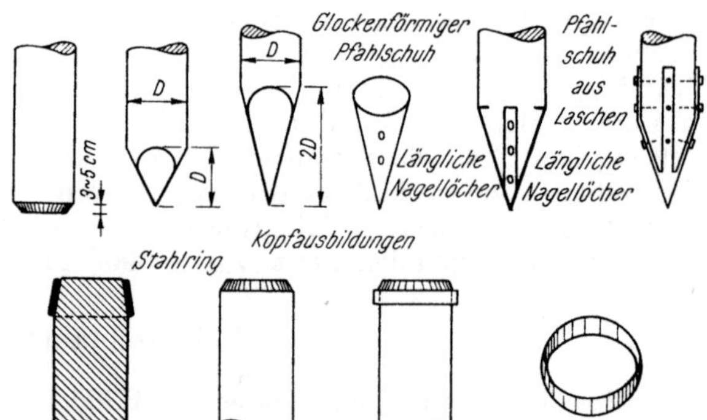

Abb. 512. Kopf- und Spitzenausbildungen der Holzpfähle

Einer der größten *Vorzüge* der Holzpfähle besteht darin, daß sie sich *leicht bearbeiten* lassen, was besonders beim Zuschneiden von Pfahlkopf und Pfahlspitze sowie bei Stoßstellen hervortritt. Im übrigen stellen diese drei Stellen zugleich auch die empfindlichsten Punkte des Holzpfahles dar.

Die Pfahlspitze wird den voraussichtlichen Rammschwierigkeiten entsprechend zugeschnitten. Für schwere Rammverhältnisse wird sie vierseitig abgeschrägt, wobei ihre Höhe dem Pfahldurchmesser (D) gleich sein soll. Bei leichterer Rammbarkeit kann die Spitzenhöhe bis auf $2D$ ansteigen. Eine vollkommen kegelförmige Bearbeitung ist überflüssig. Für das Rammen durch geröllige oder härtere Böden pflegen die Pfahlspitzen mit einem eisernen Pfahlschuh versehen zu werden, der entweder als dreizackiger *Bandsch h* aus Bandeisen und

Dornen geschmiedet oder als sogenannter *Glockenpfahlschuh* aus Stahlblech zusammengeschweißt wird und dann die ganze Pfahlspitze umhüllt. Beim Rammen in lockere körnige Böden kann das Zuspitzen des Pfahlfußes ganz entfallen, da es hier durchaus genügt, ihn 2 bis 4 cm hoch einfach stumpf abzuschrägen (Abb. 512). *Der Pfahlschuh muß genau mittig und lotrecht in der Pfahlachse sitzen* und auf der Pfahlspitze sorgfältig befestigt werden, weil er sich sonst leicht loslöst und die Rammarbeit nicht nur nicht erleichtert, sondern im Gegenteil wesentlich erschwert oder ganz vereitelt. Die Befestigung erfolgt mit geschmiedeten Nägeln, die durch ovale Löcher des Schuhmantels hindurchgetrieben werden. Die Nägel müssen an die obere Kante der Bohrlöcher zu liegen kommen, damit sie durch das Hochdrücken beim Rammen nicht abgeschert werden.

Auch die *Pfahlköpfe* bedürfen eines Schutzes vor Rammzerstörungen. Bei kürzeren, kleinen Pfählen genügt es, die Ränder des Pfahlkopfes, die sich beim Rammen zuerst aufbürsten, abzukanten. Bei größeren, längeren Pfählen wird auf den Pfahlkopf überdies ein Bandeisenring aufgesetzt, dessen oberer Rand etwas enger sein muß als der untere. Bürstet sich der Pfahlkopf beim Rammen dennoch auf, muß der zerstörte Teil abgeschnitten und das Rammen am intakten, vollen Pfahlkopf fortgesetzt werden.

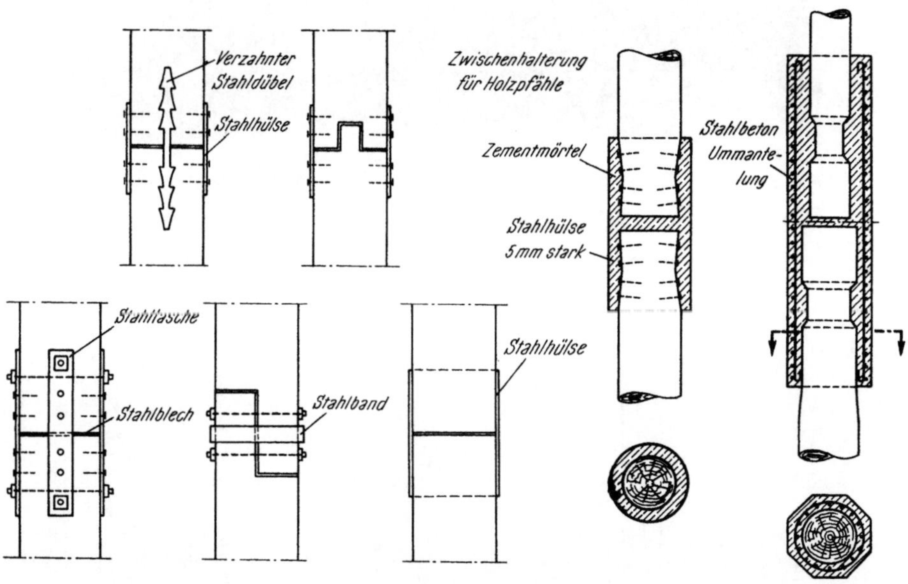

Abb. 513. Pfahlstoßausbildungen

Die normale Länge von Holzpfählen schwankt zwischen 5 und 15 m, doch wurden ausnahmsweise auch schon 40 m lange Pfähle benützt. Bei derartigen Längen sind schon Stöße erforderlich, wenngleich Pfähle grundsätzlich nur in einem Stück gerammt werden sollten. Die Stoßbildung der Pfähle ist tunlichst zu vermeiden (besonders bei schweren Rammverhältnissen), da die Stöße die Schwächepunkte der Pfähle darstellen. Muß sie als Notbehelf dennoch gewählt werden, empfiehlt sich die *einfache Verblattung*, die neben der Vernagelung auch durch übergreifende Laschen verstärkt werden kann (Abb. 513). Wirksamer ist der Stumpfstoß, wobei die Pfahlstücke mit einem Dorn und einer Eisenhülse miteinander verbunden werden. In Sonderfällen — vor allem beim Durchrammen mächtiger weicher Seeschluffschichten — werden nicht selten außergewöhnlich, d. h. 35 bis 40 m lange Pfähle mit Durchmessern von 40 bis 45 cm verwendet. Dank seiner größeren Reibung gegenüber dem Schluff eignet sich in solchen Fällen der Holzpfahl besser als der Stahl- oder auch der Stahlbetonpfahl, den im übrigen auch das angreifende Seewasser gefährden kann.

Ein derartiger überlanger Pfahl wurde in einem bemerkenswerten Fall derart ausgebildet, daß man die Stoßflächen leicht einkerbte, sodann mit einer 1,50 m lange Eisenblechhülse verlaschte (Abb. 514) und schließlich den Raum zwischen Hülse und eingekerbter Stoßfläche mit einer zementreichen, aus feinkörnigen Zuschlagstoffen angerichteten, rasch bindenden Betonmischung sorgfältig verhüllte. Es gibt auch Beispiele für direkte Aufständerung unten dem Schutz einer Stahlbetonummantelung (vgl. Abb. 513). Noch vorteilhafter würde sien auf die Mantelreibung die in Abb. 515 gezeigte Aufständerungsweise auswirken, nach welcher die Stöße der beim Bau des Lehrgerüstes der Sandö-Brücke verwendeten 40 m langen Pfähle durch laschenartige Rundhölzer gesichert wurden, die sogar zwei Stoßstellen überlappten und miteinander verschraubt waren, so daß z. B. im mittleren Teil des Pfahles der nützliche Querschnitt des Pfahles aus 5 Rundhölzern bestand.

Abb. 514. Spezielle Stoßausbildung sehr langer Holzpfähle (KAMPSAX)

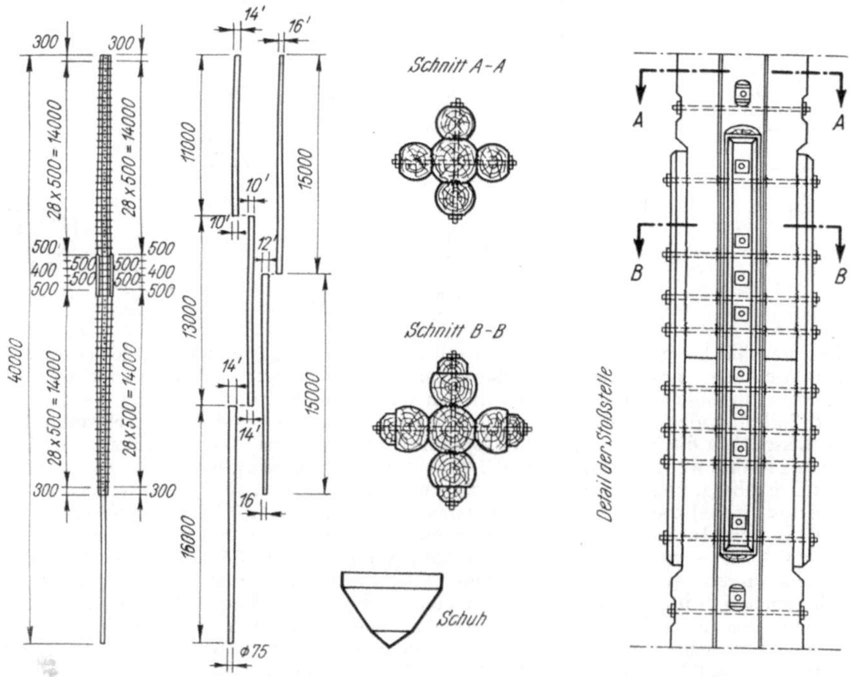

Abb. 515. Stoßausbildung der 40 m langen Gerüstpfähle der Sandö-Brücke

Holzpfähle werden ausschließlich durch Rammen in den Boden eingebracht.

b) Stahlbetonpfähle

Die zweite meistbenützte Pfahlart bilden die Stahlbetonpfähle. Vor den Holzpfählen haben sie den Vorzug der längeren Lebensdauer, der größeren Tragfähigkeit und der Verwendbarkeit auch bei schwankendem Wasserstand bzw. Tidenhub. Demgegenüber sind sie teurer, schwerer und auch weniger leicht zu rammen. Obwohl sie grundsätzlich in unbegrenzter Länge hergestellt werden könnten, beschränkt sich ihre Länge auf 20 m, weil ihre Handhabung und Rammung darüber hinaus so schwierig wird, daß es vorteilhafter ist, Stahlbeton-Ortpfähle herzustellen. Stahlbeton-Fertigpfähle werden mit *Voll-* und mit *Hohlquerschnitt* und neuerdings auch mit *Vorspannung* erzeugt. Ihre größere Festigkeit macht sie auch zum Einbringen in festere Böden geeignet. Da sie vorgefertigt sind, bedarf es vor ihrer Verwendung einer sorgfältigeren Bodenerkundung als bei Holzpfählen, damit sie nicht zu kurz oder zu lang ausgeführt werden. Das Aufständern kur-

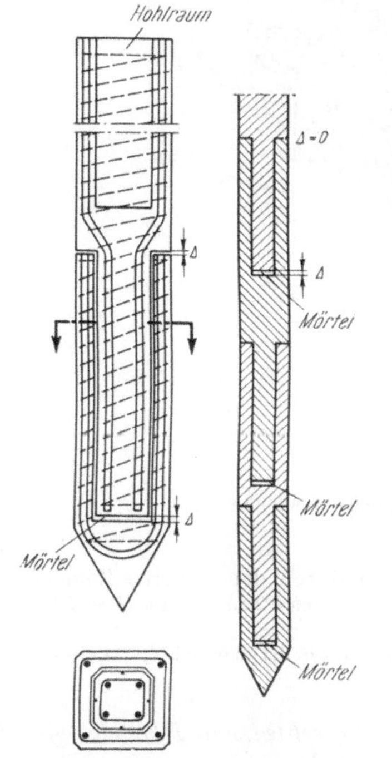

Abb. 516. In Teilstücke aufgelöster Stahlbeton-Rammpfahl

Abb. 517. Verlängerungsstücke für Stahlbetonpfähle

zer Pfähle durch Aufbetonieren ist nämlich schwerfällig, zeitraubend und auch kostspielig. Fabrikmäßig hergestellte Aufständerungen (Abb. 516 u. 517) zerbröckeln während des Rammens an den Stoßstellen, was den Rammeffekt wesentlich herabsetzt. Zeit- und Materialverluste sowie größeren Arbeitsaufwand verursacht andererseits auch das nachträgliche Verkürzen von Pfählen, die sich als zu lang erweisen.

Stahlbetonpfähle werden in *Horizontallage* hergestellt (Abb. 518) und zum Hochnehmen mit einbetonierten Aufhängeösen versehen. Zu ihrer Herstellung bedarf es eines gut gebetteten, ebenen, festen Arbeitspodiums entsprechender Tragfähigkeit (zweckmäßig als Betonplatte ausgeführt) und einer genau parallel ausgerichteten, ausreichend versteiften Schalung, da sich sonst weder der Beton gut verdichten noch eine regelmäßige Pfahlform erzielen läßt, was sich dann beim Rammen äußerst nachteilig auswirken kann. Ein unregelmäßig geformter Pfahl läßt sich nämlich beim Rammen weder lotrecht noch genau an der Anschlagstelle halten, und außerdem weckt das Rammen in derartigen *krummachsigen, schwertförmigen und spitze abgeköpften Pfählen mit ausmittiger Spitze* auch Biegebeanspruchungen, unter deren wirkung der — als Träger geringer Steifigkeit — überaus empfindliche Pfahl alsbald zu Bruch geht. Die Bewehrung muß eine *Betonüberdeckung von mindestens* 4 cm am Kopf und von mindestens 2 cm an den Seiten, bei Verwendung in angreifendem Wasser hingegen eine noch größere Überdeckung haben. Zur Herstellung von Stahlbetonpfählen ist eine Betongüte von mindestens B 280 (bzw. bei schweren Rammverhältnissen B 340 bis B 400) nötig, was einen höheren Zementzusatz erfordert als bei normalem Stahlbeton. Dies schon deshalb, weil zur Sicherung der guten Verdichtung und zur Vermeidung von Kiesnestern nur Zuschlagstoffe mit einer maximalen Korngröße von 20—30 mm verwendet werden dürfen. Zur Erleichterung der Verdichtung ist es üblich, weicheren, plastischen Beton zu verwenden, dessen höherer Wasser-

Abb. 518. Stahlbewehrung für Stahlbeton-Rammpfähle

gehalt zur Erzielung der erforderlichen Festigkeit eben durch den höheren Zementanteil ausgeglichen werden muß. Ebenso ist es üblich, *im Kopfteil Beton höherer, im Schaft hingegen solchen geringerer Festigkeit zu benutzen.*

Die Verdichtung des Betons mit Schalungs- oder Innenrüttlern erhöht die Güte der Stahlbetonpfähle.

Stahlbetonpfähle sind auf die folgenden, in den verschiedenen Herstellungs- und Verwendungsphasen auftretenden Beanspruchungen zu bemessen:

a) Lagerung und Behandlung,
b) Beförderung vom Arbeitspodium zur Ramme,
c) Hochnehmen auf das Rammgerüst,
d) Rammen und schließlich
e) auf die aus der Bauwerkslast stammenden ungünstigsten Beanspruchungen.

Während dieser Phasen treten in den Pfählen verschiedene Biege-, Schlag- und Druckbeanspruchungen sowie die begleitenden Zugbeanspruchungen auf. Um das Auftreten von Biegebeanspruchungen im Pfahl zu verhindern, die die berechneten Werte überschreiten, sind die Aufhängeösen im Pfahlkörper an den rechnerisch ermittelten Stützstellen anzubringen oder aber die Anschlagstellen für Ketten oder Seile zum Hochnehmen am Pfahl auffallend zu kennzeichnen.

Abb. 519 zeigt die verschiedenen Möglichkeiten für die Aufteilung der Heberösen. Grundsätzlich werden sie so angeordnet, daß sich die beim Hochnehmen des Pfahles auftretenden positiven und negativen Größtmomente ausgleichen.

Die Berechnung der Beanspruchungen ist überaus schwierig und läßt sich theoretisch nur sehr schwer erfassen, weil sie von vielen Faktoren abhängt. Bei der Bemessung des Pfahles ist es üblich, folgendermaßen zu verfahren:

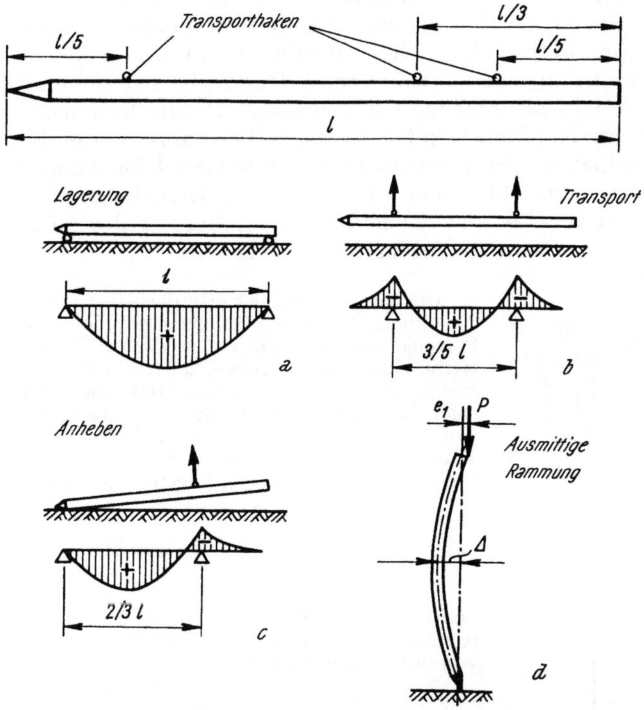

Abb. 519. Günstige Verlegung der Hebeösen und die Auswirkung verschiedenartiger Ausmittigkeiten

1. *Biegebeanspruchungen* entstehen während der Arbeitsphasen a) bis c) (M_f), ferner aus der Ausmittigkeit des Rammens (Kopfschräge, Rammhaube) und der Pfahlspitze. Dieser Beanspruchung kann sich die aus waagrecht gerichteten äußeren Kräften stammende Biegung (M_k) hinzugesellen. Entsprechend schreibt sich die im Pfahl auftretende ausmittige Druckspannung zu

$$\sigma = \frac{P}{F} + \frac{P(\varDelta \pm e_1 \pm e_2)}{W} \quad \text{oder zu} \quad \sigma = \frac{P}{F} + \frac{M_f + M_k}{W}, \tag{318}$$

wenn P die am Pfahl angreifende lotrechte Kraft, F die Pfahlquerschnittfläche, W den Pfahlwiderstandsmodul, $\varDelta$ die aus der Schwertförmigkeit stammende anfängliche Ausmittigkeit, e_1 die aus dem Rammen, e_2 hingegen die Ausmittigkeit aus der Exzentrizität der Pfahlspitze bedeuten. Die *Längshauptbewehrung* wird wie beim ausmittig gedrückten Stahlbetonquerschnitt für den größeren dieser zwei σ Werte bemessen. Der $\varDelta$-Wert kann mit 2 bis $3^0/_{00}$ der Pfahllänge [115], e_1 gemäß MSz 11312 zu $\pm 4\%$ bzw. über 5 m zu $\pm 2{,}5\%$ der Pfahlseitenlänge angesetzt werden. Die Durchbiegung (Ausmittigkeit) in der Mitte des Pfahles aus dem ausmittigen Rammen oder aus dem auf die Pfahlenden wirkenden äußeren Moment wird aus der bekannten Beziehung

$$\delta = \frac{M_e \cdot l^2}{8EJ}$$

ermittelt. Einer wichtigen Konstruktionsregel zufolge dürfen *die Enden der Längsbewehrung* wegen der Gefahr von Sprengwirkungen *keine Endhaken erhalten.*

2. *Quergerichtete Zugbeanspruchungen* ergeben sich aus den beim Rammen der Pfähle auftretenden Schlagwirkungen, die in erster Linie von der Elastizität des Stoßes und von den bei diesem auftretenden Verlusten abhängen (Rammhaube, Fallhöhe, Bärgewicht). Diese Wirkungen finden S. 582 (Rammung von Pfählen) noch eine eingehende Erörterung. Die Zugbeanspruchungen werden von den *Bügeln* der Längsbewehrung aufgenommen. Da die Rammschläge den Pfahl am stärksten an Kopf und Spitze beanspruchen, müssen die Bügel an diesen dichter angeordnet werden (maximaler Bügelabstand 4 bis 5 cm). Diesem Zweck dienen ferner die verschiedenen wirksameren Verbügelungsarten (Spiral- oder Wendel-, Diagonal- oder aus Rödeldraht usw. hergestellte Bügel sowie deren Kombinationen; vgl. Abb. 522).

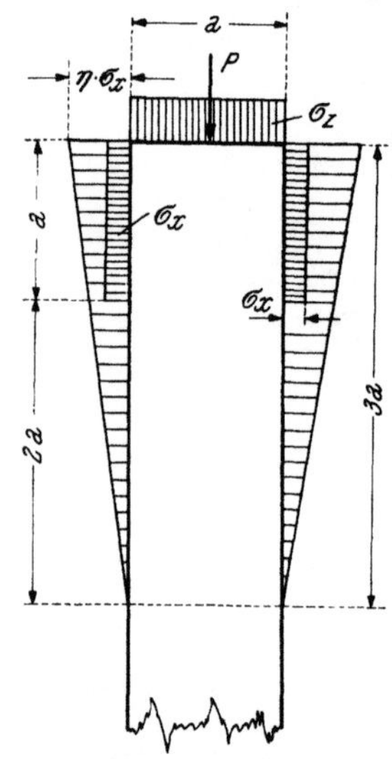

Abb. 520. Annahme für die angenäherte Bemessung der Kopfbügeln des Stahlbetonpfahles (SZÉCHY)

Die Bestimmung der erforderlichen Querschnittfläche und Austeilung der Bügelbewehrung ist bloß auf empirischen Erfahrungen vorgenommen. Um diesem Verfahren eine theoretische Kontrolle zu geben, dürfte man nach Auffassung des Verfassers davon ausgehen, daß die Aufgabe der Bügel eigentlich die Verhinderung der Querverdehnung ist. Mit Aufnahme der Volumenbeständigkeit besteht dann nach der Elastizitätslehre zwischen den vertikalen (σ_z) und horizontalen (σ_x, σ_y) Spannungen folgender Zusammenhang:

$$\sigma_x = \sigma_y = \frac{\sigma_z}{m - 1}$$

und mit $\sigma_z = P/F$ ergibt sich für die horizontale Spannungsresultierende (P_x) in einem aufgenommenen Würfel im Kopf von der Kantenlänge a:

$$P_x = \frac{P}{m - 1} \quad \text{(Abb. 520).}$$

Diese Spannungsresultierende ist aber nicht entlang der Würfelkantenlänge gleichmäßig verteilt, sondern darf z. B. nach den englischen Vorschriften [116] als entlang einem der dreifachen Kantenlänge entsprechenden Kopfteil dreieckförmig verteilt angenommen werden. Daneben soll die mittlere Spannungsordinate am Kopf mit einer dynamischen Stoßzahl (η) vermehrt werden. Diese Stoßzahl (η) können wir auch nach den erwähnten Vorschriften als

$$\eta = \frac{2}{\sqrt{\alpha}} - 1$$

aufnehmen (worin α den zweiten Faktor der Hileyschen Rammformel (Gl. 276) bezeichnet).

Damit erhält man für den Gesamtquerschnitt der erforderlichen Bügeln

$$F_{eb} = \frac{P}{(m - 1) \cdot \sigma_{e\,\mathrm{zul}}}$$

und die Zahl (n) der Bügeln, wenn die Querschnittfläche eines Bügels mit F_{e1} bezeichnet ist

$$n = \frac{F_{eb}}{F_{e1}}$$

und den durchschnittlichen Bügelabstand als

$$t_a = 3a/n$$

der im unmittelbaren Kopfbereich, wegen der dynamischen Spannungsvermehrung auf

$$t_{\min} = \frac{t_a}{\eta}$$

herabgesetzt werden soll.

Die Gefahr einer Zerstörung des Pfahlkopfes kann ferner wie bei den Holzpfählen auch hier nachträglich durch Aufsetzen eines *Rammringes* aus Bandeisen mit Erfolg vermindert werden (vgl. Abb. 512).

Den aus Schlägen stammenden Druckbeanspruchungen gegenüber weist der Beton eine geringere Festigkeit auf als statischen gegenüber. Versuchen zufolge erreicht sie bloß 50 bis 60% der statischen Druckfestigkeit. Allerdings läßt sich durch

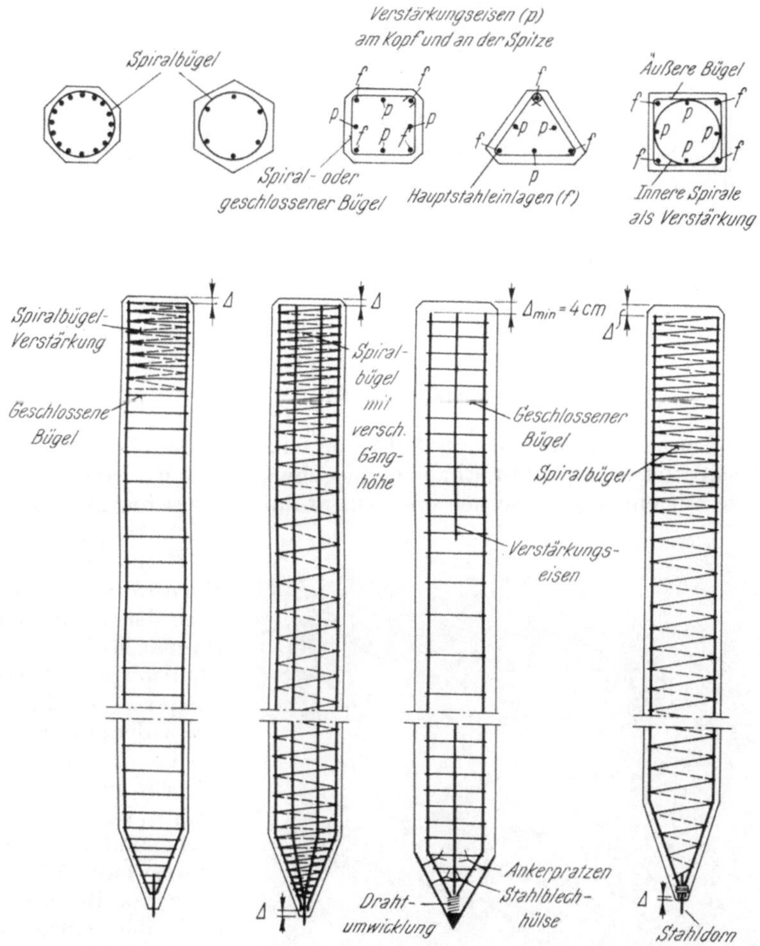

Abb. 521. Häufigste Querschnitte und Bewehrungsanordnungen für Stahlbetonpfähle

Begrenzung der quergerichteten, also zu Rissen führenden und Zugspannungen weckenden Verformung auch die Schlagfestigkeit steigern. Hierzu dienen vor allem die Bügel, doch muß hierzu die sonst verhältnismäßig sparsame (in der Regel bloß auf die Kanten beschränkte) Längsbewehrung an Kopf und Spitze gleichfalls verdichtet werden, was durch Einlegen etwa 1,0 bis 1,5 m langer sogenannter *Verstärkungseisen* geschieht. Der Fertigpfahl soll demnach die in Abb. 52

gestellte Bewehrung erhalten. Den zweiten empfindlichen Teil des Stahlbeton-Fertigrammpfahles bildet die *Pfahlspitze*, die für leichte Rammverhältnisse einfach durch stumpfes Abschrägen der unteren Kanten oder durch Zusammen-

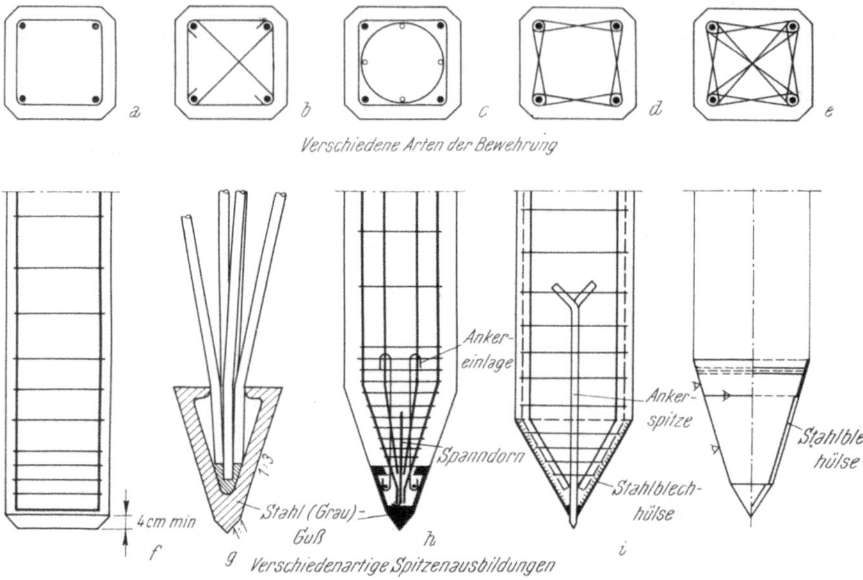

Abb. 522. Verschiedene Bügelanordnungen und Spitzenausbildungen

ziehen der Betonfläche sowie durch Aufsetzen eines hervorstehenden Dornes ausgebildet wird. Ist dagegen mit Eindringungsschwierigkeiten zu rechnen, wird die Pfahlspitze mit einem gußeisernen oder aus Stahlblech geschweißten Pfahlschuh geschützt (s. Abb. 522).

Abb. 523. Pfahlschuhaufkeilung

Größe und Material des Pfahlschuhs richten sich nach den voraussichtlichen Rammschwierigkeiten. Die Pfahlspitze hat eine Neigung von 1 : 2,5 bis 1 : 4 (nach deutschen Vorschriften 1 : 3,2), der Pfahlschuh bedeckt in der Regel bloß etwa $^1/_4$ bis $^1/_3$ der Spitzenfläche und reicht nur ausnahmsweise (bei geschweißten Stahlblechschuhen) über die ganze oder zumindest über die halbe Spitzenhöhe. Die gußeisernen oder gußstählernen Pfahlschuhe haben einen nach oben sich verbreiternden Hohlraum, in den die Längseisen hineinreichen, so daß sie mit einem Spanndorn an den Innenrand der Schuhe gepreßt werden können (vgl. Abb. 522). Diese Schuhe werden auf die fer-

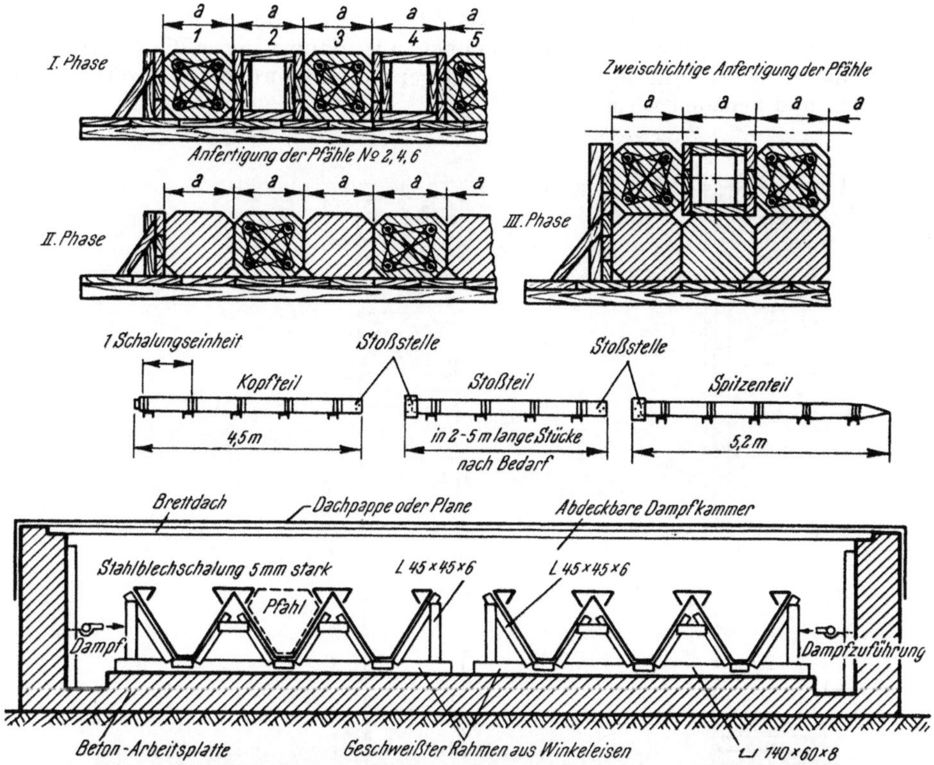

Abb. 524. Schalungsformen für Pfähle mit quadratförmigem und dreieckigem Querschnitt

Abb. 525. Verlegung der Stahlarmierung in der Stahlschalung (Betonierbett)

tige Bewehrung aufgekeilt, mit fettem Zementmörtel verfüllt und zusammen mit der Bewehrung in die Schalung gelegt (vgl. Abb. 523. Demgegenüber werden geschweißte Stahlblechschuhe mit angeschweißten Bügeln und Dornen in den Betonkörper eingebunden (vgl. Abb. 523). *Das mittige, feste und sichere Ansetzen des Schuhes am Pfahl bildet eine der heikelsten und wichtigsten Phasen der Pfahlherstellung*, denn springt er beim Rammen aus, dann wird er die Rammarbeit nicht nur nicht erleichtern, sondern im Gegenteil außerordentlich große Schwierigkeiten und Schäden verursachen.

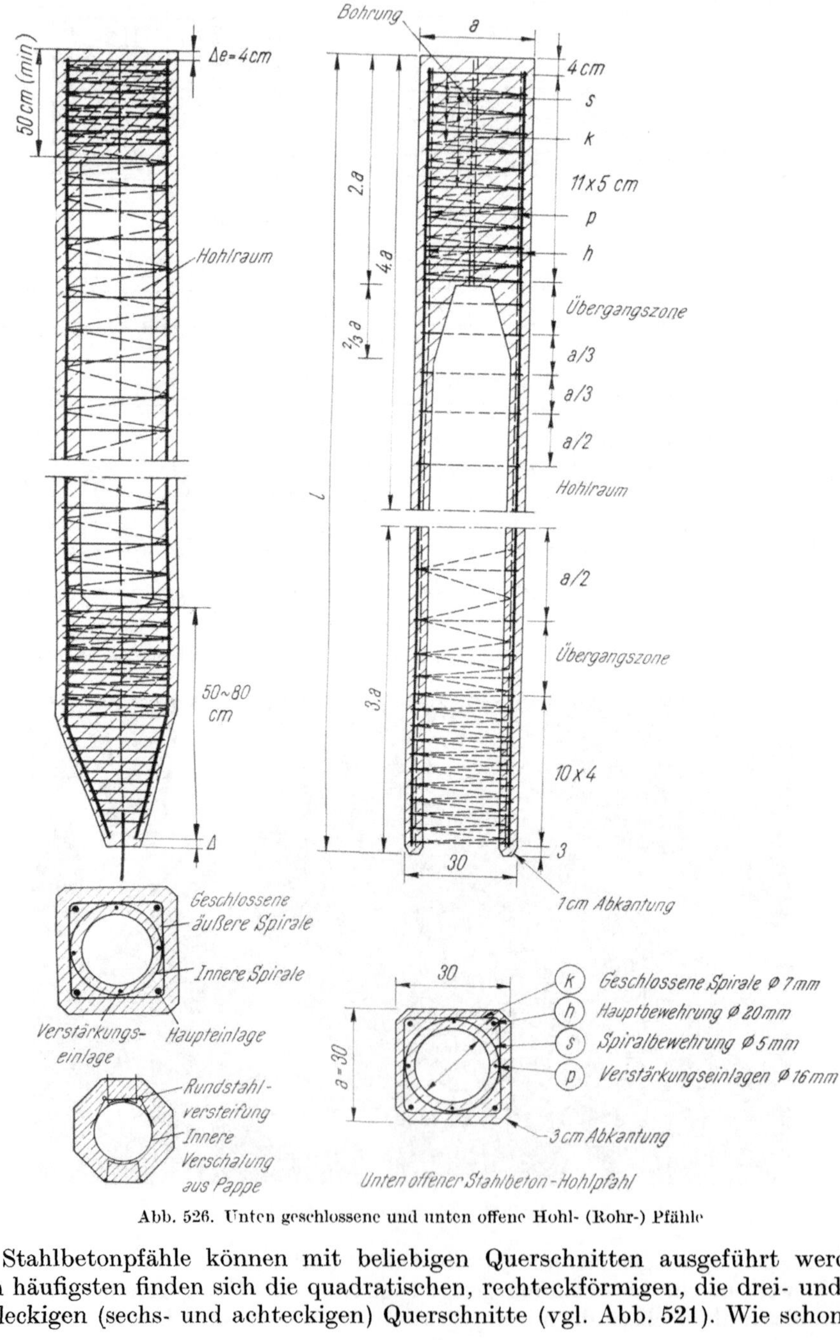

Abb. 526. Unten geschlossene und unten offene Hohl- (Rohr-) Pfähle

Stahlbetonpfähle können mit beliebigen Querschnitten ausgeführt werden. Am häufigsten finden sich die quadratischen, rechteckförmigen, die drei- und die vieleckigen (sechs- und achteckigen) Querschnitte (vgl. Abb. 521). Wie schon erwähnt, bildet hinsichtlich des Spitzenwiderstandes der Kreis und das Quadrat, hinsichtlich der Mantelreibung hingegen das Dreieck die vorteilhafteste Querschnittform. Zur Verhütung von Beschädigungen während des Transportes und des Rammens haben Pfähle mit drei- oder viereckigem Querschnitt abgeschrägte Kanten. Am häufigsten werden Pfähle mit quadratischem Querschnitt benützt, da sich deren Herstellung am wirtschaftlichsten organisieren läßt. Sie werden nebeneinander und in Lagen übereinander erzeugt, wodurch jeweils die eine Seiten- sowie die Sohlenschalung eingespart wird (Abb. 524 und 525).

Pfähle zur Aufnahme größerer Lasten, d. h. längere Stahlbetonpfähle mit größerem Querschnitt werden zweckmäßig als *Hohlpfähle* ausgebildet (Abb. 526). In ihrem in der Regel quadratischen Querschnitt ist ein kreisrunder Hohlraum ausgespart, der jedoch bei Rammpfählen nur bis zu dem 0,60 bis 1,00 m langen massiven Kopf- bzw. Spitzenteil reicht. Neueren Versuchen zufolge kann auf Vorschlag des VERFASSERS für Böden ohne Rammhindernisse (Geröll, Steinwürfe, Baumstämme, Mauerreste usw.) der spitze Abschluß des Pfahlfußes auch entfallen, so daß der *Stahlbeton-Hohlpfahl mit offenem unterem Ende auch als Rohrpfahl ausgebildet werden kann.* Die Pfahlspitze bildet sich hierbei aus dem in den Hohlraum von unten eingetriebenen festen Bodenpfropfen aus [117] (vgl. S. 578 u. Abb. 533). Sowohl die Hohl- als auch die Rohrpfähle ermöglichen die Einsparung sehr beachtlicher Betonmengen (20 bis 33%). *Bei Rohrpfählen läßt sich daneben, abgesehen von dem 30- bis 50%-igen Gewinn an Ramm- und Einbringungsarbeit, auch noch der Pfahlschuh einsparen.* Sie bewähren sich insbesondere in körnigen Böden und in erster Linie als stehende, aber auch als schwebende Pfähle. (Einen Schleuderbeton-Rohrpfahl während des Anhebens veranschaulicht Abb. 527.)

Abb. 527. Ansicht eines aus Schleuderbetonrohr hergestellten Rohrpfahles beim Einstellen

Die Längseisen können bei kürzeren Pfählen nach einem früheren Vorschlag des Verfassers [118] auch durch *Holzeinlagen* ersetzt werden. Zur Aufnahme der Zugkräfte aus der Biegebeanspruchung ist Holz durchaus geeignet, so daß die Stahlverbügelung lediglich zur Aufnahme der aus dem Rammen stammenden quergerichteten Zugkräfte beibehalten werden muß (Abb. 528).

Da die zur Erzielung der nötigen Biegefestigkeit erforderlichen großen Holzeinlagen im üblichen Querschnitt längerer Pfähle nicht untergebracht werden können, kommt diese Bauweise nur bei Pfählen von höchstens 6 bis 8 m Länge und vornehmlich bei schwebenden

Pfählen in Frage, die ständig unter Wasser stehen, bei denen also die Holzeinlagen nicht durch Fäulnis gefährdet sind oder eine solche Gefährdung ohnehin belanglos wäre. Diese mit Holzeinlagen versehenen Pfähle verhalten sich unter dem Rammbären weit elastischer als solche mit Stahlbewehrung, was sich daraus erklärt, daß der Elastizitätsmodul des Holzes dem des Betons weit näher liegt als der des Stahls, daß sie also während des Rammens annähernd die gleichen Verformungen erleiden.

Besonders müssen noch die *Spannbetonpfähle* hervorgehoben werden, die in die Baupraxis neuerdings zunehmend Eingang finden [119].

Obgleich die Vorspannung Betonbauteile in erster Linie durch Ausschaltung der Zugkräfte geeignet macht, in den auf Biegung oder ausschließlich auf Zug beanspruchten Konstruktionen wirtschaftlich verwendet zu werden, und obwohl es sich bei Pfählen vornehmlich um auf Druck beanspruchte Bauteile handelt, bieten sie dennoch mehrere Vorteile, die die Vorspannung auch bei Herstellung von Fertigpfählen gerechtfertigt erscheinen lassen.

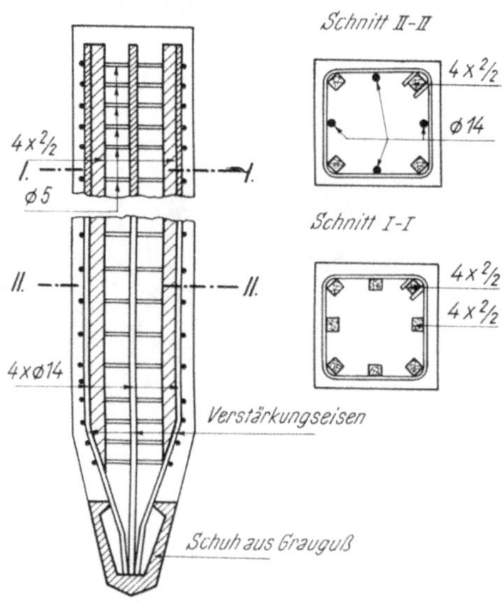

Abb. 528. Mit Holzeinlagen bewehrter Stahlbetonpfahl (SZÉCHY)

Die Vorspannung gestattet es vor allem, die beim *Transport*, beim *Anheben* und *Rammen* auftretenden Biegebeanspruchungen durch einen weit kleineren Betonquerschnitt aufnehmen zu lassen, demnach das Gewicht der langen Pfähle wesentlich zu vermindern bzw. die Pfähle in begründeten Fällen über die bisher praktisch übliche Grenze von 20 m hinaus zu verlängern. In den meisten Fällen ist die Ausnutzung der auf Biegung bemessenen Hauptstahleinlage in Stahlbetonpfählen ohnehin nicht befriedigend. Die Vorspannung bietet die Möglichkeit, die Stahleinlagen weit wirtschaftlicher zu nützen und auf diese Weise Stahleinsparungen nicht nur dank der größeren Festigkeit, sondern auch dank der günstigeren Ausnutzung der Stahlsaiten zu erzielen. Die Querschnittfläche des Pfahles läßt sich im allgemeinen um $^1/_4$ bis $^1/_3$ herabsetzen, so daß praktisch statt eines Querschnittes von 25×25 cm auch ein solcher von 20×20 cm genügt.

Überdies versetzt jedoch die Vorspannung die Pfähle in die Lage, *auch die während ihres bestimmungsmäßigen Gebrauchs auftretenden Biegebeanspruchungen aufzunehmen*. So läßt sich z. B. die durch die Vorspannung erzielte Biegefestigkeit mit Vorteil bei hochliegenden Pfahlrosten nutzen, die mit ihren zu einem guten Teil ihrer Länge freistehenden Pfählen unmittelbaren waagrechten Belastungen und Biegebeanspruchungen aus der Hinterfüllung ausgesetzt sind (vgl. Abb. 510 und S. 559).

Zudem wirkt sich die Vorspannung auch bei den normalen, ausschließlich auf Druck beanspruchten Pfählen vorteilhaft aus, und zwar wegen der *größeren Elastizität und Rißfreiheit* und der durch diese bedingten besseren Eignung zum Rammen, die sie diesen Pfählen verleiht, ferner wegen der geringeren Korrosionsgefahr für die Stahleinlagen, aber auch deshalb, weil die Vorspannung eine einfache und wirksame *Verlängerung der Pfähle* oder deren Zusammenstellung aus Einzelelementen ermöglicht.

In der einen Ausführungsart werden die Spannbetonpfähle mit massivem Querschnitt und *Stahlsaiteneinlagen* (Hoyer) im Spannbett fabriksmäßig hergestellt. Die zwischen Böcken gespannt gehaltenen Stahldrähte werden nach Erhärten des eingebrachten und gut eingearbeiteten Betons abgeschnitten, wodurch sich die Vorspannung auf den Beton überträgt (Abb. 529).

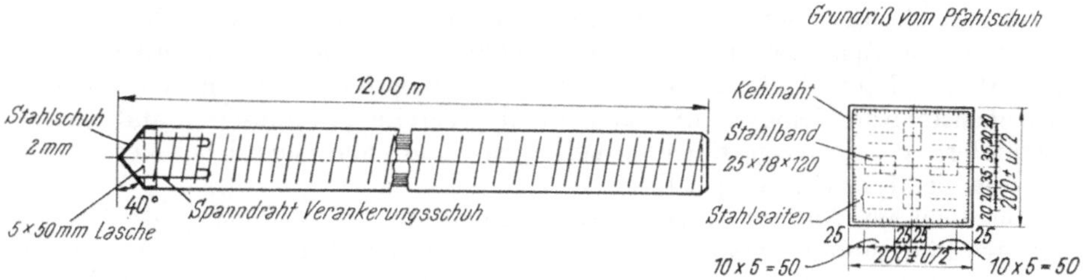

Abb. 529. Spannbetonpfahl mit Hoyer-Spannsaiten-Bewehrung (Strängbetong A.B.)

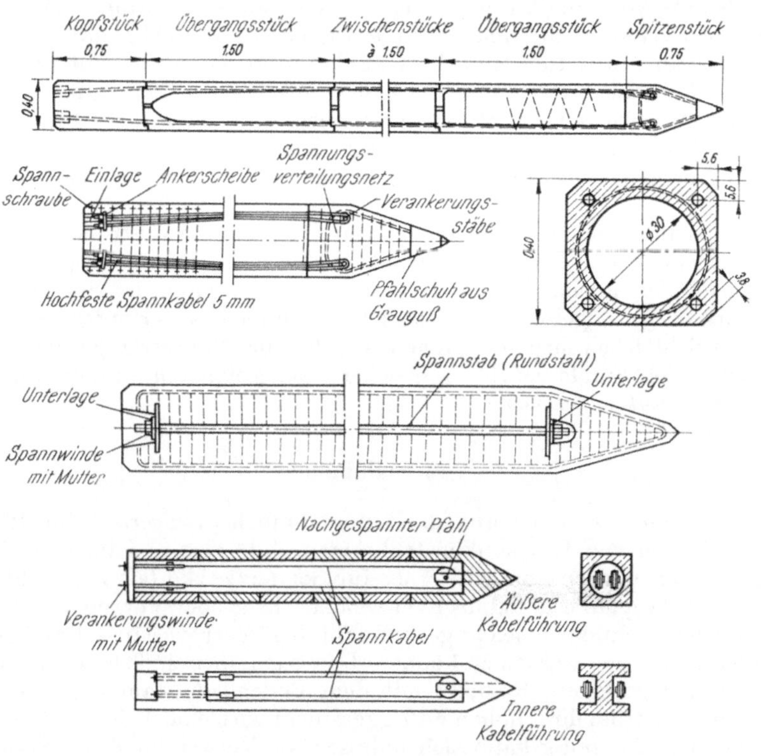

Abb. 530. Verschiedene Spannbeton-Hohlpfähle

Bei Spannbetonpfählen finden sich sehr häufig senkrecht auf die Pfahlachse eingebaute, *aus Stahlblech geschweißte Pfahlschuhe*, eine Lösung, die sich für die Verankerung der Spanndrähte und für das Vorspannen in einem langen Spannbett als äußerst vorteilhaft erweist, ohne daß sie in homogenen, weichen, lockeren Böden den Rammeffekt beeinträchtigen würde (vgl. auch Abb. 522).

In einer anderen Ausführungsart werden die Pfähle *hohl*, aus röhrenartigen Elementen *im Nachspannverfahren* hergestellt. Die Spanndrähte oder die hochfesten Rundstahleinlagen werden hierbei in die Rohrelemente verlegt und zwischen den stählernen Pfahlschuh am unteren und eine Stahlplatte am oberen Ende des Pfahles eingespannt, die den Hohlraum verschließt. Die einzelnen 2 bis 4 m langen Rohrelemente haben lediglich eine ganz leichte Maschenbewehrung (Abb. 530). Die Verankerungen werden nachträglich durch Zementmörtelinjektionen verfüllt. Das Spannen geht überaus einfach vor sich und auch die Verankerung erfolgt durch einfache Keile und konische Ringe. Nach dem Rammen kann die Spannung gelöst und das Spannsaitenbündel oder -gestänge wiedergewonnen werden. Ebenso besteht die Möglichkeit, die Verankerung am Kopfteil vorübergehend zu lösen, das nächste Rohrelement auf den Kopf des bereits gerammten Pfahlteiles aufzuständern, das Spanngestänge zu verlängern und nach neuerlicher Verankerung das Spannen fortzusetzen [120].

Bei dem im Ausland verbreiteten sogenannten *Stent-Pfahl* (vgl. Abb. 530, oberstes Bild) sind die Spanndrähte in den in den vier Kanten der vorgefertigten Elemente ausgesparten engen, bohrlochartig ausgeführten Kanälen geführt, was sowohl das Festmachen der Drähte als auch das endgültige Ausgießen vereinfacht.

Als überaus vorteilhaft erweist sich — besonders bei Rammpfählen — die zum Spannen erforderliche hohe Betonfestigkeit ($\sigma_b > 400$ kg/cm^2), da sie auch das Zerbröckeln des Betons und die Rißbildung in diesem hemmt (vgl. S. 569). Freilich ist hier die unbedingte Sicherung einer hohen Betongüte von außerordentlicher Wichtigkeit, nicht minder wichtig aber auch die Benützung einer genauen und steifen Schalung, die richtige Nachbehandlung sowie größte Umsicht und Vorsicht beim Hochnehmen, beim Transport sowie beim Stellen der Pfähle.

Nach den praktischen Erfahrungen von Gardner bewährt sich der quadratische Querschnitt mit einem zylindrischen Hohlraum bei einer Spannkraft von mindestens 35 kg/cm^2 am besten. Irrig ist die Auffassung, der Spannbetonpfahl bedürfe keiner Verbügelung. Sie ist vielmehr unbedingt erforderlich und muß ebenso aus Schlaffbewehrung bestehen wie die zur Pfahlverlängerung oder zum Einbinden in den Fundamentblock gleicherweise geeigneten, in den Kopfteil einzulegenden *Verankerungseisen*.

c) Stahlpfähle

Diese werden nur selten und dann vornehmlich *provisorisch* für Pfahljoche zum Unterfangen von Brückenkonstruktionen, d. h. also in Fällen, in denen sie wiedergewonnen werden können, ferner für Sonderzwecke (als Zugpfähle, Stahlspiral- oder Tellerpfähle u. dgl. m.) verwendet. Ihr großer Vorzug vor den Stahlbetonpfählen besteht darin, leicht gehandhabt, befördert, verlängert und gerammt, ja auch leicht gezogen werden zu können. Demgegenüber sind sie teuer und haben eine wesentlich geringere Reibung mit dem Boden als Stahlbeton- oder Holzpfähle, so daß sie trotz ihrer hohen Festigkeit nicht wirtschaftlich genug ausgenützt werden können. Als nötig kann sich indessen die Verwendung von Stahlpfählen auch dort erweisen, wo Pfähle *Hindernisse, Steinwürfe, Mauerreste usw. durchdringen müssen,* weil andere Baustoffe derartigen Beanspruchungen nicht gewachsen sind, abgesehen davon, daß sich aus anderen Baustoffen so dünnwandige Profile, wie sie zur Sicherung derartig geringer Rammwiderstände erforderlich sind, gar nicht herstellen lassen (Abb. 531).

Die größte Verbreitung in der Praxis haben die *Stahlrohrpfähle* gefunden (Abb. 532a, g bis i). (Neuerdings wurde unter der Bezeichnung „Monotube“ ein neues Stahlpfahlprofil herausgebracht, welches zur Erhöhung der Reibung abweichend von der üblichen glattwandigen Ausführungsart mit längsgeriffelter

Pfahlwand ausgebildet ist, Abb. 532j.) Eine andere sehr gebräuchliche Stahlpfahlart sind die breitflanschigen *I-Träger* oder *H-Profile* (vgl. Abb. 532b bis c). Häufig sind auch die bei den Spundwänden bereits behandelten *Kastenprofile* (vgl. Abb. 66), und ausnahmsweise finden sich als Pfähle auch die gewöhnlichen I- oder U-Walzprofile, aber auch einfache bzw. mit ihrer Sohle im Querschnitt zu einem Dreieck zusammengeschweißte Schienen (Abb. 532e).

Abb. 531. Rammung der Stahlrohrpfähle für die Kossuth-Brücke in Budapest

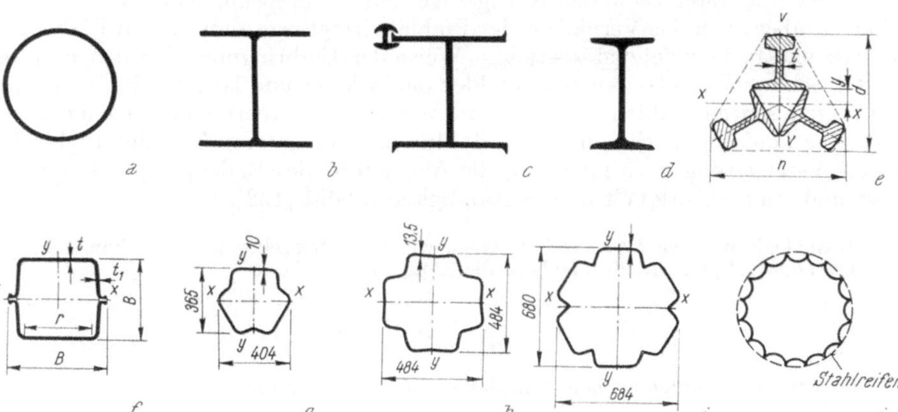

Abb. 532. Verschiedene Stahlpfahlquerschnitte

Die empfindlichsten Stellen des Stahlpfahles sind wie beim Holzpfahl der *Kopf*, der *Fuß* und die eventuellen Stöße. Die *Köpfe* von dünnwandigen Stahlrammpfählen müssen, sofern schwierige Rammverhältnisse vorliegen, *durch Aufschweißen eines Ringes verstärkt* werden, das Rammen selbst aber muß jedenfalls unter dem Schutz einer Rammhaube geschehen (Abb. 533).

Die *Pfahlspitze* läßt sich am einfachsten durch Zusammenstauchen (Hämmern) der noch warmen Rohre oder Profile oder durch Anschweißen eines Stahldorns, allenfalls auch durch Einschrauben einer gußeisernen Spitze in geeigneter Weise ausbilden, doch kommt auch eine Stahlblechumhüllung bzw. die Einbringung eines Betonpfropfens in Frage. In Böden, die kein Geröll, keinen Bauschutt und keine Mauerreste enthalten, können die Pfähle auch mit unten offenem Ende gerammt werden, da sich der eindringende Boden im Rohr so stark verdichtet, daß er die Spitze — besonders in körnigen Böden — zu ersetzen vermag [117] (vgl. Abb. 533). Die Dichtigkeit und Höhe des so zustande kommenden Bodenpfropfens

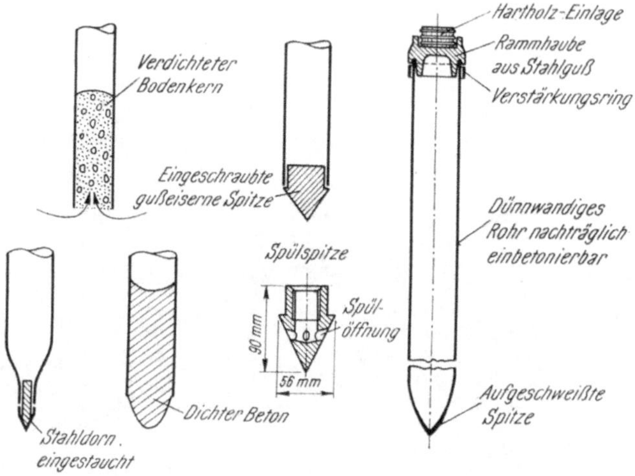

Abb. 533. Spitzenausbildungen und Rammhaube für Stahlrohrpfähle

bestimmen in erster Linie das Korngefüge und die ursprüngliche Dichtigkeit des Bodens, aber auch das Verhältnis der Pfahleindringlänge zum lichten Pfahldurchmesser und nicht zuletzt die Art und Weise der Einbringung. Versuchen zufolge bildet sich in eingerüttelten Rohrpfählen ein lockerer und längerer Bodenpfropfen als in gerammten Pfählen [121]. G. Petrasovits hat experimentell nachgewiesen, daß eine konische Verjüngung des Hohlraumes im unteren Teil des Pfahlrohres (seine Verengerung nach innen zu) die Ausbildung des Bodenpfropfens beschleunigt und seine Dichtigkeit und Beständigkeit erhöht [122].

In Analogie mit den Druckverhältnissen, wie sie in Silozellen zustande kommen, leitet Tsitowitsch [123] für die Pfropfenhöhe die Näherungsbeziehung

$$t = \frac{D}{1{,}4f} \cdot \ln\,(1 + 1{,}1\,\sigma_0) \qquad (319)$$

für die Setzung des unten offenen Rohrpfahles hingegen die Formel

$$\Delta s = \frac{1}{M}\left[\frac{\sigma_0 + 0{,}9}{1{,}4f} \cdot D\left(1 - e^{-\frac{1{,}4f}{D}}\right) - 0{,}9\,t\right] \qquad (320)$$

ab. Hierbei ist $m = \sigma_0 \cdot \frac{1+e}{\Delta e}$, wenn Δe den Unterschied zwischen der anfänglichen und der Porenziffer des eingedrungenen Bodenpfropfens bedeutet. (Nach Versuchen des Verfassers beträgt der Wert von M in Sandböden 10000, kann aber auf über 50000 kg/cm² ansteigen, während sein Widerstand gegen das Ausdrücken aus dem Rohre Werte von mehreren 100 kg/cm² erreichen kann, wenn es sich um relativ kleine Rohrdurchmesser handelt.)

Aus (319) geht klar hervor, daß die Höhe des Bodenpfropfens vor allem vom Durchmesser (D) und von der Reibung zwischen Pfahlwand und Boden (f) abhängt, während sie von der Spannung unter dem Pfahl (σ_0) verhältnismäßig unbeeinflußt bleibt.

Rohrpfähle mit offenem unterem Ende werden auch bei den in große Tiefen niederzubringenden stehenden Pfahlgründungen aus Pfählen mit großem Durchmesser verwendet [124]. Während des Rammens wird der Boden zur Verminderung des Widerstandes aus dem Rohr laufend ausgeräumt. Nach Erreichen der gewünschten Tiefe wird das Rohr ausbetoniert. *Dünnwandige Rohrpfähle* werden zweckmäßig mit Spülhilfe gerammt und ausbetoniert, sobald sie die vorgeschriebene Rammtiefe erreicht haben. Das Spülen erfolgt unmittelbar durch das Rohr, zweckmäßiger wird man sich jedoch eines auch als Pfahlspitze verwendbaren Spülkopfes (vgl. Abb. 533) bedienen. Neben den Verbindungsnuten von Kastenprofilen lassen sich unschwer auch eigene Spülrohre anbringen.

Verlängern lassen sich Stahlpfähle am einfachsten durch *Schweißen*, zumal diese Verbindungsart sowohl bei Rohrpfählen als auch bei den aus massiven Stahlträgern zusammengesetzten Pfählen möglich ist. Im Hinblick auf die starke dynamische Beanspruchung durch das Rammen ist auf qualitativ einwandfreie, erstklassige Schweißarbeit zu achten. Ist ein einwandfreies Schweißen undurchführbar, müssen Trägerpfähle mit *genieteten Laschen*, Rohrpfähle hingegen mit *Hülsen* oder *Schraubenmuffen* miteinander verbunden werden.

Nach den Ung. Gründungsvorschriften sollen *Stahlrohrpfähle* im allgemeinen einen Außendurchmesser von mindestens $^1/_{40}$ der Pfahllänge und bis 30 cm ⌀ eine Wandstärke von minimal 8 mm, bei größeren Durchmessern eine solche von mindestens 10 mm haben. (Bei provisorischen Pfahlgründungen können die Abmessungen um 30% herabgesetzt werden.) Die Rohrpfähle sind unten mit geschweißten Spitzen genügender Festigkeit oder mit gußeisernen Stopfen zu verschließen, während beim Rammen ähnliche Gußstahl-Rammhauben zu benützen sind wie bei Stahlspundbohlen. Die Hauben müssen in das Rohr passen, gerippt und zur Aufnahme der Holzeinlage mit einer Krempe versehen sein (vgl. Abb. 533). Bei Verlängerungen werden die Rohrpfahlstöße verschweißt oder durch Schraubenmuffen verbunden. Folgen die übereinanderstehenden Stoßstellen in kleineren Abständen als 6 m übereinander, ist die Tragfähigkeit nach jedem Stoß um 5% herabzusetzen. Verlorene oder starkem Eisgang ausgesetzte Pfähle werden zweckmäßig ausbetoniert, wozu das Wasser aus den Rohren entfernt wird, es sei denn, man bringt den Beton nach den Regeln für das Unterwasserbetonieren ein. Mit offenem Pfahlfuß oder in harten Boden gerammte Rohrpfähle sind vor dem Ausbetonieren auszuräumen und auf ihren Querschnitt zu prüfen. Der Querschnittflächenverlust infolge Einbeulungen oder durch anderweitige Beschädigungen darf höchstens 10% betragen.

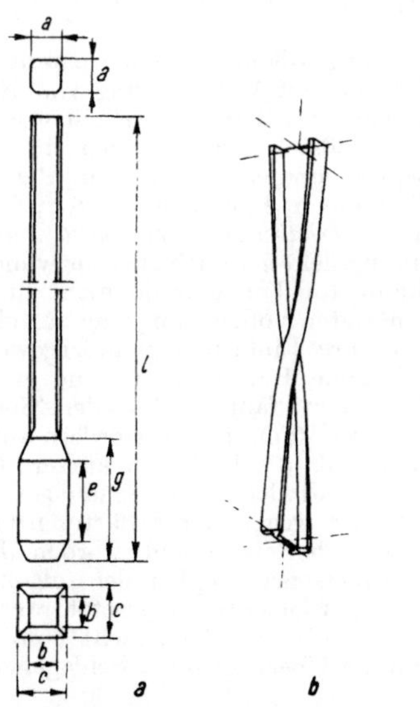

Abb. 534. Holländischer Stahlbetonpfahl mit verdicktem Fuß (a) und um die Längsachse verdrehter Profilpfahl (b)

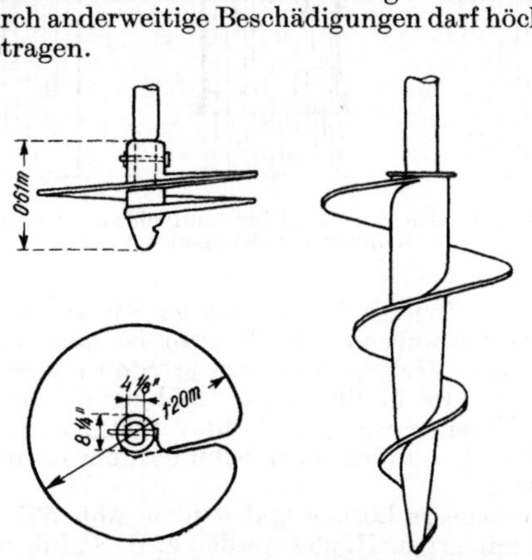

Abb. 535. Teller- und Spiral-Pfähle aus Stahl

Stahlpfähle eignen sich besonders gut als *Zugpfähle*. Als Spezialpfähle dieser Art ist eigentlich jeder Pfahl mit *Flügelspitze* anzusehen, wie etwa der im Ausland neuerdings stark propagierte MV-Pfahl (s. Abb. 534a und vgl. Abb. 558), ferner jeder Trägerpfahl, dessen einfache I- oder U-Profile um 90° um die lotrechte Längsachse verdreht sind (Abb. 534b).

Ähnlich lassen sich die *Schraubenteller- oder Spiralfußpfähle* [125] auch für Verankerungszwecke gut verwenden. Ihr vornehmliches Anwendungsgebiet bilden die lockeren, feintonigen Seeschlammböden, da diese Pfähle mit ihrer großen Auflagerfläche und dementsprechend großen Tragfähigkeit in weniger tragfähigen Böden in beträchtliche Tiefen eingebracht werden können, ohne daß die an sich schon weichen Böden durch Rammen zerstört oder durch Fallbohrung weiter aufgelockert werden (Abb. 535).

Je nach der Bodenbeschaffenheit wird der Schraubenteller mit flacherer Steighöhe und größerem Durchmesser (Schluff, Ton) oder mit größerer Steighöhe und kleinerem Durchmesser (Lockergeröll) ausgeführt. Der Schraubenteller kann auch aus Stahlbeton bestehen; als Pfahlschaft dient jedoch stets ein Stahlrohr.

In jüngster Zeit finden die Schraubentellerpfähle — insbesondere in bindigen Böden — auch in der Sowjetunion zunehmende Verbreitung.

Stahlpfähle, die zum endgültigen Einbau bestimmt sind, sollten zweckmäßig aus rostfreiem Stahl gefertigt sein. Eine gewisse Sicherheit bietet bei Hohlpfählen natürlich auch das Ausbetonieren.

d) Verbundpfähle

Die Praxis ist häufig genötigt, Holz-, Stahlbeton- und Stahlpfähle miteinander zu kombinieren. So wird z. B. der obere Teil von Holzpfählen, die der Tide oder Spiegelschwankungen im Grundwasser ausgesetzt sind, sehr häufig mit Stahlbeton verlängert bzw. mit Blech (Abb. 536) oder Stahlbeton ummantelt (vgl. die Abb. 513 und 514).

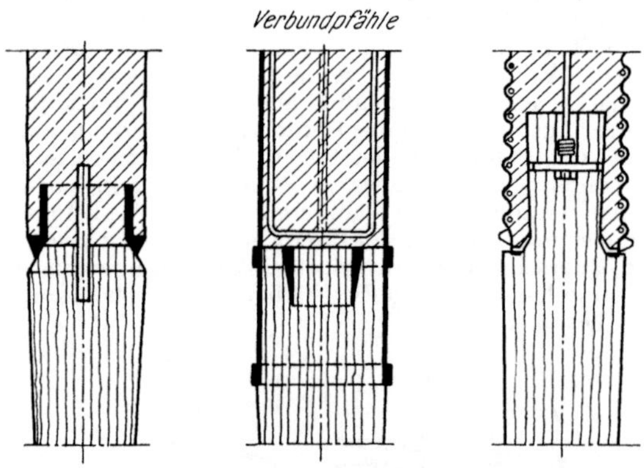

Abb. 536. Verschiedene Möglichkeiten Pfähle aus Holz und Stahlbeton zu kombinieren

Im Ausland sind auch patentierte Systeme zur Verlängerung von Holzpfählen mit Beton entwickelt worden. Die Stoßstelle bleibt jedoch stets ein Schwächepunkt bei diesen Pfählen. Sie können deshalb *nur unter leichten Rammverhältnissen verwendet werden.* Häufig sieht man sich auch gezwungen, Stahlbeton-Fertigpfähle nicht in der benötigten vollen Länge herzustellen, weil ihre Einbringung außergewöhnlich hohe Rammgerüste und wegen des hohen Pfahlgewichtes den Einsatz schwerer Rammbären erfordern würde. Man muß die Pfähle in kürzere Einheiten aufteilen, rammen und sie nach Bedarf verlängern. Das Aufbetonieren an Ort und Stelle ist wegen der Erhärtungsdauer überaus zeitraubend. In Abb. 516 ist eine derartige Lösung bereits gezeigt worden. Hier hätten zur Verlängerung die je Stoß immer kleiner bemessenen Zapfen der folgenden Pfahlelemente in die obere Höhlung der aufzustockenden Elemente eingesetzt werden sollen. Unter schwierigen Rammverhältnissen hat sich diese Lösung jedoch nicht bewährt, weil sich die aufliegenden Schultern der oberen Elemente im Übertragen der Schlagenergie zerstörten.

Eine bessere Lösung bildet die in Abb. 537 dargestellte Pfahlverbindung mit Stahlhülsen bzw. Endplatten. Häufig werden z. B. Stahlbeton-Bohrpfähle, die durch offenes Wasser hindurch niederzubringen sind, mit einem Stahlrohr umhüllt bzw. die Bohrrohre verloren gegeben.

Ganz allgemein kann der Schutz von Stößen zwischen Holz- und Stahlbetonpfählen mittels Stahlhülsen als die meistverbreitete Lösung bezeichnet werden.

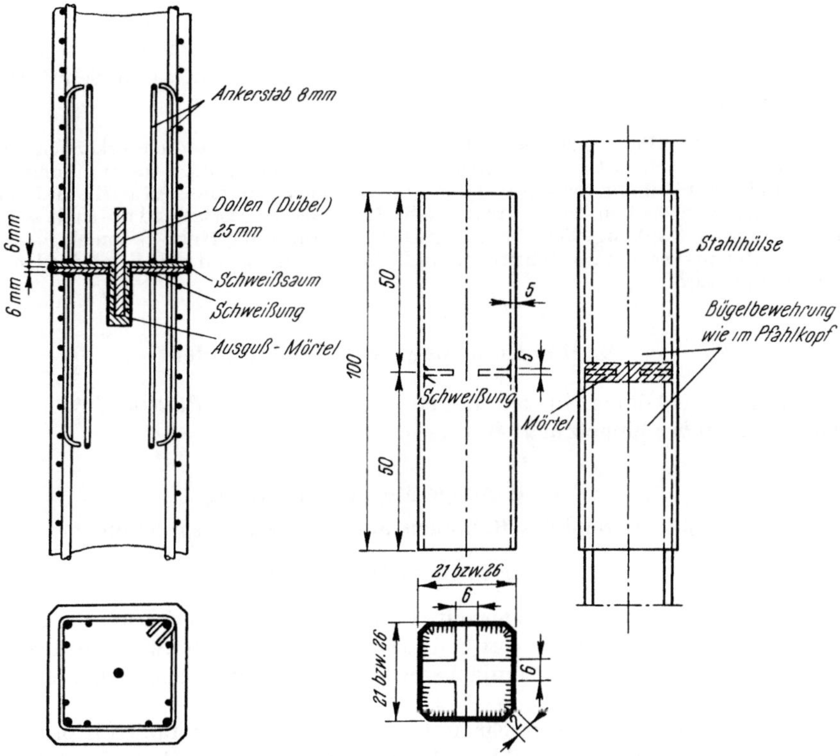

Abb. 537. Stoßverbindung mittels Endplatten und Dorn bzw. mittels Stahlhülse

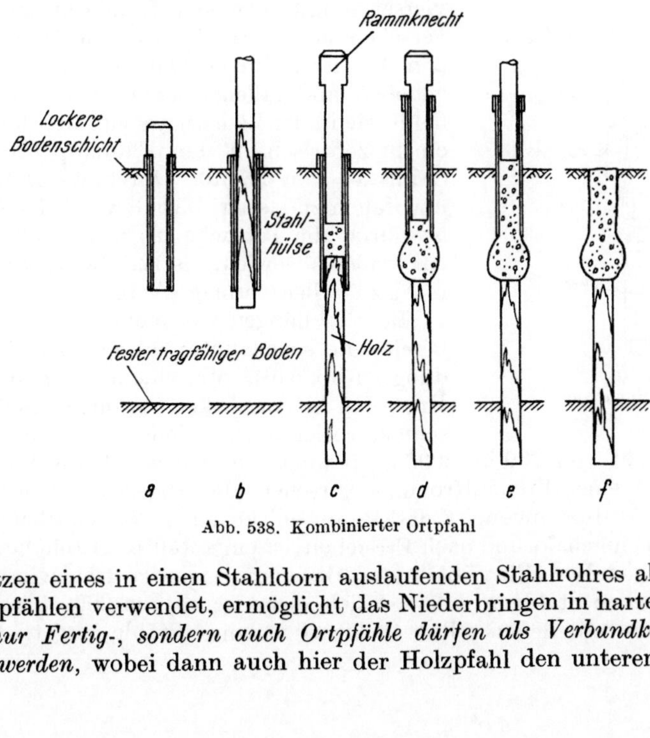

Abb. 538. Kombinierter Ortpfahl

Das Aufsetzen eines in einen Stahldorn auslaufenden Stahlrohres als Spitze von Stahlbetonpfählen verwendet, ermöglicht das Niederbringen in harten Böden.

Nicht nur Fertig-, sondern auch Ortpfähle dürfen als Verbundkonstruktionen ausgeführt werden, wobei dann auch hier der Holzpfahl den unteren, ständig im

Wasser stehenden, der Betonschaft hingegen den oberen Teil bildet. Üblich ist es, derartige Kombinationen für sehr lange Ortpfähle zu wählen, weil deren Herstellung in Längen von mehr als 15 bis 18 m mit bedeutenden Schwierigkeiten verbunden wäre.

Verbundpfähle dieser Art veranschaulicht die Abb. 538. Wie diese erkennen läßt, wird mit Hilfe eines zapfenartig eingesetzten und zugleich aufsitzenden langen Rammknechtes eine Stahlhülse bis unter die NNW-Linie in den Boden gerammt. An Stelle des gezogenen Rammknechtes wird dann der Holzpfahl in die Stahlhülse eingesetzt und durch diese hindurch bis in die untere tragfähige Schicht eingetrieben, worauf in die Hülse Beton eingebracht und mit dem Rammknecht unter schrittweisem Ziehen der Hülse auf den Kopf des Holzpfahles aufgestampft wird.

2. Das Einbringen von Fertigpfählen

Fertigpfähle können in den Boden durch *Rammen, Rütteln, Pressen, Spülen* und *Einschrauben* eingebracht werden.

a) Rammgeräte, Rammvorgang und während des Rammens auftretende Beanspruchungen

α) Rammvorrichtungen

Pfähle werden von Hand oder mit Rammgeräten *gerammt*. Die leistungsfähigen Rammgeräte wurden bereits auf S. 71 (Rammen von Spundwänden) besprochen, weshalb hier ergänzend die einfacheren Rammvorrichtungen behandelt werden sollen.

Die *Handramme* dient zum Eintreiben ganz kurzer Holzpfähle für provisorische leichte Gerüste und Arbeitsbühnen. Es handelt sich in der Regel um 30 bis 60 kg schwere, 0,50 bis 0,80 m hohe, unten und oben stahlbereifte Hartholzklötze, die vierseitig mit je einem Handgriff aus Rundeisen versehen sind. Derartige Handrammen werden von den Arbeitern für gewöhnlich ganz unregelmäßig gehoben und fallengelassen, so daß es sich empfiehlt, sie in der Längsachse zu durchbohren und an einem zentrisch in den Pfahlkopf eingetriebenen Stahlstab von 25 mm Durchmesser hochzuheben und fallen zu lassen. Das Gewicht der Handramme ist durch die Tatsache begrenzt, daß ein Arbeiter ein größeres Gewicht als 12,5 bis 15 kg längere Zeit nicht zu heben vermag (Abb. 539).

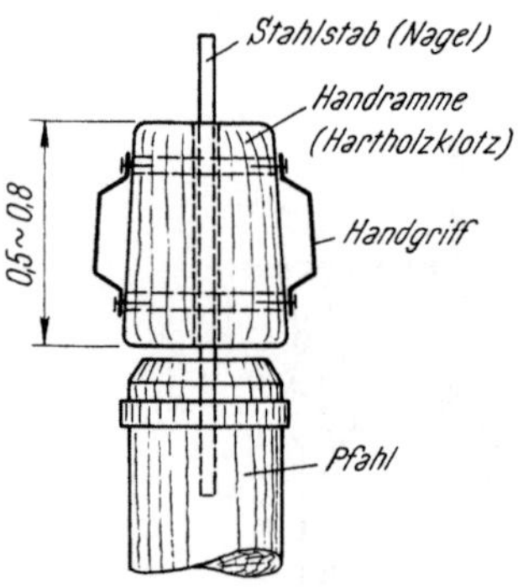

Abb. 539
Einfache Handramme

Bei Pfahllängen von mehr als 3 bis 4 m gelangt bereits die sogenannte *Schlagramme* zur Anwendung (Abb. 540). Mit einem über die Rolle am Kopf des Schlagwerkes geführten Seil und einer schnell rotierenden Winde wird ein gußeiserner Bär im Gewicht von 200 bis 2000 kg bewegt. Die maschinell angetriebene Hebewinde ist mit einer Freilauftrommel versehen, die abgeschaltet werden kann; bei anderen Ausführungen ist das Rammseil an einer Nachlaufkatze befestigt, die am Bären eingehakt und nach Erreichen der eingestellten Hubhöhe ausgeklinkt wird, worauf der Bär fällt (Abb. 541). Mit einer geeigneten Hebewinde auf einem genügend starken Stahlgerüst lassen sich sogar Bären von 2000 bis 2500 kg Gewicht bewegen, mit denen selbst 15 bis 20 m lange Pfähle eingetrieben werden können.

Das Rammgerüst muß so hoch sein, daß der einzutreibende Pfahl an ihm aufgestellt werden kann. Zum Rammen kürzerer (8 bis 12 m langer) und dementsprechend leichterer Pfähle benützt man Holzgerüstrammen auf Gleitkufen, zum Rammen schwerer (12 bis 20 m langer) Pfähle hingegen auf Rädern und Schienen fahrbare Stahlkonstruktionen (Abb. 541). Das Gerüst besteht aus den Läuferruten oder dem Mäkler (*e*) zur Führung des Bären, dem unteren Schwellenwerk und dem Trietzkopf (*t*) sowie aus den Horizontal- und Schrägstreben (*h*) zur Versteifung des Gerüstes in waagrechter und lotrechter Ebene. Außer der Rammrolle empfiehlt es sich, am Gerüstkopf zum Hochziehen und Stellen der Pfähle weitere Rollen einzubauen (vgl. Abb. 540). Die Läuferruten, in denen der Bär seine Führung hat, sind zum Schutz gegen Verschleiß mit Winkeleisen gefüttert, die zur Verminderung der Reibung stets einzufetten sind.

Die Voraussetzung jeder guten und wirksamen Rammarbeit bildet das feste und leicht bewegliche *Rammgerüst*. Es hat vor allem dem Bären eine sichere und feste lotrechte Führung und dem Pfahl eine genau bestimmte Richtung zu geben. Gute Rammleistungen und geringste Spannungen im Pfahl lassen sich nur bei mittigem Rammschlag erzielen. Der Bär muß ferner am Pfahl gut „ziehen", d. h., er darf nach dem Schlag auf dem Pfahlkopf keineswegs tanzen, weshalb die Bärführungen zwischen den Läuferruten *weder zu eng noch zu weit gestellt sein dürfen.*

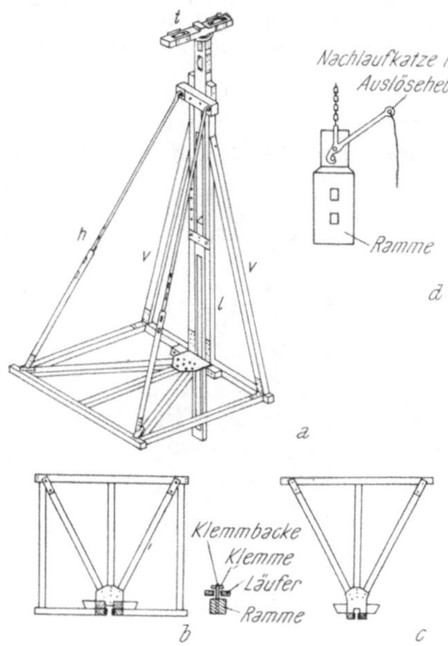

Abb. 540. Einfaches Schlagwerk mit Fallramme

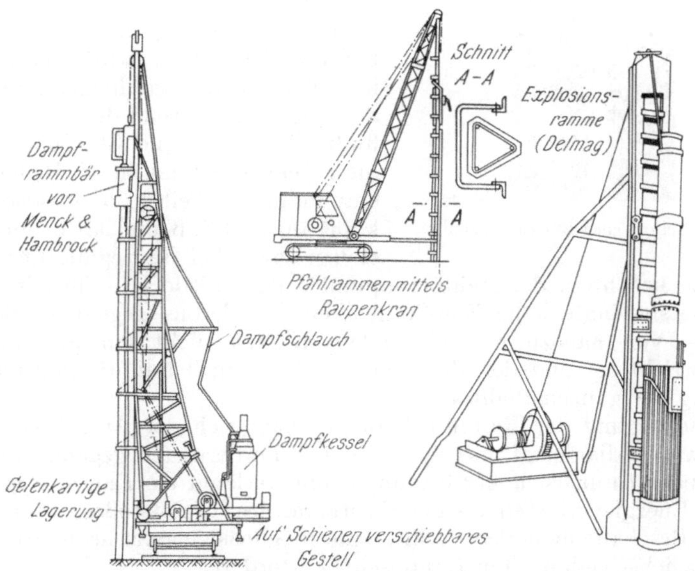

Abb. 541. Stahlkonstruktion eines schweren Rammgerüstes (MENCK) und die Explosionsramme (DELMAG) mit leichtem Rammgerüst

Andererseits darf unter den Rammschlägen auch der Pfahl *nicht* übermäßig *in Schwingung geraten oder sich ausbeulen,* weshalb er eine feste Halterung am Mäkler und, vornehmlich bei längeren Pfählen, darüber hinaus eine bestimmte Führung erhalten muß, da er sonst durch eventuelle Hindernisse im Boden aus seiner Richtung verdrängt werden kann. Besonders zu Beginn der Rammarbeit ist größte Sorgfalt auf die richtige Stellung und Richtung der Pfähle zu legen. Zu den wichtigen Eigenschaften eines guten Rammgerüstes gehört auch seine leichte Beweglichkeit, die zu sichern bei langen Pfählen und hohem Bärgewicht keine leichte Aufgabe darstellt. Das genaue Stellen der Pfähle erleichtert das Aufsetzen der Gerüste auf ein verstellbares Gestell, wodurch die Verschiebung der Mäkler um einige Dezimeter sowie ihre Schrägstellung ermöglicht wird, die den Pfählen die gewünschte Neigung gibt. Hohe stählerne Rammgerüste stehen auf Bühnen, die ihrerseits auf Schienen fahrbar sind.

Im Gegensatz zu den soeben beschriebenen *Freifallrammen* arbeiten die zum Eintreiben längerer und schwererer Pfähle weitverbreiteten sogenannten *Explosions-* und die *Dampf-* oder *Preßluftrammen.* Der Aufbau der Dampframmen ist auf S. 71 bereits besprochen worden (vgl. Abb. 78 bis 81). Einen Explosionsbären mit dem zugehörigen leichten Stahlgerüst zeigt Abb. 541, die Aufnahme eines solchen Bären hingegen Bild 542.

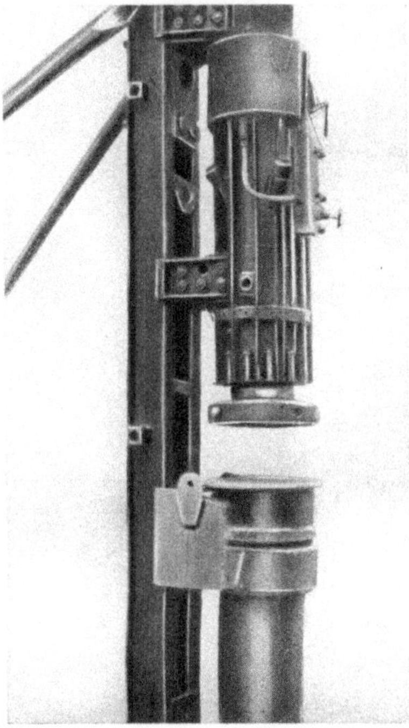
Abb. 542. Ansicht einer Explosionsramme

Die Explosionsrammen (Delmag, Csepel) arbeiten eigentlich nach demselben Arbeitsprinzip wie die Menck-Hambrocksche Dampframme. Als Fallbär dient der 500 bis 2000 kg schwere Zylinder eines Dieselmotors, der beim Zünden der Kraftstoffmischung an der Führung hochläuft und danach auf das Rammstück herabfällt. Beim Aufschlagen auf diesem zündet der Zündbolzen das im Fall angesaugte Kraftstoffgemisch von neuem usf.

β) Rammbeanspruchungen

Die Bemessung und konstruktive Ausbildung der Pfähle wird weitgehend durch ihre aus den Rammschlägen stammende Beanspruchung während des Eintreibens beeinflußt. Bei Holz- und Stahlpfählen hat man diese Beanspruchung in der Regel nur an den empfindlichen Teilen, d. h. also am Pfahlkopf, am Pfahlfuß und an eventuellen Stoßstellen sowie bei Festlegung der Rammtechnologie zu beachten. Bei Stahlbetonpfählen ist sie jedoch — im Hinblick auf die sprödigkeitsbedingte hohe Empfindlichkeit des Betons gegenüber Schlageinwirkungen — von nahezu entscheidendem Einfluß nicht nur auf die Wahl der Rammvorrichtung und der Rammart, sondern auch auf die konstruktive Ausgestaltung des ganzen Pfahles.

Bei Festlegung der Rammtechnologie sieht sich der Ausführende eigentlich zwei einander diametral entgegengesetzten Forderungen gegenübergestellt. Das Streben nach tunlichst hoher Rammleistung verlangt ein Rammen mit möglichst geringen Energieverlusten aus der Elastizität des Rammstoßes, während andererseits die Beschaffenheit des Pfahles eine möglichst elastische Kraftübertragung, einen möglichst gedämpften Rammschlag erfordert.

Nach den von der *Building Research Station* 1935/37 durchgeführten grundlegenden Versuchen [126] lassen sich die günstigsten Rammverhältnisse nach zwei Gesichtspunkten festlegen:

a) danach, wie mit geringstem Aufwand an Rammenergie die maximale Eindringung erzielt werden kann, und zwar ohne Rücksicht auf die im Pfahlkopf auftretenden Spannungen,

b) danach, wie die größte Eindringung bei geringsten Spannungen im Pfahlkopf erzielt werden kann, und zwar ohne Rücksicht auf die Größe des Energieaufwands.

Bei Stahlbetonpfählen wird es unbedingt richtig sein, nach dem zweiten Gesichtspunkt unter b) zu verfahren, weil die Druckfestigkeit des Betons der Schlagbeanspruchung gegenüber bloß etwa 50 bis 60% jener erreicht, die er statischen Beanspruchungen gegenüber aufweist, und weil die unter den Rammschlägen auftretenden Spannungen den Messungen zufolge diesen Wert leicht erreichen, ja sogar überschreiten können. Die Forderung unter b) läßt sich durch Rammen *mit schweren Bären aus geringer Fallhöhe unter dem Schutz elastischer Rammhauben befriedigen.* (Andererseits kommt die Schlagenergie um so besser zur Geltung, je starre die Rammhaube ist!)

Die größten Spannungen bilden sich beim Rammen im allgemeinen *im Pfahlkopf* aus (Abb. 543), während ähnlich große Spannungen im Pfahlfuß nur dann auftreten, wenn er durch besonders harte Schichten schwer hindurchdringt. Die im Pfahlkopf auftretenden maximalen Spannungen hängen demgegenüber *in der Mehrzahl der Fälle nicht von den Bodenverhältnissen, wohl aber vom Bärgewicht, von der Fallhöhe,* von der Querschnittfläche des Pfahlkopfes, *von den Elastizitätseigenschaften des Pfahles* und nicht zuletzt auch *von der Elastizität der Rammhaube* ab.

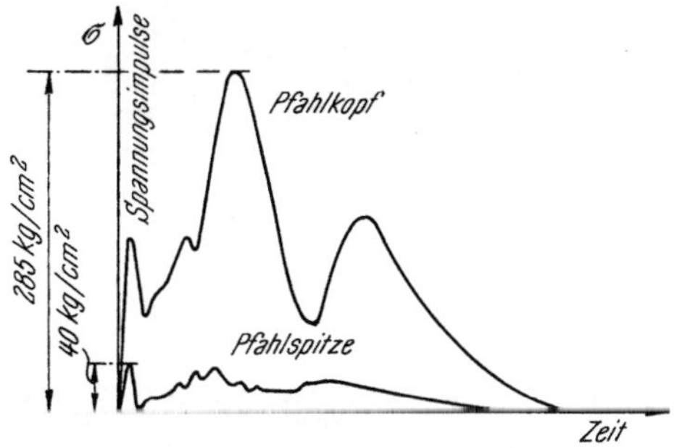

Abb. 543. Verlauf der Rammspannungen im Pfahlkopf und in der Pfahlspitze (Building Research Station, 1935)

Mit wachsendem Bärgewicht (Q) nimmt die Spannung zu, wenn auch ihr Ansteigen nicht linear und über eine gewisse Grenze hinaus kaum bemerkbar ist. *Bei zunehmender Fallhöhe (h) steigt die Spannung mit der Quadratwurzel,* während sie mit wachsender Pfahlkopffläche abnimmt und auch durch die Elastizität der Rammhaube herabgesetzt wird.

Den Zusammenhang zwischen diesen letzteren Faktoren veranschaulicht Abb. 544, aus der hervorgeht, daß die elastische Rammhaube die Dauer des unter dem Schlag entstehenden Impulses verlängert, so daß sich eine niedrigere Spannungsspitze ergibt.

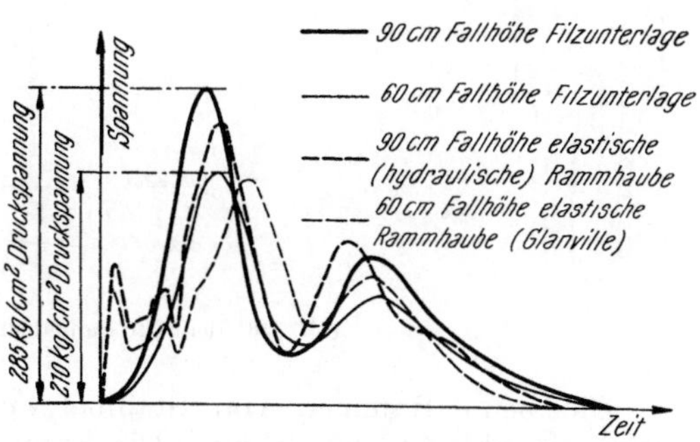

Abb. 544. Die Auswirkung der Fallhöhe und der Elastizität der Rammhaube auf die Spannungen im Pfahlkopf (GLANVILLE)

Zur Bestimmung der im Stahlbetonpfahl auftretenden Spannungen hat GLANVILLE eine auf der Schwingungslehre beruhende Differentialgleichung abgeleitet und für deren praktische Anwendung das Diagramm gemäß Abb. 545 aufgetragen. Die vom Diagramm abgelesenen Werte sind mit der Quadratwurzel aus der Fallhöhe ($\sqrt{h}$) zu multiplizieren. Wie aus dem Diagramm erhellt, beeinflußt der Quotient k/F den Spannungsverlauf stärker als die spezifische Spannung Q/F. Mit k bezeichnet GLANVILLE die Kraft, die die Zusammendrückung des Pfahlkopfes um das Maß 1 verursacht und die durch den Quotienten $k/F = E_{fa}/l'$ ausgedrückt wird. Hierin steht E_{fa} für den Elastizitätsmodul der Rammhaubeneinlage, l' hingegen für deren Gesamthöhe einschließlich der auf den Pfahlkopf gelegten Holzunterlage.

Im übrigen läßt sich die Wirkung der beiden unterschiedlich elastischen und unterschiedlich dicken Einlagen anhand der Beziehung $F_1/k_1 + F_2/k_2 = F/k$ genauer summieren, weil $F_1/k_1 = l_1'/E_{fa}'$ und $F_2/k_2 = l_2'/E_{fa}''$, wobei der Index 1 die Werte für die obere, der Index 2 hingegen jene für die untere Einlage bezeichnet.

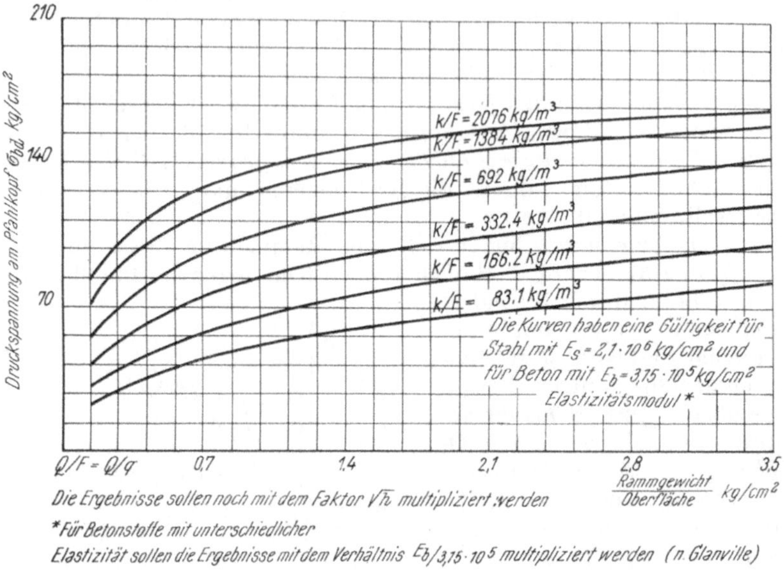

Abb. 545. Diagramme für die Bestimmung der Rammspannungen in Abhängigkeit des Rammgewichtes (Q), der Fallhöhe (h) und der Elastizität der Rammhaube (GLANVILLE)

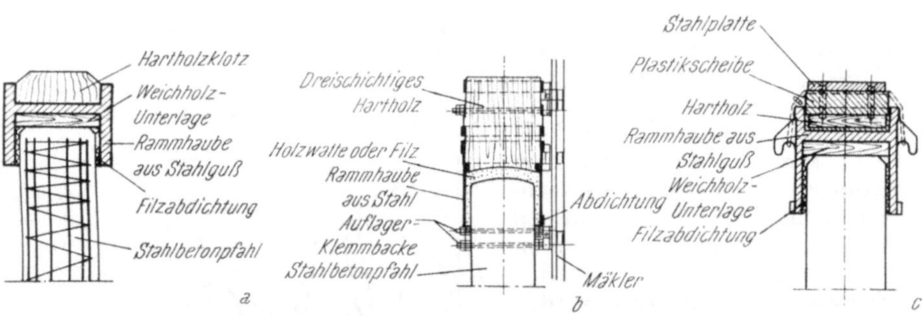

Abb. 546. Benützte Rammhauben für Stahlbetonpfähle

Die beim Rammen von Stahlbetonpfählen gebräuchlichen Rammhauben zeigt die Abb. 546 im Schnitt. Die Form unter a) hat sich in der ungarischen Praxis auch dann gut bewährt, wenn als untere Einlage eine Weichholzplatte benützt wird, deren Fasern senkrecht zur Schlagrichtung verlaufen. Die obere Hartholzeinlage muß demgegenüber so eingesetzt werden, daß ihre Faserung in die Rammrichtung fällt. Die Lösung b) mit Holzwolleinlage hat sich hier als weniger brauchbar erwiesen, bei der Lösung c) hingegen handelt es sich um eine im Ausland gebräuchlichere modernere Ausführung. Sehr gefährlich sind ungleichmäßige, schräge Einlagen, da sie bald zum Bruch des Pfahlkopfes führen. Ebenso wichtig ist es, zwischen der unteren Rammhaubenaushöhlung und dem Pfahlkopf keinen Spalt zu belassen und nicht mit locker auf dem Pfahlkopf aufsitzender Rammhaube zu rammen, weil dies gleichfalls Pfahlbrüche verursacht. Aus diesem Grunde ist der seitlich am Pfahl herabreichende Rand der Rammhaube gegen den Pfahl fest zu verkeilen. Aus dem gleichen Grunde bewähren sich aber auch Sand und Holzspäne als Zwischenlage nicht, weil sie während des Rammens durch den Spalt leicht ausrinnen, womit die Zwischenlage ihre Gleichmäßigkeit verliert.

Stahlbetonpfähle pflegen indessen während des Einrammens nicht nur am Kopf und — seltener — am Fuß beschädigt zu werden und zu zerbröckeln (Abb. 547), sondern — vornehmlich in der Mitte des Pfahlschaftes — auch Querrisse zu erleiden. Nach GARDNER [119] ist dies meist zu Beginn der Rammarbeit der Fall, wenn der Pfahl unter zu großen Rammschlägen „durchgeht". Auch die Spannungsmessungen VAN WEELES [127] beweisen, daß im Pfahl bei hoher Eindringungsgeschwindigkeit — d. h. also zu Beginn des Rammens — auch Zugspannungen auftreten können (Abb. 548), die den Pfahl zerreißen. Längs der anfänglich entstandenen Risse aber zerbröckelt der Beton im Laufe der weiteren Rammung, wobei er sich von der Bewehrung löst, so daß sich diese schließlich durchbiegt. Es ist also *wichtig, den Pfahl anfänglich sehr vorsichtig mit Schlägen aus geringer Fallhöhe in den Boden einzutreiben.* Selbstverständlich werden auch Krümmungen im Pfahlschaft, Kopfschräge und ausmittiges Rammen sowie ausmittige Spitzenlage (vgl. Abb. 519d) zur Ursache von Beanspruchungen, die Querrisse auslösen können. Ja selbst die Rammung mit einem leichten Bär kann Risse verursachen, weil sich die Schlagenergie zum größten Teil im Stoß (der also keine Eindringung bewirkt) und dieser in der Zerstörung des Kopfes verzehrt.

Abb. 547. Zerstörter Stahlbetonpfahlkopf

Das Bärgewicht (Q) wird mit dem Pfahlgewicht (q) in Beziehung gesetzt. Gemäß ungarischer Norm MSz 15005 soll der Wert von Q bei Stahlbetonpfählen zwischen $^3/_4 q$ und $3q$ liegen, wobei er sich ganz allgemein bei schweren Rammverhältnissen näher an die obere, bei Holzpfählen und ganz allgemein bei leichten Rammverhältnissen näher an die untere Grenze nähern soll. Nach SCHOKLITSCH schreibt sich das zweckmäßige Bärgewicht zu

$$Q^{(t)} = \frac{g/2 - 30 + l + 5t}{m}, \tag{321}$$

wenn g das Laufendmetergewicht [kg/cm], l die Pfahllänge [m], t die Rammtiefe [m], m hingegen einen rammungsbedingten Beiwert bezeichnen, der bei leichten Rammverhältnissen zu 50, bei mittleren zu 40 und bei schweren zu 30 anzusetzen ist.

Die *Fallhöhe* soll bei Stahlbetonpfählen, selbst beim Beenden der Rammung, 1 m nicht überschreiten und praktisch zwischen 0,60 bis 0,80 m liegen.

Wie schon darauf hingewiesen wurde, geben die englischen Gründungsvorschriften [116] einen Vermehrungsfaktor an, der annäherungsweise die Zunahme der im Pfahlkopf durch die Rammschläge hervorgerufenen Spannungen ermöglicht. Dieser Faktor η wurde von der Hileyschen Rammformel (Gl. 275) und auf Grund der obenerwähnten Glanvilleschen Versuche abgeleitet und lautet:

$$\eta = \frac{2}{\sqrt{\frac{Q + k^2 \cdot q}{Q + q}}} - 1.$$

Diese Vorschriften geben tabellenmäßig auch an, wie das Verhältnis Q/q den Faktor η einerseits und die Wirksamkeit (α) des Rammschlages andererseits beein-

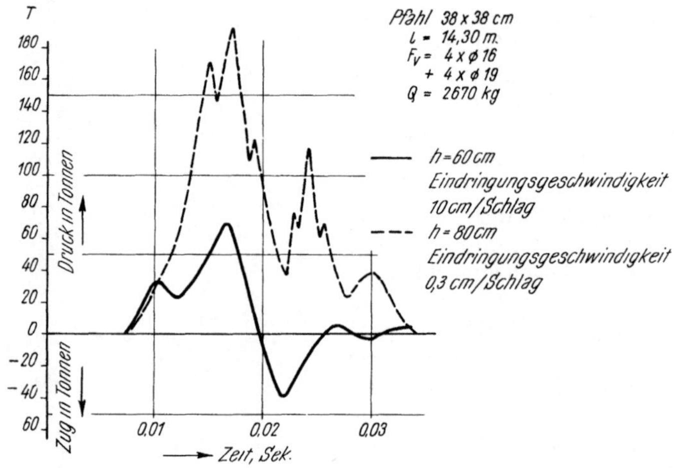

Abb. 548. Zeitlicher Verlauf der Rammspannungen in Abhängigkeit der Eindringungsgeschwindigkeit (VAN WEELE)

flußt. Diese Angaben sind für zwei verschiedene Stoßfaktorwerte k in Abb. 549 veranschaulicht, und daraus ist ganz klar zu erkennen, in welchem großen Maße leichte Rammbären (hauptsächlich unter dem Verhältnis $Q/q < 1$) die Beanspruchungen im Pfahlkopf erhöhen und gleichzeitig die Wirksamkeit des Rammschlages herabsetzen.

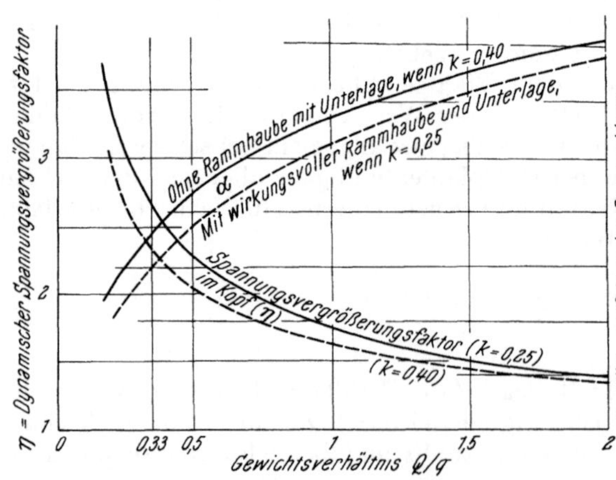

Abb. 549. Die Veränderung der Kopfspannungen des Stahlbeton-Rammpfahles und des Rammschlagwirkungsgrades in Abhängigkeit des Gewichtsverhältnisses

Auf die im Pfahl während des Rammens auftretende Spannung kann im Sinne der hier folgenden Überlegungen des Verfassers [128] näherungsweise auch aus der Energie-Grundgleichung (269) geschlossen werden. Nimmt der aus der elastischen Komponente (e_r) und aus der bleibenden Komponente (e_m) zusammengesetzte Eindringungswert (e) in der Gleichung $P = \frac{Q \cdot h}{e} \cdot \alpha$ ab, wird der Wert P wachsen. Die Anteile der bleibenden und der elastischen Eindringung werden sich während des Eintreibens offenbar verschieben, denn zu Beginn der Rammarbeit wird e_m relativ groß, e_r hingegen klein sein, während mit zunehmendem Rammwiderstand der Wert von e_m relativ sinken, jener von e_r dagegen relativ steigen wird. Seinen Höchstwert wird der Rammwiderstand erreichen, wenn $e_m \cong 0$ ist und die volle Rammenergie auf die elastische Zusammendrückung von Pfahl und Boden aufgeht. Beim Erreichen dieses e_m-Wertes wird die Rammung auch die größte dynamische Pfahlkraft wecken (Abb. 550a), die praktisch nicht mehr zunimmt, da die elastische Zusammendrückung des Pfahles und des Bodens (e_r) über diese Grenze hinaus konstant bleibt. Jede weitere Forcierung des Rammens wird nur die Zerstörung des Pfahlmaterials begünstigen. Diese Grenztiefe kann durch laufende Messung der e_m- und e_r-Werte sowie durch Bildung und Aufzeichnung ihres Quotienten e_m/e_r im Verhältnis zur

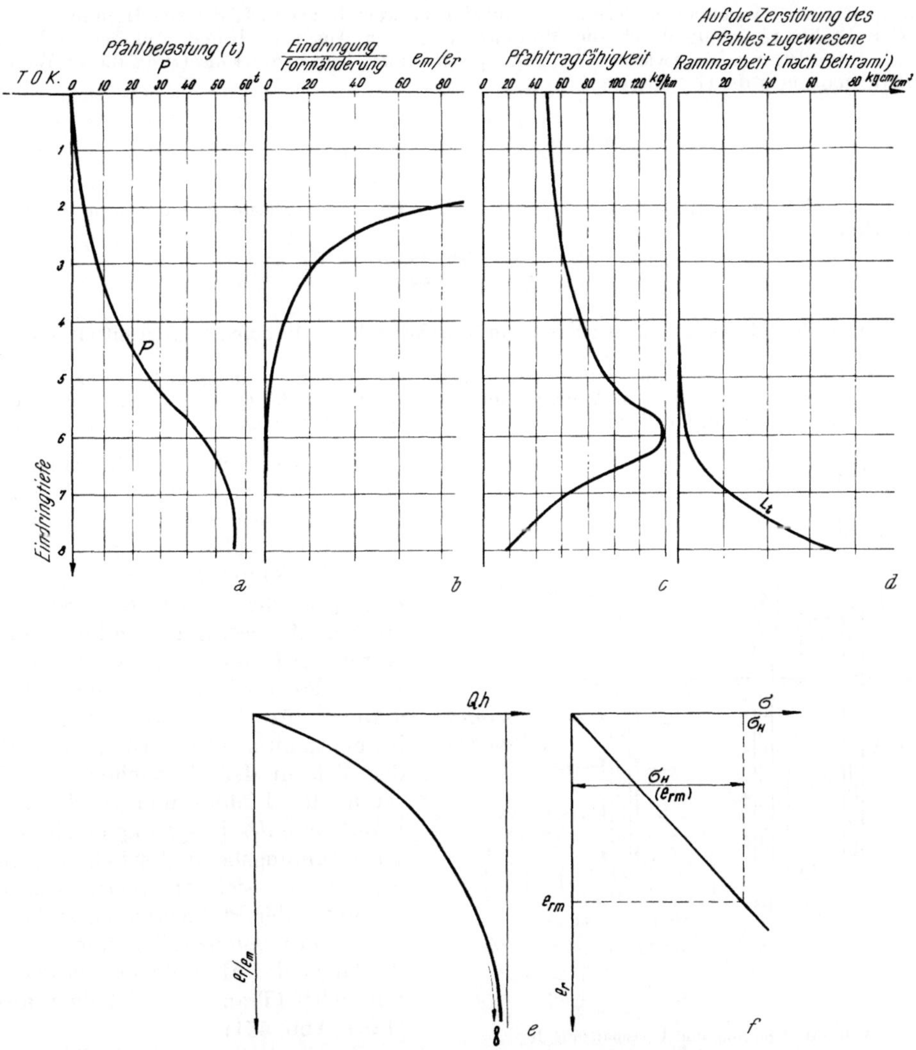

Abb. 550. Bestimmung der rationellen Rammtiefe und die zulässige Rammspannung nach dem Verfahren von SZÉCHY

Eindringtiefe einerseits bzw. durch Aufzeichnung der spezifischen dynamischen Tragfähigkeit $P/\Sigma Q \cdot h$ im Verhältnis zur Eindringtiefe andererseits graphisch ermittelt werden ($\Sigma Q \cdot h$ bezeichnet hier die für 1 m Eindringtiefe erforderliche Rammarbeit). Die eine Kurve (Abb. 550b) zeigt, daß die e_m/e_r-Werte hier gleich Null angenommen werden dürfen, wogegen die Kurve $P/\Sigma Q \cdot h$ ein Maximum erreicht (Abb. 550c), während die die Zerstörung des Pfahles kennzeichnende zur Beltramischen spezifischen Brucharbeit ähnliche spezifische elastische Formänderungsarbeit: $L_t = E/2\,(e_r/l)^2$ von dieser Grenztiefe an sehr schnell zunimmt (Abb. 550d). Nimmt man mit JANBU näherungsweise an, daß in körnigen Böden $^2/_3$

der elastischen Zusammendrückung auf die des Pfahles, $^1/_3$ hingegen auf die des Bodens entfallen, dann kann sogar die im Pfahlschaft auftretende, bei dem gemessenen maximalen e_r-Wert maximale Spannung ermittelt werden. Es läßt sich nämlich auf Grund des Hookeschen Gesetzes schreiben:

$$\varepsilon = \frac{2e_r}{3 \cdot \beta \cdot l} = \frac{P}{EF}, \quad \text{woraus} \quad P = \frac{2e_r \cdot E \cdot F}{3 \cdot \beta \cdot l} \quad \text{und} \quad \frac{P}{F} = \sigma = \frac{2e_r \cdot E}{3 \cdot \beta \cdot l}. \tag{322a}$$

worin β einen längenvermindernden Reduktionsbeiwert bezeichnet, der die Hemmung der freien Pfahlverformung durch die Mantelreibung zum Ausdruck bringt und dessen Wert nach Literaturangaben zwischen $^1/_2$ und $^2/_3$ schwankt. Durch die Einsetzung dieser Werte erhält man für σ die Grenzwerte

$$\sigma = \frac{e_r \cdot E}{l} \quad \text{bis} \quad \frac{4}{3}\frac{e_r \cdot E}{l}. \tag{322b}$$

Hat man also die Grenzspannung (σ_H) des Pfahles im voraus bestimmt, dann kann aus der Beziehung

$$e_{rm} = \frac{3\beta \cdot l \cdot \sigma_H}{2E} \tag{323}$$

auch die während des Rammens zulässige größte elastische Verformung (e_{rm}) ermittelt werden (s. Abb. 550f).

Im Rammdiagramm aber zeichnet sich diese Wirkung ab, wenn man die Integrationskurve der Schlagarbeit $Q \cdot h$ in Abhängigkeit von den Werten des Quotienten e_r/e_m aufträgt, denn in dem Grenzfall, der die größte Rammbeanspruchung liefert, ist $e_r/e_m \to \infty$ (s. Abb. 550e).

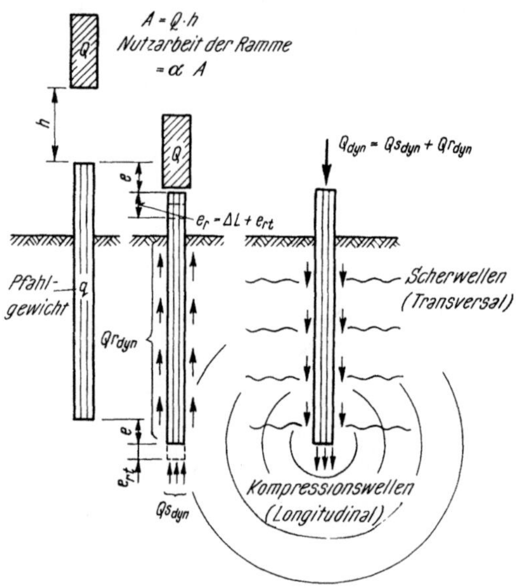

Abb. 551. Ursprung und Fortpflanzung der Rammerschütterungen

Die Abnahme der Eindringung erhöht nicht nur die im Pfahl auftretenden Spannungen, vielmehr werden verhältnisgleich mit ihr auch die *durch das Rammen* in der Umgebung *hervorgerufenen Erschütterungen* ansteigen. Je geringer nämlich jener Anteil der Rammenergie ist, der sich wegen des hohen Eindringungswiderstandes für die Eindringung verbraucht, um so größer ist der Anteil, der sich in der elastischen Verformung des Pfahles und *in der Erschütterung der Umgebung* erschöpft. Die rammungsbedingten Schwingungen breiten sich annähernd durch die unter der Pfahlspitze entstehenden Kompressionswellen und durch die längs der Mantelfläche geweckten Scher-(Transversal-)Wellen aus [129] (Abb. 551).

Zur Bestimmung der Gefährlichkeit der durch das Rammen und durch den Verkehr verursachten Erschütterungen hat ZELLER die sogenannte *Erschütterungszahl*

$$\varkappa = \frac{a_{\max}^2}{n} = 16 \cdot \pi^4 \cdot c^2 \cdot n^3 \tag{324}$$

abgeleitet, in der c die Amplitude, n die Frequenz der Schwingungen, $a_{\max}$ hingegen die größte Beschleunigung bezeichnen. Nach den steigenden Werten der

Erschütterungszahl hat ZELLER 10 Gefährlichkeitsstufen aufgestellt, deren untere Kategorien in der hier folgenden Tabelle zusammengefaßt sind.

Gefahrzone	$\varkappa$ cm²/s³	Kennzeichnung	Die Gefahr pflegt man auch auf Grund der Schwingungsgeschwindigkeit $v = 2\pi \cdot n \cdot c$ zu beurteilen
I.	1—2	nicht wahrnehmbar	wenn $v = 10$ cm/s, dann ist ein Schaden
II.	2—10	sehr mild	sehr wahrscheinlich
III.	10—50	mild	wenn $v = 5$ cm/s, dann wahrscheinlich
IV.	50—250	mäßig	wenn $v = 1$ cm/s, dann unwahrscheinlich
V.	250—1000	ziemlich stark	wenn $v = 0{,}5$ cm/s, sehr unwahrscheinlich
VI.	1000—5000	stark	
VII.	5000—20000	sehr stark	
VIII.	20000—100000	zerstörend	
IX.	100000—500000	verwüstend	
X.	500000—2500000	vernichtend	

Als Beispiel sei an dieser Stelle erwähnt, daß beim Bau der Hamburger Untergrundbahn an einzelnen schwierigen Stellen sowohl die Schwingungen als auch die Gefährlichkeitsstufen gemessen wurden, wobei sich der Höchstwert ($\varkappa = 119$ cm²/sec³) dann ergab, wenn man in einem Abstand von 3,5 m von einem Gebäude rammte. In einer Entfernung von 11 m vom gleichen Bauwerk betrug die Erschütterungszahl nur noch $\varkappa = 39{,}7$. Die Messungen führten zu der allgemeinen Feststellung, daß die rammungsbedingten Erschütterungen, sofern es sich um gute Gründungen und um massive Bauwerke handelt, das Ausmaß der durch den Straßenverkehr — besonders der durch schwere Lastwagen — verursachten Erschütterungen nicht übersteigen und dementsprechend auch nicht gefährlicher sind als diese. Interessant ist ferner die Beobachtung, daß auch ein längeres Anhalten der Schwingungen deren Gefährlichkeit nicht erhöht.

Im übrigen haben die Schwingungen nach den allgemeinen Feststellungen SIORS [130] in wassergesättigten Böden eine größere Amplitude; in weichen bindigen Böden ist eine Verflachung der Amplituden innerhalb der 1,1fachen Pfahllänge nicht zu erwarten, wogegen zwischenliegende Schürzwände (Streifenfundamente, Spundwände, Gräben u. dgl.) die Bodenschwingungen beachtlich dämpfen, und zwar um so stärker, je tiefer sie liegen.

b) Mittel und Durchführung des Einwindens

Wie bereits erwähnt, können Fertigpfähle in den Boden auch *eingeschraubt werden*, wenn der Pfahlfuß eine geeignete Spirale oder einen Schraubenteller hat. Die Pfahleindrehvorrichtungen ähneln den beim Absenken von Senkkästen in offenen Gewässern gebräuchlichen Spindeln (Vérins, s. Abb. 647), doch sind sie zur Erzeugung größerer Drehmomente fähig. (Eine Ähnlichkeit besteht auch insofern, als Schraubenpfähle zumeist zur Gründung von Ufereinfassungen auf weichen Seeschlammböden verwendet werden.) Der Spindelmechanismus der Eindrehvorrichtung ist auf eine Schiebebühne montiert, die sich auf einem festen Gerüst bewegt, doch gibt es auch schwimmende Eindrehvorrichtungen.

Da die Eindrehvorrichtung für sich allein eine lotrechte Einbringungskraft nur bei kräftiger Verankerung im Boden zu entwickeln vermag, werden die einzuschraubenden Pfähle während des Niederbringens noch mit Gewichten belastet. Die Einbringung von Schraubenpfählen in große Tiefen wird durch Spülung durch den hohlen Pfahlschaft hindurch wesentlich erleichtert, wobei sich das eigentliche Eindrehen auf die unterste maßgebende 1 bis 2 m mächtige Schicht beschränkt. Gleichfalls zur Erleichterung des Eindrehens werden die Pfähle neuerdings nicht mit ganz umlaufenden, sondern nur mit unterbrochenen Schraubtellerflächen und höchstens mit 1,5 bis 2 Windungen ausgebildet. Notfalls bleibt der Schraubenschaft unten geöffnet, ja mitunter ist er zur Verminderung des Widerstandes sogar gezahnt. Derartige Maßnahmen zur Erleichterung des Eindrehens sind natürlich nur bei stehenden Schraubenpfählen gerechtfertigt [125].

c) Einbringen von Pfählen durch Pressen

Das *Einpressen* zusammengesetzter, aus Fertigelementen bestehender Pfähle in den Boden kommt fast ausschließlich beim Unterfangen bereits bestehender Bauwerke vor. Als Beispiel sei hier anhand der Abb. 552 der Gang des Einpressens eines Preßpfahles System *Mega* besprochen. Unter die gegen die Decken- oder Mauerkonstruktion des Bauwerks abgestützte hydraulische Presse werden die in ihrer Länge der verfügbaren Arbeitshöhe angepaßten vorgefertigten Pfahlglieder eingesetzt und, mit dem Spitzenglied voran, der Reihe nach in den Boden gepreßt.

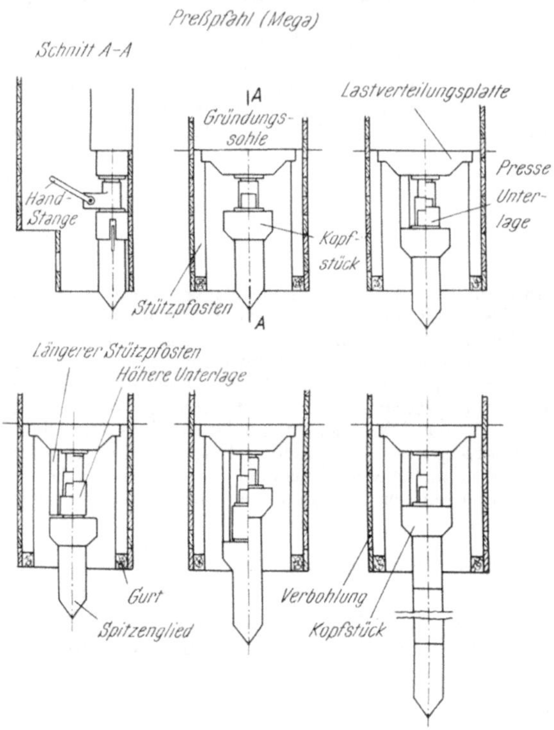

Abb. 552. Einpreßvorgang der *Mega*-Pfähle

Wie aus der Abbildung hervorgeht, wird die niedrig gebaute hydraulische Presse auf seitlich eingebaute Gurte und Pfosten abgestützt, um ein zweckmäßiges Einpressen zu ermöglichen. Das spezielle Kopfglied des Pfahles ist stark verbreitert. Beim Einpressen der einzelnen Pfahlglieder muß sorgfältigst auf genau lotrechte Führung und auf genaues Passen der aufeinander aufliegenden gedrückten Flächen der einzelnen Pfahlglieder geachtet werden. Schon ganz geringfügige Ungenauigkeiten und Verschiebungen (in der Größenordnung von Millimetern) genügen, um die Ränder der Pfahlglieder unter dem mehr als 100 t betragenden Druck absplittern zu lassen und das weitere Einpressen unmöglich zu machen. Besonders große Unzulänglichkeiten entstehen, wenn Geröll oder andere Hindernisse im Boden die bereits eingepreßte Pfahlspitze aus ihrer Richtung verdrängen[1].

Soweit es sich um stehende Pfähle handelt, können sie auch eingebracht werden, indem man *Stahlrohre in den Boden preßt*, wobei man den in das Rohr eingedrungenen Boden ausspült oder — bei größeren Rohrdurchmessern — allenfalls durch Greifer unmittelbar ausräumt [131] und nach Erreichen der tragfähigen Schicht das verlorengegebene Rohr ausbetoniert oder einen Fertigpfahl hineinstellt, wonach dann allerdings das auf Schüsse aufgeteilte Rohr gezogen wird. Das letztere Verfahren wird in der Sowjetunion in den Gebieten des „ewigen Frostes" mit Erfolg ange-

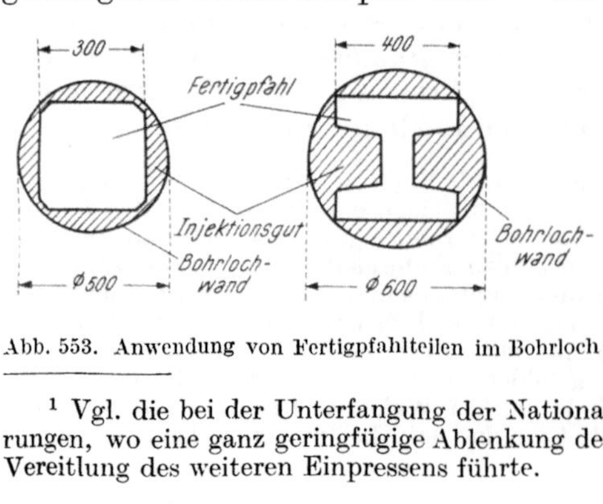

Abb. 553. Anwendung von Fertigpfahlteilen im Bohrloch

[1] Vgl. die bei der Unterfangung der Nationalbankfiliale in Debrecen gewonnenen Erfahrungen, wo eine ganz geringfügige Ablenkung des Spitzengliedes von der Vertikale schon zur Vereitlung des weiteren Einpressens führte.

wendet [132]. Diesbezügliche Erfahrungen haben jedoch erwiesen, daß eine sinngemäße Injektierung des Hohlraumes zwischen Pfahlmantel und Futterrohrwand die Tragfähigkeit des Pfahles auf mehr als das Doppelte erhöhen könnte (Abb. 553).

d) Einspülen von Pfählen

Beim Einbringen von Fertigpfählen in den Boden kann der *Spülhilfe* besonders unter schweren Rammverhältnissen oder — wie gezeigt — bei Erleichterung des Eindrehens von Schraubenpfählen eine wichtige Rolle zukommen.

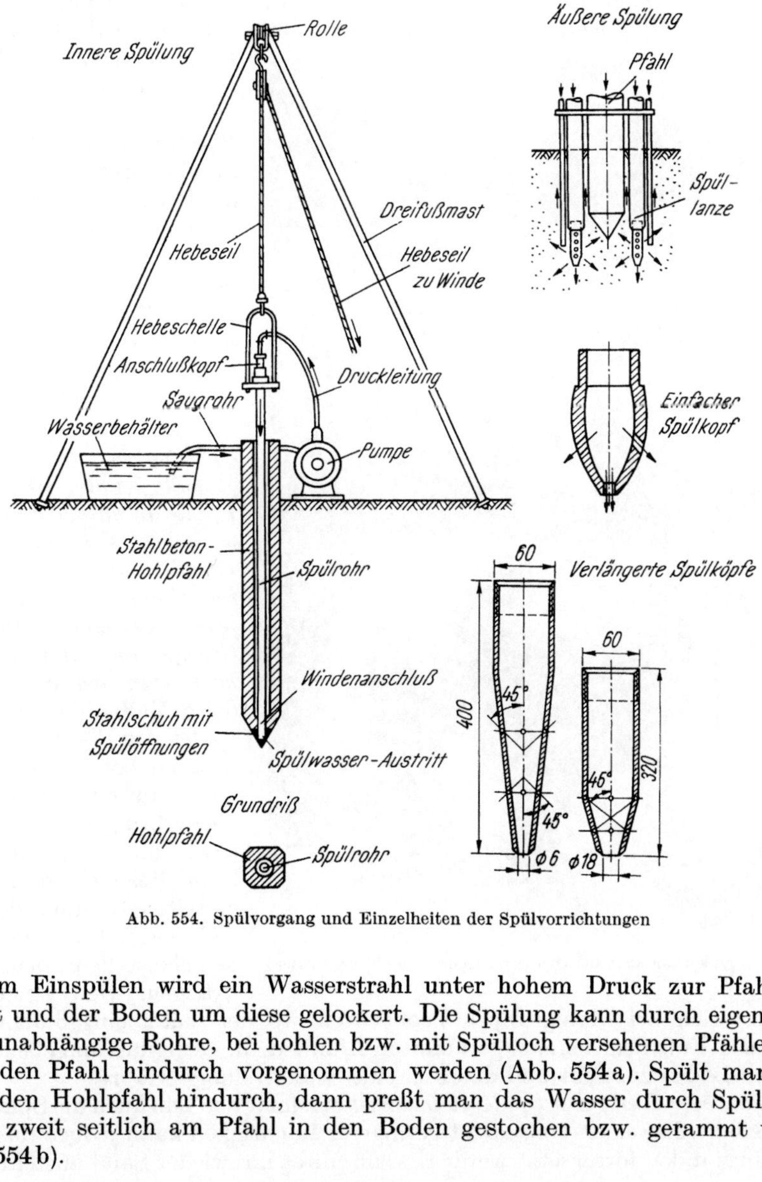

Abb. 554. Spülvorgang und Einzelheiten der Spülvorrichtungen

Beim Einspülen wird ein Wasserstrahl unter hohem Druck zur Pfahlspitze geleitet und der Boden um diese gelockert. Die Spülung kann durch eigene, vom Pfahl unabhängige Rohre, bei hohlen bzw. mit Spülloch versehenen Pfählen auch durch den Pfahl hindurch vorgenommen werden (Abb. 554a). Spült man nicht durch den Hohlpfahl hindurch, dann preßt man das Wasser durch Spüllanzen, die zu zweit seitlich am Pfahl in den Boden gestochen bzw. gerammt werden (Abb. 554b).

Während des Einbringens werden die Spüllanzen abwechselnd auf und ab geführt. um die Spülung auf einen größeren Bodenbereich auszubreiten. Das Spülwasser wird den Lanzen durch eine Druckpumpe zugeführt, und zwar in aufgeschütteten Böden mit einem Druck von 1 at (Austrittsgeschwindigkeit 14 m/s), in Lehmsandböden mit einem solchen von 3 bis 5 at. Die Einzelheiten der Spülvorrichtung, und zwar das Gerüst, die eingehängte Spüllanze und die Druckleitung, sind aus Abb. 554 ersichtlich. Zur Erhöhung der Austrittsgeschwindigkeit des Wasserstrahles und der Wirksamkeit der Spülung werden die Spülköpfe auf die in der Abbildung dargestellte Art verengt. Durch weitere Verengung der Austrittsöffnungen läßt sich die Austrittsgeschwindigkeit auf den erforderlichen Wert von 20 bis 30 m/s erhöhen. Bewährt hat sich eine Verengung am Ende der Austrittsöffnung auf $^1/_4$ des Lanzenquerschnitts. Die Fließgeschwindigkeit in der Lanze braucht nicht mehr als 2 m/s zu betragen.

Die Spüllanze kann auch *im Inneren des Pfahles* oder in ausgesparten Kanälen an seiner Seitenwand geführt werden. Hierbei muß die Lanzenspitze gleichfalls bis nahe an die Pfahlspitze hinabreichen. Sehr einfach läßt sich die Spüllanze im Inneren von Stahlpfählen unterbringen. Das Spülen muß ein gutes Stück über der Pfahlfußebene (0,50 bis 1,00 m) eingestellt werden, damit der Pfahlfuß schließlich nicht auf völlig aufgelockerten Boden zu stehen kommt, sondern seine endgültige Tiefe durch Rammen, Eindrehen oder Einpressen erreicht.

Abb. 555. Verankerungskopf zwischen zwei Kellerschen Tiefenrüttlern

Bei Pfahlgruppen muß übrigens damit gerechnet werden, daß *die fortgesetzte Spülung bereits früher eingespülte und festgerammte Pfähle in ihrem Sitz lockert, weshalb es sich empfiehlt, nach Beendigung des Einbringens im Umkreis von 7 bis 8 m jeden einzelnen Pfahl der Gruppe um einige Dezimeter nachzurammen.* Besonders ist diese Maßnahme beim Einspülen von Pfählen in Schluffböden geboten. Zu achten ist ferner auf ein symmetrisches Niederbringen der Lanzen bzw. ihrer Spülöffnungen. Zum Beispiel vermag eine einseitige Spülung den Pfahl während des Einbringens schiefzustellen bzw. abzudrängen. Der gleiche Vorgang läßt sich bei Pfahlgruppen beobachten, wo der später eingebrachte Pfahl mit seinem Fuß dem bereits gerammten Pfahl, d. h. dem ihn umgebenden gelockerten Boden zustrebt und dadurch eine Schiefstellung erfährt.

In Tonböden bleibt das Spülen wirkungslos, zumal der Ton auch die Spülöffnungen verstopft. Bei einer Tonschicht geringerer Mächtigkeit kann jedoch das Spülen unter Umständen fortgesetzt werden, wenn unter ihr wieder Sand ansteht.

Am besten lassen sich Pfähle mit Spülhilfe in Feinsandböden mit einem maßgebenden Korndurchmesser um 0,2 mm *einbringen*. Da die Eigenschwingungszahl dieser Böden nahe bei der Frequenz der rammungsbedingten Schwingungen liegt, verdichtet die Rammarbeit den Boden um den Pfahl so stark, daß der Pfahl über eine gewisse Tiefe hinaus weder durch Rammen noch durch Einrütteln weiter in den Boden hineingetrieben werden kann. Die einzige Abhilfe bildet hier eben das Spülverfahren.

In Sonderfällen werden Pfähle in sehr mächtige lockere Schluffböden auch ausschließlich durch Einspülen eingebracht. Hierbei handelt es sich allerdings in der Regel um weite zylindrische Stahlbeton-Hohlpfähle (0,9 bis 1,5 m Durchmesser), deren unteres Ende häufig brunnenartig offen ist. Aus diesen Zylindern wird der durch den Spülstrahl aufgewühlte Schluff einfach ausgepumpt.

Neuerdings kombiniert man das Einrütteln von Pfählen mit der Spülhilfe, ein Verfahren, das sich zum Einbringen von stehenden Pfählen, ferner von Ankerstangen und -platten ohne Bodenaushub als überaus wirksam bewähren dürfte (s. Bild 555 und vgl. Abb. 495). Da es vornehmlich für die zuletzt erwähnten Zwecke angewendet wird, wurde es schon auf S. 145 u. 543 besprochen.

e) Einrütteln von Pfählen [133]

Pfähle werden mit denselben Rüttlern eingetrieben, wie sie bei Spundbohlen üblich sind. Sie sind auf S. 75 bis 80 bereits beschrieben worden. Eine Abweichung ergibt sich lediglich aus der Tatsache, daß unter dem Pfahl geringere Bodenspannungen entstehen als unter den relativ dünnwandigen Stahlspundbohlen, weshalb sie sich auch weit schwerer einrütteln lassen als diese. Die Eindringungsgeschwindigkeit nimmt mit wachsendem Pfahlquerschnitt exponentiell ab, so daß das Einrütteln als Einbringungsverfahren bei Pfählen mit großem Durchmesser schließlich gänzlich versagt [134]. Zum wirksamen Einrütteln bedarf es eines Rüttlers mit einer Frequenz, die nahe an jener der Eigenschwingung des Bodens liegt und dessen Schwingungen große waagrechte Amplituden aufweisen. Mit wachsender Frequenz nimmt der Widerstand am Pfahlfuß linear zu. Informativ sei erwähnt, daß die Amplitude mit der unter den einzelnen Schwingungen erzielten bleibenden Eindringung des Pfahlfußes übereinstimmen muß. Bis zu einem bestimmten minimalen Anfangswert (2 bis 6 mm) dringt der Pfahl gar nicht in den Boden ein, sobald jedoch dieser Anfangswert überschritten ist, wächst die Eindringungsgeschwindigkeit linear mit der Amplitude an. Relativ leichte, d. h. keine übergroßen Bodenspannungen weckende Pfähle lassen sich in lockere Sandböden überaus schwer einrütteln, weil das Rütteln den Sand in stärkerem Maße verdichtet, als es sein Eindringen in den Boden zu erleichtern vermag. Über eine gewisse Grenze hinaus wird das Einrütteln unmöglich, d. h., es kann nur mit Spülhilfe durchgeführt werden (vgl. S. 76). Auf die gleiche Erscheinung trifft man auch bei Rammhämmern mit einer Schlagzahl von 150 bis 250 Schlägen/min. Wesentlich wird die Eindringungsgeschwindigkeit und die maximal erzielbare Einbringungstiefe ferner durch das Gewicht und die Auflast der schwingenden Masse des Rüttlers beeinflußt. Jedem Gewichtswert ist eine bestimmte maximale Absinkgeschwindigkeit und Tiefe zugeordnet. Unter dem Grundwasserspiegel und allgemein in wassergesättigten Sandböden liegen die Verhältnisse für das Einrütteln günstiger.

Beobachtungen zeigen [135], daß durch die Erhöhung der Frequenzzahl die Mantelreibung, dagegen durch die Steigerung der Amplituden der Spitzenwiderstand herabgesetzt werden kann. Da die Fliehkraft (P_F) sich vom Zusammenhang

$$P_y = m \cdot r \cdot \omega^2$$

bestimmen läßt (worin m die schwingende Masse, r deren Abstand von der Rotationsachse und ω die Winkelgeschwindigkeit bezeichnen), ist es klar, daß beim Einrammen eine Erhöhung des r-Wertes, dagegen beim Ausziehen die des ω-Wertes wirksam wird. (Die Eigenschwingungszahl der Pfähle zwischen 100 bis 200 Hz, dagegen die des Bodens zwischen 6—60 Hz liegt.) Günstige Rammverhältnisse dürfen von körnigen Bodenarten mit abgestufter Kornverteilung, dagegen die ungünstigsten von plastischen Tonböden erwartet werden.

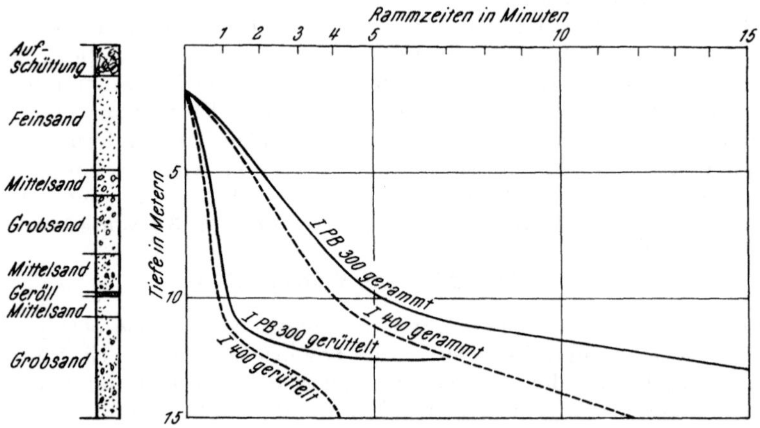

Abb. 556. Widerstandserhöhung geschlossener Pfahlprofile gegen Einrüttelung (SIMONS)

Wie schon früher erwähnt (s. Tab. 4a u. 4b im I. Teil), arbeiten die deutschen Vibrorammen mit höheren Frequenzzahlen ($\alpha = 25—50$ Hz) und mit kleineren Amplituden ($a_{max} = 10$ mm). Dagegen ist der Fall bei den Sowjetischen Vibratoren umgekehrt, weil sie neben den α-Werten von 6—12 Hz Amplituden von mehreren Zentimetern verfügen, damit sie Fliehkräfte bis 300 t ausüben können [136]. Daraus folgt, daß die leichteren deutschen Rüttelbären nur für das Einrammen von Spundbohlen und nicht für Stahlbetonpfähle geeignet sind.

Diese Tatsache wurde von SIMONS [135] durch Abb. 556 anhand eines Vergleichrammens erhellt.

Die Profile I P 300 ließen sich sehr schnell bis auf eine feste Geröllschicht rütteln. In dieser bildete sich dann am Fuße der Breitflanschträger ein Pfropfen aus. Für den dadurch zu stark ansteigenden Spitzenwiderstand war die Amplitude und Fliehkraft des angewendeten Schenck DR 12/54 kW kleinen Rüttelbären zu klein, und die Träger drangen praktisch nicht mehr tiefer ein. Bei den Normalprofilen I 400 ist keine Pfropfenbildung aufgetreten, so daß diese größeren offenen Profile nach Durchdringung der Geröllschicht wieder schneller als mit dem Freifallbären eindrangen. Die Eindringungslinie des 2 t schweren Freifallbären weisen eine langsamere, aber stetigere und sichere Eindringung auf.

Vorteilhafte Möglichkeiten bietet das Einrütteln auch für das Einbringen unten offener Rohrpfähle. Ein augenfälliges Beispiel hierfür bildet das erfolgreiche, mit Spülhilfe in kurzer Zeit durchgeführte Einrütteln der im Durchmesser 1,55 m messenden *Stahlbeton-Brunnenpfähle* für die neue Brücke über den Jangtsekiang bei Hankau. Sie wurden mit den in der Sowjetunion gebauten Hochleistungsvibratoren in eine Tiefe von 64 m (24 m unter Bettsohle!) niedergebracht [137].

3. Ortpfähle

Ortpfähle werden in den verschiedensten, in der Regel patentierten Ausführungen hergestellt. Am übersichtlichsten lassen sie sich nach der Art ihrer Herstellung gruppieren. Hiernach unterscheidet man zwischen *Ortramm-* und *Ortbohrpfählen.* Wie bereits erwähnt, läuft die Anwendung von Ortpfählen auf eine wirtschaftlichere Ausnutzung der gegebenen Bodenbeschaffenheit hinaus. Ihre Tragfähigkeit ist weitgehend von der Art ihrer Herstellung abhängig. *Allgemein betrachtet, weisen die Ortpfähle unter allen Pfahlarten die größte Tragfähigkeit auf,* weil sie — soweit es sich um *Ortrammpfähle* handelt — die günstige bodenverdichtende Wirkung des Rammens mit der Möglichkeit zur Verbreiterung des Pfahlfußes und mit jenen Vorteilen verbinden, die die erhöhte Reibung an ihrer rauhen Mantelfläche bietet. Bei *Ortbohrpfählen* hingegen lassen sich für die Erhöhung der Tragfähigkeit vor allem die in einer fast unbeschränkten Wahl von Durchmesser und Einbringungstiefe gelegenen Vorteile nutzen, abgesehen davon, daß die Möglichkeit der Fußverbreiterung und der Aufrauhung der Mantelfläche auch hier besteht.

a) Ortrammpfähle

Man unterscheidet Ortrammpfähle

α) *ohne Vortreibrohr,*

β) *mit verlorenem Vortreibrohr* und

γ) *mit wiedergewonnenem Vortreibrohr.*

α) Ortrammpfähle ohne Vortreibrohr

Ohne Vortreibrohr werden vor allem die *Dulacschen Kompressol-Pfähle* (Abb. 557) hergestellt. Von einem etwa 15 m hohen Gerüst fällt bei diesem System ein 1,5 bis 2,5 Tonnen schwerer, unten kegelförmig in eine Spitze auslaufender Fallstößel mit einem Grundkreisdurchmesser von 85 bis 100 cm in den Boden. Im Fallen schlägt der Stößel in den Boden ein Loch und vertieft dieses allmählich 5 bis 6 m tief. In das so vorbereitete Loch wird sodann Beton eingebracht, der mit stumpfen ausgebildeten Stößeln, die vom gleichen Gerüst fallen, in 50 cm hohen Schichten verdichtet wird (vgl. Abb. 557).

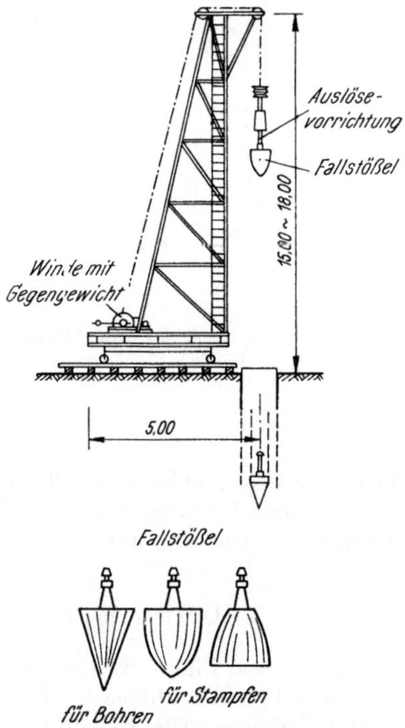

Abb. 557. Kompressol-Pfahl nach DULAC mit den verschiedenen Fallstößeln

Das Verfahren bewährt sich in lockereren körnigen Böden mit einer gewissen Haftfestigkeit oberhalb des Grundwasserspiegels. In wassergesättigten, bindigen Böden ist das Verfahren nur schwer anwendbar [138]. Sein Nachteil besteht neben dieser beschränkten Anwendbarkeit in den überaus großen Erschütterungen, die es verursacht. Bei geringerem Einsickern von Wasser wird in das Loch Lehm eingestreut, den der Stößel an die Seitenwände preßt, womit deren Poren verstopft werden.

Mehrere andere bekannte Verfahren rammen einen hölzernen Rammknecht oder unter diesem ein verlorenes Vortreibrohr in den Boden. Der so geschaffene

Hohlraum wird dann, nachdem der Rammknecht gezogen ist, ausbetoniert. Ein Auskippen des Pfahlfußes unter dem Rammknecht läßt sich bei diesen Verfahren schwer vermeiden, versieht man dagegen den Rammknecht mit einer langen Einspannhülse, dann bekommt man diesen schwer zurück. Auch nach diesen Verfahren lassen sich Pfähle in Böden von einer gewissen Haftfestigkeit und in beschränkter Tiefe herstellen.

Ein neuartiger und origineller Rammpfahl ohne Vortreibrohr ist der *MV-Pfahl* [139], der aus einem Stahlrohrschaft und dem unten an diesem befestigten, im Querschnitt weit größeren, oben offenen, geschweißten pyramidenförmigen Pfahlfuß besteht. Dieser wird durch Rammen des Rohrschaftes in den Boden eingetrieben, wobei man zugleich durch das Rohr auch Zementmörtel injiziert, der durch den oben offenen Pfahlfuß hindurch in den umliegenden Boden eindringt und diesen parallel mit der fortschreitenden Eindringung verfestigt. Der fertige Pfahl besteht also schließlich aus dem pyramidenförmigen Pfahlschuh, dem Rohrschaft und der durch den verfestigten Boden gebildeten Mantelumhüllung des Rohres (Abb. 558). Im gegebenen Fall kann jedoch der Rohrschaft nach Ein-

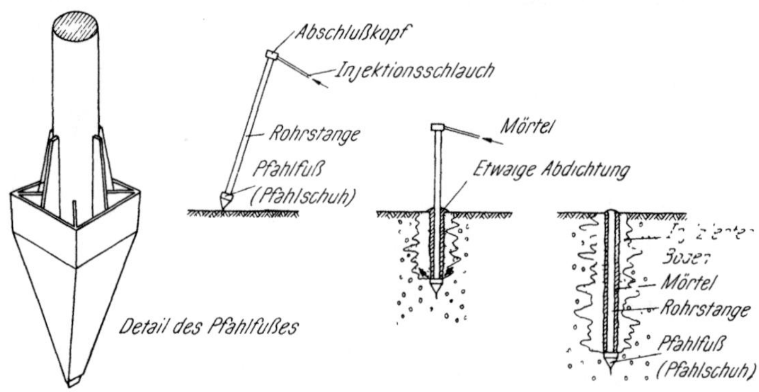

Abb. 558. Der *MV*-Pfahl

bringung des Pfahles vom Pfahlfuß abgeschraubt und wiedergewonnen werden, wobei dann der entstandene Hohlraum mit flüssigem Beton verfüllt wird. Der Pfahl eignet sich besonders zur Aufnahme von Zugbeanspruchungen (vgl. S. 542).

β) Ortrammpfähle mit verlorenem Vortreibrohr

Auch diese Pfähle werden mit Hilfe eines Rammknechtes hergestellt, der eine dünnwandige Blechhülse in den Boden vortreibt, doch wird diese endgültig im Boden belassen. Die Blechhülse wird hierbei durch Innenrammung mit einem Rammknecht eingetrieben, der aus einem durch Stöße verlängerbaren Stahlgestänge besteht und sich unten an eine Stahlspitze anschließt. Dieses Gestänge preßt sich beim Rammen an die Wandung der Blechhülse, löst sich aber beim Hochziehen sehr leicht, so daß es die Hülse nicht mit sich zieht.

Beim System *Raymond* (Abb. 559) besteht die äußere, 0,6 bis 1,0 mm starke, durch eine Stahldrahtspirale versteifte Blechhülse aus teleskopartig ineinandergreifenden Schüssen.

Die Blechhülse der *Mastpfähle* sitzt auf einer hölzernen Pfahlspitze. Sie wird durch Innenrammung mit einem hölzernen Rammknecht in den Boden eingebracht.

Das Pfahlsystem *West-Rotinoff* (Abb. 560) hat ein verlorenes Vortreibrohr aus ineinandergreifenden, etwa 1 m hohen Betonringen, während der gleichfalls verlorene Pfahlfuß und das wiedergewonnene Rammgestänge aus Stahl gefertigt sind.

Außer ihrer großen Tragfähigkeit haben die mit verlorenem Vortreibrohr hergestellten Rammpfähle u. a. den großen Vorzug, auch in aggressivem Grundwasser

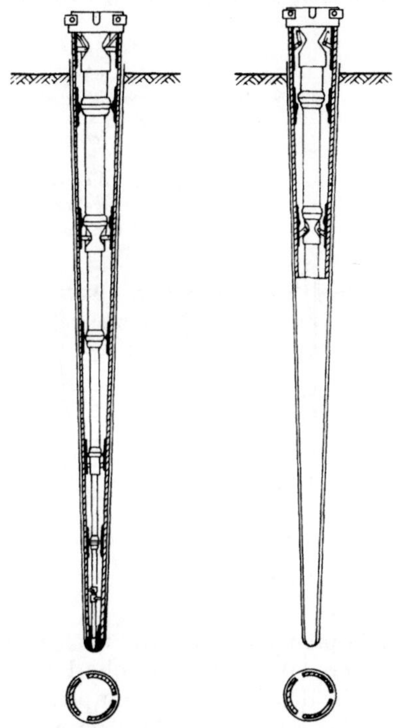

Abb. 559. Der *Raymond*-Pfahl

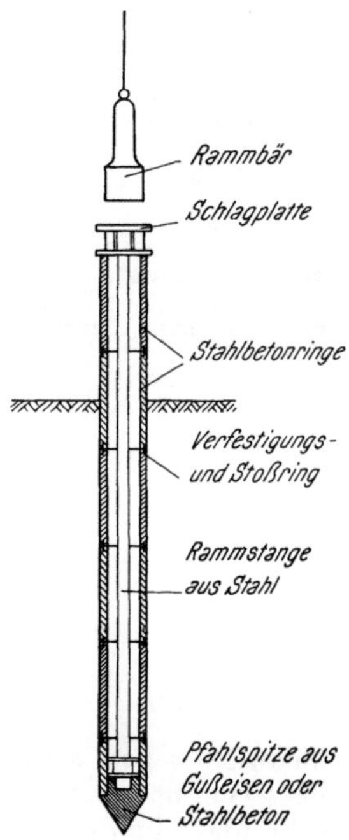

Abb. 560. Der *West-Rotinoff*-Pfahl

stehen zu können, da die Hülsen vor dem Ausbetonieren einen isolierenden Bitumenanstrich erhalten können. Selbstverständlich besteht bei all diesen Pfählen auch die Möglichkeit, in die Vortreibrohre vor deren Ausbetonierung auch Bewehrungen einzusetzen.

γ) Ortrammpfähle mit zurückgewonnenem Vortreibrohr

Sie werden dem Wesen nach durch Eintreiben eines starkwandigen Mantelrohres in den Boden hergestellt, welches dann schrittweise gezogen wird, während man den so geschaffenen zylindrischen Hohlraum ausbetoniert. Dieser wird hierbei an die frei gewordene Erdwand gestampft, wodurch man einen ungleichmäßig dicken Schaft erhält, der je nach der Dichte des durchfahrenen Bodens mehr oder minder starke Wülste aufweist. Besonders steigert es die Tragfähigkeit des so hergestellten Pfahles, wenn der Pfahlfuß zwiebelförmig verbreitert werden kann, doch finden sich bei diesen Pfählen auch solche mit verlorener Spitze.

Zur Herstellung der *Franki*-Pfähle, der bekanntesten und meistverbreiteten dieser Art, wird unter das Rammgerüst ein unten offenes Stahlrohr mit 30 mm Wandstärke aufgestellt und in dieses etwa 1,0 m hoch erdfeuchter Beton eingebracht (Abb. 561). Dieser Beton wird mit einem länglichen Innenstößel so fest in das Stahlrohr gestampft, daß die folgenden Rammschläge das Rohr infolge der kegelförmigen Verkeilung des Betons mit der Rohrwand durch die Reibung allein in den Boden hineinziehen. Hat die Pfahlspitze nach den Rammergebnissen bzw. nach den vorangegangenen Bodenerkundungen die Solltiefe erreicht, wird die Stahlhülse am Rammgerüst festgemacht, während der Betonpfropfen aus dem in seiner Lage nunmehr fixierten, unbeweglichen Rohr mit dem Stößel in den

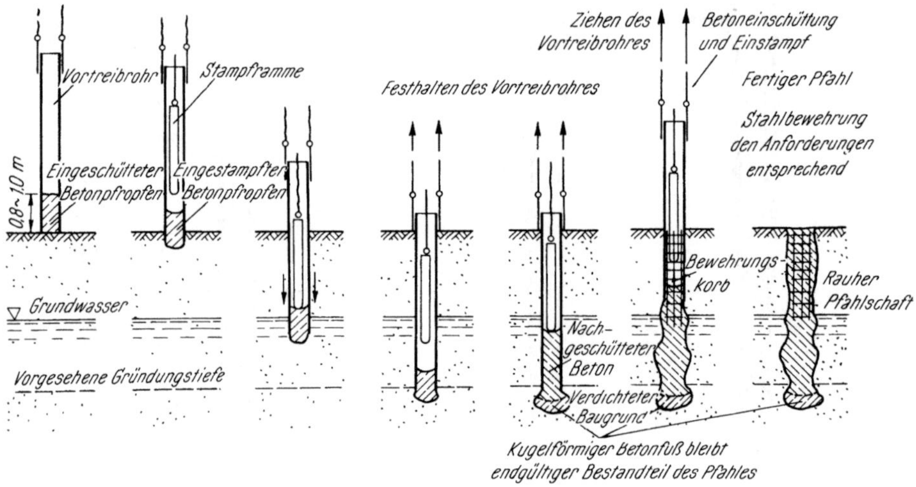

Abb. 561. Herstellungsvorgang des *Franki*-Pfahles

Boden hinausgetrieben wird. Sobald der Pfropfen im Rohr nur noch eine Höhe von 30 bis 40 cm hat, wird in dieses eine weitere 80 bis 100 cm hohe Betonschicht eingebracht und mit dem Stößel gleichfalls in den Boden gestampft, wobei das Rohr bereits schrittweise gezogen wird. Da der Bär 2,5 bis 3,0 t wiegt, läßt sich mit ihm eine ganz hervorragende Verdichtung und die für die Tragfähigkeit denkbar günstigste Pfahlform erzielen. An der großflächigen Zwiebel des Pfahlfußes ergibt sich ein sehr beträchtlicher Spitzenwiderstandswert, seitlich hingegen als Folge der je nach der Schichtendichte unterschiedlich starken Wulstbildung eine starke Mantelreibung. Bei Tiefen von 5 bis 8 m weisen diese Pfähle eine Tragfähigkeit von 100 bis 150, ja von 200 bis 300 Tonnen auf. Der eine ihrer außergewöhnlich großen Vorzüge besteht darin, daß der untere Betonpfropfen stets *absolut wasserdicht* schließt, so daß sich diese Pfähle auch im Grundwasser niederbringen lassen. Als Vorzug des Systems ist es ferner zu bezeichnen, daß *die Rammschläge* stets *auf den in der Tiefe gelegenen Pfahlfuß übertragen werden,* die Umgebung also weit *geringere Erschütterungen* erfährt als bei sonstigen Rammverfahren. Davon stammt auch eine bessere Verdichtung des unter der Pfahlspitze anstehenden Bodens her. Den einzigen Nachteil bilden die hohen Kosten und das hohe Gewicht der Ramme (Abb. 562). Wenn man aber die Kasten auf die Tragfähigkeit bezieht, fallen diese schon meistens günstiger als die der anderen Pfahlarten aus. Bemerkt sei hier, daß Franki-Pfähle auch in aggressivem Grundwasser eingebracht werden können, wenn statt des Betons lediglich Zuschlagstoffe bestimmter Kornzusammensetzung in den Boden gestampft werden. Zwar haben derartige Pfähle eine geringere Tragfähigkeit, ihre bodenverdichtende Wirkung kommt aber dennoch voll zur Geltung, so daß die zu entsprechender Dichtigkeit festgestampften Zuschlagstoffe auch ohne Bindemittel sehr beachtlichen Belastungen gewachsen sind [140].

Nach einem sehr einfachen und wirksamen Verfahren werden die Pfähle System „*Vibro*" (Abb. 563) hergestellt. Auch hier wird ein dickwandiges Stahlrohr in den Boden eingetrieben, doch schließt sich an dieses mit verzahnten Nuten eine massive Gußstahlspitze an. Nach Erreichen der gewünschten Tiefe wird

Abb. 562. Ansicht eines Franki-Pfahlgerätes

Beton in Schichten von jeweils 1 bis 2 m in das Rohr eingebracht und gleichzeitig mit dem Ziehen des Rohres durch Rütteln begonnen. Das Rütteln erleichtert nicht nur das Ziehen sehr wesentlich, sondern verdichtet auch den eingebrachten Beton. Die Pfahlspitze wird verlorengegeben. Zahlreiche ähnliche Systeme ziehen das Rohr ohne Rütteln unter gleichzeitigem Feststampfen des Betons durch Innenrammung.

Ein Pfahl dieser Art ist auch der in Abb. 564 dargestellte Stern-Mastsche „*Expreßpfahl*", der mit Hilfe eines wiederzugewinnenden äußeren stählernen Vortreibrohres mit verlorengehender Stahlbeton- oder Gußstahlspitze und mit einem im Rohr geführten stählernen Stampfgestänge hergestellt wird. Beim Eintreiben sitzt das Rammgestänge sowohl oben auf der Rohrkante als auch unten auf der Spitze auf. Die Spitze ist mit dem Stahlring *d* umschlossen, der mit einer Kette hochgezogen werden kann und die Aufgabe hat, die beim Ausbetonieren des Rohres an der Rohrwand haftenden Betonteilchen abzustreifen bzw. den durch die Öffnung *f* herabfallenden Beton stets in der Mitte herabfallen zu lassen, um damit das — im übrigen ganz wie beim Franki-Pfahl vor sich gehende — Hochziehen des Vortreibrohres zu erleichtern.

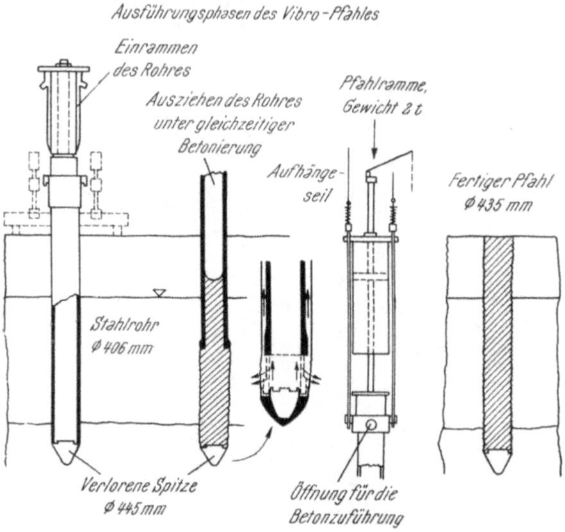

Abb. 563. Der *Vibro*-Pfahl

Eine gewisse Modifikation dieser Pfahlart stellt der Rüttelpfahl System *Zeissl-Universale* (Abb. 565) dar, der vom Expreßpfahl insofern abweicht, als die gleichfalls verlorenzugebende Stahlbetonspitze nicht mit einem Rammgestänge, sondern mit dem Vortreibrohr selbst niedergebracht wird. Dieses ist unten mit einer Verschlußplatte versehen, die während des Rammens auf der Spitze aufliegt (a). Sobald aus dem Rammdiagramm festgestellt wird, daß die Spitze die tragfähige Schicht erreicht hat, wird in das Rohr 1,5 bis 2 m hoch Beton eingebracht, in den man sodann am Gestänge einen Innenrüttler hinabläßt (b). Nach Einschalten des Rüttlers wird dieser zusammen mit dem Vortreibrohr um 1,0 bis 1,5 m hochgezogen, wonach er ganz aus dem Rohr gehoben wird (c). Nun

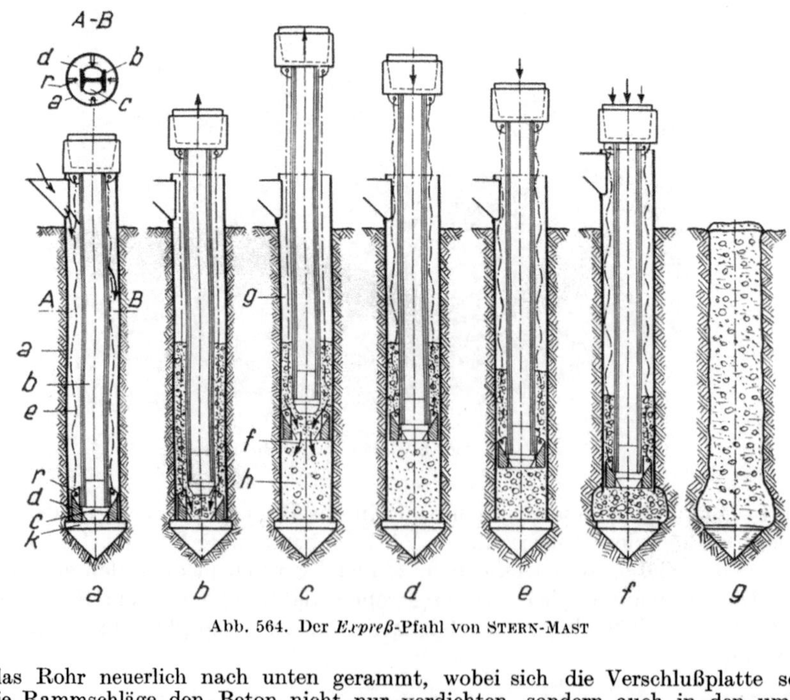

Abb. 564. Der *Expreß*-Pfahl von STERN-MAST

wird das Rohr neuerlich nach unten gerammt, wobei sich die Verschlußplatte schließt und die Rammschläge den Beton nicht nur verdichten, sondern auch in den umliegenden Boden stampfen, so daß eine *zwiebelförmige Verbreiterung* zustande kommt (d). Nachdem der Pfahlfuß auf diese Weise fertiggestellt ist, kann in das Vortreibrohr die Bewehrung eingesetzt werden (e), worauf die weitere Verfüllung des Rohres mit Beton, dessen Verdichtung mit dem Innenrüttler und gleichzeitig damit das Hochziehen des Vortreibrohres fortgesetzt wird.

Die zahlreichen anderen Systeme zur Herstellung von Ortrammpfählen mit verlorenem Vortreibrohr unterscheiden sich voneinander im Baustoff, in den Abmessungen und Verbindungen der Vortreibrohre sowie in der Art und Weise der Einbringung und des Betoneinstampfens.

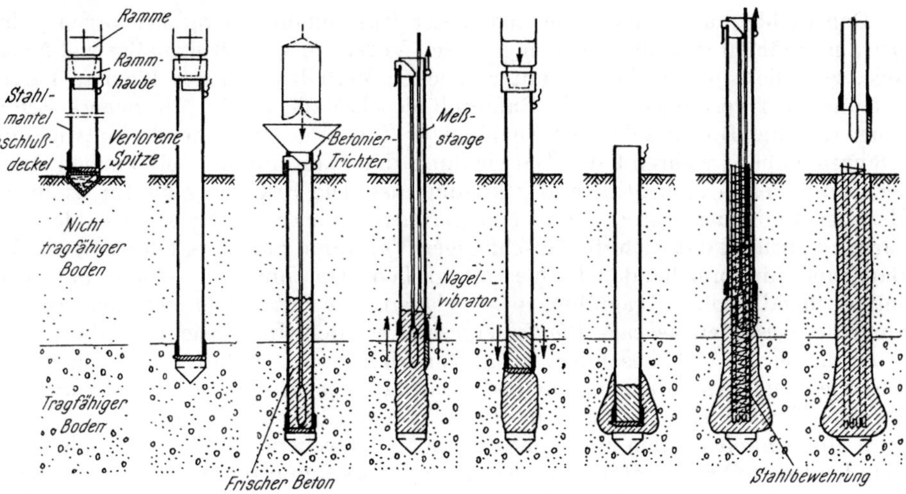

Abb. 565. Herstellungsvorgang des *Zeissl-Universale*-Pfahles

Die Ortrammpfähle mit verlorenem Vortreibrohr pflegt man auch als *Schwerpfähle* zu bezeichnen, weil es zu ihrer Herstellung ziemlich robuster, schwerer Vorrichtungen bedarf, aber auch deshalb, weil sie zu den tragfähigsten Pfahlarten zählen.

b) Ortbohrpfähle

Im Bohrverfahren können Pfähle nur an Ort und Stelle hergestellt werden, weshalb sie im weiteren einfach als Bohrpfähle bezeichnet werden sollen. Im übrigen werden sie gleichfalls entweder ohne Vortreibrohr oder mit *verlorenem*, aber auch mit *wieder zu gewinnendem* Vortreibrohr niedergebracht.

Bohrpfähle haben, allgemein gesehen, folgende *Vorzüge*:

a) Ihre Herstellung verursacht keine Erschütterungen.

b) Sie ermöglichen es, ein einwandfreies Bild der durchfahrenen Bodenschichten zu gewinnen.

c) Sie können auch bei geringer Arbeitshöhe, d. h. auch unter Deckenkonstruktionen in geschlossenen Räumen, hergestellt werden.

d) Die Pfahllänge kann, der erschlossenen Bodenschichtung entsprechend, fallweise festgelegt werden.

e) Da höchstens der beim Eintreiben des Vortreibrohres auftretende Widerstand zu überwinden ist, kann es mit geringem Kraftaufwand in große Tiefen niedergebracht werden.

f) Im Hinblick auf den geringen Eintriebswiderstand lassen sich unschwer auch Pfähle mit großem Durchmesser herstellen.

Diesen Vorzügen stehen folgende *Nachteile* gegenüber:

a) Die durchfahrenen Schichten erfahren als Folge des Bodenaushubs eine Lockerung im Umkreis um das Vortreibrohr, weshalb dessen Unterkante der Kernausräumung um mindestens 30 bis 50 cm voreilen muß, wobei sich allerdings die Lockerung unter Rohr in bindigen Böden auch damit nicht verhindern läßt.

b) Die Unterwasserbetonierung (Kontraktorverfahren) des kleinen Querschnittes ist überaus schwierig und erfordert sorgfältige Durchführung.

c) Es besteht die Gefahr, daß das Vortreibrohr beim Hochziehen auch die frische Betonsäule mitnimmt, diese also unterbricht, oder daß die Bewehrung hochgezogen wird.

d) Wenn das Vortreibrohr beim Hochziehen nicht mit genügender Überdeckung über der Oberfläche der Betonsäule verbleibt, kann der umliegende Boden in den Pfahlschaft eindringen und diesen abschnüren.

Bohrpfähle haben also, wie aus dieser Zusammenstellung hervorgeht, den Ortrammpfählen gegenüber neben gewissen Vorzügen verhältnismäßig viel Nachteile, vor allem jenen, daß sie unter gleichen Verhältnissen nur kleinere Lasten aufzunehmen vermögen als die Rammpfähle. Trotzdem zeigt die neuere Erfahrung, daß die Bohrpfähle auch in jüngster Zeit eine zunehmende Entwicklung erfahren haben, während die Entwicklung der Rammpfähle seit einigen Jahrzehnten förmlich zum Stillstand gekommen ist. Die Erklärung hierfür ist in der Hauptsache in den unter e) und f) angeführten Vorzügen der Bohrpfähle, d. h. darin zu suchen, daß sich die einschlägigen Verfahren zur Herstellung tief in den Baugrund hinabreichender Pfähle mit großem Durchmesser — und mit dementsprechend großer Tragfähigkeit — eignen. *Im Bohrverfahren* sollen also im Sinne des Gesagten *stehende Pfähle* hergestellt werden. In Hinsicht auf die Bodenarten eignen sie sich besonders beim Durchfahren wasserhaltiger, weicher Tonschichten und ganz allgemein *in Böden mit einer gewissen Kohäsion.* In lockeren körnigen Böden (Fließsand!) und in strömendem Grundwasser sollte man sie nach Möglichkeit meiden und nicht einmal als schwebende Pfähle anwenden, weil sich das Vortreibrohr unter dem Druck des Wassers und unter dem geostatischen Druck des Bodens ständig mit diesem auffüllen wird. Weiter sind nebst Aufbrüchen in der Bohrlochsohle auch Absackungen im seitlich anstehenden Boden zu befürchten.

α) Ohne Vortreibrohr hergestellte Bohrpfähle

Über dem Grundwasserspiegel lassen sich in bindigen Böden durch Trockenbohrung Bohrlöcher geringerer Tiefe so herstellen, daß ihre Seitenwandungen weder beim Bohren noch beim nachfolgenden Ausbetonieren einstürzen. Das Anwendungsgebiet dieses Verfahrens, das sonst auf einen ganz geringen Prozentsatz der möglichen Fälle beschränkt blieb, hat neuerdings durch Einführung des Spülbohrens mit Bohrschlamm eine wesentliche Ausbreitung erfahren.

Die *Icos-Veder-Pfähle* [141] werden nach dem beim bergmännischen Tiefbohren üblichen Spülbohrverfahren hergestellt. Durch das hohle Bohrgestänge und durch die Öffnungen des ebenfalls hohlen Meißels wird in die Sohle des Bohrloches eine flüssige Bentonitsuspension gepreßt, die das Bohrgut dank ihrer hohen Wichte und Viskosität im Hochsteigen um das Bohrgestänge mit sich reißt; über die Oberkante eines Futterrohres fließt sie durch einen Überfallhahn auf ein muldenförmiges Rüttelsieb, auf dem sie vom Bohrgut getrennt wird. Aus einem Sammelbehälter wird der Bentonitschlamm sodann neuerlich in das Bohrgestänge geleitet, worauf sich der Vorgang wiederholt (Abb. 566). Der Bohrmeißel zerbröckelt den Boden im Fall. Die Bentonitflüssigkeit aber befördert nicht nur das Bohrgut aus dem Bohrloch, sondern stützt auch dessen ungefütterte Seitenwandungen gegen Einsturz in wirksamer Weise ab.

Die Standfestigkeit der Bohrlochwandung wird jedoch nicht nur durch den hydrostatischen Gegendruck des schweren Bentonitschlammes gesichert, sondern auch durch die vermutlich auf elektroosmotischen Erscheinungen beruhende verfestigende Wirkung jenes gelatineartigen Überzuges, mit dem der Bentonit an den Wandungen haftet.

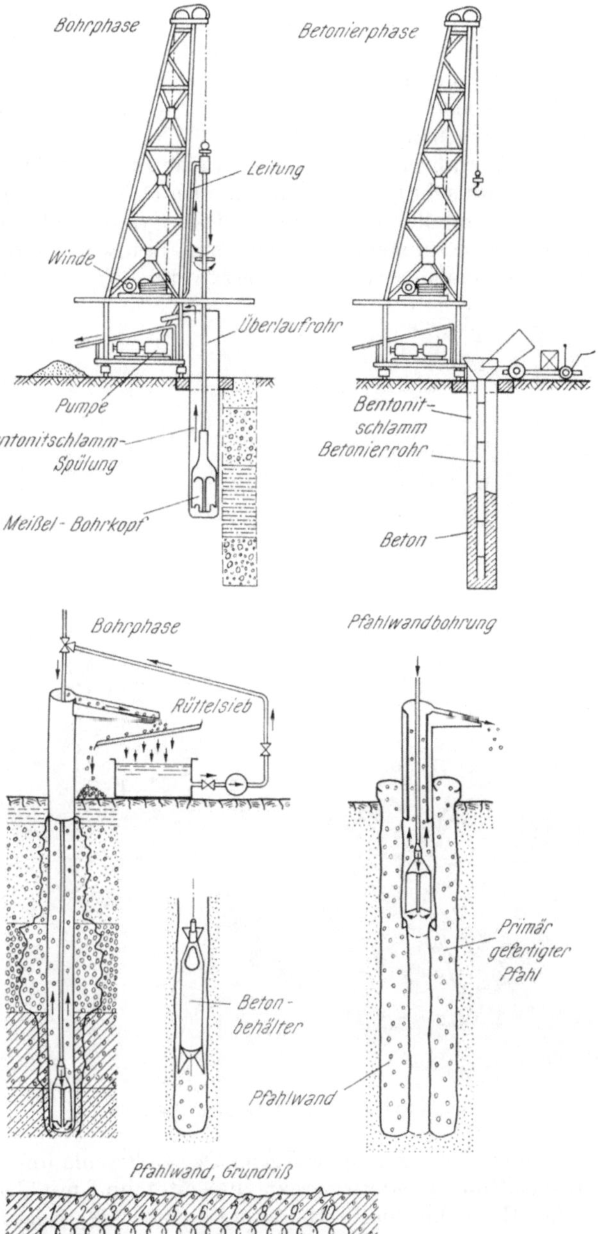

Abb. 566. Herstellungsvorgang des *Icos-Veder*-Pfahles

In das fertige, mit dem Bentonit-Spülschlamm gefüllte Bohrloch wird schließlich die Bewehrung eingesetzt, worauf es durch einen Trichter nach den Regeln des Unterwasserbetonierens (Kontraktorverfahren) ausbetoniert wird. Soll an der Tragfähigkeit des Pfahles auch die Mantelreibung in größerem Ausmaß beteiligt werden, wird die dicke Bentonitflüssigkeit vor Beginn des Ausbetonierens mit Wasser verdünnt und auf diese Weise der an den Bohrlochwänden haftende Bentonitüberzug abgespült.

Das Verfahren hat den großen Vorzug, mit der Herstellung der Pfähle ohne Unterbrechung vorankommen zu können, weil z. B. der Bohrmeißel während des ganzen Herstellungsganges kein einziges Mal gezogen zu werden braucht, da jede Verlängerung und alle sonstigen Arbeiten über Tage ausgeführt werden können.

Auf ähnlichen Arbeitsprinzipien beruht das mit vervollkommneter Ausrüstung arbeitende *Solétanche*-Verfahren, nach welchem sich in große Tiefen (bis 100 m!) hinabreichende Pfähle mit sehr großem Durchmesser (1,5 bis 2,5 m) und mit großer Tragfähigkeit (3000 t!) herstellen lassen [142]. Dieses System bohrt nicht mit Bohrgestänge und an diesem geführtem meißelartigem Bohrkopf, sondern mit einem weiten Bohrrohr und einem mehrfach verzahnten Fräskranzbär (Abb. 567).

Abb. 567. Bohrkranz mit Saugrohr *Solétanche*

Die Spülung erfolgt hier in umgekehrter Folge. Der Bohrschlamm wird dem Bohrloch nicht durch das Rohr, sondern direkt zugeleitet und mit dem Bohrgut zusammen durch das Rohr hindurch abgesaugt (Abb. 568), wodurch eine wirksamere Entfernung gesichert ist. Die Einrichtung ist auf ein fahrbares Gerüst aufgebaut und sowohl in ihrem Bohrteil als auch in der Schlammabsaugung voll mechanisiert. Der Beton wird auch bei diesem System nach dem Kontraktor-Verfahren durch einen auf das Bohrgerüst aufgehängten, lotrecht beweglichen Betoniertrichter eingebracht.

Bei mit Hilfe von Bohrschlamm hergestellten Pfählen muß man eine größere Anfangssetzung in Kauf nehmen, die infolge der mit Bentonitgut umzogenen schlupfrigen Bohrlochwand und der stärkeren Zusammenpressung des am Bohrlochfuß gebliebenen Spülgutes zu erwarten ist.

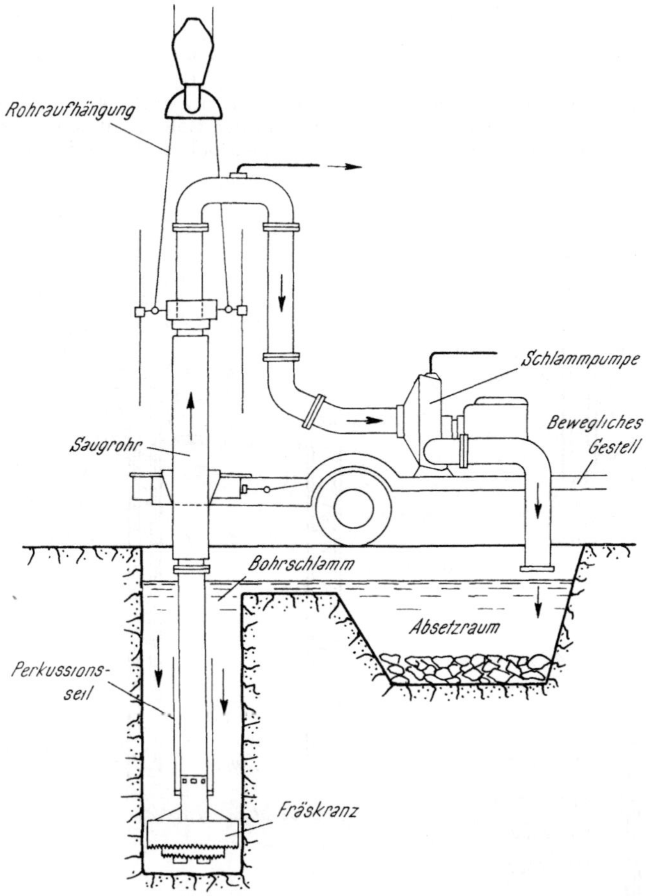

Abb. 568. Spülvorgang in „umgekehrter Richtung" bei *Solétanche*-Schlamm-und-Fräs-Bohrung

β) Bohrpfähle mit zurückgewonnenem Mantelrohr

Der unter Wiedergewinnung des Vortreibrohres hergestellte Bohrpfahl steht noch in der ungarischen Praxis mit dem Stahlbeton-Fertigrammpfahl in starkem Wettbewerb. Eine Zusammenfassung der weiter oben bereits aufgezählten Vor- und Nachteile der beiden Pfahlarten gestattet die Feststellung, daß man sich *für Rammpfähle* entscheiden wird, wenn man in lockeren, einer Verdichtung gut zugänglichen Sandböden zu arbeiten hat und wenn es sich, ganz allgemein gesehen, um dicht angeordnete *kurze, schwebende* Pfähle handelt. Geht es aber darum, *stehende* oder *lange,* in größeren Abständen voneinander *durch größere Rammhindernisse hindurch* niederzubringende Pfähle herzustellen, wird man sich eher zur Einbringung von *Bohrpfählen* entschließen, die nach ihrem Erfinder auch *Strauss-Pfähle* genannt werden. Der Gang ihrer Herstellung ist folgender (Abb. 569):

Das Bohren beginnt zunächst frei, ohne Futterrohr, sobald jedoch eine Tiefe von 2 bis 3 m erreicht ist oder von der Bohrlochwandung Material herabzubröckeln beginnt, wird auch das Futterrohr in das Bohrloch gepreßt. (Die untere Kante des Futterrohres kann mit einer Schneide oder mit Fräszähnen versehen sein.) In bindigen Böden eilt der Bohrer dem Futterrohr stets um etwa 0,5 bis 1,0 m voran, damit dieses in dem erweiterten Bohrloch möglichst leicht hinabgleiten kann und sich nicht im Boden verklemmt (a). In Lockerböden hingegen muß stets das Futterrohr voraneilen, weil sonst die nicht gestützte Bohrlochwandung im Grundwasser einstürzt. In kiesigem Sand genügt ein Voreilen um 15 bis 20 cm, in Fließsand muß es jedoch 1,00 bis 1,50 m betragen, da der flüssige Boden sonst unter dem seitlichen Wasser- und Bodenüberdruck selbst unter der Schneidkante aufbricht (b). Aus dem gleichen Grunde darf der Grundwasserspiegel weder während der Bohrarbeit, noch während des Betonierens gesenkt werden, damit der auf der Bohrlochsohle lastende hydrostatische Gegen-

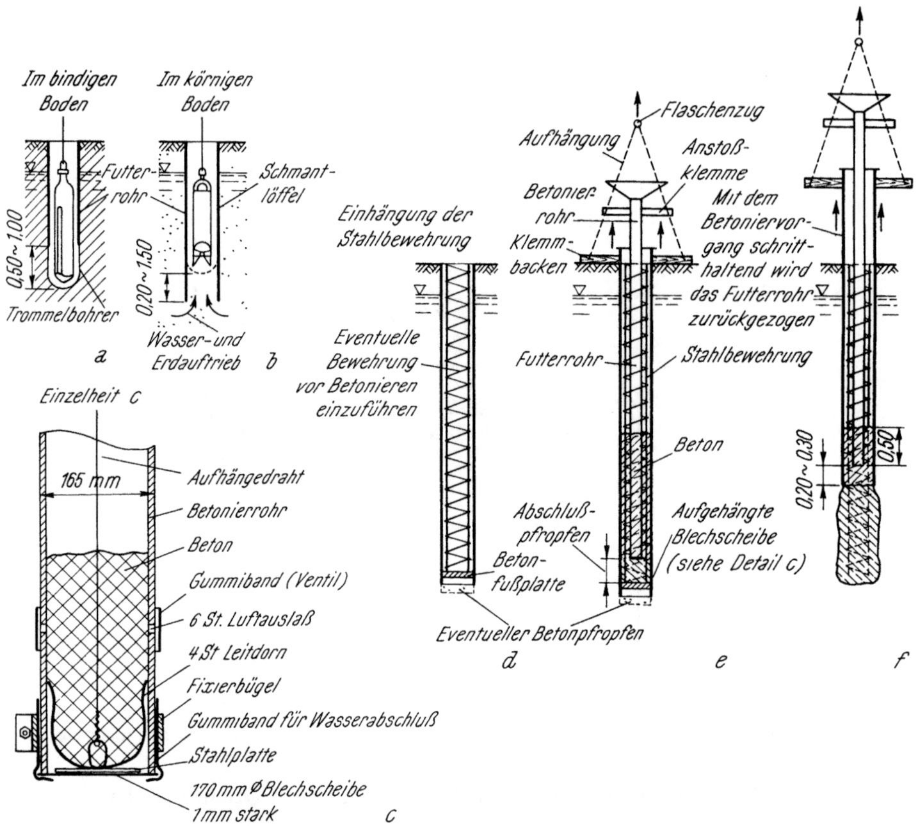

Abb. 569. Herstellungsvorgang des Bohrpfahls *Strauss* mit zurückgewonnenem Futterrohr

druck ständig aufrechterhalten bleibt. In das fertige Bohrloch wird in einem Betonierrohr, das unten mit einem aufklappbaren Deckel versehen ist, trockener Beton hinabgelassen (c), durch den die Bohrlochsohle eine etwa 20 bis 30 cm hohe Betonfüllung erhält, die die Tragfähigkeit der durch das Bohren gelockerten Bodenschicht unter der Spitze erhöht und eine weitere Lockerung dieser Schicht verhindert. Hierauf wird die zuvor bereits fertig zusammengestellte, unten in einen Betonpfropfen eingebundene Spiralbewehrung in das Futterrohr eingehängt (d) und mit dem Betonieren begonnen. Das nach unten etwas verbreiterte Betonierrohr (Konizität 1 : 300) paßt in das Innere der Bewehrung. Es ist unten mit einer genau zugeschnittenen kreisförmigen 1,5 bis 2,0 mm starken Blechscheibe abgeschlossen, die mit einem Draht in die Rohroberkante eingehängt wird. Das Betonierrohr selbst hängt mit einem Seil am Flaschenzug des Bohrgerüstes und kann mit der Bohrwinde gehoben und gesenkt werden (e). Es wird vor dem Einhängen in das Futterrohr mit plastisch-weichem Beton gefüllt, der nicht an der Rohrwandung haftet und einen großen hydrostatischen Druck hat. Das gefüllte Betonierrohr wird sodann auf die Bohrlochsohle hinabgelassen und oben mit einer Anschlagklemme in einer bestimmten Höhe (z. B. 30 cm) über der Oberkante des Futterrohres in seiner Lage fixiert (f). Nachdem man den Haltedraht des Betonierrohr-Verschlußdeckels gelöst hat, wird das Futterrohr hochgezogen. Im Hochsteigen schlägt seine Oberkante an die Anschlagklemmen des Betonierrohres an und nimmt damit auch dieses mit. Der Beton fließt unten aus und wird ständig so nachgefüllt, daß sein Spiegel im Betonierrohr stets über dem Grundwasserspiegel liegt. In lockeren, körnigen Böden muß nun beim Ziehen das Betonierrohr der Unterkante Futterrohr voreilen, da sonst der seitlich drückende Boden die Betonsäule einschnüren könnte. Das Futterrohr darf jedoch hinter dem Betonierrohr um höchstens 50 cm zurückbleiben, weil es sonst festhaftet. Ebenso ist darauf zu achten, daß die Bewehrung durch das Betonier- und durch das Futterrohr nicht mitgehoben wird. Erleidet die Kontinuierlichkeit des Betonierens aus irgendeinem Grunde eine Unterbrechung, wird das Futterrohr unverzüglich zurückgepreßt, das Betonierrohr wieder gefüllt und mit dem Ausbetonieren von neuem begonnen. Zementschlamm oder eingebrochene Bodenteilchen, die sich eventuell auf die Oberfläche der stehengebliebenen Betonsäule abgesetzt haben, müssen mit einer Schlammpumpe oder durch Greifer sofort ausgeräumt werden.

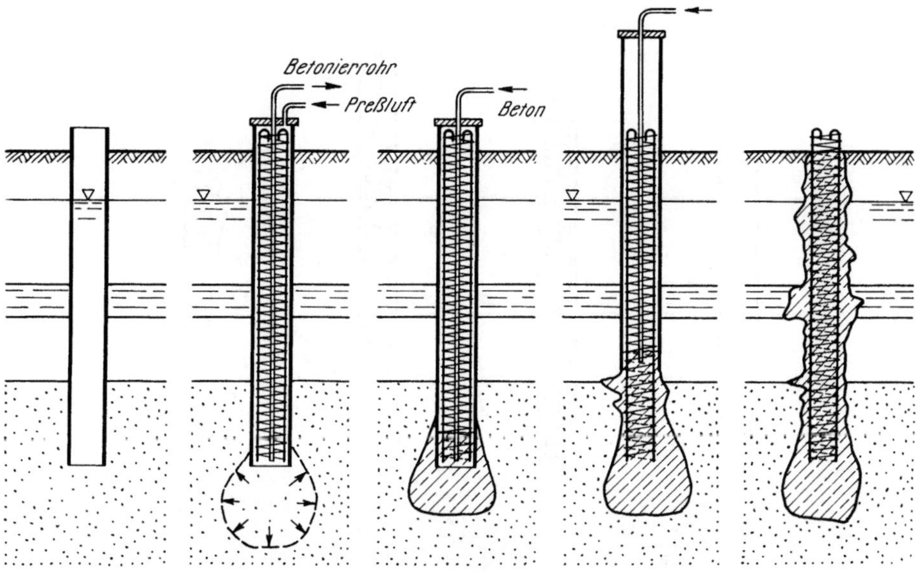

Abb. 570. Der Herstellungsvorgang des *Wolfsholz*-Pfahles

Wegen des zusätzlichen Erdaushubs und der Lockerung des Bodens nimmt der Bohrpfahl stets mehr Beton auf, als es theoretisch nach dem Futterrohrvolumen zu erwarten wäre. In bindigen Böden liegt der Mehraufwand um 40%, in lockeren körnigen Böden bei 65 bis 70%. (Der Mehraufwand ist gleichzeitig kennzeichnend für die bohrungsbedingte Lockerung des Bodens und muß deshalb bei jedem Pfahl sorgfältig registriert werden.)

Wie aus dem Gesagten hervorgeht, ergeben sich die größten Mängel der mit wiedergewonnenem Vortreibrohr hergestellten Bohrpfähle [143] aus der minderen Qualität des Betons oder aus dem Abreißen des Pfahlschaftes, ferner aus der seitlich und unter dem Pfahlfuß gleicherweise möglichen Lockerung des Bodens und nicht zuletzt aus ihrer dadurch bedingten geringeren Tragfähigkeit.

Diesen Mängeln ist man bemüht, durch folgende Vorkehrungen abzuhelfen:

1. *Die Verbesserung der Betonqualität* wird vor allem durch eine bessere Verdichtung angestrebt. Eine solche bezweckt z. B. das Verfahren zur Herstellung der *Wolfsholz-Pfähle* gemäß Abb. 570.

Auf den in üblicher Weise niedergebrachten Bohrrohrstrang (a) wird oben ein Verschlußstück aufgesetzt und unter dessen Schutz das Wasser unter niedrigem Druck aus dem Rohr herausgepreßt. Hierauf folgt das Einsetzen des zuvor zusammengebauten, mit einem Fußpfropfen versehenen Bewehrungskorbes in das leere Bohrrohr (b) und das stoßweise Einpressen des Betons in das Rohr unter Druckluft (c). Das Einpressen erfolgt bis zu jenem Druck, der auch das Bohrrohr um ein gewisses Maß hochhebt (d). Durch Wiederholung des Vorganges wird der Pfahl schließlich fertig aufgebaut (e). Er hat je nach der Nachgiebigkeit der durchfahrenen Schichten mehr oder weniger starke Wülste und einen zwiebelförmigen Fuß, zwei Faktoren, die seine Tragfähigkeit wesentlich erhöhen, abgesehen davon, daß der unter hohem Druck eingepreßte und somit wenig Wasser enthaltende Beton auch eine wesentlich erhöhte Festigkeit aufweist.

Gleichfalls eine Verbesserung der Betonqualität, aber auch eine Verdichtung des umliegenden Bodens und damit eine Erhöhung der Pfahltragfähigkeit bewirkt das *Prepakt-Verfahren* [144] (Abb. 571).

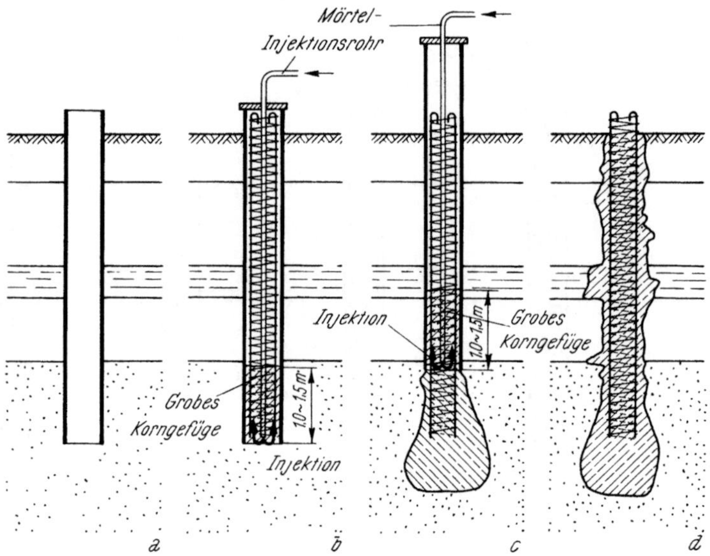

Abb. 571. Herstellungsvorgang eines *Prepakt*-Pfahles

Bei diesem Verfahren wird nach Fertigstellung des Bohrlochs (a) und Einsetzen des Bewehrungskorbes in der Pfahlachse ein engeres Injektierungsrohr (⌀ 40 bis 52 mm) abgesenkt, worauf man in das Bohrloch 1,5 bis 2,0 m hoch zunächst die Grobzuschläge des Betons einbringt (b), die sodann mit dem durch das Injektionsrohr zugeführten Mörtel mit 4 bis 5 atü verpreßt werden (c). Der Mörtel füllt jedoch nicht nur die Hohlräume zwischen dem Zuschlagstoffgerüst, sondern dringt auch in die Bodenschichten unter und um den Pfahl ein und verbessert infolge der Wulstbildung auch die spezifischen Werte der Mantelreibung (d).

Ähnlich werden ferner die *Colcrete-Pfähle* hergestellt, mit dem Unterschied allerdings, daß man bei diesen das Ziehen der Mantelrohre durch Rütteln erleichtert. Überdies fördert das Rütteln die Verdichtung des Betons und die Ausfüllung der Hohlräume im Gerüst der Zuschlagstoffe durch den Spezial-Colcrete-Mörtel (vgl. S. 232).

Andere Pfahlherstellungsverfahren zielen darauf hin, das Wasser aus dem Bohrloch vor Einbringung des Betons zu entfernen.

2. *Die Verminderung der Tragfähigkeit des Bodens unter dem Pfahl wird durch die zwiebelförmige Verbreiterung des Pfahlfußes, d. h. durch Ausgestaltung eines größeren Pfahlfußquerschnittes nicht nur ausgeglichen, sondern schlägt sogar in eine Erhöhung der Pfahltragfähigkeit um.* Nach diesem Prinzip wird z. B. der *Paproth-Pfahl* hergestellt, dessen Schema aus Abb. 572 hervorgeht. Zur Ausbildung der kegelförmigen Fußzwiebel (vgl. Abb. 579a) wird von der Bohrlochsohle aus mit

einem Spezial-Schergerät ein Hohlraum ausgeschnitten, dessen kegelförmige Wandung eine größere Standfestigkeit hat als die kugelförmige.

Zur Erhöhung der Tragfähigkeit der Spitze bedient man sich auch der Bodenverfestigung (Michaelis-Mast) [145], der Zementeinpressung (Benoto), ja sogar des

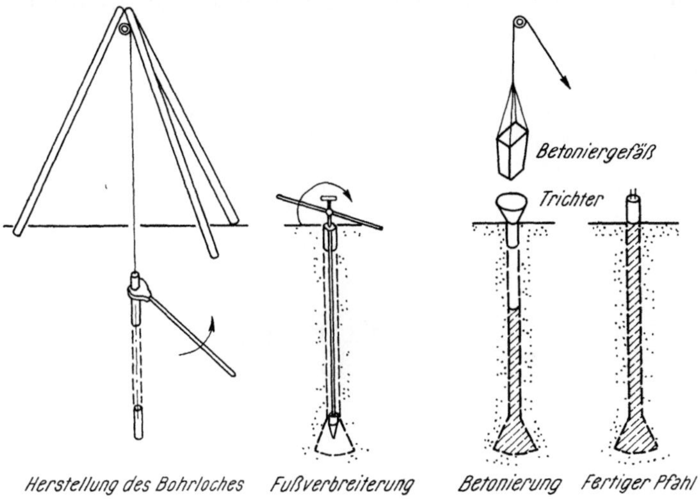

Abb. 572. Der *Paproth*-Pfahl

Sprengens [146]. Nach dem Verfahren von Chlebnikow läßt sich die Unterhöhlung des Pfahlfußes sicherer gestalten und der Pfahlfußdurchmesser von Pfählen mit Durchmessern von 100 bis 150 cm bis 300 cm vergrößern, indem man die Bohrlochsohle unmittelbar vor der Ausräumung des Pfahlfußhohlraumes mit Bohrschlamm füllt, der die Höhlung vor einem eventuellen Nachstürzen der Wandung schützt.

Pfähle mit derartigen *zwiebelförmig verbreitertem Fuß* bieten auch guten Widerstand gegen Zugkräfte.

Mit Erfolg hat sich in der Praxis die mit Wiedergewinnung des Bohrrohres und mit Bohrschlammspülung arbeitende *Salzgitter*sche Bohrvorrichtung (Abb. 573) bewährt, mit der die einzeln je 37 m, insgesamt 26526 m langen, im Durchmesser 1,35 m messenden Pfähle für die Gründung der 8678,6 m langen Brücke über den *Maracaibo*-See mit einer Tragfähigkeit von je 750 t hergestellt wurden [147].

Mit *außergewöhnlichem Erfolg* bedient sich die Tiefbaupraxis zur Herstellung von Bohrpfählen ferner des *Benoto-Verfahrens* [148], mit dem auch in Ungarn günstige Erfahrungen gemacht wurden. Dem Wesen nach besteht es in der Niederbringung eines dickwandigen Bohrrohres in den Boden. Der Reibungswiderstand wird hierbei durch das maschinelle Hin- und Herdrehen des stählernen Mantelrohres in waagrechter Ebene und durch die Fallwirkung seiner Auf- und Abbewegung auf ein Minimum herabgesetzt. Das Bohrgut wird mit einem außerordentlich massiv gebauten und schweren sogenannten „Hammergrab" aus dem Rohr gehoben, dessen untere Greifbacken sich im Fallen öffnen, um sich beim Herausheben des Materials greiferartig zu schließen (s. Abb. 574). Sobald das Bohrrohr die gewünschte Tiefe erreicht hat, wird der Beton mit einem Spezial-Betonkübel auf die Bohrlochsohle gebracht, worauf das Bohrrohr unter neuerlichem waagrechtem Hin- und Herdrehen und gleichzeitigem Auf- und Abbewegen — mit nahezu vollständiger Überwindung der Reibungskräfte — gezogen wird. (Es ist zu bemerken, daß der Betoniervorgang mittels Kübeln unter Grundwasserspiegel durch eine Abart des Kontraktorverfahrens ersetzt werden kann! Durch das reine Kontraktorverfahren wird nur in geringeren Tiefen ein besserer Beton produziert, dagegen ist in größeren Tiefen das Betonieren mittels Kübeln vorzuziehen. Man muß jedoch einen stromlinienförmig gestalteten Spezialkübel benützen, damit die kolbenartige Wirkung desselben und die dadurch bedingte

Abb. 573. Ansicht der Salzgitter Schlamm- und Fräsbohrmaschine

Auswaschung des Zementgehaltes auf ein Mindestmaß herabgesetzt wird, und ferner ist auf das langsame und vorsichtige Öffnen des Kübels zu achten, damit das unerwünschte Aufwirbeln des Wassers vermieden werden kann. Das Hin- und Herdrehen des Rohres verdichtet zugleich auch den Beton in vorteilhaftester Weise und rauht außerdem die mit dem Boden in Berührung stehenden Seitenflächen auf (Abb. 575). (Zur Erhöhung des Spitzenwiderstandes wird neuerdings vor dem Betonieren in das Mantelrohr ein Injektierungsrohr eingestellt, durch welches der Umkreis um den Pfahlfuß nach dessen Erhärtung durch Zementeinpressung verfestigt wird.)

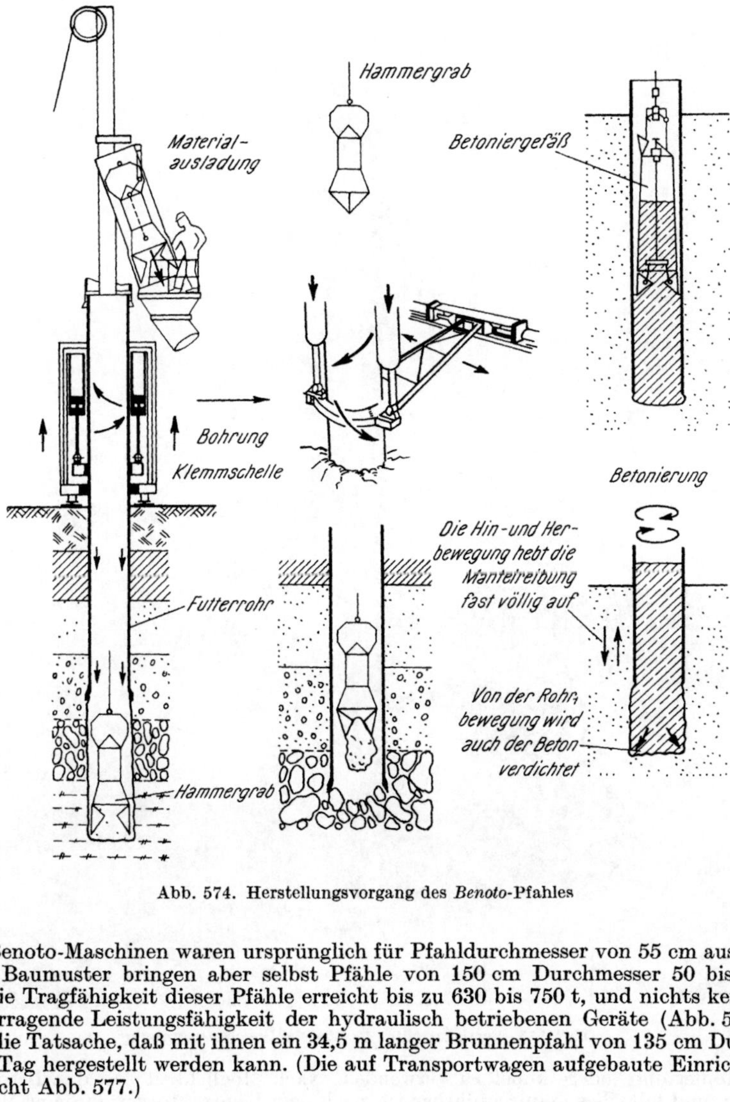

Abb. 574. Herstellungsvorgang des *Benoto*-Pfahles

Die Benoto-Maschinen waren ursprünglich für Pfahldurchmesser von 55 cm ausgelegt, die heutigen Baumuster bringen aber selbst Pfähle von 150 cm Durchmesser 50 bis 60 m tief nieder. Die Tragfähigkeit dieser Pfähle erreicht bis zu 630 bis 750 t, und nichts kennzeichnet die hervorragende Leistungsfähigkeit der hydraulisch betriebenen Geräte (Abb. 576) besser, als etwa die Tatsache, daß mit ihnen ein 34,5 m langer Brunnenpfahl von 135 cm Durchmesser in einem Tag hergestellt werden kann. (Die auf Transportwagen aufgebaute Einrichtung veranschaulicht Abb. 577.)

Die *Regeln für die Herstellung von Bohrpfählen* mit Wiedergewinnung der Bohrrohre hat auf dem Internationalen Symposion über Pfahlgründungen in Stockholm (1960) AURNHAMMER [149] auf Grund eines Gutachtens der Fachkommission der DEGEBO folgendermaßen zusammengefaßt.

1. Der Boden darf durch das Bohren keineswegs gelockert werden, das Mantelrohr muß also dem Erdaushub stets voreilen.
2. Die Stetigkeit des Pfahlbetons darf an keiner Stelle durch einstürzenden Boden unterbrochen werden und ebenso darf er keine Kiesnester enthalten! Im Betonierrohr ist deshalb

der Betonspiegel stets genügend hoch zu halten, aber auch im Mantelrohr muß die Betonoberfläche die Unterkante Rohr stets mit Sicherheit überdecken. Das Betonierrohr muß innen auch an den Stoßstellen vollkommen glatt sein.

3. Zur Sicherung der ausreichenden Betonfestigkeit ist der Beton tunlichst einzurütteln. Bei Herstellung langer Pfähle — bei denen dies nicht möglich ist —, ist der Beton in weichplastischem Zustand in das Rohr einzubringen. Zur Verhinderung einer Entmischung sind

Abb. 575. Fertiggestellter *Benoto*-Pfahl nach Ausgrabung

Spezialbetonierrohre oder -kübel zu verwenden. Nach Möglichkeit soll das Betonieren im Trockenen, und falls dies undurchführbar ist, nach dem Kontraktorverfahren erfolgen.

4. Von der Bewehrung sollte man nur in Ausnahmefällen absehen, wenn waagrecht angreifende Kräfte unter keinen Umständen zu befürchten sind und wenn auch ein Abgleiten oder eine Verschiebung der durchfahrenen Bodenschichten ausgeschlossen ist.

5. Zwiebelförmige Pfahlfußverbreiterungen dürfen nur in standsicheren Böden und nur durch geübte Fachleute und Fachunternehmungen ausgeführt werden.

γ) Bohrpfähle mit verlorenem Mantelrohr

Ihre Anwendung können nur besondere Gesichtspunkte rechtfertigen, wie etwa der Wunsch, die negative Mantelreibung auszuschalten oder zumindest zu ver-

Abb. 576. „*Benoto*“-Pfahlgerät in Arbeit

Abb. 577. *Benoto*-Pfahlgerät in fahrbarem Zustand

mindern, den Pfahlkörper vor der Einwirkung betonschädigenden Grundwassers zu schützen oder etwa die Unmöglichkeit, Gefahren, die sich aus dem Ziehen des Bohrrohres ergeben könnten, auf andere Weise abzuwenden, wie etwa bei Gewölbebildungen im Beton, die es wegen der starken inneren und äußeren Reibung unmöglich machen, das Bohrrohr anders als stoß- und ruckweise zu ziehen, was zum Abreißen des Pfahlschaftes führen kann.

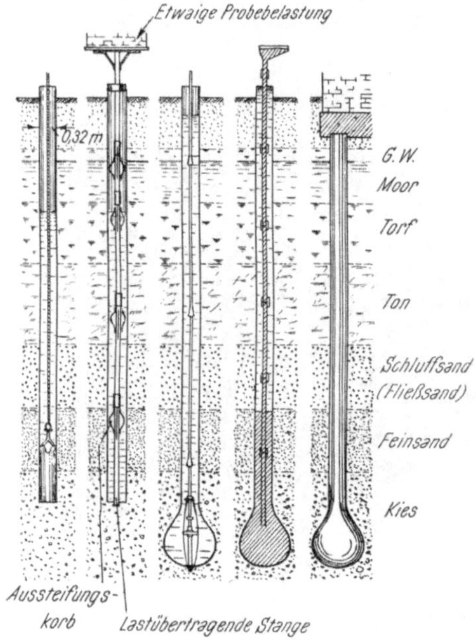

Abb. 478. Der *ABA-Lorenz*-Pfahl

Nach diesem Verfahren werden die *ABA-Lorenz-Pfähle* nach dem in Abb. 578 dargestellten Schema hergestellt.

Das Bohrrohr wird im Spülbohroder in einem anderen Tiefbohrverfahren in üblicher Weise bis zu einer tragfähig scheinenden Schicht niedergebracht. Die Bohrarbeit bleibt an diesem Punkt stehen, weil in das Bohrloch zwecks Durchführung einer Probebelastung eine Spezialbelatungsvorrichtung eingesetzt wird. Je nach dem Ergebnis dieser Probebelastung wird die Bohrarbeit eingestellt oder weiter fortgesetzt. Sobald die geeignete Schicht erreicht ist, wird mit dem besonderen (Lorenzschen) Schneidegerät der zwiebelförmige Hohlraum für den Pfahlfuß ausgeschnitten, der damit eine größere Sohlfläche erhält. Um einen Einsturz der Höhlung während der Arbeit zu verhindern, erhält sie eine Abstützung durch von oben unter hohem Druck eingepreßtes Wasser. Das Mantelrohr wird nun entweder mit einem Betoniereimer oder mit einem Betonierrohr ausbetoniert,

Abb. 579a. Ausgegrabener „Zwiebelkopf" eines *Paproth*-Pfahles

die in den in das fertige Bohrloch eingesetzten Bewehrungskorb abgesenkt werden. Beim Einbringen des Betons mit dem Betonierrohr sind die Regeln des Unterwasserbetonierens zu beachten. Bei geringem Wasserzutritt kann das Bohrloch auch ausgepumpt werden, wobei man trachtet, den Beton rasch im Trockenen einzubringen. Diese Pfähle sind vor allem als stehende Pfähle gebräuchlich.

In überaus gründlichen Versuchen an diesen Pfählen hat MUHS [150] festgestellt, daß sich die zwiebelförmige Verbreiterung des Pfahlfußes durch sorgfältige Arbeit sehr gut ausbilden läßt (s. Abb. 579b).

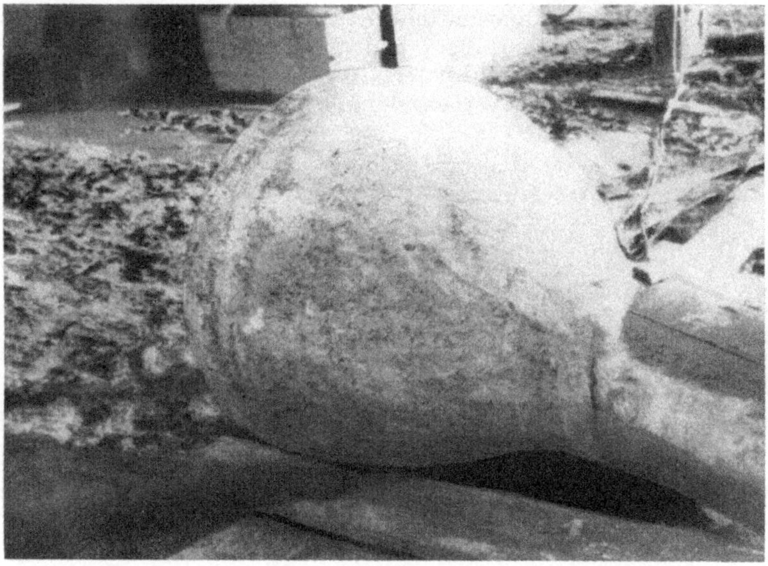

Abb. 579b. Ausgegrabener „Zwiebelkopf" eines *ABA-Lorenz*-Pfahles

4. Spezialpfähle

Zu diesen gehören in erster Linie die nach verschiedenen Verfahren hergestellten *Verdichtungs-Ortpfähle.*

Als solche sind vor allem die Kellerschen *Rüttelfußpfähle* zu erwähnen, deren Herstellungsschema in Abb. 580 dargestellt ist. Wie aus dieser hervorgeht, wird zunächst ein Mantelrohr mit einem Spülstromrüttler durch die nicht tragfähigen Schichten bis zu der tiefer anstehenden, der Verdichtung durch den Rüttler zugänglichen Schicht niedergebracht. Von hier wird der Rüttler weiter versenkt, der Boden in der erforderlichen Tiefe dichtgerüttelt, wonach der Rüttler ausgefahren, das Mantelrohr im Kontraktorverfahren ausbetoniert und so bei gleichzeitigem langsamen Ziehen ein Ortbetonpfahl hergestellt wird, der sich mit seiner Spitze auf die verdichtete Schicht abstützen kann.

Einigermaßen ähnlich wird der Abelejewsche Explosions-Verdichtungspfahl [151] hergestellt, der sich bei den Gründungsarbeiten für die Stahlwerke in Dunaujváros bestens bewährt hat. Das Verfahren eignet sich besonders zur Verdichtung makroporöser Lößböden.

In den Boden wird ein Rohr von 50 bis 70 mm Durchmesser gebohrt oder gerammt und sogleich wieder gezogen. An seine Stelle wird eine Patronenkette mit einer genügend starken Sprengladung eingesetzt und zur Explosion gebracht. Der im Lößboden entstehende Sprengtrichter von 200 bis 250 mm Durchmesser wird mit Erde verfüllt, die ein maschinell angetriebener Stößel sorgfältig verdichtet. Den Versuchen zufolge nimmt die Zusammendrückbarkeit des Bodens unter normalen Verhältnissen um 50%, seine Absackungsanfälligkeit hingegen um 90% ab. Statt der Sprengung genügt es auch, einen gehobelten, glattwandigen Holzpfahl in die gewünschte Tiefe einzutreiben und gleich wieder zu ziehen. In dem verbleibenden Loch kann der nachzufüllende Boden mit einem Stößel ebenso verdichtet werden.

Zu den Sonderausführungen zählen ferner die in lockeren Sandböden und in Fließsand mit Erfolg anwendbaren „*Mixed-in-place*"-*Ortpfähle,* die im Grunde genommen durch Bodeninjektion hergestellt werden. Statt den Sand aus dem Bohrloch herauszuräumen, um ihn, mit Zement vermischt, als Beton in das Bohrloch neuerlich einzubringen, beläßt dieses Verfahren den Sand an seinem Platz und mischt ihm bloß das Bindemittel bei, und zwar in Gestalt eines unter Druck eingepreßten, überaus geschmeidigen und durch verschiedene spezielle kolloidale Zusatzmittel (Alfesil, Staubkohlenasche, Intrusion-Aid) plastifizierten Mörtels (vgl. Pfähle, die durch Bodenvermörtelung hergestellt werden können, Abb. 54).

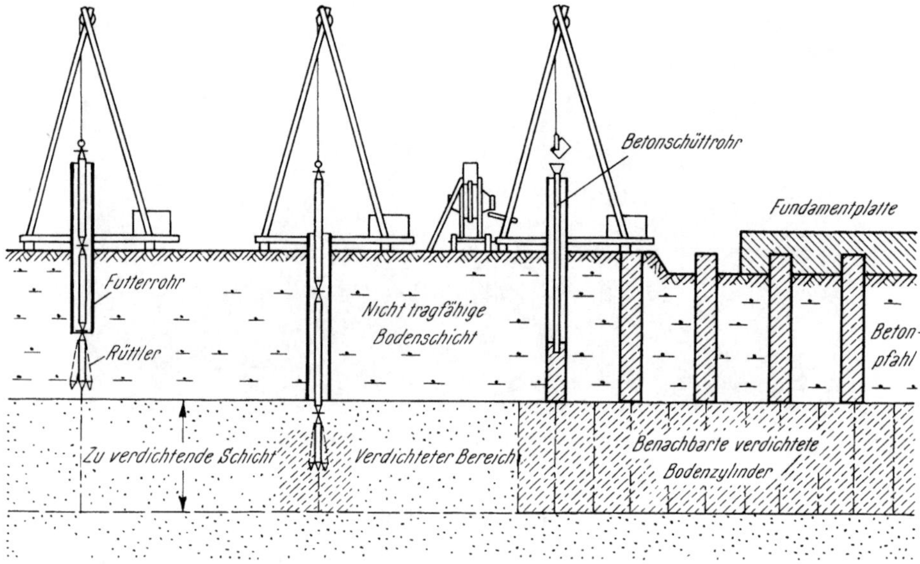

Abb. 580. Herstellungsvorgang der Kellerschen Rüttelpfähle

Das Verfahren eignet sich übrigens auch zur Erhöhung der Belastbarkeit von Rammpfählen oder beispielsweise auch zur Verfestigung der Bodenschichten unter Pfahlfüßen (vgl. Injektorpfahl usw.) [152].

Schließlich finden zunehmend weite Verbreitung auch die sogenannten *Brunnenpfähle*, bei denen es sich eigentlich um Hohlpfähle mit großem Durchmesser handelt, die durch Bohrung oder durch Einrütteln (nur selten durch Rammen oder Einpressen) in der Regel in große Tiefen abgesenkt werden. Erwähnenswerte Ausführungsbeispiele bieten die Gründungen der *Lidingö*-Brücke [153], des Molos von *Le Verdon* [154] und der *Jangtsekiang*-Brücke bei Hankau [136 bis 137], auf deren Erörterung hier wegen ihrer Besonderheiten nicht näher eingegangen werden soll, zumal die einschlägige Literatur alle Einzelheiten enthält.

Allgemeine Literatur

ABELEJEV, JU. M.: Bau- u. Entwurfsgrundlagen bei makroporösen Böden. (Osnowi projektirowanija ....) Moskau: Stroiwojenmorisdat. 1948.

BACHUS, E.: Grundbaupraxis. Berlin-Göttingen-Heidelberg: Springer. 1961.

BARKAN, D. D.: Das Vibrationsverfahren in der Bauindustrie. (Wibrometod ....) Gos. Isd. Lit. po Stroit. Arch. i Stroit. Math., Moskau, 1959.

BERDITSCHEWSKIJ, G. I., u. B. F. GORDUNOW: Vorgespannte Stahlbetonpfähle. (Predwaritelno naprjaschenie ....) Gos. Isd. Lit. po Stroit. i Lit. Moskau: 1951.

CHELLIS, R. D.: Pile Foundations. New York-Toronto-London: McGraw-Hill. 1961.

CHELLIS, R. D.: Pile Driving Handbook. New York-Toronto-London: McGraw-Hill. 1948.

Civil Engineering Code of Practice No. 4. Foundations. Inst. Civil Engineering, London, 1958.
Deep Foundations Conference. Proc. Mexico, 1964, and I. Panam. Conf. on Soil Mech. Found. Engg. Vol. III. Mexico 1959.
DÖRR, H.: Die Tragfähigkeit der Pfähle. Berlin: W. Ernst. 1922.
GERSEWANOW, N. M.: Pfahlgründungen. (Swajnüe osnowanije.) Moskau: Stroiwojenmorisdat. 1948.
GRAY: Reinforced Concrete Piling. Concrete Publ. Ltd. London, 1948.
HRENNIKOFF: Analysis of pile foundations with batter piles. Am. Soc. Civ. Eng. Proc. **1949**, Febr.
Journées sur la force portante des pieux. Ann. de l'Institut Technique du BTP. **1953**, März-Apr., Nr. 63–64.
KARAFIÁTH, L.: Pfahlgründungen in Ungarn. (Magyarországi cölöpalapozások, ung.) Mérnöki Továbbképző Nr. 3461, 1955.
KÉZDI, Á.: Tragfähigkeit der Pfähle und der Pfahlgruppen. (Cölöpök és cölöpcsoportok teherbirása, ung.) ÉKME Tudományos Közlemények **IV**, Nr. 3 (1958).
KÉZDI, Á.: Bodenmechanik, Bd. 1. Berlin: VEB Verlag für Bauwesen und Budapest: Akademiai Kiado. 1964.
MAST, A.: Pfahlgründungen. Wiesbaden—Berlin: Bauverlag. 1959.
PLAGEMANN, W. u. W. LANGNER: Die Gründung von Hoch- u. Ingenieurbauten, Leipzig: B. G. Teubner 1958.
Proceedings of the Int. Conf. on Soil Mech. Found. Engg. Vol. II. London, 1957, Paris 1961, Montreal 1965.
Proceedings ASCE 1941—1942 und 1948. Aufsatzreihe von der Pfahltragfähigkeit. Cummings, Moore, usw.
SCHENCK, W.: Der Rammpfahl. Berlin: W. Ernst. 1951.
SCHIEL, F.: Statik der Pfahlwerke. Berlin-Göttingen-Heidelberg: Springer. 1960.
Symposium on the design of Pile Foundations. Stockholm: A. Bergfelt. 1960. Part 1. Preliminary Report und Part 2. Oral discussion.
Symposium on Bearing Capacity of Piles. Roorkee — India. 1964.
SZÉCHY, K.: Der Grundbau, I. Band. Wien: Springer. 1963.
SZÉCHY, K.: Gründungsschäden. Wiesbaden—Berlin: Bauverlag. 1963.
TROFIMENKOW, J. G. u. L. G. MARIUPOLSKIJ: Screw Piles for Mast and Power Foundations. Proc. VI. Int. Conf. Montreal 1965. Vol. II.
TSITOWITSCH, N. A.: Bauwerke und Gründungen. Osnowania i Fundamenti. Goss. Isd. Lit. pro Stroit. Arch. Moskau 1959.
ZIMMERMANN: Die Rammwirkung im Erdreich. Berlin: W. Ernst. 1915.

V. Brunnen- und offene Senkkastengründungen

Die andere große Gruppe von Tiefgründungen stellen die sogenannten Senkgründungen dar. Sie bestehen aus Abstützungselementen (Brunnen und Senkkasten), die über Tage vorgefertigt und in den Boden oder auf die Bettsohle abgesenkt werden.

Die *Brunnengründung*, die auf eine Vergangenheit von mehreren tausend Jahren zurückblicken kann, hat sich heute in eine modernere Form, der *offenen Senkkastengründung*, fortentwickelt. Grundsätzlich besteht zwischen den beiden Gründungsarten der Unterschied, daß die Brunnen die lastverteilende Grundplatte, d. h. die Bauwerkslast, als stehende Pfähle mit großem Durchmesser punktweise abstützen und auf eine tiefer anstehende tragfähige Schicht übertragen. Demgegenüber umschließen die *offenen Senkkästen* den ganzen Gründungskörper bzw. das ganze Tiefbauobjekt, so daß sie die gleichen Grundrißabmessungen haben wie der lastverteilende Fundamentblock oder das Tiefbauwerk. Während mithin die Brunnengründungen eine Ähnlichkeit mit Pfahlgründungen aus Pfählen großen Durchmessers haben, gleichen die offenen Senkkastengründungen tief hinab verlegten Flachgründungen (Solitären). Wesentlich und grundsätzlich unterscheiden sich hingegen von den Brunnengründungen die unten oder oben *geschlossenen Senkkästen*, die im nächsten Abschnitt gesondert behandelt werden sollen.

Unter Brunnen und Senkkästen versteht man unten und oben offene Gründungskörper mit geschlossenem (kreisförmigem, quadratischem oder rechteckigem) Grundriß, aus denen der Boden fortlaufend ausgehoben wird, so daß sie unter ihrem Eigengewicht allmählich bis in die gewünschte Tiefe in den Boden sinken. Das Absenken des Brunnens oder Senkkastens, dessen Mantelwand unten mit einer Schneide versehen ist, wird durch gewichtsvermehrende Auflastungen oder durch künstliche Verminderung der Mantelreibung erleichtert. Sobald die gewollte Tiefe erreicht ist, baut man auf die vom Mantel umschlossene Sohlenfläche, sofern sie trockengelegt ist, eine Betonsohle, wenn dagegen der Erdaushub unter Wasser erfolgte, eine abschließende Sohlplatte aus Unterwasserbeton ein. In dem auf diese Weise sowohl zeitlich als auch von unten geschlossenem Arbeitsraum, d. h. also im Inneren des Brunnens oder des Senkkastens, kann nunmehr der Gründungskörper oder das Tiefbauwerk im Trockenen ohne weitere Zwischenabstützung oder Entwässerungsmaßnahmen genauso ungestört hochgeführt werden, als arbeitete man über Tage (Abb. 581). Brunnen werden hierbei mit Magerbeton oder gut verdichtetem Kiessand verfüllt, worauf die lastverteilende Grundplatte (*Rostplatte*) aufgesetzt werden kann (Abb. 582). Bei offener Senkkastengründung bedarf es keiner derartigen lastverteilenden Grundplatte, weil die Abmessungen des Senkkastens mit jenen des Bauwerksunterbaues übereinstimmen. Trotzdem brauchen die Senkkästen nicht unbedingt eine Betonverfüllung zu erhalten, vielmehr genügt auch hier eine Füllung aus gut verdichtetem Kiessand — sofern die Bodenschicht unter dem Senkkasten die nötige Tragfähigkeit besitzt —, da die Seitenwandung des Senkkastens ein seitliches Ausweichen der eingebrachten Kiessandschicht verhindert. Diese wird also in die Lage versetzt, die Belastung — auch ohne stärkere Setzungen — auf den Baugrund zu übertragen.

Die Mantelwandung braucht natürlich keineswegs vor Beginn des Absenkens bis zu ihrer vollen Höhe fertiggestellt zu werden, vielmehr besteht die Möglich-

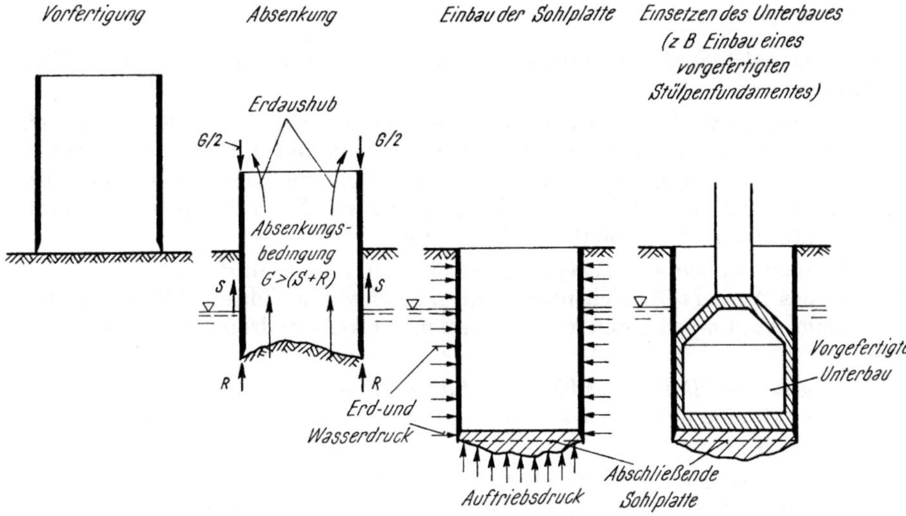

Abb. 581. Die Hauptphasen der Herstellung einer Brunnengründung

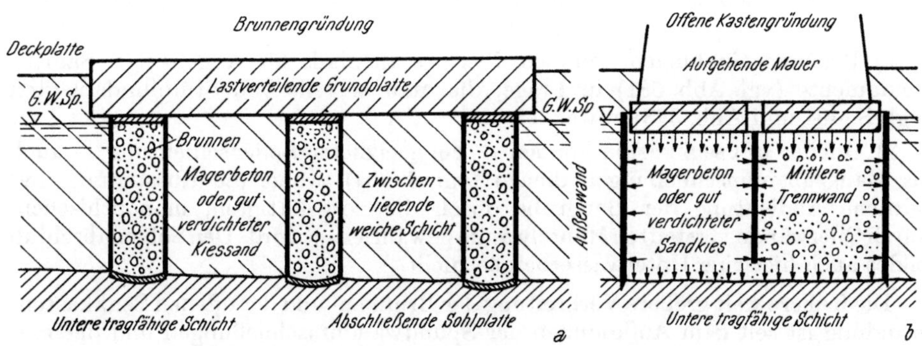

Abb. 582. Die schematische Lastübergabe bei einer Brunnen- (a) und bei einer offenen Senkkasten- (b) Gründung

keit, sie mit fortschreitender Absenkung stufenweise hochzuführen. Zwar kommt man bei diesem Arbeitsverfahren mit einer geringeren Gerüsthöhe aus und kann auch bequemer betonieren bzw. mauern, doch muß man den größeren Zeitbedarf in Kauf nehmen, den das Abwarten des Erhärtens der einzelnen Betonaufstokkungen erfordert (vgl. Abb. 600). Die Mauerung mit Betonformsteinen oder -fertigteilen bietet den Vorteil, mit dem Mauern dem Absenkungsfortschritt folgen zu können, so daß der obere Brunnenrand während der Absenkung stets in annähernd gleicher Höhe liegt und der Brunneninnenraum durch keinerlei Schalung beengt ist, was den Erdaushub wesentlich erleichtert.

Brunnengründungen pflegen im allgemeinen wirtschaftlicher zu sein als die anderweitigen Tiefgründungen, weshalb es stets der Mühe lohnen wird, sie ernstlich mit in Erwägung zu ziehen, ja bei größeren Fundamentkörpern auch zu untersuchen, ob das Bauwerk auf einen einzigen Senkkasten oder auf eine Reihe unmittelbar nebeneinanderstehender Brunnen gestellt werden soll. (Ein zu langer, schmaler Senkkasten wird sich für die Absenkung stets als ungünstig erweisen.) Zur Anlage einer Brunnenreihe senkt man zunächst jeden zweiten Brunnen ab, um sodann in den entsprechend großen Zwischenräumen die restlichen Brunnen niederzubringen.

Brunnen- oder Senkkastengründungen werden zweckmäßig in folgenden Fällen angewandt:

a) *In leicht aushebbaren Böden,* sofern in nicht zu großer Tiefe (4 bis 8 m) eine entsprechend tragfähige feste Bodenschicht ansteht und die Brunnenabsenkung auf keine größeren Hindernisse stößt. Besonders gilt dies dann, wenn die untere tragfähige Schicht so hart ist (Fels, Mergel), daß ein Niederbringen von Pfählen oder Spundwänden in sie nicht in Frage kommt.

b) *In stark wasserdurchlässigen,* grobkörnigen Böden, in denen sich das Ausschließen des Wassers (Abdichtungswand) nur schwer ausführen läßt und in denen selbst beim Abpumpen größerer Wassermengen kein hydraulischer Grundbruch droht.

c) *In wassergesättigten feinkörnigen Böden* (Fließsand), die eben wegen ihrer Feinheit durch eine offene Wasserhaltung leicht in Grundbruch geraten könnten, und schließlich

d) überall dort, wo die Gründung *in sehr große* — oft selbst die Druckluftentwässerungsgrenze (35 m) überschreitende — *Tiefen* verlegt werden muß, wenn *sehr leicht baggerbare* oder sehr lockere, keinerlei Absenkungshindernisse enthaltende Bodenschichten anstehen, die sich durch Schlammpumpen entfernen lassen.

e) Brunnengründungen kommen überdies allenfalls für vorgefertigte Säulenfundamente (vgl. Abb. 581) in Frage, die man anstelle von Stülpfundamenten (vgl. S. 404 und Abb. 373] anwendet.

f) Offene Großsenkkästen können — bei geeigneter Bodenschichtung — auch als Baugrubenumschließungen dienen (vgl. S. 654), wobei die Aussteifung und seitliche Abdichtung der Baugrube durch die vorgefertigten, monolithischen, durch Querwände versteiften Mantelwände gewährleistet wird. Den Sohlenabschluß bildet auch hier eine Unterwasserbetonschicht.

Die frühere weit größere Verbreitung der Brunnen- und der offenen Senkkastengründung ist seit dem Aufkommen der Spundwandumschließungen und der modernen Pfahlgründungsverfahren stark zurückgegangen, obwohl sie auch heute in vielen Fällen wirtschaftlich ist. Insbesondere stellt sie bei Gründungen kleinerer Brücken in wassergesättigtem Sand oder in stark wasserdurchlässigen Kiesböden, aber auch beim Aufsetzen umfangreicher Bauwerke auf festes, unter nicht sehr mächtigen Aufschüttungen anstehendes Gestein das wirtschaftlichste und schnellste, zugleich aber auch das sicherste Gründungsverfahren dar. Auch darf nicht übersehen werden, daß die Brunnengründung in Böden, die sich zur Unterwasserbaggerung eignen, eine Möglichkeit zur Umgehung der gesamten Entwässerungsarbeit bietet.

Brunnen- oder offene Senkkastengründungen *dürfen* in Lockerböden in der Nähe vorhandener Bauwerke *nicht* angewendet werden, wenn zu befürchten steht, daß sich der entstehende *Absenkungstrichter auf die Standsicherheit dieser benachbarten Bauten* auswirken könnte.

Durch Brunnen- oder offene Senkkästen lassen sich nicht nur Gründungen, sondern auch *unterirdische und Unterwasser-Tiefbauwerke,* wie etwa *Wasser-*

gewinnungsbrunnen, Absetz- und Faulschächte von Abwasserkläranlagen, *Einsteigeschächte der Abwasserkanäle und Förderschächte* für Bergwerke sowie in Flußläufen angeordnete *Wasserfassungsschächte* herstellen. In diesen Fällen erhält der Brunnen oder Senkkasten keine zur Lastübertragung geeignete Füllung, vielmehr wird sein Innenraum zur Aufnahme von Pumpen, Rohrleitungen, Fahrstühlen und sonstigen Förderanlagen, von Misch- und Kläranlagen sowie Begehungsgängen freigelassen. Neuerdings werden offene Senkkasten auch zum Bau *unterirdischer Garagen und Parkstellen* [155] verwendet.

A. Form und Absenkung von Brunnen und offenen Senkkasten

1. Grundrißform

Die wichtigste Phase der Herstellung von Brunnen- und offenen Senkkastengründungen bildet die Absenkung in den Boden. Die konstruktive Ausgestaltung der Brunnen und Senkkästen richtet sich — außer nach ihren Abmessungen und zweckbestimmten sonstigen Gegebenheiten — in erster Linie nach den für die Absenkung maßgebenden Gesichtspunkten. Diese sind es also vor allem, die die Ausführung *mit kreisrunder Grundrißform* zweckmäßig erscheinen lassen, weil die kreiszylindrische Form im Verhältnis zur Grundfläche nicht nur die kleinste der Reibung ausgesetzte Mantelfläche ergibt, sondern auch statisch die günstigste Auflagerung für die Sohlplatte und die günstigste Querschnittform des Mantels selbst darstellt. Ferner löst sich der Boden beim Aushub aus dem Inneren des Brunnens bei dieser Form am gleichmäßigsten, womit die überaus wichtigen Vorbedingungen für die einheitliche Verteilung der äußeren Erddrücke und dadurch für die genau lotrechte Absenkung sowie für die Vermeidung eventueller Schiefstellungen gegeben sind. Sehr wesentlich ist es, die kreisförmige Grundrißform peinlichst genau einzuhalten, weil schon Abweichungen in der Größenordnung von wenigen Zentimetern den Absenkungswiderstand sehr beachtlich erhöhen.

Bei Brunnengründungen stößt die Anwendung des Kreisgrundrisses fast nie auf Schwierigkeiten, wohl aber bei Senkkastengründungen, weil sich diese in ihrer Form mehr nach dem Aufbau richten müssen. Bei rechteckiger oder quadratischer Grundrißform werden die Ecken zur Quelle stellenweise ungünstiger Behinderungen und der Ausbildung ungleichmäßiger Schneiden sowie Erddruckwerte. Beim Absenken wirkt sich die rechteckige Form um so ungünstiger aus, je gestreckter sie ist. Praktisch empfiehlt es sich deshalb auch nicht, über ein Seitenverhältnis von 1 : 3,5 hinauszugehen.

2. Längsschnittform

Der Brunnen- oder Senkkastenmantel besteht aus zwei Teilen, der *Schneide* und der auf dieser hochgeführten *Mantelwand.*

Die *Schneide* hat vor allem die Aufgabe, das Durchfahren, „Durchschneiden“ der zwischenliegenden Bodenschichten zu erleichtern. Kommt es beim Absenken zu einem ungleichmäßigen Aufsitzen des Brunnens auf stellenweise vorhandene Hindernisse, dann fällt der Schneide die weitere Aufgabe zu, die Belastung als lastverteilender Balken zwischen den einzelnen Auflagerstellen zu *übertragen* und *das Eindringen äußerer Erdmassen in das Brunneninnere zu verhindern.* Dementsprechend richtet sich die Gestalt der Schneide nach der Festigkeit und nach dem

Zustand des Bodens. Je fester der Boden, um so schärfer muß sie selbst ausgebildet und um so widerstandsfähiger und steifer muß das Material (Stahl) und die Konstruktion sein, in der sie ausgeführt ist. Zweckmäßig verjüngt sie sich nach unten zu einer schmalen (s_0) waagrechten oder zu einer flacher geneigten (α_0) Fläche, die zur Verhinderung von Einbrüchen der äußeren Bodenschichten an der untersten Kante gegebenenfalls noch mit einer stählernen Vorschneide versehen wird. Praktische Gesichtspunkte lassen es angezeigt erscheinen, der Schneide eine Neigung von höchstens 1,4 : 1 ($\alpha \cong 35°$) und eine Breite (s_0) von 20 bis 40 cm zu geben. Jede *Verbreiterung* der Schneide führt zu einer meist unerwünschten Erhöhung des Absenkungswiderstandes (Schneidenwiderstandes), doch muß andererseits auch berücksichtigt werden, daß mit zunehmender Steilheit der *Schneidenneigung* (mit abnehmendem Winkel α) auch der Wert der waagrechten, die Schneide nach außen biegenden Komponente der Bodenreaktion anwachsen wird [vgl. S. 689 bzw. die Gl. (349) bis (351a)]. In wechselnd geschichteten und in Böden, die von unterschiedlich widerstandsfähigen Hindernissen durchgesetzt sind, bewähren sich die neuerdings angewandten sogenannten *abgestuften Schneiden*, die das Ausmaß einer eventuellen Schiefstellung auf die Höhe einer Stufe beschränken (Abb. 583). Kann nämlich der Brunnen oder der Senkkasten ein Hindernis oder eine härtere Schicht mit seiner einen Seite nicht überwinden, wird der übrige Teil nur um ein der Stufenhöhe Δ entsprechendes Ausmaß weiter in den Boden eindringen, weil dann seine um die zusätzliche Breite s angewachsene Auflagerfläche auch in weniger festem Boden einen ausreichenden Widerstand auszulösen vermag. Näheres über die konstruktive Ausbildung der Schneiden findet sich auf den Abb. 601—603 u. 651. Aus ihrer soeben beschriebenen zweifachen Aufgabe folgt jedenfalls, daß es sich um verschleißfeste, scharfkantige, zum Eindringen in den Boden, zu dessen Aufschneiden und zugleich zur Verhinderung von Bodeneinbrüchen geeignete Konstruktionen mit einer Biegesteifigkeit handeln muß, die zur Übertragung der Belastungen genügt.

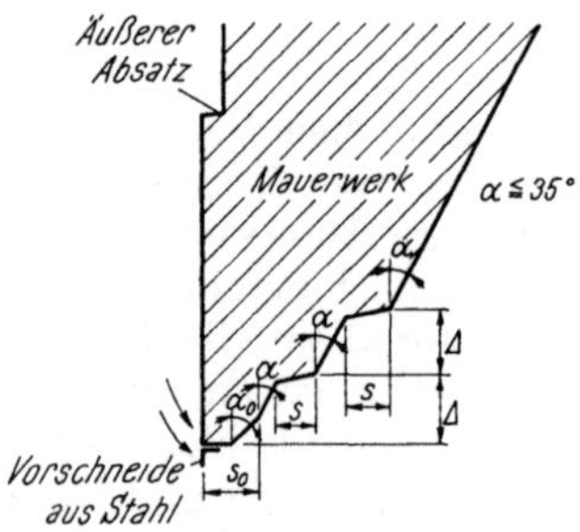

Abb. 583
Abgestufte Schneidenausbildung

Auch für die Wahl der *Mantelform* sind neben den zweckbestimmten Abmessungen die Gesichtspunkte der Absenkung maßgebend, die vor allem eine Verminderung des Reibungswiderstandes und eine entsprechende Ausgestaltung der Mantelwand erfordern.

Die Größe des Reibungswiderstandes (S) bestimmen zwei Faktoren, die senkrecht auf die bewegte Fläche wirkende Normalkraft (N) und der spezifische Reibungskoeffizient (f) da $S = N \cdot f$. Die Normalkraft ihrerseits setzt sich aus dem äußeren Erd- und dem eventuellen Wasserdruck zusammen. Bei Beginn der Absenkung lastet auf der Mantelwand des Brunnens der Ruhedruck (E_0) (Abb. 584), dessen Größe durch Auflockerung der seitlich anstehenden Erdmassen auf den Wert des aktiven Erddrucks (E_a) herabgesetzt werden kann. Diese Lockerung nun läßt sich sowohl durch eine Verjüngung der Mantelwand nach oben als auch durch Ausbildung eines zurückspringenden Absatzes erzielen. Auf diese Weise wird nämlich der zur Absenkung ausgehobene innere Querschnitt F_0 stets größer sein als der im Absinken nachfolgende obere Querschnitt (F_1), so daß schließlich eine dem Rauminhalt $(F_0 - F_1) \cdot h$ entsprechende Lockerung eintreten kann, die genügt, um statt des Ruhedrucks den kleineren aktiven Erddruck auszulösen.

Heute wird vor dem früher üblichen, trapezförmig sich verjüngenden Längsschnitt eher ein solcher mit Absatz bevorzugt, zumal dieser nicht nur die Herstellung in der wirtschaftlicheren Gleitschalung ermöglicht, sondern auch die Ausrichtung des allenfalls schiefgelaufenen Brunnens wesentlich leichter gestaltet als der nach oben verjüngte Längsschnitt. Die Breite des Absatzes muß allerdings vorsichtig gewählt werden, denn ein zu großes Vorkragen führt zu umfangreichen Absackungen im Umkreis um die Absenkung, und in dem so zustande kommenden umfangreichen lockeren Absenkungstrichter gestaltet sich die weitere bestimmte Führung des labil gewordenen Brunnens äußerst schwierig. Erfahrungsgemäß genügt ein Absatz von 5 bis 15 cm zur Mobilisierung des aktiven Erddrucks und zur Aufnahme einer Rollkiesschicht bzw. einer thixotropen Flüssigkeit zwecks Herabsetzung der spezifischen Reibung (vgl. S. 639).

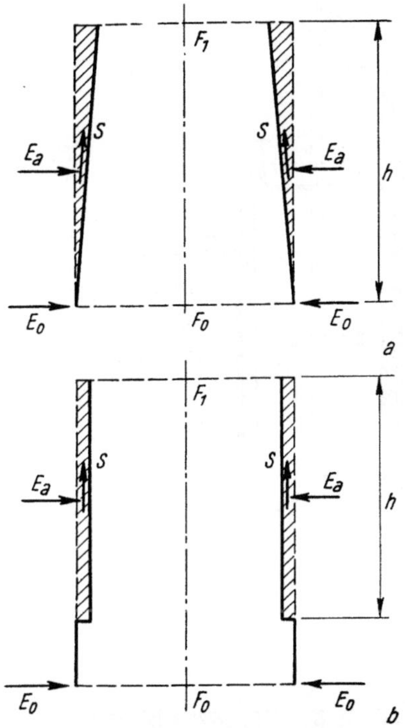

Abb. 584. Auswirkung des Mantelanzugs (a) und der Absatzausbildung (b) auf die Bodenverlockerung

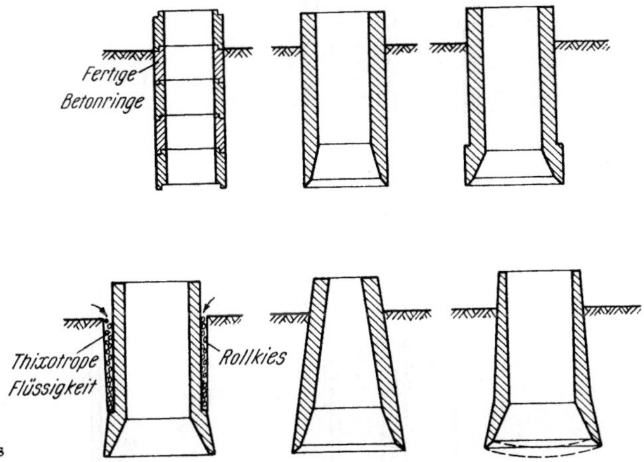

Abb. 585. Verschiedene Brunnenmantel-Ausbildungen

Die Prinzipskizzen der verschiedenen, nach diesen Überlegungen ausgestalteten Brunnenlängsschnitte veranschaulicht Abb. 585.

3. Der Absenkvorgang

Brunnen können im Grunde genommen auf dreierlei verschiedene Arten abgesenkt werden, und zwar durch Erdaushub von Hand bei gleichzeitiger Entwässerung (offener Wasserhaltung), durch Unterwasserbaggerung und schließlich durch Hochpumpen des Schlammes (Abb. 586).

a) Absenkung durch Aushub von Hand

Ist der Brunnen durch grobkörnige, stark wasserdurchlässige oder durch harte und weitgehend wasserdichte bindige Bodenschichten *über dem Grundwasserspiegel* abzusenken, dann *wird die Erde von Hand oder mit manuell gesteuerten Geräten ausgehoben* (Abb. 586a). Etwa vorhandenes Grundwasser wird zusammen mit eventuell sich ansammelndem Niederschlagwasser ausgepumpt

(Abb. 587). Dieses Verfahren hat den großen Vorzug, den Erdaushub genau in dem den Brunnenabmessungen entsprechenden Umfang zu ermöglichen. Auch die Flächen unter den die Absenkung erschwerenden Schneiden lassen sich auf diese

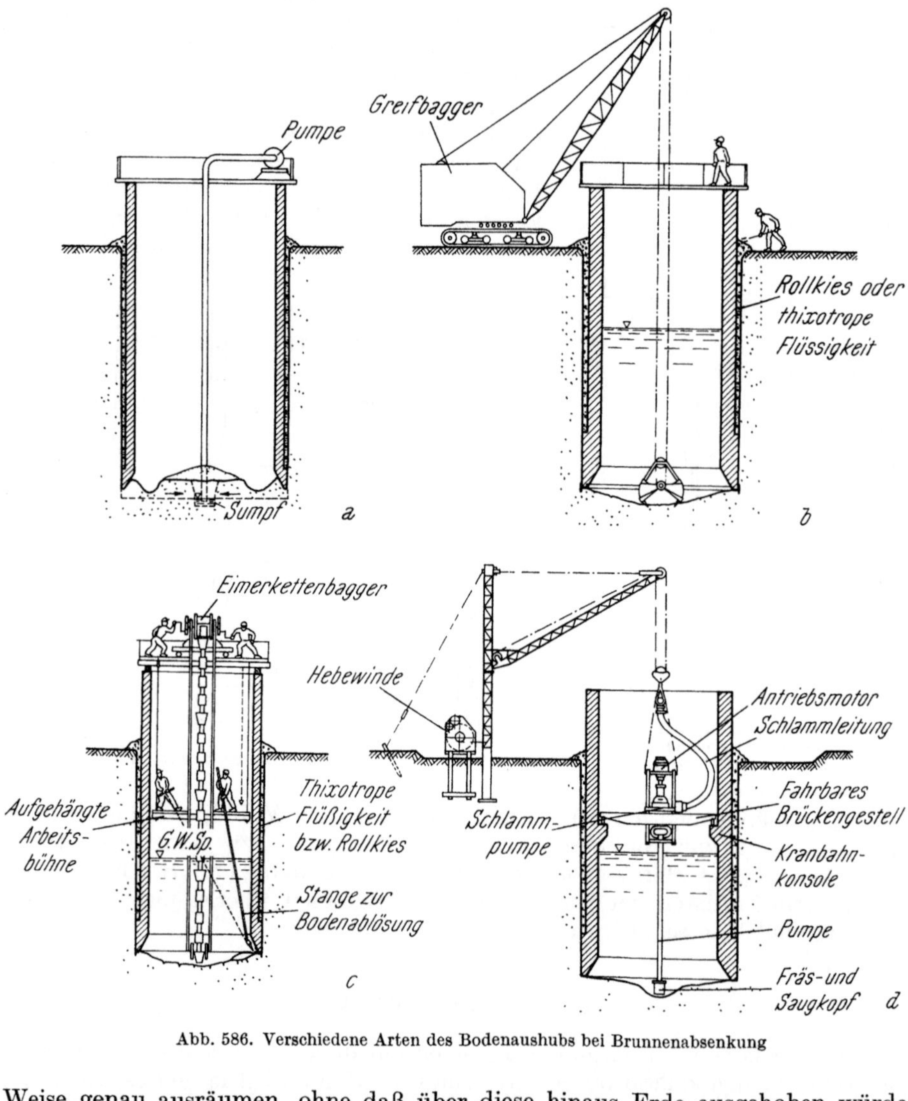

Abb. 586. Verschiedene Arten des Bodenaushubs bei Brunnenabsenkung

Weise genau ausräumen, ohne daß über diese hinaus Erde ausgehoben würde. Dazu werden die durchquerten Bodenschichten in ihrer natürlichen Lagerung und Schichtung, in ihrer tatsächlichen Beschaffenheit sichtbar, so daß sich genau feststellen läßt, wann die tragfähige Schicht erreicht ist und welche Festigkeitseigenschaft sie hat. Durch Niedertreiben einer Sonde von der erreichten Tiefe aus hat man ferner die Möglichkeit, auch die Mächtigkeit der tragfähigen Schicht zu erkunden, ganz abgesehen davon, daß man bei dieser Art der Absenkung auch eventuelle Hindernisse (Steinwürfe, Findlinge, Mauerreste, Baumstämme usw.) unter der Schneide — ja in einem nicht zu weiten Abstand auch aus dem Boden außerhalb der Schneide — unschwer aus dem Weg räumen kann. Besondere

Wichtigkeit ist der Tatsache beizumessen, daß der innere Erdaushub den Schneiden nicht vorzueilen braucht, daß er vielmehr ständig hinter diesen zurückbleiben kann, womit sich Einbrüche des seitlich anstehenden, durch die Absenkung gelockerten Bodens in den Brunnenraum verhindern lassen. Das aber verhindert auch jede übermäßige Lockerung und das ständige Nachstürzen der seitlichen

Abb. 587. Brunnenabsenkung mittels Handarbeit und offener Wasserhaltung

Bodenschichten, d. h. die Ausbreitung des Absenkungstrichters. Eine richtige Absenkung ist nämlich dadurch gekennzeichnet, daß sie im Gelände um den Brunnenmantel *kaum einen Absenkungstrichter* hinterläßt und daß die aus dem Brunnen ausgehobene Erdmenge dem theoretischen Wert nahe kommt. Die Aushubfläche zeigt in diesem Falle die von der Mitte nach den Schneiden zu abfallenden, in Abb. 588a dargestellte Form. Dieses Verfahrens wird man sich indessen nur bedienen können, solange das Einströmen des offen ausgepumpten Wassers nicht so stark wird, daß es auch Bodenkörnchen von außen mit sich reißt, was zu einem hydraulischen Grundbruch und zu Absackungen im umliegenden Gelände führt.

Der hydraulische Grundbruch läßt sich durch Filterbrunnen verhindern, die im Inneren des Gründungsbrunnens niedergebracht werden und durch die das

Wasser ähnlich wie bei der Grundwasserabsenkung entfernt werden kann. Der Betrieb dieser Filterbrunnen und ihre mit dem Fortschreiten des Erdaushubs immer wieder erforderliche Tieferlegung verursacht jedoch im beschränkten

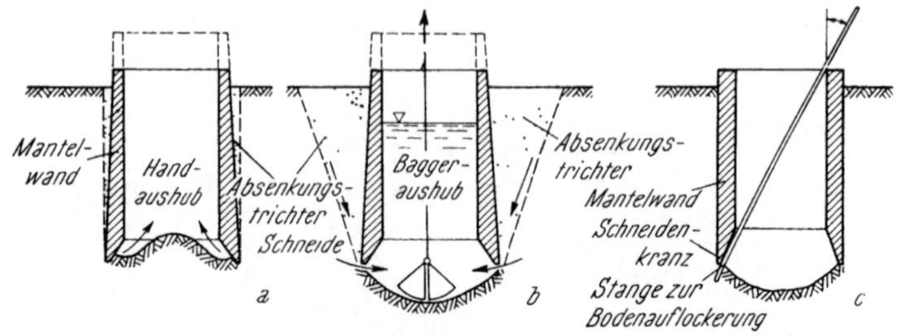

Abb. 588. Schema des Handaushubs unter offener Wasserhaltung (a) und des Baggeraushubs ohne Wasserhaltung (b) mit entsprechenden Aushubtrichtern

Brunnenraum Schwierigkeiten und beträchtliche Zeitverluste, weshalb man der Gefahr eines hydraulischen Grundbruchs besser durch Unterwasserbaggerung zuvorkommen wird.

b) Absenkung durch Unterwasserbaggerung

In Feinsand- und Schluffböden unter dem Grundwasserspiegel, die ohnehin leicht zum hydraulischen Grundbruch neigen, darf das Wasser mithin keineswegs offen ausgepumpt werden, vielmehr wird der Boden aus dem Brunnen durch *Unterwasserbaggerung* (Abb. 588b und c) ausgeräumt und die Brunnensohle durch Unterwasserbetonierung hergestellt. Auch während des Baggerns und Betonierens ist jedoch strengstens auf die Verhütung von Spiegelschwankungen im Grundwasserstand innerhalb des Brunnens zu achten. Beim Baggern ausgeschöpftes Wasser ist zurückzupumpen, ja es empfiehlt sich sogar, den inneren Wasserstand um einiges (50 bis 60 cm!) über dem äußeren zu halten. Das Einströmen des Grundwassers setzt nämlich die Normalspannung zwischen den Körnern und damit den Reibungswiderstand, letzten Endes also die Bruchfestigkeit herab, während es andererseits das Eindringen der Schneide erhöht. Zur Verhinderung der Bodeneinbrüche von außen *ist es deshalb vorteilhaft, die Wasserströmungsrichtung* durch Höherhalten des inneren Wasserstandes künstlich umzukehren.

Das Unterwasserbaggern erfolgt bei kleineren Brunnen mit den in Abschnitt S. 226 (Unterwasserbetonieren) bereits erwähnten Handwerkzeugen (indische Hacke, scharfgerandeter Ledersack mit Sammelbeutel usw. gemäß Abb. 217), bei größeren Brunnen mit handgetriebenen Eimerkettenbaggern oder mit Greiferbaggern, die etwa auf einen Universalkran aufgehängt sind (vgl. Abb. 586b und c und s. Abb. 589).

Unter Wasser soll mit großer Vorsicht gebaggert werden, weil der Greifer den Boden vorzugsweise aus der Mitte der Brunnensohle ausräumt. Da der Boden zur Absenkung in erster Linie unter den Schneiden hervorgegraben werden muß, die Bagger jedoch diese nicht unterfahren können, bedarf es einer ziemlich tief unter die Schneidenunterkantenebene hinabreichenden Baggergrube, sonst drückt sich der unter den Schneiden gelegene Boden nicht in die Grube, und kann somit aus dieser nicht entfernt werden. Selbstverständlich wird der Boden nicht nur aus dem unmittelbar unter der Schneide liegenden Raum, sondern auch von außen in die Baggergrube einbrechen, ein Vorgang, der in einer Ausbreitung des Absenkungstrichters und einer ständig wachsenden Geländeabsackung im Umkreis um den Brunnen zutage tritt. Einen besonders großen Umfang wird diese Bodenbewegung in lockeren Kiessandböden annehmen. Es kann vorkommen, daß sich der Absackungstrichter über eine den Brunnendurchmesser übersteigende Entfernung ausdehnt und der zur Absenkung erforderliche Bodenaushub das Zwei-,

Abb. 589. Ansicht einer Baustelle für Brunnenabsenkung mit Greiferaushub (Auslegerkran und Greifer im Vordergrund)

ja sogar das Dreifache des theoretischen Brunnenrauminhalts erreicht. Dies bedeutet in Wirklichkeit so viel, daß der seitlich am Brunnen abgesackte Boden durch den Brunnen hindurch ausgebaggert werden muß, was aber, abgesehen von der völlig überflüssigen Arbeit und dem ebenso überflüssigen Zeit- und Materialaufwand, auch mit einer weitgehenden Lockerung des benachbarten Bodens verbunden ist und dazu die sichere Führung des Brunnens unmöglich macht. *Diese läßt sich dem Brunnen oder Senkkasten nur dann geben, wenn er mit seiner Schneide ständig im Boden gebettet ist,* wenn also die Schneidenunterkante nicht freigelegt wird, sondern *den Boden* beim Absenken regelrecht *schneidet und ständig in das Brunneninnere hineindrängt.*

Aus den angeführten Gründen empfiehlt sich die Unterwasserbaggerung in der Tat nur in Fließsand- oder in Schluffböden, die dem Pumpen nicht standhalten; auch dann aber sollen die Baggergeräte nicht zu weit unter Schneidenunterkante arbeiten, vielmehr sollen die Schneiden besser mittels langer Stangen untergraben werden (s. Abb. 588c).

c) Absenkung durch hydromechanischen Aushub

In sehr lockere feinkörnige Sand- oder in Schluffböden werden Brunnen bzw. Senkkästen durch Entfernung des Bodens aus ihrem Inneren mittels *Schlammpumpen* abgesenkt. Da Zentrifugalpumpen nur Saughöhen von maximal 7 bis 8 m überwinden können und ihre Laufschaufeln einem raschen Verschleiß durch den von ihnen geförderten Sand oder Schluff ausgesetzt sind, verwendet man für diesen

Zweck besser Dampf-, Luft- oder noch zweckmäßiger Wasserstrahlpumpen oder spezielle Schlammpumpen. Die Benutzung von Wasserstrahlpumpen bietet auch insofern Vorteile, als der Strahl zugleich auch den lockeren Boden aufrührt und die feinen Bodenkörnchen zum Aufschweben bringt, so daß die Pumpe den aufgerührten (emulgierten) Boden zusammen mit dem Wasser aus dem Brunnen auspumpen kann (vgl. Abb. 586d). Das Saugrohr und der zum Lockern des Bodens dienende Wasserstrahl wird von einem Taucher eingestellt. Mit leistungsfähigeren *Monitoren* (*Wasserwerfern*) lassen sich auch bindigere Böden auflösen und verschlämmen (hydromechanischer Aushub [156]). Auch dieses Absenkungsverfahren hinterläßt große Absenkungstrichter und erfordert einen wesentlichen Mehraushub, doch ist es trotzdem wirtschaftlich und die einzig geeignete Methode zum Absenken offener Senkkästen in große Tiefen (bis 30 bis 40 m, ja bis 50 m und mehr! Vgl. S. 661).

d) Absenkung durch offene Gewässer

Zum Absenken von Brunnen oder offenen Senkkästen durch offenes Wasser hindurch bedarf es eines *Absenkgerüstes* oder der *Anlage einer künstlichen Insel*, von der aus der Absenkvorgang seinen Ausgang nimmt.

Die *Absenkgerüste* sollen im Zusammenhang mit den Druckluftgründungen noch eingehend besprochen werden, weshalb sich die hier folgenden Ausführungen auf die Beschreibung der beim Absenken der offenen Senkkästen *für die Pfeiler der Budapester Kossuthbrücke* benutzten speziellen Gerüste und des hier angewandten Absenkverfahrens beschränken [157].

Im Hinblick auf die Kürze der zur Verfügung stehenden Zeit und auf das Fehlen der erforderlichen Ausrüstungen sollten die zum Aufbau der Brücken-

Abb. 590. Herstellung eines offenen Senkkastens für einen Strompfeiler der Kossuth-Brücke (Budapest)

pfeiler bestimmten *offenen Stahlbeton-Senkkästen* — die im Grundriß vorn und hinten spitzbogig geformt waren —, bloß auf die Bettsohle der Donau aufgesetzt werden. Zum Einbinden in die Bettsohle waren je 14 Stück im Inneren der Kästen angeordnete, zuvor niedergebrachte Stahlrohrpfähle vorgesehen (vgl. Abb. 531 und s. Abb. 590). Auf die 5 m tief in den harten Mergel der Bettsohle eingebrachten Pfähle wurde zunächst unten eine Betonier- und über dieser als zweites Stockwerk eine Absenkbühne aufgebaut (Abb. 591). In der auf die untere Arbeitsbühne aufgesetzten festen Schalung wurde sodann in 2,5 bis 3,0 m hohen Abschnitten mit einer Wandstärke von 15 cm der offene Stahlbeton-Senkkasten hergestellt. Nach seiner Erhärtung wurde jeder Mantelabschnitt in die auf der Absenkbühne aufgesetzten Spindeln (vgl. Abb. 647) eingehängt und zwischen der etwas gelockerten Schalung hindurchgleitend in den Strom abgespindelt. Der nächste Mantelwandabschnitt wurde sodann in Fortsetzung des vorangegangenen wieder in der auf der Betonierbühne frei gewordenen Schalung hergestellt, worauf der so aufgestockte Mantel in der beschriebenen Weise wieder eingehängt und abgespindelt wurde. Nachdem die durch Taucher zuvor eingeebnete Bettsohle erreicht war, folgte der Einbau der Unterwasserbetonsohle und die Sicherung der Bettsohle gegen Auskolkungen durch Steinwürfe rings um den Senkkasten.

Ein Beispiel für die Absenkung von einer künstlich geschaffenen Insel aus bietet der Bau des Pumpschachtes für das Oberflächenwasser-Entnahmewerk in Káposztásmegyer nächst Budapest [158] (Abb. 591). Die Absenkung erfolgte hier genau nach dem in Abb. 586 dargestellten Verfahren (in der Regel mit maschineller Baggerung) mit dem alleinigen Unterschied, daß die Absenkung des Senkkastens nicht von einer bis zum Grundwasserspiegel ausgehobenen Baugrube aus, sondern von einer auf die Strombettsohle aufgeschüttetenKiessandinsel aus ihren Ausgang

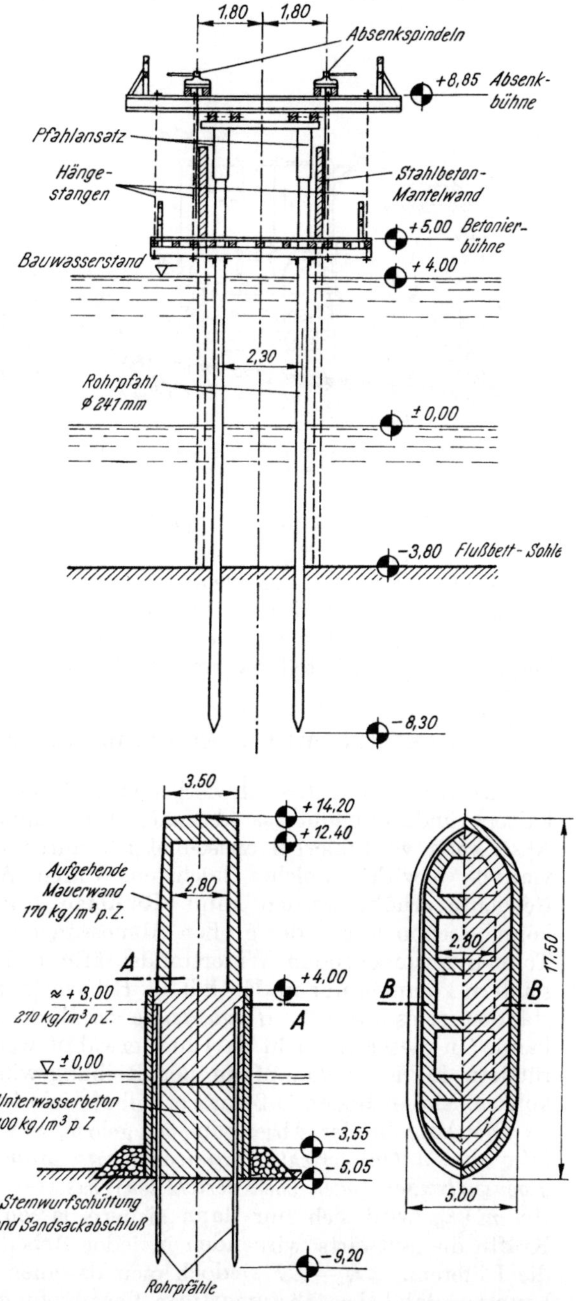

Abb. 591. Allgemeine Anordnung der offenen Kastenabsenkung (oben) und allgemeiner Entwurf eines Strompfeilers der Kossuth-Brücke (Budapest)

nahm. Um die künstliche Insel vor dem Wegspülen zu schützen, muß sie seitlich entsprechend abgestützt und vor dem Verwaschen bewahrt werden. Hierzu bewähren sich Spundwandumschließungen, Steinwürfe u. dgl. m. (ausnahmsweise, wie etwa in Káposztásmegyer auch eine Senkkastenumgrenzung, die hier —

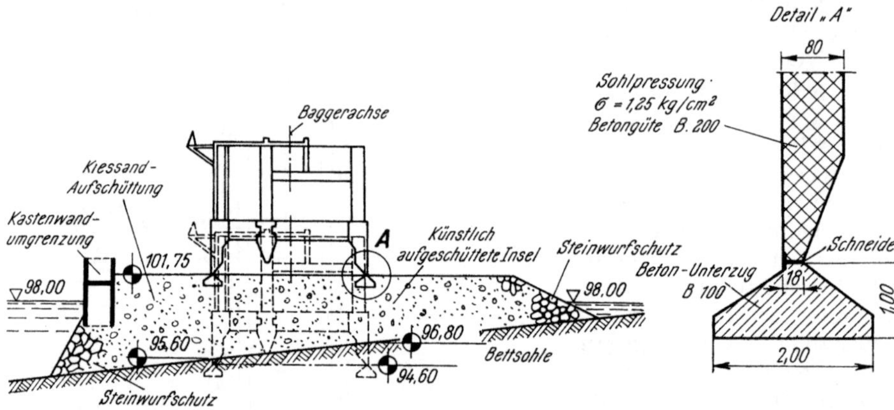

Abb. 592. Anlage der künstlichen Insel, hergestellt im Donaubett für die Absenkung des offenen Senkkastens des Pumpschachtes der Wasserversorgungswerke in Káposztásmegyer

vgl. Abb. 201 — von den Wiederherstellungsarbeiten an der Margareten-Brücke her zur Verfügung stand). Bei Herstellung derartiger Umschließungswände muß genau darauf geachtet werden, daß die Sogwirkung der Flußströmung die feinen Körnchen der künstlichen Aufschüttung nicht auswäscht und diese nicht unterkolkt, weil der Einbruch der Höhlungen den Senkkasten umzukippen bzw. schiefzustellen vermag (vgl. SZÉCHY: Gründungsschäden, S. 191).

4. Der Entwurf von Absenkungen. Das Absenkungsprogramm

Das Wesen und den schwierigsten Teil der Brunnen- und der offenen Senkkastengründung bildet das Absenken des Brunnens in die vorgesehene Tiefe. Die Absenkung wird hierbei ausschließlich durch das Eigengewicht des Brunnenmantels bewirkt, welches höchstens durch Auflastung gewisser zusätzlicher Gewichte erhöht werden kann. Rammen, Einpressen, Eindrehen, Einrütteln können schon wegen der großen Abmessungen und wegen der mehrere tausend Tonnen ausmachenden Widerstandskräfte nicht in Betracht gezogen werden, sondern kommen nur im Notfall als Hilfsverfahren in Frage. Unter solchen Umständen ist es allein *die Herabsetzung der Widerstandskräfte*, die zum Ziele führen kann. (In dieser Hinsicht darf hier erwähnt werden, daß der Einsatz von Großrüttlern in der Bekämpfung der Reibungswiderstände um Brunnenpfähle in kohäsionslosen Böden äußerst vorteilhaft sein kann [136, 159].)

Die Aufgabe der Absenkung ist gelöst, *wenn die in Richtung der Absenkung (also nach unten) gerichteten aktiven Kräfte größer sind als die der Absenkung entgegenwirkenden (nach oben gerichteten) passiven Kräfte. Eine stetige, reibungslose Absenkung* wird sich nur dann sichern lassen, wenn die abwärts gerichteten Kräfte die aufwärts wirkenden in jeder Arbeitsphase übersteigen ($\Sigma L > \Sigma F$), die Differenz $\Sigma L - \Sigma F$ jedoch niemals einen zu großen Wert annimmt. Dies kann zu plötzlichen absturzartigen Verschiebungen führen, die die beschäftigten Arbeiter und die Geräte gefährden. Bei in Absenkung begriffenen Brunnen bzw. Senkkasten können unberechenbar große Beanspruchungen auftreten. Aus diesem

Grunde ist es unerläßlich, ein Absenkungsprogramm aufzustellen und die in jeder Phase der Absenkung wirksamen Kräfte einander programmartig gegenüberzustellen.

a) Berechnung der nach unten gerichteten (aktiven) Kräfte

Die nach unten gerichtete Kraft (L) ergibt sich aus dem Eigengewicht des Brunnens (Senkkastens), welches hinsichtlich seiner in das Wasser eintauchenden Teile um die Auftriebskraft zu vermindern ist. Bezeichnet also F_0 die mit gleichbleibender Wanddicke angenommene Querschnittfläche, dann gilt

$$L = F_0[\gamma_b \cdot h_1 + (\gamma_b - 1)\, h_2], \tag{325}$$

wenn γ_b das Betonraumgewicht, h_1 die Brunnen(Senkkasten-)Mantelhöhe über, h_2 die Mantelhöhe unter dem Wasserspiegel bedeuten. In Sonderfällen läßt sich das Eigengewicht vorübergehend auch erhöhen, indem man das Wasser aus dem Brunnen plötzlich absaugt und damit den Auftrieb vorübergehend ausschaltet, so daß das zweite Glied des Klammerausdrucks um $h_2 \cdot \gamma_W$ zunimmt.

Die zusätzliche Auflast wird für gewöhnlich auf eine auf den oberen Brunnenrand aufgebaute oder auf diesen aufgehängte Bühne aufgetragen. Man verwendet dazu in der Regel an der Baustelle vorhandene Stahl- oder Stahlbetonträger, Pfähle, Quadersteine oder anderweitiges leicht abwiegbares und leicht hochzunehmendes Material.

b) Berechnung der nach oben wirkenden Kräfte

Die nach oben gerichteten (passiven) Kräfte setzen sich im Grunde genommen aus zwei Faktoren, der *Schneidenreaktion* und der *Mantelreibung* zusammen.

α) Verminderung des Schneidenwiderstandes

Die Größe der Schneidenreaktion läßt sich durch das Ausmaß des Aushubs der inneren Bodenmassen neben und unter Schneidenunterkante regeln. Zur Absenkung kommt es offenbar, sobald um die Schneide herum ein Grundbruch eingetreten ist, der in diesem Falle nur im Inneren des Kastens, also auf einer Seite zustande kommen kann. Die Bruchlast (vgl. Band I, S. 161, Gl. 53) schreibt sich zu

$$p_t = (t + t_0) \cdot \gamma \cdot V_b + \gamma \cdot b \cdot V_g + c \cdot V_c, \tag{326}$$

wenn t die Eindringtiefe, b die Breite der Schneide, V_b, V_c und V_g Widerstandsbeiwerte, γ das Raumgewicht, c hingegen die Kohäsion des Bodens bezeichnet. Für die tatsächliche Bodenspannung unter Schneidenunterkante (σ_t) hingegen, wie sie unter der Einwirkung der auf 1 lfd.m entfallenden Schneidenreaktion (R) auftritt, gilt auf Grund der Überlegungen unter VI. (s. Abb. 593a) näherungsweise

$$\sigma_t = \frac{2R}{2b_0 + t_0\,(\mathrm{tg}\,\alpha_1 + \mu) + t\,(\mathrm{tg}\,\alpha_2 + \mu)}. \tag{327}$$

Im Grenzzustand ist demnach $\sigma_t = p_t$, d. h.

$$(t + t_0) \cdot \gamma \cdot V_b + c \cdot V_c + b_0 \cdot \gamma \cdot V_g = \frac{2R}{2b_0 + t_0\,(\mathrm{tg}\,\alpha_1 + \mu) + t\,(\mathrm{tg}\,\alpha_2 + \mu)},$$

woraus sich für t die quadratische Gleichung

$$t^2 \cdot \gamma \cdot V_b \cdot B + t/\gamma \cdot V_b \cdot A + B \cdot C + A \cdot C - 2R = 0 \tag{328}$$

ableiten läßt, in der $A = 2b_0 + t_0(\text{tg}\,\alpha_1 + \mu)$; $B = \text{tg}\,\alpha_2 + \mu$ und $C = t_0 \cdot \gamma \times \times V_b + c \cdot V_c + b_0 \cdot V_g$.

Da die Breite eine lineare Funktion der Eindringtiefe darstellt, hat LORENZ [160] unter Vernachlässigung der Kohäsion den Zusammenhang

$$s = \gamma \cdot \alpha \cdot t^2 (V_b + \alpha \cdot V_g) \tag{329}$$

angegeben (s. Abb. 593b), in welchem $\alpha = b/t$.

Beim Absenken wird also das Ziel verfolgt, die Belastung unter Schneidenunterkante über die Bruchfestigkeit des Bodens hinaus zu erhöhen. Der unmittelbarste Weg hierzu bietet sich in der Erhöhung der spezifischen Schneidenbelastung R, doch sind dieser in dem um die Mantelreibung noch verminderten Eigengewicht und in der beschränkten Möglichkeit einer zusätzlichen Belastung Grenzen gesetzt. Bleibt also als zweiter Weg *die Verminderung der Bruchfestigkeit des Bodens*. Wie aus (327) hervorgeht, hängt diese von den Bodenfestigkeitsbeiwerten und außer von der Kohäsion auch von der Schneidenbreite (b) sowie von der Eindringtiefe (t) der Schneide im Verhältnis zur inneren Entnahmehöhe ab. Die Schneidenbreite ist durch die Annahmen für den Entwurf des Brunnens oder Senkkastens gegeben und läßt sich während des Absenkvorganges nicht mehr ändern, wogegen es durchaus im Bereich der Möglichkeit steht, *die Eintauchtiefe* durch den Erdaushub aus dem Brunnen in jeder Absenkphase zu regeln.

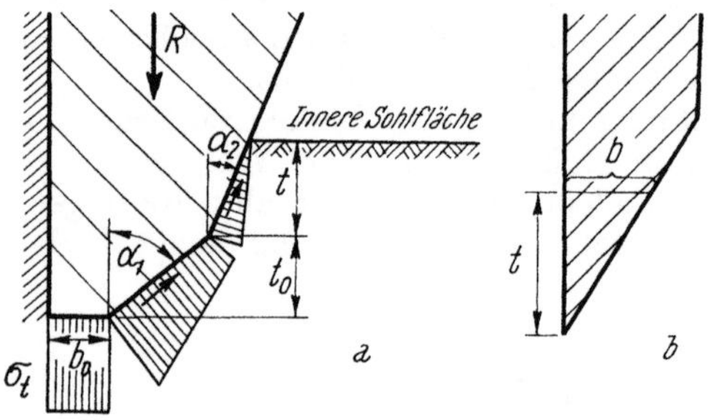

Abb. 593. Annahme für die Bodenspannungsverteilung unter der Schneide

WÜRWO nimmt in einer Arbeit [158] auch in Betracht, daß die Bruchfestigkeit des Bodens wesentlich davon abhängt, ob die mobilisierte Bodenmasse eine nach innen oder nach außen gerichtete Bewegung aufweist. Sollte die Bewegung nach innen stattfinden, ist außerhalb der Schneide eine Entlockerung und Tragfähigkeitsverminderung die Folge, sollte sie aber nach außen gerichtet sein, so wird dadurch eine Verdichtung und eine Tragfähigkeitserhöhung erzielt. Der letztere Fall darf aber nur dann auftreten, wenn im Innenraum des Brunnens eine Bodenmasse von entsprechender Höhe oberhalb der Schneidenkante als Gegengewicht ansteht. Bei der letzten Absenkung soll man deshalb daran bestrebt sein.

WÜRWO gibt in seiner Arbeit sowohl diese Höhe h_t als auch die kritischen Schneidenspannungen für beide Ausweichmöglichkeiten auf Grund der räumlichen Bruchtheorie von BERESANTZEW [161] an.

Die rascheste Absenkung bei sicherster Führung läßt sich erzielen, wenn der Brunnen oder der Senkkasten in möglichst großer (allenfalls in voller) Höhe hergestellt wird. Nach sorgfältigem Ablassen von den Unterlagsschwellen oder der Herstellungsplatte (vgl. S. 677) wird sich die Schneide infolge der großen Schneidenbelastung und der kleinen Mantelreibung zunächst sehr tief in den Boden eindrücken. Auch anschließend bringt den Brunnen schon ein minimaler Bodenaushub aus seinem Inneren in Abwärtsbewegung. Mit fortschreitender Absenkung nimmt indessen die Mantelreibung bei gleichzeitiger Verminderung der Schneidenbelastung zu, die Aushubtiefe im Brunnen muß sich also der Schneidenunterkante immer mehr nähern, wodurch deren Überdeckung sinkt. Einer solchen aber bedarf es sowohl zur Verhinderung von Bodeneinbrüchen von außen als auch zur richtigen Führung der Absenkung. Um also diese unerläßliche Überdeckung beibehalten zu können, *wird es zweckmäßig sein*, durch geeignete Maßnahmen *auch die Mantelreibung künstlich herabzusetzen* (s. S. 636).

Ohne Zweifel muß jedoch bei jeder mit Regelung der Schneidkantenüberdeckung durchgeführten und mit anfänglichem großem Übergewicht einsetzenden Absenkung mit nicht unbedeutendem Schlingern und mit größeren Verschiebungen aus der genauen Lage gerechnet werden, weshalb dieses Verfahren nur dann anwendbar ist, wenn die Senkkastenverschiebungen aus der entwurfsgemäßen Grundrißlage selbst mehrere Dezimeter erreichen dürfen.

Befinden sich in der Nachbarschaft der Absenkung keine Gebäude und ist auch mit der Errichtung von Bauwerken zu einem späteren Zeitpunkt nicht zu rechnen, ist es in Sonderfällen, etwa zum Flottmachen eines festgefahrenen Brunnens oder zur Erhöhung der Schneidenbelastung bzw. zur Erleichterung des Grundbruches üblich, selbst die sonst einer ernstlichen Gefährdung gleichkommende äußere Wasserströmung heranzuziehen und *mit Absicht einen hydraulischen Grundbruch herbeizuführen*, d. h. den Brunnen in den gegenüber Grundbrüchen empfindlichen feinkörnigen Böden vorübergehend in offener Wasserhaltung abzusenken. Die offene Wasserhaltung ermöglicht einerseits die Ausschaltung des Auftriebs und damit eine nicht unwesentliche Erhöhung des Brunnen-(Senkkasten-)Eigengewichts, andererseits löst sie eine von außen in den Brunnen gerichtete Wasserströmung unter den Schneiden aus, die die Bruchfestigkeit des Bodens herabsetzt. Anhand der Beziehung (82) ergibt sich die Schneideneindringtiefe (t), bei der es zum hydraulischen Grundbruch kommt, näherungsweise zu

$$t = \frac{h}{2} \cdot \left(\frac{n_1}{\gamma'} - 1\right), \tag{330}$$

worin h den Höhenunterschied zwischen äußerem Wasserstand und entwässerter Brunnensohle, n_1 einen Sicherheitsbeiwert (der in diesem Falle zwischen 1,2 und 1,5 schwanken kann), γ' hingegen das Unterwasserraumgewicht des Bodens bezeichnet. Liegt also die Eindringtiefe unter dem aus (330) ermittelten Wert, dann kann mit einem hydraulischen Grundbruch und mit Bodeneinbrüchen von außen unter der Schneidenunterkante gerechnet werden, mit Erscheinungen also, die man sonst im allgemeinen zu vermeiden sucht.

β) Herabsetzung der Mantelreibung

Die Größe der Mantelreibung ist durch das Produkt aus der Mantelfläche ($F = U \cdot l$), der normal auf diese angreifenden spezifischen Belastung (σ_x) und dem für die Gleitreibung zwischen Mantel und Boden kennzeichnenden Reibungskoeffizienten (f) gegeben; grundsätzlich gilt demnach

$$S = F \cdot \sigma_x \cdot f$$

bzw. weil $F = U \cdot l$ und weil sich auch σ_x und f mit wachsender Tiefe ändern,

$$S = U \cdot h \cdot \int_0^h d\sigma_x \cdot f(h) \cdot dh.$$

Als auf der Oberfläche des absinkenden Brunnens (Senkkastens) angreifende Normalkraft tritt der Erddruck auf, so daß man mit λ als vorläufiger Bezeichnung seines Beiwertes und mit der Annahme einer hydrostatischen Druckverteilung (Abb. 594) die Beziehung

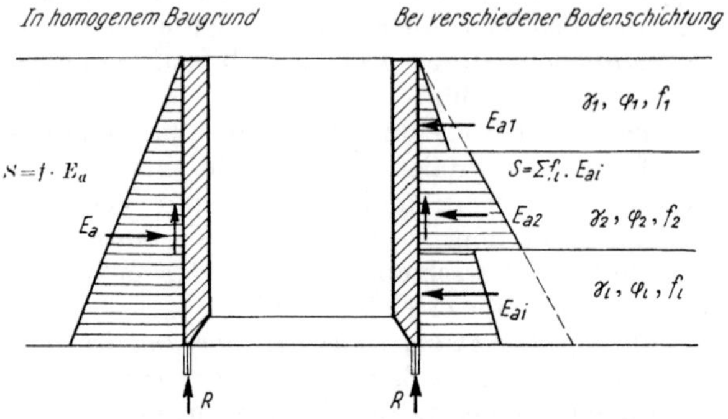

Abb. 594. Bestimmung der Mantelreibung durch die klassische Erddrucktheorie

$$S = \gamma \cdot \lambda \cdot f \cdot U \cdot h^2/2 = \sigma_x/2 \cdot U \cdot h \cdot f \quad (331)$$

erhält, wenn man den spezifischen waagrechten Druckwert mit $\lambda \cdot \gamma \cdot h = \sigma_x$ einsetzt.

Bei Annahme von λ spielt der Umstand, daß es sich nicht um einen auf eine ebene, sondern um einen auf eine räumliche Fläche wirksamen Erddruck handelt, unbedingt eine Rolle. Aber auch die Umstände der Ausbildung des Erddrucks weichen hier von jenen ab, unter denen sich der Erddruck auf eine in waagrechter Richtung ausweichende, in lotrechtem Sinne jedoch unbewegliche Wand ausbildet. Im Vergleich zu dem aktiven Erddruck, wie er auf eine um einen unteren Eckpunkt sich drehende, steife ebene Wand wirkt, setzen einzelne Autoren diesen Erddruck höher [160], andere niedriger [163] an. Verfasser ist der Ansicht, daß der zur Absenkung erforderliche Erdaushub aus dem Brunnen im umliegenden Gelände Verschiebungen auslöst, die in körnigen Böden Lockerungen und Gewölbebildungen bewirken, weshalb der auf der Mantelwand angreifende räumliche Erddruck kleiner sein muß als der auf eine steife ebene Wand wirksame aktive Erddruck.

Für die Wände von Brunnen und Senkkasten mit rechteckigem oder quadratischem Grundriß kennt die Theorie noch keine Lösung. Für Brunnen mit kreisrundem Grundriß, d. h. mit kreiszylindrischer Mantelwand hingegen wurden Lösungen von mehreren Autoren (Westergaard, Steinfeld und Beresantzew) ausgearbeitet. Letzterer leitet für den auf der kreiszylindrischen Mantelwand angreifenden Erddruck den Näherungswert

$$\sigma_r = a \cdot \gamma \cdot \frac{\operatorname{tg}(45^\circ - \varphi/2)}{\lambda - 1}\left[1 - \left(\frac{a}{r_b}\right)^{\alpha - 1}\right] - q\left(\frac{a}{r_b}\right)^{\alpha} + {} + c \cdot \operatorname{cotg}\varphi\left[\left(\frac{a}{r_b}\right)^{\alpha} \cdot \operatorname{tg}^2(45^\circ - \varphi/2) - 1\right] \quad (332)$$

ab [162], wobei $\alpha = 2 \operatorname{tg}\varphi \cdot \operatorname{tg}(45^\circ - \varphi/2)$, $r_b = a + z \cdot \operatorname{tg}(45^\circ - \varphi/2)$, a hingegen den Brunnenhalbmesser, z die untersuchte Tiefe, γ, φ und c die bekannten bodenphysikalischen Kennwerte und q schließlich die auf dem Gelände allenfalls wirksame verteilte Auflast bezeichnen.

Die bei unterschiedlichen φ-Werten gültigen, auf das Einheitsraumgewicht $\sigma_r/a \cdot \gamma$ und auf den Einheitshalbmesser bezogenen σ_r-Werte in Abhängigkeit von der auf den Einheitshalbmesser bezogenen Tiefe, bei $c = 0$ und $q = 0$, hat Kézdi [164] gemäß Abb. 595a aufgetragen.

In Analogie zu (331) errechnet sich die Mantelreibung näherungsweise zu

$$S = 2\sigma_{rh}/3 \cdot U \cdot h \cdot f, \quad (333)$$

wenn σ_{rh} den der Mantelhöhe h entsprechenden waagrechten Erddruck bezeichnet.

Im passiven Zustand, d. h. hinsichtlich des Erdwiderstandes um den kreiszylindrischen Mantel, nehmen die spezifischen Druckwerte den in Abb. 595b gezeigten Verlauf, liegen also wesentlich, ja um ein Vielfaches über den Werten, wie sie sich nach der Coulombschen Theorie ergeben.

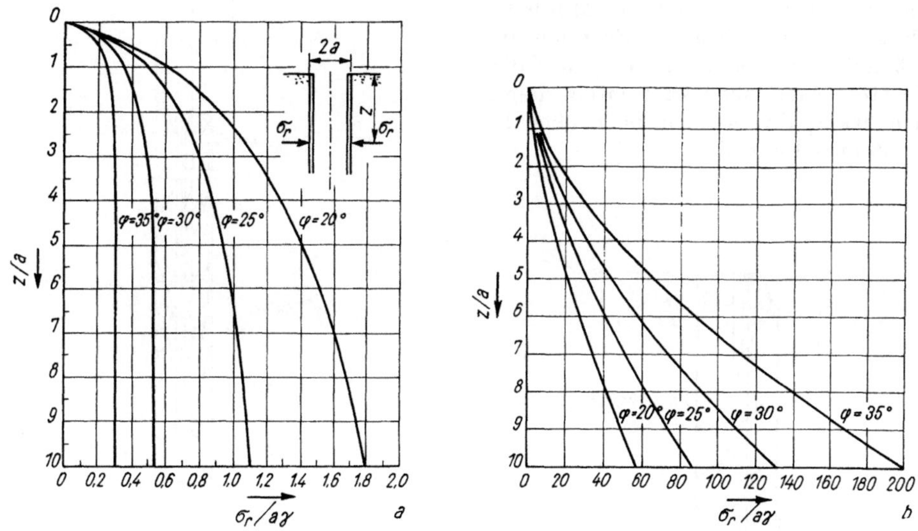

Abb. 595. Auf eine kreisförmige Mantelfläche wirksame aktive (a) und passive (b) Erddrücke

Auf Grund praktischer Erfahrungen empfiehlt Paproth, die Mantelreibung aus der Beziehung

$$S = U \cdot h^2/2 \cdot \gamma \cdot \sin \varphi \cdot \cos \varphi \qquad (334)$$

zu ermitteln, womit man Werte erhält, die über den nach (331) errechneten liegen.

Obwohl der Brunnen oder der Senkkasten während des Absenkens im Boden zweifellos auch festwachsen kann, wobei sich dann die Reibungswiderstandswerte von den anhand des aktiven Erddrucks errechneten in der Tat nach den aus dem passiven Erddruck ermittelten Werten hin zu verschieben vermögen, bestätigt die Praxis in Ungarn die Richtigkeit der Mantelreibungswerte gemäß Gl. (331).

Einen weiteren wichtigen Faktor des reibungsbedingten *Absenkwiderstandes bildet der spezifische* Reibungskoeffizient f [vgl. Gl. (331)]. Sein Wert ist im allgemeinen gleich dem von tg φ, doch können für seine Höhe auch die hier folgenden Erfahrungswerte Anhaltspunkte geben.

Mantelfläche	Reibungsbeiwert
Glatte Wand auf dichtem Schluff	$f = 0{,}10$
Rauhe Wand auf dichtem Schluff	$f = 0{,}20$
Glatte Wand auf nassem Ton	$f = 0{,}20$
Rauhe Wand auf nassem Ton	$f = 0{,}30$
Glatte Wand auf Sandkies	$f = 0{,}30$
Rauhe Wand auf Sandkies	$f = 0{,}60$
Stahlblech auf Sandkies	$f = 0{,}4-0{,}5$

Wie schon aus dieser Tabelle hervorgeht, bildet die sorgfältige, von jeder Unebenheit freie Ausbildung und Glättung der *Mantelwand* das einfachste Mittel zur Herabsetzung des Reibungskoeffizienten. Weitere Herabsetzungsmöglichkeiten bietet das künstliche Benetzen der Mantelwand mit Wasser durch die in der Wand über den ganzen Brunnenumfang verteilten Spüldüsen (Abb. 596). Diese können auch in den Brunnen eingehängt sein. Wichtig ist es jedenfalls, sie stets nach oben zu richten, damit sich das Spülwasser von oben über die Mantelwand ergießt.

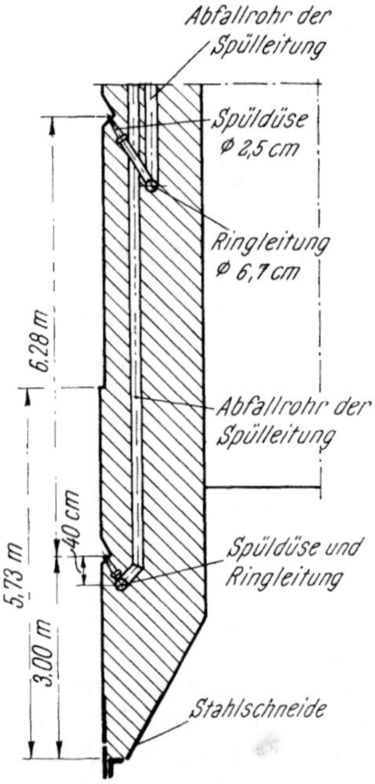

Abb. 596. Mantelwandabschnitt mit eingebauten Spülröhren

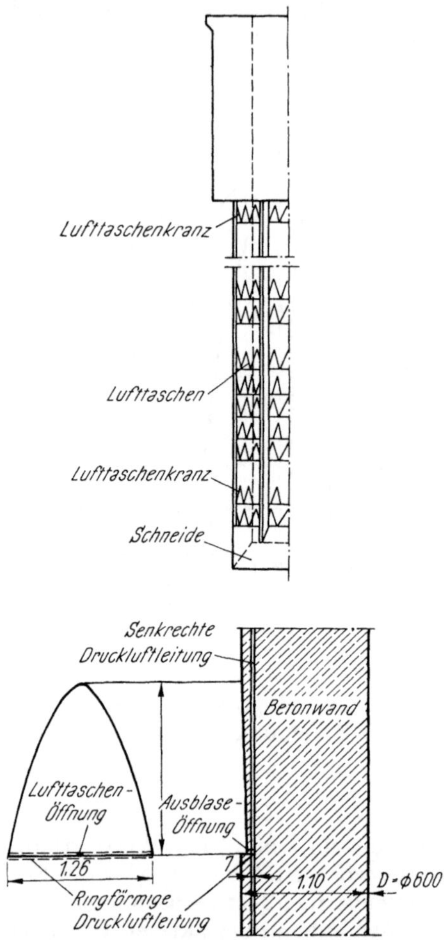

Abb. 597. Mantelwandaußenfläche mit „Lufttaschen"

Als noch wirksamer erweist sich *das Einpressen* von *Druckluft* zwischen Mantelwand und Boden, da sie die Bodenkörnchen von der Wand abdrängt und dank ihrer äußerst geringen spezifischen Reibung den Reibungswiderstand weitgehend ausschaltet. Um ihr Entweichen nach oben zu erschweren, wurde die äußere Mantelwand bei einer Ausführung in Japan mit leicht nach innen und unten geneigten Unterschneidungen versehen, in denen in ringförmigen Reihen „*Lufttaschen*" ausgebildet waren, die die Luft mehr oder minder wirksam zurückhielten [165] (Abb. 597).

Eine wesentliche Verminderung der spezifischen Reibung läßt sich indessen außer durch die Wasserspülung und durch Drucklufteinpressung auch dadurch erreichen, daß man den absinkenden Brunnen mit einer *von oben eingebrachten Schicht geringer Reibung ummantelt*. Hierzu verwendete man früher gesiebten Perlkies einheitlicher Korngröße (sogenannten *Rollkies*), während neuerdings als thixotrope Flüssigkeit eine *Bentonitsuspension* eingebracht zu werden pflegt.

Zum Einbringen der Ummantelung benützt man den bereits erwähnten 10 bis 15 cm breiten Absatz am Schneidenteil des Brunnens. Während des Absenkens entsteht über diesem Absatz ein Spalt, in den der Rollkies bzw. die thixotrope Flüssigkeit mit fortschreitendem Absinken von oben laufend eingefüllt wird (Abb. 598), und zwar unter dem Schutz einer zuoberst um den Mantel fix eingebauten Betonringwand, die das Einstürzen der umliegenden obersten Bodenschichten verhindert (Abb. 599). Außerordentlich wichtig ist es, eine zusammenhängende Ummantelung zu schaffen, in der sich weder Hohlräume zwischen Boden und Mantelwand ausbilden, noch Bodenteile festsetzen können. Das Füllmaterial hat nämlich nicht nur die Aufgabe, die spezifische Reibung zu verringern, sondern muß auch den Boden ständig abstützen, d. h. sein Nachstürzen und die Ausbildung eines Absenktrichters verhindern. Bei Verwendung einer thixotropen Flüssigkeit in Tiefen unter dem Grundwasserspiegel ist

Abb. 598. Das Einschütten der thixotropen Flüssigkeit in den Hohlraum zwischen Betonringwand und Mantelwand

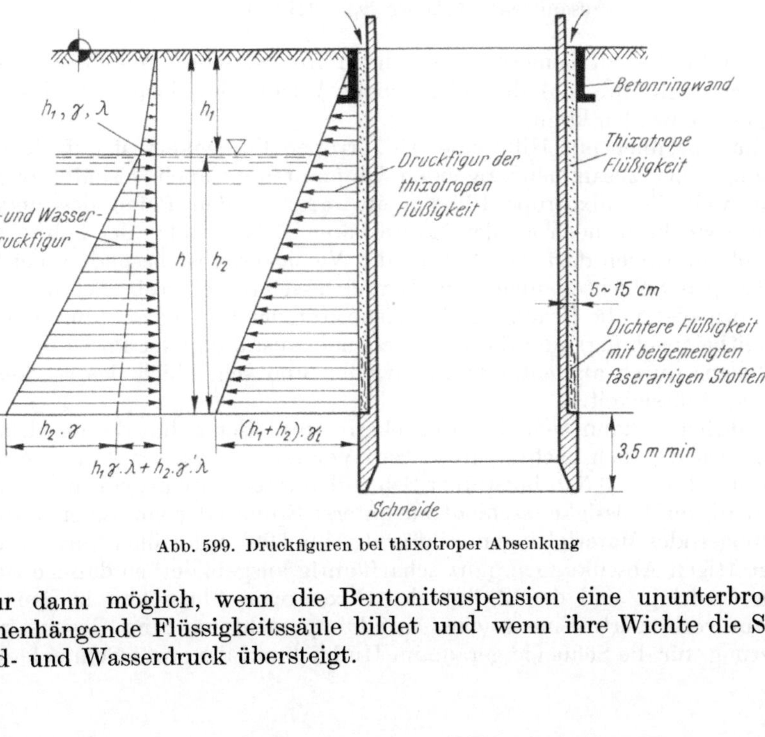

Abb. 599. Druckfiguren bei thixotroper Absenkung

dies nur dann möglich, wenn die Bentonitsuspension eine ununterbrochene, zusammenhängende Flüssigkeitssäule bildet und wenn ihre Wichte die Summe von Erd- und Wasserdruck übersteigt.

Die Kontinuität dieses Mantelschleiers wird auch durch ein Nachstürzen der äußeren Erdwand gefährdet, welches hauptsächlich durch eine ins äußere Erdreich hineinreichende übermäßige Unterfahrung der Schneide verursacht werden kann.

Bezeichnet z. B. in der vorgesehenen Absenktiefe $h = h_1 + h_2$ das h_1 die unter und h_2 die über dem Grundwasserspiegel liegende Mantelhöhe, γ_s die Wichte der festen Bodenbestandteile, γ das Raumgewicht, n den Porenanteil des Bodens, λ den Erddruckbeiwert und γ_t die Wichte der thixotropen Bentonitsuspension, so läßt sich diese aus der Ungleichheit

$$(h_1 + h_2)\,\gamma_t \geqq \lambda \cdot h_1 \cdot \gamma + \lambda(\gamma_s - 1)(1 - n)\,h_2 + h_2,$$

ermitteln, woraus sich — sofern $(\gamma_s - 1)(1 - n) = \gamma'$ — die erforderliche Wichte der Suspension in der Tiefe $h = h_1 + h_2$ zu

$$\gamma_t \geqq \frac{\lambda(h_1 \cdot \gamma + h_2 \cdot \gamma') + h_2}{h} \tag{335}$$

errechnet. Unter normalen Verhältnissen ergibt sich hierfür ein Wert von 1,3 bis 1,4. Da die Bentonit-Ton-Suspension unter normalen Verhältnissen eine Wichte um etwa 1,25 hat, ist es üblich, der thixotropen Flüssigkeit auch Baryt beizumengen. Die erforderliche Ton + Bentonit-Menge schreibt sich übrigens [166] zu

$$x = \frac{\gamma_a \cdot (\gamma_t - 1)}{\gamma_a - 1}.$$

Die Höhe des minimalen Bentonitzusatzes wird auch durch das Erfordernis bestimmt, daß er das Absetzen der Ton- und der Barytkörnchen verhindern muß. Sie kann zu 6 bis 8% angenommen werden. Die beim Absenken der Schächte für die Budapester Untergrundbahn bewährte Mischung hatte folgende Zusammensetzung [167]

	120 kg Bentonit
	80 kg Baryt
	500 kg Ton
	720 kg Wasser
zusammen	1420 kg ($\gamma_t = 1{,}42$ t/m³).

Es ist hierbei zu bemerken, daß nach französischen Angaben (Solétanche-Verfahren, vgl. Abb. 55) die erforderliche Wichte der Suspension bis $\gamma_t = 1{,}2$ herabgesetzt werden kann.

Beim Absenken mit Hilfe einer thixotropen Flüssigkeit ist auf die Aufrechterhaltung einer zusammenhängenden Ummantelung auch deshalb sorgfältig zu achten, weil die thixotrope Flüssigkeit weder in den Poren des umgebenden Bodens versickern, noch an der Mantelwand entlang unter der Schneide in den Brunnen eindringen darf. Die Gefahr des Versickerns ist besonders bei lockeren, grobkörnigen Schichten über dem Grundwasserspiegel groß. Schutz gegen das Versickern bietet die Erhöhung der Viskosität der Flüssigkeit (durch zusätzliche Bentonitbeimischung) oder die vorangehende Ausfüllung der Poren des umliegenden Bodens durch abdichtende Injektionen und schließlich das stärkere Nachfüllen der Flüssigkeit.

Gefährlicher kann sich das Einsickern unter der Schneide auswirken, doch läßt es sich da auch leichter abwehren. Vor allem muß der Absatz erfahrungsgemäß mindestens 3,5 m hoch über Schneidenunterkante angeordnet werden. Sodann wird der Flüssigkeitsschicht zu unterst Spreu oder ein anderes, die Viskosität steigerndes Material zugemischt (vgl. Abb. 599). Schließlich wird die Schneide bei derartigen Absenkungen ganz scharfkantig ausgebildet, so daß sie tief in den Boden vordringt und den Zufluß der thixotropen Flüssigkeit in den Brunnen wirksam verhindert. Eine solche Ausbildung steht zwar im Gegensatz zu der Forderung, für die Schneide gerade im Hinblick auf die große Schneidenreaktion.

die die beträchtliche Verminderung der Mantelreibung notwendig auslösen muß, ein stumpferes Profil zu wählen, doch muß dem ersteren Gesichtspunkt der Vorrang gegeben werden.

Große Bedeutung kommt beim Absenken mit thixotroper Flüssigkeit auch der Sicherung der Brunnen-(Senkkasten-)Stabilität zu, da der in der Flüssigkeit gewissermaßen schwimmend schwebende Brunnen (Senkkasten) überaus leicht kippt und sich schief stellt, was nicht nur die weitere Absenkung erschwert, sondern auch die Ummantelung mit der thixotropen Flüssigkeit unterbricht. Aus diesem Grunde darf der unterste Brunnen-(Senkkasten-)Teil keinesfalls benetzt sein, vielmehr muß er trocken in den Boden einbinden. Die Absatzanordnung in mindestens 3,5 m Höhe über Schneidenunterkante befriedigt auch diese Forderung. Erfahrungsgemäß sollen im allgemeinen 10 bis 15% der vorgesehenen Absenkhöhe auf diese Weise stets trocken im Boden eingespannt sein.

Der spezifische Reibungskoeffizient läßt sich mit Rollkies auf einen Wert von rund $f = 0{,}15$ bis $0{,}25$, mit thixotroper Flüssigkeit grundsätzlich auf einen solchen von $f = 0{,}06$ bis $0{,}08$ vermindern. Wegen der Versickerungsverluste und wegen der durch das Sinken des Wassergehalts bedingten Verminderung der Wirksamkeit gelingt es praktisch nur, die spezifische Reibung in körnigen Böden auf $^1/_3$ ihres ursprünglichen Wertes, d. h. auf $f = 0{,}10$ bis $0{,}20$ herabzusetzen.

c) Das Absenkungsprogramm

Der Entwurf von Absenkungen besteht in einer Gegenüberstellung der in den einzelnen Absenkphasen nach unten und nach oben wirkenden, d. h. der aktiven und der passiven Kräfte. Die nach unten wirkenden Kräfte werden demnach derart zu erhöhen, die nach oben wirkenden hingegen so zu vermindern sein, daß in jeder Schneidenstellung $\Sigma L > \Sigma F$ ist.

Im Programm werden die Lage der Schneidenunterkante und der Mantelwandoberkante in Abhängigkeit von der Bauzeit und daneben im Kräftemaßstab die den einzelnen Lagen zugeordneten, auf den ganzen Brunnen (Senkkasten) bezogenen ΣL- und ΣF-Werte aufzutragen sein (Abb. 600).

Bei Festlegung des Programms der Aufmauerung wird man nicht nur der Sicherung des erforderlichen Gewichtes, sondern auch den Erfordernissen der Ausschließung des Grundwassers bzw. der Abstützung der Erdumschließung des Brunnens Rechnung tragen. Die Aufmauerung muß so rechtzeitig vorgenommen werden, daß die bis zur tatsächlichen Inanspruchnahme verstreichende Zeit zur Erhärtung des Betons unbedingt ausreicht.

Absenkungsprogramme berücksichtigen bisher unter den nach oben wirkenden Kräften im allgemeinen lediglich die aus der Mantelreibung und aus dem Auftrieb stammenden Einwirkungen, und dies aus der Überlegung heraus, daß der Schneidenwiderstand durch Untergraben der Schneide ausgeschaltet werden kann. Indessen dürfen die Schneiden, wie gezeigt, bei richtiger und wirtschaftlicher Absenkarbeit keineswegs freigelegt werden. Die Endgleichung (328) bietet im Verein mit (327) auch die Möglichkeit, die einer bestimmten Schneideneindringtiefe t zugeordnete Schneidenreaktion aus der bekannten Grenztragfähigkeit einer Bodenschicht (326) rechnerisch zu ermitteln. Anhand von (328) errechnet sich nämlich die Schneidenreaktion zu

$$R_0 = \frac{t^2 \cdot \gamma \cdot V_b \cdot B + t(\gamma \cdot V_b \cdot A + B \cdot C) + A \cdot C}{2}. \tag{336}$$

Nach einigen Proben mit unterschiedlich angenommenen t_i-Werten läßt sich somit die diesen zugehörige Schneidenreaktion bestimmen. Der Höchstwert für R_i in jeder Absenkungsphase wird als der Quotient $R_{\max} = \frac{\Sigma L_i - \Sigma F_i}{U}$ stets zur Verfügung stehen (U bezeichnet hier den Umfang der Schneide), so daß man die Möglichkeit hat, in Umkehrung des Problems auf Grund der Gl. (328) aus der Beziehung

$$t_i^2 \cdot \gamma \cdot V_b \cdot B + t_i(\gamma \cdot V_b \cdot A + B \cdot C) + A \cdot C - 2 R_{\max} = 0 \qquad (337)$$

die den einzelnen Absenkungsphasen zugehörigen Überdeckungstiefen t_i zu ermitteln. Sie sind im Programm gleichfalls aufzuzeichnen, da ihnen für die richtige technologische Ausführung hohe Bedeutung zukommt (vgl. Abb. 600).

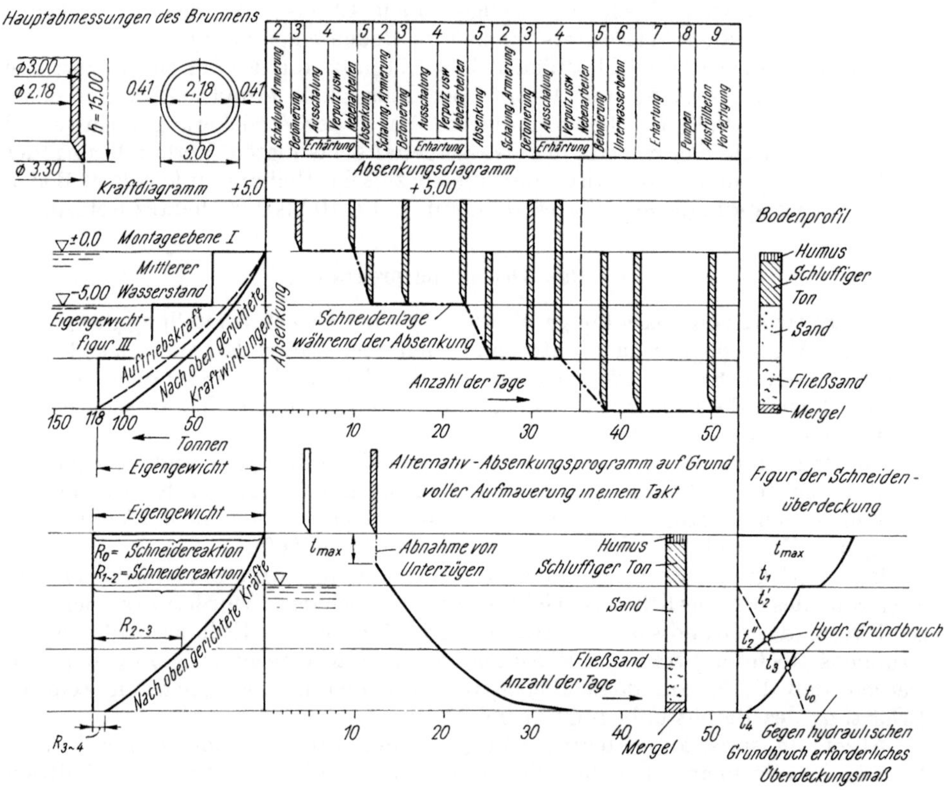

Abb. 600. Absenkungsprogramm

Mit dem so ermittelten Überdeckungsmaß t_i und den bekannten äußeren Wasserstand können hier ferner die bei offener Wasserhaltung den Druckhöhen h_i zugeordneten Beiwerte n_{1i} für die Sicherheit gegenüber dem hydraulischen Grundbruch aufgetragen werden. Aus (330) wird nämlich $n_{1i} = \frac{h_i + 2t_i}{h_i} \cdot \gamma$, und zwar mit einem Wert, der zwischen 1,2 und 1,5 liegen muß (vgl. Abb. 600).

Schließlich ist es von praktischen Gesichtspunkten aus wichtig, die Absenkung in ununterbrochenem Gang auszuführen, denn der Scherwiderstand des Bodens seinem Gleiten gegenüber und auch die Adhäsion ist beim Beginn der Absenkvorganges immer größer als während der Bewegung (vgl. Abb. 472 und Bd. I, Abb. 15). Jeder Stillstand und jede Pause macht die Überwindung immer neuerer, größerer Reibungswiderstände erforderlich. (Im übrigen sei hier festgehalten, daß auch *plötzliche* Veränderungen — Erhöhungen oder Verminderungen — der Absenkgeschwindigkeit viele Schwierigkeiten zu verursachen vermögen.)

Wenn sich der Brunnen oder der Senkkasten selbst mit den weiter oben erörterten Hilfen nicht programmgemäß in die vorgesehene Tiefe niederbringen läßt, oder seine Tragfähigkeit nicht ausreicht, aber auch wenn er nicht genügend stabil aufgelagert ist, kann man ihn durch eine Untermauerung bei gleichzeitiger Entwässerung (vgl. „Schächte", S. 657) oder — falls eine solche undurchführbar ist —, durch Vermittlung einer von der Brunnensohle aus eingebrachten und aus dem Brunneninneren nach außen sich ausbreitenden Pfahlgruppe auf die tiefer anstehende und beruhigend tragfähige Schicht aufsetzen.

B. Entwurf und Bemessung von Brunnen und offenen Senkkästen

1. Bestimmung der Abmessungen

a) Tragfähigkeit der Brunnen und Senkkastengründungen. Vorschriften

Die Tragfähigkeit (P) des Fundaments kann als die einer in die Schneidkantenebene verlegten Flächengründung, d. h. nach der Formel

$$P = F \cdot \sigma_H \tag{338}$$

berechnet werden, in der F die Grundfläche des Brunnens (Senkkastens) in der Schneidkantenebene, σ_H hingegen die in dieser Tiefe ermittelte Grenzspannung der belasteten Bodenschicht bezeichnet. Die Teilnahme der Mantelreibung an der Lastübernahme wird vernachlässigt, zumal während des Absenkens ständig auf ihren künstlichen Abbau hingearbeitet worden war. Als einziges Zugeständnis darf das Eigengewicht des Brunnens oder Senkkastens bei den äußeren Belastungen vernachlässigt bzw. durch die vernachlässigte Mantelreibung als ausgeglichen angenommen werden. Bei Berechnung der Grenzbeanspruchung der tragenden Bodenschicht kann eventuell ein erhöhter Formbeiwert C_2 (vgl. I. Band, S. 221) angesetzt werden.

Die Spannungsüberlagerung aus der Wechselwirkung der Brunnen aufeinander und die in deren Gefolge eintretende Tragfähigkeitsverminderung kann im allgemeinen vernachlässigt werden, da die Brunnen als in größerem Abstand voneinander niedergebrachte stehende Pfähle betrachtet werden können. Die zusätzliche Belastung aus der negativen Mantelreibung hingegen ist zu berücksichtigen, wenn der Brunnen weiche bzw. lockere, noch im Zustand fortschreitender Konsolidierung oder in Eigenverdichtung befindliche Schichten durchfahren hat. Da die Spannungen in größeren Gründungstiefen auf den Boden übertragen werden, sind die Setzungen der Brunnengründungen in der Regel vernachlässigbar klein.

Bei offenen Senkkastengründungen werden die Abmessungen häufig unabhängig von der Grenzspannung des Bodens durch die Abmessungen bzw. durch den Zweck des Aufbaues bestimmt. Die lichte Weite von Brunnen soll gemäß MSz 15006 mindestens 1,20 bis 1,40 m betragen, doch soll auch nach anderen Vorschriften der Einbau von Brunnen mit Durchmessern von weniger als 1,20 m und von rechteckigen Brunnen mit kleineren Seitenabmessungen als 1,0 × 1,20 m vermieden werden.

b) Auf die einzelnen Brunnen oder Senkkastenelemente wirkende Kräfte und ihre Bemessung

α) Konstruktion und Bemessung der Schneide

Der unterste Teil der Mantelwand, der sogenannte *Brunnenkranz*, verjüngt sich nach unten zur Schneide. Sie bilden die den gröbsten und am wenigsten im voraus berechenbaren Beanspruchungen ausgesetzten Teile des Brunnens. Die Ausbildung der Schneidenform wurde bereits auf S. 624 erörtert. Ihre konstruktive Ausbildung richtet sich nach dem Baustoff, nach den voraussichtlichen Umständen und Schwierigkeiten des Absenkens sowie nach der jeweiligen Bodenart.

Bei den früher üblichen Brunnen aus Ziegelmauerwerk wurde die Mantelwand auf einem Bohlkranz hochgemauert und dieser unten mit einer Winkeleisenschneide bewehrt (Abb. 601a). Der Holzkranz diente vor allem als Auflager-

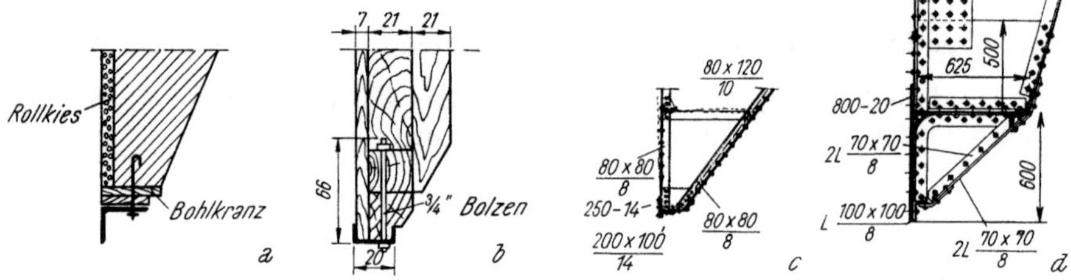

Abb. 601. Schneidenausbildungen aus Holz und aus Stahl

fläche und hatte außerdem dem Winkeleisenkranz und der ganzen Konstruktion eine größere Steifigkeit gegenüber Zug-, Biege- und Torsionsbeanspruchungen zu geben. Eine wichtige Rolle spielten auch die Einbindepratzen bei Sicherung des Zusammenwirkens zwischen Kranz und aufgemauertem Wandkörper. Eine Loslösung des Winkeleisenkranzes vom Wandkörper — sei es allein oder zusammen mit dem Bohlenkranz —, mußte notwendig nicht nur zu seinem Bruch oder zu seiner Verbiegung und zur Zerstörung der Schneidenwand führen, sondern diese auch jeden Schutzes an der Unterkante berauben. Damit aber konnte sie ihm auch keine Hilfe zum Durchfahren der Bodenschichten mehr gewähren, erschwerte vielmehr die weiteren Absenkungsarbeiten sehr wesentlich, so daß sie schließlich als schweres Hindernis entfernt werden mußte.

Da die Ziegel- oder Steinmauer keine nennenswerte Biegefestigkeit hatte, wurden früher größere offene Senkkästen in Holz (vgl. Abb. 631b) und später in Stahlkonstruktion ausgeführt. Das längs- und querversteifte Fachwerkträgergerüst erhielt eine Blechverkleidung, die innen mit Ziegelmauerwerk gefüttert war. Heute werden nur sehr große Senkkästen in reiner Stahlkonstruktion ausgeführt (vgl. die Abb. 619 und 659), doch handelt es sich hierbei meist nicht mehr um offene, sondern um Schwimmkästen (vgl. Abb. 620, 659, 671).

Schneide und Brunnenkranz der in Stahl ausgeführten Brunnen und Senkkästen sind natürlich gleichfalls reine *Stahlkonstruktionen.* Die unmittelbare Winkeleisenschneide braucht hier nicht eigens in den Wandkörper eingebunden zu werden, da sie mit der Stahlkonstruktion des Brunnens unmittelbar konstruktiv verbunden ist (s. Abb. 601c—d). Als Schneidkante wird gleich- oder — seltener — ungleichschenkliges Winkeleisen verwendet. Jedenfalls darf die Schenkelstärke nicht weniger als $^1/_{10}$ der Schenkellänge betragen (z. B. $100 \times 100/13$ oder $130 \times 190/20$). Für kleinste Brunnen ($D \leqq 2$ m) benützt man gewöhnlich Winkeleisen $60 \times 60/8$, für größere Brunnen ($D \leqq 3{,}0$ m) solches von mindestens $80 \times 80/10$ und für noch größere Durchmesser Winkeleisen $100 \times 100/13$. Bei Brunnen mit kreisförmigem Grundriß verursacht das Biegen der Winkeleisenkante gewisse Schwierigkeit, doch lassen sich diese durch keilförmige, in regelmäßigen Abständen vorgenommene Ausschnitte im waagrechten Schenkel beheben, deren Ränder sodann verschweißt werden. (Einfacher lassen sich aus geschweißten Blechen zusammengestellte Schneiden biegen. Vgl. hierzu Abb. 603c.)

Heute gelangen zum überwiegenden Teil Stahlbeton- oder Betonbrunnen zur Anwendung. Der Brunnenkranz ist bei diesen *stets in Stahlbeton ausgeführt*, während als *Schneide* auch hier zumeist *Winkel- oder U-Eisen* (allenfalls auch liegende I-Träger) benützt werden. Eine Ausnahme bilden jene Brunnen oder Senkkästen, die in leichte Böden nicht sehr tief abzusenken sind, weil diese keine stählerne Schneidkante benötigen. Zur Erleichterung des Eindringens in den Boden genügt es, die untere verjüngte Fläche des Brunnenkranzes ohne Winkeleisen-Vorschneide aus festerem Beton herzustellen. Im Hinblick auf die stellenweise großen Drücke empfiehlt es sich allerdings in solchen Fällen, die Längsbewehrung dichter zu verbügeln und den Schneidenteil als verborgenen Sohlbalken auszubilden (Abb. 602a). Ist mit einer Behinderung des Absenkens durch feste Hindernisse zu rechnen, muß die stumpfe Stahlbetonkante (vornehmlich gegen Absplittern) durch ein mit seiner Schneide nach oben gerichtetes ungleichschenkliges Winkeleisen geringerer Wandstärke geschützt werden (Abb. 602b). Bei größeren Brunnen oder Senkkästen ist der Schenkel des Winkeleisens bereits nach unten gerichtet oder mit einem U- oder Z-Eisen kombiniert. Bei noch größeren Brunnenabmessungen wird der nach oben weisende Schenkel noch mit einer an der Seitenwand hinaufreichenden lotrechten Platte überdeckt, die ein Auskippen der Vorschneide zu verhindern hat (vgl. Abb. 602e—g). Zur Herabsetzung der Beanspruchung und zur Verhinderung des Ausbrechens der Vorschneide erweist es sich als vorteilhafter, den nach unten gerichteten Schenkel möglichst kurz zu halten, wogegen ein länger nach unten hinabreichender Schenkel zur Verhinderung von

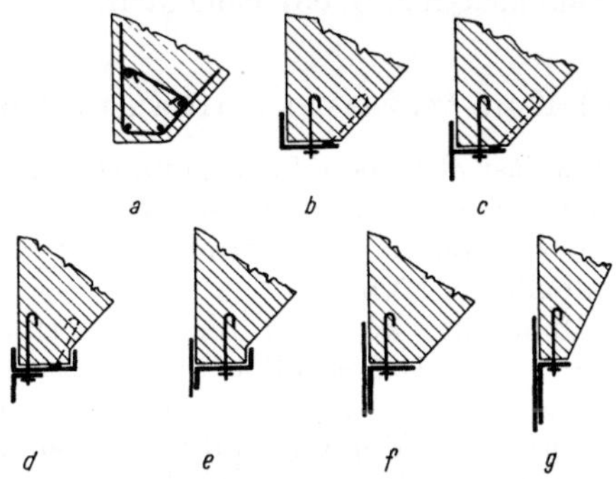

Abb. 602. Prinzipskizzen der Stahlbetonschneiden

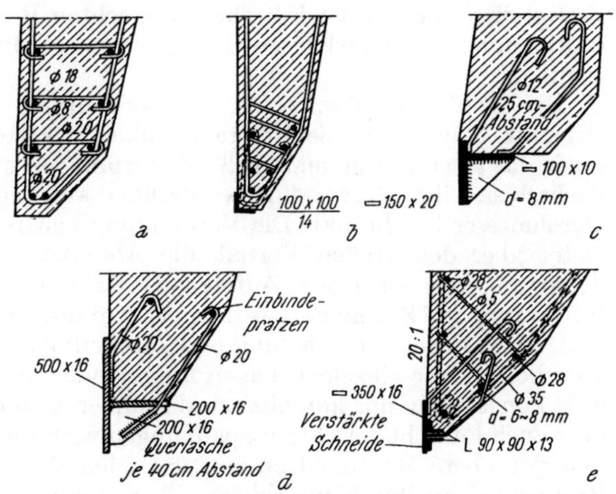

Abb. 603. Konstruktive Ausbildung einiger Stahlbetonschneiden

Bodeneinbrüchen in den Brunnen und zur Sicherung seiner Stabilität (bei Druckluftgründungen auch zur Verhinderung des Luftentweichens) überaus wichtige Dienste leisten kann. Lassen also die gegebenen Bodenverhältnisse derartige Wirkungen erwarten, wird man tiefer hinabreichende Vorschneiden zu entwerfen und, den erhöhten Beanspruchungen entsprechend, sowohl die Profile als auch die Verankerungen und Anschlüsse stärker zu bemessen haben. (Auch hier kommt der festen Einbindung der Schneide in die Wandung eine sehr große Bedeutung zu, weil eine ausgebrochene, ausgekippte Schneide die Absenkung nicht nur erschwert, sondern deren Erfolg ganz in Frage zu stellen vermag.) Den Schnitt durch die Schneide eines 16 m hohen offenen Senkkastens mit einer Grundfläche von 25×12 m und verschiedenartige praktisch ausgeführte Schneidenquerschnitte veranschaulicht die Abb. 603. Die Annahme und Verteilung der vom Brunnenkranz bzw. vom Boden her auf die Brunnenkranzkonsole wirkenden Kräfte sowie der vollständige Bemessungsgang werden im Zusammenhang mit den geschlossenen Senkkästen s. S. 687 behandelt.

β) Konstruktiver Aufbau und Bemessung der Mantelwand

Wie weiter oben bereits ausgeführt, muß die Mantelwand nicht nur den auf sie einwirkenden Kräften gewachsen sein und Boden- sowie Wassereinbrüche in den Brunnen verhindern, sondern mit ihrem Eigengewicht die Absenkung überhaupt erst ermöglichen können.

Als Baustoffe kommen Ziegelmauerung, Stahlblech oder Stahlbeton bzw. Beton in Frage. Die Stahlblechwand vermag die äußeren Kräfte für sich allein nicht aufzunehmen, die dient lediglich zur Wasserdichtung des Brunnens, zur Verminderung der Reibung und gegebenenfalls auch zum Schutz gegen aggressives Wasser. Zur Sicherung der erforderlichen Steifigkeit bedarf es einer inneren Verrippung oder einer fest anliegenden inneren Verblendung, die zweckmäßig aus Fertigteilen aufgebaut wird. Die waagrechten Reihen miteinander zu verbinden, ist hier unnötig, da die lotrechten Zugkräfte vom Blechmantel selbst aufgenommen werden.

Das größte Hindernis für die Verbreitung vorgefertigter Brunnenmantelelemente bildet aber die Umständlichkeit der Herstellung dieser Verbindungen sowie das gelenkartige und große Verformungen zulassende Verhalten der Fugen, weshalb sich ihre Verwendung vorderhand auf weniger tiefe Brunnen mit kleinem Durchmesser beschränkt. Die Verwendung von Brunnenmänteln aus Fertigteilen bietet aber den großen Vorteil, die Absenkung nicht mit dem Abwarten der Erhärtung der einzelnen Aufmauerungsstufen ständig unterbrechen und den Innenraum des Brunnens, aus dem der Erdaushub und die Entwässerung vor sich geht, nicht durch die Schalung und Aussteifung verengen zu müssen. Demgegenüber können die einzelnen Lagen miteinander nur durch lotrechte Stahleinlagen, d. h. konstruktiv nur kompliziert verbunden werden. Am Brunnenmantel werden aber auch lotrecht gerichtete Spannungen wirksam, weil es vorkommen kann, daß sich der obere Mantelteil im einstürzenden Boden verklemmt, wobei der untere Brunnenteil an ihm hängenbleibt. Ebenso können infolge einer Verwindung oder Verklemmung vertikalachsige Biegebeanspruchungen auftreten (vgl. die Abb. 609 und 610). Zur Herstellung größerer und tieferer Brunnen in schwerer zu durchfahrendem Untergrund, unter voraussichtlich komplizierteren Absenkungsverhältnissen, kommen also Ziegel- oder Quadersteinmauerwerke keinesfalls in Frage. Hier ist allein die Verwendung von Stahlbetonbrunnen am Platze.

Heute werden Brunnen und Senkkästen vornehmlich aus Beton und Stahlbeton an Ort und Stelle hergestellt, wobei man für mehrere gleich große Brunnen mehrmals benützbare Schalungen verwendet (vgl. Abb. 589 und 604). Zur Herstellung von Brunnen mit gleichbleibender Wandstärke verlegt man die Absenkungsebene zweckmäßig in die Höhe des Grundwasserspiegels und baut hier eine *Gleitschalung* auf, durch die der Mantel förmlich „hindurchgleitet" (Abb. 605). Sehr gute Erfahrungen wurden im Ausland auch mit der sogenannten Vakuumschalung (Abb. 606) gemacht. Durch die Vakuumbehandlung des Betons in dieser Schalung erhält man innerhalb 24 Stunden eine wasserdichte Mantelwand entsprechender Festigkeit.

Abb. 604. Herstellung eines kleineren Stahlbetonbrunnens

Die Mantelwand ist in Quer- und Längsrichtung zu bemessen. In Querrichtung erfolgt die Bemessung wie die eines *geschlossenen Ringes* oder wie die eines viereckigen geschlossenen Rahmens. Spezialbrunnen mit größerem Durchmesser und vor allem Senkkästen können innen durch Längs- und Querwände unterteilt sein, die dem Ring bzw. dem Rahmen eine Querversteifung verleihen. Zur Bemessung müssen vor allem Größe und Verteilung der Kräfte geklärt werden, die die Mantelwand beanspruchen. Den Mantel belastet von außen der Erddruck und — sofern der Brunnen durch Auspumpen von Wasser aus seinem Inneren abgesenkt wird —, auch der Wasserdruck. Hinsichtlich Größe und Verteilung des *Wasserdrucks* bestehen keinerlei Unklarheiten. Der dem Unterschied zwischen äußerem und innerem Wasserspiegel entsprechende Wasserdruck ergibt eine senkrecht auf die Querschnittfläche gerichtete, gleichmäßig verteilte Krafteinwirkung.

Demgegenüber lassen sich *die Größe und Verteilung des Erddrucks* nicht einmal mit einer auch nur ähnlich eindeutigen Sicherheit bestimmen. Das Problem ist bei Behandlung des Reibungswiderstandes schon berührt worden (vgl. S. 636). Wie bereits dort gezeigt, ist die Größe des Erddrucks weitgehend von der Absenkungsart, von der Ausdehnung des Absenkungstrichters um die Mantelwand und selbstverständlich auch von der Beschaffenheit des Bodens und von der Neigung der Mantelwand abhängig. Eine Rolle spielt ferner die um den Brunnen zustande kommende Gewölbewirkung. Jedenfalls gilt die Feststellung, daß der auf die kreiszylindrische Mantelfläche wirkende Erddruck einen *niedrigeren* Wert haben wird als jener, der auf einer in gleicher Tiefe gelegenen ebenen Wand lastet. Mit der Größe dieses Erddruckes haben sich TERZAGHI [168], WESTERGAARD [169], KARAFIÁTH [163], STEINFELD [170] und BERESANTZEW [162] befaßt. Sie gelangten zu der Feststellung, daß die Größe sämtlicher Spannungen im Erdkörper um den kreissymmetrischen Mantel mit zunehmendem radialem Fortschreiten zum Brunnenmittelpunkt abnimmt. Weitgehend hängt die Größe des radialen Drucks

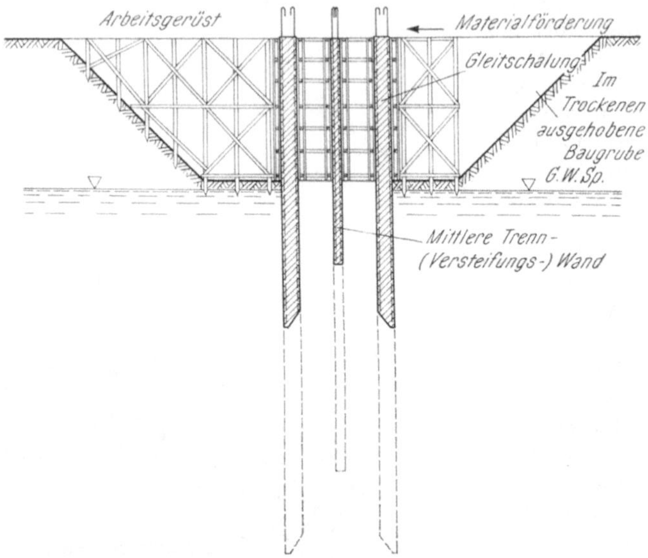

Abb. 605. Absenkung durch eine fest angelegte „Gleitschalung“

Abb. 606. Ansicht einer „Vakuumschalung“ mit Gleitträgern und Entlüftungsleitung (Siemens-Bauunion)

auf die äußere Mantelfläche auch vom Verhältnis der untersuchten Tiefe (z) zum Halbmesser (r_0) der äußeren Brunnenmantelfläche ab. Die Druckfigur gleicht jener des sogenannten Silodrucks (vgl. Abb. 595a).

Wegen der Absenkungstechnik stützt sich die Mantelwand bald mit ihrer einen, bald mit ihrer anderen Seite an das umliegende Erdreich an, was einerseits die Gewölbewirkung stört, wie sie sich um den Brunnen ausgebildet hat, andererseits aber auch die Druckwerte nach jenen des passiven Erddrucks hin verschieben kann. Im Hinblick auf die bestehenden Unsicherheiten wird in der Praxis allgemein mit dem Coulombschen aktiven Erddruck gerechnet, wobei jedoch dieser bei Tiefen von $z > 10r$ nicht mehr erhöht wird. (In der überwiegenden Mehrzahl der Fälle ergibt der mit zunehmender Tiefe linear ansteigende Wasserdruck ohnehin überwiegend höhere Werte als der Erddruck.)

Die Ungleichmäßigkeiten der Absenkung und das Kippen des Brunnens verhindern das Zustandekommen einer gleichmäßigen Erddruckverteilung, da der Erddruck auf der festgefahrenen Seite stets größer sein wird als in der auf dieser senkrechten Richtung. Der Ring wird also nicht nur auf Druck, sondern auch auf Biegung beansprucht werden. Wenn diese aufeinander senkrechten Hauptrich-

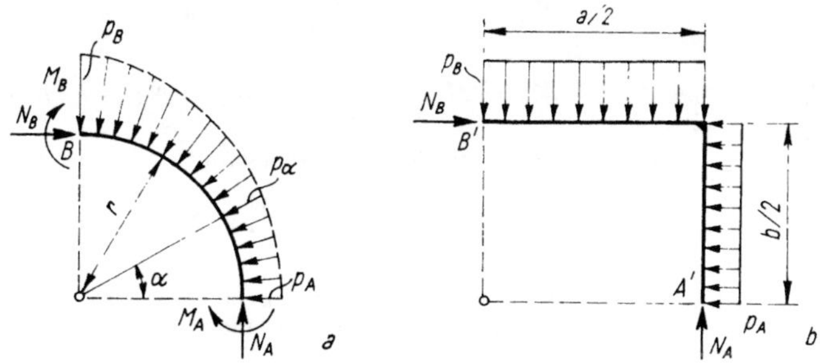

Abb. 607. Ungleichmäßige Verteilung der Außendrücke

tungen durch die Punkte A und B (Abb. 607) verlaufen, wird sich der zwischen diesen Hauptrichtungen unter einem beliebigen Winkel α wirksame Druck p_α nach Farben [171] zu

$$p_\alpha = p_A[1 - (\omega - 1)\sin\alpha] = p_A(1 - \omega\cdot\sin\alpha)$$

schreiben, worin ω das Verhältnis zwischen den beiden in Richtung A und B wirkenden Drücken gemäß

$$\omega = \frac{p_B}{p_A} \quad \text{und} \quad \omega' = \omega - 1 = \frac{p_B}{p_A} - 1$$

bezeichnet.

Die in den Ringquerschnitten A und B auftretenden Drücke und Momente betragen in diesem Fall:

$$\begin{aligned} N_A &= p_A\cdot r\,(1 + 0{,}7854\cdot\omega') \\ N_B &= p_A\cdot r\,(1 + 0{,}50\cdot\omega') \\ M_A &= -0{,}1488\cdot p_A\cdot r^2\cdot\omega' \\ M_B &= +0{,}1366\cdot p_A\cdot r^2\cdot\omega', \end{aligned} \tag{339}$$

woraus hervorgeht, daß im Querschnitt B innen eine Zugbeanspruchung, im Querschnitt B hingegen innen ein Druck entsteht. Die Verhältniszahl $\omega = p_B/p_A$ hängt von der Größe der Schiefstellung bzw. vom Ausmaß der Mobilisierung des Erdwiderstandes ab und pflegt in der Praxis mit Werten zwischen 1 und 2 angesetzt zu werden. (Bei den Brunnen der Budapester Wasserwerke z. B. ist es üblich, einen Wert von $\omega = 1{,}3$ anzunehmen.) Da die Mantelwanddicke nicht auf Grund der so resultierenden Abmessungen, sondern anhand der weiter unten folgenden empirischen Formeln und unter Zugrundelegung des erforderlichen Eigengewichtes festgelegt zu werden pflegt, kommt dieser Berechnungsart nur insofern eine Bedeutung zu, als sie bei Stahlbetonbrunnen bzw. -senkkästen befriedigende Zahlenwerte für die Größe der Ringsbewehrung liefert. Bei Bemessung quadratischer oder rechteckiger Senkkästen können die durch die Verklemmung bedingten Ungleichmäßigkeiten in den an den Mantelwänden auftretenden Erddrücken nach ähnlichen Grundsätzen angenähert und die Momente und Normalkräfte in den Querschnitten als in geschlossenen Rahmen auftretend ermittelt werden (Abb. 607b).

Press [172] empfiehlt darüber hinaus, zur Bemessung selbständiger lotrechter Brunnen die volle Belastung zweier gegenüberliegender Seiten bei völliger Vernachlässigung des Erddruckes auf die senkrecht zu dieser Richtung stehenden Wände in Betracht zu ziehen. Die hierbei auftretenden maximalen Momente und Druckkräfte (Abb. 608a) errechnen sich zu

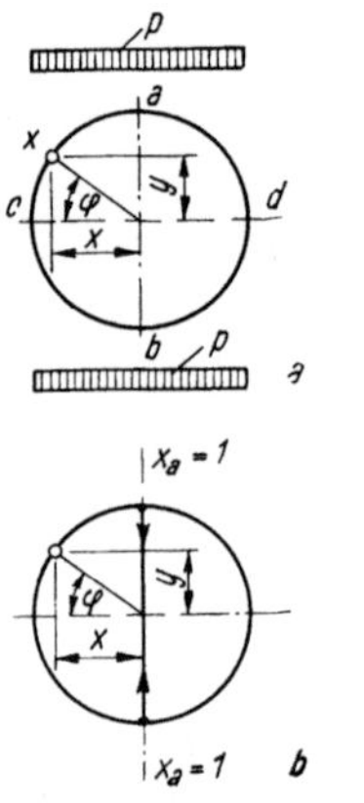

Abb. 608. Einachsige Belastung des Ringträgers ohne (a) und mit (b) Zwischenwand

$$M_a = M_b = -\frac{p \cdot r^2}{4}, \quad N_a = N_b = 0 \quad \text{und}$$

$$M_c = M_d = \frac{p \cdot r^2}{4}, \quad N_c = N_d = -p \cdot r.$$

für einen zwischengelegenen Querschnitt x hingegen zu

$$M_x = \frac{p \cdot r^2}{2}\left[\frac{1}{2} - \cos^2 \varphi\right], \quad N_x = -p \cdot r \cdot \cos^2 \varphi. \tag{340}$$

Ist dagegen der Kreisring durch eine Zwischenwand in der Mitte aufgesteift (s. Abb. 608b), so hat man

$$M_x = \frac{p \cdot r^2}{2}\left\{\frac{1}{2} - \cos^2 \varphi - \frac{2\pi}{3/\pi^2 - 8)}\left[\frac{2}{\pi} - \cos \varphi\right]\right\} \quad \text{und}$$

$$N_x = -p \cdot r \cdot \cos \varphi \left[\cos \varphi \frac{\pi}{3(\pi^2 - 8)}\right]. \tag{341}$$

Die einzelnen Querschnitte sind als auf ausmittigen Druck beanspruchte Querschnitte zu bemessen.

Mit dieser als zu streng anzusehenden Annahme wird man natürlich höhere Momente und stärkere Ringbewehrungen erhalten, die indessen bei ständigen, wasserdichten, als unbedingt rißfrei auszuführenden Absteig-Brunnen und Senkkästen durchaus berechtigt sind, wogegen sie sich bei den zur vorübergehenden Lastübernahme bestimmten, nicht unbedingt wasserdicht auszuführenden Gründungsteilen, die nach der Absenkung mit Beton zu verfüllen sind, erübrigen.

Nimmt man schließlich die äußeren Drücke auf den Brunnenmantel als gleichmäßig verteilt an, kann die Mantelwanddicke bei kreisförmigem Grundriß zu $v = (r \cdot p)/\sigma_D$, bei quadratischem oder rechteckigem Grundriß hingegen zu $v = \sqrt{(p \cdot l^2)/2\sigma_h}$ angesetzt werden. σ_D ist hier die für das homogene Mauerwerk zulässige Druck-, σ_h dagegen die Biegespannung, r der Außenhalbmesser des Mantels, l die äußere Seitenlänge des Rechtecks, p hingegen der auf die Mantelwand insgesamt wirkende Erd- und Wasserdruck.

Die Wanddicke des kreisförmigen Mantels aus homogenen Baustoffen kann nach Schoklitsch zu

$$\frac{R_k}{R_b} = \sqrt{\frac{\sigma_D}{\sigma_D - 1{,}7\,p}} \tag{342}$$

angesetzt werden. Hier bezeichnet R_k den Außen-, R_b den Innenhalbmesser des Brunnens, p den auf dem Brunnenmantel insgesamt lastenden Erd- und Wasserdruck, σ_D hingegen die für den Baustoff der Brunnenwand zulässige Druckspannung mit folgenden Werten:

bei qualitativ gutem, in Zementmörtel verlegtem Ziegelmauerwerk	200 bis 500 t/m²
bei unbewehrtem verdichtetem Beton	250 bis 400 t/m²
bei Gußeisen	3000 t/m²

Als nützlicher haben sich jedoch für Brunnen aus qualitativ hochwertigem Ziegelmauerwerk (mit D_b als Innendurchmesser und v als Wanddicke) die folgenden praktischen Regeln erwiesen.

bei $D_b =$	1 bis 1,5 m,	1,5 bis 3,5 m,	3,5 bis 5,5,	5,5 bis 7,0
ist $v =$	0,25 m	0,38 m	0,51 m	0,64 m

Nach Bösenkopf [173] ist v:

bei verdichtetem Beton gleich $D_b/10$ zuzüglich 5 bis 12 cm,
bei Stahlbeton hingegen gleich $D_b/12$, zuzüglich 5 bis 10 cm.

Um das zum Absenken des Brunnens erforderliche Mindest-Eigengewicht zu erreichen, werden sämtliche Querschnittsabmessungen in der Regel wesentlich erhöht, zumal dies bei Gründungsbrunnen — die ohnehin mit Magerbeton verfüllt werden — eine kaum ins Gewicht fallende Kostensteigerung (höchstens einen erhöhten Zementaufwand) bedeutet.

In *Längsrichtung* ist die Mantelwand so zu bemessen, daß sie imstande ist, *das an ihm hängenbleibende Gewicht ohne Risse aufzunehmen*, sofern sich der eine oder der andere Teil des Brunnens beim Absenken festklemmt. Aus diesem Grunde müssen auch gemauerte oder aus Stampfbeton gefertigte Brunnen Stahleinlagen erhalten, die den beim Hängenbleiben auftretenden Zugbeanspruchungen gewachsen sind. (Nach einem Vorschlag des Verfassers können die Stahleinlagen auch durch *Holzeinlagen* [118] ersetzt werden.) Da ein Entzweireißen des Brunnens die weitere Absenkung unmöglich und beispielsweise Wassergewinnungs- oder Schachtbrunnen gänzlich unbrauchbar machen würde, wird ganz allgemein eine kräftige Zugbewehrung empfohlen.

Auf empirischer Grundlage empfiehlt z. B. Brinkhaus eine Längsbewehrung von

$$F_v\,[\text{cm}^2] = 7{,}5 D_b\,[\text{m}] - 12{,}5 D_b\,[\text{m}].$$

Es ist ratsam, gemauerte Brunnen oben mit Stahlbetonholmen zu verbinden und die Längseiseneinlagen bis zu diesen hochzuführen.

Üblich ist es ferner, der Berechnung der Längsbewehrung einen geschätzten Prozentsatz des Brunneneigengewichts ($\eta = 30$ bis 50%) als hängenbleibendes, zum Abreißen neigendes Gewicht zugrunde zu legen. Entsprechend wird die Stahlmenge für die Längsbewehrung aus der Formel $F_e = \frac{\eta \cdot G}{\sigma_e}$ ermittelt.

Nach Ansicht des Verfassers kann man bei Berechnung der Längsbewehrung von der Überlegung ausgehen, daß sich die ungünstigste Zugbeanspruchung der Mantelwand in dem Augenblick ergeben wird, in welchem die in der Höhe x des oberen Teiles auftretende Erdreibung genügt, um das Gewicht des unter ihm befindlichen Brunnenteiles eben noch in Schwebe zu halten. Da sich aber der Brunnen mit seinem größten Gewicht auf den oberen festgeklemmten Teil aufhängen wird, wenn er in voller Höhe fertiggestellt ist, ist der Bemessung dieser Extremfall zugrunde zu legen.

Den Wert der wirksamen Reibung wird man zweckmäßig nach der Theorie von Paproth [174] (vgl. S. 637) berechnen, weil man damit die höchsten Werte erhält und auf der sicheren Seite bleibt.

Nach dieser Theorie nimmt die Mantelreibung an der Außenfläche des Brunnens mit der Tiefe linear zu, und für die aus der Erdreibung stammende, nach oben gerichtete Kraft

(Abb. 609) gilt die Beziehung

$$E = U \cdot \frac{x^2}{2} \cdot \sin\varphi \cdot \cos\varphi \cdot \gamma_t,$$

wenn U den Umfang des Mantels, φ den Reibungswinkel, γ_t das Raumgewicht des Bodens und x die Tiefe des untersuchten Querschnittes unter OK-Gelände bezeichnet.

Demgegenüber schreibt sich das Gewicht des Brunnens bzw. Senkkastens zu

$$G' = F_0 h \cdot \gamma_b,$$

worin F_0 die Querschnittsfläche, γ_b die Wichte der Wandung (für die bei Unterwasserbaggerung $\gamma'_b = \gamma_b - 1$ zu setzen ist!) und h die Gesamthöhe des Brunnens bedeutet. Aus dem Zusammenhang $G' = E$ kann nun der Wert von x ermittelt werden, denn aus

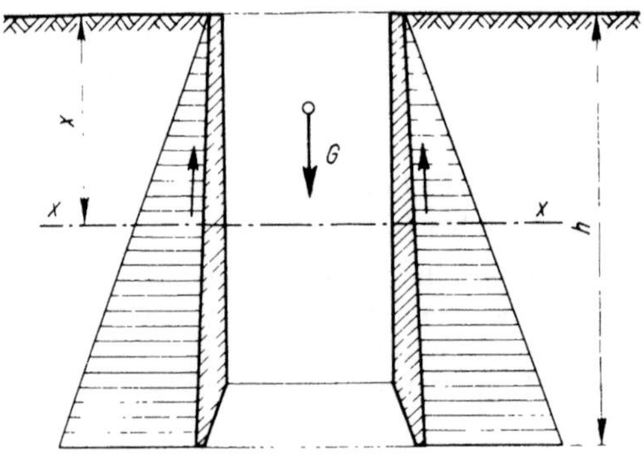

Abb. 609. Die angreifenden lotrechten Kräfte

$$E = G' = U \cdot \frac{x^2}{2} \cdot \sin\varphi \cdot \cos\varphi \cdot \gamma_t$$
$$= F_0 h \cdot \gamma_b$$

folgt

$$\frac{x^2}{2} \cdot \sin\varphi \cdot \cos\varphi \cdot \gamma_t \cdot U - - F_0 \cdot h \cdot \gamma_b = 0, \qquad (343)$$

woraus sich außer x auch G' ermitteln läßt.

Die zur Längsbewehrung erforderliche Stahlmenge ergibt sich aus der Formel $F_e = G/\sigma_e$, in der σ_e die zulässige Spannung der Stahleinlage bezeichnet.

Nach Horn und Kovács [175] wird die maximale Zugkraft in der Mantelwand nicht im statischen Zustand, sondern während der Bewegung auftreten, sie wird also in einem in der Tiefe z unter Geländeoberfläche gelegenen Querschnitt

$$H' = \sum_0^z S_c - [G_z + G_{0z}] \cdot \frac{g - a}{g} \qquad (344)$$

betragen, wobei a die Beschleunigung der Absenkbewegung gemäß der Formel

$$a = \frac{\Delta G}{M} = g \cdot \frac{\Delta G}{\Sigma G}$$

und hieraus $\Delta G = \Sigma G_z - \sum_0^z S_c$ das zusätzliche Gewicht bedeutet, welches die Bewegung auslöst. $\sum_0^z S_c$ ist hier die Summe der bis zur Tiefe z am Mantel entlang auftretenden Reibungskräfte, es gilt mithin

$$S_c = [E_a \cdot \operatorname{tg}\varphi + h \cdot c]\, U$$

und

$$E_a = \frac{h^2 \cdot \gamma}{2} \cdot \lambda_a - 2c \cdot h \cdot \sqrt{\lambda_a}$$

Weiterhin ist ΣG das Gesamtgewicht der Mantelwand, G_z das Wandgewicht über dem Querschnitt z, G_{0z} das Beton- bzw. Erdauffüllungsgewicht und g die Erdbeschleunigung. Die Formel ist demnach nur auf Grund tatsächlich durchgeführter Messungen sowie bei probeweiser Annahme der kritischen Tiefe z sowie des Gewichtes ΔG zu gebrauchen.

Die Längsbewehrung muß auch die Biegebeanspruchungen aus Schiefstellungen während des Absenkens aufnehmen. Sie lassen sich rechnerisch gleichfalls näherungsweise auf Grund der hier folgenden Annahmen ermitteln.

Setzt man gemäß Abb. 610 das Ausmaß der Schiefstellung zu $\operatorname{tg}\alpha = 1/n$ an, kann das Maximum der waagrechten Komponente aus dem Mantelgewicht im schwebenden Zustand (d. h. bei einer Schneidenreaktion $= 0$) $H = G/n = G \cdot \operatorname{tg}\alpha$ betragen. Verteilt man diese

Kraft längs der unendlich steif — d. h. sich linear verdrehend — gedachten Mantelfläche proportional den Verschiebungen, so erhält man ein Kräftepaar mit der Hebelarmlänge $^2/_3\,h$. Das Biegemoment, das sich zu $M = {}^2/_3 H \cdot h = {}^2/_3 \cdot h \cdot G \cdot \operatorname{tg}\alpha$ errechnet, muß vom vollen waagrechten Mantelquerschnitt als auf Biegung beanspruchtem zylindrischem Ring- oder Senkkastenprofil aufgenommen werden. Die so ermittelte Bewehrungsmenge erreicht in der Regel die für die Zugbeanspruchung als erforderlich ermittelte nicht. Der Wert von $\operatorname{tg}\alpha$ kann nach den bei großen Senkkastenabsenkungen in Ungarn gewonnenen Erfahrungen mit 5% angesetzt werden. Bei kleineren Brunnen vermag jedoch dieser Wert bis auf 7,5% anzusteigen.

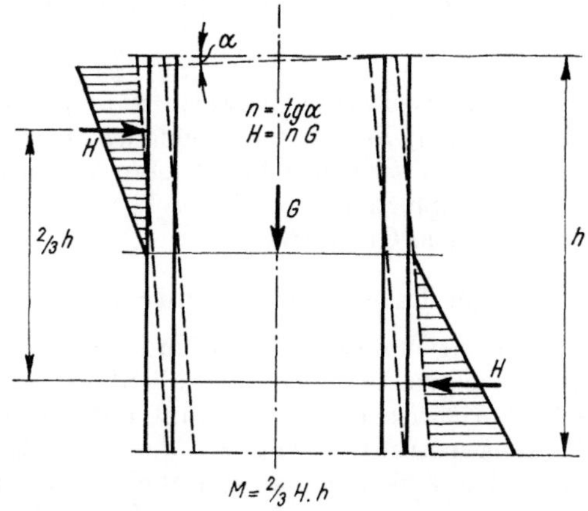

Abb. 610. Angenäherte Bestimmung der Beanspruchungen von Verdrehung (Verfasser)

Die Frage der erforderlichen Einbindetiefe und der Momentenberechnung der durch Horizontalkräfte beanspruchten Brunnengründungen wurde von SMOLTCZYK [176] mit Hilfe des Bettungszifferverfahrens eingehend behandelt. Er hatte interessanterweise bestätigt, daß das Bemessungsmoment nahezu unabhängig davon ist, mit welchem Ansatz man es berechnet, sofern nur berücksichtigt wird, daß die Steifeziffer des Sandes zunächst linear von 0 aus anwächst. Daher ist die Benützung der einfachen Annäherungsmethode von BALLA für Leitungsmastfundamente (vgl. S. 112) noch immer berechtigt.

γ) Bemessung der Brunnenböden

Der Brunnenboden wird in der Mehrzahl der Fälle durch Unterwasserbetonieren eingebaut, wobei man sich unter den auf S. 225 eingehend erörterten Methoden zumeist des Kontraktorverfahrens bedient. Bei größeren Senkkästen muß also schon bei Einteilung der Kassetten darauf Bedacht genommen werden, daß sie mit einer maximalen Seitenlänge von 5 m angeordnet werden, was ihre Bestreichung mit je einem normalen Betonierrohr von 30 cm Durchmesser ermöglicht.

Die Unterwasser-Bodenplatte ist auf den Auftrieb zu bemessen. Wird jedoch der Brunnen oder der Senkkasten nicht ausbetoniert, hat er vielmehr nachträglich noch das beachtliche Gewicht des Aufbaues aufzunehmen, muß die diesem Gewicht entsprechende Bodenreaktion bei Festlegung der Abmessungen als äußere Kraft der Auftriebslast hinzugerechnet werden. Allerdings ist es üblich, auf diese Beanspruchungen die in der Regel schon unter dem Schutz der abschließenden Sohlplatte eingebaute innere Futterplatte zu bemessen.

Das Biegemoment an der homogenen Betonsohlplatte mit kreisförmigem Grundriß ist

$$M = \frac{3}{16} \cdot p \cdot \left(\frac{D_k}{2}\right)^2$$

und hieraus die Wanddicke

$$v = \frac{3}{8} \cdot D_k \cdot \sqrt{\frac{2p}{\sigma_h}}, \qquad (345)$$

wenn σ_h die Grenzbiegespannung des Sohlbetons, D_k den Brunnendurchmesser und p die Auftriebskraft des Wassers bezeichnet.

Die Sohlplatte mit rechteckigem Grundriß wird — solange das Seitenverhältnis $l_x/l_y \cong 2$ — als kreuzweise bewehrt bemessen. Die Momente am längeren Plattenstreifen (l_x) schreiben sich zu

$$m_x = \alpha \cdot p \cdot l_x^2,$$

am kürzeren Fundamentstreifen (l_y) hingegen zu

$$m_y = \beta \cdot p \cdot l_y^2,$$

wobei die Reduktionsbeiwerte α und β in Abhängigkeit vom Seitenverhältnis den Tabellen in den verschiedenen Taschenbüchern für Bauingenieure zu entnehmen sind. Ebenso findet man in diesen Näheres über die Bemessung von Stahlbetonplatten sowohl bei kreisförmigem als auch bei quadratischem und rechteckigem Grundriß.

δ) Lastübertragende Fundamentblockkonstruktionen

Zur gleichmäßigen Verteilung der Gesamtbelastung einer Brunnenreihe auf die einzelnen Brunnen und allenfalls auch zum Ausgleich von Setzungsunterschieden zwischen diesen muß auf die Brunnen eine dem Pfahlrost ähnliche Balkenkonstruktion, der *Fundamentblock*, aufgebaut werden. Früher bestanden diese Konstruktionen aus parallel zueinander und sich gegenseitig überquerenden streifenförmigen *Gewölbereihen.* Unter den in Stein- oder Ziegelmauerwerk ausgeführten Gewölben konnten in der Brunnenoberkante auch Holmbalken und in diesen notfalls selbst Zugbänder eingelegt sein. Heute werden die Brunnen mit einer lastverteilenden Grundplatte überdeckt (vgl. Abb. 582a), die so zu bemessen ist wie eine von den Brunnen abgestützte, durch den Überbau gleichmäßig belastete durchlaufende Balkenkonstruktion.

Die Brunnen- oder Senkkastengründung ist mit ganz magerem Beton oder allenfalls auch mit bloß dichtgerütteltem Sandkies geeigneter Körnung zu verfüllen. Diese Füllung wird oben mit einer Schicht höherwertigen Betons abgeschlossen (vgl. Abb. 582b).

C. Besonderheiten großräumiger offener Senkkästen

In Ungarn werden in den letzten Jahren mit Erfolg mehrere Tiefgründungsaufgaben durch Senkkästen gelöst, die man früher in spundwandumschlossenen und in offener Wasserhaltung oder durch Grundwasserabsenkung trockengelegten Baugruben hätte ausführen müssen. Im Grunde genommen wurde damit also ein *Baugrubenumschließungsverfahren* eingeführt, bei dem die Umschließungswände in Gestalt eines offenen Stahlbeton-Senkkastens über Tage fertiggestellt und nicht eingerammt oder eingerüttelt, sondern durch Bodenaushub aus dem Inneren in die vorgesehene Tiefe abgesenkt werden. An die Stelle der Entwässerung tritt die Unterwasserbaggerung, und als Abdichtung nach unten wird eine Unterwasser-Betonschicht eingebaut. Da eine Wiedergewinnung der Umschließung in diesem Falle gar nicht in Frage kommt, kann dieses Verfahren nur dann wirtschaftlich gestaltet werden, wenn man die Senkkastenwände zu endgültig eingebauten konstruktiven Teilen des auszuführenden Tiefbauwerks bzw. der Tiefgründung ausbildet. Da aber die gegenständlichen Senkkästen die Umschließung verhältnismäßig großer Baugruben mit Grundflächen von mehr als 1000 m² ermöglichen sollten, war es klar, daß die sehr langen und hohen Kastenwände die beim Absenken auftretenden Beanspruchungen auf Biegung, Verwindung und Schub nur dann würden aufnehmen können, wenn sie miteinander durch Querwände mehrfach verbunden sind. Auch diese Queraussteifungen mußten in Form von Zwischenwänden oder zwischengelegten Deckenrahmen eingebaut werden, die zu konstruktiven Teilen des zu errichtenden Bauwerks werden konnten.

In Ungarn wurden die ersten derartigen offenen Senkkästen 1951 auf Initiative von I. Binnyei zum Bau des Pumpwerks von *Dunaujváros* von einer Inselaufschüttung aus in das Strombett der Donau abgesenkt (Abb. 611). Nach der

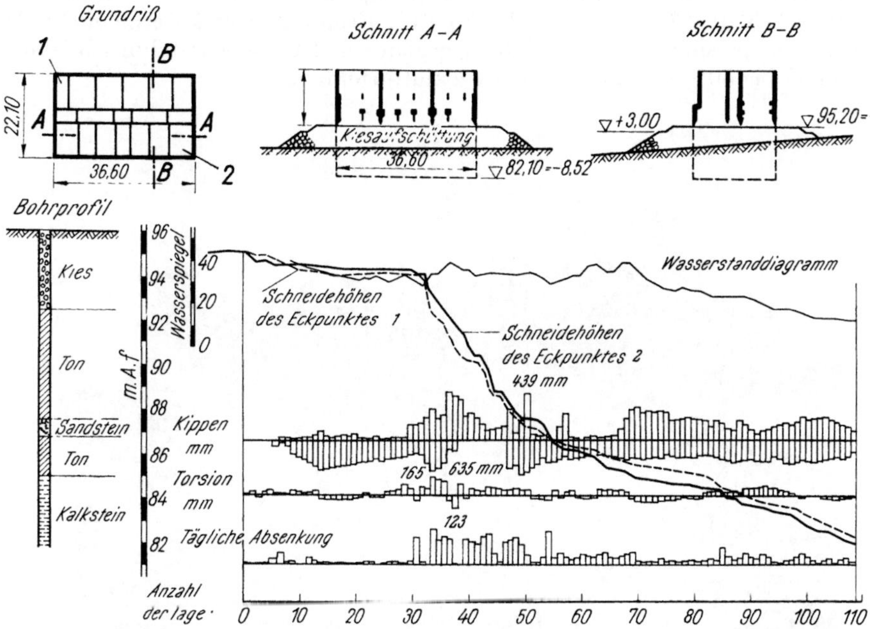

Abb. 611. Systemskizze und Absenkungsvorgang des offenen Senkkastens für die Wasserentnahmeanlage in Dunaujváros

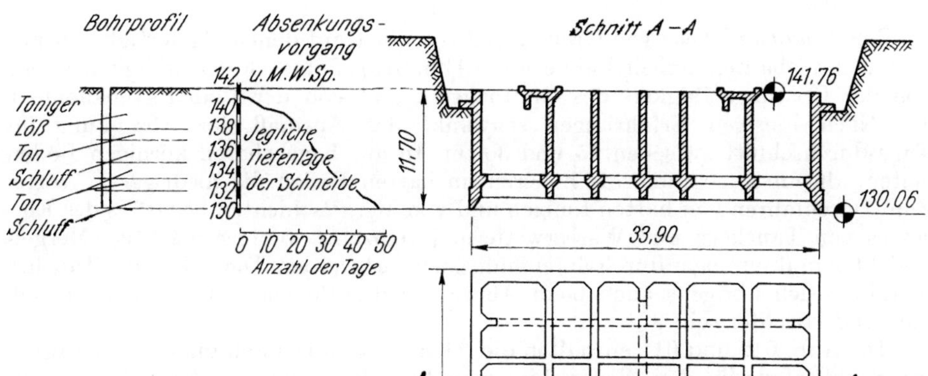

Abb. 612. Großräumiger Senkkasten für die Herstellung einer Entladungsanlage in Dunaujváros

gelungenen Durchführung dieser Absenkung werden nunmehr die Pumpenschächte sämtlicher Wasserentnahmewerke an Flußläufen nach diesem Verfahren gebaut [177]. Des gleichen Verfahrens bediente man sich jedoch auch im Trockenen, wie etwa zum Bau des Grundwerkes eines Waggonkippers mit einer Grundfläche von 1300 m^2 (33,9 $\times$ 37,8 m) gemäß Abb. 612. Erfahrungsgemäß ermöglicht das Verfahren Einsparungen von 20 bis 30% gegenüber der Spundwandumschließung bzw. von 40 bis 50% gegenüber der Druckluftgründung.

Abb. 613. Ansicht eines vorgefertigten offenen Senkkastens mit Arbeitsbühne und Bodenaushubgeräten

Den *Erdaushub* besorgen Greifbagger von einer auf dem vorgefertigten Senkkasten aufgebauten Arbeitsbühne aus (Abb. 613). Seine Geschwindigkeit hängt von der Leistungsfähigkeit des Greifbaggers und von der Bodenbeschaffenheit ab. Nach hiesigen Erfahrungen schwankt das Ausmaß der Absenkung im Tagesdurchschnitt zwischen 15 und 30 cm. In gut baggerbaren körnigen Böden gelten, allgemein gesehen, die höheren, in harten Böden die niedrigeren Werte. Zum Durchfahren von harten tonigen und von Mergelschichten bedarf es des Einsatzes von Tauchern und Wasserwerfern, ja einzelne weniger mächtige Mergelschichten mußten sogar durch Sprengung gelockert werden. Die Arbeit der Taucher bewährte sich übrigens auch beim Abräumen des Bodens von der Schneide in die Greifertrichter sehr gut.

Die Abb. 612 und 611 enthalten die schematische Darstellung des großräumigen Senkkastens für den Waggonkipper und des Pumpenschachtes I. in Dunaujváros sowie deren Absenkungsdiagramm. Die Absenkungskurve zeigte die allgemeine Charakteristik, daß der Senkkasten anfänglich langsam eindringt, dann gut abwärtskommt, um gegen Ende der Absenkung wieder mit geringerer Geschwindigkeit zu sinken. Die anfänglich geringere Absenkungsgeschwindigkeit erklärt sich daraus, daß der Erdaushub zu Beginn überwiegend im Trockenen und von Hand, also mit geringer Leistung vorankommt. Diese Art der Arbeitsabwicklung ist indessen zweckmäßig, weil sie es ermöglicht, dem Senkkasten die genau lotrechte Führung zu geben, ihn gewissermaßen auf das „richtige Gleis" zu stellen. Abb. 611 erhellt auch die Torsion als Unterschied zwischen dem Kippen der Seiten und den verschiedenen Höhenlagen der einander diagonal gegenüberliegenden Ecken. Diese Werte müssen im Interesse des guten Fortgangs der Absenkung ständig gemessen und überwacht werden, da sie nicht nur die Torsionsbeanspruchung der Seitenwände kennzeichnen, sondern auch die Behinderung der Absenkung zum Ausdruck bringen, sind doch derartig große Körper überaus empfindlich gegen Abweichungen aus der lotrechten Richtung, die während des ganzen Absenkungsvorganges unbedingt gesichert werden muß[1]. Das Näherungsverfahren zur rechnerischen Ermittlung der Torsionsbeanspruchung in den Begrenzungswänden wird im übrigen bei Behandlung der Druckluftsenkkästen erörtert werden (S. 693).

Da großräumige Senkkästen in endgültige Bauwerke als deren Teile eingebaut werden, ist ferner besondere Sorgfalt darauf zu verwenden, daß sie tatsächlich in der vorgesehenen Tiefe stehen bleiben. Auch aus diesem Grunde erscheint eine vorsichtige Verminderung der Absenkungsgeschwindigkeit im letzten Abschnitt durchaus gerechtfertigt.

D. Besonderheiten von Schächten und selbständigen Brunnen

Selbständige Brunnenbauwerke, wie Wasserversorgungsbrunnen, Schächte für Abwasserkläranlagen, lotrechte Einsteigschächte, unterirdische Maschinenhallen, Pumpenschächte u. dgl. m. erfordern einerseits völlige Rißfreiheit, höhere Festigkeit und dementsprechend eine Bemessung der Wandstärke, Bewehrung und der ganzen konstruktiven Ausbildung mit erhöhter Sicherheit, anderseits die Absenkung in eine genau vorbestimmte Tiefe, die jedoch durch unvorhergesehene Absenkungsschwierigkeiten (Schiefstellung, Bodenschichten mit äußerst hohem Reibungswiderstand, Felsbänke, Baureste, Steinwürfe usw.) häufig vereitelt wird, so daß der Brunnen hängenbleibt. Das Durchfahren harter Schichten und die Überwindung von Hindernissen erleichtert es sehr, wenn man in den Brunnen eine luftdichte Decke einzieht, womit sein unterer Teil zu einem geschlossenen Senkkasten umgestaltet und die Absenkung durch unmittelbares Untergraben der Schneide von Hand in dem unter Überdruck stehenden Arbeitsraum ermöglicht wird (Abb. 614 und vgl. S. 660).

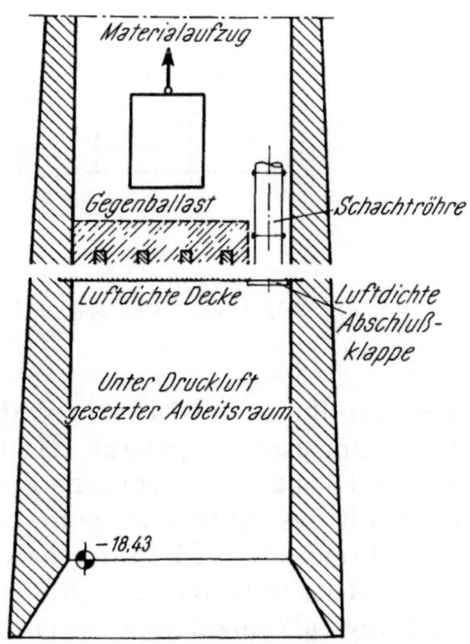

Abb. 614. Einbau einer luftdichten Zwischendecke für die Einführung des Druckluftverfahrens

Eine weitere wesentliche Absenkhilfe bildet auch die Anwendung einer thixotropen Ummantelung. Abb. 615 veranschaulicht den Schnitt durch den mehr als 20 m tiefen Ufer-Einsteigschacht eines unter der Donau hergestellten Leitungstunnels, bei dessen Absenkung es gelang, die Reibung dadurch in dem gezeigten Ausmaß zu vermindern und den Schacht genau in die vorgesehene Tiefe niederzubringen. Die Reibung konnte — wie aus der Abbildung erhellt — besonders in den oberen körnigen Schichten sehr beträchtlich herabgesetzt werden, während sie in der Tonschicht nahezu unverändert blieb.

[1] Vor kurzem wurden die Entwurfsgrundlagen der ausgedehnten offenen Senkkästen von I. Binnyei (Mélyépterv) in Richtlinien zusammengefaßt (ung.).

Kommt es trotz aller Hilfsmaßnahmen zum Festwachsen des Schachtes, dann muß dieser durch *Untermauerung* bis in die vorgeschriebene Tiefe verlängert werden. Zur Untermauerung wird die hängengebliebene Schneide in Abschnitten von 1 bis 2 m freigelegt, worauf man unter ihr zur Sicherung einer breiteren Auflagerfläche aus Ziegelmauerwerk oder Beton Unterzüge einbaut, die über die Schneide hinausreichen und diese in ihrer Lage festhalten (Abb. 616). Nach

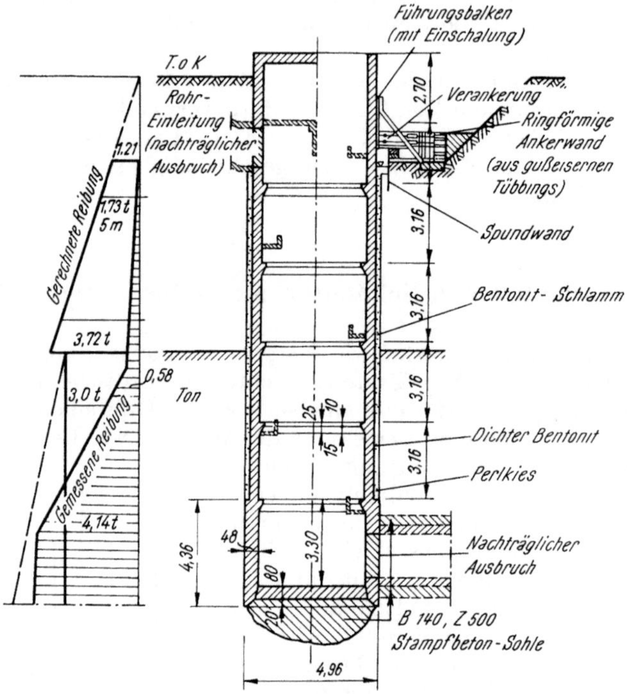

Abb. 615. Schnitt eines Uferschachtes mit Angabe der durch die Anwendung thixotroper Flüssigkeiten herabgesetzter Reibungswiderstände

Fertigstellung und Erhärtung dieser Unterzüge wird unter ihnen der erste Untermauerungsring eingebaut. Hierbei werden auch die Unterzüge in Abschnitten von je 1 bis 2 m untergraben und die entstehenden Lamellen sogleich ausbetoniert oder mit Fertigteilen ausgemauert. In einer bestimmten wechselnden Reihenfolge fortschreitend, wird so der ganze Ring ausgemauert (vgl. Abb. 616) und hieraus der nächste unterbaut. Sollten sich die vielen Arbeitsfugen wegen starken Wasserandrangs als unzulässig erweisen, wählt man eine größere Wanddicke und unterteilt diese in zwei Teile. Der äußere Wandteil wird dann aus Fertigteilen, das innere hingegen entweder in eingestampften Lamellen oder mit versetzten Fugen wieder aus Fertigteilen eingebaut. Notfalls kann zwischen die beiden Stöße auch eine Isolierschicht eingebracht werden.

Da auch die Mantelwand von Schächten im voraus hergestellt wird und die bestimmungsgemäßen, betriebsbedingten Anschlüsse für die Zwischendecken in den erforderlichen Höhen gleichfalls von vornherein ausgebildet werden müssen (vgl. Abb. 615), kommt der planmäßigen Absenkung und der genauen Lage des Schachtes in der vorgeschriebenen Höhe größte Bedeutung zu. Ähnlichen Anforderungen müssen auch die großräumigen Wassergewinnungsschächte genügen, weil hier die Filterflächen (poröse Betonwand oder eingebaute geschichtete Kiesfilter) genau in die wasserführenden Schichten zu stehen kommen müssen. Ebenso sind die unterirdischen Objekte von Abwasserkläranlagen (Imhoffbrunnen, biologische Filter usw.) sämtlich an die Höhenlage des Stadtentwässerungssystems gebunden, so daß die Genauigkeit der Absenkung auch hier eine große Rolle spielt.

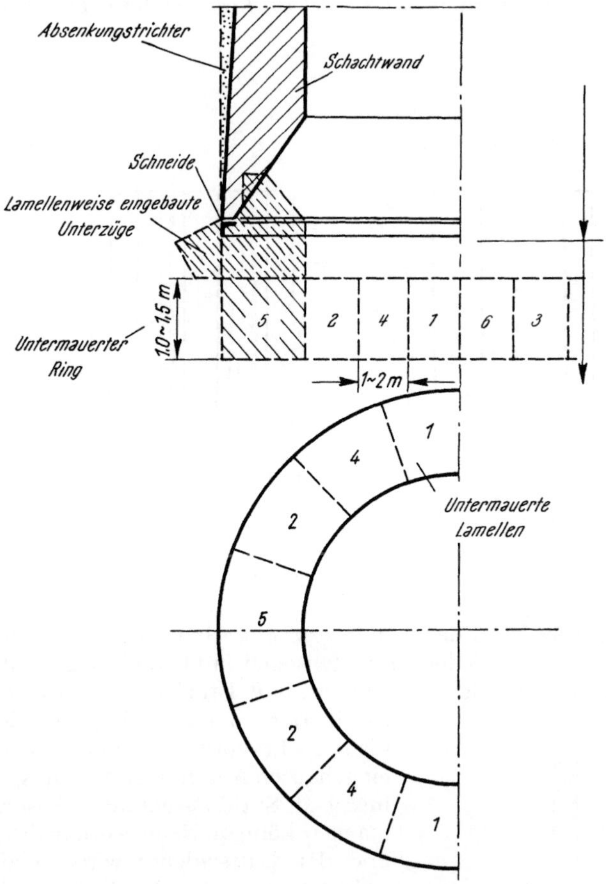

Abb. 616. Untermauerungsvorgang des Absenkschachtes

E. Absenkung offener Senkkästen und Schächte in Verbindung mit Druckluftentwässerung

Bereits im vorangegangenen Abschnitt war erwähnt, daß in den Schacht eine luftdichte Decke eingezogen werden muß, wenn er beim Niederbringen unerwartet auf Hindernisse oder auf harte Schichten stößt, die weder durch Taucher beseitigt noch durch Wasserwerfer aufgelöst oder durch Schlammpumpen entfernt werden können. Nachdem der Schacht auf diese Weise in seinem unteren Teil zu einem geschlossenen Senkkasten umgebaut ist, wird das Wasser aus ihm durch Druckluft verdrängt, worauf die Hindernisse unmittelbar von Hand — notfalls auch durch Sprengung — beseitigt werden können.

Läßt also die vorhandene Schichtung des Baugrundes erwarten, daß beim Niederbringen des Schachtes derartige feste Schichten durchfahren oder anderweitige Absenkungshindernisse überwunden werden müssen und hat man auch sonst in einem sehr wasserreichen, durch Pumpen in offener Wasserhaltung nicht trockenzulegendem Baugrund zu arbeiten, müssen die offenen Senkkasten schon vorweg so ausgestaltet werden, *daß sie sich im Bedarfsfall zur Druckluftentwässerung umbauen lassen.*

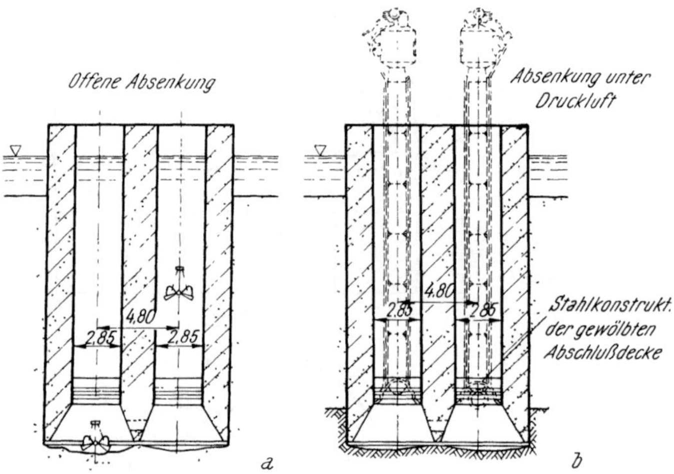

Abb. 617. Mit Drucklufthaltung kombinierte Kastengründung

Zu diesem Zweck wird der Senkkasten mit Abmessungen, die dem Bauwerksfundament entsprechen, jedoch mit Zwischenwand- und Baggeröffnung und mit so hohen Schneidenkonsolen ausgebildet, daß Taucher, sobald jene Tiefe erreicht ist, in der man mit Baggern oder Auspumpen nicht mehr vorwärtskommt, an den im voraus eingebauten Anschlußstellen die gewölbte, zweckmäßig in Stahl ausgeführte Abschlußdecke festmachen können. Nach Aufbau des Schachtrohres und der Luftschleuse wird sodann der untere Arbeitsraum unter Druck gesetzt (Abb. 617) und aus ihm das Wasser mit Druckluft verdrängt, worauf durch Luftschleuse und Schachtrohr Caissonarbeiter einsteigen und die Hindernisse aus dem Weg räumen können. Sind diese entfernt, kann die Druckluft allenfalls abgelassen werden, so daß die Absenkung nach Ausbau der Abschlußdecke, des Schachtrohres und der Luftschleuse mit Unterwasserbaggerung oder mit den durch Taucher gesteuerten Schlammpumpen ihren Fortgang nehmen kann.

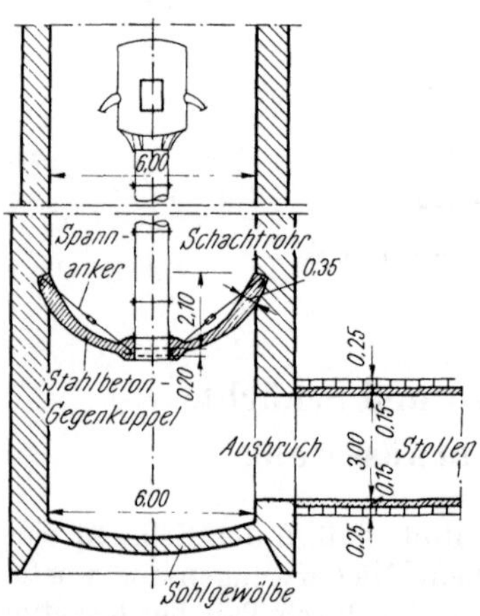

Abb. 618. Gegenkuppel als nachträglich eingebaute luftdichte Zwischendecke

Da derartige luftdichte Abschlußdecken eine außergewöhnlich große Belastung (20 bis 30 t/m²) zu tragen haben, wird man zweckmäßig schon vorweg kreisrunde Baggeröffnungen entwerfen und die provisorische oder nachträglich einzubauende Decke als Gegenkuppel ausbilden. In kreiszylindrischen Schächten kommt hierfür auch eine Ausführung in Stahlbeton in Frage, wie sie auf Vorschlag des Verfassers im Inseluferschacht für den unter der Donau geführten Stollen in Káposztásmegyer auch tatsächlich vorgenommen wurde (Abb. 618). Einzelheiten der Ausführung finden sich übrigens im folgenden Abschnitt.

In der Praxis des Auslandes ist es üblich, auch stählerne offene Senkkästen mit Druckluft kombiniert anzuwenden. Die Stahlkonstruktion des Kastens wird hierbei zusammen mit Schneide, Außenmantel, innerer Aussteifung und zylindrischen Baggerschächten am Ufer fertiggestellt (Abb. 619), unten mit einem provisorischen Boden verschlossen und schwimmend zur Absenkungsstelle gebracht (Abb. 620). Die Niederbringung erfolgt durch Baggern — solange möglich durch Schlammpumpen — durch die zylindrischen Baggeröffnungen hindurch. Sobald sich der Senkkasten festgefahren hat, schließen Taucher die Baggeröffnungen nach oben mit stählernen Abschlußdecken ab, worauf die Absenkung nach Aufbau der Luftschleusen in dem zur Arbeitskammer umgestalteten unteren Raum durch Untergraben von Hand fortgesetzt wird.

Abb. 619. Am Ufer montierte und zum Einschwimmen vorbereitete stählerne Senkkasten-Einheiten

Abb. 620. Mit vorübergehender unterer wasserdichter Fußbodenplatte versehene stählerne Kasteneinheit beim Einschwimmen

Allgemeine Literatur

ABBETT, R. W.: American Civil Engineering Practice, Vol. I. New York: J. Wiley and Sons. 1956.
BÖSENKOPF: Der Brunnenbau. Wien. 1928.
BRENNECKE-LOHMAYER: Der Grundbau. Berlin: W. Ernst. 1934.
Civil Engineering Code of Practice No. 4. Foundations. Inst. Civ. Eng. London, 1954.
FRANZIUS, O.: Der Grundbau. Berlin: Springer. 1927.
HÜCKEL, S.: Grundbau für Geologen. (Zarys Fundamentowania ...) Warszawa: Wydawnictwa Geologiczne. 1957.
LORENZ, H.: Brunnengründungen. Grundbau-Taschenbuch I, S. 567.
ÓCSVÁR, R.: Erfahrungen mit der Absenkung offener Großsenkkästen. (Alul nyitott nagyméretü vasbetonszekrények ..., ung.) Mérnöki Továbbképző **1956**, Nr. 3593.
SCHULZE, W. E.: Grundbau, 13. Aufl. Stuttgart: Teubner 1961.
TSITOWITSCH, N. A.: Bauwerke und Gründungen. (Osnowanija i Fundamenti.) Moskau: Gosstroisdat. 1959.

VI. Schwimmkasten- und Druckluftgründungen

Unter den auf geschlossenen Senkkästen hochgeführten Gründungen unterscheidet man

a) Schwimmkastengründungen, d. h. Gründungen mit unten geschlossenem Senkkasten (S. 663),

b) Steinkistengründungen (S. 671) und

c) Gründungen mit oben geschlossenen Senkkästen, die in der Regel als Druckluftsenkkästen niedergebracht werden (S. 675).

A. Schwimmkastengründungen

Schwimmkästen sind beliebig geformte, unten und seitlich von wasserdichten Wänden begrenzte Hohlkörper, die nicht an der Verwendungsstelle, sondern anderwärts (am Ufer, in Trockendocks oder in Schleusenkammern usw.) im Trockenen hergestellt, zu Wasser gelassen bzw. zum Aufschwimmen gebracht, im freien Wasser schwimmend zur Baustelle geschleppt und durch Fluten ihrer Zwischenräume oder durch schrittweise Belastung mit Sand auf die zuvor geebnete Bettsohle versenkt werden (Abb. 621).

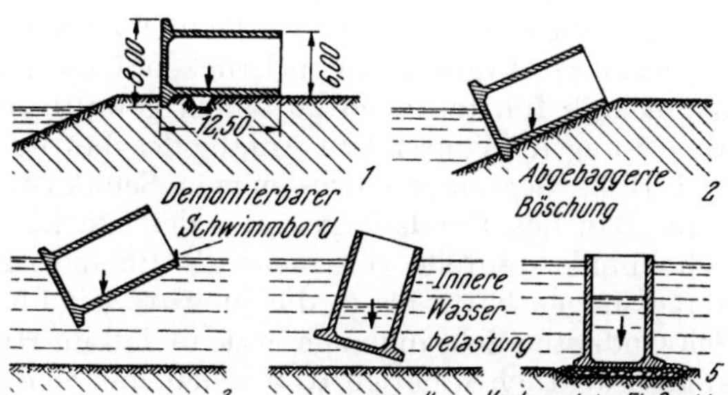

Abb. 621. Herstellungsphasen einer Schwimmkastengründung

Als Fundament unterscheidet sich der Schwimmkasten von den anderweitigen Senkkastengründungen insofern, als er in das offene Wasser versenkt und unmittelbar auf die vorbereitete tragfähige Gewässersohle aufgesetzt wird, also nicht auch in den Boden einbinden muß. Im Grunde genommen handelt es sich somit um eine *auf die Bettsohle abgestützte Flachgründung* und nicht um eine die Tragfähigkeit tiefer gelegener festerer Bodenschichten nutzende Tiefgründung. Der Schwimmkasten ist das einzige Senkkastenfundament ohne Schneide; er ist unten mit einem Boden abgeschlossen.

Die Abmessungen des Schwimmkastens richten sich nach denen des auszuführenden Bauwerkes sowie nach den Umständen und Anforderungen des Einschwimmens, Anschleppens und der Versenkung (Wasserstand, Schlepp- und Versenkvorrichtungen). Grundsätzlich müssen Schwimmkästen schon beim Zuwasserlassen so hoch sein, daß sie nach dem Versenken über einen ausreichenden Freibord verfügen und die oberen Verbindungs- und Abschlußteile des Bauwerks (Ufermauer, Wellenbrecher, Pfeiler usw.) schon über Wasser ausgeführt werden können. Nach Möglichkeit sollen Schwimmkästen in voller Höhe zu Wasser gelassen werden, so daß an der Baustelle selbst nur noch die Verbindungselemente zwischen den Kastenelementen und die Versteifungsteile (Kopfbalken) eingebaut zu werden brauchen. (Auch dies erst, nachdem sich die Kastenelemente endgültig gesetzt haben und die Hinterfüllung eingebracht wurde.) Letzten Endes wird es aber die Eintauchtiefe beim Wasserstand gelegentlich des Einschwimmens sein, die seine Höhe bestimmt.

Die Schwimmkastengründung bietet in vielen Fällen erhebliche Vorteile und kann sich unter bestimmten Umständen (größere Wassertiefe, tragfähige oder leicht baggerbare Gewässersohle) als die wirtschaftlichste Gründungsart erweisen. *Der größte Vorzug von Schwimmkästen zeigt sich darin,* daß sie am Ufer auf gut eingerichteten Anlagen mit genauen Abmessungen, auf wiedergewinnbaren Gerüsten und in wiederholt benützbarer Schalung in qualifizierter Güte *wirtschaftlich vorgefertigt werden können.* Auf tragfähige Gewässersohlen können sie nach einfacher Ebnung ohne weiteres abgesetzt werden. Ist der Gewässersohle eine weniger tragfähige, aber nicht zu mächtige Schicht aufgelagert, wird man diese wegbaggern, ist dagegen die lockere Schicht zu mächtig, muß ihre Verdrängung bzw. die Erhöhung ihrer Tragfähigkeit durch eine Kies- oder Steinschüttung versucht werden. Läßt sich diese nicht in die erforderliche Tiefe einbringen oder versagt die Maßnahme aus anderen Gründen, muß eine Pfahlgründung hergestellt werden, wobei dann der Schwimmkasten allerdings nur noch die Rolle *des auf dieses Pfahlfundament aufgesetzten aufgehenden Mauerwerks übernimmt.*

Mit der wachsenden Verbreitung der Vorfertigung ist auch die Anwendung der Schwimmkästen in starker Zunahme begriffen. Ihr Hauptanwendungsgebiet bilden Ufermauern und anderweitige Hafentiefbauten (wie etwa Molen, Wellenbrecher, Leuchttürme), daneben jedoch bedient man sich ihrer in wachsendem Umfang auch im Unterwasser-Tunnelbau nach dem Einschwimmverfahren sowie bei Sonderausführungen von Brückenpfeilern. Die Fortschritte in der Stahlbetonbautechnik führten auch zu einem gewaltigen Anwachsen der Schwimmkastenabmessungen. Während zu Anfang des Jahrhunderts die Höchstgrenze von Länge und Höhe der eingeschwommenen Senkkastenteile bei 10 m lag, wurden z. B. beim Bau des Rendsburger und des Stockholmer Liljenholmtunnels [178, 179] Schwimmkastenteile von mehr als 100 m Länge eingeschwommen. Den Längsabmessungen hatte bis in die jüngste Zeit hinein die Anfälligkeit des Betons zu Schwindrissen Schranken gesetzt, so daß im Hinblick auf die beim Einschwimmen außerordentlich wichtige Rißfreiheit nur Senkkastenelemente bis höchstens 40 m Länge hergestellt wurden. Die Einführung der Vorspannung hat zwar die Gefahr der Rißbildung zum Großteil abgewendet, doch empfiehlt es sich, zur Vermeidung der Beanspruchungen aus der ungleichmäßigen Auflagerung in Längsrichtung auch heute nicht, über diese Längenabmessung hinauszugehen, es sei denn, daß besondere Gründe dafür vorliegen.

Bei Schwimmkastengründungen muß jedenfalls unbedingt mit *erheblichen und ungleichmäßigen Setzungen* gerechnet werden. Die Verbindungen und Dichtungen zwischen nebeneinanderstehenden Schwimmkästen sind so auszubilden, daß sie die mehrere Zentimeter, ja sogar mehrere Dezimeter betragenden relativen Bewegungsunterschiede ohne Beschädigung aufzunehmen vermögen.

Der sorgfältigen *Taucherarbeit* kommt bei der Schwimmkastengründung sowohl beim Ebnen der Gewässersohle als auch bei Sicherung der genauen Auflagerung und der richtigen Verbindung *erhöhte Bedeutung* zu.

1. Herstellung und Absetzen von Schwimmkästen

Schwimmkästen werden in Holz oder Stahl, vornehmlich aber in Stahlbeton ausgeführt. Sie bestehen aus einer Bodenplatte und den Seitenwänden, die — sofern es sich um größere Einheiten handelt — miteinander durch Querwände versteift sind.

Die Verwendung *hölzerner Schwimmkästen* beschränkt sich heute fast ausschließlich auf die Herstellung von Steinkisten, weshalb sie eingehender im folgenden (S. 672) behandelt werden sollen (vgl. Abb. 631).

Die *Stahlschwimmkästen* gleichen in ihrem Aufbau den Druckluftsenkkästen (s. S. 696 u. vgl. Abb. 626. Sie bestehen aus Stahlblechmänteln mit Längs- und Querträgerversteifung, wobei die Ummantelung allenfalls auch geriffelt sein kann. Zur Stützung und Versteifung der dünnwandigen Stahlblechhaut erhalten sie noch vor dem Einschwimmen innen eine Ziegelmauerverblendung. Nicht selten ist der Stahlmantel mit dem Stahlgerüst bloß verschraubt, so daß er nach dem Einschwimmen, Absetzen und Ausmauern bzw. Ausbetonieren eventuell demontiert werden kann. Stahlschwimmkästen benutzte man früher, als der Stahlbeton noch nicht bekannt war oder zumindest seine Eignung zur Verwendung in Seewasser noch bezweifelt wurde, während die Festigkeit von Holzkästen den erhöhten Anforderungen nicht mehr entsprach. Heute sind die stählernen Schwimmkästen

Abb. 622. Vorgefertigter Schwimmkasten auf dem Stapel

von den Stahlbetonkonstruktionen fast völlig verdrängt worden und kommen nur mit sehr großen Abmessungen und bei beschränkter Einschwimmtiefe zur Anwendung.

Stahlbetonschwimmkästen sind verhältnismäßig dünnwandige, durch Rippen versteifte Plattenkonstruktionen aus sehr stark verfestigtem, wasserdichtem Beton. Üblicherweise schwankt die Stärke der Seitenwände je nach der Größe des Schwimmkastens zwischen 20 und 35 cm, die der Querwände zwischen 10 und 20 cm, während die Bodenplattenstärke bis zu 50 cm betragen kann.

Die Schwimmkästen werden

a) am Ufer des offenen Gewässers,

b) in einer Baugrube unmittelbar neben dem Gewässer oder

c) in Schleusenkammern oder Trockendocks hergestellt.

Am einfachsten gestaltet sich ihre Herstellung auf Gerüsten nahe am Ufer mit anschließendem Zuwasserlassen über die am abschüssigen Ufer angelegten Stapelbahnen (Abb. 622).

Abb. 623. Stapellaufphasen eines großen Schwimmkastens in Dänemark (KAMPSAX)

Zur Herstellung größerer Schwimmkästen bedarf es allenfalls eines auf Pfählen ruhenden Hellinggerüstes und einer ebensolchen Stapelbahn (s. Abb. 623). Die Laufbahnneigung liegt zwischen 6 und 8% und soll um so flacher gewählt werden, je schwerer der Schwimmkasten ist. Die Laufbahnen sind so lang anzulegen, daß sie den noch aufliegenden Kastenteil so lange abstützen können, bis der Auftrieb den ganzen Kasten von der Helling abhebt, da er sonst an deren Ende stark abkippen würde. Auch muß die Wassertiefe am Ende der Helling mit Sicherheit den berechneten Tiefgang des Kastens überschreiten, weil dieser, während er von der Helling ins Wasser gleitet, infolge der Ablaufgeschwindigkeit tiefer in das Wasser eintaucht. Die Gleichgewichtsbedingung ergibt sich in diesem Fall aus der Forderung, daß der Auftrieb das Kentern des Kastens verhindern muß, sobald dessen Schwerpunkt über das wasserseitige Ende der Helling hinausgekommen ist (Abb. 624). Die Gleichgewichtsbedingungen schreiben sich also zu

$$A \cdot a - G \cdot b - P \cdot x = 0 \quad \text{und} \quad G - A = P. \tag{346}$$

Hierbei müssen sowohl P als auch x größer sein als Null. Ist $c/3 < x < 2c/3$, dann verteilt sich der Hellingdruck P über die volle Länge c trapezförmig, während sich eine dreieckförmige Verteilung des Gegendrucks über die Länge $3x$ bzw. $3(c-x)$ ergeben wird, wenn $x = c/3$ oder $x > 2c/3$ ist.

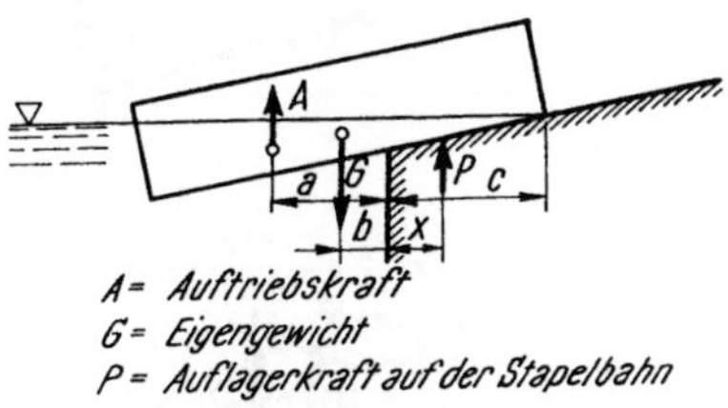

Abb. 624. Gleichgewichtsnachweis beim Eintauchen in Wasser

Kleinere, etwa auf einer Kaimauer hergestellte Schwimmkästen können auch mit einem Schwimmkran zu Wasser gebracht und auf Schwimmkörpern oder im Schlepp an die Baustelle befördert werden (vgl. Pfeilerumschließung bei Wiederherstellung der Margareten-Brücke, Abb. 201).

Besonders beim Bau von Unterwassertunnel kann es sich als zweckmäßig erweisen, die langgestreckten Senkkästen *in unmittelbar am Ufer ausgehobenen* und durch Grundwasserabsenkung trockengelegten Baugruben herzustellen. Nach ihrer Fertigstellung wird hierbei die wasserseitige Baugrubenwand durchstochen, so daß die Tunnelröhren im eindringenden Wasser aufschwimmen und schwimmend zur Absenkungsstelle geleitet werden können (vgl. Rendsburger Tunnel, Abb. 322).

Gute Möglichkeiten zur Herstellung von Schwimmkästen, insbesondere für Seeufermauern, bieten wie beim Schiffbau die Trockendocks oder Schleusenkammern. (Auch ein Teil der Schwimmkästen für die Kaimauern in Dunaujváros wurde in der Schleusenkammer von Tass hergestellt.)

Das Einschwimmen der fertigen Kästen *erfolgt im* Schlepp von Schiffen. Beim Abschleppen ist besonders auf wasserdichten Verschluß und auf entsprechende Schwimmstabilität des Kastens zu achten. Die entstehenden Wellen dürfen nicht in den Kasten überschlagen. Aus diesem Grunde ist ein Freibord von mindestens 50 cm in der Berechnung vorzusehen. Das Absetzen geschieht durch schrittweises und langsames Füllen der Kastenhohlräume mit Sand, vornehmlich aber durch ebenso langsames, allmähliches Fluten. Muß den Kästen aus Konstruktions- oder aus Anschließungsgründen eine möglichst genaue Auflagerung gesichert werden, dann wird man *zur Ebnung der Gewässersohle* vor dem Absenken unter dem Schutz von *Taucherglocken* (vgl. S. 708) eine Betonplatte einbringen, während es sonst genügt, die Sohle unter Wasser sorgfältig ebenzubaggern. Hierbei pflegt man eine Leitrinne nicht bloß in der Schwimmkastenbreite sorgfältig flachzubaggern, sondern sie etwas darüber hinaus zu verbreitern und eine Grobsand- und Steinschotterbettung einzubringen. Diese hat die Aufgabe, einerseits die spezifische Reibung zwischen Bodenplatte und Gründungsfläche zu steigern, andererseits dem Kasten in Längsrichtung eine gleichmäßigere Auflagerung zu sichern (s. Abb. 625). In der Praxis haben sich 10 bis 15 cm hohe Unebenheiten im allgemeinen nicht als schädlich erwiesen. Erfahrungsgemäß darf jedoch zwischen dem Einbringen der reibungssteigernden rauhen Bettung und dem Absetzen des Schwimmkastens nicht so viel Zeit verstreichen, daß die Oberfläche der Bettung verschlammt oder daß sich auf der Bodenplatte (vornehmlich in stehenden Gewässern!) Algen und Tang festsetzen, da dies die spezifische Reibung weitgehend beeinträchtigt [180, 181] und zu einem Abgleiten der auf die Kästen aufgebauten Ufermauern führen kann.

Die geschlossenen Röhren für *Unterwassertunnel* wurden nach weit genaueren Verfahren abgesetzt. Zum Einschwimmen wurden seitlich an den Tunnelröhren stählerne Schwimmkörper angebracht, während die Absenkung selbst von eigenen Schwimmgerüsten aus hydraulisch oder durch Abspindelung erfolgte. Vor Erreichen der Gewässersohle wurde unter die Tunnelröhren eine Sandschicht ein-

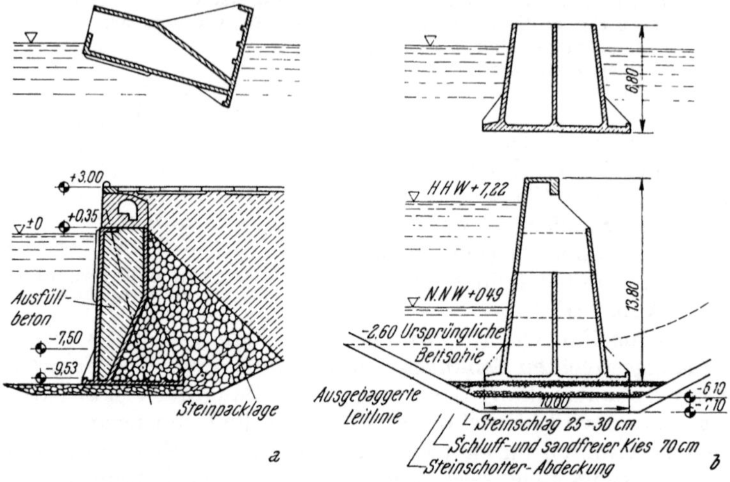

Abb. 625. Schwimmkästen beim Einschwimmen und auf das Schotterbett abgesenkt

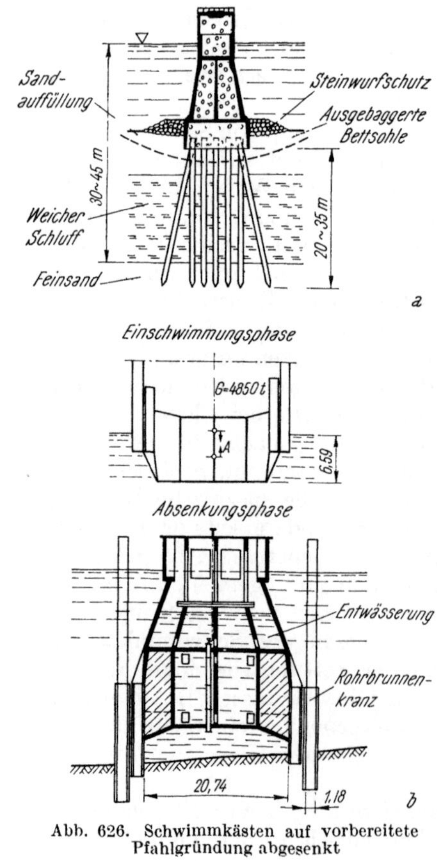

Abb. 626. Schwimmkästen auf vorbereitete Pfahlgründung abgesenkt

geschlämmt, die dazu bestimmt war, die Unebenheiten der Gründungsfläche auszugleichen, aber auch die späteren Setzungen auf ein Minimum zu beschränken. Eine so genaue Arbeit war erforderlich, weil die Verbindung der einzelnen Tunnelröhren anders keinesfalls hätte gewährleistet werden können (vgl. Unterwassertunnel in Rotterdam und Deas Island [182]).

Zum Einschwimmen und Absetzen von Schwimmkästen für Brückenpfeiler wurden fallweise Sonderverfahren ausgearbeitet. Wie schon erwähnt, setzte man diese Kästen nicht unmittelbar auf den Meeresboden ab, sondern stellte sie auf ein im voraus hergestelltes Pfahlfundament [183] (Abb. 626a). Einen Schwimmkasten in Sonderausführung und ein Spezialabsenkungsverfahren wandte man bei der Gründung der großen Pfeiler für die Brücke über den Kleinen Belt an (s. Abb. 626b). Der vorgefertigte Schwimmkasten erhielt hier eine Schürze aus Spülbrunnen mit je 1,18 m innerem Durchmesser. Er wurde in umgekehrter Lage vom Stapel gelassen und schwimmend zur Absenkstelle geschleppt, wo man ihn durch asymmetrisches Einlassen von Wasserballast um 180° in seine richtige Lage drehte, schwimmend aufstockte und schließlich auf den tiefer vorkragenden Rohrbrunnenkranz absetzte. Während man den Boden aus den Rohrbrunnen durch Spülen und auf hydromechanischem Wege auspumpte, drang der Kasten 6 m tief in den Meeresgrund ein, worauf die Innenräume unter Wasser ausbetoniert wurden [184].

2. Gesichtspunkte für die Bemessung von Schwimmkästen

Beim Entwurf hat man vor allem auf ausreichende Festigkeit gegenüber den auftretenden Kräften sowie auf die volle Wasserdichtigkeit des Kastens zu achten. Bei Bemessung von Schwimmkästen ist deren Verhalten in folgenden Herstellungsphasen nachzuweisen:

1. im Zustand seiner Herstellung im Trockendock oder auf der Helling,
2. während des Zuwasserlassens,
3. während des Einschwimmens,
4. Standsicherheit und Festigkeit im Endzustand einschließlich

a) des Kippens um die Außenkante der Bodenplatte,

b) teilweisen Grundbruchs unter der Bodenplattenaußenkante und Schrägstellung,

c) Verschiebung entlang der Sohlebene,

d) Verschiebung entlang einer unter der Gründungsfläche anstehenden weichen Schicht,

e) des Grundbruchs auf einer um die ganze Kastenwand sich ausbildenden kreisförmigen Gleitfläche,

f) Biegebeanspruchung aus der ungleichmäßigen Auflagerung des Kastens in Längsrichtung.

Der Kasten ist schwimmfähig, wenn die Auftriebskraft (A) größer ist als sein Gewicht (G), wenn also

$$G \leqq A = V \cdot \gamma_W = t \cdot F \cdot \gamma_W,$$

worin V das Volumen des durch den Kasten verdrängten Wassers, F die Grundfläche und t den Tiefgang des Kastens bezeichnet, wobei letzterer kleiner sein muß als die Seitenwandhöhe (h).

Während des Abschleppens zur Verwendungsstelle kann der Kasten aus der lotrechten Lage eine Krängung erleiden. Er muß deshalb eine ausreichende Stabilität besitzen, die ihn in die aufrechte Lage zurückdreht, da er sonst kentert. Diese Stabilität wird stets vorhanden sein, wenn der Gewichtsschwerpunkt (S) des Kastens in einer Senkrechten unter dem Angriffspunkt der Auftriebskraft (S_A) liegt, doch kann der Kasten unter gewissen Umständen auch dann stabil im Wasser liegen, wenn sich der Angriffspunkt der Auftriebskraft über den Gewichtsschwerpunkt verlagert (Abb. 627). In diesem Falle bilden die im Punkt S wirksame Kraft G und die im Punkt S_A angreifende Kraft A ein Kräftepaar, dessen Moment den Kasten entweder ganz zum Kentern bringt oder in seine ursprüngliche Lage zurückdreht.

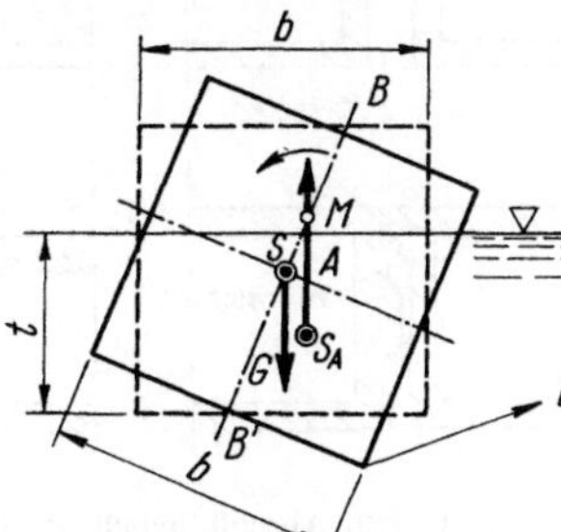

Abb. 627. Umkippungsnachweis beim Einschwimmen

Der Kasten kentert, wenn das sogenannte Metazentrum, d. h. der Schnittpunkt (M) der gekrängten Schwerpunktlinie (B—B') mit der verlagerten Resultierenden der Auftriebskraft unter den Gewichtsschwerpunkt S zu liegen kommt; solange das Metazentrum über diesem bleibt, dreht sich der Kasten zurück.

Die metazentrische Höhe über dem Angriffspunkt der Auftriebskraft ist

$$m = \overline{MS_A} = J/V,$$

worin J das Trägheitsmoment des waagrechten Kastenquerschnitts auf die Längsachse bezeichnet. Hat also der Kasten im Ruhezustand einen Tiefgang t, dann ist

$$m = \frac{l \cdot b^3}{12 \cdot l \cdot b \cdot t} = \frac{b^2}{12t}. \tag{347}$$

Dagegen dreht sich der Kasten in die aufrechte Lage zurück, wenn $m > \overline{SS_A}$ ist. (Der Unterschied muß praktisch höher sein als 50 cm.)

Während des Zuwasserlassens wirkt auf den Kasten in der Tiefe t ein nach Abb. 628 verteilter Wasserdruck mit einem Höchstwert von $v = t \cdot \gamma_W$.

Mit Vorteil läßt sich die Stabilität des Kastens in seinem Endzustand durch konsolartige Verbreiterung der Bodenplatte über die Seitenwandungen hinaus erhöhen. (Die Konsollänge ist $a = 2{,}0$ m.) Im Hinblick auf ein mögliches Kentern um den Eckpunkt muß die Resultierende, vom äußeren Eckpunkt gerechnet, auf Lockerboden innerhalb des inneren Drittels verbleiben, wogegen sie sich auf festem Boden selbst bis zu einem Sechstel der Breite hinaus verlagern kann (Schrägstellung!).

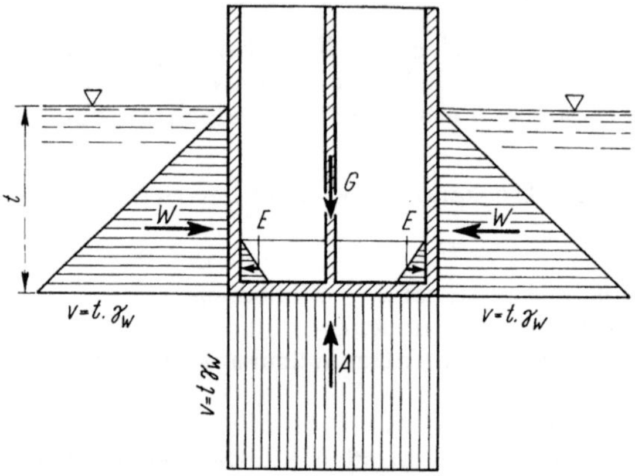

Abb. 628. Der bei der Absenkung auftretende Wasserdruck

Die Untersuchung der Verschiebung an der Bodenplatte oder auf einer in geringer Tiefe unter ihr liegenden weichen, schlüpfrigen Tonschicht, ferner des Grundbruchs auf einer kreiszylindrischen Gleitfläche ist nach den für die Prüfung der Standsicherheit von Flachgründungen angegebenen Methoden vorzunehmen (vgl. Abb. 334). Die Festigkeit gegenüber Biegebeanspruchungen aus der Ungleichmäßigkeit der Auflagerung hingegen ist auf die gleiche Art und Weise nachzuweisen wie bei den Druckluftsenkkästen (vgl. S. 692).

Konstruktiv kommt der Ausgestaltung der Verbindung zwischen nebeneinander abgesenkten Kasteneinheiten größte Bedeutung zu. Bei Kästen für Uferumfassungen darf das Hinterfüllungsmaterial keineswegs zwischen den Fugen benachbarter Kästen ausfließen, weil dies zu Absackungen im hinterliegenden Gelände und zum Einsturz von Fahrbahndecken, Gleisen und Gebäuden führen kann. Besonders gefährlich gestaltet sich die Lage an offenen Gewässern mit häufigen und starken Spiegelschwankungen, wenn die Hinterfüllung viel feinkörniges Material enthält, weil die dem plötzlichen Sinken des Wasserstandes folgende starke Grundwasserströmung die feinkörnige Fraktion durch die Fugen hindurch in das offene Gewässer schwemmt und die Hinterfüllung aushöhlt. Unter der äußeren Belastung brechen die über den Höhlungen durch die scheinbare Kohäsion zusammengehaltenen Überwölbungen ein, worauf die Hinterfüllung absackt. (vgl. Széchy: Gründungsschäden Beispiele 33-6, 41-1 u. 41-2).

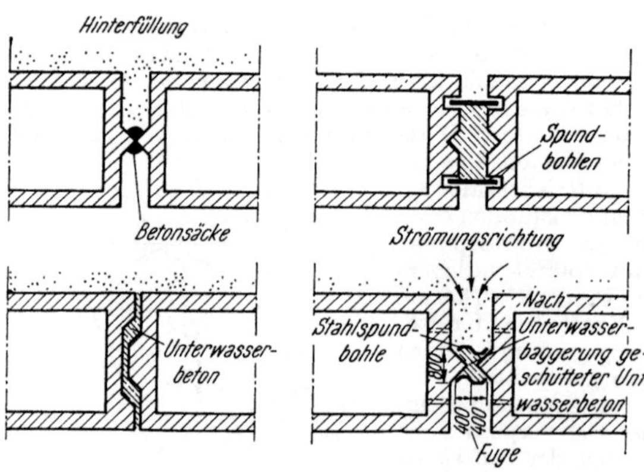

Abb. 629. Abschlußmöglichkeiten der Zwischenfugen

Da es technisch undurchführbar ist, die Kästen hart nebeneinander abzusetzen, ist es zwecklos, ihre Seitenwände mit straff ineinandergreifender Nut und Feder ausbilden zu wollen. Statt dessen trachtet man, zwischen den Kästen Fugen in einer Breite und Form zu belassen, die es gestatten, sie durch Pfähle, Spundwände im Verein mit Unterwasser-Betonausfüllung verläßlich abzudichten (Abb. 629).

B. Gründungen in Blockbauweise und auf Steinkisten

1. Gründungen nach der Blockbauweise

Dem Absetzverfahren nach gehört in diesen Abschnitt auch die Blockbauweise, bei welcher schwere (300 bis 400 Tonnen wiegende) massive Beton- oder Stahlbetonblöcke mit Schwimmkränen auf die aus- oder flachgebaggerte Gewässersohle abgesetzt und vornehmlich zu Wellenbrechern oder Ufermauern aufeinandergestapelt werden. Üblich ist es auch, in den aufeinandergelegten Blöcken zentrisch Aussparungen anzuordnen, die dann nachträglich mit durchgehender Bewehrung versehen und ausbetoniert werden. Selbstverständlich kommt diese Bauweise gleichfalls nur auf Gewässersohlen mit ausreichender Tragfähigkeit in Frage.

Das Gewicht der einzelnen Blöcke ist so anzusetzen, daß sie die schwersten Wellenschläge aufzunehmen vermögen. Zur Verbesserung des Zusammenwirkens der einzelnen Blöcke pflegt man sie auch im Grundriß zu verzahnen (Abb. 630).

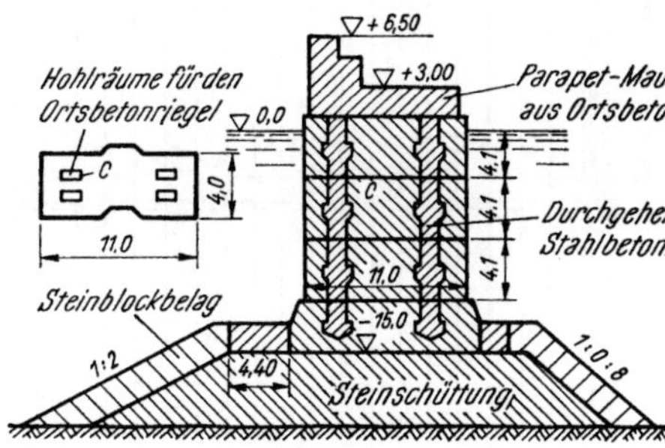

Abb. 630. Wellenbrecher aus schweren Betonblöcken hergestellt (Algier)

2. Gründungen auf Steinkisten

Steinkisten sind offene oder unten allenfalls geschlossene Kästen, die in der Regel aus übereinandergelegten Rund- oder Kanthölzern gleichfalls am Ufer hergestellt, an die Verwendungsstelle schwimmend abgeschleppt und durch Belastung mit Steinen oder Kies abgesetzt werden. Steinkisten stellen somit gleichfalls Gründungskörper dar, die nur in offenen Gewässern Verwendung finden, doch müssen sie unten keineswegs geschlossen sein, da sie auch mit offenem Boden eingeschwommen und versenkt werden können. Eine kleinere, unten offene Steinkiste zeigt in Grundriß und Längsschnitt die Abb. 631.

In kleineren Gebirgsflußläufen oder für Zwecke kleinerer Brückenpfeiler baut man auch *Steinkisten*, indem man an der Verwendungsstelle selbst als Umgrenzungswände Pfähle in die Bettsohle niederbringt und diese mit waagrechten Lagen eingekerbter oder angeschraubter Balken oder Bohlen miteinander verbindet. Der so an Ort und Stelle hergestellte Kasten wird schließlich mit Steinen oder grobkörnigem Geröll ausgefüllt. Diese einfachen, wegen ihrer großen Setzungsanfälligkeit aber immer nur provisorisch anwendbaren Gründungskörper wurden in Ungarn stellenweise auch beim Bau von Notbrücken benutzt (z. B. Pfeiler der provisorischen Straßenbrücke über die Theiß bei Tokaj, Abb. 632). Der untere Teil dieser von Pfählen umschlossenen Steinkisten wird von der Strömung häufig ausgewaschen, worauf die Steinfüllung nachstürzt, weshalb in die auf ihnen ruhenden Pfeiler — zur Wahrung ihrer Standsicherheit — ständig Steine bzw. Kies nachgefüllt werden müssen. (Sind sie dagegen, wie in Abb. 632 gezeigt, auch mit einer Stahlbetonkastenwand umgeben, wird man die Ummantelung zweckmäßig auch mit einer Stahlbetonplatte abdecken.)

Bei den einzuschwimmenden größeren Steinkisten handelt es sich um überaus sorgfältig und genau ausgeführte Holzkonstruktionen, deren Fugen und Stoßstellen man mit Moos überdies zu kalfatern pflegt, wenn man sie beim Abschleppen zur Baustelle wasserdicht halten will. Am wirtschaftlichsten stellt man sie indessen über der Gründungsfläche im Wasser her. Hierbei wird zunächst die Bodenplatte als Floß zusammengefügt, worauf aus lagenweise übereinandergelegten und miteinander verkerbten Balken sowohl die Seiten- als auch die anfälligen ver-

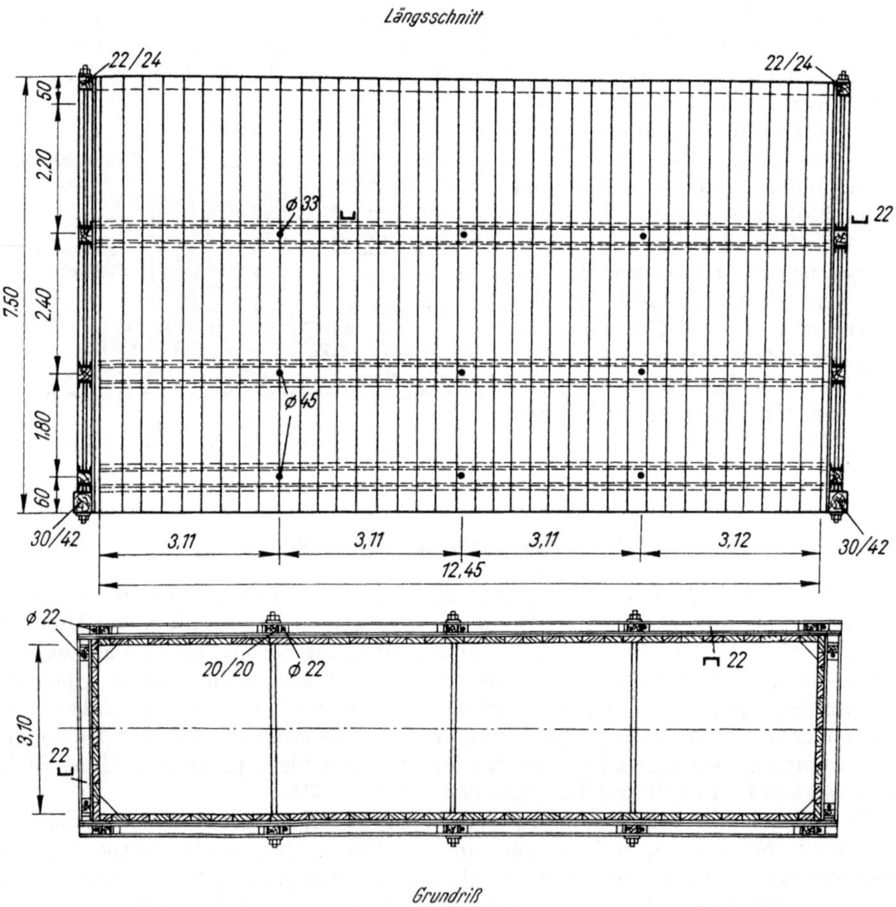

Abb. 631. Aus Holzbohlenwänden hergestellte Steinkistenhülle

steifenden Querwände hochgezogen werden. Die Bodenplatte wird hierbei nach Bedarf auch mit Steinen beschwert. Unter dem wachsenden Gewicht sinken die Balken nacheinander in das Wasser ab, so daß die Hochführung der Wände und die Belastung mit Steinen ständig über Wasser auf der gleichen Arbeitshöhe vor sich gehen kann.

Abb. 633 zeigt die auf vorbildlich ausgeführten mächtigen Steinkästen gegründeten Kaimauern im Hafen von Leningrad. Steinkisten haben den großen Vorzug des überaus biegsamen Holzgerüstes, welches ungleichmäßigen Setzungen ohne Brüche zu folgen vermag. Auch können sie bei Bedarf leicht mit Steinen nachgefüllt werden. Wichtig ist es allerdings, daß die ständig unter Wasser stehen.

Auf Steinkisten ruhende Konstruktionen sind jedenfalls stärkeren Setzungen ausgesetzt als Gründungen auf anderweitige Schwimmkästen, weil sich bei jenen den Setzungen der Bodenplatte auch die der Steinfüllung hinzugesellen und ein eventuelles Ausfließen der Füllung weitere Setzungen herbeiführen kann.

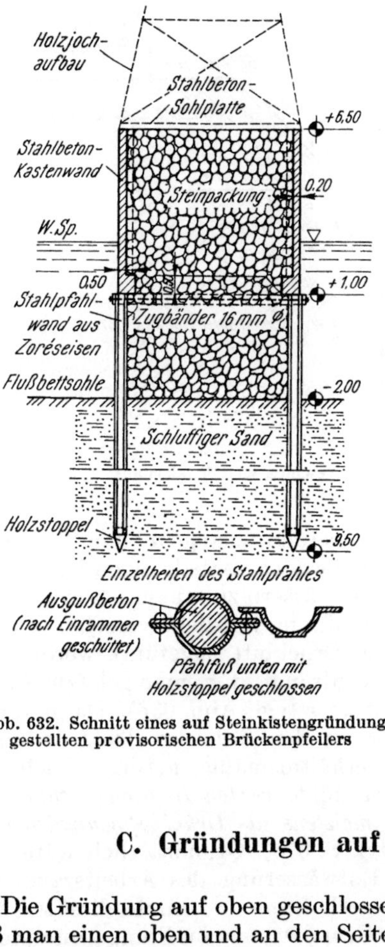

Abb. 632. Schnitt eines auf Steinkistengründung gestellten provisorischen Brückenpfeilers

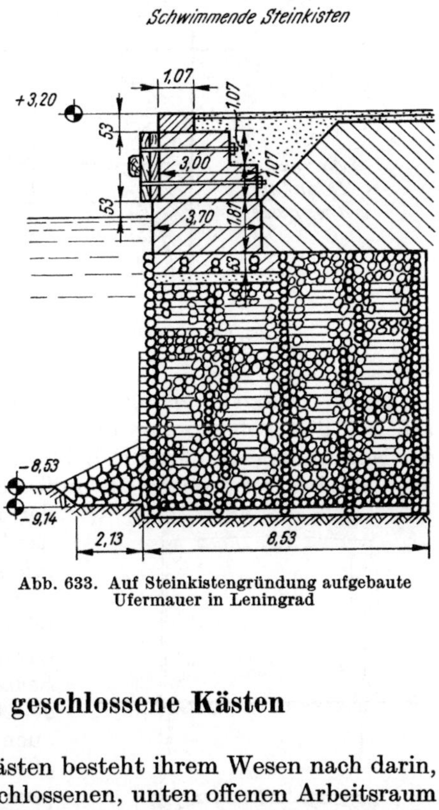

Abb. 633. Auf Steinkistengründung aufgebaute Ufermauer in Leningrad

C. Gründungen auf oben geschlossene Kästen

Die Gründung auf oben geschlossene Kästen besteht ihrem Wesen nach darin, daß man einen oben und an den Seiten geschlossenen, unten offenen Arbeitsraum (eine Arbeitskammer) schafft, in der die Erde in Richtung der Absenkung abgegraben werden kann. Die Seitenwände verjüngen sich auch bei diesen Kästen unten zu einer Schneide. In ihrer Decke sind zur Entfernung des Aushubbodens sowie zur Einbringung der Baustoffe für die Fundamentverbreiterung Öffnungen ausgespart.

Den Senkkasten von oben zu verschließen, erscheint begründet, wenn man zur Überwindung der Absenkwiderstände nicht nur das Mantelgewicht, sondern auch das Gewicht der ihrer Größe nach der vollen Gründungsfläche entsprechenden Mauerung nutzen will, wenn man also den Gründungskörper mit fortschreitender Absenkung im vollen Querschnitt hochmauert. Im geschlossenen Arbeitsraum kann auch das Eindringen der Schneide und die dort auftretende Reaktion geregelt werden. Das Verfahren eignet sich also besonders dort, wo die Gefahr des Nachstürzens oberer Bodenschichten besteht und zugleich der große Absenkungswiderstand der zu durchfahrenden Schichten die volle Aufmauerung des Gründungskörpers als Auflast erfordert (Abb. 634). Nach Erreichen der Solltiefe wird die Arbeitskammer ausbetoniert, womit der endgültige massive Gründungskörper fertiggestellt ist.

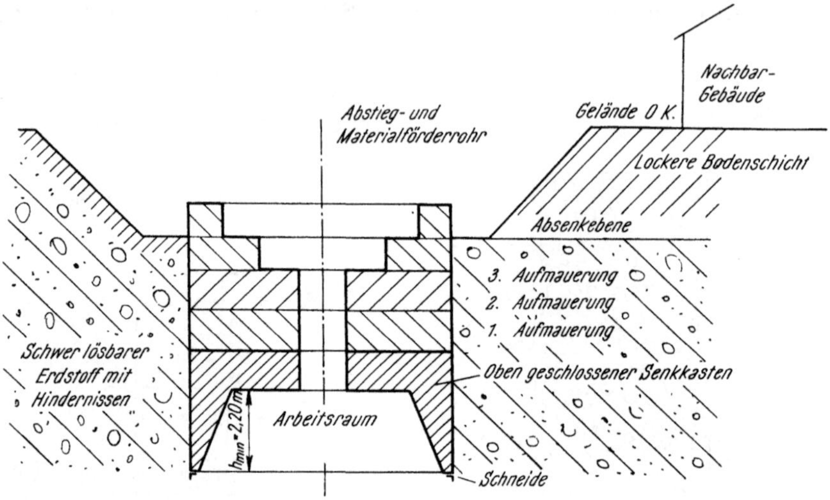

Abb. 634. Gründungsvorgang mittels von oben geschlossenen Senkkastens

Das Verfahren kann ungehindert angewandt werden, solange man im Trockenen arbeitet, d. h. solange man nicht bis zum Grundwasser vorgedrungen ist und vor der Notwendigkeit steht, die Arbeitskammer entwässern zu müssen. Sowie jedoch das Grundwasser erreicht ist, muß die Deckenöffnung luftdicht verschlossen und der Kammer Druckluft zugeführt werden, die das Wasser verdrängt, d. h. man geht zur *Druckluftgründung* über (vgl. Abb. 636). Da man aber beim überwiegenden Teil der Tiefgründungen schon in verhältnismäßig geringer Tiefe auf Grundwasser stößt, *werden die oben geschlossenen Senkkästen meistens als Druckluftsenkkästen angewendet* (vgl. S. 675). Grundsätzlich wäre zwar auch eine Entwässerung des Arbeitsraumes in offener Wasserhaltung — durch direktes Auspumpen des Grundwassers aus Pumpensümpfen — denkbar, doch wird sich ein solches Verfahren schon im Hinblick auf den in der Regel starken Wasserandrang, auf die mit diesem verbundene Auskolkung des umliegenden Bodens und auf die Möglichkeit unerwartet großer Wassereinbrüche, die das Leben der Arbeiter gefährden könnten, nicht empfehlen. Eine Grundwasserabsenkung durch Brunnen würde sich dagegen wegen der erforderlichen ständigen Um- und Tieferverlegung als unwirtschaftlich erweisen.

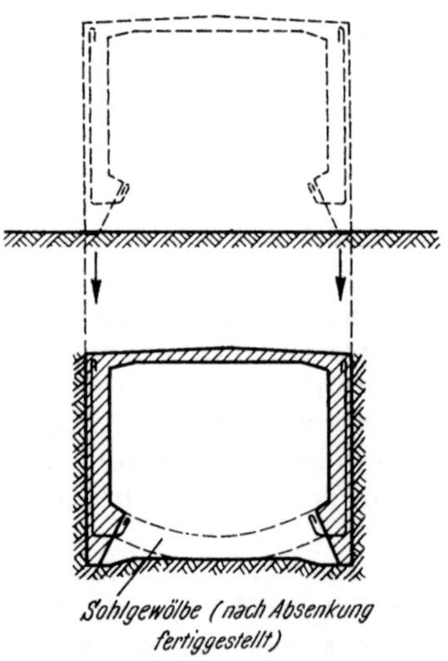

Abb. 635. Herstellung eines Dükers mittels eines von oben geschlossenen Stahlbetonsenkkastens

Eine einfache Anwendungsmöglichkeit für oben geschlossene Senkkästen bildet ihre Absenkung als *Düker* unter kleineren Wasserläufen oder beispielsweise als selbständige Konstruktionsteile (Decke und Seitenwandung) von Kanälen und Stadtversorgungsstollen, wobei sich nach Absenkung in die erforderliche Tiefe zwischen die Schneidenkonsolen ein Sohlgewölbe oder eine Bodenplatte einziehen und damit ohne Aushub und neuerliche Verfüllung einer Baugrube, ohne Aussteifung u. dgl. unter denkbar bequemsten Arbeitsbedingungen das geschlossene Profil herstellen läßt (Abb. 635).

D. Druckluftgründungen

Bei diesen handelt es sich im Grunde genommen um die Ausweitung der Gründung mit geschlossenen Senkkästen auf jene Fälle, in denen das Bauwerk oder der Gründungskörper unter dem Grundwasserspiegel oder in offenem Wasser hergestellt werden muß, wobei das zuströmende Wasser aus dem geschlossenen Kasten oder *Arbeitsraum* durch Druckluft in die Poren des Bodens zurückgepreßt wird. Man unterscheidet zweierlei Arten von Druckluftgründungen, und zwar *solche mit verlorenem und solche mit wiedergewonnenem Senkkasten*. Bei Druckluftgründungen mit verlorenem Senkkasten wird dieser zu einem Teil des Gründungskörpers oder Bauwerks, während im anderen Fall die Arbeitskammer mit dem Fortschreiten der Gründungsarbeiten gehoben und wiedergewonnen wird (*Taucherglocke*). Auf den folgenden Seiten 675 bis 700 wird die Druckluftgründung mit verlorenem Senkkasten erörtert, während die Taucherglocken auf den Seiten 708 bis 709 behandelt werden sollen.

Da der Boden eben in jenem Raum abgegraben wird, aus dem das Wasser mit Druckluft verdrängt werden muß, arbeiten die dort beschäftigten Personen in gespannter Luft. Zum Schutz ihrer Gesundheit sowie für den Verkehr zwischen Druckluftkammer und Außenluft, ferner für die Beförderung des Aushubbodens an die Oberfläche und für die Einbringung von Baumaterial in die Druckluftkammer sind besondere Einrichtungen, die *Luftschleusen*, erforderlich, die die Verbindung zwischen Druckluftkammern und Außenraum herstellen (Abb. 636).

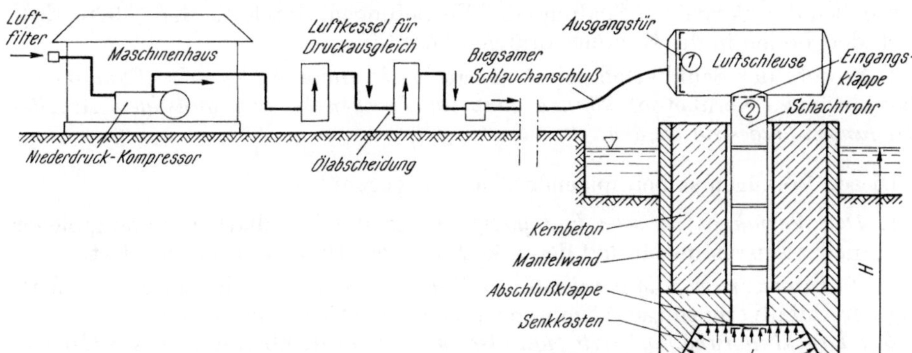

Abb. 636. Grundlegende Anordnung der Druckluftgründung

Es sind dies Kammern mit luftdicht schließenden Türen nach beiden Räumen. Beim Einschleusen ist die Tür (*2*) zwischen Arbeitsraum und Personenkammer geschlossen. Sobald die Personen oder das Material in diese Kammer eingestiegen bzw. eingebracht worden sind, wird auch das Ausgangstor (*1*) geschlossen. Sodann wird der Luftdruck in der Vorkammer langsam bis auf den im Arbeitsraum herrschenden Überdruck erhöht, worauf durch Öffnen der Tür (*2*) das Einsteigen in den Arbeitsraum freigegeben wird. Beim Ausschleusen spielt sich der Vorgang umgekehrt ab.

Das vornehmlichste Anwendungsgebiet der Druckluftgründung bildet die Herstellung tiefer Gründungskörper mit kleiner Grundfläche oder die Gründungsarbeit in außerordentlich wasserreichen, zum hydraulischen Grundbruch neigenden, lockeren, weichen Böden, zumal wenn sie mit harten Schichten wechseln und mit Hindernissen (alten Pfählen, Bauresten, Steinwürfen u. dgl. m.) durchsetzt sind. Darüber hinaus bedient man sich des Verfahrens lediglich zur Entwässerung unabhängig von den Senkkästen, z. B. bei unterirdischen oder bei Unterwasserbauten, aber auch im Tunnelbau.

Die Druckluftgründung bietet folgende Vorteile:

1. *Der Untergrund kann ständig besichtigt werden*, da die Absenkung die einzelnen Schichten genau erschließt und die Arbeit, so wasserreich das Erdreich auch sein mag, ständig im Trockenen, ohne die geringste Lockerung des Bodens, vor sich geht, denn sowohl der Grundwasser- als auch der offene Wasserspiegel bleibt während des ganzen Entwässerungsvorgangs unverändert, so daß auch keine Wasserströmung eintritt.

2. *Der Bodenaushub und die Beseitigung* von Hindernissen gehen ebenso genau und verläßlich vor sich wie in einer offenen Baugrube. Dank diesem Umstand sowie dem beträchtlichen Gewicht der Aufmauerung, die auf die Arbeitsraumdecke aufgebracht werden kann, *läßt sich der Senkkasten leichter, reibungsloser und in größere Tiefen niederbringen.* (Mit etwa 35 m sind der Gründungstiefe nur deshalb Grenzen gesetzt, weil der menschliche Organismus über diese Tiefe hinaus den von der eingeatmeten Druckluft herstammenden Beanspruchungen nicht gewachsen ist.)

3. *Bei Druckluftgründungen ergibt sich ein weit kleinerer Absenkungstrichter* als bei offenen Kasten- oder Brunnenabsenkungen, weil jedes seitliche Einströmen von Wasser und jedes Mitreißen des Bodens durch die entgegenwirkende Druckluft verhindert wird. Ferner entstehen dank dem genauen Abgraben weder unter noch neben den Schneiden Spalten oder Vertiefungen, durch die der äußere Erddruck den Boden in die Kammer drängen könnte.

4. Sowohl der Senkkasten selbst als auch *die* anderen *Teile des Fundaments* (Mantelwände, Kernbeton) *können ganz im Trockenen unter günstigen Arbeitsbedingungen hergestellt werden.*

Diesen Vorzügen stehen folgende *Nachteile* gegenüber:

1. *Das Verfahren ist sehr kostspielig*, da es die Installation umfangreicher maschineller Ausrüstungen und deren kostspieligen Dauerbetrieb erfordert.

2. *Es kann zur Schädigung der Gesundheit führen*, ja es stellt bei Nichteinhaltung der Unfallverhütungsbestimmungen eine gefährliche Arbeit dar.

Zur Druckluftgründung greift man also in erster Linie überall dort, wo *Hindernisse* im Boden (Pfahl- und Baureste, Trümmer, Steinwürfe usw.) oder zum Fließen und zum hydraulischen Grundbruch neigende Bodenschichten bzw. die eventuelle Gefährdung benachbarter Bauwerke die Anwendung eines der anderen bereits behandelten Gründungsverfahren ausschließen. Die *Druckluftgründung* stellt also *jene Ultima Ratio dar, die selbst unter schwersten Umständen nicht versagt.*

Als zweckmäßig und wirtschaftlich kann sich indessen die Druckluftgründung auch bei Herstellung nicht zu großflächiger, aber sehr tiefer Fundamente und Wasserbauten (Brückenpfeiler, Wasserkraftwerke, Schiffsschleusen, Trockendocks usw.) erweisen.

Schließlich kann eine Druckluftgründung häufig auch zur planmäßigen Absenkung von Senkkästen zur Aufnahme wichtiger Verkehrsanlagen, Betriebseinrichtungen, von Tunneln sowie von unterirdischen und Unterwasser-Tiefbauwerken nötig werden, wobei die Druckluftkammer unter dem Bauwerk angeordnet ist und lediglich die stufenweise Erstellung des Bauwerks in qualifizierter, allenfalls gut isolierter Ausführung auf der Geländeoberfläche oder über Wasser im Trockenen sowie seine genaue Absenkung ermöglicht (Abb. 637).

Eine Druckluftgründung besteht aus folgenden Teilen:

1. unterer, oben geschlossener Kasten (*Senkkasten*), der den Arbeitsraum umschließt,

2. mit der fortschreitenden Absenkung hochgeführte *Mantelwand*, die den Bauwerksraum über dem Arbeitsraum wasserdicht umschließt und die Kräfte aus dem äußeren Wasser- und Erddruck aufnimmt,

3. *Luftschleusen* mit den an diese angeschlossenen *Schacht- und Steigrohren* bzw. mit der *Maschinenanlage und der Rohrleitung*, die den Verkehr zwischen Arbeitsraum und Außenluft ermöglichen bzw. die zur Verdrängung des Grundwassers erforderliche Druckluft liefern (vgl. Abb. 636).

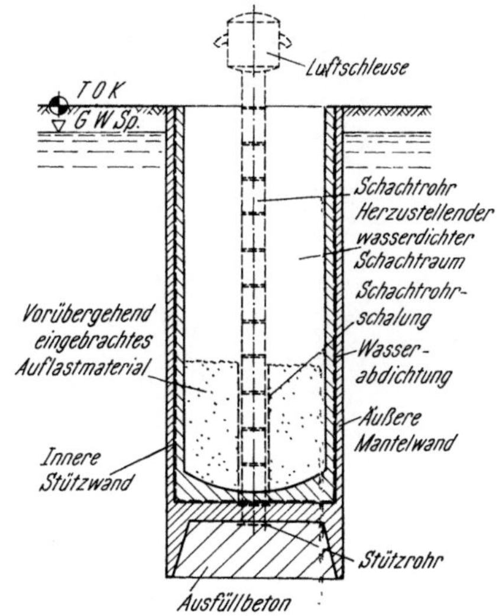

Abb. 637. Konstruktionsteile einer für die Herstellung eines Tiefbauwerkes angewendeten Druckluftgründung

1. Ausführung von Druckluftgründungen

Da die Gegebenheiten der Absenkungsstelle und die Art und Weise der Absenkung auch die Herstellung des Senkkastens und der Mantelwand sowie die erforderlichen Baustoffe und die konstruktive Ausbildung bestimmen, sollen zunächst diese behandelt werden.

a) Absenkung vom festen Boden

Am wirtschaftlichsten ist die Herstellung des Senkkastens im Trockenen an der Absenkungsstelle selbst, gleichviel ob sie auf gewachsenem Boden oder auf einer Inselaufschüttung im offenen Gewässer erfolgt (vgl. Abb. 641, 642a und b). Man baut hierbei über einem ausreichend versteiften Lehrgerüst einen dickwandigen Stahlbetonsenkkasten (Abb. 638). Das Lehrgerüst besteht aus Unterzugschwellen (Längsbalken), die auf das geebnete Gelände verlegt werden, aus den auf diese aufgestellten Pfosten und Lehrbogen, die die Innenschalung tragen (s. Abb. 639 u. 640). Vorteilhafter ist es, die Schneide statt auf Holzschwellen auf Betonunterzüge zu stellen, weil sich diese beim Beginn des Absenkens leichter herausheben lassen (vgl. die Abb. 592 und 638). Nach dem Erhärten des Betons müssen diese „Schwellenhölzer" (Betonunterzüge) vor Beginn der Absenkung in einer genau vorgegebenen Reihenfolge ausgebaut werden, damit jede Torsion und übermäßige Biegebeanspruchung der Konstruktion infolge einer größeren als der berechneten Spannweite ausgeschlossen bleibt. Neuerdings ersetzte die Firma Wayss & Freytag die Innenschalung durch eine sargförmige festgestampfte Bodenaufschüttung, die mit einer Magerbetonschicht oder vorgefertigten Betonbohlen abgedeckt und nach Erhärtung des Betons durch Ausspülung und Schlammpumpen entfernt werden konnte [185]. Zur Absenkung selbst bedarf es eines minimalen Gerüstes, da

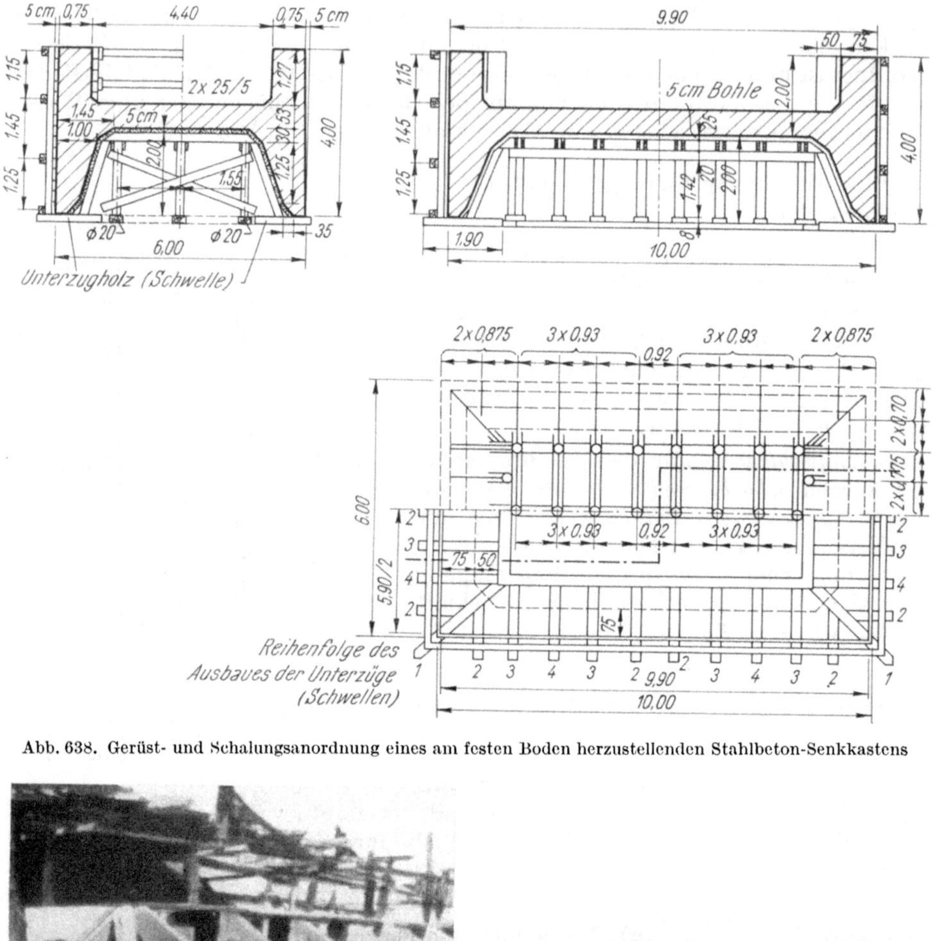

Abb. 638. Gerüst- und Schalungsanordnung eines am festen Boden herzustellenden Stahlbeton-Senkkastens

Abb. 639. Ansicht der Schneide und der inneren Schalungsrippen eines Stahlbetonsenkkastens

Abb. 640. Ansicht der Unterzuganordnung mit der stählernen Schneide

Abb. 641. Aufbau eines Senkkastens auf künstlich aufgeschütteter Insel

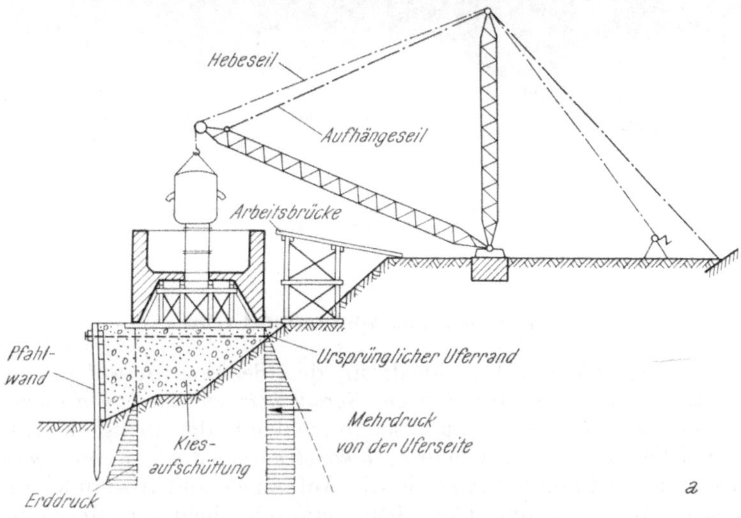

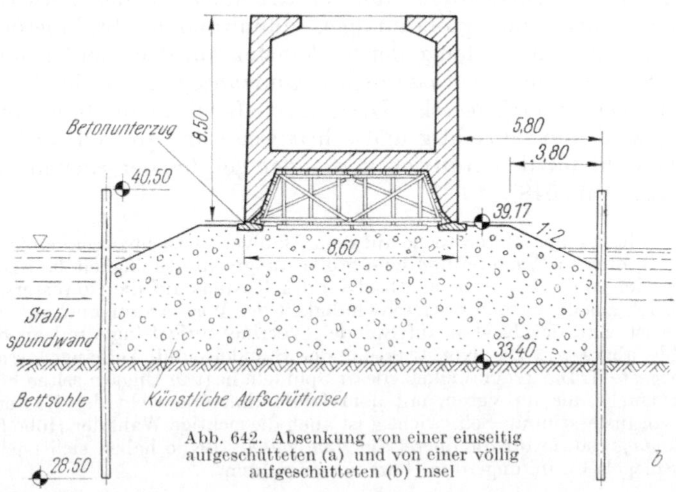

Abb. 642. Absenkung von einer einseitig aufgeschütteten (a) und von einer völlig aufgeschütteten (b) Insel

die Luftschleusen mit einem Auslegerkran bedient und bei Verlängerung der Schachtrohre hochgehoben werden können (s. Abb. 643).

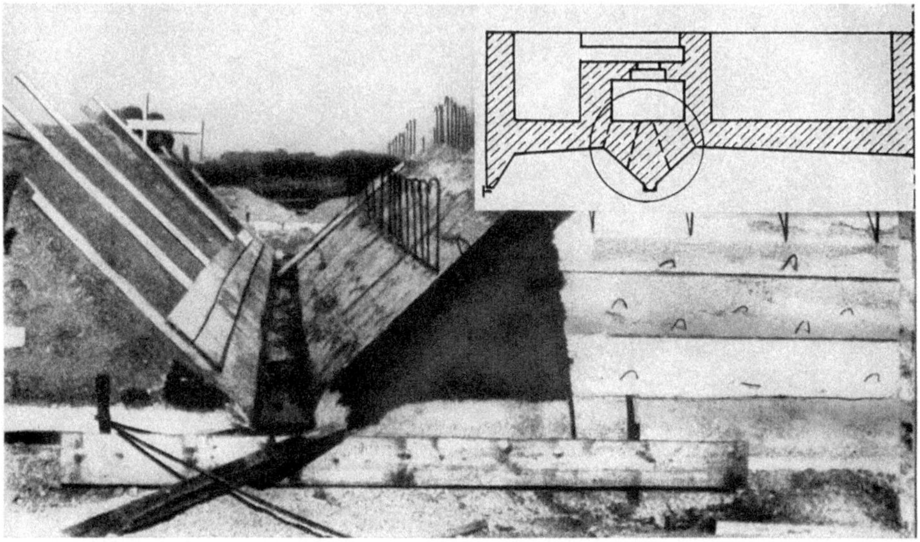

Abb. 643. Ansicht der Erdschalung für die Zwischenschneide des Senkkastens der Rheinbrücke Emmerich (WAYSS und FREYTAG)

b) Absenkung vom festen Gerüst

Eine andere Möglichkeit besteht darin, den Senkkasten auf einem an der Gründungsstelle *auf Pfähle aufgebautem Gerüst herzustellen, von diesem zunächst auf die Gewässersohle abzuspindeln* und sodann in den Boden abzusenken (Abb. 644).

In solchen Fällen bevorzugt man *Stahlkonstruktionen oder dünnwandige Stahlbetonkästen,* um das Pfahlgerüst sowie die Aufhänge- und Abspindelvorrichtung nicht zu sehr zu überlasten. (Abb. **645** veranschaulicht die Montage eines in Stahl ausgeführten Senkkastens auf der Arbeitsbühne des Gerüstes, Abb. **646** hingegen das Innere eines großräumigen, dünnwandigen Stahlbetonsenkkastens während des Ablassens.) Solange der Senkkasten auf dem Gerüst hängt, wird im Grunde genommen nur die wasserdichte Ummantelung des in das Wasser eintauchenden Kastens fertiggestellt. Diese versteifte Ummantelung (aus Stahl oder Stahlbeton) wird nun vorsichtig und schrittweise und so weit ausbetoniert, daß ein Gegengewicht für den Auftrieb vorhanden sei, bis der Kasten in den Boden eindringt (vgl. Abb. 648).

Die Anwendung aufgesetzter Joche auf dem Pfahlgerüst ist unzweckmäßig, dagegen muß es besonders in offenen Wasserläufen eine große waagrechte Steifigkeit besitzen, weil damit gerechnet werden muß, daß es beim Absetzen des Kastens auf die Gewässersohle auch den Horizontaldruck aus der Strömungsgeschwindigkeit des Wassers aufzunehmen hat.

Vom Gerüst wird der Kasten auf Spindel (Verrine) aufgehängt und an diesen auf die Gewässersohle abgesetzt. Die Konstruktion der Spindel- und Aufhängevorrichtung ist in Abb. 647 dargestellt. Die Tragfähigkeit dieser Spindeln liegt in Ungarn selten höher als 10 bis 15 t, eine Tatsache, die im Verein mit dem Laufendmetergewicht des Kastens den Pfahlabstand im voraus bestimmt. Sehr wichtig ist auch die richtige Wahl der Höhe für die untere, d. h. die *Montage-* sowie für die obere, die *Ablaßbühne*. Beide haben sich nach den voraussichtlichen Spiegelschwankungen im Gewässer zu richten.

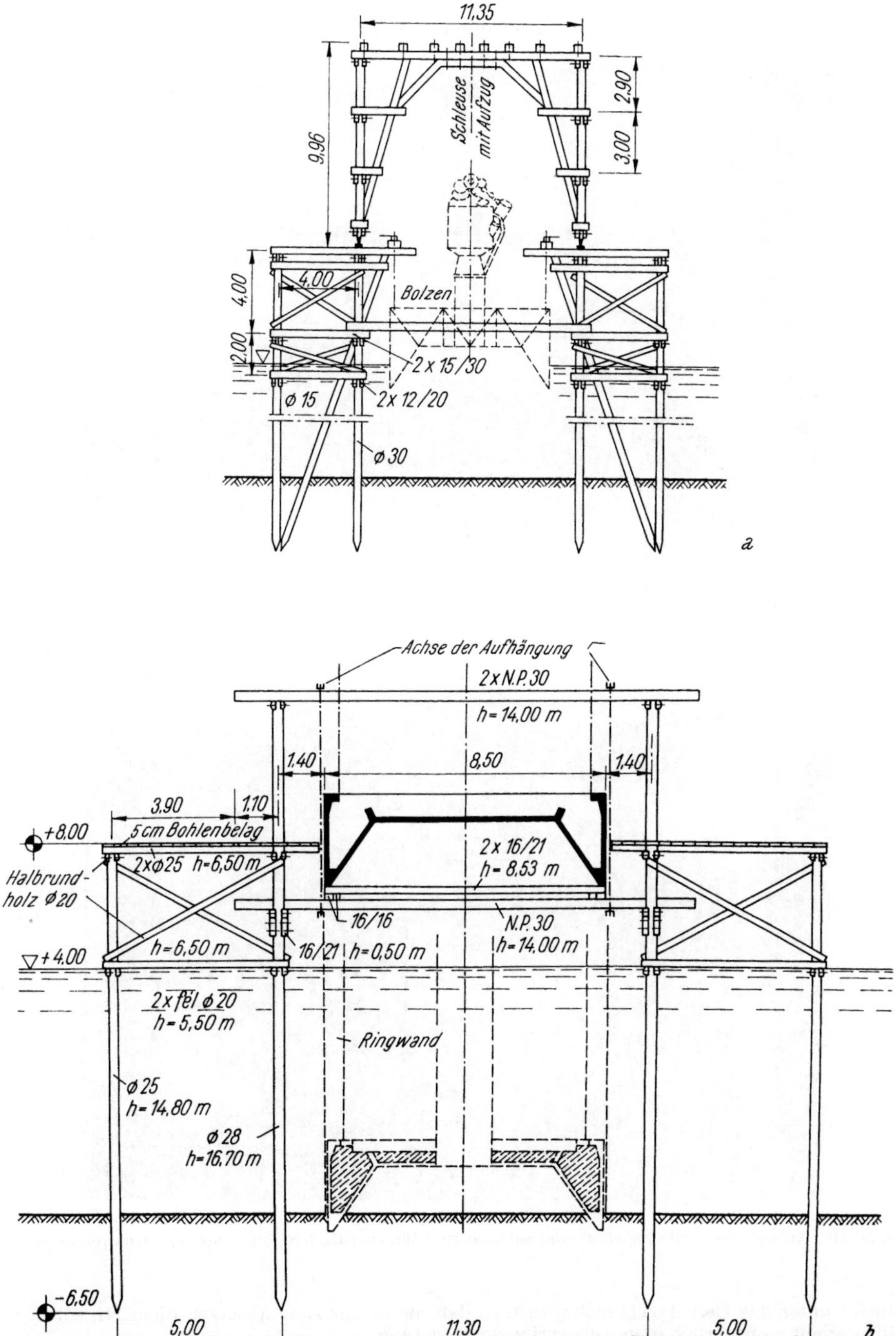

Abb. 644. Absenkung eines stählernen (a) und eines dünnwandigen (b) Stahlbetonsenkkastens vom Absenkgerüst

Man trifft auch auf Durchführungen, bei welchen der Senkkasten nicht auf der unteren Arbeitsbühne des Absenkgerüstes, sondern an Land hergestellt und auf Pontons oder auf einem wasserdichten, provisorisch eingebauten *Behelfsboden* gewissermaßen „auf eigenen

Abb. 645. Aufbau eines stählernen Senkkastens auf der Montagebühne

Abb. 646. Ansicht eines fertiggestellten und aufgehängten dünnwandigen Stahlbetonsenkkastens von unten

Füßen“ unter das Gerüst verbracht wird, so daß dieses nur zum Absetzen dient. In solchen Fällen erhält es natürlich eine weit geringere Belastung.

Das Absetzen erfolgt auch hier nach einem im voraus genau festgelegten Absenkungsprogramm (Abb. 648), welches sich nun aber *in zwei Phasen* abspielt. *Die erste Phase bildet das Absetzen durch das offene Wasser*, bei dem darauf zu achten ist, daß die im voraus fertiggestellte versteifte und wasserdichte Ummantelung des Senkkastens nur so weit mit aufgehendem Mauerwerk belastet werden und die Seitenwandung nur so hoch geführt sein darf, daß der Kasten mit entsprechender Stabilität an den Spindeln hängt, ohne jedoch dieses — selbst bei plötzlichem Sinken des Wasserstandes — zu belasten. Die Seitenwandung muß ferner eine stets mit genügendem Freibord über den äußeren Wasserspiegel hinausragende Umgrenzungswand entsprechender Festigkeit bilden, die den unter atmosphärischem Druck stehenden Aufmauerungsraum über dem Kasten wasserdicht umschließt. In dieser Absenkungsphase wird man also die Belastung aus dem Eigengewicht sorgfältig der Auftriebskraft gegenüberstellen und stets mit größter Umsicht *die auf eine Spindel entfallende Belastung sowie die Höhe* (die Erhärtungszeit) *der Seitenwandung* berücksichtigen müssen. Sobald der Senkkasten auf die Gewässersohle aufgetroffen ist, muß ihm vor allem ein allseitiges gleichmäßiges Aufsitzen gesichert werden, was entweder durch Taucher oder — nach Trockenlegung des Arbeitsraumes mittels Druckluft — durch Ebnen der Sohle von Hand im Arbeitsraum selbst bewerkstelligt wird. Nachdem man dem Kasten sodann durch Einbringen einer größeren Füllbetonmenge die nötige Stabilität gegen Abtreiben und Wellenschlag gegeben hat, wird er von den Spindeln gelöst. (Beim Absetzen des Kastens in fließendes Wasser muß in der Regel mit bedeutenden Bettauskolkungen gerechnet werden, gegen die man am besten durch Taucher Sandsäcke absetzt oder anderes abtriebsfestes Material aufschüttet oder auch die Bettsohle ebnet, um ein schräges Aufsitzen des Kastens zu verhindern. Keinesfalls darf er von der Aufhängevorrichtung gelöst werden, solange sein gleichmäßiges waagrechtes Aufsitzen nicht gewährleistet ist.)

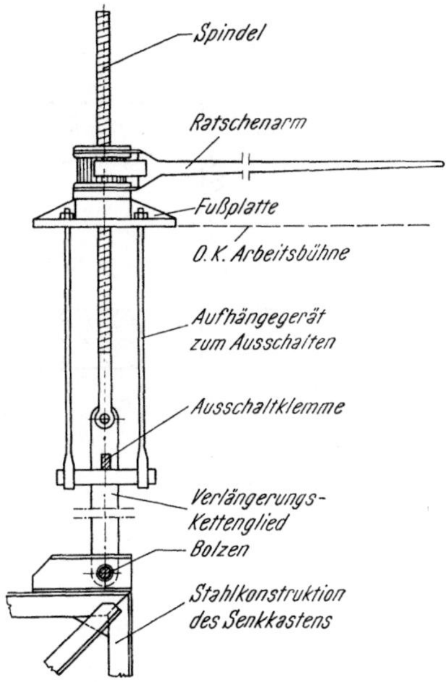

Abb. 647. Absenkspindel (Verrain)

Damit beginnt *die zweite Phase der Absenkung*, in der den Auflasten (den nach unten gerichteten Kräften) gegenüber nun nicht mehr bloß der als Produkt aus dem Druck der eingeblasenen Preßluft und der Grundfläche auftretende Auftrieb, sondern auch die äußere Mantelreibung (die nach oben wirkenden Kräfte) Widerstand leisten. Der Gang der Aufmauerung ist im weiteren stets so festzulegen, daß sie einesteils den tragfähigen Seitenwänden bei jedem beliebigen Außenwasserstand einen genügenden Freibord sichert und daß andererseits die nach unten gerichteten Kräfte in jedem Augenblick größer seien als die aufwärts gerichteten. Bei Absenkung in große Tiefen, wächst die Bodenreibung mitunter so stark an, daß selbst die Auflastung des vollen Aufmauerungsgewichtes den Kasten nicht weiter in den Boden einzudrücken vermag. In solchen Fällen muß die weitere Absenkung durch plötzliches *Abblasen der Druckluft* (d. h. durch vorübergehende Ausschaltung der Auftriebskraft) sowie durch künstliche Verminderung der spezifischen Reibung zwischen Wandung und Boden mit Hilfe der in Abschn. V bereits erörterten Maßnahmen (Spülung, thixotrope Flüssigkeit, Lufttaschen usw.) sowie durch schrittweises Freilegen, Unterfahren der Schneide forciert werden.

Aus dem Absenkungsprogramm ergibt sich übrigens auch *die für die Senkkastenbemessung maßgebende Höchstbelastung*, und zwar in jener Senkkastenlage, in welcher der Unterschied zwischen den abwärts und aufwärts wirkenden Kräften seinen Höchstwert, die Tragfähigkeit der Senkkastenkonstruktion dagegen ihren relativ niedrigsten Wert erreicht. Mit fortschreitender Aufmauerung wächst nämlich nicht nur die Auflast, sondern auch die Biegefestigkeit des Kastens ständig an. Die gefährliche Lage ergibt sich also bei einem relativen Extremwert, und zwar in der Regel nach dem Auftreffen des Kastens auf die Gewässersohle, wenn auf ihn die zur Sicherung der Stabilität erforderliche anfängliche Auflast aufgetragen wird, wenn also diese Füllmauerung seine Tragfähigkeit noch nicht steigert.

c) Absenkung vom schwimmenden Gerüst oder Einschwimmen

Eine dritte Möglichkeit bietet die Absenkung des Kastens von einem *schwimmenden Gerüst* aus. Er wird hierbei entweder auf dem Schwimmgerüst selbst hergestellt und zusammen mit diesem im Schlepp zur Absenkungsstelle eingeschwommen (Abb. **649** a) oder unabhängig vom Schwimmgerüst ähnlich wie ein unten geschlossener Senkkasten durch Einziehen eines *provisorischen Behelfsbodens* unter

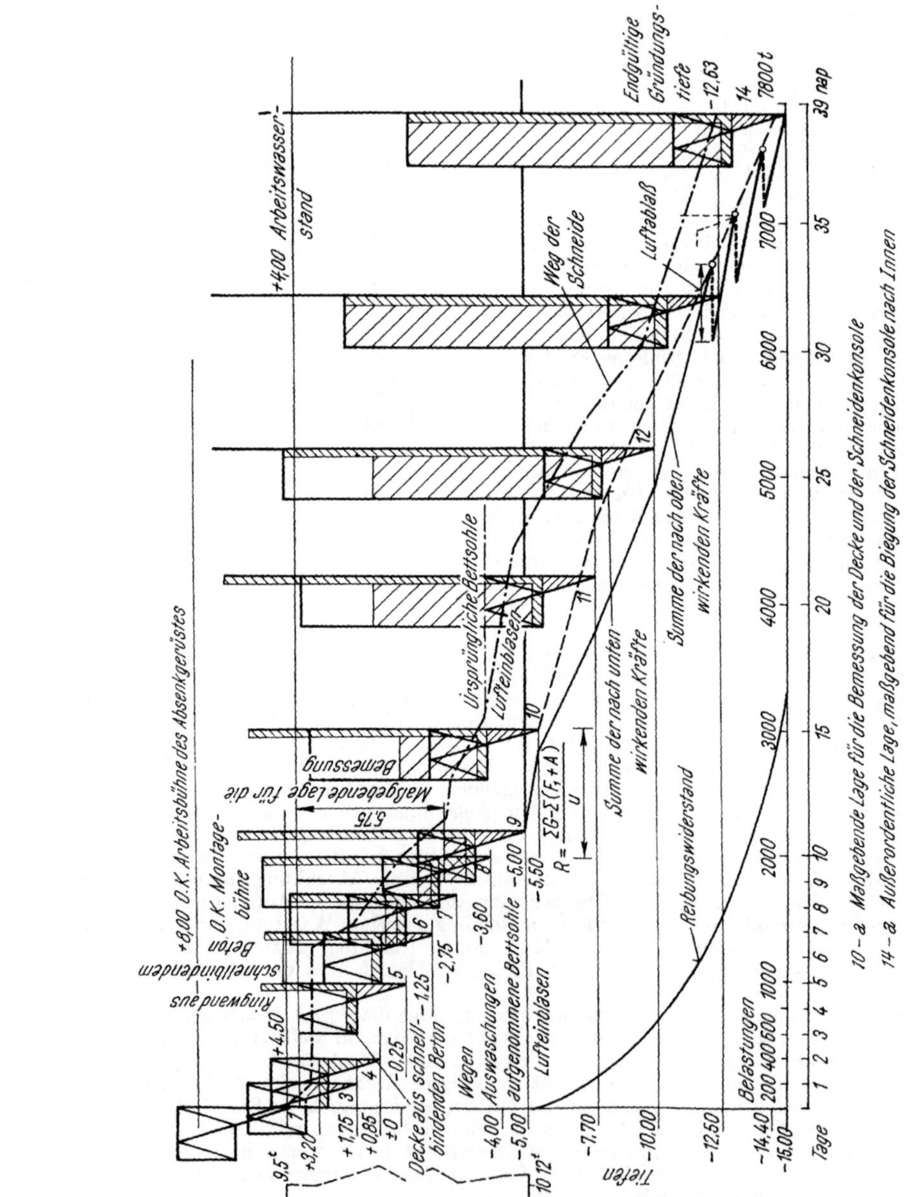

Abb. 648. Absenkungsprogramm des stählernen Senkkastens eines Donaubrückenpfeilers (Budapest)

den Arbeitsraum und durch provisorisches Hochführen der Mantelwände (s. Abb. 649b und c) in schwimmfähigen Zustand gebracht, worauf man ihn unter das vorbereitete Absenkgerüst schleppt. Diese Art der Absenkung ist vornehm-

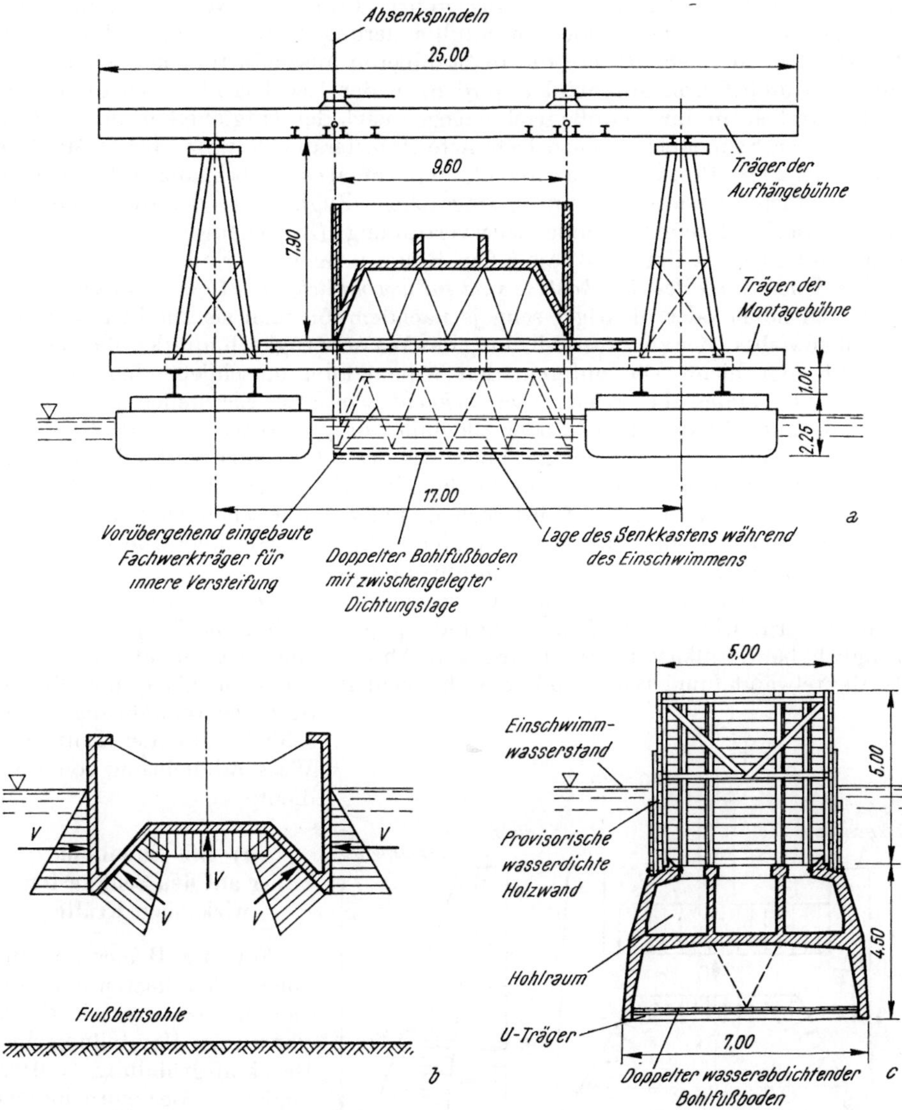

Abb. 649. Eingeschwommene Senkkästen

lich in Wasserläufen mit lockerem Bettmaterial oder in tiefen Meeresbuchten üblich. In der Regel trägt das schwimmende Gerüst auch die Maschinenanlagen für die Druckluftversorgung. Auch hier *empfiehlt sich die Verwendung von stählernen oder von dünnwandigen Stahlbetonsenkkästen.*

2. Konstruktion und Bemessung verlorener Senkkästen

Den wichtigsten Teil der Druckluftgründung bildet der (oben geschlossene) Senkkasten. Er ist heute in der überwiegenden Mehrzahl der Fälle in Stahlbeton und nur in Ausnahmefällen in Stahl ausgeführt. Früher verwendete man Stahlkonstruktionen mit Ziegel- oder Betonfüllmauerung, bisweilen sogar Holzkästen. Druckluftkästen (insbesondere die in Stahlbeton ausgeführten) können mit beliebiger Grundrißform ausgebildet werden, in der Regel richtet sich diese nach der Bauwerksform, ihrer Größe nach dagegen nach der Tragfähigkeit des Bodens. Der von den Schneidenkonsolen begrenzte Arbeitsraum hat eine lichte Mindesthöhe von 2,20 m. Er ist tunlichst freizuhalten, zumal es nur bei ganz großen Kästen unvermeidlich ist, sie durch unten eingezogene Zugbänder oder durch eine bis an die Decke hinaufreichende Querverrippung (Zwischenwände oder Hilfsschneiden) zu versteifen und damit den Raum in kleinere Einheiten aufzulösen.

Die Seitenwände des Senkkastens sind für gewöhnlich 4 bis 10 m hoch, sie können aber auch höher oder niedriger sein, je nachdem, ob man sie zur Erhöhung des Absenkgewichts oder zur Ausschließung des Wassers zugleich mit der Mantelwand herstellt oder nicht. Die unteren, den Arbeitsraum umschließenden Teile der Seitenwände bilden die sogenannten *Schneidenkonsolen.* Sie stellen jene Längsträger dar, auf die die massive oder allenfalls *mit Querrippen versteifte Deckplatte* aufgesetzt wird, die ihrerseits die Seitenwände miteinander verbindet und der ganzen Konstruktion die räumliche Steifigkeit verleiht. Bei größeren Senkkästen pflegt man zur Sicherung der erforderlichen Steifigkeit zwischen den Seitenwänden auch seitenparallel oder diagonal verlaufende Längswände und Querwände einzubauen, die auch in den Arbeitsraum hineinreichen.

Die Schneidenkonsolen verjüngen sich unten zur *Schneide,* die ebenso ausgebildet wird, wie bei der Brunnengründung (s. Abb. 601 bis 603) beschrieben. Lediglich bei Stahlkästen ergibt sich eine Abweichung insofern, als sich an die als Mantelwand fungierende äußere Stahlblechhaut nach innen zu eine dünnere Stahlblechbewehrung anschließt, die der Luft- und Wasserabdichtung von innen dient.

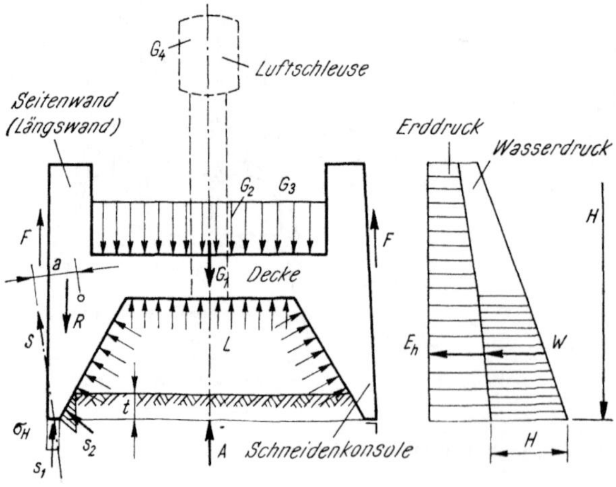

Abb. 650. Die den Senkkasten angreifenden Kraftwirkungen

a) Die Annahme der auf den Senkkasten wirkenden Kräfte

Für die Bemessung der obigen Senkkastenteile sind die in den verschiedenen Phasen der Herstellung einer Druckluftgründung auftretenden Beanspruchungen maßgebend. Nach PAPROTH [186] empfiehlt sich die Untersuchung folgender maßgebender Zustände:

I. Der Beton des Senkkastens ruht noch in der Schalung bzw. hängt an den Spindeln.

II. Ausschalen und Absetzen auf den Boden bzw. auf die Gewässersohle mit Aufbringen der ersten frischen Betonschicht.

III. Absenken durch den Boden.
IV. Schlußsenkung mit etwaigem Abblasen der Druckluft.

Auf den Senkkasten wirken folgende Kräfte (Abb. 650):

1. die aus den Abmessungen jederzeit rechnerisch ermittelbaren *nach unten wirkenden Kräfte* aus dem Eigengewicht (G_1) des Kastens sowie aus den Gewichten G_2, G_3 bzw. G_4 der Aufmauerung, der in den Arbeitsraum über der Decke eingebrachten Kies- oder Wasserauflast bzw. der Schachtrohre, der Luftschleuse usw.

2. die *aufwärts wirkenden Kräfte* aus der Mantelreibung (F) sowie aus dem Auftrieb (A), von denen F auf Grund der Gl. 334 ermittelt werden kann, während sich A als Produkt aus der Grundfläche des Arbeitsraumes einerseits und aus dem Luftüberdruck L andererseits errechnet,

3. *die Schneidenreaktion S,* deren lotrechte Komponente (R) sich gemäß

$$R = \frac{\Sigma L - \Sigma F}{U} \tag{348}$$

als Quotient des Unterschiedes zwischen den nach dem Absenkungsprogramm ermittelten ab- und aufwärts wirkenden Kräften und dem Schneidenumfang (U) ergibt, während ihre waagrechte Komponente in Abhängigkeit von der nach innen gerichteten Schneidenneigung der Abb. 651 zu entnehmen ist.

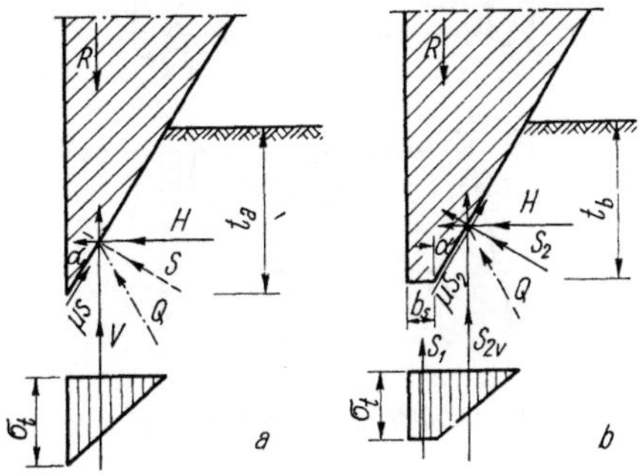

Abb. 651. Die Verteilung der Schneidenreaktionen

4. *der äußere Erd- und Wasserdruck E* bzw. *W*, der in Abhängigkeit von der gegebenen Wassertiefe aus den Abb. 652 und 653 ermittelt werden kann.

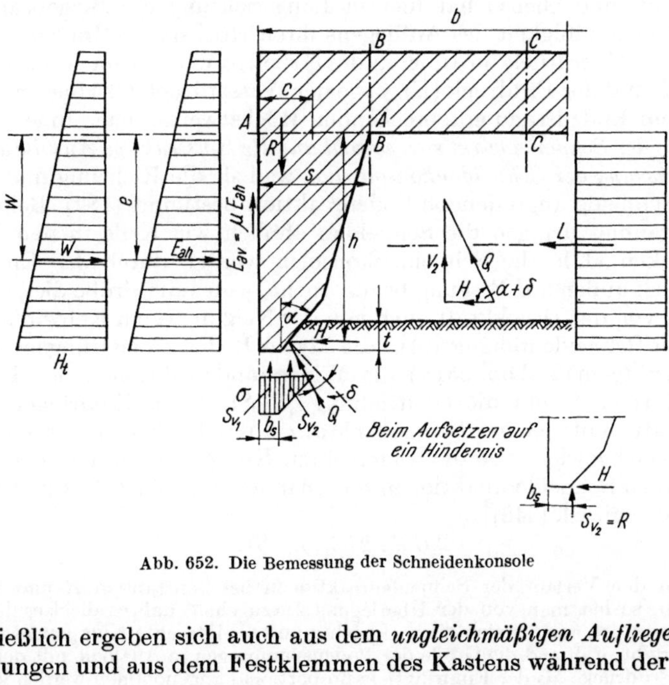

Abb. 652. Die Bemessung der Schneidenkonsole

5. Schließlich ergeben sich auch aus dem *ungleichmäßigen Aufliegen* sowie aus Schrägstellungen und aus dem Festklemmen des Kastens während der Absenkung

Kräfte, die eine ungleichmäßige Verteilung der Schneidenreaktionen zur Folge haben und nur auf Grund näherungsweiser Annahmen — als Grenzfälle — ermittelt werden können.

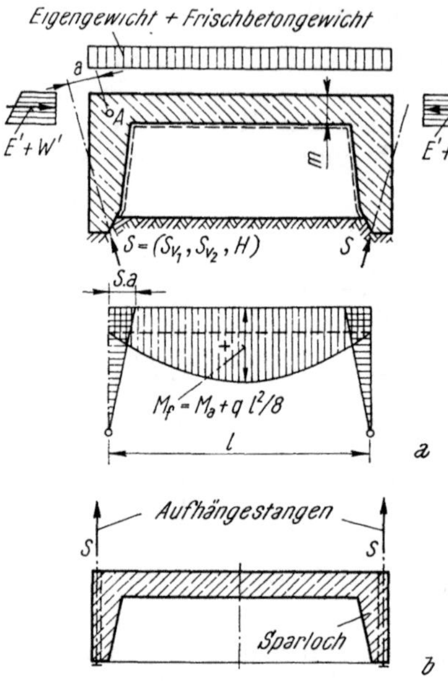

Abb. 653. Die Bemessung der Arbeitskammerdecke

Anhand der so ermittelten Beanspruchungen sind die einzelnen Elemente des Senkkastens erfahrungsgemäß auf folgende maßgebende Belastungen in der hier zu beschreibenden Weise zu bemessen.

b) Bemessung der Schneidenkonsolen

Der Senkkasten stützt sich mit den Schneidenkonsolen auf den Boden ab, die gleichen Konsolen haben aber als Seitenwände des Arbeitsraumes auch die Biegebeanspruchungen aus den äußeren Erd- und Wasserdrücken sowie aus der nach außen gerichteten waagrechten Komponente der Schneidenreaktionen und schließlich die Biegebeanspruchungen aus dem ungleichmäßigen Aufliegen des Kastens in Längsrichtung aufzunehmen. Die Schneidenkonsole ist also als in die Deckenkonstruktion eingespannter, auf Biegung beanspruchter Kragarmträger zu bemessen, der überdies auch auf Druck beansprucht ist.

Für seine Bemessung pflegt man die Belastungszustände II und IV als maßgebend anzusehen. *Im Bauzustand II treten in der Regel die größten Schneidenreaktionen auf*, und ebenso hat hier in Längsrichtung die Biegebeanspruchung aus der Ungleichmäßigkeit des Aufliegens ihren Höchstwert. Im Zustand IV hingegen hört der Überdruck im Inneren des Arbeitsraumes beim Abblasen der Luft plötzlich auf, und der Erddruck (E) sowie der Wasserdruck (W) biegen die Konsole mit ihren dem Endzustand entsprechenden Höchstwerten nach innen.

Die Form der Schneide wirkt sich sowohl auf die konstruktive Ausbildung als auch auf die Bemessung der Schneidenkonsole aus, weil sie die Richtung und Verteilung der an der Schneide angreifenden Bodenreaktion bestimmt [187]. Beim Absinken des Arbeitsraumes dringen die Schneiden ähnlich wie Keile in den Boden ein. Die Keilflanken, d. h. die Schneidenkonsolen werden durch das Eindringen in Richtung nach außen auf Biegung beansprucht, wobei die Größe dieser Beanspruchung außer von der Druckkraft auch von der Neigung (vom Keilwinkel) und von der Form der Schneide abhängt. Auf die in den Boden eingedrungene Schneidenfläche wirken (gemäß Abb. 651a) die Widerstandsreaktionen des Bodens (der passive Erddruck S und die Gleitreibung $\mu \cdot S$). Beim Eindringen sind diese Reaktionskräfte mit der am Schneidenkranz angreifenden lotrechten Belastung ebenso im Gleichgewicht wie die waagrechten Komponenten der einander gegenüber wirksamen Schneidenreaktionen miteinander. Für einen 1 m langen Arbeitsraum ist also [vgl. Gl. (348)]

$$2R \doteq 2(S_1, \mu \cdot S).$$

Prüft man den Verlauf der Schneidenreaktionen bei konstantem R und wechselnder Schneidenform, so hat man von der Überlegung auszugehen, daß es die Resultierende der Bodenspannungen ist, aus der sich die waagrechte und die lotrechte Komponente der Schneidenreaktion ergibt, während die Größe der Bodenspannungen in Analogie mit der Verteilung der passiven Erddrücke als der Eindringtiefe proportional angenommen werden kann.

Aus dem Gleichgewicht der lotrechten Kräfte folgt, daß $R = S \sin\alpha + \mu \cdot S \cdot \cos\alpha$, wenn $\mu = \mathrm{tg}\,\delta$ den Koeffizienten der Reibung zwischen Schneidenmaterial und Boden bezeichnet.

Die horizontalen Kräfte gleichen sich an den beiden einander gegenüberliegenden Schneiden des Arbeitsraumes aus. Sie haben den Wert

$$H = S \cdot \cos\alpha - \mu \cdot S \cdot \sin\alpha.$$

Im einfachsten Fall ist (mit den Bezeichnungen der Abb. 650a)

$$F = \frac{t_a}{\cos\alpha} : \frac{\sigma_t}{2},$$

woraus

$$R = t_a \cdot \mathrm{tg}\,\alpha \cdot \frac{\sigma_t}{2} + \mu \cdot t_a \cdot \frac{\sigma_t}{2} = \frac{\sigma_t \cdot t_a}{2} (\mathrm{tg}\,\alpha + \mu)$$

und weiter

$$\sigma_t = \frac{2R}{t_a (\mathrm{tg}\,\alpha + \mathrm{tg}\,\delta)}, \tag{349}$$

während sich die horizontale Komponente zu

$$H = S \cdot \cos\alpha - \mu \cdot F \cdot \sin\alpha = t_a \cdot \sigma_t/2 - \mu \cdot \mathrm{tg}\,\alpha \cdot \sigma_t/2 \cdot t_a = \frac{t_a \cdot \sigma_t}{2} (1 - \mu \cdot \mathrm{tg}\,\alpha)$$

schreibt.

Ist die Schneide unten auch abgestumpft, dann hat man (mit den Bezeichnungen der Abb. 651b)

$$R = \sigma_t \cdot b_s + \sigma_t \cdot t_b/2\,(\mathrm{tg}\,\alpha + \mathrm{tg}\,\delta)$$

und hieraus

$$\sigma_t = \frac{2R}{2b_s + t_b\,(\mathrm{tg}\,\alpha + \mu)}, \tag{350}$$

d. h. die Spannung σ_t wird niedriger liegen als der obige Wert von σ_t, und somit wird auch die Eindringtiefe t_b kleiner als t_a. Aus der Gl. geht aber auch hervor, daß der σ_t-Wert mit wachsendem Winkel α weiter abnimmt, so daß sich bei gleicher Schneidenreaktion auch kleinere Eindringtiefen ergeben müssen.

Nimmt man an, daß die Schneide so lange in den Boden eindringt, die die Bodenspannung σ_t unter die Grenzspannung (σ_H) des Bodens sinkt, bis also beim Grenzübergang $\sigma_t = \sigma_H$ wird, dann läßt sich der Wert von σ_H auf Grund der Bruchfestigkeit des Bodens mit der in Band I abgeleiteten Gl. (53) ausdrücken, womit man zur Gl. (326) und aus dieser zur Ermittlung der Schneideneindringtiefe gemäß (328) gelangt.

Die für die Biegebeanspruchung der *Schneidenkonsole* ungünstigste Eindringtiefe ergibt sich — bei gegebener Belastung und Schneidenform — aus den folgenden Überlegungen.

Mit den Bezeichnungen der Abb. 652 gelten die Beziehungen

$$S_{v1} + S_{v2} = R; \qquad S_{v1} : S_{v2} = b_s \cdot \sigma : \frac{t \cdot \mathrm{tg}\,\alpha \cdot \sigma}{2}$$

und aus diesen

$$S_{v1} = \frac{R}{1 + \dfrac{t \cdot \mathrm{tg}\,\alpha}{2a}}; \qquad S_{v2} = \frac{R}{1 + \dfrac{2b_s}{t \cdot \mathrm{tg}\,\alpha}},$$

ferner

$$H = S_{v2} \cdot \mathrm{cotg}\,(\alpha + \delta) = \frac{R}{1 + \dfrac{2t}{t \cdot \mathrm{tg}\,\alpha}} \cdot \mathrm{cotg}\,(\alpha + \delta),$$

während sich das Moment M'_A zu

$$M'_A = S_{v1}\left[c - \frac{b_s}{2}\right] + S_{v2}\left[c - b_s - \frac{t \cdot \mathrm{tg}\,\alpha}{3}\right] + H\left[h - \frac{t}{3}\right] \tag{351a}$$

schreibt. Mit diesen Werten für S_{v1}, S_{v2} und H erhält man für das im Einspannquerschnitt A auftretende Moment den Zusammenhang $M'_A = R \cdot f(t)$ und aus diesem — nachdem man durch einiges Probieren den Wert von t angenommen hat —, bei gegebener Schneidenkonsolenform unschwer jene ungünstigste Eindringtiefe $(t - t)$, bei der M'_A seinen Höchstwert annimmt und die nur von der Größe der Schneidenreaktion R abhängt. Der Bemessung muß offenbar diese ungünstigste Eindringtiefe zugrunde gelegt werden.

Noch ungünstiger gestalten sich die Verhältnisse, wenn die Schneide an ihrer inneren Unterkante auf ein Hindernis stößt, denn in diesem Fall kann der Wert der Kraft H wesentlich ansteigen, weil wegen $S_{v2} = R$ auch $H = R \cdot \operatorname{cotg}(\alpha + \delta)$, ihr Arm hingegen der vollen Höhe h gleich sein wird. M'_A geht also (s. Detail in Abb. 652) in den Höchstwert

$$S_{v2}(c - b_s) + H \cdot h = R[c - b_s + h \cdot \operatorname{cotg}(\alpha + \delta)] = M''_A \qquad (351\,\text{b})$$

über.

Demgegenüber weckt der äußere Erddruck (E_{ah}) im Querschnitt A ein entgegengesetztes Moment, wirkt sich also günstig aus, während die an der Außenwand auftretende Mantelreibung $(E_{av} = E_{ah} \cdot \operatorname{tg} \delta)$ ein ungünstiges Moment erzeugt. Die Momente aus dem Luftdruck L im Inneren und aus dem äußeren Wasserdruck W gleichen sich bei normaler Absenkung aus. Muß aber beim Abschluß der Absenkung die Luft abgeblasen werden, sinkt L auf Null, und das Biegemoment $W \cdot w$ wirkt von außen nach innen (Absenkungsphase IV!). Letzten Endes wird die Schneidenkonsole als der durch die Reaktion R gedrückte und durch eines der tieferstehenden Momente auf Biegung beanspruchte (d. h. also als ausmittig gedrückte!) Querschnitt zu bemessen sein. Die Momente sind

1. bei normaler Absenkung:

$$M' = S_{v1}\left(c - \frac{b_s}{2}\right) + S_{v2}\left(c - b_s - \frac{t \cdot \operatorname{tg}\alpha}{3}\right) + H\left(h - \frac{t}{3}\right) - E_a(e - \operatorname{tg}\delta \cdot c),$$

2. bei Auftreffen auf ein Hindernis:

$$M'' = R\,[c - b_s + h \cdot \operatorname{cotg}(\alpha + \delta) - E_a(e - \operatorname{tg}\delta \cdot c), \qquad (352)$$

3. beim Abblasen der Luft:

$$M'''_A = M'_A - W \cdot w.$$

Da die unter 2. und 3. genannten Voraussetzungen nur in Ausnahmefällen gegeben sind, kann die Bemessung hier unmittelbar auf Grund der Grenzspannungen erfolgen.

c) Bemessung der Senkkastendecke

Maßgebend für die Bemessung der Decke ist der Zustand II, bei welchem sie als auf die Schneidenkonsole abgestützter frei aufliegender Träger nur durch das Gewicht der eben erst aufgetragenen frischen, noch nicht tragfähigen Betonschicht belastet ist. Der so ermittelten Momenten- und Scherkraftwirkung ist noch das von den Schneidenkonsolen übertragene, wie oben berechnete anfängliche Einspannmoment M_A für den Zustand II hinzuzurechnen (Abb. 653), d. h.

$$M_f = M_A + q \cdot \frac{l^2}{8} \qquad (353)$$

zu setzen. Der auf diese Deckenkonstruktionshöhe (m) entfallende äußere Erddruck (E') und der äußere Wasserdruck (W') wirken auf die Decke als axial gerichtete Druckkräfte. Bei höheren Deckenkonstruktionen kann es sich als wirtschaftlich erweisen, die günstigen Auswirkungen dieser Tatsache (Umwandlung der Biegebeanspruchungen zu einem ausmittigen Druck!) zu berücksichtigen.

Bei stählernen und bei dünnwandigen Stahlbetonkästen muß auch ihr Verhalten im Zustand I (Absenken in das Wasser) untersucht werden, bei dem sie als frei aufliegende Träger, bloß mit ihrem Eigengewicht belastet, in den Spindeln hängen (Abb. 653b).

Es gibt nun auch Druckluftgründungen, bei denen das Bauwerk selbst nicht auf dem Senkkasten hochgemauert, sondern dieser lediglich als Schacht oder als Arbeitsraum unter dem über ihm zu errichtenden Bauwerk in eine bestimmte Tiefe niedergebracht wird, so daß der Grundkörper selbst nur bis zur Deckenebene des Senkkastens reicht. In solchen Fällen stellt sich der gefährlichste Erddruck vermutlich nicht beim Auftragen der ersten frischen Betonschicht, sondern beim Erreichen des Höchstwertes der beim Absenken benutzten Erd- oder Kiesauflast, d. h. vor Beendigung der Absenkung beim plötzlichen Absinken des Überdrucks ein. In solchen Fällen können auf der relativ dünnen Decke außerordentlich große Belastungen wirksam werden, weshalb es sich als wirtschaftlich erweisen wird, die Senkkastendecke gewölbeartig auszubilden und den hohen waagrechten Gewölbedruck durch Zugbänder aufnehmen zu lassen, die dann etwa 0,50 m über Schneidenunterkante anzuordnen sind (Abb. 654).

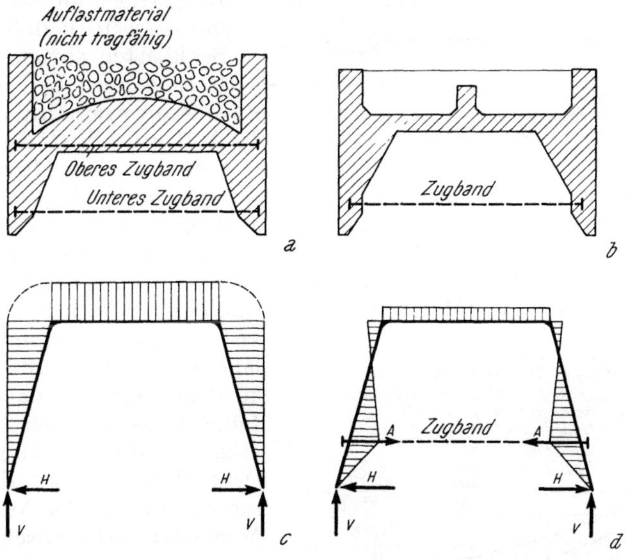

Abb. 654. Die Auswirkung eines Zugbandes auf die Arbeitskammerkonstruktion

Die Verwendung von Zugbändern bietet übrigens bei sehr breiten Senkkästen *statisch* auch sonst mancherlei und *große Vorteile*, weil sie es gestattet, den Arbeitsraum als Rahmenträger mit Zugband zu bemessen und damit das Einspannmoment der Schneidenkonsolen wesentlich herabzusetzen (vgl. Abb. 654b bis d). Die Praxis vermeidet *Zugbänder* lediglich deshalb gern, weil sie *die freie Bewegung im Arbeitsraum und die zügige Absenkung behindern.*

Hat man es nicht mit ebenen, sondern mit gerippten Deckenplatten zu tun. sind sämtliche Elemente der Decke (Längs- und Querträger) ihrer statischen Rolle entsprechend zu bemessen.

d) Bemessung der äußeren Längsträger (Außenwände)

Die *äußeren Längsträger* verleihen dem Senkkasten jene Steifigkeit, die er zur Aufnahme der Krafteinwirkungen aus unvermeidlichem ungleichmäßigem Aufsitzen oder aus Torsionen während der Absenkung benötigt. Zusammen mit den auch die Decke tragenden Querträgern verleihen sie dem Senkkasten überdies einen räumlich monolithischen Charakter.

Derartige Beanspruchungen pflegen besonders während des Absenkens auf die Gewässersohle oder dann vorzukommen, wenn der Senkkasten infolge ungleichmäßiger Bodenschichtung oder Belastung oder infolge ungleichmäßigen Erdaushubs Verwindungen erleidet, sich schiefstellt und festklemmt. Im Sinne der Gründungsvorschriften (MSz 15007) muß angenommen werden, daß die Arbeitskammer einerseits an jedem beliebigen Abschnitt mit $^1/_4$ ihrer Länge infolge Unterkolkung konsolartig auskragen, andererseits in der Mitte bis zu $^2/_5$ ihrer Länge unterkolkt sein kann (Abb. 655). Die äußeren Längsträger müssen mithin so bemessen werden, daß sie die auf den Senkkasten entfallende volle Belastung auch bei derartigen Abstützungsverhältnissen auf die Aufliegestellen übertragen können. Die maßgebende Belastung der ungünstigen Abstützungslage wird gleichfalls anhand des Absenkungsprogramms zu bestimmen sein. Sie wird sich im Augenblick des Auftreffens auf die Gewässersohle bzw. beim Abheben von den Schwellen oder Betonunterzügen einstellen [187]. Auch PAPROTH [186] empfiehlt die Untersuchung der Verhältnisse, wie sie sich im Augenblick des Abhebens vom Gerüst ergeben, und gelangt auf Grund verschiedener Annahmen für die Auflagerung und Belastungsverteilung zu dem Ergebnis, daß die äußeren Längsträger je nach der Bodenbeschaffenheit und je nach dem voraussichtlichen Ausmaß der Ungleichmäßigkeiten in der Auflagerung auf Momentenwerte zwischen

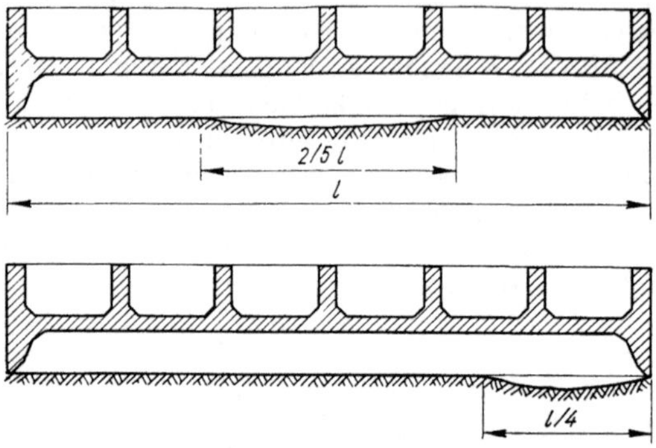

Abb. 655. Auskolkungsannahmen für die Bemessung des äußeren Längsträgers (Seitenwand)

$$M = \pm g \cdot l^2/80$$

und $$\pm g \cdot l^2/30 \qquad (354)$$

zu bemessen sind, was mit der bereits erwähnten Praxis in Ungarn im Einklang steht.

In einem Aufsatz prüft RICHART [188] nach, wie eine Auskolkung oder ein Hohlraum von einer bestimmten Spannweite (l) die Durchbiegung und die Biegemomente einer elastisch gebetteten, mit einer mittigen Einzellast bzw. mit gleichförmig verteilter Oberflächenlast belasteten, kreisförmigen oder rechteckigen Fundamentplatte beeinflußt. Seine Ergebnisse sind in Abb. 656 graphisch dargestellt. Die Momentenwerte sind

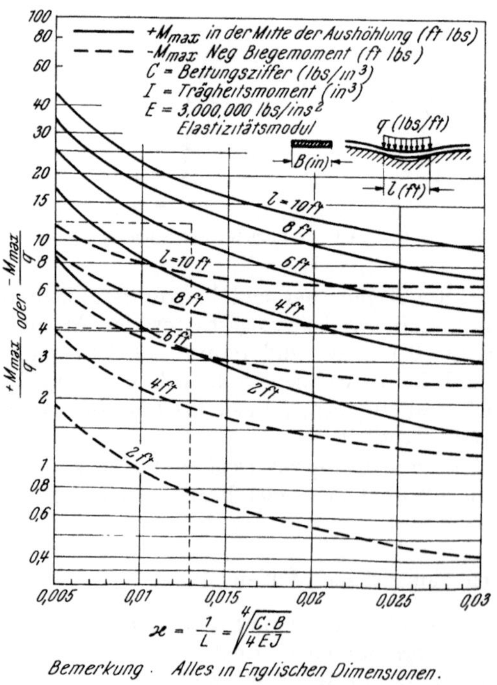

Abb. 656. Verlauf der Biegemomente für verschiedene Auskolkungsspannweiten in Abhängigkeit des Reziprokwertes (ϰ) der elastischen Länge (RICHART)

auf der Ordinatenachse in Abhängigkeit vom Reziprokwert der elastischen Länge $\left(\varkappa = \frac{1}{L}\right)$ und der Auskolkungsbreite (l) aufgetragen. Man sieht, daß, je kleiner die elastische Länge (L) ist, die Momente bei gleicher Auskolkungsbreite um so kleiner sind. Er stellt ferner fest, daß die Durchbiegung auf ein Mehrfaches der Auskolkungsbreite von Einfluß wird und es daher leicht vorkommen kann, daß, obwohl keine Schäden in der Fundamentkonstruktion auftreten, das konstruktive Verhalten des daraufliegenden Bauwerkes beeinflußt wird. Die üblicherweise überaus große Starrheit der Kastenlängswände (kleine $\varkappa$-Werte) ermöglicht ja kaum eine Reduktion der Momente laut Abb. 656. Dieser Fall wird vielmehr bei biegsamen Plattenfundamenten vorkommen. Für das aufzunehmende Auskolkungsmaß gibt RICHART keine Anhaltspunkte.

Die Torsionsbeanspruchung pflegt anhand gewisser Annahmen über die Höhe der Setzungsunterschiede berechnet zu werden. Einen sehr einfachen Berechnungsgang gibt hierfür W. LAUPMANN [189] (Leningrad) an, indem er zunächst nachweist, welche Durchbiegung nach oben bzw. unten die an zwei einander diagonal gegenüberliegenden Senkkastenecken angenommenen, nach oben wirkenden Kräfte von je 1 Tonne und an den beiden anderen, einander diagonal gegenüberliegenden, nach unten wirkenden Gegenkräfte von gleichfalls je 1 Tonne verursachen. Aus empirisch zusammengestellten Unterlagen sind konkrete Durchbiegungswerte ermittelt, aus denen sich die an den Ecken angreifenden Reaktionskräfte und aus diesen

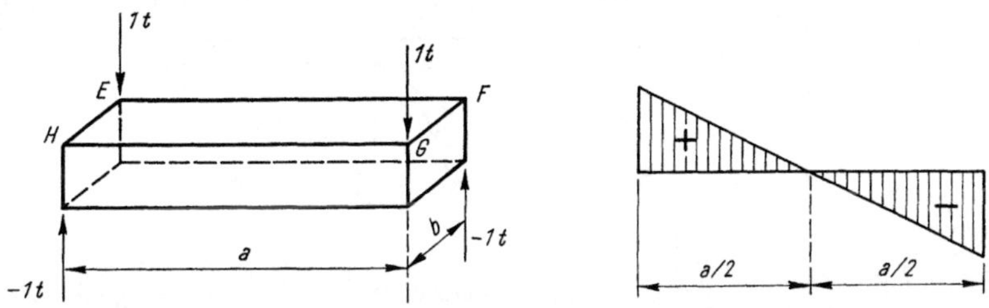

Abb. 657. Berechnungsschema der Torsionsbeanspruchungen des Senkkastens

die Torsionsmomente errechnen lassen. Mit den Bezeichnungen der Abb. 657 schreibt sich die Durchbiegung des Punktes G im Verhältnis zum Punkt H zu

$$\Delta h_g^H = A\left[\frac{a^3}{12EJ} + a^2 \cdot b \cdot 0{,}9 \cdot \frac{d^2 + h^2}{G \cdot d^3 \cdot h^3}\right]$$

und ähnlich die des Punktes G im Verhältnis zum Punkt H zu

$$\Delta h_g^F = B\left[\frac{b^3}{12EJ} + 0{,}9 \cdot b^2 \cdot a \cdot \frac{d^2 + h^2}{G \cdot d^3 \cdot h^3}\right].$$

Da die beiden Durchbiegungen gleich sind, ist die eine Bedingungsgleichung für die Berechnung der Reaktionskräfte A und B gegeben. Die andere Gleichung lautet hingegen: $A + B = 1$ t, wenn A die durch die Eindringung auf die längere Seite, B die aus dem gleichen Grunde auf die kürzere Seite übertragene Reaktionskraft bezeichnet.

Ist in einem konkreten Zahlenbeispiel

a = die Achsenlänge der längeren Seite $= 21{,}55 - 2 \cdot 0{,}15 = 21{,}25$ m,
b = die Achsenlänge der kürzeren Seite $= 7{,}0 - 2 \cdot 0{,}15 = 6{,}7$ m,
d = die durchschnittliche Breite der äußeren Längsrippe $= 0{,}35$ m,
h = die Höhe der äußeren Längsrippe $= 2{,}60$ m

$$\frac{1}{J} = \frac{12}{0{,}35 \cdot 2{,}6^2} = 1{,}95 \qquad \frac{h^2 + d^2}{d^3 \cdot h^3} = 9{,}15$$

$E = 2{,}100{,}550$ t/m² und der Schermodul $G = 0{,}385\,E$, dann ergibt sich für

$$\Delta h_g = A \cdot 1/E(1542 + 64500) = 0{,}0315\,A = B \cdot 1/E(48{,}5 + 20300) = 0{,}00969\,B,$$

und hieraus

$$A = 0{,}307\,B;$$

da ferner

$$A + B = 1\,,\ \text{ist}\ B = \frac{1}{1{,}307} = 0{,}765\ \text{t}\ \text{und}\ A = 0{,}235\ \text{t}$$

$$\Delta h_g = 0{,}0315 \cdot 0{,}235 = 0{,}0074\ \text{m} = 0{,}74\ \text{cm}.$$

Liegt der Boden unter der einen Ecke, etwa unter G, um 10 cm tiefer als unter den drei anderen Ecken, müssen die diagonal einander gegenüberliegenden Punkte E und G eine Durchbiegung von je $10/2 = 5$ cm erfahren, was einer konzentrierten Belastung von

$$P = 5{,}0/0{,}74 = 6{,}75\ \text{t}$$

entspricht.

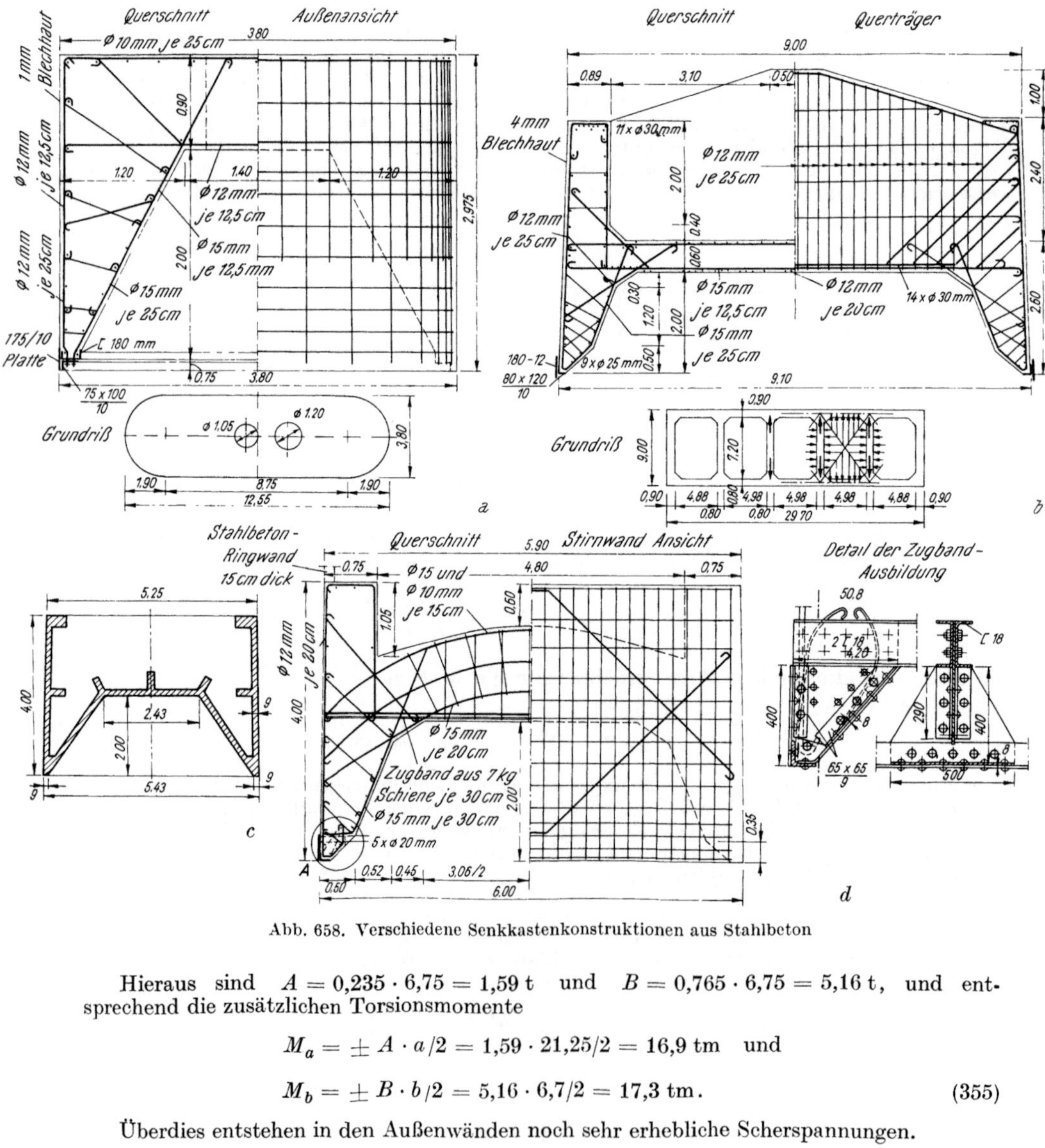

Abb. 658. Verschiedene Senkkastenkonstruktionen aus Stahlbeton

Hieraus sind $A = 0{,}235 \cdot 6{,}75 = 1{,}59$ t und $B = 0{,}765 \cdot 6{,}75 = 5{,}16$ t, und entsprechend die zusätzlichen Torsionsmomente

$$M_a = \pm\, A \cdot a/2 = 1{,}59 \cdot 21{,}25/2 = 16{,}9\ \text{tm}\quad\text{und}$$

$$M_b = \pm\, B \cdot b/2 = 5{,}16 \cdot 6{,}7/2 = 17{,}3\ \text{tm}. \tag{355}$$

Überdies entstehen in den Außenwänden noch sehr erhebliche Scherspannungen.

Je steifer der Senkkasten ausgebildet ist, um so empfindlicher wird er auf Setzungsunterschiede reagieren. Deshalb wird man zweckmäßig weniger steife Senkkästen bauen, wenn im Laufe der Absenkung große Setzungen zu erwarten sind. (So wird man sie z. B. zum Absetzen auf die Gewässersohle mit dünnen Stahlblech-Doppelwandungen ummanteln und diese erst nach Sicherung des gleichmäßigen Aufliegens mit Beton verfüllen. Vgl. hierzu die Abb. 658c und 659.) Nicht zu übersehen ist ferner, daß ein Teil der Torsionsbeanspruchung von der Deckenkonstruktion selbst aufgenommen wird, so daß auf die äußeren Rippen in Wirklichkeit geringere Beanspruchungen entfallen werden als die nach obigem berechneten.

3. Konstruktion der verlorenen Senkkästen

Was ihren *konstruktiven Aufbau* anbelangt, müssen Senkkästen vor allem *nach dem Baustoff* eingeteilt werden. Entsprechend unterscheidet man in *Holz*, in *Stahlbeton* und in *Stahl* ausgeführte Kästen. Holzkästen gelten heute als veraltet, weshalb sich ihre Behandlung erübrigt.

a) Stahlbeton-Senkkästen

Man unterscheidet

a) massivwandige,
b) mit Rippen aufgelöste und
c) dünnwandige Stahlbeton-Senkkästen.

Die Bemessung erfolgt nach den oben erörterten Grundsätzen, richtet sich aber hinsichtlich der einzelnen Elemente naturgemäß nach den Regeln für Stahlbetonkonstruktionen.

Konstruktiv ist der Senkkasten am einfachsten ausgebildet, wenn er bloß an den Plattenwänden zur Umschließung des Arbeitsraumes, d. h. aus einem unten offenen U-förmigen Rahmen mit Plattendecke besteht, an welchem selbst die Längswände keine Verrippung aufweisen (s. Abb. 658a). Derartige Konstruktionen eignen sich nur für kleine Grundrißabmessungen (Breite 3,5 bis 4 m, Länge 10 bis 12 m). (Hier sei erwähnt, daß die Stahleinlagen auch durch das Zehnfache von Holzeinlagen ersetzt werden können, da die Senkkästen nur vorübergehend tragfähig sein müssen. Für die Holzbewehrung kommen lange Leisten mit Querschnitten von 3 bis 5 cm^2 in Frage, die mit Stahl verbügelt werden [118].)

Bei größeren Abmessungen werden gerippte *Senkkästen* mit aufgelöster Deckenkonstruktion benutzt (s. Abb. 658b). Notfalls, d. h. bei größeren Breiten, können zur Verkürzung der Deckenspannweite zwischen den beiden äußeren Längswänden auch weitere Längsträger eingebaut werden. Um Bewehrung zu sparen, wird man die Quer- und Längsträger möglichst hoch ausgestalten, da doch der ganze Raum später ohnehin ausgemauert wird, weil es also lediglich um Unterschiede im Zementaufwand geht. Indessen kommt es vor, daß Senkkästen nicht zur Herstellung von Grundkörpern, sondern als lotrechte Schächte oder zur Ausgestaltung unterirdischer Hohlräume abgesenkt, also schließlich nicht ausgemauert werden (vgl. Abb. 637). Die Deckenkonstruktion solcher Kästen wird man mit Vorteil auch als waagerechtes oder ganz flaches Gewölbe ausführen, während man die Schneiden provisorisch mit Zugbändern verbindet (vgl. die Abb. 654 und 658d). Die Schraubenverbindungen der Zugbänder liegen hierbei unmittelbar vor der Schneidenwand, damit sie nachträglich leicht gelöst und ausgebaut werden können. Es können aber auch Fälle vorkommen, in denen es zur Absenkung theoretisch keiner inneren Erdauflast bedürfte, dennoch werden zum Ausgleich der hieraus resultierenden, nach oben wirkenden hohen Drücke (1 at = 10 t/m²) in der Praxis auch in solchen Fällen Erdauflasten in Höhe von 50% dieser Druckwerte aufgebracht, weshalb man die ebene Senkkastendecke oben und unten gleich stark bewehrt.

Um *dünnwandige Stahlbeton-Senkkästen* schließlich handelt es sich bei den auf Gerüsten gebauten oder zum Einschwimmen bestimmter Konstruktionen (s. Abb. 644 u. 658c). Von den Stahlbeton-Rippendecken-Senkkästen unterscheiden sie sich in erster Linie dadurch, daß weder ihre Schneidenkonsolen, noch ihre Decken massiv ausgeführt, sondern aus rippenversteiften dünnen Platten als Hohlformen zusammengesetzt sind. Diese plattenartige Konstruktion braucht lediglich

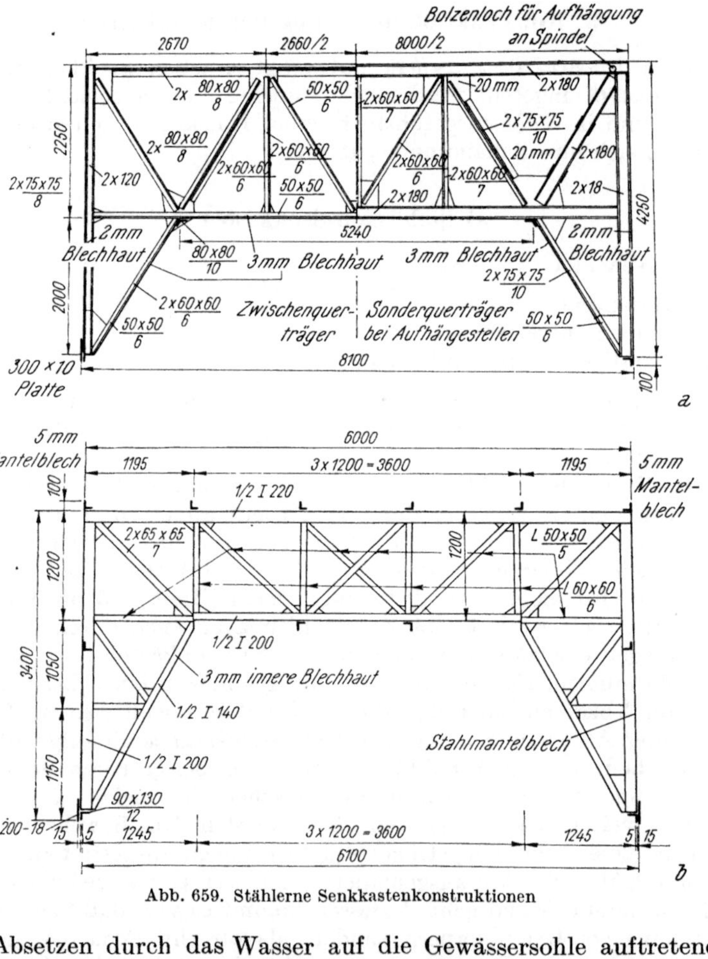

Abb. 659. Stählerne Senkkastenkonstruktionen

die beim Absetzen durch das Wasser auf die Gewässersohle auftretenden, zur Hauptsache aus dem Wasserdruck und dem geringen Eigengewicht stammenden Belastungen als Faltwerk aufzunehmen. Während des Absenkens werden die Hohlräume der von dünnen Wänden begrenzten Schneidenkonsole sowie die Decke bis zur Höhe der Verrippung ausbetoniert, so daß sie die Belastungen, sobald der Senkkasten in den Boden einzudringen beginnt, bereits als massive Konstruktionselemente aufzunehmen vermögen. Die Stahleinlagen in den dünnen Begrenzungswänden sind so zu bemessen, daß sie auch als Bewehrung der massiven Platten entsprechen [190]

b) Stählerne Senkkästen

Stählerne Senkkästen werden heute ausschließlich als vollgeschweißte Fachwerkträger ausgeführt. Die wichtigsten Konstruktionselemente bilden hier die Fach-

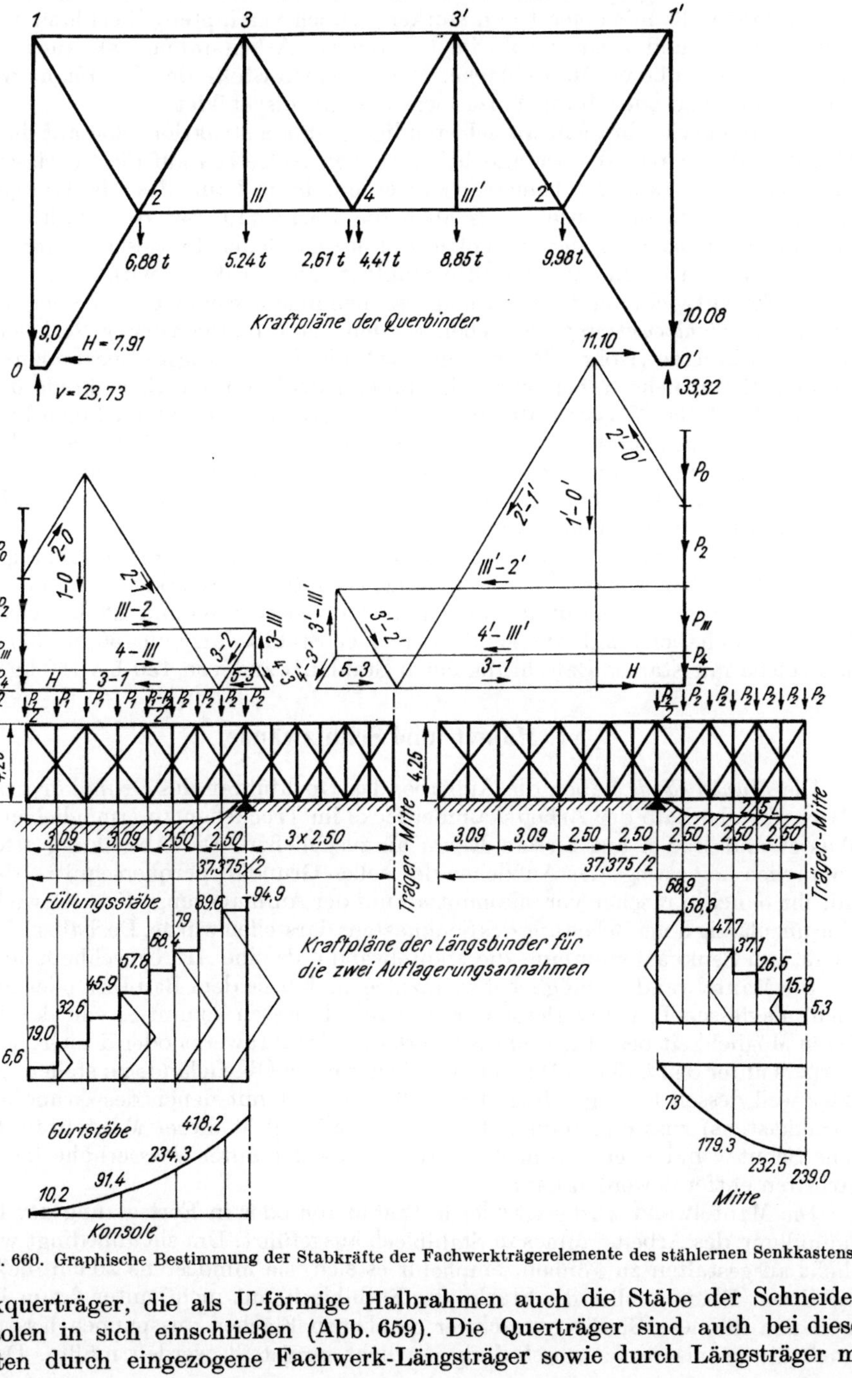

Abb. 660. Graphische Bestimmung der Stabkräfte der Fachwerkträgerelemente des stählernen Senkkastens

werkquerträger, die als U-förmige Halbrahmen auch die Stäbe der Schneidenkonsolen in sich einschließen (Abb. 659). Die Querträger sind auch bei diesen Kästen durch eingezogene Fachwerk-Längsträger sowie durch Längsträger mit

Andreaskreuz und Säulenstreben in der Ebene der Schneidenkonsolen-Außenwand versteift. Die Stabkräfte der Fachwerkträger werden aus den Cremona-Kräfteplänen für die aus der maßgebenden Lage resultierende Belastung ermittelt [191] (Abb. 660). Das ganze stählerne Fachwerkgerüst ist mit einer 2 bis 3 mm starken (allenfalls mit einer 1 mm starken, jedoch verrippten) Blechhaut wasserdicht umhüllt, und zwar sowohl im Inneren des Arbeitsraumes als auch an der wasserseitigen äußeren Mantelfläche. Die einzelnen Stöße der Blechhaut werden durch Schweißen oder durch Falzen wasserdicht ausgebildet.

Das Stahlgerüst braucht als selbständige Stahlkonstruktion bloß auf die beim Absenken durch das Wasser und beim stabilen Aufsetzen auf die Gewässersohle auftretenden Belastungen bemessen zu werden, da im Laufe des Absetzvorganges sowohl die Schneidenkonsolen als auch die Decke mit Beton verfüllt werden, nach dessen Erhärtung das Absenken durch den Boden fortgesetzt wird, wobei aber der Kasten bereits als bewehrte Stahlbetonkonstruktion wirkt.

Als Fortentwicklung dieses Prinzips können in gewissem Grade die Senkkästen mit *starrer Stahlbewehrung* angesehen werden. Sie erhalten vorweg Stabelemente mit Querschnitten (Rohre, Rundeisen usw.), die das günstigste Zusammenwirken mit dem Beton sichern, bei denen die Stahlkonstruktion nur die während des Absenkens durch das Wasser auftretenden Beanspruchungen aufzunehmen braucht, während die zur Stabilisierung und zum Einbringen in den Boden erforderliche frische Betonauflast im Laufe der Absenkung von heterogenen, mit der zweckmäßig angeordneten dünnen Betonwandung zusammenwirkenden Stahlbeton-Querschnitten aufgenommen wird.

Orientierungshalber sei erwähnt, daß der Stahlbedarf je m² in Abhängigkeit von der Grundrißgröße bei massivwandigen Stahlbeton-Senkkästen 50 bis 100 kg beträgt, während er bei dünnwandigen Kästen zwischen 80 und 120 kg schwankt. Andererseits haben stählerne Senkkästen einen Stahlbedarf von 150 bis 200 kg/m² und solche mit starrer Bewehrung einen Stahlaufwand von 130 bis 150 kg/m².

4. Mantel- und Schutzwände

Die *Mantelwände* haben die Aufgabe, das Hochführen des Grundkörpers oder Bauwerks oberhalb der Arbeitskammerdecke im Trockenen zu ermöglichen, d. h. Wasser und Boden aus diesem Raum auszuschließen. Die Absenkung erfordert anfänglich keineswegs das Aufziehen des vollen Grundkörperquerschnitts, da man mit ihr ohnehin rascher vorankommt als mit der Aufmauerung, deren Gewicht nur eine unzulässig hohe Belastung des Senkkastens darstellen würde. Deshalb zieht man zuerst am Senkkastenumfang die Mantelwände als eine Art Umschließung hoch.

Die Mantelwand ist möglichst so anzulegen, daß sie dem Bauwerk oder Fundament als dessen Teil einverleibt werden kann. Indessen kommt es vor, daß hierzu keine Möglichkeit besteht, weil die Oberkante des Bauwerks oder des Gründungskörpers unter den äußeren Wasserspiegel oder unter OK-Gelände zu stehen kommt oder weil dessen lotrechte Begrenzungsfläche nicht mit denen des Grundkörpers (Senkkastens) zusammenfallen. In solchen Fällen geht dieser Mantelwandteil in eine Schutzwand über, die nach Fertigstellung der unter Wasserhöhe liegenden Arbeiten entfernt werden kann.

Die Mantelwand wird entweder in Stahlbeton oder in Fortsetzung der Blechumhüllung des Arbeitsraumes in Stahlblech ausgeführt. Um sie unbedingt wasserdicht ausgestalten zu können, empfiehlt es sich, sie mindestens 20 cm dick auszuführen. Ebenso sollte die Stärke der Stahlblechhaut nicht unter 2 mm liegen, weil sich dünnere Bleche nur schwer zu ebenen Flächen ausspannen lassen und auch die provisorische Aussteifung zu dicht aufgeteilt werden müßte. Da eine wellige Mantelwand den Reibungswiderstand sehr erhöht und zu dünne Stahlbleche auch nur schwer wasserdicht zusammengeschweißt werden können, pflegt man im Ausland (vor allem in der englischen Baupraxis) Mantelbleche von mindestens 5 mm Stärke zu verwenden. Die Stahlbetonmantelwand wird durch Rippen versteift und kassettenartig ausgebildet, wobei man sich an die Aufteilung der Querverrippung und der Längswände des Senkkastens anpaßt. Die Stahlblechmantelwand wird provisorisch mit Holzbohlen und -steifen ausgesteift. Ihrem Hochführen soll das Hochbetonieren der massiven Betonstützwand und des inneren verfüllenden Kernbetons möglichst laufend folgen.

Die nachträglich zu entfernende provisorische Mantelwand wird aus Holz- oder Stahlspundbohlen aufgebaut und dann als *Schutzwand* bezeichnet (Abb. 661). Statt dessen kann auch der Stahlblechmantel über die Gründungsebene

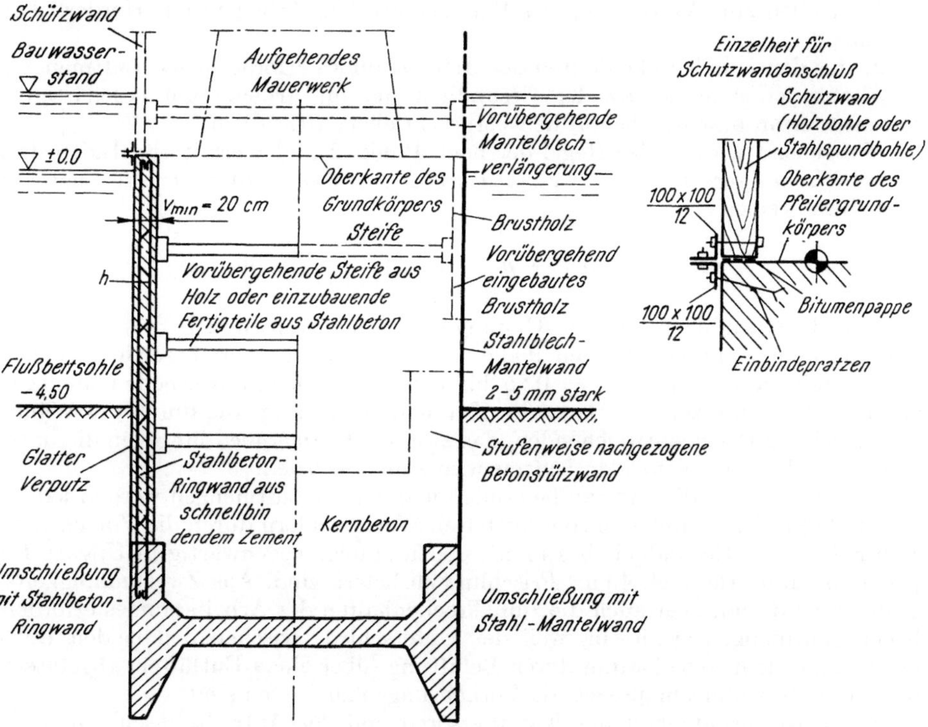

Abb. 661. Ringwand- (Mantelwand) und Schutzwandanordnungen

hinauf verlängert werden. Ein Problem bedeutet die wasserdichte Ausbildung der Schutzwand (z. B. durch Tafeln aus zwei Bohlenlagen mit zwischengelegter Isolierung aus nackter Dachpappe) sowie die provisorische Verbindung mit der Mantelwand (etwa durch angeschraubte Winkeleisen gemäß Einzelheit auf Abb. 661), die nachträglich unter Wasser (durch Taucher) gelöst werden muß.

5. Die maschinellen Ausrüstungen der Druckluftgründung

Unter den maschinellen Ausrüstungen der Druckluftgründung (vgl. Abb. 616) ist die wichtigste die Kompressoranlage, die die zur Entwässerung des Arbeitsraumes erforderliche Druckluft und die zur Versorgung der dort beschäftigten

Personen benötigte Frischluft in ausreichenden Mengen zu liefern hat. Sodann muß für genügend viele und genügend leistungsfähige Luftschleusen und Luftleitungen gesorgt werden. Die wichtigsten Teile der maschinellen Ausrüstung einer Druckluftgründung können mithin in dieser Gruppe behandelt werden — wenngleich neuerdings auch Spezialgeräte zum Abgraben und zum Herausfördern des Bodens sowie zum Einbringen von Beton eingesetzt werden.

a) Druckluftanlage

Die Maschinen der Druckluftanlage bestehen aus Niederdruckkompressoren (3 bis 4 at) zur Lieferung der erforderlichen Druckluft. Ihre Größe und Leistungsfähigkeit ist durch den Luftbedarf der Gründung bestimmt.

Im allgemeinen setzt sich der Gesamtluftbedarf aus drei Teilen zusammen:

1. aus den zum Verdrängen des Wassers aus dem Arbeitsraum erforderlichen Luftmengen,
2. aus den zum Trockenhalten des Arbeitsraumes erforderlichen Luftmengen,
3. aus den zum Schutz der Gesundheit der im Arbeitsraum beschäftigten Personen erforderlichen, behördlich vorgeschriebenen Luftmengen.

Maßgebend wird in der Regel der nach Punkt 2 und 3 ermittelte Luftbedarf sein. *Die zum Trockenhalten des Senkkastens erforderliche Luftmenge* errechnet sich nach Brennecke zu

$$L = [0{,}67 \cdot F + \mu_1 \cdot U]\left[1 + \frac{H}{10{,}33}\right] [\mathrm{m}^3/\mathrm{h}], \qquad (356)$$

wenn F die Grundfläche, U den Umfang des Senkkastens und H die größte Absenkungstiefe, μ_1 hingegen einen Bodendurchlässigkeitsbeiwert bezeichnet, der in stark bindigen Böden zu $\mu_1 = 0{,}25$ bis $0{,}50$, in lockeren Kiesböden hingegen zu $\mu_1 = 3$ anzusetzen ist. Das erste Klammerglied bringt die durch die Wände und durch die Decke entweichenden, das zweite Klammerglied hingegen die unter den Schneiden entweichenden Luftmengen zum Ausdruck.

Die von den Verdichtern zu liefernden maximalen Luftmengen werden jedoch in der Regel nicht durch den so ermittelten Wert, sondern durch die Vorschriften zum Schutz der Gesundheit bestimmt, denen zufolge gegenwärtig in Ungarn für jeden Arbeiter stündlich 40 m³ Frischluft zu liefern sind. Aus Zweckmäßigkeitsgründen wird man aber auch die zum Trockenhalten des Arbeitsraumes erforderlichen Luftmengen ermitteln, weil der Unterschied zwischen den beiden Luftmengen aus dem Arbeitsraum durch Belüftung (über einen Entlüfter) abgeblasen werden muß, wofür entsprechende Vorkehrungen zu treffen sind.

Die Leistungsfähigkeit der Kompressoren und der Antriebsmaschinen sowie ihrer Reserven ist nach den einschlägigen Sicherheits- und Unfallverhütungsvorschriften (in Ungarn MSz 15007 in Deutschland in der ,,Verordnung für Arbeiten in Druckluft" 29. Mai 1935) festzulegen.

Nach den Sicherheitsvorschriften, sind die Ansaugrohre der Kompressoren hoch über die Anlage hinaus ins Freie zu führen. Ihre Öffnungen müssen mit Flachsleinen überzogene Filterköpfe erhalten. Die in den Kompressoren verdichtete Luft ist nach starker Abkühlung durch einen Druckausgleichskessel zu leiten und sodann in einem Öl- und Wasserabscheider zu reinigen. Die Druckleitung jedes Luftverdichters muß mit Manometer, Schiebern und mit einem Sicherheitsventil versehen sein, durch welches die Hälfte der geförderten Luftmenge abgeblasen werden kann. Zwischen Kompressor und Sicherheitsventil darf kein Schieber eingebaut sein.

Die *Rohrleitung* ist an ihrem in den Arbeitsraum hinreichenden Ende mit einem Rückschlagventil zu versehen. Zwischen Kompressor und Arbeitskammer muß sie aus mindestens zwei selbständigen Zweigen bestehen, deren jeder die Versorgung des Arbeitsraumes mit genügender Frischluft übernehmen kann, wenn der andere Zweig wegen Beschädigung an irgendeiner Stelle mit dem Schieber abgeschaltet werden muß. Jede in den Arbeitsraum führende Hauptrohrleitung ist mit einem Luftmengenmesser auszustatten, der die stündlich dem Arbeitsraum zugeführte Luftmenge graphisch registriert. Die aus Stahlrohren zusammengesetzte Druckluftleitung ist durch biegsame (Gummi-) Schläuche mit der zusammen mit dem sinkenden Senkkasten bewegten Luftschleuse zu verbinden.

Abb. 662 zeigt das Schema einer den obigen Darlegungen und den Unfallverhütungsvorschriften entsprechenden Druckluftanlage. Zur Druckluftgründung von Brückenpfeilern

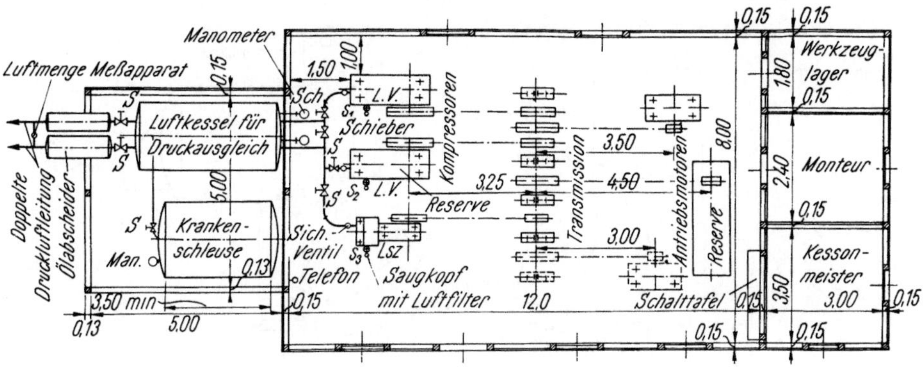

Abb. 662. Grundriß eines Maschinenhauses für Druckluftgründung

oder anderweitigen Wasserbauwerken wird man zweckmäßig eine auf Schleppschiffe verlegte *schwimmende Maschinenanlage* benützen, weil die Druckluft sonst vom Ufer über eine eigene Rohrbrücke oder über feste Gerüste zum Senkkasten geleitet werden muß.

Sehr wichtig ist es, den tatsächlichen Druck der gespannten Luft in der Maschinenanlage, in den Luftschleusen und im Arbeitsraum durch genaue und empfindliche Manometer ständig unter Kontrolle zu halten; ebenso wichtig ist es, daß sich die verantwortlichen Betriebsleiter täglich über die einwandfreie Arbeit der einzelnen Einrichtungen und Instrumente vergewissern.

b) Luftschleusen und Schachtrohre

Eines der wichtigsten Geräte der Druckluftgründung ist die Luftschleuse, da sich der Verkehr von Personen und Material zwischen Arbeitsraum und Außenluft durch diese Schleusen hindurch abwickelt. Während jedoch Baustoffe von außen in den unter Überdruck stehenden Raum und umgekehrt aus diesem an die freie Luft sehr rasch durchschleust werden können, benötigen Personen eine je nach der Höhe des Druckunterschiedes veränderliche Zeit, um sich an den veränderten Luftdruck anpassen zu können. Der Aushubboden läßt sich somit laufend kübelweise ausschleusen, wozu sich auch kleinere Schleusen eignen, in denen ein Aufzug die Materialkübel hochfördert. Zur Erhöhung der Leistungsfähigkeit wurden, den unterschiedlichen Anforderungen entsprechend, separate *Personen-* und *Materialschleusen* entwickelt. Da jedoch der Schichtwechsel in größeren Abständen (von je etwa 4, 6 oder 8 Stunden) erfolgt und der Erdaushub während der Ablösung ruht, andererseits während der Schicht Personen in den Arbeitsraum nicht einzusteigen pflegen, die Bodenausschleusung aber kontinuierlich vor sich gehen kann, schien es möglich, die gesamten Durchschleusungsaufgaben mit einem einzigen Schleusensystem, den sogenannten *kombinierten Schleusen* (Abb. 663), zu versehen. Besonders kleinere Senkkästen benötigen kaum gesonderte Personen- und Förderschleusen. Selbstverständlich sind die kombinierten Schleusen weit unfallanfälliger als jene mit gesondertem Personen- und Materialverkehr, da jede fahrlässige Bedienung der sogenannten „Materialhosen“ zu einem plötzlichen unerwarteten Entweichen der Luft aus der Schleusenkammer und damit zu einer katastrophalen Gefährdung der dort befindlichen Personen führen kann, abgesehen davon, daß jede unrichtige Bedienung der inneren und äußeren Abschlußdeckel auch das hiermit beauftragte Personal schwer zu schädigen vermag. Gegen Unfälle dieser Art bietet allerdings die zwangsläufige Verbindung zwischen Innen- und Außendeckel einen verläßlichen Schutz. (Sie schließt z. B. ein Abblasen der

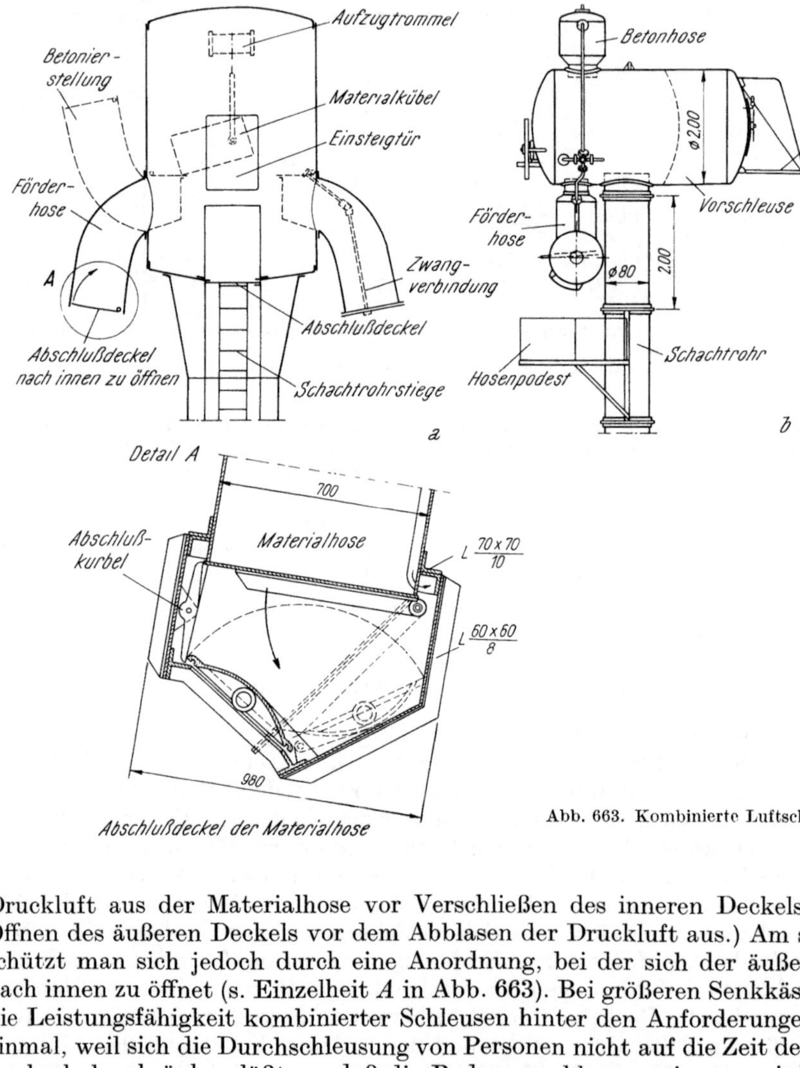

Abb. 663. Kombinierte Luftschleusen

Druckluft aus der Materialhose vor Verschließen des inneren Deckels und das Öffnen des äußeren Deckels vor dem Abblasen der Druckluft aus.) Am sichersten schützt man sich jedoch durch eine Anordnung, bei der sich der äußere Deckel nach innen zu öffnet (s. Einzelheit *A* in Abb. 663). Bei größeren Senkkästen bleibt die Leistungsfähigkeit kombinierter Schleusen hinter den Anforderungen zurück, einmal, weil sich die Durchschleusung von Personen nicht auf die Zeit des Schichtwechsels beschränken läßt, so daß die Bodenausschleusung immer wieder unterbrochen werden muß, zum anderen weil diese Lösung eine automatische Materialförderung ausschließt, was die Leistungsfähigkeit im Vergleich zu jener der reinen Materialschleusen wesentlich herabsetzt. Den ersten Mangel sollten großräumige Schachtrohre mit ovalem Querschnitt beheben, die je zur Hälfte der Materialbeförderung und dem Personenverkehr vorbehalten waren. Überdies waren an die Schleusenmittelkammer an zwei Seiten je eine Vorkammer für die Material- und die Personendurchschleusung angeschlossen, womit das gemeinsame Schachtrohr unabhängig von der jeweils lang anhaltenden Ein- und Ausschleusung der Belegschaft ständig in Betrieb gehalten werden konnte (Abb. 664—665) [192].

Die neuere Entwicklung der *automatischen Materialschleusen* kehrt aber wieder zur Scheidung der Aufgabenkreise zurück, weil sich damit die Leistung auf das Vierbis Fünffache steigern läßt, ein Umstand, der angesichts der hohen Kosten des Druckluftbetriebes keineswegs vernachlässigt werden kann. Die Abb. 666 veranschaulicht unter a) und b) die ältere Zschokkesche und die neuere Friessche automatische Materialschleuse.

Die *Personenschleusen* sollen genügend geräumig und bequem eingerichtet sein und dementsprechend einen Rauminhalt von 0,75 m³ je Person und eine Mindesthöhe von 1,90 m haben. An den mit Holz verkleideten Wänden sind Sitzplätze und möglichst auch ein Fernsprecher vorzusehen. Wünschenswert ist auch der Einbau eines elektrischen Aufzuges in das Schachtrohr.

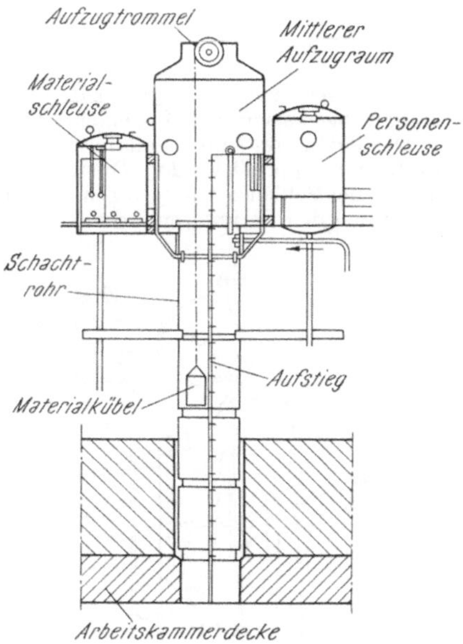

Abb. 664. Kombinierte Luftschleuse nach ORDUJANZ

Die neuesten Bestrebungen laufen darauf hinaus, den ermüdenden Verkehr (Aufsteigen!) und die schwerfällige Materialbeförderung im Schachtrohr dadurch auszuschalten, daß man die Personenschleusen unmittelbar auf die Decke des Arbeitsraumes aufsetzt, die Materialschleuse hingegen in die Decke selbst einbaut [193]. Aus dem von der Mantelwand umschlossenem Arbeitsraum lassen sich dann in atmosphärischer Luft Personen und Material mit hochleistungsfähigen Aufzügen hochbefördern [185, 194].

Eine Sonderart der Personenschleusen bilden die *Krankenschleusen* zur Behandlung der an *Druckluftkrankheit* (Pressionen) leidenden Arbeiter. In diesen Schleusen werden die bequem gebetteten Kranken unter

Abb. 665. Ansicht einer kombinierten Luftschleuse

ärztlicher Aufsicht wiederholt langsam unter Druck gesetzt, der dann neuerlich entspannt wird.

Unter den Sicherheitsvorschriften für den Betrieb der Luftschleusen und der zugehörigen Einrichtungen seien noch folgende erwähnt:

Die Türen von Luftschleusen müssen so angeordnet sein, daß sie stets vom Luftdruck in ihre Leibung gepreßt werden. Die in den Luftschleusen benötigten Luftmengen sind stets vom Inneren der Schleuse aus zu regeln. Die Klappe zwischen Luftschleuse und Schachtrohr muß stets durch den im unteren Arbeitsraum herrschenden Überdruck an ihre Unterlage gepreßt

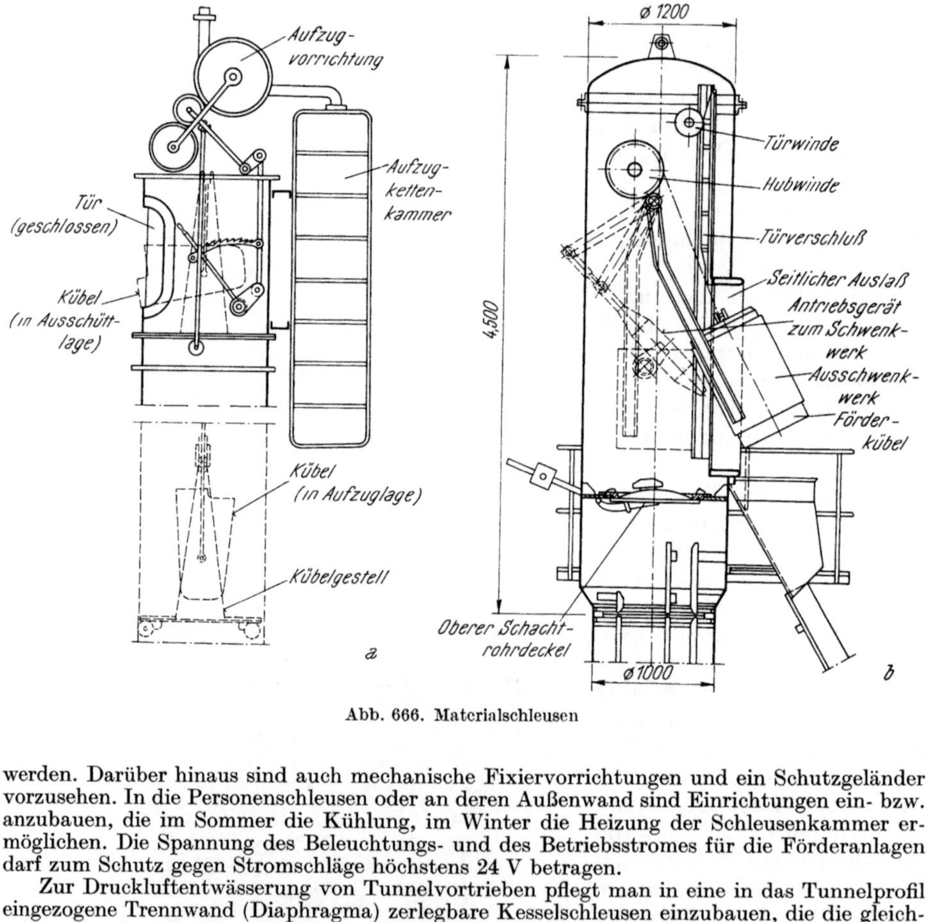

Abb. 666. Materialschleusen

werden. Darüber hinaus sind auch mechanische Fixiervorrichtungen und ein Schutzgeländer vorzusehen. In die Personenschleusen oder an deren Außenwand sind Einrichtungen ein- bzw. anzubauen, die im Sommer die Kühlung, im Winter die Heizung der Schleusenkammer ermöglichen. Die Spannung des Beleuchtungs- und des Betriebsstromes für die Förderanlagen darf zum Schutz gegen Stromschläge höchstens 24 V betragen.

Zur Druckluftentwässerung von Tunnelvortrieben pflegt man in eine in das Tunnelprofil eingezogene Trennwand (Diaphragma) zerlegbare Kesselschleusen einzubauen, die die gleichzeitige Durchschleusung ganzer Hunte und Arbeitertrupps gestatten.

Als *Schachtrohre* verwendet man kreis- oder seltener elliptisch-zylindrische, in Stößen zusammenschraubbare Stahlblechrohre mit genietetem (neuerdings auch mit aufgeschweißtem oder aufgepreßtem) Flansch. Die Stoßstellen sind sorgfältig abzudichten. In den Schachtrohren sind auch die Führungsschienen der Materialförderkübel oder -aufzüge bzw. die Steigleitern für das Ein- und Aussteigen aus dem Arbeitsraum untergebracht.

Mit der Decke des Arbeitsraumes ist das *Schachtrohr* durch Schachtstützen derart *zu verbinden,* daß die Verbindung nach Fertigstellung der Gründung, nach dem Ausmauern bzw. Ausbetonieren des Arbeitsraumes und nach der notwendigen Entlastung der Schleuse leicht gelöst werden kann.

c) Spezial-Bodenaushub- und Betoniergeräte. Senkkasten-Sonderformen

Die hohen Kosten der Druckluftgründung sind zur Hauptsache eine Folge der niedrigen Leistungen, die ihrerseits in erster Linie darauf zurückzuführen sind, daß der Boden im Arbeitsraum von Hand abgegraben wird und daß die Durchschleusung des Aushubbodens und der Baustoffe viel Zeit in Anspruch nimmt (Abb. 667). Jenen Bemühungen und Versuchen, die auf ein unmittelbares Hoch-

Abb. 667. Aushub mit Handarbeit in der pneumatischen Arbeitskammer

fördern des Aushubbodens aus dem Arbeitsraum und auf direkte Einbringung des Betons zum Ausbetonieren des Arbeitsraumes abzielen, ist also große Bedeutung beizumessen.

Der Bodenaushub erfolgt in der Regel schrittweise von der Mitte aus nach den Schneiden hin und bleibt 50 bis 75 cm vor diesen stehen, bis der Grundbruch eintritt, der am Eindrücken des Bodens nach innen zu erkennen ist. Auf diese Weise hat man die Möglichkeit, ein gleichmäßiges Absinken des Kastens zu sichern und plötzliche Absackungen zu verhindern, die, abgesehen von ihren Gefahren für die Konstruktion selbst, auch einen plötzlichen Druckanstieg und unangenehme psychologische Wirkungen auszulösen vermögen. In körnigen Böden gelingt ein Abgraben des Bodens unter der Schneide für gewöhnlich nicht, in bindigen Böden ist es aber allenfalls möglich, die Schneiden in einiger Tiefe zu unterfahren.

α) *In Feinsandböden bedient man sich zum Herausfördern des Sandes seit langem des Abblaseverfahrens* (Siphonierens). Durch die Decke des Senkkastens wird aus dem Arbeitsraum ein mit einem Schieber verschließbares Rohr von 2″ Durchmesser an die freie Luft hochgeführt, das oben in einen nach unten gerichteten Krümmer ausläuft. In lockerem körnigem Untergrund wird dieses Rohr im Arbeitsraum mit einem Schlauch von 2″ Durchmesser verlängert, der jeweils an den angehäuften Sand geführt wird. Nach Öffnen des Schiebers bläst die entweichende Druckluft den Sand nach außen ab. Dies erfordert natürlich einen laufenden Ersatz der Luftverluste, da das Abblasen sonst ein Absinken des Überdrucks in der Arbeitskammer und damit ein je nach der Wasserdurchlässigkeit des Bodens unterschiedlich rasch vor sich gehendes Eindringen des äußeren Wassers unter den Schneiden hindurch sowie Bodeneinbrüche und ein absackungsartiges Einsinken des umgebenden Bodens zur Folge haben würde. Das Abblasen der Luft geht übrigens mit einer vorübergehenden plötzlichen Ausschaltung des Auftriebs einher und wird deshalb auch zur Verminderung der nach oben wirksamen Kräfte und damit zur Erleichterung des Absenkens angewandt (vgl. Abb. 648).

Ein anderes schon früher angewandtes Bodenaushubverfahren stellt eine Umkehrung des soeben beschriebenen dar. Hier ist neben dem Schachtrohr ein *zweites*, an die freie Luft hinausführendes *Rohr mit größerem* Durchmesser durch die Arbeitsraumdecke in eine den Schneiden voreilende Tiefe hinabgeführt. In dem oben offenen Rohr bewegt sich ein *Eimerkettenbagger*. Das Rohr ist bis zur Höhe des äußeren Wasserstandes mit Wasser gefüllt, da es wegen seiner Verbindung mit der Außenluft nicht unter Druck steht, sein unteres Ende aber reicht um einige Dezimeter unter die Schneidenebene, womit ein Entweichen der Druckluft aus dem Arbeitsraum von unten her verhindert ist. Der abgegrabene Boden wird laufend in die unter der Rohrmündung abgeteufte Grube geräumt. Dieses in Ungarn nicht gebräuchliche Verfahren (Abb. 668) ist eben deshalb sehr empfindlich, weil es das Entweichen größerer Luftmengen keineswegs ausschließt und eine auf Dezimeter genaue Regelung der Luftzufuhr erforderlich macht.

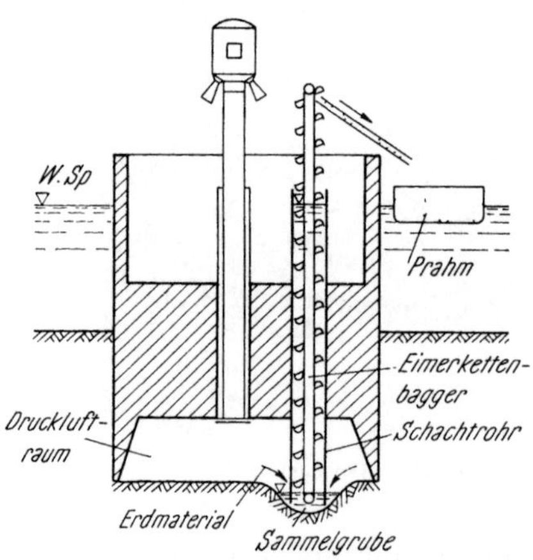

Abb. 668. Erdaushub im Spezialrohr mittels Eimerkettenbagger

Das praktisch am besten bewährte — und neuerdings auch zunehmend Verbreitung findende — Verfahren ist der *hydromechanische Aushub in Verbindung mit der Aufschlämmung des Bodens*. Das Saugrohr der Schlammpumpe muß hierbei ständig unter die Schneidenebene bzw. unter den durch den Überdruck abgesenkten Wasserspiegel hinabreichen, da es sonst zu einem Luftausbruch (Fuchs) durch das Saugrohr kommen kann. In der Mitte des Arbeitsraumes wird bei diesem Verfahren ein Pumpensumpf angelegt, während man die Pumpe selbst in einem über der Arbeitsraumdecke ausgesparten Hohlraum unterbringt, damit sie mit konstanter Saughöhe arbeiten kann (Abb. 669).

β) Nach dem Absenken wurde der ***Arbeitsraum*** früher mit Quadersteinen oder Ziegeln *ausgemauert*, wogegen er heute ausschließlich *mit Beton verfüllt wird*. Hierbei stellt nicht nur das Einschleusen des Betons eine schwerfällige und schwierige Arbeit dar, sondern auch dessen Einarbeitung, die um so schwieriger ist, als er in schiefen, von den Schneiden nach der Mitte zu zurückgedrängten Schichten eingestampft wird. Vor allem gelingt es schwer, einen satten Anschluß des Betons an die Arbeitsraumdecke zu erzielen, weshalb man zum Abschluß der Verfüllungsarbeiten zwischen Decke und eingebautem Füllbeton auch flüssigen Mörtel einzupressen pflegt. Überdies verschlechtern sich die Arbeitsbedingungen mit fortschreitender Verfüllung sehr wesentlich, weil der natürliche Luftaustausch wegen Ausfallens der Lüftung unter den Schneiden hindurch aufhört (es sei denn, man hat in den Füllbeton Lüftungsrohre eingebaut) und weil auch die Abbindewärme des Betons die Luft verschlechtert. Um schließlich das Entstehen von Luftpolstern im Füllbeton zu verhindern, gibt man der Deckenunterfläche zweckmäßig eine leichte Steigung nach der Mitte zu (vgl. Abb. 670).

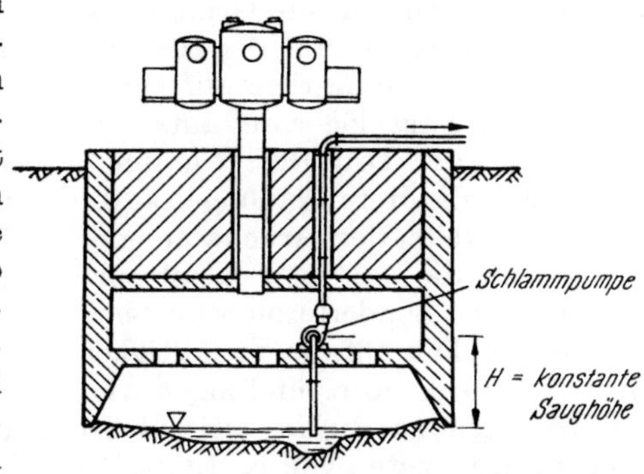

Abb. 669. Erdaushub mittels Bodenverschlämmung (Hydromechanisation)

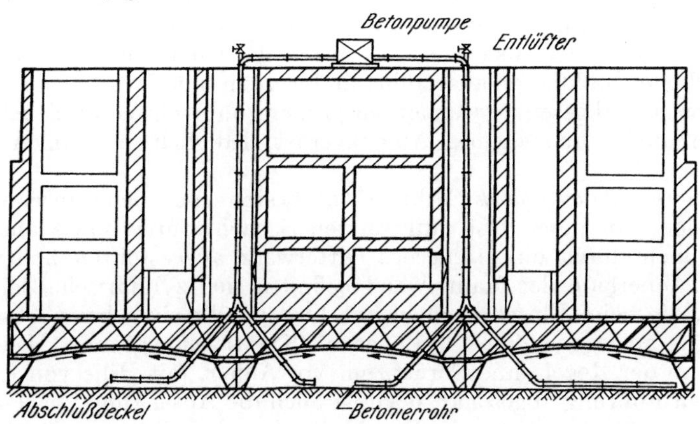

Abb. 670. Anordnung der Betonpumpleitung in einem auf mehrere Arbeitsräume unterteilten Senkkasten (England)

Nach einem Vorschlag von Lohmayer aus dem Jahre 1934 wird zum Ausbetonieren des Arbeitsraumes in zunehmendem Umfang *Pumpbeton* verwendet, der zweckmäßig durch mehrere Rohrleitungen eingepreßt wird. Die untere Verschlußkappe der Betonierrohre öffnet sich erst dann, wenn das Gewicht des im Rohr befindlichen Betons den Überdruck im Arbeitsraum übersteigt. Hierauf und auf die laufende Nachfüllung von Beton ist denn auch genau zu achten, damit die Luft nicht abbläst. (In die obere Krümmung des absteigenden Rohres muß auch ein Entlüfter eingebaut werden.) Die Anordnung der Rohrleitungen zur Ausbetonierung eines dreiteiligen Senkkastens mittels Betonpumpe veranschaulicht die Abb. 670.

γ) *Sonderformen von Senkkästen.* Bei Druckluftgründungen kommt es häufig vor, daß die Absenkung (wegen Erreichens der 35-m-Grenze!) nicht fortgesetzt werden kann, trotzdem der in dieser Tiefe anstehende Baugrund nicht genügend tragfähig ist, so daß die Gründungsfläche vergrößert werden muß. Andererseits trifft man nicht selten in der aus Sicherheitsgründen (etwa gegen Auswaschungen) gewählten Gründungstiefe auf einen Boden mit weit größerer Tragfähigkeit, als sie die Gründungsfläche des aufzusetzenden Bauwerks erforderte, so daß man also die Fläche der Druckluftgründung vermindern könnte. Außer solchen Fällen haben auch die Herabsetzung des Absenkungswiderstandes oder die Verkleinerung der Spannweite der Arbeitsraumdecke, ferner die Anpassung des Gründungskörpers an die aus dem Kräftespiel resultierende schräge Stützlinie zur Entwicklung von Sonderformen für Senkkästen geführt.

Im Hinblick auf die Vielfältigkeit der Ziele und der konstruktiven Lösungen derartiger Druckluftgründungen würde ihre eingehende Behandlung den Umfang des vorliegenden Buches weit überschreiten, weshalb hier lediglich auf die einschlägigen Arbeiten von K. Lenk [195], E. Paproth [186], E. Bachus [196] und A. Schoklitsch [187] sowie zum Teil auf die erste ungarische Auflage dieses Buches verwiesen sei.

6. Druckluftgründungen mit wiedergewonnenem Arbeitsraum (Taucherglocke)

Die Taucherglocke dient nicht so sehr zur Herstellung von Tiefgründungen als vielmehr zur ungestörten Durchführung von Bauarbeiten unter Wasser. Im Grunde genommen handelt es sich um Schwimmkästen, die unten zu einem Arbeitsraum ausgebildet, also nicht mit einem flachen Boden versehen sind. Sie sind in Stahl oder Stahlbeton ausgeführt und werden mit Vorteil von schwimmenden Gerüsten aus abgesenkt, wenngleich größere und schwerere Taucherglocken nicht selten auch ohne eigenes Absenkgerüst, lediglich vor Anker abgesetzt werden.

Die *stählerne Taucherglocke* (Abb. 671a) besteht aus dem unteren Arbeitsraum und den auf diesen fest aufgesetzten Schachtrohren sowie aus fest aufgebauten, innen durch ein stählernes Gitterwerk ausgesteiften hohen Mantelwandungen. Innerhalb der Mantelwand befinden sich zylindrische Zellen (Sparhohlräume), die beim Einschwimmen mit Luft gefüllt sind, beim Absenken der Taucherglocke hingegen geflutet (seltener mit Kies belastet) werden. Die Taucherglocke wird in der Regel ohne Gerüst, nur vor Anker, mit Hilfe von Leitpfählen oder an deren Führung abgesenkt, doch ist auch die Absenkung von Pontons aus gebräuchlich, wobei dann auch die Druckluftanlage auf einem der Pontons untergebracht werden kann.

Zur Durchführung kleinerer Unterwasserarbeiten benützt man auch *Stahlbeton-Taucherglocken* (s. Abb. 671c). Ihre Grundfläche ist selten größer als 10 m^2 und bietet dementsprechend nur Raum für 3 bis 4 Arbeiter im Gegensatz zu den stählernen Taucherglocken, die auch weit größere Abmessungen zu haben pflegen.

Taucherglocken dienen zur Hauptsache zur Beseitigung von Schiffahrtshindernissen, Wracks und Pfeilerresten, zur Ebnung der Gewässersohle, zur Herstellung von Unterwasser-Fundamentplatten, zum Köpfen von Pfählen oder zur Herstellung der Auflagerflächen für Schwimmkästen, ferner zum Schließen der Stoßfugen von Unterwasser-Rohrleitungen und -Kanälen sowie von Ufermauerfugen, zum Aufbringen und Reparieren von Isolierschichten auf derartigen Bauteilen sowie schließlich zur Herstellung ihrer Verbindungen. Seinem Wesen nach besteht das Verfahren darin, daß der Kasten im Schlepp schwimmend zur Absenkstelle verbracht und dort durch Fluten seiner Zellen bzw. Kassetten auf die Gewässersohle abgesetzt wird. Sodann wird aus dem Arbeitsraum durch Einpressen gespannter Luft das Wasser verdrängt, wobei für genügende Gegenlasten und für unbedingte Stabilität der Taucherglocke zu sorgen und besonders auch auf die

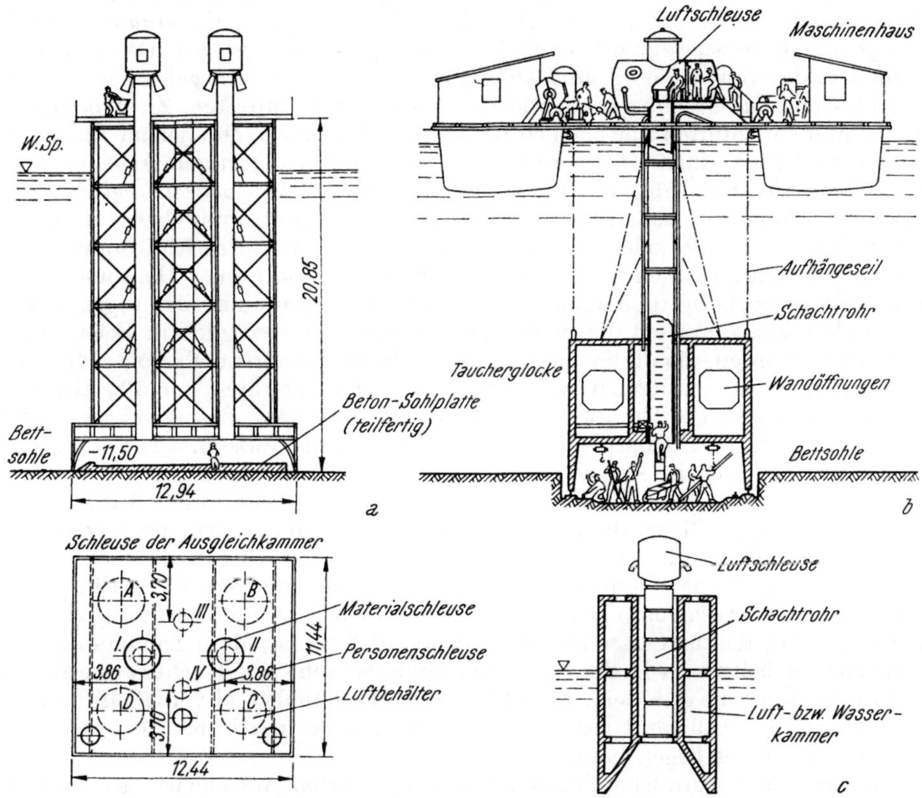

Abb. 671. Taucherglockenkonstruktion aus Stahl (a) und aus Stahlbeton (b und c)

Gefahr des Entweichens der Luft etwa infolge schrägen Aufliegens usw. zu achten ist, welches durch neue, eventuell ausmittige Belastung mit weiterem Wasserballast ausgeglichen und bei genauer Beobachtung des Wasserspiegels im Arbeitsraum verhindert wird. Die Arbeiter steigen auch hier durch die Luftschleusen und durch die fest eingebauten Schachtrohre in den Arbeitsraum ein. Auch während des Betriebs sind es vor allem die Gleichmäßigkeit des Luftdrucks und die Gefahr des Umkippens, die ständig kontrolliert bzw. unbedingt abgewendet werden muß (Verspannen und Abstützen in mehreren Höhenlagen). Nach Abschluß der Arbeiten wird die Druckluft abgeblasen, worauf man die Kassetten oder Luftzellen lenzt, die Glocke hochzieht und schwimmend zum nächsten Arbeitsplatz schleppt.

7. Gesundheitliche Probleme der Druckluftgründung

Der Aufenthalt in gespannter Luft beeinflußt den menschlichen Organismus um so mehr, je länger er dauert und je höher der Druck ist, unter dem die Arbeit vor sich geht. Die Störungen verursacht das plötzliche Auftreten von Gasbläschen im strömenden Blut (Gasembolie), die unter erhöhtem Druck stehen und — ähnlich wie sie beim Einatmen über die Luftwege eindringen —, den Organismus im Ausatmen durch die Lunge verlassen müssen. Im Hinblick auf die Gefährlichkeit dieser Störungen sind die wichtigsten Faktoren: *die Arbeitszeit unter den unterschiedlich hohen Drücken, die überhaupt zulässigen Höchstdrücke, die Dauer des Ausschleusens sowie der Ersatz der verbrauchten Luft im Arbeitsraum und die Temperatur in diesem durch behördliche Vorschriften genau geregelt.* Das Ein- und besonders das Ausschleusen muß anfänglich langsam vor sich gehen, weil sonst Gelenks- und Ohrenschmerzen sowie Herzbeschwerden auftreten. Zu Arbeiten in gespannter Luft dürfen nur ärztlich für tauglich befundene Männer im Alter von 20 bis 45 Jahren eingestellt werden. Frauen sind von derartigen Arbeiten ausgeschlossen. Auch darüber hinaus ist die *ständige ärztliche Kontrolle und Aufsicht* der Belegschaft von außerordentlicher Wichtigkeit, weil untaugliche, d. h. geschwächte, verkühlte oder alkoholisierte Personen den Druckluftraum nicht betreten dürfen und auch die einwandfreie Funktion von Lunge, Herz und Niere ständig überwacht werden muß. Zeigen sich aber Symptome der sogenannten Caissonkrankheit, müssen die betroffenen Personen unverzüglich in Behandlung genommen werden, die die Störungen alsbald behebt, während Verzögerungen zu Beschwerden führen können (zu 94% in den Extremitäten, zu 5% Kopfbeschwerden und zu 1% Rumpf- und sonstige Beschwerden). Besonders schwer ist die Erscheinung der Kopfpression, die bis zu einem gewissen Grad auch mit Gleichgewichts- und in Ausnahmefällen mit Geistesstörungen einhergehen kann. Erfahrungsgemäß führen Überdrücke bis 1,7 atü kaum, solche unter 0,8 atü fast nie zu Erkrankungen. Bis zu dieser Druckgrenze kann also das Gründungsverfahren als ganz ungefährlich bezeichnet werden. Als überaus nützlich haben sich warme Bäder, gymnastische Übungen und Liegen nach und Sauerstoff-Einspeisen während dem Ausschleusen erwiesen. Überaus wichtig ist die Verhütung von Erkältungen, für die der Caissonarbeiter um so anfälliger ist, als in dem unter Druck stehenden Arbeitsraum in der Regel eine dumpfig schwüle, feuchtwarme Atmosphäre herrscht, die sich beim Ausschleusen stark abkühlt und vernebelt, und die Temperatur der Außenluft besonders im Winter selbst um 20 bis 25 °C unter der des Arbeitsraumes liegen kann.

Die in den behördlichen Vorschriften festgesetzten Ausschleusungs- und die unter verschiedenen Drücken zulässigen Arbeitszeiten enthält die Tabelle 23.

Tabelle 23. *Ausschleusezeiten*

Luftdruck in atü	0,1	0,5	1,0	1,3	1,7	1,8	1,9	2,0	2,2	2,4	2,6	2,8	3,0	3,2
	Ausschleusezeit Minuten													
Ungarische	—	5	9	16	24	26	28	30	34	38	42	46	50	54
Deutsche	5	5	10	13	34	36	39	42	48	55	65	77	90	—
USA (1)	—	1	2	5	10	—	—	12	—	15	—	20	—	25
Französische	0,5	3	5	13	17	18	19	25	33	36	39	42	52	66
Englische (Cleveland Bridge Co.)	—	12	14	14	19	22	—	26	31	35	38	43	47	52
Sowjetische (2)	—	15	15	15	31	35	39	43	57	59	—	—	—	—
	—	(6)	(11)	(18)	(25)	(27)	(29)	(30)	(34)	(38)	(42)	(46)	(50)	(54)

Bemerkung: (1) Dagegen sind die Arbeitszeiten viel kürzer bestimmt.
(2) Die in Klammern gesetzten Werte sind für doppelschichtige Arbeit gültig.

In Tabelle 24 sind auch die dem Arbeitsraum stündlich zuzuführenden Frischluftmengen verzeichnet. Hierzu sei bemerkt, daß in körnigen Böden mit einem

Tabelle 24. *Maximale Arbeitsdauer unter Druckluft*

	Die unter Druckluft ununterbrochen zu leistende Arbeitszeit							Einzuspeisende frische Luftmenge je Stunde pro Kopf	
	0,1–0,8	0,8–1,3	1,3–1,8	1,8–2,2	2,2–2,6	2,6–3,0	3,0–3,3	unter 0,5 atü m^3/St.	über 0,5 atü m^3/St.
	atü und Stunden								
Ungarische	8	7	6	4,30	4,0	3,3	2,3	40	
Sowjetische	—	7	6	4,5	4,0	3,5	2,5	90	

	0–1,2	1,2–2,0	2,0–2,5	2,5–3,0	3,0	unter 0,5 atü m^3/St.	über 0,5 atü m^3/St.
	atü und Stunden						
Deutsche	—	8	6	$2^4/_5$	4	20	30
USA	8	6	4	3–2	1,5	—	—
Französische	—	8	7	6	5	—	40
Englische	—	8	6	4	4	15	15

Entweichen der verbrauchten Luft durch die Bodenporen hindurch gerechnet werden kann, wogegen bei Arbeiten in bindigen Böden auch für die Absaugung der verbrauchten Luft aus dem Arbeitsraum gesorgt werden muß. Wie weit die Luft im Arbeitsraum verbraucht ist, läßt sich an ihrem Gehalt an schädlicher Kohlensäure nachweisen. Ihr Gehalt an CO_2 darf 0,5 mg/Liter, ihr CO-Gehalt 0,01 mg/Liter, ihr Gehalt an CH_4 hingegen den Wert von 0,2 mg/Liter nicht überschreiten. Von ganz außerordentlicher Wichtigkeit ist die Belüftung, wenn im Arbeitsraum auch Sprengungen vorgenommen oder mit organischen Stoffen durchsetzte Bodenschichten durchfahren werden. Die Lufttemperatur im Arbeitsraum ist zwischen 10 und 20 °C, höchstens aber auf 25 °C zu halten.

Unfallverhütungsvorschriften für die Maschinenanlage.

Die zur Entwässerung des Arbeitsraumes erforderliche verdichtete „Niederdruckluft" wird von einer an Ort und Stelle installierten Maschinenanlage geliefert. Da aus Gründen der Sicherheit des Lebens und der Arbeit unbedingt ein Dauerbetrieb aufrechterhalten werden muß, ist für die wichtigsten Einheiten der Maschinenanlage eine jederzeit betriebsbereite 100%ige Reserve vorzusehen. Die Maschinen können in zwei Gruppen eingeteilt werden:

1. Maschinen zur Erzeugung und Beförderung der verdichteten Luft;
2. Maschinen zur Sicherung des Personenverkehrs mit der unter Druck stehenden Arbeitskammer, zur Materialbeförderung und zur Arbeitsabwicklung im Arbeitsraum.

Die Druckluftkompressoren müssen für jeden Arbeiter stündlich mindestens 40 m³ Frischluft liefern können. Sind mehr als zwei Kompressoren vorhanden, muß ihre Leistungsfähigkeit und Zahl so gewählt werden, daß beliebige $^2/_3$ der Kompressoren den vollen Betrieb versorgen können, während $^1/_3$ betriebsbereit in Reserve zu halten ist. Ebenso sind an *Antriebsmaschinen* mehrere Einheiten möglichst mit voneinander unabhängigen Energiequellen und mit einer 50prozentigen Reserve vorzusehen. Die Luft muß von den Kompressoren von einer staub-, ruß- und rauchfreien Stelle durch ein Filter angesaugt und vor der Weiterbeförderung in die Rohrleitungen in einem *Ölabscheider* von dem im Zylinder des Kompressors aufgenommenen Öl und von eventuellen Gasen befreit werden. Schließlich soll zur Ausschaltung der Druckpulsationen in der vom Kompressor geförderten Luft ein *Luftkessel* von mindestens 3 m³ Fassungsvermögen in die Leitung eingeschaltet werden. Selbstverständlich wird man zur Beförderung der Luft eine *Ringleitung* anlegen, da es diese gestattet, bei eventuellem Schadhaftwerden jeden beliebigen Abschnitt durch Schieber ohne Unterbrechung des Betriebes auszuschalten (vgl. Abb. 636).

Schleusen, Leitungen und Maschinen müssen auf mindestens das Anderthalbfache des Betriebsdruckes geprüft sein. Auch soll jeder Arbeitsraum mit mindestens zwei Personenschleusen versehen sein. Die Schleusentore sind mit den bereits erwähnten Sicherheitsvorrichtungen und der nötigen Dichtung auszustatten, und Maschinenanlage, Schleusen und Arbeitsraum sollen miteinander durch Fernsprechleitungen verbunden sein. Im Hinblick auf die erhöhte Unfallsgefahr durch Stromschläge darf in den Schleusen und in den unter Druck stehenden Arbeitsräumen nur Strom mit einer Höchstspannung von 24 V benützt werden. In jeder Schleuse ist auch ein elektrischer Aufzug vorzusehen. Zur Verhütung von Verunreinigungen der Luft ist ausschließlich die elektrische Beleuchtung gestattet.

Sprengungen im Arbeitsraum sind nur statthaft, wenn ein Entweichen der Schießschwaden unter den Schneiden hindurch gesichert ist. Auch dann dürfen aber ausschließlich minimale Ladungen (im Höchstgewicht von 0,5 kg) und, sofern es sich um mehrere Patronen handelt, nur Verzögerungszünder verwendet werden. Vor dem Schießen müssen die Arbeiter den Arbeitsraum unbedingt verlassen. Sie dürfen ihn erst nach halbstündigem Lüften wieder betreten. Sprengt man mit Zündschnuren, ist zu beachten, daß diese in der gespannten Luft rascher abbrennen als in der atmosphärischen.

Bei *Schweißarbeiten* entstehen Gase, die das Auge angreifen, weshalb die Schweißarbeiter gasdichte Brillen tragen müssen. *Autogenes Schneiden* ist nur in beschränktem Umfang gestattet. Die *Azetylen-* und Sauerstoffflaschen sind hierbei außerhalb des Arbeitsraumes zu halten, die Gase dem Schneidbrenner durch Metallschläuche zuzuführen. Bis zu 1,5 at läßt sich in der gespannten Luft noch gut schneiden, über 1,9 at funktioniert jedoch die normale Schneidvorrichtung nicht.

Schließlich ist Vorsorge für das Herausblasen von Wasser und allenfalls auch von Aushubboden aus dem Arbeitsraum, für das rasche Einbringen des Füllbetons sowie für die Zuführung der Luft durch separate, nicht durch die Schachtrohre, sondern durch die Arbeitsraumdecke geführte Rohrleitungen zu treffen. *In der Decke sind zu diesem Zweck vorweg geeignete Rohrstutzen einzubauen.* Während der Absenkung darf der Luftdruck im Arbeitsraum nicht gesenkt werden. Bei Verlängerungen der Schachtrohre sind diese nach unten zu verschließen. Ist bloß eine Schleuse vorhanden, kann die Druckluft unterdessen durch das Ausblaserohr eingepreßt werden.

Äußerst wichtig ist die stündliche Überwachung des Luftdrucks in der Maschinenanlage, in der Schleuse und im Arbeitsraum durch genaue Manometer.

Allgemeine Literatur

Van Bruggen: Der Grundbau. 1952.

Bumm, H.: Das Absenken der Marientorschleuse in Duisburg. Hansa **1952**, Dezember, 51—52.

Carp, H.: Erfahrungen beim Bau von Abwasserpumpwerken unter Anwendung des Druckluftverfahrens. Beton u. Stahlbetonbau **1959**, H. 5.

Festschrift der Arbeitsgemeinschaft „Eröffnung des Straßentunnels Rendsburg". Herausgegeben von der Wasser- u. Schiffahrtsdirektion, Kiel: Verlag Landeswerbung.

Flach: Der massive Brückenpfeiler. Berlin: W. Ernst. 1917.

Lehmann, H.: Erweiterung des Erzhafens von Mannesmann durch eine vorgespannt verankerte Kaimauer in Stahlbeton mit Caisson Gründung. Bauingenieur **1959**, H. 9.

Lenk, K.: Verschiedene Formen der Druckluftgründungskörper. Jahrbuch der Hafenbautechn. Gesellschaft, Band 17, S. 112. Berlin: Springer. 1939.

Lenk, K.: Druckluft-Tiefgründungen. Deutscher Beton-Verein, 50jähr. Bestehen, S. 249. Wiesbaden: Eigenverlag. 1949.

Little, A. L.: Foundations. London: Edward Arnold Publishers, Ltd. 1961.

Paproth, E.: Neuere Druckluftgründungen. Mitt. der Hannoverschen Versuchsanstalt für Grund- u. Wasserbau, H. 1, S. 74. Hannover, 1952.

Paproth, E.: Druckluftgründungen. Grundbau Taschenbuch, S. 603. Berlin: W. Ernst. 1955.

Schenck, W. und H. Wagner: Luftverbrauch und Überdeckung beim Tunnelvortrieb mit Druckluft. Bautechnik **1963**, H. 2, S. 41.

Schoklitsch, A.: Der Grundbau. Wien: Springer. 1952.

Schorn, E.: Das Bauen mit großen Stahlbetonschwimmkörpern. Bericht über den Betontag 1959 des Deutschen Beton-Vereins, Hamburg.

Széchy, K.: Die Druckluftgründung. (A pneumatikus alapozásról, ung.) Vizügyi Közlemények **1935**.

Vajda, B.: 100 Jahre Druckluftgründung in Ungarn. (A légnyomásos alapozás ..., ung.) Mélyépitéstudományi Szemle **1963**, Jan.

Zehn Druckluftgründungen. Hochtief Nachrichten 32. Jg. April, 1959.

VII. Spezielle Gründungsverfahren (Bodenverfestigung) Unterfangung und Verstärkung von Gründungen

Bei den speziellen Gründungen handelt es sich eigentlich nur um die auf Sonderfälle beschränkte zweckmäßige und sinnreiche Kombination der bisher erörterten verschiedenen Gründungsverfahren, wie sie entweder schon bei der Ausführung oder bei der nachträglichen Verstärkung von Bauwerken erforderlich werden kann. Häufig kommt es hierbei zur Anwendung von Sonderkonstruktionen und besonderen Entwässerungsverfahren sowie zu Bodenverfestigungen oder zu der Erhöhung der Tragfähigkeit bereits vorhandener Fundamente.

Zu Sondergründungsverfahren greift man zumeist bei Verstärkung oder Ausbesserung vorhandener Gründungen oder bei Herstellung von Tiefbauten in dicht bebauten inneren Stadtteilen. Bei solchen unter schwierigen Umständen, ohne Umleitung des Verkehrs, an beengten Baustellen durchzuführenden Arbeiten wird man nicht selten gezwungen sein, die eigentlichen Gründungsverfahren mit Arbeitsmethoden des Tunnelbaues und insbesondere mit den unterschiedlichen Bodenverfestigungsverfahren zu kombinieren.

Eine besonders große Rolle spielt hierbei die Erhöhung der Wasserdichtigkeit und der Tragfähigkeit des Bodens, die sich in solchen Fällen durch irgendeine Bodenverfestigung erzielen läßt, ohne daß dadurch die Standsicherheit benachbarter Bauten gefährdet würde. Zur *Wasserabdichtung* werden Seitenwände und Sohle der Baugrube noch vor Beginn des Erdaushubs künstlich verdichtet, versteinert, während man *zur Erhöhung der Bodentragfähigkeit* die Bodenschicht unter einer bereits bestehenden, jedoch zusätzlichen Mehrbelastungen auszusetzenden Gründung oder den neu zu belastenden, jedoch nicht genügend tragfähigen Baugrund verfestigt oder versteinert. Die Verfestigung der oberen Schichten vermag wegen ihrer spannungsverteilenden Wirkung selbst dann zu helfen, wenn man Setzungen bekämpfen muß, die von tiefer anstehenden Schichten verursacht werden. *Geht es um die Standsicherheit benachbarter Bauwerke,* so wird man in erster Linie das seitliche Ausweichen oder Ausschwemmen der unter der Gründung anstehenden Schichten verhindern müssen und zu diesem Zweck den freizulegenden Gründungskörper vorweg mit einer wasserdicht verfestigten Schürze oder mit einer dichten Spundwand umfassen (vgl. Abb. 686).

Vielfach wird jedoch die Erhöhung der Bodentragfähigkeit allein nicht zum Ziel führen, weshalb man sich *zur unmittelbaren Verstärkung, Unterfangung des Fundaments oder zur Anwendung anderer Gründungsverfahren* entschließen muß. Aus diesem Grunde sollen die einschlägigen Fragen hier in zwei Gruppen behandelt werden:

a) Bodenverfestigungsverfahren (Erhöhung der Bodentragfähigkeit),

b) Gründungsverstärkungsverfahren (Erhöhung der Tragfähigkeit der Gründung selbst).

A. Bodenverfestigungsverfahren

Die Bodenverfestigung kann entweder durch physikalische Veränderung der Bodenzustandskennwerte oder durch Erhöhung der Scherfestigkeit des Bodens auf chemischem Wege, d. h. durch künstliches Einbringen von Bindemitteln in das Körnerhaufwerk bewirkt werden. Auch besteht die Möglichkeit, beide Verfahren mit elektrischen Wirkungen zu kombinieren.

1. Mechanische Verbesserung des Bodenzustandes

a) Zustandsverbesserung der kohäsionslosen Böden durch Rütteln (Vibrieren)

Der Zustand *körniger Böden* ist durch die relative Dichtigkeit ihrer Lagerung gekennzeichnet, die sich *durch künstliche Verdichtung* weiter steigern läßt. Am einfachsten wäre es, hierzu die bei Erdarbeiten üblichen Oberflächenverdichtungsgeräte (Walzen, Plattenrüttler, Stampffrösche u. dgl. m.) zu verwenden, doch haben diese im Vergleich zur Grundkörperbreite und zur Mächtigkeit der zu verdichtenden Schichten eine geringe Tiefenwirkung (maximal 1,0 m, meist aber bloß 0,50 bis 0,80 m), weshalb sie vorzugsweise beim Bau von Dammaufschüttungen mit deren im voraus festsetzbaren Schichtdicken eingesetzt werden. Zur Verfestigung von Bodenschichten größerer Mächtigkeit kommen sie praktisch nicht in Frage. Weit wirksamer sind dagegen die schweren Rüttelplatten und besonders die *Tiefenrüttler*.

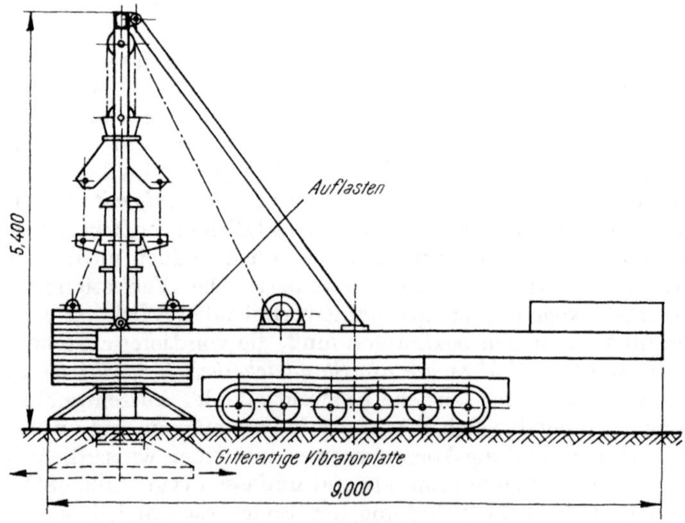

Abb. 672. Schema eines Mammut-Rüttlers

Unter den Rüttelplatten verdient der *Kellersche Stampfer mit gitterartiger Rüttelplatte* (Mammutrüttler [197]) erwähnt zu werden, der nicht mit lotrechter, sondern mit waagrechter Amplitude arbeitet (Abb. 672), dem aber zur Erhöhung der lotrechten Spannungen und damit zur weitgehenden Verbesserung der Rüttelwirkung Gewichte von 2,5 bis 20 t aufgelastet werden können, ohne daß sie die empfindliche Rütteleinrichtung selbst belasten würden. Die gitterartige Ausbildung der Rüttelplatte ermöglicht deren Eindringen unter die Geländeoberfläche, so daß sie ihre Rüttelwirkung in einer gewissen Tiefe ausüben kann. Mit dem Mammutrüttler lassen sich auch Grobkies und Steinschlag in weiche oder lockere Oberflächenschichten einrütteln, womit man deren Tragfähigkeit wesentlich verbessern und auch die weiter unten gelegenen weichen Schichten entlasten kann (vgl. S. 385 und Abb. 350). Mit Vorteil wird man sich also des Mammutrüttlers auch zur Verdichtung von Aufschüttungen bedienen.

Ausgesprochen *für Gründungszwecke sind die mit Spülvorrichtung kombinierten Tiefenrüttler* (Kellerschen Tiefenrüttler, Vibroflot) ausgelegt. Dem Wesen nach handelt es sich bei diesen um vertikalachsige, rund 2,80 m lange, im Durchmesser 35 bis 40 cm messende, mit einem 22-kW-Elektromotor zusammengebaute Innenrüttler, die waagrechte Schwingungen erzeugen (vgl. Abb. 555). Der Rüttler hängt an einem mobilen Gerüst und kann mit fortschreitender Eindringung durch Aufsetzen von Rohrstößen verlängert werden. Durch eine Leitung in den Aufhängerohren wird dem Rüttler Wasser zugeführt (Abb. 673). Der Rüttler, der in Gewichten von 2500 bis 3500 kg verfügbar ist, arbeitet mit einer Drehzahl von 3000 U/min (50 Hz). Zur Erleichterung des Einsinkens in den Boden strömt das Spülwasser *im Abwärtsgang* durch die Spitzendüse in den Boden, und zwar mit einer Geschwindigkeit, die im körnigen Boden einen hydraulischen Grundbruch auslöst, so daß der Rüttler unter seinem eigenen Gewicht in den Boden sinkt. Als Folge des Einspülens entsteht hierbei um den Rüttler ein Absackungstrichter (s. Abb. 674b). Hat der Rüttler die untere Ebene der zu verdichtenden Schicht erreicht, wird die Spitzendüse geschlossen, worauf das Wasser durch Düsen am Kopf des Rüttlers austritt, wenn dieser mit einer Winde gezogen wird. In dieser zweiten, der sogenannten *Verdichtungsphase* (s. Abb. 674c) geraten die Bodenkörnchen infolge der durch den Rüttler erzeugten Schwingungen gegen dessen Mantel zu in Bewegung und füllen nicht nur die Spalte des Korngefüges besser aus, sondern schwemmen sich unter der Einwirkung des abwärts strömenden Spülwassers zu einem noch dichteren Gefüge

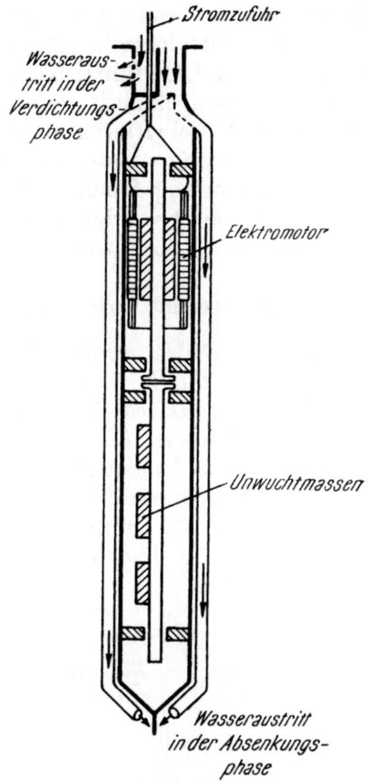

Abb. 673
Schnitt des Kellerschen Tiefenrüttlers

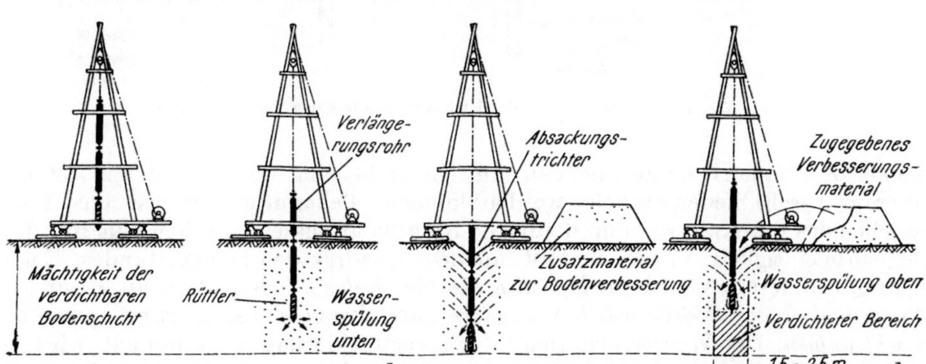

Abb. 674. Vorgang der Tiefrüttelung

zusammen. Als Folge der künstlichen Verkleinerung des Porenvolumens entsteht an der Geländeoberfläche ein zunehmend großer Absackungstrichter, der mit dem vorbereiteten Zugabematerial verfüllt werden muß. Mit wachsenden Nachfüllmengen nimmt die Dichte des beeinflußten Bodenbereichs zu. Bei Zugabematerial geeigneter Körnung läßt sich nicht nur eine Verdichtung, sondern auch eine wesentliche Verbesserung der Kornzusammensetzung und damit eine Erhöhung der Tragfähigkeit und Steifigkeit des Bodens erzielen. Die Durchmesser der verdichteten Bodenzylinder schwanken zwischen 1,5 und 2,5 m (s. Abb. 674).

Nach den Richtlinien für Rüttelverdichtung [198] lassen sich ungleich gekörnte Böden relativ besser verdichten als gleichförmig gekörnte. In bindigen Böden bleibt das Rütteln mehr oder minder wirkungslos, weil es in erster Linie zur Verdrängung der Luft führt. Keineswegs kann vom Rütteln erwartet werden, daß es aus dem Bodengefüge Porenwasser verdrängen könnte. Bindige Verunreinigungen stören die Rüttelwirkung nicht, es sei denn, sie binden die Körner so sehr, daß sie ihre Umlagerung verhindern. Experimentell ist ferner nachgewiesen, daß ein in gewissem Umfang feuchter Boden (erdfeuchter Zustand mit $w = 5$ bis 15%!) besser verdichtet werden kann als ein ganz trockener. Lockere Sandböden gelang es bisher bis zu 35 m tief zu verdichten.

b) Zustandsverbesserung der bindigen Böden durch Entwässerung

Bindige Böden werden durch künstliche Verminderung ihres Wassergehaltes, physikalisch *durch Dränagen verfestigt.* Ein Spezialverfahren hierfür stellt die *Kjellmann-Frankische* Vertikaldränage dar, bei der in feuchten Tonböden mit je einem Juteschlauch überzogene Stahlsondenstäbe von 50 bis 80 mm Durchmesser, 10 bis 15 m tief niedergebracht werden. Der Sondenstab wird sodann gezogen, während der Juteschlauch im Boden bleibt und das Loch vor dem Einstürzen bewahrt. Die Einrammvorrichtung ist auf einen Lastkraftwagen aufgebaut (Abb. 675), von dem aus die Sonden in einer der Bindigkeit und dem Wasser-

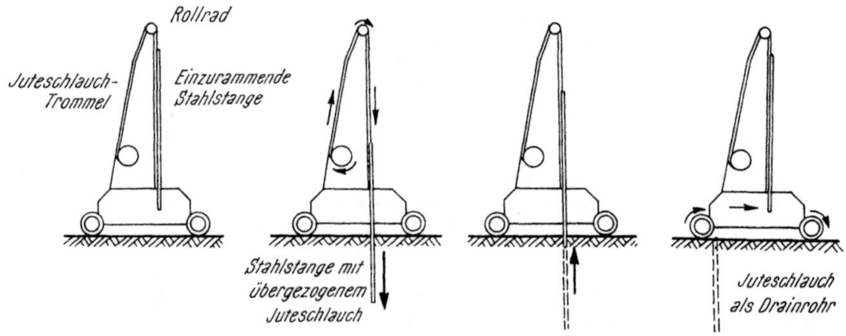

Abb. 675. Herstellungsvorgang der Kjellmann-Frankischen Vertikaldrainage

gehalt des Bodens entsprechenden Aufteilung beliebig dicht (0,80 bis 1,50 m) überaus rasch niedergebracht werden können. Bekanntlich wächst das Entweichen des Porenwassers und damit die Konsolidationszeit mit dem Quadrat der Schichtmächtigkeit, in diesem Fall mit dem Quadrat des Dränabstandes. Nach dem geschilderten Verfahren *läßt sich also durch den Wasserentzug nicht nur die Tragfähigkeit des Bodens erhöhen, sondern auch dessen Konsolidierung wesentlich beschleunigen.* Das Wasser, das sich in den Vertikaldränagen ansammelt, wird in oberflächen- oder gründungsflächennahen Sickerschlitzen abgeleitet, wobei man das Drännetz auch nach dem Aufbringen der Auflasten in Betrieb hält, um durch diese Druckerhöhung das Ausströmen des Bodenwassers zu beschleunigen.

Der Wirkungsgrad der Vertikeldränage läßt sich weitgehend verbessern, wenn der zu entwässernde Boden gleichzeitig auch belastet wird.

Nach AIMONT [199] beruht die Berechnung der Setzungsdauer auf den Grundgleichungen

$$\varepsilon = \alpha \cdot q \cdot \left(1 - e^{-\frac{k \cdot t}{m}}\right) \quad \text{und} \quad m = \frac{l^2}{2\pi}\left(\ln \frac{2}{r \cdot \sqrt{2}} \cdot \frac{3}{4}\right), \tag{357}$$

in welchen $\alpha = 1/M$ den Verdichtungsbeiwert des Bodens, t die nach dem Aufbringen der Auflast verstrichene Zeit, q die Auflast [kg/cm²], ε die in der Zeit t eingetretene spezifische Setzung [%], k den für die Durchlässigkeit des Bodens kennzeichnenden Beiwert [cm⁴/kg/s], r den Halbmesser der Dräns [cm] und schließlich l den Dränabstand [cm] bezeichnen.

Diese Formeln lassen erkennen, daß das Ausmaß der infolge Dränage und Belastung eintretenden Setzung asymptotisch ebenso einem Extremwert zustrebt wie die des nicht dränierten Bodens. Daraus geht auch hervor, daß sich durch eine Dränage allein eine völlige Stabilisierung des Bodens (der Abschluß der Konsolidierung) nicht erzielen läßt, daß es hierzu vielmehr auch einer Belastung bedarf.

Nach AIMONT *üben Vertikal- oder Tiefdränagen besonders anfangs eine bedeutende Wirkung auf die Konsolidierung aus.*

c) Bodenausbrennen (kaustische Bodenverfestigung)

Eine — bisher noch selten angewandte — Möglichkeit zur mechanischen Verfestigung von weichen Ton- und Lößböden bietet das *Ausbrennen des Bodens.* In dem aus Ton gebrannten Ziegel können sich die ursprünglichen aktiven Toneigenschaften, seine Wasseraufnahme- und Schwellfähigkeit, als Folge des Porenwasserentzugs und des Schrumpfens des Wabengefüges völlig verändern, so daß seine Tragfähigkeit wesentlich zunimmt, seine Zusammendrückbarkeit hingegen wesentlich sinkt. Der gleiche Vorgang spielt sich an den Wänden von Brunnen ab, die in Tonböden abgeteuft werden, wenn es gelingt, die zum Brennen erforderliche Temperatur im Inneren des Brunnens herzustellen. Versuchen [200] zufolge erfahren die plastischen Eigenschaften bei Temperaturen über 400 °C, die Wasseraufnahmefähigkeit hingegen bei Temperaturen über 600 °C eine wesentliche Veränderung.

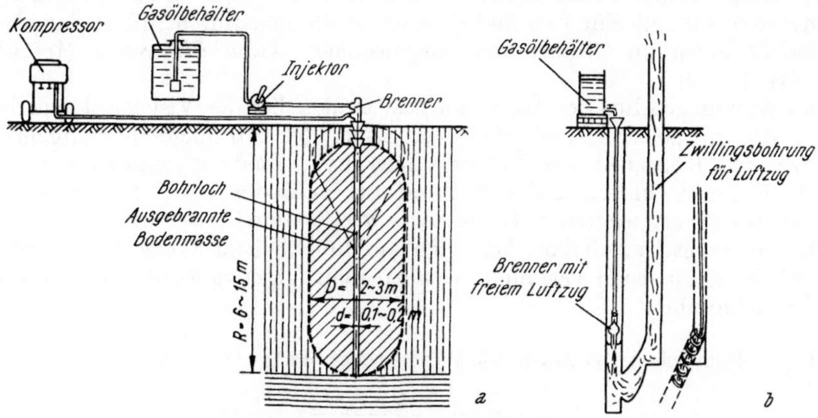

Abb. 676. Kaustische Bodenverfestigung

Das Brennen des Tones in einer abgeteuften Bohrung hat in der Sowjetunion LITWINOW [201] nach dem in Abb. 676a gezeigten Verfahren verwirklicht. Wie diese Abb. erkennen läßt, wird in die oben geschlossene Bohrung mit Preßluft ein Gasölgemisch eingespritzt und entzündet, das Bohrloch wird also bei hohen Temperaturen ausgebrannt[1]. Gemäß Abb. 676 bildet sich in einem Umkreis von 2 bis 3 m um das 10 bis 20 cm weite Bohrloch als Achse eine ausgebrannte Bodenmasse aus. In Rumänien teuft man *Zwillingsbohrungen* ab, die unten miteinander verbunden sind. In das eine Bohrloch wird das Gasöl-Preßluftgemisch eingespritzt und entzündet, wobei die entstehenden Verbrennungsgase durch das Zwillingsbohrloch entweichen. Gute Resultate erzielte man auch durch Verbrennen von Rohöl mit einem Brenner, dessen Düse bis an die Sohle der ersten Bohrung hinabgeführt wurde, wobei diese oben luftdicht abgeschlossen war. Die Verbrennungsgase konnten auch hier durch die Zwillingsbohrung entweichen (s. Abb. 676b).

Das Verfahren wurde bisher zur Verhinderung weiterer Setzungen unter bereits stehenden Bauwerken und zur Stabilisierung ins Gleiten geratener Böschungen angewendet, und zwar sowohl in Ton- als auch in Lößböden.

2. Bodenverfestigung durch künstliches Abbinden der Bodenkörnchen

Bei diesem Verfahren werden in den Boden *Bindemittel oder Chemikalien* eingepreßt, die die Porenhohlräume ausfüllen bzw. die zwischen ihnen wirksamen inneren Adhäsionskräfte (Scherfestigkeit) erhöhen. Die Verfestigung kann hierbei zweierlei Ziele verfolgen, und zwar *einerseits die Wasserdichtigkeit des Bodens zu steigern, andererseits seine Bruchfestigkeit zu erhöhen* bzw. seine Zusammendrückbarkeit zu vermindern. Nach einem anderen Gesichtspunkt läßt sich zwischen den üblichen Verfahren auch insofern eine Unterscheidung treffen, als der eine Teil der Methoden den Boden als chemisch inaktives Korngefüge behandelt, *in welchem die injizierten Chemikalien lediglich eine Erhöhung der Druckfestigkeit zu bewirken haben*, während andere Verfahren chemische Reaktionen auslösen, die auch die inneren Eigenschaften des Bodens verändern, d. h. *auf das Korngefüge* chemisch einwirken und dessen eigene Festigkeitseigenschaften verändern.

Bei Lösung derartiger Verfestigungsaufgaben kommt *nicht nur der richtigen Wahl der verfestigenden Bindemittel bzw. Chemikalien* große Bedeutung zu, da Effekt und Wirtschaftlichkeit des Verfahrens weitgehend von ihr abhängen, *vielmehr bildet auch die Art der Einbringung der Injektionen einen überaus wichtigen Erfolgsfaktor.*

Die einfachste Art des Einbringens der verfestigenden Chemikalien in den Boden bildet die *Vermischung auf* der Oberfläche, doch kommt diese nur bei oberflächlicher Bodenstabilisierung (Straßenbau) in Frage. (Siehe jedoch später Bodenvermörtelung!) Für gewöhnlich müssen die genannten Mittel dem Boden in flüssiger Form (in Gestalt von Suspensionen) *durch Einpressen* (Injektion) zugeführt werden.

Den Wirkungsradius der Injektion bestimmt nebst der Viskosität und Fließbarkeit der Suspension auch das Verhältnis der Absinkgeschwindigkeit der suspendierten Körnchen zur Verpressungs- bzw. Ausbreitungsgeschwindigkeit. Sobald die Geschwindigkeit der Ausbreitung im Boden *unter die des Absetzens sinkt, werden die suspendierten Teilchen aus der Suspension ausscheiden.*

Die Absetzgeschwindigkeit läßt sich auf künstlichem Wege durch „Stabilisierung“ der Suspension vermindern, wozu man ihr etwa Bentonit oder andere Kolloide beimischt.

---

[1] Die im Bohrloch sich entwickelnde Wärmemenge beträgt nach ihm:

$$t = \frac{Q_p}{(1{,}293\,V_l + 1)\,C_p}.$$

Darin bedeutet Q_p die spezifische Wärmebildungsfähigkeit (bei Naphtha 10600 und bei Mazut 9740 kcal/kg), V_l die für die Verbrennung von 1 kg Heizmaterial verwendete Luftmenge (m³) und C_p die mittlere Wärmeaufnahmefähigkeit der Brennstoffe (kcal/kg pro Grad) bei konstantem Druck.

Eine wesentliche Rolle spielt beim Verpressen auch der zulässige Injektionsdruck, dem in erster Linie *die Mächtigkeit und Dichtungsfähigkeit der sogenannten Deckschicht* Grenzen setzen.

a) Zementinjektionen [202]

Sie werden in der Baupraxis nicht nur zur Bodenverfestigung, sondern auch zur Verfüllung klüftigen Gesteins sowie der Hohlräume hinter Tunnelvermauerungen und ganz allgemein von Hohlräumen unter und neben fertigen Bauwerken angewendet. Hier sollen natürlich vornehmlich die *Zementinjektionen für Bodenverfestigungs- und Fundamentverstärkungszwecke,* d. h. die Verpressung mit Zementmilch, einer Zement- (allenfalls auch einer Zement-Betonit-) Suspension, behandelt werden. Für die erwähnten anderen Zwecke, wie etwa zum Verfüllen von klüftigem Gestein oder von Hohlräumen verwendet man auch Zementmörtel mit unterschiedlich hohem Zusatz von Sand, Flugasche, gemahlene Hochofenschlacke, Bentonit usw.

Die Zementinjektion wird für gewöhnlich mit der Absicht angewandt, den Untergrund im Umkreis um pfeilerartige oder um kleinere oder größere Bauwerke bis in die nötige Tiefe hinab zu verdichten bzw. zu zementieren, oder die zerstörende Wirkung von Grundwasserströmungen unter einem Bauwerk zu verhindern. Es wird ein- oder mehrreihig in Ansatzabständen von 50 bis 100 cm durch abschnittsweise Injektion in ansteigenden Stufen von 30 bis 50 cm eine 10 bis 12 m tief hinabreichende sogenannte *Dichtungsschürze* herstellt, die das Sickern durch Verlängerung des Sickerweges erschwert und damit die Unterkolkung des Bauwerks verhindert.

Am Rande sei hier — obschon gleichfalls nicht zum Thema gehörig — bemerkt, daß bereits vorhandene Unterhöhlungen von Bauwerken nur bei Injektionsdrücken von 1,0 bis 1,5 at verfüllt werden dürfen, und dies besonders dann, wenn das Bauwerk auch ungenügend belastete Stahlbeton-Plattenkonstruktionen enthält, wie etwa Pumpenschächte, Schleusenkammerböden u. dgl. m.

Durch das Verpressen des Bodens mit der Zementsuspension läßt sich eine *doppelte Wirkung* erzielen. *Einerseits verfüllt sie infolge des Injektionsdruckes* die Fugen und Spalte mit Zementkörnchen und *vermindert so das Porenvolumen* und somit auch die Zusammendrückbarkeit des Bodens, *andererseits erhöhen* die um die Bodenkörnchen sich ablagernden Zementkörnchen *als Bindemittel auch die Kohäsion und die Scherfestigkeit* des Bodens.

In körnigen Böden kommen beide Wirkungen voll zur Geltung, in bindigen Böden hingegen sind sie wohl fraglich, weil die Suspension bei dem zuerst genannten Effekt den Boden nur auseinanderzudrücken vermag, indem sie sich aderartig ausbreitet. In bindigen Böden kann sich also nur ein in sich festes, aber höchstens ein gewisses Volumen ausfüllendes Netz von Zementadern bilden.

Der Zement wird durch Preßluft oder mittels Pumpen durch ⌀ 40 bis 78 mm Rammrohre mit perforiertem Mantel oder mit unten offener Spitze hindurch in den Boden eingebracht (Abb. 677).

Die eingepreßte Zementsuspension strömt zunächst mit so hoher Geschwindigkeit, daß das Wasser auch die Zementkörnchen mit sich reißt. Da jedoch die Geschwindigkeit im Boden sehr rasch sinkt und die mitschwemmende, die Turbulenz aufrechterhaltende Kraft bald nicht mehr genügt, um sämtliche Zementkörnchen in Bewegung zu halten, setzen sich die einzelnen Körnchen an den Porenwandungen ab, so daß sie aus der Suspension ausgefällt werden und sich zu wasserdurchlässigen Pfropfen zusammenklumpen. (Dies wird auch dadurch gefördert, daß sich die Zementkörnchen durch die Berührung mit Wasser sofort mit einer Gelhaut überziehen.) Die Verstopfung der Poren nimmt von außen nach dem Rohr hin zu, und auch die anfängliche Wasserdurchlässigkeit der Pfropfen hört mit dem Einsetzen des Bindungsprozesses auf. Die Verfestigung ist um so hochgradiger, je dünner die Gelhülle, je mehr also der Wassergehalt des Gels abnimmt. Vorteilhaft wirkt sich dabei aus, daß das Abbinden des Zements länger dauert als das Erhärten der Körnchen im schwebenden Zustand, so daß der noch im Abbinden begriffene Zement die Poren nicht sogleich ausfüllt.

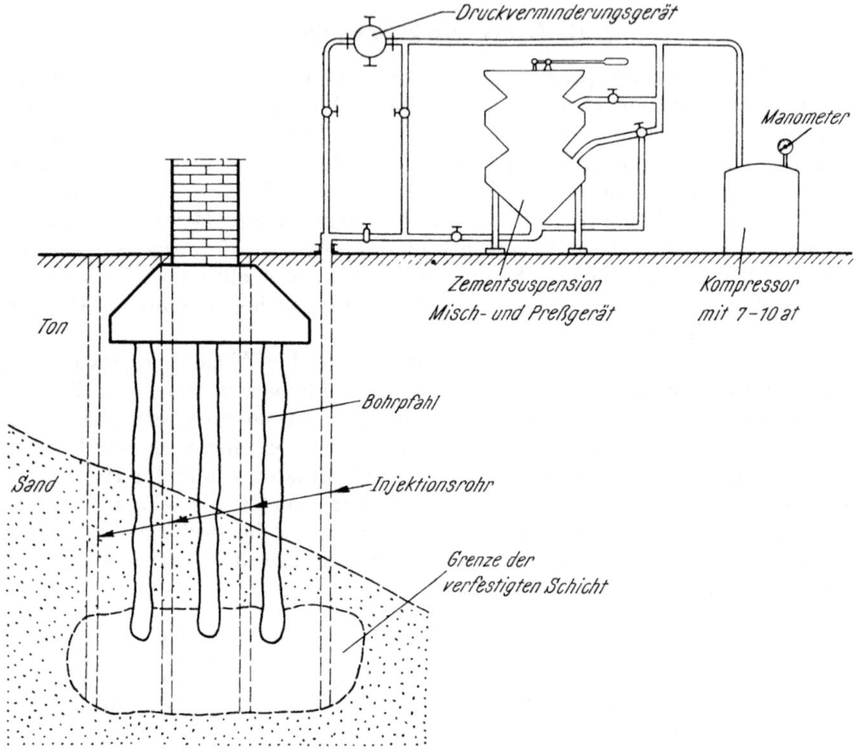

Abb. 677. Ausführungsanlage der Zementeinpressung

Bei diesem sogenannten *Sättigungs-* (*Durchtränkungs-*) *Verfahren* sind es die kleinsten Bodenzwischenräume und *die größten Bodenkörnchen, die der Zementinjektion Schranken setzen, da die Zementkörnchen in Poren, die kleiner sind als ihre Durchmesser, keineswegs eingepreßt werden können.* Bei der normalen Mahlfeinheit des Zements vermag selbst die wäßrigste Zementsuspension in die Hohlräume von Sand mit einer Körnung unter 0,8 bis 1,0 mm nicht einzudringen. Diese Grenze läßt sich nur durch Verwendung besonders fein gemahlener Zemente mit Zusätzen von Plastifizierungsmitteln (Bentonit) herabsetzen. Amerikanischen Versuchen zufolge [202] ist die Injektion bei einem Verhältnis von $d_{15}/D_{85} > 25$ möglich, d. h. wenn der Quotient aus dem Korndurchmesser mit der Abszisse 15% (d_{15}) auf der Körnungskurve des aufnehmenden Mediums und aus dem Korndurchmesser mit der Abszisse 85% (D_{85}) auf der Körnungskurve des injizierten Mediums höher liegt als 25 (vgl. Abb. 195).

Nach Lampl wird der Zement aus der Suspension auch durch Sand mit gröberer als der angegebenen Körnung ausgefällt, *weshalb die Zementinjektion — als Bodenverfestigungsverfahren — nur dann Erfolg haben kann, wenn sie bei 7 bis 10 at erfolgt, d. h. wenn der Druck imstande ist, einen Grundbruch auszulösen.* Die Zementsuspension vermischt sich dann nämlich mit den durch solche Drücke in Bewegung gebrachten Bodenkörnchen und bringt in der Tat eine Verfestigung zustande.

Da die Prozesse, wie sie unter der Einwirkung der Injektion im Boden vor sich gehen, nicht genau bekannt sein können, und da sie auch je nach Bodenart und örtlichen Gegebenheiten offenbar verschieden verlaufen, *kommt den Vorversuchen im Labor und an der Baustelle selbst größte Bedeutung zu* [203]. Die Verpressung wird man zweckmäßig mit einer dünneren Zementmilch beginnen und *stufenweise zu Mörteln übergehen, die höchstens die Konsistenz des Sauerrahmes haben.* Bei Herstellung der sogenannten „Dichtungsschürzen" werden die Bohrlöcher nicht der Reihe nach nebeneinander angesetzt und injiziert, sondern man überspringt jeweils 5 bis 10 Bohrlöcher und verfüllt diese erst danach in einer vorbestimmten abwechselnden Reihenfolge[1].

Der Wirkungsgrad (R) der Durchtränkungsinjektion ist übrigens nach Maag [205] abhängig vom Halbmesser (r) des Injektionsrohres, von der angewandten Druckhöhe (h), von der Dauer (t) der Injektion, vom Durchlässigkeitsbeiwert (k) und vom Porenvolumen (n^x) des Bodens sowie schließlich vom Verhältnis der Fließbarkeit (v^x) des Injektionsgutes zur Fließbarkeit (v) des Wassers, und zwar gemäß

$$R = \sqrt[3]{\frac{3r}{n^x} \cdot k \cdot \frac{v}{v^x} \cdot h \cdot t + r^3}. \tag{358a}$$

Außer von diesen Faktoren wird der Injektionseffekt auch durch die Kornverteilung und chemische Zusammensetzung des Bodens und durch die Bodenschichtung bestimmt. Mit $h = 12{,}0$ m, $t = 3600$ s, $r = 2$ cm, $k = 1$ cm/s, $n^x = 0{,}2$ und $v/v^x = 1/2{,}5$ geht (258a) in die Form

$$R = 373 \cdot \sqrt[3]{k} \tag{358b}$$

über. Maag und Haefeli geben auch Diagramme an, wobei jener eine Ausbreitung der Injektion nach kugelförmigen Äquipotentialen, dieser hingegen eine solche nach zylindrischen Äquipotentialflächen annimmt. In diesen Diagrammen sind die Zusammenhänge zwischen Durchlässigkeit, Porenvolumen und injizierten Suspensionsmengen (Zeit) in einer für die Praxis gut verwendbaren Weise graphisch dargestellt [206].

Der Injektionsdruck darf jedoch nur bis zu einer gewissen Grenze erhöht werden, weil er sonst die überlagerten Bodenschichten anhebt und die Geländeoberfläche aufbricht. Die Praxis hält das 1,5- bis 2,0fache des geostatischen Druckes für zulässig, worin die Ausbreitung der Gleitflächen des Grundbruches, der beim Aufbrechen des Bodens entsteht, bereits berücksichtigt ist. Für homogene körnige Böden ergibt sich der zum Aufbruch führende kritische Druck aus der Beziehung

$$p_k = \frac{4c + \gamma \cdot d}{4\lambda \cdot \operatorname{tg} \varphi} \left[e^{4\lambda \cdot \operatorname{tg} \varphi \cdot h/d} - 1 \right], \tag{359}$$

in der h die Mächtigkeit der überlagerten Schicht, λ den Rankineschen Erddruckbeiwert, c, φ und γ die üblichen bodenphysikalischen Kennwerte bezeichnen, während $d = 36 \sqrt{A}$ ist, wenn A die Menge des injizierten Materials in m³ angibt. Indessen kann p_k den durch den passiven Erddruck bestimmten Wert nicht überschreiten, d. h. es gilt

$$p_{k\,\max} \leqq \frac{\gamma \cdot h \cdot \lambda_p}{\lambda_a} = \gamma \cdot h \cdot \operatorname{tg}^4 (45° + \varphi/2). \tag{360}$$

Die Injektionen können *in zweierlei Reihenfolge* durchgeführt werden. Ist die obere Deckschicht durchlässig, muß diese durch schrittweise Injektionen zunächst abgedichtet und sodann die Injektion nach unten fortgesetzt werden. Die *von oben nach unten* fortschreitends Injektierung ist vor allem im Ausland verbreitet und wird dort vornehmlich zum Verpressen von Rißfugen oder Hohlräumen sowie zur Sättigungsinjektion locker gelagerter, grobkiesiger, rolliger Bodenschichten angewandt (Abb. 678). Zunächst werden hierbei Bohrlöcher größeren Durchmessers bis zur unteren Ebene der zu verpressenden Schicht angesetzt. *In diese Bohrlöcher wird zuerst Wasser und dann das Injektionsgut eingepreßt,* worauf man durch neuerliche

[1] Wie wirkungsvoll derartige Schürzwände hergestellt werden können, beweisen die bei der Pumpanlage von Tiszafüred durchgeführten Zementeinpressungen [204].

Einpressen von Wasser die Wirkung der Injektion nachprüft. Je nachdem, ob die Schicht noch durchlässig ist oder nicht, wird die Injektion wiederholt oder die nächsttiefere Schicht mit Bohrlöchern kleineren Durchmessers angefahren, nach Wasserspülung injiziert usw.

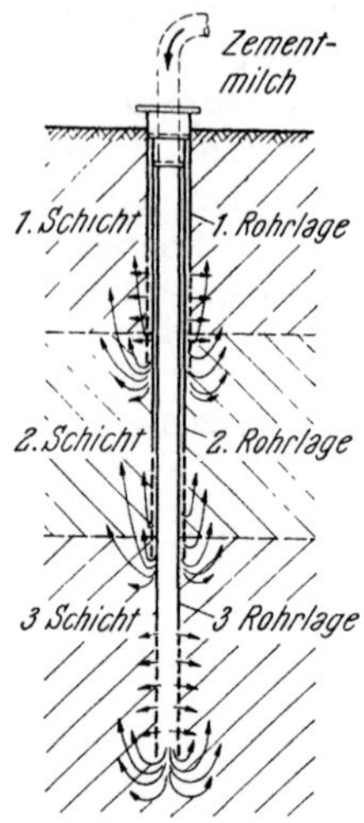

Abb. 678. Einpressen von oben nach unten

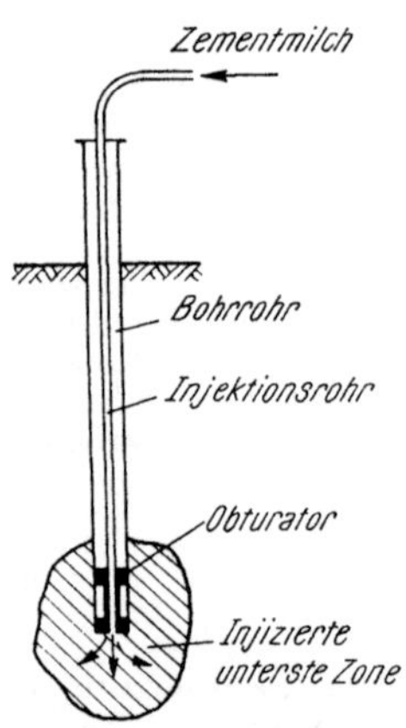

Abb. 679. Einpressen von unten nach oben

Im Ausland ist auch ein zweites, das *von unten nach oben* fortschreitende Sättigungsverfahren üblich [206]. In das mit dem Bohrrohr regelrecht abgeteufte Injektionsloch wird ein Injizierrohr hinabgelassen, welches durch eine Stopfbüchse mit doppeltem Packungsring (Obturator, Packer) geführt ist. Nachdem man das äußere Bohrrohr bis zur Höhe des zu verpressenden Abschnitts hochgezogen hat, wird der Raum zwischen Bohr- und Injektionsrohr, den der Packer nach oben zu abdichtet, verpreßt. Danach werden Bohr- und Injektionsrohr um die nächste Zone gehoben, auch diese injiziert und so fort (Abb. 679). Das Verfahren hat zur Voraussetzung, daß die Stopfbüchsen (Packer) einwandfrei dicht halten, und den Nachteil, daß man während der Durchführung keine Möglichkeit zur Spülkontrolle hat. Andererseits sind der hohe geologische Druck und der größere Reibungswiderstand am langen Rohr entlang geeignet, den Austritt des Injektionsmaterials an der Oberfläche zu verhindern.

Für eine wiederholte Injektion und für die Verdichtung von Böden mit weitgehend gemischter Körnung ist das sogenannte „*Solétanche*" *Verfahren* geeignet. Als Dichtungsmittel wird hier Bentonit in verschiedenen Verhältnissen mit Portlandzement (eventuell auch mit lösbaren Silikaten) gemischt. Zuerst werden die größeren Hohlräume mit einem dichteren Ton-Zement-Mörtel ausgefüllt, und erst dann läßt man aus Ton und Chemikalien gemischten Mörtel folgen, der die feineren Bodenstoffe durchdringt.

Die Einpressung dieser modifizierten Dichtungsmittel wird durch ein besonders selektives Einbringungsverfahren mit einem sogenannten „*Manchettengerät*" ausgeführt [207]. In die mit 3″ (76 mm) Röhre ausgeführte Injektionsbohrung wird ein *Muffenrohr* mit 1,5″ (38 mm) Durchmesser bis unten hin eingesetzt, darauf der Raum zwischen den beiden Röhren mit Mörtel ausgefüllt und gleichzeitig das äußere Bohrrohr ausgezogen. Das Muffenrohr ist in zwei Abschnitten rings herum perforiert, doch sind die Löcher durch umhüllende dicht anliegende Gummimanschetten fest verblendet. Nun wird innerhalb dieses perforierten Muffenrohres ein unten verschlossenes, noch kleineres Rohr (1″ = 25 mm) eingeführt, das in seinem untersten Abschnitt ebenfalls durchlöchert ist. Dieser perforierte Abschnitt kann durch jeweiliges Aufheben und Absenken des mit der Mörtelpumpe durch eine flexible Leitung direkt angeschlossenen Rohres mit den perforierten Abschnitten des Muffenrohres auf gleiche Höhe gebracht werden, so daß sich die Löcher der beiden Rohre etwa gegenüberstehen (Abb. 680).

Bei dem Vermörtelungsvorgang tritt die eingepreßte Mörtelflüssigkeit mit beträchtlichem Druck aus dem innersten Rohr durch dessen Wandungslöcher aus und sogleich auch durch die Löcher des umgebenden Muffenrohres hindurch, wobei sie dessen Gummimanschetten nach außen wegdrückt. Dadurch wird die zuerst im Außenraum des Rohres eingespeißte Mörtelflüssigkeit nach allen Seiten in das Erdreich hineingepreßt, wo sie sich nach gewisser Zeit erhärtet. Das innerste sogenannte „Spritzrohr" ist unterhalb und oberhalb seines perforierten Abschnittes mit je einem Abdichtungspfropfen versehen, um ein Entweichen des Einpreßgutes zu verhindern. Die Injektion beginnt man üblicherweise unten und setzt sie nach oben fort. Mit entsprechender Einstellung der perforierten Zonen läßt sich die Verdichtung der betreffenden Schichten selektiv und gesondert durchführen. Die Methode ist auch deshalb sehr praktisch, weil sich die — wenn die Muffenrohre einmal in den Boden eingesetzt sind — wiederholten Injektionen unter Variierung der Mörtelzusammensetzung und in beliebigen Zeitabständen ohne die Kosten einer Neubohrung oder eines Wiederaufbohrens vornehmen lassen. Diese lassen sich sogar in kurzen senkrechten Abständen unter Anpassung an die jeweilige Bodenstruktur und Schichtung durchführen. Es ist zu be-

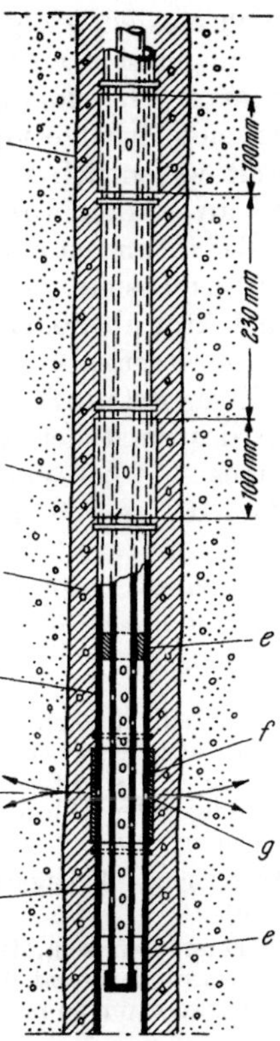

Abb. 680. Das Manschetten-Injektiergerät „Solétanche"

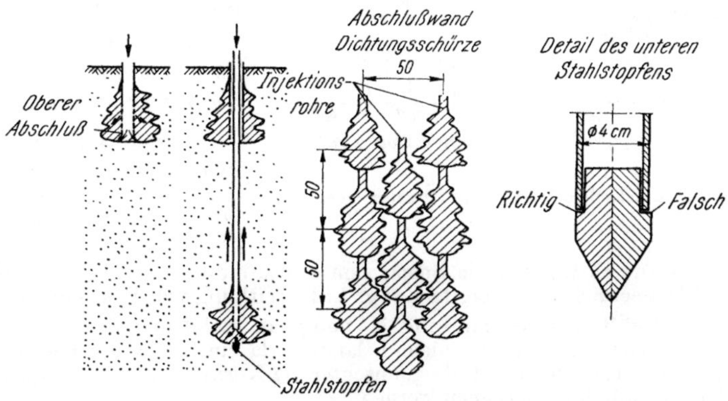

Abb. 681. Injektionsvorgang von unten nach oben mittels fortschreitendem Zurückziehen des Injektionsrohres

merken, daß das innerste Spritzrohr nach jeder Injektion herausgezogen, gereinigt und das Muffenrohr gründlich durchspült werden muß. Die Gefahr eines Ausbrechens an die Oberfläche wird durch den wirksamen hydrostatischen Gegendruck, der gleichzeitig die erforderliche Seitenstützung der Bohrlochwand ergibt, weitgehend vermindert.

Die Baupraxis in Ungarn bedient sich zur Verfestigung lockerer Sandböden im allgemeinen gleichfalls *des Verfahrens von unten nach oben,* doch werden weder Bohrungen abgeteuft, noch Packer verwendet, vielmehr massivwandige, unten mit einem Stahlstopfen verschlossene Einpreßrohre in den Boden gerammt. Durch das ein wenig hochgezogene Injizierrohr hindurch wird die unterste, etwa 50 cm hohe Zone verpreßt, wobei die eingepreßte Zementmilch bloß durch das offene untere Ende des Rohres in den Boden dringt. Nachdem man in der nächsten Stufe das Rohr wieder um 50 cm gezogen hat, wiederholt sich der Vorgang und setzt sich auf diese Weise bis zum Abschluß fort [208]. Beim Einbringen einer Dichtungsschürze z. B. ist zu erwarten, daß sich um die in Abständen von 50 bis 60 cm schachbrettartig angesetzten Injektionspunkte herum die in Abb. 681 dargestellte Verfestigungsform ausbilden wird.

Eine wesentliche Vergrößerung der Reichweite der Zementinjektion verbunden mit einer *wesentlichen Erhöhung des Abdichtungsgrades* und einer erheblichen Herabsetzung der Injektionsdrücke ermöglicht — bei gleicher Reichweite — ein *Zusatz von Bentonit zur Zementsuspension*. Nach den Versuchsergebnissen beim Bau der Budapester Untergrundbahn (Abb. 682) ermöglichte es ein 5%iger Bentonitzusatz, bei gleichen Drücken um 50 bis 100% mehr Suspension einzupressen [209]. *Der Bentonitzusatz schwächt im übrigen die erzielbare Verfestigung, erhöht dagegen die Wasserdichtigkeit.* Im allgemeinen empfehlen sich Zusätze von 3 bis 5%, weil schon Beigaben von 3% die Wasserdichtigkeit wesentlich verbessern, während die Festigkeit erst von 5% Zuschlagsanteil an stärker abzunehmen beginnt. Von Bedeutung ist auch der Wassergehalt der Suspension, denn liegt der Wasserzementfaktor über 0,5 bis 0,6, sinkt der Zement gesondert ab, und es entsteht ein poröser Zementstein. Sonst erreicht die Festigkeit des entstehenden massiven Zementsteines — bei einer Durchlässigkeit von $k = 10^{-7}$ m/s — den Wert von 100 kg/cm².

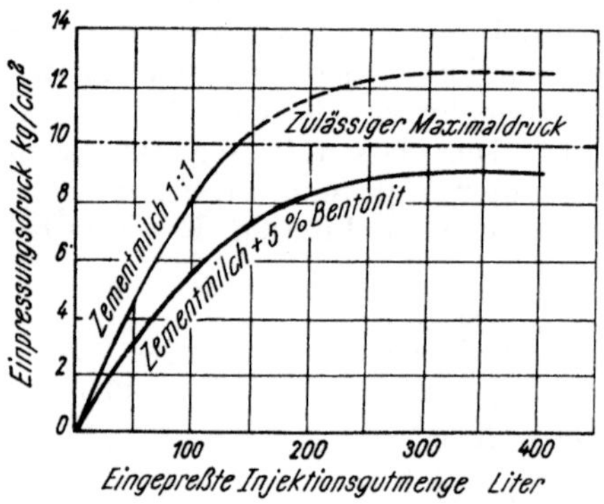

Abb. 682
Die plastifizierende Wirkung des Bentonitzusatzes

Entwurf und Ausführung einer Injektion werden also folgenden technischen Anforderungen genügen müssen:

a) Zur Herstellung der einzupressenden Suspension dürfen nur gut mischbare Stoffe verwendet werden (mit Zement z. B. sind Plastifizierungsmittel schwer, sandige oder schluffige Plastifikatoren besser mischbar.

b) Die einzupressende Suspension selbst muß gleichfalls eine entsprechende Festigkeit und Wasserdichtigkeit besitzen (vgl. z. B. Wirkung von Bentonitzusätzen).

c) Die Suspension muß flüssig, pumpbar, stabil und wirtschaftlich herstellbar sein. Ihr Wassergehalt ist indessen nicht belanglos, da ein Zuviel die Festigkeit vermindert und die Konsolidierung verzögert. Je gemischter die Kornverteilung des Injektionsgutes, um so mehr Wasser muß ihm zugegeben werden.

d) Die Zementsuspension muß in der ganzen Rohrleitung, in den Mischern und Pumpen ständig in turbulenter Strömung gehalten werden, d. h. das Einpressen muß kontinuierlich vonstatten gehen, weil sich ein Verstopfen der Rohre nur auf diese Weise vermeiden läßt. Die nicht künstlich in Schwebe gehaltenen Zementkörnchen setzen sich an den Rohrwandungen ab und verstopfen die Rohre. Überaus wichtig ist auch die ständige Reinhaltung der Rohrleitung.

e) Beim Einpressen in den Boden muß der Austritt der Zementmilch an die Oberfläche zwischen Bohrlochwandung und Druckrohr unbedingt verhindert werden. Zu diesem Zweck werden bei schwierigen Verfestigungsarbeiten die Bohrlöcher zuerst mit einer Abschlußkragwand nach oben abgedichtet, und zwar durch Einpressen von Zementmilch in ein 1 bis 2 m tief niedergerammtes Rohr größeren Durchmessers (vgl. Abb. 691). Erst nach Erhärtung dieser Injektion wird durch dieses weitere Vortreibrohr hindurch das eigentliche Injizierrohr in die erforderliche Tiefe niedergebracht und allenfalls im Vortreibrohr sogar einzementiert (vgl. Abb. 691). *Unzweckmäßig wäre es jedoch, das Injizierrohr in den Boden einzubohren oder einzuspülen, da durch den durch das Bohren gelockerten angrenzenden Boden* der eingepreßte Mörtel am Rohr entlang sofort an die Oberfläche bricht.

f) Die Injektion soll mit einer dünnflüssigen Mischung beginnen, der dann je nach Bedarf mehr und mehr Zement zugesetzt wird.

g) Injektionen im stehenden Grundwasser sind, allgemein gesehen, nicht schädlich, sie können sich im Gegenteil sogar vorteilhaft auswirken. Für eine Umhüllung der Körnchen bestehen hier größere Möglichkeiten, weil sich der strukturelle Aufbau des Sandgerüstes zur Aufnahme des flüssigen Injektionsgutes besser eignet. Demgegenüber kann sich *strömendes Grundwasser* (z. B. gelegentlich einer Grundwasserabsenkung) *störend* bemerkbar machen.

h) Als schädlich erweist es sich schließlich auch, wenn in den Boden Luft eingepreßt wird.

Für Zwecke der Bodenverfestigung verwendet man zweckmäßig die druckluftbetriebene Zweikammer-Injektionsanlage (Abb. 683b). Der Verdichter der Anlage muß für Enddrücke von 7 bis 10 at ausgelegt sein. Ihm brauchen bloß die nach der Beschaffenheit des Untergrundes jeweils erforderlichen Preßdrücke entnommen zu

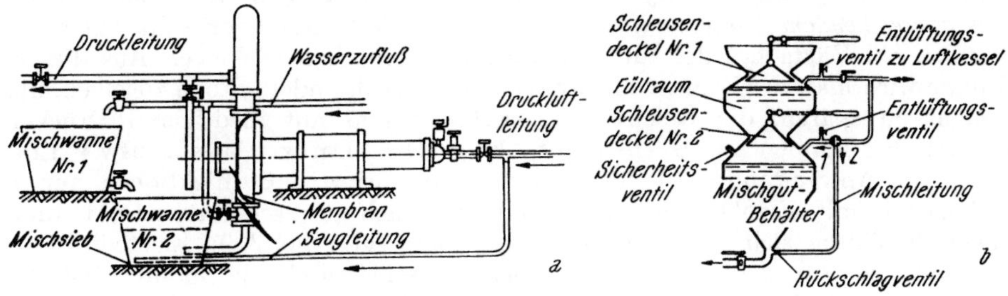

Abb. 683. Einpressvorrichtungen der Zementeinpressung

werden. In sandigen, lockeren Böden gelingt es mitunter, den Grundbruch bereits mit 4 bis 5 at auszulösen und die Injektion mit Erfolg durchzuführen. Vorsicht ist jedoch geboten, wenn das Injektionsloch das Injektionsgut bei 1 bis 2 at Druck zu schlingen beginnt, weil dies darauf hindeutet, daß das eingepreßte Material durch einen Riß entweicht und etwa im Trinkwasserbrunnen eines benachbarten Hauses oder in einem Kanal Abfluß findet (vgl. Abb. 684b).

Im Gebrauch finden sich auch die *Hänyschen* Injektionskolbenpumpen mit Membrane, die größere Drücke zu erzeugen vermögen, jedoch weniger leistungsfähig sind (vgl. Abb. 683a).

Beim Injektionsvorgang lassen sich drei Phasen unterscheiden.

1. *Verfüllungsphase,* in der sich die Gesteinshohlräume bei nahezu konstantem Druck verfüllen.

2. *Verdichtungsphase,* in der die Aufnahmefähigkeit des Bodens stufenweise abnimmt, während der Druck langsam und ständig ansteigt und der Gang der Pumpe sich zunehmend verlangsamt. Das Einpreßgut muß anfänglich verdünnt, später jedoch beim stürmischen Druckanstieg wieder konzentrierter zugeleitet werden, damit beim Erreichen der folgenden

3., *der Sättigungsphase* in den Boden weder Luft noch überflüssiges Wasser eingepreßt wird, da dies die Konsolidation erschweren würde. Diese Phase ist sehr kurz und verbraucht ganz geringe Mengen von Einpreßgut.

Der Druckverlauf muß also ständig beobachtet werden, weil sich — nach BERNATZIK — aus den Druckdiagrammen weitere nützliche Schlüsse auf das Gelingen der Injektion ziehen lassen (Abb. 684):

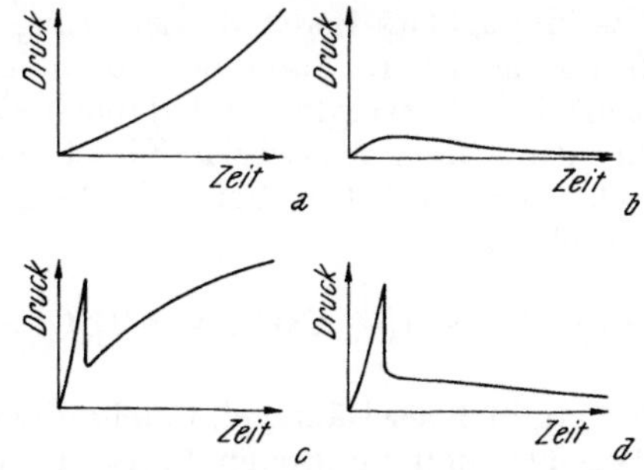

Abb. 684. Typische Druck-Zeit-Diagramme beim Einpressen

a) Der Druck steigt langsam und beständig an, bis das Druckvermögen der Pumpe erschöpft ist oder nicht weiter gesteigert werden darf. Dies bedeutet, daß die Hohlräume und Spalte im Boden mit Erfolg verpreßt wurden.

b) Ein neuerliches Absinken des Druckes nach anfänglichem Druckanstieg besagt, daß das Injektionsgut in waagrechte Risse und Spalte (eventuell in Kanäle, Schächte, Brunnen) eindringt und der Untergrund aufgebrochen ist. Die Injektion ist erfolglos.

c) Nach anfänglichem starkem Anstieg sinkt der Druck plötzlich ab, um dann wieder langsam anzusteigen: die Injektion hat den Untergrund zwar aufgerissen, doch ist es danach gelungen, die lotrechten Spalte zu verpressen.

d) Dem anfänglichem raschem Anstieg folgt ein ganz plötzlicher Druckabfall und sodann ein weiteres Absinken des Druckes bis zum Ende: die Injektion hat den Boden aufgerissen, es hat sich ein waagrechter Spalt gebildet, in den die Zementmilch eingedrungen ist und von dem aus sie den Untergrund anhebt oder in die bereits erwähnten Hohlräume abfließt. Die Injektion ist erfolglos.

Bei richtiger Durchführung lassen sich durch die Zementinjektion Sand- und Kiesböden *hochgradig verfestigen und gegen Wasser für 2 bis 3 Jahrzehnte in praktisch ausreichendem Maße verdichten.* Die erzielte Verfestigung erreicht, allgemein gesehen, ein Vielfaches der für Gründungen erforderlichen Werte. (Aus diesem Grunde wird man der Zementmilch zweckmäßig auch andere Stoffe zusetzen, um Zement zu sparen, die Reichweite vergrößern und mit niedrigeren Drücken arbeiten zu können. z. B. Bentonit, Flugasche, Darex, Alfesil, usw.) Eine praktische Anwendungsregel von NEUMANN bestätigt, daß Injektionen nur in Bodenarten mit Erfolg anwendbar sind, wo auch die gravitationäre Grundwasserabsenkung sich erfolgreich ausführen läßt (vgl. Abb. 300). Er stellt ferner fest, daß die Grenzen der Injektion nicht so sehr durch die Mahlfeinheit des Zements, als durch seine starke Neigung zur Flockenbildung und die dadurch erzielte Porenverstopfung gestellt sind (VDI Nachrichten N° 24, 1962, Juni).

b) Chemische Bodenverfestigung (Bodenversteinerung)

Unter den in der Praxis zur Anwendung gelangenden Methoden zur chemischen Bodenverfestigung haben die *Wasserglasverfahren* die stärkste Verbreitung gefunden. Sie beruhen auf der Tatsache, daß das aus dem Wasserglas ausgeflockte Kieselsäuregel die Bodenkörnchen verklebt und damit tragfähiger und wasserundurchlässiger macht. Das Ausflocken des Kieselsäuregels erfolgt entweder beim Nachpressen der Salzlösung eines zwei- oder dreiwertigen Metalls im Augenblick der Einwirkung (in statu nascendi), wobei man vom Zweiflüssigkeitsverfahren spricht, oder indem man der Wasserglasmischung schon vor dem Einpressen aktivierende Stoffe (Katalisatoren) beimengt, wobei das Eintreten der zum Ausflocken des Gels erforderlichen Reaktion je nach der Menge der Beimengung auf Minuten oder auch auf Tage vorausbestimmt werden kann (Einflüssigkeitsverfahren).

α) Zweiflüssigkeitsverfahren

Das älteste und in der Praxis am häufigsten angewandte Verfahren ist die Zweiflüssigkeits-Bodenversteinerung nach JOOSTEN, die sich besonders bei Verfestigung lockerer Sandböden bewährt. Durch perforierte Rohre wird in den Boden zunächst Wasserglas und danach Calciumchlorid eingepreßt (Abb. 685). Dieses flockt aus dem Wasserglas Kieselsäuregel aus, welches die Bodenkörnchen künstlich „verklebt". Die chemische Reaktion zwischen den beiden Lösungen folgt der Gleichung

$$Na_2O \cdot n \cdot SiO_2 + CaCl_2 + m\,H_2O = n \cdot SiO_2(m-1)\,H_2O + Ca(OH)_2 + 2\,NaCl.$$

Sie ergibt Kieselsäuregel, Calciumhydroxid und Kochsalz. Die Adsorption an den Porenwänden im Boden führt zu einer Konzentration der im Wasserglas enthaltenen Kolloide. Während die zweite, d. h. die dünnflüssigere $CaCl_2$-Lösung in dem die Poren ausfüllenden Wasserglas durch elementare Gänge vordringt, entsteht an den Berührungsflächen der beiden Flüssigkeiten aus dem abgebauten Natriumsilikat eine Membran, die mit fortschreitender Reaktion dicker wird. Zwischen dem an den Porenwandungen haftenden Wasserglas und dem Calciumchlorid setzt durch die halb durchlässige Gelmembran hindurch sogleich ein

Ionenaustausch ein, weil an den Porenwandungen bereits weiteres Natriumsilikat zum Ausflocken gelangt, dessen hohe Oberflächenadhäsionskapazität zum Zusammenhaften und Verfestigen der Sandkörnchen führt. Die einschlägigen Forschungen wandten sich im weiteren besonders der Klarstellung jener Reaktionen zu, die aus dem Calciumhydroxid und dem überschüssigen Calciumchlorid Calciumoxichlorid entstehen lassen und den Boden weiter verfestigen.

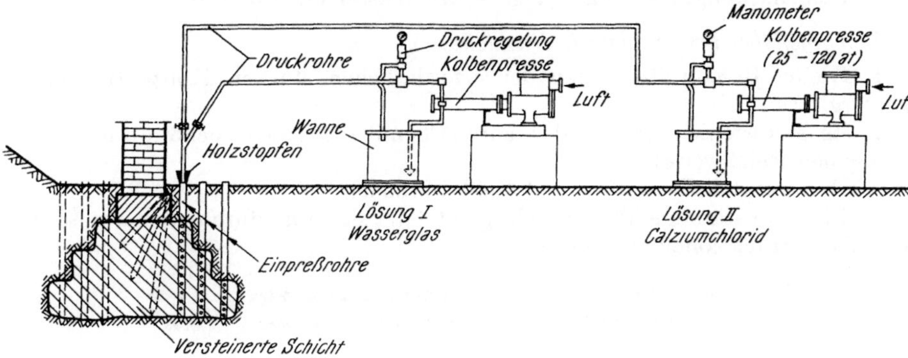

Abb. 685. Schema des Bodenversteinerungsverfahrens nach JOOSTEN

Feinkörnige Böden ließen sich auch nach diesem Verfahren nicht verfestigen, da Wasserglas in der zur Verfestigung erforderlichen Konzentration (mindestens 30 °Bé) sehr viskos ist (50 bis 70 Zentipoise), weshalb denn auch die Reichweite der Wasserglaseinpressung (mit $r = 25$ bis 50 cm) *selbst unter dem der Zementinjektion liegt.* Das Anwendungsgebiet des Zweiflüssigkeitsverfahrens erstreckt sich auf Böden im Durchlässigkeitsbereich von $k = 10^{-1}$ bis $2 \cdot 10^{-3}$ cm/s, d. h. praktisch in Böden mit einem maßgebenden Korndurchmesser von 1 mm. Der Wirkungsgrad läßt sich einigermaßen verbessern, wenn die Einpreßrohre in zwei Reihen angesetzt werden.

In Böden mit entsprechend grober und mittelgroßer Körnung — auf Quarzbasis — lassen sich gute Verfestigungen (40 bis 50 kg/cm² Würfelfestigkeit), jedoch nur eine wenig vollkommene Wasserdichtigkeit erzielen.

Zur Ermittlung der voraussichtlichen Druckfestigkeit gibt N. RSCHANIZIN die Formel

$$\sigma_d = 0{,}15 \cdot s \cdot n \cdot \sqrt[3]{\Theta} \qquad (361)$$

an, in der s die im Natriumsilikat anwesende SiO_2-Menge (in der Regel zwischen 27 und 31%), n den Natriumsilikatmodul (2,5 bis 3,3) bezeichnet. Unter diesem ist das Verhältnis der Gramm-Molzahl der Kieselerde (SiO_2) zu der des Natriumoxids (Na_2O) im Wasserglas zu verstehen. (Nach neueren Erfahrungen empfiehlt sich die ausschließliche Verwendung von kieselsäurereichem Wasserglas mit einem $n = 3{,}3$.) Θ bedeutet in obiger Gleichung die Gesamtoberfläche der in 1 cm³ Boden vorhandenen Körnchen in cm².

Da es sich um Oberflächenbindungen handelt, ergibt sich die stärkste Verfestigung in den kolloidalen Dimensionen, die die relativ größte Oberfläche bieten. Eben deshalb zeigten Versuche unter gleichen Umständen *in feinkörnigem Sand stärkere Verfestigungen als im grobkörnigen.* Übrigens ist der Gehalt an Si für die Menge des entstehenden Siliziumgels, der Gehalt an Na für die Anzahl der möglichen inneren Verbindungen und der Gehalt der Reagenten für die Ausbreitung derselben maßgebend.

Das Verfahren hat folgende Vorzüge:

1. Es ist das einzige chemische Sättigungsverfahren, das auch in Grob- und Mittelsandböden angewendet werden kann und hohe Festigkeitswerte liefert.

2. Die Reaktion läuft schlagartig in wenigen Augenblicken ab, so daß sich das Verfahren besonders dort bewährt, wo das Auswaschen des Einpreßgutes zu befürchten ist.

3. Das Einpreßgut ist gegen aggressives Wasser unempfindlich.

Demgegenüber hat es folgende Nachteile:

1. Kleine Reichweite wegen der erforderlichen starken Konzentration des Wasserglases.

2. Es ist kostspielig (wegen der teuren Chemikalien, die es benötigt, und wegen der kleinen Reichweite).

3. Es versagt in Feinsand- und Mehlsandböden.

4. Eine vollständige Wasserdichtigkeit läßt sich nur durch wiederholte oder zusätzliche Injektionen erzielen.

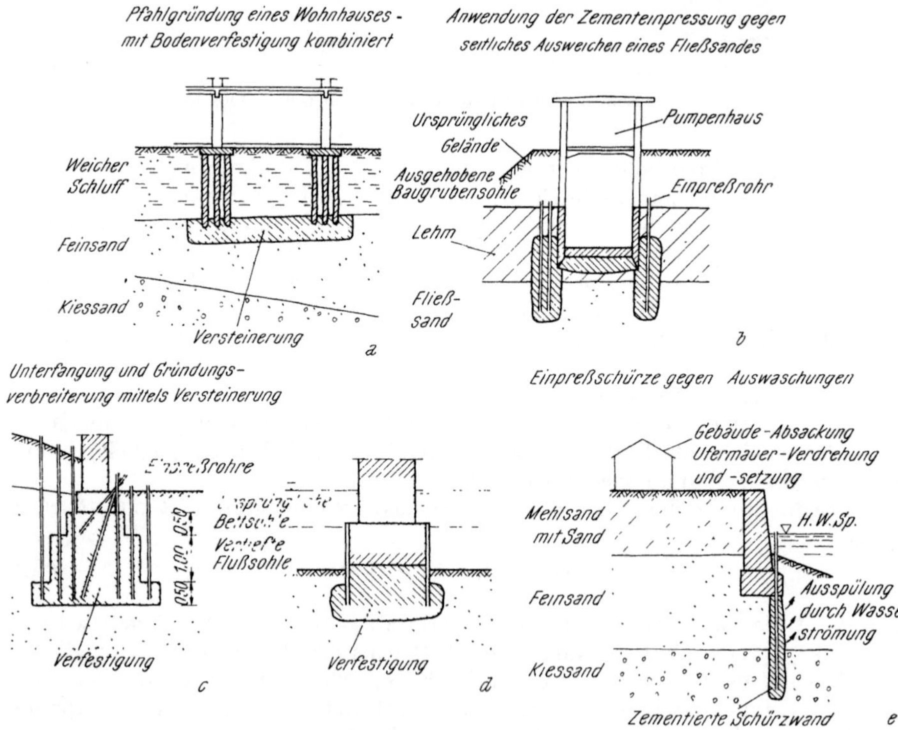

Abb. 686. Anwendungsbeispiele für Bodenversteinerung

Die Bodenversteinerung wird man mit Erfolg anwenden:

1. bei Bauwerksgründungen zur Erhöhung der Tragfähigkeit des Baugrundes,

2. zur Wasserabsperrung in Baugruben,

3. beim Stollen- und Tunnelvortrieb zur Stabilisierung wassergesättigter Böden,

4. zur Schaffung wasserabsperrender Dichtungsschürzen zwecks Verhütung des Sickerns und der Unterkolkung unter Wasserbauten,

5. zur Sicherung der Standfestigkeit benachbarter Bauwerke gegen die lockernde Wirkung von Tiefbauten,
6. zur Verhinderung der Setzungen von Maschinenfundamenten.

Die Abb. 686 zeigt einige kennzeichnende Beispiele für die Anwendbarkeit der Bodenversteinerung. Außer bei Verstärkung des Gründungskörpers durch Verbreiterung oder Tieferverlegung (vgl. Abb. 685) bewährt sich das Verfahren auch zur Verhinderung des seitlichen Ausweichens von Gründungskörpern nach benachbarten Baugruben oder nach dem Flußbett zu bzw. zur Verhütung von Auswaschungen.

Ein besonderes Anwendungsgebiet der Bodenversteinerung, das in neuerer Zeit auch für Ungarn große Bedeutung gewonnen hat, *stellt die Verkieselung (Silizifikation) von Lößböden* dar. Unter Ausnützung der aktivierenden Eigenschaften der in Lößböden anwesenden calciumhaltigen Salze *läßt sich die Reaktion* aus der in den Boden eingepreßten Natriumsilikatlösung *auch unmittelbar auslösen,* wobei sich nach der Reaktionsgleichung

$$Na_2O \cdot n \cdot SiO_2 + CaSO_4 + m \cdot H_2O = n \cdot SiO_2(m - 1)H_2O + Ca(OH)_2 + Na_2SO_4$$

Kieselsäuregel, Calciumhydroxid und Natriumsulfat abscheiden.

Da man hier mit dünnflüssigen Lösungen geringer Viskosität arbeiten kann, mit denen sich der Löß dank seinem makroporösen Gefüge sehr leicht verpressen läßt, eignet sich das Verfahren auch zur Verfestigung von Lößböden mit Durchlässigkeitsbeiwerten von

$$k = 2 \cdot 10^{-3} - 1 \cdot 10^{-4} \text{ cm/s}.$$

Bei umfangreichen Industriebauten auf Lößböden wurden in der Sowjetunion zur Verhinderung von durchnässungsbedingten Absackungen mit Erfolg Bodenverfestigungen nach dem beschriebenen Verfahren durchgeführt. Nach der von W. W. Askalonow [210] gegebenen Beschreibung benutzte man bei den Versuchen unten perforierte Einpreßrohre (Abb. 687), deren Ansetzabstand nach der experimentell ermittelten Reichweite (s. Abb. 687b) praktisch aus der Formel $l = r \cdot \sqrt{3}$ berechnet werden kann, wenn r den Wirkungsradius eines Einpreßrohres bezeichnet, der 25 bis 30 cm kaum zu überschreiten pflegt. Die Injektionsrohre brachte man an den Eckpunkten gleichseitiger Dreiecke nieder.

Die Diagramme in Abb. 687c und d lassen erkennen, wie weitgehend die Verkieselung den Durchlässigkeitsbeiwert und die Setzung des Bodens unter der Last vermindert, seine Festigkeit dagegen erhöht. So stieg beispielsweise die Bruchfestigkeit des Lößbodens durch die Versteinerung in 5 cm Entfernung vom Einpreßrohr von 0,8 kg/cm² auf 7,5 bis 16 kg/cm² und in einem Abstand von 25 cm auf 3,5 bis 9 kg/cm² an, während sich die Setzung nach den Probebelastungsversuchen unter einer Last von 2 kg/cm² als Folge der Verfestigung von 67 mm auf 3,3 mm verminderte.

Auf einen Abschnitt verwendete man von der Wasserglaslösung eine Menge von

$$Q = r^2 \cdot h \cdot n \cdot k_1 \cdot \gamma_s \quad [\text{t}],$$

wobei r [m] die Reichweite der Injektion, h [m] die Länge des perforierten Rohrteiles, n [%] das Porenvolumen, k_1 [0,7 bis 0,8] den Sättigungsbeiwert und γ_s die Wichte der Wasserglaslösung bedeuten.

Die Kosten der Silizifikation betrugen je Kubikmeter Lößboden 118,42 Rubel (alt), während sie in Ungarn zu 1000 bis 1500 Ft/m³ errechnet wurden.

Wie gezeigt, äußert sich der Nachteil des Zweiflüssigkeitsverfahrens vor allem in seiner geringen Reichweite sowie darin, daß es nur mit hochkonzentriertem Wasserglas Erfolge zeitigt, weil dieses durch die nachgepreßte zweite Flüssigkeit ohnehin verdünnt wird, was aber eine Verminderung der Verfestigungswirkung zur Folge hat.

Diesen Mängeln soll in gewissem Umfang *ein im Ungarischen Bodenforschungsinstitut ausgearbeitetes Verfahren* [211] abhelfen, nach welchem man die Wasserglaslösung schon beim Einpressen auf jene Konzentration (unter 25 °Bé) verdünnt, auf die sie durch die zweite, die Reaktion auslösende Flüssigkeit ohnedies gebracht werden muß. Damit konnte das Anwendungsgebiet der Methode auch auf Fein- und Mehlsandböden ausgedehnt (ihre Reichweite vergrößert), der Aufwand an teuerem Wasserglas hingegen herabgesetzt werden. Die gleichfalls schlagartige chemische Reaktion löst das CO_2-Gas aus, welches nach der Wasserglasinjektion

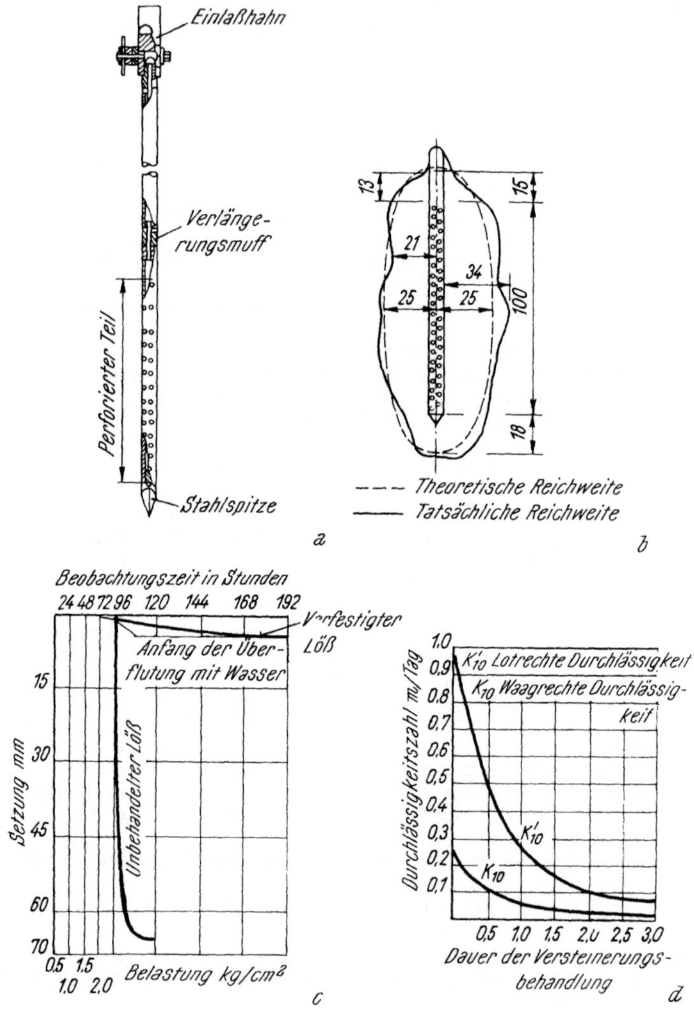

Abb. 687. Die Silikatisierung der Lößböden

eingepreßt wird und schon bei 1 bis 2 at zwischen die Bodenkörnchen eindringt. Die chemische Reaktion verläuft hierbei nach der Gl.

$$Na_2SiO_3 \cdot m \cdot H_2O + CO_2 = Na_2CO_3 + H_2SiO_3 \cdot (m - 1)\, H_2O\,.$$

Das Gas läßt sich mit besserem Wirkungsgrad einpressen, denn benützt man sogenannte „doppelwandige“ Einpreßrohre, aus denen es nur aus dem unteren, nach oben hinab geschlossenen, seitlich perforierten Spitzenteil in den Boden gelangen kann, so läßt sich sein wirkungsloses Entweichen an der Rohrwand entlang verhindern. Das Verfahren kann mit einigem Recht als Übergang zum Einflüssigkeitsverfahren aufgefaßt werden, doch bestehen noch einige Bedenken, ob die erzielten chemischen Produkte gegen die Angriffe der im Boden allenfalls vorhandenen stärkeren Säuren, wie Kiesel- oder Schwefelsäure u. a. m. genügend stabil bleiben.

β) Einflüssigkeitsverfahren

Die neueren Verfahren zur chemischen Bodenverfestigung arbeiten zum überwiegenden Teil nur noch mit einer einzigen Einpreßflüssigkeit und bestimmen den Zeitpunkt des Eintritts der chemischen Reaktion durch Koagulatoren (Katalisatoren), die der dünneren Wasserglaslösung noch vor dem Einpressen zugegeben werden. Die Regelung des Reaktionszeitpunktes der so hergestellten sogenannten „labilen Wasserglaslösung" kann durch Zugabe sowohl saurer als auch alkalischer Reagenten erfolgen. Der Prozeß spielt sich in alkalischer oder in saurer Umgebung auf unterschiedlichen Neutralisationsgraden (bei verschiedenen pH-Werten) ab.

1. *In sauren Medien*, d. h. wenn man die Säuren bzw. die Salzlösungen durch eine langsam zugesetzte $Na_2O \cdot n \cdot SiO_2$-Lösung neutralisiert, bilden sich SiO_2-Gele, wenn das ganze System in einen dem neutralen nahen Zustand (pH = 7) gerät.

2. *In basischen Medien* hingegen, wenn also die $Na_2O \cdot n \cdot SiO_2$-Lösung durch schrittweise zugesetzte Säure oder Salzlösungen neutralisiert wird, scheiden sich die SiO_2-Gele bei hohen pH-Werten (11 bis 12) aus, d. h. wenn die Natriumsilikatlauge erst zu 25 bis 45% neutralisiert ist. Der Zeitpunkt der Ausscheidung hängt von folgenden Faktoren ab:

a) *vom Neutralisationsgrad der Komponenten der gebildeten Lösung*, mit anderen Worten, je hochgradiger die Neutralisation (je mehr der Wert pH = 7 angenähert wird), um so *kürzer ist die Zeit*, die bis zum Eintritt der Gelbildung verstreicht;

b) *von der Aktivität des Koagulationsmittels* (der Säure oder des Salzes) *in der Silikatlösung*. Je aktiver die Säure (z. B. H_2SO_4) ist, um so empfindlicher reagiert der Zeitpunkt der Gelbildung auf die geringste Änderung des Neutralisationsgrades;

c) *von der Konzentration der gelbildenden Lösung*, d. h. je geringer die Konzentration ist, um so länger dauert die Gelbildung an. Eine höhere Konzentration ergibt auch eine bessere Verfestigung;

d) *von der Temperatur der Lösung*. Bei sauren Lösungen verkürzt ein Ansteigen dieser Temperatur von 10 °C auf 40 °C die Gelbildungszeit, während sich diese bei basischen Lösungen bis 40 °C verhältnisgleich mit dem Temperaturanstieg verlängert.

Bei einem Teil der Einflüssigkeitsverfahren werden die die Reaktion auslösenden Stoffe der verdünnten Wasserglaslösung durch Entfernung der gröberen Körnchen mittels Zentrifugierens, in suspendiertem Zustand zugesetzt. Durch Basenaustausch zwischen den Ca- und Na-Ionen entsteht in der Suspension ein *Calciumsilikatsol*, welches nach Verlauf einer regelbaren Zeitspanne zum Gel erstarrt. So suspendieren in ihren Verfahren RODIO gelöschten Kalk, JÄHDE hingegen (dieser in labilem Wasserglas [212]) Zement. Als Ersatz für den während des chemischen Prozesses sich verbrauchenden Zement und Kalk gehen die in der Suspension anwesenden Körnchen allmählich in Lösung. Verfahren dieser Art haben den großen Vorzug, mit gut fließbarem Material zu arbeiten, was ihre Reichweite wesentlich vergrößert. Das Injektionsgut läßt sich selbst in feinsten Sand (D_m = 0,01 mm) einpressen. Das Rodio-Verfahren hat den Vorzug, eine sehr gute Wasserdichtung zu liefern und in der Kalkmilch ein Mittel zu verwenden, dessen Behandlung und Beimischung weniger gefährlich ist als die einer Säure.

Dagegen hat es den Nachteil, eine geringere Verfestigung zu sichern, weshalb man es auch durch nachträgliche Zementinjektionen zu ergänzen pflegt.

Beim Verfahren *Joosten III* wird der Wasserglaslösung ein Schutzkolloid beigemengt, nach dessen Abbau es in regelbarer Zeit zur Reaktion kommt.

Das *Monosol*-Verfahren [213] arbeitet mit Natriumaluminat ($Al_2O_3 \cdot m \cdot Na_2O$; $m = 1{,}3$), aus dem im Augenblick der Beimischung wasserunlösliches Aluminiumsilikat entsteht. Nach einer regelbaren Zeitspanne beginnt sodann die Polymerisation der Silikatkolloide, die stufenweise in eine Erstarrung zum Gel übergehen.

Eine zweite Gruppe der Einflüssigkeitsverfahren verwendet Silikatsole, d. h. vor dem Einpressen hergestellte Mischungen aus Wasserglaslösungen und aktivierenden Stoffen.

Sowjetische Forscher (Askalanow, Tschalikowa [210]) benützen eine Mischung aus Phosphorsäure- und Natriumsilikatlösungen (und sogar Fluorhydrosilikatlösungen) in niedriger Konzentration. Das Mengenverhältnis der Mischungskomponenten muß hierbei je nach dem Zeitpunkt, zu dem die Reaktion eintreten soll, verschieden gewählt werden. Im übrigen folgt die Reaktion der Gleichung

$$Na_2O \cdot n \cdot SiO_2 + H_3PO_4 + m \cdot H_2O = n \cdot SiO_2 (m + 1)\, H_2O + Na_2HPO_4,$$

sie liefert also ein Kieselsäuregel und Natriumhydrophosphat. Zur Verfestigung schluffiger Sandböden ($k = 4 \cdot 10^{-4} - 6 \cdot 10^{-3}$ cm/s) empfiehlt sich am besten eine saure Mischung aus 3 bis 4 Volumteilen Phosphorsäure (H_3PO_4, $\gamma = 1{,}025$) mit 1 Volumteil Natriumsilikatlösung (Na_2SiO_3, $\gamma = 1{,}190$), bei der sich die Gelbildung nach 4 bis 10 Stunden einstellt. Die Reichweite der Bodenverfestigung beträgt 0,3 bis 1,0 m. Erfahrungsgemäß benötigt man zur Verfestigung von 1 m^3 Boden ca. 30 kg 70%ige Phosphorsäure und 30 kg Natriumsilikat.

Die Bodensilizifizierung mit Wasserglas läßt nach der sowjetischen Praxis die in folgende Tabelle zusammengefaßten Ergebnisse erwarten. Die Reichweite ist hier in Abhängigkeit vom Durchlässigkeitsbeiwert angegeben. Die obere Grenze der Einpreßrohrabstände liegt bei 1,6 bis 1,8 m, doch wird man praktisch besser tun, einen Abstand von 60 bis 80 cm einzuhalten.

Die Reichweiten der verschiedenen Silikatisierungsverfahren

Bodenart und angewandte Silikatisierungsverfahren	Durchlässigkeitsbeiwert 10^{-3} cm/s	Voraussichtliche Reichweite der Bodenverfestigung m
Sand	2,3—11,6	0,30—0,40
Bodenverfestigung mit Zwei-	11,6—23,2	0,40—0,60
flüssigkeitsverfahren	23,2—58,0	0,60—0,80
	58,0—90,0	0,80—1,00
Schluffboden	0,35—0,60	0,30—0,40
Bodenverfestigung mit	0,58—1,16	0,40—0,60
Einflüssigkeitsverfahren	1,16—2,32	0,60—0,80
	2,32—5,80	0,80—1,00
Lößboden	0,12—0,35	0,30—0,40
Bodenverfestigung mit	0,35—0,58	0,40—0,60
Einflüssigkeitsverfahren	0,58—1,16	0,60—0,90
	1,16—2,32	0,90—1,00

Die Bodenverfestigung muß zonenweise streifenweise voranschreiten, wobei die Zonenlänge der um $0{,}5\,R$ vergrößerten Länge des perforierten Rohrteiles gleich sein soll. In Schichten mit gleichbleibendem Durchlässigkeitsbeiwert injiziert man von oben nach unten, wächst dagegen der Wert von k mit zunehmender Tiefe, arbeitet man zweckmäßig von unten nach oben. Ganz allgemein gilt die Regel, daß zuerst stets die durchlässigeren Schichten zu verpressen sind. Beeinflußt wird die Reihenfolge der Injektion des chemischen Verfestigungsmaterials auch durch die Strömungsgeschwindigkeit des Grundwassers. Ist $v < 1{,}16 \cdot 10^{-3}$ cm/s, injiziert man zuerst das Wasserglas von oben nach unten fortschreitend und dann das $CaCl_2$ in umgekehrter Richtung. Ist $1{,}16 < v < 3{,}5 \cdot 10^{-3}$ cm/s, werden beide Flüssigkeiten zonenweise eingepreßt. Ist dagegen $v > 3{,}5 \cdot 10^{-3}$ cm/s, wird zuerst eine wasserundurchlässige Dichtungsschürze injiziert, unter deren Schutz sodann die Verfestigung vorgenommen werden kann. *Die Verpressung muß ohne Unterbrechung vor sich gehen,* und zwischen den Einpressungen der beiden Flüssigkeiten dürfen — je nach der Grundwasserströmungsgeschwindigkeit — Pausen von höchstens 1 bis 24 Stunden eingeschaltet werden.

Unter den anderweitigen Einflüssigkeitsverfahren sei hier noch das Langersche erwähnt, das sich einer rein kolloidalen Natriumsilikatlösung bedient, deren Stabilität durch Zugabe einer Säure derart herabgesetzt wird, daß sich durch weitere Zugabe eines löslichen Metallsalzes die Ausflockung des Gels zu einem vorweg genau bestimmbaren Zeitpunkt auslösen läßt. Bei geeigneter Wahl des Koagulators gestattet das Verfahren nebst guter Abdichtung auch eine gute Verfestigung des Bodens.

Als andere erprobte Verfestigungsmittel dürfen noch *Kalk* (der sich günstig auf Ton auswirkt), Kalziumchlorid ($CaCl_2$), Phosphorsäure (H_3PO_4), Fluorkieselsäure (H_2SiF_6) und Lignin erwähnt werden, von denen letzteres als Abfallprodukt bei der Papierherstellung in größeren Mengen und billig zur Verfügung steht, aber in Wasser lösbares Lignosulfit als Produkt ergibt, das nicht Wetter- und zeitbeständig ist.

Anzuführen ist schließlich auch die Bodenverfestigung mit *heißem Bitumen,* die sich jedoch eher zur Verfüllung von Hohlräumen eignet.

γ) Mit Kunststoffen, Polymer-Lösungen und Bitumenemulsionen

In ganz feinkörnigen Böden (Mehlsand) versagt indessen auch das Einflüssigkeitsverfahren. In die feinen Poren derartiger Böden lassen sich nur *ganz dünnflüssige* Bentonitsuspensionen oder anderweitige Emulsionen einpressen, wie etwa beim *Shellperm*-Verfahren, bei dem das Injektionsgut aus einer Bitumenemulsion besteht, die mit den gleichen Vorrichtungen in den Boden eingebracht wird wie die bereits beschriebenen sonstigen Verfestigungsmittel. Die Teilchengröße beträgt bei diesen Emulsionen nur 1 bis 2 μ. Das Verfahren bietet also den Vorteil, die Emulsion selbst in ganz fein gekörnte Böden leicht und mit niedrigen Einpreßdrücken einbringen zu können, ohne daß man — wie bei der unter hohen Drücken injizierten und dickflüssigeren Zementmilch — ein Auswaschen der feinen Teilchen und eine Lockerung des Bodens befürchten muß. Die dünnflüssige Mischung treibt dazu das Grundwasser regelrecht vor sich her, ohne sich mit ihm zu vermischen, wobei sich jedoch das Bitumen erst nach einer gewissen Zeit und nur unter der Einwirkung eines eigenen, der Emulsion beigemischten Katalysators auf den Körnchen absetzt. Die Bitumenteilchen umschließen dabei die zu verdichtenden Bodenteilchen in Gestalt kugelförmiger Tröpfchen. Bei Verpressung weniger feinkörniger Böden pflegt man der Emulsion sogleich auch Zement zuzusetzen, welches die abdichtende und verfestigende Wirkung der Emulsion erhöht.

Neuerdings liegen auch Vorschläge vor [214], ganz feinkörnige Böden durch Einpressen verschiedener *organischer Stoffe* zu verfestigen. Die betreffenden Verfahren arbeiten mit wasserlöslichen *Monomeren* (Anilin-Furfurol, Calciumakrylat, Chrom-Lignin usw.), deren Viskosität der des Wasser nahekommt und die mit niedrigen Drücken über große Reichweite selbst in ganz feine Böden eingepreßt werden können. Diese Monomere verketten sich unter der Einwirkung eines beigemischten und zu einem vorbestimmten Zeitpunkt aktivierenden *Katalysators* zu Polymeren, d. h. zu kautschukartigen Stoffen hoher Biegefestigkeit, die die Bodenkörnchen nicht nur mechanisch umschließen, sondern nun auch nicht mehr wasserlöslich sind. Einer der mit Vorliebe benützten derartigen Injektionsstoffe ist das *Calciumakrylat*, während man als Katalysatoren verschiedene Peroxide [z. B. Ammoniumhypersulfat $(NH_4)_2S_2O_8$ und Natriumsulfat $Na_2S_2O_2$] verwendet. Der Polymerisationsgrad hängt von der Temperatur sowie von der Konzentration der Lösung und des Katalysators ab. Schon bei einer Dosierung von 5% läßt sich eine Bruchfestigkeit von 2,7 kg/cm², bei 50%iger Dosierung hingegen eine solche von 5 kg/cm² erzielen (darüber hinaus steigt sie sprunghaft an), während die Druckfestigkeit ein Vielfaches dieser Werte erreicht.

Nach neueren sowjetischen Angaben kann man mit verschiedenen Karbamidharzlösungen sogar Festigkeitswerte zwischen 50 und 100 kg/cm² erzielen, und zwar in Bodenarten mit Durchlässigkeitsbeiwerten von $k = 2 - 3 \cdot 10^{-6}$ m/sec. Im allgemeinen darf festgestellt werden, daß, wenn es um eine Festigkeitserhöhung geht, auch heute noch das Joosten-Verfahren in gröber gekörnten Böden, und die Anwendung verschiedener Kunstharzlösungen in feinkörnigen Böden sicherlich zum Ziele führen wird. Wenn es aber um die Erhöhung der Wasserdichtigkeit geht, dürften die Bentonitschlämme den besten Erfolg versprechen. Die Technologie der Verfestigung mit Karbamidlösungen ist schon in amtlichen Vorschriften festgehalten [215].

Auf Grund amerikanischer und sowjetischer Ergebnisse sind neuerdings auch in Ungarn vielversprechende Versuche mit dem Einpressen verschiedener, mit Salz- oder Säurekatalysatoren gemischter *Kunstharzlösungen* aufgenommen worden (vgl. Z. Regele: Die Anwendung von Kunststoffen zur Bodenverfestigung, III. Wissenschaftliche Tagung der E. M. Versuchsanstalten, Band III, 1962, und Dr. G. Petrasovits: Bodenverfestigungs- und Abdichtungsversuche mit Aminoplasten, Proc. Int. Conf. Soil Mech., Budapest 1963, S. 429).

Diese dünnen Flüssigkeiten lassen sich auch in ganz feinkörnige Böden gut einpressen. Nebst beträchtlicher Reichweite bieten sie die gleiche Verfestigung wie Wasserglas, doch sind sie noch ziemlich kostspielig.

Die zweckmäßigen Anwendungsbereiche der hier erörterten wichtigeren Bodenverfestigungsverfahren in Böden unterschiedlicher Korngröße und Kornzusammensetzung veranschaulicht die Abb. 688, aus der hervorgeht, daß das

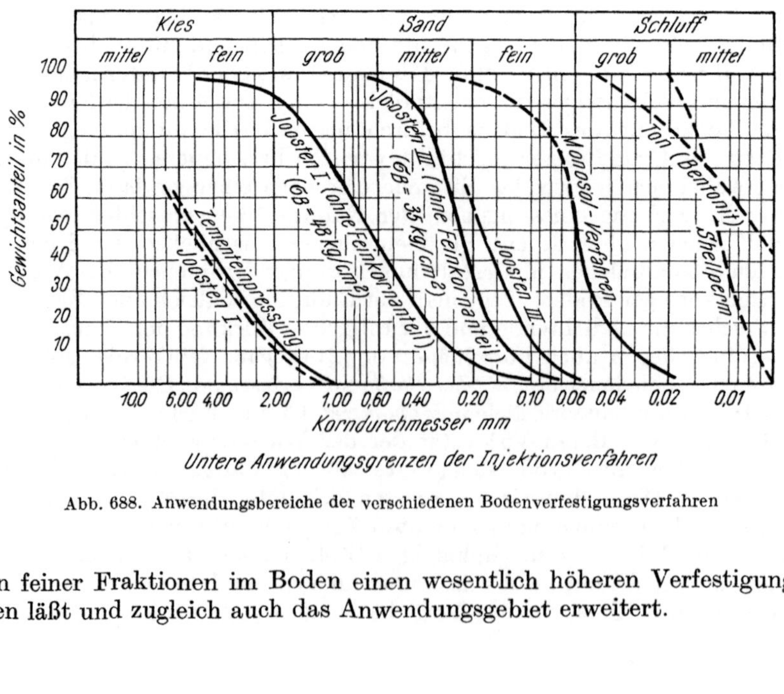

Abb. 688. Anwendungsbereiche der verschiedenen Bodenverfestigungsverfahren

Fehlen feiner Fraktionen im Boden einen wesentlich höheren Verfestigungsgrad erzielen läßt und zugleich auch das Anwendungsgebiet erweitert.

3. Bodenverfestigung mit elektrischem Strom

Mit elektrischem Strom lassen sich Mehlsand-, Schluff- und tonige Schluff- oder weiche Tonböden von ganz geringer Durchlässigkeit verfestigen.

Beim Anlegen eines elektrischen Feldes an Tonböden kommt es nach neueren Forschungen zu folgenden Erscheinungen:

1. Der elektrische Widerstand der Tonteilchen führt zu einer *Erwärmung* des Bodens im Umkreis um die Anode.

2. Ist das disperse System dünnflüssig genug (d. h. der Wassergehalt des Tones so hoch, daß sich die festen Teilchen im Dispersionsmittel — dem Wasser — bewegen können), dann *wandern die negativ geladenen* (*basischen*) *Tonteilchen zur positiven Elektrode, der Anode, die positiv geladenen Teilchen hingegen zur negativen Elektrode, der Kathode* (*Elektrophorese*).

3. Ist das disperse System sehr konzentriert, wie dies bei Böden allgemein der Fall ist, kann die Erscheinung unter 2. nicht zustande kommen, weil die Teilchen (Körnchen) der dispersen Phase so dicht nebeneinander liegen, daß sie sich gegenseitig an der Bewegung hindern. In derartigen Systemen setzt eine Bewegung der Dispersionsflüssigkeit gegen die ruhende disperse Phase ein, und zwar in entgegengesetzter Richtung als zuvor, d. h. relativ zu den negativ geladenen Tonkörnchen von der Anode zur Kathode (*Elektroosmose*).

4. Zersetzung des Porenwassers in H^+- und OH^--Ionen (*Elektrolyse*).

5. Austausch der an der Oberfläche der Tonkörnchen haftenden Basen gegen die an den Elektroden abgeschiedenen Basen (*Ionenaustausch, elektrochemische Wirkung*).

6. Die natürliche Polarisation läßt an den Elektroden einen Gegenstrom entstehen, der den Stromfluß schwächt und damit den Widerstand erhöht.

7. Durchströmt das Wasser unter einem hydraulischen Gefälle ein kapillares System, tritt zwischen dem Ein- und Austrittspunkt ein elektrischer Potentialunterschied auf (*Elektrokapillarität*).

Sämtliche elektrische Bodenverfestigungsverfahren beruhen auf der Tatsache, daß im Boden unter der Einwirkung des elektrischen Stromes eine Wasserströmung und eine Ionenwanderung einsetzt, jedes dieser Verfahren nutzt also die unter 3. und 5. beschriebenen Erscheinungen. Selbstverständlich muß aber damit gerechnet werden, daß im elektrischen Feld auch alle anderen der beschriebenen Erscheinungen ausgelöst werden. Insbesondere darf aus den Überlegungen das Entstehen der Widerstandswärme (Joulesche Wärme), die sich mit wachsendem Tongehalt des Bodens erhöht, nicht ausgeschaltet werden, und ebensowenig die Elektrolyse, die auch den für die Verfestigung wichtigen Basenaustausch beeinflußt.

Die Erscheinungen entwickeln sich nicht mit gleichen Geschwindigkeiten, ein Umstand, der dazu genutzt werden muß, einen möglichst großen Teil der eingespeisten Energie der Abwicklung jener Prozesse zuzuleiten, die sich auf die Verfestigung nützlich auswirken, und dies bevor noch die dem beabsichtigten Effekt abträglichen sonstigen Prozesse größere Strommengen aufzehren könnten (vgl. Abb. 691).

Eine eingehendere Prüfung der für die Verfestigung wichtigen Erscheinungen muß zunächst die elektrochemischen Wirkungen (S. 736 und 737) einer näheren Betrachtung unterziehen.

a) Elektrochemische Bodenverfestigung

Als Folge der Hydratation (Anlagerung von Wasserdipolen) geht die Oberfläche der Teilchen wasserdurchtränkter Tonböden in Lösung. *Unter der Einwirkung des Gleichstromes wird diese ebenso elektrolysiert wie die echten Elektrolyte.* Die Lösung in Wasser führt entweder *zum gänzlichen Zerfall oder bloß zum Erweichen und Quellen des Tons.* Letzteres tritt bei den Tonmineralien, besonders bei den Montmorilloniten ein. Die Wasserdipole dringen in das Schichtgittergefüge ein und vergrößern damit den Rauminhalt des Kristalls, ohne daß sich dessen Gestalt ändern oder der Ton zerfallen würde. Die Tonmineralien haben eine Struktur, in der umfangreiche Aluminiumsilikat-Anionen mit Ca-, Mg-, Na- oder K-Ionen als Kationen wechseln. Da der Hydratationsgrad dem Ionenvolumen umgekehrt proportional ist, erfahren die Kationen eine weitgehende Hydratation, die ihre Bindung stark lockert. Dementsprechend beruht ihre Bindung mit den weniger stark quellenden Alkalimetall-Anionen nicht auf der unmittelbaren Anziehung, vielmehr wird sie durch die an den Oberflächen angelagerten Wasserdipole vermittelt und ist dementsprechend auch weniger intensiv.

Die Kationen der gequellten Tonteilchen haben die gleichen Eigenschaften wie die einer echten Lösung, und weil ihre Ladungen durch die inerten Aluminiumsilikat- (Tonmineralien-) Anionen kompensiert werden, bleiben die Kationen an der Oberfläche der Tonteilchen gebunden und können von dieser nur durch Ionenaustausch abgetrennt werden.

Bekanntlich beruht die Elektrolyse von Salz- oder anderen elektrolytischen Lösungen auf der Zersetzung des Wassers, das in H^+- und OH^--Ionen dissoziiert. Wird nun an den Elektroden ein Potentialunterschied erzeugt, werden die Wasserionen elektrisch aufgeladen, und zwar an der *Anode* die Hydroxylionen, wodurch Wasserstoffionen frei werden, während in der Umgebung der Elektrode eine *saure* Reaktion ausgelöst und Sauerstoff in Gasform ausgeschieden wird. An der *Kathode* hingegen werden die Wasserstoffionen aufgeladen, wobei Hydroxylionen frei werden, eine *basische* Reaktion eintritt und Wasserstoffgase zur Ausscheidung kommen. Legt man an eine Tonprobe eine elektrische Spannung, kann man diese Erscheinungen tatsächlich beobachten. *An der Kathode steigen Wasserstoffbläschen auf und es kommt zu einer basischen Reaktion, während sich an der Anode Sauerstoff ausscheidet und eine saure Reaktion eintritt. Außer diesen primären chemischen Prozessen werden auch sekundäre Wirkungen ausgelöst, die in Form einer Wasserströmung und im Austausch der frei gewordenen Ionen zutage tritt.* In dem locker gebundenen, natürliche Kationen enthaltenden Tongel werden an der Anode Na-, Mg- und Ca-Ionen frei, die zusammen mit dem Bodenwasser der Kathode zuströmen, wo sie die dort frei gewordenen Hydroxylionen binden, so daß in stark wäßrigem und flüssigem Zustand Hydroxide der genannten Elemente [$NaOH$, $Ca(OH)_2$, $Mg(OH)_2$] entstehen. Auf der anderen Seite wandeln die frei werdenden H-Ionen zusammen mit den *Al-Ionen,* die in dem entstandenen sauren Medium aus dem zerfallenen Aluminiumsilikatkern frei werden, die umliegenden Bodenteile zu einem trockenen H—Al-Ton um. Während der Umbildung treten an die Stelle der H-Ionen in zunehmendem Umfang Al-Ionen.

Im übrigen spalten auch die an der Kathode entstehenden Basen den Ton in Aluminiumhydroxid und Eisenhydroxid ($Al(OH)$ und $Fe(OH)_3$). Diese gelartigen Stoffe besitzen eine zementierende Wirkung, die zur Verfestigung des Bodens beiträgt.

Je länger die Spannung an den Boden angelegt bleibt, um so mehr dehnt sich der Bereich des sauren H—Al-Tons von der Anode nach der Kathode zu aus, wogegen die alkalische Zone im Umkreis um die Kathode auch bei länger anhaltender

Stromeinwirkung unverändert klein bleibt. Man wird also nicht nur auf diesem Grunde danach streben, den natürlichen Ton im Umkreis um die Anode zu H—Al-Ton umzuwandeln, sondern auch deshalb, weil dieser weit günstigere Festigkeits- und Quellungseigenschaften besitzt als die Na- und Ca-Tone. (SCHAROW [210] hat Untersuchungen darüber angestellt, wie schnell die mit verschiedenen Kationen gesättigten Tonböden im strömenden Grundwasser zerfallen. Infolge seiner starken Wasseraufnahme und Quellung zerfällt der Na-Ton in 2 bis 3 Minuten, der Ca-Ton in 2 bis 3 Stunden, wogegen die H—Al- und die H—Fe-Tone selbst nach Tagen noch nicht zerfallen waren und eine minimale Quellung zeigten.)

Wegen der außerordentlich niedrigen Strömungsgeschwindigkeit der Ionen natürlicher Tone wäre die unmittelbare Anwendung dieser Erscheinungen für Zwecke der Bodenverfestigung nicht wirksam genug. Aus diesem Grunde *hat* CASAGRANDE *zur Beschleunigung des Austausches der stabilisierenden Ionen Aluminium- und Eisenelektroden benützt.* Er bediente sich des Verfahrens zur Erhöhung der Tragfähigkeit von Pfählen bzw. zur Stabilisierung weicher Tonlinsen durch Einbringen von Pfählen mit Aluminiumblechumhüllung. In solchen Fällen führt nämlich schon die Verfestigung einer relativ kleinen Zone zu guten Ergebnissen. Praktischen Erfahrungen zufolge läßt sich die Tragfähigkeit der Pfähle auf das Vier- bis Fünffache erhöhen. Der Stromverbrauch je lfd.m liegt bei 3 bis 6 kWh. Die Tragfähigkeit der Pfähle nimmt mit der Dauer der Stromzuführung zu. Das Verfahren eignet sich besonders zur Erhöhung der Tragfähigkeit schwebender Pfähle in weichen schluffigen Tonböden großer Mächtigkeit, die allerdings — wie gezeigt —, nur selten und nur in Notfällen angewendet werden [216].

Die auf unmittelbaren *elektrochemischen* Vorgängen fußende Bodenverfestigung *hängt also weitgehend von der Bodenart und vom Elektrodenmaterial ab.* Im übrigen bleibt die Auswirkung dieser Art der Bodenverfestigung nie auf sich selbst beschränkt, sondern ruft die anderen elektrischen Vorgänge wie Entwässerung (Elektroosmose) auch hervor. In der Praxis konnte sie sich im allgemeinen nicht durchsetzen. Die Gründe hierfür liegen in der außerordentlich niedrigen Ausbreitungsgeschwindigkeit des Ionenaustausches bzw. in dem relativ hohen Aluminiumbedarf des Verfahrens. Nach praktisch belegten Angaben werden zur Verfestigung von 1 m^3 Tonboden 5 bis 6 kg Aluminium benötigt, ja selbst bei den mit Aluminiumblech ummantelten Pfählen ergibt sich ein Aluminiumverbrauch von 0,6 kg. Hierzu kommt noch der recht erhebliche Strombedarf von 200 bis 300 kWh. Alles in allem ist also das Verfahren recht kostspielig, seine Anwendung mithin nur in wichtigen Ausnahmefällen (z. B. bei Rutschgefahr wegen zwischengelagerter weicher Tonlinsen!) begründet.

b) Bodenverfestigung durch Elektroosmose

Die andere Gruppe der elektrischen Bodenverfestigungsverfahren beruht auf der *Flüssigkeitswanderung* im Boden, die durch den elektrischen Strom ausgelöst wird.

Prof. REUSS (Moskau) entdeckte schon 1807, daß im Boden unter dem Einfluß von Gleichstrom zugleich mit den austauschbaren Kationen auch das Grundwasser *von den Anoden zu den Kathoden* zu wandern beginnt. Diese als Elektroosmose bekannte Erscheinung läßt sich also in erster Linie *zur Verbesserung des Baugrundes durch erhöhten Wasserentzug* nutzen.

Bei der Elektroosmose wird das Wasser aus der Adsorptionshülle der Bodenteilchen von den unter dem Einfluß der Elektrolyse sich abtrennenden Kationen mitgerissen. Da sich nun aber sämtliche chemischen und elektrochemischen Prozesse im

Boden an den Berührungsflächen zwischen fester und flüssiger Phase des Bodens abspielen, wird die Elektroosmose folgerichtig um so wirksamer sein, je feinkörniger der Boden ist, weil diese Böden die relativ größten Gesamtberührungsflächen aufweisen. Gerade darin aber liegt die große Bedeutung der Elektroosmose, da sie Möglichkeiten zur Entwässerung eben jener Böden eröffnet, die das Wasser aus ihren feinen Poren auf rein mechanische Beeinflussung hin (Gravitation, Vakuum) nur überaus schwer hergeben. Bringt man in einen Filterbrunnen eine Elektrode — etwa in Gestalt eines Stahlrohres — nieder, rammt man in einem gewissen Abstand von diesem eine zweite Elektrode in den Boden und legt man schließlich an die beiden Elektroden die beiden Pole einer Gleichspannung, wird die Elektroosmose, der im Boden erzeugten Potentialdifferenz entsprechend, die Wasserströmung zum Filterbrunnen hin beschleunigen und dessen Ergiebigkeit wesentlich steigern (Abb. 689).

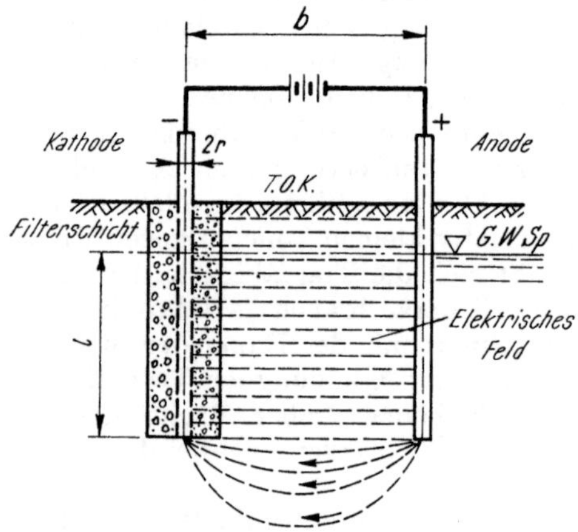

Abb. 689. Die Grundlage der elektroosmotischen Grundwasserströmung

Zur Ermittlung der Wasserströmungsgeschwindigkeit hat SMOLUCHOWSKI die Beziehung

$$v = \frac{\zeta \cdot E \cdot D}{4\pi \cdot \eta} \tag{362}$$

abgeleitet, in der ζ das sogenannte elektrokinetische Teilpotential (die Potentialdifferenz zwischen Adsorptionshülle und bewegter Flüssigkeit), E den Spannungsabfall (V/cm), D die Dielektrizitätskonstante des Dispersionsmittels (Wasser) und η dessen Viskosität bezeichnet.

(Nach neueren Versuchen des sowjetischen Gründungsforschungsinstituts in Moskau kann die durchschnittliche Geschwindigkeit der Elektroosmose mit 5 bis 10 cm/Tag angenommen werden. Mit größerem Aufwand an Elektroenergie läßt sich die Elektroosmose auch in grobkörnigeren Böden auslösen.)

Wirkt auf das im Boden wandernde Wasser nicht nur das von oben an die Elektroden angelegte elektrische Feld, vergrößert es sich um die Geschwindigkeit der laminaren Kapillarströmung. Es wird also

$$v = \frac{\zeta \cdot E \cdot D}{4\pi \cdot \eta} + \frac{d^2}{32\eta} \cdot \frac{p}{l},$$

wenn d den Durchmesser der Kapillarröhrchen, p den Druckunterschied und l die Sickerweglänge bezeichnet. Faßt man die elektrischen Faktoren im ersten Glied zusammen, geht man ferner im zweiten Glied der Formel zu der von DARCY formulierten Sickergeschwindigkeit in der porösen Masse über und setzt man schließlich $p = h$ und $h/l = J$, nimmt obige Formel die einfache Form

$$v = k_E \cdot E + k \cdot J \tag{363}$$

an, in der k_E den elektrischen Beiwert der Sickerung bezeichnet, die unter dem Einfluß der Einheitsfeldstärke im Boden mit dem hydraulischen Gefälle Null auftritt.

Statt dieses Beiwertes haben HAEFELI und SCHAAD [217] den Begriff der elektroosmotischen Druckhöhe (H_E), d. h. jenes Wasserstandsunterschiedes eingeführt, der sich in einem U-förmigen Rohr einstellt, wenn auf die in seinem waagerechten Schenkel eingebrachte Bodenprobe von der Länge L eine Spannung von $E_0 = 1$ V wirkt:

$$H_E = k_E/k \cdot E_0 = h_E \cdot E_0,$$

worin h_E die spezifische elektroosmotische Druckhöhe bedeutet.

Prozentual ist diese Druckhöhe um so größer, je geringer die Durchlässigkeit des Bodens wird. Bezeichnet man nach STEINFELD [218] die durch die Elektroosmose ausgelöste Geschwindigkeitserhöhung mit v_E und die Geschwindigkeit des Wassers im gravitationsbedingten Sickern (DARCY) mit v, dann gilt

für Böden mit $k = 10^{-3}$ cm/s $v_E = 0{,}01\,v$,
„ „ „ $k = 10^{-4}$ cm/s $v_E = 0{,}1\,v$,
„ „ „ $k = 10^{-5}$ cm/s $v_E = 0{,}5\,v$,
„ „ „ $k = 10^{-7}$ cm/s $v_E = 100\,v$,

wenn der Spannungsabfall $E = 1$ V/cm.

Sehr aufschlußreich ist hier ein Vergleich der Wirksamkeit der elektroosmotischen mit jener der Vakuumentwässerung bei unterschiedlichen Bodenfraktionen. Wie aus Abb. 690 hervorgeht, nimmt die Ergiebigkeit der Vakuumentwässerung *mit wachsendem Tongehalt und zunehmend feiner Körnung des Bodens ständig ab*, während sie bei elektroosmotischer Entwässerung unter gleichen Voraussetzungen wächst. Einer weiteren Feststellung zufolge läßt sich dem Boden bei einer Kombination der elektroosmotischen mit der Vakuumentwässerung *weit mehr Wasser* entziehen, *wenn man der elektroosmotischen die Vakuumentwässerung folgen läßt* als bei Einhaltung der umgekehrten Reihenfolge. Hieraus folgt, daß die Vakuumentwässerung den betreffenden Böden nicht nur das freie, sondern auch das ursprünglich gebundene, durch die Elektroosmose jedoch frei gewordene Wasser entziehen kann.

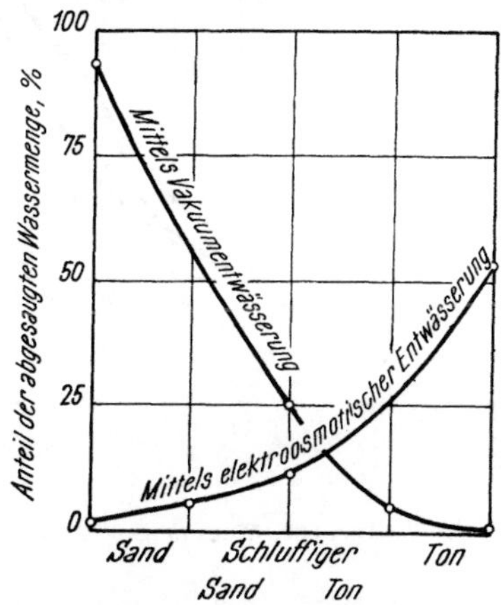

Abb. 690. Die Veränderung des Wasserentzuges mit der Bodenart

Neuerdings bildet die Erscheinung der Elektroosmose den Gegenstand vielfacher theoretischer und praktischer Durchforschung, in die sich ein immer größerer Apparat einschaltet. Zu erwähnen sind hier die Arbeiten von BELLUIGI, FRANKE, BALLY, SCHAROW, KURDENKOW, SCHAAD und CAMBEFORT [219], die im übrigen auch zum besseren Verständnis der im Boden gleichzeitig vor sich gehenden anderweitigen elektrischen Vorgänge beitragen. Diesen neueren Forschungen zufolge lassen sich an der Elektroosmose im Boden zwei Phasen unterscheiden, die sich gegeneinander klar abzeichnen. In der ersten Phase kommt die Druckzunahme (das dielektrische Potential) ungestört zur Geltung. Mit fortschreitendem Wirksamwerden des elektrochemischen Effekts ändert sich, d. h. sinkt die Konzentration der Säuren und Basen (pH-Werte) und damit auch das dielektrische Potential. Die Veränderung tritt um so früher ein, je höher der Tongehalt des Bodens und je größer die verwendete Stromstärke, d. h. also je größer die zwei Faktoren, die ihrerseits die elektrochemischen Wirkungen günstig beeinflussen. In der Zusammenfassung seiner Versuchsergebnisse gibt hierzu KURDENKOW ein überaus charakteristisches Diagramm (Abb. 691). Nach diesem läßt sich ein 20- bis 25%iger Wasserentzug mit verhältnismäßig geringen Strommengen erzielen. Darüber hinaus verschlechtert sich jedoch der Wirkungsgrad der Entwässserung sehr stark, eine Erscheinung, die selbstverständlich mit dem Entzug des in Ton gebundenen Porenwassers zusammenhängt. Aus diesem Grunde empfiehlt FRANKE die Entwässerung durch Elektroosmose nur bis zu einer Durchlässigkeit von $k = 10^{-7}$ cm/s. Der eingespeiste Strom erschöpft sich zunächst überwiegend in der Auslösung der elektroosmotischen Strömung, sodann in der Bewältigung der elektrochemischen Vorgänge und schließlich in der Erzeugung von Wärme, die den Boden auch austrocknet und den Wirkungsgrad des ganzen Prozesses weitgehend verschlechtert.

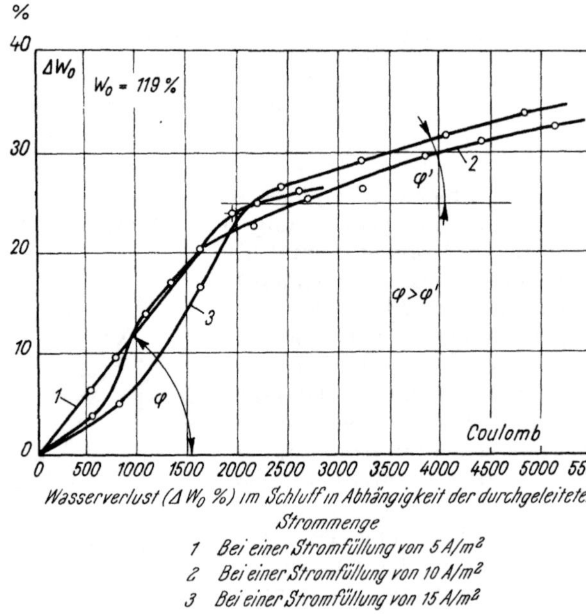

Abb. 691. Wasserabgabe des Schluffbodens in Abhängigkeit der Stromstärke (KURDENKOW)

Die Elektroden werden zweckmäßig in Abständen von $t = 0{,}60$ bis $1{,}00$ m niedergebracht; für die Elektrodenaufteilung gibt übrigens TSITOWITSCH eine einfache Faustregel in der Form $t = \frac{100 \cdot E}{J \cdot \varrho \cdot \varphi}$, in welcher ϱ den spezifischen elektrischen Widerstand des Bodens bezeichnet, während der Beiwert φ zwischen 2 und 3 schwankt, je nachdem, ob der Abstand b zwischen den Elektrodenreihen kleiner oder größer als t ist.

Das Anwendungsgebiet des Verfahrens veranschaulicht der gestrichelte Teil des von L. CASAGRANDE stammenden Körnungsdiagramms gemäß Abb. 692 [218].

Praktisch beschränkt sich die Anwendung der Elektroosmose nicht auf die Entwässerung feinkörniger Böden allein, vielmehr bietet sie auch Möglichkeiten zu deren Stabilisierung.

Bei einem bestimmten Wassergehalt und unter dem Einfluß eines bestimmten Wasserdruckes geraten derartige feinkörnige Böden ins Fließen, was den Aufbruch von Fundamentsohlen, das Abrutschen von Böschungen u. dgl. m. zur Folge haben kann. Die Wirkung der Elektroosmose äußert sich nun aber in derartigen Böden nicht nur darin, daß ihnen das Wasser durch die Elektrobrunnen entzogen wird und damit der kritische Wassergehalt sinkt, sondern auch darin, daß der elektrische Strom auch die Richtung von Wasserströmung und -druck ändert und gegen den gravitationsbedingten Strömungsdruck wirkt. Die Verminderung seines Wassergehaltes erhöht im übrigen für sich allein auch die Scherfestigkeit und damit die Tragfähigkeit des Bodens wesentlich. Abb. 693a veranschaulicht

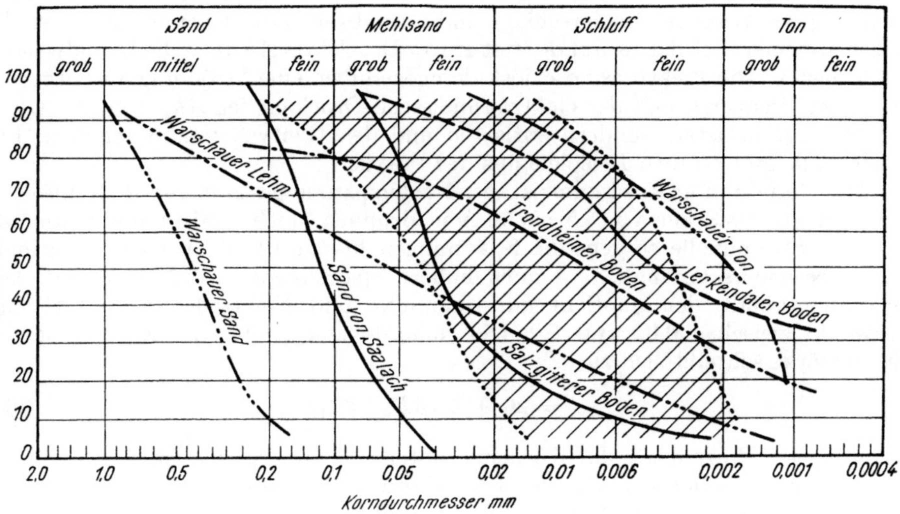

Abb. 692. Die Kornverteilungskurven der praktischen Anwendungsbeispiele der Elektroosmose (STEINFELD)

die Veränderung der Grundwasserströmung neben der Spundwandabstützung einer Baugrube, Abb. 693b dagegen die einer Grundwasserströmung längs einer

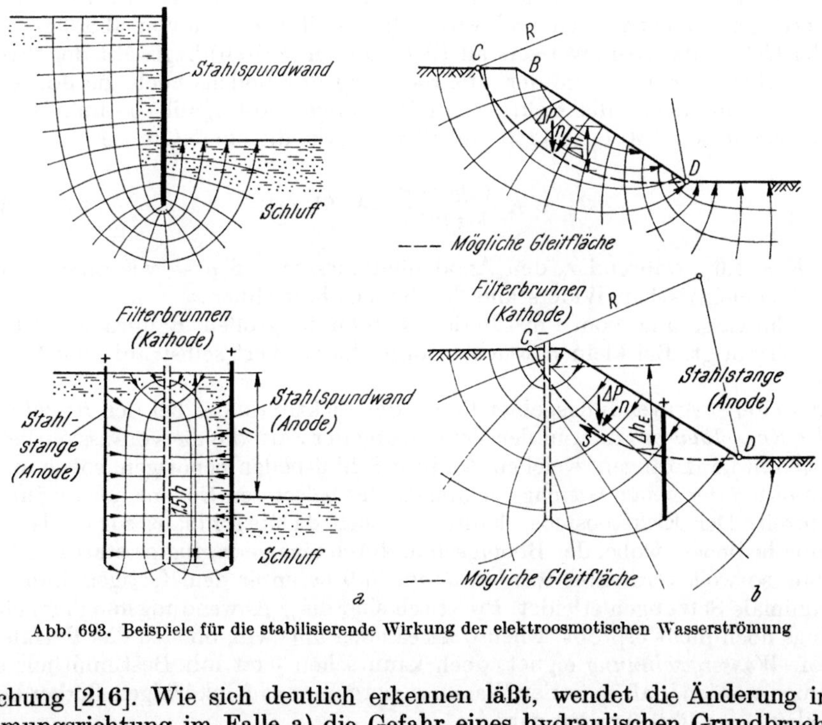

Abb. 693. Beispiele für die stabilisierende Wirkung der elektroosmotischen Wasserströmung

Böschung [216]. Wie sich deutlich erkennen läßt, wendet die Änderung in der Strömungsrichtung im Falle a) die Gefahr eines hydraulischen Grundbruchs ab und vermindert dazu auch sehr wesentlich den Seitendruck auf die Spundwand, um zugleich auch den passiven Erdwiderstand zu erhöhen, der der Spundwand die Einspannung sichert. Im Falle b) deckt sich die ursprüngliche Strömungsrichtung des Wassers (Niederschlag- und Grundwasser) fast genau mit jener der mutmaßlichen Gleitfläche, auf der mit einem Druck von Δh auch die Grundwassersäule lastet. Die Elektroosmose löst demgegenüber eine Strömung in entgegengesetzter Richtung, und der elektroosmotische Druckanstieg Δh_E wird die Gleitfläche nicht belasten, sondern entlasten und den Gleitwiderstand erhöhen. Für beide Fälle gibt es auch Beispiele aus der Praxis.

Das Verfahren arbeitet zumeist mit Niederspannungsströmen von 30 bis 40 V und mit Stromstärken von 15 bis 30 A je Brunnen, doch wird man zweckmäßig für eine Stromquelle sorgen, die Spannungen bis zu 100 V abzugeben vermag, da — besonders anfänglich — auch höhere Spannungen erforderlich sind. Der Spannungsabfall, der Quotient aus Spannung und Elektrodenabstand (V/cm) schwankt zwischen 0,02 und 1,0. Die Näherungsformel für die Ermittlung der Stromstärke schreibt sich zu

$$J = 20 + 4{,}75 D_0 \quad [\mathrm{A}], \tag{364}$$

wenn D_0 den Prozentsatz der Körnchen unter 0,02 mm bezeichnet.

Mit zunehmender Feinheit der Bodenkörnung wächst die je cm² Kathodenfläche erforderliche Stromstärke; nach Näherungsangaben beträgt sie

in Lößböden	0,3 mA
in sandigen Tonböden	1,0 mA
in fettem Ton	2,2 mA

Selbstverständlich sind sämtliche oben erwähnten elektrischen Angaben als starke Annäherungen zu betrachten und vermutlich weitgehend davon abhängig, wie hoch der Gehalt des Grundwassers an Elektrolyten (Salzen) liegt. Mit der Stromstärke wächst aber als Folge der Austrocknung des Bodens cuch die Joulesche Wärme, die ihrerseits die elektrischen Wirkungen abträgalih beeinflußt. Aus diesem Grunde setzt MUCHIN [220] der Stromstärke die oberc Grenze

$$J_0 = K \frac{\sqrt{1/\varrho \cdot 10^3}}{\log 10/r_0} \quad [\mathrm{A/lfd.\ m}], \tag{365}$$

worin $K = 1{,}6$, während r_0 den Anodenhalbmesser und ϱ — wie oben — den spezifischen elektrischen Widerstand des Bodens bezeichnen.

Zur Entwässerung von 1 m³ Boden werden in großen Baugruben 0,4 bis 1,0 kWh benötigt. Bei kleinen Flächen kann dieser Wert selbst auf 10 kWh ansteigen.

Ein weiteres Anwendungsgebiet findet die Elektroosmose bei der *Beschleunigung der Konsolidation*, d. h. in der Verkürzung der Zeit, die die voraussichtlichen Setzungen in feinkörnigen, weichen, tonigen Schluffböden benötigen, sowie in der Ausgestaltung der neuen Gleichgewichtslage des belasteten Bodens noch während der Bauzeit. Der Elektroosmose kann man sich darüber hinaus sogar als Vorbelastung bedienen, wobei der Boden schon durch eine geringfügige statische Vorbelastung so weit verdichtet werden kann, daß er unter dem fertigen Bauwerk bloß minimale Setzungen erleidet. Praktisch sind diese Anwendungsmöglichkeiten allerdings noch nicht erprobt. Ebenso ist es noch ungewiß, ob sich das Verfahren auch zur *Wassergewinnung* eignet, doch kann schon jetzt mit Bestimmtheit angenommen werden, daß es in der Wasserversorgung aus feinkörnigen Böden noch eine bedeutsame Rolle spielen wird.

c) Elektrokinetische Bodenversteinerung

Die Wasserströmung in der Elektroosmose läßt sich auch dazu benützen, um in körnige Böden geringer Durchlässigkeit Chemikalien einzubringen, die solche Böden versteinern. Auf Grund einer Idee von HAEFELI und SCHAAD wurde von R. CEBERTOWICZ, Gdansk, durch eine Kombination der Elektroosmose mit dem Zweiflüssigkeits-Bodenversteinerungsverfahren Joosten I ein neues Verfahren praktisch verwirklicht [221]. An die Kathoden aus perforierten Stahlrohren und an die Anoden aus einfachen Stahlrohren wird in üblicher Weise eine Gleichspannung gelegt, worauf man in die Anodenrohre zunächst eine Wasserglaslösung und sodann Calciumchlorid füllt (Abb. 694). In einem in Budapest gehaltenen

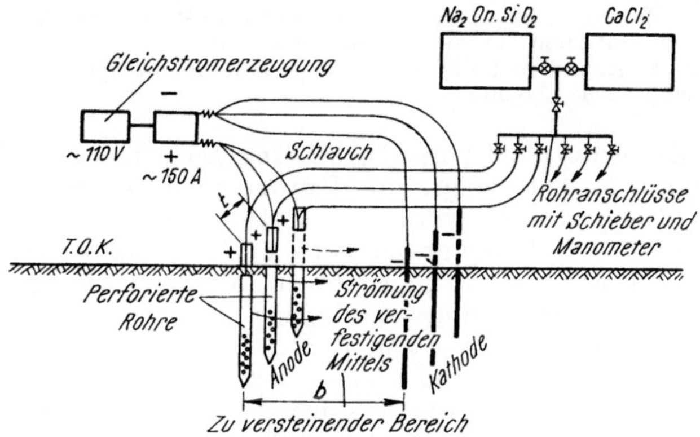

Abb. 694. Grundschema der elektrokinetischen Bodenverfestigung (CEBERTOWICZ)

Vortrag schlug CEBERTOWICZ für die Lösungen je nach der Korngröße des Bodens folgende Verdünnungsgrade vor:

in trockenen und feinkörnigen Böden:

$Na_2On \cdot SiO_2$ 20 °Bé und $CaCl_2$ 6 °Bé

in feuchten und feinkörnigen Böden:

$Na_2On \cdot SiO_2$ 30 °Bé und $CaCl_2$ 10 °Bé

in feuchten und grobkörnigen Böden:

$Na_2On \cdot SiO_2$ 35 °Bé und $CaCl_2$ 15 °Bé

Die erforderliche Wasserglasmenge errechnet sich aus der Formel

$$M_w = K \cdot V_1 \cdot n \cdot d_w, \tag{366a}$$

in der M_w die Menge des reinen (nicht verdünnten) Wasserglases in Tonnen, K hingegen einen Beiwert bezeichnet, dessen Wert vom Verdünnungsgrad und vom Raumgewicht der beiden Lösungen sowie von der Durchlässigkeit des Bodens abhängt und im Labor ermittelt wird (in Feinsand ist $K = 0{,}245$), während V_1 den Rauminhalt des zu versteinernden Bodens in m³, n das Porenvolumen des Bodens in Prozenten und schließlich d_w die Wasserglaswichte in t/m³ bedeuten.

Für die Calciumchloridmenge gilt die experimentell ermittelte Beziehung

$$M_c = 0{,}28 \cdot M_w. \qquad (366\,b)$$

Das Verfahren CEBERTOWICZ' hat sich in Polen bei Lösung einiger Gründungs- und Tiefbauaufgaben gut bewährt, so beim Abfangen der rutschungsgefährdeten St.-Annen-Kirche in Warschau, zur Stabilisierung von Schwimmsandschichten bei Durchfahrung mit Schächten u. dgl. m. Sein Vortrag gab auch in Ungarn Veranlassung zur Aufnahme von Labor- und anschließend von Baustellen-Großversuchen, denen seither auch einige praktische Ausführungen gefolgt sind.

Die bisher bestgelungene elektrochemische Bodenverfestigung in Ungarn betraf die Absperrung eines in 65 m Tiefe erfolgten Fließsandeinbruchs in einen Schrägschacht der Kohlengrube Hidas [222]. Zur Verfestigung benötigte man hier 4 kW/m³ und 6 kg Wasserglas. Die Kosten beliefen sich auf rund 450 Ft/m³. Durch die Verfestigung gelang es, den flüssigen Schluffsand so weit zu stabilisieren, daß die Schachtabteufung mit einfachen bergmännischen Verfahren fortgesetzt werden konnte.

In jüngster Zeit wurden auf Vorschlag des Ung. Bodenforschungsinstitutes mit Erfolg auch die Fundamente einiger alter Bauwerke auf elektrokinetischem Wege verstärkt [223]. Die praktische Erfahrung bewies hierbei, daß es vorteilhaft ist, die Pole während der Verfestigungsarbeit zu wechseln und damit eine Wasserströmung in wechselnder Richtung auszulösen. Bei den in Ungarn vorhandenen Gegebenheiten ist das Verfahren kostspielig, und neuerdings wird die Frage auch im Auslande diskutiert, *ob und welche Vorteile es über die zweifellos erzielbare verfestigende elektrochemische Wirkung hinaus bietet.*

Nach den Erfahrungen des Gründungsforschungsinstituts Moskau z. B. wird eine verfestigende Wirkung nur bei ganz dichter Elektrodenaufteilung (20 bis 30 cm) erreicht, die jedoch das Verfahren sehr kostspielig und zeitraubend gestaltet. Dort bevorzugt man eine Kombination der einfachen Elektroosmose mit vorangehendem Einpressen von $CaCl_2$ u. a. m., die sich besonders zur Böschungsstabilisierung eignet.

In seinem Generalreferat auf der Bodenverfestigungstagung in Tiflis [224] hatte RSCHANIZIN die Entwicklungsmöglichkeiten in der Sowjetunion folgendermaßen zusammengefaßt:

„Bisher wurden verschiedene Verfestigungsverfahren für die Verbesserung der Tragfähigkeits- und Wasserdichtigkeitseigenschaften wassergesättigter Sand-, Mehlsand und Lößböden ausgearbeitet. Die vorgesehene Entwicklung der Chemischen Industrie (und die Aufnützung der davon stammenden Abfallprodukte) wird ermöglichen, daß geeignete Verfahren (hauptsächlich kunststoffbenützende Verfahren) zur Verfestigung von Schluff- und Tonböden für die Bauindustrie zur Verfügung gestellt werden können."

Weitere Anwendungsmöglichkeiten gibt er wie folgt an:

1. Errichtung von Industriebauten und Wohngebäuden auf gegen Absackung empfindlichen Lößböden entweder:

a) mit kleinen zulässigen Setzungen, die durch Bentonitschlammtränkung der oberen 5—6 m dicken Schichte zustande gebracht werden;

b) mit praktischer Ausschaltung der Setzungen, die durch Anwendung von großflächigen Fundamentplatten erzielbar sind.

2. Umschließung von Baugruben in flüssigen und wassergesättigten Tonböden durch elektrokinetisch verfertigte Erdwände.

3. Dasselbe mit Hilfe von aus Bentonitschlamm hergestellten Schürzwänden.

4. Die Erhöhung der Tragfähigkeit von Großfundamenten durch Verfestigung der unten anstehenden wenig tragfähigen körnigen Bodenschichte.

5. Die Verminderung der Pfahllängen durch Verfestigung der unten anstehenden locker gelagerten körnigen Bodenschichten.

6. Die Anwendung von Kunstharzlösungen als Schutz von Gründungen und Tiefbauwerken gegen aggressives Grundwasser.

B. Einige besondere Gesichtspunkte für Gründungsarbeiten

Die Berücksichtigung besonderer Gesichtspunkte bei Entwurf und Ausführung von Gründungen wird sich überall dort als erforderlich erweisen, wo sich aus der Beschaffenheit des Bodens (Konsolidationssetzungen, Volumänderungen, Schrumpfungs- und Absackungsanfälligkeit), ferner aus seiner außerordentlichen Empfindlichkeit bestimmten Einwirkungen gegenüber (Wärme, Durchnässung, Schwingungen usw.) sowie aus den bestimmungsbedingten besonderen Auswirkungen der Nutzung des aufgesetzten Bauwerks (nasser Betrieb, Hochofen, Kühlhaus) so schädliche Kombinationen ergeben können, daß man gezwungen ist, über die üblichen Überlegungen hinausgehende konstruktive Ausbildungen in Erwägung zu ziehen.

Entweder wird man die Fundamente und Bauwerkskonstruktionen so zu entwerfen haben, daß sie jeder, wie immer gearteten, aus schädlichen Auswirkungen stammenden Verformungen gegenüber unempfindlich bleiben, oder man wird den betreffenden Baugrund bis zu einem gewissen Umfang austauschen, verfestigen oder in extremen Fällen aus der Lastübernahme gänzlich ausschalten müssen, um die Möglichkeit von Deformationen schädlichen Ausmaßes von vornherein auszuschließen.

Auf eine ausführliche Behandlung derartiger Fälle kann hier nicht eingegangen werden, es sei jedoch erwähnt, daß *der wachsende Baugrundbedarf der Großstädte und Industrieanlagen auch Gründungen auf derartigen, bisher im allgemeinen für ungeeignet gehaltenen Böden immer aktueller macht*, weshalb die zuständigen Baubehörden genötigt sind, besondere Richtlinien für solche Fälle herauszugeben.

C. Verstärkung, Unterfangung und Umbau von Gründungen

Verstärkungen, Unterfangungen können in folgenden Fällen notwendig werden:

a) bei nachträglicher Erhöhung der Belastung des Fundaments,

b) bei Verminderung der Tragfähigkeit des Fundaments oder bei Gefährdung seiner Stabilität,

c) wegen Errichtung von Tiefbauwerken in unmittelbarer Nachbarschaft eines Bauwerkes und

d) selbstverständlich beim Auftreten von Rissen am Bauwerk als Folge einer Überlastung oder schädlichen Setzung des Fundaments.

Zu a): Die Beanspruchung der Gründung steigt an, wenn sich deren *aktive Belastung* etwa wegen Aufstockung, Erweiterung oder wegen Verbreiterung (von Brückenfahrbahnen) usw. *erhöht* oder wenn z. B. bestimmte, die Belastung herabsetzende Kräfte (etwa der Auftrieb) zu wirken aufhören (beispielsweise infolge dauernder Absenkung des Grundwasserspiegels).

Zu b): Eine Verminderung der Fundamenttragfähigkeit kann sich in erster Linie aus einer *Verschlechterung*, Auswitterung *der Baustoffe des Fundaments* etwa infolge Ausfrierens, Korrosion oder Auslaugung des Bindemittels, d. h. als Folge jeder *Schwächung seiner Festigkeit, vor allem aber auch als Folge von Veränderungen in der Tragfähigkeit des tragenden Baugrundes eintreten.* Ein Ansteigen des Grundwasserstandes erhöht den Wassergehalt des tragenden Bodens und setzt damit dessen innere Reibung und Kohäsion herab. Solche Wirkungen aber können sich sowohl bei größeren Niederschlägen als auch dann einstellen, wenn Neubebauungen und Auspflasterungen die Verdunstung auf größeren Flächen verhindern oder wenn der Wasserstand in benachbarten Flußläufen (z. B. als Folge einer Flußregulierung) dauernd erhöht wird. Noch folgenschwerere Gefahren können offene oder Grundwasserströme heraufbeschwören, die den Feinkornanteil auswaschen und Bauwerk sowie Fundament unterhöhlen.

Eine Verminderung der seitlichen Widerstände und damit des Schutzes vor Grundbrüchen vermögen Erdaushübe in der Nachbarschaft des Fundaments (Abteufen von Gründungsgräben, Anschnitte u. dgl.), aber auch ständige Erschütterungen oder Auswaschungen, der Ausbau von Verstrebungen oder die Beseitigung von Spundwänden herbeizuführen.

Zu c): Unter benachbarten Tiefbauten sind schließlich nicht nur die seitlich an Bauwerken entlang verlaufenden, sondern auch die unter vorhandene Gründungsebenen hineinreichenden oder diese unterfahrenden Stollen und Tunnel für industrielle, Stadtentwässerungs- und Verkehrszwecke zu verstehen, deren Auffahrung einerseits die Wirkung der seitlich vom Gründungskörper gelegenen und günstige Belastungen darstellenden Erdmassen aufhebt, andererseits auch die tiefer anstehenden Bodenmassen lockert und deren Tragfähigkeit schwächt.

Zu d): Selbstverständlich bedarf es einer Fundamentverstärkung auch überall dort, wo der Gründungskörper *schon der ursprünglichen Belastung nicht gewachsen ist* und schädliche Setzungen erleidet, die die Standfestigkeit und den bestimmungsgemäßen Gebrauch des Bauwerks gefährden.

Welche Möglichkeiten bestehen nun zur Verstärkung, Unterfangung von Gründungen zur Verhütung der soeben geschilderten Auswirkungen? Vor allem wird stets die Frage zu beantworten sein, *wie weit die erforderliche Fundamentsicherung zu gehen hat*, mit anderen Worten, ob die *Verhinderung eines Grundbruchs*, d. h. einer Zerstörung des Fundaments, anzustreben ist *oder ob selbst geringfügigere Setzungen verhindert werden müssen.*

Die Fundamentverstärkung selbst kann erfolgen:

1. durch Erneuerung verwitterter, nicht mehr tragfähiger Baustoffe,
2. durch Herabsetzung der spezifischen Belastung (Fundamentverbreiterung!),
3. durch Verhinderung eines seitlichen Ausweichens und
4. durch Tieferverlegung der Gründungsebene (nachträgliche Änderung der Gründungsart).

1. Erneuerung des Gründungskörpers

Sie kann sich als nötig erweisen, wenn das Wandmaterial des Gründungskörpers zerstört ist und einfach durch ein neues ersetzt werden muß. Die Aufgabe besteht in solchen Fällen im wesentlichen in der Freilegung und Abfangung der alten Gründung, wobei die Übertragung der Bauwerkslast nicht unterbrochen werden darf. Zu diesem Zweck wird die Fundamentwandung *abschnittsweise* durchbrochen und untermauert. Kleinere Abschnitte vermag der alte Gründungskörper auch selbst zu überbrücken. Ist er jedoch hierzu nicht geeignet, dann wird die Wand durchbrochen, worauf man durch die Öffnungen zur Abfangung des Bauwerks Wechselträger (Stichträger) einschiebt, die sich seitlich auf je einen Holzstapel abstützen (Abb. 695). Die abzufangende Wand

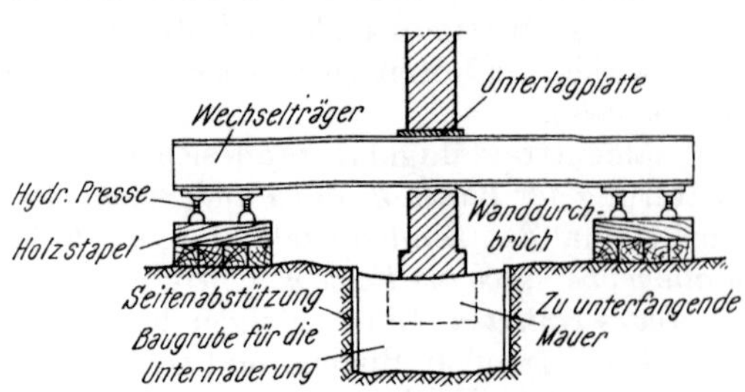

Abb. 695. Provisorische Abfangung des Bauwerkes durch Wechselträger (Stichträger)

lastet also — bis zur Fertigstellung des neuen, tragfähigen Fundaments — vorübergehend auf diesen Stahlträgern. Bei unterkellerten Bauwerken wird man die Erneuerung des Mauerwerks vom Kellerboden aus, bei nicht unterkellerten Bauwerken hingegen von der Geländeoberfläche (von Schächten) aus durchführen (Abb. 669). Bei der Ausführung hat man nicht nur darauf zu achten, daß das derart gefestigte aufgehende Mauerwerk imstande ist, die Lasten über die Durchbruchbreite zu über-

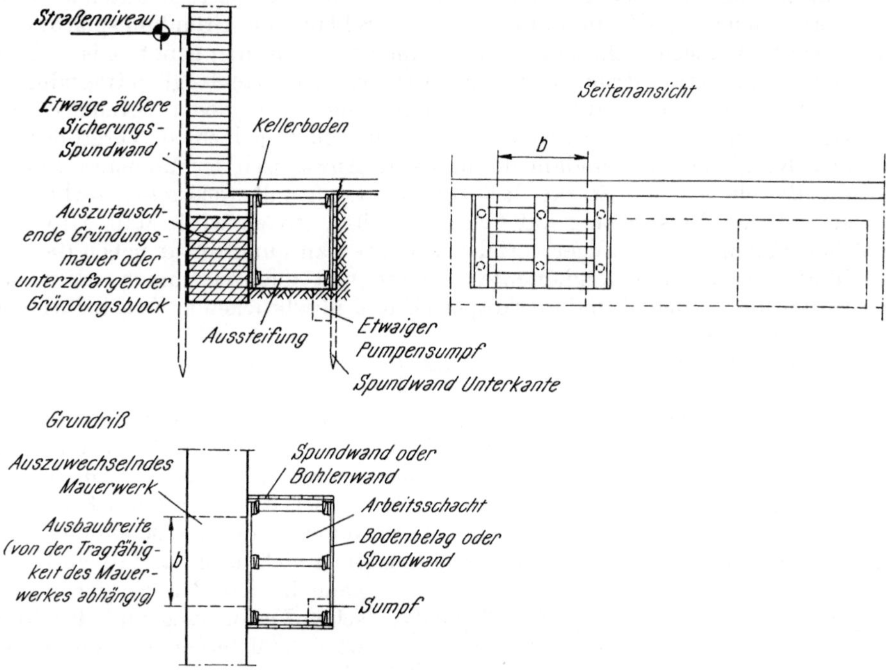

Abb. 696. Auswechselung der Wandlamellen von abgeteuften Schächten aus

tragen, sondern *vor allem* auch darauf, daß der tragende Boden nicht gelockert wird, der durchbrochene Streifen nicht einstürzt und *daß der Boden unter den stehengelassenen Fundamentabschnitten nicht ausgequetscht wird.* Ganz besonders droht diese Gefahr, wenn es sich um lockere, körnige oder bindige Böden handelt und wenn die Gründungsebene unter dem Grundwasserspiegel liegt. Ferner ist darauf zu achten, *daß man beim Ausbrechen der Mauerlamelle nicht unter die stehengelassene, belastete Fundamentsohle hinabteuft.* Auf der Durchbruchseite läßt sich die Mauer durch eine Verbohlung oder eine Spundwand verhältnismäßig leicht und gut abstützen. Schwieriger gestaltet sich dagegen die Abstützung der gegenüberliegenden Erdwand. Eine sichere Lösung bildet die schachtartige Aussteifung (allenfalls mit einer Spundwand!). In schwierigeren Fällen, etwa in verkehrsreichen Straßen, wird man gut tun, auch über die ganze, dem Erdreich zugewandte äußere Fundamentwandfläche eine Spundwand niederzubringen, die sich auch bei der Wasserhaltung als nützlich erweisen wird (Abb. 696). In Fließsandböden läßt sich eine Entwässerung durch Grundwasserabsenkung nicht vermeiden.

Derartige Erneuerungen von Gründungsmauern bieten zweifellos auch eine gute Gelegenheit zur Überprüfung des belasteten Bodens und seines Zustandes und notfalls zur Tieferverlegung der Gründungsebene, ja eventuell auch zum Übergehen auf eine andere Gründungsart.

2. Die Verbreiterung des Gründungskörpers

Sie erweist sich in der Regel nicht so sehr wegen ungenügender Festigkeit des Gründungskörpers als vielmehr *wegen der ungenügenden Tragfähigkeit des Baugrundes* als erforderlich. Bei Bauwerken pflegt man die Bodenpressung, sofern sie sich als zu hoch erwiesen hat, sehr häufig dadurch herabzusetzen, daß man statt der ursprünglichen Streifenfundamente eine durchlaufende Gründungsplatte einzieht, doch finden sich nicht selten auch Fälle, in denen man genötigt ist, die in ursprüngliche Mauerkonstruktion wegen der Überlastung nachträglich tragfähigere Pfeiler einzubauen, aber auch die Verbreiterung vorhandener Streifen- oder Pfeilerfundamente kommt vor. Eine Verbreiterung führt jedoch zur Vergrößerung der freien Kraglänge des Fundaments und zum Anwachsen der Momente, so daß z. B. die Bewehrung und Stärke der vorhandenen Stahlbetonstreifen nicht ausreichen und ihre Verstärkung auf Schwierigkeiten stoßen wird. Man wird also in solchen Fällen zweckmäßiger verfahren, wenn man unmittelbar neben die alte Gründung separate Hilfsfundamente einbaut und das Zusammenwirken der früheren mit den neuen Gründungskörpern durch überbrückende Konstruktionen und Schwellen sichert (s. unten).

Vor Inangriffnahme einer Verbreiterung oder Tieferführung von Fundamenten *wird man jedoch zu prüfen haben, ob der Boden imstande sein wird, die zusätzlichen Belastungen ohne schädliche Setzungen zu übernehmen.* Solche Setzungen können sich besonders bei alten Bauwerken einstellen, bei denen sich der Baugrund unter der langen Vorbelastung konsolidiert und seine Zusammendrückbarkeit zum Großteil verloren hat. Bekanntlich übt eine lotrechte Belastung im Bereich der sogenannten abnehmenden oder elastischen Verformungen auf den Boden eine verdichtende Wirkung aus. Ist die zusätzliche Belastung nicht so groß, daß ein Übergang in den Bereich der plastischen Verformung zu befürchten wäre, kann ferner eine gewisse minimale zusätzliche Setzung ohne Gefährdung des Bauwerks hingenommen werden, und ist schließlich eine Konsolidierung in absehbarer Zeit zu erwarten (Abb. 697), so darf die herabgesetzte Zusammendrückbarkeit für die Zwecke der Fundamentverstärkung genutzt werden.

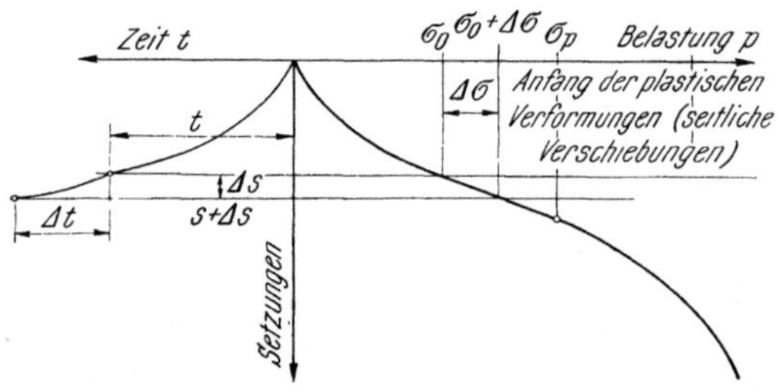

Abb. 697. Verformungskurven bei einer zulässigen Mehrbelastung

Durchlaufende Platten werden gleichfalls nach Aufbrechen des Kellerbodens in Streifen eingezogen, wobei man das aufgehende Mauerwerk abschnittsweise durchbricht und die Plattenbewehrung durch die entstandenen Öffnungen (*I*) hindurch verlegt. Nachdem man die Bewehrungsstäbe der vorübergehend stehengelassenen Wandabschnitte aufgebogen hat, wird die Platte einbetoniert (Abb. 698). Nach Erhärten des Betons und nach Vermauerung der Wandöffnungen folgt der Durchbruch der zunächst stehengelassenen Abschnitte (*II*), das Zurückbiegen der Bewehrungsstähle und das Einbetonieren der restlichen Plattenteile.

Wie man weiß, vermindern zwar *durchlaufende Platten* die spezifischen Spannungen, doch verkleinern sie die Setzungen in homogenen Böden im allgemeinen nicht, sondern erhöhen diese sogar, da die Tiefenwirkung der Spannungen, d. h. die Mächtigkeit der sich zusammendrückenden Schicht, wesentlich anwachsen wird. Stehen aber im Baugrund nahe unter der Gründungsebene stark zusammendrückbare, unter diesen dagegen sehr dichte, tragfähige Schichten an, dann kann die Verminderung der spezifischen Bodenpressung in den oberen Schichten durch die Zwischenschaltung der Fundamentplatte ein größeres Ausmaß annehmen als die Zunahme der durch die Streifenfundamente ausgelösten Tiefenwirkung, so daß sich in der für die Setzung maßgebenden Schicht infolge Zwischenschaltung der Fundamentplatte eine geringere Zusammendrückung ergibt (vgl. SZÉCHY: Gründungsschäden, Abb. 4).

Eine schwierigere Aufgabe stellt der Einbau und die *Tieferführung von Pfeilergründungen* dar. Sie erfordert dementsprechend erhöhte Sorgfalt und Umsicht in der Ausführung. Bei Flachgründungen muß die Gründungsebene der Pfeiler un-

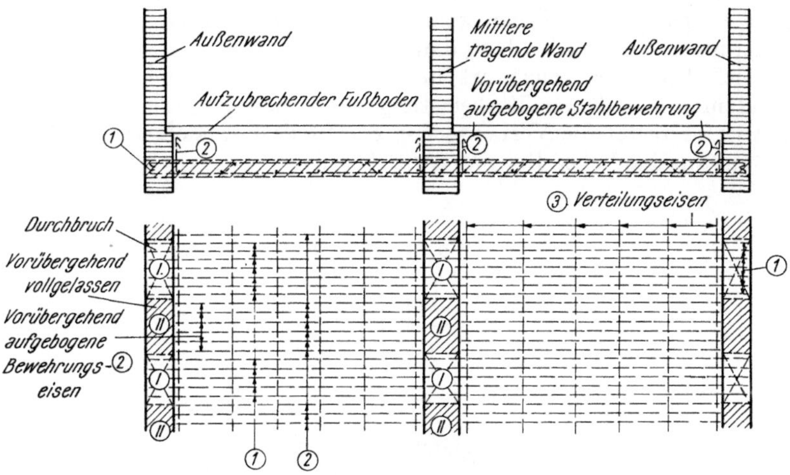

Abb. 698. Nachträglicher Einbau einer Fundamentplatte

bedingt unter die Streifenfundamente hinabgeführt werden, weil sie ein größeres Gewicht aufzunehmen haben. Derartige Arbeiten sind stets heikel und können — sofern es sich um lockere körnige oder um weiche, zum Fließen neigende bindige Böden handelt — auch gefährlich sein. Gegen ein Ausweichen des Bodens aus dem Raum unter dem verbleibenden alten Flächenfundament bietet auch hier eine *Spundwandumschließung* des Pfeilerfundaments den geeigneten Schutz.

Zweckmäßig kann es auch sein, durch hydraulische Pressen, die sich auf die bestehende Gründung abstützen, dünnwandige Stahlrohre mit größeren Innendurchmessern (75 bis 90 cm) bis zur vorgesehenen Pfeilergründungsebene niederzubringen (vgl. Abb. 702b). Aus den so eingepreßten Rohren wird der Boden ausgeräumt, worauf die Pfeilerfundamente unter gleichzeitigem schrittweisem Ziehen der Rohre hochgemauert werden.

In harten bindigen Böden oder bei Arbeiten über dem Grundwasserspiegel läßt sich das Hochmauern in bohlenversteiften Schächten ausführen. Ist jedoch eine Wasserhaltung und zur Abstützung der Erdwände eine Umspundung keinesfalls zu umgehen, wird man sich gründlich überlegen müssen, ob es nicht wirtschaftlicher wäre, die Pfeiler auf eine Pfahlgründung zu stellen. (Solche Erwägungen sind besonders dann begründet, wenn es sich um größere Unterschiede in den Gründungstiefen handelt.)

Die Lasterhöhung läßt sich häufig *durch einfache Verbreiterung der vorhandenen Streifen- und Pfeilerfundamente* ausgleichen, wozu sich zwei Möglichkeiten bieten, und zwar entweder die völlige Ersetzung des bestehenden durch ein neues, breiteres

Fundament oder der Einbau eines Nebenfundaments unmittelbar neben dem vorhandenen Gründungskörper. Die erstere Möglichkeit ist bereits besprochen worden. Der anderen Lösungsmöglichkeit bedient man sich vornehmlich zur Verstärkung der Säulen- oder Pfeilerfundamente von Tragwerken, wobei die Lastverteilung zwischen den beiden Gründungskörpern durch den Pfeiler oder durch die Säule gesichert wird. Aus der zusätzlichen Belastung entfallen jedoch auf die vorhandene Gründung und auf das neue Nebenfundament jeweils gleiche Anteile, was nicht nur so viel bedeuten kann, daß die alte Gründung eventuell auch trotz des Einbaues des neuen Fundaments eine Überlastung erhält und daß dieses nicht ausgenützt sein wird. Vielmehr werden zwischen den beiden Fundamentteilen unbedingt Unterschiede auftreten, da die Bodenpressung in verschiedene Abschnitte der Lastsetzungskurve zu liegen kommt. (In bindigen Böden werden auch die Konsolidierungen verschieden lang dauern!)

Zur Entlastung des solcherart in eine ungünstige Lage gebrachten alten Pfeilerfundaments muß zur Vorbelastung des neuen Fundamentteiles gegriffen werden. Hierfür bietet die Verbreiterung der Pfeilerfundamente der *Rheinbrücke in Mainz* ein anschauliches Beispiel (Abb. 699).

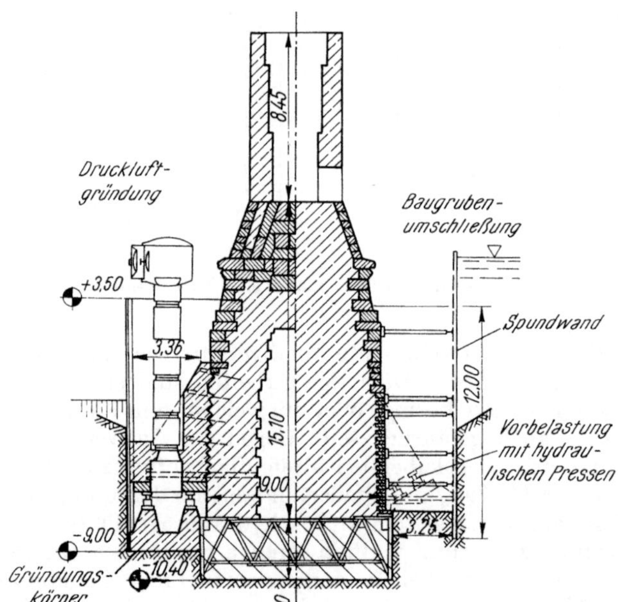

Abb. 699. Entlastung des alten Fundamentteils durch Vorbelastung der neuen Fundamentverbreiterung (Rheinbrücke Mainz)

Durch Probebohrungen sowie durch Probebelastungen in der ausgehobenen Baugrube hatte man hier festgestellt, daß die unter den alten Pfeilern vorhandene Kantenpressung von 8 kg/cm² nicht nur nicht erhöht werden dürfe, sondern unbedingt auf 6 kg/cm² herabzusetzen sei. Zur Fundamentverbreiterung wurde deshalb in der umspundeten und in offener Wasserhaltung ausgehobenen Baugrube der untere Teil des neuen Gründungskörpers eingebaut, worauf man auf dessen schräg ausgebildete Kämpfer hydraulische Pressen mit einer Hubkraft von 300 t aufsetzte. Diese stemmten sich gegen die in der Pfeilerwand ausgebildeten Aussparungen und hoben den Pfeiler an, wodurch das vorhandene Fundament entlastet, das neue hingegen mit dem Wert der Pressenreaktionen vorbelastet wurde.

3. Verhinderung seitlicher Verschiebungen

Dieses Verfahrens wird man sich vornehmlich dann bedienen, wenn die Bodenbeanspruchung den Bereich der „kontinuierlichen Verformungen" schon erreicht, also den Bereich der elastischen Verformungen bereits überschritten hat (vgl. S. 132 Bd. I.). Besonders eignet es sich zur Verstärkung bzw. Sicherung von Fundamenten auf Böden, die zum Fließen bzw. seitlichen Ausweichen neigen, oder von Gründungen, an deren Seite nachträglich Tiefbauten ausgeführt werden.

In Fließsandböden bildet *die Umschließung des Gründungskörpers mit tief hinabreichenden Spundwänden* eine überaus wirtschaftliche und zweckmäßige Möglichkeit zur Tieferverlegung der Gründungsebene und damit zur Erhöhung der Tragfähigkeit des Baugrundes. Da die Umspundung jedes seitliche Ausweichen ausschließt, läßt sich die Gründung bis zur Ebene der unteren Spundwandkante hinabführen, ohne daß an den vorhandenen Gründungskörper gerührt oder der umliegende Boden gelockert werden müßte (Abb. 700). In gewissen lockeren Böden ist indessen ein nachträgliches Rammen, Einspülen oder Einrütteln von Spundwänden *unzulässig*, weil die Erschütterungen bzw. Schwingungen nicht nur das vorhandene Fundament und das Bauwerk beschädigen können, sondern auch den Boden unter dem bestehenden Gründungskörper verdichten und damit absackungsartige Setzungen auslösen können. In solchen Fällen wird sich also die Anlage einer verfestigten Bodenschürze um das Fundament bis in die erforderliche Tiefe hinab nach einem der bekannten Bodenverfestigungsverfahren als vorteilhafter erweisen (vgl. hierzu Abb. 686 u. 701).

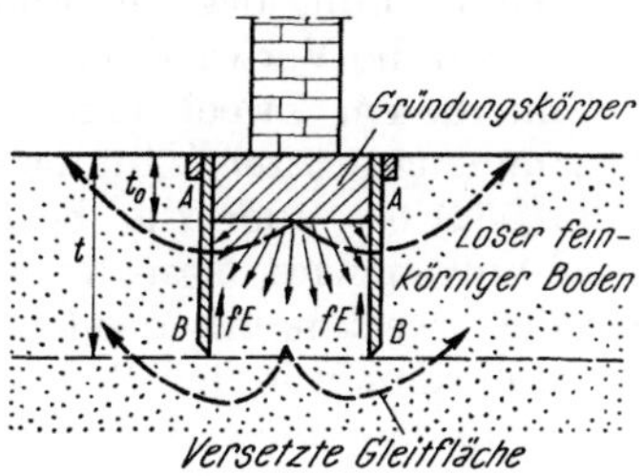

Abb. 700. Die Auswirkung der Umspundung

Die Spundwandumschließung ersetzt übrigens bei den üblichen Fundamentverbreiterungsarbeiten oft auch die Aussteifung, und zwar besonders dann, wenn neben ein vorhandenes Bauwerk auf eine tiefer gelegene Gründungssohle ein neues Bauwerk aufzusetzen ist. In solchen Fällen müssen selbst Verformungen oder Verschiebungen der Spundwände gänzlich ausgeschlossen sein, weil jede waagrechte Verschiebung der Wand lotrechte Senkungen nach sich zieht und diese zu Setzungen benachbarter Gebäude, ja auch zu Verlagerungen in der Sohlpressung, d. h. zu Verdrehungen führen können.

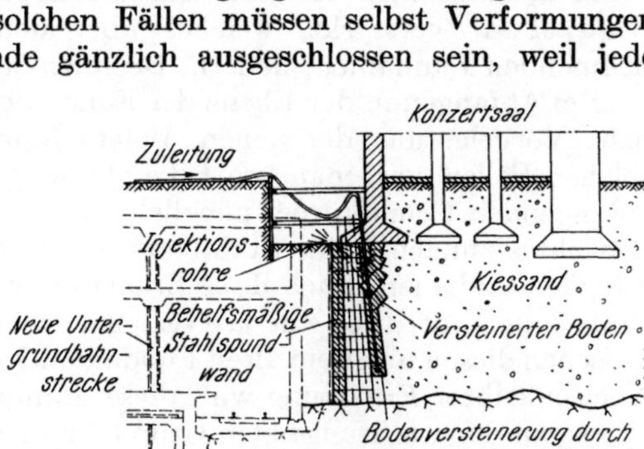

Abb. 701. Seitliche Umgrenzung der Pfeilerfundamente des Konzertsaales in Stockholm mittels Bodenverfestigung

Ein anschauliches Beispiel für eine derartige einseitige Abstützung bietet die Unterfangung der Stockholmer Konzerthalle während des Baues der unmittelbar neben ihr verlaufenden Untergrundbahn. Wie aus Abb. 701 hervorgeht, wurden hierbei nicht nur Spundwände niedergebracht, vielmehr wurde zuvor — eben zur Ausschaltung der erwähnten Eschütterungs- und Setzungswirkung — in einer dichtungsschürzenartigen Anordnung auch eine Bodenverfestigung vorgenommen, die bis unter den Gründungskörper hinabreichte.

4. Tieferverlegung der Gründungsebene

Sie erfolgt in der Regel *durch nachträgliche Änderung der Gründungsart.* Die bestehende, nicht mehr ausreichende Flachgründung wird hierbei für gewöhnlich durch eine Pfahl- oder Brunnengründung ersetzt. Beide Gründungsverfahren bedürfen indessen einer überaus vorsichtigen und speziellen Ausführung. Bekanntlich gefährden die rammungsbedingten Erschütterungen und die Bodenlockerung beim Niederbringen von Bohrpfählen gleicherweise die Standsicherheit der alten Fundamente und der auf sie aufgesetzten Bauwerke. Aus diesem Grunde empfiehlt es sich, *Bohrpfähle niederzubringen und diese nach dem Prepaktverfahren* auszubetonieren, da bei diesem die etwaige Lockerung des Bodens in der verdichtenden Wirkung des Einpreßmörtels einen Ausgleich findet. Noch zweckmäßiger ist jedoch die Verwendung von Preßpfählen.

Zu diesem Zweck eignen sich besonders die aus vorgefertigten Elementen zusammengesetzten Stahlbetonpfähle — z. B. die des Systems „Mega" (vgl. Abb. 552) — oder die bekannten Stahl-Preßrohrpfähle. Auch bei Brunnengründungen wird man die Absenkung durch Erdaushub von Hand oder durch Greifer zweckmäßig meiden und die bereits erwähnten dünnwandigen Stahlmantelbrunnen in den Boden einpressen. Die Pfähle oder Brunnen werden in der Regel an den beiden Seiten des vorhandenen Fundaments einander gegenüber angeordnet, während der Gründungskörper auf quer über sie gelegte Wechselträger abgestützt wird. Doch können die Pfähle oder Brunnen auch in der Grundkörperachse in einer Reihe niedergebracht werden, wobei man sie von je einem unter dem Bankett im voraus ausgehobenem Vorschacht aus (vgl. Abb. 696) in den Boden einpreßt (Abb. 702b). Genügt die Tragfähigkeit des Fundamentbanketts zur Aufnahme der Biegebeanspruchung aus der punktweisen Abfangung nicht, so wird man unter das abzufangende Bankett im voraus zweckmäßig einen *Stahlbetonkranz* einbauen, und zwar wieder durch abschnittsweise gegeneinander versetzte Ausmauerung. Ist auch das Mauerwerk des Bauwerkes nicht fest genug, um die Biege- und Schubbeanspruchungen aus der punktweisen Abstützung aufzunehmen, dann wird die Konstruktion noch durch ein entsprechend tragfähiges *Säulenskelett* verstärkt, welches über den die Belastung konzentriert übernehmenden Fundamentpfeilern, Brunnen oder Pfählen aufzubauen ist.

Bei Abfangen in der Ebene der Fundamentbankette läßt sich auch eine Probe- bzw. Vorbelastung der neuen, tiefergeführten Gründung durchführen [225]. In solchen Fällen wird man, statt die abfangende Säule oder Mauerung mit dem abzufangenden Grundkörper gänzlich zu vermauern, an der Sohle des abgeteuften Schachtes zunächst eine Stahlbetonplatte mit entsprechender Lastübertragungsfähigkeit einbauen. Nach ihrer Erhärtung wird auf diese Platte eine hydraulische Presse und auf diese ein lastverteilender Holzstapel aufgesetzt, während man zwischen diesen und dem alten Fundamentbankett Beton einstampft (s. Abb. 702). Noch vor ihrer Erhärtung wird diese Stampfbetonschicht durch die hydraulische Presse an den abzufangenden Grundkörper angepreßt, so daß der noch plastische Beton jede Höhlung und jede Flächenungleichmäßigkeit gründlich ausfüllt und eine satte Abstützung bietet. Nachdem die so angepreßte Betonschicht erhärtet ist, wird die hydraulische Presse bis zu jener Belastung angehoben, die das Bauwerk letzten Endes auf den Boden übertragen soll. Zwecks günstiger Verdichtung des Bodens kann auch eine diese Belastung übersteigende Auflast in Frage kommen. Die Presse bleibt auf diese Weise angehoben, bis beiderseitig von ihr Stahlstützen eingebaut oder Ziegelausmauerungen hochgeführt sind, die die Belastung übernehmen können. Sodann wird die Presse entlastet, ausgebaut und die

Lücke endgültig vermauert. Ähnlich verfährt man, wenn die Abfangung auf Pfählen oder Brunnen erfolgt. Auf die Köpfe der eingepreßten Pfähle wird eine Stahl- oder eine Stahlbetonplatte und auf diese die hydraulische Presse aufgesetzt. Es folgt nun wieder der Aufbau des Holzstapels und der lastverteilenden Stampfbetonschicht, wie soeben beschrieben (vgl. Abb. 702b). Durch Anpressen des

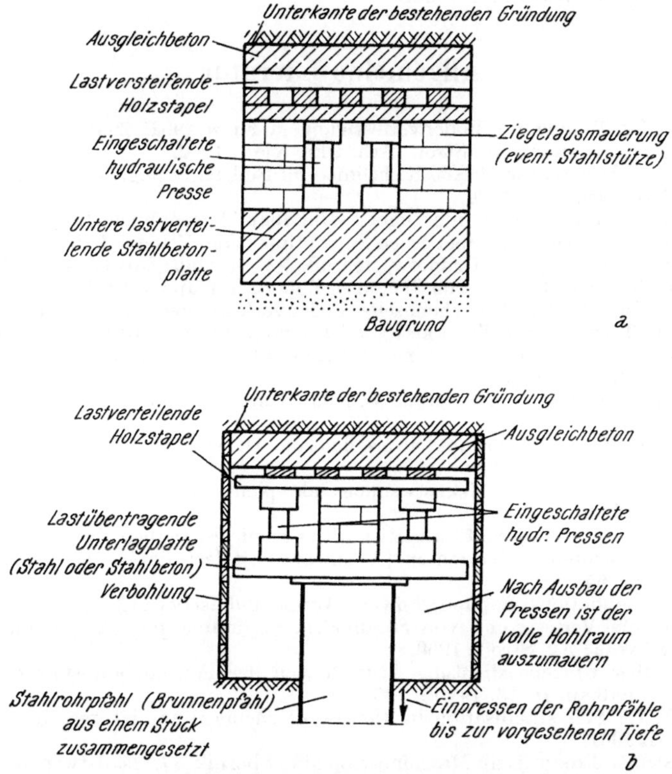

Abb. 702. Die Ausführung der Vorbelastung bei einfacher Flächen-Unterfangung (a) und bei Pfahl-Unterziehung (b)

Frischbetons werden auch hier die Spalte satt verfüllt. Nach Erhärtung des Betons folgt die Probe- und allenfalls die Vorbelastung, die in diesem Falle auf das 1,5-fache der voraussichtlichen Last gesteigert werden kann, vorausgesetzt natürlich, daß im abzufangenden Bauwerk aus der größeren konzentrierten Reaktion keine schädlichen Verformungen oder Risse zu befürchten sind. Dieser Gesichtspunkt kann es nötig machen, mehrere nebeneinander stehende Pfähle auf einmal der Probebelastung zu unterziehen bzw. in das alte Fundamentmauerwerk über den vorgesehenen Pfählen schon vorweg einen lastverteilenden stählernen oder Stahlbetonwechselträger einzubauen. (Stehen diese Abfangungspfähle dicht nebeneinander, so wird die Auswertung der Vorbelastung auch die Gruppenwirkung, d. h. die Tatsache zu berücksichtigen haben, daß eine Reihe dicht nebeneinander stehender Pfähle eine geringere *gemeinsame Tragfähigkeit* hat als der *Einzelpfahl*. Vgl. S. 529.)

Als Tieferverlegung der Gründungsfläche ist im Grunde genommen auch die *künstliche Verfestigung* der unter dem Gründungskörper gelegenen nicht genügend tragfähigen oder der Gefahr der Auswaschung oder Unterkolkung ausgesetzten lockeren oder weichen Bodenschichten zu betrachten (vgl. Abb. 686). Da sich bei diesem Verfahren jedes vorangehende oder nachträgliche Abfangen, jeder Schachtaushub u. dgl. erübrigt, könnte man eigentlich verleitet sein, *es als das einfachste zu bezeichnen*, doch ist zu beachten, daß sich nicht jeder Boden verfestigen läßt und die Verpressung tieferer Schichten sehr oft auf große Schwierigkeiten stößt (vgl. S. 748 u. Abb. 688).

Allgemeine Literatur

Abhandlungen der Tagung für Bodenverfestigung in Kiew 1962. (Materiali sowestschanija po sakrepleniju gruntow.) Ak. Stroit. Arh. Ukr. Kiew, 1962.

Ak. Stroitelstwa i Architekturi SSSR. Richtlinien für Silikatisierung. (Instrukcija po Silikatizacii.) Moskau: Gruntow, 1960.

BERNATZIK, W.: Bohrungen und Injektionen. Grundbau Taschenbuch, 1955.

BERNATZIK, W.: Grundlagen der modernen Zementinjektion. Zement **1938**, Nr. 37.

Bodenverfestigung. (Sakreplenie Gruntow, Sbornik 50.) Moskau: Gosstroisdat. 1962.

Conference on Vibrations-Compaction Technics, Report, Budapest, 1963.

F. T. V. Entwurfsrichtlinien für chemische Bodenverfestigung. (Zweiflüssigkeitsverfahren, 1962/2, FTV. Tervezési segédlet a kétfolyadékos vegyi talajszilárditáshoz, Budapest, ung.)

Highway Research Board Bull. 231. Lime and Lime-Flyash as Soil-Stabilizers. National Ac. of Sciences 1959, Washington.

JÄHDE, H.: Injektionen zur Verbesserung von Baugrund und Bauwerk. Berlin: VEB Verlag Technik. 1953.

KOLLBRUNNER, C. F.: Fundation und Konsolidation, II.—III. Bd. Zürich: Schweiz. Druck- u. Verlagshaus. 1949 u. 1952.

Künstliche Bodenverfestigung. (Iskustwennoe Sakreplenie Gruntow, Sbornik 39.) Moskau: Gosstroisdat. 1960.

LAMBE, T. W., et al.: Altering Soil Properties with Chemicals. Industr. Eng. Chem. **47**, Nr. 11.

LAMPL, H.: Das Zementeinpreßverfahren. (A cementbesajtolási eljárás, ung.) Mérnöki Továbbképző **1943**, Nr. 65.

LITTLE, A. L.: Foundations. London: Edward Arnold Publishers Ltd. 1961.

Richtlinien für die Verfestigung von Sandböden. (Ukasania po sakrepleniju pestschanih gruntow.) Moskau: Ak. Stroit. 1960.

Schriftenreihe über Rüttelverdichtung. Mitteilungen der Forschungsanstalt für Schiffahrt, Wasser u. Grundbau, H. 13. Berlin, 1964.

SHERWOOD, P. T.: Soil stabilisation by the use of chemical admixtures. Roads and Road Constr. April 1961.

SSSR. Min. Stroit. Predprijatij Maschinostrojenija Sbornik 17. Iskustwennoe Sakreplenie Gruntow. (Künstliche Bodenverfestigung.) Moskau, 1952.

SZÉCHY, K.: Verschiedene Bodenverfestigungsverfahren für Gründungen. (Különféle talajszilárditások alapozások részére, ung.) Mérnöki Továbbképző **1953**, M-T-8.

Tagung über Bodenstabilisierung. Straßen und Tiefbau **1959**, H. 3.

VEDER, C.: Die Bedeutung natürlicher elektrischer Felder für Elektroosmose und Elektrokataphorese im Grundbau. Bauingenieur **1964**, H. 10.

VIGH, F.: Methoden und Ergebnisse der Bodenverfestigung. (A kőzetszilárditás módszerei és eredményei, ung.) Mérnöktovábbképző **1954**, 2728.

VIII. Grundlagen des Maschinenfundamententwurfs

Maschinenfundamente sind Bauwerke, auf denen ortsfeste Maschinen aufgestellt werden und die neben statischen Lasten auch schnell wechselnden dynamischen Wirkungen ausgesetzt sind.

Die statischen Lasten bestehen aus dem Eigengewicht der Maschine und des Fundamentblocks, ferner aus sonstigen Auflasten wie Seilzug, Zug einer Transmission oder Schneckengebläse usw.

Die dynamischen Wirkungen lassen sich dagegen in zwei Gruppen einteilen:

a) *Einzelne Anschläge*, das sind Stöße in Form dynamisch wirkender Kraftangriffe, die sich in unregelmäßigen Zeitspannen wiederholen (Hammerschlag, Fallwerk, Schlagwerk, Brechmaschine, Seilbruch, Bremsen usw.).

b) *Schwingende Kräfte*, das sind in regelmäßigen Zeitspannen als Sinusfunktion der Zeit sich wiederholende periodisch wirkende Kräfte, die durch hin- und hergehende Massenkräfte oder Momente ausgeübt werden (Kolbenmaschinen, Fliehkräfte umlaufender Maschinen, Dieselmotoren, Turbinen, Zentrifugen usw.).

Maschinenfundamente stellen wegen ihrer elastischen Bettung (Aufliegen auf Boden, auf Pfählen, auf Tragkonstruktionen oder auf Federn) leicht in Schwingung versetzbare Bauwerksteile dar, die durch die dynamischen Kraftwirkungen auf der elastischen Unterlage tatsächlich in Schwingungen geraten sind. Diese Schwingungen stellen wegen der Elastizität der Baustoffe Verformungsschwingungen dar. Im Gründungskörper selbst wirken sich diese Schwingungen auch in der nicht unmittelbar betroffenen Umgebung aus.

Die Maschinenfundamente lassen sich nach den von den verschiedenen Maschinen übermittelten Kraftwirkungen in folgende drei Hauptgruppen einteilen:

1. Fundamente für die mit Kurbelarm wirkende Maschinen (mit niedriger bis mittlerer Drehzahl).
2. Fundamente für Maschinen, die eine Stoßwirkung ausüben.
3. Turbinenfundamente (mit hoher Drehzahl).

Für richtig entworfene Maschinenfundamente gilt in Hinsicht auf die allgemein üblichen Bemessungsgrundlagen die Forderung, daß die Verformungsschwingungen und gemeinsamen Schwingungen im Fundamentblock selbst auf ein Mindestmaß herabgesetzt und deren Übergabe auf die Umgebung vermindert werden muß. Dies wird im allgemeinen erzielt, wenn die Maschinenfundamente in Abhängigkeit von der Art der Kraftwirkung schwingungstechnisch zweckmäßig gestaltet sind. Voraussetzung ist, daß die bewegten Massen im Bereich der Maschine selbst zur Verringerung der dynamischen Kräfte gut ausgewuchtet sind. Im einzelnen:

a) Bei Stoßwirkung ist große Fundamentmasse und darunter weiche Federung die Regel.

b) Bei schwingenden (periodischen) Kräften ist Resonanz zu vermeiden; d. h. die Eigenschwingungszahl des Fundamentes und der mitschwingenden Bodenmasse muß mit Drehzahl der Maschine abgestimmt werden. Und zwar bei *Ma-*

schinen mit niedriger Drehzahl ($n < 500$ Umdr./min) *durch eine hohe Abstimmung* (leichte kastenartige Fundamente mit großer Grundfläche), dagegen bei *Maschinen mit mittlerer Drehzahl* ($300 < n < 1000$) *durch tiefe Abstimmung* (umfangreicher Gründungskörper mit weicher Federung) und zuletzt bei *Maschinen mit hoher Drehzahl* ($n > 1000$) *durch tiefe Abstimmung* und bei *Turbinenfundamenten* ($n > 2000$) *tiefe Abstimmung* auch ohne künstliche Federung.

c) *Die Maschine soll mit dem Fundament fest verbunden werden.* Das Fundament selbst muß zur sicheren Aufnahme der von der Maschine erregten Kräfte und zur Übertragung derselben in den Boden geeignet sein. Durch statische und dynamische Kräfte erzeugte elastische Verformungen sind dabei so klein zu halten, daß die Maschine keinen Schaden erleidet und keine für Menschen unangenehme Erschütterungen entstehen. Daneben sollen z. B. plötzliche Querschnittänderungen, Einschnitte, schwingungsvergrößernde dünne Ansätze und andere spannungsanhäufende Stellen sowohl im Grundkörper als auch am mitschwingenden Bauwerk vermieden werden. Die sich anschließenden Nachbarbauten sollen dagegen durch eingeschaltete Fugen getrennt werden, damit die Fortpflanzung der Schwingungen vermindert wird.

A. Grundbegriffe der Schwingungslehre und die zu betrachtenden dynamischen Wirkungen

(Im folgenden kann diese Frage nur kurz behandelt werden. Sind Einzelheiten notwendig, wird auf die einschlägige Literatur — z. B. LORENZ: Baugrunddynamik — verwiesen.)

Wird das Maschinenfundament durch eine vertikale Kraft angegriffen, nach unten gedrückt und wird dieser Angriff plötzlich aufgehoben, gerät das Fundament in vertikale Schwingungen. Das sind freie Schwingungen, deren Amplitude noch durch Reibungseffekte gedämpft wird (Abb. 703). Die Anzahl der in der Zeit-

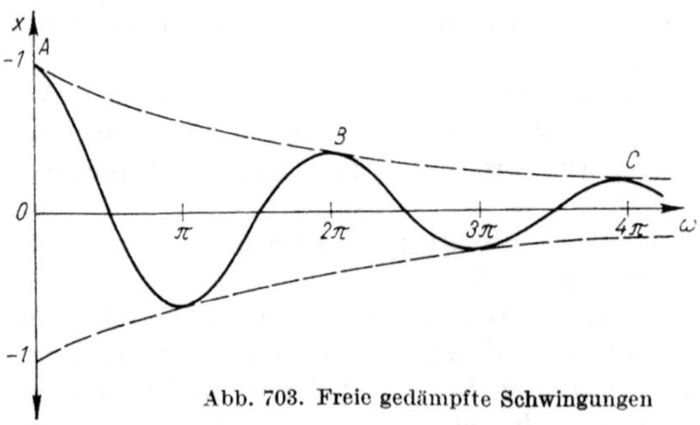

Abb. 703. Freie gedämpfte Schwingungen

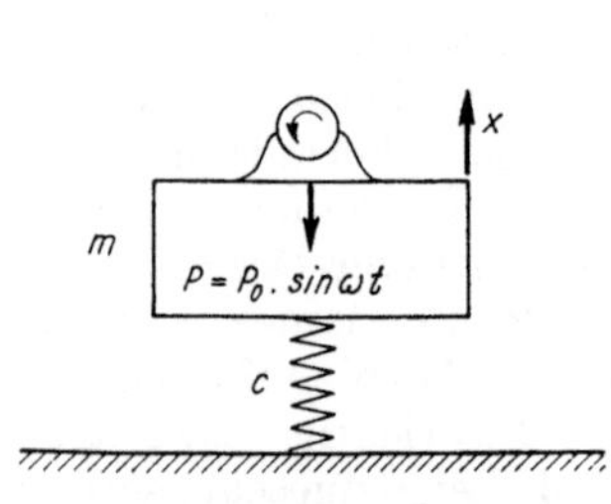

Abb. 704. Schwingung mit einer Bewegungsfreiheit

einheit entstehenden Schwingungsperioden wird Eigenfrequenz genannt. Bekommt die Maschinengründung immer wieder neue Impulse, wird sie damit erzwungenen harmonischen Schwingungen ausgesetzt. Wirkt z. B. auf die schwingende Masse eine sich sinusförmig periodisch verändernde Kraft, kann ihre Größe durch den Zusammenhang $P = P_0 \cdot \sin \omega t$ gekennzeichnet werden (Abb. 704).

Die allgemeine Bewegungsgleichung kann anhand des zweiten Gesetzes von Newton dargelegt werden. Die Masse wird während ihrer Bewegung von der äußeren und sich mit der Zeit verändernden Kraft P, durch die bei Zusammendrückung entstehende Federkraft (Q) und aus der Dämpfung resultierenden Kraft (D) beeinflußt. Demnach wird

$$m \cdot \frac{d^2x}{dt^2} = -Q - D + P.$$

Die Federkraft läßt sich als Produkt der Federkonstante (c) und der Zusammendrückung (Verkürzung: x) als $Q = c \cdot x$ ausdrücken. $c = EF/v$ (worin v die Dicke der Federunterlage, E deren Elastizitätsmodul und F die Querschnittfläche bezeichnet). Die Dämpfungskraft (D) verändert sich geradlinig mit der Geschwindigkeit der Verschiebung, als $D = k \cdot dx/dt$, und damit wird schließlich:

$$m \cdot \frac{d^2x}{dt^2} + k \cdot \frac{dx}{dt} + c \cdot x = P_0 \cdot \sin \omega t, \tag{367}$$

worin die Winkelgeschwindigkeit ω aus der Drehzahl (n) als $\omega = 2\pi \cdot n$ berechenbar ist.

Es ist zu bemerken, daß in der Gl. (367) die Annahme, daß die Federkraft mit der Verschiebung, dagegen die Dämpfung mit der Geschwindigkeit sich in linearem Verhältnis ändert, nur als Annäherung gilt. Sie setzt voraus, daß die beiden Beiwerte k und c konstant sind, obwohl sie außer von den bodenphysikalischen Kennwerten auch von der Geometrie der federnden Massen und von der Größe und Frequenz der angreifenden Kräfte abhängig sind. (Zum Beispiel Gültigkeit des Hookeschen Gesetzes, die Stetigkeit der Erregerkraft und die mit den Bodenpressungen proportionale Zunahme der Bettungsziffer.) Die Theorie der nichtlinearen (pseudoharmonischen) Schwingungen wurde u. a. von H. Lorenz und Den Hartog [226, 227] behandelt. Die Bemessung der Maschinenfundamente in der Praxis wird allgemein auf Grund der hier angeführten linearen Schwingungen vorgenommen.

Bei erzwungenen harmonischen Schwingungen setzen sich zwei oder mehrere Schwingungen zusammen. Die Art der resultierenden Schwingung ist vom Verhältnis der Kreisfrequenzen (ω/ω_0) abhängig. Die Amplitudenzunahme (a') der aus zwei harmonischen Schwingungen zusammengesetzten Schwingung ergibt sich als Produkt der Grundschwingungsamplitude (a) und eines Vergrößerungsfaktors (ν), d. h. $a' = a \cdot \nu$, wobei der Vergrößerungsfaktor (wenn keine Dämpfung vorhanden)

$$\nu = \frac{1}{1 - (\omega/\omega_0)^2} \tag{368a}$$

ist. Mit Berücksichtigung der Dämpfung ist

$$\nu_1 = \frac{1}{\sqrt{(1 - \omega/\omega_0)^2 + 2\left(\frac{k}{k_{kr}} \cdot \frac{\omega}{\omega_0}\right)^2}}. \tag{368b}$$

In diesem letzteren Zusammenhang stellt k_{kr} die sog. kritische Dämpfung [226] dar:

$$k_{kr} = 2\sqrt{m \cdot e} = 2m \cdot \omega_0.$$

Physikalisch bedeutet k_{kr} das Dämpfungsmaß bei dem sich noch keine Schwingung ausbildet und die in Bewegung gebrachte Masse sich mit fortschreitend ermäßigter Geschwindigkeit dem Gleichgewichtszustand nähert (vgl. Abb. 705b, Fall $k/k_r = 1$).

Die Veränderung des Vergrößerungsfaktors auf Grund der Gl. (368a) ist in Abb. 705a, dagegen die auf Grund der Gl. (368b) in Abb. 705b veranschaulicht [227]. Wie zu sehen, vergrößert sich im Falle $\omega = \omega_0$ (d. h. die Kreisfrequenz der Zusatzschwingung stimmt mit der Kreisfrequenz der Grundschwingung überein)

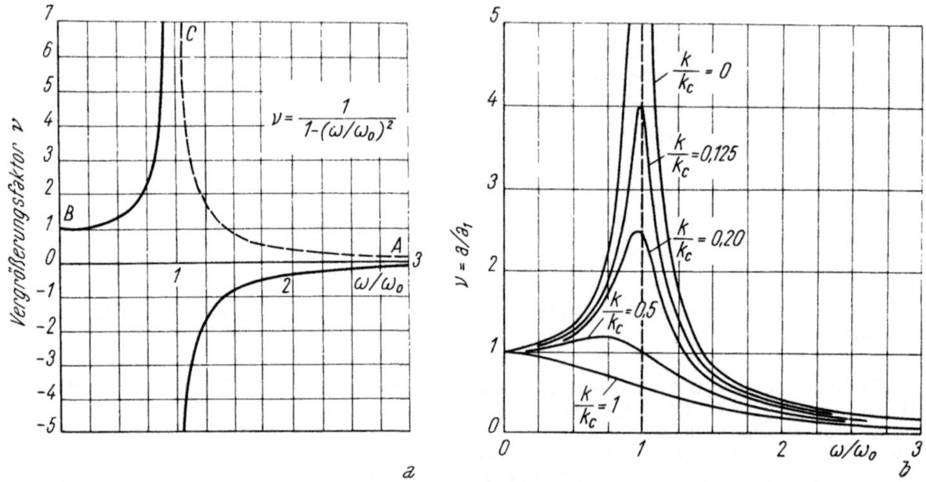

Abb. 705. Die Veränderung des Vergrößerungsfaktors in Abhängigkeit der Winkelgeschwindigkeitsverhältnisse (a) und des Dämpfungsmaßes (b)

der Wert ν, also die resultierende Amplitude, ins Unendliche (Resonanzfall). Die Zunahme ist besonders stark im Bereich zwischen den Grenzen $0{,}75 < \omega/\omega_0 < 1{,}25$.

Der Resonanzfall kann also wegen der Vergrößerung der Schwingweiten (Amplituden) bis ins Unendliche zur vollständigen Zerstörung der Konstruktion führen (Abb. 706).

Es ist deshalb eine grundsätzliche schwingungstechnische Forderung, daß die Eigenschwingung des Gründungskörpers und der mitschwingenden Erdmasse von der Drehzahl der Maschine abgestimmt werden muß. Die Abstimmung kann nach oben (hoch) ($\omega/\omega_0 > 1$) oder nach unten (tief) ($\omega/\omega_0 < 1$) erfolgen; obwohl der Wert des Vergrößerungsfaktors bei hoher Abstimmung kleiner als 1, bei einer tiefen Abstimmung größer als 1 wird, wie es auch aus Abb. 705a bis b hervorgeht. Eine hohe Abstimmung wäre also zweckmäßiger, doch läßt sie sich sehr schwer verwirklichen, weil eine umfangreiche Gründung und gleichzeitig eine sehr weiche Federung notwendig ist. Die Kombination dieser beiden Maßnahmen stellt aber eine sehr schwer ausführbare Aufgabe dar. Deshalb soll man sich mit einer tiefen Abstimmung begnügen und einen Vergrößerungsbeiwert, größer als die Einheit, in Betracht ziehen.

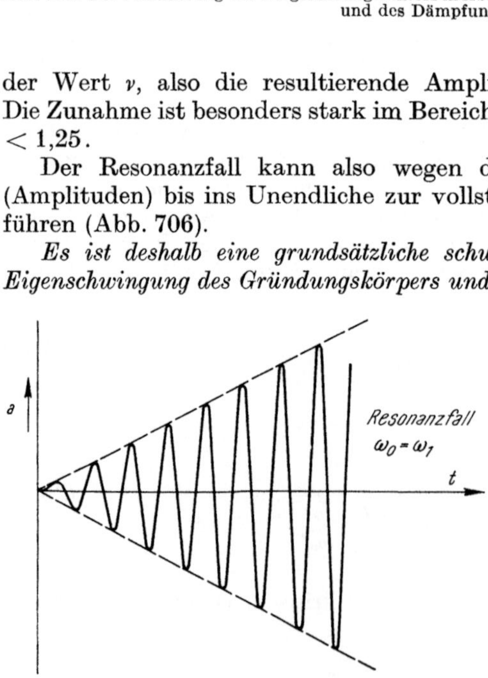

Abb. 706. Die Vergrößerung der Schwingungen im Resonanzfall

Das Problem läßt sich sehr oft durch die Anwendung zweigliedriger Schwingungssysteme lösen (Abb. 707). Ein derartiges System wird erhalten, wenn eine Nebenmasse m_1 mittels Anschlußstab mit der Maschinengründung gekuppelt wird. Die Größe der Nebenmasse kann wesentlich kleiner gewählt werden. Wichtig ist, daß die Schwingungen der Hauptmasse (m) und die der Nebenmasse (m_1) einander gegenseitig beeinflussen.

Die Bewegungsgrundgleichungen des zweigliedrigen Schwingungssystems lauten (Abb. 707)

$$m \cdot \frac{d^2x}{dt^2} + c \cdot x + c_1(x - x_1) = P_0 \cdot \sin \omega t,$$

$$m_1 \cdot \frac{d^2x_1}{dt^2} + c_1(x - x_1) = 0. \qquad (369)$$

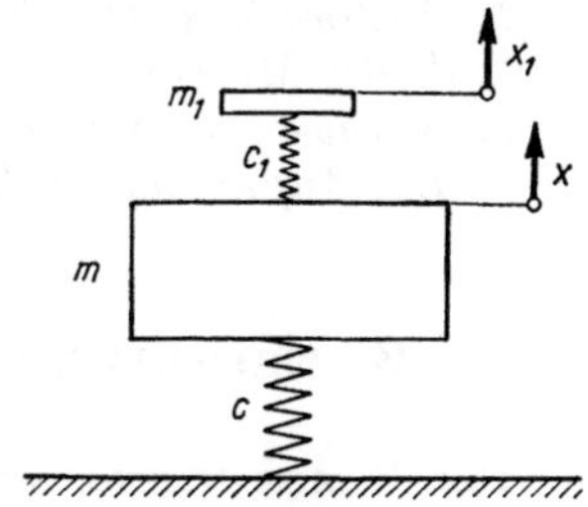

Abb. 707. Schwingungssystem mit zwei Bewegungsfreiheiten

In diesem Falle ist sowohl im Hauptsystem (m, x) als auch im Nebensystem (m_1, x_1) keine Dämpfung vorhanden. Die Lösung der Gl. ergibt

$$x = \frac{P_0}{c} \cdot \nu_1 \cdot \sin \omega t \qquad \text{und} \qquad x_1 = \frac{c_1}{c_1 - \omega^2 \cdot m_1} \cdot x.$$

Der Vergrößerungsbeiwert errechnet sich als

$$\nu_1 = \frac{c(c_1 - m_1 \cdot \omega^2)}{(c + c_1 - m \cdot \omega^2)(c_1 - m_1 \cdot \omega^2) - c_1^2} = \frac{1}{1 + \frac{c_1}{c}\left(1 - \frac{m}{m_1}\right) + \frac{c_1}{c}\left(\frac{1}{\varepsilon} - \varepsilon \cdot \frac{m}{m_1}\right)}, \qquad (370\,\text{a})$$

$\left(\text{worin } \varepsilon = \frac{\omega^2 - \omega_0^2}{\omega_0^2}\right)$.

Für den Entwurf kann es sich als vorteilhaft erweisen, wenn $\nu_1 = 0$ ist. Durch entsprechende Wahl der Abmessungen des Nebensystems kann erreicht werden, daß $c_1 - m_1 \cdot \omega^2 = 0$ und damit die Bewegungsgleichung:

$$x_1 = \frac{P_0}{c_1} \cdot \sin \omega t \qquad (370\,\text{b})$$

wird. Durch die entsprechende Wahl der Abmessungen des Nebensystems wird nämlich dieses in starke Schwingungen geraten und muß die volle periodische Lastwirkung aufnehmen. Es wird mit der Drehzahl der Maschine in Resonanz stehen, ohne auf die Gründung oder auf ihre Tragkonstruktion irgendwelche Wirkungen zu übertragen. Auf diesem Wege läßt sich eine *vollständig schwingungsfreie Gründung herstellen.*

Das gewünschte Ziel kann aber nur erreicht werden, wenn die Drehzahl der Maschine unverändert bleibt, weil die dämpfende dynamische Zusatzmasse für eine bestimmte Drehzahl gewählt werden soll. Für jede abweichende Drehzahl wird nämlich der Vergrößerungsfaktor ν_1 nicht gleich 0 sein [vgl. Gl. (370a, b)].

Das zweigliedrige System besitzt nicht nur einen, sondern zwei kritische Drehzahlwerte. Die Winkelgeschwindigkeit ω, die die Schwingung des Hauptsystems zu Null macht, fällt zwischen diese beiden Grenzen. Da dieser Bereich ziemlich eng ist, müssen die Masse, Federung und Eigenfrequenz des Hauptsystems sehr genau bestimmt werden.

Aus Gl. (370) ergibt sich ferner, daß eine wirkungsvolle Herabsetzung des ν_1-Wertes durch die Wahl eines niedrigen Wertes für die Federkonstante c (d. h. weiche Unterlage) erzielt werden kann. Die Masse des Nebensystems (Adsorbator) teilt man zweckmäßigerweise in mehrere Abschnitte auf und wählt für sie eine möglichst hohe Federkonstante c_1 (steife Unterlage) [228].

Auf Grund der vorangehenden kurzen theoretischen Zusammenfassung der Grundlagen, müssen beim Entwerfen der Maschinengründungen *im allgemeinen folgende drei Erfordernisse nachgewiesen werden:*

1. Abstimmung der Gründung und der mitschwingenden Bodenmasse mit der Drehzahl der Maschine.

2. Nachweis der Größe der Schwingweiten (Amplituden).

3. Die Aufnahme der durch die dynamische Wirkung vergrößerten Kräfte.

B. Entwurf und Bemessung der Maschinenfundamente

Der Bemessungsvorgang wird im folgenden für die in der Einleitung schon aufgezählten und in ihrem Charakter unterschiedlichen drei Maschinengrundtypen gesondert angegeben.

1. Blockfundamente der umlaufenden Maschinen mit Kurbelarmen

a) Abstimmung

Als erste Aufgabe macht sich die Abstimmung notwendig, wozu zuerst die Bestimmung der Eigenfrequenz der Gründung und der mitschwingenden Erdmasse benötigt wird. Unter Eigenfrequenz versteht man den Frequenzwert (α_0 Hz oder n_e, Schwingungen pro Minute), bei dem die größte Amplitude auftritt. Die Eigenfrequenzzahl kann durch Versuch nach Abb. 708 ermittelt werden, d. h. man trägt die gemessenen Amplitudenwerte bei verschiedenen Frequenzzahlen auf und zieht eine Tangente vom Anfangspunkt des Koordinatensystems an diese Kurve. Die zum Tangentenpunkt gehörende Frequenz stellt die Eigenfrequenz dar, weil sich im Resonanzfall der aus der Differentialgleichung (367) der erzwungenen Schwingungen ausgedrückte Wert der Amplitude durch eine Gerade $a = \beta \cdot n$ darstellen läßt.

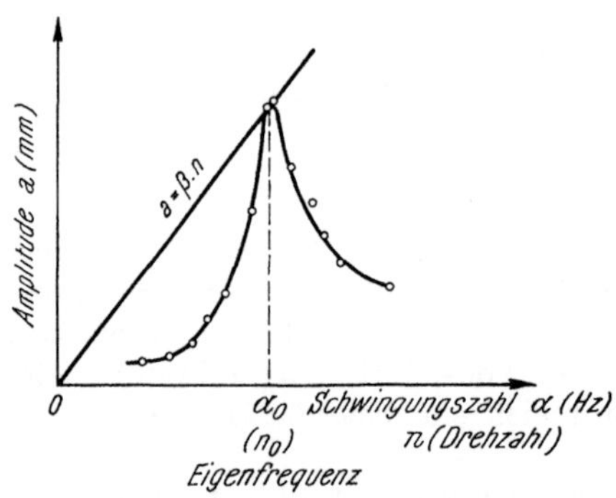

Abb. 708. Versuchsmäßige Bestimmung der Eigenfrequenzzahl

Theoretisch ergibt sich die Eigenfrequenz zu

$$\alpha_0 = \frac{1}{2\pi}\sqrt{\frac{C_z \cdot F \cdot g}{G_g + G_t}}, \tag{371}$$

worin G_g das Gewicht der Maschine, G_t das Gewicht der mitschwingenden Bodenmasse, g die Erdbeschleunigung, F die Grundfläche, C_z die dynamische Bettungsziffer (d. h. die spezifische lotrechte Belastung, die, dynamisch wirkend, die Einsenkung der schwingenden Masse um 1 cm verursacht) bezeichnen.

Praktisch kann die Berechnung in folgenden Schritten durchgeführt werden:

1. Zunächst wird die dynamische Bettungsziffer (C_z) des Bodens bestimmt. Wenn die Eigenfrequenz schon aus Versuchsmessungen bekannt ist, wird unter Benutzung der Gl. (371)

$$C_z = \frac{4\pi^2}{F} \cdot \alpha_0^2 \cdot \frac{G}{g} = \frac{4\pi^2}{g} \cdot \alpha_0^2 \cdot \sigma_t, \tag{372}$$

worin $G = G_g + G_t$ und $G/F = \sigma_t$ die Sohlspannung darstellt.

Doch können Annäherungswerte für C_z aus Tabellen (z. B. aus der den Sowjet-Vorschriften entnommenen Tab. 25) entnommen werden.

Tabelle 25. *Dynamische Angaben für verschiedene Bodenarten*

Bodenart	Zulässige Bodenspannung unter statischer Last σ_{st} kg/cm²	Dynamische Bettungsziffer C_z kg/cm³	Eigenfrequenz α_0 Hz
Schwache Böden	2,0	3	19—20
Mitteldichter Schluff, Ton und Sand	2,0—4,5	3—5	22—24
Dichte Böden	4,5—6,5	5—10	26—28
Felsböden	6,5	10	30—34

Bemerkung: Die angegebenen Werte sind auf eine Grundfläche von $F = 10\,\text{m}^2$ bezogen. Wenn $F \leqq 10\,\text{m}^2$ ist, dann sollen die Tafelwerte mit dem Wert $\sqrt{10/F}$ multipliziert werden.

Die mitschwingende Erdmasse (G_t) kann auf Grund des Zusammenhanges

$$\frac{m_0 \cdot r \cdot \omega^2}{a} \cdot \cos\varphi = C_z - M \cdot \omega^2 \tag{373}$$

durch einen mittels Bodenschwingers ausgeführten Versuch bestimmt werden.

Hierin bezeichnen m_0 die Masse der exzentrischen Masse des Schwingers, r_0 die Ausmittigkeit derselben, $\omega = 2\pi \cdot n$ die Kreisfrequenz, a die der Drehzahl n entsprechende Amplitude, φ den Phasenwinkel der Schwingungen der Maschine im Vergleich zur exzentrischen Masse, bei einer Drehzahl n und $M = M_g + M_t$ die Gesamtmasse der Maschine und der mitschwingenden Bodenmasse.

Wenn man die Amplitudenwerte bei verschiedenen Frequenzen mißt, die Größe $m_0 \cdot r \cdot \omega^2 \cdot \cos\varphi$ bestimmt und in Abhängigkeit von ω^2 in Form eines Diagrammes aufträgt, erhält man die in Abb. 709 dargestellte Kurve. Die zu deren Sprungwerten gezogene Tangente schneidet von der Ordinatenachse den Wert C_z ab, während ihre Richtung die Größe der ganzen schwingenden Masse angibt (also $M = \operatorname{tg}\alpha$). Wenn man diesen Wert um die Masse des Fundamentblockes vermindert, erhält man den gesuchten Wert der mitschwingenden Bodenmasse als $M - M_g = M_t$.

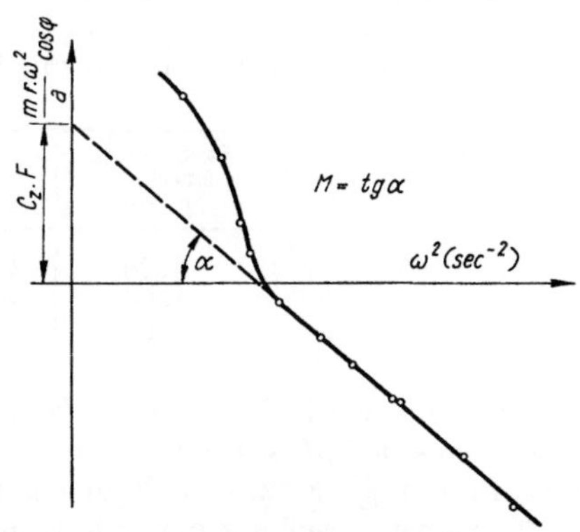

Abb. 709. Bestimmung der mitschwingenden Bodenmasse durch Versuch

Laut einiger Versuchsergebnisse beträgt dieser Wert etwa 24% der Fundamentmasse. (Einzelheiten s. H. Lorenz: Baugrunddynamik, Springer, Berlin, 1960.)

2. Auf Grund des statischen Gewichtes berechnet man *die dynamische Einsenkung* des elastisch angenommenen Bodens anhand des Verhältnisses

$$\delta_0 = G/C_z.$$

3. Mit C_z und G läßt sich die Eigenfrequenzzahl auch aus der Einsenkung δ_0 bestimmen, da das dritte Glied der Gl. (367) $Q = m \cdot g = c \cdot x = c \cdot \delta_0$ ist, worin $c = m \cdot g/\delta_0$.

Für die *ungedämpfte freie Schwingung* läßt sich ferner aus Gl. (367) mit $k = 0$ ableiten, daß ω den Wert $\sqrt{c/m}$ annehmen muß. Wird der obige Wert von c eingesetzt, erhält man den Zusammenhang $\omega = \sqrt{g/\delta_0}$. Ferner ist

$$\omega = \frac{2\pi \cdot n_0}{60}, \qquad n_0 = \frac{60}{2\pi} \cdot \sqrt{g/\delta_0} = 300/\sqrt{\delta_0}$$

$$\text{und} \qquad \alpha_0 = \frac{300}{60 \cdot \sqrt{\delta_0}} = \frac{5}{\sqrt{\delta_0}}. \tag{374}$$

(Für eine Schätzung der Eigenfrequenzzahlwerte kann man sich auch der Tab. 25 bedienen.)

Mit der Kenntnis der Eigenfrequenz (n_0) ist es möglich, das Abstimmungsmaß nachzuweisen (wobei $n > 1{,}2 n_0$ oder $n < 0{,}8 n_0$ sein soll), wenn n die Drehzahl der Maschine bedeutet. Die tiefe Abstimmung kann nötigenfalls entweder durch die Erhöhung des G-Wertes oder durch die Herabsetzung des Produktes $C_z \cdot F$ erzielt werden.

Im gegebenen Fall kann die Abstimmung durch die Anwendung von Adsorbatoren, d. h. durch den Übergang auf ein zweigliedriges System erzielt werden.

b) Amplitudenbestimmung

Der folgende Schritt ist die Bestimmung der Amplitude des schwingenden Systems. Unter Benützung der vorher ermittelten dynamischen Bettungszifferwerte kann sie anhand der folgenden theoretischen Zusammenhänge ermittelt und soll mit den aus Versuchen erhaltenen zulässigen Erfahrungswerten verglichen werden.

Anhaltswerte für Maschinen mit hohen Drehzahlen sind:

Drehzahl der Maschine pro Min.	Lotrechte	Waagrechte
	Amplituden in mm	
3000	0,02—0,03	0,05
1500	0,06—0,10	0,09—0,15
500	0,10—0,15	0,15—0,20

Dagegen wird *die theoretische Berechnung der Amplituden der Maschinenfundamente mit Maschinen, die mit einem Kurbelarm angetrieben werden,* wie folgt ausgeführt (vgl. Kézdi: Talajmechanika (Bodenmechanik) II. Band, S. 423).

Zunächst berechnet man die beim Betrieb der Maschine und durch nicht ausbalancierte Massen bedingten Störungswirkungen (Kraft, Moment), die vektoriell zu addieren sind. Die stellvertretenden Störungsmomente erhält man im allgemeinen als

$$M_1 = l_x \cdot P_x \qquad \text{und} \qquad M_2 = l_z \cdot P_z,$$

worin l_z bzw. l_x den Abstand zwischen der Angriffslinie der Kräfte P_z bzw. P_x und dem Systemschwerpunkt bezeichnen.

Die in Richtung der Kolben wirksame Kraft ist $P_x = R \cdot \omega^2 (m_a + m_b) \cdot \cos \omega t$ und die Vertikalkraft $P_z = R \cdot \omega^2 \cdot m_a \cdot \sin \omega t$. Darin bedeutet R den Halbmesser des Kurbelarms (in m), t die Zeit, ω die Kreisfrequenz (Hz) und m_a die Masse aller Teile der antreibenden Maschine ($t \cdot s^2/m$), die auf den Kurbelkeil lastet und dessen Wert aus folgender Gleichung zu berechnen ist (Abb. 710):

$$m_a = \frac{1}{g} \cdot \left[\frac{R_1}{R} \cdot q_1 + \left(1 - \frac{L_1}{L}\right) \cdot q_3\right],$$

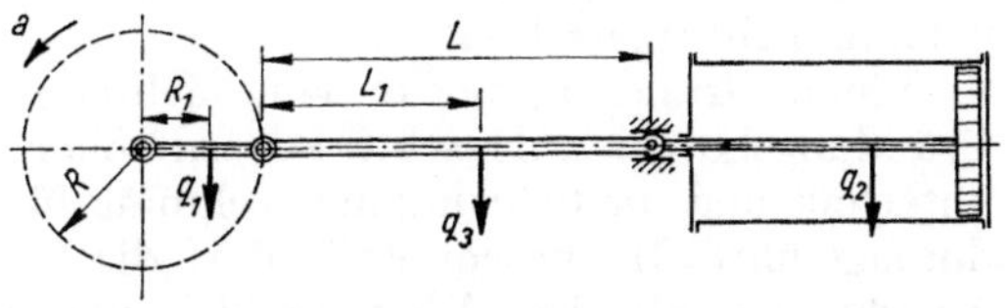

Abb. 710. Schema einer mit Kurbelarm angetriebenen Maschine

worin q_1 das Gewicht der Kurbel (t), q_3 das Gewicht des Kurbelarmes (t), R_1 den Abstand (m) zwischen Drehachse und Kurbelschwerpunkt, L die Kolbenlänge, L_1 den Abstand des Armschwerpunktes vom Kurbelzapfen (m), m_b die Masse der auf dem Kreuzkopf lastenden Einzelteile ($t \cdot s^2/m$) ist, d. h. $m_b = 1/g \cdot q_2 + L_1/L$, worin q_2 das Gewicht der Kolben, der Kolbenstange, des Kreuzkopfes usw. aller sich hin- und herbewegenden Einzelteile bezeichnet.

Die Amplitude der lotrechten Schwingungen ist

$$a_z = \frac{P_z}{C_z \cdot F - m \cdot \omega^2}.$$

Neben den schon bekannten Bezeichnungen C_z, F und ω bedeutet darin P_z die lotrecht gerichtete Störungskraft (t) und $m = \frac{G_a + G_p}{g}$ die Gesamtmasse der Maschine und des Fundamentes ($t \cdot s^2/m$). Die in der lotrechten Hauptebene der Gründung gleichzeitig Verdrehung und Verschiebung hervorrufende Amplitude der waagrechten und drehenden Fundamentschwingungen ist

$$a = a_x + a\varphi \cdot h_1;$$

a_x ist die Amplitude der Horizontalschwingungen des Schwerpunktes, a_φ die der rotierenden Schwingungen um die durch den Schwerpunkt gezogenen und auf die Schwingungsebene normal gerichtete Horizontalachse, dagegen bezeichnet h_1 den Abstand der Fundamentoberkante vom Schwerpunkt.

Die Amplitude der Horizontal- bzw. der rotierenden Schwingungen kann wie folgt berechnet werden:

$$a_x = \frac{(C_\varphi \cdot J + C_x \cdot F \cdot h_2^2 - \Theta \cdot \omega^2)\, P_x + C_x \cdot F \cdot h_2 \cdot M}{\Delta}$$

und

$$a_\varphi = \frac{C_x \cdot F \cdot h_2 \cdot P_x + (C_x \cdot F - m \cdot \omega^2)\, M}{\Delta}.$$

Darin bedeuten Θ das gesamte Trägheitsmoment der Achse der Masse des Fundamentes und der Maschine ($t \cdot m \cdot s^2$), wobei die Achse durch den gemeinsamen Schwerpunkt gezogen und auf die Schwingungsebene normal gerichtet ist. h_2 die Höhe des Massenschwerpunktes der zu gründenden Maschine über der Gründungsebene (m); P_x die Horizontalkomponente der Erregerkraft (t); M das Erregermoment, das dem Erregermoment der Maschine und dem auf den Schwerpunkt bezogenen Moment der Erregerkräfte gleich ist:

$$\Delta = m \cdot \Theta \cdot \omega^4 - (C_\varphi \cdot m + C_x \cdot F \cdot h_2^2 \cdot m + C_x \cdot F \cdot \Theta) \cdot \omega^2 + C_\varphi \cdot J \cdot C_x \cdot F,$$

worin C_φ die Bettungsziffer gegen Verdrehung ($C_\varphi \cong 2C_z$) und C_x die waagrechte Bettungsziffer (Schermodul) bezeichnen. C_x kann in körnigen Bodenarten mit $^2/_3 C_z$, dagegen in bindigen Bodenarten mit $^1/_3 C_z$ gleichgesetzt werden.

Laut den Ung. Vorschriften darf der Gesamtwert von $a_z + a_x$ den Wert 0,2 mm nicht überschreiten.

Wenn Gründungsblöcke von mehreren Maschinen auf einen gemeinsamen Gründungskörper aufgesetzt werden sollen, wird dieser in gedachte Abschnitte unterteilt und die Schwingungsrechnung für jeden einzelnen Abschnitt gesondert durchgeführt. In diesem Falle darf die Schwingungsamplitude den für Einzelgründungen zulässigen Wert um 30% übersteigen.

c) Dynamische Last

Schließlich darf die um den dynamischen Effekt vermehrte Belastung (Sohlspannung) den zulässigen Bodenspannungswert nicht übersteigen bzw. der Boden soll sie ohne schädliche Setzungen aufnehmen können.

Rausch berücksichtigt die dynamische Wirkung auf Grund des Vergrößerungsfaktors ν durch eine statische Ersatzkraft, die sich nach Gl. 368 errechnen läßt. Die Sohlspannungen können also für die $\nu \cdot P_d$ vergrößerte periodische Kraftwirkung berechnet werden. Sowohl im Fundamentmauerwerk als auch im jeden die Maschine stützenden Konstruktionsteil, soll wegen der wiederholten Belastung die Ermüdung des Materials gleichfalls betrachtet werden. Schließlich erhält man die statische Ersatzkraft als

$$\pm P = \mu \cdot \nu \cdot P_{d'} \tag{375}$$

worin μ einen Ermüdungsbeiwert darstellt, dessen Wert man mit 3 annehmen kann.

Dagegen gehen Barkan und nach ihm Forscher in der Sowjetunion davon aus, daß ein dynamischer Vorgang nie durch einen statischen ersetzt werden darf. Deshalb vergleichen sie die dynamischen Einwirkungen anhand der den dynamischen Vorgang kennzeichnenden Schwingungsamplituden miteinander. Als Grenzwert hat Barkan festgestellt, daß im Boden (hauptsächlich im körnigen Boden) bedeutendere Setzungen infolge Schwingungen erst dann auftreten, wenn die Beschleunigung der Schwingungen a den Wert 0,2 g übersteigt. Er schlägt daher eine Herabsetzung der dynamischen Grenzspannung (σ_{dz}) des Bodens auf Grund folgenden Zusammenhanges vor:

$$\sigma_{d\,\text{zul}} = \frac{0{,}2g}{a} \cdot \sigma_{\text{zul}} = \alpha \cdot \sigma_{\text{zul}}. \tag{376}$$

Hinsichtlich der Größe des Verminderungsbeiwertes (α) können beim Fehlen genauere Angaben folgende Anhaltswerte vorgeschlagen werden:

Für langsamlaufende Maschinen mit Kurbelarm, z. B. Dieselmotoren, Kolbenkompressoren, Werkzeugmaschinen, Brechanlagen, Walzwerke $\alpha = 1{,}0$

Für Turbinenanlagen, Motorgeneratoren, Mühlen mit hoher Erregerschwingzahl $\alpha = 0{,}8$

Für Maschinen die Stoßimpulse übertragen (als Hammerfundamente, Rammen usw.) $\alpha = 0{,}4$

Die schädlichen Setzungen können im allgemeinen vermieden werden, wenn folgende Entwurfsgrundlagen beachtet werden. Sind diese Regeln nicht zu erfüllen, dann muß man auf eine Pfahlgründung oder auf eine andere Tiefgründungsart übergehen.

1. Der gemeinsame Schwerpunkt des schwingenden Systems: Fundament + Maschine soll mit dem Schwerpunkt der Gründungsfläche in eine Lotrechte fallen.

Der berechnete Ausmittigkeitswert darf, wenn die zulässige Bodenspannung kleiner als 1,5 kg/cm² ist, 3% und wenn sie größer als 1,5 kg/cm² ist, 5% der in der Richtung der Ausmittigkeit fallenden Seitenlänge nicht überschreiten. Daneben soll man darauf achten, daß das auf die vertikale und durch den Schwerpunkt gehende Achse bezogene Trägheitsmoment der schwingenden Masse einen Minimumwert darstellt.

2. Die Eigenschwingzahl des Fundament-Boden-Systems soll von der Drehzahl der Maschine abgestimmt werden.

3. Die im Boden erregte Beschleunigung darf den Wert 0,2 g nicht überschreiten.

4. Die tatsächlichen Bodenspannungen dürfen nicht höher ausfallen als der zulässige Wert σ_{zul}, der wie o. a. bestimmt wurde.

5. Die Amplituden (Schwingweiten) der Maschinenfundamente dürfen im allgemeinen die Absolutwerte 0,15 bis 0,2 mm bzw. die angegebenen Tabellenwerte nicht überschreiten.

2. Stoßwirkung ausübende Maschinen. Hammerfundament

Der Entwurf und die Bemessung ist in gleicher Weise durchzuführen, wie es vorher bei den Maschinenfundamenten, die periodischen Erregerkräften ausgesetzt waren, vorgenommen wurde (Abb. 711).

a) Abstimmung

Üblicherweise benötigt man hier keine Abstimmung. Schwingungsberechnung und Nachweis der Resonanz sind nur dann durchzuführen, wenn die Zahl der Stoßimpulse den Wert 150 pro Minute überschreitet. (Unmittelbar auf Boden gegründete Hammerfundamente mit einer üblichen Schlagzahl von 60 bis 80 pro Minute erfordern demnach keinen derartigen Nachweis.)

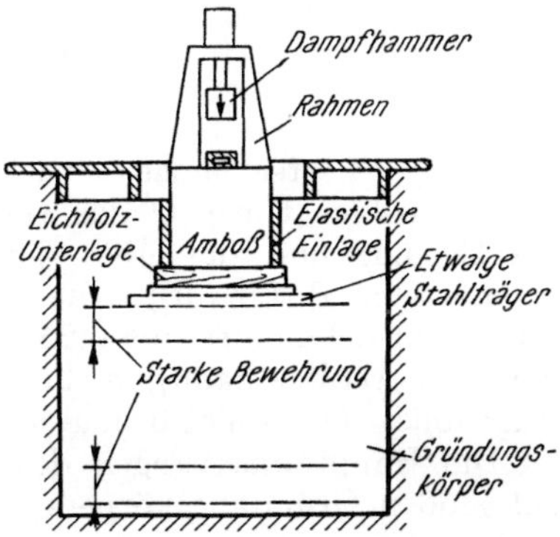

Abb. 711. Schema eines Hammerfundamentes

Der Vergrößerungsbeiwert kann anhand der Formel $\nu = \alpha_0/f_m$ oder nach den Ungarischen Gründungsvorschriften aus $\nu = v/\sqrt{g \cdot \delta}$ berechnet werden, worin f_m die Schlagzahl der Erregermaschine, v die Endgeschwindigkeit der Stoßlast, die die dynamische Wirkung hervorruft und schließlich δ die statische Zusammendrückung des schwingungsdämpfenden Mittels (Federung oder Boden) unter der Erregerlast, bezeichnen.

Der δ-Wert kann auf folgende Weise gerechnet werden:

Bei schwingungsdämpfenden Mitteln

$$\delta_1 = \frac{p_s \cdot h}{E}$$

p_s ist die wirksame spezifische Belastung (kg/cm²), h die Dicke der zusammengedrückten Schicht, E deren Elastizitätsmodul.

Bei Federn

$$\delta_2 = \frac{i \cdot P_r}{C_r}.$$

Darin bedeutet i die Anzahl der Spiralgänge der Feder, P_r die statische Last auf eine Feder, C_r dagegen die Steifezahl einer Feder.

Bei Böden

$$\delta_3 = P_S/C_z.$$

C_z ist die dynamische Bettungsziffer des Bodens.

b) Amplitudennachweis

Es gilt auch hier, daß die Amplitudenhöhe den Wert von 0,15 bis 0,20 mm nicht überschreiten darf. Bei Hammerfundamenten ist es meist unvermeidlich, daß Beschleunigungswerte über 0,2 g nicht entstehen. Die Wahl einer entsprechend weichen Federung bietet Schutz gegen die hieraus resultierenden etwaigen schädlichen Auswirkungen (vgl. Rechnungsbeispiel VIII. C. 1.).

Die auf Sandböden gestellten Hammerfundamente können durch Erschütterungen Setzungen erleiden, deren Größe von der Dichtigkeit des Sandbodens abhängt. Nötigenfalls muß der Sandboden vorher künstlich verdichtet werden. In bindigen Böden rufen die Lastwiederholungen eine Mehrsetzung hervor. Bei Bauwerken, die in der Nähe von Hammerfundamenten liegen, muß daher mit einer Herabsetzung der zulässigen Bodenspannungen gerechnet werden.

Die Amplitude der lotrechten Schwingungen des Fundamentes läßt sich aus folgender Gleichung errechnen [229]

$$a_z = 0{,}2 \cdot \frac{(1+\varepsilon)\cdot Q_0 \cdot v}{\sqrt{C_z \cdot F \cdot Q}},$$

worin Q_0 das tatsächliche Gewicht des Hammers (t), C_z die lotrechte dynamische Bettungsziffer (t/m³), Q das Gesamtgewicht des Fundamentes, des Ambosses, des Gestells und des über den Auskragungen der Fundamentplatte zurückgeschütteten Bodens (t), ε die Stoßziffer (dessen Wert für Preßhämmer mit 0,5 für Schmiedehämmer mit 0,25 und wenn nähere Angaben fehlen mit 0,6 angenommen werden kann), v die Endgeschwindigkeit der schlagenden Masse im Augenblick des Stoßes bedeutet.

Die Hauptabmessungen des auf Grund des dynamischen Nachweises festzulegenden Gründungskörpers können anhand folgender Näherungsgleichungen bestimmt werden.

Grundfläche: F (m²)

$$F \geqq \frac{0{,}2 \cdot (1+\varepsilon)}{\sigma_{zul}} \cdot v \cdot Q_0 .$$

Gesamtgewicht (t)

$$Q = \left[8(1+\varepsilon)\cdot v - \frac{Q_1}{Q_0}\right] \cdot Q_0$$

worin σ_{zul} die zulässige Bodenspannung gegen statische Belastung (t/m²) und Q_1 (t) das Gewicht des Ambosses und des Gestells bezeichnen.

c) Bemessung gegen dynamische Wirkungen

Auch hier kann die Bemessung nach Rausch auf Grund des ν-Vergrößerungsfaktors (s. Gl. 376) bzw. auf Grund des Ermüdungsbeiwertes $\mu = 3$ für eine statische Ersatzkraft durchgeführt werden. (Hinsichtlich der Bemessungsmöglichkeit nach dynamischen Gesichtspunkten darf auch hier auf das von A. Major entwickelte Verfahren [230] hingewiesen werden.)

Nach Barkan muß wiederum die Bemessung nach einer grundlegenden Reduktion der zulässigen Spannung durchgeführt werden. Sie muß also als $\sigma_{d\,zul} = \alpha \cdot \sigma_{zul}$ bestimmt werden, wobei $\alpha = 0{,}4$ ist.

3. Turbinenfundamente

Die Drehzahl dieser Maschinen ist außerordentlich hoch, für gewöhnlich um $n = 3000/\text{min}$. Deshalb wird üblicherweise das System *tief abgestimmt*. (Es ist aber eine hohe Abstimmung auch nicht ausgeschlossen, wenn genügend Raum für die Ausbildung eines umfangreichen Gründungsblockes oder einer Rahmenkonstruktion zur Verfügung steht.)

Eine außerordentlich wichtige Rolle spielt hierbei der Ausgleich der rotierenden Massen. Darauf wurde bisher kein besonderer Wert gelegt und es mußten infolgedessen große Erregerkräfte und Momente auf den Boden übertragen werden.

Die Abstimmung darf also eine tiefe (Einbau von großen Massen, s. Abb. 712a) oder eine hohe (Benützung von biegsamen Rahmenkonstruktionen s. Abb. 712b)

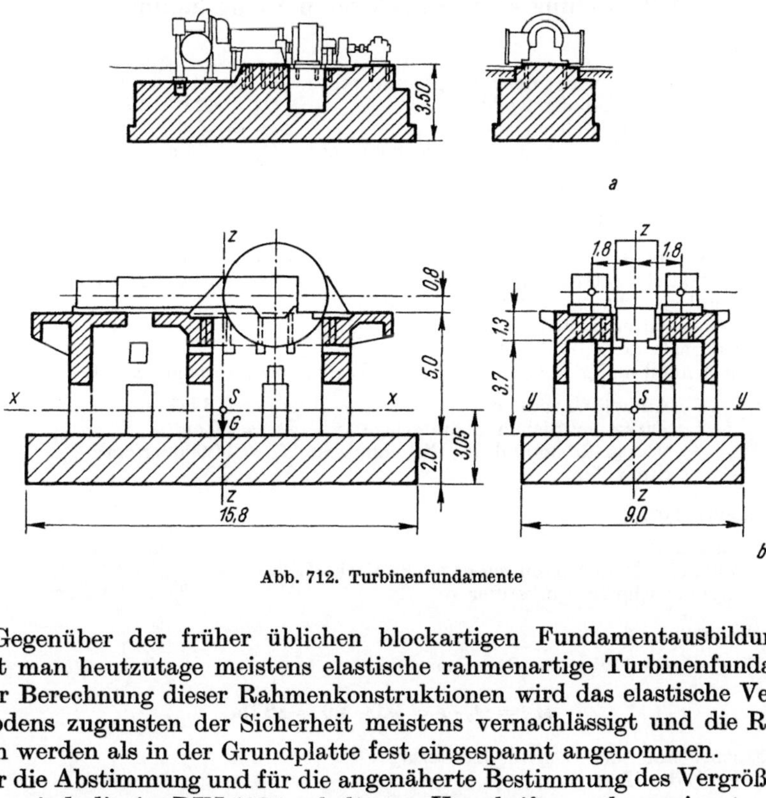

Abb. 712. Turbinenfundamente

sein. Gegenüber der früher üblichen blockartigen Fundamentausbildung verwendet man heutzutage meistens elastische rahmenartige Turbinenfundamente. Bei der Berechnung dieser Rahmenkonstruktionen wird das elastische Verhalten des Bodens zugunsten der Sicherheit meistens vernachlässigt und die Rahmenpfosten werden als in der Grundplatte fest eingespannt angenommen.

Für die Abstimmung und für die angenäherte Bestimmung des Vergrößerungsfaktors, sind die in DIN 4025 erhaltenen Vorschriften sehr geeignet und gut anwendbar. Demgemäß ist die statische Ersatzlast

$$P_1 = \mu \cdot \nu \cdot 0{,}5 R \cdot n_g/3000, \qquad (377)$$

worin R das Rotorgewicht, n_g die Drehzahl der Maschine und

$$\nu = \frac{\xi^2}{\xi^2 - 1} = \frac{(n_e/n_g)^2}{(n_e/n_g)^2 - 1}$$

($n_e = 60\alpha$ ist die Eigenfrequenz pro Minute des Fundamentes einschließlich des schwingenden Bodensystems) bedeutet.

Der obere Grenzwert $P_{1\max} = 1{,}5\,R \cdot n_g/3000$.

Bei hoher Abstimmung ist für ξ ein um 10% verminderter, während bei tiefer Abstimmung ein um 10% vergrößerter Wert zu berücksichtigen ist.

Die Resonanzprüfung, der Amplitudennachweis und die Bestimmung der dynamischen Kraftwirkungen dürfte die Aufgabe dieses Buches überschreiten. Es wird auf die einschlägige Literatur hingewiesen. Beim Einfahren von Turbinen können auch vorübergehende Resonanzerscheinungen auftreten, deren Auswirkung von A. MAJOR behandelt wurde [230].

C. Rechnungsbeispiele

1. Gründung eines 3 t schweren Dampfhammers

Entwurfsunterlagen

Gewicht des Schlaghammers:	$Q_0 = 3$ t
Amboßgewicht:	$Q_ü = 42$ t
Gestellgewicht:	$Q_a = 45$ t
Gewicht des Fundamentblockes:	$Q_a = 173$ t
Gründungsfläche:	$F_a = 21{,}5$ m²
Fallhöhe:	$h = 4{,}0$ m
Schlagzahl:	$n = 60$/min

Zwecks Herabsetzung der Schwingungswirkungen werden zwischen Gründungsblock und Fußplatte 22 Federkassetten eingeschaltet. Eine Kassette enthält 20 Federn, was einer Gesamtfederzahl von $20 \cdot 22 = 440$ entspricht.

Die Belastbarkeit einer Feder beträgt $P_{re} = 1{,}55$ t.

Die Federkonstante $C_r = 360$ kg/cm.

Zwischen Amboß und Fundament wird eine Eichenholzunterlage verlegt.

Amboß-Grundfläche	$F_ü = 6{,}5$ m²
Dicke der Eichenholzunterlage	$h_t = 50$ cm
Elastizitätsmodul des Eichenholzes	$E_t = 90000$ kg/cm²
Stoßziffer	$k_ü = 0{,}6$

Bodenkennwerte:

Bodenart	dichter Kiessand
Zulässige Bodenspannung gegen statische Belastung	$\sigma_{zul} = 4$ kg/cm²
Dynamische Bettungsziffer	$C_z = 8$ kg/cm³

Bemessungsvorgang

1. Auf den Amboß wirksame Rammarbeit:

$$M_0 = Q_0 \cdot h = 3{,}0 \cdot 4{,}0 = 12 \text{ tm}.$$

2. Beanspruchung der Eichenholzunterlage:
Geschwindigkeit des Hammers:

$$v_1 = 2\sqrt{g \cdot h} = 8{,}9 \text{ m/s}.$$

Statische Beanspruchung unter dem Amboß:

$$\sigma_{st} = Q_ü/F_ü = 42/6{,}5 = 6{,}5 \text{ t/m}^2,$$

die Zusammendrückung der Holzunterlage:

$$\delta_t = \sigma_{st}/E_t \cdot h_t = \frac{0{,}65}{2 \cdot 10^4} \cdot 50 = 1{,}65 \cdot 10^{-3} \text{ m} = 0{,}165 \text{ cm}.$$

Die Eigenfrequenz des Ambosses:

$$n_ü = 300/\sqrt{\delta_t} = 300/\sqrt{0{,}165} = 738/\text{min}.$$

Die Amboßgeschwindigkeit nach dem Stoß:

$$v_2 = v_1(1 + k_{ü}) \frac{Q_0}{Q_0 + Q_{ü}} = 8{,}9 \cdot 1{,}6 \cdot \frac{3}{3 + 42} = 0{,}95\ \mathrm{m/s}.$$

Der Vergrößerungsfaktor ist

$$\nu_2 = \frac{v_2}{\sqrt{g \cdot \delta_t}} = \frac{95}{\sqrt{9{,}81 \cdot 0{,}165}} = 7{,}5,$$

und damit wird die statische Ersatzkraft:

$$P_{ü} = \mu \cdot \nu_2 \cdot Q_{ü} = 3 \cdot 7{,}5 \cdot 42 = 946\ \mathrm{t}.$$

3. *Die Federbeanspruchung*

Statische Belastung auf einer Feder:

$$P_r = \frac{Q_a + Q_0 + Q_{ü}}{n} = \frac{173 + 3 + 42\ \mathrm{t}}{440\ \mathrm{St}} = 0{,}496\ \mathrm{t/St}.$$

Die Zusammendrückung der Feder beträgt

$$\delta_r = P_r/C_r = 496\ \mathrm{kg}/360\ \mathrm{cm} = 1{,}38\ \mathrm{cm},$$

die Geschwindigkeit des Gründungsblockes nach dem Stoß:

$$v_3 = v_2(1 + k_{ü}) \cdot \frac{Q_{ü}}{(Q_a + Q_{a'}) + Q_{ü}} = 0{,}95 \cdot (1 + 0{,}6) \cdot \frac{42}{173 + 45 + 42} = 0{,}245\ \mathrm{m/s}.$$

Der Vergrößerungsbeiwert ist:

$$\nu_3 = \frac{v_3}{\sqrt{g \cdot \delta_t}} = \frac{24{,}5}{\sqrt{9{,}81 \cdot 1{,}38}} = 0{,}665;$$

damit wird die Ersatzlast für eine Feder:

$$P_r^{\mathrm{dyn}} = 3 \cdot 0{,}665 \cdot 218/440 = 989\ \mathrm{kg}$$

und die Gesamtlast auf einer Feder:

$$\Sigma P = P_r + P_r^{\mathrm{dyn}} = 496 + 989 = 1485\ \mathrm{kg} \leq 1550\ \mathrm{kg} = P_{re}.$$

4. *Die Bodenspannungen*

aus statischer Belastung:

$$\sigma_0 = \Sigma Q/F = \frac{3 + 42 + 45 + 173}{21{,}5} = 12{,}2\ \mathrm{t/m^2},$$

aus dynamischer Belastung:

$$\sigma_{\mathrm{dyn}} = \frac{\mu \cdot \nu_3 \cdot (Q_a + Q_{a'})}{F} = \frac{3 \cdot 0{,}665(173 + 45)}{21{,}5} = 20{,}3\ \mathrm{t/m^2}$$

und die Gesamtspannung:

$$\Sigma\sigma = \sigma_0 + \sigma_{\mathrm{dyn}} = 12{,}2 + 20{,}3 = 32{,}5\ \mathrm{t/m^2} < \sigma_{\mathrm{zul}} = 40\ \mathrm{t/m^2}.$$

5. *Die Schwingungsamplitude der unter den Federn verlegten Unterlagplatte* nach BARKAN s. Ung. Norm. 15009)

$$a_t = 0{,}2 \cdot \frac{(1 + \varepsilon) \cdot Q_0 \cdot v_1}{\sqrt{C_z \cdot F \cdot G}} = \frac{(1{,}0 + 0{,}25) \cdot 3 \cdot 8{,}9}{\sqrt{8 \cdot 10^3 \cdot 21{,}5 \cdot 260}} = 0{,}01\ \mathrm{mm} = a_m,$$

d. h. eben gleich dem zulässigen Wert, wobei ε die Stoßziffer für Schmiedehämmer mit $\varepsilon = 0{,}25$ anzunehmen war.

2. Gründung eines zweistufigen Kolbenkompressors „MAVAG“

1. *Grundlegende Maschinen- und Belastungsangaben*

Maschinengewichte:

Kompressorgewicht		11500 kg
Motorgewicht		1000 kg
Antriebwerkgewicht		900 kg
Gesamtgewicht:	G_g	= 13400 kg

Drehzahl der Maschine: $n = 290/\text{min}$.

Die auf das Fundament wirkenden Erregerkräfte und Erregermomente:

Vertikale Erregerkraft nach oben	$-P_z$	$= -10240$	kg
Vertikale Erregerkraft nach unten	$+P_z$	$= +\ 7780$	kg
Horizontale Erregerkraft	P_y	$= \pm\ 2040$	kg
Moment in der yz-Ebene	$+M_{yz}$	$= +\ 6{,}41$	tm
	$-M_{yz}$	$= -\ 8{,}45$	tm
Moment in der xz-Ebene	$+M_{xz}$	$= +\ 9{,}8$	tm
	$-M_{xz}$	$= -\ 9{,}8$	tm
Torsionsmoment um die z-Achse	M_z	$= +\ 1{,}67$	tm

2. *Dynamische Kennwerte des Bodens*

Bodenart:	steifer, fetter Ton
Vertikale dynamische Bettungsziffer	$C_z = 9\ \text{kg/cm}^3$
Horizontale (Abscherungs-) „	$C_x = C_z/3 = 3\ \text{kg/cm}^3$
Torsions-Bettungsziffer	$C_\varphi = 2C_z = 18\ \text{kg/cm}^3$
Zulässige Bodenspannung	$\sigma_{zul} = 1{,}5\ \text{kg/cm}^2$

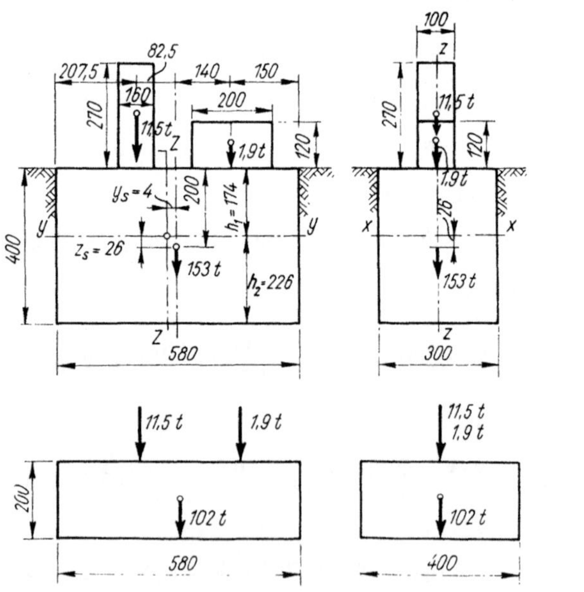

Abb. 713. Abmessungsskizze für Zahlenbeispiel Nr. 2

3. *Geometrische Abmessungen* (Abb. 713)

Grundfläche $F = 17{,}4\ \text{m}^2$ Fundamentgewicht $G = 153{,}1\ \text{t}$

Koordinaten des gemeinsamen Schwerpunktes (Maschine + Fundament), auf die Symmetrieebenen des Fundamentblockes bezogen:

$$x_s = 4\ \text{cm}, \quad y_s = 0, \quad z_s = 26\ \text{cm}.$$

Gewichtsträgheitsmomente und Inertiaradius, auf das durch den obigen Schwerpunkt gehende Koordinatensystem bezogen:

$$I_{xy} = \left[11{,}5 \cdot \frac{2{,}7^2}{12} + 11{,}5 \cdot 3{,}09^2\right] + \left[1{,}9 \cdot \frac{1{,}2^2}{12} + 1{,}9 \cdot 2{,}34^2\right] +$$
$$+ \left[153{,}1 \cdot \frac{4^2}{12} + 153{,}1 \cdot 0{,}26^2\right] = 238{,}0 \text{ tm}^2.$$

Ähnlich berechnet:

$$I_{yz} = 116{,}0 \text{ tm}^2, \quad I_{xz} = 442{,}6 \text{ t n}^2,$$
$$I_y = I_{xy} + I_{yz} = 354{,}0 \text{ tm}^2$$
$$I_x = I_{xy} + I_{xz} = 680{,}6 \text{ tm}^2$$
$$I_z = I_{yz} + I_{xz} = 558{,}6 \text{ tm}^2$$
$$i_y = \sqrt{I_x/G} = \sqrt{354/166{,}5} = 1{,}46 \text{ m}, \quad i_x = 3{,}08 \text{ m}.$$

Das polare Trägheitsmoment und Trägheitsradius auf die Symmetrieachse bezogen:

$$I'_y = \frac{F \cdot l^2}{12} = \frac{17{,}4 \cdot 3^2}{12} = 13{,}0 \text{ m}^4, \quad I'_x = 48{,}7 \text{ m}^4, \quad I'_p = I_x' + I'_y = 61{,}7 \text{ m}^4,$$

$$i'_y = \sqrt{13{,}0/17{,}4} = 0{,}86 \text{ m}, \quad i'_x = 1{,}67 \text{ n}.$$

Eigenschwingzahlen

a) Lotrechte Schwingung:

$$\sigma_{st} = G/F = \frac{153{,}1 + 13{,}4}{17{,}4} = 9{,}6 \text{ t/m}^2 = 0{,}96 \text{ kg/cm}^2,$$

$$\delta_z = \sigma_{st}/C_z = 0{,}96/9 = 0{,}107 \text{ m},$$

$$n_z = 300/\sqrt{\delta_z} = 917/\text{min}.$$

b) Torsionsschwingung:

$$\delta_t = \frac{I_z}{I'_p \cdot C_\varphi} = \frac{558{,}6}{61{,}7 \cdot 18 \cdot 10^3} = 0{,}302 \text{ cm},$$

$$n_t = 300/\sqrt{\delta_t} = 1340/\text{min}.$$

c) Pendelschwingungen in der Ebene $x-z$:

Die Lage der Schwingpole:

$$p_0 = \frac{i_x'^2 \cdot \frac{C_z}{C_x} + s^2 - i_n^2}{2h_2} = \frac{0{,}86 \cdot \frac{9}{3} + 2{,}26^2 - 1{,}46^2}{4{,}52} = 1{,}14 \text{ m},$$

$$p_{1,2} = -p_0 \pm \sqrt{p_0^2 + i_x^2} = -1{,}14 \pm 1{,}86,$$

$$p_1 = 0{,}72 \text{ m}, \quad p_2 = -3{,}0 \text{ m};$$

die in den Polen konzentriert gedachten Teilmassen:

$$G_1 = G \cdot \frac{p_2}{p_1 + p_2} = 134 \text{ t},$$

$$G_2 = G \cdot \frac{p_1}{p_1 + p_2} = 32 \text{ t};$$

die entsprechenden Verschiebungen:

$$\delta_1 = \frac{\sigma_{st}}{C_x} \cdot \frac{p_2}{p_2 - h_2} = \frac{0,96}{3} \cdot \frac{3,00}{0,74} = 1,30 \text{ cm},$$

$$\delta_2 = \frac{\sigma_{st}}{C_x} \cdot \frac{p_1}{p_1 + h_2} = \frac{0,96}{3} \cdot \frac{0,72}{2,98} = 0,077 \text{ cm};$$

die Eigenschwingzahlen:

$$n_1 = 300/\sqrt{\delta_1} = 263/\text{min}, \qquad n_2 = 300/\sqrt{\delta_2} = 1082 \text{ min}.$$

d) Pendelschwingungen in der y—z-Ebene:

Nach einem ähnlichem Rechnungsgang wie oben erhält man

$$n_1 = 403/\text{min} \quad \text{und} \quad n_2 = 980/\text{min}.$$

Der Drehzahl der Maschine liegt am nächsten die Schwingzahl $n_1^{(xz)} = 263/\text{min}$ und $n_1/n = 263/290 = 0,91$.

Es ist also nur eine Abstimmung von 9% vorhanden, die eine Gefahr der Resonanz zeigt. Zur Vermeidung empfiehlt sich eine Abstimmung über die Drehzahl der Maschine als zweckmäßig. Die Steigerung der Eigenschwingzahl kann durch Erhöhung der Grundfläche erzielt werden. Es müssen die Fundamentabmessungen nach Abb. 713b verändert werden.

Grundfläche	$F = 23,2 \text{ m}^2$
Fundamentgewicht	$G_a = 102,0 \text{ t}$
Gewicht der Maschine + Fundament	$G_g + G_a = 115,4 \text{ t}$.

Nachdem die Rechnungen nach dem Vorangehenden mit diesen neuen Angaben wiederholt wurden, erhielt man:

$$n_z = 1282/\text{min} \qquad x\text{—}z\text{: } n_1 = 635/\text{min} \qquad y\text{—}z\text{: } n_1 = 686/\text{min}$$

$$n_t = 1870/\text{min} \qquad n_2 = 1338/\text{min} \qquad n_2 = 1309/\text{min}$$

Die Abstimmung wird jetzt mit der zur Drehzahl der Maschine am nächsten liegenden Eigenschwingzahl

$$\frac{n_1^{(x-z)}}{n} = \frac{635}{290} = 2,19,$$

also mehr als das Zweifache.

5. *Schwingungsamplituden*

a) Lotrechte Schwingweite:

$$a_z = P_z \cdot \frac{1}{C_z \cdot F - m \cdot \omega^2} = 10,24 \cdot \frac{1}{9 \cdot 10^3 \cdot 23,2 - 11,8 \cdot 30,2^2} =$$

$$= 5,16 \cdot 10^{-5} \text{ m} = 0,052 \text{ mm} < 0,2 \text{ mm},$$

worin ω die Kreisfrequenz der Erregerschwingung ist.

$$\omega = 0,104 \cdot n = 0,104 \cdot 290 = 30,2/\text{s}.$$

m die Gesamtmasse der Maschine + Fundament:

$$m = \frac{G_a + G_g}{g} = \frac{115,4}{9,81} = 11,8 \text{ t s}^2/\text{m}.$$

b) Pendelschwingung in der Ebene x—z:

Die größte Verschiebung der Fundamentoberkante:

$$a = a_y + a \cdot h_1,$$

worin

$$a_x = P_x(C\varphi \cdot I'_p + C_x \cdot F \cdot h_2^2 - \Theta \cdot \omega^2) + C_x \cdot F \cdot h_2 \cdot M_{xz},$$

$$a_\varphi = \frac{C_x \cdot F \cdot h_2 \cdot P_x + (C_x \cdot F - m \cdot \omega^2) \cdot M_{xz}}{\Delta}$$

ist.

$$\Delta = m \cdot \Theta \cdot \omega^4 - (C\varphi \cdot I'_p \cdot m + C_x \cdot F \cdot h_2^2 \cdot m + C_x \cdot F \cdot \Theta) \cdot \omega^2 + C\varphi \cdot C_x \cdot F \cdot I'_p.$$

Die von der Abmessungsveränderung herstammenden neuen geometrischen Angaben sind:

$$F = 23{,}2\ \mathrm{m}^2, \quad I'_p = 96{,}0\ \mathrm{m}^4, \quad \Theta = I_x/g = 26{,}7\ \mathrm{tm/s}^2, \quad s = 1{,}27\ \mathrm{m}, \quad h_1 = 2{,}0\ \mathrm{m},$$

und nach dem Einsetzen dieser Zahlenwerte erhält man:

$$\Delta = 9{,}9 \cdot 10^{10}, \quad a_x = 0{,}0464\ \mathrm{mm}, \quad a_\varphi = 0{,}0076\ \mathrm{mm}, \quad a = 0{,}062\ \mathrm{mm} < 0{,}2\ \mathrm{mm}.$$

c—d) Die Amplituden der Torsionsschwingung und der in der Ebene y—z auftretenden Pendelschwingungen sind noch kleiner, und damit werden die auftretenden Schwingweiten den zulässigen Wert von $a = 0{,}2$ mm nicht überschreiten.

6. *Bodenspannungen*

Der Vergrößerungsbeiwert wird aus der Eigenschwingzahl berechnet, die der Drehzahl der Maschine am nächsten liegt:

$$\nu = \frac{1}{1 - \left(\frac{290}{635}\right)^2} = 1{,}26.$$

Wegen der Ungenauigkeit der Berechnungsannahmen und der dynamischen Bodenkennwerte legen wir ν mit einem Wert 2 fest. Der Ermüdungsbeiwert: $\mu = 3$.

Die statischen Ersatzkräfte und Ersatzmomente ergeben sich also aus den Gleichungen

$$P_{st} = \nu \cdot \mu \cdot P_0 \quad \text{bzw.} \quad M_{st} = \nu \cdot \mu \cdot M.$$

a) Bodenspannung aus Eigengewicht:

$$\sigma_{st} = \frac{G_g + G_a}{F} = 115{,}4/23{,}2 = 5{,}0\ \mathrm{t/m}^2.$$

b) Aus der lotrechten Erregerkraft ($+P_z$) und aus deren Moment ($+M_{yz}$) resultierende Bodenspannung:

$$P_z^{st} = 2 \cdot 3 \cdot 7{,}78 = 46{,}6\ \mathrm{t}$$

$$M_{yz}^{st} = 2 \cdot 3 \cdot 6{,}41 = 38{,}5\ \mathrm{tm},$$

$$\sigma_{\mathrm{dyn}} = \frac{P_z^{st}}{F} \pm \frac{M_{yz}^{st}}{K} = \frac{46{,}6}{23{,}2} \pm \frac{38{,}5}{21{,}0} = \begin{Bmatrix} 3{,}83\ \mathrm{t/m}^2 \\ 0{,}17\ \mathrm{t/m}^2 \end{Bmatrix},$$

$$\Sigma\sigma = \sigma_{st} + \sigma_{\mathrm{dyn}} = \begin{Bmatrix} +8{,}83\ \mathrm{t/m}^2 \\ +5{,}17\ \mathrm{t/m}^2 \end{Bmatrix} < \sigma_{\mathrm{zul}} = 15\ \mathrm{t/m}^2.$$

c) Aus der waagrechten Erregerkraft (P_x) und aus deren Moment (M_{xz}) resultierende Bodenpressung:

$$M_{xz}^{st} = 58{,}8\ \mathrm{tm}, \quad \sigma_{\mathrm{dyn}} = \pm 3{,}8\ \mathrm{t/m}^2,$$

$$\Sigma\sigma = \begin{Bmatrix} +8{,}80\ \mathrm{t/m}^2 \\ +1{,}20\ \mathrm{t/m}^2 \end{Bmatrix} < \sigma_{\mathrm{zul}}.$$

Allgemeine Literatur

ALPAN, I.: Baugrund und Maschinenfundierung. Bauingenieur **1963**, H. 12, 459.

BARKAN, D. D.: Dynamik der Gründungen und Bauwerke. (Dinamika osnowanija i fundamentow.) Moskau: Strojvojenmorisdat. 1948.

BARKAN, D. D.: Dynamics of bases and foundations. New York-Toronto-London: McGraw-Hill. 1963.

Conference on Vibrations-Compaction Technics, Report, Budapest, 1963.

DEN HARTOG, J. P.: Mechanical Vibrations, 3. Ed. New York-Toronto-London: Mc Graw-Hill. 1947.

KÉZDI, Á.: Einwirkung der Schwingungen auf den Boden. (Rezgések hatása a talajra, ung.) Mérnöki Továbbképző **1955**.

KISIEL, J.: Einfache Verfahren für die Berechnung der Eigenfrequenz der Maschinen-Blockfundamente. (Prosty Sposob direslania ...) Inz. Budownictwo **1963**, Febr.

LORENZ, H.: Grundbaudynamik. Berlin-Göttingen-Heidelberg: Springer. 1960.

MAJOR, A.: Turbinenfundamente. Budapest: Ak. Kiadó und Berlin: Verlag für Bauwesen. 1961.

MAKHULT, M.: Schwingungstechnische Bemessung der Maschinenfundamente. (Gépalapok rezgéstani méretezése, ung.) Budapest: Gépészeti Kiadó. 1962.

RAUSCH, H.: Maschinenfundamente und andere dynamisch beanspruchte Baukonstruktionen. Düsseldorf: VDI-Verlag. 1959.

Richtlinien für den Entwurf von Maschinenfundamenten. (ÉM Müszaki előirás gépalapok tervezésére, ung.) ME-7-53.

SCHNEIDER, K.: Beitrag zur Berechnung der Schwingungen und Pfahlkräfte bei pfahlgegründeten Maschinenfundamenten. Bauingenieur **1962**, Nr. 2.

Literaturhinweise

1. GUERIN, A.: Traité de Béton Armé, Bd. III. Les fondations. Paris: Dunod. 1955.
2. SCHÜTTE, H.: Beitrag zur Berechnung von Grundwerksockeln. Bautechnik **1932**, 676.
3. PLAGEMANN-LANGNER: Die Gründung . . ., S. 160—162.
4. SIEMONSEN, F.: Die Lastaufnahmekräfte im Baugrund usw. Bautechnik **1942**, 319 und Abhandlungen über Bodenmechanik und Grundbau. Berlin: R. Schmidt. 1949.
5. SCHUBERT, G.: Zur Frage der Druckverteilung elastisch gelagerter Tragwerke. Ing. Archiv **1942**, 132.
6. SZÉCHY, C.: Investigations about the effect of the shape of the contact surface. Proc. Seminar on Soil Mech. and Found. Engg. Lodz, **1964**, June.
7. BÖLCSKEI, E.: Application of shell structures for foundations. Acta Techn. Hung. **28**, 1—2.
8. KORDA–LAZÁNYI–NOVÁK–RADÓ: Schalenartige Kranbahngründung. (Héjszerkezetü darupálya. ung.) Magyar Épitőipar, Budapest, **1962**, No. 2.
9. SZABÓ, GY.: Neuartige Einzel- und Streifenfundamente. (Ujrendszerü talp- és sávalapozás. ung.) Mélyépitési Értesitő **1957**, Sept.—Okt.
10. MYSLIVEC, A.: Bauschäden infolge Gründungsfehler. (Porucha na stavbach zpusobene zaklädovym podlozim. tschech.) Inzenyrské Stavby **1959**, Nr. 9.
11. WASILJEW, B. D., JU. B. MONFRED u. V. P. SCHIPKOW: Zusammenstellbare Gründungsbauwerke. (Fundamenti sbornoj konstrukcii.) Goss. Isd. Lit. Stroit. i Arch. Leningrad-Moskau, 1953.
12. BLUNK, H. J.: Zur Berechnung von bewehrten Einzelfundamenten unter zentrischer Belastung. Bautechnik **1959**, H. 3. Gute Spannungsverteilungsdiagramme sind in Civil Engineering AMSCE **1960**, Okt .71, aufzufinden.
13. GROTKAMP, A.: Die Biegung quadratischer Einzelfundamente. Bauingenieur **1942**, 189.
14. SCHEUNERT, A.: Die Einspannung von Fertigbetonstützen in ihren Fundamenten. Bauplanung u. Bautechnik **1955**, Nr. 8.
15. SACHNOWSKI: Stahlbetonkonstruktionen, S. 566. Berlin 1956, übersetzt aus dem Russischen.
16. ROUBIČEK, F., u. J. SMEJKAL: Stülpfundamente für vorgefertigte Stahlbeton-Säulen. (Základové patky pro prefabrikované sloupy.) Inzenyrské Stavby **1962**, Nr. 2.
17. GLAZEW, S. N.: Verteilung der Sohlspannungen unter Einzelfundamente, die der Einwirkung der Momente aus zwei Richtungen ausgesetzt sind. (Ob opredelniij ...) Osnowania i Fundamenti **1964**, H. 4.

18. Hahn, M.: Détermination des contraintes dans un massif de fondation rectangulaire soumis à des charges excentrées. Inst. du Bat. et des Trav. Publ. Circulaire Série Z. **1946**, Okt. Nr. 86.
19. Tsitowitsch, N. A.: Bodenmechanik, (Mechanika Gruntov, russ.) Moskau **1951**, **184**.
20. Majer, S.: Schiefstellung und zulässige Spannungen bei Mastfundamenten. Bauingenieur **1960**, Nr. 3, 90.
21. Freihart: Die Fußeinspannung von Rahmenstützen bei Berücksichtigung der elastischen Bodennachgiebigkeit. Beton u. Stahlbetonbau **1952**, **274**.
22. Magyar, Á.: Rahmenberechnung mit elastisch gelagerten Fundamenten. Bautechnik **1959**, Dez.
23. Craemer, H.: Das Problem der kreisplattenartigen Stützenfundamente. Beton u. Eisen **1925**, 215.
24. Pichler, P.: Die Biegung kreissymmetrischer Platten von veränderlicher Dicke. Berlin 1928.
25. Schleicher, F.: Kreisplatten auf elastischer Unterlage. Berlin: Springer. 1926.
26. Gorbunow-Posadow: Kreisplatten auf elastischer Unterlage. (Pliti na uprugom osnovanii, russ.) Goss. Isd. Stroit. Lit. Moskau, 1941.
27. Kögler, F., u. A. Scheidig: Baugrund und Bauwerk, S. 202. Berlin: W. Ernst. 1938.
28. Bechert, H.: Zur Berechnung der Kreisringfundamente auf elastischer Unterlage. Beton u. Stahlbetonbau **1958**, H. 6.
29. Bölcskey, E.: Application of shell structures for foundations. Acta Techn. Hung. **28**, S. 199.
30. Stepánek, P.: Gebrochene Fundamentplatte. (Loméná základová ... tschech.) Inzenyrské Stavby **1963**, H. 1.
31. Bölcskey, E.: Allgemeine Theorie der gekrümmten Schalen. Acta Techn. Hung. **31**, Fasc. 3—4.
Csonka, P.: Membranschalen. Berlin: W. Ernst. 1965.
Flügge, W.: Statik und Dynamik der Schalen, 2. Aufl. Berlin-Göttingen-Heidelberg: Springer. 1957.
32. Lenczner, D.: Variation of subgrade modulus with depth of sand. Civil Engg. and Public Works Review **1962**, Febr., ppa 210.
33. Terzaghi, K.: The coefficient of subgrade reaction. Géotechnique 4, 1955; 21 und 297, 1955.
34. Zimmermann, W.: Die Berechnung des Eisenbahnoberbaues. Berlin: W. Ernst. 1930.
35. Hetényi, M.: Beams on elastic foundations. University of Michigan Press, 1946.
36. Mörsch: Der Eisenbetonbau, II. Bd., S. 247.
37. Fröhlich: Die Bemessung von Flächengründungen aus Eisenbeton und die neuere Baugrundforschung. Beton u. Eisen **1935**, 189.
38. Popow, E.: Ein Relaxationsverfahren für die Bemessung elastisch gebetteter Balken. Proceedings **1950**, Nr. 18.
39. Grasshoff, H.: Ein einfaches Näherungsverfahren zur Berechnung elastisch gebetteter Balken. Bautechnik **1951**, 160.
40. Levinton: Elastic foundations analysed by the method of redundant reactions. Proceedings ASCE **1947**, Nr. 12, 1529.
41. Schleicher: Zur Theorie des Baugrundes. Bauingenieur **1926**, 931.
42. Gold, J. u. B. Levine: Elastic foundations analyzed by the method of redundant reactions. Proceedings ASCE **1948**, Oct.
43. Kaliszky, S.: Die Berechnung plastisch gebetteter Balken und Platten aus plastischem Baustoff. (Képlékeny ágyazásu és anyagu gerendák és lemezek teherbirásának számitása., ung.) ÉKME Tudományos Közlemények **V**, Nr. 6 (1959).
44. Wieghardt, K.: Über den Balken auf nachgiebiger Unterlage. Z. Ang. Math. u. Mech. **1929**, H. 3.
45. Ohde, J.: Berechnung der Sohldruckverteilung unter Gründungskörpern. Bauingenieur **1942**, 102—105.
46. Kany, M.: Berechnung von Flächengründungen. Berlin: W. Ernst. 1959.
47. Balko, J.: Die exakte Ermittlung der Sohldruckverteilung. Deutsche Bauenzyklopädie. Berlin: Verlag für Bauwesen. 1964.
48. Beitragsammlung über die Berechnung von Balken und Einzelplatten auf zusammendrückbarem Boden. (Materiali Sowestschanija po rastscheta balok i plint na szschimajemom osnowanii.) Sbornik Trudow Nr. 14. Goss. Isd. Lit. po Stroit. I. Arch. Moskwa 1956 und Tsitowitsch, N. A.: Bauwerk und Gründungen. (Osnowanija i Fundamenti, russ.) Gos. Isd. Lit. Stroit i Arch. Moskwa, 1959.
49. Gorbunow-Posadow, M. J.: Berechnung der auf elastischem Boden stehenden Konstruktionen. (Rasstschet konstrukcij na uprugom osnowanii, russ.) Gos. Isd. Lit. Stroit. i Arch. Moskwa, 1953.

50. VARGA, L.: Die Bettungsziffer und deren Berechnungsverfahren. (Az ágyazási tényező és az ezen alapuló méretezési módszerek., ung.) Mélyépitéstudományi Szemle, Budapest **1959**, 401.
51. VARGA, L.: Untersuchung der Gründungen gegen Gleiten. (Alapok elcsuszásának vizsgálata., ung.) Mélyépitéstudományi Szemle, Budapest **1962**, Jun.
52. KÉZDI, A.: The effect of inclined loads on the stability of a foundation. Proc. V. Int. Conf. Soil Mech. Paris, **I**, 699, (1961).
53. OHDE, J.: Der Eindringungswiderstand von Fundamenten. Die Bautechnik **1950**, 272.
54. KARAFIÁTH, L.: Einfluß der Verfestigung und der Zeitdauer der Lastaufbringung. Gedenkbuch für Prof. Dr. Jáky, S. 101. Budapest: Akad. Verlag. 1955.
55. WIENER, K. H.: Berücksichtigung des Porenwasserüberdruckes bei der Berechnung der Grenztragfähigkeit von Fundamenten. Bauplanung-Bautechnik **1963**, H. 3.
56. SCHULTZE, E.: Der Widerstand des Baugrundes gegen schräge Sohlpressungen. Bautechnik **1952**, H. 12, 336 und
Grundbau Taschenbuch, Bd. I, S. 115. Berlin: W. Ernst. **1955.**
57. MIKLÓS, J.: Die Umkippungssicherheit von Tragkonstruktionen. (Sztatikai szerkezetek felborulás elleni biztonsága., ung.) Mélyépitéstudományi Szemle **1960**, Nov. und **1961**, Mai.
58. ROWE, D. P.: A stress-strain theory for cohesionless soils. Geotechnique **1954**, June.
59. KÉZDI, A.: Bearing capacity of piles and pile groups. Proc. IV. Int. Conf. Soil. Mech. Found. Engg. London **II**, 46 (1957).
60. CAMBEFORT, H.: Étude experimentale de la force portante d'un pieu foré. Travaux **1947**, Juillet-Aout.
61. MEYERHOF, G. G.: Recherche sur la Force Portante des Pieux. Annales de l' Inst. Techn. Bat. Trav. Publ. **1953**, **371**.
62. MEYERHOF, G. G.: Compaction of sands and bearing capacity of Piles. Proc. ASCE, Soil Mech. Div. **1959**, Dez.
63. DATYE, K. R., u. P. R. TONGAONKAR: Problems in Design and Construction of Pile Foundation. Proc. Sympon Bearing Capacity of Pile Foundations Roorkee 1964, **249.**
64. L'HERMINIER, R.: Remarques sur le poinconnement continu des sables et graviers. Annales de l'Inst. Techn. Bat. Trav. Publ. **1953**, No. 63—64.
65. CAMBEFORT, H.: Essai sur le comportement en terrain homogéne des pieux isolés et des groupes de pieux. Suppl. Annales de l'Inst. Techn. Bat. Trav. Publ. **1964**, Dec.
66. KARAFIÁTH, L.: Pfahlgründungen in Ungarn. Magyarországi cölöpalapozások., ung.) Mérnöki Továbbképző Intézet **1955**, Nr. 3461.
67. SZÉCHY, K.: New pile bearing formula ... Symposium on Pile Foundations Stockholm, 1960
und
Discussion on G. G. Meyerhof's paper. Transactions ASCE 19620. Paper Nr. 3240. Bauplanung — Bautechnik **1962**, Jul.
68. BERESANTZEW, V., u. Mitarbeiter: Load bearing capacity and deformation of piled foundations. V. Int. Conf. Soil Mech. Prel. Rep., Vol. II, S. 11.
69. BERESANTZEW-JAROSCHENKO: The investigation of bearing capacity of sands. 1958.
70. SÖRENSEN, T., u. B. HANSEN: Pile driving formulae. Proc. IV. Int. Conf. Soil Mech. Found. Engg. London **II**, 61 (1957).
71. HILEY, A.: Pile driving calculations with notes on driving forces and ground resistance. Structural Engineer **3**, 246 u. 278 (1930).
72. JANBU, W.: Une analyse energétique du battage des pieux ... La Mécanique des sols et la force portante des pieux Paris 1952. Annales de l'Inst. Bat. Trav. Publ. **1953**, Mars, Avril.
73. CHELLIS, R. D.: Zusammenhang zwischen Rammformeln und Pfahlprobebelastungen. Proc. ASCE **1948**, 635
und
AGERSCHOU, H. A.: Analysis of ENR Pile Formula (Proc. AMSCE 1962, Oct.).
74. MEYERHOF, G. G.: Penetration tests and bearing capacity of cohesionless soils. Proc. ASCE Soil Mech. Div. **1956**, Jan.
75. PN-58/B-02482 Die Tragfähigkeit von Pfählen und der Pfahlgründungen. (Nosnosc pali i Fundamentow na palach.) S. 15
Grundbau Taschenbuch, Bd. I, S. 471. Berlin: W. Ernst. 1955.
76. CHELLIS: Pile Foundations. New York-Toronto-London: McGraw Hill. 1961.
77. SCHULTZE, E.: Experimental method and evaluation of some loading tests on piles. Proc. Symp. on Bearing Capacity of Pile Foundations Roorkee 1964, 60.
78. SZÉCHY, K.: A more exact evaluation of Pile test Loading. Acta Techn. Hung. **34**, Fasc. 3—4 (1961) und Proc. V. Int. Conf .Soil Mech. Found. Engg. Paris **III**, 263 (1961).
79. WHITAKER, L., u. W. COOK: A new approach to Pile Testing. Proc. Vth Int. Conf. Soil Mech. Found. Engg. Paris **II**, 171 (1961).

80. VAN DER VEEN: Bearing capacity of piles. Proc. III. Int. Conf. Soil Mech., Found. Engg. **II**, 88 und Proc. IV. Int. Conf. Soil Mech., Found. Engg. **II**, 72.
81. MENZENBACH, E.: Die Anwendbarkeit von Sonden zur Prüfung der Festigkeitseigenschaften der Böden. Mitt. Inst. Verkehrswasserbau, Grundbau u. Bodenmechanik T. H. Aachen, H. 20 und
MENZENBACH, E.: The determination of permissable point load of piles by means of static penetration tests. Proc. V. Int. Conf. Soil Mech. Found. Engg. Paris **II**, 99 (1961).
82. KÉRISEL, J.: Les éssais de l'IRABA. Proc. V. Int. Conf. Soil Mech. Found. Engg. Paris **III**, 239 (1961); Contribution de E. de Beer dtto., S. 250 und
KÉRISEL, J., u. M. ADAM: Fondations profondes. Annales de l'Inst. Techn. Bat. Trav. Publ. **1962**, Nov., No. 179 und Bauingenieur **1963**, H. 10.
83. SCHOKLITSCH, A.: Der Grundbau, S. 59. Wien: Springer. 1952.
84. MINDLIN, R. D.: Force at a point in the interior of a semi infinite solid. Physics **7**, Nr. 5, 195—202 (1936).
85. JÁKY, J.: Zusammengesetzte Druckfestigkeitszustände. (Összetett nyomófeszültségi állapotok, ung.) Technika, Budapest **1945**, 246.
86. KÉZDI, Á: Die Tragfähigkeit der Pfähle und der Pfahlgruppen (Cölöpök és cölöpcsoportok teherbirása, ung,) ÉKME Tud. Közl, **1958**, No. 3.
87. SZÉCHY, K.: Von der Tragfähigkeit der Pfähle. (Cölöpök teherbirásáról, ung.) Mélyépitéstudományi Szemle **1962**, Aug.
88. GOLUBKOV, V. N.: Die Tragfähigkeit von Pfahlgründungen. (Nesustschaja Sposobnosty, swajnih osnowanij.) Moskau: Masstroisdat 1950.
89. MEYERHOF, G. G.: Some recent research on the bearing capacity of foundations. Canadian Geotechnical Journal **I**, No. **1**, **1963**.
90. KISHIDA, H.: The bearing capacity of pile groups under central and excentric loads in sands. Japan Building Res. Report **1964**, No. 19.
91. WHITAKER, T.: Piling and piled foundations. Proc. IV. Int. Conf. Soil Mech. London, **III**, 187—188 (1957).
WHITAKER, T.: Experiments with model piles in groups. Geotechnique **1957**, 147—167.
92. Civil Engineering Code of Practice Nr. 3. Foundations 1954. Inst. of Civ. Eng. London.
93. NISHIDA, Y.: An analises of the bearing capacity of group piles in soft clay. Symposium on Pile Foundations. Stockholm, 1960, Proc.
94. FRÖHLICH, O. K.: Die Druckverteilung im Baugrunde. Wien: Springer. 1934.
BENDEL, L.: Ingenieurgeologie, Bd. II, S. 381. Wien: Springer. 1948.
95. SCHENCK, W.: Zur Frage der Tragfähigkeit von Rammpfählen. Berlin: W. Ernst. 1939.
96. OGRANOWITSCH, A. B.: Zur Frage der Verteilung der Setzungsgröße eines Einzelpfahles. (K voprosu ob opredjelenie welitschini osadki adjinotschnoi swai.) Osnowania i Fundamenti **1963**, Nr. **1**, 18.
97. HAEFELI, R.: Neuere Untersuchungen und Erkenntnisse über das Verhalten von Pfählen ... Schweizerische Bauzeitung **1961**, H. 25, 26.
98. SZÉCHY, K.: Versuche mit Rohrpfählen. (Csőcölöpökkel végzett kisérletek, ung.) MTA Müsz. Oszt. Közl. **22**, Nr. 4, 326 (1958).
99. MAYER, A.: Quelques essais récents de charge portante des pieux. Circ. Nr. 19. D. 1947. Inst. Bat. Tr. Publ.
100. VAN WEELE, A. F.: Negative skin friction on pile Foundations in Holland. Proc. Symp. on Bearing Capacity of Pile Foundations Roorkee, 1964.
ZEEVAERT, F.: Reduction of point bearing capacity of piles because of negative skin friction. IX. Panam. Conf. Mexico. **3**, 1145, (1959).
101. CHELLIS, R. D.: Piles and Pile Foundations. Eng. News Record **1946**, Mai.
102. Bodenverdichtung und Pfahlgründung mittels des Kellerschen Rütteldruckverfahrens. Baumaschine u. Bautechnik **1957**, Dez.; s. Abb. 10.
103. TSITOWITSCH, N. A.: Bauwerke und Gründungen. (Osnowanija i Fundamenti.) S. 316. Moskau: Gosstroisdat. 1959.
104. GEUZE, W. A.: Verhalten der teilweise im Boden eingespannten Pfähle unter waagrechter Belastung. Vorträge der Baugrundtagung 1958 in Hamburg. Eigenverlag der DEGEBO, Hamburg. 1959.
105. TITZE, E.: Über den seitlichen Bodenwiderstand bei Pfahlgründungen. Mitt. aus Wasser u. Bodenforschung. Berlin **1942**, Nr. 13.
106. ŠIMEK, J.: Resultats d'observations sur un appui de pont sur pieux. Sols-Soils **1964**, No. 8.
107. KÉRISEL, J.: Deep foundations. Basic experimental facts. Proc. Deep. Found. Conf. Mexico **1964**, Dez.
108. BJERRUM, L.: Norwegian experiences with Steel Pile Foundations to Rock. J. Inst. Boston Soc. of Civ. Eng. **4**, Juli (1957).

109. VIK, B.: Über das Knickproblem bei Spitzenpfählen. Bauingenieur **1963**, Nr. 1.
110. FÖRSTER-ZIMIRSKI: Pfahlrost-Berechnung und Ausbildung. Grundbau-Taschenbuch, S. 491. Berlin: W. Ernst, 1955.
111. NÖKKENTVEED, H.: Berechnung von Pfahlrosten. Berlin: W. Ernst. 1928
und
SCHLEICHER, F.: Taschenbuch für Bauingenieure. Berlin-Göttingen-Heidelberg: Springer. 1949.
112. ASPLUND, S. O.: Pile groups elastic and plastic design. Symposium on the Design of Pile Foundations Stockholm, 1960, S. 77.
113. SCHIEL, T.: Statik der Pfahlwerke. Berlin-Göttingen-Heidelberg: Springer. 1960.
114. VANDEPITTE, D.: La charge portante des fondations sur pieux. Annales des Travaux Publics de Belgique **1957**, Nr. 1—2.
115. PAULET, E. G.: Concrete piles designed for marine foundations. Am. Civ. Engineering **1961**, Nr. 3, 53.
116. Civil Engineering code of practice, No. 4. Foundations. Inst. of Civ. Eng. **1954**, 57.
117. SZÉCHY, K.: Tests with tubular piles. Acta Techn. Hung. **24**, Nr. 1—2 (1959).
118. SZÉCHY, K.: Die Anwendung von holzbewehrten Stahlbetonkonstruktionen im Tiefbau. (Fabetétes vasbetonszerkezetek alkalmazása a mélyépitésben, ung.) Mérnöki Továbbképző **1946**, Nr. 61.
119. GARDNER, S. V., u. D. H. NEW: Some experiences with prestressed concrete piles. J. Inst. Civ. Eng. London **1961**, Jan.
120. BERDITSCHEWSKIJ-GORDUNOW: Vorgespannte Stahlbetonpfähle. (Predwaritelno naprjaschennie zschelozobetonnüe swai.) Moskau 1951. Goss. Isd. Lit. Stroit. i. Arch.
121. SZÉCHY, K.: Effect of vibration and driving. Proc. V. Int. Conf. Soil Mech. Found. Engg. Paris **II**, 161 (1961).
122. PETRASOVITS, G.: Experimentelle und Theoretische Untersuchung der Tragfähigkeit des in einem neuartigen Pfahl entstandenen Bodenkerns. Acta Techn. Hung. **51.**
123. TSITOWITSCH, N. A.: Bauwerke und Gründungen. (Osnowanija i Fundamenti.) Goss. Isd. Moskwa **1959**, 217.
124. Rohrpfähle. Bauingenieur **1961**, Nr. 9, 356.
125. WILSON, G.: The bearing capacity of screw piles and screwcrete cylinders. J. Inst. Civ. Eng. **1950**, März.
126. GLANVILLE-GRIME, D.: The behaviour of R. C. pile during driving. J. Inst. Civ. Eng. **1935**, Dez.
und
Joint Committee on Pile Driving. Interim. Report Nr. 1. Inst. Civ. Eng. London **1938**.
127. VAN WEELE, A. F.: Deep sounding tests in relation to the driving resistance of piles. Proc. V. Int. Conf. Soil Mech. Found. Engg. Paris **II**, 168 (1961).
128. SZÉCHY, C.: Proc. of the VI. Int. Conf. Soil Mech. Found. Engg., Montreal, **II**, 1965.
129. SCHENCK, W., u. E. FINK: Beobachtung von Rammerschütterungen ... Baumaschine u. Bautechnik **1958**, Nr. 6—8.
130. SIOR, G.: Die Schadenswirkungen von Rammerschütterungen. Bautechnik **1961**, Nr. 6, 181.
131. Gepreßte Rohrpfähle. Bauingenieur **1961**, Nr. 9, 356.
132. MAXIMOW, G. N.: Einfluß der Einbringungstechnologie, Querschnittform und Abmessungen der Pfähle auf ihre Tragfähigkeit in Bodenarten unter ewigem Frost. (Wlijanie technologii pogrushenija ...) Osnowania i Fundamenti **1964**, No. 1.
133. BARKAN, D. D.: Foundation engineering an drilling by the vibration method. Proc. IV. Int. Conf. Soil Mech. Found. Engg. London, 1957.
134. EPHREMIDES, CH.: Die Anwendung der Vibration beim Rammen und Tiefbohren. Baumaschine u. Bautechnik **1958**, Nr. 6
135. SIMONS, H.: Zum Stand der Pfahlgründungen. Baumaschine u. Technik **1964**, Dez.
WU-PING-KUN: The Resistance of Soils in Vibro-Sinking of Precast R. C. pipe piles. Proc. of the VI. Int. Conf., Soil Mech. Found. Engg. Montreal, **II**, 1965.
136. SILIN-GLOTOW: Tiefgründung mittels dünnwandiger Stahlbeton-Fertigteile. (Fundamenti opor mostow ist sbornih schelesobetonnih obolotschek.) Moskau: Transscheldorisdat. 1958.
137. MAO, T. E.: Proc. IV. Int. Conf. Soil Mech. Found. Engg. London **III**, 192 (1957).
138. CZIGLINA VILMOS: Die Auswertung einer Pfahlgründung mittels Dulac Pfählen. (Egy hazai kompresszolcölöpözési munka kiértékelése, ung). Magyar Építőipar, Budapest **1957**, Nr. 3—4.
139. MÜLLER, A.: Der MV-Pfahl. Schweizerische Bauzeitung **1961**, Aug., 577.
140. WALLAYS, M.: Compactage en profondeur des sols au moyen de pieux de table. La Technique des Travaux **1964**. Nov./Dez.
141. GRAF, W.: Icos-Veder Bohrpfähle. Schweizerische Bauzeitung **1961**, Jul. 534.

142. DERAMPE, P.: Centrale dc Beautor. Construction **1956**, August
und
LOSSIER, H.: Les perfectionnements des Fondations sur pieux. Le Genie Civil **1959**, Okt.
143. SZÉCHY, K.: Gründungsschäden. Punkt 34. 21—34. 22. Wiesbaden: Bauverlag. 1963.
144. ROSSMANN, F.: Die Unterfangung von Gebäuden mittels Prepakt-Bohrpfählen. (Épületek megerősitése furt prepakt cölöpökkel, ung.) Mélyépitéstudományi Szemle **1960**, Nr. 5.
145. MAST, A.: Pfahlgründungen. Wiesbaden: Bauverlag. 1959.
146. LUGA, A., u. L. VOROBKOV: Bearing Piles and open Caissons for foundations. Proc. V. Int. Conf. Soil Mech. Found. Engg., **II**, 85 (1961).
147. KÉRISEL: Fondations profondes en millieux sableux. Proc. V. Int. Conf. Soil Mech. Found. Engg., **II**, 73 (1961).
SIMONS, M. H.: Maracaibo Bridge. Proc. V. Int. Conf. Soil Mech. Found. Engg., **III**, 257.
Die Brücke über den Maracaibo-See. Wiesbaden: Bauverlag. 1962.
FEIL, W.: Die Durchführung des Saugbohrverfahrens ... im Brückenbau. Bautechnik **1962**, Nr. 11.
148. BUCHER, H.: Bohrpfähle und Pfahlwände: System „Benoto". Schweiz. Bauzeitung **1961**, Febr. und
AICHHORN: Die Theorie der Benoto Pfähle. Öst. Ing. Zeitschrift **1961**, Jan.
149. Symposium on the design of pile foundations. Stockholm, 1960, Part. 2, S. 38.
150. MUHS, H.: Versuche mit Bohrpfählen. Wiesbaden: Bauverlag. 1959.
151. ABELEJEW, JU. M.: Bau- und Entwurfsgrundlagen bei makroporösen Böden. (Osnowi projektirovanija i stroitelstwa na makroporistich gruntach.) Moskau: Stroiwojenmorisdat. 1948.
152. FÖLDES, F., u. Z. REGELE: Der Injektor-Pfahl. (Az injektor-cölöp, ung.) Mélyépitéstudományi Szemle **1962**, Nr. 7.
153. Bautechnik **1924**, 407, 479, 503, 660; **1925**, 59, 226, 250.
154. Civil Engineering, London, **1934**, 22.
155. LORENZ, H.: Bau und Absenkung einer unterirdischen Großgarage in Genf. Bauingenieur **1961**, Nr. 1.
156. MAURER, GY: Erdarbeiten mittels Wasserspülen. (Vizöblitéses földmunkák, ung.) Budapest: Müszaki Kiadó. 1953.
157. SZÉCHY, K.: The construction of the Kossuth-bridge. Structural Engineer **1947**.
158. PALOTÁS, P., u. E. PETIK: Bau des Wasserentnahmeschachtes in Káposztásmegyer. (A káposzttásmegyeri felszini vizkivételi mü épitése, ung.) Vizugyi Közl. 1952.
159. WU-PING-KUN: The resistance of Soils in Vibro-Sinking of precast R. C. pipe piles of large diameter. Proc. VI. Int. Conf. Soil. Mech. Montreal **II**, 1965.
160. LORENZ, H.: Brunnengründungen. Grundbau Taschenbuch, Bd. I, S. 570 u. 573. Berlin: W. Ernst. 1955.
161. WÜRWO, W.: Der Schneidenwiderstand des Bodens bei Brunnenabsenkung. (Opredolenie predel'nogo ...) Osnowania i. Fundamenti **1964**, H. 3.
162. BERESANTZEW, V. G.: Achsensymmetrische Grenztragfähigkeitsaufgaben der kohäsionslosen Böden. (Osesimmetritschnaja zadatscha teorij pregelnogo rawnow esijasüputschij sredi.) Moskau. 1952.
163. KARAFIÁTH, L.: On some problems of earth pressure. Acta Techn. Hung. **7**, Fasc. 3—4 328—337 (1953).
164. KÉZDI, Á.: Erddrucktheorien, S. 301. Berlin-Göttingen-Heidelberg: Springer. 1962.
165. FRITSCHE-OMORI-FETTWEIS: Ein neues Senkschachtverfahren für große Teufen. Glückauf **1954**, H. 1—2.
166. SÁROSI-SOHA-KELEMEN: Bentonit in der Bauindustrie. (Bentonit az épitőiparban, ung.) Budapest: Müszaki Kiadó. 1962.
167. SZÉCHY, K.: Verschiedene Bodenverfestigungsverfahren für Grundbauten. (Különféle talajszilárditások alapozások részére, ung.) Mérnöktovábbképző Intézet **1953**, Nr. 14, 391 und
BALOGH, J.: Schachtabsenkung mittels thixotroper Flüssigkeiten. (Aknák süllyesztése tixotropos anyagok segitségével, ung.) Mélyépitéstudományi Szemle **1954**, Mai.
168. TERZAGHI, K.: Theoretical Soil Mechanics, S. 202. New York: Wiley. 1943. (Deutsche Ausgabe: TERZAGHI-JELINEK: Theoretische Bodenmechanik. Berlin-Göttingen-Heidelberg: Springer. 1954.)
169. WESTERGAARD: Plastic state of stress around a deep well Contr. Boston. Soc. Civ. Eng. **1940**, S. 387.
170. STEINFELD, K.: Über den Erddruck auf Schacht- und Brunnenwanderungen. Vorträge der Baugrundtagung, Hamburg, 1958, Bd. III, S. 126. Berlin: W. Ernst. 1959.
171. SCHOKLITSCH, A.: Der Grundbau, S. 100. Wien: Springer. 1952.
172. PRESS, H.: Schachtausführungen. Bautechnik **1950**, Nr. 1.

173. Bösenkopf, F.: Der Brunnenbau. Wien. 1928.
174. Paproth, E.: Neues über Druckluftsenkung. Bautechnik **1933**, Nr. 51.
175. Horn, M., und G. Kovács: Eine neue Berechnungsmethode der an der Mantelwand der abzusenkenden Bauwerke auftretenden Zugkräfte. (Süllyesztendő mütárgyak köpenyfalán fellópő huzóerők uj számitási módja, ung.) Mélyépitéstudományi Szemle **1952**, Nr. 4.
176. Smoltczyk, H. V.: Einspannung in beliebig geschichtetem Baugrund. Bauingenieur **1963**, H. 10.
177. Ócsvar, R.: Erfahrungen bei der Absenkung offener großer Stahlbeton-Senkkästen. (Nyitott nagyméretü vasbeton szekrények süllyesztési tapasztalatai, ung.) Mérnöki. Továbbképző **1956**, Nr. 3593.
178. Vretblad, E.: Tunnelbanebro under Liljeholmensviken. (Tunnelbau unter Liljeholmen-Bucht.) Teknisk Tidskrift **1954**, H. 13.
Wenger, K.: Vom weiteren Ausbau der Stockholmer Untergrundbahn. Die Bautechnik, **1963**, H. 8, 257.
179. Vogel, G.: Abdichtungsmaßnahmen beim Straßentunnel Rendsburg. Die Bautechnik **1961**, H. 2, 37.
180. Széchy, K.: Gründungsschäden, S. 163. Wiesbaden: Bauverlag. 1963.
Vgl. De Ingenieur **1919**, 121 und **1920**, 35.
181. Sollewijn Gelpke: Uitbreichungswerken in de Rotterdamse haven ... Publiske Werken **1953**, 18.
182. Hall, P.: The Deas Island tunnel. Proc. AMSCE No. 1436, 1957, Nov. und Christiani Nielsen Festschrift. (C.N.N. Post No. 47, 1959).
183. Anker, E.: Straßen- und Eisenbahnbrücke über Alsund. (Vej og Jernbansbroen over Alsund.) Ingeniørvidenskabelige Skrifter, B. Nr. 4 og over Ulvsund Nr. 2, Dansk Ingeniørforening 1930 und 1943.
184. Schaper: Vom Bau der Brücke über den Kleinen Belt. Bautechnik **1931**, 72 und 683.
185. Die Gründung der Rheinbrücke Kleve Emmerich. Wayss u. Freytag Technische Blätter **1964**, No. 4.
186. Paproth, E.: Druckluftgründungen. Grundbau Taschenbuch, Bd. I, S. 618, 625 und 606. Berlin: W. Ernst. 1955 und Bautechnik **1929**, 566.
187. Schoklitsch, A.: Der Grundbau. Wien: Springer. 1952.
188. Richart, F. E.: Effect of local loss of support on foundation Design. Proc. ASCE 1962, Febr., 1.
189. Laupmann, W.: Anwendung von transportierbaren Eisenbeton-Caissons beim Wolchowkraftwerk. Beton u. Eisen **1925**, Nr. 4—5
190. Széchy, K.: Die Entwicklung des Druckluftverfahrens in Ungarn. Öst. Bauzeitschrift **1956**, H. 5—6.
191. Flach: Der massive Brückenpfeiler. Berlin: W. Ernst. 1917.
192. Ordujanz, K. S.: Bauwerke und Gründung. (Osnowanija i fundamenti.) Moskau: Gorisdat. 1951.
193. Christel, E.: Über die Verbesserungsmöglichkeiten der Leistung von Druckluftschleusen. Bauingenieur **1961**, Nr. 4.
Christel, E.: Mechanische Aushubschleuse für Druckluftgründungsarbeiten. Bauingenieur **1960**, Nr. 4.
194. Druckluftschleuse hoher Leistung für Materialbeförderung. Bauingenieur **1956**, Nr. 4.
195. Lenk, K.: Verschiedene Formen von Druckluftgründungskörpern. Jahrbuch der Hafenbautechn. Ges. 1938, S. 112. Berlin: Springer. 1939.
196. Bachus, E.: Grundbaupraxis. Berlin-Göttingen-Heidelberg: Springer. 1961.
197. Rappert, C.: Die Entwicklung von Großrüttlern ... Die Wasserwirtschaft **1951—52**, H. 4.
Zweifel, O.: Einsatz des Mammutrüttlers ... Schweiz. Bauzeitung **1955**, Nr. 41.
Ephremides, Ch.: Die mathematische Erfassung der Vorgänge bei der Rüttelverdichtung von Böden. VDI Zeitschrift **1959**, Nr. 1, 277.
198. Forschungsgesellschaft für das Straßenwesen E. V.: Richtlinien für Schwingungsverdichtung. Untergrund und Unterbau. Köln-Deutz 1953.
199. Aimont, E.: La stabilisation des terrains à grains fins par le drainage en profondeur. Techn. Trav. **1949**, 297. Design of construction of vertical drains to accelerate the consolidation of soils. Civ. Engg. London **1959**, 632—634.
200. Beleš, A., u. I. Stanculescu: Thermal treatment as means of improving the stability of earth masses. Geotechnique **1958**, Nr. 4.
201. Litwinow, I. M.: Contribution to discussion on foundation of structures. Proc. IV. Int. Conf. Soil Mech. Foundation Engg. London **III**, 169 (1957).
Litwinow, I. M.: Kaustische Verfestigung von Lößböden. (Termitscheskoje Ukreplenie ...) Isd. Ak. Arch. Ukranskoj SSSR Kiew, 1955.

202. Pressure Grouting. ASCE Proc. **1958**, Aug. und **1959**, Aug.
BERNATZIK, W.: Die Zementeinpressung und ihre Überprüfung usw. Bautechnik **1942**, Nr. 13—15.
203. LAMPL, H.: Vorschlag für die systematische Durchführung der Versuche im Interesse der Weiterförderung des Zementsteinpreßverfahrens. (Javaslat a cementbesajtolás fejlesztését célzó rendszeres kisérletekre, ung.) Vizgazd. Müszaki Szemle **1960**, Nr. 2.
204. LAMPL, H.: Vizügyi Közlemények **1963**, Nr. 2, ung.
205. MAAG, E.: Über die Verfestigung und Dichtung des Baugrundes. Erdbaukurs der ETH Zürich 1948.
206. KOLLBRUNNER, C. F.: Fundation und Konsolidation, Bd. II, S. 44—50. Zürich: Leemann. 1948.
207. DROSCHA, H.: Der Bau des neuen Themse-Kraftfahrtunnels. Bauingenieur **1960**, H. 2.
208. LAMPL, H.: Das Zementmörtel-Einpreßverfahren. (A cementhabarcs besajtolási eljárás, ung.) Mérnöki Továbbképző **1947**, M. 65.
LAMPL, H.: Vorschlag für die Weiterförderung der Technologie des Zementeinpressens. (A cementbesajtolás ..., ung.) Vizgazd. Müszaki Szemle **1960**, Nr. 2.
209. SÁROSI-SOHA-KELEMEN: Bentonit im Baugewerbe. (A bentonit az épitőiparban, ung.) Budapest: Müszaki Kiadó 1961.
210. Künstliche Bodenverfestigung. (Iskustwennoje Zakreplenie Gruntow.) Moskau 1952. Nautschno-Isledovatelskij Inst. Osn. i Fund. Sbornik Nr. 17.
211. Die Gründung von Industrie-Objekten und Wohngebäuden mit Hilfe der Bodenverfestigung. Proc. Int. Conf. Soil Mech. Found. Engg. Budapest **1963**, 375.
212. JÄHDE, H.: Injektionen zur Verbesserung von Baugrund und Bauwerk. Berlin: VEB Verlag Technik. 1953.
213. NEUMANN, H.: Injektionen zur Bodenverfestigung und Abdichtung mit Silikatgelen. Bautechnik **1956**, Nr. 6.
214. LAMBE, T. W., et al.: Altering soil properties with chemicals. Ind. and Eng. Chem. **47**, Nr. 11.
LAMBE, T. W.: Stabilization of soils with calcium acrylate. Journ. of the Boston Society of Civ. Eng. **38**, No. 2, April 1951.
215. Richtlinien für die Verfestigung von Sandböden mit Karbamidlösungen. (Ukasania po sakrepleniju ...) Ak. Stroit. i Arch. Moskau, 1960.
216. CASAGRANDE, L.: The application of electro-osmosis. Building Research Techn. Paper Nr. 30, 1947.
217. HAEFELI, R., u. W. SCHAAD: Die Anwendung der Elektrizität zur Entwässerung und Verbesserung feinkörniger Bodenarten. Straße u. Verkehr, Winterthur **1946**, Nr. 23—24.
218. STEINFELD, K.: Die Entwässerung von Feinböden. Bautechnik **1951**, Nr. 11.
219. CAMBEFORT, H., u. C. CARON: Electro-Osmose et consolidation electro-chimique des argiles. Geotechnique **1961**, Nr. 3.
FRANKE, E.: Überblick über den Entwicklungsstand der Elektroosmose ... Bautechnik **1962**, Nr. 6 und Nr. 10.
SCHAAD, W.: Praktische Anwendungen der Elektroosmose im Gebiete des Grundbaues. Bautechnik **1958**, Nr. 6 und Nr. 11.
BELLUIGI, A.: Über die Mehrfachelektrodenanordnungen in der Geoelektro-Osmose. Bautechnik **1958**, Nr. 11.
BELLUIGI, A.: Zur Theorie der Electro-Osmose. Bautechnik **1960**, Nr. 5.
BALLY, R. J.: Methode electrice de imbunátátire a paninturilor im lacratile de constructie. (Elektrische Verfestigungsverfahren ...) Ac. Rep. Pop. Rumine 1957.
220. LOMISE, G. M., u. A. W. NETUSIL: Elektroosmotische Grundwasserabsenkung. (Elektroosmotitscheskoje Wodoponischenia.) Moskau: Gosenergoisdat. 1958.
221. CEBERTOWICZ, R.: Streszczenie prac naukowo-budowczyck. Inst. Wodny Gdansk, 1951.
SCHAAD, W.: Praktische Anwendungen der Elektroosmose. Bautechnik **1958**, Nr. 11.
222. VIGH, F.: Die Methoden und Ergebnisse der Bodenversteinerung. A kózetszilárditás módszerei ... (Mérnöki Továbbképző, ung.) Nr. 2778, 1954.
223. REGELE, Z.: Verfestigung der mit Abfall beigemengten Aufschüttung mittels des Cebertowicz-Verfahrens. (Szemetes salakfeltöltés ..., ung.) Mélyépitéstudományi Szemle **1957**, Nr. 1—3.
224. Wissenschaftliches Material der Gesamtsowjetischen Tagung über Bodenverfestigung, Tiflis 1964. (Materiali Sowestschania ...) Nautschno Issl. Lab. Gidrogeol. Gruz. Pol. Inst. Tiflis, 1964.
225. Civil Engineering Code of Practice Nr. 4. Foundations S. 122. Inst. of Civ. Eng. London, 1954.
226. DEN HARTOG, J. P.: Mechanical Vibrations, 3. Ed. New York-Toronto-London: McGraw-Hill. 1947.
227. LORENZ, H.: Grundbau-Dynamik. Berlin-Göttingen-Heidelberg: Springer. 1960.

228. GRANHOLM, H.: Study on machine foundations and some structural arrangements. Chalmers Tekniska Högskola, Göteborg, 1949.
229. Technische Richtlinien für den Entwurf von Maschinengründungen. (Müszaki előirások..., ung.) ÉM Müszaki Előirások ME 7—53.
230. MAJOR, A.: Berechnung und Planung von Maschinen und Turbinenfundamenten. Budapest—Berlin: Ak. Kiadó — Verlag für Bauwesen. 1961.

Die wichtigste allgemeine Literatur zum Grundbau

BACHUS, E.: Grundbaupraxis. Berlin—Göttingen—Heidelberg: Springer. 1961.
BAŽANT, ZD.: Grundbau. (Zakládáni Staveb. tschech. Stat. Vyhl. Techn. Lit.) Praha—Bratislava 1960.
BRENNECKE, H. u. E. LOHMEYER.: Der Grundbau I—III. Berlin: W. Ernst. 1934. Grundbau Taschenbuch I—II. Berlin: W. Ernst. 1955.
HÜCKEL, ST.: Zaris Fundamentowania (polnisch). Wydawnicztwa Geologiczne Warszawa 1957.
KÉZDI, A.: Bodenmechanik I—II. Budapest—Berlin: Akadémai Kiadó — VEB Verlag Technik. 1964.
KÖGLER, F. u. H. SCHEIDIG: Baugrund und Bauwerk. Berlin: W. Ernst. 1948.
KOLLBRUNNER, C. F.: Fundation und Konsolidation I—III. Zürich: Druck- u. Verlagshaus. 1948.
LEONARDS, G. A.: Foundation Engineering. New York—Toronto—London: McGraw Hill. 1962.
LITTLE, A. L.: Foundations. London: Edward Arnold Publishers Ltd. 1961.
PLAGEMANN-LANGNER: Die Gründung von Hoch- u. Ingenieurbauten. Stuttgart: B. G. Teubner. 1958.
SCHOKLITSCH, A.: Der Grundbau. Wien: Springer. 1951.
SIEMONSEN, F.: Tiefbauschäden. Stuttgart: Franckh'sche Verlagshandlung. 1964.
SZÉCHY, K.: Der Grundbau I. Wien: Springer. 1963.
SZÉCHY, K.: Gründungsschäden. Wiesbaden: Bauverlag. 1964.
TERZAGHI, K. u. F. JELINEK.: Theoretische Bodenmechanik. Berlin—Göttingen—Heidelberg: Springer. 1954.
TSCHEBOTARIOFF, G. P.: Soil Mechanics, Foundations and Earth Structures. New York—Toronto—London: McGraw Hill. 1951, 1966.
TSITOWITSCH, N. A: Gründungen für Bauwerke. Osnowania i Fundamenti (russ.). Gos. Izd. Stroit. Arch. Moskau 1959.
WAYNE, C. TENG: Foundation Design. New York: Prentice Hall. 1962.

Namen- und Sachverzeichnis

GPSR Compliance

The European Union's (EU) General Product Safety Regulation (GPSR) is a set of rules that requires consumer products to be safe and our obligations to ensure this.

If you have any concerns about our products, you can contact us on ProductSafety@springernature.com

In case Publisher is established outside the EU, the EU authorized representative is:

Springer Nature Customer Service Center GmbH
Europaplatz 3
69115 Heidelberg, Germany

Batch number: 10584556

Printed by Printforce, the Netherlands